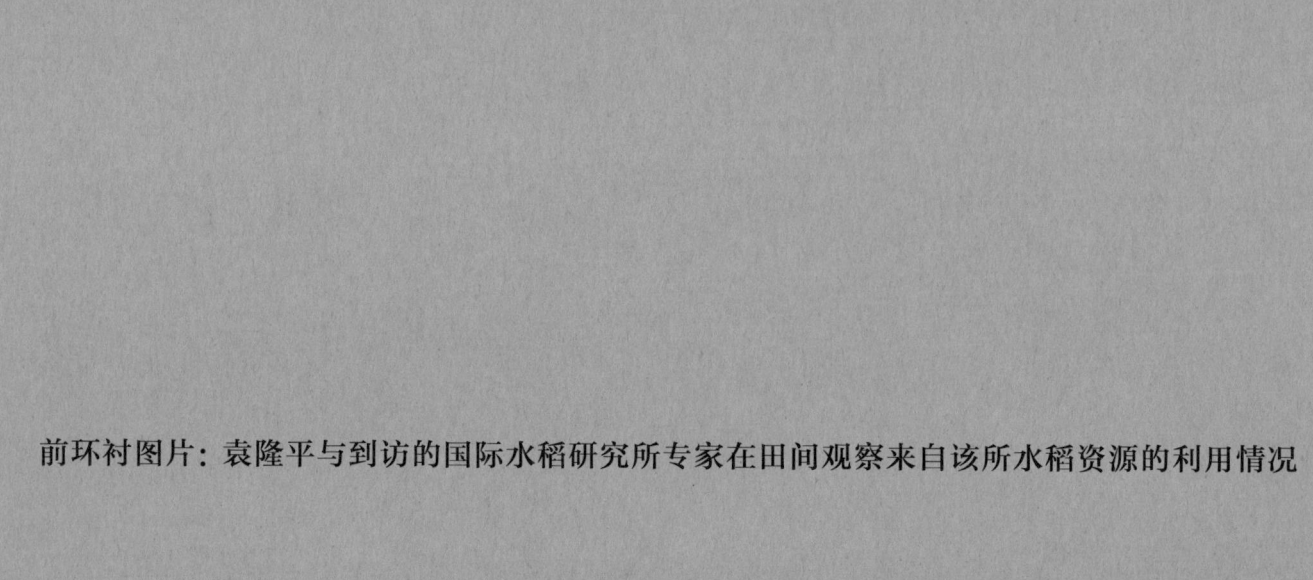

前环衬图片：袁隆平与到访的国际水稻研究所专家在田间观察来自该所水稻资源的利用情况

Volume
2

Yuan Longping Collection

袁隆平全集

杂交水稻学

第二卷

学术著作

Volume 2
Academic Monograph

Hybrid Rice Science

主　编──────柏连阳

执行主编──────袁定阳

辛业芸

『十四五』国家重点图书出版规划

湖南科学技术出版社·长沙

本卷编著人员

主　　编　袁隆平

副 主 编　王三良

编写人员（按姓氏笔画排序）

马国辉　王三良　王伟成　邓定武　朱运昌　刘爱民

李稳香　肖层林　邹应斌　武小金　周承恕　赵炳然

袁隆平　徐秋生　唐建初　唐秋澄　盛孝邦　廖伏明

出版说明

　　袁隆平先生是我国研究与发展杂交水稻的开创者，也是世界上第一个成功利用水稻杂种优势的科学家，被誉为"杂交水稻之父"。他一生致力于杂交水稻技术的研究、应用与推广，发明"三系法"籼型杂交水稻，成功研究出"两系法"杂交水稻，创建了超级杂交稻技术体系，为我国粮食安全、农业科学发展和世界粮食供给做出杰出贡献。2019年，袁隆平荣获"共和国勋章"荣誉称号。中共中央总书记、国家主席、中央军委主席习近平高度肯定袁隆平同志为我国粮食安全、农业科技创新、世界粮食发展做出的重大贡献，并要求广大党员、干部和科技工作者向袁隆平同志学习。

　　为了弘扬袁隆平先生的科学思想、崇高品德和高尚情操，为了传播袁隆平的科学家精神、积累我国现代科学史的珍贵史料，我社策划、组织出版《袁隆平全集》(以下简称《全集》)。《全集》是袁隆平先生留给我们的巨大科学成果和宝贵精神财富，是他为祖国和世界人民的粮食安全不懈奋斗的历史见证。《全集》出版，有助于读者学习、传承一代科学家胸怀人民、献身科学的精神，具有重要的科学价值和史料价值。

　　《全集》收录了20世纪60年代初期至2021年5月逝世前袁隆平院士出版或发表的学术著作、学术论文，以及许多首次公开整理出版的教案、书信、科研日记等，共分12卷。第一卷至第六卷为学术著作，第七卷、第八卷为学术论文，第九卷、第十卷为教案手稿，第十一卷为书信手稿，第十二卷为科研日记手稿（附大事年表）。学术著作按出版时间的先后为序分卷，学术论文在分类编入各卷之后均按发表时间先后编排；教案手稿按照内容分育种讲稿和作物栽培学讲稿两卷，书信手稿和科研日记手稿分别按写信日期和记录日期先后编排（日记手稿中没有注明记录日期的统一排在末尾）。教案手稿、书信手稿、科研日记手稿三部分，实行原件扫描与电脑录入图文对照并列排版，逐一对应，方便阅读。因时间紧迫、任务繁重，《全集》收入的资料可能不完全，如有遗漏，我们将在机会成熟之时出版续集。

《全集》时间跨度大，各时期的文章在写作形式、编辑出版规范、行政事业机构名称、社会流行语言、学术名词术语以及外文译法等方面都存在差异和变迁，这些都真实反映了不同时代的文化背景和变化轨迹，具有重要史料价值。我们编辑时以保持文稿原貌为基本原则，对作者文章中的观点、表达方式一般都不做改动，只在必要时加注说明。

《全集》第九卷至第十二卷为袁隆平先生珍贵手稿，其中绝大部分是首次与读者见面。第七卷至第八卷为袁隆平先生发表于各期刊的学术论文。第一卷至第六卷收录的学术著作在编入前均已公开出版，第一卷收入的《杂交水稻简明教程（中英对照）》《杂交水稻育种栽培学》由湖南科学技术出版社分别于 1985 年、1988 年出版，第二卷收入的《杂交水稻学》由中国农业出版社于 2002 年出版，第三卷收入的《耐盐碱水稻育种技术》《盐碱地稻作改良》、第四卷收入的《第三代杂交水稻育种技术》《稻米食味品质研究》由山东科学技术出版社于 2019 年出版，第五卷收入的《中国杂交水稻发展简史》由天津科学技术出版社于 2020 年出版，第六卷收入的《超级杂交水稻育种栽培学》由湖南科学技术出版社于 2020 年出版。谨对兄弟单位在《全集》编写、出版过程中给予的大力支持表示衷心的感谢。湖南杂交水稻研究中心和袁隆平先生的家属，出版前辈熊穆葛、彭少富等对《全集》的编写给予了指导和帮助，在此一并向他们表示诚挚的谢意。

湖南科学技术出版社

总　序

一粒种子，改变世界

一粒种子让"世无饥馑、岁晏余粮"。这是世人对杂交水稻最朴素也是最崇高的褒奖，袁隆平先生领衔培育的杂交水稻不仅填补了中国水稻产量的巨大缺口，也为世界各国提供了重要的粮食支持，使数以亿计的人摆脱了饥饿的威胁，由此，袁隆平被授予"共和国勋章"，他在国际上还被誉为"杂交水稻之父"。

从杂交水稻三系配套成功，到两系法杂交水稻，再到第三代杂交水稻、耐盐碱水稻，袁隆平先生及其团队不断改良"这粒种子"，直至改变世界。走过 91 年光辉岁月的袁隆平先生虽然已经离开了我们，但他留下的学术著作、学术论文、科研日记和教案、书信都是宝贵的财富。1988 年 4 月，袁隆平先生第一本学术著作《杂交水稻育种栽培学》由湖南科学技术出版社出版，近几十年来，先生在湖南科学技术出版社陆续出版了多部学术专著。这次该社将袁隆平先生的毕生累累硕果分门别类，结集出版十二卷本《袁隆平全集》，完整归纳与总结袁隆平先生的科研成果，为我们展现出一位院士立体的、丰富的科研人生，同时，这套书也能为杂交水稻科研道路上的后来者们提供不竭动力源泉，激励青年一代奋发有为，为实现中华民族伟大复兴的中国梦不懈奋斗。

袁隆平先生的人生故事见证时代沧桑巨变。先生出生于 20 世纪 30 年代。青少年时期，历经战乱，颠沛流离。在很长一段时期，饥饿像乌云一样笼罩在这片土地上，他胸怀"国之大者"，毅然投身农业，立志与饥饿做斗争，通过农业科技创新，提高粮食产量，让人们吃饱饭。

在改革开放刚刚开始的 1978 年，我国粮食总产量为 3.04 亿吨，到 1990 年就达 4.46 亿吨，增长率高达 46.7%。如此惊人的增长率，杂交水稻功莫大焉。袁隆平先生曾说："我是搞育种的，我觉得人就像一粒种子。要做一粒好的种子，身体、精神、情感都要健康。种子健康了，事业才能够根深叶茂，枝粗果硕。"每一粒种子的成长，都承载着时代的力量，也见证着时代的变迁。袁隆平先生凭借卓越的智慧和毅力，带领团队成功培育出世界上第一代杂交水稻，并将杂交水稻科研水平推向一个又一个不可逾越的高度。1950 年我国水稻平均亩产只有 141 千克，2000 年我国超级杂交稻攻关第一期亩产达到 700 千克，2018 年突破 1 100 千克，大幅增长的数据是我们国家年复一年粮食丰收的产量，让中国人的"饭碗"牢牢端在自己手中，"神农"袁隆平也在人们心中矗立成新时代的中国脊梁。

袁隆平先生的科研精神激励我们勇攀高峰。马克思有句名言："在科学的道路上没有平坦的大道，只有不畏劳苦沿着陡峭山路攀登的人，才有希望达到光辉的顶点。"袁隆平先生的杂交水稻研究同样历经波折、千难万难。我国种植水稻的历史已经持续了六千多年，水稻的育种和种植都已经相对成熟和固化，想要突破谈何容易。在经历了无数的失败与挫折、争议与不解、彷徨与等待之后，终于一步一步育种成功，一次一次突破新的记录，面对排山倒海的赞誉和掌声，他却把成功看得云淡风轻。"有人问我，你成功的秘诀是什么？我想我没有什么秘诀，我的体会是在禾田道路上，我有八个字：知识、汗水、灵感、机遇。"

"书本上种不出水稻，电脑上面也种不出水稻"，实践出真知，将论文写在大地上，袁隆平先生的杰出成就不仅仅是科技领域的突破，更是一种精神的象征。他的坚持和毅力，以及对科学事业的无私奉献，都激励着我们每个人追求卓越、追求梦想。他的精神也激励我们每个人继续努力奋斗，为实现中国梦、实现中华民族伟大复兴贡献自己的力量。

袁隆平先生的伟大贡献解决世界粮食危机。世界粮食基金会曾于 2004 年授予袁隆平先生年度"世界粮食奖"，这是他所获得的众多国际荣誉中的一项。2021 年 5 月

22 日，先生去世的消息牵动着全世界无数人的心，许多国际机构和外国媒体纷纷赞颂袁隆平先生对世界粮食安全的卓越贡献，赞扬他的壮举"成功养活了世界近五分之一人口"。这也是他生前两大梦想"禾下乘凉梦""杂交水稻覆盖全球梦"其中的一个。

一粒种子，改变世界。袁隆平先生和他的科研团队自 1979 年起，在亚洲、非洲、美洲、大洋洲近 70 个国家研究和推广杂交水稻技术，种子出口 50 多个国家和地区，累计为 80 多个发展中国家培训 1.4 万多名专业人才，帮助贫困国家提高粮食产量，改善当地人民的生活条件。目前，杂交水稻已在印度、越南、菲律宾、孟加拉国、巴基斯坦、美国、印度尼西亚、缅甸、巴西、马达加斯加等国家大面积推广，种植超 800 万公顷，年增产粮食 1600 万吨，可以多养活 4 000 万至 5 000 万人，杂交水稻为世界农业科学发展、为全球粮食供给、为人类解决粮食安全问题做出了杰出贡献，袁隆平先生的壮举，让世界各国看到了中国人的智慧与担当。

喜看稻菽千重浪，遍地英雄下夕烟。2023 年是中国攻克杂交水稻难关五十周年。五十年来，以袁隆平先生为代表的中国科学家群体用他们的集体智慧、个人才华为中国也为世界科技发展做出了卓越贡献。在这一年，我们出版《袁隆平全集》，这套书呈现了中国杂交水稻的求索与发展之路，记录了中国杂交水稻的成长与进步之途，是中国科学家探索创新的一座丰碑，也是中国科研成果的巨大收获，更是中国科学家精神的伟大结晶，总结了中国经验，回顾了中国道路，彰显了中国力量。我们相信，这套书必将给中国读者带来心灵震撼和精神洗礼，也能够给世界读者带去中国文化和情感共鸣。

预祝《袁隆平全集》在全球一纸风行。

刘旭，著名作物种质资源学家，主要从事作物种质资源研究。2009 年当选中国工程院院士，十三届全国政协常务委员，曾任中国工程院党组成员、副院长，中国农业科学院党组成员、副院长。

凡　例

1.《袁隆平全集》收录袁隆平 20 世纪 60 年代初到 2021 年 5 月出版或发表的学术著作、学术论文，以及首次公开整理出版的教案、书信、科研日记等，共分 12 卷。本书具有文献价值，文字内容尽量照原样录入。

2. 学术著作按出版时间先后顺序分卷；学术论文按发表时间先后编排；书信按落款时间先后编排；科研日记按记录日期先后编排，不能确定记录日期的 4 篇日记排在末尾。

3. 第七卷、第八卷收录的论文，发表时间跨度大，发表的期刊不同，当时编辑处理体例也不统一，编入本《全集》时体例、层次、图表及参考文献等均遵照论文发表的原刊排录，不作改动。

4. 第十一卷目录，由编者按照"× 年 × 月 × 日写给 ×× 的信"的格式编写；第十二卷目录，由编者根据日记内容概括其要点编写。

5. 文稿中原有注释均照旧排印。编者对文稿某处作说明，一般采用页下注形式。作者原有页下注以"※"形式标注，编者所加页下注以带圈数字形式标注。

7. 第七卷、第八卷收录的学术论文，作者名上标有"#"者表示该作者对该论文有同等贡献，标有"*"者表示该作者为该论文的通讯作者。对于已经废止的非法定计量单位如亩、平方寸、寸、厘、斤等，在每卷第一次出现时以页下注的形式标注。

8. 第一卷至第八卷中的数字用法一般按中华人民共和国国家标准《出版物上数字

用法的规定》执行，第九卷至第十二卷为手稿，数字用法按手稿原样照录。第九卷至第十二卷手稿中个别标题序号的错误，按手稿原样照录，不做修改。日期统一修改为"××××年××月××日"格式，如"85—88年"改为"1985—1988年""12.26"改为"12月26日"。

9.第九卷至第十二卷的教案、书信、科研日记均有手稿，编者将手稿扫描处理为图片排入，并对应录入文字，对手稿中一些不规范的文字和符号，酌情修改或保留。如"弗"在表示费用时直接修改为"费"；如"∴"表示"所以"，予以保留。

10.原稿错别字用〔〕在相应文字后标出正解，如"付信件"改为"付〔附〕信件"；同一错别字多次出现，第一次之后直接修改，不一一注明，避免影响阅读。

11.有的教案或日记有残缺，编者加注说明。有缺字漏字，在相应位置使用〔〕补充，如"无融生殖"修改为"无融〔合〕生殖"；无法识别的文字以"□"代替。

12.某些病句，某些不规范的文字使用，只要不影响阅读，均照原稿排录。如"其它""机率""2百90""三～四年内""过P酸Ca"及"做""作"的使用，等等。

13.第十一卷中，英文书信翻译成中文，以便阅读。部分书信手稿为袁隆平所拟初稿，并非最终寄出的书信。

14.第十二卷中，手稿上有许多下划线。标题下划线在录入时删除，其余下划线均照录，有利于版式悦目。

前言

　　粮食是关系到国计民生的头等大事。杂交水稻自 1976 年大面积推广以来，到 2001 年已累计推广约 2.7 亿 hm^2，增产粮食近 4 亿 t。从 20 世纪 80 年代末开始，杂交水稻的年种植面积约占水稻总播种面积的一半，而产量则占水稻总产量的 58%，每年因杂交水稻技术增产的粮食可养活 7 000 多万人口，相当于一个人口较多的省份。由此可见，发展杂交水稻为保障我国的粮食安全做出了巨大的贡献。

　　杂交水稻技术是全国杂交水稻研究协作组广大科技工作者的智慧与劳动的结晶。为了推广普及这一技术，1986 年，我们编写了《杂交水稻育种栽培学》，较为全面地概括了当时的主要研究成果和应用技术。但是，现代科技迅猛发展，各项技术日新月异，杂交水稻技术也不例外。从 1986 年以来，我国已完成两系法杂交水稻研究，并在超级杂交稻研究方面取得了重大突破，杂交水稻的分子育种也取得了重大进展。为此，重编一部新的杂交水稻专著是广大杂交水稻工作者的普遍要求。

　　《杂交水稻学》是一本能比较全面、比较系统地反映当前杂交水稻最新研究成果的科学著作。书中除了保存杂交水稻经典技术的一些精华部分以外，着重从理论和方法上阐述了两系法杂交水稻、超级杂交水稻、杂交水稻分子育种以及繁殖、制种、栽培方面的新技术。对广大农业科技工作者和农业院校的师生都有一定的参考价值。

　　本书由从事杂交水稻科研、生产和教学人员共同编写，涉及学科较多，可能在某些方面还不深入，而且由于我们的写作水平有限，难免有不足甚至错误之处，希望广大读者不吝批评指正。

　　本书的编写和出版得到了国家杂交水稻工程技术研究中心、湖南省农业科学院、湖南农业大学、湖南省农业厅和中国农业出版社的大力支持，同时，万宜珍女士作了不少具体事务性工作，在此一并致谢！

编者

2002 年 7 月 10 日于长沙

目录

第一章

水稻杂种优势

第一节　杂种优势的概念

1.1　杂种优势现象

杂种优势（Heterosis）是指两个遗传性不同的亲本杂交产生的杂种一代，在生长势、生活力、抗逆性、产量、品质等方面优于其双亲的现象。将杂种第一代这种超亲现象应用于农业生产，以获得最大的经济效益，称为杂种优势利用。

杂种优势现象，早在 2000 年以前，中国古代观察到马、驴杂交产生骡子这一事实就已发现。20 世纪二三十年代，美国采纳玉米遗传育种学家琼斯（Jones D.F.，1917）的建议，开展玉米双交种育种工作，将杂交玉米推广面积达到全美玉米播种面积的 0.1%（约 3 800 hm^2），开创了（异花授粉）植物杂种优势利用的先河。史蒂芬斯（Sterphens J.C.，1954）利用西非高粱和南非高粱杂交选育出高粱不育系 3197A，并在莱特巴英 60 高粱品种中选育出恢复系，利用"三系法"配制高粱杂交并在生产上应用，为常异花授粉作物利用杂种优势开创了典范。1964 年袁隆平开始水稻杂种优势利用研究，1973 年成功地实现了"三系配套"，育成了南优 2 号等组合并在生产上推广应用。从而明确了除异花授粉作物和常异花授粉作物外，自花授粉作物也有强大的杂种优势。

水稻杂种优势利用的研究始于 19 世纪。1926 年，美国的琼斯（Jones J.W.）首先提出水稻具有杂种优势，从而引起了各国育种家的重视。此后，印度的克丹姆（Kadem B.S.，1937）、马来西亚的布朗（Broun F.B.，1953）、巴基斯坦的艾利姆（Alim A.，1957）、日本的冈田子宽（1958）等都有过关于水稻杂种优势的研究报道。科学家对水稻杂种优势利用的研究，首先是从不育系的选育开始的。1958年，日本东北大学的胜尾清用中国红芒野生稻与日本粳稻藤坂5号杂交，经连续回交后，育成了具有中国红芒野生稻细胞质的藤坂5号不育系。1966年日本琉球大学的新城长友用印度春籼钦苏拉包罗Ⅱ与中国粳稻台中65杂交，经连续回交后，育成了具有钦苏拉包罗Ⅱ细胞质的台中65不育系。1968年，日本农业技术研究所的渡边用缅甸籼稻里德稻与日本粳稻藤坂5号杂交，育成了具有缅甸里德稻细胞质的藤坂5号不育系。但是，这些不育系均未能在生产上应用。1970年，袁隆平的助手李必湖和冯克珊从中国海南岛崖县普通野生稻群落中，找到了花粉败育型不育材料。1972年，江西、湖南等省采用这一材料育成了珍汕97、二九南1号等不育系及其保持系；1973年，广西、湖南等省（自治区）用测交方法先后筛选出IR24强恢复系，成功地实现了"三系"配套。从此，自花授粉作物水稻杂种优势在生产上的利用成为现实。中国杂交水稻普遍表现出强大的杂种优势，比主栽常规品种增产20%左右，产生了巨大的经济效益和社会效益。

1.2 杂种优势的衡量指标

杂种优势既是生物界中的普遍现象，又是一种复杂的生物现象，其表现形式是多种多样的，有正向优势，也有负向优势。杂种一代性状超过亲本时称为正向优势，低于亲本则称负向优势。由于人类的要求与植物本身的需求不完全相同，有些对植物来讲是正向的优势，对人类要求来讲，却是负向优势。

为了便于研究、评价和利用杂种优势，需要对杂种优势的大小进行测定。杂种优势可以从不同的角度进行评价，常用的杂种优势衡量指标有以下几种。

1.2.1 平均优势（V）

杂种第一代某一经济性状测定值偏离双亲平均值的比例：

$$V = \frac{F_1 - MP}{MP} \times 100\%$$

式中 F_1 为杂种一代平均值，MP 代表双亲平均值，即 $MP = \frac{P_1 + P_2}{2}$，F_1 与平均数差异越大，优势越强。

1.2.2　超亲优势（V）

杂种一代某一经济性状偏离最高亲本同一性状值的比例：

$$V = \frac{F_1 - HP}{HP} \times 100\%$$

式中 F_1 为杂种一代平均值，HP 为高亲本值。

1.2.3　竞争优势（对照优势，V）

杂种一代某一经济性状值偏离对照品种或当地推广品种同一性状值的比例：

$$V = \frac{F_1 - CK}{CK} \times 100\%$$

式中 F_1 为杂种一代平均值，CK 为对照品种值。

1.2.4　相对优势

$$hp = \frac{F_1 - MP}{1/2(P_1 - P_2)} \times 100\%$$

式中 F_1 为杂种一代平均值，P_1、P_2 为两亲本值，MP 为双亲平均值。

$hp = 0$，无显性（无优势）；$hp = \pm 1$，正、负向完全显性；$hp > 1$，正向超亲优势；$hp < -1$，负向超亲优势；$1 > hp > 0$，正向部分显性；$-1 < hp < 0$，负向部分显性。

1.2.5　优势指数

$$a_1 = \frac{F_1}{P_1} \qquad a_2 = \frac{F_2}{P_2}$$

式中 a_1、a_2 分别代表某一性状两亲本的优势指数。优势指数高，说明杂种优势大，反之则优势小。a_1、a_2 差异大时，互补后杂种出现的杂种优势亦可能较大。

上述各种指标对分析杂种优势都有一定的价值，但是要使杂种优势应用于大田生产，不仅杂种一代要比其亲本具有优势，更重要的是必须优于当地推广的良种（对照品种）。因此，对竞争优势的衡量更具有育种意义。

杂种优势与双亲基因型的关系密切，不同亲本配组 F_1 杂种优势强弱不同。Sprague 和 Tatun（1942）在对玉米的研究中首次提出了配合力的概念。配合力包括一般配合力和特殊配合力。前者是指一个纯合亲本在一系列杂交组合中性状的一般表现，决定于基因型中的加性效应；后者是指某一特定组合 F_1 实测值与其双亲一般配合力得到的预测值之差，决定于基因型中的非加性效应。利用一般配合力高的亲本配组，往往可获得特殊配合力高、杂种优势强的 F_1 代。Wu（1968）率先对水稻有关性状进行了配合力估测。此后，国内外学者对不同的水稻品种类型进行了一系列的配合力研究，对水稻杂种优势利用和常规杂交育种选择亲本均具有一定的指导作用。

1.3　杂种优势的表现

杂交水稻在许多性状上存在明显优势。在外部形态、内部结构和生理等方面均有显著表现。从经济性状上分析，杂种一代的优势主要表现在营养优势、生殖优势、抗性优势和品质优势等方面。

1.3.1　营养优势

杂种一代生长势旺盛，营养优势强。杂交水稻和常规水稻相比，其营养优势主要有如下几种表现：

1.3.1.1　种子发芽快，分蘖发生早，分蘖力强　湖南农学院测定南优 2 号及其亲本种子发芽速度，以南优 2 号最快，不育系最慢。上海植物生理研究所观察表明，南优 2 号、南优 6 号作一季稻栽培，在播后 12 d 就开始分蘖，比父本提早 6~8 d。广西农业科学院调查南优 2 号、保持系二九南 1 号、恢复系 IR24 和对照品种广选 3 号在相同条件下的最高苗数，南优 2 号达 28.25 万株，比其余三个品种增加 1.9 万~8.3 万株。

1.3.1.2　根系发达，分布广，扎根深，吸肥能力强　据湖南省农业科学院和上海植物生理研究所测定，南优 2 号与亲本及常规良种相比，在发根数和根重方面都有明显优势。武汉大学对 4 个杂交水稻及其亲本进行根系生长、呼吸代谢特点的研究，发现 4 个组合的根系重量、体积具有超亲优势，抽穗至灌浆期根系蛋白质的含量出现一个峰值，杂种根系在长度、直径、侧根及表层根发生上兼有双亲特征，杂种比亲本生长量高。

1.3.1.3　植株较高，茎秆粗壮，抗倒性强　杂交水稻的株高普遍具有明显的杂种优势，江西省农业科学院对 29 个杂交水稻组合进行了测定，结果表明 27 个组合有正向杂种优势。广西农业科学院分析了汕优 2 号和常规品种包选 2 号的茎秆性状，发现汕优 2 号从第 1 节间至第 6 节间粗及壁厚均大于包选 2 号，表现出明显的优势。

1.3.1.4　单株绿叶多，叶片厚，冠层叶面积大　这些特征为制造较多光合产物提供了有利条件。据武汉大学（1977）测定，南优 1 号在抽穗期和成熟期单株叶面积分别为

6 913.5 cm² 和 4 123.8 cm²，而 IR24 仅 4 354.3 cm² 和 2 285.1 cm²。

1.3.2　生殖优势

巨大的营养优势为生殖生长打下了良好的基础。杂种一代繁殖力强，生殖优势显著，具体表现为穗大粒多，粒大，产量高。

1.3.2.1　穗大粒多，大穗优势明显　杂交水稻表现穗大粒多，能较好地调和大穗与多穗的矛盾，在每公顷有效穗数约 270 万穗的情况下，每穗总粒数一般可达 150 粒，多的达 200 粒。据江西省农业科学院调查，29 个杂交水稻组合中，有 89.65% 的组合每穗粒数表现正向优势。四川省农业科学院对中国近几十年来不同栽培品种穗粒结构的分析表明，20 世纪 60 年代矮秆品种比 50 年代高秆品种增产 31.3%～98.5%，每穗粒数和粒重相差甚微，主要是穗数前者比后者多 67.5%～77.7%。70 年代杂交水稻比矮秆品种增产 11.2%～32.1%，主要是每穗粒数增加了 18.0%～30.9%，千粒重也高了 9.2%～12.0%。故杂交水稻的产量优势是在一定穗数的基础上通过大穗优势来实现的（表 1-1），亚种间杂交组合，穗大粒多的优势更为突出。朱运昌（1990）观察了 44 个亚种间组合，每穗 180 粒以上的有 33 个，占 75%，200 粒以上的有 25 个，占 56.28%，250 粒以上的有 9 个，占 20.45%。

表 1-1　杂交中稻和常规中稻的穗粒结构比较（中国农业科学院等，1991）

品种类型（统计年份）	有效穗/（万穗/hm²）	实粒数（粒/穗）	千粒重/g	产量/（kg/hm²）
高秆品种（1962—1963）	162～231	83.6～113.1	25.0～26.6	3 457.5～5 572.5
矮秆品种（1964—1965）	288～387	85.8～113.5	23.5～25.1	6 772.5～7 320
杂交中稻（1976—1979）	237～298.5	112.3～133.9	26.0～28.1	7 533～9 672

1.3.2.2　粒大，千粒重高　杂种一代的粒重普遍超过亲本。曾世雄（1979）研究了 34 个品种间组合的杂种优势表现，有 23 个组合超过了大值亲本，31 个组合超过双亲平均值。据江西省农业科学院对 400 个杂交水稻组合的粒重分析，67.75% 的组合表现正向杂种优势。

1.3.2.3　籽粒产量高　由于杂交水稻不仅具有明显的营养生长优势，而且每穗粒重也具有优势，从而奠定了高产的基础。江西省农业科学院对 29 个杂交水稻组合的测定结果表明，28 个组合表现产量超亲优势，其中 18 个组合增产达显著标准。所有组合都表现出竞争优势，平均优势达 35.53%。广西农业科学院测定了 53 个组合，平均优势率 37.6%，超亲优势率 28.4%。印度 Manuel 等（1989）测定了 15 个杂种的 9 个性状，所有性状都有相对优势，产量优势最高的组合达 46%。诸多研究报道表明，杂种产量优势幅度为 1.9%～157.4%，产量超亲优势幅度为 1.9%～386.6%。目前推广的强优杂交组合，产量水平一般比常规品种高。而近年来国内育成的籼粳亚种间组合则在现有大面积推广的强优组合的基础上又前进了一大步，其产量优势更明显。如中国水稻研究所育成的亚种间组合协优 413 连作晚稻栽培比汕优 10 号增产 14% 以上。

1.3.2.4　生育期延长　生育期一般表现数量性状的遗传，受双亲生态型的影响较大，故变异较大。潘熙淦（1981）分析了 550 个不同类型的野败杂交组合及双亲的生育期，结果表明，野败 A× 籼稻类型组合，杂种熟期大致为双亲中间值，优势指数接近 1.0。但由于杂种穗大粒多，库容量大，往往灌浆期较长。因此，全生育期比亲本平均为长。亚种间杂交水稻的生育期超亲现象更为明显。宋祥甫等（1990）分析了 9 个籼粳交组合的全生育期，其中有 7 个组合分别比对照汕优 63 长 15～28 d。

1.3.3　抗性优势

由于杂种在生长势方面有优势，因此，抵抗外界不良环境条件的能力和适应环境条件的能力往往比亲本强。研究表明，水稻、玉米、油菜等作物的杂种一代在抗倒、耐旱、耐低温、耐瘠薄等方面都表现出优越性。

杂种一代的抗病性取决于抗性遗传的特点。如果是多基因抗性，具有数量遗传的特点，抗病亲本和感病亲本杂交，F_1 呈中间型或倾向抗性亲本，但也有表现多样性的。如果是单基因抗性，具有质量遗传的特点，F_1 抗性表现取决于亲本抗性基因的显隐性。稻瘟病和水稻白叶枯病的抗性基因大多为显性基因，但也有隐性基因。湖南农学院郴州分院分析了 224 个杂交组合和亲本的稻瘟病抗性，结果表明，102 个组合 F_1 抗性表现显性，31 个组合表现隐性，15 个组合表现不完全显性，18 个组合 F_1 抗性出现新的类型。

杂交水稻还具有较强的适应性。杨聚宝等（1990）在两个季节（雨季和旱季），分三种施氮水平（0，60 kg/hm^2 和 120 kg/hm^2）下种植 140 个杂交水稻组合，均表现有产量优势。在 1980—1986 年由印度、马来西亚、菲律宾、越南等国组成的杂交水稻国际联合试验中，最高产量为 4.7～6.2 t/hm^2，对照优势为 108%～117%。

1.3.4　品质优势

汤圣祥（1987）分析了 47 个不同籼、粳杂交水稻组合的蒸煮和食用品质，发现中国多数杂交水稻直链淀粉含量较高，胶稠度硬，糊化温度和籽粒伸长率中等；多数粳型杂交水稻直链淀粉含量低，胶稠度软，糊化温度低。从总体上看，籼、粳杂交水稻的蒸煮和食用品质优于当时种植的早稻，与中晚稻相近。刘宜柏等（1990）分析了 30 个杂交一代的籽粒蛋白质含量，结果表明多数组合介于双亲之间，接近双亲平均值，表现为正向不完全显性，但亦有 20% 的组合表现为正向超亲优势。组合不同，品质优势表现不同，据陈克成（1991）研究，在汕优和威优两个杂交水稻系统中，除威优 64 外，其余 9 个组合均表现为正显性或正超显性优势。需要说明的是，杂交水稻的籽粒实际上是 F_2，因此将其作为 F_1 在理论上值得商榷，但在商业意义上，还是可参考的。

1.4　杂种二代及以后各代的杂种优势

杂种优势主要表现在 F_1，从 F_2 开始便发生性状分离，F_2 群体内的个体间差异很大，生长不整齐。另外，由于 F_1 自交，F_2 增加了纯合基因的个体数，出现了部分类似亲本的类型，在生长势、抗逆性和产量等方面均比 F_1 显著下降，从而出现优势逐代衰退现象。因此，F_2 及以后各代在生产上一般不再利用。其 F_2 优势降低的程度可用下式进行估算。

$$F_2 \text{优势降低率}（\%）= \frac{F_1 - F_2}{F_1} \times 100\%$$

F_2 较 F_1 优势降低的程度，因亲本性质（即双亲遗传差异的大小）、数目和具体杂交组合而不同。如玉米杂交种，双亲遗传差异越大，亲本纯合程度越高，亲本数目越少，则 F_1 的优势就越大，F_2 的衰退现象也越明显。据中国农业科学院作物育种栽培研究所试验，玉米品种间杂交种的 F_2 比 F_1 减产 11.8%，双交种的 F_2 比 F_1 减产 16.2%，单交种的 F_2 比 F_1 减产 34.1%。虽然 F_2 比 F_1 减产，但 F_2 也不是绝对不能利用。像玉米、烟草、棉花、水稻等，若 F_1 的繁育制种工作暂时还不能满足生产上对杂种一代种子的需要，同时又证明 F_2 的产量仍高于当地推广的良种时，F_2 也暂可使用，如用配子体不育系配制的水稻杂交组合。但用孢子体雄性不育系配制的水稻杂交种，因 F_2 会出现不育株，杂种二代不能使用。

第二节　杂种优势的形态基础

水稻从稻谷播种萌芽开始，经过分蘖、拔节、孕穗、抽穗、开花、结实等一系列生长发育阶段，直到形成新的籽实，这个全过程叫作水稻的生活史。杂交水稻作为一种新的遗传类型完成它的生活史，亦以其根、茎、叶、花、籽实等器官的组成为表现。那么在这一系列生长发育阶段，杂交水稻在外部形态上的各项特征是否有别于常规稻或优于常规稻？研究结果是肯定的。这些差别或变化的发生和发生时期，以及变化的程度，都与杂种优势有关。因此，利用和控制遗传和环境因素，再满足、巩固和发展这些性状，便构成了水稻杂种优势的形态基础。

2.1 根的形态和解剖结构

2.1.1 根的形态

杂交水稻具有强大的根系。其根系属须根系，根据发根的部位不同，可分为种根和不定根。由种子的胚根直接发育而成的称为种根，只有一条，它在幼苗期起着吸收的作用。杂交水稻的种根，一般比亲本和常规品种的要粗壮。不定根是从茎的基部各节由下而上依次发生的。根据其不同的生长情况，在栽培上又分为芽鞘节根和冠根。

从芽鞘节上长出的根，叫芽鞘节根。这些根短白粗壮，形似鸡爪，俗称"鸡爪根"。

从茎节上长出的根叫冠根。当芽鞘节根长出以后，随着生育的进展，在每一节上发生大量的冠根。稻株吸水、吸肥主要靠这些根。所以，冠根是构成根系最主要的部分。一般冠根是向下方或斜下方延伸的。其伸出方向同茎的角度，随节位上升而增大。接近伸长节间的节位根，几乎是向上伸的，而且分枝较多，这些冠根又称为"浮根"。据福建农学院研究报道，在灌溉条件下，杂交水稻四优 2 号和汕优 3 号的"浮根"，是在主茎上有 11 片叶时开始发生的，分布在表土 4 cm 内，并随生育进展而逐渐增多，密成网状。多数根为五次根，根的直径可达 2 mm。而常规品种红 410 在相同条件下，"浮根"少，多数根为二三次根，根的直径为 1.1 mm。一般认为，"浮根"的发生是对土壤氧气不足的一种适应，它除了能吸收水、肥外，还可以吸收氧。杂交水稻在灌溉条件下比常规品种的"浮根"多，表明它较能适应氧气不足的环境条件，并具有较强的吸收养分和水分的能力。因此，杂交水稻在耕层较深的稻田里生长良好，产量较高。在一般情况下，地上茎各节不产生根，只有当稻秆倒伏在水中或潮湿的地面时，地上茎的节上也产生不定根，这种根又叫气根。

2.1.2 根的解剖结构

杂交水稻根的解剖结构一般与常规水稻的相同，由表皮、皮层和中柱三部分构成。

2.1.2.1 表皮 表皮是根最外层的一层细胞，寿命较短，当根毛枯死后，往往解体而脱落，老根就是这样。

根上有根毛，根毛是特定的根表皮细胞生出的毛状突出物。据研究，近根尖的表皮细胞，有的富含核糖核酸，有的缺乏核糖核酸，前者生长快，后者生长慢。在根的伸长区末端，能明显地看出根的表皮有长、短两种细胞的区分，并在短细胞靠近根尖的一端开始形成乳头状的根毛突起，根毛就这样逐渐形成。根毛长度一般为 0.1 ~ 0.15 mm，特别长的为 0.25 mm，直径为 0.01～0.013 mm。水稻根毛的形成与土壤环境条件，特别是土壤内的氧气条件关系密切，氧气充足时，形成的根毛就多，否则根毛就少，甚至不形成根毛。在淹水条件下，一般根毛较少或没有根毛。

2.1.2.2　皮层　皮层的最外层为外皮层。外皮层中有一环很明显的厚壁组织，起机械支持作用。当根老化表皮消失时，外皮层就木栓化而成为保护组织。外皮层之内是多层的薄壁细胞，由内向外、由小到大作放射状有规律的排列。当根长成后，这些原来呈辐射状排列的细胞群，相互分离，其中有一部分细胞解体，形成气腔。从横切面看，这些气腔之间，被一些离解的皮层薄壁细胞及其残余胞壁所构成的薄片所隔开。根的气腔与茎、叶的气腔相通，形成良好的通气组织，供应根呼吸所需要的氧气，所以水稻能适应湿生环境。但三叶期以前的幼苗，通气组织尚不发达，所需的氧依靠土壤供给，因此，播种发芽后到三叶期以前，土壤宜保持干湿状态，以利于根系发育。皮层的最内层为内皮层，其细胞壁五面增厚，在横切面上呈马蹄形，所以不易透水通气。只有少数分散出现在一定部位并通过细胞保持着薄壁状态，可让水分通过。

2.1.2.3　中柱　中柱主要由木质部和韧皮部组成，是根的主要输导组织。水稻的中柱是多原型，木质部有 6～10 束呈放射状排列。在老根的中柱内，除韧皮部外，所有的组织都木栓化增厚，因而整个中柱既保持着输导的机能，又有坚强的支持、固定作用。

稻根的分枝与麦根不同，如小麦的根只有一次分枝根，而水稻可以在分枝根上再长出分枝，即有第二次分枝根。第二次分枝根的皮层和中柱极度退化，主要起吸收的作用。分枝根的产生，先是从老根中柱鞘的 2～5 个细胞增大分裂形成圆锥状的分枝根原基，之后，这个原基细胞分裂伸长，突破内皮层、皮层而伸出外面，形成了分枝根。杂交水稻的分枝根比较多，吸收面大。所以，吸水、吸肥的能力也较强。

稻根对水、肥的吸收因根的部位不同而异。分生区和伸长区的前端呼吸旺盛，吸收养分也旺盛，其后渐减；根毛区是水分吸收最旺盛的部位，其后渐减。根毛区向上就是分枝根发生的部位，这个部位的组织已老化。因此，它本身失去了吸收养分和水分的能力。

2.2　茎的形态和解剖结构

2.2.1　茎的形态

稻茎呈圆筒形，中空，直立生长于地面上。节上着生叶和芽，节与节之间称为节间。单株茎秆上的节间数、长度、粗度因品种或杂交组合不同而异。一般杂交水稻的茎节数 14～15 节，也有多达 16 节的。早熟组合和早熟品种的节数较少，迟熟组合和迟熟品种的节数较多。

基部茎节密集，通称分蘖节，地表面有伸长节 4~6 个，因栽培条件不同也有差异。茎节在生育初期伸长很慢，到幼穗形成后急剧伸长。茎秆伸长称为拔节，拔节后，茎秆基部由扁变圆，俗称"圆秆"，到开花期，茎秆伸长达到最高的高度。稻穗完全抽出剑叶叶鞘，穗颈节可露出在剑叶叶枕之上。但杂交水稻不育系（如 V20A）的稻穗由于遗传学和细胞学的原因，常不能顺利伸出剑叶叶鞘，抽穗时甚至有 1/3 长度的稻穗藏在剑叶叶鞘内，不能正常开花和接受恢复系的花粉，以致制种的产量不高。杂种一代稻株由于不育系的影响，也存在不同程度的包颈现象。研究表明，这种包颈现象只要适时、适量施用 GA_3 是可以克服的。

2.2.2　茎的解剖结构

2.2.2.1　节的构造　节的内部充实，表面隆起。节的薄壁细胞充满原生质，生活力旺盛，比其他部分富含糖分和淀粉，使节部成为出叶、发根和分蘖的活力中心。所以，节的大小与机能直接影响到其他器官。入土茎秆上部的节径较大，它的根点多而粗，着生的分蘖和叶均较大；而下部节径较小，长出的根少而细，叶和分蘖也小。杂交水稻的茎节较粗，因此，它长出的根、叶和分蘖都比常规品种和恢复系的要强大、粗壮一些。

节的内部构造可分为表皮、机械组织、薄壁组织和维管束等部分。外表为表皮，由一层排列紧密的细胞所组成，细胞壁很厚，与其内侧机械组织相连，共同保护着内部的薄壁组织。维管束分布在薄壁组织中，由于通向叶、节间和分蘖的维管束都在节内汇合分出，因而节的构造非常复杂。在节的中心是由薄壁细胞组成的髓部，在与其上下节间中心腔的分界处，具有一层胞壁肥厚的石细胞层，起机械支持作用。

2.2.2.2　节间的构造　稻茎节间外部有纵沟，内部中空为髓腔。节间上部坚牢，下部柔软。每个节间下部都有居间分生组织，由叶鞘包围并保护着。节间上部组织先分化成熟，基部分生组织到拔节抽穗后才停止活动，不再分裂，此时节间便停止生长。杂交水稻的不育系（如V20A），由于遗传的原因，节间基部居间分生组织分裂不旺盛，而且细胞不易伸长，因而穗颈下节的节间较短，造成包颈现象。经湖南师范大学生物系的显微观察，发现 V20A 的居间分生组织的细胞分裂是以无丝分裂方式进行细胞增殖的，并认为在穗颈下节居间分生组织的起始分裂期，施用适宜浓度的 GA_3 溶液，可以促进居间分生组织细胞的无丝分裂和伸长，从而能克服包颈现象，提高结实率。

节间的横切面可分为表皮、下皮机械组织、薄壁组织和维管束等部分。

（1）表皮　位于最外层，表面为蜡质薄层并散布有钩状和针状的茸毛，称表皮毛。表皮由一层细胞组成，排列紧密，有长短两种细胞，交错纵列，短细胞的壁一部分木质化或硅质化，其硅酸沉积于细胞壁的多少，与茎秆强度有关。表皮具气孔。

（2）下皮　又称下皮机械组织，位于表皮之内，通常由几层细胞组成，相互连接成环状。细胞壁厚并木质化，细胞腔小，细胞成熟时变成死细胞，有强韧的支持力，为机械组织。下皮发育不全，是茎秆倒伏的原因之一。

（3）薄壁组织　下皮以内为薄壁组织，由20多层薄壁细胞组成。细胞比较大，靠外的薄壁细胞含叶绿体，能进行光合作用。有些细胞还含有红色或紫色的色素，因而有的茎秆呈红色或紫色。茎内的淀粉主要贮藏在薄壁细胞内。在薄壁组织之间还分布有许多大型气腔，在横切面上排成一圈，而且各间通气腔的形态不同。

（4）维管束　维管束相对排列成两轮，外轮维管束较小，贴近机械组织或嵌入其中；内轮维管束较大，分布在薄壁组织中。气腔则位于两轮维管束之间，与维管束相间排列着。据湖南师范大学生物系的观察，随着节位的升高，节间维管束的数目依次减少；杂交水稻的茎较粗。因此，每节维管束的数目也相应地比常规稻多。

节间的中心部分，在发育初期就已破坏，形成一个大腔，称为髓腔。髓腔愈大，茎壁愈薄，植株抗倒力愈差。气腔、原生木质部腔隙和髓腔，都有输导空气的作用。

据武汉大学生物系利容千（1982）等观察，杂交水稻茎的节间，表皮下的厚壁细胞比其三系同一节间表皮下的厚壁细胞，常增多1~2层，内外两轮维管束鞘的厚壁细胞亦增厚一些。其第2节间和第3节间构造，除了有部分植株茎的节间突出成梭，内轮维管束鞘厚壁组织和胞间隙较发达之外，还有部分茎的节间构造与第1节间相似，外轮维管束鞘厚壁组织特别发达，左右两翼发育延伸连成筒状，维管束分化程度也较低，基本组织发达，细胞形小致密，因而茎组织厚度大，其茎秆比三系的茎秆粗壮。

杂交水稻茎的第1节间基本组织中，贮藏的淀粉粒量特别少，颗粒也小。而在第2、第3节间则不见淀粉粒。不育系第1~3节间淀粉粒的贮藏量最多，颗粒也较大；保持系和恢复系茎节间淀粉粒数量少，颗粒小，第3节间就更少或没有，处于杂交水稻与不育系之间的中间状态。

2.3　叶的形态和解剖结构

2.3.1　叶的形态

叶互生，排列成两行，叶片呈条状或狭带形，平行叶脉。但稻种发芽时，最先出现的是芽鞘（鞘叶），芽鞘无主脉。从芽鞘内继而出现的是一片只有叶鞘而无叶身的不完全叶，以后才顺次长出有叶鞘和叶身的完全叶。不完全叶和完全叶都称"真叶"，是水稻的主要光合器官和贮藏器官。一片完全叶由叶鞘、叶片（叶身）、叶枕和叶耳、叶舌等部分组成。

叶鞘包围着茎秆，中间厚而两边薄，边缘呈不完全叠合状态，起保护、输导和支持作用。叶鞘含有叶绿素，能进行光合作用制造养分。叶片和叶鞘制造出的养分，也可积存在叶鞘中。所以，叶鞘是稻株主要的贮藏器官之一。叶鞘基部包围茎节的鼓起部分称为叶节。

叶片（又称叶身）着生在叶鞘的上端，是制造养分的主要器官。光合、呼吸、蒸腾等生理过程的气体进出稻体，主要是通过叶片的气孔。所以，叶片又是稻体内外气体交换的器官，叶片基部与叶鞘连接处称为叶枕（又称叶环）。

叶枕内面有从叶鞘内表皮上伸长的膜片，称为叶舌。它的作用主要是封闭着茎秆和叶鞘间的缝隙，保护茎的幼嫩部分不致失水，同时防止雨水等顺着叶面流下而聚集于叶鞘和茎秆之间。叶枕两侧有从叶片基部分生出的钩状小片，称为叶耳。也有防止雨水浸入叶鞘的作用。叶耳周围有细长纤毛。

2.3.2　叶的解剖结构

2.3.2.1　叶鞘　由表皮、薄壁组织、维管束和机械组织等部分组成。表皮上分布的气孔和薄壁组织中的通气腔相通，这是稻株地上部分向根系输送氧气的主要通道。叶鞘的薄壁组织有暂时积蓄淀粉的功能，积累顺序是由下至上，并先从维管束的周围开始，而后至全体。主茎叶片上的叶鞘积蓄淀粉的能力较分蘖节上的叶鞘更强。

2.3.2.2　叶片的构造　叶片由表皮、叶肉和叶脉三部分组成。表皮由细长的矩形细胞和较小的方形细胞组成，表面有很多小突起，细胞一般都已木质化，其外面还沉积有大量硅酸，使表皮变得坚硬而粗糙，从而具有抵抗病、虫侵入的能力。部分较小的表皮细胞的外壁有针状或钩状的茸毛，一般籼稻叶片的茸毛比粳稻的多。叶片和叶鞘上的气孔与维管束平行而有规律地排列着。气孔的分布依部位的不同而异。接近维管束的地方气孔较多，离维管束越远的地方气孔越少。就各节位来看，叶位越高，气孔越多。同一叶中以先端较多，叶表面比叶背多。在叶片上表皮细胞间，即维管束之间有泡状细胞（运动细胞），起调节稻株体内水分的作用。

叶肉组织内没有明显的栅栏组织和海绵组织的分化，所以是等面叶。叶肉细胞为整齐的纵向排列，内含很多叶绿体，是光合作用的中心机构。

叶脉以中脉为最大，中脉里面有很多维管束排列着，中央有许多大气腔，它与茎、根的通气腔相通，形成一个体内通气系统，从而保证了水稻长期生长在淹水条件下而能获得充足的氧气。在维管束的上下方常具机械组织，把叶肉隔开而与表皮相接。

叶脉两侧有较大的维管束，大维管束间又有若干小维管束。叶片中纵向排列的维管束向叶尖渐次缩小，最后直达叶尖。

叶尖有水孔，它和气孔相似，但构成水孔的两个相对的细胞，其细胞壁没有厚薄的区别，不能起自动调节关闭的作用。所以，水孔经常打开，可以把体内过多的水分排出体外。在早晨和夜间，水稻叶尖有水珠，就是从水孔排出的液滴，这种现象叫"吐水"现象。

杂交水稻的叶片结构与其三系有差异。如杂交水稻的剑叶比其三系的剑叶略宽而厚，表现为其叶肉细胞排列较紧密且层次多，一般叶宽为 1.5~1.6 cm，叶长为 32~36 cm，有 10~11 层叶肉细胞；而水稻三系叶宽多为 1.4~1.5 cm，叶长多为 27~33 cm，叶肉细胞为 8~10 层。在泡状细胞（运动细胞）位置的叶肉细胞，杂交水稻常为 4~5 层，而三系多为 3~4 层。

杂交水稻剑叶叶片中的维管束是以叶肉细胞与下表皮相连的，恢复系有时可见到类似结构，但不育系和保持系则没有发现这种情况，而是以少数薄壁细胞和几个较小的厚壁细胞相连的。杂交水稻剑叶的主脉构造，维管束的大小、数目，以及厚壁细胞的增厚程度，与其三系比较都有一定的区别。

杂交水稻与其三系剑叶主脉左右两边的维管束数虽有差异，但差异不大；同一个品种的不同植株维管束数的差异也不大，但杂交水稻剑叶维管束总数（包括大维管束数）比其三系剑叶维管束总数（包括大维管束数）要多，尤其是主脉的维管束数比其三系要多，并且比较稳定，表现出明显的优势。不育系维管束总数最少，保持系和恢复系则居于中间。杂交水稻的主脉维管束数最多可达 13 个，而其三系主脉维管束数一般为 10~11 个。两者在结构上也存在差异。杂交水稻剑叶的主脉常有几条由二排薄壁细胞排列成分枝状的薄壁组织（薄壁通气组织）横过叶脉上下两端，使维管束相连而成多个气腔。而三系剑叶的主脉，仅有 1~2 条薄壁通气组织连接上下两端维管束，而形成 2~3 个气腔。不育系主脉有时大小相差悬殊，但其维管束数目仍然较少，所以分枝状薄壁通气组织也不多。

2.4　花序的形态和颖花的构造

2.4.1　花序的形态及其组成

稻穗为圆锥花序。穗的中轴为主梗，即穗轴，轴上有穗节，由节着生枝梗，称为第一次枝梗；由此再分出的小枝，称为第二次枝梗；由第一次和第二次枝梗分生出小枝梗，末端着生小穗，即颖花。常规水稻的每个第一次枝梗上通常有 6 个颖花，每个第二次枝梗上多为 3 个颖花。而杂交水稻（F_1）的每个第一次枝梗上有 7 个颖花，每个第二次枝梗上有 4~5 个颖花。常规水稻每个穗轴只有 6~9 个第一次枝梗，12~17 个第二次枝梗；而杂交水稻的穗轴上有多达 14 个第一次枝梗，30 个第二次枝梗。因此，构成了杂交水稻的穗形大，颖花多的特征。通常每个穗节有一个枝梗，是互生的；近穗轴基部的穗节则常有 2~3 个枝梗，为轮生排列。各节都有茸毛，近基部的节上生有退化的变型叶，称为苞。

2.4.2　颖花的构造

颖花由内颖、外颖、鳞片、雄蕊和雌蕊等部分组成。内、外颖相互钩合而成谷壳，保护花的内部和米粒。外颖先端尖锐，称为颖尖，或伸长成芒。颖壳内有雄蕊 6 个，3 个排成一列。花药 4 室，每室成为一个花粉囊，囊内含很多黄色球形花粉粒。杂交水稻的花药，一般比常规稻的花药略长，不育系花药干瘪瘦小，色变淡，呈乳白色或淡黄色。花丝细长，开花时迅速伸长，可达开花前的 5 倍。雌蕊 1 个位于颖花的中央，柱头分叉为二，各成羽毛状。花柱极短，子房呈棍棒状，1 室，内含一胚珠。子房与外颖间有两个无色的肉质鳞片，中有一个螺纹导管。开花时，鳞片吸收水分，使细胞膨胀，约达原来体积的 3 倍，推动外颖张开。

2.5　颖果的形态和解剖结构

谷粒在植物学上称颖果（习惯上称种子）。谷粒外部有内颖、外颖包裹，内外颖的边缘相互勾合，构成谷壳。颖的表皮常有钩状或针状的茸毛，称颖毛。颖内的薄壁组织有维管束纵贯，在外颖上有 5 个，内颖上有 3 个。在内外颖的基部有两片护颖，中间有小穗梗，在谷粒和小穗梗连接处，还有两个副护颖。谷粒长度和形状是数量遗传性状，F_1 的表现介于双亲之间。因此，杂交水稻的谷粒长度和形状也介于恢复系与不育系之间。现在大面积应用的粳型杂交水稻的种子，其长度适中，形状属大粒型，也有适中和细长型的。粳型杂交水稻的种子长度属短粒（5.5 mm 或以下）型。谷粒形状一般变异较少，人们对谷粒长度的要求极不一致，因地区而异，但在世界的高级稻米市场上一般要求细长到适中的形状。去掉内外颖，里面就是米粒。米粒由果皮、种皮、胚和胚乳等部分组成。

2.5.1　果皮和种皮

米粒的最外层是果皮，它是由原来的子房壁老化干缩而成的一薄层。果皮在米粒成熟时含有叶绿素，所以这时的米粒是青色。当米粒成熟后，叶绿素分解消失，果皮一般无色。果皮的内侧是由单一的一层细胞构成的种皮。种皮由原来胚珠的内珠被的内层和珠心残留的细胞组织所形成。种皮一般无色，有些品种的种皮含有红色或紫黑色的色素，因而呈红色或紫色。现有杂交水稻的种子，其种皮和果皮均无色。

2.5.2　胚

胚位于外颖内方的基部，是稻株的原始体，所以是种子的主要部分。它是由胚芽、胚根、胚轴和子叶四部分组成。胚芽外有胚芽鞘包裹，胚根外也有胚根鞘包裹，胚芽和胚根相连接的地方称为胚轴。从胚轴着生一片子叶（盾片），子叶与胚乳连接部分有一层圆筒状的细胞层称为上皮细胞。当种子萌发时，上皮细胞分泌酶类到胚乳中，把胚乳中贮藏的营养物质分解、吸收并转运到胚的生长部位去利用。胚轴与子叶着生点相对的一侧有一小突起，称为外子叶，是子叶退化的遗迹。

2.5.3　胚乳

种皮以内的绝大部分为胚乳，是供食用的最重要的营养部分，也是种子萌发时胚发育所需养分的主要来源。胚乳紧贴种皮的部分是糊粉层。含蛋白质和脂肪较多。靠近胚的一面，糊粉层细胞多为单层，少数有两层，而其相反的一面比较厚，有 $5 \sim 6$ 层。果皮、种皮和糊粉层合称为糠层。糊粉层内侧为含淀粉的淀粉细胞，占米粒的最大部分。这些淀粉细胞以中心线为中心，向四方呈放射状排列。周广洽等（1986）的研究证明，影响胚乳不透明性的主要环境因子是开花后的温度，高温（36 ℃）增加杂交水稻种子的腹白，而低温（21 ℃）则减少或无腹白；同时证明，结实期间，适当的低温（25 ℃至 21 ℃）可增加稻米中的氨基酸含量，有利于改善稻米品质。

2.6　稻株的整体性和各器官的相互关系

稻株是一个整体，各器官之间有着密不可分的关系，对植株各个组成部分逐一论述其形态，只是为了研究方便和对各个部分的组合进行归类，实际上各器官之间从外形上不可能划出明显的界限。任何一个器官遭到破坏，都会引起器官之间的失调，最后导致植株整体不能正常生育。各器官间的相互关系主要表现在以下几个方面。

2.6.1　叶与蘗的关系

由于叶与蘗是由维管束按一定的顺序联结在一起，因此，在生长过程中杂交水稻同样具有 $n-3$ 的叶、蘗同伸关系。除此之外，主茎上的叶片对单株分蘗有明显的影响。福建农学院的试验表明，剪去 1/0 ~ 8/0 中的任意一片叶，单株的总分蘗数减少，剪叶的单株分蘗数只有不剪叶的 83% ~ 90%。但剪去 9/0 以上的任意一片叶，则对分蘗影响较小。

2.6.2 叶与茎秆的关系

叶对茎秆的发育有影响。试验证明，剪去 8/0 以上的主茎叶片，能使第一至第五节间变短。保留的叶片数（指 9/0 叶以上）愈少，节间变短的现象愈严重。此外，剪去 8/0 以上的叶片时，地面 1/0~5/0 节间单位面积的干重（g/cm^2）降低。

2.6.3 根与叶的关系

稻株各节不定根的发生与出叶具有密切的相关性。根从下部节向上部节以一定的周期陆续不断地出现和伸长，而且其周期与出叶周期相同。一般某一节的发根期与其上第三节的出叶期相当。例如，将一株 6.1 叶龄的稻苗根全部切除，进行水培，3 d 后，观察各节位的发根状态，发现第三节发出了 3 条根，第四节发出了 12 条根，第五节发出了 5 条根，共发根 20条。其中以第三节的根最短（0.2~0.5 cm），第四节的根最多，而且最长。表明第四节的根与第七叶具有同伸关系。根、叶的这种同伸关系是受各节位叶鞘内的淀粉消长所支配的。测定不同生育期各叶鞘还原糖的含量表明，均以心叶下的第三叶鞘的淀粉含量最高。所以，当最上叶片（心叶）生长时，由于下数第三叶鞘淀粉含量高，发根的物质来源丰富，因而发根多而快。如心叶以下的第三叶受光不多，同化作用削弱，则发根就会受到影响。这充分体现了叶与根的密切关系。

2.6.4 根、叶与结实器官的关系

营养器官与结实器官的关系更为明显，营养器官生长不良，不可能有良好的生殖器官。例如根、茎、叶生长不良，就不可能形成大穗。剪根试验证明，任何时期剪根，对结实率都有影响。后期剪叶，能直接降低粒重，增加每穗的秕粒数。总之，要想获得理想的产量，必须注意各器官的协调生长和植株的整体性。

第三节　杂种优势的生理生化基础

杂交水稻根系发达，吸收能力强，叶绿素含量高，光合作用特性好，养分利用率高，物质运转速度快。换言之，杂交水稻具有"源"（source）多"库"（sink）大的特点，在适宜的温光条件和栽培措施配合下，经济产量便显示出强大的优势。为此，人们对杂交水稻进行了大量生理生化水平的研究，这些研究对于揭示杂种优势的本质具有重大意义。

3.1 根系机能与养分吸收

杂交水稻和常规水稻品种比较，具有根系发达、吸收和合成能力强、功能旺盛的特点。

3.1.1 发根能力

优良组合的杂交水稻发根力强，根量大。上海植物生理研究所（1977）曾比较杂交水稻与普通水稻秧苗的发根力［发根力 = 发根数 × 根长（cm）］，结果表明，杂交水稻南优 3 号的发根能力较父母本和普通水稻品种都显著更强。杂交水稻不仅发根力强，而且在土壤中的分布密度在各生育期都显著高于常规稻，浮根的生长量和活力，根系的有氧呼吸和能量代谢水平具有明显的优势（杨肖娥，1986）。据广西农学院 1976 年调查，南优 2 号比珍珠矮 11 每株地上部干重多 11.1 mg，白根数多 2.9 条，根干重多 3.02 mg。

3.1.2 根系的吸收能力

3.1.2.1 根系的伤流强度　根系的伤流强度可说明根系生理活动的强弱和根系有效面积的大小，是反映水稻根系活动的指标之一。湖南农学院（1977）在幼穗分化期、乳熟期及成熟期测定根系伤流强度，结果表明杂交水稻的伤流量要比常规稻种强，如南优 2 号分别为 3.07 mg/株·h、8.24 mg/株·h 和 6.70 mg/株·h；其恢复系 IR24 则分别为 1.78 mg/株·h、4.56 mg/株·h 和 4.30 mg/株·h；杂种的伤流量明显较其父本为大，其他几个杂交组合亦有相同趋势。威优 64 在秧苗期和乳熟期根系的伤流量分别为 148.5 mg/株·h 和 900 mg/株·h，而测 64-7 仅分别为 116.3 mg/株·h 和 700 mg/株·h，杂种比父本分别高 27.7% 和 28.6%（孙宗修等，1994）。

3.1.2.2 根系活力　湖南农学院化学教研组（1977）用叶片老化指数（第 3、第 4、第 5 叶的叶绿素含量平均值与剑叶叶绿素含量的比率）测定南优 2 号及其亲本三系的根系活力表明，叶片的老化指数与根的活力有高度的正相关，杂种比三系亲本的根系活力要大。南优 2 号无论在孕穗期还是在乳熟期，其根系的活力都要比亲本高，虽然到乳熟期活力有所下降，但和恢复系、不育系比较，下降幅度也不是很大，这点说明杂交水稻后期根系的衰老要比亲本三系来得慢。

湖南农学院（1977）用 α-萘胺法直接测定根系的氧化能力也表明，杂交水稻根系的总氧化能力，要比常规品种高。南优 2 号在乳熟期的氧化值要比常规品种广余 73 高 80%［α-萘胺氧化值是指单位样品重量（g）每小时氧化 α-萘胺的微克数，其数值的大小，反映根系活力的强弱］。一般说来，杂交水稻根群发达，又是单株或双株种植。因此，根系活力远比常规品种强大，充分显示了杂交水稻在根系发育上的强大优势。但是，从水稻的生理分析看，根系常比叶片老化快，杂交水稻是根多叶茂，这是一个很重要的特点，也是杂交水稻的一个增产潜力，在生产上要注意地上部分和地下部分的均衡生长，以维持较高的光合效率和物质运输功能。

3.1.2.3　根系对氮、磷、钾的吸收　杂种一般耐肥性较强，根系吸收矿物质营养肥料的能力比常规品种强，在单株氮吸收速率上表现出明显的氮吸收优势。陆定志（1987）对不同叶龄期（3叶、4叶、5叶）的单株氮吸收速率进行杂种优势分析的结果表明，杂交水稻的超亲优势分别达到14.8%、18.3%和22.1%，随着植株生育的进展，氮吸收速率有加强的趋势。

杂种对磷的吸收也表现出优势，且综合了双亲的优点。和常规稻比，杂种从播种至成熟的各个时期对磷的吸收能力均较强。据湖南省土壤肥料研究所研究，威优6号作晚稻种植，在分蘖初期至分蘖盛期，齐穗期至成熟期P_2O_5的吸收率分别为12.14%和54.33%，而常规稻仅8.72%和42.5%。

钾的吸收和氮的吸收具有相关性。杂种吸收和积累于地上部分的钾素比一般品种多。湖南农学院的研究表明，杂交水稻乳熟期功能叶鞘中钾含量，南优2号为6 250 $\mu g/g$，而恢复系、保持系和不育系则分别为5 050 $\mu g/g$、3 500 $\mu g/g$和4 250 $\mu g/g$，杂种显著高于三系亲本。杂交水稻对钾吸收比较敏感，需要量大，其原因除杂交水稻根系较发达外，还与其新根细胞含核糖核酸（RNA）较多有关。

杂交水稻对氮、磷、钾三要素吸收的优势，主要靠单株根数、根量的增加而获得。据陆定志（1987）研究，杂交水稻根系单位体积吸收面积比三系亲本和常规品种小，但工作总面积却较大。汕优6号活跃吸收面积百分率分别比不育系、保持系、恢复系和常规品种广陆矮4号、农虎6号高66.5%、12.8%、128.3%和16.6%、39.3%。这可能是杂交水稻具有明显的营养吸收优势的一个重要生理基础。

3.1.2.4　根的通气压　水稻茎叶自空气中吸收的氧气，可以沿着通气组织或细胞间隙扩散到地下的根系。氧气输送的难易，可用通气压的高低来表示，通气压低，氧的输送就容易，反之则难。湖南农学院（1977）的研究表明：南优2号、IR24、二九南1号保持系和不育系的通气压（单位：水银压力计上水银柱的厘米数）分别为1.2、2.8、3.2和4.3。这里可以看出杂交水稻南优2号的通气压最低，说明它的通气组织发达，为氧气从叶片通过茎部运送到根系创造了一个良好的、畅通的通道。由于氧气的供给充足，增强了稻根的呼吸功能，同时也提高了养分的吸收能力。此外，氧气的畅通，还可使稻根周围的还原性有毒物质得到氧化，使稻株在一定限度内免受还原物质的毒害。

3.1.3　根系的合成能力

3.1.3.1　幼根的 RNA 含量　湖南农学院（1977）以南优 2 号及其相应的三系为材料，用细胞组织化学的方法观察了幼根尖端部分的 RNA 变化，发现杂种刚刚萌发的幼根根尖富含 RNA 的细胞，远多于亲本三系。在分蘖盛期、幼穗分化期及孕穗期取新根的根尖作同样的观察，南优 2 号新根中含 RNA 的细胞数量仍然多于亲本三系。根中 RNA 合成多，表明代谢功能旺盛，有利于根系吸水和吸肥，特别对钾的吸收有很大的促进作用。据测定乳熟期南优 2 号、IR24、二九南 1 号不育系和保持系功能叶鞘中的钾含量分别为 6 250 mg/kg、5 050 mg/kg、4 250 mg/kg 和 3 550 mg/kg。由此可看出，杂种的钾含量远比亲本三系高。

3.1.3.2　根系合成氨基酸的能力　广西农学院（1977）的研究指出，分析南优 2 号在开花期和乳熟期的伤流液，发现对氮（N）以及磷（P）、钾（K）的吸收和运转量分别比普通水稻品种珍珠矮 11 要高。将开花期测定的伤流液用纸层析——茚三酮法进行氨基酸的微量分析表明，南优 2 号根系合成和向地上部分运转的氨基酸有 13 种，而珍珠矮 11 只有 7 种；单株根系合成和运转的氨基酸总量，南优 2 号要显著多于珍珠矮 11。

据舒理慧等（1978）报道，杂交水稻的根系还可能合成激素一类的物质。曾用"红莲华矮 15A×古选"这个组合的根提取液加入培养基中，发现杂交水稻的根提取液能较大幅度地提高水稻愈伤组织的诱导率，并有促进提高绿苗率的作用，此外还有促进愈伤组织诱导速度和生长加快的作用。由此可见，杂交水稻根系中含有活跃的激素类物质的存在。

3.2　光合作用

水稻植株干物质重量有 10%~15% 是来自土壤中，85%~90% 则来自光合作用的光合产物，而光合产物的多少，是光合面积、光合能力（单位叶面积的光合强度）和光合时间三者的乘积。杂交水稻在这些方面均比常规品种更优。许多单位的研究表明，各生育期的叶面积指数，杂交水稻比常规品种要大 1.5~2.5；叶片叶绿素含量要高；绿叶功能期长 5~10 d。所有这些为提高杂交水稻的光合效率，制造较多的营养物质创造了有利条件。

3.2.1　绿叶面积的杂种优势

杂交水稻各生育期单株绿叶面积都比一般品种大。在大田 16.5 cm×26.4 cm，杂交水稻单本植、常规品种多本植的条件下，幼穗分化期、孕穗期和乳熟期矮优 2 号的每蔸叶面积比恢复系 IR24 分别大 50.9%、10.3% 和 6.3%（湖南农学院常德分院，1977）。在盆栽单株栽培条件下，抽穗期和成熟期，杂交水稻不仅较其父本有较大的叶面积，而且剑叶的含水量较低，单位叶面积的干物重也明显较父本更高（武汉大学，1977）。说明杂交水稻绿叶面积大、叶片厚，可以较好地利用光能。邓仲篪（1992）认为，籼粳亚种间组合干物质积累的高效率，不是由于单叶光合速率的提高，而是叶面积指数增大所致，光合系统发达，捕获光能的叶绿素 a/b 蛋白质复合物的含量高，利用弱光能力较强。

3.2.2 光合势

光合势是指作物的某一生育期，单位土地面积上总共有多少绿叶面积在进行干物质生产。水稻产量的形成，光合作用的同化产物是它的物质基础。光合作用的强弱又取决于受光面积的大小。在一定范围内，单位土地上的有效叶面积越大，产量也越高。杂交水稻光合性能上最显著的特点，是具有较大的有效叶面积。因此，光合势越强，干物质积累就越多。光合势可按下式算出：

$$光合势 = \frac{(I_1 + I_2 \times 667) \times (t_2 - t_1)}{2}$$

式中 I 代表叶面积系数，t 代表时间（天数）。

一般来说，光合势与光能利用和产量成正相关，光合势大，光能利用率高，产量亦高。江苏农学院（1978）和颜振德（1978，1981）的试验表明，当前生产上应用杂交水稻，具有明显的前中期累积干物质的优势，而这与光合势的优势是密切相关的。南优 3 号的光合势在各生育期均高于恢复系（IR661），从移栽至减数分裂期，杂种的光合势一直居领先地位，其后表现减弱，杂种与恢复系相差不是很大。

湖南农学院常德分院（1977）从孕穗期至成熟期对 5 个杂交水稻（南优 2 号、常优 3 号、玻优 2 号、二九南 1 号 A × 古 223 和 6097A × IR24）和常规稻种 IR24 及珍珠矮的光合势与产量的关系进行了考察，结果表明，在孕穗至成熟这一时期中，由于杂交水稻具有较大的光合势，因而产量也要高于常规水稻。

3.2.3 光合强度与叶绿素含量

光合强度是指单位绿叶面积在单位时间内同化多少干物质或多少 CO_2 而言。上海植物生理研究所等单位（1977）用半叶干重法测定南优 3 号和恢复系 IR661 的光合作用强度表明，杂交水稻从插秧到抽穗，其光合作用强度都略为高于恢复系 IR661，抽穗后杂种比 IR661 则稍低。湖南农学院（1977）测得的结果是：南优 2 号在分蘖盛期的光合强度就很高，一直到孕穗期还维持较高的光合强度。但从幼穗分化期开始，杂交稻的光合效率都比其父本（IR24）稍低。南优2号的光合效率高峰期出现早，而其亲本三系要在较晚时期才出现光合高峰，如恢复系是在幼穗分化期，不育系在孕穗期，保持系要到乳熟期才出现较高的光合效率。

在分蘖盛期，杂交水稻南优2号的光合效率远比其亲本中较高的恢复系还要突出，其原因可能与这时期叶片中叶绿素含量、叶片含氮量、叶片厚度都比较高有关。南优2号的光合高峰来得比亲本要早，这可能与移栽前秧苗（秧龄40 d）的地上部分的全氮和淀粉含量比亲本中较强的恢复系还要高有关。如杂种的全氮量为15 mg/g，恢复系为9.6 mg/g；杂种淀粉含量为125 mg/g，恢复系为103 mg/g。因为移栽前秧苗淀粉含量和蛋白质含量百分率越高，则在移栽后发根能力和养分吸收能力也就越强。

孕穗期至乳熟期的光合强度对产量形成有决定性的影响，虽然杂交水稻南优2号在这时的光合强度比父本有所下降，但是，杂交水稻此时的叶面积系数却要高于父本，同时其功能叶片的含氮水平（包括叶鞘）、叶绿素含量仍然维持与父本（恢复系）相近的水平，如果计算大田群体植株总的同化能力，比较起来杂种就能比亲本提供更多的同化产物以充实谷粒。

叶绿素作为一个生理指标有两方面的意义。一方面，光合作用是在叶绿体内进行，而叶绿素是叶绿体的重要组成部分。因此，它的含量与光合效率有一定关系。另一方面，叶绿素含量也可以反映作物的氮代谢水平，因为氮是叶绿素的组成元素。叶绿素含量与氮代谢水平成正相关。湖南农学院曾测定了早、中、晚杂交水稻叶片的叶绿素含量，得出：杂交水稻叶绿素含量高出对照最高达42.9%，最低也有16.6%。说明杂交水稻叶绿素含量多，氮代谢水平高。他们还指出，杂交水稻的光合作用强度比对照最高的要高出58.7%，最低的也高出13.5%，由此说明叶绿素含量的多少，在一定程度上反映了光合作用的强弱。

3.3　呼吸作用和光呼吸

3.3.1　呼吸强度的变化

杂交水稻有优势，除光合强度高，能制造更多的有机物外，还有呼吸作用的强度比一般水稻品种低，光合产物消耗少，有利于同化产物的积累，也是一个重要的原因。据广西农学院（1976）对南优2号、矮优3号和常优2号叶片呼吸强度的测定指出，在生育前期，杂交水稻和常规品种的差异不显著；在中期和后期，杂交水稻的呼吸强度都明显比对照品种低。如南优2号和常优2号在中期和后期的呼吸强度比一般品种低5.6%~27.1%。

湖南农学院（1977）的资料进一步表明，南优2号的呼吸强度，从种子萌芽到乳熟期总的变化趋势是逐渐上升，幼穗分化期略有起伏，而亲本三系，则是一直上升无起伏；各生育期南优 2 号的呼吸强度比亲本三系都要低，后期与恢复系较相似。到乳熟期，不育系的呼吸强度比南优 2 号高 40%，比保持系高 39.7%。呼吸强度的增大导致最适叶面积的减少，从而使有机物质的消耗增加。杂交水稻南优 2 号在生长旺盛的前期呼吸强度较亲本低，到后期更低，并且从前期到后期上升的幅度不及亲本大，这就相应地减少了碳水化合物不必要的消耗，并能使它保持比亲本有较多的绿叶面积进入成熟期，这就对增加物质积累有利。

3.3.2 光呼吸与乙醇酸氧化酶

植物吸收的 CO_2 并非全部用来合成有机物质，而有相当数量的 CO_2 在同化过程中又释放了出来。有一类植物如水稻、小麦和大豆等，在光下吸收 CO_2，其最初产物是一种含有三个碳原子的磷酸甘油酸，所以称这类植物为 C_3 植物。由于这类植物在夜里有呼吸，要放出 CO_2，白天也有呼吸，放出 CO_2，故又称光呼吸植物；另一类植物如玉米、高粱和甘蔗等，是所谓 C_4 植物，因为它们的最初光合产物是几种含有四个碳原子的二羧酸化合物如草酰乙酸、苹果酸和天门冬氨酸，由于这类植物只有在夜间无光条件下进行呼吸，在白天没有或基本上没有呼吸，所以这类植物又称非光呼吸植物。植物的产量是由光合作用同化 CO_2 数量减去呼吸时释放 CO_2 的量所决定的。而光呼吸植物由于白天的光呼吸释放 CO_2 比暗呼吸高得多，因此，C_4 植物是高光效的高产作物。

光呼吸是指在光照条件下，在光合作用进行的同时也伴随耗 O_2 并释放 CO_2 的过程。光呼吸是相对于暗呼吸而言的。植物的细胞都有暗呼吸，即通常所说的呼吸作用，它不受光的直接影响，在光下和暗中都能进行，但光呼吸只有在光下才能进行。因此，光呼吸与光合作用是密切相关的。光呼吸被氧化底物是乙醇酸。乙醇酸是二磷酸核酮糖（光合碳循环的中间产物）在二磷酸核酮糖羧化酶（RuDPcase）催化下，被氧化而成磷酸乙醇酸，后者在磷酸酶作用下，脱去磷酸而产生乙醇酸，这个过程都是在叶绿体内进行的。最近的研究发现二磷酸核酮糖羧化酶具有双重活性，它既是一个羧化酶又是一个加氧酶，所以这种酶被称为二磷酸核酮糖—羧化酶—加氧酶。在 CO_2 较多的情况下，这个酶能催化二磷酸核酮糖（RuDP）与 CO_2 结合形成两个三磷酸甘油酸（PGA）；在 O_2 分压高而 CO_2 分压低的情况下，则此酶催化 RuDP 与 O_2 结合，形成一个磷酸甘油酸和一个磷酸乙醇酸。乙醇酸在叶绿体中形成后，即转移到过氧物酶体（Peroxisome）中，过氧物酶体又称过氧化体，是一种细胞器，常与叶绿体靠近，其内含有乙醇酸氧化酶和过氧化氢酶，它是乙醇酸氧化的场所。氧化的结果是最终变成 CO_2，这样一来，光合作用所固定的 CO_2 就要损失一部分。在过氧物酶体中的另外一些乙醇酸可变成甘氨酶，并在线粒体中脱羧形成 CO_2 和丝氨酸，这也是光呼吸过程所放出 CO_2 的来源。但在线粒体中的这一过程可以回收一部分丝氨酸，它可再进入过氧物酶体，经转氨酶的催化，形成羟基丙酮酸，再经转化产生甘油酸并重新参与光合碳循环。

在整个乙醇酸代谢中，O_2 的吸收发生在叶绿体和过氧物酶体中，CO_2 的放出在过氧物酶体和线粒体中都有。因此，乙醇酸代谢途径是在叶绿体、过氧物酶体和线粒体三种细胞器的协同活动下完成的。光呼吸在 C_3 植物中似乎是不可避免的，这是因为二磷酸核酮糖羧化酶—加氧酶的特性所决定的。在 C_4 植物中，由于二磷酸核酮糖—羧化酶—加氧酶主要集中在维管束鞘细胞中，而这里的 CO_2 浓度又往往较高，因此，光呼吸很低。光呼吸的底物是乙醇酸，乙醇酸氧化酶是光呼吸中的一个重要酶，所以，乙醇酸氧化酶活性的高低，与光呼吸的强弱有密切的关系。据研究 C_4 植物中的乙醇酸氧化酶活性弱，释放的 CO_2 少，有机物积累多，光呼吸的损耗只占光合产物总量的 2%～5%，甚至更少；而 C_3 植物则相反，积累有机物少，光呼吸损耗竟占光合作用产物总量的 30% 左右。从同化作用的物质积累和能量储存而言，光呼吸是一个大漏洞，它不仅消耗光合作用所固定的光合产物，同时也耗费了大量的能量。因此，人们正在用各种方法，企图改变植物的习性，想把光呼吸植物变成非光呼吸或低光呼吸类型，以提高农作物的产量。

水稻是 C_3 植物，光呼吸比较大，所以干物质产量不很高。可是杂交水稻具有生长优势和产量优势，其中原因之一就是它们的光呼吸比较低。据研究，杂交水稻的乙醇酸氧化酶的活性比其亲本或当地优良品种均低 10%～50%，其中差异比较显著的表现在孕穗期以后。据湖南农学院（1977）研究，在幼穗分化以前，南优 2 号的光呼吸强度并不比亲本低，可是到了孕穗期，光呼吸强度则显著下降，比亲本三系中的任何一个都要低，比恢复系低 75.4%，比保持系低 85.4%，比不育系低 40.3%。到乳熟期杂种的光呼吸强度虽略有回升，但仍远低于最高的保持系及较高的恢复系。湖南农学院的资料还指出，与光呼吸有正相关的过氧化氢酶的活性，杂交水稻南优 2 号亦有相似的变化趋势。据上海植物生理研究所等单位（1977）测定杂交水稻南优 3 号的乙醇酸氧化酶活性结果发现，杂交水稻在抽穗前的光呼吸强度均比恢复系 IR661 低，比常规水稻品种洞庭晚籼亦明显较低。早籼杂交水稻华矮 15A×5350、华矮 15A× 红晓后代和华矮 15A× 英美稻三个组合的乙醇酸氧化酶的活性，从孕穗到成熟期都要低于其亲本三系；且在其全生育过程中，它们的暗呼吸强度也要略低于亲本三系。暗呼吸强度和光呼吸强度变化的特点表现出不育系与保持系相接近，杂种与恢复系相接近，显示出杂种受父本的影响大。在不同的生育期，特别在孕穗期，光呼吸与暗呼吸的关系是：不育系 > 保持系 > 恢复系 > 杂种（肖翊华等，1979）。据华南农学院（1977）测定杂交水稻二九南 1 号 × 水田谷 6 号和常规品种广二矮的结果表明，齐穗期的呼吸强度，无论是暗呼吸还是光呼吸，杂种都比常规种显著低。杂种的暗呼吸强度只有常规种的 60.8%，光呼吸强度只有常规种的 54%。

我们在上面谈到的光呼吸植物又称为高补偿植物，因为它们具有较高的 CO_2 补偿点，其 CO_2 补偿点一般为 50×10^{-6}；非光呼吸植物又称低补偿植物，其 CO_2 补偿点一般在 $(1 \sim 5) \times 10^{-6}$ 左右。因此，低补偿植物在 CO_2 浓度较低的条件下（5×10^{-6} 以上）即可积累光合作用产物，正常生长，而高补偿植物在低 CO_2 浓度条件下，则因光呼吸的额外损失而逐渐衰弱，以致不能维持生命。低 CO_2 补偿点和高光合效率之间是相互联系的，故 CO_2 补偿点的高低可作为光合效率的一个指标。上海植物生理研究所光合室等（1977）对杂交水稻南优 3 号及其父母本的乙醇酸氧化酶活性、CO_2 补偿点与光合强度进行了测定，结果表明：南优 3 号的光合强度较高，则 CO_2 的补偿点低，乙醇酸氧化酶的活力也较弱，因此，杂交水稻的光呼吸较低的这一特点，可以认为是杂种具有优势的一个重要生理原因。湖南农学院常德分院（1978）的研究亦指出，杂交水稻的光合强度大、乙醇酸氧化酶活性低的，则其空秕率也低。

为了考察杂交水稻在 CO_2 不足条件下的生长情况，武汉大学（1977）在密闭的有机玻璃光呼吸箱中，对秧苗进行了光呼吸筛选试验，揭示了杂交水稻的秧苗有类似低补偿植物的特点，在 CO_2 不足的条件下，具有较强的忍耐力。玉米和高粱在光呼吸箱中到第十天时仍生长良好，只有少数叶片发黄，没有一株死亡的；杂交水稻矮优 2 号、南优 2 号在光呼吸筛选箱中表现叶色退绿缓慢，干物质消耗较在光呼吸箱内的 2 号、3 号恢复系和珍珠矮要少，密封后第八天，杂交水稻仍有少数苗呈绿色，常规品种已全部或大部枯黄，到第十天常规品种已全部死亡，而杂交水稻此时尚有存活的绿苗若干株，虽然这几株绿苗在启箱后的培养过程中仍然死亡，但这种现象表明杂交水稻秧苗在 CO_2 不足的条件下，忍耐力要强于常规水稻。

3.3.3　过氧化氢酶与过氧化物酶

过氧化氢酶是属于以铁卟啉为辅基的一类氧化还原酶类。过氧化物酶是植物中常见的一类氧化酶。这两类酶的活性，反映植物体内的代谢水平。过氧化氢酶在植物体内有能解除细胞中积累的过氧化氢所引起的毒害作用，从而影响到光合作用的强度。据武汉大学遗传研究室（1977）测定，杂交水稻从幼穗分化到抽穗期，过氧化氢酶的活性都要稍高于其父本 IR661。乳熟期仍保持有较高的活性，这对加强光合作用和光合产物顺利运输至穗部也是有利的。詹重兹（1979）的研究也指出，杂交晚粳农进 2 号 $A \times C_{57}$ 和桂花黄 46A $\times C_{57}$ 的过氧化氢酶的活性，均要略高于常规晚稻鄂晚 3 号。

湖南农学院（1977）测定杂交水稻南优 2 号和晚稻广余 73 的过氧化物酶活性，结果表明，从孕穗到乳熟期，南优 2 号及晚稻广余 73 的过氧化物酶的活性，不论在剑叶或谷穗中都表现出日趋下降。其基本特点是杂种的过氧化物酶活性低于常规品种，表明杂种中物质的消耗要少，这对推迟叶片老化、延长功能期有重要意义，有利于光合产物运输至穗部。

3.4　养分利用和物质运转

光合作用生产的同化物质减去呼吸作用所消耗的物质，这就是植物体内积累的干物质。这些物质是积累在营养体内还是运转到籽粒中去，这就与作物的运转、分配能力有着重要的关系。杂交水稻比常规稻有较高的运转效率，并有较多的光合产物分配于籽粒。换言之，杂交水稻茎和鞘中的贮藏物质具有明显的运转优势。通常以最高运转率和最终运转率表示这种运转优势：

$$最高运转率 = \frac{出穗期茎鞘重 - 出穗后茎鞘最低重}{出穗期茎鞘重} \times 100\%$$

$$最终运转率 = \frac{出穗期茎鞘重 - 成熟期茎鞘重}{出穗期茎鞘重} \times 100\%$$

3.4.1　茎、叶和鞘中的干物质运转

杂交水稻茎秆粗壮，抗倒能力强。武汉大学遗传研究室（1977）曾测定了杂交水稻南优 2 号、矮优 2 号和常规水稻 IR24、IR661 基部 10 cm 长茎秆的干重，其结果分别为 0.344 g、0.396 g、0.266 g 和 0.258 g。由此可知，杂交水稻的茎秆中含干物质比常规水稻要多。正是这个原因，杂交水稻单位面积上能承受较多的颖花数，江苏农学院（1978）作一季迟中稻栽培的南优 3 号，其适宜的总颖花数高限为 51 000 万～52 500 万个 /hm^2，而常规水稻在每公顷总颖花数接近 45 000 万时多发生倒伏。南优 3 号在生育后期具有较明显的物质运转优势，其茎、鞘内贮存物质的最高运转率与最终运转率比其恢复系（IR661）分别大 23.2% 和 50%。因此，它占谷粒灌浆物质的比例亦高，比恢复系高 37.8%，经济系数也较 IR661 高 8.4%。这表明增加茎鞘内的贮藏物质，有利于提高杂交水稻的结实率。

颜振德（1981）对南优 3 号叶片、叶鞘的运转率与经济系数的关系进行了研究，得出南优 3 号的经济系数的极限值为 0.570 8，高于常规品种。杂交水稻在生理上具有较大的光合优势和较低的呼吸消耗，在发育的前、中期具有较显著的营养优势和物质积累优势，后期又具有较高的物质运转效率和经济系数，这是杂交水稻具有杂种优势的重要生理基础。

3.4.2　叶片中的碳、氮代谢

水稻叶片中碳、氮代谢变化关系到稻株营养体与生殖体的协调生长，是水稻高产形成的重要生理基础。植物同化氮素是以消耗碳水化合物的代谢产物为基础的，因此植物体内碳和氮含量的变化总是呈相互消长的关系（肖翊华等，1979）。在不同生育期测定杂交水稻和常规水稻叶片和鞘中的可溶性糖和全氮含量的变化表明，无论是在叶片或鞘中，生育前期（5月31日至6月15日）含氮量较多，其后含氮量逐渐下降，杂交稻与常规品种是一致的。所不同的是，从前期到后期，叶和鞘中的含氮量比常规品种先锋1号高，说明杂交水稻在其全生育过程中，氮素代谢水平要比常规水稻品种旺盛，这是杂交稻叶色浓绿、后期也不过早落黄的重要原因。同时还说明，水稻叶片和鞘中的可溶性糖的含量有两个高峰，一个是在分蘖期（5月31日），另一个在始穗期（6月29日），其含量变化的低峰期在幼穗分化前后（6月15日左右），至成熟期（7月20日）含量又开始下降。前面一个含量的降低，很显然是营养物质与幼穗分化有关，后一个可溶性糖的降低是与营养物质向籽粒输送有关。值得指出的是，常规品种先锋1号无论在叶鞘或叶片中，在全生育过程中可溶性糖的含量都要比杂交水稻略高，特别在生育后期更为明显，这说明杂交水稻后期具有物质运转的优势。杂交水稻华矮15A×红晓后代和华矮15A×意广这两个组合，到7月20日叶片仍保持深绿色，故叶片中的可溶性糖含量仍有增加的趋势。

水稻在各个发育时期的光合产物不是平均地分配到各个生长部分的，在每一时期都具有相应的养料输入中心，如在孕穗期光合产物的输入中心是幼穗和茎；抽穗乳熟期的输入中心则是穗。水稻进入孕穗期以后，大量的养分就从上部的功能叶片、叶鞘向穗部转移，以供应穗的生长需要。水稻籽粒内的淀粉有2/3～3/4是抽穗后从茎叶中的同化物而输入穗部的，所以在此期内保持叶片健壮，对水稻产品器官——稻穗的发育是非常重要的。广西农学院（1977）研究杂交水稻在齐穗后的物质积累和转运的结果表明，杂交水稻南优2号、矮优1号、常优2号和常规水稻品种珍珠矮11和广选3号相比，杂交水稻最上3片功能叶的干重比常规品种高70%～100%。如按每平方厘米叶面积的干重计算，则杂交水稻比常规品种高13%～30%，说明杂交水稻叶片中累积的有机物比常规品种多。到成熟期，南优2号单位叶面积干物质的损失量，比珍珠矮11多1倍以上，也就是说，杂交水稻叶片内累积的物质能够向穗部提供的数量，要比常规品种多。据测定，齐穗期杂交水稻最上3片叶的叶鞘干重也要比常规稻高，如杂交水稻的叶鞘每厘米长度的干重为10.5～11 mg，而常规品种只有7.1～7.6 mg。从齐穗到成熟期，杂交水稻单位长度叶鞘干物质损失绝对量，比常规品种也要多1倍左右，这些都说明杂交水稻叶鞘中的同化产物较丰富，因此在成熟过程中，叶鞘能够向穗部转运的物质，远比常规品种多。

3.4.3　灌浆生理

杂交水稻的物质生产和积累优势有前、中期较强，后期较弱的趋势，净光合率也有前、中期较高，后期下降的趋势。但杂交水稻后期有物质运转的优势，使前期的物质生产和积累优势转化为穗大粒多，为灌浆期的养料供应提供了可能，从而也部分弥补了后期物质积累优势和净光合率较弱的不足。杂交水稻在灌浆过程中的一个显著特点是有"再次灌浆"的现象。所谓"再次灌浆"是指杂交稻的部分颖花，即使在受精以后 20～30 d 内未灌浆，它的灌浆能力仍不消失，并随着营养条件的改善，可继续灌浆成为实粒，因而出现"再次灌浆"现象。这一特点在生产上是很重要的，如果后期放松了田间管理、断水过早或未坚持湿润灌溉，从而加速了根系的衰老，降低了功能叶片的同化能力，致使"再次灌浆"成为不可能，并增加了空秕粒和导致千粒重的下降。

水稻籽粒成熟期，灌浆速度的快慢与持续时间的长短，对谷粒的饱满度影响甚大。广西农学院（1975）对南优 2 号及其亲本三系的灌浆强度的研究表明，杂交水稻由于后期功能叶的代谢能力和光合能力维持时间较长，在灌浆速度方面表现有两个特点：一是灌浆时间较长；二是灌浆盛期以后，灌浆速度又有一个猛增的时期，籽粒干物质增重很快。因此，黄熟后每穗粒重比保持系、恢复系和常规水稻广选 3 号都高。广东省植物研究所（1978）曾对杂交水稻汕优 2 号和常规水稻秋二矮的灌浆速度进行测定说明，开花后第五天，汕优 2 号的百粒日增重为 121 mg，将近为常规种的 2 倍。此外汕优 2 号的灌浆期又比较长，直到开花后 18～25 d，常规稻的百粒重日增加量已降到很低的水平（17 mg），而汕优 2 号还保持有 70 mg 的水平。在淀粉合成酶（磷酸化酶）的活性变化上亦有同样的趋势。汕优 2 号的磷酸化酶活性不但高于常规稻，而且这种高活性在开花后 19 d 尚有增加，此时常规稻的该活性已下降。他们认为杂交水稻汕优 2 号的灌浆速度快、灌浆时间长、千粒重也比常规稻种高的生理原因，是与汕优 2 号的淀粉合成酶活性高和维持高活性的时间长是分不开的。然而籽粒充实度差是亚种间杂种优势利用面临的主要难题之一。水稻开花后营养分配不均等，其养料竞争和内部调节的结果，导致强势粒优先启动灌浆，强势粒的迅速增重，在某种程度上短暂减缓或一度抑制弱势粒的增重，待强势粒灌浆高峰过后弱势粒才恢复灌浆能力，即"阶梯式灌浆"现象。亚种间杂交水稻穗大粒多，阶梯式灌浆尤为明显。王天铎（1962）认为，不同粒位间灌浆的差异是由于同一品种内强势粒能障水平低，弱势粒能障水平高。周建林等（1992）比较常规稻、品种间杂交水稻和亚种间杂交水稻的强弱势粒充实情况，结果表明，亚种间杂交水稻弱势粒在开花初期存在较长时间的"滞缓期"，其呼吸速率、ATP 含量及磷酸化酶活性等生理活性维持在一个极低的水平，从而表现出灌浆启动慢，灌浆高峰推迟，最终导致空秕粒多，充实度低。

3.5 对逆境的抗性

对杂交水稻的逆境生理的研究报道不多。湖南省农业科学院（1986）报道，高抗褐飞虱的杂交水稻，游离氨基酸和天门冬酰胺含量都较低，γ-氨基丁酸的含量较高，γ-氨基丁酸含量与抗褐飞虱的能力呈显著正相关。

超氧化物歧化酶（SOD）在控制脂质过氧化、减轻膜系统的伤害等方面起保护作用。SOD 普遍存在于杂交水稻及其亲本的叶绿体、线粒体和细胞溶质中。叶绿体中的 SOD 对低温反应最敏感，杂交稻叶绿体的 SOD 对低温的敏感性接近母本（刘鸿先，1987）。

李平等（1991）研究了低温对杂交水稻及亲本三系始穗期剑叶光合作用的影响，结果表明，杂交水稻经低温胁迫后，剑叶的最大光合速率与表观量子效率均降低，并随着胁迫时间的延长而加剧。抗冷力不同的杂交水稻品种光合作用受低温抑制的程度不同，冷敏感的品种最大光合速率与表观量子效率都受到 30% 以上的抑制。低温不仅影响叶绿体的光化学过程，并且也抑制了光合暗反应酶的活性，从而降低了同化 CO_2 的能力。

叶绿体果糖 1，6-二磷酸酯酶（FBPase）是还原戊糖磷酸途径中的重要调节酶，对光合环的运转和光合产物转化以及输出起控制作用。低温胁迫可使 FBPase 活性下降，其下降幅度随组合耐冷性不同而异。F_1 的耐冷性与母本相似，相关系数达显著水平（$r=0.956$），与父本相关不显著。李平等（1992）进一步研究了低温对杂交水稻及亲本剑叶 77K 荧光的影响，结果表明，杂交水稻经低温处理后，77K 荧光参数 Fd、Fm、Fv 均发生下降，下降幅度可反映组合间耐冷性的差异。F_1 的耐冷性在父母本之间。

第四节 杂种优势的遗传基础

4.1 杂种优势形成的遗传学解释

杂种优势是一个复杂的遗传现象，早在 19 世纪末叶就有些生物学家对杂种优势产生的遗传学原因进行过研究和探讨，随着作物杂种优势在生产上的应用，对杂种优势产生的遗传机理的研究也日益受到重视，相继提出了种种假说。但这些假说都只考虑一两个方面的原因，且仅仅停留在解释阶段，因而还很不完全和明了。1961 年杜尔宾（H. B. Typбин）开始用分子遗传学的观点解释杂种优势现象，开创了从基因的调控、表达来认识杂种优势本质的先河，这无疑是一个重大进步，但直到今天，对杂种优势分子基础的研究还只是初步的。关于水稻杂种优势的遗传本质可以从以下几个方面来综合认识。

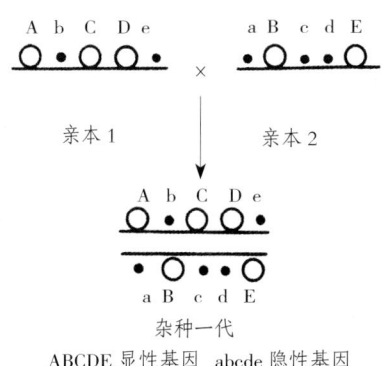

图 1-1　显性效应示意图

4.1.1　细胞核内等位基因的互作

4.1.1.1　显性假说（dominance hypothesis）

这个假说的基本要点是：生物由于长期通过自然选择和适应过程，在大多数情况下显性性状往往是有利的，而隐性性状是有害的，杂种优势是杂种 F_1 综合了分别存在于两亲本中的有利显性基因或部分显性基因并掩盖了相对的隐性不利基因的结果产生的（图 1-1）。也可以说，显性效应是由于双亲的显性基因全部聚集在杂种中所引起的互补作用。基柏（Keeble F.）和皮洛（Pellow C.）于 1910 年最早提出了试验论证，他们曾以两个株高 1.5～1.8 m 的豌豆品种进行杂交，一个品种茎秆是节多而节间短，另一个品种茎秆是节少而节间长，其 F_1 聚集了双亲的节多和节间长的显性基因，因而株高达到 2.1～2.4 m，表现出明显的杂种优势。

4.1.1.2　超显性假说（overdominace hypothesis 或 superdominance hypothesis）

也称等位基因异质结合假说。这个假说认为等位基因间没有显、隐性关系，杂种优势的产生并不是由于显性基因对隐性基因的掩盖和显性基因在 F_1 代中数量的积累，而是由于杂合的等位基因的相互作用。也就是说，同一位点的等位基因可分化出许多不同的异质性的等位基因，而异质性的等位基因 F_1 互作与互补作用是产生杂种优势的原因。杂合状态基因的活力大大超过任何纯合状态基因的活力，即

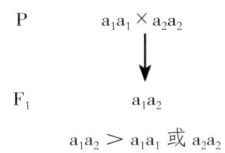

$$P \qquad a_1a_1 \times a_2a_2$$
$$\downarrow$$
$$F_1 \qquad a_1a_2$$
$$a_1a_2 > a_1a_1 \text{ 或 } a_2a_2$$

例如，在某些植物的颜色遗传中，粉红色 × 白色 F_1 表现为红色；淡红色 × 蓝色 F_1 表现为紫色，而它们的 F_2 都分离出简单的 1：2：1 比例。

4.1.2　细胞核内非等位基因的互作

根据基因的不同性质，两对非等位基因间的基因互作（interaction of genes）有如下

几种情况（图1-2）。

4.1.2.1　互补作用（complementary effect）　两对独立遗传基因分别处于纯合显性或杂合状态时，共同决定一种性状的发育。当只有一对基因是显性或两对基因是隐性时，则表现为另一种性状，这种基因互作类型称为互补作用。例如，香豌豆（*Lathyrus odoratus*）两个白花品种杂交的遗传规律属此例。

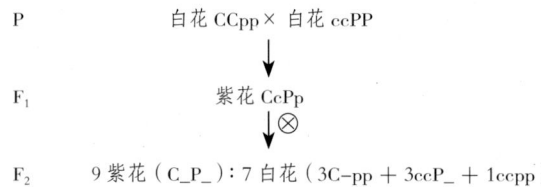

P　　　　　　　　白花 CCpp × 白花 ccPP

F₁　　　　　　　　紫花 CcPp

F₂　　　9 紫花（C_P_）∶7 白花（3C_pp + 3ccP_ + 1ccpp）

4.1.2.2　积加作用（additive effect）　显性基因单独存在时能分别表现相似性状，但当同时存在时同一性状得到加强，各同效基因起累加作用［如南瓜（*Cucubita pepo*）的遗传现象］。

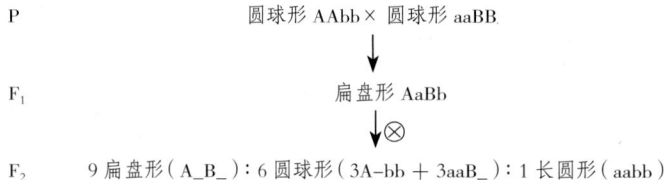

P　　　　　　　　圆球形 AAbb × 圆球形 aaBB

F₁　　　　　　　　扁盘形 AaBb

F₂　　　9 扁盘形（A_B_）∶6 圆球形（3A_bb + 3aaB_）∶1 长圆形（aabb）

4.1.2.3　重叠作用（duplicate effect）　不同对基因互作时，对表现型产生相同的影响，故 F₂ 表现型产生 15∶1 的分离比例［如荠菜（*Bursa bursa-pastoria*）的蒴果遗传］。

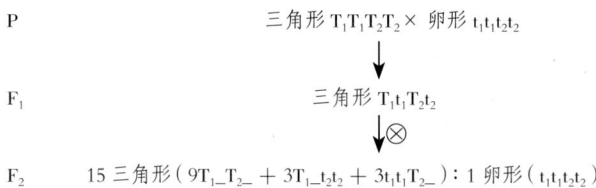

P　　　　　　　　三角形 T₁T₁T₂T₂ × 卵形 t₁t₁t₂t₂

F₁　　　　　　　　三角形 T₁t₁T₂t₂

F₂　　　15 三角形（9T₁_T₂_ + 3T₁_t₂t₂ + 3t₁t₁T₂_）∶1 卵形（t₁t₁t₂t₂）

4.1.2.4　显性上位作用（epistatic dominance）　两对独立基因共同对一对性状发生作用，而且其中一对基因对另一对基因的表现有遮盖作用。起遮盖作用的基因如果是显性基因，称为显性上位作用［如西葫芦（*Squash*）的皮色遗传］。

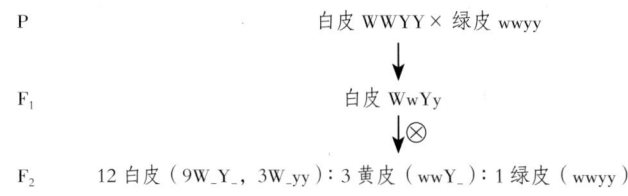

P　　　　　　　　白皮 WWYY × 绿皮 wwyy

F₁　　　　　　　　白皮 WwYy

F₂　　　12 白皮（9W_Y_, 3W_yy）∶3 黄皮（wwY_）∶1 绿皮（wwyy）

4.1.2.5　隐性上位作用（epistatic recessi veness）　在两对互作基因中，其中一对隐性基因对另一对基因起上位性作用，称隐性上位作用（如玉米胚乳蛋白质层颜色的遗传）。

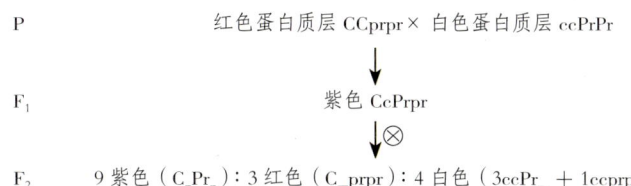

P　　　　　　　　红色蛋白质层 CCprpr × 白色蛋白质层 ccPrPr

F₁　　　　　　　　　　紫色 CcPrpr

F₂　　　9 紫色（C_Pr_）∶3 红色（C_prpr）∶4 白色（3ccPr_ ＋ 1ccprpr）

上位作用和显性现象相类似，一对基因可抑制或掩盖另一对基因的作用，但不同的是，显性现象是针对一对基因来讲的，而上位性效应则是指不同对等位基因之间的作用。

4.1.2.6　抑制作用（inhibiting effect）　在两对独立基因中，其中一对显性基因本身不能控制性状的表现，但对另一对基因的表现有抑制作用，称为抑制作用（如玉米胚乳蛋白质层颜色的遗传）。

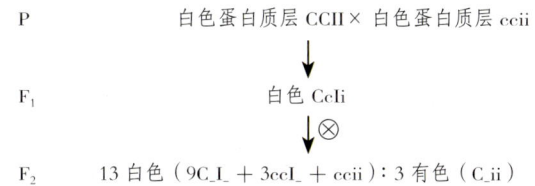

P　　　　　　　　白色蛋白质层 CCII × 白色蛋白质层 ccii

F₁　　　　　　　　　　白色 CcIi

F₂　　　13 白色（9C_I_ ＋ 3ccI_ ＋ ccii）∶3 有色（C_ii）

上述是两对非等位基因间互作共同决定同一性状所表现的各种情况，若是多对基因互作，所引起后代表现型的分离将会更复杂。

两对非等位基因互作的各种情况，可用图 1-2 表示。

在上述各种互作形式中，其中又以积加作用、互补作用和上位作用与杂种优势的产生关系更密切。

4.1.3　细胞核与细胞质的互作

杂种优势是一种综合现象，两个亲本配合后杂种优势的大小取决于质核互作和核核互作（图 1-3）。对于一个强优组合的杂合体结构来说，似乎是表明它的遗传信息的每种可能性都达到效率的最大限度。据我国研究，水稻的某些杂交组合的正反交杂种一代，在优势强弱上表现有所不同。同一核基因型置于不同细胞质背景的杂交水稻，其优势也有一定的差异。

032

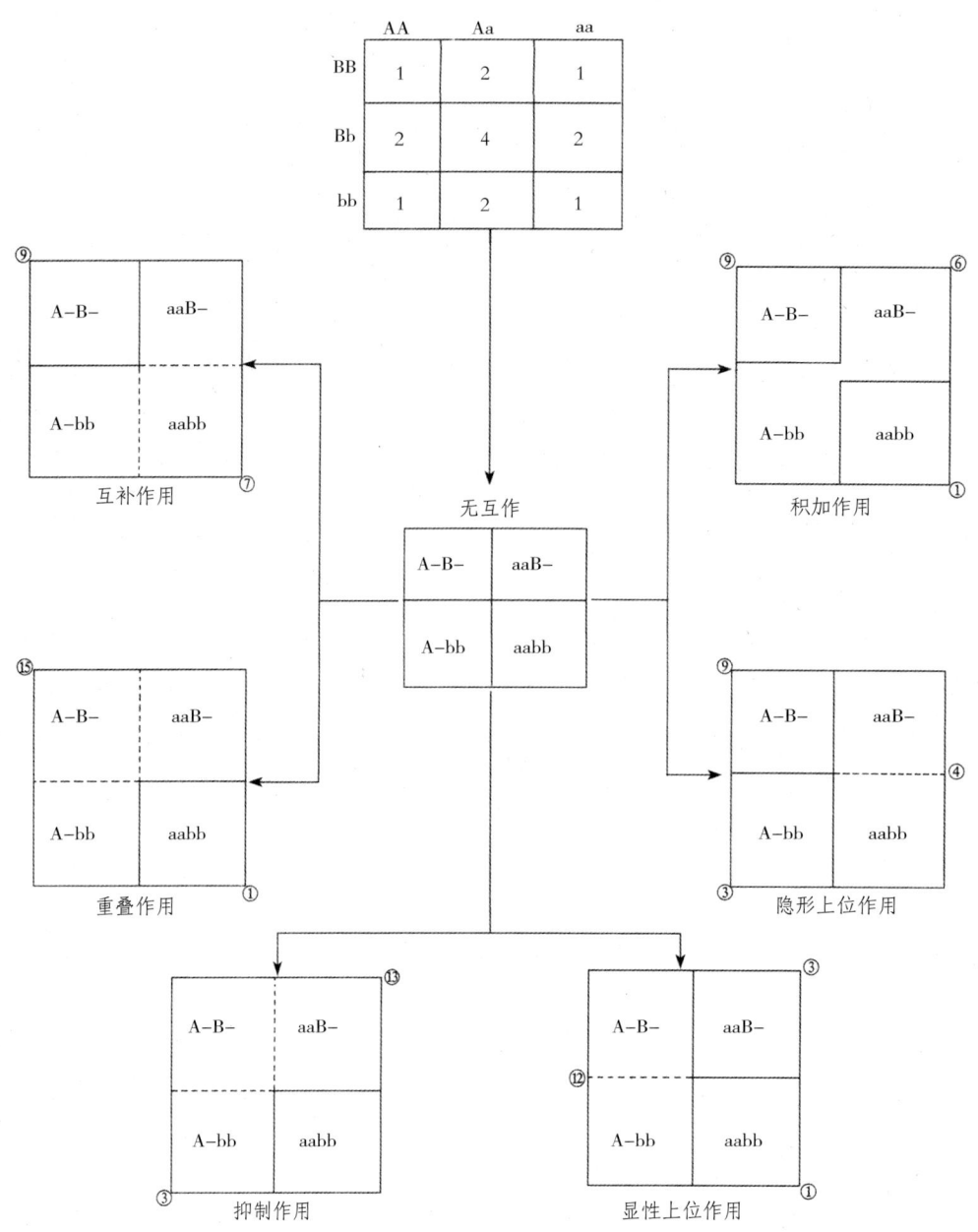

方格中虚线表示合并的表现型；圆圈中数字表示各种比例数字

图 1-2　两对非等位基因互作模式图

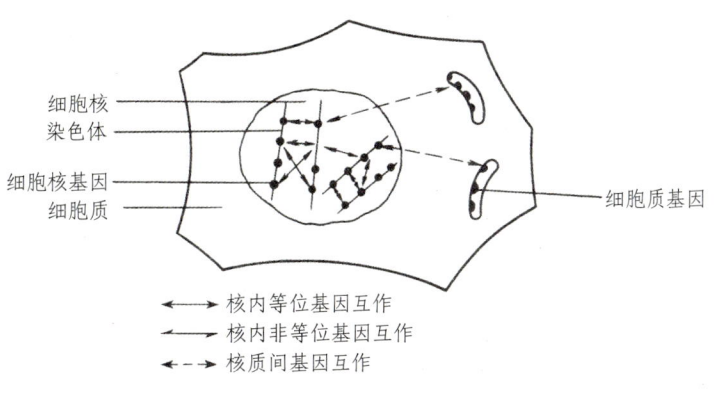

细胞核
染色体
细胞核基因
细胞质
细胞质基因

→ 核内等位基因互作
→ 核内非等位基因互作
--→ 核质间基因互作

图 1-3　各种基因互作模式

上述各种机制对杂种优势的贡献大小，当然不是均等的，而是因组合类型而异。一般来说，核基因的作用大于细胞质基因的作用，核内等位基因互作则是产生优势的基本原因，非等位基因的互作与特殊配合力有密切关系，显性效应则更多的与一般配合力有关。复旦大学曾设想把上述各基因间的互作效应概括为三级效应：一级效应指等位基因互作产生的遗传效应，包括无显性、不完全显性、完全显性和超显性四类，这种效应是杂种优势产生的最基本方式。二级效应是指非等位基因间互作效应，包括累加、互补、上位、综合四种情况。二级效应是在一级效应基础上产生的。三级效应则是指核质间、核内各方面总的互作产生的效应。此模型与上述原理基本一致。杂交水稻的科学实践证明：凡是在两个亲本的血缘关系上、类型上、地理起源上以及各性状上差异较大的配组，在一定限度内表现有明显的杂种优势，证明异质性及其互补能力是产生杂种优势的基本原因。

4.1.4　水稻杂种优势的分子基础

水稻杂种优势遗传基础的研究虽然受到人们的极大关注，但一直是用表型来推论基因型所作的解释。其间虽然有很多学者提出异议，并试图从分子水平来诠释杂种优势的原因，诸如认为优势杂种 DNA 提高了复制活性；DNA 的合成能力比亲本强；RNA 合成强度大大超过亲本类型；杂种含有较多的核蛋白体，蛋白质的合成能力加强，具有双亲互补的同工酶带等。然而真正对显性假说和超显性假说这两个假说有关的遗传参数进行严格检验的还是近年来高密度分子标记连锁图问世后所获得的实验结果。斯杜伯等（Stuber et al.，1992）对一个优良玉米单交种杂种优势分子标记分析的结果表明，在所检测到的许多控制产量 QTL（数量性状位点）上，其杂合体表型值均高于纯合体，他们因此认为这些 QTLs 及其上的超显性效应是产量性状杂种优势的主要遗传基础。米契尔·奥尔兹（Mitchell-Olds，1995）对拟南芥

（Arabidopsis）的研究结果也表明超显性对生活力的杂种优势有显著作用。对水稻杂种优势的分子基础最先进行研究的是我国学者肖金华博士等（Xiao J.，Li J.，Yuan L. et al.，1995），他们在美国对一个水稻籼粳杂交组合进行了 QTL 分析，也认为显性效应对该组合的杂种优势起主导作用。

国内对水稻杂种优势的分子基础进行研究，认为上位性效应是水稻杂种优势的重要遗传基础，首推华中农业大学的张启发（1998）和余四斌等（1998）。他们认为：

（1）无论是显性假说还是超显性假说，还是对这两个假说的检验性实验，都是基于遗传学的单基因理论，而诸如产量、生活力之类的性状均是一系列生长、发育过程的最终产物，是许多基因共同作用的结果，这些性状与基因之间的关系有如怀特（Wright，1968）所描述的"网状"结构（net-likestructure），即每一个性状都受控于大量的基因，而每个基因的替换都会不同程度地影响多个性状。基于这一认识，上位性应是数量性状表达和杂种优势的主要遗传学组分。

（2）上位性是指基因位点间的非加性遗传效应，在传统的数量遗传学研究中，很少有关于上位性效应的报道，近年来上位性效应的研究也受到较大重视，还有证据表明，上位性可能是物种分化和适应的重要遗传机制（Allard R. W.，1996；Rieseberg L. H. et al.，1996）。最近也有报道上位性效应对水稻产量构成性状影响（Li Z. et al.，1997）。

（3）利用生产上广泛应用的优良杂交组合籼优 63 的分离群体，对 151 个分子标记位点构建覆盖整个水稻基因组的遗传连锁图谱，在此基础上，用 240 个 $F_{2:3}$ 家系的两年田间试验数据定位分析了影响产量及其构成因子的数量性状位点（QTLs）和上位性效应，两年共定位了 32 个 QTLs 控制产量及其构成性状，其中 12 个 QTLs 在两年内均被检测到，同时发现大量显著上位性效应广泛存在于基因组中，并影响着这些性状。因此，上位性效应是影响产量性状表现和杂种优势形成的重要遗传基础。

4.2 主要经济性状遗传规律

杂交水稻的优势表现是综合的，要分析杂交水稻的遗传表现，还必须分析各个性状遗传规律，这里对几个主要经济性状遗传作一些分析。

4.2.1 生育期遗传

水稻的生育期一般是指抽穗期或播种至抽穗时期；生育期的遗传表现比较复杂，与双亲的生态条件有着密切关系。

同一季别生态型内不同生育期的品种间杂交，如早稻 × 早稻、中稻 × 中稻，生育期表现为数量性状，受微效多基因支配，F_1 的生育期一般介于两亲本之间，有时也表现倾向一个亲本。F_2 生育期呈连续变异，多数在两亲之间，少数有超亲个体。

不同季别的生态型的品种间杂交，如早稻 × 中稻，早稻 × 晚稻，生育期一般表现为质量性状的遗传方式。早稻与中稻杂交，F_1 的生育期与中稻相近，F_2 的生育期分离为早熟和迟熟两群，迟熟与早熟个体比例大约符合 3∶1 的比例，野败型杂交水稻生育期属于这种类型，不育系是早稻型，恢复系是中稻型，杂种 F_1 生育期是中稻型。

广东农作物杂种优势利用研究协作组观察：杂种一代生育期都表现中间偏迟熟，即长于双亲平均值，短于迟熟亲本值，其优势率分别为 2.36% 和 −6.61%，杂种一代生育期与父本的相关系数平均为 0.572，达极显著标准。

潘熙淦等（1980）对野败型不育系和恢复系配组不同生育期组合 550 个，进行生育期遗传分析，认为野败型不育系与籼型恢复系杂交，杂种一代生育期大多数组合表现双亲中间而偏迟熟亲本，占 77.51%，有少数组合表现超迟（比迟熟亲本还迟）占 19.65%，极个别组合表现超早，占 2.84%；不同熟期不育系所配组合，生育期表现有差异。恢复系类型不同，杂种生育期也不同，恢复系随着细胞核内粳稻成分增多，生育期延长。如野败籼型不育系与籼型恢复系、籼粳交恢复系、粳稻恢复系杂交，杂种一代超迟率分别为 19.65%、50.00%、94.12%。杂种生育期与恢复系的相关系数为 0.772，与双亲平均值的相关系数为 0.732，均达到极显著水平。

4.2.2　株型遗传

株型遗传包括株高、叶型和株型遗传。

4.2.2.1　株高的遗传　水稻品种的株高可以分为两种类型，即高秆和矮秆。相同类型的不同株高品种间杂交，如矮秆 × 矮秆，高秆 × 高秆，株高表现为数量性状遗传方式，受微效多基因支配。F_1 株高介于两亲本之间，有的倾向一个亲本，也有超亲的。F_2 株高分离呈连续变异，且多数个体的株高介于两亲本之间，有时也出现超亲个体。

不同类型的品种间杂交，如高秆与矮秆杂交，株高一般表现为质量性状的遗传方式，由一对主基因支配，由于有超亲个体出现，可能有若干修饰基因，F_1 株高与高秆亲本相似，F_2 分为高、矮两个类群，高∶矮基本上符合 3∶1 的比例。当前推广的杂交水稻，母本矮秆，父本中秆，F_1 代株高与父本关系较大。

广东农作物杂种优势利用协作组研究指出，杂交水稻株高的优势很明显，其杂种优势率和超亲优势率分别为 10.40% 和 3.16%，优势差异为 9.40 和 3.20，达到极显著和显著水平，杂种一代株高与父本呈显著正相关关系。

4.2.2.2 叶型的遗传 叶片窄直品种与叶片宽披品种杂交，F_1 一般为中间型，有的组合偏于窄直亲本，有的组合偏于宽披亲本。F_2 分离出窄直、宽披及各种中间型的个体，以窄直个体为少。有些研究表明，剑叶大小 F_1 呈中间型，F_2 表现为连续变异，呈正态曲线分布，也属多基因控制的数量性状遗传。

4.2.2.3 株型的遗传 籼稻中株型紧凑和株型松散型杂交，F_1 代株型松散，如二九南 1 号不育系株型松散，IR24 株型紧凑，杂种南优 2 号株型表现松散，松散型似乎是由显性单基因支配；而野生稻种的匍匐型表现紧凑则是由简单的隐性基因支配；在粳稻中，松散型由隐性单基因支配。

4.2.3 产量构成因素的遗传

4.2.3.1 分蘖力与穗数遗传 分蘖数和穗数遗传多表现为部分显性，但亲本不同，显性的程度也不同。分蘖多的品种与分蘖少的品种杂交，F_1 为中间型，F_2 表现为连续变异。用分蘖力很强的与很弱的品种杂交，F_1、F_2 穗数受累加作用基因支配，多穗数对少穗数是部分显性；分蘖中等与分蘖弱的品种杂交，F_1 分蘖和穗数均表现有累加作用和显性效应。

湖南省农业科学院（1978）对杂交水稻的分蘖优势和消长特点进行了分析，49 个早、中稻组合，移栽后一个月内，3/4 组合分蘖率超过双亲，其他组合倾向高蘖亲本，超过双亲中值。但到中后期由于叶片繁茂，分蘖迅速转慢或停滞，49 个早中稻组合最高分蘖数，只有 25 个高于父母本，杂种有效分蘖率普遍偏低，早、中稻杂种有效分蘖率平均为 65.3% 和 61.2%，父母本分别为 72% 和 76%。3/4 组合的有效分蘖率比父母本低。

广西农业科学院观察 53 个杂交组合，F_1 有效穗为负优势。53 个组合中有 20 个组合高于双亲平均值，其中 17 个组合高于高亲；33 个组合低于双亲平均值，其中 23 个组合比低值亲本还低，全部组合 F_1 有效穗的平均值比双亲平均值低 2.3%。

4.2.3.2 每穗粒数的遗传 每穗粒数遗传也属多基因控制的数量性状遗传。F_1 有部分显性并具有累加作用，F_2 呈连续分布。

陈一吾（1978）等对构成杂种产量的三要素的研究发现，以每穗总粒数和实粒数表现的优势最大，表现出超亲优势，在 127 个组合中，杂种一代每穗粒数超过高亲值的组合次数占 70.5%，杂种一代的每穗总粒数和实粒数比双亲平均值分别增加 18.90% 和 18.58%，比高亲值分别增加 7.29% 和 4.51%。对 15 个杂种组合 F_1 和两亲本考察，父本每穗实粒数为

84.8～127.5 粒，平均为 106.9 粒；母本每穗实粒为 45.8～71.6 粒，平均为 52.8 粒；杂种为 96.2～171.7 粒，平均为 131.5 粒，比父本增加 23.0%，比母本增加 149.3%。

广西农业科学院用 11 个不育系与 8 个恢复系配组，杂种 F_1 每穗粒数优势最强，53 个组合中，51 个组合超过双亲平均值，47 个组合超过最高亲本值，杂种每穗粒数平均值比双亲平均值增 40.5%。

4.2.3.3　粒重遗传　谷粒大小在同一穗上由于着粒部位不同而略有差别，即粒长与粒重从穗顶至穗基部递减；同一株中，各穗粒长也出现差异，同一纯系各株间也有差异，测定时，一般以主穗中部谷粒为准。谷粒大小或粒重的遗传由于亲本的遗传基础不同，结果不一致。短圆粒与长粒杂交，有的由一对基因支配，F_1 为短粒显性，F_2 呈 3∶1 分离；有的由两对基因支配，F_1 部分显性，F_2 呈双峰曲线分布；有的由多基因支配，F_1 为中间型，F_2 呈连续变异。大粒与小粒杂交，F_1 中间，有时偏大粒亲本，F_2 呈 1∶2∶1、15∶1、63∶1 分离。重粒与轻粒杂交，F_1 多数在两亲中间，少数偏于重粒亲本。

福建农学院对杂种 F_1 的粒重、粒形进行了研究，观察 15 个品种（系），37 个杂交组合（包括 14 个正反交），其中 12 个组合粒重显著超亲。分析其粒形关系，在粒长上，F_1 小于亲本的有 8 个，大于亲本的有 4 个；在粒宽上，F_1 大于大值亲本的 9 个，一个接近大值亲本，2 个小于大值亲本；在粒厚上，F_1 大于大值亲本的 10 个，小于大值亲本的 2 个，认为 F_1 粒重杂种优势主要由粒厚和粒宽所构成。

4.3　细胞质对杂种优势的影响

在水稻质核互作雄性不育系统中，不育胞质除引起雄性不育外，对其他农艺性状亦有影响，这种影响不但直接反映出不同质源及其不育系遗传基础的差异，而且关系到杂交水稻经济性状的优劣和杂种优势利用的前景。因此，在杂交水稻三系育种研究中，不育细胞的遗传效应一直是遗传育种学家竞相探索的重大课题。

福建农学院（1979）用野败细胞质的珍汕 97、V41 不育系和保持系与 IR24、IR30、印尼矮禾、水莲谷四个恢复系配组，比较株高、抽穗期、最高分蘖数、穗数、成穗率、每穗粒数、每穗实粒数、结实率、千粒重和单株重等性状。结果表明，不育系杂种比相应保持系杂种，除抽穗期延迟和最高分蘖数增加外，其他性状的数值均下降，且达到极其显著差异水平，认为野败细胞质表现杂种优势负效应。

　　盛孝邦、李泽炳（1980）以野败、柳败、神奇、冈型、红野、包台、滇一、滇三 8 种不同细胞质来源的 12 个不育系及相应的保持系和同一恢复系配组，研究不育细胞质对杂种一代株高、穗颈长、抽穗日数、最高分蘖数、有效穗数、成穗率、每穗总粒、每穗实粒、结实粒、千粒重、单株产量、小区产量等 12 个性状的影响，认为不育细胞质对上述主要经济性状有影响，除抽穗日数、最高分蘖数、每穗总粒、千粒重略有增加外，其他各性状的数值均显著下降，即表现不育细胞质对杂种优势的负效应（图 1-4）。不育系与恢复系杂交和保持系与恢复系杂交相比较，不育系有使杂种株高变矮、穗颈长缩短、抽穗日数延迟、有效穗数减少、成穗率降低、每穗实粒数减少、结实率降低、单株产量降低的趋势。所用的 8 种细胞质都同样表现这一规律性。研究中还选用野败、红野、包台三种不育系的 5 个同质恢复系即同恢 603、同恢 620、红晓、红野 691、反 5-1 与其同型保持系配制了 6 个反交组合，并与其保持系和恢复系配制的相应组合进行比较，结果也同样表现为负效应（图 1-5），进一步证明了不育胞质对杂种一代主要经济性状产生负效应的普遍性。但是，不育胞质对杂种优势的负效应是一个相对概念，对于双亲遗传差异大、配合力好、恢复度高的组合来说，这种负效应并不足以改变杂种优势的方向和程度。

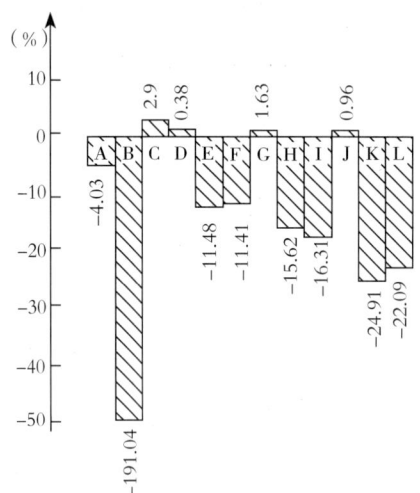

A. 株高　B. 穗颈长　C. 抽穗期　D. 最高分蘖　E. 穗数　F. 成穗率　G. 总粒穗
H. 穗实粒　I. 结实率　J. 千粒重　K. 单株谷重　L. 小区产量

图 1-4　29 个 aF_1 和 bF_1 各性状差异百分比的平均值（aF_1-bF_1/bF_1）

注：aF_1 为不育系与恢复系杂交 F_1 杂种，bF_1 为相应保持系与恢复系杂交 F_1 杂种。

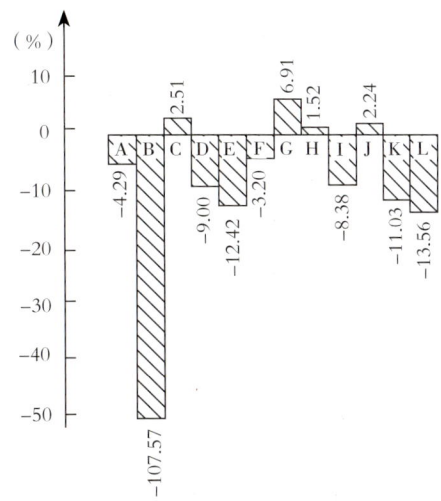

图1-5　五个同质恢复系的杂种（rF₁）和 rF₁ 各性状差异百分率的平均值（rF₁-bF₁/bF₁）

注：rF₁，为同质恢复系与相应保持系杂交 F₁，杂种，A 至 L 同图1-4注解。

4.4　抗性及其他性状的遗传

4.4.1　抗稻瘟病的遗传

水稻的抗稻瘟病遗传是复杂的遗传现象，水稻品种和病菌之间存在复杂的相互关系，有时表现为单基因的质量性状，抗病品种与感病品种杂交，F₁ 代抗性一般表现为显性，F₂ 出现 3：1、9：7、3：4 的比例分离；个别组合感病性为显性。有时又表现为多基因的数量性状遗传。国内外进行了大量的研究工作。

高桥（1959）总结了前人关于抗稻瘟病的遗传研究资料，认为控制抗稻瘟病的基因对数为 1~3 对，在多数情况下抗病性是显性。五岛使用不同的生理小种进行叶鞘接种，研究 250 个杂交组合，发现 50% 的杂交组合 F₁ 杂种为抗病性显性，25% 为不完全显性，25% 感病性是显性。认为是 4 对基因支配着抗病性，而且每对基因是累加的。江冢等采用 7 个菌株测定日本 373 个水稻品种，共发现 11 种反应类型。

近年来对水稻抗稻瘟病的遗传研究，认为支配水稻抗稻瘟病的基因有 12~13 对。已命名为 Pi-i、Pi-a、Pi-k、Pi-KS、Pi-k^h、Pi-k^p、Pi-ta、Pi-ta^2、Pi-t、Pi-b、Pi-Z、Pi-Z^t 等。其中 Pi-k、Pi-KS、Pi-k^h、Pi-k^p、Pi-ta、Pi-ta^2、Pi-Z、Pi-Z^t 等为复等位基因。

一个抗病品种带有 1 个或几个抗病基因，如日本品种石狩白毛有抗性基因 Pi-i，我国台湾品种乌尖有抗性基因 Pi-a，越南 Tetep 有 Pi-k，菲律宾品种塔都康带有 Pi-ta，印度品种

TKMI 带有 $Pi\text{-}Z^t$，美国品种辛尼斯带 $Pi\text{-}Z$，印尼品种本格旺带有 $Pi\text{-}b$。

由于水稻植株与稻瘟病菌之间有极复杂的相互作用，两者间相互依赖、相互影响、相互制约。研究水稻抗稻瘟病遗传时必须要考虑病菌生理小种的致病性的遗传，有的研究者认为，不同的菌系带有不同的非致病基因，命名为 $AV\text{-}a$、$AV\text{-}i$、$AV\text{-}Z$、$AV\text{-}K$ 等，带有抗性基因 $Pi\text{-}a$ 的抗病品种，只有在与带有非致病基因 $AV\text{-}a$ 相遇时，表现为抗性反应，其他条件下均表现为感病。

万文举和罗宽（1979）对大量杂交水稻组合进行了抗稻瘟病的遗传分析，F_1 抗性表现是：抗性显性、抗性隐性、中间类型（不完全显性）及出现双亲没有的新类型。他们利用自己选育的致病强的 75-49 号菌株，在三叶一心接种，接种后 10 d 调查，分为抗（R）、中抗（MR）、感病（S）三级，结果是：鉴定 224 个杂交组合 F_1 及亲本三系，102 个杂交组合抗病性 F_1 表现为显性，31 个组合抗病性表现为隐性，15 个组合表现为中间型，18 个组合的 F_1 出现新类型。双亲抗病，F_1 抗病组合 24 个；双亲感病，F_1 感病组合 34 个。

4.4.1.1 抗性显性 亲本之一即不育系或恢复系是抗病，另一亲本是感病，F_1 表现为抗病。如二九南 1 号不育系感病，IR24、IR28 恢复系抗病，杂种南优 2 号、二九南 1 号不育系 ×IR28 为抗病，F_2 接种鉴定表现出 3∶1 的抗病与感病分离。母本不育系 V20 为抗病，父本恢复系 $75P_{12}$ 为感病，F_1 抗病。这种抗病性可能是受一对显性基因控制。

4.4.1.2 抗性隐性 黎明 A× 培迪，母本感病，父本抗病，F_1 感病；珍龙 13 不育系 ×$75P_{12}$，母本抗病，父本感病，F_1 感病。这些组合亲本的抗性可能是受隐性基因控制。

4.4.1.3 中间类型（不完全显性） 金南特 43 不育系 ×77-372，母本感病，父本抗病，F_1 表现为中抗。V20 不育系 ×77-110 也是如此。

4.4.1.4 新类型 F_1 出现双亲没有的性状，如 V20 不育系 × 特大粒，双亲抗病，F_1 表现为感病。

由上分析，水稻对稻瘟病的抗性是属于复杂的遗传现象，对具体组合需要进行具体鉴定和分析。由于在大多数情况下，抗稻瘟病表现为显性，杂交水稻能比较容易选出抗稻瘟病组合。

4.4.2 抗白叶枯病遗传

水稻品种抗白叶枯病的遗传是一种复杂的遗传现象，有的是由单基因支配，有明显的显隐关系；有的是由两个以上的基因支配，表现为不完全显性；有个别情况表现为隐性。同时，水稻的抗白叶枯病遗传与白叶枯病病菌致病性的遗传物质有着密切关系，还与环境条件有关。

中山大学（1979）、华中农学院（1979）等单位以 IR26、IR28、IR30 等为抗病亲本，

IR24、四珍为中感亲本，IR8、窄叶兰、温革、华矮 15 为感病亲本，进行抗白叶枯病的遗传研究，结果表明，杂种 F_1 抗病性表现为显性或不完全显性，无论是什么配组方式，只要双亲中有一个亲本是中抗或高抗，就可以获得中抗的 F_1 杂种。

抗病品种与感病品种杂交，F_2 呈正态分布但曲线偏向抗病强的一方，有一定程度的显性作用，分离比例有的为 9 : 7，有的为 3 : 1。

通过杂交和基因分析，到目前为止，国外共研究和命名了 21 个抗白叶枯病基因，即 *Xa-1* 至 *Xa-21*，如黄玉群品种具有 *Xa-1* 基因，兰特艾玛斯 2 号品种具有 *Xa-2* 基因，早生爱国 3 号品种具有 *Xa-3* 基因，IR22 品种具有 *Xa-4* 基因，IR1545-339 品种具有 *Xa-5* 基因，辛尼斯品种具有 *Xa-6* 基因，DZ78 品种具有 *Xa-7* 基因，P1231129 品种具有 *Xa-8* 基因，Khao lay Nbay 品种具有 *Xa-9* 基因，Cas209 品种具有 *Xa-10* 基因，Rp9-3 品种具有 *Xa-11* 基因，爪哇 14 品种具有 *Xa-12* 基因，BJI 品种具有 *Xa-13* 基因，台中本地 1 号品种具有 *Xa-14*、*Xa-15* 基因，特特普品种具有 *Xa-16*、*Xa-17* 基因，丰锦品种具有 *Xa-18* 基因，XM5 品种具有 *Xa-19* 基因，XM6 品种具有 *Xa-20* 基因，野生稻（*O. longistaminata*）具有 *Xa-21* 基因。同时对白叶枯病病菌进行了鉴定和分类，日本把白叶枯病病菌分为 5 个小种，国际水稻研究所将菲律宾白叶枯病病菌分为 6 个小种，我国将水稻白叶枯病病菌分为 7 个小种。

近年来国内对抗白叶枯品种资源进行了研究分析，籼稻中高抗白叶枯病的品种有：TKM6、铅稻、72-11、IR26、IR28、IR30、IR22、IR29、IR2071、IR2061、IR1529 等。高抗的粳稻品种有早生爱国 3 号、阿富汗 1 号、辛尼斯 965（粳）等。

万文举和罗宽（1979）对 85 个杂交组合及其亲本进行抗白叶枯病的遗传分析，杂种 F_1 的白叶枯病的抗性有显性、隐性、中间类型和新类型，大部分组合抗性为不完全显性。

4.4.2.1　抗性显性　二九南 1 号不育系 ×IR26，南早不育系 ×IR28 等，母本感病（S），父本高抗（HR），F_1 表现高抗（HR），即抗性为显性。

4.4.2.2　抗性隐性　南早不育系 ×182 等，母本感病（S），父本抗病（R），F_1 感病（S），抗性表现为隐性（S）。

4.4.2.3　中间类型（不完全显性）　朝阳 1 号不育系 ×IR30，朝阳 1 号不育系 ×IR28，母本感病（S），父本抗病（R）或高抗（HR），F_1 表现为中间类型，即抗性为中抗（MR）。

4.4.2.4　新类型　朝阳 1 号不育系 × 穗郊占等，双亲感病，F_1 表现为中抗。

大量对抗稻瘟病和白叶枯病的抗性鉴定证明，不育系与相应保持系的抗性一样。水稻不育细胞质对抗病的影响较小，抗性主要由细胞核遗传决定。盛孝邦、李泽炳（1980）将野败、柳野、神奇等细胞质培育的珍汕97不育系及珍汕97保持系分别与IR24、IR26配组的杂交组合，进行抗白叶枯病鉴定，结果表明，细胞质对抗性无影响。

4.4.3 抗褐飞虱的遗传

水稻品种抗褐飞虱的遗传与抗稻瘟病和白叶枯病的遗传有类似的特点。用抗性品种如蒙德哥（Mudgo）、ASD7、Co22和MTV15等与感病品种杂交，观察杂种后代，推定蒙德哥、Co22和MTV15各有一个抗褐飞虱的显性基因，命名为Bph_1，而ASD7的抗性则由一个隐性基因控制，命名为bph_2。抗褐飞虱品种与不抗褐飞虱品种杂交，F_1抗性为显性；也有抗性为隐性的，抗褐飞虱的遗传还可能与褐飞虱本身的适应性有关。

国际水稻研究所从1966年起对世界各地引进的水稻品种33 000个进行了抗褐飞虱鉴定，大约300个具有抗性，抗性品种大多数来自印度南部和斯里兰卡。野生稻如 *O. australiensis*，*O. brachyantha*，*O. latifolia*，*O. punctata* 具有抗性。鉴定出4个抗性基因，命名为bph_1、bph_2、bph_3、bph_4。研究表明，褐飞虱存在不同的生物型，水稻品种的抗性与褐飞虱的生物型有着密切关系。

针对杂交水稻对褐飞虱的抗性，国内不少单位开展了研究鉴定工作，研究结果认为，不育系一般不抗褐飞虱，恢复系IR26、IR28抗褐飞虱，IR24、IR661等不抗褐飞虱。用IR26作恢复系配的杂交组合比较抗褐飞虱。

浙江省温州地区农业科学研究所（1979）、湖北随县病虫测报站（1978）对杂交水稻组合的鉴定结果表明，抗褐飞虱的IR26与感褐飞虱的不育系二九南1号、珍汕97、V20等不育系配组得到南优6号、汕优6号、威优6号等表现为中抗褐飞虱。感褐飞虱的IR24、IR661与感褐飞虱的不育系二九南1号、珍汕97配组，其杂交组合感褐飞虱。

湖南农学院研究杂交水稻中 γ-氨基丁酸等氨基酸含量与抗褐飞虱的相关性，结果表明：对稻褐飞虱抗性高的品种中，游离氨基酸含量低；抗性差的品种，则游离氨基酸含量高。抗性不同的品种中，植株游离氨基酸不仅总量不同，而且组成成分有显著差异，高抗品种天门冬酰胺含量低，γ-氨基丁酸含量较高，不抗品种游离氨基酸总量高，天门冬酰胺含量高，γ-氨基丁酸含量低，中抗品种的游离氨基酸介于两者之间。γ-氨基丁酸含量与抗稻飞虱的能力呈明显的正相关。杂交水稻中，以IR26恢复系配组的南优6号、汕优6号、威优6号中 γ-氨基丁酸含量与IR26相同，都显著高于用IR24配制的组合。

4.4.4　黄矮病、普通矮缩病的抗性遗传

黄矮病、普通矮缩病均由黑尾叶蝉传播，对黑尾叶蝉的抗性与对黄矮病、普通矮缩病的抗性有一定的相关性，对黑尾叶蝉的抗性遗传研究发现，朋克哈里203（Pankhari203）、ASD7和IR8的抗性由一个主要显性基因支配，且彼此是独立遗传的，分别命名为Glh_1、Glh_2、Glh_3。抗病品种与感病品种杂交，杂种一代，抗性为显性。

现有的水稻三系和杂交水稻组合，抗黄矮病、普通矮缩病的能力不强，湖南省农业科学院鉴定，不育系二九南1号、珍汕97、V20、广陆银、常付和南早等抗黄矮病、普通矮缩病的能力较差。初步鉴定V41不育系有一定的抗黄矮病、普通矮缩病能力。大部分恢复系也不抗普通矮缩病、黄矮病，初步鉴定只有古154对黄矮病、普通矮缩病高抗，用古154恢复系所配的杂交组合也表现高抗。但古154的恢复能力不强，所配的杂交组合结实不稳定。如四优4号1978年受高温影响，结实率很低，虽能抗普通矮缩病、黄矮病，但结实率过不了关，生产上不能大面积应用，还必须进行改造。认真鉴定对黄矮病、普通矮缩病的抗源，是一项有意义的工作，从目前来看，对叶蝉表现较高抗性的品种有皮泰、IR8、朋克哈里203等。利用已鉴定有抗性的品种和恢复系，进一步进行抗黄矮病、普通矮缩病的恢复系或不育系的选育，是一项紧迫的工作，应加速进行。

4.4.5　感光性、感温性的遗传

湖南农学院（1980）收集不同光温反应特性的不育系和恢复系配置76个杂交组合，对杂交水稻的光温反应特性作了较系统研究，认为F_1的光温反应特性与亲本有如下关系。

4.4.5.1　杂交水稻的感光性

（1）超亲型　即双亲的感光性均较弱，而由它们所配组合的感光性较双亲有所增强。属此类型的组合最多，有53个。这一现象从遗传的角度来分析，是属于感光亲本部分显性基因的累加效应。

（2）倾亲型　即双亲或1个亲本具有强感光性，由它们所配组合的感光性亦强。属此类型的组合有8个，表现强感光性为显性。

（3）中间型　杂交组合的感光性介于双亲感光性之间，或与亲本感光性相近，或比感光性强的亲本反而明显降低。属此类型的组合共9个，其中4个与亲本的感光性相近，5个比亲本的感光性降低。

4.4.5.2　杂交水稻的感温性

（1）超亲型　大部分杂交水稻组合（52.3%）的感温性反应比不育系与恢复系略有

增强。

（2）中间型　杂交水稻的感温性反应介于不育系与恢复系的感温性之间（占总组合数的 34.1%），而大于或接近于不育系与恢复系平均值的，均以倾向于恢复系的强感温性亲本居多。

（3）负超亲型　少数杂交水稻组合（13.6%）的感温性比不育系与恢复系的感温性都低，这似与某些恢复系（IR28、早恢 1 号）和不育系（钢枝占 A）的特性有关。

第五节　杂种优势利用的途径

虽然我国在水稻杂种优势的利用上已走在世界的最前列，然而，事物的发展是无止境的，袁隆平（1987）认为，从战略上看，杂交水稻现在只是处于发展的初级阶段，还蕴藏着巨大的潜力，有着广阔的前景。就提高水稻杂种优势的程度看，可分为品种间杂种优势利用、亚种间杂种优势利用和远缘杂种优势利用三个阶段；就选育杂交水稻的方法来看，可分为三系法、两系法和一系法三条途径。就杂交水稻育种的目标来看，需要从单纯追求产量优势向综合产量、品质、抗性优势发展。

5.1　杂交种的组成及类别

5.1.1　品种间杂种优势

目前生产上利用的杂交水稻均属品种间杂种优势利用。20 世纪 70 年代，我国就是利用此类杂种优势使我国水稻在矮化育种后又取得重大突破，普遍可增产 20% 以上。然而由于品种间亲本亲缘较近，遗传物质差异不大，杂种优势有较大的局限性，近年来育成的品种间杂交组合增产幅度较小，从而使当前杂交水稻单产水平处于徘徊状态。

5.1.2　亚种间杂种优势

由于籼粳亚种间遗传距离较大，长期以来，人们就试图用籼粳杂种优势来提高水稻产量。在常规育种方面，从 20 世纪 50 年代开始，杨守仁就进行了籼粳杂交育种研究，认为通过籼粳杂交得到一些有利优势可稳定下来。矮粳 23、鄂晚 5 号、辽粳 5 号及韩国以密阳系统为代表的统一型水稻、日本的中国 91 等，都是利用籼粳杂交方法育成的。在杂交水稻方面，著名粳型恢复系 C57，就是把籼型恢复基因导入粳稻京引 35 育成的。籼型杂交水稻汕优 46 的亲本之一密阳 46 也是含有粳稻的血缘。它们都在生产上发挥了显著作用。

籼粳杂交种具有巨大的优势。不少优势组合库大源足，有人推测产量可超过现有高产品种间杂交水稻 30%～50%。然而，籼粳杂交存在较大的负优势，主要问题是杂种结实率偏低、籽粒不饱满，熟期偏迟，植株过高。广亲和基因的发现、研究和利用为解决结实率偏低的问题带来了希望。用矮生等位基因的籼、粳稻配组，有可能解决 F_1 植株过高问题。选择感光性、感温性上互有强弱的协调亲本配组，可能获得在晚季条件下营养生长适当、生育期适当的 F_1。选择根系发达、叶片厚、叶色浓、具高光效特点的类型作亲本，可能有利于获得籽粒灌浆正常、籽粒饱满的 F_1。

应该指出的是，利用亚种间杂种优势，主要是利用亚种间较大的遗传差距，使二亚种不同优势性状产生互补。然而，由于典型籼粳杂交存在着明显的负优势，杨振玉（1990）认为这类典型的籼粳交杂种优势是不可能直接利用的。理论上，从亚种间至品种间，遗传差距应该是连续的，因此，如何合理加大双亲间的遗传差距，正确利用亚种间遗传差异的关系，是目前水稻工作者需要解决的关键问题。

5.1.3　远缘杂种优势

远缘杂交可在一定程度上打破稻种之间的界限，促使不同稻种的基因交流。作为一种育种手段，目前主要用于引进不同种属的有用基因，从而改良现有的品种。如国外利用二粒小麦、山羊草、偃麦草等作杂交亲本，已培育出抗锈的小麦品种；玉米和摩擦禾进行属间杂交，培育出了高蛋白、高脂肪的品种。我国不少研究者取用玉米、高粱、小麦、稗草、薏苡、芦苇、竹子等植物为父本与水稻杂交，有的杂种后代具有较优良的经济性状并在生产上试种。近年来，生物技术的发展为外源基因的导入提供了新途径。如湖南农业大学万文举等通过玉米 DNA 溶液浸胚法，育成的遗传工程稻，就是一个有益的尝试。

直接利用远缘杂种优势，可能会出现迄今我们还难以想象和预料的杂种优势。但远缘杂种优势的利用却是非常困难的，杂种不育可能是基因不育，也可能是染色体不育。人们一直在寻找克服这些困难的方法。借助于无融合生殖和遗传工程，从理论上说，是可能在生产上利用远缘杂种优势的，因为无融合生殖既会固定发生疯狂分离的远缘杂种，又能消除远缘杂种的结实障碍。

5.2　杂种优势利用的方法

5.2.1　三系法

这是当前行之有效的经典方法，目前大面积推广的品种间杂交水稻都是三系法品种间组合。现不少育种专家致力于三系法亚种间组合选育，即将水稻广亲和基因导入现有不育系、保持系或恢复系，育成广亲和性"三系"，然后利用广亲和籼、粳不育系和现有粳、籼恢复系配组，或用广亲和籼、粳恢复系和现有粳、籼不育系配组，育成强优组合直接用于生产。

三系法的育种程序和生产环节均比较复杂，以致选育新组合的时间长、效率低、推广环节多，速度慢，同时种子成本高，价格贵。这对于进一步发展杂交水稻不利。从发展的眼光看，三系法最终将被更先进的方法所取代。

5.2.2 两系法

两系法包括化学杀雄法和光（温）敏不育系利用法。

5.2.2.1 化学杀雄法 20 世纪 50 年代初，国外就有化学杀雄的报道。国内自 1970 年开始了水稻的化学杀雄研究，曾育成一些组合在生产上应用，如赣化 2 号。化学杀雄不受遗传因素影响，配组较自由，利用杂种优势的广度大于三系法。但是目前还没有真正优良的杀雄剂，且杀雄后往往造成不同程度的雌性器官损伤和开花不良，影响制种产量和纯度。

5.2.2.2 光（温）敏不育系利用法 光（温）敏核不育系是核基因控制的雄性不育系，可一系两用，根据不同的日照和温度，既可自身繁种，又可用于制种。利用光（温）敏不育系进行两系杂种优势利用，不但可使种子生产程序减少一个环节，降低种子成本，而且配组自由，凡正常品种都可作为恢复系，选到强优组合的概率高于三系法。更为重要的是可避免不育细胞质的负效应，防止遗传基础的单一化。

两系法既可进行品种间杂优利用，又可进行亚种间杂优利用，目前国内很多育种单位在这方面的研究已取得突破性进展，正在全国稻区进行大面积示范与推广，已获得良好的经济效益与社会效益。

5.2.3 一系法

一系法即培育不分离的 F_1 杂种，将杂种优势固定下来，从而不需要年年制种。这是利用杂种优势的最好方式。利用无融合生殖固定水稻杂种优势被认为是最有希望的途径。

无融合生殖是指以种子形式进行繁殖的无性生殖方式，可随世代更选而不改变基因型，性状也不发生分离。自 20 世纪 30 年代以来有科学家先后提出利用无融合生殖固定杂种优势的设想。一些科学家对高粱、玉米等作物开展了此项研究，Bashaw 成功地选育了无融合生殖巴费尔牧草品种。我国在成功实现杂交水稻三系配套，并投入生产后，赵世绪（1977）、袁隆平（1987）等相继提出用无融合生殖的原理固定水稻杂种优势的设想。一些科研单位和大专院校对水稻无融合生殖进行了不少研究，目前面临的首要任务是获得（发掘出）可靠的无融合生殖材料。

—— R e f e r e n c e s ——

参考文献

［1］袁隆平，陈洪新，王三良，等.杂交水稻育种栽培学 [M].长沙：湖南科学技术出版社，1988.

［2］李泽炳，肖翊华，朱英国，等.杂交水稻的研究与实践 [M].上海：上海科学技术出版社，1982.

［3］孙宗修，程式华.杂交水稻育种：从三系、两系到一系 [M].北京：中国农业科技出版社，1994.

［4］杨国兴.杂交水稻育种的理论与技术 [M].长沙：湖南科学技术出版社，1982.

［5］张启发.水稻杂种优势的遗传基础研究 [J].遗传，1998，20（增刊）：1-2.

［6］余四斌，李建雄，徐才国，等.上位性效应是水稻杂种优势的重要遗传基础 [J].中国科学（C辑），1998，28（4）：333-342.

［7］XIAO J，LI J，YUAN L，et al. Dominance is the major genetic basis in rice as revealed by QTL analysis using molecular markers[J]. Genetics，1995，140：745-754.

第二章

水稻雄性不育性

水稻属典型的自花授粉作物，雌雄同花，由同一朵花内花粉进行传粉受精而繁殖后代。所谓雄性不育性，是指雄性器官退化，不能形成花粉或形成无生活力的败育花粉，因而不能自交结实，但雌性器官正常，一旦授以正常可育花粉就可受精结实，具有这种特性的品系称为雄性不育系。目前我国已育成了来源广泛、类型丰富的数百个水稻细胞质雄性不育系和一大批光温敏核不育系。

本章就水稻雄性不育性的分类、细胞形态学、生理生化特性和遗传机理四个方面进行阐述。

第一节 水稻雄性不育性的分类

水稻雄性不育有遗传型不育和非遗传型不育两种。遗传型不育是指其不育性受遗传基因控制，表现出可遗传的特性，如目前生产上已广泛应用的三系不育系和两系不育系均属于此种类型。非遗传型不育则是指其不育性由异常外部条件造成，而不具有不育基因，因而其不育性是不能遗传的。如异常高温或低温引起的不育，施用化学杀雄剂诱导的不育性等，均属于这种类型。从遗传育种角度而言，遗传型雄性不育性最具实用价值，是研究和利用的重点。

一般认为，水稻遗传型雄性不育包括细胞质不育、细胞核不育和质核互作型不育三种类型。

细胞质不育是指不育性仅受细胞质基因控制，与细胞核无关。单纯由细胞质控制的不育性由于找不到恢复系，所以在生产上没有实用价值。

细胞核不育是指不育性仅受控于细胞核基因，与细胞质无关。这种不育类型在自然界较常见。我国最早发现的水稻雄性不育材料即 1964 年袁隆平从胜利籼中发现的自然突变无花粉型不育材料（简称"籼无"），就属于细胞核不育。这种类型的不育性，一般只受一对隐性核基因控制，育性正常品种都是它的恢复系，没有保持系，其不育性得不到完全保持，故无法直接利用。尽管育种专家曾做过一些设想和尝试，以期利用这种不育类型，但均未成功。如安徽省芜湖地区农业科学研究所试图通过培育具有标记性状的恢复系与高不育材料制种，在下季秧田中，根据标记性状区分杂种和不育株的方法（称"两系法"）来利用杂种优势。1974 年，他们培育出不育株率为 98%、不育度为 90% 以上的两用系，并选育出紫色性状稳定的恢复系，实现了两系配套。但由于不育系的不育性受环境影响大，年际间杂种与自交种比率不稳定，未能在生产上大面积应用。

质核互作型不育是指不育性由细胞质基因和细胞核基因共同控制，仅当细胞质和细胞核均为不育基因时，才表现为不育。这种不育类型既有保持系（质可育基因，核不育基因）使其不育性得以保持，又有恢复系（质可育或不育基因，核可育基因）使其 F_1 杂种育性得以恢复正常可育，实现三系配套，因此可在生产上直接利用。我国 20 世纪 70 年代就是利用这种不育类型成功实现三系配套，培育成三系杂交水稻，并广泛应用于生产。

然而，长期的育种实践表明，上述三种类型的水稻雄性不育中单纯由细胞质控制的不育实际上还没有发现。如我国粳型野败不育系，由于当时在很长一段时期内找不到恢复系，被认为属细胞质不育类型，但后来新疆生产建设兵团农垦科学院在引自中国农业科学院的早粳 3373×IR24 组合的后代中找到了其恢复系。又如日本的"中国野生稻 × 藤坂 5 号"产生的雄性不育，也在很长时期内没有找到恢复系，但后来湖北用藤坂 5 号与籼稻杂交，在其后代中找到了这个不育系的恢复系。因此，在实际应用中，通常意义上所称的细胞质雄性不育，实际上是指质核互作型雄性不育。

1973 年，湖北省沔阳县石明松在晚粳品种农垦 58 中发现了一种光（温）敏核雄性不育类型，即农垦 58S。随后，更多的光（温）敏核不育材料被发现，籼型的有：湖南省安江农业学校邓华凤（1988）发现的安农 S-1、湖南省衡阳市农业科学研究所周庭波（1988）发现的衡农 S-1 和福建农学院杨仁崔（1989）发现的 5460S 等。经广大科技工作者广泛而深入的研究，确定这种新类型的细胞核不育受隐性核基因控制，与细胞质无关。这种类型的不育性虽然仍属于细胞核雄性不育的范畴，但它又不同于一般的细胞核不育类型，因为其育性的表达主要受光、温所调控，即在一定的发育时期，长日照、高温导致不育，短日照、低温导致可

050

育，具有明显的育性转换特征。它是一种典型的生态遗传类型，由于既受细胞核不育基因控制，又受光温调控，故称为光温敏核不育。具有这种特性的光温敏核不育系，在不育期可用来生产杂交种用于大田生产，在可育期可用来自身繁殖种子保持其不育性，故可一系两用。实践证明，利用这种类型的不育性来培育两系法杂交水稻具有广阔的应用前景。此外，美国、日本等国也育成了一些具有育性转换特性的不育系。

综上所述，从育种实践出发，对水稻雄性不育总体上可划分为两大类，即细胞质雄性不育和细胞核雄性不育，光温敏核不育属于细胞核雄性不育中的一种特殊类型。

1.1 细胞质雄性不育的分类

在 1973 年三系配套成功后，我国科技人员从不同的研究目的出发，对细胞质雄性不育的分类作了较为详尽的研究，归结起来主要有如下五种分类方法。

1.1.1 按恢保关系分类

依据不育系的保持系品种和恢复系品种的差异，可将细胞质雄性不育系分为野败型、红莲型和 BT 型 3 类。

1.1.1.1　野败型　以崖县野生稻花粉败育株为母本，以矮秆早籼二九矮 4 号、珍汕 97、二九南 1 号、71-72、V41 等品种为父本进行核置换育成的野败型雄性不育系，原产长江流域的矮秆早籼大多数对它有保持能力。东南亚品种皮泰和印尼水田谷以及带有皮泰亲缘的低纬度籼稻品种泰引 1 号、IR24、IR661、IR26 等和带有印尼水田谷亲缘的华南晚籼双秋矮 2 号、秋水矮等都是野败型的恢复系。各种水稻品种的恢复率和恢复度大小的顺序是：籼大于粳，晚籼大于早籼，迟熟品种大于中熟品种，中熟品种又大于早熟品种；低纬度地区籼稻大于高纬度地区籼稻。与野败型不育系的恢保关系基本相同的有冈型、D 型、矮败型、野栽广选 3 号 A 等不育系。

1.1.1.2　红莲型　以红芒野稻为母本，以高秆早籼莲塘早为父本进行核置换育成的红莲 A 以及经过转育育成的红莲华矮 15A 等。这类不育系的恢保关系与野败型不育系相比有较明显的差异。例如，我国长江流域的矮秆籼稻品种二九矮 4 号、珍汕 97、全南特 43、玻璃占矮、先锋 1 号、竹莲矮、二九青、温选早、龙紫 1 号等对野败型不育系具有保持能力，对红莲型不育系则具有恢复力；对野败型不育系具有恢复力的泰引 1 号，对红莲型不育系则具有良好的保持能力；而 IR24、IR26 等野败型恢复系对红莲型不育系表现为半恢复。红莲型不育系的恢复面较野败型不育系宽，但可恢复性较差。田基度辐育 1 号 A 也属于此类型。

1.1.1.3　BT 型　日本新城长友用印度春籼和我国台湾粳稻台中 65（父本）籼粳交育成的 BT 型不育系，粳稻品种绝大部分对它具有保持能力，但恢复系难于寻找。高海拔籼稻和东南亚籼稻品种对它虽具恢复能力，但因籼粳亚种间的不亲和性，杂种结实率低，较难应用于生产。故其恢复系的选育较为复杂。我国育成的滇一型、滇三型、里德型不育系以及由 BT 型转育成的黎明、农圭六、秋光等粳稻不育系均属于这一类型。

1.1.2　按花药和花粉形态分类

按花药和花粉形态的不同，可分为无花药型、无花粉型、典败（单核败育）型、圆败（二核败育）型和染败（三核败育）型等五种。

1.1.2.1　无花药型　宋德明等（1998，1999）在远缘杂交组合东乡野生稻 /M872（籼稻）的 F_3 和籼粳交 F_3 以及在 02428（粳）/ 密阳 46 的 F_4 中分别发现了无花药型不育材料 M01A、M02A 和 M03A，其花药完全退化。以其为母本的转育后代花药和花粉形态因父本而异，有完全无花药型、花药严重退化型（无花粉或很少典败花粉）、花药不完整型（含少量典败花粉）以及花药不开裂型（含染败和正常花粉）等多种类型。

1.1.2.2　无花粉型　无花粉型是在单核花粉期以前的各个时期走向败育的。造孢细胞发育受阻不能形成花粉母细胞，或花粉母细胞减数分裂异常不能形成四分体，或四分体的发育受阻不能形成花粉粒。其特点是无丝分裂极普遍，败育途径很不整齐，最终导致药囊中无花粉，仅留残余花粉壁。如无花粉型南广占不育株（简称 C 系统）、京引 63 不育株、南陆矮不育株以及江西的“O”型不育材料等属于此类型。

1.1.2.3　典败（单核败育）型　花粉主要是在单核期败育，少数发育至双核期的花粉其内容物也不充实，碘-碘化钾均不着色，空壳花粉形态很不规则。野败型、冈型和矮败型不育系等属于此类型。

1.1.2.4　圆败（二核败育）型　这类不育系的花粉发育是绝大部分花粉可以通过单核期，进入双核期以后生殖核和营养核先后解体而走向败育，部分在双核后期败育的花粉可着色。败育花粉绝大部分呈圆形。红莲型、滇一型和田型不育系等都属于此类型。

1.1.2.5　染败（三核败育）型　这类不育系的花粉败育时期最迟，大部分花粉要到三核初期以后才败育，绝大多数花粉外部形态正常，积累了淀粉，能被碘-碘化钾着色，但生殖核和营养核发育不正常，导致败育。属于这类不育系的有 BT 型和里德型不育系等。

1.1.3 按核置换类型分类

质核互作雄性不育一般通过远缘杂交进行核置换而来，按其核置换类型来分有种间核置换、亚种间核置换和品种间核置换三大类。

1.1.3.1 种间核置换 包括普通野生稻（*Oryza sativa* F. Spontanea）和普通栽培稻（*Oryza sativa* L.）、光身栽培稻（*Oryza glaberrima*）和普通栽培稻之间的核置换。前者如以野生稻花粉败育的雄性不育株为母本，矮秆早籼二九矮 4 号为父本进行核置换育成的二九矮 4 号 A；以海南普通野生稻为母本，矮秆籼稻广选 3 号为父本进行核置换育成的野栽型广选 3 号 A；以红芒野生稻为母本，以高秆早籼莲塘早为父本进行核置换育成的红莲 A；以栽培稻为母本，华南野生稻为父本进行核置换选育出"O"型不育材料等。后者如以非洲光身栽培稻丹博托为母本，普通栽培稻矮秆早籼华矮 15 为父本进行核置换获得的华矮 15 不育材料等。

1.1.3.2 亚种间核置换 即籼稻和粳稻之间的核置换。如以云南高海拔籼稻和粳稻台北 8 号天然杂交的不育株为母本，粳稻红帽缨为父本进行核置换育成的滇一型红帽缨 A，以华南晚籼包胎矮为母本，粳稻红帽缨为父本进行核置换育成的滇五型红帽缨 A 和以印度春籼 190 为母本，以粳稻红帽缨为父本进行核置换育成的滇七型红帽缨 A；又如以粳稻〔（科情 3 号 1 山兰 2 号）F₂// 台中 31〕F₁ 的高不育株为母本，以籼稻台中 1 号为父本进行核置换育成的滇八型籼稻台中 1 号 A。

1.1.3.3 品种间核置换 指地理上远距离或不同生态类型的籼籼或粳粳品种之间的核置换。如以西非晚籼冈比卡为母本，中国矮秆籼稻为父本，经过复交和核置换育成的冈型朝阳 1 号 A，以云南高原粳稻昭通背子谷为母本，粳稻科情 3 号为父本进行核置换育成的滇四型科情 3 号 A。

1.1.4 按细胞质源分类

按细胞质的来源不同，大致可分为以下四类：

1.1.4.1 普通野生稻质源 以普通野生稻（包括"野败"）作母本，栽培稻作父本进行核置换育成的不育系，如野败型、红莲型、D 型、矮败型等不育系属于这一类型。

1.1.4.2 非洲光身栽培稻质源 美国用非洲光身稻作母本与普通栽培粳稻品种杂交，印度用非洲光身稻为母本与普通栽培稻品种杂交，回交后代都获得不育率达 100% 的不育材料；我国湖北省用光身栽培稻作母本与早籼杂交，回交后选育出光身华矮 15 不育材料等属于此类型。

1.1.4.3　籼稻质源　　以籼稻为母本，粳稻为父本的核置换和地理远距离或不同生态类型的籼籼间的核置换育成的不育系属于此类型。前者如以籼稻包罗Ⅱ号为母本，粳稻台中 65 为父本进行核置换育成的 BT 型不育系。后者如冈型朝阳 1 号 A。属于这种质源的还有滇一型、滇五型、里德型和印尼水田谷型等不育系。

1.1.4.4　粳稻质源　　以粳稻为母本、籼稻为父本育成的滇八型台中 1 号 A 和以不同生态类型的粳粳杂交育成的滇四型科情 3 号 A 属于此类。

1.1.5　按质核互作雄性不育的遗传特点分类

根据水稻细胞质雄性不育的遗传特点可分为孢子体不育和配子体不育两大类。

1.1.5.1　孢子体不育　　孢子体雄性不育的花粉育性是受孢子（产生花粉的植株）的基因型所控制，与花粉（配子体）本身的基因无关。花粉败育发生在孢子体阶段。当孢子体的基因型为 S（rr）时，全部花粉败育；基因型为 N（RR）或 S（RR）时，全部花粉为可育；基因型为 S（Rr）时，可产生 S（R）和 S（r）两种不同基因型的雄配子，但它们的育性则是由孢子体中的显性可育基因所决定的。所以，这两种花粉均可育。这类不育系与恢复系杂交，F_1 花粉正常，无育性分离，但 F_2 产生育性分离，出现一定比例的不育株（图 2-1）。孢子体不育系的花粉主要是在单核期败育，败育花粉呈不规则的船形、梭形、三角形等，花药乳白色、水渍状、不开裂。不育性较稳定，受外界环境条件的影响小。穗颈短，有包颈现象。野败型、冈型、矮败型等不育系属于这一类型。

1.1.5.2　配子体不育　　配子体雄性不育的花粉育性是直接受配子体（花粉）本身的基因型所控制，与孢子体的基因型无关。其遗传特点如图 2-2 所示。配子体基因型为 S（r）的花粉表现不育，S（R）的表现可育。这类不育系与恢复系杂交，F_1 的花粉有 S（R）和 S（r）两种基因型，且各占一半。由于育性取决于配子体本身的基因型，故 S（r）花粉均败育，只有 S（R）为可育。可育花粉虽只有一半，但能正常散粉结实，所以 F_2 表现为全部可育，结实正常，不会出现不育株。配子体不育系的花粉主要是在双核期走向败育，败育花粉为圆形，有的可被碘-碘化钾着色。花药乳黄色、细小，一般不开裂。不育性的稳定性较差，易受高温、低湿的影响，使部分花药开裂散粉，少量自交结实，抽穗吐颈正常。BT 型、红莲型、滇一型、里德型等不育系属于这一类型。

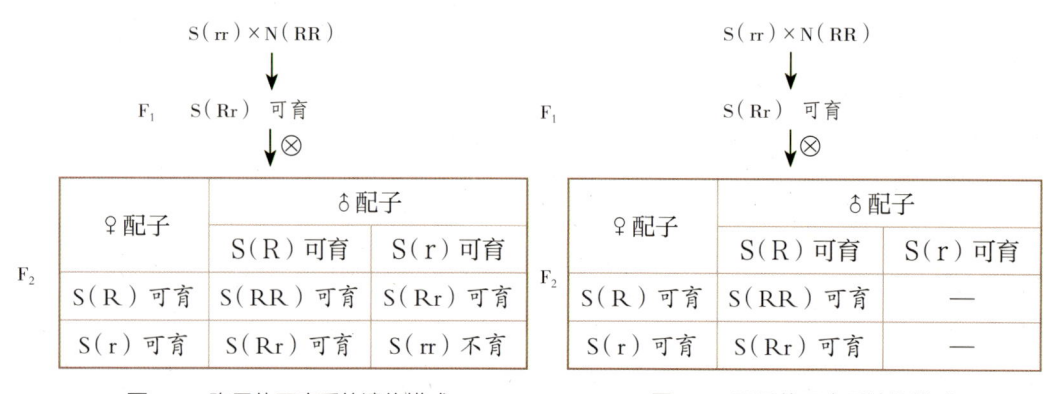

图 2-1　孢子体不育系的遗传模式　　　　　图 2-2　配子体不育系遗传模式

1.2　细胞核雄性不育的分类

近年来，由于各种新类型的水稻细胞核雄性不育现象，尤其是光温敏核不育系的发现，大大丰富了水稻核雄性不育类型。现对其分类归纳如下。

首先，依据控制核不育基因的显隐性遗传特点，可以将水稻细胞核雄性不育划分为隐性核不育和显性核不育。隐性核不育是指不育性受隐性基因控制，而显性核不育则是指其不育性受显性基因控制。目前已发现的核不育绝大多数为隐性核不育，如自然突变或人工诱变产生的核不育和光温敏核不育等，但水稻显性核不育亦有报道，如江西省萍乡市农业科学研究所颜龙安等于 1978 年发现的"萍乡显性核不育水稻"和四川农业大学水稻研究所邓晓建等于 1989 年发现的温敏型显性核不育水稻"8987"即属于显性核不育类型。迄今在水稻杂种优势的利用中，一般是利用隐性核不育，而显性核不育则主要用于轮回选择、群体改良等方面。但由两对独立遗传的显性基因控制的基因互作型显性核不育也可以做到三系或两系配套，从而达到利用杂种优势的目的。如"萍乡显性核不育水稻"具有感温效用，且在少数品种中存在 1 对显性上位基因，能抑制不育基因（Ms-p）的表达，从而使育性恢复，故而可用纯合体不育系（通过高温特定条件下连续自交多代获得）作母本和具显性上位基因品种作恢复系通过"两系制种法"模式利用其杂种优势。在油菜等其他作物中，基因互作型显性核不育已实现了三系配套。

其次，依据不育性是否对环境因子敏感，可将水稻细胞核雄性不育划分为环境敏感核不育和普通核不育。前者指不育性受环境因子的影响，在一定的环境条件下，表现为不育；而在另一环境条件下，又表现为可育或部分可育。这种类型的不育系，其育性随外部环境条件的改变而发生规律性的变化，呈现出育性可转换的特征。后者指不育性一般不受外部环境因子的影响，只要具备核不育基因，不管环境条件怎样变化，总是表现为不育。

环境敏感核不育，目前主要指光温敏核不育，其育性受外界光照长短和温度高低的调控。对于光温敏核不育的分类目前有不同的见解，有光敏型和温敏型两类之分，有光敏型、温敏型和光温互作型不育三类之分，也有光-温敏不育和温敏不育两类之分。此外，盛孝邦等（1993）将光敏雄性核不育系分为低温强感光型、高温弱感光型、高温强感光型、温光弱感型等四种遗传类型。张自国等（1993，1994）依据不育系育性转换临界温度和光敏不育温度范围，将光温敏核不育系分为高—低型（即上限可育临界温度高，下限不育临界温度低，光敏温度范围宽）、低—低型（即上限可育临界温度低，下限不育临界温度低，光敏温度范围窄）、高—高型和低—高型等四种类型。

从已有的光温敏核不育材料及其研究结果来看，纯光敏和纯温敏类型的不育材料都尚未发现。在这点上已基本形成共识。如原认为是光敏的农垦 58S 等，在进一步研究后发现同样受温度的制约；而一般认为属典型的温敏的安农 S-1、衡农 S-1 和 5460S 等，育性同样受光照长短的影响。据孙宗修（1991）的研究，在 25.8 ℃相同的温度及 15 h 和 12 h 不同的光照长度处理下，安农 S-1、衡农 S-1 和 5460S 均表现出 12 h 短光照处理时的自交结实率显著高于 15 h 长光照处理的自交结实率。因此，现有光温敏核不育实际上都受到光照和温度两者的影响，只是在不同的材料中光、温两者表现出来的作用大小有差异而已。鉴于此，根据光、温两因子对育性作用的主、次来分，光温敏核不育可大致分为光敏核不育和温敏核不育两大类。光敏核不育的育性主要受光周期调控，而温度起次要或辅助作用，如农垦 58S、N5088S 和 7001S 等；温敏核不育的育性则主要受温度的调控，光周期的作用不大或很小，如安农 S-1、衡农 S-1、5460S、培矮 64S（籼）和农林 PL12、滇农 S-1 和滇农 S-2（粳）等。从现有研究材料来看，光敏核不育以粳型较多，而温敏核不育则以籼型居多。

关于如何确定光、温因子作用的主次来判断光温敏核不育系的光温生态类型的问题，国内学者已作过不少有益的尝试，归结起来主要有以下四种方法：

（1）在一定温度条件下，通过长暗期（短日照）中段采用红光-远红光（R-FR）间断检验不育系育性差异及 R-FR 的逆转效应来判断其是否受光周期调节以确定为光敏或温敏。

（2）在人控光温条件下，对不育系育性差异进行统计分析，根据敏感期内光、温及其互作效应的差异显著性来确定其所属类型为光敏还是温敏。

（3）在自然条件下，采用分期播种观察得到的敏感期内不同光、温条件对育性影响，来判断不育系的光温反应类型是以光为主还是以温为主。

（4）通过不育系间的等位性测定来判别不育系具光敏属性还是具温敏属性。

通过上述方法，对某一特定的不育系归类结果，不同研究者得出的结论有一致的，也有不一致甚至相反的情况。如对于农垦 58S、N5088S、安农 S-1、5460S 等不育系的归类结果

一致；前两者属光敏，后两者属温敏；但对于 W6154S 等农垦 58S 衍生的籼型不育系的归类
结果分歧较大：有的将之归为温敏，有的则将之归为光敏。产生分歧的原因可能与不同研究者
所采用的光、温条件及其范围宽窄不完全一致有关。通过设置和采用统一的适宜光温条件及范
围，规范试验方法和分类指标，对光温敏核不育系的光温生态类型划分是可行的。

根据光和温对育性作用的方向不同，光敏核不育和温敏核不育又可分为长日不育型、短
日不育型、高温不育型、低温不育型等四种类型。长日不育型是指长日照导致不育而短日照
导致可育的光敏核不育；短日不育型与长日不育型正好相反，短日照诱导不育而长日照诱导可
育；高温不育型指高温导致不育而低温导致可育的温敏核不育，低温不育型则相反，低温导致
不育而高温导致可育。这四种类型在自然界中都有发现，但以长日不育型和高温不育型较常
见，而短日不育型和低温不育型较少见。长日不育型如农垦 58S 及其衍生光敏核不育系，短
日不育型已报道的有宜 DS1；高温不育型，如 W6154S、培矮 64S、安农 S-1、衡农 S-1 和
5460S 等，低温不育型有 go543S、滇农 S-1 和滇农 S-2 等。

育种专家从实用出发，根据育性转换要求的光长和温度临界值的高低，还可将上述四种类
型进一步细分。如高温不育型可划分为高临界温度（高温敏）和低临界温度（低温敏）两种。
高临界温度高温不育型如衡农 S-1、5460S 等；低临界温度高温不育型如培矮 64S 和测 64S
等一系列新育成的实用不育系。又如长日不育型也可划分为长临界日长和短临界日长两种。长
临界日长不育型如农垦 58S，短临界日长不育型如 HS-1。

近年来，随着分子生物学等基础学科的迅速发展，利用 RFLP 和 RAPD 等分子技术将使
水稻雄性不育的分类更为科学和准确，更好地为生产实践服务。

综上所述，现将水稻雄性核不育的分类归纳如下：

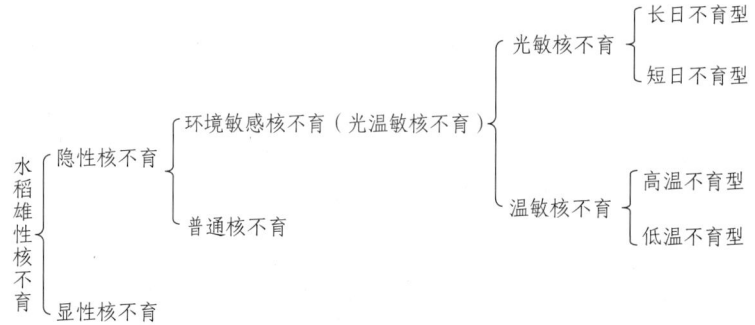

第二节　水稻雄性不育的细胞形态学

2.1　水稻正常花粉的发育过程

2.1.1　花药的发育和结构

水稻在生殖生长过程中，雌雄蕊分化以后，雄蕊进一步分化出花药和花丝。花药在形成初期构造简单，最外一层是表皮，内部是由形态结构相同的基本组织细胞所构成。后来在花药的四角处，紧接表皮下一层细胞，各形成一行具有分生能力的细胞群，称为孢原细胞。孢原细胞经过分裂形成内、外两层细胞，外层称为壁细胞，内层称为造孢细胞。壁细胞进一步分裂形成三层细胞，紧靠表皮的外层细胞称为纤维层。纤维层细胞的细胞壁有不均匀的加厚并丧失原生质，其功能与花药成熟时花粉囊的开裂有关。纤维层以内的一层细胞为中层，其在花药发育的过程中逐渐消退，在成熟花药中不复存在。最内一层为绒毡层，是由一些大型细胞组成，细胞内含有丰富的营养物质，它包在造孢组织的外围，对花粉的发育起着重要的作用。当花粉发育到一定阶段，绒毡层细胞在完成它供给花粉发育所需营养物质的生理功能后便逐渐消退（图2-3）。

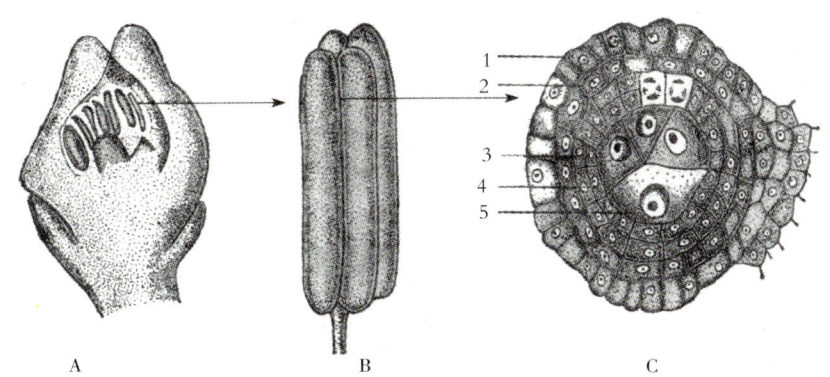

A. 颖花　B. 花药与花丝　C. 花粉囊横切面
1. 表皮细胞　2. 纤维层细胞　3. 中层细胞　4. 绒毡层细胞　5. 造孢细胞

图 2-3　水稻花药的发育
（《杂交水稻的研究与实践》，1982）

当花粉发育完成、花药完全成熟时，花粉囊壁实际上只留下一层表皮和纤维层细胞。纤维层一旦收缩，花粉囊即开裂，花粉外散。

2.1.2　花粉母细胞的形成和减数分裂

花粉母细胞由造孢细胞发育而来。在壁细胞分裂变化的同时，造孢细胞经过多次有丝分裂后，细胞数量增加，并长大成花粉母细胞（小孢子母细胞）。与此同时，药室中央逐渐形成胶质状的胼胝质体，并向花粉母细胞的细胞间隙延伸，把花粉母细胞包围起来，在它的外围形成一个透明的胼胝质壁。在这以前，花粉母细胞相互紧挨在一起，细胞呈多面体状。胼胝质壁形成后，花粉母细胞相互分离，细胞便从多面体变为圆形或椭圆形。

花粉母细胞的核大而明显，核内有一个较大的核仁，染色质呈细丝状，不明显，只隐约可见。花粉母细胞发育到一定阶段就开始进行减数分裂。水稻花粉母细胞的减数分裂包括两次连续的核分裂过程，分别称为减数第一次分裂和减数第二次分裂（或称分裂Ⅰ、分裂Ⅱ）。两次分裂均经历前期、中期、后期、末期，最后形成 4 个具有单倍染色体（n）的子细胞。

2.1.3　花粉粒的发育过程

由于透明的胼胝质壁一直存在到四分体形成，因此四分体的 4 个细胞不相互分离，但四分体形成后不久，胼胝质壁开始解体，四分孢子就开始分离，分散的四分孢子称为小孢子。小孢子逐渐从扇形变成圆形。小孢子经过单核花粉、二核花粉和三核花粉三个发育时期，最后形成成熟的花粉粒（图 2-4）。

2.1.3.1　单核花粉期　圆形的小孢子细胞壁薄，核位于中央，无液泡（图 2-4·1），不久，小孢子的外周边缘发生皱缩，皱缩加深到最强烈时，细胞呈放射状的多角形，这是第一收缩期（图 2-4·2）。细胞发生强烈收缩后不久，细胞外周开始形成透明的花粉内壁，随后在内壁上出现外壁。同时，外壁上出现一个萌发孔，细胞恢复圆形。不久，整个花粉又"皱缩"呈梭形或船形，这是第二收缩期（图 2-4·3，4）。两次收缩期都是花粉壁形成的开始时期，由于花粉壁的不均匀生长而造成皱缩现象，随后花粉粒又恢复圆形，花粉增大，细胞中央被一个大液泡所占据，细胞质变成很薄的一层紧贴在花粉壁上，细胞核也被挤到花粉粒的一侧。这一时期又叫单核靠边期（图 2-4·5，6）。

2.1.3.2　二核花粉期　单核花粉发育到一定时期，细胞核就沿着花粉壁向萌发孔对侧移动，并在该处进行花粉粒的第一次有丝分裂，分裂相中纺锤体的长轴通常是垂直于周壁（图 2-4·7），形成的两个子核，一个紧靠花粉壁，一个在内侧，开始时形态大小相同，不久两核分开，在分开过程中发生形态的分化。由于细胞质的分配不均等，紧靠花粉壁的一个细胞较小，是生殖细胞，它的核称为生殖核。内侧的细胞较大，是营养细胞，它的核称为营养核。

营养核和生殖核之间被一层很薄的膜隔开。这时的花粉粒是双核花粉，小孢子也已转变为雄配子体的初期阶段（图 2-4·8，9，10）。生殖核呈双凸透镜形，紧贴花粉壁，停留在原地不动，营养核则迅速离开生殖核沿花粉壁向萌发孔移动，到达萌发孔附近时，核和核仁都显著增大，这时营养核与生殖核处于遥遥相对的位置，二核皆靠壁（图2-4·11）。这种状态维持一段时间后，二核间的细胞膜溶解，生殖核与营养核沉浸在同一细胞质中。生殖核开始向营养核靠拢，当它靠近营养核时，营养核也开始向萌发孔的对侧移动，生殖核继续向营养核靠拢，最后二者在萌发孔对侧处靠近。二核在靠近过程中均以变形虫运动方式而移动，故均呈放射状，前进方向一侧的突起往往比其他突起伸得更长。二核靠近后，生殖核即进行有丝分裂（花粉第二次有丝分裂）产生两个子核，称为精子细胞或叫雄配子（图2-4·12，13）。

2.1.3.3　三核花粉期　生殖核在分裂末期，两个精子细胞开始形成时，精子细胞核近似圆

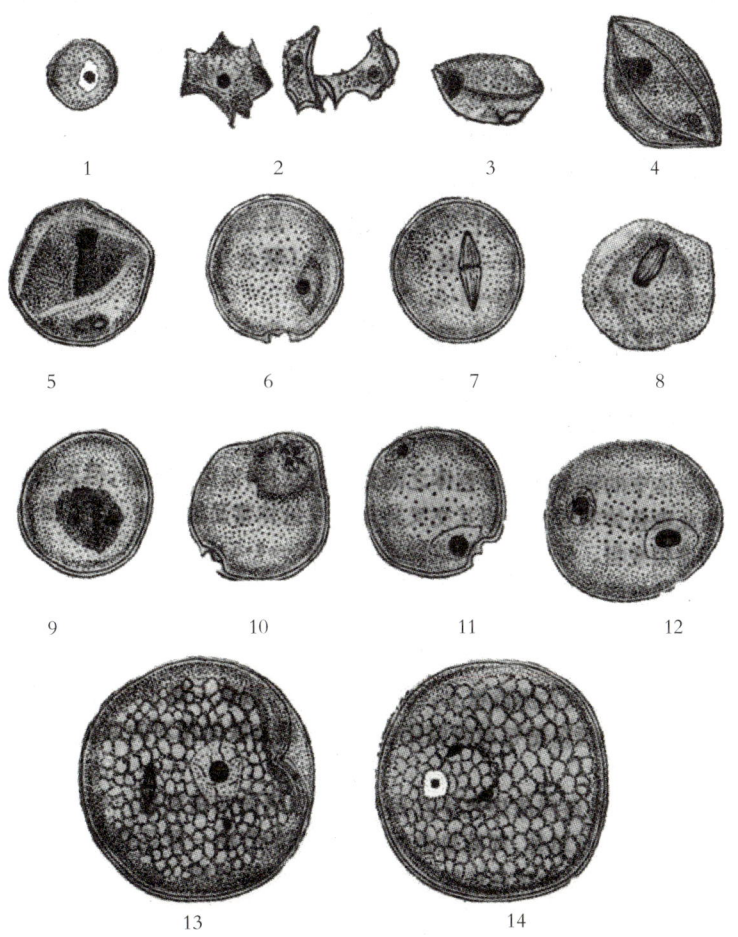

1. 小孢子　2. 第一次收缩期形成萌发孔　3～4. 第二次收缩期呈梭形的花粉粒
5. 单核花粉粒　6. 单核花粉粒，细胞核向萌发孔对侧移动　7. 花粉粒第一次分裂中期
8. 花粉粒第一次分裂后期　9. 花粉粒第一次分裂末期　10. 双核花粉
11. 双核花粉期营养核移向萌发孔附近，两核皆靠壁　12. 双核花粉期两核相互靠近
13. 花粉粒第二次分裂中期　14. 成熟花粉，两精子呈芝麻状

图 2-4　水稻二九南 1 号花粉粒的发育过程

（湖南师范学院生物系，1973）

球形，中央有一明显的核仁，外周有不很明显的细胞质。以后精子细胞核逐渐变为棒形，两端略尖，细胞质则向两端延伸，一端与营养核相连，另一端则与另一精细胞的延伸细胞质相联结。当花粉进一步成熟时，这种带状联结随之消失，精子核变为芝麻点状（图2-4·14）。在高倍显微镜下精子核中可见一核仁，核腔中散布着许多染色质颗粒。精子细胞发生上述形态变化的同时，营养核的核仁进一步变小，最后变得很小。

在双核花粉发育的后期，花粉粒中开始形成淀粉粒，整个花粉粒中充满淀粉粒时，花粉即已成熟。

综上所述，花药和花粉的发育过程简示如下：

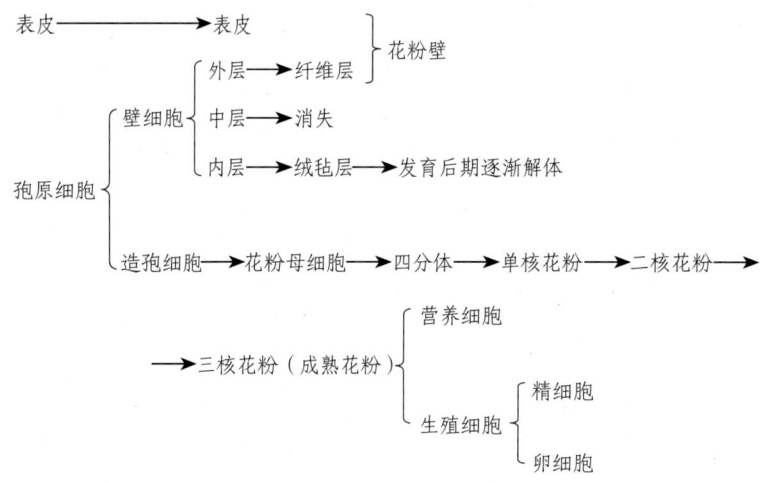

2.1.4　花粉发育进程与稻穗发育的关系

花粉发育的进程与稻穗发育时期有一定的相关性。剑叶叶环从剑叶下第一叶叶环抽出的前后，是减数分裂过渡到单核期的阶段，前者低于后者约3 cm时较多的颖花正处于减数分裂期。稻穗顶端接近剑叶下第一叶叶环时，是单核期过渡到双核期阶段，即主轴上部颖花已是双核期，其余是单核期。稻穗顶端接近剑叶叶环时，是双核期到三核期的过渡阶段，即主轴上的颖花是三核期，而其余是双核期。当稻穗从剑叶叶鞘中逐步抽出时，中下部的颖花陆续进入三核期，抽出部分的颖花，其花粉即达成熟。

上述指标会因品种不同、主穗或分蘖穗的不同而有所变化。例如，高秆品种幼穗减数分裂期的剑叶叶环距剑叶下第一叶叶环的位置大于3 cm，相反，有些矮秆品种则可能小于3 cm。因此，根据稻穗发育时期的不同指标，可分别采集减数分裂、单核期、双核期和三核期等不同发育阶段的稻穗进行花粉制片。采集时间以6：00—7：00和16：30—17：30最好。这两个时期都是减数分裂的高峰期，其中 16：30—17：30 采集的材料，又是两次花粉有丝分裂较活跃的时刻。

2.2　雄性不育水稻的花粉败育特征

雄性不育水稻的花粉败育途径是错综复杂的，而最重要的区别是花粉发育到什么阶段时走向败育。水稻花粉的发育一般可分为四个时期：造孢细胞增殖到减数分裂期，单核花粉期，双核花粉期和三核花粉期。因此，水稻花粉的败育也可相应地分为四种类型：①无花粉型（单核花粉形成之前败育）；②单核败育型；③双核败育型；④三核败育型。

1977 年，中国科学院遗传研究所从各种类型的水稻雄性不育系中，选择出 13 个不同质源的 17 个不育系进行花粉发育的观察比较，结果如表 2-1。

表 2-1　各类型不育系花粉主要败育阶段（中国科学院遗传研究所，1977）

不育系	类型	单核期	二核期	三核期	淀粉积累
台中 65A	BT 型	—	—	++++	++
白金 A	BT 型	—	—	++++	++
二九矮 4 号 A	野败型	+++		—	—
广选 3 号 A	野败型		++	++	++
二九矮 4 号 A	冈型	++	++	—	—
朝阳 1 号 A	冈型	++++	—	—	—
新西兰 A	南型	++++	—	—	—
国庆 20A	南型	++++	—	—	—
台中 65A	里德型			++++	++
三七早 A	羊野型		+	+++	++
黎明 A	滇一型		++++	+	++
黎明 A	滇二型	+	++	+	+
南台粳 A	井型	+	+++		+
莲塘早 A	红野型	++	++	—	—
广选 3 号 A	海野型	+	++	+	+
二九青 A	藤野型	+++	+		
农垦 8 号 A	神型	++++	—	—	—

注："+"表示多少，"—"表示无。

从表 2-1 可见，不同的不育系花粉败育时期是不同的，有的类型花粉败育时期较集中（如野败型二九矮 4 号 A 等），有的类型花粉败育时期则较分散（如海野型广选 3 号 A 等），但它们总是以某一时期败育为主。早期败育的花粉不含淀粉粒，晚期败育（二核晚期以后）的花粉含有不同数量的淀粉粒。

水稻花粉败育的四种类型的主要细胞学特征如下：

2.2.1 无花粉型

湖南师范学院生物系陈梅生等（1972）对南广占系 C35171、南陆矮系 D31134、68-899 系 3 个籼无和京引 63 系粳无的不育株等四种无花粉型不育材料进行了观察，发现无花粉型不育株的花粉败育大致可分为三种情况。

2.2.1.1 造孢细胞发育异常 造孢细胞不发育成正常的花粉母细胞，而是以无丝分裂方式不断增殖。这种无丝分裂是以核仁出芽来完成的。核仁出芽后很快长大，当它长大到和母核仁差不多大小时就分离形成两个新核，然后在两核之间产生横隔形成两个细胞。当颖花伸长至 2~5 mm 时，这些细胞最初以如刀削的分裂方式逐渐形成许多极不规则而且大小不一的片形小细胞，以后逐渐变长，最后变为细丝状而走向解体。到颖花伸长至 6 mm 时，药囊中已空无一物，只剩下一包液体。

2.2.1.2 花粉母细胞发育异常 造孢细胞发育成花粉母细胞，似乎能进行减数分裂，但花粉母细胞的大小极不一致，形状也各异，以圆形和长形较普遍。这些细胞在减数第一次分裂时，没有典型的前期变化，染色体的形状很不规则。由于这种异常现象，使一部分细胞难以区分中期和后期。当它们进入末期形成二分体时，也不像正常的分裂，而是二分体的两个半月形细胞两端连在一起，不形成四分体，在两次分裂以后仍继续不断进行有丝分裂，细胞愈来愈小，最后走向消失。

2.2.1.3 四分体以后发育异常 上面提到的大小不一、形状各异的花粉母细胞，有的能通过减数分裂形成四分体。但这些四分体发育成四分孢子时，有些又以核仁出芽的方式进行无丝分裂，形成许多大小不一的细胞，以后逐渐消失。另一些四分孢子可进入第一收缩期和第二收缩期。进入第二收缩期后，细胞就一直保持皱缩状态，细胞内的原生质逐渐消失，并进一步皱缩成大小不一、形状各异的残余花粉壁。

以上三种情况都不能形成正常的小孢子，不能形成花粉。因而这种败育类型称为无花粉型。

2.2.2　单核败育型

湖南师范学院生物系（1973，1977）先后对水稻野败原始株、野败型二九南 1 号等不育系低世代（$BC_1 \sim BC_3$）和高世代（$BC_{15} \sim BC_{17}$）材料的观察结果表明，野败原始株较明显的异常现象是：减数第一次分裂时，终变期个别细胞中有一对染色体不能形成二价体，而是分别与另两个二价体形成三价体；另有个别细胞两个二价体结合在一起形成一个四价体；另有较多的细胞在减数第二次分裂中期不能形成正常的核板，而是排列松散，参差不齐；进入后期Ⅰ时有一对同源染色体先行或落后；减数第二次分裂时，常见的是二分体的两个分裂相不平行，有时相互垂直，因而形成丁字形四分体，有时相互横排成一直线，形成一字形四分体。野败型不育系低世代的材料则有较多的早期败育现象，即减数分裂异常。但到 BC_3 时这种异常现象已大大减少，大多数幼穗的减数分裂趋于正常，常见的是中期Ⅰ进入后期Ⅰ时，有一对同源染色体表现先行或落后；也有个别幼穗的颖花有较多异常现象。例如，个别同源染色体不能正常配对，中期Ⅰ染色体不能排列成整齐的核板，减数第二次分裂不平行，因而形成丁字形四分体或一字形四分体。但大多数花粉是在单核期走向败育，只有个别花粉进入双核期后走向败育。到高世代以后，花粉败育方式更稳定地表现为单核败育型。有的是在第二收缩期结束、花粉粒变圆后走向败育；有的则在皱缩形成时就走向败育。

中山大学生物系遗传组（1976）对水稻野败型的二九矮 4 号 A、珍汕 97A、广选 3 号 A 等的观察结果表明，花粉母细胞的减数分裂过程绝大多数正常，仅二九矮 4 号 A 有少数细胞出现异常现象，末期Ⅱ出现多极纺锤丝，染色体分成不均等的 4 群；二分体和四分体时期，子细胞之间不能形成完整的细胞壁，细胞不能进行正常分裂，有细胞壁的部分隔开，无细胞壁的部分则相互粘连着，使子细胞之间形成 O 形、×形或 T 形等间隙或形成凹形。四分体时期，部分细胞有无丝分裂和不均等的有丝分裂，无丝分裂是由核仁出芽生殖或碎裂成多个子核仁，然后每个子核仁形成新细胞核，最后子核之间形成细胞壁。不均等的有丝分裂多发生在分裂前期，丝状染色体在细胞质中先分成大小不等的几团，然后在染色体之间产生细胞壁。由此形成大小不等的小孢子、三分孢子和多分孢子。在小孢子中观察到有双核的、多核的。在一个核中可看到两个或多个核仁，且细胞体积比较大，这类不正常的小孢子只有一部分能发育成大小不等的单核花粉。在成熟花药中多为晚期单核花粉，细胞内含物空缺，有些核膜不清楚，均为败育花粉。珍汕 97A 的减数分裂和小孢子发育正常，在单核后期，花粉在花药囊中粘连成几个团块，无法将花粉从药囊中压散，用针将花药解离后，发现大多数花粉与绒毡层细胞粘连在一起，或几个、十几个花粉相互黏成一块。在黏合处可见花粉孢壁（包括内、外壁）崩缺或退化，没有黏合的细胞壁部分，则可见较厚的内、外壁。少数从花药囊中压散出来的单个花粉，其细胞壁多残缺不全或变薄，发芽孔也变得模糊。这些黏合或不黏合的单核花粉绝大多数内容物空缺；少数可见退化的小核和核仁，核膜部分崩缺，个别花粉细胞质凝集成染色特别深的大小团块。广选 3 号 A 的败育现象是少数小孢子的胞质液泡化，绝大多数停留在单核花粉阶段，少数为双核。二者细胞质均稀薄，多数花粉的内部呈透明状，少数有核，当核仁变小或完全退化，尚可见发芽孔。

吴红雨等（1990）对光敏核不育系农垦 58S 长日照条件下花粉败育的观察，有部分细胞在减数分裂的偶线期和粗线期出现花粉母细胞粘连、细胞结构紊乱、细胞质解体、细胞核消失等异常现象，并出现品字形和直线形的异常四分体。花粉败育主要发生在单核花粉中后期，此时细胞壁严重皱缩，细胞内含物解体，少数可见细胞核分解成染色质团块。

梁承业等（1992）对农垦 58S、W6154S、W6417 选 S、31111S、安农 S-1、KS-14 和培矮 64S 等 7 个光温敏核不育系在不同花药发育时期进行细胞学观察，各不育系花粉败育均发生在单核期，但不同不育系其主要败育期略有不同。W6154S、W6417 选 S、安农 S-1 均在单核晚期（单核靠边期）败育，而农垦 58S、31111S、KS-14 和培矮 64S 则均在单核早期（单核中位）时就走向败育。败育的特征是花粉内含物解体，花粉粒收缩只剩下空壁以及残存的少许细胞质和花粉核，有的材料核最后也消失。

利容千等（1993）、孙俊等（1995）发现农垦 58S 长日照条件下花粉败育发生在单核晚期，表现为核糖体呈聚合状态，内质网、线粒体等细胞器逐渐解体，缺乏淀粉积累，吞噬泡增多，细胞质稀薄。

综上所述，单核败育型的花粉，主要是在单核花粉期绝大多数就已走向败育，而此期败育的花粉呈各种不规则的形态，故单核败育型俗称为典败型。

2.2.3 二核败育型

红莲型不育系可作为这种败育型的代表。据武汉大学遗传研究室（1973）对红芒野稻 × 莲塘早的 5 个世代（$B_2F_1 \sim B_7F_1$）的花粉所做细胞学观察，发现败育花粉多数为圆形，少数为不规则形，碘反应有 98.2% 的花粉不显蓝色。蒋继良等（1981）对红莲不育系 BC_{26} 花粉败育过程的观察，发现其花粉败育主要是在二核期（80.3%），单核期败育的花粉仅占 12.8%。二核花粉败育的方式有核仁变形，随后核溶解；二核相连，核物质散布于细胞质中结成不规则团块，最后消失。有的核仁出芽生殖，形成许多小核仁，核膜溶解，核物质散布于细胞质中，并逐渐收缩，最后消失；有的生殖核先解体，营养核变形后核膜溶解而走向败育，其结果形成圆形的空壳花粉。

徐树华（1980）对由红莲型不育系转育而来的华矮 15ABC$_8$、BC$_9$ 的花粉做了细胞学观察，发现大部分花粉是在二核期败育的。败育方式主要是生殖核首先解体，核四周出现许多染色质并形成染色质团块，接着营养核也解体，同样产生染色质团块，这些团块逐渐被吸收、消失，同时细胞质也解体，最后只剩一个具萌发孔的圆形空壳花粉。有些花粉到二核期以后，生殖核临近分裂时，才出现上述败育方式。

由于二核期败育的花粉呈圆形，因此二核期败育又俗称为圆败型。

2.2.4　三核败育型

三核败育型的花粉败育主要是在二核期以后、三核初期走向败育的。由于花粉粒此时已积累了较多淀粉，以碘-碘化钾溶液染色易着色。故又俗称"染败型"花粉败育。实际上染败花粉是包括从双核晚期至三核期的败育花粉。包台不育系（BT 型）可作为三核败育型的代表。据中山大学生物系遗传组（1976）对包台型台中 65A 的观察，发现其花粉母细胞在减数分裂至三核花粉各个时期，绝大多数花粉外观发育正常，与保持系各期比较无明显异常，只有极少数细胞在双核期和三核期时生殖核的核仁变小，在三核期有些营养核退化，核仁变小，核膜消失；也有极少数小粒花粉，其体积比正常花粉小 2/3。蒋继良等（1981）对由包台不育系转育而来的农进 2 号 A 和辐育 1 号 A 观察的结果表明，花粉发育至双核期时，正常花粉仍有 88% 和 93% 进入三核期，可见二者均属三核期败育。败育方式，在农进 2 号 A 中发现生殖核分裂的后期有许多染色质颗粒抛出的现象。抛出的染色质颗粒都很小，随后消失，与正常分裂相之比为 39：59，保持系中则很少见。在辐育 1 号 A 中发现二核后期花粉有不少营养核与生殖核的核仁等大。也有的花粉粒生殖核的核仁出芽生殖产生许多小核仁，散布于细胞质中，最后走向解体；有的进入三核期的营养核具 2 个等大核仁，有的核仁且出芽生殖。生殖核分裂形成的精子大小悬殊。这些现象在保持系中均极少见。

水稻雄性不育花粉实际存在的败育时期和败育方式，可能比以上所描述的情况要复杂得多。不仅不同类型的不育系、同质异核或同核异质的不育系，它们的花粉败育时期和方式会有差异，即使同一品种的不同回交世代、不同植株、不同的颖花之间以及不同环境条件的影响，都可能存在某种差异。

2.3　水稻雄性不育的组织结构特征

水稻正常发育的花药共有 4 药室，以药隔维管束为中心左右对称各有 2 室，2 药室间各有一裂口，裂口下面有一裂腔。花丝属于单脉花丝，维管束中有 1 条以上的环纹导管，药隔部分则常有 2 条以上的环纹导管或管胞。药壁由表皮层、纤维层、中间层和绒毡层 4 层细胞组成（图 2-5）。

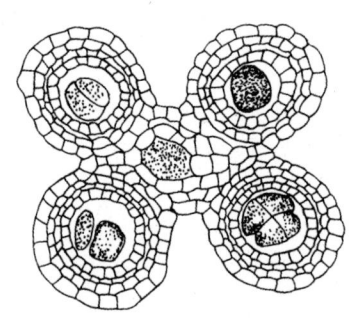

图 2-5　水稻花药横切面，花粉母细胞形成
（江苏农学院，1977）

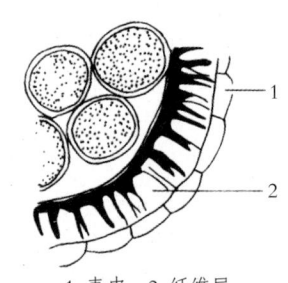

1. 表皮　2. 纤维层

图 2-6　水稻成熟花药壁的结构

花粉母细胞进入减数分裂期后，中间层细胞开始退化，发育至三核花粉期，中间层细胞已难辨认。单核小孢子以后，绒毡层细胞也逐渐解体和消失，三核花粉期绒毡层已全部解体，药壁细胞只可见表皮层和纤维层（图 2-6）。

纤维层细胞壁由于环状增生不均匀，形成"弹簧"。当开花时，由于药壁细胞失水外壁收缩，使弹丝向外伸导致药壁开裂，将花粉弹出，即行开花散粉（图 2-7）。

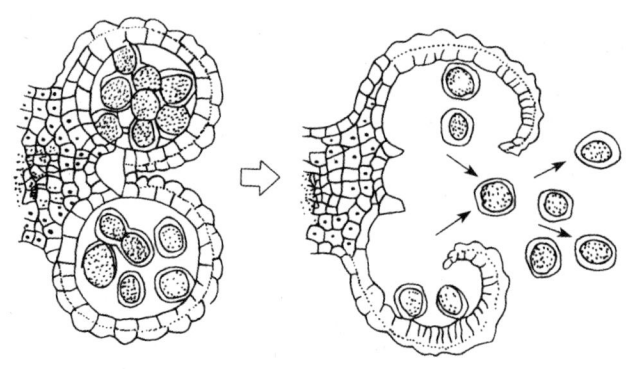

图 2-7　水稻花药的开裂与散粉（星川，1975）

上述水稻雄性不育花药组织结构的发育，往往表现不同程度的异常现象，这些异常现象与不育系的花粉败育和花药开裂的难易方面存在一定的内在联系。

2.3.1　绒毡层和中间层的发育与花粉败育的关系

一般认为，绒毡层是花粉的哺育组织，其功能有：①分解胼胝质酶以控制小孢子母细胞及小孢子的胼胝质壁的合成与分解；②提供构成花粉外壁的孢粉素；③提供构成成熟花粉粒外壁的保护性色素（类胡萝卜素）和脂类物质；④提供外壁蛋白——孢子体控制的识别蛋白；⑤转运营养物质，保证小孢子发育时的需要；⑥绒毡层解体后的降解物可作为花粉合成 DNA、RNA、蛋白质和淀粉的原料。因此，绒毡层的异常发育（提前或推迟解体），被认为是水稻雄性不育各种类型花粉败育的诱因。

徐树华（1980）在红莲型华矮 15A 中，发现绒毡层细胞增生，形成绒毡层周缘质团。由于这种畸形增生，把花粉母细胞推向药室中央，造成整个药室中的花粉母细胞解体。在野败型华矮 15A 中，有些花药当花粉发育至单核花粉期，由于表皮层和纤维层细胞突然发生畸形的径向扩大，从而破坏了绒毡层，把细胞推向药室中央，造成绒毡层迅速解体和消失，导致花粉败育。潘坤清（1979）在野败型二九矮 4 号 A、二九南 1 号 A 等不育系中，发现单核花粉期绒毡层细胞在短时间内迅速破坏消失，导致花粉败育。Goldberg 等（1990）的研究表明，不育系烟草的花药发育早期有一种 33 kD 的蛋白在绒毡层特异表达，它由 TA29 基因编码，破坏绒毡层，导致雄性不育。

广西师范学院生物系（1975）在广选 3 号 A 中，发现花粉发育至三核阶段，绒毡层细胞仍未解体，核仁还存在，造成花粉发育停留在某一阶段而败育。王台等（1992）观察到农垦 58S 不育花药在减数分裂期绒毡层细胞的内切向壁分解，细胞开始彼此分离。在单核早期，绒毡层细胞彼此分离，但不解体。在单核晚期，绒毡层细胞的细胞壁分解，细胞质连成一体，呈现两种形态：一种是细胞质团向药室中央延伸，进入单核晚期的小孢子之间；另一种是细胞质在药室周围形成完整的原生质层，内缘凹凸不平，原生质体部分解体。利容千等（1993）对长日照下农垦 58S 花药的超微结构观察，发现其不育花药的绒毡层细胞一直保持完整的结构，内含细胞核和丰富的细胞质，细胞质中含有发达的内质网、少量液泡和较大的球状体（脂体）以及质体等细胞器，在绒毡层细胞的切壁内观察到分泌出多个圆形小泡。整个绒毡层细胞处于生命活动的旺盛代谢状态，观察不到解体的迹象，而旁边的花粉已处于败育状态。孙俊等（1995）对农垦 58S 的观察也表明长日照条件下不育花药中绒毡层细胞解体延迟。

然而，徐汉卿等（1981）、卢永根等（1988）和冯九焕等（2000）的研究表明，雄性不育水稻花药中绒毡层发育未见异常，与正常可育花药相比，没有明显的差异。因此，绒毡层的异常发育是否为花粉败育的真正原因，目前仍难定论。

此外，花药壁结构中，中层一般会有淀粉或其他贮藏物质，在小孢子发育过程中逐渐趋于解体和被吸收。中层细胞结构异常，也可能阻碍花粉的正常发育。如潘坤清（1979）在野败型二九矮 4 号 A、二九南 1 号 A 等不育系中发现单核花粉期的石蜡切片中可见中间层细胞开始沿花药的径向厚度增大并液泡化，将绒毡层细胞推向中央。此时绒毡层细胞质内出现许多液泡，细胞质明显变淡，染色极浅。随后，中间层细胞不断液泡化并增大。自单核花粉后期开始液泡化并增大的中间层细胞，到双核花粉期（花粉已败育，未能进入双核期）已全部液泡化并增大。随着花药的生长，中间层细胞相应增大，但细胞的径向厚度则不再增大，而趋于萎缩状，在横切面上由原来的近似正方形而变为狭长形，线状弯曲形的细胞核依然可见。此时，可以较明显地看到在中间层细胞外的次生绒毡壁。孙俊等（1995）在长日照条件下观察光敏核不育水稻农垦 58S 的花药壁发育中，也发现不育花药中间层细胞延迟解体。

2.3.2 花丝和药隔维管束的发育与花粉败育的关系

水稻雄蕊的花丝和药隔维管束是吸收水分和运输养料到药室的通道，供应花粉发育所需的营养物质，对花粉的发育起着重要作用，若其分化和发育不良，会造成物质运输障碍影响花粉的正常发育。

潘坤清（1979）对普通野生稻败育型（野败）、无花粉型（野无）、野败型珍珠矮 A、二九南 1 号 A、二九矮 4 号 A、泸双 101A 等不育系及其保持系的花丝组织进行比较观察。发现野败和野无的花丝组织中，导管完全退化。在野败型不育系的花丝中导管退化的程度均与回交代数有关。回交代数高，退化程度就高。一般 BC$_1$ 即开始退化，常在花丝中段先退化。BC$_2$ 半数以上的导管退化，至 BC$_3$ 时大部分都退化了。花丝的退化程度与该雄蕊药室中可育和败育花粉的比例呈正相关。药室中花粉 100% 不育者，花丝中看不到有发育完全的导管；50% 不育者，花丝中导管断续不相连，有的部分有 2 条，有的部分只有 1 条，有的则完全没有，有的仅在药隔基部有一小段导管；20% 不育者，药丝中导管发育基本正常，或略呈退化状态。

徐树华（1980，1984）在红莲型华矮 15A 中，发现有的颖花相邻的花丝在基部发生合并的现象，花丝的合并有二联型和三联型。且野败型与红莲型水稻雄性不育系在花丝维管束的发育方面存在差异。二者均保留着原始母本花丝维管束的性状，前者花丝维管束极度退化，后者则比较发达。红莲型华矮 15A 和红莲型华矮 15B 输导组织的差异，主要表现在药隔维管束部分。在保持系的整体压片中，可见药隔维管束导管分化良好，管壁粗细均匀，排列整齐，组成导管的细胞衔接紧凑，相互靠拢成为通道；在石蜡切片中，可见整个维管束粗细均匀、分化良好。在不育系的整体压片中，则可见花粉败育前，药隔维管束普遍发生导管发育不良，药隔上部，导管的数目、宽度以及环纹间距也存在明显差异，输入药壁的管状细胞的分化也差些；在石蜡切片中则可见维管束发育不全和分化不良，较保持系纤细些，有的表现出结构模糊不清及发育粗细不匀。野败型华矮 15A 的药隔维管束发育不全的现象极为常见和严重。在切片上可见维管束退化或极度退化，有的甚至发生缺失或中断。湖南师范学院生物系（1975）对野败型二九南 1 号 A、湘矮早 4 号 A、玻璃占矮 A 及其保持系，中山大学生物系（1976）对野败二九矮 4 号 A 和二九南 1 号 A 及其保持系的药隔维管束做了比较观察，都获得了类似的结果。

王台等（1992）观察到光敏核不育系农垦 58S 可育花药的药隔组织发育与普通水稻品种相似，但农垦 58S 不育花药在小孢子母细胞时期维管束的薄壁细胞的壁薄、发育差，在维管束内难以见到导管和筛管。在减数分裂期，维管束薄壁细胞增多，但不能正常发育。在单核早期可见到分化的导管和筛管，但筛管的细胞壁薄，薄壁细胞的细胞质少。在单核晚期可见到三种畸形的维管束。第一种是鞘细胞皱缩，薄壁细胞发育差，有完整的木质部和韧皮部，木质部有 2~3 条导管，韧皮部有 3~4 条筛管，但导管和筛管均细；第二种是鞘细胞皱缩，薄壁细胞发育不良，木质部由分化较差的导管组成，筛管趋于退化；第三种是鞘细胞严重皱缩，维管束无完整的木质部和韧皮部，薄壁细胞严重退化。

2.3.3　花药开裂结构的发育与不育系的关系

水稻花药能否正常开裂和开裂的良好程度，直接影响其传粉受精，影响其结实率。不育系除绒毡层、花丝和药隔维管束的发育有异常现象外，花药开裂结构的发育也存在不同程度的异常情况。

水稻花药开裂结构及其开裂机理，周善滋（1978）、潘坤清等（1981）通过对杂交水稻三系组织结构的比较分析，作了详细的描述。水稻花药进入双核花粉期以后，药隔两侧的两药室间凹陷部位底部表皮细胞下各形成一裂腔，裂腔在裂口处有一层 4~6 个小型的表皮细胞。相对的一边为药隔组织的薄壁细胞，左右两侧各有1~2 个纤维层薄壁细胞，它始终保持薄壁状态不纤维化，并在花药开裂前进一步萎缩，使其与已纤维化的纤维层细胞形成悬殊的差别。裂胶周

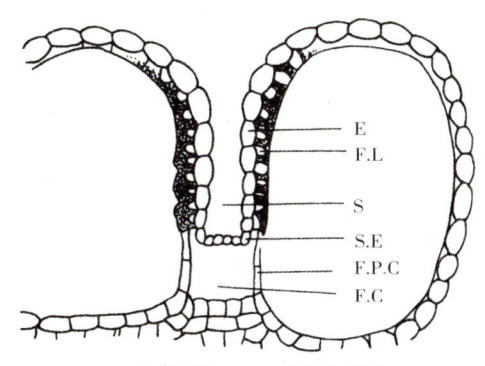

E: 表皮细胞　F.L: 纤维层细胞
S: 裂口　S.E: 裂口小型表皮细胞
F.P.C: 纤维层薄壁细胞　F.C: 裂腔

图 2-8　水稻花药横切面开裂结构的模式图
（潘坤清等，1981）

围除药隔面外，其余三面只有一层细胞，甚至是萎缩了的薄壁细胞，是花药组织结构上最脆弱的地方，也是花药开裂的地方（图2-8）。

裂腔的形成始于花药中段的一侧，而后另一侧形成，由小到大，由中段向花药两端延伸，纵贯花药两侧。与此同时，药壁纤维层细胞开始不断纤维化，细胞壁沿四周方向产生环状次生增厚条纹，并横向地相互连接，各构成一条和花药纵轴垂直的"弹簧"，两"弹簧"的一端分别和裂腔两侧边相连。环状次生增厚条纹的强度是花药上、下两端的"弹簧"最发达，由两端向中部逐渐减弱，终至中部不产生次生增厚条纹。在裂口两侧的"弹簧"均极发达，越向背侧越弱。这种结构决定了水稻花药开裂的顺序是从两端先开裂，向中部延伸，直至完全开裂。开颖时，由于药壁失水收缩，纤维细胞先产生竖向的拉力，"弹簧"越强的地方拉力越大，因而花药由上、下两端顺序向中部开裂。首先是药室的开裂，随后才是药室间的开裂，药室开裂的地方是裂腔两侧纤维层细胞与"纤维层薄壁细胞"之间。而两药室间的开裂，则是裂口处小型表皮细胞间。

周善滋（1978）对野败型玻璃占矮A、南台13A、BT型黎明A及其保持系的观察，发现玻璃占矮A花药的纤维层细胞所形成的"弹簧"不粗壮，常不形成裂腔或仅一侧具有裂腔。而且因"弹簧"的弹力小，都不能将裂腔拉破，花药不能开裂。南台13A可以形成强劲的"弹簧"，但花药两侧都不能形成裂腔，两药室间结合牢固，"弹簧"的弹力不足以拉破药室，花药不能开裂。黎明A可形成强劲的"弹簧"，但花药有的不形成裂腔，有的仅一侧形成裂腔，有的两侧均形成裂腔，故其花药有不开裂、一侧开裂、两侧均开裂等情况。可见不同类型的不育系花药开裂与否和开裂难易的情况不是完全相同的。这是由于药壁发育不正常，使强劲的"弹簧"或裂腔不能形成或不完善。潘坤清、何丽卿（1981）通过对野败型二九矮4号A、珍汕97A及其保持系的花药开裂结构的观察分析，认为不育系花药之所以不开裂或难开裂，与纤维层细胞的纤维化程度关系不大，主要是由于裂口，特别是裂腔没有分化或分化不良。

第三节　水稻雄性不育的生理生化特性

围绕水稻雄性不育与可育间在生理生化方面存在的差异性，已有许多学者做了大量的研究。研究的结果表明，水稻雄性不育，不论是细胞质雄性不育系，还是光温敏核不育系，与正常的可育品种（系）相比，在物质运输和能量代谢、氨基酸和蛋白质组成、酶活性、激素水平等诸多方面表现出其自身的特点。研究水稻雄性不育在生理生化功能和物质上的特性，有助于了解导致雄性败育的原因以及雄性不育基因表达和调控的机制。

3.1　物质运输和能量代谢

上海植物生理研究所（1977）对水稻三系花粉淀粉含量测定表明，野败型不育系花粉不含淀粉，保持系积累的淀粉较多，而恢复系积累的淀粉最多，而红莲型和 BT 型不育系有少量淀粉积累，但淀粉粒小而少。王台等（1991）对光敏不育水稻农垦 58S 及其正常品种农垦58 在长日照和短日照条件下叶片中碳水化合物变化情况做了比较，结果表明在雌、雄蕊形成期以前，淀粉、蔗糖和还原糖变化规律在不育与可育间表现一致，但此后，可育株叶片中蔗糖含量下降，淀粉和还原糖含量均缓慢增加，而不育株叶片中则三者均明显增加。从而推测叶片内碳水化合物向雄蕊运输受阻，导致小孢子因营养缺乏而败育。王志强等（1993）在研究农垦 58S 幼穗发育过程中同化物转运和分配中也观察到长日照下幼穗同化物输入比短日照下显著减少。

中山大学生物系（1976）曾测定了野败型和 BT 型不育系及其保持系对 ^{32}P、^{14}C 和 ^{35}S 的吸收和分配，结果发现不育系花粉、穗枝梗和颖花的维管束等部位的吸收强度低于保持系，子房部位吸收与保持系相同，表明子房物质代谢正常，但花药的代谢发生了障碍。

陈翠莲等（1990）使用 ^{32}P 示踪技术对农垦 58S 磷素代谢的研究表明，^{32}P-磷酸己糖短日照比长日照处理植株剑叶中的放射性强率低约 1/3，说明长日照植物中磷酸己糖大量积累，使中心代谢途径运输缓慢，从而影响氧化磷酸化过程的正常进行，进而影响碳水化合物向含氮化合物及磷脂类化合物的转化，致使 DNA、RNA、磷脂及高能磷等化合物明显低于短日照处理的植株。长日照植株花药中磷脂、RNA 和 DNA 含量也显著低于短日照植株，说明物质和能量转换水平低，是导致花粉败育不可忽视的因素。

何之常等（1992）研究了 ^{32}P 在农垦 58S 中的分配情况，在短日照条件下，可育株吸收的 ^{32}P 大部分输送到穗部，占吸收总量的 78.86%，倒数第二叶仅占 8.07%；在长日照条件下，不育株吸收的 ^{32}P 总量虽比可育株高 9.23%，但输送至穗部的仅占总量的 4.15%，而有75.89% 的 ^{32}P 积累在倒数第二叶。由此认为，花粉发育所需营养物质得不到及时供应是长日照条件下农垦 58S 花粉败育的原因之一。

夏凯等（1989）测定了农垦 58S 叶片中 ATP 含量的变化，结果表明，当材料由暗期进入光期时，ATP 含量在长日照下比短日照下低，而材料由光期进入暗期时则相反。对照品种农垦 58S 在长日照和短日照下无明显差异。由此推测农垦 58S 在不同日照条件下其代谢途径有所不同。邓继新等（1990）研究了鄂宜 105S 花粉发育期 ATP 含量，在花粉败育过程中，ATP 含量从单核早期开始明显低于可育株，只占短日照可育株的 1/7～1/4，表明 ATP 含量与育性密切相关。陈贤丰等（1994）对农垦 58S 不育花药 ATP 含量的研究表明，在单核早期、单核晚期、二核及三核期 ATP 含量不育花药显著低于可育花药。依据农垦 58S 花粉败育时期为单核时期,认为雄性不育的发生与不育花粉能量代谢异常,导致花药正常形态建成的能量(ATP)供应贫乏有关。

由此可见,物质运转受阻和能量代谢异常与雄性败育密切相关。

3.2　游离氨基酸含量的变化

氨基酸是蛋白质合成的原料,也是其分解产物。上海植物生理研究所(1977)测定水稻三系花药中游离氨基酸的含量,发现不育株花药中氨基酸含量比保持系和恢复系都高。这表明由于花粉败育,蛋白质的分解大于合成。氨基酸的种类很多,但在可育和败育花粉中,脯氨酸和天冬酰胺含量差异很大。不育系花药中脯氨酸含量甚低,只占其氨基酸总量的 5.6%,而天冬酰胺含量却相当高,占其氨基酸总量的 59.2%。与此相反,在可育花粉中脯氨酸含量很高,而天冬酰胺含量很低。湖南农学院化学教研室(1974)、广东农林学院作物生态遗传研究室(1975)、广西师范学院生物系(1977)等对多种组合三系进行测定,都获得了类似结果。沈毓渭等(1996)对其利用 γ 射线诱变籼稻不育系 II-32A 获得的 R 型育性回复突变体 T24 花药中游离氨基酸含量的研究亦表明,游离脯氨酸在不育系中含量远比可育系低,而天冬酰胺有大量积累,同时还发现不育系中游离精氨酸的含量比可育系高出 6~10 倍,表明游离精氨酸也可能与雄性不育性有关。

肖翊华等(1987)对农垦 58S、农垦 58、V20A 和 V20B 在人控长日照和短日照条件下测定了不同花粉发育时期花药中游离氨基酸含量。在所测定的 17 种氨基酸中,与花粉败育有密切关系的氨基酸为脯氨酸,其次是丙氨酸。脯氨酸含量在花粉发育过程中,不育花粉中从高到低,至三核期仅为花药干重的 0.1%;可育花粉中则从低到高,至三核期占花药干重的 1.0%。丙氨酸的变化规律与脯氨酸相反,但变化幅度不如脯氨酸大。

王熹等(1995)和刘庆龙等(1998)的研究表明,脯氨酸在化学杀雄剂诱导的雄性不育花药也表现出显著减少的特征。这表明,败育花药中脯氨酸含量减少是不同类型水稻不育系所表现出来的共同特征。

脯氨酸是氨基酸的一种贮存形态,它可以转变成其他氨基酸。在花粉中与碳水化合物配合,具有提供营养、促进花粉发育、发芽和花粉管伸长的作用。脯氨酸含量降低,将导致营养失调以致雄性败育。

3.3　蛋白质的变化

蛋白质是花粉中的重要组成成分，在花粉的发育形成和生物学作用中起着十分重要的作用。上海植物生理研究所（1977）对二九南 1 号 A 和 B，恢复系 IR661 花药蛋白质含量的比较分析表明，不育系花药蛋白质含量最低，保持系较高，恢复系最高。每 100 mg 花药鲜重的蛋白质含量，保持系是不育系的 2.65 倍，恢复系是不育系的 2.94 倍；每 100 个花药蛋白质含量，保持系是不育系的 4.14 倍，恢复系为不育系的 10.89 倍。代尧仁等（1978）用圆盘电泳分析了二九南 1 号 A 和 B 游离组蛋白含量，发现在花粉发育的各个时期各种游离组蛋白含量，不育系均明显低于保持系，尤以花粉败育的关键时期（单核期），不育系花粉中游离组蛋白中的一种已趋于消失，而保持系该种组蛋白仍很清晰，到双核期至三核期，不育系中这种组蛋白已完全消失。这种从量发展到质的差异，必定和花粉败育有着密切关系，并且可能是由于其参与细胞核中某些基因表达的阻抑，控制特定的转录过程，影响花粉的发育。朱英国等（1979）对珍汕 97 等多种不育系和保持系花药中游离组蛋白进行分析，也证实了不育系中游离组蛋白的含量少于保持系。

应燕如等（1989）用免疫化学和氨基酸成分分析等方法，对水稻（珍汕 97）、小麦（繁 7）、油菜（湘矮早）和烟草（G28）的细胞质雄性不育系及其保持系的组成 I 蛋白（RuBP 羧化酶/加氧酶）做了比较。结果表明，不育系及其保持系间组分 I 蛋白在 4 种不同作物上均未表现出明显差异。由此推测叶绿体基因产物——组分 I 蛋白的大亚基与细胞质雄性不育的关系不大。

许仁林等（1992）应用单向 SDS-PAGE 结合蛋白质铬银染色技术对水稻野败型细胞质雄性不育系珍汕 97A 和 B 的叶绿体、线粒体和细胞质的蛋白质多肽进行了比较研究，发现两者之间存在明显差异，生殖器官（穗子）上的差异比营养器官（叶片）上的差异更为显著。在成熟穗上，叶绿体可溶性蛋白不育系有 25 条带，保持系仅 16 条带，两者间有 19 个多肽不同；线粒体可溶性蛋白不育系有 28 条带，保持系比不育系少 30.1 kD 和 21.8 kD 两个多肽；细胞质可溶性蛋白质丙酮沉淀物的水溶性蛋白组分不育系有 24 条带，保持系为 29 条带，两者间有 7 条多肽存在差别；细胞质可溶性蛋白质丙酮沉淀物的 SDS-增溶性蛋白组分不育系有 18 条带，保持系只有 11 条带，二者间亦有 7 条多肽出现差异。由此认为，水稻野败型 CMS 表型的表达可能需要较多个基因的启动和关闭，既与叶绿体和线粒体有关，又涉及核基因组的作用。

张明永等（1999）测定珍汕 97A 和珍汕 97B 幼苗、剑叶、幼穗和花药中可溶性蛋白质含量，发现前三者不育和保持系间相当，但后者则不育系远低于保持系。

曹以诚等（1987）利用聚丙烯酰胺凝胶 IEF-SDS 双相电泳，分析比较了不同日照长度条件下光敏核不育系农垦 58S 和正常农垦 58 品种幼穗发育主要阶段的蛋白质差异，雌、雄蕊形成期雄性不育与正常可育的蛋白质差异特别明显，并认为这些有差异的蛋白质很可能与光敏核不育的育性转换有关。邓继新等（1990）测定不同光周期条件下光敏不育水稻 105S 各花粉发育时期蛋白质的合成动态，结果表明，长日照诱导的 105S 在各花粉发育时期的蛋白质合成活性都很低，且无明显峰值。

王台等（1990）采用双向凝胶电泳技术，分析了农垦 58S 和常规晚粳品种农垦 58 在不同光周期下叶蛋白的变化，发现分子量为 23～35 kD 的点的变化可能和育性转换有关。曹孟良等（1992）比较了农垦 58S 和对照农垦 58S 二次枝梗原基分化期、雌雄蕊形成期、花粉母细胞形成期及减数分裂期幼穗蛋白质，共观察到 17 个特异的蛋白质组分。其中 11 个在可育与不育间表现为有或无的差异；三个表现为表达量的变化；另三个表现为在双向电泳图谱上的位置平移。黄庆榴等（1994）研究了光敏核不育系 7001S 花药蛋白质的变化，结果表明，可溶性蛋白质含量可育花药大于不育花药，且组分亦有差异，可育比不育多 2 条 43 kD 和 40 kD 的带（SDS-PAGE 分析）。

刘立军等（1995）在不同日照条件下用农垦 58S、N5088S、8902S 和农垦 58 为材料，取叶水溶性蛋白进行双向电泳，发现二次枝梗原基分化中期至颖花原基分化后期各组材料中有数量不等的光敏核不育相关蛋白斑，其中有 63 kD，PI6.1～6.4 产物仅出现于各光敏不育水稻的短日照处理组中，在长日照组中缺失。黄庆榴等（1996）对温敏不育水稻二九矮 S 和安农 S-1 的研究表明，高温（30 ℃）下两者均表现为不育，不育花药可溶性蛋白质含量明显增加，与粳型光敏不育水稻 7001S 中观察到的情况相反。蛋白质图谱也显示在高温下的不育花药中缺少一些蛋白质谱带，即蛋白质组分有差异。李平等（1997）观察到温敏不育系培矮 64S 不育颖花与花药中可溶性蛋白质含量明显下降。

舒孝顺等（1999）以常规品种紫壳作对照，分别测定了紫壳、高温敏感核不育材料 1356S、衡农 S-2 在花粉母细胞形成期和花粉母细胞减数分裂期不同育性条件下的叶片和幼穗花药的可溶性蛋白质的含量。结果表明，在育性敏感的两个时期，1356S 和衡农 S-2 不育株幼穗花药的可溶性蛋白质的含量极显著低于可育株可溶性蛋白质的含量，分别是可育株的 44.0%、45.1%、35.8%、42.6%，不育株幼穗花药中可溶性蛋白质含量的严重不足，必将影响花粉的一系列生命活动，最终阻碍花粉的正常发育。

上述研究表明，蛋白质含量与组分的变化与育性间存在一定的关系。然而，各种特异蛋白质组分是否与育性存在必然联系，还有待进一步证实。

3.4　酶活性的变化

植物体内复杂的生化反应都是在酶的催化作用下完成的，花粉中酶活性的变化在一定程度上能反映花粉发育的状况。研究发现，雄性不育水稻在花粉发育过程中多种酶的活性发生了变化。

湖南师范学院（1973）对68-899和C系统（南广占）不同育性植株花粉发育过程中的有关酶类的活性进行比较（表2-2）。结果表明，过氧化物酶在败育型和无花粉型不育株中活性强于正常株。在花粉发育的四分体时期至双核期，不育株随花粉的发育酶活性逐渐升高，此后逐渐降低，至成熟期完全消失；在正常株中，随花粉的发育，此酶活性曾一度升高，随后逐渐降低，但不消失。而多酸氧化酶、酸性磷酸酶、碱性磷酸酶、ATP酶、琥珀酸脱氢酶、细胞色素氧化酶的活性则相反，正常株活性强于败育型和无花粉型不育株。在正常株中随着花粉的发育，活性逐渐增强，在不育株中则逐渐减弱，直至完全消失。同时对过氧化氢酶的活性进行了测定，结果是正常株活性比不育株强，到成熟期正常株较不育株高48.91%～57.66%。江西共产主义劳动大学（1977）、湖南农学院（1977）、代尧仁等（1978）对水稻三系的研究均获得了类似的结果。

表2-2　68-899不同育性植株花粉中酶系活性比较（湖南师范学院，1973）

酶类	不同育性	花粉发育过程				
		四分体时期	单核期	双核期	双核后期	成熟期
过氧化物酶	正常株	+	+++	++	+	+
	败育型	+	+++	+++	++	（+）0
	无花粉型	+	+++	+++	++	0
细胞色素氧化酶	正常株	+	++	++	++	+++
	败育型	+	++	+	+	（+）0
	无花粉型	+	+	+	+	0
多酸氧化酶	正常株	+	++	++	+++	+++
	败育型	+	++	++	+	（+）0
	无花粉型	+	+	+	+	0
酸性磷酸酶	正常株	+	++	++	+++	+++
	败育型	+	++	++	+	（+）0
	无花粉型	+	+	+	+	0

续表

酶类	不同育性	花粉发育过程				
		四分体时期	单核期	双核期	双核后期	成熟期
碱性磷酸酶	正常株	+	++	++	+++	+++
	败育型	+	++	++	+	（+）0
	无花粉型	+	++	+	+	0
ATP酶	正常株	+	++	++	+++	+++
	败育型	+	++	++	+	（+）0
	无花粉型	+	++	++	+	0
琥珀酸脱氢酶	正常株	+	++	++	++	+++
	败育型	+	++	+	+	（+）0
	无花粉型	+	+	+	+	0

注：以着色或褐色相对深度比较酶活性。"+"表示着色或褐色；"0"表示未着色或褐色；"（+）0"表示未着色、褐色或少量着色、褐色。

过氧化物酶是一种重要的氧化还原酶，其主要生理功能是消除体内产生的有毒物质，并在呼吸链电子传递等多种途径中起重要作用。在花粉发育过程中，过氧化物酶的活性从较高水平陡然大幅度下降甚至消失，这对呼吸功能、物质转化和自身解毒都是不利的。细胞色素氧化酶、多酸氧化酶是两种主要的末端氧化酶，它们的活性低，反映了花粉呼吸作用代谢功能的减弱，再加上 ATP 酶活性降低，更不利于花粉细胞的能量代谢，影响物质的吸收、运输、转化和生物大分子的合成。过氧化氢酶活性可作为反映代谢强度的指标之一，其活性增强，意味着生理功能活跃，新陈代谢强度就较高，反之则低。不育株过氧化氢酶活性较可育株低，也就反映它有较低的代谢水平。

陈贤丰等研究了水稻 7017、二九矮不育系和保持系花药的过氧化物酶（POD）、过氧化氢酶（CAT）和超氧化物歧化酶（SOD）活性的变化。单核早期时不育系和保持系花药酶活性差异不明显，单核晚期、二核期及三核期不育花药显著低于可育花药。在不育花药中缺少 Cu-ZnSOD 同工酶带，且 O_2^+ 产生效率为可育花药的 4.1~5.5 倍，有 H_2O_2 和 MDA 积累。不育花药中 H_2O_2 积累和膜脂过氧化的加剧可能与花粉败育有关。

对于光温敏核不育水稻酶活性的变化，许多学者做了大量研究。陈平等（1987）发现光敏核不育水稻农垦 58S 不育花药过氧化物酶活性的变化与胞质不育系 V20A 的变化相似。花药发育早期不育花药酶活性远较可育花药高；在花药发育过程中花药的过氧化物酶活性从

高到低，可育花药则从低到高，与不育花药呈相反的变化规律。梅启明等（1990）以农垦
58S 为材料，对长日照（LD）、短日照（SD）、红光中断暗期（R）和远红光（FR）处理下
的叶片、幼穗和花药进行了多种酶和同工酶的测定，发现在 LD 和 R 处理下的农垦 58S，其
RuBPCase、GOD、NR、PAL、ADH、DAO 和 PAO 等酶活性降低并出现同工酶缺失，而
COD、SOD、ADC 和 SAMDC 等酶活性则升高且同工酶增加。酶的这些异常变化与花粉育
性变化相对应，即 LD 和 R 处理下花粉不育，SD 和 FR 处理下花粉可育（表 2-3）。说明酶
活性及同工酶的变化与光敏核不育水稻育性转换有关。

表 2-3　LD 和 R 处理对农垦 58S 幼穗发育时期酶活性及同工酶的影响（梅启明等，1990）

酶	二次枝梗及颖花原基分化期	雌雄蕊原基形成期	花粉母细胞形成期	花粉母细胞减数分裂期	花粉单核靠边期	花粉三核期
RuBPC	—	—	—	—	—	—
GOD	±	—	—	—	—	—
NR	—	—	—	—	—	—
PAL	±	±	±	—	—	—
ADH	±	—	—	—	—	—
EST	±	±	±	±	±	—
COD	±	+	+	+	+	—
SOD	±	+	+	+	+	+
POD	±	+	±	+	±	+
ADC	+	+	±	+	+	+
SAMDC	±	±	+	+	+	+
DAO	±	—	±	—	—	—
PAO	±	±	±	—	—	—

注：① RuBPC：1，5-二磷酸核酮糖羧化酶；GOD：乙醇酸氧化酶；NR：硝酸还原酶；PAL：苯丙氨酸解氨酶；
ADH：乙醇脱氢酶；EST：酯酶；COD：细胞色素氧化酶；SOD：超氧化物歧化酶；POD：过氧化物酶；ADC：精氨酸脱羧
酶；SAMDC：S-腺苷甲硫氨酸脱羧酶；DAO：二胺氧化酶；PAO：多胺氧化酶。②酶活性及同工酶增减，分别以 SD 或 FR
处理的农垦 58S，以及农垦 58 相应时期为基准，"＋""－""±"分别代表酶活性和同工酶增加、减少和相差不明显。

陈贤丰等（1992）研究表明，农垦 58S 和 W6154S 在单核期至三核期的不育花药中，
细胞色素氧化酶、ATP 酶、过氧化物酶、过氧化氢酶、超氧化物歧化酶的总活性普遍低于
其可育花药，在发育后期缺 1~5 条细胞色素氧化酶，1 条超氧化物歧化酶和 1~2 条 Cu-
ZnSOD 同工酶带，且有较高的超氧阴离子产生效率和 H_2O_2、MDA 积累。表明不育花药随

花粉的败育，膜脂过氧化作用加剧。梁承邺等（1995）的研究表明，农垦58S花药发育从单核期至三核期，可育花药的ASA（抗坏血酸）和GSH（还原型谷胱甘肽）含量高，不育花药仅有可育花药的35%～58%和22%～32%，并有脂质氢氧化物积累。随花药发育，可育花药的ASA-POD（抗坏血酸过氧化物酶）、谷胱甘肽还原酶和葡萄糖-6-磷酸脱氢酶活性逐步提高，至三核期达到最高，而不育花药，随花粉败育，在单核早期至三核期这些酶活性逐渐降低，至三核期酶活性分别为可育株的26%、22%和19%。不育花药的苹果酸酶和苹果酸脱氢酶活性亦较可育株低，认为细胞还原势低是不育花药的特征之一，低的还原势可能导致活性氧代谢失调和花药败育。林植芳等（1993）、张明永等（1997）和李美茹等（1999）以细胞质不育系（V20A、珍汕97A）和光温敏不育系（农垦58S、W6154S、GD1S和N19S）为材料，获得了类似结果。

李平等（1997）对籼型温敏不育系培矮64S的研究表明，其不育性在花粉完熟期与颖花及花药的 NAD^+-MDH 活性的显著降低有关，在花粉母细胞形成期至减数分裂期与颖花 AP 的活性及同工酶组成的变化关系较密切。由此认为培矮64S育性表达可能与花粉发育前期的脂肪代谢以及花粉发育后期的呼吸代谢有关。

由上可知，无论是细胞质不育系还是光温敏核不育系，酶活性的变化与育性的表达之间的关系是相当复杂的。不同研究者，可能由于所用材料的不同和测定方法的差异，得到的结果不尽一致。基因控制酶蛋白的合成，酶又调控代谢反应，多个代谢反应综合的集中表现，便是性状和生理功能。因此，育性的变化也是一系列酶活性的改变而引起的结果之一。

3.5 植物激素的变化

植物激素是植物体内微量的生理活性物质，是植物正常代谢的产物，在植物的生长发育过程中起调节和控制作用。

黄厚哲等（1984）以水稻三系和籼粳杂种半不育株及其亲本为材料，研究了生长素（IAA）含量与雄性不育发生的关系，发现结合态IAA（C-IAA）与可育度平行下降。不育花药中的IAA氧化酶和过氧化物酶的活性是随着不育度加深而提高几倍至几十倍。据此认为雄性不育的起因在于不育花药的IAA库受有关氧化酶的破坏而大大亏损，而IAA亏损必然带来花药代谢及小孢子发育的异常，从而导致花粉败育。

徐孟亮等（1990）用酶联免疫检测技术研究了光敏核不育水稻农垦58S及对照农垦58品种幼穗发育时期长日照和短日照条件下IAA含量的变化，也表明了IAA含量与育性的表达密切相关。在长日照条件下农垦58S叶片中游离态IAA（F-IAA）在花粉母细胞形成期、减数分裂期和花粉内容物充实期大量积累，而幼穗及花药中 F-IAA 则严重亏缺。在农垦 58S 短日照处理以及对照农垦 58 中均无此现象。对 C-IAA 的测定结果表明，农垦 58S 在长、短日照下不表现上述积累和亏缺现象，且农垦 58S 长日照下的 C-IAA 变化与 F-IAA 的积累和亏缺无关。据此推测，叶片中 F-IAA 的状况受光周期调节，长日照处理使其运输受阻，从而出现叶片中 F-IAA 积累而幼穗中亏缺的情况。

杨代常等（1990）对农垦 58S 不同光照处理下叶片中四种内源激素含量的变化进行分析，发现在长日照处理下，IAA 含量发生了严重亏损，GAs 含量明显高于短日照处理，ABA 含量在减数分裂期急剧上升，在花粉完熟期长日照处理的四种激素水平均处于极低水平。四种内源激素在各发育时期变化的时间顺序是：IAA 早于 ZT，ZT 早于 GAs，GAs 早于 ABA。因此认为 IAA 亏损是四种激素变化的主导因子，其他激素变化是 IAA 亏损引起的代谢调整，花粉败育后低激素水平不是原因而是结果。

张能刚等（1992）研究了三种内源激素与农垦 58S 和双 8-14S 的育性转换间的关系，结果表明，育性转换敏感期（二次枝梗原基分化到花粉母细胞形成期），长日照处理的倒 2叶和幼穗中 IAA 含量比短日照处理低，而 IAA 氧化酶活性则相反，长日照下比短日照下都高；倒 2 叶中 GA_{1+4}/ABA 值低于短日照处理，并与该叶中 IAA 氧化酶活性成负相关。认为长日照诱导不育与内源 IAA 亏损有关，而 IAA 亏损可能起因于 IAA 氧化酶激活与功能叶中 GA_{1+4}/ABA 的下降。

童哲等（1992）在育性转换敏感期叶施或根施各种植物激素的实验结果表明，一定剂量的赤霉素 GA_3 和 GA_4 能使长日照处理的光敏核不育水稻农垦 58S 恢复部分育性，而生长素、细胞分裂素和脱落酸没有恢复育性的作用。在长日照诱导的不育叶片中活性赤霉素急剧减少。赤霉素生物合成抑制剂也能引起短日照下农垦 58S 结实率降低。据此认为光周期可能通过诱导叶片中赤霉素物质的消长作为第二信使，实现对幼穗中雄性器官发育的调节。

黄少白等（1994）比较了水稻野败型和 BT 型细胞质雄性不育系及其保持系（珍汕97A、97B，花 76-49A、76-49B）幼穗与倒 2 叶中内源 GA_{1+4} 与 IAA 含量，不育系较保持系低。认为 GA_{1+4} 与 IAA 亏缺是水稻细胞质雄性不育的一种生理原因。

汤日圣等（1996）用酶联免疫吸附法测定经 T03 处理的水稻幼穗等器官中内源 ABA、IAA 和 GAs 含量，分析这三种激素含量的变化与 T03 诱导水稻雄性不育的关系。研究表明，T03 能使水稻幼穗、花药等器官中的内源 ABA 含量显著增加；IAA 和 GAs 含量明显亏缺；IAA + GAs 与 ABA 比值明显变小，这是阻碍育性正常表达，以致水稻雄性器官最终败育的主要原因之一。

骆炳山等（1990，1993）用乙烯生物合成抑制剂 $CoCl_2$ 处理光敏核不育水稻双 8-2S，在长日照不育条件下出现可育现象，而在育性转换临界光长下，显著促进可育性表达。农垦 58S 及其衍生不育系在长日照条件下幼穗中乙烯释放量比对照农垦 58 品种高 2.5 ~ 5.0 倍，而在育性转换临界光长下所形成的幼穗，乙烯释放量接近对照农垦 58 品种的低水平。这表明光敏核不育水稻可能存在受光周期调节的乙烯代谢系统，其育性转换受乙烯代谢水平的调控。进一步的研究工作发现，农垦 58S 幼穗的乙烯释放速率在育性转换的适宜温度下长日照处理明显比短日照处理高；但在低温、长日照下大为降低而在高温、短日照下又可维持高水平的乙烯释放。幼穗乙烯释放速率与花粉可育度之间呈极显著负相关。在不育条件下用乙烯代谢抑制剂氨基乙氧基乙烯基甘氨酸（AVG）处理，可诱导花粉可育性的明显表达。由此认为农垦 58S 幼穗的乙烯释放速率受到光周期和温度的共同调节，并与育性转换的光温作用模式极为吻合；乙烯参与育性转换的调节，可能在花粉败育中起关键性作用。

田长恩等（1999）发现，用乙烯生物合成前体 ACC 处理保持系（珍汕 97B）会降低花粉的可育度，使其幼穗中蛋白质、DNA、RNA 含量以及蛋白酶、RNA 酶和 DNA 酶活性下降；并使 O_2 的生成速率和 MDA 含量上升，CAT 和 SOD 活性下降，POD 活性上升。用乙烯合成抑制剂 AVG 处理不育系（珍汕 97A），可使其花粉的育性得以部分提高，幼穗中蛋白质、DNA、RNA 含量上升以及蛋白酶、RNA 酶和 DNA 酶活性下降；并使 O_2 的生成速率和 MDA 含量下降，CAT 和 SOD 活性和 POD 活性上升。乙烯可能是通过调节大分子合成和活性氧代谢而影响花粉育性的表达。

综上所述，植物激素与水稻雄性不育之间关系复杂。尽管发现了一些规律性的变化，但也有些结果不一致。同时还应当指出，植物激素有多种，绝不是某一激素的单独作用能控制育性变化的，可以说，植物的生长发育几乎都是受内源激素的调控，而且总是多种激素协调作用的综合表现。

3.6 多胺的变化

多胺在高等植物中普遍存在并对茎和芽的生长、休眠芽的萌发、叶片的衰老、花诱导、花粉萌发和胚胎发生等许多发育过程具有一定的调节作用。多胺在叶片中以游离态和束缚态两种形式存在，包括腐胺（Put）、亚精胺（Spd）和精胺（Spm）三种。据报道，玉米雄性不育与多胺含量显著下降有关。近年我国学者对光敏不育水稻多胺变化与花粉发育的关系作了一些研究，发现幼穗中多胺与花粉育性转换有密切关系。

冯剑亚等（1991，1993）对光敏不育水稻农垦 58S 及农垦 58 幼穗发育过程中多胺变化进行测定的结果表明，农垦58S 在长日照下每穗的多胺含量随穗发育进程而渐增，而短日照诱导下每穗的多胺含量随穗发育成倍增加，尤其是在二次枝梗分化期至雌雄蕊形成期亚精胺剧增。稻穗中多胺与花药发育有密切关系，农垦58S 需在短日照下完成多胺变化而花粉发育，在长日照下多胺含量下降而花粉败育。进一步对光敏不育系 C407S 穗中多胺变化特点进行研究，C407S 每穗克鲜重的多胺含量随幼穗发育进程而呈单峰曲线变化，在长日照和短日照下每穗克鲜重的多胺含量比较接近，而其中亚精胺和精胺含量则短日照高于长日照。幼穗分化之后，花粉败育的诱导不取决于不同光照条件下幼穗中多胺的总量，而可能与亚精胺和精胺的含量，尤其是亚精胺的峰值存在有关。在长日照条件下幼穗中亚精胺和精胺含量下降，花粉发育不正常，最终产生完全不育的花粉。

莫磊兴等（1992）对红光、远红光处理下农垦58S 叶、穗内源多胺的分析和多胺生物合成抑制剂的施用，对多胺在育性转换中的作用进行研究，发现农垦58S 叶片中多胺变化与育性转换无明显关系；幼穗的多胺水平受光敏色素间接调控并与育性转换密切相关。在不同发育时期，光敏色素对多胺的调节作用不同，对育性起主要作用的多胺种类也可能不同；多胺对农垦58S 育性转换的调节作用与多胺的含量及不同多胺间的比值有关，其中精胺（Spm）、亚精胺（Spd）含量和二者比值可能是重要因素。多胺生物合成抑制剂甲基乙二醛-双脒腙（MGBG），能部分逆转红光诱导的不育性，并在长光照完全不育的条件下促进农垦58S 产生少量可育花粉和自交结实。李荣伟等（1997）也发现光敏核不育水稻幼穗在不育条件的多胺含量明显低于可育条件。

此外，梁承邺等（1993）和田长恩等（1998）分别发现水稻细胞质雄性不育系花药和幼穗中多胺含量也明显低于其保持系，并且，通过外加多胺生物合成抑制剂或多胺证实多胺不足是雄性不育发生的原因之一。在不育系中外施多胺可以部分恢复其花粉育性，在保持系外施多胺合成抑制剂可使花粉育性下降，而多胺可部分消除相应抑制剂对花粉育性的降低效应。Slocum 等（1984）和 Smith（1985）在综合评述植物中多胺的作用机理时指出，多胺可以促进植物组织中大分子的合成，抑制大分子的降解。李新利等（1997）认为，多胺对水稻雌蕊发育的调节作用可能是通过促进核酸合成和蛋白质翻译而实现的。田长恩等（1999）对水稻细胞质雄性不育系珍汕 97A 和 97B 的研究表明，外施多胺可以使不育系幼穗中 DNA、RNA 和蛋白质含量略有上升，使 DNA 酶、RNA 酶和蛋白酶活性下降，说明多胺可能通过降低上述酶活性来增加蛋白质和核酸含量。外施多胺合成抑制剂 D-Arg ＋ MGBG 使保持系的 DNA、RNA 和蛋白质含量略有下降，使 DNA 酶、RNA 酶和蛋白酶的活性也下降（这可能与抑制剂抑制多胺合成，使包括上述酶在内的蛋白质合成下降有关）。而补充多胺可以消除抑制剂对蛋白质、核酸含量的效应，进一步降低上述酶的活性，这与在不育系中外施多胺的结果一致。说明多胺可能通过促进蛋白质、核酸的合成而起作用。多胺不足可能引起不育系幼穗中蛋白质和 RNA 合成下降，或分解加快，以致蛋白和核酸含量不足，从而影响到花药和花粉的形态建成，最终造成雄性不育。

3.7 植物光敏色素在光敏不育水稻育性转换中的作用

植物光敏色素是植物体内接受和传递光信息的第一信使，与多种植物形态建成调控作用有密切关系。它的生理作用涉及种子萌发、光周期诱导成花、育性转换、生长素的运输、乙烯和类胡萝卜素的代谢等。现已初步证实，光敏不育水稻的育性受光敏色素的调控。

李合生等（1987，1990）和童哲等（1990，1992）的研究表明，红光间断长暗期可以导致农垦 58S 花粉败育，自然结实率下降，典败花粉率达 86% 以上，自然结实率为 3%～7%；红光效应可为随后的远红光所逆转，典败花粉率为 11%～12%，自然结实率为 49%～50%，远红光效应又能被随后的红光所逆转，典败花粉率又重新上升到 80% 以上，自然结实率又下降到 10% 以下。由此可见，光敏色素作为光受体参与了农垦 58S 的育性转换过程。

第四节　水稻雄性不育的遗传机理

4.1 雄性不育遗传机理假说

4.1.1 三型学说

该学说由美国科学家希尔斯（Sears，1947）在总结前人研究工作的基础上提出。他将植物雄性不育分为核不育型、质不育型和核质互作型。人们把这一假说称为"三型学说"。

4.1.1.1 核不育型　这种雄性不育是受细胞核一对不育基因控制，同细胞质没有关系。这种雄性不育具有恢复系，没有保持系，不能实现三系配套。在它的细胞核内有纯合的不育基因（rr），而在正常品种的细胞核内有纯合可育基因（RR）。这种不育株与正常品种杂交，F₁便恢复可

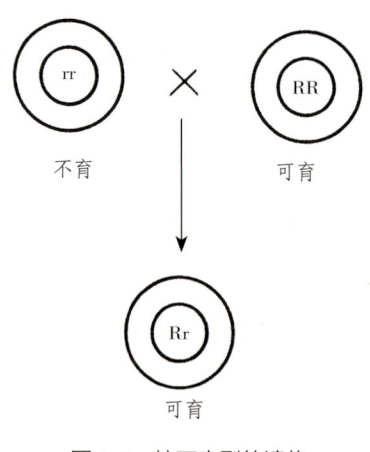

图 2-9　核不育型的遗传

育，F$_2$分离出不育株，一般可育株与不育株的比例为
3：1；它与可育的 F$_1$ 杂交，其杂种可育株与不育株呈
1：1的分离比例（图2-9）。

4.1.1.2　**质不育型**　这种雄性不育的遗传完全受细
胞质遗传物质的控制，与细胞核无关。用这种不育株与
可育株杂交，F$_1$ 仍然是不育的，若继续回交，则继续保
持不育。也就是说，它很容易找到保持系，却找不到恢
复系（图2-10）。

希尔斯当时提出这种细胞质不育型，主要是根据罗

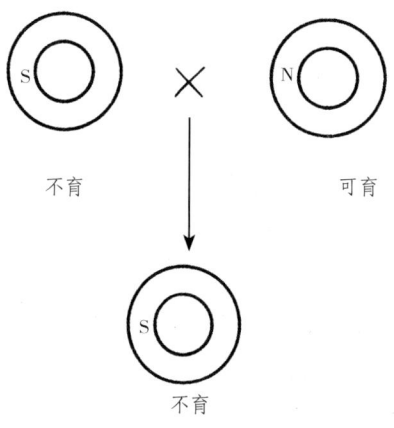

图 2-10　质不育型的遗传

兹（Rhoades，1933）用雄性可育玉米的各自带有标
记基因的 10 对染色体逐一地代换雄性不育玉米的 10 对染色体，结果都不能使雄性不育变为
雄性可育，于是认为这种玉米雄性不育与任何一对染色体无关，不育性是由细胞质控制的。

4.1.1.3　**核质互作型**　这种雄性不育的遗传是受细胞质和细胞核遗传物质共同控制的。当
用某些品种的花粉与这种不育株授粉时，F$_1$ 仍然表现雄性不育；当用另外一些品种的花粉与这
种不育株授粉时，则 F$_1$ 恢复可育。

设 S 为细胞质雄性不育基因，N 为细胞质可育基因，R 为核内显性可育基因，r 为核内隐
性不育基因。则用核质互作型雄性不育株与各种可育类型杂交，F$_1$ 育性表现有以下五种遗传
方式，如图2-11。

A.　　　　S（rr）×N（rr）⟶S（rr）
　　　　　不育　　可育　　　不育
B.　　　　S（rr）×S（RR）⟶S（Rr）
　　　　　不育　　可育　　　可育
C.　　　　S（rr）×N（RR）⟶S（Rr）
　　　　　不育　　可育　　　可育
D.　　　　S（rr）×S（Rr）⟶S（Rr）和 S（rr）
　　　　　不育　　可育　　　可育　　不育
E.　　　　S（rr）×N（Rr）⟶S（Rr）和 S（rr）
　　　　　不育　　可育　　　可育　　不育

图 2-11　核质互作型不育的遗传

细胞质基因只能通过母本的卵细胞传递给后代。只有细胞质基因和核基因都是不育的［S
（rr）］个体才能表现为雄性不育。在不育的细胞质内，如果核基因是纯合可育［S（RR）］或
杂合可育［S（Rr）］的，都表现为可育。在可育细胞质内，不论核基因是纯合可育、杂合可育
或者纯合不育，都表现为雄性可育。

雄性不育［S（rr）］×雄性可育［N（rr）］，其杂种一代仍然是雄性不育［S（rr）］。这种保持雄性不育性的父本［S（rr）］叫作保持系。

雄性不育［S（rr）］×雄性可育［N（RR）或S（RR）］，其杂种 F_1 都是杂合可育的［S（Rr）］。这两种父本都是恢复系。

显然，核质互作型雄性不育既有保持系，又有恢复系，能够实现三系配套。

4.1.2　二型学说

该学说是爱德华逊（Edwardson，1956）对希尔斯三型学说的修改。他把三型学说中的细胞质不育型和核质互作不育型归为一类，从而把植物雄性不育分为核不育型和核质互作型两类。原认为的细胞质不育型后来被证明也属核质互作型。自然界中纯属细胞质控制的雄性不育是不存在的。

4.1.3　多种核质基因对应性学说

上述核质互作雄性不育型是针对一对核质育性基因而言的，即细胞核内只有一种育性基因（RR、Rr、rr），细胞质内也只有一种育性基因（S、N）。但是木原君（Kihara）和马安（Maan）等人根据其对普通小麦的核质对应性研究认为，植物的雄性不育不是一种简单的、单一的核质育性基因的对应关系，而是较复杂的多种核质育性基因之间的对应关系，因而提出了多种核质育性基因对应性学说（图2-12）。

例如，用普通小麦作父本与6种野生的山羊草和5种较原始的小麦杂交，获得胞质来源不同但核来源一致的10种不同的核质互作型不育

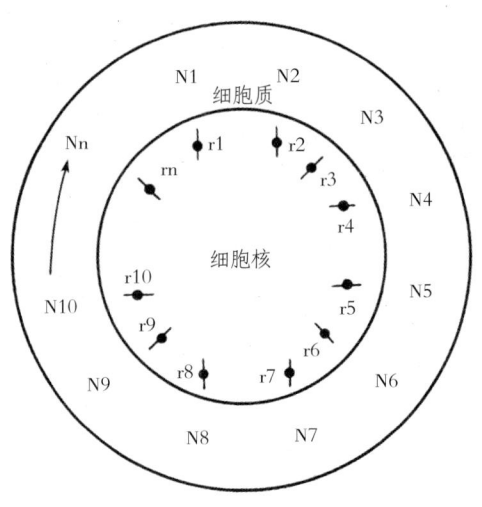

图2-12　核质育性基因对应性示意图

系。这说明在父本普通小麦的细胞核里，至少有10种不同的核不育基因存在。在每个杂交组合中，某种核不育基因与相应的质不育基因两两对应，共同作用，产生雄性不育。但是在反交的情况下，即以普通小麦作母本，分别与上述5种原始小麦和5种山羊草杂交并回交，则后代全部可育。这说明普通小麦的细胞质里不存在与上述10种核对应的胞质不育基因，而存在10种可育基因。正是由于这10种胞质可育基因的存在，掩盖和抑制了核内不育基因的作用，使普通小麦表现出正常的雄性可育性。

在一般情况下，各对应的核质育性基因，彼此各自独立成对地相互作用，而不发生非对应性育性基因间的相互干扰。即 N1-r1 相互作用或 N2-r2 相互作用，但 N1-r2 之间以及 N2-r1 之间等一般不发生作用。这一学说反映了雄性不育机理上比较复杂的情况。

4.1.4　通路学说

中国科学院遗传研究所王培田等总结了我国水稻雄性不育研究的实践后，提出了"控制花粉形成的细胞质基因和细胞核基因的进化示意图"，即所谓"通路"学说（图 2-13）。

图 2-13 的上部是水稻品种的"进化树"，图的下部是育性基因的进化过程。它用细胞质内控制花粉育性的正常基因 N 和不育基因 S 与细胞核内控制花粉育性的正常基因（＋）和不育基因（－）的性质转变、数量增减来表示花粉育性基因的进化过程。

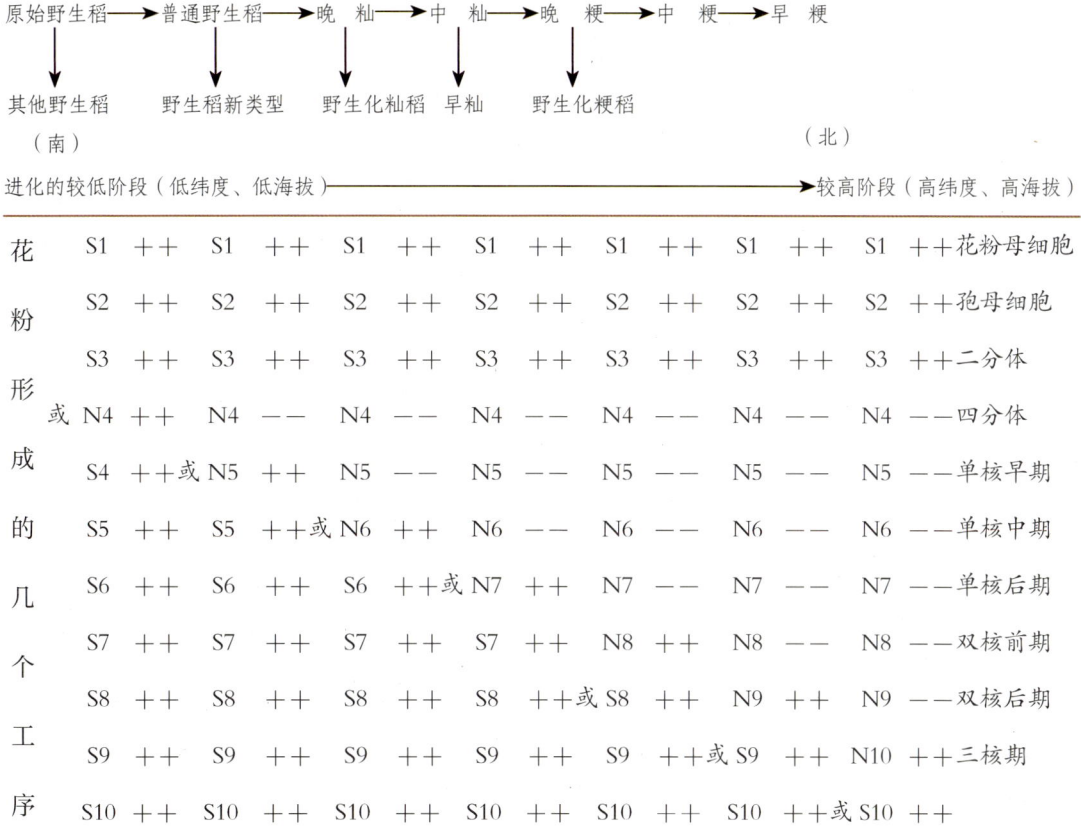

1. 细胞质内正常因子（N）＝通路，不育因子（S）＝断路
2. 细胞核内正常因子（＋）＝通路，不育因子（－）＝断路
3. 三条流水作业线（质内一条，核内两条），能拼成一条完整通路产生正常花粉，其中有断路工序的产生不育花粉
4. N 或 S 表示控制某一工序的细胞质因子，可能是 N 或 S

图 2-13　控制花粉形成的细胞质基因和细胞核基因的进化示意图

水稻进化从较低阶段到高级阶段，在细胞质内控制花粉育性的正常基因（N）越来越多，不育基因（S）越来越少；相反，细胞核内控制花粉育性的正常基因（＋）越来越少，不育基因（－）越来越多。换句话说，原来主要靠细胞核基因完成的某些工序，逐步改由相应的质基因去完成了。

假设"N"和"＋"都代表通路，"S"和"－"都代表断路，在控制花粉形成的三条道路内（即细胞质控制一条，细胞核控制两条），只要能拼成一条完整的通路，就可形成正常花粉，否则就不能产生正常花粉；在花粉形成过程中，断路发生较早的工序，不育性表现较早，往往也较严重，断路工序较多的比断路工序较少的更难恢复正常。

通路学说可以归纳为以下几点：

（1）亲缘关系较远的品种间杂交，较易获得不育系，但是恢复系较少（例1）；亲缘关系较近的品种间杂交，出现断路工序的机会少，获得不育系难，但恢复系多（例2）。

例1：

$$++++ \qquad ---+ \qquad\qquad ---+$$

$$\frac{++++}{N_5 S_6 S_7 S_8} \times \frac{---+}{N_5 N_6 N_7 N_8} \xrightarrow{\text{多次回交}} \frac{---+}{N_5 S_6 S_7 S_8} \text{典败}$$

普通野生稻　　早籼或晚粳　　　　第六、第七工序为断路

例2：

$$+++ \qquad -++ \qquad\qquad -++$$

$$\frac{+++}{N_5 S_7 S_8} \times \frac{-++}{S_6 S_7 S_8} \xrightarrow{\text{核代换}} \frac{-++}{S_6 S_7 S_8}$$

晚籼　　　　中籼　　　　正常可育

（2）以进化阶段较低的南方品种作母本，北方品种作父本进行杂交，容易获得不育系（例3）；反之，以北方品种作母本，南方品种作父本进行杂交，则较难获得不育系（例4）。

例3：

$$++ \qquad -- \qquad\qquad --$$

$$\frac{++}{S_6 S_7} \times \frac{--}{N_6 N_7} \xrightarrow{\text{核代换}} \frac{--}{S_6 S_7}$$

晚籼　　　　晚粳　　　　不育

例4：

$$-- \qquad ++ \qquad\qquad ++$$

$$\frac{--}{N_6 N_7} \times \frac{++}{S_6 S_7} \xrightarrow{\text{核代换}} \frac{++}{N_6 N_7}$$

晚粳　　　　晚籼　　　　可育

（3）核置换杂交不育系的母本（质给体）类型及分布比它靠南方的品种内恢复系多；父本（核给体）类型及分布比它靠北方的品种内保持系居多。

（4）旁系远缘品种间正反杂交，都有可能获得不育系。

（5）不育系类型与断路发生在哪一阶段有关。例如，某一籼稻品种在第一工序的核基因发生断路，不能完成第一工序，表现为花药严重退化的无花粉型不育系（$S_1/--$）。这种类型为正常品种内容易找到恢复系（$S_1/++$），而难找到保持系（$N_1/--$）。

$$S_1/++ \longrightarrow S_1/-- \times S_1/++ \longrightarrow S_1/++$$
$$\text{核变异} \qquad\qquad \text{恢复可育}$$

如果某一籼稻品种在控制花粉形成的第六工序的质基因断路，不能完成第六工序，因而表现为典败型。这种不育系，在中籼及早籼品种内较易找到保持系，而较难找到恢复系，但在晚籼品种内可能找到恢复系。

4.1.5　亲缘学说

这一学说由湖南农学院裴新澍等人提出。亲缘学说认为植物雄性不育是多基因控制的数量性状，而不是质量性状。理由是杂种 F_1 存在育性分离；F_2 育性呈连续变异，不能严格区分为不育和可育两种类型；不育性不稳定，容易受环境因素尤其是温度的影响。该学说认为，雄性不育产生的原因有两种：①在进行远缘杂交时，由于杂交亲本的亲缘关系疏远，矛盾太大，来自父、母本双方的遗传物质不能得到协调，因而导致不育；②由于核内染色体或细胞质里遗传物质结构发生改变而引起雄性不育。因此，花粉的不育和可育是以杂交亲本的亲缘程度为转移的，是相对而言的。雄性不育是远缘（包括远距离）亲本所具遗传物质结合而产生的，而恢复可育则是杂交亲本所具遗传物质亲缘程度接近的结果。要获得雄性不育，就要选用亲缘关系远的亲本进行杂交，要使不育性得到恢复，就要选用与不育胞质关系接近的亲本进行杂交。

4.1.6　$Ca^{2+}-CaM$ 系统调控假说

杨代常等（1987）利用 X 射线的能谱方法发现 Ca^{2+} 在光敏核不育水稻育性转换过程中，长、短日照下有明显差异，认为光敏核不育水稻的育性转换存在着光敏色素-Ca^{2+} 调控系统。众多的研究表明，Ca^{2+} 在细胞内起着第二信使分子作用，Ca^{2+} 与钙调蛋白（CaM）结合后，能以各种方式调节基因表达和酶活性，同时还可调节细胞内外的膜电位差。由此提出了光敏核不育水稻育性转换的调控模式。该模式的要点是：在光敏核不育水稻的育性转换过程中，以光敏色素-Ca^{2+} 调节系统为中心，产生一系列联级反应，通过对核蛋白或调节蛋白的修饰，开启或关闭有关基因，使控制育性的一组基因按发育的时空顺序表达或关闭。

在该模式中，长日照下红光态光敏色素（P_r）向远红光态光敏色素（P_{fr}）转化，使P_r/P_{fr}的平衡趋向P_{fr}，从而改变膜透性，启动Ca^{2+}通道，使细胞质内Ca^{2+}浓度增加，通过CaM激活蛋白激酶，对阻遏基因的调节蛋白进行磷酸化，开启阻遏基因，产生一个阻遏蛋白，然后关闭调节基因。由于育性基因的开启需要调节蛋白的作用，调节基因关闭后，育性基因不能启动表达，表现不育。在短日照下，P_r不能向P_{fr}转化，平衡趋向P_r，膜透性降低，Ca^{2+}通道逆向输出，使细胞Ca^{2+}浓度降低，造成蛋白激酶失活，同时激活磷酸化酶，对阻遏基因的调节蛋白去磷酸化，从而关闭阻遏基因。调节基因由于无阻遏蛋白抑制，基因开启表达产生一个调节蛋白，激活育性基因，育性基因表达后，以联级反应的形式，使一组育性基因按时空顺序表达，表现正常可育。但这组育性基因同时受生理效应和外界环境条件的影响。

4.1.7　光温启动因子假说

该假说由周庭波（1992，1998）提出，其要点是：①花粉发育是在核序列基因、质序列基因和外界光、温条件的控制和协调下，通过一系列有时间顺序的生理生化过程实现的；②某个核序列基因是一个完成花粉发育某一过程的生理功能基因团，由光、温感觉基因、整合基因和多个生产基因及相连的启动基因组成；③每一个花粉发育质序列基因对相应的核序列基因的配合具有品种特异性，是在长期的自然进化过程中建立起来的；④核序列基因之间、核质序列基因之间以及核质序列基因与外界光、温条件之间的任一联系遭到破坏，都会造成雄性不育。

光温启动因子假说认为，生理性不育和遗传不育是统一的。只要产生雄性不育的条件不变，它照常年年不育，是可以遗传的。同样，光温敏不育系显然是可以遗传的，但它确实是一种生理性不育。该假说还认为，从总体上看，雄性不育是一个数量性状，因为控制它的基因是一系列的，但不排除在具体的杂交稻组合里，又可能是少数核序列基因位点出现差异的结果，使育性的变化具有质量性状的特点。

4.2　水稻雄性不育的分子机理

近年来，随着分子生物学的快速发展，人们对于水稻雄性不育的机理在分子水平上进行了许多有益的探索，取得了不少有意义的成果，对更深入地了解雄性不育的机制、更好地利用水稻雄性不育性为水稻杂种优势利用服务不无裨益。对于水稻雄性不育分子机理的研究，主要包括细胞质和细胞核与雄性不育的相关关系两个方面。目前而言，对于细胞质方面的研究较多，而对于细胞核方面的研究则较少。

细胞质中含有线粒体和叶绿体两套相对独立的遗传系统。与细胞质密切相关的细胞质雄性不育应与它们有着不可分割的联系。Kadowaki 等（1986）、刘炎生等（1988）和赵世民等（1994）对于水稻雄性不育细胞质的研究表明，叶绿体与雄性不育没有直接联系，而线粒体可能是决定细胞质雄性不育更为重要的因素。

通过对水稻细胞质雄性不育系及其保持系线粒体的比较研究，发现不育胞质与可育胞质之间在线粒体基因组、线粒体中类质粒 DNA（Plasmid-like DNA）以及线粒体基因翻译产物等方面的确存在着明显的差异，暗示着细胞质雄性不育与线粒体有关。

对线粒体 DNA 酶切片段进行分子杂交，人们发现在水稻细胞质雄性不育系和保持系的线粒体 $Cox\ I$、$Cox\ II$、$Cox\ III$、$atp6$、$atp9$、$atpA$、Cob 等基因上都存在位置或拷贝数的差异。刘炎生等（1988）比较了水稻不育系珍汕 97A 及其保持系的线粒体 DNA 酶切电泳带型和细胞色素 C 氧化酶亚基 I（$Cox\ I$）、亚基 II（$Cox\ II$）两个基因在线粒体酶切片段的位置，发现不育系和保持系线粒体 DNA 差异明显。李大东等（1990）在 BT 型水稻中发现不育系有 2 个 $atpA$ 基因拷贝，而保持系仅有 1 个拷贝。Kaleikau 等（1992）发现在野败型不育系中仅有 1 个 Cob 拷贝，而保持系中却有 2 个 Cob 拷贝，其中 1 个为假基因 $Cob2$。$Cob2$ 的产生是由于 $Cob1$ 与一段 192 bp 片段之间进行重组或插入。杨金水等（1992，1995）在 BT 型水稻中发现存在 $atp6$ 重复拷贝。其中不育系含 2 个 $atp6$ 基因拷贝，而保持系仅含 1 个拷贝。在野败型不育系地谷 A 及其保持系中则发现了存在 $atp9$ 不同的重复基因拷贝，其中不育系仅含 1 个 $atp9$ 拷贝，而保持系有 2 个拷贝。Kadowaki 等（1989）用合成的线粒体基因序列作探针，用 RFLP 和分子杂交方法比较 BT 型不育系和保持系线粒体 DNA 的差异，发现不育系线粒体 DNA 的 $atp6$ 和 Cob 均为保持系的 2 倍，不育系中除 1 个正常的 $atp6$ 基因外，还存在 1 个额外的嵌合 $atp6$ 基因。进一步的研究表明，在不育胞质中含有嵌合 $atp6$ 基因（$urf\text{-}rmc$）和正常 $atp6$ 基因，而可育胞质中仅含有正常的 $atp6$ 基因。当引入恢复基因后改变了 $urf\text{-}rmc$ 基因转录本长度，但并不改变正常的 $atp6$ 基因转录本长度。这暗示着嵌合基因与细胞质雄性不育有关（Kadowaki 等，1990）。Iwahashi 等（1993）也得到类似的结果。由此可知，RNA 正确加工和编辑在控制水稻细胞质雄性不育的表达及其育性恢复上可能有重要作用。

许仁林等（1995）应用任意单引物聚合酶链反应技术，从水稻 WA 型雄性不育系的线粒体 DNA 中得到一个特异的扩增片段 $R_{2\text{-}630}$WA。以该片段为探针进行 Southern 杂交分析，检测到在雄性不育胞质与正常可育胞质间存在线粒体 DNA 多态性。不育系珍汕 97A 和其 F_1 杂种的杂交图谱相同，而保持系珍汕 97B 和恢复系明恢 63 的杂交图谱一样。序列测定该片段全长 629 bp，序列内含有一个长度为 10 bp 的反向重复序列 5'-ACCATATGGT-3'，位于 262～272 片段。另外，其 379～439 区段可编码一个含 20 个氨基酸残基的短肽。由此认为，R_{2-630}WA 片段与水稻野败型雄性不育密切相关，并推测反向重复序列 5'-ACCATATGGT-3' 在细胞质雄性不育性状形成中，可能起着重要作用。刘军等（1998）采用 RFLP 分析与分子杂交实验，研究马协型不育系及其保持系间线粒体基因组成，涂珺（1999）对红莲型不育系丛广 41A 及其保持系的线粒体 DNA 采用 RFLP 分析比较线粒体 DNA 酶切图谱，也均发现不育系与保持系之间线粒体基因组存在明显的差异。

有关水稻方面类质粒 DNA 与细胞质雄性不育相关的报道，Yamaguchi 等（1983）首先在 BT 型水稻不育系中发现存在 B_1 和 B_2 两种类质粒 DNA，分别为 1.5 kb 和 1.2 kb，而其保持系中则不存在 B_1 和 B_2。此后，Kadowaki 等（1986）证实了台中 65A 中存在 B_1 和 B_2，而保持系中没有这两种 DNA。Nawa 等（1987）也报道了线粒体中 B_1 和 B_2 的变化与水稻细胞质雄性不育存在某种联系。Mignouna 等（1987）发现野败型不育系珍汕 97A 的 mtDNA 中除主线粒体 DNA 外，还含有 4 个共价闭合环（ccc）状类质粒，而保持系中只有 3 个，其中 2.1 kb 的类质粒 DNA 在不育系中特异存在。Shikanai 等（1988）的研究也表明，BT 型不育系 CMS-A58 的 mtDNA 含有 4 个 ccc 状类质粒 DNA，而正常胞质的 A58 中没有这些 DNA。梅启明等（1990）用琼脂糖电泳和电镜观察比较了水稻红莲型青四矮 A 和野败型珍汕 97A 及其保持系 mtDNA 差异，发现不育系中存在小分子 mtDNA，而这些小分子 mtDNA 在同型保持系中却没有。涂珺等（1997）也发现红莲型丛广 41 保持系比不育系线粒体 DNA 多 6.3 kb、3.8 kb、3.1 kb 等 3 种类质粒 DNA。上述研究结果显示，在水稻 BT 型、野败型和红莲型的不育系和保持系间均存在类质粒 DNA 差异。然而，Saleh 等（1989）从 V41A 和 V41B 叶片中提取 mtDNA，分析结果表明，不育系和保持系均含有 4 种小分子量 mtDNA 分子，两者在类质粒 DNA 上并不存在差异，于是认为类质粒 DNA 与细胞质雄性不育并不存在简单的联系。另外，Nawa 等发现 BT 型台中 65A 的同质恢复系中也同样存在类质粒 B_1 和 B_2。这显然支持了 Saleh 的看法。刘祚昌等（1988）以野败型不育系为材料的研究表明，2 个大小为 3.2 kb 和 1.5 kb 的类质粒 DNA 不仅存在于不育系，而且还存在于其保持系和 F_1 中，故认为不能肯定这种类质粒 DNA 与雄性不育有关。

对于线粒体基因体外翻译产物的研究也发现不育系与保持系间存在差异。刘祚昌等

（1989）通过对不育系和保持系线粒体蛋白及离体翻译产物的研究，发现野败型不育系线粒体基因体外翻译产物比保持系和恢复系均多出一个 20 kD 的多肽；赵世民等（1994）在 D 型不育系中也发现一个特异的 70.8 kD 的多肽，认为其与不育有关，是不育基因产物。刘祚昌等发现 BT 型不育系线粒体基因组体外翻译产物比保持系少 1 个 22 kD 的多肽，但其恢复系和 F_1 中具有核编码的 22 kD 多肽，它补偿了不育系胞质中 22 kD 多肽的缺失而使育性恢复，反映了 BT 型不育胞质线粒体基因组中有关育性的变异，这可能与小孢子形成过程中某个生理过程有关。该多肽的缺失影响了小孢子形成和正常发育。因此他们将编码 22 kD 的线粒体基因称为育性基因。据此，赵世民等提出了水稻细胞质雄性不育及育性恢复的两种假说。一种是缺陷型不育与补偿型恢复，BT 型不育属于此类型；另一种是附加型不育与抑制型恢复，WA 型和 D 型属于此类型。缺陷型不育与补偿型恢复类型的雄性不育性有可能是由于不育细胞质中缺失一个特异蛋白（22 kD），而最终导致花粉发育过程中断。这种缺失是由线粒体基因组控制，但决定育性是否表达的全过程，并非在线粒体中进行。1 个 22 kD 的多肽有可能是花粉发育全过程中某一环节所必需的，缺少了它就形成不育。附加型不育与抑制型恢复类型的不育细胞质比正常细胞质多一个附加多肽。有可能由于这个多肽存在，抑制了花粉发育某一环节的进行，导致了雄性不育。这些附加的多肽在杂种 F_1 中的线粒体基因组翻译中只有微量的表达，推测为恢复系的核基因组对这些妨碍育性表达的多肽合成起了抑制作用。

　　细胞核基因组对于水稻雄性不育的产生起着重要作用，然而由于核基因组十分庞大，对它的研究迄今还较为贫乏。探讨核基因组与雄性不育的关系的研究主要集中在光温敏核不育基因的定位以及最近通过基因工程人工创造细胞核雄性不育等方面。

　　胡学应等（1991）以光温敏核不育系农垦 58S、双 8-2S、N98S 为材料，测定了同工酶基因与光温敏核不育基因的连锁关系，结果表明，*Adh-1* 和 *Est-3* 与育性密切相关。不育时，这两位点都表现有效等位基因；可育时，这两位点则都表现为无效等位基因。控制光温敏核不育的两对基因中，一对与 *Adh-1* 紧密连锁（重组率为 0）；另一对与 *Cat-1* 连锁（重组率为 29%）。由此将这两对核不育基因分别定位于第 11 染色体和第 3 染色体上。张忠廷等（1994）利用 RAPD 分子标记技术对温敏核不育水稻安农 S-1 及其原始株进行分析，在 200 个引物中发现了 1 个引物在两种材料中扩增带型有差异，并初步认为此差异与不育相关。Zhang 等（1994）利用 RFLP 对籼型光敏核不育系 32001S 的光敏不育基因定位于第 3（*pms2*）和第 7（*pms1*）染色体上，*pms1* 的效应比 *pms2* 大 2~3 倍。王京兆等（1995）以农垦 58S 与大黑矮生标记基因系 FL_2 杂交所得的 F_2 分离群体为材料，进行 RAPD 分析，在 300 个引物中发现有 2 个引物（opx-07 和 opc-13）在不育群体和可育群体间表现出多态性，并用 opx-07 引物对杂交亲本和 F_2 个体的 RAPD 分析，进一步证明了这种多态的可靠性，据此推断 $opx\text{-}07_{600}$ 与 $PGMS$ 基因连锁。李子银等（1999）对农垦 58S×FL_2 组合组建可育集团和不育集团，并以亲本为对照进行了 RFLP、RAPD 和双引物 RAPD 分析，结果在第 12 染色体上的一个单拷贝标记 G2140 与光敏核不育基因连锁，两者的遗传图距为 14.1 cM。于是将农垦 58S 的一对光敏核不育基因定位于第 12 染色体上。Lang 等（1999）采用基于 PCR 的分子标记技术对温敏不育水稻 IR32364（不育）和 IR68（可育）的核基因组进行 PCR 扩增的研究表明，具 F18F/F18RM 和 F18FM/F18RM 引物组合的 2 个共显性序标位（STS）标记与位于第 6 染色体上的温敏不育基因 $tms3(t)$ 紧密连锁，其遗传距离为 2.7 cM。此外，利用花药绒毡层特异表达基因的启动子，通过基因工程方法构建水稻雄性不育及其恢复表达载体，从而创造雄性不育系及其恢复系的研究也获得了一定进展。

综上所述，人们对于水稻雄性不育在分子水平上进行了大量探索，有助于更深入地解释雄性不育的现象，对雄性不育遗传机制的认识也有了提高。但从总体上看，目前对于雄性不育现象的了解尚不完全清楚，特别是对核不育基因及其产物的研究还很少，对于胞质育性基因的确切定位、序列结构、核质基因产物的作用以及这种作用对小孢子发生和发育的影响等，都还缺少有说服力的研究结果。同时，对育性调控基因及调控产物的研究尚处于起步阶段。相信随着分子生物学理论和技术的不断发展和完善，在不远的将来，人们对于水稻雄性不育这一遗传现象的本质会有更深入而全面的了解。

R e f e r e n c e s

参考文献

---

[1] 蔡耀辉. 萍乡核不育水稻籽尖性状遗传与感温关系的研究 [J]. 江西农业科技, 1990 (1): 14-15.

[2] 曹孟良, 郑用琏, 张启发. 光敏核不育水稻农垦 58S 与农垦 58 蛋白质双向电泳对比分析 [J]. 华中农业大学学报, 1992, 11 (4): 305-311.

[3] 曹以诚, 付彬英, 王明全, 等. 光敏感核不育水稻蛋白质双向电泳的初步分析 [J]. 武汉大学学报, 1987 (HPGMR 专刊): 73-80.

[4] 陈翠莲, 孙湘宁, 张自国, 等. 湖北光敏核不育水稻磷素代谢初探 [J]. 华中农业大学学报, 1990,

9（4）：472-474.

［5］陈平，肖翊华.光敏感核不育水稻花粉败育过程中花药过氧化物酶活性的比较研究［J］.武汉大学学报，1987（HPGMR 专刊）：39-42.

［6］陈贤丰，梁承邺.湖北光周期敏感核不育水稻花药能量和活性氧的代谢［J］.植物学报，1992，34（6）：416-425.

［7］陈雄辉，万邦惠，梁克勤.光温敏核不育水稻育性对光温反应敏感度的研究［J］.华南农业大学学报，1997，18（4）：8-11.

［8］程式华，孙宗修，斯华敏，等.水稻两用核不育系育性转换光温反应型的分类研究［J］.中国农业科学，1996，29（4）：11-16.

［9］邓华凤.安农光敏不育水稻的发现及初步研究［J］.成人高等教育.1988（3）：34-36.

［10］邓继新，刘文芳，肖翊华.IPGMR 花粉发育期花药 ATP 含量及核酸与蛋白质的合成研究［J］.武汉大学学报（自然科学版），1990（3）：85-88.

［11］邓晓建，周开达.低温敏显性核不育水稻"8987"的育性转换与遗传研究［J］.四川农业大学学报，1994，12（3）：376-382.

［12］冯剑亚，曹大铭.光敏核不育水稻 C407S 育性与穗中多胺变化的特点［J］.南京农业大学学报，1993，16（2）：107-110.

［13］冯剑亚，俞炳果，曹大铭.光敏核不育水稻幼穗发育过程多胺的变化［J］.南京农业大学学报，1991，14（1）：12-16.

［14］冯九焕，卢永根，刘向东.水稻光温敏核雄性不育系培矮 64S 花粉败育的细胞学机理［J］.中国水稻科学，2000，14（1）：7-14.

［15］贺浩华，张自国，元生朝.温度对光照诱导光敏感核不育水稻的发育与育性转换的影响初步研究［J］.武汉大学学报，1987（HPGMR 专刊）：87-93.

［16］胡学应，万邦惠.水稻光温敏核不育基因与同工酶基因的遗传关系及连锁测定［J］.华南农业大学学报，1991，12（1）：1-9.

［17］黄厚哲，楼士林，王候聪，等.植物生长素亏损与雄性不育的发生［J］.厦门大学学报（自然科学版），1984，23（1）：82-97.

［18］黄庆榴，唐锡华，茅剑蕾.粳型光敏核不育水稻 7001S 的光温反应特性与花粉育性转换及其过程中花药蛋白质的变化［J］.作物学报，1994，20（2）：156-160.

［19］黄庆榴，唐锡华，茅剑蕾.温度对温敏核雄性不育水稻花粉育性与花药蛋白质的影响［J］.植物生理学报，1996，22（1）：69-73.

［20］黄少白，周燮.水稻细胞质雄性不育与内源 GA_{1+4} 和 IAA 的关系［J］.华北农学报，1994（3）：16-20.

［21］蒋义明，荣英，陶光喜，等.粳稻新质源温敏核不育系：滇农 S-2 的选育［J］.西南农业大学学报，1997，10（3）：21-24.

［22］蒋义明，荣英，陶光喜，等.新质源粳稻温敏核不育系滇农 S-1 的选育和表现［J］.杂交水稻，1997，12（5）：30-31.

［23］黎世龄，高一枝，李会如，等.短光敏不育水稻宜 DS_1 异交性观察初报［J］.杂交水稻，1996（1）：32.

［24］李大东，王斌.水稻线粒体 aptA 基因的克隆及其细胞质雄性不育的关系［J］.遗传，1990，12（4）：1-4.

［25］李合生，卢世峰.湖北光敏核不育水稻育性转移与光敏色素相关性的初步研究［J］.华中农业大学学报，1987，6（4）：397-398.

［26］李美茹，刘鸿先，王以柔，等.籼型两用核不育水稻育性换转过程中氧代谢的变化［J］.中国水稻科学，1999，13（1）：36-40.

［27］李平，刘鸿先，王以柔，等.籼型两用核不育系培矮 64S 的育性表达：幼穗发育过程中的 NAD^+-

MDH 和 AP 同工酶的变化 [J]. 中国水稻科学, 1997, 11（2）: 83-88.

[28] 李平, 周开达, 陈英, 等. 利用分子标记定位水稻野败型核质互作雄性不育恢复基因 [J]. 遗传学报, 1996, 23（5）: 357-362.

[29] 李荣伟, 李合生. 光敏核不育水稻育性转换中多胺含量的变化[J]. 植物生理学通讯, 1997, 33: 101-104.

[30] 李泽炳. 对我国水稻雄性不育分类的初步探讨 [J]. 作物学报, 1980, 6（1）: 17-26.

[31] 李子银, 林兴华, 谢岳峰, 等. 利用分子标记定位农垦 58S 的光敏核不育基因 [J]. 植物学报, 1999, 41（7）: 731-735.

[32] 利容千, 王建波, 汪向明. 光周期对光敏核不育水稻小孢子发生和花粉发育的超微结构的影响 [J]. 中国水稻科学, 1993, 7（2）: 65-70.

[33] 梁承邺, 梅建峰, 何炳森, 等. 光（温）敏核雄性不育水稻小孢子败育发生主要时期的细胞学观察 [C] // 两系法杂交水稻研究论文集. 北京: 农业出版社, 1992: 141-149.

[34] 梁承邺, 陈贤丰, 孙谷畴, 等. 湖北光周期敏感核不育水稻农垦 58S 花药中的某些生化代谢特点 [J]. 作物学报, 1995, 21（1）: 64-70.

[35] 林植芳, 梁承邺, 孙谷畴, 等. 雄性不育水稻小孢子败育与花药的有机自由基水平 [J]. 植物学报, 1993, 35（3）: 215-221.

[36] 刘军, 朱英国, 杨金水. 马协型细胞质雄性不育水稻的线粒体 DNA 研究 [J]. 作物学报, 1998, 24（3）: 315-319.

[37] 刘立军, 薛光行. 水稻光敏核不育基因相关蛋白产物初步研究 [J]. 作物学报, 1995, 21（2）: 251-253.

[38] 刘庆龙, 彭丽莎, 卢向阳, 等. 两系法杂交水稻应用化学杂交剂保纯的研究Ⅱ: 保纯灵处理对光温敏核不育水稻生理生化的影响[J]. 湖南农业大学学报, 1998, 21（5）: 345-350.

[39] 刘炎生, 汪训明, 王韫珠, 等. 水稻细胞质不育系和保持系的线粒体 CO Ⅰ、CO Ⅱ 基因组织结构差异的分析 [J]. 遗传学报, 1988, 15（5）: 348-354.

[40] 刘祚昌, 赵世民. 水稻细胞基因组翻译产物与细胞雄性不育性 [J]. 遗传学报, 1989, 6（1）: 14-19.

[41] 卢兴桂, 袁潜华, 徐宏书. 我国两系法杂交水稻中试开发的实践与经验 [J]. 杂交水稻, 1998, 13（5）: 1-3.

[42] 卢兴桂. 我国水稻光温敏雄性不育系选育的回顾 [J]. 杂交水稻, 1994（3-4）: 27-30.

[43] 罗孝和, 邱趾忠, 李任华, 等. 导致不育临界温度低的两用不育系培矮 64S[J]. 杂交水稻, 1992（1）: 27-29.

[44] 骆炳山, 李德鸿, 屈映兰, 等. 湖北光敏核不育水稻育性转换机理初探 [J]. 华中农业大学学报, 1990, 9（1）: 7-12.

[45] 骆炳山, 李德鸿, 屈映兰, 等. 乙烯与光敏核不育水稻育性转换关系 [J]. 中国水稻科学, 1993, 7（1）: 1-6.

[46] 梅启明, 朱英国, 张红军. 湖北光敏核不育水稻中酶的反应特征研究 [J]. 华中农业大学学报, 1990, 9（4）: 469-471.

[47] 梅启明, 朱英国. 红莲型和野败型水稻细胞质雄性不育系线粒体 DNA（mtDNA）的比较研究 [J]. 武汉植物学研究, 1990, 8（1）: 25-32.

[48] 莫磊兴, 李合生. 多胺在湖北光敏感核不育水稻育性转换中的作用 [J]. 华中农业大学学报, 1992, 11（2）: 106-114.

[49] 沈毓渭, 高明尉. 水稻细胞质雄性不育系 R 型育性回复突变体的同工酶和氨基酸分析 [J]. 作物学报, 1996, 22（2）: 241-246.

[50] 盛孝邦, 丁盛. 光敏核不育水稻选育与利用的几个问题讨论 [J]. 杂交水稻, 1993（3）: 1-3.

[51] 石明松. 对光照长度敏感的隐性雄性不育水

稻的发现与初步研究 [J]. 中国农业科学, 1985（2）: 44-48.

[52] 石明松. 晚粳自然两用系的选育及应用初报. 湖北农业科学, 1981（7）: 1-3.

[53] 舒孝顺, 陈良碧. 高温敏感不育水稻育性敏感期幼穗和叶片中的总 RNA 含量变化 [J]. 植物生理学通讯, 1999, 35（2）: 108-109.

[54] 宋德明, 王志, 刘永胜, 等. 水稻无花型不育材料的发现及其转育后代育性初步观察 [J]. 植物学报, 1998, 40（2）: 184.

[55] 宋德明, 王志, 刘永胜, 等. 水稻无花药不育材料的研究 [J]. 四川农业大学学报, 1999（9）: 268-271.

[56] 孙俊, 朱英国. 湖北光周期敏感核不育水稻发育过程中花粉及花药壁超显微结构的研究 [J]. 作物学报, 1995, 21（3）: 364-367.

[57] 孙宗修, 程式华, 斯华敏, 等. 在人工控制光温条件下早籼光敏不育系的育性反应 [J]. 浙江农业学报, 1991, 3（3）: 101-105.

[58] 孙宗修, 程式华. 杂交水稻育种: 从三系、两系到一系 [M]. 北京: 中国农业科技出版社, 1994.

[59] 汤日圣, 梅传生, 张金渝, 等. T03 诱导水稻雄性不育与内源激素的关系 [J]. 江苏农业学报, 1996（2）: 6-10.

[60] 田长恩, 段俊, 梁承邺. 乙烯对水稻 CMS 系及其保持系蛋白质、核酸和活性氧代谢的影响 [J]. 中国农业科学, 1999, 32（5）: 36-42.

[61] 田长恩, 梁承邺, 黄毓文, 等. 水稻细胞质雄性不育系幼穗发育过程中多胺与乙烯的关系初探 [J]. 植物生理学报, 1999, 25（1）: 1-6.

[62] 田长恩, 梁承邺. 多胺对水稻 CMS 系及其保持系幼穗蛋白质、核酸和活性氧代谢的影响 [J]. 植物生理学报, 1999, 25（3）: 222-228.

[63] 童哲, 邵慧德, 赵玉锦, 等. 光敏核不育水稻

中调节育性的第二信使 [C] // 两系法杂交水稻研究论文集. 北京: 农业出版社, 1992: 170-175.

[64] 涂珺, 朱英国. 水稻线粒体基因组与细胞质雄性不育研究进展 [J]. 遗传, 1997, 19（5）: 45-48.

[65] 涂珺. 红莲型水稻不育系与保持系线粒体 DNA 酶切分析 [J]. 仲恺农业技术学院学报, 1999, 12（3）: 11-14.

[66] 万邦惠, 李丁民, 绮林. 水稻质核互作雄性不育细胞质的分类 [C] // 杂交水稻国际学术讨论会论文集. 北京: 学术期刊出版社, 1988: 345-351.

[67] 万邦惠. 水稻质核雄性不育的分类和利用 [M] // 中国农业科学院科研管理部. 水稻杂种优势利用研究. 北京: 农业出版社, 1980.

[68] 王华, 汤晓华, 戴凤. 甘蓝型油菜细胞核雄性不育材料杂种优势利用研究概况 [J]. 贵州农业科学, 1999, 27（4）: 63-66.

[69] 王京兆, 王斌, 徐琼芳, 等. 用 RAPD 方法分析水稻光敏核不育基因 [J]. 遗传学报, 1995, 22（1）: 53-58.

[70] 王台, 童哲. 光周期敏感核不育水稻农垦 58S 不育花药的显微结构变化 [J]. 作物学报, 1992, 18（2）: 132-136.

[71] 王台, 肖翊华, 刘文芳. 光敏感核不育水稻育性诱导和转换过程中叶片内碳水化合物的变化 [J]. 作物学报, 1991, 17（5）: 369-375.

[72] 王台, 肖翊华, 刘文芳. 光周期诱导 HPGMR 叶蛋白质变化的研究 [J]. 华中农业大学学报, 1990, 9（4）: 369-374.

[73] 王熹, 俞美玉, 陶龙兴. 雄性配子诱杀剂 CRMS 对水稻花药蛋白质与游离氨基酸的影响 [J]. 中国水稻科学, 1995, 9（2）: 123-126.

[74] 吴红雨, 汪向明. 光周期长度对农垦 58S 的小孢子发生的影响 [J]. 华中农业大学学报, 1990, 9（4）: 464-465.

［75］夏凯，肖翊华，刘文芳.湖北光敏感核不育水稻光敏感期叶片中 ATP 含量与 RuBPCass 活力的分析 [J].杂交水稻，1989（4）：41-42.

［76］何之常，肖翊华，冯胜彦.^{32}P 在 HPGMR（58S）植物中的分配 [J].武汉大学学报（自然科学版），1992（1）：127-128.

［77］肖翊华，陈平，刘文芳.光敏感核不育水稻花药败育过程中游离氨基酸的比较分析 [J].武汉大学学报，1987（HPGMR 专刊）：7-16.

［78］谢国生，杨书化，李泽炳，等.两用核不育水稻光敏与温敏分类的探讨 [J].华中农业大学学报，1997，16（5）：311-317.

［79］徐汉卿，廖瘗麟.甲基肿酸锌对水稻杀雄作用的细胞形态学观察 [J].作物学报，1981，7（3）：195-200.

［80］徐孟亮，刘文芳，肖翊华.湖北光敏核不育水稻幼穗发育中 IAA 的变化 [J].华中农业大学学报，1990，9（4）：381-386.

［81］许仁林，姜晓红，师素云，等.水稻野败型细胞质雄性不育系和保持系蛋白质多肽的比较研究 [J].遗传学报，1992，19（5）：446-452.

［82］许仁林，谢东，师素云，等.水稻线粒体 DNA 雄性不育有关特异片段的克隆及序列分析 [J].植物学报，1995，37（7）：501-506.

［83］颜龙安，蔡耀辉，张俊才，等.显性雄性核不育水稻的研究及应用前景[J].江西农业学报，1997，9（4）：61-65.

［84］颜龙安，张俊才，朱成，等.水稻显性雄性不育基因鉴定初报 [J].作物学报，1989，15（2）：174-181.

［85］阳花秋，朱捷.籼型水稻短日低温不育核不育系 go543S 的选育研究 [J].杂交水稻，1996（1）：9-13.

［86］杨代常，朱英国，唐珞珈.四种内源激素在

HPGMR 叶片中的含量与育性转换 [J].华中农业大学学报，1990，9（4）：394-399.

［87］杨金水，VIRGINIA WALBOT.水稻野败不育系与保持系线粒体 DNA 限制酶酶切图谱分析 [J].作物学报，1995，21（2）：181-186.

［88］杨金水，葛扣麟，VIRGINIA WALBOT.水稻 BT 型不育系和保持系线粒体 DNA 的酶切电泳带型 [J].上海农业学报，1992，8（1）：1-8.

［89］杨仁崔.籼稻光敏感核不育种质 5460ps 的发现和初步研究 [J].中国水稻科学，1989，3（1）：47-48.

［90］应燕如，倪大洲，蔡以欣.水稻、小麦、油菜和烟草细胞质雄性不育系统中组分 I 蛋白的比较分析 [J].遗传学报，1989，16（5）：362-366.

［91］元生朝，张自国，卢开阳，等.光敏核不育水稻的基本特性与不同生态类型的适应性 [J].华中农业大学学报，1990，9（4）：335-342.

［92］袁隆平.水稻的雄性不孕性 [J].科学通报，1966，17（4）：185-188.

［93］袁隆平，陈洪新，王三良，等.杂交水稻育种栽培学 [M].长沙：湖南科学技术出版社，1988.

［94］袁隆平.两系法杂交水稻研究的进展 [C]// 两系法杂交水稻研究论文集.北京：农业出版社，1992：6-12.

［95］曾汉来，张自国，卢兴桂，等.W6154S 类型水稻在光敏、温敏分类问题上的商讨 [J].华中农业大学学报，1995，14（2）：105-109.

［96］张明永，梁承邺，段俊，等.CMS 水稻不同器官的膜脂过氧化水平 [J].作物学报，1997，23（5）：603-606.

［97］张能刚，周燮.三种内源酸性植物激素与农垦58S 育性转换的关系 [J].南京农业大学学报，1992，15（3）：7-12.

［98］张晓国，刘玉乐，康良仪，等.水稻雄性不育

及其育性恢复表达载体构建 [J]. 作物学报, 1998, 20(5): 629-634.

[99] 张忠廷, 李松涛, 王斌. RAPD 在水稻温敏核不育研究中的应用 [J]. 遗传学报, 1994, 21(5): 373-376.

[100] 张自国, 曾汉来, 杨静, 等. 水稻光温敏核不育系育性转换的光温稳定性研究 [J]. 杂交水稻, 1994(1): 4-8.

[101] 赵世民, 刘祚昌, 詹庆才, 等. WA 型、BT 型和 D 型水稻雄性不育系细胞质基因翻译产物分析和研究 [J]. 遗传学报, 1994, 21(5): 393-397.

[102] 中国农业科学院, 湖南省农业科学院. 中国杂交水稻的发展 [M]. 北京: 农业出版社, 1991.

[103] 周庭波, 陈友平, 黎端阳, 等. 水稻正向和反向光温敏不育系对光温感反应比较观察 [J]. 湖南农业科学, 1992(5): 6-8.

[104] 周庭波, 肖衡春. 籼型光敏不育系 87N123 的选育 [J]. 湖南农业科学, 1988(6): 17-18.

[105] 周庭波. 水稻雄性不育遗传的光温启动子假说 [J]. 遗传, 1998, 20(增刊): 143.

[106] 朱英国. 水稻不同细胞质类型细胞质雄性不育的研究 [J]. 作物学报, 1979, 5(4): 29-38.

[107] IWASHI M, KYOZUKA J, SHIMAMOTO K. Processing followed by complete editing of an altered mitochondrial atp6 RNA restores fertility of cytoplasmic male sterile rice[J]. EMBO J, 1993, 12(4): 1437-1446.

[108] KADOWAKI K, et al. Differences in the characteristics of mitochondrial DNA between normal and male sterile cytoplasms of Japonica rice[J]. Jpn J Breed, 1986, 36: 333-339.

[109] KADOWAKI K, et al. Differential organization of mitochondrial genes in rice with mormal and male-sterile cytoplasms[J]. Jpn J Breed, 1989, 30: 179-186.

[110] KADOWAKI K, SUZUKI T, KAZAMA S. A chimeric gene containing the 5' portion of atp 6 is associated with cytoplasmic male sterility of rice[J]. Mol Gen Genet, 1990, 224(1): 10-15.

[111] KALEIKAU E K, et al. Structure and expression of the rice mitochondrial apocytochromb gene (cobl) and pesudogene(cob2)[J]. Curr Genet, 1992, 22: 463-470.

[112] KATO H, MURUYAMA K, ARAKI H. Temperature response and inheritance of a thermosensitive genic male sterility in rice[J]. Jpn J Breed, 1990, 40 (Suppl. 1): 352-369.

[113] LANG N T, SUBUDHI P K, VIRMANI S S, et al. Development of PCR-based markers for thermosensitive genetic male sterility gene tms 3 (t) in rice (Oryza sativaL.)[J]. Hereditas, 1999, 131(2): 121-127.

[114] OARD J H, HU J, RUTGER J N. Genetic analysis of male sterility in rice mutants with environmentally influenced levels of fertility[J]. Euphytica, 1991, 55(2): 179-186.

[115] SALEH N M, MULLIGAN B J, COCKING E C, et al. Small mitochondrial DNA molecules of wild abortive cytoplasm in rice are not necessarily associated with CMS[J]. TAG, 1989, 77: 617.

[116] SHIKANAI T, YAMADO Y. Properties of the circular plasmid-like DNA B_1 from mitochondria of cytoplasmic male-sterile rice[J]. Gurr Genet, 1988, 13(5): 441-443.

[117] YAMAGUCHI M, KAKIUCHI. Electrophoretic analysis of mitochondrial DNA from normal and male sterile cytoplasms in rice[J]. Genes and Genetic System, 2006, 58(16): 607-611.

[118] YOUNG J, VIRMANI S S, KHUSH G S. Cytogenic relationship among cytoplasmic-genetic male sterile, maintainer and restorer lines of rice[J]. Philip J Crop Sci, 1983, 8: 119-124.

[119] ZHANG Q F, SHEN B Z, DAI X K, et al. Using bulked extremes and recessive class to map genes for photoperiiod-sensitive genic male sterility in rice[J]. Proc Natl Acad Sci USA, 1994, 91(18): 8675-8683.

[120] ZHANG ZIGUO, ZENG HANLAI, YANG JING. Identifying and evaluating photoperiod sensitive genic male sterile (PGMS) lines in China[J]. IRRN, 1993, 18 (4): 7-9.

第三章

水稻雄性不育系的选育

第一节　细胞质雄性不育资源

1.1　获得细胞质雄性不育材料的途径

获得细胞质雄性不育原始材料是培育细胞质雄性不育系的前提，其途径主要有自然突变、远缘杂交、籼粳杂交和不同生态类型品种间杂交。

1.1.1　自然突变

1970 年，李必湖、冯克珊在海南岛崖县的普通野生稻群落中找到花粉败育型自然突变材料。其株型匍匐，分蘖能力很强，叶片窄，茎秆细，谷粒瘦小，芒长而红，极易落粒，叶鞘和稃尖紫色，柱头发达外露，花药瘦小，不开裂，淡黄色，内含畸形败育花粉，对光照长度反应敏感，为典型的短日照植物。我国目前大面积应用的野败型不育系就来自该普通野生稻雄性不育突变株。

1.1.2　远缘杂交

1969 年，美国加州大学的 J. R. Ericson 用"非洲光身稻"作母本，分别与美国加利福尼亚州的普通栽培稻的三个粳稻品种 Caloro、Calrosa、Colusa 杂交，子一代、回交一代、回交二代的不育率均为 100%。1972 年，印度的斯瓦明纳坦曾用西非光身栽培稻萨科提拉 55 作母本，与普通栽培稻中的籼稻品种 AC5636 杂交，回交一代自交结实率只有 0.25%。我国湖北省杂交水稻协作组也于

1975年用非洲光身栽培稻丹博托作母本与湖北早籼稻品种华矮15杂交，经连续回交后，也获得了光身稻华矮15不育材料。用光身栽培稻作母本，普通栽培稻作父本杂交，比较容易在后代中获得雄性不育株，而且恢复基因也可以从母本核内基因中找到。

1958年，日本东北大学的胜尾清在中国红芒野生稻/藤坂5号（日本粳稻）的杂种后代中获得了雄性不育株，并进而培育成了具有中国红芒野生稻细胞质的藤坂5号不育系。我国的许多研究单位利用各种生态类型的普通野生稻和普通栽培稻杂交，培育出了具有各种野生稻细胞质的水稻雄性不育系（表3-1）。一般来说，用普通野生稻作母本，普通栽培稻作父本，比较容易获得细胞质雄性不育材料，而反交则较难获得细胞质雄性不育材料，即使有个别获得了雄性不育株，也不容易育成育性稳定的不育系。如江西萍乡市农业科学研究所（1978）用萍矮58/华南野生稻，后代中出现了无花粉型不育株，但一直未能育成育性稳定的不育系。

由于野生稻的一些特殊生物学特性，在利用其与栽培稻杂交时必须注意以下三点：一是野生稻属于感光性很强的植物，要在相应的短日照条件下才能进入生殖生长阶段。因此，将野生稻及其杂交后代中的低世代材料在长江流域及其以北地区种植或在华南地区早季种植时，都要在4叶期后适时作短日照处理，否则不能正常抽穗或延迟至晚季抽穗；二是野生稻落粒性很强，杂交后的套袋要一直套到收种；三是野生稻及其杂交后的低世代材料的种子休眠期长，而且较为顽固。如收后需要接着播种时，浸种前必须反复翻晒，或者将干燥的种子放在50℃恒温箱中连续处理72 h，以打破其休眠期。催芽时可剥去颖壳，以提高发芽率。

表3-1　我国利用普通野生稻/普通栽培稻获得的主要细胞质雄性不育材料

材料名称	杂交组合	培育单位	育成年份
广选3号A	崖城野生稻/广选3号	广西农业科学院	1975
六二A	羊栏野生稻/六二	广东肇庆农业学校	1975
京育1号A	三亚红野/京育1号	中国农业科学院作物所	1975
莲塘早A	红芒野生稻/莲塘早	武汉大学	1975
二九青A	藤桥野生稻/二九青	湖北省农业科学院	1975
金南特43A	柳州红芒野生稻/金南特43	广西农业科学院	1976
柳野珍汕97A	柳州白芒野生稻/珍汕97	湖南省农业科学院	1974
广选早A	合浦野生稻/广选早	湖南省农业科学院	1975
IR28A	田东野生稻/IR28	湖南省农业科学院	1978

1.1.3　籼粳杂交

1966 年，日本学者新城长友用印度春籼钦苏拉 - 包罗 II 作母本，与中国台湾省的粳稻品种台中 65 杂交获得了不育株，育成了 BT 型不育系。以后，国内外学者又利用籼粳杂交途径育成了一批新的不育系。

籼粳杂交能否获得雄性不育株，关键在于亲本的选择。从过去的经验来看，以低纬度的印度春籼、东南亚籼稻，我国华南的地方晚籼和低纬度高海拔的云贵高原籼作母本，与日本以及我国正在推广的粳稻品种杂交，比较容易育成细胞质雄性不育系。除了日本学者用印度春籼型钦苏拉 - 包罗 II 与台中 65 杂交育成了 BT 型不育系外，中国学者用东南亚籼稻、中国南方晚籼地方品种和云贵高原籼稻与粳稻品种杂交都获得了雄性不育系。如 IR24/ 秀岭（辽宁省农业科学院，1977），田基度 / 藤坂 5 号，井泉糯 / 南台粳（福建昭安良种场，1975），峨山大白谷 / 红帽缨（云南农业大学，1975）等。

1.1.4　地理上远距离的或不同生态类型品种间杂交

1972 年国际水稻研究所用我国台湾省籼稻台中本地 1 号作母本，与印度籼稻朋克哈里 203（pan khari 203）杂交，回交二代结实率在 3.4% 以下，并育成了朋克哈里不育系。该所还用皮泰与 D388 杂交，育成了 D388 不育系。

中国在采用地理远距离品种间杂交选育不育系方面做了大量的工作。四川农学院用原产西非的籼稻冈比亚卡（Gam biaka kokum）与中国长江流域的早籼杂交，后代中分离出不育株，育成了冈型不育系。广东省水稻杂种优势利用协作组用饶平矮 / 广二矮培育成了 228 型不育系。

湖南省农业科学院用地理远距离籼稻品种杂交，在古 Y-12/ 珍汕 97、印尼水田谷 6 号 / 坪壤 9 号、IR665/ 圭陆矮 8 号、秋谷矮 2 号 / 坪壤 9 号、秋塘早 1 号 / 玻粘矮、沙县逢门白 / 珍汕 97 等组合中均获得了不育株，并已分别育成不育系。

血缘远的不同生态型粳稻间杂交也可以获得雄性不育株。云南农业大学用古老农家高原粳昭通背子谷和现代粳稻科情 3 号杂交，并进行了反交，结果正、反交都获得了不育株。

品种间杂交，由于双亲血缘较近，获得不育株的难度较大，但只要亲本选择得当，后代中出现不育株的机会仍然不少。在方法上应注意以下几点：

（1）双亲一定要是地理远距离或不同生态型的品种，如外国种 / 中国种、东南亚种 / 中国长江流域品种、华南感光型晚籼 / 长江流域感温型早籼、云贵高原低纬度高海拔粳稻 / 北方同纬度低海拔粳稻等。有血统渊源者配组很难在后代中产生不育株。1970 年以来我国很多品种已逐渐融入东南亚、印度、泰国等一些品种的血缘，而另一些品种又可能是不同生态型品种间杂交的后代。因此，在配组时，要事先查清双亲的家系，这是能否获得不育株的关键。湖南省农业科学院在籼稻品种间杂交选育不育系时，曾利用现有籼稻品种与野败型不育系进行测交，通过测交把现有品种区分为恢复、部分恢复和保持三类，然后以恢复品种作母本，保持品种作父本进行杂交，在后代中选育不育株。由于采用了这种方法，使雄性不育株出现的组合数由随机配组时的 2% 左右提高到 11.3%。

（2）品种间杂交，杂种一代一般不出现不育株，可用原父本回交 1~2 次，然后任其自交分离，每代种植 300~500 株以上群体，逐代认真观察。只要亲本选配得当，后代中便可分离出不育株。

比较产生不育株的各种杂交类型，其中，最易产生雄性不育的是种间杂交，以下依次是籼粳交、地理远距离或不同生态型的籼籼交和粳粳交。

在各种杂交中，凡以进化程度低的亲本作母本，进化程度高的亲本作父本杂交，比较容易产生雄性不育株或部分不育株。反之，一般很难出现不育株，如表 3-2。

表 3-2　远缘杂交正反交 F_1 育性表现

类型	杂交组合	结实率 /%	反交与正交结实率比较 /%
野栽交	红芒野稻 × 莲塘早	1.7	
	莲塘早 × 红芒野稻	32.3	＋30.6
	红芒野稻 × 郑早 4 号	0.9	
	郑早 4 号 × 红芒野稻	49.3	＋48.4
	红芒野稻 × 长紫 32	3.1	
	长紫 32× 红芒野稻	40.4	＋37.3
	红芒野稻 × 意大利 B	6.0	
	意大利 B× 红芒野稻	17.2	＋11.2
	藤桥野稻 ×Ch-	21.5	
	Ch-× 藤桥野稻	51.3	＋29.8
	藤桥野稻 ×691	10.0	
	691× 藤桥野稻	50.0	＋40.0
籼籼交	冈比亚卡 × 矮脚南特	15.0	
	矮脚南特 × 冈比亚卡	71.2	＋56.2

1.2　主要细胞质雄性不育资源

1.2.1　野败

野败是海南崖城野生稻花粉败育株的简称。其主要特征为植株匍匐，分蘖力强，茎细叶窄，谷粒细长，柱头发达外露，花药瘦小呈淡黄色，花药不开裂，自交不结实。

湖南、江西等省利用野败原始株与栽培稻品种杂交和连续回交培育成野败二九南 1 号 A、V20A、珍汕 97A 等优良的不育系。这类不育系是生产上应用最广、面积最大的不育系。二九南 1 号 A 不育系选育过程见图 3-1。

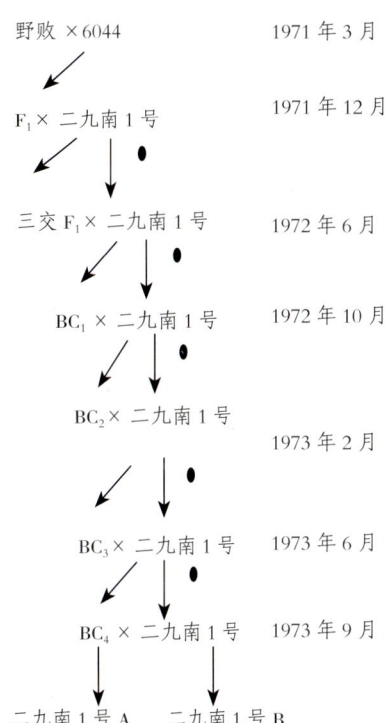

共 18 株，有育性分离，选倾栽培稻性状的全不育株杂交……

共 4 株，全不育，选 1 株性状比较倾父本的回交……

共 12 株，全不育，选 3 株性状比较倾父本的回交……

3 个株系共 65 株，全不育，其中 1 个株系在形态上已与父本相似……

20 个株系，6 177 株，全不育株率 99%，其中有 12 株系 3 500 株性状与父本基本上相同……

10 个株系 3 000 株，全不育，性状无分离，与父本一致……

野败 ×6044　　1971 年 3 月

F₁× 二九南 1 号　　1971 年 12 月

三交 F₁× 二九南 1 号　　1972 年 6 月

BC₁× 二九南 1 号　　1972 年 10 月

BC₂× 二九南 1 号　　1973 年 2 月

BC₃× 二九南 1 号　　1973 年 6 月

BC₄× 二九南 1 号　　1973 年 9 月

二九南 1 号 A　　二九南 1 号 B

图 3-1　"野败"二九南 1 号 A 不育系选育过程（引自湖南杂优组，1974）

1.2.2　矮败

1979 年安徽省广德县农业科学研究所在从江西引进的矮秆野生稻中发现 1 株雄性不育株，其株形矮、匍匐，分蘖中等，柱头外露，花药瘦小而不开裂，呈水浸状乳白色，内含畸形败育花粉，套袋自交 100% 不育，故称其为"矮败"。

1980 年该所以矮败不育株 / 竹军 // 协珍 1 号的不育株为母本与军协 / 温选青 // 矮塘早 5 号（简称协青早）测配，表现出柱头双外露率高，开花习性好，株高适中，生长清秀抗病。经过连续择优回交，于 1982 年夏季 BC_4 基本定型，并命名为矮败型协青早 A（图 3-2）。

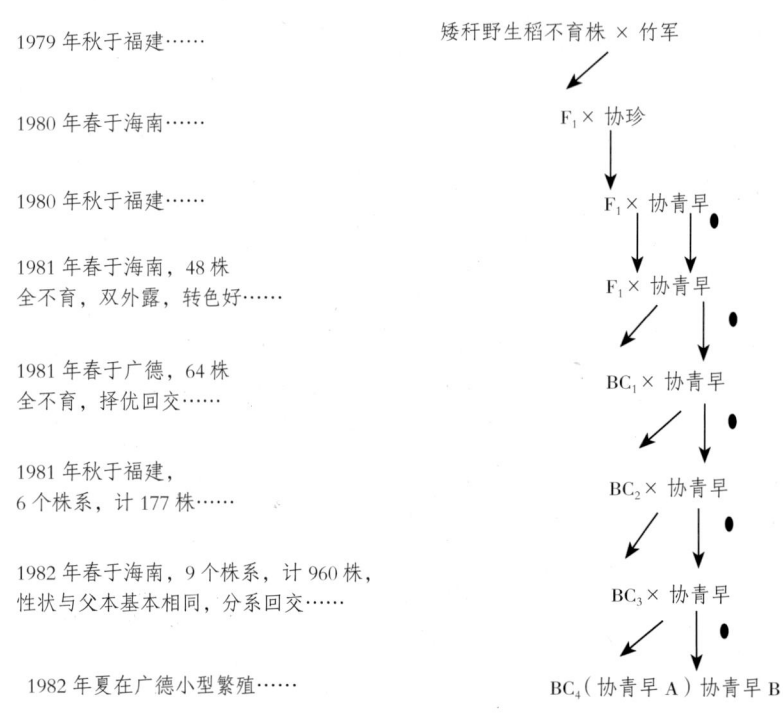

图 3-2　协青早不育系选育过程（吴让祥，1986）

1.2.3　冈型

由四川农学院水稻研究室用来自西非籼稻品种冈比亚卡与矮脚南特杂交，利用其后代分离的不育株育成的一批籼、粳型不育系，总称为冈型不育系。在不育株稳定过程中，有的采用地理远距离籼籼交，也有的采用籼粳交，由于稳定途径和保持系不同，同是利用冈比亚卡细胞质，所转育的不育系在花粉败育时期上有差别，如朝阳 1 号 A 属于典败，青小金早 A 属于染败（图 3-3）。

1.2.4　D 型

1972 年四川农业大学从 Dissi　D52/37// 矮脚南特 F_7 的一个早熟株系中发现一株不育株，当年用籼稻品种意大利 B 等测交，发现意大利 B 具有保持作用，随后又用珍汕 97 一选株与之杂交和连续回交转育成 D 汕 A 不育系。

随后又以 D 汕 A 为母本与 [（蜀丰 1 号 / 盘锦）F_7/ 珍汕]/ 繁 4 的后代杂交，接着连续回交，到 1985 年性状稳定，定名为 D297A（图 3-4）。

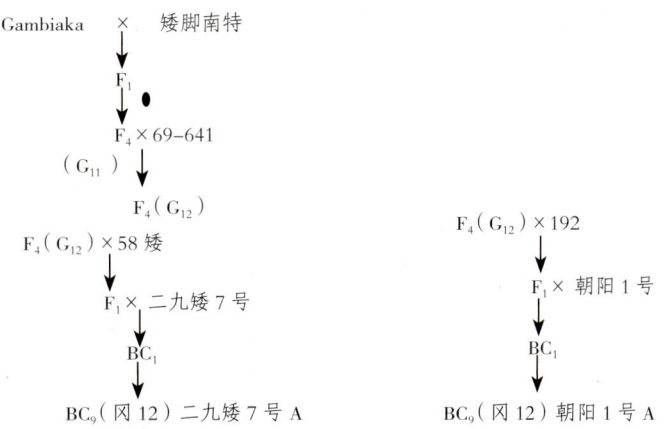

图 3-3　冈型不育系各类的选育途径（四川农学院，1978）

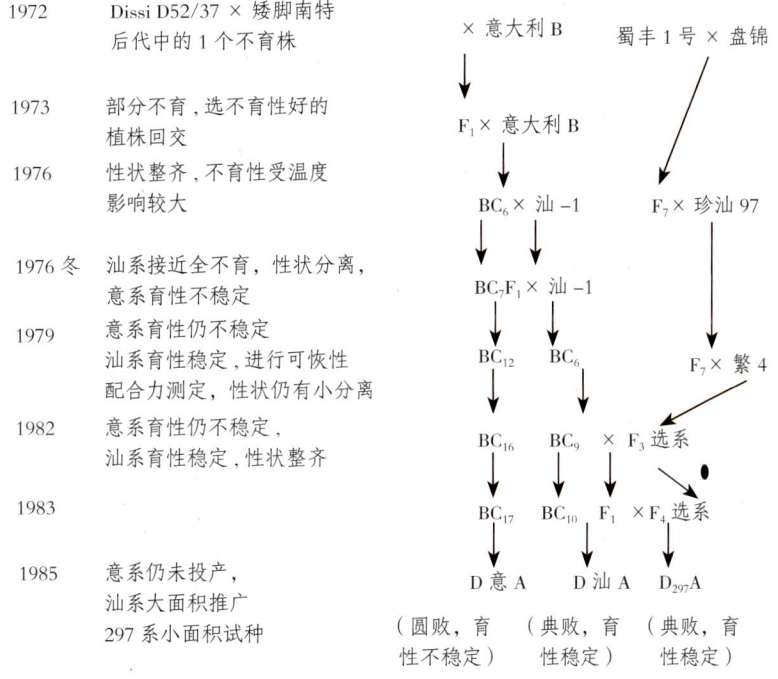

图 3-4　D 型不育系的选育经过（黎汉云等，1988）

1.2.5　红莲型

由武汉大学遗传室用红芒野生稻为母本、早籼莲塘早为父本杂交选育而成。1974 年稳定并定名为红莲 A（图 3-5）。随后经转育的同型不育系有华矮 15A、泰引 1 号 A 等。红莲型不育系花粉发育大多在双核期败育，以圆败花粉为主，经碘-碘化钾染色，有少量染色花粉。

红莲型不育系的恢复谱比"野败"广，长江流域早、中稻品种大部分对其能恢复，且大部分组合 F_2 无育性分离，表明该不育系属配子体不育类型。红莲型不育系至今未找到强恢复系，而且 F_1 结实率对环境反应敏感，因此，一直未能大面积应用于生产。

1.2.6 BT型

BT型不育系是粳型不育系中较重要的一类，在我国较早得到应用。这一类型的不育系最初由日本的新城长友等于1966年选育成功。1972年9月，中国农业科学院从日本引进台中65A，保持系台中65和TB-2以及恢复系BT-A和TB-X。1973年开始，我国许多科研机构利用台中65A进行杂交转育，先后育成大批BT型不育系。据不完全统计，1973—1988年全国以BT型细胞质转育的不育系达100个以上。比较有代表性的有湖南省农业科学院的黎明A，中国农业科学院的京引66A，浙江的农虎26A，安徽的当选晚2号A和江苏的六千辛A等。

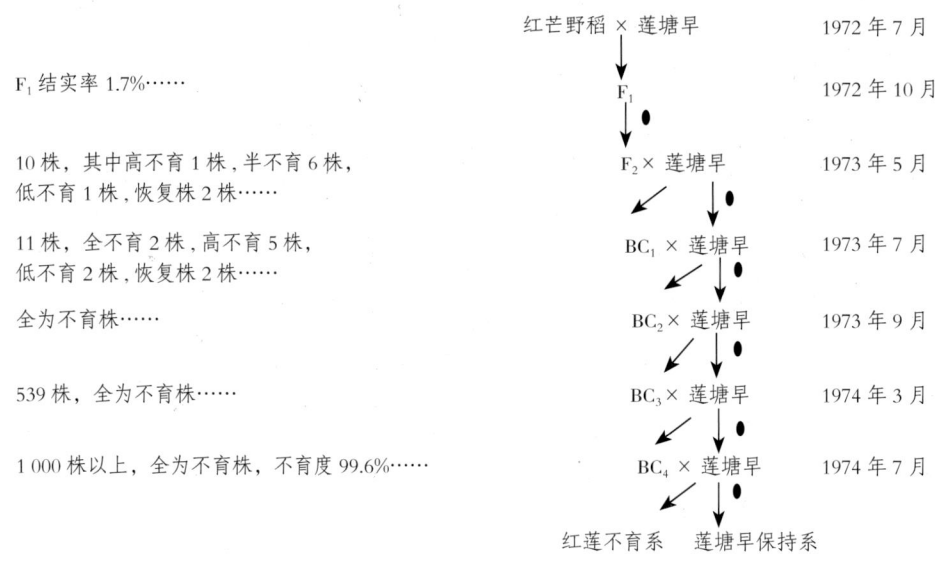

图3-5 红莲型不育系选育过程（武汉大学，1974）

BT型不育系属于配子体不育类型，花粉能被I-KI液染色，一般不裂药散粉，高温时部分散粉，但自交率一般都在0.01%以下。不育系不包颈，开花习性好，异交率高。如农虎26A制种产量可达3 000～3 750 kg/hm²。

1.2.7 滇一、滇三型

云南农业大学李铮友等（1965）在台北8号品种中发现雄性不育株，后用红帽缨等品种测交，保持不育，然后继续回交育成滇一型不育系。经杂交验证，滇一型不育系由高海拔籼稻与低海拔粳稻杂交产生。因此，李铮友等以峨山大白谷为母本与科情 3 号杂交，然后再用红帽缨杂交，经多代选择和回交育成滇三型不育系。云南农业大学还利用粳稻细胞质培育成滇二、四、六、八型不育系。1970 年以后，各地从云南引进滇一型不育系，先后转育出一批适应当地条件的新不育系。主要有辽宁省农业科学院的丰锦 A 和浙江省台州地区农业科学研究所的 76-27A。

1.2.8　印尼水田谷型

由湖南省农业科学院用印尼水田谷 6 号作母本与平壤 5 号等杂交并回交育成平壤 9 号不育系（图 3-6）。以该不育系为基础，转育了一批新不育系。目前生产上应用面积较大的主要是 Ⅱ -32A 和优 IA。

1.3　细胞质雄性不育性的遗传

目前生产上应用的野败型、矮败型、冈型、D 型、印尼水田谷型等籼稻不育系均属孢子体不育类型。关于其雄性不育性的遗传有一对隐性基因、两对隐性基因和多基因控制等说法。粳稻不育系 BT 型、滇一型及籼稻红莲型都属于配子体不育类型；其不育性均受一对隐性基因控制，同时存在若干对微效基因修饰。

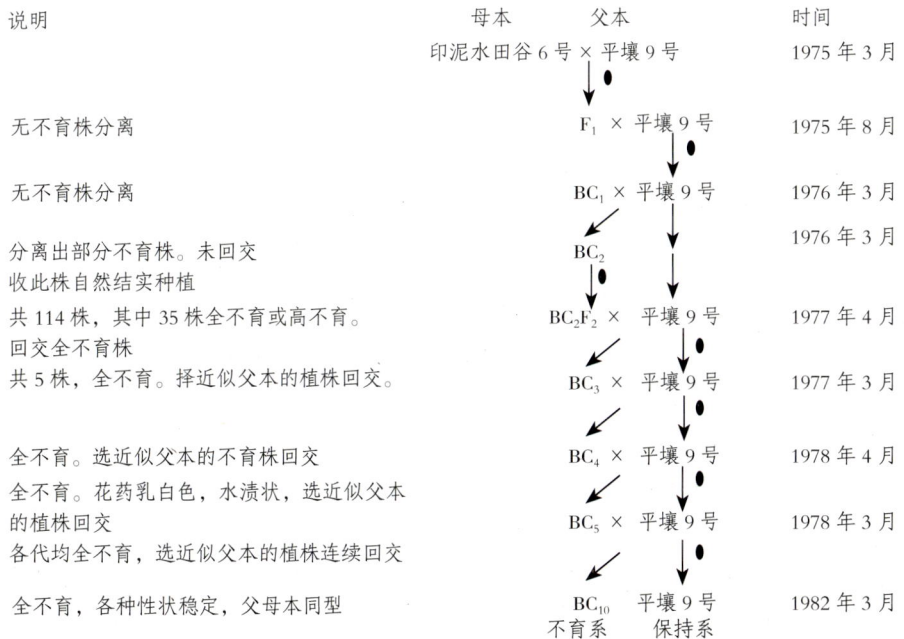

说明	母本	父本	时间
	印泥水田谷 6 号 × 平壤 9 号		1975 年 3 月
无不育株分离	F₁ × 平壤 9 号		1975 年 8 月
无不育株分离	BC₁ × 平壤 9 号		1976 年 3 月
分离出部分不育株。未回交	BC₂		1976 年 3 月
收此株自然结实种植			
共 114 株，其中 35 株全不育或高不育。	BC₂F₂ × 平壤 9 号		1977 年 4 月
回交全不育株			
共 5 株，全不育。择近似父本的植株回交。	BC₃ × 平壤 9 号		1977 年 3 月
全不育。选近似父本的不育株回交	BC₄ × 平壤 9 号		1978 年 4 月
全不育。花药乳白色，水渍状，选近似父本的植株回交	BC₅ × 平壤 9 号		1978 年 3 月
各代均全不育，选近似父本的植株连续回交			
全不育，各种性状稳定，父母本同型	BC₁₀ 不育系	平壤 9 号 保持系	1982 年 3 月

图 3-6　印尼水田谷 6 号与平壤 9 号不育系选育示意图

细胞质雄性不育性还受环境，特别是温度的影响。野败原始单株在气温连续几天超过30℃后，就有少部分花药形成少量正常花粉，并开裂散粉自交结实。郑秀萍等在不同光温条件下观察了龙特甫 A 的育性表现，发现温度和日照时长与龙特甫 A 的可染花粉率呈负相关，即温度越高，日照时间越长，可染花粉率就越高，也就是不育系的育性就越差。部分红莲型和印尼水田谷型不育系也存在类似的情况。

第二节　细胞质雄性不育系的选育

2.1　选育细胞质雄性不育系的标准

一个优良不育系必须具备以下几个条件：

（1）不育性稳定。不育系的不育性，不因保持系多代回交而育性恢复；也不因环境条件的变化，如气温的升降等，而使不育性发生变化。

（2）可恢复性好。是指它的恢复品种多、亲和力强；用它配制的杂种结实率高而稳定。在环境条件变化的情况下，不会由于母本方面的原因而降低结实率。

（3）开花习性好、花器发达、异交结实率高。开花习性好是指开花早而集中，张颖角度大，开颖时间长，无闭颖或只有很少闭颖现象。花器发达是指柱头长大适度，外露率高，外露柱头生活时间长。矮秆或半矮秆株型（一般株高应略低于恢复系），分蘖力强，剑叶窄短，有利于花粉的传播。

（4）配合力好，容易组配出强优组合。这就要求不育系必须有优良的丰产株叶形态和相应的生理基础。并在一些主要的优良经济性状方面与恢复系能够互补。杂种优势的强弱，与父、母本的遗传距离和血缘的远近有关。适当地加大不育系和恢复系之间在主要性状上的遗传差异，避免在不育系中导入恢复系血缘，是一个优良不育系具备好的配合力的重要条件。

（5）米质好。一个优良的不育系必须具有良好的米质，外观透明，无垩白（包括无心白、腹白、背白），出糙率、精米率、整精米率高。蒸煮品质好、米饭松软可口，食味好。

（6）抗性强。对当地的主要病虫害表现多抗，至少抗其中最主要的一两种病虫害。

2.2　细胞质雄性不育系的转育

为了不断提高杂交水稻产量和品质、杂种的制种产量，对已在生产上利用的水稻不育系必须不断地改进和提高。同时水稻种植的范围很广，也必须有适应各种生态环境、耕作制度的多种多样的不育系。通过已育成的不育系进行转育是培育新不育系最快捷、最省事的有效办法。目前我国生产上使用面积较大的几个主要类型的不育系，如野败型、BT型、冈型等，都以转育法选育出了众多的同质不育系。转育方法分两步。

第一步是测交。用已选取定作保持系的品种作父本与不育系杂交，观察 F_1、BC_1 以及 BC_2 的育性表现。F_1 必须是全不育的，上、中、下部的颖花都要认真检查。由孢子体不育型籼稻不育系转籼型不育系，应注重植株外形比较。若 F_1 包颈，穗上各部颖花内花药退化形态与原母本相似，镜检花粉无染色者，则由这个品种转育成新不育系的可能性很大；若 F_1 包颈消失或包颈变得很轻，下部颖花中有肥胖的花药，并有部分染色花粉粒，则由此品种转育成新不育系的成功率很小，一般回交 1~2 代自交结实率就会提高，或始终有部分自交结实。有的籼转籼 F_1 包颈完全消失，所有花药全部是微黄色，但都变得很瘦小、成棒状、不裂药散粉，因而全不育。针对这种情况必须继续观察 BC_1 乃至 BC_2 的表现。如在这两代出现部分散粉自交结实，表明不能转育成功。用粳稻或籼粳杂交后代作保持品种进行转育，若 F_1、BC_1 以至以后几代都呈现瘦棒状花药、全不育，即有可能育成配子体不育类型新不育系。对于染败型的配子体不育粳型不育系的转育，重点的育性检验手段应放在不育株自交结实试验上。

第二步是择优回交。经测交证明有希望转育成功的组合，就要以父本逐代连续回交进行核置换，尽快让母本达到与父本同型，育成各种性状稳定的不育系。所谓择优回交，就是在不育株率和不育度高的组合中选择优良性状多、开花习性良好的单株成对回交。程序是先选组合，再在中选组合中选优良株系，然后在中选株系中选最优单株。在回交过程中，若不育株逐渐表现闭颖严重、开花不准时、不集中、张颖角度小等不育性状，表明此材料无生产利用价值，应予舍弃。

按理论计算，一般回交到 BC_2，母源核物质被完全置换的概率是 0.015 6。也就是说，若 BC_2 能达到 300~400 株的群体，在其中将会找到 5~6 株与父本完全同型的回交后代。回交这些单株，BC_3 就可完成转育过程，形成稳定的新不育系。若 BC_2 达到 300~400 株的群体有困难，那么到 BC_3 时只要达到 50~100 株的群体也会找到 5~10 株被完全核置换的单株（概率 0.125 0）。由于 BC_3 中被完全核置换的概率较高，有经验的育种工作者一般在 BC_4 就可以转育成新的不育系。为使更加快捷、准确，一般从 BC_2 到 BC_3 每个组合应维持 5~10 个回交株系。在 BC_3 对所有株系进行各种性状的全面鉴定。选择最优株系扩大 BC_4 群体。一般要求达 1 000 株以上，对育性和核置换程度进行鉴定。确实已转育成功的即可投入生产试验。

对于某些重点优良材料，有希望育成不育系的，为了缩短育成时间，可在其还处于低世代分离阶段就开始测交转育，然后对测交后代和父本进行同步选择、稳定。但这就要求父本和子代都保持较大的群体，而且要增多回交父本株系，否则难以达到选育目标。父本在低世代各株系应保持的群体大小，可视父本材料的分离情况而定。分离大的群体应适当增大，随着世代增高，符合育种目标的单株分离得越来越多，就可迅速缩小群体和舍弃较差的株系。在这种同步稳定中，因为回交子代外形随父本的逐代变化而变化，因而回交子代在早期世代不需要维持多大群体。而到父本基本稳定时，就要将母本群体扩大，用以鉴定育性及其他性状是否与父本基本同型等。若已符合育种目标，就表明新不育系和保持系已同时育成。

保持系和不育系同步稳定转育难度较大，从亲本的选择到各世代材料的取舍，都要求有较强的预见性、周密的计划和正确的工作方法，否则会事倍功半或劳而无功。对于那些用性状差异很大的亲本杂交选育保持系的低世代材料，由于它们会在相当多的世代中出现严重分离，一般不宜进行同步稳定转育。

2.3 细胞质雄性不育保持系的选育

2.3.1 亲本选配

在亲本选配上除了要注意与恢复系亲缘关系远、配合力好、抗性强、米质优良外，还要注意异交习性好，亲本之一必须保持性能强。雷捷成等（1989）选用强保持系 V41B 和珍汕 97B 与含有微效恢复基因的兰贝利和谷农 13 以及恢复系 IR24 杂交，在其后代中都选择到了保持系（表 3-3），说明只要亲本之一是强保持系，在与其他品种杂交的后代中就都能选择到保持系。但迄今为止，尚没有用非保持系杂交选择到了保持系的报道。

表 3-3　不同配组方式后代经选择后保持株系的花粉育性（雷捷成等，1989）

单位：%

组合	世代		黑染	灰染	褐灰	黄灰	圆败	典败
V41A×（兰贝利 × 珍汕 97B）	F_2	F_1	0.25	0	0.50	6.30	7.90	85.05
	F_3	B_1F_1	0.80	0	0	6.10	6.10	86.80
	F_4	B_2F_1	0	0	0	0	46.50	53.40
	F_5	B_3F_1	0	0	0	0.55	8.95	89.60
	F_6	B_4F_1	0	0	0	0.90	10.55	88.55
	F_7	B_5F_1	0	0	0	0	0.80	99.20
	F_8	B_6F_1	0	0	0	0	1.70	98.30

续表

组合		世代	黑染	灰染	褐灰	黄灰	圆败	典败
V41A× （V41B×谷农 13）	F_2	F_1	0	0	0	4.00	6.40	89.60
	F_3	B_1F_1	0	0	0	3.20	11.80	85.00
	F_4	B_2F_1	0	0	0	5.90	11.70	82.50
	F_5	B_3F_1	0	0	0	1.56	23.75	74.69
	F_6	B_4F_1	0	0	0	2.31	9.46	88.23
	F_7	B_5F_1	0	0	0	1.70	12.50	85.80
	F_8	B_6F_1	0	0	0	0	1.20	98.80
	F_9	B_7F_1	0	0	0	0	3.20	96.80
V41A× （V41B×IR24）	F_2	F_1	0.10	0	0	20.00	13.80	66.10
	F_3	B_1F_1	3.70	1.60	5.30	6.60	14.70	68.60
	F_4	B_2F_1	0	0	0	0	10.80	89.20
	F_5	B_3F_1	0	0	0	0.10	34.50	65.20
	F_6	B_4F_1	0	0	1.05	11.60	5.50	80.90
	F_7	B_5F_1	0	0	0.02	0.86	6.76	92.36
	F_8	B_6F_1	0	0	0	5.678	11.56	82.77
	F_9	B_7F_1	0	0	0.10	3.35	4.00	94.05

2.3.2　选育方法

2.3.2.1　杂交选育　杂交选育就是利用现有的保持系与一个或几个优良亲本杂交，于其后代中选择新的保持系。依据杂交方式，可以分为单交和复交两种类型。用单交选育的保持系如新香 B。新香 B 由 V20B 和香 2B 经异交选育而成。香 2B 品质优良，但保持性能差，所转育的不育系香 2A 育性不稳定，难以在生产上应用。用保持性能很好的 V20B 与香 2B 杂交，于其后代中选择的新香 B，不仅品质优良，而且保持性能也良好（图 3-7）。用复交方式的如 T55B 的选育。龙特甫 A 配合力强，异交率高，但也是育性不稳定。福建农业大学作物遗传育种研究所用珍汕 97B、地谷 B 和龙特甫 B 进行复交，经过 10 代的选育（图 3-8）育成 T55B，并形成了相应的不育系 T55A。该不育系不仅保持了龙特甫 A 的配合力强、异交率高的优点，而且育性很稳定（表 3-4）。

年　份	地　点	选育世代	说　　明
1990 年秋	广　西	V20B × 湘香 2 号 B	
1990 年冬	海　南		
1991 年春		F_1	
1991 年夏	湖　南	F_2	选米质好且具有香味的优良单株
1991 年秋	湖　南	V20A × F_3	选择具有香味的优良单株与 V20 测交选保
1991 年冬	海　南	$F_1 × F_4$	从保持株行中选择保持能力好且具有香味的优良单株与完全不育的优良单株成对回交
1992 年春	海　南	$B_1F_1 × F_5$	择优回交
1992 年夏	湖　南	$B_2F_1 × F_6$	择优回交
1992 年秋	广　西	$B_3F_1 × F_7$	重点选择两优优良株系进行回交扩大种子量
1992 秋至1993 年春	海　南	$B_4F_1 × F_8$	进行不育系繁殖,扩大群体
1993 年夏	湖　南	$B_5F_1 × F_9$	进行不育系繁殖,扩大群体
1993 年秋	广　西	$B_6F_1 × F_{10}$ 新香 A　　新香 B	进行不育系繁殖,扩大群体

图 3-7　新香 B 的选育过程

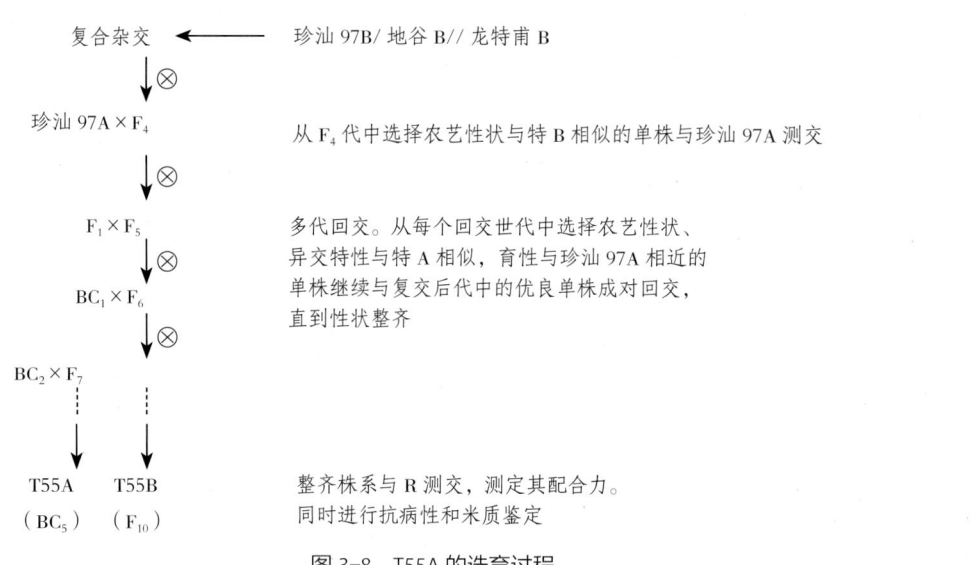

图 3-8　T55A 的选育过程

表 3-4　T55A 和特 A 等不育系的花粉可染率（1997）

单位: %

福州点	8月22日	8月27日	9月3日	9月9日	9月15日	9月21日	9月25日	9月30日	10月5日
V20A	0.1	0	1.0	0	0	0.1	2.0	0	0
珍汕 97A	2.1	0.2	0.1	0.4	1.4	0.8	0.3	0.1	0
特 A	5.3	30.6	1.6	0	1.1	0	11.7	11.6	0.1
T55A	0	0	0	0	0	0	0.5	0	0

龙海点	10月5日	10月7日	10月9日	10月11日	10月13日	10月15日	10月17日
V20A	0.3	0.2	0	0	0	0	0
珍汕 97A	0	0.1	0.5	0.1	6.0	1.0	4.0
特 A	40.0	10.0	3.0	0.5	8.0	5.0	5.0
T55A	0	0.1	0.1	0	0	0	0

2.3.2.2　回交转育　回交转育是指用一个具有某一优良特性的非轮回亲本与需要改良该特性的优良保持系（轮回亲本）杂交并回交，以改良轮回亲本的某一性状的选育方法。一般用于改良保持系的抗性，如浙江省丽水地区农业科学研究所用抗稻瘟病的辐芭矮 22、浙丽 1 号、丽晚 1 号等作非轮回亲本，珍汕 97B 作轮回亲本，经回交育成了丽珍 A 和辐珍 A，其对稻瘟病的抗性较珍汕 97A 有非常显著的改善（表 3-5）。

表 3-5　新选育不育系对稻瘟病菌不同生理小种的抗性反应

不育系	小 种 及 反 应																										反应型 /%		
	A_{47}	A_{61}	B_1	B_3	B_5	B_9	B_{11}	B_{13}	B_{15}	B_{17}	B_{29}	C_3	C_5	C_7	C_9	C_{15}	D_1	D_3	E_1	F_1	G_1						R	M	S
丽珍 A	M	M	S	M	M	M	M	M	R	R	M	R	R	R	M	M	R	R	R	R	R						42.9	52.4	4.7
辐珍 A	M	M	S	M	M	R	M	M	M	M	R	R	R	R	M	M	R	R	R	R	R						52.4	42.9	4.7
珍汕 97A（CK）	M	S	S	S	S	S	S	S	S	S	S	M	M	S	S	S	M	M	R	R	R						14.3	33.3	52.4

第三节　光温敏核不育资源

3.1　获得光温敏核不育材料的途径

获得光温敏核不育材料的可能途径有三: 自然突变、远缘杂交和人工诱变。

114

3.1.1 自然突变

我国发现的农垦58S、安农S-1和5460S都是自然条件下发生的光温敏核不育突变。1973年10月上旬，石明松在一季晚粳农垦58大田中找到了三株雄性不育株，经研究发现，这种材料具有长日高积温条件下不育、短日低积温条件下可育的特性，可一系两用。1985年正式命名为"湖北光周期敏感雄性核不育水稻"（Hubei Photoperiod Sensitive Genic Male-sterile Rice，HPGMR）。1987年，邓华凤在超40B/H285//6209-3的F_5株系中发现了一株自然温敏雄性不育突变体，定名为"安农S-1"，该材料在高温条件下表现为雄性不育，在低温条件下表现为雄性可育。除农垦58S和安农S-1外，福建农学院从恢复系5460中也发现了一株自然温敏雄性不育突变体，被定名为5460S。

3.1.2 远缘杂交

远缘杂交后代会出现疯狂分离，在雄性育性方面也是如此。如周庭波等用长芒野生稻作材料与R0183杂交，然后再与测64杂交，于F_2中选育出两个光温敏核不育材料，衡农S-1和87N-123-R26。这两个材料的光温反应特性恰好相反。衡农S-1在高温长日照条件下表现为雄性不育，在低温短日照条件下表现为雄性可育；87N-123-R26则在高温长日照条件下表现为可育，而在低温短日照条件下表现为不育。另外，有些地理远缘的品种间杂交，也可能会出现光温敏核不育材料，如日本人用埃及稻与日本稻杂交选育出的X88，在抽穗前10~25 d，即颖花分化至花粉母细胞形成期，日照时间长于13.75 h诱导不育，短于13.5 h诱导可育。

3.1.3 人工诱变

辐射诱变是产生光温敏核不育材料的途径之一。如日本农研中心在经2万伦琴γ射线辐射处理的黎明的后代中发现的H89-1，经日本和IRRI观察研究，在31℃/24℃下，表现为全不育；28℃/21℃下表现为半不育；25℃/18℃下表现为正常可育。S.S.Virmani等也用辐射手段获得了温敏雄性不育突变体IR32464-20-1-3-2B，该材料在32℃/24℃条件下表现为雄性不育；在27℃/21℃和24℃/18℃条件下表现为半不育。除辐射诱变外，化学诱变也可以产生光温敏雄性不育突变。如美国的N.J.Rutgar等发现的MT，即由美国品种M201经乙基甲烷磺酸处理后获得。现有试验结果显示，该材料育性转换受光周期控制，但并未排除温度和其他因子的影响。

3.2 光敏型核不育水稻育性转换与温光的关系

3.2.1 诱导育性转换的光周期敏感期

光照诱导光敏核不育水稻育性转换的敏感发育时期为幼穗分化的第二次枝梗及颖花原基分化期到花粉母细胞形成期。自然长日照条件下，对农垦58S作短日照诱导幼穗发育以后，于幼穗发育的不同时期给予9 h短日照处理，凡是第二次枝梗及颖花原基分化期至花粉母细胞形成期处于9 h短日照条件下的处理（处理1、2、3、4、5、18），套袋结实率都比较高；凡是第二次枝梗及颖花原基分化期到花粉母细胞形成期都处于自然长日照条件下的处理（处理12、14、15、19），均表现为全不育（表3-6）。短日照条件下，在幼穗发育的不同时期进行15 h长日照处理，凡是包含了第二次枝梗及颖花原基分化期至花粉母细胞形成期的处理都表现为不育；凡是第二次枝梗及颖花原基分化期至花粉母细胞形成期处于自然短日照条件下的处理，套袋结实率都较高。

表 3-6 不育季节不同发育时期光照长度对农垦 58S 育性转换的影响（元生朝等，1988）

处理代号	不同光照处理时期								抽穗期（月／日）	结实率 /%
	I	II	III	IV	V	VI	VII	VIII		
1	S	S	S	S	S	S	S	S	7/7	30.62
2	S	S	S	S	S	S	L	L	7/7	33.18
3	S	L	S	S	S	S	S	S	7/8	28.41
4	S	L	S	S	S	S	L	L	7/8	33.18
5	S	L	S	S	S	L	L	L	7/8	31.61
6	S	L	S	S	L	S	L	L	7/8	9.51
7	S	L	S	S	L	L	L	L	7/10	2.53
8	S	L	L	S	S	S	S	S	7/10	25.36
9	S	L	L	S	S	S	S	S	7/10	16.59
10	S	L	L	S	S	S	L	L	7/9	18.46
11	S	L	L	S	S	L	L	L	7/9	20.13
12	S	L	L	L	L	L	L	L	7/12	0.00
13	S	S	S	L	S	S	L	L	7/8	19.51
14	S	S	L	L	L	S	S	S	7/12	0.00
15	S	S	L	L	L	L	L	L	7/11	0.00

续表

处理代号	不同光照处理时期								抽穗期（月/日）	结实率/%
	I	II	III	IV	V	VI	VII	VIII		
16	S	S	S	S	L	S	L	L	7/9	7.85
17	S	S	S	S	L	L	L	L	7/9	2.85
18	S	S	S	S	S	L	L	L	7/8	53.84
19	L	L	L	L	L	L	L	L	7/5	0.00

注：①I.12叶期至苞原基分化期；II.第一次枝梗原基分化期；III.第二次枝梗及颖花原基分化期；IV.雌雄蕊分化期；V.花粉母细胞形成期；VI.花粉母细胞减数分裂期；VII.花粉内容充实期；VIII.抽穗期。
②L为自然长日照（13：58'~14：04'）；S为每日9 h短日照处理。

雌蕊形成期至花粉母细胞形成期为光照诱导光敏核不育水稻育性转换的最敏感期。从表3-6可以看出，如果9 h的短日照处理包含了雌雄蕊形成期到花粉母细胞形成期（处理8、9、10、11、13），农垦58S的结实率都在16%以上；如果9 h短日照处理仅仅包含了第二次枝梗及颖花原基分化期到雌雄蕊形成期（6、7、16、17），农垦58S结实率则低于10%。

3.2.2 诱导育性转换的光照条件

在自然条件下，包括曙暮光的长度，诱导光敏核不育水稻育性转换的临界光照长度在13.5~14 h之间。

石明松等（1987）在湖北仙桃市（30°10′N）观察，农垦58S在自然日照为13.75 h的条件下，就表现为完全不育；在13.53 h时转为可育。李丁民等（1992）在广西南宁（22°35′N）观察，自然条件下早季诱导农垦58S转为不育的临界光长为13.87 h左右，晚季为13.57 h左右。杨振玉等（1989）在辽宁沈阳（42°N）观察，自然条件下农垦58S等粳型光敏核不育系育性转换的临界光长区域在13.5~14 h之间。张自国等（1987）在人工控制光照长度的条件下研究表明，农垦58S在每日光照长度长于14 h的条件下，表现为高度不育或全不育，不育度达98.34%~100%；在每日光照长度短于13.75 h时，结实率随光照长度缩短而逐渐提高（表3-7）。

表 3-7　不同光照长度对光敏核不育水稻育性的影响（张自国等，1987）

处理代号	第一次枝梗原基分化期至减数分裂期每日光照时数	农垦 58S		鄂宜 105S	
		抽穗期 /（月 / 日）	结实率 /%	抽穗期 /（月 / 日）	结实率 /%
1	13：00	6/24	71.00	6/23	64.34
2	13：15	6/24	56.25	6/24	44.58
3	13：30	6/25	26.40	6/24	18.35
4	13：45	6/25	7.17	6/25	5.11
5	14：00	6/25	0.77	6/25	0.37
6	14：15	6/26	0.57	6/26	0.00
7	14：30	6/27	1.66	6/26	0.00
8	15：00	6/27	0.99	6/27	0.79

　　光照诱导光敏核不育水稻育性转换并不是间断性的飞跃，即并非当光照长度长于某一临界光照长度时，就表现为完全不育，或当光照长度短于一临界光照长度时，就表现为完全可育；而是存在一个连续的转变过程，即在一定的光照长度范围内，随着光照长度延长，不育系逐步走向败育，具有一定的数量变化特征。据此，薛光行等（1990）提出了"诱导临界日长"和"败育临界日长"的概念。"诱导临界日长"是指诱导光敏核不育水稻开始败育的日照长度；"败育临界日长"是指诱导光敏核不育水稻完全败育的日照长度。在北京自然条件下，光敏核不育水稻鄂宜 105S 的诱导临界日长为 13.42 h，其败育临界日长则为 14.33 h。

　　在光周期诱导光敏核不育水稻育性转换中，对光照强度有一定的要求。一般照度为 50 lx 以上的光照即对育性转换有明显的诱导效应，但临界光强与温度也存在一定的互补作用。

3.2.3　诱导育性转换的温度条件

　　光敏核不育水稻的育性转换除了受光照长度控制外，还受温度的影响。贺浩华等（1987、1991）用农垦 58S 和双 8-2S 作材料，在人工气候箱将温度分为低温、中温、高温三档，发现双 8-2S 在低温和中温条件下，长日照不能诱导不育，在高温条件下，14 h 长日照可以诱导不育。农垦 58S 在低温条件下，长日照不能诱导不育；而在中温和高温条件下，13.75 h 以上的长日照可以诱导不育（表 3-8）。邓启云等 1991 年采用分蘖拨蔸的办法将每株材料一掰为四，分别置于长光低温、短光低温、长光高温和短光高温四种条件下观察，发现在低温条件下长光照不能诱导 7001S 等光敏核不育系花粉完全不育，在高温条件下短光照并不能诱导较高的自交结实率（表 3-9）。

表 3-8　温度对光照诱导光敏核不育系育性转换的影响（贺浩华等，1991）

光照（时：分）	温度处理	花粉不育度 /%		自交结实率 /%		抽穗期 /（月 / 日）	
		双 8-2S	农垦 58S	双 8-2S	农垦 58S	双 8-2S	农垦 58S
12：45	高温	29.5±6.7	35.7±5.1	1.2±0.4	–	8/16	8/16
	低温	–	–	9.7±3.5	2.2±3.1	6/20	6/23
13：00	中温	–	–	53.5±7.9	29.5±9.8	6/15	6/19
	高温	31.5±14.1	61.6±14.4	0.6±0.0	14.5±0.0	8/18	8/16
13：15	中温	–	–	54.3±9.8	7.1±1.3	6/15	6/19
	高温	30.5±11.6	36.7±7.8	0.4±0.6	1.7±2.7	8/16	8/16
13：30	中温	–	–	52.4±11.1	3.9±0.7	6/16	6/20
	高温	50.4±9.6	95.9±1.6	0.1±0.2	0.2±0.5	8/18	8/16
13：45	中温	–	–	29.5±6.6	0.0±0.0	6/17	6/21
	高温	54.5±12.9	100.0±0.0	0.0±0.0	0.0±0.0	8/19	8/18
14：00	低温	–	–	6.9±1.9	4.2±2.3	6/20	6/24
	中温	–	–	39.9±8.5	0.0±0.0	6/17	6/21
	高温	99.4±1.2	96.7±1.3	0.0±0.0	0.0±0.0	8/21	8/20
14：15	中温	–	–	22.1±1.2	0.0±0.0	6/17	6/23
	高温	100.0±0.0	99.1±1.2	0.0±0.0	0.0±0.0	8/23	8/23
14：30	中温	–	–	16.4±7.8	0.0±0.0	6/17	6/23
	高温	100.0±0.0	100.0±0.0	0.0±0.0	0.0±0.0	8/25	8/25
15：00	低温	–	–	1.5±0.8	5.5±2.7	6/21	6/24
	中温	–	–	29.73.3	0.0±0.0	6/18	6/26

注：上述低温、中温和高温的昼 / 夜温度设置分别为 22℃～25℃/15℃～18℃、28℃～30℃/20℃～22℃、33℃～35℃/25℃～28℃。

表 3-9　光敏核不育系在不同光温条件下的育性表现（邓启云等，1991）

材料	花粉深染率 /%				自交结实率 /%			
	Ⅰ	Ⅱ	Ⅲ	Ⅳ	Ⅰ	Ⅱ	Ⅲ	Ⅳ
7001S	1.3	35.8	0.2	14.4	0.0	6.4	0.1	4.7
8902S	9.8	10.2	3.1	0.7	2.9	10.2	3.3	4.7
1147S	20.2	20.4	2.4	2.1	7.5	0.1	0.6	1.2
培矮 64S	11.2	11.5	0.1	0.0	0.0	0.0	0.0	0.0

注：处理Ⅰ、Ⅱ、Ⅲ、Ⅳ分别为长光低温（日均温 23.8℃，变温幅度 19℃～28℃）、短光低温（日均温 23.3℃，变温幅度 19℃～28℃）、长光高温（日均温 30.0℃，长沙 7 月中下旬自然长日高温）和短光高温（日均温 31.0℃，长沙 7 月中下旬自然条件加暗室遮光）。

有些试验表明，对于诱导光敏核不育水稻育性转换光期温度比暗期温度更为重要。申岳正等（1990）用郝扎S、C407S、农垦58S和鄂宜105S作材料，在14 h的光周期条件下，观察了不同昼夜温度处理下的光敏核不育水稻的育性变化，结果表明，光期温度相同、暗期温度相差5 ℃（处理2和4，处理3和5）时，其雄性败育水平无显著差异；而暗期温度相同，光期温度相差4 ℃时（处理2和3，处理4和5），其雄性败育水平却有极显著差异（表3-10）。

表3-10　5种温度处理下花粉育性平均值的比较（申岳正等，1990）

空瘪花粉				染败花粉				正常花粉			
处理序号	平均值/%	显著性比较		处理序号	平均值/%	显著性比较		处理序号	平均值/%	显著性比较	
		0.05	0.01			0.05	0.01			0.05	0.01
1	83.7	a	A	5	15.4	a	A	5	6.9	a	A
2	78.1	b	B	3	14.7	a	A	3	6.8	a	A
3	76.9	b	B	2	11.8	b	B	2	4.8	b	B
4	73.5	c	C	4	10.9	b	B	4	4.7	b	B
5	72.9	c	C	1	5.8	c	C	1	1.7	c	C

注：温度处理（光期温度/暗期温度）：1—31 ℃/27 ℃；2—31 ℃/17 ℃；3—27 ℃/17 ℃；4—31 ℃/22 ℃；5—27 ℃/22 ℃；试验在14 h光照下完成。

关于诱导光敏核不育水稻育性转换的临界温度和温度敏感期，张自国等（1990）根据在云南元江不同海拔高度分期播种的育性转换观察结果推断，日长大于13.45 h，诱导农垦58S不育的最低温度为（26.4±1.6）℃；日长为12.75 h，诱导农垦58S可育转换的最适温度为（26.9±1.3）℃。贺浩华等（1991）推测，诱导农垦58S不育的临界下限温度为昼/夜温（25.4±3.91）℃/（21.2±2.7）℃。曾汉来等（1993）以农垦588为材料，在14.5 h的长日照条件下，利用人工气候箱控制温度，于幼穗分化的不同时期分别进行不同的温度处理，发现农垦58S育性转换对温度反应的敏感期为颖花原基分化期至单核花粉期，距抽穗前7~25 d，最敏感的时期为雌雄蕊形成中期至减数分裂末期，距抽穗前9~19 d。邓启云等（1994）在人工气候室设置了在幼穗发育3~6期分别给予连续4~15 d的长光低温处理，发现7001S等光敏型不育系育性转换对温度的最敏感期在雌雄蕊形成期到花粉母细胞形成期，距抽穗前12~17 d。

3.3 温敏型核不育水稻的育性转换与温光的关系

3.3.1 诱导育性转换的临界温度和温光因素分析

由于夏季长日照与高温季节重叠，致使一些自然突变的温敏型核不育材料，如安农 S-1、衡农 S-1（87N-123S）、5460S 等，曾一度被认为是"光敏"核不育水稻。后来通过仔细研究，明确了其育性转换实际上主要受温度控制，并称之为温敏型核不育水稻。孙宗修等（1989）在人控条件下对温敏核不育水稻 5460S 的研究表明，在日均温为 23.5 ℃时，不论光照长短，其花粉育性与套袋自交结实率都基本正常；在日均温 29.5 ℃时，不论光照长短，大部分植株都表现为完全不育或高度不育（表 3-11）。对套袋自交结实率进行方差分析表明，5460S 的育性转换主要受温度影响。尹华奇等（1989）在长沙自然条件下观察，发现安农 S-1 和衡农 S-1 的育性表现与抽穗前 11~15 d 的温度相关，高温诱导不育，低温诱导可育。由农垦 58S 转育而成的籼型不育系，大多也属于温敏型，方国成等（1990）用 W6154S、W6184S、W6334S、W6417S 等作材料，在武昌自然条件下进行分期播种，观察结果表明，这些不育系的育性转换主要受温度的影响。

表 3-11 光温条件对 5460S 花粉育性的影响（孙宗修等，1989）

日均温 / ℃（日最高 / 日最低）	光周期/h	总株数 / 株	花粉不育的株数 / 株	花粉可育株	
				株数 / 株	不育花粉的百分率 /%
29.5（33/28）	12.0	19	14	5	86.3±13.3
	13.5	20	18	2	79.1±14.7
	15.0	25	22	3	96.4±1.0
23.5（27/22）	12.0	24	0	24	48.8±9.9
	13.5	24	0	24	29.5±14.2
	15.0	24	0	24	30.2±13.1

诱导育性转换的临界温度和低温持续时间因不同温敏型核不育水稻品系而有所不同。杨仁崔等（1990）采用分期播种、异地异季观察以及人控光温条件研究，发现 5460S 在日均温大于 27.5 ℃时，表现为全不育，花药淡黄色、细秆状、完全不散粉，花粉趋近 100% 典败；25 ℃~27 ℃时，处于育性转换状态，部分花药金黄色、变形、部分散粉，部分花药染色；22 ℃~25 ℃时，基本正常可育，花粉育性、结实率均可达 80% 以上。周广洽等（1990）采用分期播种的办法观察，认为导致安农 S-1 育性转换的临界温度介于 24 ℃~27 ℃之间。尹华奇等（1990）推测诱导衡农 S-1 转为不育的临界温度为 27 ℃。王三良等（1990）认

为诱导 W6154S 转为不育的临界温度为 26.5 ℃。诱导育性转换所需的低温持续时间因温敏型核不育水稻品系不同而有差异，如武小金等（1991）观察安农 S-1 和 W6154S 由不育转向可育只需 3 d 的低温诱导，而陈良碧等（1993）观察表明，W7415S 需 7 d 的低温育性才能恢复。

日极端温度以及昼温与夜温对温敏型核不育水稻育性转换也有影响。潘熙淦等（1990）在自然条件下研究认为，诱导 W6154S 育性转换的主要因素是日最低气温，其可育转换的临界最低温度为 20.66 ℃。陈良碧等（1993）在盛夏高温季节，于颖花原基分化至减数分裂期分别用昼间低温（24 ℃）和夜间低温（22 ℃）处理，发现夜间低温可明显诱导安农 S-1 和衡农 S-1 的不育基因表达，而昼间低温对此不起作用（表 3-12）。

表 3-12　夜温对温敏核不育系性的影响（陈良碧等，1993）[*]

单位：%

不育系	温度处理 1[**]		温度处理 2		温度处理 3	
	花粉可染率	结实率	花粉可染率	结实率	花粉可染率	结实率
衡农 S-1	0	0	0	0	55.4	12.2
安农 S-1	0	0	0	0	27.2	5.1

注：[*] 温度处理 1、2、3 分别为自然昼均温（33.8 ℃）/自然夜均温（29.7 ℃）、人工昼温（24 ℃）/自然夜均温（29.7 ℃）和自然昼均温（33.8 ℃）/人工夜温（22 ℃）。
[**] 自然均温为始穗前 15 d 至始穗前 8 d 的平均温度。

3.3.2　温度诱导育性转换的敏感发育时期

陈良碧等（1993）用温敏核不育水稻安农 S-1、衡农 S-1、衡农 S-2、W7415S 作材料，在短日低温条件下，用人工高温（31 ℃/28 ℃）进行处理，发现在幼穗分化的不同时期处理效果不同。减数分裂期只需要处理 3 d 以上，即可诱导不育；花粉母细胞形成期处理 3 d，可染花粉率和结实率都显著下降（表 3-13）。在长日高温条件下，用低温（24 ℃/22 ℃）处理，结果也表明低温抑制温敏核不育基因表达的作用时期与温敏核不育系对高温反应的敏感发育时期相同（表 3-14）。但是，不同不育系对低温反应的程度不同。衡农 S-1 和衡农 S-2 在减数分裂期只需 3 d 低温处理即可阻止其不育基因表达，而安农 S-1 和 W7415S 则需连续 7 d 以上的低温处理才能阻止其不育基因表达。曾汉来等（1993）用 W6154S 作材料，于幼穗发育的不同时期进行高温和低温处理，认为雌雄蕊形成期到单核花粉期是 W6154S 对温度反应的敏感发育时期，其中以减数分裂期最为敏感，此期只需 3 d 低温即可诱导温敏核不育系由不育转为可育。

表 3-13　温敏不育系对高温的敏感发育时期（陈良碧等，1993）

不育系	对照(<25℃)		人工高温（31℃/28℃）																		
	1		2		3		4		5		6		7		8		9		10		11	
	P*	S	P	S	P	S	P	S	P	S	P	S	P	S	P	S	P	S	P	S	P	S
安农S-1	78.7	34.6	74.3	31.2	70.2	29.6	21.3	8.2	0	0	65.3	27.7	15.8	3.1	0	0	14.7	2.7	0	0	0	0
衡农S-1	88.3	45.57	86.7	46.4	81.3	41.2	73.5	22.0	0	0	77.3	37.4	51.0	9.1	0	0	47.8	9.8	0	0	0	0
衡农S-2	84.3	47.6	86.7	42.8	77.5	35.4	64.2	14.7	0	0	79.8	40.1	38.7	6.9	0	0	42.5	7.7	0	0	0	0
W7415S	38.4	12.1	—	—	—	—	—	—	0	0	28.8	6.5	11.2	1.3	0	0	17.6	4.3	0	0	0	0
湘早籼3号	98.4	95.5	—	—	—	—	—	—	0	0	—	—	—	—	0	0	—	—	—	—	97.8	94.2

注：1.颖花原基分化至减数分裂期；2.颖花原基分化期；3.雌雄蕊分化期；4.花粉母细胞形成期；5.减数分裂期；6.颖花原基至雌雄蕊分化期；7.雌雄蕊分化至花粉母细胞形成期；8.花粉母细胞形成至减数分裂期；9.颖花原基分化至花粉母细胞形成期；10.雌雄蕊分化至减数分裂期；11.颖花原基分化至减数分裂期。*P—花粉可染率（%），S—结实率（%）（下表同）。

表 3-14　温敏核不育系对低温反应的敏感发育时期（陈良碧等，1993）

不育系	对照(<29℃)		人工低温（24℃/22℃）																		
	1		2		3		4		5		6		7		8		9		10		11	
	P	S	P	S	P	S	P	S	P	S	P	S	P	S	P	S	P	S	P	S	P	S
安农S-1	0	0	0	0	0	0	0	0	0	0	0.0	0	0	0	38.8	19.3	0	0	58.1	24.0	57.2	26.3
衡农S-1	0	0	0	0	0	0	0	0	37.1	5.3	0	0	0	0	67.2	32.8	0	0	72.4	39.6	71.0	37.3
衡农S-2	0	0	0	0	0	0	0	0	31.5	3.8	0	0	0	0	58.1	18.7	0	0	64.5	37.7	79.3	45.2
W7415S	0	0	0	0	0	0	0	0	0	0	0	0	0	0	15.3	1.8	0	0	36.5	7.7	48.7	12.5
湘早籼3号	98.8	96.5	—	—	—	—	—	—	—	—	—	—	—	—	—	—	—	—	—	—	96.1	92.3

　　不同温敏核不育系育性转换的温度敏感期存在差异。邓启云等（1992—1994）利用人工气候室研究不同光温敏核不育水稻品系的育性转换与温度的关系，在幼穗发育3期、4期、5期、6期分别给予连续4 d和在幼穗发育的3期、4期、5期分别给予连续15 d、11 d

和 7 d 的长光低温处理，记录处理日期和抽穗镜检日期，以花粉出现明显波动的对应处理时期
作为敏感发育时期。结果表明：从幼穗发育的第二次枝梗及颖花原基分化期到花粉内容充实期
的低温对所有参试光温敏核不育水稻品系的育性转换都有一定影响，即存在一个共同的育性转
换敏感发育时期（共同敏感期）；同时，不同品系的育性转换对温度的最敏感期又有一定的差
异，在被考察的 26 个品系中有 73% 的品系最敏感期在花粉母细胞形成期至减数分裂期，即花
前 10 ~ 14 d，如安农 S-1 等；19% 的最敏感期在雌雄蕊形成期到花粉母细胞形成期，即花前
12 ~ 17 d，如培矮 64S 等；还有 8% 的不育系最敏感期在花前 3 ~ 8 d，即花粉内容充实期，
如 870S 等（表 3-15）。

表 3-15　不同光温敏核不育材料育性转换对温度最敏感期分析（邓启云，1994）

材料名称	最敏感期 /d（花前天数）	材料名称	最敏感期 /d（花前天数）	材料名称	最敏感期 /d（花前天数）
安农 S	8 ~ 13	轮回 22S	9 ~ 13	香 125S	8 ~ 12
644S	8 ~ 13	1147S	12 ~ 16	867S	12 ~ 18
8421S	8 ~ 11	培矮 64S-05	11 ~ 16	测 49S	9 ~ 13
861S	8 ~ 14	培矮 64S-25	11 ~ 17	测 64S	10 ~ 14
N8S	7 ~ 11	培矮 64S-35	11 ~ 16	26S	8 ~ 11
338S	7 ~ 13	安湘 S	8 ~ 13	133S	7 ~ 12
LS_2	5 ~ 8	G10S	7 ~ 11	870S	3 ~ 7
100S	8 ~ 13	A113S	10 ~ 14	92-40S	9 ~ 13
545S	8 ~ 12	CIS28-10	10 ~ 14	—	—

3.3.3　温度诱导温敏核不育水稻育性转换的三敏感期假设

武小金等（1992）根据自己的研究结果，并结合前人的工作，提出了三敏感期假设。根
据这一假设，温度诱导温敏型核不育水稻育性转换的敏感发育时期可能有三个：强敏感期 P_1，
弱敏感期 P_2 和微敏感期 P_3（图 3-9）。

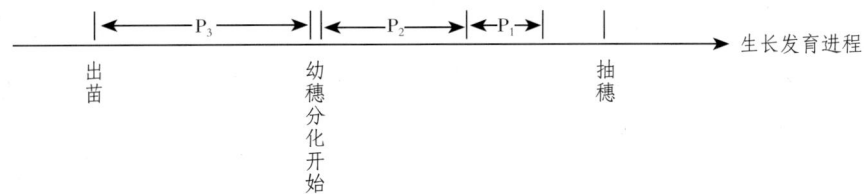

P_1: 强敏感期（减数分裂期）；P_2: 弱敏感期（幼穗分化第Ⅲ期到花粉母细胞形成期）；
P_3: 微敏感期（营养生长期）。

图 3-9　温度诱导温敏核不育水稻育性转换的三个敏感时期

（武小金等，1992）

强敏感期 P_1 的温度条件对育性转换具有决定性作用。在强敏感期，只要遇到一定强度的低于或等于临界低温的温度，不育系就会表现为可育；如果遇到高于或等于临界高温的温度，不育系就会表现为不育。这一敏感发育时期也就是陈良碧等（1993）和邓启云等（1996）所提到的温敏核不育水稻育性转换对温度的最敏感期。

弱敏感期 P_2 的温度对温敏核不育水稻育性转换没有决定性作用，但可以影响 P_1 诱导育性转换所需的温度临界值。假如 P_2 处于连续高温，则在 P_1 所需的育性转换临界温度将降低；如果 P_2 处于低温或平温，则育性转换的临界温度将有所升高。武小金等（1991）用 3 d 低温（21.90 ℃，21.9 ℃，23.6 ℃），于减数分裂期处理安农 S-1 和 W6154S，二者都转为可育；而陈良碧等（1993）用 24 ℃/22 ℃的低温于减数分裂期处理 3 d，安农 S-1 没有转为可育，但从花粉母细胞形成期到减数分裂期处理 7 d，安农 S-1 则转为了可育（表 3-14）。出现这种差别的可能原因，是 P_2 的温度条件不同从而导致了 P_1 的育性转换临界温度不同所致。从表 3-14、图 3-9 还可以看出，从幼穗分化的第二次枝梗及颖花原基分化期到花粉母细胞减数分裂期的低温处理时间越长，则不育系的花粉育性或结实率就越高，可以认为这一时期即为温度诱导育性转换的弱敏感期。这与邓启云等（1996）所提到的共同敏感期相吻合。

微敏感期 P_3 是温敏核不育水稻育性转换对温度有微弱反应的生长发育时期。张自国等（1993）研究了营养生长期光温条件对温敏核不育系 W6154S 育性转换的影响，发现营养生长期的光温条件对温敏核不育系 W6154S 幼穗分化以后育性转换的临界温度及花粉育性具有一定的影响，可以认为，营养生长期就是温度诱导育性转换的微敏感期。

3.4　光温敏核不育水稻育性转换的光温作用模式

3.4.1　光敏型核不育水稻育性转换的光温互补作用和反应模式

光敏型核不育水稻育性转换受光照条件和温度的协同作用影响，而且光照与温度之间存在一定的互补作用。张自国等（1992）以农垦 58S 和 6334S 为材料，在人工气候箱中进行不同光周期和不同温度处理，共设光周期 × 温度双因子 49 个处理。试验结果表明（表 3-16），在同一光照长度条件下，随着温度升高，农垦 58S 和 6334S 都存在从可育向不育转换现象。以结实率 ≤ 0.5%为不育标准，在同一光照长度条件下存在一个育性转换的临界温度，不同光照长度之间的临界温度相距较远。但当温度相同时，育性转换的情况较为复杂，在 24 ℃/20 ℃条件下，不同光照长度处理之间结实率没有显著差别；在 34 ℃/30 ℃和 36 ℃/32 ℃条件下，所有光照长度处理均表现为不育。说明存在一个诱导可育转换的下限临界温度和一个诱导不育转换的上限临界温度，当温度低于下限临界温度时，无论光照长度如何，光敏核不育水稻均表现为可育；当温度高于上限临界温度时，无论光照长度如何，不育系均表现为不育。在 26 ℃/22 ℃~32 ℃/28 ℃4 个处理中，不同光照长度处理之间的结实率有显著差异，而且随着温度升高，诱导不育的临界光照长度缩短；反之，随着温度降低，诱导不育的临界光照长度延长。

表 3-16　不同光温条件下农垦 58S 和 6334S 的套袋自交结实率（张自国等，1992）

单位：%

品种	昼 / 夜温度	每天的光照长度（时：分）						
		13：00	13：20	13：40	14：00	14：20	14：40	15：00
农垦 58S	24 ℃/20 ℃	25.4	23.8	21.6	19.7	24.6	26.5	24.7
	26 ℃/22 ℃	61.8	57.7	43.5	24.6	18.5	7.9	1.7
	28 ℃/24 ℃	54.6	45.9	32.7	7.5	0.0	0.0	0.0
	30 ℃/26 ℃	42.8	32.7	12.4	0.0	0.0	0.0	0.0
	32 ℃/28 ℃	21.5	12.3	1.2	0.0	0.0	0.0	0.0
	34 ℃/30 ℃	0.0	0.0	0.0	0.0	0.0	0.0	0.0
	36 ℃/32 ℃	0.0	0.0	0.0	0.0	0.0	0.0	0.0
6334S	24 ℃/20 ℃	29.6	24.7	27.8	21.8	26.7	25.3	23.8
	26 ℃/22 ℃	57.5	43.8	36.6	26.5	17.6	11.0	5.6
	28 ℃/24 ℃	53.6	42.4	23.8	7.2	0.0	0.0	0.0
	30 ℃/26 ℃	34.7	25.7	10.6	1.2	0.0	0.0	0.0
	32 ℃/28 ℃	17.9	8.6	1.5	0.0	0.0	0.0	0.0
	34 ℃/30 ℃	0.0	0.0	0.0	0.0	0.0	0.0	0.0
	36 ℃/32 ℃	0.0	0.0	0.0	0.0	0.0	0.0	0.0

　　基于对光、温互补控制光敏型核不育水稻育性转换的发现，袁隆平、张自国、刘宜柏、贺浩华等都提出过类似的光敏核不育水稻育性转换的光温作用模式。这个模式可以概括成图 3-10。当温度高于生物学上限温度或低于生物学下限温度时，水稻发育不正常，不能形成正常花粉，属生理致害作用；当温度低于生物学上限温度但高于光敏不育临界高温时，高温掩盖了光照长度的作用，无论光照长度如何，均表现为不育。当温度介于生物学下限温度和光敏不育临界低温之间时，低温也掩盖了光照长度的作用，无论光照长度如何，均表现为可育。临界低温和临界高温之间为光敏温度范围，在此范围内，长光诱导不育，短光诱导可育，而且光照长度与温度存在互补作用，即温度升高，临界光照长度缩短；反之，温度下降，临界光照长度延长。

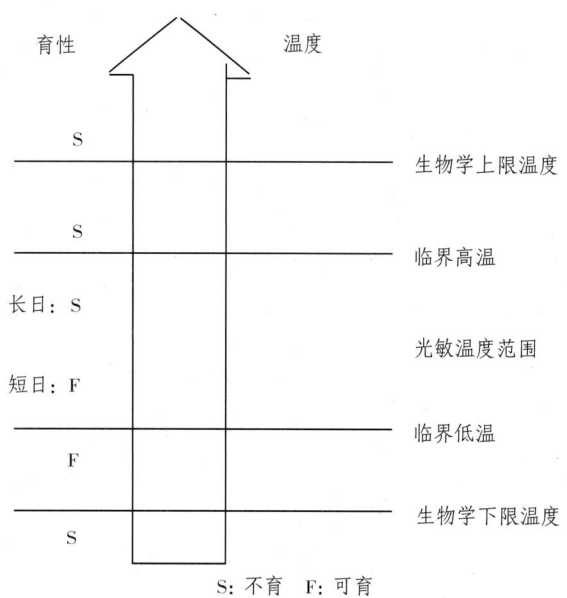

图 3-10   光敏核不育水稻育性转换的光温作用模式

3.4.2   温敏型核不育水稻育性转换模式

温敏型核不育水稻的育性转换主要受温度调控。但除了温度外，光照等其他条件也对其育性转换有一定的影响。孙宗修等（1991）观察表明，温敏型核不育水稻 W6154S、5460S、安农 S-1 和衡农 S 等在特定的温度条件下表现出明显的光敏不育特性（表 3-17），如安农 S-1 的平均自交结实率从 12 h 的 43.5% 骤降至 15 h 处理的 1.4%；即使先后被鉴定为光敏型和温敏型不育系的 5460S，两种处理下的平均自交结实率差值也达到 33.4 个百分点，达极显著水准。周广洽等（1996）研究温敏核不育系培矮 64S 也有类似光敏现象。武小金等（1992）观察，1990 年 3 月 17 日到 3 月 22 日，三亚的日平均温度介于 23.8℃至 25.1℃之间，安农 S-1 表现为不育；而 1991 年 2 月 11 日到 2 月 19 日，三亚的日均温介于 24.1℃至 25.3℃之间，安农 S-1 则表现为可育。说明在不育临界温度和可育临界温度之间，确实存在一段过渡温度，在这段温度范围内，温敏核不育系既可以表现为可育，也可以表现为不育。因此，温敏核不育水稻的育性转换可以用图 3-11 的模式表示。当温度低于生理不育低温或高于育性转换临界高温时，不管其他条件如何，温敏核不育水稻均表现不育；当温度高于生理不育低温而低于育性转换临界低温时，表现为可育；从育性转换临界低温至临界高温之间为过渡温度范围，在此范围内，温敏核不育系的育性表现取决于：①温度的起始状态。前期温度高于过渡温度，则可能表现为不育；前期温度低于过渡温度，则可能表现为可育。②过渡温度维持时间的长短。维持时间长，则可能表现为不育；维持时间短，则可能表现为可育。③光照等其他条件。长日照下可能表现为不育；短日照下可能表现为可育。

表 3-17　4 份籼型光温敏核不育系在 6 种光温组合下自交结实率的差异（孙宗修等，1991）

品系（种）	平均自交结实率 /%					
	29.8 ℃		25.8 ℃		21.8 ℃	
	15.0 h	12.0 h	15.0 h	12.0 h	15.0 h	12.0 h
W6154S	2.3C	3.1C	36.5B	64.3A	7.1C	2.8C
衡农 S	0C	0C	10.4B	24.6A	8.5B	0.5C
安农 S-1	0B	0B	1.4B	43.5A	23.7A	26.8A
5460S	0.5BC	0C	3.0B	36.4A	0.5BC	0.9BC
协青早 A	0A	0A	0A	0A	0A	0A
协青早 B	56.1A	43.6A	55.3A	60.9A	3.4B	13.5B

注：同一行数字后的字母相同，表示在 1% 水平上差异不显著（Duncan's 新复极差测验）。

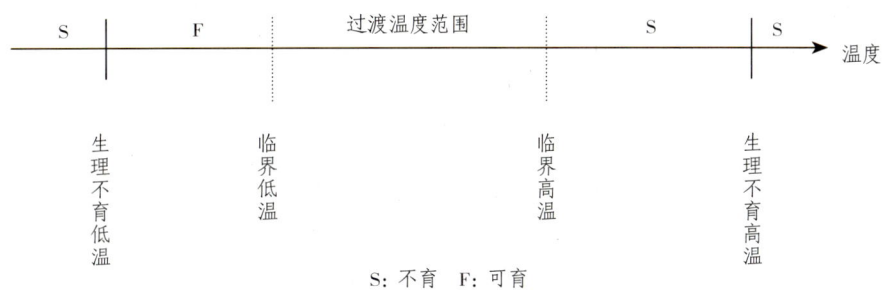

图 3-11　温敏核不育水稻的育性转换模式

3.5　光温敏核不育性的遗传

3.5.1　光敏核不育水稻农垦 58S 及其衍生不育系的不育性的遗传

农垦 58S 与常规品种杂交 F_1 育性正常，表明农垦 58S 的光敏雄性不育性是受隐性基因控制的，常规品种带有显性恢复基因；根据 F_1 花粉育性正常，而正反交 F_2 育性发生分离的现象，可推断农垦 58S 的光敏不育性属孢子体不育；根据正反交 F_1 育性差异不显著，可推断 F_1 的育性恢复受核基因控制，不表现细胞质效应。

利用杂交分离世代群体中各单株的性状表现来推算该性状的遗传分离模式是经典遗传学研究的基本方法。应用这一研究方法研究水稻的光敏雄性不育性遗传已取得了大量的结果。同一或相同来源的光敏不育系与不同的常规品种组配，后代可表现出光敏雄性不育性受一对、两对、三对或多基因控制的遗传分离模式，这表明光敏雄性不育的遗传并不一定是简单的遗传性状，可能涉及复杂的遗传机制。

最初的多数研究都认为农垦 58S 及其衍生不育系的不育性是由一对隐性基因控制的，在 F_2 群体中可育株与不育株的分离比例为 3：1，而在回交 BC_1 群体中的分离比为 1：1，即农垦 58S 或其衍生的不育系 W6154S 与常规品种的育性表现为一对主效基因的差异，并由此推断农垦 58S 的光敏雄性不育性是由农垦 58 单基因隐性突变产生的。杨代常等（1992）将农垦 58S 的光敏雄性不育基因以符号 Ps 来标记。

靳德明等（1988）、雷建勋等（1989）的研究认为农垦 58S 和农垦 58 之间为一对隐性主基因的差异，但农垦 58S 与其他供试粳稻品种的差异为两对隐性主基因的差异，在 F_2 和 BC_1 中可育株与不育株的分离比分别为 15：1 和 3：1。提出以 ms^{ph} 表示不育基因（ms 表示雄性不育基因，右上角的 ph 表示该基因的光敏特性），农垦 58S 与其他粳稻品种的差异除 ms^{ph} 外，还有另一对非等位的恢复基因，以符号 Rf^{ph} 表示。那么，不同材料光敏不育性的主效基因型可表示如下：

农垦 58S: $ms^{ph}ms^{ph}rf^{ph}rf^{ph}$

农垦 58: $MS^{ph}MS^{ph}rf^{ph}rf^{ph}$

其他品种: $MS^{ph}MS^{ph}Rf^{ph}Rf^{ph}$

在此，MS^{ph} 为完全显性，恢复能力为正常可育，Rf^{ph} 为不完全显性，恢复能力弱于 MS^{ph}，为部分可育，两对主效基因间相互独立，具有累加效应。

盛孝邦（1992）的研究表明，控制农垦 58S 光敏雄性不育性的两对基因在不同类型的粳稻品种中其互作方式有差异。在早、中粳品种中表现积加作用，F_2 的分离比为 9：6：1，在晚粳品种中为独立分离，F_2 分离比为 9：3：3：1，而在品种农垦 58 的背景中表现隐性上位作用，F_2 的分离比为 9：3：4。提出了"重复基因位点平行突变假说"。该假说认为农垦 58 品种在不同连锁群体相同位点上发生平行突变，产生两个下位性突变体，这两个突变体自然异交的 F_1 自交产生了农垦 58S 的基因型。其基因模式如下：

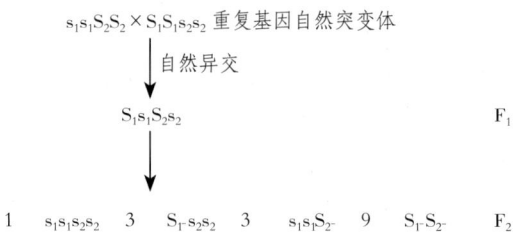

其中 $s_1s_1s_2s_2$ 即为石明松 1973 年发现的农垦 58 原始不育株的基因型。

无论是一对主效基因还是两对主效基因模式，依据 F_2 群体中单株育性的连续分布，都推测光敏雄性不育性的遗传中还有微效基因参与修饰，这些微效基因还可分成光微效基因和温微效基因两组。

张启发等（1992）在 1991 年武汉自然条件下对 32001S/ 明恢 63F_2 群体的 650 个单株的育性鉴定结果初步表明，32001S 的光敏雄性不育性可能受三对隐性核基因互补作用共同决定。

32001S 是以农垦 58S 为不育基因供体转育成的籼型光敏不育系。如以 32001S 的光敏雄性不育性是受三对隐性基因控制的结论来反推论，则农垦 58S 中起码也具有三对控制光敏雄性不育性的基因。

梅国志等（1990）认为农垦 58S 的光敏雄性不育性的遗传具有质量—数量性状的遗传特点，F_2 结实率分布的曲线形状，与人为的分组方式有关。若以 < 5% 为不育株，> 50% 为可育株，则 F_2 的可育与不育分离比接近 9：1；若以 30% 为界，则分离比又接近 3：1；若按 < 5%、5%～30%、30%～50% 和 > 50% 四组来分，其分离比又符合 9：3：3：1。在后一类中，可认为 < 5% 和 > 50% 两组的育性反映的是光敏不育基因（ps）的差异，而 5%～30% 和 30%～50% 两组育性所反映的是育性差异基因（fdi，i=1，2，3……）。这就是光敏不育基因和育性差异基因协同作用遗传模式。当 fd 为一对或少数对时，光敏雄性不育性的遗传表现如同质量性状的遗传；当双亲间涉及较多的 fd 基因时，便表现出数量性状的遗传特点。fd 可以是其他的雄性不育基因，调控 ps 的基因，修饰基因，以及结构、功能因环境而变的对育性有不同程度影响的其他基因。可想而知，要明确各个 fd 基因的功能是非常不容易的。

值得指出的是，光敏核不育水稻育性转换在分离世代有如下特点。

3.5.1.1　分离模式的多态性　朱英等（1987）在提出农垦 58S 雄性不育性的遗传是由含一主效基因的隐性基因群控制的同时，发现有 56.2% 的组合 F_2 育性不符合 3：1 的分离比，表现为不育株偏少。进一步的研究表明，所选杂交亲本与农垦 58S 的遗传差异越大，则其后代育性分离越偏离 1 对基因的理论模式。如农垦 58S 与早粳品种石狩、合江 20 等杂交 F_2 在自然长日照下出现的不育株少，仅 3% 左右，远偏离 1 对基因的分离比；农垦 58S 与中粳品种如秋光、明之星等杂交的 F_2 中不育株率也不到 10%；只有与农垦 58、南粳 33 等晚粳品种杂交时，F_2 育性的分离比才接近于 3：1。李丁民等（1989）在对所配制的 127 个组合 F_2 的育性分离进行调查后发现，这些组合中，没有一个达到 3：1 的分离比，有些组合调查 600 株，未能发现 1 株不育株。如排除环境条件的影响，则这种分离模式的多态性是由于遗传背景差异所造成的。

3.5.1.2 **有些不育株连续选择后育性仍然分离** 张廷璧（1988）以粳型光敏不育系 105S 与粳稻常规品种 501 和 502 组配，F$_2$ 起连续单株选择不育株，经 5 年连续选择，仍不能消除育性的分离。

3.5.1.3 **F$_2$ 育性分离模式的年度间有差异** 基于温度对农垦 58S 育性转换作用的发现，程式华等（1994）对农垦 58S/ 农垦 58F$_2$ 群体在不同年份的育性分离情况作了对比分析，发现在不同年份 F$_2$ 的育性分离模式有明显差异（P < 0.01），在 1989 年夏该组合中分离出较多的可育株，而在 1992 年夏则分离出较多的不育株。

这种育性分离模式的年度间变化在很大程度上与温度变化的影响有关。1989 年盛夏长江中下游地区发生异常低温，导致多数光敏不育系在自然条件下育性恢复或波动，而 1992 年夏的气温正常偏高。观察杭州 1989 年和 1992 年 7 月至 8 月 15 日的气温，发现日平均温度最大差值达 7 ℃。理论不育期间农垦 58S 在 1989 年的育性平均值明显高于 1992 年的平均值，但农垦 58 育性的年度间差异不显著（表 3-18）。由此可推断，温度对育性转换的效应也会在 F$_2$ 群体的育性分离中得以体现。高温使分离群体内单株的不育性得以充分表达，而在低温下，不育性难以彻底表达，造成群体内的不育株比例下降。

表 3-18　农垦 58S 和农垦 58 在不同年份的自交结实率（程式华等，1994）

亲本	年份	株数 / 株	平均数	变幅 /%	标准差	平均数差值
农垦 58S	1989	25	2.30	0～13.55	3.18	1.79[*]
	1992	17	0.51	0～4.65	1.18	
农垦 58	1989	25	49.76	12.91～78.80	12.91	5.36[ns]
	1992	17	44.40	6.70～77.40	16.87	

注：* 为 5% 水准显著，ns 为在 5% 水准不显著。

3.5.2　温敏核不育性的遗传

（1）5460S 温敏核不育性的遗传。5460S 是福建农学院 1986 年在 CMS 恢复系 5460 群体中发现的雄性不育突变株，为温度敏感型雄性不育水稻。Yang 等（1992）用 5460S 与 5460 正反交，其 F$_2$、BC$_1$ 均表现 1 对性状的遗传，说明 5460S 的不育性受一个隐性基因控制，该不育基因记为 *tms1*。B. Wang 等（1995）利用 RAPD 标记将该基因定位于第 8 号染色体上。梁康迳等（1990）用 5460S 与 5460、金早 6 号杂交，发现 F$_2$ 和 BC$_1$ 中不育株与可育株之比分别符合 1∶3 和 1∶1，而 5460S 与 IR54、珍鼎 28、闽科早 1 号和 CPLSO17 等杂交的 F_2 和 BC_1 中不育株与可育株之比分别符合 1：15 和 1：3，5460S 的雄性不育性在两类组合分别符合 1 对隐性基因和 2 对独立隐性基因的遗传。

（2）安农 S 温敏不育性的遗传。李必湖和邓华凤（1990）用安农 S 与 13 个水稻品种杂交，F_1 共 195 株全部可育，F_2 共 4 887 株，其中可育株 3 818 株，不育株 1 069 株，可育株与不育株之比为 3.571：1，基本符合 3：1 的理论比例，说明安农 S 的雄性不育性受 1 对隐性核基因支配。张忠廷等（1994）对安农 S 及其原始株进行 RAPD 分析，在 200 个引物中发现了几个引物在 2 种材料中扩增带型有差异，并初步认为此差异与不育相关。

（3）农林 PL12（原名为 H89-1）温敏不育性的遗传。Borkakati 和 Virmani（1996）用 PL12 与 Dular、PSBRC4、IR46、IR50 和 IR68 杂交，所有组合的 F_2 群体可育株与不育株之比均符合 3：1，而 BC_1 群体可育株与不育株之比符合 1：1，表明 PL12 的温敏不育性受 1 对隐性基因控制。Yamaguchi 等（1997）利用 QTL 分析，以 PL12 与 Dular 的 F_2 群体为定位群体，将 *tms2* 定位于 7 号染色体 R643A 与 R14440 之间。

（4）IR32364 温敏雄性不育性的遗传。Borkakati 和 Virmani（1996）用 IR32364TGMS 与 IR32364、Dular、Moroberekan、N22、IR68、IR72、IR54752B 和 BPI76（P）杂交，以花粉可育率和自交结实率为指标，所有组合 F_2 群体可育株与不育株之比符合 3：1，而 BC_1 群体可育株与不育株之比符合 1：1，说明 IR32364TGMS 的温敏核不育性由单个隐性基因控制，并建议其基因符号为 *tms3*（*t*）。Subudhi 等（1997）进一步利用 IR32364TGMS 和 IR_{68} 的 F_2 群体，通过 RAPD 集团分析，将该基因定位于第 6 号染色体的短臂上。

（5）衡农 S-1 的遗传。武小金等（1992）用衡农 S-1 与四个早籼品种做材料进行研究，根据 F_2 和回交一代的分离比例推断衡农 S-1 的育性转换由 1 对隐性基因控制。

3.5.3　光温敏雄性不育基因的等位关系

依据光敏雄性不育性是一对或少数几对主效基因控制的设想，考察两个光敏不育系杂交 F_1 的育性是测定不育基因间等位关系的基本方法。即两个光敏不育系互交 F_1 在长日照下如可育，表明两者所携的不育基因不等位；如 F_1 仍表现不育，则表明两者所携的不育基因相互等位。试验结果表明，原始光温敏核不育系农垦 58S、安农 S-1、衡农 S-1、5460S 的育性基因是不等位的。

3.5.4 光敏雄性不育基因的染色体定位

在水稻遗传图谱研究中，常用的基因染色体定位法有初级三体法、相互易位法。近年来，随着分子生物学的发展，用 RFLP（限制性 DNA 片段长度多态性）方法作基因定位已越来越广泛。国内在光敏核不育基因的染色体定位方面也做了一些工作，主要有标记基因法（包括形态标记和同工酶标记及 RFLP 标记），但就研究结果来看，分歧很大（表 3-19）。

表 3-19　不同方法定位光敏不育性基因的结果

不育系	定位方法	连锁标记	连锁值 /%	染色体编号	参考文献
农垦 58S	形态标记	大黑矮生（d-1）	28.41±3.94	5	张端品等，1990
农垦 58S	同工酶	乙醇脱氢酶（Adh-1）	0±16.4	6	胡学应等，1991
		过氧化氢酶（Cat-1）	29±4.0	11	
32001S	RFLP			3，7	张启发等，1991—1992

第四节　光温敏核不育系的选育

4.1　实用光温敏核不育系的选育指标

全国范围内，选育地域适应性广，风险极小的光温敏核不育系的主要指标为：

（1）不育起点温度低。北方不高于 22.5 ℃；华中地区不高于 23.5 ℃，华南地区不高于 24 ℃。

（2）光敏温度范围宽。宜介于 22.5 ℃～29.0 ℃之间。

（3）临界光长短。诱导不育的临界光长宜短于 13 h。

（4）长光对低温、短光对高温的补偿作用强。

（5）遗传性稳定，1 000 株以上群体整齐一致，不育期的不育株率 100%，花粉不育度和颖花自交不育度在 99.5% 以上；可育期自交结实率不低于 30%。

（6）不育期异交结实率不低于生产上应用的 V20A 或珍汕 97A。

（7）配合力好，品质符合市场要求。

（8）适应性广，抗当地主要病虫害。

另外，在北方还要求营养生长期向生殖生长期转化不感光，以保证光敏核不育系在制种时能在 8 月中旬以前安全齐穗。

4.2 光温敏核不育系的选育途径

4.2.1 杂交转育

利用已有的光温敏核不育材料转育，是选育光温敏核不育系的主要途径。杂交转育就是用业已存在的光温敏核不育系与一个或几个优良亲本杂交，于其后代中选育新的光温敏核不育系。依据杂交方式，可以分为单交和复交两种类型。

4.2.1.1　单交转育　因光温敏核不育水稻具有育性转换特征，故杂交时，核不育材料既可以用作母本，也可以用作父本。单交转育具有选育进度快、F_2 群体规模较小等特点。通过单交育成的光温敏核不育系有 N5088S、7001S 和安湘 S 等。单交转育程序与一般杂交育种相似，现以 N5088S 的选育为例予以说明（图 3-12）。

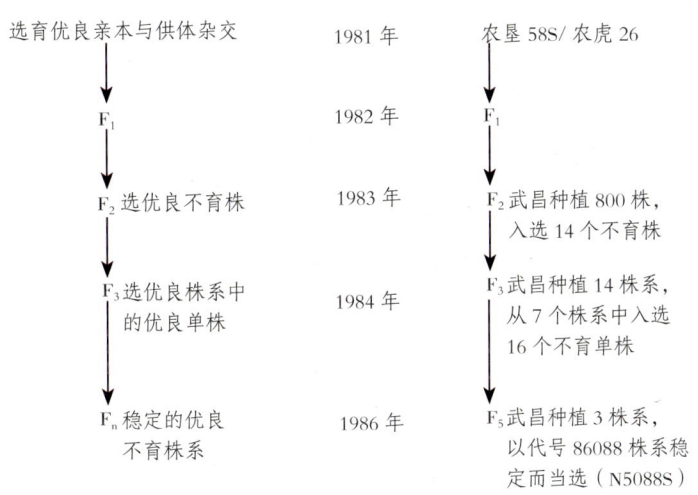

图 3-12　光温敏核不育系的单交转育程序

单交转育的关键在 F_2。F_2 一般种植在长日照高温条件下，其群体大小随控制光温敏核不育特性的基因对数和双亲性状差异大小而定。如果控制光温敏核不育特性的基因简单，则 F_2 群体可以小一些；反之，如果控制光温敏核不育特性的基因复杂，则 F_2 群体应大一些。例如，用农垦 58S 与感光性弱的早粳品种杂交，在辽宁 F_2 出现不育株的频率小于 1%；用农垦 58S 衍生不育系作核不育基因供体，与不同类型的品种或品系杂交，在武汉 F_2 出现不育株的频率介于 1%~7%；而用安农 S-1 与不同类型的品种或品系杂交，在长沙 F_2 出现不育株的频率一般在 25% 左右。因此，在用农垦 58S 及其衍生光温敏核不育系作核不育基因供体时，F_2 群体应大一些；而用安农 S-1 及其衍生光温敏核不育系作核不育基因供体时，F_2 群体可小一些。

另外，如果杂交亲本之间的遗传差异大，需
要重组在一起的性状多且遗传复杂，则 F_2
群体应大一些；反之，如果杂交亲本之间的
遗传差异小，需要重组在一起的性状少且遗
传简单，则 F_2 群体可小一些。

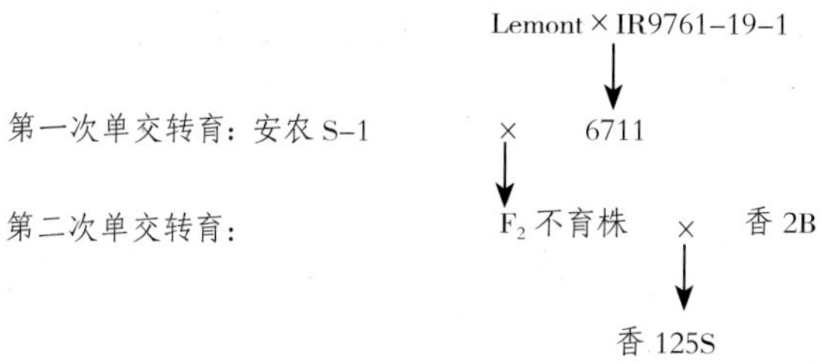

4.2.1.2　复交转育　复交转育的目的在
于综合多个亲本的优良性状。技术操作上，
复交又有两种形式，两次或两次以上的单交转育或三交。

（1）两次或两次以上的单交转育　这种转育方法就是在第一次单交转育的后代中选优良
不育单株或株系与另一亲本杂交，再进行第二次单交转育，其育种程序实际上是由两次或两次
以上的单交转育程序构成。如香 125S 就是通过两次单交选育育成（图 3-13）。

粳稻不育系中，华中农业大学育成的 31301S 也是通过两次单交（农垦
58S/80271-F_4//筑 5-4）转育而来，即在农垦 58S/80271 单交 F_4 中选优良光敏不育株
作母本，再与分蘗力强、生育期短、米质优良、较易脱粒的粳稻品系筑 5-4 杂交转育而成。

（2）三交转育　三交转育是用光温敏核不育基因供体先与第一个亲本杂交，然后再用 F_1
与第二个亲本杂交进行转育。

4.2.2　回交转育

回交转育是将光温敏核不育基因转移到一个优良的轮回亲本中去的方法。回交转育的目的
是育成除光温敏核不育特性外，其他性状与轮回亲本相似的不育系。轮回亲本一般是综合性状
优良、配合力好的亲本材料。技术操作上，一般是用隔代回交法，其典型特征就是要在找到不
育株的前提下进行回交。一般操作是在育性分离世代选性状与轮回亲本相似的不育单株与轮
回亲本回交，其程序如图 3-14。我国第一个实用低温敏核不育系培矮 64S 就是通过隔代回
交法育成的（图 3-15）。由隔代回交法育成的光温敏核不育系还有 N422S 等。N422S 是用
7001S 与 N422 杂交，在其 F_3 中再选不育株（系）与 N422 回交，然后通过几轮自交转育
而成。

Lemont × IR9761-19-1

第一次单交转育：安农 S-1　　×　　6711

第二次单交转育：　　　　　　　　F_2 不育株　　×　　香 2B

香 125S

图 3-13　香 125S 选育系谱，示二次单交转育途径

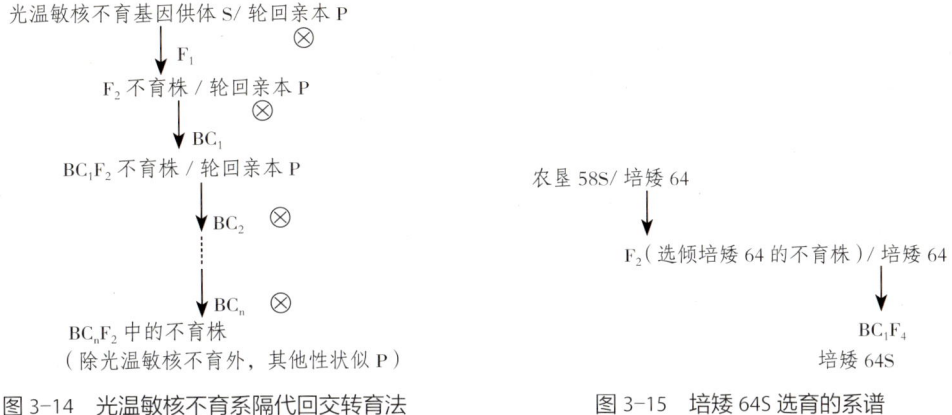

图 3-14　光温敏核不育系隔代回交转育法　　　　　图 3-15　培矮 64S 选育的系谱

4.2.3　群体改良

群体改良是用一个光温敏核不育基因供体与多个性状互补的亲本杂交，然后将 F_1 种子混合，在长日照高温条件下混种 F_2 群体，并进行人工辅助授粉，使群体充分异交，再混收优良不育株和可育株上的种子，进行下一轮多交和选择，其操作程序有隔代随机多交和连续随机多交两种形式（图 3-16，图 3-17）。湖南杂交水稻研究中心选育的 133S 就是通过二次随机多交，然后采用系谱选择选育而成。

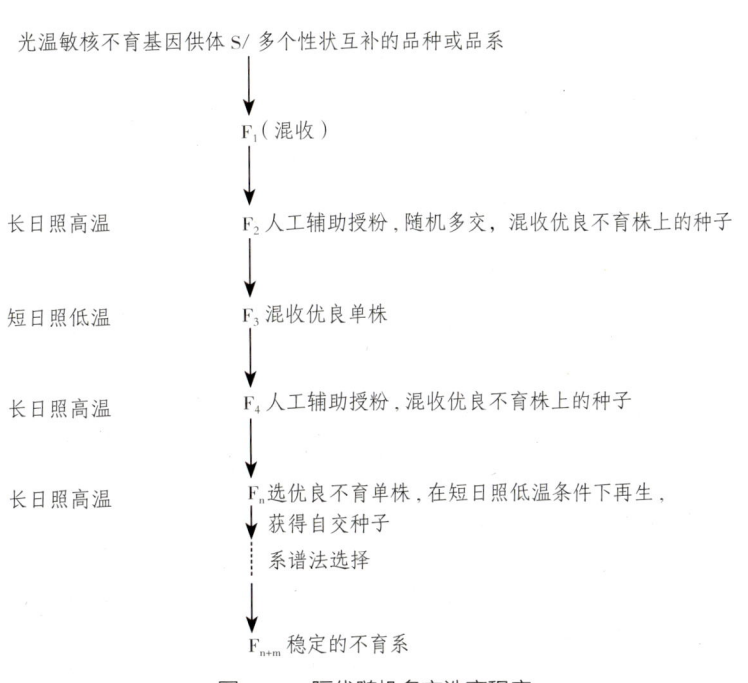

图 3-16　隔代随机多交选育程序

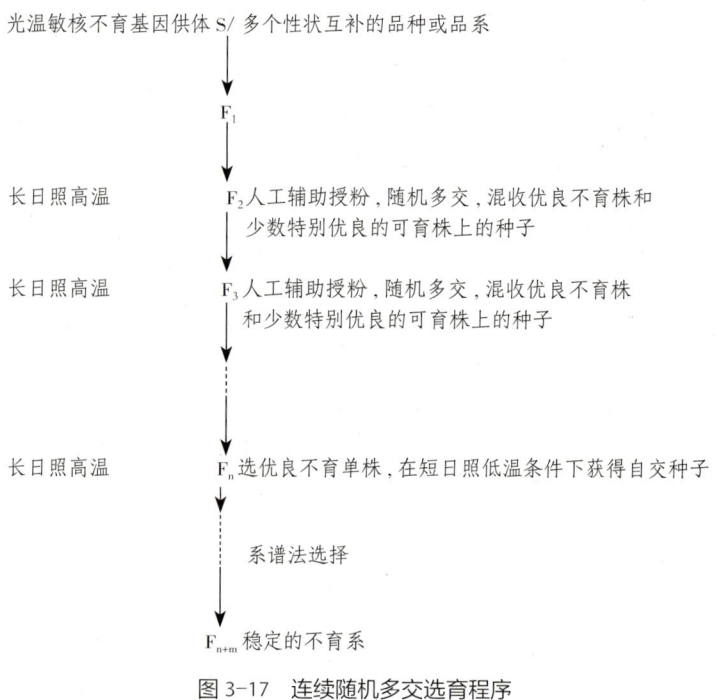

图 3-17　连续随机多交选育程序

4.2.4　花药培养

花药培养可以较快地稳定光温敏核不育材料，加速育种进程。技术操作上一般是花培光温敏核不育基因供体 S/ 优良品种（系）F_1 或光温敏核不育系 / 另一光温敏核不育系 F_1。于花培一代（H_1）追踪观察育性，选择优良不育株在短日低温条件下再生获自交种子，再经 2~3 代系谱选择，获得稳定的不育系。

4.3　选育实用光温敏核不育系的遗传基础

4.3.1　选育实用光敏型核不育系的遗传基础

在原始的光温敏核不育材料中，仅农垦 58S 具有较强的光敏核不育特性。农垦 58S 在日长 14.00~14.33 h 的情况下，诱导不育的下限温度为 26 ℃左右，距实用光敏型核不育系选育的指标（临界光长 13 h，不育下限温度 ≤ 24 ℃）太远。但是，育种实践表明，农垦 58S 的光敏核不育基因的表达受遗传背景的影响，所转育的新不育系，遗传背景不同，育性转换对光温的反应特性也有差异。

4.3.1.1　光敏核不育基因置于不同遗传背景下的光温反应差异　孙宗修等（1991）用农

垦 58S 以及由农垦 58S 转育而来的不育系 N5047S、WD-1S 和中明 2-S 作材料，用不同
光照长度（12 h 和 15 h）和不同温度（23.6 ℃和 29.6 ℃）在人控条件下进行处理，发现
农垦 58S 及其衍生光敏核不育系在人控光温条件下对光温反应有差别。中明 2-S 的育性表现
与农垦 58S 相似，长日照高温条件下不育，长日照低温条件下自交结实率较低；短日照条件
下虽然可育，但短日照高温条件下的结实率明显比短日照低温条件下低。N5047S 在长日照
高温和长日照低温条件下都表现为不育；在短日照低温条件下结实率比较低，但在短日照高温
条件下的结实率则更低。WD-1S 在长日照高温、长日照低温、短日照高温条件下都不结实，
仅在短日照低温条件下有少许结实（表 3-20）。

表 3-20　人控光温条件下光敏核不育水稻农垦 58S 及其衍生光敏核不育系的育性表现

（孙宗修等，1991）

单位：%

不育系	光温处理组合			
	23.6 ℃/12 h	23.6 ℃/15 h	29.6 ℃/12 h	29.6 ℃/15 h
农垦 58S	26.0±14.3	0.2±0.7	7.5±7.2	0
N5047S	7.7±9.6	0	0.9±1.3	0
WD-1S	2.3±5.1	0	0	0
中明 2-S	31.7±20.7	1.8±1.8	2.8±3.3	0.2±0.5

张自国等（1994）用光敏核不育水稻农垦 58S 及其衍生不育系作材料，在长日照条件
下，用不同温度 22 ℃（24 ℃/20 ℃，光期 / 暗期，下同），24 ℃（26 ℃/22 ℃），26 ℃
（28 ℃/24 ℃）和 28 ℃（30 ℃/26 ℃）在敏感期处理 10d，测定长日照条件下各不育系的
下限不育临界温度。在短日照条件下，用 26 ℃（28 ℃/24 ℃）、28 ℃（30 ℃/26 ℃）、30 ℃
（32 ℃/28 ℃）和 32 ℃（34 ℃/30 ℃）在敏感期处理，以测定短日照条件下各不育系的上限
可育临界温度。结果表明，各不育系长日照条件下的下限不育临界温度和短日照条件下的上限
可育临界温度有较大的差别（表 3-21）。其中 5088S、7001S、31111S 等表现为光敏温度
范围较宽，上限可育临界温度较高（≥ 28 ℃），但下限不育临界温度较低（≤ 24 ℃）；培矮
64S、8906S、HN5-2S 等光敏温度范围较窄；长日照条件下的下限不育临界温度和短日照
条件下的上限可育临界温度都较低，分别低于或等于 24 ℃和 26 ℃；8902S 等不育系，也有
一定的光敏温度范围，长日照条件下的下限不育临界温度在 24 ℃以上，短日照条件下的上限
可育临界温度在 28 ℃以上；W6154S 等则光敏温度范围较窄或没有，而且下限不育临界温度
较高，达 28 ℃以上。由此可见，将农垦 58S 的光敏核不育基因置于不同的遗传背景下，选

138

育符合要求的实用光温敏型核不育系是完全可以的。

表 3-21　农垦 58S 及其衍生不育系的下限不育温度和上限可育温度（张自国等，1994）

不育系	下限不育温度 / ℃		上限可育温度 / ℃	
	A	B	A	B
农垦 58S	< 22	> 28	30	> 32
7001S	< 22	> 22	28	> 32
1541S	< 22	22		
5088S	22	24	30	> 32
31111S	< 22	24	30	> 32
M901S	< 22	24		
培矮 64S	< 22	> 28	< 26	28
8906S	24	24	26	28
HN5-2S	24	26	< 26	< 26
31301S	24	28	30	> 32
8912S	< 26	> 28		
2018S	26	28	26	30
N5047S	26	> 28		
8902S	26	> 28	30	30
W6154S	28	> 28		
9044S	28	> 28		
31302S	> 28	> 28		

注：A—以自交结实率为标准；B—以花粉败育度为标准。

4.3.1.2　光敏核不育基因置于不同遗传背景下的光温反应类型　农垦 58S 光敏核不育基因置于不同遗传背景下对光温的反应可以分为两大基本类型：光敏型和温敏型。光敏型的育性转换主要受客观存在的光温互作控制，符合图 3-10 的光温作用模式；温敏型的育性转换主要受温度控制，光敏温度范围很窄或没有，符合图 3-11 的温敏核不育水稻的育性转换模式。属于光敏型的有农垦 58S、7001S、5088S 等；属于温敏型的有 W6154S、W7415S、W6184S、培矮 64S 等。光敏型核不育系又可以根据长日照条件下诱导不育的下限温度分为低下限不育温度（≤ 24 ℃）、中等下限不育温度（24 ℃ ~ 26 ℃）和高下限不育温度（≥ 26 ℃）三类；同样也可以根据诱导不育的临界高温将温敏型分为低育性转换起点温度

（≤ 24℃）、中等育性转换起点温度（24℃ ~ 26℃）和高育性转换起点温度（≥ 26℃）三类，即习惯上所称的低温敏、中温敏和高温敏型。

4.3.2　选育实用温敏型核不育系的遗传基础

4.3.2.1　温敏核不育基因置于不同遗传背景下对温度反应的差异　在上一节已经述及，农垦58S 的光敏核不育基因导入某些遗传背景以后，可以选育出育性转换起点温度较低的类型，如培矮 64S 等。用安农 S-1 作核不育基因供体转育新不育系时，也发现其温敏核不育基因表达与遗传背景密切相关。武小金等（1997）用安农 S-1 及其衍生的四个不育系 90332S（安农 S-1/ 比 8）、90336S（安农 S-1/ 比 8）、90338S（安农 S-1/820）、90341S（安农 S-1/ 湘早籼 1 号）作材料，在自然条件下分期播种，观察各不育系育性转换对温度的反应。试验结果表明各不育系的育性表现很不相同（表 3-22）。人控温度条件下的育性鉴定结果也表明，安农 S-1 的温敏核不育基因置于不同遗传背景下对温度反应有差异。湖南杂交水稻研究中心 1993 年在人控温度条件下鉴定了安农 S-1 及其部分衍生不育系 545S、1356-1S、A113S、测 49-32S、测 64S 等的育性表现，结果表明，于敏感期用 24℃(昼 / 夜温：27℃/19℃）处理 4 d 后，各不育系的育性表现有差别（表 3-23）。545S、1356-1S、测 49-32S、测 64S 等不育系的育性转换的起点温度低于 24℃；168-95S 的育性转换起点温度也明显低于安农 S-1；A113S 则与安农 S-1 相似。

表 3-22　5 个温敏核不育系在自然条件下的育性表现（武小金等，1997）

育性表现	地点年份	日期	温敏核不育系				
			90332S	90336S	90338S	90341S	安农 S-1
可染花粉率 /%	三亚 1991	2 月 25—26 日	85.7	56.3	57.5	91.4	89.2
		2 月 27 日—3 月 4 日	81.2	1.7	0.9	91.6	80.2
		3 月 5—16 日	87.3	53.5	52.8	93.5	85.1
		3 月 17 日—4 月 6 日	76.5	2.3	1.6	91.2	77.5
		4 月 7—13 日	1.2	0	0	23.5	1.6
		4 月 14—19 日	59.3	0.5	0	76.9	54.5

140

续表

育性表现	地点年份	日期	温敏核不育系				
			90332S	90336S	90338S	90341S	安农 S-1
可染花粉率 /%	长沙 1991	4 月 20—21 日	0.9	0	0	1.3	1.1
		6 月 20—26 日	0.8	0	0	1.7	0.6
		6 月 27—29 日	31.2	0	0	59.4	35.3
		6 月 30 日—9 月 19 日	0.1	0	0	0.1	0.1
		9 月 20—25 日	50.7	0.1	0.3	76.2	53.3
		9 月 26—28 日	82.1	1.2	—	90.3	80.6
	三亚 1992	2 月 25 日—3 月 12 日	89.5	67.2	65.4	95.3	87.3
		3 月 13—15 日	86.4	1.9	1.8	92.1	83.1
		3 月 16—21 日	82.3	43.6	47.2	94.6	84.5
		3 月 22 日—4 月 1 日	81.2	0.3	1.2	89.8	80.8
		4 月 2—11 日	4.7	0	0.5	59.4	3.6
		4 月 12—25 日	0.9	0	0	3.3	1.3
		4 月 26—28 日	57.8	0.8	0.7	76.2	56.2

表 3-23　人控温度条件下（24 ℃），安农 S-1 及其部分衍生不育系的育性表现
（湖南杂交水稻研究中心，1993）

不育系	花粉败育率 /%	套袋自交结实率 /%
545S	99.8	0.00
1356-1S	98.3	0.00
168-95S	94.6	7.18
A113S	69.5	18.40
测 49-32S	100.0	0.00
测 64S	100.0	0.00
安农 S-1	88.3	18.00

4.3.2.2　温敏核不育基因置于不同遗传背景下对温度反应的类型　安农 S-1 温敏核不育基因置于不同遗传背景下的育性表现差异主要体现在诱导育性转换起点温度的差异。就已有的试验与观察结果来看，将安农 S-1 温敏核不育基因置于不同的遗传背景下，诱导育性转换的起点温度的变化可能是连续的（图 3-18）。支持该论点的证据有：①在以安农 S-1 作核不育基因供体进行转育时，业已发现终生不育类型（无论温度高低和日照长短，始终表现为不育，可能是诱导育性转换的起点温度低于或接近生物学不育下限温度的缘故）、极端低温敏类型（起点温度 ≤ 22 ℃）、低温敏类型（起点温度 22 ℃~24 ℃）和育性转换起点温度明显高于安农 S-1 的高温敏类型（起点温度 > 26 ℃）。②各类型之间的不育起点温度也有细微差别，从表 3-23 可以看出，诱导育性转换的起点温度低于 24 ℃的不育系中，测 64S 的败育程度高于 545S，545S 的败育程度高于 1356-1S。自然条件下也是测 64S 的可育期最短，545S 次之，1356-1S 再次。诱导育性转换的起点温度高于 24 ℃的不育系中，168-95S 的败育程度要比安农 S-1 高些，安农 S-1 的败育程度又要比 A113S 高些。③用安农 S-1 作核不育基因供体的转育后代中，大多数不育株或不育株系的育性转换的起点温度与安农 S-1 接近，低温敏和高温敏类型较少，终生不育和极端低温敏类型更少。

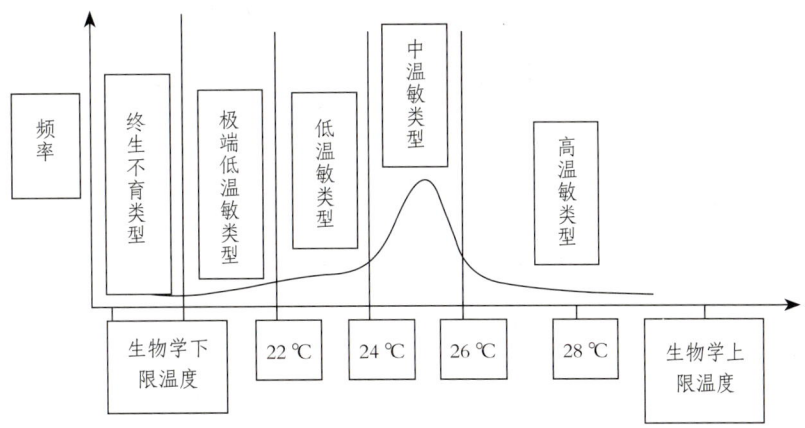

图 3-18　安农 S-1 温敏核不育基因置于不同遗传背景下育性转换的起点温度的
连续变化模式及其分类（武小金，1991）

4.4　选育实用光温敏核不育系的亲本选配原则

4.4.1　光敏核不育基因供体的选择

迄今为止，在国内所发现的原始光温敏核不育材料中，仅农垦 58S 具有较强的光敏核不育特性，安农 S-1、衡农 S-1、5460S 等的育性转换与日长变化关系不大。因此，就选育实用光温敏型核不育系而言，核不育基因供体应以用农垦 58S 或由农垦 58S 衍生而来的光敏核不育系较为妥当。但是，在应用农垦 58S 及其衍生不育系转育新不育系时，要注意育性分离世代的种植群体必须要大。现有的研究结果显示，应用农垦 58S 及其衍生不育系转育新不育系时，在长日照高温条件下，F_2 出现完全雄性不育株的频率很低，一般在 8% 以下，且随组合与地点不同而异，有些组合在 F_2 出现完全雄性不育株的频率甚至小于 1%（表 3-24）。如出现优良不育株的频率以不育株总数的 1% 计算，则 F_2 群体应种植 1 万株以上。

表 3-24　长日照高温条件下农垦 58S 及其衍生不育系所配组合的 F_2 的不育株出现频率

组合	地点	不育株出现频率 /%	研究者
W6154S/820	长沙	0.60	武小金，尹华奇，1992 年 6 月
W6154S/ 浙 8642	长沙	0.88	
W6154S/ 中 87-156	长沙	0.81	
W6154S/ 早尖 1 号	长沙	0.89	
W6154S/2760	武汉	2.32	牟同敏等，1996 年
3105S/ 明恢 77	武汉	1.56	
3105S/ 青二矮	武汉	1.14	
3105S/ 迟 AB78	武汉	4.19	
3105S/ 献 154	武汉	5.96	
3105S/09E5	武汉	3.76	
8902S/T63	武汉	5.11	
457B/N5088S	武汉	5.05	
农垦 58S/ 感光性弱的早粳	沈阳	< 1%	高勇等，1996 年

4.4.2　温敏核不育基因供体的选择

在我国发现的四个主要光温敏核不育资源中，有用农垦 58S 和安农 S-1 作为核不育基因供体成功地选育出了实用温敏核不育系的报道，但很少有用衡农 S-1 和 5460S 作核不育基因供体选育出实用温敏核不育系的例子，表明就培育实用低温敏核不育系而言，既可以用农垦 58S 作核不育基因供体，也可以用安农 S-1 作核不育基因供体。不过农垦 58S 的育性遗传较为复杂，育性分离世代不育株出现的频率低，故分离世代的群体应大一些；而安农 S-1 的育性遗传较为简单，在高温条件下，F_2 出现不育株的频率在 25% 左右，分离世代的群体可小些。

4.4.3　受体亲本的选择

对转育光敏型核不育水稻受体亲本的选择，除按一般杂交育种所要求的亲本选配原则外，如配合力强，适应性（包括抗病虫性）和综合性状要好，不能有与供体亲本相同的缺点（性状互补）等，还要特别注意下面两点：①宜多选用生长发育对光温反应钝感或弱感光的亲本，因为如育成的新不育系感光性太强，则制种时不能在安全期抽穗，即使属光敏型，也不好制种；②异交性状要好。杂交组合的制种产量在很大程度上取决于不育系异交率的高低，而异交率的高低与不育系的异交习性关系很大。因此，在选择受体亲本时，必须注意异交性状，宜选用开花时间早而集中，柱头外露率高，柱头发达，开颖角度大的亲本作材料以培育高异交率不育系。

4.5　实用光温敏核不育系的选择技术

选择实用光温敏型核不育系的方法主要有两种：低世代高压筛选法和高世代高压筛选法（图 3-19，图 3-20）。低世代高压筛选法是利用自然变温和人控温度条件，在一定的选择压下，首先在早期世代筛选育性转换起点温度低的不育单株和不育株系，并对农艺性状、品质性状、适应性和异交习性等进行选择。在选择到育性转换起点温度低、农艺性状等较为稳定的不育株系后，再测交筛选配合力好的不育系。高世代高压筛选法则是反其道而行之，于早期世代首先对农艺性状、品质性状、适应性和异交习性等进行选择，在 $F_5 \sim F_6$ 测交筛选配合力好的不育株系，待获得形态性状稳定、综合性状好而且配合力强的不育系以后，再利用自然变温和人控温度条件，在一定的选择压下筛选育性转换起点温度低的不育单株或不育株系。高世代高压筛选法之所以可行，是因为高世代的不育系群体中，会出现低频率的育性变异株，这些不育株的配合力和其他性状都与原不育株系相同，仅育性表现与原不育株系有别。武小金等（1994）在三亚观察到，由安农 S-1 转育而来的低温敏不育系 90338S 中有 2 株 3 月初有些散粉，其余的单株皆不育，在植株形态、生育期方面，这两株与其他单株完全相像，表明不太可能是由于串粉混杂的缘故。将这两株编号为 338S-1、338S-2，并套袋收取套袋自交结实种子。另外，还观察到育性表现与安农 S-1 相似的 133S（不育基因供体也是安农 S-1）中，极少数单株结实很差，极少数单株结实特别好。结实特别差的约占 0.02%，结实特别好的约占 0.03%。选择两个结实率低的单株（133S-22、133S-23），两个结实率高的单株（133S-31、133S-32）。将上述育性变异株的种子同 90338S、133S 和安农 S-1 自 1994 年秋在长沙种植，8 月 27 日始穗，逐日镜检各株系的育性变化，发现这些株系的育性表现已不同于原来的不育系，在遇到 8 月 22—24 日的较低温度后（日均温分别为 24.1 ℃、22.1 ℃、24.5 ℃），90338S-2 有染色花粉，而 90338S 没有，133S-22、133S-23 没有染色花粉，133S 有染色花粉，133S-31、133S-32 的染色花粉率则较高（表 3-25）。说明在一个不育系群体中（特别是大群体），有引起单株的育性转换起点温度比原不育系有所提高，而另外有些单株的育性转换起点温度比原不育系有所降低。因此，利用自然变温和人控温度，在一定的选择压下，即可以在不育系大群体中，筛选到育性转换起点温度符合要求的实用温敏核不育系。

表 3-25　90338S 和 133S 中的育性变异株的育性观察（武小金等，1997）

不育系	可染花粉率 /%		
	8月27—31日	9月1—2日	9月3—6日
90338S-1	0	1.2	0
90338S-2	0	11.9	0
90338S	0	0	0
133S-22	0	0	0
133S-23	0	0	0
133S-31	0.05	35.8	0.02
133S-32	0.1	51.2	0.06
133S	0	10.7	0
安农 S-1	0	12.7	0

选择育性转换起点温度低的实用光温敏型核不育系分为三步。

（1）初选　将 F_2（图 3-19）或中高世代的不育系大群体（图 3-20）种植在自然变温条

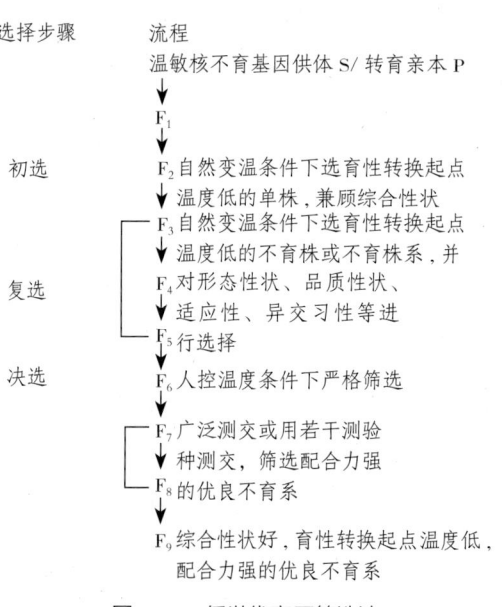

图 3-19　低世代高压筛选法

件下，根据育种目标在一定的选择压下，选择育性转换起点温度低的不育单株。一般来说，长江流域 6 月中下旬和 9 月中下旬温度波动较大；三亚 2 月中下旬到 3 月上旬的温度波动较大，是在自然条件下筛选育性转换起点温度低的不育株或株系的较好时机。另外，在海拔较高的地方筛选也是可行的。技术操作上就是将敏感期安排在自然温度变化频繁的时间，然后根据育性指标要求和育性表现选择育性转换起点温度合乎要求的不育单株。

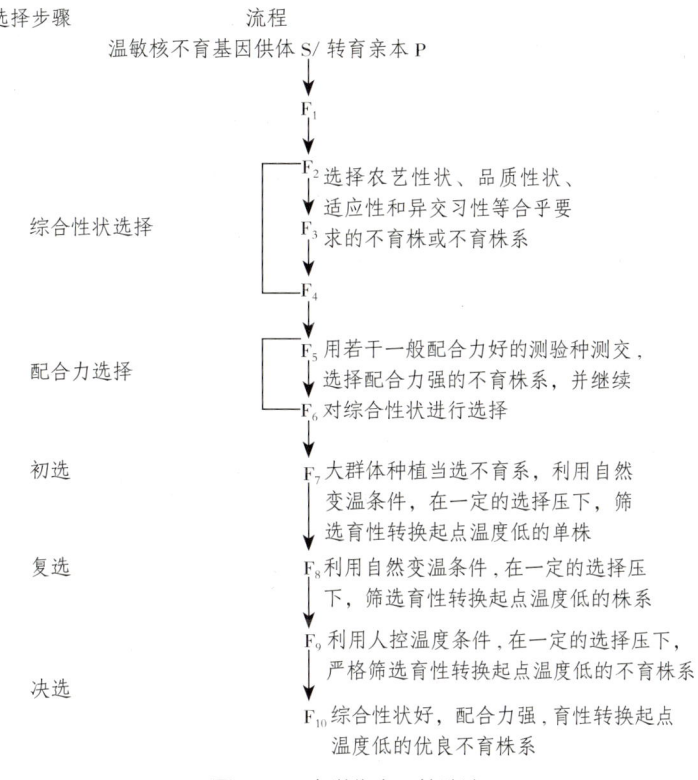

图 3-20　高世代高压筛选法

（2）复选　将初选得到的不育单株，在低温下再生繁殖，获得种子以后，继续在自然变温条件下筛选一个以上世代。

（3）决选　将复选得到的不育株系，利用人控温度条件，在根据育种目标所设定的选择压下，严格选择育性转换起点温度低的不育株系。

4.6　光温敏核不育系育性转换稳定性鉴定

4.6.1　光温敏核不育系育性转换稳定性鉴定的原则

光温敏核不育系的育性转换稳定性是保证两系杂交稻制种安全的重要基础。为了确保鉴定既准确可靠，又切实可行，在人工气候室条件下应遵循以下原则：

4.6.1.1　长光低温原则　光温敏不育系无论是光敏型还是温敏型，唯有导致不育的起点温度较低，并且在低于临界温度时还需较长的时日才能恢复可育，才具有实用价值，考虑到长光对低温有一定补偿作用。因此，鉴定实用不育系的育性稳定性应在长光低温条件下进行。

4.6.1.2　准确可靠原则　不同基因来源以及不同类型的不育系对温度的最敏感期有一定差异，而且同一不育系个体之间在发育进度上总存在些许差别，如果只有 1 期处理必然难以保证鉴定的可靠性，采取不同发育时期的多组处理就可以确保鉴定结果准确可靠。

4.6.1.3　自然模拟原则　长光低温的具体光温指标及处理时间长短必须要基本模拟某一地区盛夏低温气候，包括低温强度、变温模式等。

4.6.1.4　分级处理原则　不同品系的稳定不育耐受低温的强度可能不同。因此，试验应设置不同强度的低温处理，以鉴定出育性稳定性不同等级的不育系。

4.6.2　光温敏核不育水稻育性转换稳定性鉴定技术

4.6.2.1　实用不育系育性稳定性鉴定的温光指标　温度指标：根据自然模拟原则，实用不育系育性稳定性鉴定的温度指标必须根据不同地区制种季节可能出现的低温频率和低温强度来确定。在华中稻区的实用不育系鉴定温度指标为连续 4 d 日平均气温 23.5 ℃、日最高气温 27 ℃、日最低气温 19 ℃，变温模式还应模拟昼夜变温规律（表 3-26）。

表 3-26　实用光温敏核不育系育性稳定性鉴定的温度模式（日均温 23.5 ℃）

（邓启云等，1996）

时间	温度 / ℃	时间	温度 / ℃
2：00—6：00	19.0	14：00—18：00	27.0
6：00—10：00	22.5	18：00—22：00	25.0
10：00—14：00	25.0	22：00—2：00	22.5

光照指标：自然生态条件下，盛夏低温常伴随着阴雨天气出现，湿度大，辐射弱，叶温与气温相接近。邓启云等（1996）通过对长沙地区 1989 年盛夏低温资料的详细分析以及自己观察的结果，认为夏季连续异常低温阴雨天气的光照度在 8 000 lx 左右。模拟盛夏低温阴雨天气，在人工气候条件下对不育系的育性稳定性进行鉴定的适宜光照度应控制在 8 000 ~ 10 000 lx，若光照太强，则其辐射强，影响空气的相对湿度，导致叶温与气温有较

大差异，从而影响育性鉴定结果的准确性；光照太弱，则不利于植物的生长发育。光长的设置，在华中稻区以 13.5 h 为宜。

4.6.2.2　实用不育系育性稳定性鉴定技术　根据上述鉴定方法的四个原则，在人工气候条件下，实用光温敏核不育系育性转换稳定性的鉴定应采用"长光低温 4 级 8 组处理法"（表 3-27）。长光低温：即光长 13.5 h、光照度 8 000～10 000 lx、日均温为 23.5 ℃、温度变幅为 19 ℃～27 ℃；低温强度 4 级：即设置分别处理 4 d、7 d、11 d 和 15 d 的 4 级低温；8 组材料：根据不同发育时期，将每一份参鉴不育系分为 8 组，陆续进室（厢）处理。表中 d、e、f、g、h 等 5 组分别在幼穗分化 3 期、4 期、5 期、6 期中及 7 期初各处理 4 d，可确保不同类型的不育系必有 1 组材料的最敏感期遇上 4 d 日均温为 23.5 ℃的低温（可称为 2 级低温）。若某不育系经 2 级低温处理后仍表现稳定全不育，则其 7—8 月份安全制种保证率在 95% 以上。c 组低温处理 7 d，可称之为 1 级低温，若处理后仍能保持全不育，则这类不育系的育性稳定性可以抵御与 1989 年类似的盛夏低温。b、a 组分别处理 11 d 和 15 d，在这两种强低温处理下不育系一般都会表现不同程度的育性波动，可据其估测不育系的繁殖难易，以便采取相应繁殖措施，如冷水灌溉等。

表 3-27　长光低温的 4 级 8 组处理法（邓启云等，1996）

处理组别	开始处理时期*	花前天数 /d	处理持续时间 /d	至少处理株数 / 株
a	3 期末	16～22	15	10
b	4 期末	13～18	11	10
c	5 期末	10～15	7	10
d	3 期中	18～24	4	10
e	4 期中	15～20	4	10
f	5 期中	12～16	4	10
g	6 期中	9～13	4	10
h	7 期初	4～9	4	10

注：* 为幼穗发育时期。

4.7　隐性选择致死基因在培育光温敏核不育系中的应用

由于光温敏核不育系的育性转换受温度的影响，即使其起点温度很低，但还是有非常小概率的风险，在这种情况下就可以应用隐性选择致死基因来防范这一风险（武小金，1995）。

4.7.1 水稻选择致死基因的含义

栽培稻中品种繁多，不同品种受某些外界环境条件的影响程度不同。在某一特定的环境中，有些品种可能会很快受害致死，而另一些品种则可以保持正常，这就是环境选择致死（environmental selective lethality），控制这一特性的基因就是环境选择致死基因（environmental selective lethal gene）。例如，不同品种对高温或低温反应不同，有些品种在一定的高温或低温条件下能正常存活，而另一些品种则很容易受害致死，死亡的品种所具备的对高温或对低温反应敏感的基因，就可以称为高温或低温选择致死基因。

4.7.2 水稻选择致死基因利用的设想

如果能够找到在某一特定环境中选择致死的隐性基因 sl 的话，则可以将该基因转移到光温敏核不育系中去，而将其对应的正常基因 Sl 转移到恢复系中，如果在制种时，光温敏核不育系出现了育性反复，存在一定数量的自交种子，则就可以用这一特定的环境条件进行处理，让不育系自交种子死亡，而杂种因为是杂合体（Slsl），则可以正常存活（图 3-21）。

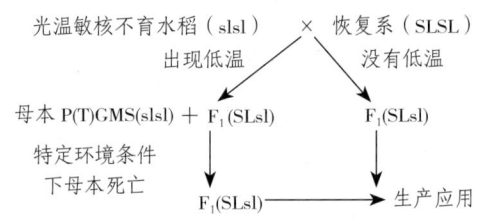

图 3-21 水稻隐性选择致死基因的利用模式

4.7.3 寻找水稻选择致死基因的途径

根据我们的初步观察，推测寻找水稻选择致死基因至少有下面两种可能途径。

4.7.3.1 药剂选择致死基因（chemical selective lethal gene） 应用水稻品种对某些药剂反应的敏感性差异，寻找隐性药剂选择致死基因。筛选办法是：用各种浓度的药剂溶液，浸泡破胸萌动的水稻品种种子一定时间，然后用清水洗干净，用培养皿发芽，能够正常生长的品种则不具备该药剂选择致死基因，不能正常生长的品种则具备该药剂选择致死基因。筛选出这些材料后，用这两类材料配成正反交，具有药剂选择致死基因的品种作母本为正交 F_1，反之，则为反交 $F_1{}'$。将亲本 F_1、$F_1{}'$ 浸泡在一定浓度的药剂溶液内一定时间，如果 F_1、$F_1{}'$ 种子能正常存活，则表示所筛选到的药剂选择致死基因为隐性；如果 F_1、$F_1{}'$ 种子皆不能存活，则表示所筛选到的药剂选择致死基因为显性；如果 F_1 不能存活，$F_1{}'$ 可以存活，则表示所筛选到的药剂选择致死基因属于细胞质基因（图 3-22）。

上面提供的是筛选药剂选择胚致死基因的程序，当然，我们还可以筛选药剂选择幼苗致死基因，其程序与筛选药剂选择胚致死基因的程序大致相同，只是将种子萌动期用药剂浸种改为苗期用药剂喷雾。

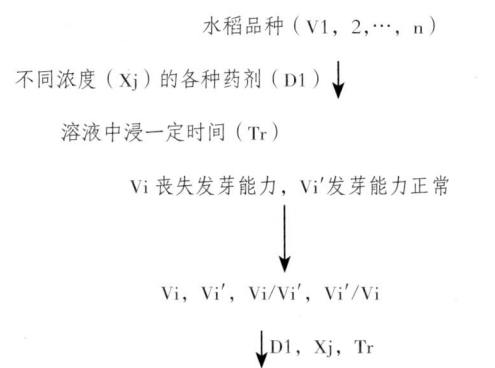

水稻品种（V1, 2,…, n）

不同浓度（Xj）的各种药剂（D1）

溶液中浸一定时间（Tr）

Vi 丧失发芽能力，Vi'发芽能力正常

Vi, Vi', Vi/Vi', Vi'/Vi

D1, Xj, Tr

Vi 死亡，而 Vi'、Vi/Vi'、Vi'/Vi 正常，隐性药剂选择致死基因。

Vi、Vi/Vi'、Vi'/Vi 死亡，而 Vi'正常，显性药剂选择致死基因。

Vi、Vi/Vi'死亡，而 Vi'、Vi'/Vi 正常，细胞质药剂选择致死基因。

图 3-22　隐性药剂选择致死基因的筛选程序

　　药剂选择致死基因有可能是存在的。如 133S 和 133S/ 明恢 63 对草甘膦的反应很不相同（Wu，2000）。进一步扩大筛选的药剂种类，并分别给予不同时间和浓度的处理，则有可能筛选出隐性药剂选择致死基因。

　　4.7.3.2　寻找温度选择致死基因（temperature selective lethal gene）　一般说来，水稻品种种子在低温条件下贮藏可以在较长时间内保持正常发芽能力，而在高温条件下贮藏则容易丧失发芽能力，不过不同水稻品种在高温条件下的贮藏寿命不同，有些品种短期贮藏即可致死，而另一些品种则能维持一段较长的时间。如果在高温条件下短期贮藏致死是由隐性基因控制的话，则可以将该基因转移到光温敏核不育水稻中去，而将对应的显性基因转移到恢复系中。制种期间，如光温敏核不育水稻出现育性反复，则可将杂种在高温条件下短期贮藏，不育系自交种子死亡，杂种则可以正常存活，从而保证了杂种的纯度。筛选的办法是，用不同温度（30 ℃~50 ℃）的恒温箱贮藏众多水稻品种种子一段时间（10 d 一个间隔），如果在某一温度条件下，某一品种短期贮藏就丧失了发芽能力，则表明该品种具有温度选择致死基因（图 3-23）。

水稻品种（V1, 2,…, n）

不同温度（Tj）不同时间（Tr）贮藏 ↓

Vi 丧失发芽能力，Vi′发芽能力正常

↓

Vi, Vi′, Vi/Vi′, Vi′/Vi

↓Tj, Tr

Vi 死亡，而 Vi′、Vi/Vi′、Vi′/Vi 正常，隐性温度选择致死基因。

Vi、Vi/Vi′、Vi′/Vi 死亡，而 Vi′正常，显性温度选择致死基因。

Vi、Vi/Vi′死亡，而 Vi′、Vi′/Vi 正常，细胞质温度选择致死基因。

图 3-23　温度选择致死基因的筛选程序

值得指出的是，运用选择致死基因控制致死并不要求达到 100%，而是有 80% 以上的致死率即可。因为一般制种时，出现育性反复的频率较低，而且即使出现也只不过 3 d 左右，只要花期相遇，纯度可以达到 80% 以上，这样，不到 20% 的不育系自交种子中，如果有 80% 的死亡，纯度可以达到 96% 以上，在生产上应用就没有问题了。

应用转基因技术将抗除草剂基因（如 *bar*）转移到恢复系中（黄大年等，1998）或将隐性苯达松致死基因（*bel*）转移到光温敏核不育系中（张集文等，1999），以防范两系风险，业已取得成功。

第五节　优良不育系简介

5.1　优良细胞质雄性不育系简介

5.1.1　珍汕 97A

由江西省萍乡市农业科学研究所 1971 年用长江流域迟熟早籼珍汕 97（♂）与"野败"杂交，经连续回交于 1973 年育成，是目前我国使用面积最大的一个不育系。据湖南省农业科学院观察，珍汕 97A、B 在长沙 5 月中旬播种，6 月下旬末插秧，7 月下旬中始穗；6 月下旬初播种，7 月上旬末插秧，8 月底始穗，播—穗期距分别为 75 d 和 70 d，不育系比保持系一般迟抽穗 3~5 d。珍汕 97A 株高 70 cm 左右，株型较紧凑，主茎总叶片数 13 片，叶片狭短挺直；叶缘、叶鞘紫红色；穗大分枝长，常三枝平头；谷壳黄色，稃尖紫红色，有些谷壳边缘也有紫红色；千粒重 25~26 g；米中粒型，米质中等，有部分腹白；抽穗整齐，成穗率高。

早期抗稻瘟病能力较强，近年内有所下降，易感染纹枯病和小球菌核病。分蘖力中等；开花习性好；花时较集中，包颈程度比其他野败型不育系轻。柱头紫色，部分外露，异交率较高，在人工辅助授粉和喷施赤霉素的情况下，制种产量最高每公顷 3 000 kg 以上。该不育系育性稳定，可恢复性好，是目前野败不育系中可恢复性最好的不育系之一。配合力较好，杂种表现穗大、粒多。

5.1.2　V20A

由湖南省贺家山原种场用早籼 V20 对"野败"/6044 后代中的不育株进行测交、转育而来，于 1973 年秋育成。在湖南长沙 4 月上旬播种，5 月初插秧，6 月下旬初始穗，播—穗期距 70~75 d；株高 70 cm 左右，株型紧凑；叶片长、宽中等，叶缘、叶鞘、稃尖、柱头均为紫红色；粒型较大，千粒重 28~30 g；开花习性尚好，但包颈程度稍重，一般达 1/4，气温低时，可达 1/3~1/2，开花不太集中，有少量柱头外露，异交结实率一般在 30% 左右。大面积制种每公顷产量一般可达 1 500~2 250 kg。不抗白叶枯病和稻瘟病。但配合力好，容易配出强优组合。如分别与 IR26、测 64、二六窄早配组出的威优 6 号、威优 64、威优 35 都是产量高的组合。但该不育系米粒腹白较大，米质不太好。

5.1.3　协青早A

协青早不育系属感温型迟熟早籼不育系，在安徽广德春播全生育期 118 d，从播种到始穗 80 d；在长沙 5 月上中旬播种，播—穗期距 60 d 左右。在福建厦门 8 月上旬播种，10 月上旬始穗，播—穗期距 64 d。在海南三亚，12 月中旬播种，翌年 3 月中旬始穗。协青早不育系株高 64.4 cm；分蘖力中等，平均单株有效穗 7.1 穗；每穗颖花 82.5 个；千粒重 27.2 g；柱头、稃尖及叶鞘、叶缘紫色；柱头外露率稍高，双外露 43.5%；主茎总叶片数 13 片左右，据广德县农业科学研究所观察，协青早不育系在主茎叶片数达到 9~10 叶时开始幼穗分化，从幼穗分化开始至始穗历时 25 d。协青早不育系谷粒细长，谷壳较薄；米粒有少量心、腹白。开花习性较好，花时早于"野败"V20A 和珍汕 97A。张颖角度 30°~40°，单穗花期 3 d，群体花期 7~10 d。中抗稻瘟病和白叶枯病。协青早不育系育性稳定，不育度和不育株率都达到 100%，败育花粉全为典败。其恢复系与"野败"型不育系相似，但比"野败"型 V20A、珍汕 97A 等代表型不育系难恢复些。优势较强的组合有协优 64、协优 29、协优 49、协优菲、协优 63、协优 26 等。

5.1.4　金23A

株高 58 cm，株型较紧凑，茎秆较细，主茎叶片数 10.5～12.0 叶。叶片直立。叶色深绿，叶鞘紫色，叶耳、叶枕淡紫色。包颈程度较重，包颈率 45%。分蘖力强。感温性较强，不育性稳定，品质优良。花期集中，柱头外露率高达 80%，繁殖、制种异交率高。组合有金优 99、金优 63、金优 974、金优 402、金优 207 等。

5.1.5　博A

株高 70 cm 左右，茎秆细韧，株型适中，分蘖力较强，抗性、米质中等。开花习性好，花时早而集中，柱头外露率和异交率都很高。所配组合大多感光，推广的主要组合有博优 64 等。

5.1.6　Ⅱ-32A

株高 78 cm 左右，茎秆粗壮，株型适中，分蘖力、抗性和米质中等。开花习性很好，花时早而集中，柱头外露率高，异交结实性好。组合有Ⅱ优 63、Ⅱ优 46、Ⅱ优 162、Ⅱ优 58 等。

5.1.7　优ⅠA

株高 65～70 cm，茎秆细韧，株型适中，叶色较淡，叶鞘浅紫色，剑叶挺直，短小，分蘖力中等，感温性较强，抗性、米质中等。育性基本稳定，开花习性好，花时早而集中，柱头外露率高，异交率高。组合有优 I77、优 I200 等。

5.1.8　朝阳1号A

系四川农学院［（冈比亚卡 × 矮脚南特）×689-641］×72-192，再与朝阳 1 号杂交连续多代回交育成，为早熟早籼型。4 月中旬在四川雅安播种，播—穗期距 71～77 d。不育系比保持系迟抽穗 3 d。主茎叶片数春播 12 片，夏播 11 片。不育系株高春播 60 cm 左右，夏播 52 cm 左右。株型较好；分蘖力较强；穗型较小；千粒重 23.5 g 左右；柱头部分外露，花时早而集中，异交率高。花粉粒典败。所配杂种一般株叶型好，分蘖力强，穗大粒多，但千粒重较小。

5.1.9　青小金早A

由四川农学院（冈比亚卡 × 矮脚南特）× 雅矮早，又与雅粳 621 杂交，再与青小金早杂交转育而成，为籼粳籼途径，属早熟早籼型。4月中旬在四川雅安播种，播—穗期距74~80d。保持系与不育系生育期相同。主茎叶片数春播13片，夏播12片。不育系株高春播71cm左右，夏播63cm左右，保持系比不育系高2~3cm。株型稍散，叶片较长，分蘖力强。着粒较稀，千粒重27g。柱头部分外露。不育系基本不包颈，穗子边抽出边开花。花药略小，淡黄，花粉形态多数正常，对碘呈蓝黑色反应。但不散粉，属染败型。所配杂种分蘖力强，株型稍散，千粒重较大，产量优势显著。

5.1.10　D汕A

D汕A在四川雅安夏播。株高68cm，比保持系汕-1矮10cm。花粉典败，主茎叶片数13.3片，雅安春播时，播—穗期距88d，夏播时68d左右，比野败珍汕97A迟1~2d。分蘖力中等，穗型较大，每穗平均116粒，叶片稍大，较抗稻瘟病，花时早而集中。育性稳定，1984年隔离种植132株，未发现自交结实现象。可恢复性和一般配合力都较好，现已配组出D优1号、D优3号、D优63、D优64等强优组合。1985年其杂种种植面积近13.3万hm²。

5.1.11　D297A

其保持系具有1/8的粳稻血缘。夏播时株高74.8cm，分蘖力较强，株型紧凑，叶色深绿，抗稻瘟病能力较强，生育期比珍汕97长4~5d。每穗平均122.1粒；千粒重26.62g；米粒中长，基本无腹白，适口性好。柱头长约5mm，外露率高，配合力好。1985年与明恢63测配6个株系，每公顷产量为9202.5kg，显著高于对照组合。

5.1.12　K18A

为K型系列不育系之一。株高65~69cm，分蘖力中等，成穗率高，茎秆粗壮，株型适中。开花习性较好，柱头外露率高，品质较好。组合有K优817，K优8149，K优8725等。

5.1.13　BT-黎明A

在我国北方为中粳，感温性很强，南移则生育期显著缩短为早粳。在长沙春播，株高80cm左右，分蘖力较弱，株型紧凑，叶色浅绿，叶片窄长，总叶片数为11.5~13.5片。不包颈，始穗至齐穗期为3~4d，抽穗整齐。叶鞘、稃尖、谷粒有茸毛，无芒，柱头外露率不高，但开花集中，闭颖率低，抗病力和抗高温能力不强。

5.1.14 "BT"农虎26A

由浙江省嘉兴地区农业科学研究所育成，其保持系是农虎26与IR26杂交的后代。在长沙6月中旬播种，8月中旬始穗，播—穗期距74 d左右。在海南，12月底播种，3月下旬始穗，播—穗期距85 d左右。在长沙6月播种，株高80 cm左右，分蘖力中等，株型紧凑，叶色浅绿，叶片窄长，剑叶直立；有15～17片叶。无包颈现象，始穗至齐穗期为4～5 d。抽穗整齐，叶鞘、稃尖、柱头皆无色。花药肥大呈黄色，一般不开裂，谷粒短圆，有茸毛，无芒。开花习性较好，开花整齐，花时较集中，闭颖率低，柱头外露率较高，繁殖、制种产量高。对稻瘟病抗性中等，不抗白叶枯病。经湖南省农业科学院多年配合力测定，该不育系可恢复性好，配合力高。

5.2 优良光温敏核不育系简介

5.2.1 培矮64S

由湖南杂交水稻研究中心以农垦58S作母本，爪哇稻品种培矮64作父本杂交，经多代定向选择培育而成的籼爪型低温敏核不育系。1991年通过湖南省技术鉴定。

该不育系属于临界温度低的温敏核不育系，不育起点温度为23.5℃左右，20.5℃～23.3℃为可育转换的温度范围。育性转换的最敏感期为雌雄蕊分化期到花粉母细胞形成期。该不育系还具有一定的光敏特性，在长光条件下，起点温度降到24℃以下；在短光条件下，起点温度提高到24℃以上。其不育期在长沙为60 d以上，广州约80 d，武汉50 d以上，在沈阳、北京、贵阳等地为20 d以上。不育期间，雄性败育彻底，自交不实，制种时易保证杂交种的纯度。异交性方面，花时早，有明显的花时高峰，午前花率高，柱头外露率约80%，但柱头较小，张颖历时短，异交结实潜力中等。平均25℃～29℃的平稳气温和70%～90%的相对湿度时，有利于异交结实。该不育系还具广谱广亲和性、株叶型好、配合力强、分蘖力强和米质优良等特点，已被十几个省（自治区）用来配制了一批优良组合。

5.2.2 7001S

由安徽省农业科学院水稻研究所用农垦58S作母本，迟熟中粳917作父本，经一次杂交、多代选育而成的粳型光敏核不育系。1989年通过安徽省技术鉴定。

在长日照条件下，花粉高度败育，败育率99.13%～99.93%，自交结实率0～0.13%，临界光长14 h，在合肥、武汉等地，7月底至9月初表现不育，不育期35 d左右。不育起点温度为24℃。在短日照条件下，花粉育性恢复，自交结实率可达70%以上；遇上28℃

以上高温，自交结实率仍有 40%。一般在 9 月 5 日前后转为可育。抽穗整齐，群体花期适中
（12 d 左右），盛花期开花率 85% 以上，闭颖率 1% 以下。花时早，9 时左右有明显的开花高
峰，张颖角度较大，历时长，柱头外露率接近 50%，异交结实率高，具有制种高产潜力。株
叶型好，分蘖力强，穗型较大，生育期具有感光和感温性。配合力较强。用它作不育系配组，
有 3 个组合已通过省级品种审定。

5.2.3　N5088S

由湖北省农业科学院粮食作物研究所以农垦 58S 作母本，粳稻农虎 26 作父本，经杂交、
多代选择育成的粳型光敏核不育系。1992 年通过湖北省技术鉴定。

育性主要由光照长度控制，在长日照（14 h 以上）下不育，不育起点温度 24℃。在武
汉地区 8 月底前表现不育，完全不育期 30 d 左右；8 月底 9 月初后，在短光照（13.75 h）
下逐渐转为可育，可育的上限温度 28℃左右。光敏温度范围较宽，光温互补效应好。在不育
期间，花粉败育彻底，隔离自交不结实。转可育后，花药开裂散粉好，自交结实率高，易获
繁殖高产。异交性方面，花时较集中，日开花高峰在 12 时前后，制种时与父本花时相遇率达
80% 左右。开颖时间短，55 min 左右，开颖角度大，柱头外露率 40% 以上。株叶型较好，
分蘖力强，配合力较高。近年来用它配制两系杂交组合多个，均表现有较强的杂种优势，其中
已有 1 个通过省级品种审定。

5.2.4　香 125S

由湖南杂交水稻研究中心用安农 S 作母本，6711（IR9761-19-1/Lemont）作父本杂
交，在其后代中选雄性不育株作母本与香 2B 杂交选育而成的籼爪型低温敏核不育系。1995
年通过湖南省技术鉴定。

香 125S 株高 60~65 cm，剑叶长 12~15 cm，柱头外露率 60% 以上，叶鞘、稃尖、
柱头紫色，全株有香味。在长沙夏播，播—穗期距 60 d 左右。不育起点温度为 23.5℃（连
续 4 d），育性转换对温度的最敏感期在花粉细胞形成期到花粉细胞减数分裂期。香 125S 分
蘖力特强，在一般肥力条件下，单株分蘖可达 30 个以上。再生力也很强，若将夏至后的父本
拔掉，加强田间管理，又可进行秋繁，真正做到一系两用。

5.2.5　安湘 S

由湖南杂交水稻研究中心以安农 S 为母本，湘香 B 为父本杂交选育而成的籼型低温敏两
用核不育系。1995 年通过湖南省技术鉴定。

该不育系株高 65~75 cm，每穗总颖花数 110~150 粒。在长沙 3 月至 5 月中旬播种，播—穗期距 70~82 d，5 月下旬至 7 月播种，播—穗期距 69~73 d。具有 20 d 以上的休眠期，穗上不易发芽。安湘 S 的不育起点温度为 24℃~24.5℃。在湖南隆回海拔 300 m，不育期为 25 d 以上；在广东不育期 60 d 以上。在可育期内自交结实率高达 85% 以上，易繁殖。开花习性好，花时早，盛花时间明显，午前花率在 70% 以上，张颖角度在 27°以上，开颖历时 150~270 min。柱头外露率高，在未喷赤霉素情况下，达 76.8%~85.0%，其中双边外露率为 34.5%~39.2%，制种产量高。米质较优，食味好。

5.2.6 安农 810S

由湖南省安江农业学校于 1988 年以安农 S-1 为母本，水源 287 为父本杂交，经多代选育而成的早稻温敏型核不育系，1995 年通过湖南省科委组织的技术鉴定。

该不育系株叶型较好，株高 60~80 cm，主茎总叶片数 12~13 片，分蘖能力较强，穗型中等，叶鞘、柱头无色，千粒重 24 g，米质较优。育性转换的临界温度在日均温 24℃以下，育性转换对温度敏感期在幼穗分化第 4~6 期。开花习性好，花时早，午前开花率为 70% 左右，张颖角度较大，柱头外露率一般在 70% 以上。制种产量每公顷可达 3 000 kg 以上。生育期短，米质较好，配合力较强，可选配出早、中熟类型的高产、优质、抗性好的两系组合。

5.2.7 测 64S

由湖南杂交水稻研究中心以测 64-7 为目标亲本，安农 S-1 为不育基因供体，利用连续回交法，通过 3 代回交选育而成的低温敏核不育系，1996 年通过湖南省科委组织的技术鉴定。

该不育系分蘖力强，株型好，生育期适中，株高 80~110 cm，播—穗期距为 65~85 d，不感光，感温性较弱，基本营养生长性强，秋季抗寒性强，抗病虫能力较强，米质优良。

测 64S 不育期花粉败育率 100%，完全不育株率 100%，无自交结实。转换可育温度需在日均温 23.5℃以下，所需低温时间 6 d 以上，是目前全国少数几个不育起点温度低的安全型不育系之一，大面积生产上应用的风险很小。

在中低纬度中高海拔地区繁殖（如云南临沧地区）自交结实率可稳定在 60%~70%，繁殖产量可稳定达到每公顷 4 500 kg。如应用冷水串灌繁殖技术，适当降低水温，繁殖自交结实率可超过 50%。

测 64S 不育起点温度低，适宜于制种的地域范围广，时空限制小。柱头外露率高，比三系不育系高 20 个百分点以上，花时早，集中，营养生长期较长，选择好最佳抽穗扬花期易获得制种高产。

测 64S 继承了生产上当家恢复系测 64-7 的优良性状与配合力，与我国大多数常规水稻品种处于不同优势种群，配组优势突出。与粳稻广亲和系配组，株型优良，株高适宜，生育期不超亲，是比较适合于配组水稻亚种间杂交水稻的不育系。目前已测配出一些优势明显、增产潜力较大的两系亚种间和品种间组合。

5.2.8　湘早 22S

由湖南杂交水稻研究中心以湘早籼 7 号为目标亲本、安农 S-1 为不育基因供体杂交选育而成的早籼低温敏核不育系。1996 年通过湖南省科委组织的技术鉴定。

该不育系株高 70 cm，穗长 18～20 cm，每穗总颖花数 80～110 粒，主茎叶片数 11～12 片。抽穗整齐，株叶型好，千粒重 27 g，长粒型，米质好，稃尖无色。

起点温度低，不育性稳定。1995 年参加湖南杂交水稻研究中心人工气候室日平均温度 24 ℃的鉴定，在不同发育时期通过 4 d 低温处理，花粉不育度均达 99.5% 以上，小穗不育度和不育株率达 100%；大田种植 1 000 株，不育度在 99.5% 以上的不育株率为 100%，套袋自交结实率为 0。败育花粉以典败为主。同年参加湖南省光温敏核不育系多点分期播种试验，表现无育性波动。9 月下旬转可育。在省内不育期长达两个月以上。通过 24 ℃鉴定后，立即继续筛选株系，并于 1996 年进行核心种子生产，获得原种 30 kg。

湘早 22S 的突出特点是早熟。在长沙早稻正季播种，播—穗期距为 72 d，夏季播种（用于秋制），播—穗期距为 52 d，而 F131S 等为 60～63 d。湘早 22S 要早 10 d 左右。海南三亚春季播种播—穗期距为 56 d，比已有的中熟早稻不育系早 7～10 d。配合力好，特别适合配制双季中熟杂交早稻。

开花习性好，开花较早，午前花 70% 以上；柱头外露率 71.1%，其中单边外露率 50.9%，双边外露率 20.2%，张颖角度 30°，张颖时间 210～360 min，不开颖率为 7.0%。1996 年湘早 22S 小面积制种 0.067 hm²，异交结实率 39.2%，理论产量 2 282.85 kg/hm²。相信今后进一步摸清不同组合的制种特点，制种产量还可以继续提高。

158

References
参考文献

[1] 元生朝，张自国，许传桢，等.光照诱导湖北光敏感核不育水稻育性转变的敏感期及其发育阶段的探讨 [J].作物学报，1988,14(1)：7-13.

[2] 元生朝，张自国，许传桢.光照诱导湖北光敏感核不育水稻育性转变的研究 [J].武汉大学学报，1987(HPGMR 专刊)：17-28.

[3] 王三良，许可.W6154S 育性变化与温度关系的研究 [J].杂交水稻，1990(4)：39-41.

[4] 石明松.晚粳自然两用系的选育及应用初报 [J].湖北农业科学，1981(7)：1-3.

[5] 石明松.对光照长度敏感的隐性雄性不育水稻的发现与初步研究 [J].中国农业科学，1985(2)：44-48.

[6] 卢兴桂.水稻光（温）敏核雄性不育性的研究现状 [C]// 两系法杂交水稻研究论文集.北京：农业出版社，1992：13-22.

[7] 卢兴桂.对水稻光—温敏雄性不育系选育中的一些问题的思考 [J].高技术通讯，1992(5)：1-4.

[8] 卢兴桂，王继麟.湖北光周期敏感核不育水稻的研究与利用：Ⅱ.育性的遗传行为观察研究 [J].杂交水稻，1986(4)：6-9.

[9] 卢兴桂，牟同敏，方国成，等.籼型光敏感雄性不育系的选育与利用：Ⅰ.光敏感核不育基因导入籼稻背景的效果 [J].杂交水稻，1989(5)：29-32.

[10] 卢开阳，元生朝.光周期的暗长在诱导光敏核不育水稻育性转换中的作用 [J].华中农业大学学报，1991,10(3)：238-241.

[11] 王长义.粳型光敏核不育系 N5088S 选育与应用初报 [J].湖北农业科学，1993(6)：3.

[12] 冯云庆，王长义，李全新.湖北长日核不育水稻的研究与利用 [J].作物学报，1985,11(4)：227-233.

[13] 刘宜柏，贺浩华，饶治祥，等.光温条件对水稻两用核不育系育性的作用机理研究 [J].江西农业大学学报，1991,10(3)：238-241.

[14] 牟同敏，卢兴桂，杨国财，等.高海拔长日低温条件下选择水稻光温敏不育系的效果与方法研究 [J].高技术通讯，1996,6(11)：5.

[15] 李新奇.四个水稻核不育材料育性转换特征的遗传分析 [J].湖南农业科学，1990(1)：10-13.

[16] 李成荃，许克农.粳型水稻光敏不育系 7001S 的育性与利用研究 [J].安徽农业科学，1994,22(1)：11-15.

[17] 朱英国.水稻雄性不育生物学 [M].武汉：武汉大学出版社，2000.

[18] 朱英国，杨代常.光周期敏感核不育水稻研究与利用 [M].武汉：武汉大学出版社，1992.

[19] 孙宗修，熊振民，闵绍楷，等.温度敏感型雄性不育水稻的鉴定 [J].中国水稻科学，1989,3(2)：49-55.

[20] 孙宗修，程式华，斯华敏，等.在人工控制光温条件下早籼光敏不育系的育性反应 [J].浙江农业学报，1991,3(3)：101-105.

[21] 孙宗修，程式华，闵绍楷，等.光敏核不育水稻的光温反应研究：Ⅲ.减数分裂期温度对两个籼稻光敏不育系育性转换的影响 [J].作物学报，1993,19(1)：82-87.

[22] 孙宗修，程式华，闵绍楷，等.光敏核不育

水稻的光温反应研究：Ⅱ.人工控制条件下粳型光敏核不育系的育性鉴定[J].中国水稻科学,1991,5(2):56-60.

[23]陈良碧,李训贞,周广洽.温度对水稻光敏、温敏核不育基因表达影响的研究[J].作物学报,1993,19(1):47-54.

[24]张自国,曾汉来,元生朝,等.再论光敏核不育水稻育性转换的光温作用模式[J].华中农业大学学报,1992,11(1):1-6.

[25]张自国,曾汉来,李玉珍,等.籼型光敏核不育水稻营养生长期光温条件对育性转换的影响[J].杂交水稻,1992(5):34-36.

[26]张自国,元生朝,曾汉来,等.光(温)敏核不育水稻W6154S育性转换感温特性研究[J].华中农业大学学报,1991,10(1):21-25.

[27]张自国,元生朝,曾汉来.光敏感核不育水稻两个光周期反应的遗传研究[J].华中农业大学学报,1992,11(1):7-14.

[28]张自国,卢兴桂,袁隆平.光敏核不育水稻育性转换的临界温度选择与鉴定的思考[J].杂交水稻,1992(6):29-32.

[29]张晓国,刘军,朱英国.湖北光敏感核不育水稻不育性的遗传规律[J].武汉大学学报(自然科学版),1990(4):98-101.

[30]张晓国,黄佩霞,朱英国.光敏感核不育基因的遗传行为初探[C]//两系法杂交水稻研究论文集.北京:农业出版社,1992:116-122.

[31]张廷璧.湖北光敏感核不育水稻的遗传研究[J].中国水稻科学,1988,2(3):123-128.

[32]张集文,武晓智.水稻光温敏雄性不育化学致死突变体的诱变筛选与初步研究[J].中国水稻科学,1999,13(2):65-68.

[33]张端品,邓训安,余功新,等.农垦58S光敏感雄性不育基因的染色体定位[J].华中农业大学学

报,1990,9(4):407-419.

[34]杨居钿.籼稻5460温敏核不育系在福州自然条件下的育性表现[J].福建农学院学报,1990,19(3):245-251.

[35]武小金.水稻隐性选择致死基因利用的设想[J].杂交水稻,1995(4):27-29.

[36]武小金,尹华奇.温敏核不育水稻的遗传稳定性研究[J].中国水稻科学,1992,6(2):63-69.

[37]武小金,尹华奇,尹华觉.温度对安农S-1和W6154S的综合效应初步研究[J].作物研究,1991,5(2):4-6.

[38]武小金,尹华奇,孙梅元,等.关于温敏核不育水稻选育与利用商榷[J].杂交水稻,1992(6):33-35.

[39]郑秀萍,周天理,张功宙,等.龙特甫A杂株来源及其分析[J].杂交水稻,1998,13(1):8-11.

[40]胡学应,万邦惠.水稻光温敏核不育基因与同工酶基因的遗传关系及连锁测定[J].华南农业大学学报,1991,12(1):1-9.

[41]胡学应,万邦惠.水稻光(温)敏核不育基因的遗传分析[C]//两系法杂交水稻研究论文集.北京:农业出版社,1992:123-129.

[42]贺浩华,张自国,元生朝.温度对光照诱导光敏感核不育水稻的发育与育性转变的影响初步研究[J].武汉大学学报,1987(HPGMR专刊):87-93.

[43]袁隆平.选育水稻光、温敏核不育系的技术策略[J].杂交水稻,1992(1):1-4.

[44]程式华,孙宗修,斯华敏.人工控制条件下水稻光(温)敏核不育系育性转换的整齐度分析[J].浙江农业学报,1993,5(3):133-137.

[45]程式华,孙宗修,斯华敏.农垦58S/农垦58S F2育性分离的年度间差异[J].中国水稻科学,1994,8(2):97-131.

［46］程式华，孙宗修，闵绍楷，等.光敏核不育水稻的光温反应研究：I.光敏核不育水稻在杭州（30°05′N）自然条件下的育性表现［J］.中国水稻科学，1990，4（4）：157-161.

［47］梅明华，李泽炳，谢园生.农垦58S及其转育的光（温）敏核不育系的等位性测验［J］.湖北农业科学，1992（1）：3-6.

［48］梅明华，李泽炳，雷建勋，等.光敏核不育水稻农垦58S与31111S不育性遗传的比较研究［J］.湖北农业科学，1992（7）：2-13.

［49］梅国志，汪向明，王明全.农垦58S型光周期敏感雄性不育的遗传分析［J］.华中农业大学学报，1990，9（4）：400-406.

［50］雷捷成，游年顺.水稻微效恢复基因排除方法及效果［J］.杂交水稻，1989（3）：36-39.

［51］雷建勋，李泽炳.湖北光敏核不育水稻遗传规律研究：I.原始光敏核不育水稻与中粳杂交后代育性分析［J］.杂交水稻，1989（2）：39-43.

［52］靳德明，李泽炳，刘良军，等.不同杂交方式选育籼型光敏核不育系的效果探讨［J］.华中农业大学学报，1990，9（4）：440-445.

［53］靳德明，雷建勋，李泽炳.水稻光周期敏感性不育性的遗传研究［J］.作物杂志，1988（3）：8-10.

［54］薛石玉，项寿南，许德信.应用回交法选育抗稻瘟病不育系的研究［J］.杂交水稻，1995（3）：5-7.

［55］薛光行，邓景扬.对湖北光感核不育水稻的初步研究：I."光感雄性核不育基因"表达初探［J］.中国农业科学，1987，20（1）：13-19.

［56］HUANG D J, LI S, ZHANG, et al. New technology to examine and improve the purity of hybrid rice with herbicide resistant gene[J]. Chinese science bulletin, 1998, 43（9）：784-787.

［57］KATO H K. MURUYAMA, H Araki. Temperature response and inheritance of a thermosensitive genic male sterility in rice[J]. Jpn J Breed, 1990, 40（suppl.1）：352-369.

［58］OARD J H, J HU, J N RUTGER. Genetic analysis of male sterility in rice mutants with environmen-tally influenced levels of fertility[J]. Euphytica, 1991, 55（2）：179-186.

第四章

水稻雄性不育恢复系选育

第一节　水稻雄性不育恢复基因的遗传

1.1　光温敏核不育类型育性恢复特性

研究证明：水稻光温敏不育系如农垦 58S、安农 S-1、衡农 S-1 和 5460S 等的育性是由核不育基因控制的，属核不育类型。

利用光温敏不育系与现有品种测交，结果表明，大多数品种的测交后代育性恢复，结实正常；少数品种的测交后代育性不能完全恢复，表现部分可育。据湖南杂交水稻研究中心不完全统计，具有完全恢复力的品种占测交品种数的 97% 左右。同时，在测交过程中还发现极个别品种与现有的光温敏不育系杂交，对一些不育系的育性能完全恢复，杂种（F_1）结实正常；对另外一些不育系的育性却不能完全恢复，杂种（F_1）结实率低。例如，湖南杂交水稻研究中心选育的三系恢复系 R207 与以安农 S-1 为供体转育的 1356S、2-2S、133S 等不育系杂交，杂种（F_1）结实正常，结实率为 80% 左右；而与以安农 S-1 为供体转育的香 125S 和以农垦 58S 为供体转育的培矮 64S 杂交，杂种（F_1）结实不正常，结实率只有 40%～50%。

根据核不育的遗传原理，现有的水稻品种都是恢复系，没有保持系。但是，在育种实践中有少数品种没有完全恢复能力和个别品种只对部分光温敏不育系具有恢复能力的这种育性遗传现象，可能与双亲的遗传组成不同、杂交不亲和性有关。

1.2 质核互作不育类型育性恢复基因的遗传

1.2.1 野败型

野败型在我国发现最早，利用面积最大，对它的育性遗传研究较多。杨仁崔等（1984）通过对 V41A/IR24 自交第二代的花粉育性镜检，在 240 株的镜检花粉中，经统计分析，发现花粉育性呈两个高峰分布，一峰相当于 V41A，多为典败花粉为不育株类型；另一峰相当于 IR24，黑染花粉率为 62.5%～97.5%，为正常可育株类型，二峰之间存在着半恢复株类型分布的广阔区域，这种双峰分布说明育性是质量性状遗传。在这 240 株群体中，有 14 株的花粉育性同 V41A，接近零值，是隐性纯合的不育株，这种不育株占镜检株数的 5.83%，十分接近 1/16 的比例（P > 0.95）。因此认为：V41A 的雄性不育除了它的野败细胞质遗传因素外，具有两对隐性不育基因 r_1r_1 和 r_2r_2；而 IR24 具有相应的两对显性恢复基因 R_1R_1 和 R_2R_2。同时，还对 F_2 群体中 239 株的穗颈抽出程度和雄蕊的形态与颜色进行了观察，并结合花粉育性镜检的结果，将它们划分为可育株、半不育株和不育株三种类型，经卡平方分析，符合 13∶2∶1 的分离比例（表 4-1）。说明控制育性的两对基因 R_1R_1 和 R_2R_2（r_1r_1 和 r_2r_2）表现独立遗传。并认为两对主效恢复基因表现一强一弱。

表 4-1　F_2 形态分类与花粉镜检分类比较

项目	样本数 / 个	可育株 / 株	半可育株 / 株	不育株 / 株	x^2 13∶2∶1
形态	239	192	33	14	P > 0.70
花粉镜检	240	201	25	14	P > 0.50

高明尉（1981）对南优 2 号 F_1、F_2 套袋结实率进行了随机取样考察，在 F_2 的 57 株中，有 3 株不育株（表 4-2）。根据 $K = \dfrac{\lg n - \lg m}{0.602\,1}$ 公式估算出控制野败型雄性不育性的隐性基因对数 K。n 为 F_2 观察数；m 为不育株。经计算 K ≈ 2，把实测值与受两对基因控制时应出现不育株的理论株数进行卡平方适合性测验，求得 x^2=0.107，概率 P > 0.70。表明二九南 1 号 A 受两对不育基因控制，其基因型为 S（$r_1r_1r_2r_2$）；恢复系 IR24 的基因型为 F（$R_1R_1R_2R_2$）。

表 4-2　南优 2 号 F_1、F_2 的结实分布

单位：%

结实率分组	0~	0.1~5	5~10	10~15	15~20	20~25	25~30	30~35	35~40	40~45	45~50	50~55	55~60	60~65	65~70	70~75	75~80	80~85	85~90	90~95	95~100	合计
组中值		3	8	13	18	23	28	33	38	43	48	53	58	63	68	73	78	83	88	93	98	
F_1							1		1		6	5	7	3	7	2						32
F_2	3		6	2	1	5	2			5	5	5	0	7	8	3			2		1	57

同时，又进一步分析了 F_2 样本的结实率分布与杂种各种基因型单株中的显性基因的关系，把没有显性基因的 $S(r_1r_1r_2r_2)$ 基因型单株称为 0 显系统，把具有 $S(R_1r_1r_2r_2)$ 和 $S(r_1r_1R_2r_2)$ 基因型单株称为 1 显系统，把具有 $S(R_1r_1R_2r_2)$、$S(R_1R_1r_2r_2)$ 和 $S(r_1r_1R_2R_2)$ 基因型单株称为 2 显系统，把具有 $S(R_1R_1R_2r_2)$ 和 $S(R_1r_1R_2R_2)$ 基因型单株称为 3 显系统，把具有 $S(R_1R_1R_2R_2)$ 基因型单株称为 4 显系统（表 4-3）。然后根据 F_1 结实率分布（表 4-2）密集区为上限（结实率为 30%）和下限（结实率为 70%）来划分 1 显系统和 3 显系统、4 显系统在 F_2 中的结实区段。结实率落在 30%~70% 区段的（即 F_1 结实率分布区段）为 2 显系统，结实率落在 0%~30% 区段的为 1 显系统，结实率落在 70% 以上区段时为 3 显系统和 4 显系统。各显系统所测得的单株数与理论数，经 χ^2 测定，求得 $\chi^2 = 1.040\,2$，$P > 0.99$，说明上述各类基因型的分析及其结实率分布是可以成立的，见表 4-3。

表 4-3　南优 2 号 F_2 的基因型分类和各基因型的频率及有关统计数

项目	0 显系统	1 显系统	2 显系统	3 显系统	4 显系统
质核基因型	$S(r_1r_1r_2r_2)$	$S(R_1r_1r_2r_2)$ $S(r_1r_1R_2r_2)$	$S(R_1r_1R_2r_2)$ $S(R_1R_1r_2r_2)$ $S(r_1r_1R_2R_2)$	$S(R_1R_1R_2r_2)$ $S(R_1r_1R_2R_2)$	$S(R_1R_1R_2R_2)$
理论频率	1/16	4/16	6/16	4/16	1/16
理论株数	3.562 5	14.250 0	21.375 0	14.250 0	3.562 5
实测株数	3	16	22	14	2
结实率分布范围	0	$0 < f < 30$	$30 < f < 70$	$70 < f < 90$	$90 < f < 100$
实测平均结实率 /%	0	17.1	61.2	70.0	90.5

从表 4-3 中可以看出，实测平均结实率随显性基因数目增加而递增，其中由 1 个增加到 2 个时，其递增率最大，这些事实说明：显性恢复基因在基本结实率上具有明显的剂量效应或加性效应。

周天理等（1983）综合调查南优 2 号、汕优 6 号的 F_2 株系及混合株系，均获得三种

育性类型：①可育株，花药黄色，开裂，可育花粉在 50% 以上，自交结实率高，田间结实率在 50% 以上；②部分不育株，花药黄色、白色均有，花药不开裂或个别开裂，可育花粉率在 50% 以下，自交结实率低，田间结实率在 50% 以下；③完全不育株，花药全部白色箭状，镜检花粉，全部为不育花粉，自交结实率为 0，田间结实率在 25% 以下，结果见表 4-4。

从表 4-4 可以看出，株系和混系的育性分离比例经卡平方测验均符合 12：3：1。同时，对杂交水稻（F_1）与不育系、保持系杂交的 F_1 育性分离进行了调查，结果见表 4-5。

表 4-4　利用综合性状划分植株育性的结果

单位：株

编号	区号	组合名称	总株数	可育株	部 分 不育株	完 全 不育株	12：3：1	
							χ^2	P
1	F217	南优 2 号（株系）	183	140	32	11	0.231	> 0.70
2	F279	南优 2 号（株系）	286	223	46	17	1.459	> 0.30
1	F237	南优 2 号（混系）	270	198	56	16	0.724	> 0.50
2	F299	南优 2 号（混系）	283	215	51	17	0.143	> 0.70
1	F238	汕优 6 号 F_2（株系）	287	208	58	21	1.080	> 0.50
2	F300	汕优 6 号 F_2（株系）	294	224	53	17	0.241	> 0.70
1	F258	汕优 6 号 F_2（混系）	285	209	54	22	1.106	> 0.50
2	F300	汕优 6 号 F_2（混系）	287	212	59	16	0.758	> 0.50

表 4-5　不育系 / 杂交水稻（F_1）及杂交水稻（F_1）/ 保持系的 F_1 育性分离

单位：株

编号	区号	组合名称	总株数	可育株	部 分 不育株	完 全 不育株	2：1：1	
							χ^2	P
1	F205	（二九南 1 号 A/ 南优 2 号）F_1	286	139	64	83	2.749	> 0.05
2	F265	（二九南 1 号 A/ 南优 2 号）F_1	293	140	69	84	2.113	> 0.30
1	F206	（南优 2 号 / 二九南 1 号 B）F_1	287	152	60	75	2.574	> 0.05
2	F266	（南优 2 号 / 二九南 1 号 B）F_1	282	142	63	87	4.769	> 0.05
1	F213	（珍汕 97A/ 汕优 6 号）F_1	275	142	65	68	0.360	> 0.05
2	F273	（珍汕 97A/ 汕优 6 号）F_1	297	152	75	70	0.332	> 0.70
1	F214	（汕优 6 号 / 珍汕 97B）F_1	289	146	72	71	0.039	> 0.75
2	F274	（汕优 6 号 / 珍汕 97B）F_1	291	147	75	69	0.456	> 0.70

　　不育系 /F$_1$、F$_1$/ 保持系杂交一代的育性，均出现三种表现型，即可育株、部分不育株、完全不育株，其分离比例经卡平方测验均符合 2：1：1。根据上述结果，认为恢复系细胞核含有两对显性基因，基因型为 F（R$_1$R$_1$R$_2$R$_2$）。R$_1$ 代表部分不育基因，R$_2$ 代表育性恢复基因。由于 R$_1$ 基因的恢复能力是不完全，存在 R$_1$ 基因时，花药有黄有白，表现部分不育；存在 R$_2$ 基因时，花药黄色，能正常结实。育性恢复基因 R$_2$ 对部分不育基因 R$_1$ 有上位作用，存在 R$_2$ 基因时，不表现 R$_1$ 的不完全育性。不育系（或保持系）细胞核含有两对隐性基因，基因型为 S（r$_1$r$_1$r$_2$r$_2$）或 F（r$_1$r$_1$r$_2$r$_2$），其中 r$_1$r$_1$ 代表典败不育基因，r$_2$r$_2$ 代表圆败不育基因。不育系与恢复系杂交，获得杂种（F$_1$）通过自交后基因型出现如下分离：

$$\begin{array}{ccc} \text{不育系} & \times & \text{恢复系} \\ S(r_1r_1r_2r_2) & & F(R_1R_1R_2R_2) \end{array}$$

$$F_1 S(R_1r_1R_2r_2)$$
$$F_2 S(R_1 - R_2 -)：S(r_1r_1R_2 -)：S(R_1 - r_1r_2)：S(r_1r_1r_2r_2)$$

　　为了证实不育系的基因型是 S（r$_1$r$_1$r$_2$r$_2$）、保持系的基因型是 F（r$_1$r$_1$r$_2$r$_2$），而恢复系的基因型是 F（R$_1$R$_1$R$_2$R$_2$）采用不育系 × 杂交稻（F$_1$），杂交稻（F$_1$）× 保持系两种杂交方法，其遗传图式如下：

$$S(r_1r_1r_2r_2) \times S(R_1r_1R_2r_2) \longrightarrow R_1r_1R_2r_2、r_1r_1R_2r_2$$
$$R_1r_1r_2r_2、r_1r_1r_2r_2$$

$$S(r_1r_1r_2r_2) \times F(R_1r_1R_2r_2) \longrightarrow R_1r_1R_2r_2、r_1r_1R_2r_2$$
$$R_1r_1r_2r_2、r_1r_1r_2r_2$$

　　从遗传方式获知，含有育性恢复基因 R$_2$ 的有两组，含有部分不育基因 R$_1$ 的一组，含有完全不育基因的一组，其育性分离比例应为 2：1：1。表 4-5 中的试验结果获得上述相同分离比，因而可以推断上述对恢复系、保持系和不育系的基因型假设是成立的。

　　黎垣庆（1985）利用二九南 1 号 A、珍汕 97A 与 IR24 等 21 个品种进行了测交，其中具有恢复能力的品种有 IR24、皮泰、仙那、SLO17 等；半恢复品种有 IR8、拉铁胥、CP-SLO 等。并对恢复品种和半恢复品种的测交后代 F$_2$ 进行了育性统计分析，结果见表 4-6 和表 4-8。

166

表 4-6　恢复组合 F$_2$ 结实率分组植株数

单位：株

组合	结实率分组 /%											1：15 χ² p
	0	0.1~ 5	10~ 15	20~ 25	30~ 35	40~ 45	50~ 55	60~ 65	70~ 75	80~ 85	90~100 95	
二九南 1 号 A/IR24	13	13	5	12	11	4	8	16	20	39	8	1.174 > 0.25
珍汕 97A/IR24	12			7	3	2	5	6	16	40	55	0.675 > 0.25
二九南 1 号 A/ 皮泰	8	10	9	8	6	4	10	11	17	15	2	0.438 > 0.5
珍汕 97A/ 皮泰	8	4	4	1	2	4	6	7	12	25	25	0.327 > 0.5
二九南 1 号 A/ 仙那	9	4	7	7	7	7		8	9	17	15	0.978 > 0.25
珍汕 97A/ 仙那	4	1	1	4	3	6	4	6	10	31	27	0.430 > 0.15
二九南 1 号 A/SLO17	3		1	1	1	3	5	6	21	29	29	1.246 > 0.25
珍汕 97A/SLO17	5		4	2	6	2	7	7	18	32	14	0.055 > 0.75

注：结实率分组下第二行数据为结实率组中值。

从表 4-6 中可以看出，不育株结实率为 0，可育株（包括部分可育株）结实率大于 0，界线明显，不育与可育具有质量性状的特点。它们之间的比例大体上接近 1：15，表明 IR24、皮泰、仙那、SLO17 具有两对育性恢复基因。

同时，又根据 F$_2$ 中各单株花药颜色、大小、开裂程度与结实率的关系，将 F$_2$ 群体划分为四种类型：①不育株（S）花药乳白色，干瘪、不开裂，内含典败花粉或少量圆败和个别染色花，自交结实率为 0；②低育株（hs），花药淡黄色，棒状、个别孔裂，内含 10%~30% 可染花粉；③部分可育株（P），花药黄色，比正常花药小，孔裂或部分开裂，内含 50% 左右可染花粉；④正常可育株（F），花药肥大，鲜黄色，正常开裂，内含 70% 以上可染花粉。田间育性调查结果见表 4-7。

表 4-7　恢复组合按综合性状分组的植株数

单位：株

组合	不育株 S	低育株 hs	部分可育株 P	正常可育株 F	1：3：3：9 χ² p
二九南 1 号 A/IR24	13	30	23	83	2.946 > 0.25
珍汕 97A/IR24	12	23	30	81	1.870 > 0.5
二九南 1 号 / 皮泰	8	22	20	45	3.302 > 0.25
珍汕 97A/ 皮泰	8	21	19	50	1.441 > 0.5

续表

组合	不育株 S	低育株 hs	部分可育株 P	正常可育株 F	$1:3:3:9$ χ^2 p
二九南 1 号 A/ 仙那	9	18	22	49	2.747 > 0.25
珍汕 97A/ 仙那	4	19	16	58	1.217 > 0.5
二九南 1 号 A/SLO17	4	16	21	58	1.545 > 0.5
珍汕 97A/SLO17	5	21	17	54	0.703 > 0.75

从表 4-7 可以看出，各个组合均按 $1:3:3:9$ 分离，经 χ^2 适合性测验，进一步证实 IR24、皮泰、仙那、SLO17 的育性恢复基因由两对主效基因控制，呈独立遗传。F_2 群体中四种育性类型单株，可能是 $S(r_1r_1r_2r_2)$、$S(r_1r_1R_2-)$、$S(R_1-r_2r_2)$ 和 $S(R_1-R_2-)$ 基因型表达。

半恢复品种测交 F_2 群体中大致出现两种类型。①不育株；②部分可育株。结果见表 4-8。

表 4-8　半恢复组合 F_2 各类型植株统计数

单位: 株

组合	不育株	部分可育株	$1:3$ χ^2 P
二九南 1 号 A/IR8	30	70	1.080 > 0.25
珍汕 97A/IR8	21	79	0.653 > 0.25
二九南 1 号 A/ 拉铁胥	21	77	0.489 > 0.25
珍汕 97A/ 拉铁胥	20	78	0.871 > 0.25
二九南 1 号 A/CPSLO	19	76	1.015 > 0.25
珍汕 97A/CPSLO	22	78	0.333 > 0.5

从表 4-8 可以看出，不育株和部分可育株比例接近 $1:3$，经 χ^2 适合性测验，各组合的 P 值均大于 0.25，表明 IR8、拉铁胥和 CPSLO 的部分恢复力是由一对育性恢复基因控制的，具有部分恢复能力。

为了探明 IR8、拉铁胥、CPSLO 的基因型和恢复基因的重组，用二九南 1 号 A、珍汕 97A 对 IR8/CPSLO、IR8/ 拉铁胥、拉铁胥 /CPSLO 三个杂交组合的子一代进行顶交试验，结果见表 4-9。

168

表 4-9　顶交组合几个有关统计特征数

组合	株数 / 株	平均结实率 /%	标准差	变异系数
二九南 1 号 A//（IR8/CPSLO）F₁	98	69.5	12.7	18.3
珍汕 97A//（IR8/CPSLO）F₁	97	71.3	13.2	18.5
二九南 1 号 A//（IR8/ 拉铁胥）F₁	68	66.9	10.8	16.2
珍汕 97A//（IR8/ 拉铁胥）F₁	65	72.5	11.3	15.6
二九南 1 号 A//（拉铁胥 /CPSLO）F₁	61	52.5	13.3	25.4
珍汕 97A//（拉铁胥 /CPSLO）F₁	92	55.4	12.2	22.1

从顶交试验可以看出，拉铁胥和 CPSLO 之间杂交，顶交试验平均结实率都比较低，表明 F_1 没有发生恢复基因的重组，可能具有同质的一对恢复基因（R_2R_2），而这两个亲本分别与 IR8 杂交，顶交试验平均结实率明显提高，表明 F_1 的恢复基因出现了重组，可能 IR8 具有一对（R_1R_1）恢复基因。同时，在 IR8/CPSLO 和 IR84/ 拉铁胥子一代植株中就出现了 R_1R_2 一套染色体组花粉。由此可以看到 R_1R_1 的恢复力似乎比 R_2R_2 强。

在上述研究的基础上，又进一步对野败型恢复系 IR24 进行了系谱分析（图 4-1）。

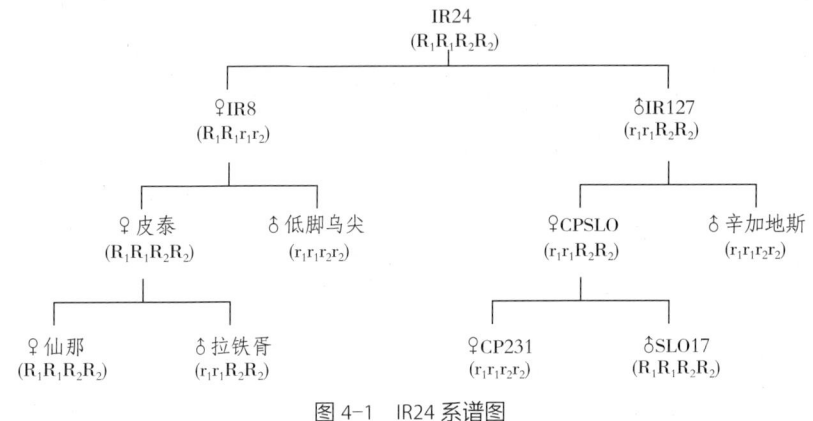

图 4-1　IR24 系谱图

从图 4-1 中可以看出，IR24 的一对恢复基因 R_1R_1 来自中国的晚籼品种仙那，另一对恢复基因则来自与印度品种有亲缘关系的 SLO17。仙那的 R_1R_1 恢复基因通过皮泰传递到 IR8，而 SLO17 的 R_2R_2 恢复基因通过 CPSLO 传递到 IR127。然后 IR8 与 IR127 杂交，把 R_1R_1 和 R_2R_2 结合在一起，培育成具有两对恢复基因的 IR24。因此，认为通过杂交的方法能使两对恢复基因聚合，同时也使两对恢复基因产生分离。在育种实践中，恢复品种含有两对主效显性恢复基因，半恢复品种只含一对主效恢复基因。

胡锦国、李泽炳等以野败型珍汕 97A 和柳野珍汕 97A 与恢复系 IR24、IR26 杂交，研究了 F_1、F_2 的花粉和小穗育性表现及测交后代的反应，认为野败型不育系的不育性和恢复性由两对基因控制，且分布在同一连锁群中，求其平均交换率为 38%。

另外，还有人认为野败型不育系的不育性和恢复性是受一对主效基因控制的，或属数量性状遗传。

上述研究结果表明：野败型不育系是由两对隐性不育基因控制的，基因型为 $S(r_1r_1r_2r_2)$；恢复系具有两对相对应的显性恢复基因，基因型为 $F(R_1R_1R_2R_2)$ 或 $S(R_1R_1R_2R_2)$，但从中可以看出，在 F_2 育性分离与恢复基因关系上，主要存在三种不同的解释。

（1）F_2 中单株结实率的高低与单株的基因型有关，单株中含恢复基因的个数愈多，结实率越高；相反，结实率越低。由此认为：显性恢复基因在基本结实率上具有明显的剂量效应或加性效应。

（2）野败型恢复系具有 R_1R_1 和 R_2R_2 两对恢复基因，R_1 代表部分不育基因，R_2 代表育性恢复基因，由于 R_1 基因的恢复力是不完全的，存在 R_1 基因时，花药有黄有白，表现部分不育，R_2 基因恢复力完全，存在 R_2 基因时，花药黄色，能正常结实。育性恢复基因 R_2 对部分不育基因 R_1 有上位作用，存在 R_2 时，不表现 R_1 的不完全育性。由此认为：在 F_2 群体中可育株、部分可育株和不育株的分离比例为 12∶3∶1。

（3）野败型恢复系具有 R_1R_1 和 R_2R_2 两对主效恢复基因，其中 R_1R_1 的恢复力比 R_2R_2 强，而且这两对恢复基因既可分离，也可重组；半恢复品种只有一对 R_1R_1 或 R_2R_2 恢复基因，恢复力不完全。不育系与恢复系杂交，F_2 分离出可育、部分可育、低育和不育四种育性单株，分离比例为 9∶3∶3∶1。这四种单株的基因型分别为 $S(R_1-R_2-)$、$S(R_1-r_2r_2)$、$S(r_1r_1R_2-)$ 和 $S(r_1r_1r_2r_2)$。半恢复品种与不育系杂交，F_2 只出现部分可育和不育两种育性单株，分离比例为 3∶1，它们的基因型可能是 $S(R_1-r_2r_2)$ 和 $S(r_1r_1r_2r_2)$ 或者是 $S(r_1r_1R_2-)$ 和 $S(r_1r_1r_2r_2)$。这种解释比较符合生产和育种实践，并逐渐被育种实践所证实。但需要指出：恢复系中的两对主效恢复基因是否存在强弱之分和谁强谁弱的问题，目前尚缺乏有力的试验资料支持，有待进一步研究。

1.2.2　红莲型和 BT 型

红莲型和 BT 型都属配子体雄性不育类型，育性遗传比较简单。红莲型由于应用面积小，对它的育性遗传研究较少。而据日本研究，认为恢复系含有一对显性核基因（R_1R_1），而不育系（或保持系）含有相应一对隐性基因（r_1r_1），用不育系 BT-C[$S(r_1r_1)$] 与恢复系 BT-A［S（R_1R_1）］或 TB-X［N（R_1R_1）］杂交，杂种 F_1 的可育花粉仅有 50%，但结实率在 90% 以上，全为可育株。自交 F_2 花粉全育（100% 可育花粉）和半可育（50% 可育花粉）的植株比例为 1：1，这是由于雄配子中 S（r）不能形成可育花粉，只有 S（R_1）能形成正常花粉，而雌配子 S（R_1）和 S（r_1）均有受精能力，见表 4-10。

表 4-10　配子体雄不育的育性遗传

雄配子	雌配子	
	S（R_1）	S（r_1）
R_1	S（R_1R_1）	S（R_1r_1）
r_1	—	—
植株比例	1	1

注：r_1 表示无受精能力。

新城长友认为 BT 型恢复系 BT-A 和 TB-X 是由一对恢复基因 R_1R_1 控制的，弱恢复的品种则有一对弱育性恢复基因。经过大量测交后，他没有找到同时具有两种育性恢复基因的任何育性恢复品种。因此，认为弱育性的和有效的育性恢复基因是等位关系。

1.3　育性表现与双亲遗传组成的关系

1.3.1　育性表现与恢复系的恢复力有关

不同恢复系其恢复力不同。在生产实践中可以看到，以强恢复系 IR24、IR26、明恢 63、测 64-7、密阳 46 等配制的杂交组合，杂种（F_1）结实率高，而且比较稳定，对不良环境的适应性也比较强。而以弱恢复品种如古 223、古 154、IR28 等与珍汕 97A、V20A 等可恢复性好的不育系配组，在气温正常的情况下，杂种结实可接近正常。但是，这种类型组合在生产上应用，存在较大的风险，若在抽穗扬花阶段，遇上阴雨低温，杂种结实率一般只有 40%～50%，例如 V41A/ 古 154、珍汕 97A/IR28 曾在生产上进行过较大面积试种，由于在抽穗扬花阶段遇上了低温，结实率很低，给生产上带来了一定的损失。

1.3.2　育性表现与不育系的可恢复性有关

同一质源的不同不育系，其可恢复性也不相同。用同一恢复系与各不育系配组，组合之间，杂种（F_1）的结实率存在着明显差异。例如：广东省农作物杂种优势利用协作组在 1978 年晚季利用 7 个恢复系与 7 个不育系配制的 49 个杂交组合，在栽培条件一致和 10 月上旬基本上同时抽穗的情况下，考察各组合的结实率（表4-11）。

表4-11　同型不育系之间可恢复性的表现

不育系	恢复系							
	海防5号	IR24	IR28	窄叶青8号	莲源早	泰引1号	IR76	平均/%
珍汕97A	84.4	81.2	81.5	80.3	87.5	70.3	80.0	82.1±2.98
珍龙13A	83.2	89.5	80.0	79.6	85.3	80.0	84.3	83.1±3.62
7017A	70.0	75.0	77.4	74.0	84.8	89.7	77.9	78.4±6.73
金南特A	41.9	71.8	65.8	83.9	69.6	84.2	76.5	70.5±14.41
二九南1号A	50.0	77.5	60.0	62.0	64.1	60.0	64.1	62.5±8.16
二九矮4号A	50.0	67.5	69.5	62.1	76.8	68.0	57.9	64.6±8.76
广陆银A	55.0		61.6	45.8	50.0	65.0	65.0	57.1±8.09
平均/%	42.13±17.20	77.1±7.69	70.8±8.86	69.7±13.66	74.0±13.71	73.9±10.90	72.2±9.87	

注：表中可恢复性以结实率表现。

从表4-11可以看出，不育系之间可恢复性的排列顺序大致是：珍龙13A、珍汕97A、7017A、金南特A、二九矮4号A、二九南1号A和广陆银A。

同时还可以看出，可恢复性好的不育系与弱恢复品种配组，杂种的结实仍较高。如珍汕97A/海防5号、珍汕97A/窄叶青8号等，而可恢复性差的不育系即使与强恢复系配组，杂种的结实率仍很低。如广陆银A/泰引1号、二九矮4号A/泰引1号等。

1.3.3　育性表现与气温的关系

杂交水稻的结实率与减数分裂至抽穗期间的温度有关。一般而言，减数分裂至抽穗期间的日平均温在25℃~29℃之间，结实率可达80%左右，高的甚至超过90%；若遇上阴雨低温，日平均温度低于23℃，或遇高温，日平均温度高于30℃时，杂种的结实率普遍降低，一般为70%左右，但组合之间有差异。据郭小弟等（1999）的报道，在抽穗前11d至抽穗后4d遇低温，汕优10（汕优46）抗低温能力比协优914更强，结实率比协优914高。黄智敏等（1998）研究了Ⅱ优838、汕优63的耐高温性，结果见表4-12。

表 4-12　1994—1996 年湖北 3 点 6 次试验 Ⅱ优 838 与汕优 63
在孕穗及抽穗期高温条件下的结实比较

地点	播种期（年/月/日）	结实率/%		减数分裂期			
		Ⅱ优838	汕优63	≥35℃日数/d		最高气温平均值/℃	
				Ⅱ优838	汕优63	Ⅱ优838	汕优63
武汉	1994/4/27	88.64	81.47	8	7	35.6	35.3
恩施	1994/4/30	83.64	76.52	5	5	35.6	35.4
荆州	1994/4/27	90.30	79.10	4	4	34.3	33.1
恩施	1995/4/5	79.36*	84.58	0	3	31.9	31.6
荆州	1995/4/19	83.60	77.10	7	5	35.0	34.7
荆州	1996/4/24	90.00	81.60	1	1	30.5	30.9

注：* 在抽穗期间遇上两天强降雨天气。

由此认为：Ⅱ优 838 在孕穗、抽穗扬花期耐连续 3 d　35 ℃以上高温，而与汕优 63 相比，在同样乃至更高的高温条件下，Ⅱ优 838 比汕优 63 结实率高出 8% 左右。同时，在生产实践中发现，有些不育系配制的杂交组合，对低温反应特别敏感，在减数分裂至抽穗扬花阶段，若连续几天遇上阴雨，当日平均温度低于 23 ℃时，杂种的结实率极显著地低于同熟期、同时抽穗、同一恢复系与其他不育系配制的杂交组合，一般只有 40% ~ 50%，有的甚至更低。另外，还有些不育系配制的杂交组合对高温反应敏感。若减数分裂至抽穗阶段，连续几天遇上日平均温度高于 30 ℃的天气，杂种的结实率明显低于同时抽穗的、同一恢复系与其他不育系配制的杂交组合。这充分表明不同遗传组成的杂交组合在减数分裂至抽穗扬花阶段对温度的要求存在明显差异。

1.4　野败型、BT 型恢复基因的染色体定位

利用水稻染色体三体和分子标记等方法对水稻雄性不育恢复基因进行了定位研究，并取得了一定的进展。但研究结果尚未完全一致。

1.4.1　染色体三体分析法

具体方法是：以水稻的 12 个三体系统分别与恢复系（或保持系）杂交，杂种（F₁）出现二体、三体植株，再用不育系与三体植株测交，然后根据测交后代的育性表现及分离比例来

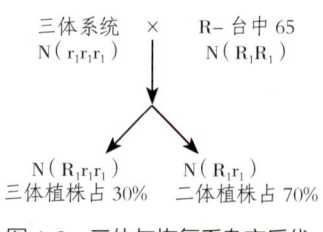

图 4-2　三体与恢复系杂交后代

确定恢复基因位于哪条染色体上。例如，BT 型恢复系的恢复基因的定位，首先利用 12 个三体材料分别与 BT 型恢复系杂交，各个杂交组合中都出现二体（$2n$）植株和三体（$2n+1$）植株，见图 4-2。然后，再用 BT 型不育系与各个组合中的二体、三体植株测定，检查测交后代各个单株的结实率，5% 以下的为不育株，70% 以上的为可育株。研究证明：不育系与二体植株测交，在 12 个组合中测交后代出现可育株与不育株，比例为 1：1，表明二体植株不能测出恢复基因位于哪条染色体上。不育系与三体植株测交，测交结果见表 4-13。

表 4-13　三体和恢复系杂交 F_1 中的三体植株同不育系杂交后代育性分离

家系 2n+1	可育株/株		不育株/株		总株数/株	χ^2 测验 1：1
	2n	2n+1	2n	2n+1		
T—A	111	2	110	0	223	0.041
T—B	65	0	82	4	151	0.920
T—C	20	12	161	3	196	88.898
T—D	91	9	86	3	186	0.640
T—E	110	0	121	0	231	0.523
T—F	74	1	72	1	148	0.027
T—G	83	0	106	1	190	3.031
T—H	77	8	62	18	165	0.151
T—I	117	4	135	6	262	1.526
T-J	92	1	82	0	175	0.691
T—K	75	4	73	4	156	0.025
T—L	40	0	55	0	95	2.268

从表 4-13 中看出在 12 个测交组合的后代中有 11 个组合的可育株与不育株比例为 1：1，其中只有三体 T-C 测交后代中不育株比可育株多，卡平方测验值为 88.898，表明 BT 型恢复系的恢复基因 R_1 位于 C 染色体上。

Bharaj T.S. 等（1995）利用具有野败型恢复基因的水稻品种 IR36 三体系列与保持系杂交，用不育系与杂种（F_1）中的三体植株测交，发现第七染色体三体和第十染色体三体对测交后代的花粉育性有显著影响，卡平方测验值分别为 15.64 和 50.43。因而认为野败型两个恢复基因位于第七和第十染色体上。但 Khush G.S. 等（1984）认为，虽然在三体分析中，发现第七染色体三体和第十染色体三体对测交后代的花粉育性有显著影响，但第七染色体三体不同于第十染色体三体，而第七染色体三体株系本身是一个半不育株系，其结实率仅为 46%，这个三体对育性的不利效应可能干扰对测交后代育性恢复的判断。

1.4.2 分子标记

近几年来，分子生物学技术，如 RFLP、RAPD、AFLP 及数量性状位点分析等技术的发展，为研究水稻雄性不育恢复基因的遗传提供了有力的工具。许多科学工作者应用这些技术对野败型和 BT 型恢复基因的定位作了研究。例如，李平等（1996）用野败型恢复系圭 630 和具有广亲性的粳稻品种 02428 的杂种（F_1）经花药培养，获得的双单倍体（DH）群体，构建了水稻 RFLP 遗传图谱，将雄性不育恢复系作为数量性状进行区间作图分析，鉴别出 8 个基因座位，其中 2 个基因座位 Rfi-3 和 Rfi-4 单个 QTL 的基因贡献值为 49.6% 和 35.4%，对育性恢复起主要作用，定为主效基因位座，位于第三和第四染色体上。谭学林（1999）运用分子标记技术对野败型恢复基因的染色体位置作了研究。运用 RFLP 分析技术，通过回交一代群体（BC_1），发现野败的一个主要恢复基因在第十染色体长臂的中部。根据数量性状位点（QTL）的分析，发现野败型花粉育性主要受这个位于第十染色体中部的基因控制，该基因与 RFLP 标记 G1361 紧密连锁。这一位点对育性的恢复性有很大的作用，可解释 71.5% 的表现变异。另一个位点在该染色体的短臂上，与 RFLP 标记 R2309 连锁，可解释 27.15% 的表现变异。Yao F. Y. 等（1997）用分子标记在第十染色体长臂的中部探测了一个起主要作用的恢复基因，并认为这一基因有足够的效能可使野败型的雄性不育性得以全部恢复。另外，还有一些研究者用分子标记及 QTL 分析法，报道了野败型恢复基因分别位于第一、第二、第五等染色体上。Shinjyo（1975）运用染色体三体和形态特征及遗传连锁分析技术，确定了 BT 型恢复基因位于第十染色体上，在 *fgl*（faded green leaf）和 *pgl*（pale green leaf）两个基因之间。Ichikawa N. 等（1997）运用 RFLP 分子标记，认为 BT 型恢复基因位于第十染色体长臂的中部，进一步研究表明，该基因与 RFLP 标记 G2155 紧密连锁。

第二节　恢复系选育

水稻恢复系选育主要有测交筛选、杂交选育和辐射诱变等途径。而目前最常用的和最有效的选育途径是测交筛选和杂交选育。

2.1　优良恢复系标准

（1）株叶形态优良，株高适宜，分蘖力强，穗粒结构合理，结实率高，丰产性好，米质好。

（2）恢复力强，所配组合杂种（F_1）在不同年份、不同季别种植，结实性波动小，且稳定。

（3）开花习性好，花期长，开花早，且集中，花药肥大，花粉量充足。

（4）适应性广，对光温反应不敏感，不同年际间同一季别种植，生育期的变化幅度小。

（5）一般配合力好，与多个不育系配组，杂种优势明显。

（6）耐肥抗倒，抗或中抗稻瘟病、白叶枯病和稻飞虱等主要病虫害。

2.2　测交筛选

利用不育系与现有水稻品种（系）杂交，根据杂种（F_1）的表现，从中筛选具有恢复力强、配合力好、杂种优势明显的优良品种（系）作恢复系。这种从现有的水稻品种资源中选育恢复系的方法，称为测交筛选。

2.2.1　测交亲本的选择原则

目前我国生产上应用的不育系主要有两大类型：一是光温敏核不育类型；二是质核互作不育类型。由于它们之间的育性遗传机理的不同，在测交亲本选择上也存在较大的差异。

2.2.1.1　光温敏核不育类型测交亲本的选择　光温敏核不育类型的恢复谱广，配组自由，大多数品种都是恢复系。但是，在育种实践中并非所有具有恢复能力的品种都能选配出强优势杂交稻组合，而只有其中极少数优良品种。根据水稻杂种优势产生的根本原因和多年的育种实践，优良杂交稻组合恢复亲本的地理分布与光温敏不育系的遗传组成有一定的相关性，大致趋势是：以我国长江流域早、中籼品种为遗传背景的不育系，测交亲本的选择应以东南亚籼稻品种和我国华南晚籼品种为主；以东南亚籼稻品种为遗传背景的不育系，应以我国长江流域早、中籼稻品种为主；以遗传组成十分复杂为遗传背景的不育系，测交亲本选择的范围比较广，一般不受品种地域分布的局限。

2.2.1.2　质核互作不育类型测交亲本的选择　目前我国生产上应用的质核互作不育类型主要有野败型、BT 型、红莲型等。这种质核互作不育类型受恢保关系的制约，配组不自由。同时，由于野败型、BT 型、红莲型的不育细胞质来源各不相同，保持品种和恢复品种的分布也存在着一定的地域性。一般而言，野败型的恢复品种主要分布在低纬度、低海拔热带、亚热带地区的籼稻品种中，而且出现的频率比较低。湖南省农业科学院（1975）利用野败型不育系与东南亚品种和我国华南晚籼品种进行测交，在测交的 375 个品种中，具有恢复力的品种仅占测交品种数的 4% 左右。同时又进一步分析了这些具有恢复力品种的系谱，发现在东南亚水稻品种中具有恢复能力的，如 IR24、IR26 等大多数与皮泰有血缘关系；在我国华南具有恢复能力的品种如秋谷矮、秋塘矮等多数含有印度尼西亚水田谷血缘。由此可以初步认为，野败型恢复基因主要来自东南亚几个原始水稻品种中。因此，在测交亲本的选择上应以东南亚籼稻品种和中国华南晚籼品种中含有皮泰、印度尼西亚水田谷血缘的品种为主。

BT 型恢复品种的地理分布，按照稻种资源、演化和育性基因分化的关系，一般认为籼稻是野生稻演化而来的，而粳稻又是由籼稻演化而来的，从原始野生稻到近代的栽培粳稻，细胞质不育基因随着稻种的进化逐渐转化为可育基因，细胞核的恢复基因则转为不育基因。研究证明：利用 BT 型不育系与现有的栽培粳稻品种测交，没有发现一个品种具有恢复力。汤玉庚等（1986）利用 BT 型、滇型、L 型、印野型、野败型 8 个粳稻不育系与中国太湖地区 706 个、云南 111 个和国外 187 个粳稻品种进行了测交，结果表明：在中国粳稻品种中，大多数无恢复力，部分品种具有弱恢复或部分恢复力，极少数高秆原始品种对滇型、L 型不育系有恢复力，结实率可达 70% 以上。由此认为，在现有的栽培粳稻品种中，不存在 BT 型的恢复基因。同时，在测交筛选恢复基因的过程中发现一些东南亚籼稻品种如 IR8、IR24 等对 BT 型不育系具有恢复力。这表明 BT 型的恢复基因主要分布在低纬度、低海拔热带和亚热带地区籼稻品种中。但是，由于籼稻和粳稻分属两个不同的亚种，籼粳杂交，双亲遗传差异大，生理上不协调，杂种结实率低，无法直接用作恢复系。虽然在测交过程中也发现极少数原始籼稻品种和个别爪哇型品种对 BT 型不育系有直接恢复能力，但籼稻和爪哇稻品种开花早，粳稻不育系开花迟，花时严重不遇，制种产量低，也很难应用于生产。因此，BT 型测交亲本应从籼粳杂交育成偏粳型的含有 IR8、IR24 血缘的品种中去选择。

而红莲型的恢复品种多数分布在温带和亚热带地区，我国长江流域和华南等地区的籼稻品种一般都有恢复能力。因此，测交亲本的选择上应以上述地区的籼稻品种为主。

2.2.2 测交筛选方法

2.2.2.1 *初测* 从符合育种目标的品种（系）中选择典型单株与具有代表性的不育系进行成对杂交，每对杂交的种子一般要求 30 粒以上。成对杂交的杂种（F_1）和父本相邻种植，杂种和父本各种植 10 株以上，单本插植。并简单地记载生育期等主要经济性状，抽穗期检查杂种的花药开裂情况及花粉充实度，若花药开裂正常，花粉充实饱满，成熟后结实性好，表明该品种具有恢复能力。若杂种（F_1）的育性或其他性状如生育期等有分离，则表明该品种还不是纯系，对于这类品种是继续测交，还是淘汰，视杂种的表现而定，若杂种（F_1）优势明显，其他经济性状又符合育种目标，可从中选择多个单株继续进行成对杂交，直到稳定时为止。例如，湖南省安江农业学校从国际水稻研究所引进的 IR9761-19-1 与不育系成对杂交后，发现杂种（F_1）的生育期有分离，于是便从该品种中选择不同熟期的单株与不育系继续进行成对杂交，相继选育出测 64-7、测 49、测 48 等一批早熟优良恢复系。

2.2.2.2　复测　经初测鉴定有恢复力而其他性状无分离的品种，便进行复测。复测的杂交种子要求 150 粒以上，杂种（F_1）种植 100 株以上，并设置对照品种。详细记载生育期及其他经济性状。成熟期时考察结实率，如结实正常证明该品种确有恢复力。对那些结实性好、杂种优势表现突出的杂种要进行测产。然后结合生育期、产量及其他经济性状经综合评价后，淘汰那些优势不明显、产量极显著低于对照品种和抗性差的品种。经复测当选的品种，便可少量制种，进入下一季的杂种优势鉴定或小区品比试验。

2.2.2.3　测交筛选的效果与评价　从现有的品种资源中测交筛选恢复系，是杂交水稻恢复系选育的主要方法之一。20 世纪 70 年代初期，野败型不育系培育成功以后，采用这种方法，从东南亚品种中筛选出一批具有恢复力的品种，如 IR24、IR26、IR661、泰引 1 号、古 223 等，很快实现了三系配套。选育出了南优 2 号、南优 3 号、汕优 2 号、汕优 6 号、威优 6 号等一批强优势杂交水稻组合，并大面积应用于生产。80 年代中期，又测交筛选出测 64-7 恢复系，育成了威优 64、汕优 64 等一批强优势中熟杂交稻组合，解决了当时杂交稻组合单一的问题，实现了长江流域杂交晚稻中、迟熟组合的配套，促进了杂交水稻的发展。随后又从 IR9761-19-1 中测交筛选出测 49、测 48 等早熟恢复系，育成了威优 49、威优 48 等一批双季杂交早稻组合，把我国双季杂交早稻种植区域从北纬 25° 扩大到北纬 30° 以南广大地区。80 年代中后期，又测交筛选出密阳 46 恢复系，育成了威优 46、汕优 46 等一批熟期适宜、抗病力强、适应性广、杂种优势明显的双季杂交晚稻组合，并迅速替代了生产上使用多年、抗病虫能力减弱的汕优 6 号、威优 6 号等一批老组合。

同样，90 年代，中国两系杂交水稻培育成功，并大面积应用于生产，如培矮 64S/ 特青、培矮 64S/ 山青 11、培矮 64S/288、培矮 64S/9311、培矮 64S/E32、香 125S/D68、810S/D100 等。两系杂交稻组合的恢复系都是通过测交筛选育成的。其中培矮 64S/9311 在湖南、安徽、河南、江苏等省作一季中稻栽培，大面积种植产量为 10.5 t/hm² 以上，创中国杂交水稻大面积种植产量的最高记录；香 125S/D68、810S/D100 等一批中熟、优质、高产双季杂交早稻组合的育成，初步解决了长江流域双季杂交早籼组合选育长期存在的"早而不优、优而不早"和米质差的难题。

由此可见，从现有的水稻品种资源中测交筛选优良恢复系，不仅方法简单，育种年限短，而且效果非常明显。今后仍是杂交水稻特别是两系杂交水稻恢复系选育的主要途径之一。

2.3 杂交选育

　　水稻有性杂交是水稻恢复系选育的主要方法之一。目前我国生产上应用的不育系主要有光温敏核不育类型和质核互作雄性不育类型。光温敏核不育类型恢复谱广，配组自由，在杂交选育恢复系的方法上与常规品种育种方法相同。而质核互作雄性不育类型，由于受恢保关系的制约，配组不自由，在恢复系杂交选育方法上也较为复杂，下面介绍几种野败型、BT 型有性杂交选育的方法。

2.3.1 有性杂交亲本选择原则

根据多年的育种实践与经验，在杂交亲本选择上应遵循下列原则：

2.3.1.1　选择株叶形态适宜　高产、抗病虫能力强、米质好的；或双亲优点多、缺点少，而优缺点互补的品种配组。

2.3.1.2　选择双亲遗传差异大　选亲缘关系远的品种配组，尽量不用或少用亲缘关系近的品种配组。

2.3.1.3　选择一般配合力好的品种配组　据研究，以一般配合力好的品种作亲本的杂交组合，杂种后代优良单株出现的概率大，选择效果明显。例如，目前我国生产上应用的一批野败型优良恢复系，大多数是从一般配合力好的明恢 63、测 64-7、密阳 46 等品种作亲本的杂交组合中选育出来的。

2.3.1.4　选择恢复力强的品种配组　遗传研究证明：在恢复系／保持品种或保持品种／恢复系的杂交组合中，以强恢复系作亲本的杂交组合，在其杂种后代中一般能选到恢复力强的单株，在弱恢复系作亲本的杂交组合中，一般选不到恢复力超亲的单株。

2.3.2 一次杂交选育法

2.3.2.1　不育系／恢复系（简称不／恢）　在"不／恢"组合中选育恢复系，方法简单。例如，野败型不育系与恢复系杂交，杂种（F_1）为 $S(R_1r_1R_2r_2)$ 杂合基因型，F_1 自交后，F_2 分离出多种基因型单株，根据育性分离与恢复基因的关系，在 F_2 群体中，只有 $S(R_1-R_2-)$ 基因型单株表现可育，可育株占群体总数的 9/16，而 $S(R_1-r_2r_2)$、$S(r_1r_1R_2-)$ 和 $S(r_1r_1r_2r_2)$ 基因型单株表现部分可育或不育。同理，F_3、F_4 及以后各个世代，同样只有 $S(R_1-R_2-)$ 基因型单株表现可育。由此可见，在"不／恢"组合中选育恢复系，只要从 F_2 开始，每代都选择性状优良的可育株，到 F_4 或 F_5 群体中的大多数单株育性稳定，结实正常，通过测交，便可选出具有纯合恢复基因型单株，育成新的恢复系。由于这种恢复系的细胞质来自不育系，又称为同质恢复系。

采用这种方法育成的同质恢复系有广西农业科学院的同恢 601、616、621、613 和湖南杂交水稻研究中心的长粒同恢、短粒同恢等。

除了从不育系与恢复系杂交后代中选育同质恢复系以外，用核置换杂交选育不育系时，也可以培育同质恢复系。例如，日本新城长友用钦苏粒·包罗Ⅱ作母本，以台中 65 作父本杂交，并连续回交，从回交 BC_1 起，每代都选择部分不育株作母本与台中 65 回交，回交到 BC_6 后，通过自交，从中选出完全可育株定为 BT-1，再用 BT-1 作母本与台中 65 杂交，自交 F_2 中分离出两个不同系统，完全可育株定为 BT-A，部分可育株定为 BT-B，再用 BT-B 作母本与台中 65 杂交，自交后代中分离出完全雄性不育株定为 BT-C。因此，BT 型三系分别为 BT-A（恢复系）、BT-C（不育系）和台中 65（保持系）。BT-A 对 BT-C 有正常恢复力，它的恢复基因来自包罗Ⅱ的细胞核，恢复系和不育系有相同的细胞质，均来自包罗Ⅱ。其选育过程如图 4-3 所示。

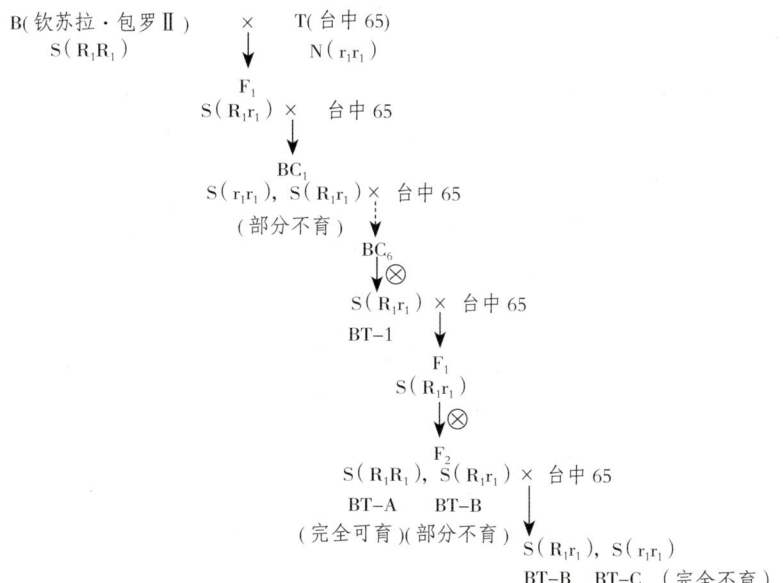

图 4-3　BT 型不育系（BT-C）及同质恢复系（BT-A）的选育过程

李铮友等利用峨山大白谷与科情 3 号杂交，再用红帽缨复交，出现高育、半育和不育三种类型，不育株再用红帽缨回交选育出滇三型不育系，高育株和半育株自交，分离出低育、半育和可育株，选自交结实正常的单株通过多代自交和系统选择，育成了滇三型的同质恢复系，选育经过见图4-4。

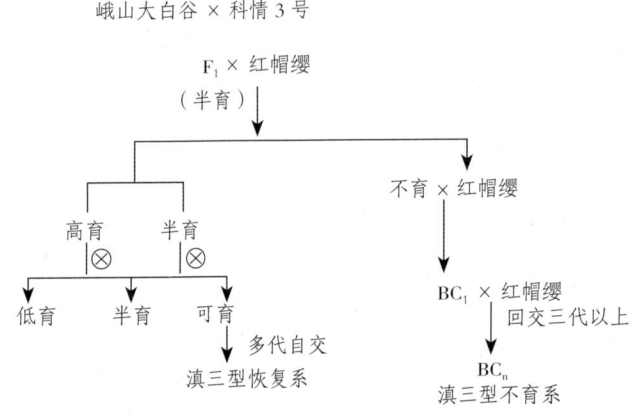

图4-4 滇三型不育系及其同质恢复系选育经过

但是，需要指出，根据多年的育种实践，无论采用哪种方法选育的同质恢复系，与不育系配组，由于双亲的遗传差异小，杂种优势不明显。目前，一般不采用上述方法进行恢复系选育。

2.3.2.2 恢复系/恢复系（简称恢/恢） "恢/恢"就是将两个恢复系的优良性状综合在一起，或改良某一亲本的某一性状，如生育期、抗性等。"恢/恢"的两个亲本都具有恢复基因，基因型为F（$R_1R_1R_2R_2$）两个基因型相同的亲本杂交，杂种（F_1）的基因型也为F（$R_1R_1R_2R_2$）。F_2虽然出现了基因的重组与分离，但就恢复性状而言，各个单株的基因型没有发生变化，仍为F（$R_1R_1R_2R_2$）。也就是说在"恢/恢"杂交组合中，从F_1开始至以后各个世代，群体中的每个单株都有恢复能力。因此，在"恢/恢"杂交组合中选育恢复系，低世代不需要测交，待各个单株的主要性状基本稳定后，便进行初测和复测，从中选择恢复力强、各个性状优良、杂种优势明显的单株，育成新的恢复系。采用这种方法育成的恢复系主要有福建省三明市农业科学研究所的明恢63、明恢77、广西农业科学院的桂33，湖南杂交水稻研究中心的晚3等。在选择方法上，目前主要有两种：一是系统选择法（又称系谱选择法）；二是集团选择法（又称集团育种法或群体育种法）。

（1）系统选择法 F_2是基因分离和重组的世代，一般要求种植5 000株以上，而且株行距要适当放宽，肥水管理条件要好。F_2单株选择标准不能过严，单株的选择要根据组合中优良单株出现的频率而定，优良单株出现多的组合多选，出现少的组合少选，特别是表现差的组合可以不选。一般而言，每个组合可选 30~50 个单株。F_2 当选的单株进入 F_3 种植，每个单株形成一个系统，每个系统种植 50~100 株。F_3 各个性状尚未稳定，只对遗传力高的质量性状如生育期、株高等性状进行选择，而对受多对基因控制的数量性状要适当放宽选择标准。一般每个系统选择 3~5 个单株，表现特别突出的系统可以适当多选。F_3 当选的单株进入 F_4 种植，每个单株又形成一个系统，每个系统种植 50~100 株，进入 F_4 后，受少数基因控制的质量性状已趋稳定，应按育种目标进行单株选择，淘汰那些表现差的系统或系统群。F_4 当选的单株进入 F_5 种植，每个单株又形成一个系统，每个系统种植 100 株，F_5 大多数性状已趋稳定或接近稳定，便可以进行恢复力和杂种优势鉴定，在单株选择上应严格按照育种标准在各个系统群、系统中选择单株与不育系进行测交。F_6 根据各个单株测交后代（F_1）的表现，选择符合育种目标的优良单株，淘汰那些杂种优势不明显、抗病虫能力差的单株。

（2）集团选择法　集团选择法是依据杂种后代中基因的分离、重组和纯合的遗传规律提出的。这种方法是早世代不进行选择，采用混播、混插和混收的方法进行。当杂种后代各个性状基本稳定后，也就是说控制杂种后代各个性状的基因基本纯合后才开始选择。而纯合基因型出现概率的大小与杂种的世代和控制性状基因对数有关。因此，选择世代的确定，应根据育种目标中主要性状控制的基因对数而定。杨纪柯（1980）根据水稻数量性状遗传理论（表 4-14）提出了只有大多数性状在群体中出现 80% 以上纯合基因时即 F_6 才适宜开始选择。

表 4-14　F_1 自交后代中所出现纯合基因个体占群体的百分率

世代数	等位基因对数							
	1	2	3	4	5	6	7	8
F_2	50.00	25.00	12.50	6.25	3.13	1.56	0.78	0.39
F_3	75.00	56.25	42.19	31.64	23.73	17.80	13.35	10.01
F_4	87.50	76.56	66.99	58.62	51.29	44.88	39.27	34.36
F_5	93.75	87.89	82.40	77.25	72.42	69.89	63.65	59.67
F_6	96.88	93.85	90.91	88.07	85.32	82.86	80.07	77.57
F_7	98.44	96.60	95.35	93.87	92.43	90.98	89.56	88.16
F_8	99.22	98.44	97.67	96.91	96.15	95.40	94.66	93.92

具体方法见表 4-15。为了提高集团选择的育种效果，在 F_2~F_6 中应注意以下几点：①对原始亲本应尽早检测配合力，从而选定优良组合；②把群体放到特殊栽培环境中，以便自然淘

汰其中不适应的个体；③对遗传力高的质量性状，如抽穗期、株高等可以早期初选，对少量明显不符合育种目标的可以早期去劣；④如发现特别优良的植株，可随时进行单株选择。

表4-15　水稻集团选择法步骤

世代	栽培法	栽培株数/株	选择方法
F_2	插单株	200	不选择
F_3	插苯	1 500	不选择
F_4	插苯	5 000	不选择
F_5	插苯	10 000	不选择
F_6	插单株	1 200	株间按质量性状选其中10%
F_7	插苯	12 000系统（每系统24穴）	系间按质量性状选其中10%

采用集团选择法可以大大减少早世代田间的工作量，但育种群体及面积须适当增加，育种年限长。

2.3.2.3　恢复系/保持品种或保持品种/恢复系（简称恢/保或保/恢）　采用"保/恢"或"恢/保"的配组方式进行恢复系选育，是当前最常用的方法之一。利用这种方法育成的恢复系主要有湖南杂交水稻研究中心的R207，湖南农业大学的R198，江苏省镇江市农业科学研究所的镇恢129等。

在"保/恢"或"恢/保"杂交组合中选育恢复系，由于双亲中只有一个亲本具有恢复基因，彼此杂交后，从F_2开始，杂种后代中将分离出多种恢复基因型单株。随着自交世代的增加在杂种后代群体中纯合恢复基因型单株也逐代递增。例如，野败型恢复系与保持品种杂交在杂交组合中各个世代纯合恢复基因型单株F_2为6.25%，F_3为14.06%，F_4为19.14%（表4-16）。但是，纯合恢复基因型单株与其他基因型单株在外部形态上根本无法区分，只有通过与不育系测交，然后根据测交后代育性表现，才能判别被测交单株的基因型。

表4-16　含有 n 对杂合基因型单株 F_1 自交后代纯合恢复基因型
和其他基因型单株出现的概率

单位：%

世代	$n=1$		$n=2$		$n=3$	
	纯合恢复基因型	其他基因型	纯合恢复基因型	其他基因型	纯合恢复基因型	其他基因型
F_1	0	100	0	100	0	100
F_2	25.00	75.00	6.25	93.75	1.56	98.44

续表

世代	n = 1		n = 2		n = 3	
	纯合恢复基因型	其他基因型	纯合恢复基因型	其他基因型	纯合恢复基因型	其他基因型
F_3	37.50	62.50	14.06	85.94	5.27	94.73
F_4	43.75	56.25	19.14	80.86	8.37	91.63
F_5	46.88	43.12	21.97	78.03	10.30	89.70
F_6	48.44	51.56	23.46	76.54	11.36	88.64

为了尽早地在这类杂交组合中选出纯合恢复基因的单株，王三良（1981）根据水稻恢复基因的遗传规律，提出低世代测交选育法。具体方法是：

（1）测交世代的确定　从表4-16可知，不管水稻的恢复性状是受一对、两对或三对基因控制，在 F_2 中都会出现纯合恢复基因型单株，纯合恢复基因型单株出现概率的大小，是随着控制育性基因对数的增加而减少的。要保证有99%或95%的把握在各个世代中至少能选到一株纯合恢复基因型单株，每个世代至少要测交的单株数，按 $n \geqslant \dfrac{\lg \alpha}{\lg P}$ 公式进行计算，n 为应测交的单株数，P 为其他基因型概率，α 为允许漏失的概率。例如，由两对基因控制的恢复性状，若 F_2 代开始测交，F_2 应测交的单株数，从表4-16可知，其他基因型概率为93.75%，$P=0.937\,5$，在保证有99%的把握能选到一株纯合恢复基因型单株条件下，还有1%没有把握，这1%称为允许漏失的概率，$\alpha=0.01$，把这些数据代入上述公式，便求得 $n=71$（株），同理，便可计算出 F_3 及以后各个世代要测交的单株、系统或系统群数（表4-17）。

表4-17　含有 n 对基因的杂种在各个世代中至少要测交的单株（系统、系统群）数

基因对数	F_2		F_3		F_4		F_5		F_6	
	99%	95%	99%	95%	99%	95%	99%	95%	99%	95%
1	16	11	10	7	8	6	8	5	6	5
2	71	47	29	20	22	19	19	13	17	12
3	286	191	85	56	53	35	43	28	38	25

注：$F_2 \sim F_6$ 为测交世代，99%、95% 为保证率。

从表 4-17 可以看出，测交世代越早，测交工作量有所增加，但田间种植工作量却很小；相反，测交世代愈推迟，测交工作量虽有减少，但田间种植工作量却大大增加。可见，低世代测交选育恢复系是最简单的方法。

（2）确定 F_2 至少应测的单株数　根据水稻恢复基因的遗传研究，认为水稻的恢复性是由一对（粳稻）和两对（籼稻）基因控制的，属质量性状，以 F_2 测交比较适宜。粳型恢复系选育要测交 16 个单株，籼型恢复系选育要测交 71 个单株。

（3）每个单株的测交后代至少种植的株数　为了鉴别被测交单株的基因型，依据 $n \geqslant \dfrac{\lg \alpha}{\lg P}$ 公式计算，n 为应种植的株数，P 为 R_1r_1 或 R_1-R_2- 杂合基因型概率，α 为允许漏失的概率。F_2 测交时，$P=0.5$，保证率为 99.9%，$\alpha=0.001$，将上面数据代入公式，求得 $n=10$（株）。经计算，每一个单株的测交后代至少要种植 10 株，若 10 株的育性都恢复，被测交单株为 $F（R_1R_1）$（粳稻），或 $F（R_1R_1R_2R_2）$（籼稻）纯合恢复基因型；若 10 株中出现可育株、部分可育株或不育株，则被测交的单株为 $F（R_1r_1）$ 或 $F（R_1$-R_2-）杂合基因型；若 10 株中出现部分可育株或不育株，则被测交的单株为 $S（R_1$-$r_2r_2）$ 或 $S（r_1r_1R_2$-）基因型；若 10 株的育性表现为不育，则被测交的单株为 $F（r_1r_1）$ 或 $F（r_1r_1r_2r_2）$ 纯合保持基因型。

（4）杂种后代的处理　F_2 是基因重组和分离的世代。因此，要根据育种条件尽可能地扩大 F_2 群体，并从中选择单株进行测交。F_2 被测交的每一个单株进入 F_3 种植，各自形成一个系统。每个系统要求种植 50~100 株。一般地说，从这些系统中可以选到 1~4 个或更多的纯合恢复基因型系统。然后，再从这些系统中进行单株选择，由于 F_3 各个系统的群体都很小，选择标准不能过高，特别是那些受多对基因控制的数量性状，可以不进行选择。F_3 当选的单株进入 F_4 种植，每一个单株又形成一个系统，每个系统要求种植 100 株以上的群体，从中选择符合育种目标的优良单株，进入 F_5 种植。F_5 大多数性状基本趋于稳定，这时便可进行复测和配合力鉴定。

另外，在"恢／保"或"保／恢"杂交组合中选育恢复系，也可采用系统选择法和集团选择法。但采用系统选择法必须注意以下两点：①在 F_2 群体中要适当地增加单株的选择数；②在 F_3 和 F_4 中要求在多个系统和系统群中进行单株选择，切忌集中在少数系统或系统群中进行选择，否则将有可能造成恢复基因的丢失，导致整个育种工作的失败。

2.3.3 复式杂交选育法（又称为多次杂交选育法）

将两个以上亲本的优良性状集中到一个品种中，一般采用多次杂交法即复式杂交选育法。采用这种方法育成的主要恢复系有湖南杂交水稻研究中心从 IR26/ 窄叶青 8 号 // 早恢 1 号组合中选育的二六窄早；四川省绵阳经济技术高等专科学校，从明恢 63/ 泰引 1 号 /IR26 组合中选育的绵恢 501；四川省农业科学院水稻高粱研究所从 29 青 / 泰引 1 号 // 泰引 1 号组合中选育的 HR195；广东省农业科学院从七桂早 25/ 测 64-7// 明恢 63 组合中选育的广恢 128；湖南杂交水稻研究中心引进筛选出的从统一（粳）/IR24//IR1317/IR24 组合中选育的密阳 46；中国水稻研究所从 WL1312（爪哇稻）/ 轮回 422// 明恢 63 组合中选育的 T2070 和从 C57（粳）//300（粳）/IR26 组合中选育的 9308 等籼稻恢复系。以及辽宁省农业科学院稻作科学研究所从 IR84/ 科情 3 号 // 京引 35 组合中选育的 C57 等粳稻恢复系。复式杂交利用的亲本品种个数较多，而且在亲本中有恢复品种，也有保持品种，这样就构成了配组方式的多样性和恢复基因遗传关系的复杂性。下面就目前常见的（恢 / 恢）F_1/ 恢、（恢 /保）F_1/ 恢、（恢 / 保）F_1/（恢 / 保）F_1 和（恢 / 保）F_1/ 保几种配组方式恢复基因的遗传行为和选育方法作一简述。

2.3.3.1 （恢 / 恢）F_1/ 恢或（恢 / 恢）F_1/（恢 / 恢）F_1　　在这类组合中，由于参加杂交的每一个亲本都是恢复系，具有相同的 $F(R_1R_1R_2R_2)$ 纯合恢复基因型。因此，第一次杂交的杂种（F_1）和第二次杂交的杂种（F_1）也为 $F(R_1R_1R_2R_2)$ 纯合恢复基因型。而第二次杂交的 F_1 自交后，在 F_2 中就恢复基因而言一般不再发生分离，F_2 及以后各个世代群体中所有单株都是 $F(R_1R_1R_2R_2)$ 纯合恢复基因型。因此，在这类组合中选育恢复系，不必考虑每个单株的恢复力，应注意其他性状的选择。

2.3.3.2 （恢 / 保）F_1// 恢　　在这类组合中选育恢复系，由于第一次杂交的两个亲本一个是恢复系，为 $F(R_1R_1R_2R_2)$ 基因型；另一个亲本是保持品种，为 $F(r_1r_1r_2r_2)$ 基因型，杂交后，杂种（F_1）为 $F(R_1r_1R_2r_2)$ 杂合基因型。这种杂合基因型单株分别产生 R_1R_2、R_1r_2、r_1R_2 和 r_1r_2 四种雌配子，以这种基因型单株作母本，恢复系作父本进行第二次杂交，而恢复系只产生 R_1R_2 一种雄配子，如果母本中这四个配子都具有相等的接受花粉概率和相同的受精能力，那么第二次杂交的杂种（F_1）中将出现 $F(R_1R_1R_2R_2)$、$F(R_1R_1R_2r_2)$、$F(R_1r_1R_2R_2)$ 和 $F(R_1r_1R_2r_2)$ 四种基因型单株。第二次杂交的 F_1 自交后，F_2 产生分离，出现多种基因型单株，其中具有 $F(R_1R_1R_2R_2)$ 纯合恢复基因型单株占群体总数的 39.06%；F_3 为 47.26%，F_4 为 51.66%，F_5 为 53.93%，随着自交世代的增加，逐渐接近 56.25%。可见，在这类组合中，杂种各个世代中纯合恢复基因型单株出现频率都比较高，无论哪个世代选择单株与不育系进行测交，都可以选到纯合恢复基因型单株，育成新的恢复系。

然而，在育种实践中，情况要复杂得多，主要是第二次杂交时，采用人工去雄的方法进行，人工去雄杂交生产的杂交种子的数量有限。在这种情况下，四种雌配子不可能具有均等的接受花粉和受精机会，F_1 群体中也不会出现均等的四种基因型单株。这样，F_2 及以后各个世代群体中纯合恢复基因型单株出现的概率很难进行计算。但是有一点可以肯定，在人工去雄杂交时，即是母本中的 r_1r_2 配子与父本的 R_1R_2 配子相结合，杂种 F_1 的基因型为 $F(R_1r_1R_2r_2)$。这种基因型单株在 F_2 仍然分离出 6.25% 纯合恢复基因型单株，何况 r_1r_2 配子只占总配子数的 25%，而其他三种配子也都有 25% 的接受花粉的机会。因此，杂种（F_1）中不可能完全是 $F(R_1r_1R_2r_2)$ 这种基因型单株，F_2 中纯合恢复基因型单株出现的概率肯定大于 6.25%。只要与不育系进行测交，从中一定能选到纯合恢复基因型单株。

2.3.3.3 （恢／保）F_1／／（恢／保）F_1　在这种类型杂交组合中，第一次杂交都是"恢／保"，F_1 都为 $F(R_1r_1R_2r_2)$ 杂合基因型，F_1 中的每一个单株都产生 R_2R_2、R_1r_2、r_1R_2、r_1r_2 四种雌雄配子，两个 F_1 再进行杂交，若各个配子都有相等授粉受精机会，第二次杂交的 F_1 将出现多种基因型单株，其中具有 $F(R_1R_1R_2R_2)$ 纯合恢复基因型单株占群体数的 6.25%。F_2 又分离出多种基因型单株，其中具有 $F(R_1R_1R_2R_2)$ 恢复基因型单株占群体数的 14.06%，F_3 为 19.14%，F_4 为 21.97%，随着自交世代的增加，纯合恢复基因型单株逐渐接近总群体数的 25%。

上面分析的结果是在雌、雄配子都具有相等授粉受精条件下得出的理论数据，但在育种实践中，由于受人工去雄杂交的影响，生产的杂交种子数量极少，雌雄配子授粉受精的概率存在不均等性，第二次杂交 F_1 中可能是多种基因型中的一种或几种，而 F_2 的分离群体是由 F_1 中单株基因型决定的。因此，在这种类型杂交组合中选育恢复系，情况比较复杂，最好的方法是 F_2 开始测交。若测交后代的育性都是恢复的，表明被测交的单株为 $F(R_1R_1R_2R_2)$ 纯合恢复基因型。若测交后代的育性发生了分离，出现可育、部分可育和不育株表明被测交的单株为 $S(R_1-R_2-)$ 杂合基因型。这些基因型单株的恢复基因尚未纯合，需要从中继续选择单株进行测交，直到测交后代的育性不再发生分离为止。若测交后代为部分不育或完全不育，说明被测交的单株可能是 $S(R_1-r_1r_2)$ 或 $S(r_1r_1R_2-)$ 或 $S(r_1r_1r_2r_2)$ 基因型，这些基因型单株恢复能力弱或无恢复能力。从中选不到恢复系，应及早淘汰。

2.3.3.4 （恢／保）F_1／／保　在这种类型杂交组合中选育籼型恢复系，工作量和难度都比较大，而且还要冒一定风险。因为第一次杂交的 F_1 为 $F(R_1r_1R_2r_2)$ 杂合基因型单株，将产生四种配子，而第二次杂交的父本为保持品种只产生一种配子，彼此杂交，在雌配子都有均等接受花粉和受精能力的条件下，第二次杂交 F_1 将具有四种基因型单株，在这四种基因型中只有 $F(R_1r_1R_2r_2)$ 基因型在 F_2 中能分离出 $F(R_1R_1R_2R_2)$ 纯合恢复基因单株，而其他三种基因型在 F_2 中分离出的单株都无恢复力。根据水稻恢复基因的遗传规律，在 F_2 中纯合恢复基因型单株仅占群体总数的 1.56%，F_3 为 3.51%，F_4 为 4.7%，随着自交世代的增加，逐渐接近 6.25%。可见，在这类杂交组合中，杂种各个世代纯合恢复基因型单株出现的频率很低，给选择带来一定难度，更加危险的是第二次杂交采用人工去雄的方法，又不能保证每种雌配子都有接受花粉和受精的机会，杂种（F_1）中能否出现 $F(R_1r_1R_2r_2)$ 这种基因型单株很难评定。因此，在这类组合中选育恢复系，必须在 F_2 或 F_3 开始测交，而且测交的单株数尽可能要多一些，然后根据测交后代育性的表现，来判断 F_2 或 F_3 中是否存在 $F(R_1r_1R_2r_2)$ 这种基因型分离出来的单株。若所有测交单株的测交后代的育性全部是部分不育或不育，表明在第二次杂交时，R_1R_2 这种配子没有被结合，在这些杂种后代中选不到 $F(R_1R_1R_2R_2)$ 纯合恢复基因单株，应全部淘汰；若所有测交单株的测交后代中有个别单株的测交后代育性完全恢复，或者少部分单株的测交后代出现了一些单株可育，另一些单株为部分可育或不育。表明 F_2 或 F_3 群体中有 $F(R_1r_1R_2r_2)$ 这种基因型分离出来的单株，这时应选择测交后代育性完全恢复或育性出现分离的单株，继续测交，直到测交后代的育性完全恢复为止。

而在粳型恢复系选育中，由于粳稻的恢复基因源于籼稻，籼稻和粳稻分属两个不同的亚种，籼粳亚种间杂交杂种不亲和，具有恢复基因的籼稻品种不能直接用作恢复系。为了把籼稻的恢复基因导入粳稻品种中，又要缓和籼粳亚种间杂种不亲和的矛盾和加快杂种后代的稳定，一般采用"（恢/保）F_1//保"的配组方式进行恢复系选育。同时，粳稻恢复系只具有一对恢复基因，根据恢复基因的遗传规律，在这类杂交组合中各个世代纯合恢复基因型单株出现的频率比较高，F_2 为 12.5%，F_3 为 16.75%，F_4 为 22.88%，随着自交世代的增加逐渐接近 25.0%。因此，采用这种配组方式，不仅有利于杂种各个性状的稳定，而且通过测交，很容易筛选出纯合恢复基因型单株，育成新的恢复系。例如，辽宁省农业科学院稻作科学研究所育成的 C57 恢复系就是利用丰产性好的，具有恢复基因和半矮秆基因的 IR8 作母本，以科情 3 号作父本进行杂交，F_1 再与京引 35 进行复交，经多代选择与测交育成的。选育经过见图 4-5。

188

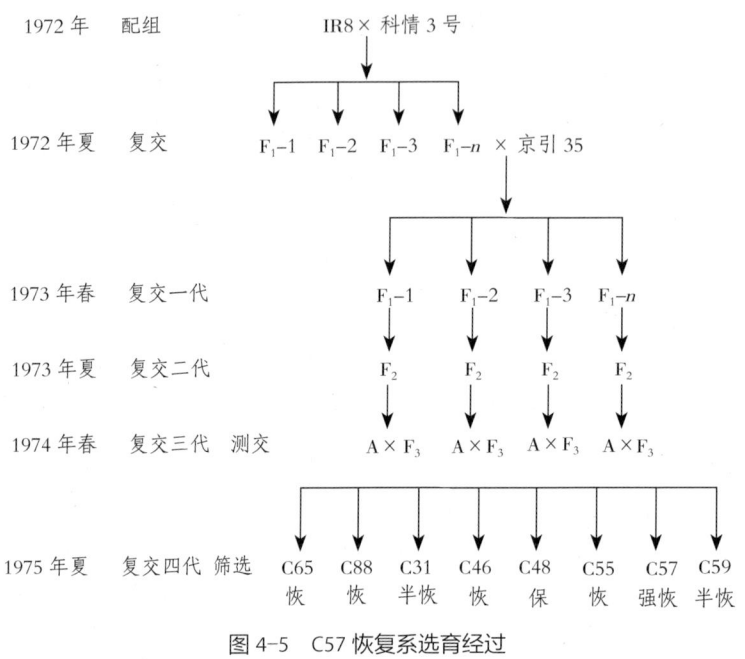

图 4-5　C57 恢复系选育经过

2.3.4　多次回交转育法（又称定向转育法）

在测交筛选恢复系过程中，经常发现一些具有多个优良性状的品种，如株叶形态、抗性、米质、丰产性等，但没有恢复力，不能用作三系恢复系。为了使这些品种的优良性状不发生改变，又具有恢复能力，在育种方法上，一般采用多次回交转育法将恢复基因导入该品种中去。具体做法是：以"不育/恢"的 F_1 作母本，以保持品种（简称甲品种）作父本进行杂交，由于母本的基因型为 $S(R_1r_1R_2r_2)$，将产生四种雌配子，而父本的基因型为 $F(r_1r_1r_2r_2)$，只产生一种雄配子，彼此杂交后，杂种（F_1）将出现四种基因型单株。其中只有 $S(R_1r_1R_2r_2)$ 基因型单株表现正常可育，而其他基因型单株表现为部分不育或完全不育。也就是说，凡是具有恢复基因的单株表现可育，含有一个恢复基因和不含恢复基因型的单株表现为部分可育或完全不育。因此，在 F_1 中选择正常可育株与甲品种进行第一次回交，同样在 BC_1 中只有那些具有恢复基因的单株表现可育，继续选择可育株与甲品种进行第二次回交。如此，连续回交 3~4 次，然后自交 1~2 代，从中选择性状和育性稳定的结实正常单株，与不育系测交，选择测交后代育性都恢复的单株，便育成了甲品种的同型恢复系（图 4-6）。

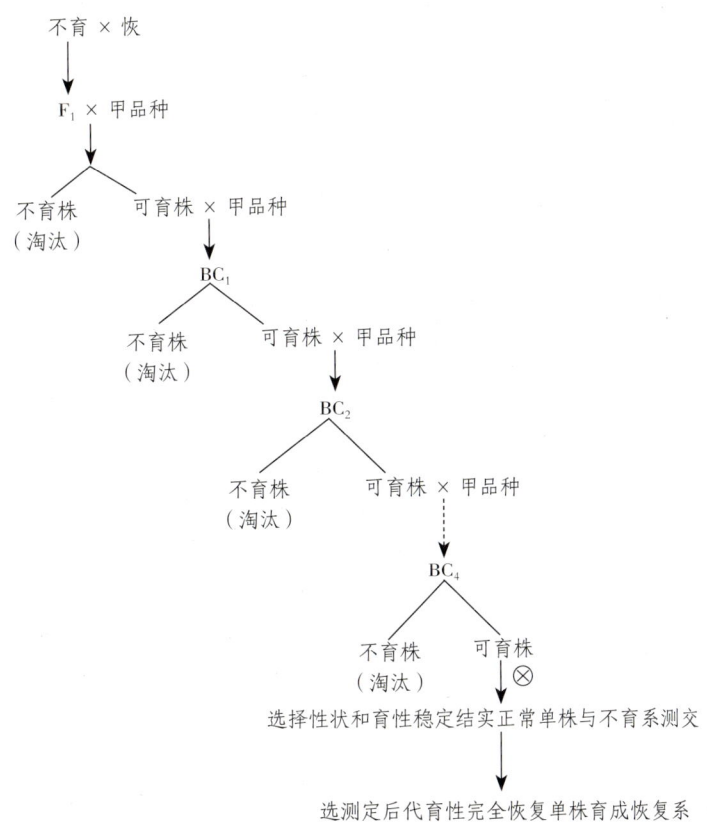

图 4-6　多次回交转育法恢复系选育示意图

多次回交转育的恢复系，除了恢复基因与其连锁的少数性状是来自恢复系外，其余大多数性状来自甲品种，它的遗传基因与甲品种十分相似。采用这种方法选育籼型三系恢复系，存在相当大的难度，在选育过程中特别注意以下两点：

（1）在每次杂交或回交时，尽可能地多生产一些杂交种子，扩大 F_1 及其回交世代（BC_1、BC_2……）群体数。

（2）发现杂种（F_1）或 BC_1、BC_2……的群体中没有正常可育株出现，选育工作应立即停止，淘汰所有材料，并重新开始进行杂交。

2.4　辐射诱变选育

辐射诱变是水稻恢复系选育的另一条途径。据陈一吾（1979）报道，利用 $^{60}Co-\gamma$ 射线对 IR24、IR26 等恢复系进行辐射处理，获得许多性状改变了的突变体，其中 90% 以上的突变体仍能培育为恢复系。目前采用辐射诱变选育恢复系的方法主要有三种：

190

（1）对现有的优良恢复系进行辐射处理，诱发变突，从中选择突变体育成恢复系　如浙江省温州市农业科学研究所通过对 IR36 恢复系进行辐射处理，育成了生育期比 IR36 早熟的 36 辐恢复系，并选配出适合于长江流域作中熟晚稻栽培的汕优 36 辐等杂交组合；四川省原子核应用技术研究所利用 $^{60}Co-\gamma$ 射线处理泰引 1 号，培育了早熟 20 d 的新恢复系辐 06。

（2）对杂种后代进行辐射处理，诱发突变，从其后代中选择突变体，育成新的恢复系　如湖南杂交水稻研究中心对明恢 63/ 二六窄早的杂种一代进行 $^{60}Co-\gamma$ 射线处理，从中选育出晚 3 恢复系，选配出汕优晚 3、威优晚 3 等一批中熟杂交晚籼组合，并在长江流域大面积推广；张志雄等（1995）对明恢 63/ 紫圭的杂种一代抽穗前取主穗和高分蘖穗冷处理后，用 $^{60}Co-\gamma$ 射线急性处理后接种花药，获得一定数量双倍体植株通过测交筛选，选育出一个株型好，分蘖力强，穗大粒多，恢复度和配合力均强的恢复系川恢 802，并选配出 II 优 802 等杂交组合。

（3）对现有水稻品种或杂种后代进行辐射处理，从中选择突变体作杂交亲本　例如，吴茂力等（2000）从 02428/// 圭 630 桂朝 r//IR8r/IR1529-680-3r 组合中选育出籼粳交偏粳型、株型好、穗大、恢复力强、配合力好、抗病虫性中等、花粉足的 D091 恢复系，并选配出糯优 2 号杂交组合。其中圭 630 桂朝 r、IR8r 和 IR1529-680-3r 均系经 $^{60}Co-\gamma$ 辐射后选育的突变体。

另外，在诱发突变选育恢复系方面还有武汉大学生物系许运贵等利用激光处理广陆矮 4 号，从突变体中选出激光 4 号恢复系，并选配出杂交组合在生产上试种。

第三节　主要恢复系简介

3.1　三系恢复系

3.1.1　籼型恢复系

3.1.1.1　IR24　从国际水稻研究所引进，1973 年由广西、广东、湖南等省（自治区）分别测出。1975 年湖南省农业科学院观察，3 月 30 日播种，7 月 29 日始穗；5 月 30 日播种，8 月 27 日始穗，自播种至始穗分别为 122 d 和 90 d，属中稻迟熟类型。在广西南宁作早稻栽培，2 月 21 日播种，6 月 15 日始穗；作晚稻，6 月 10 日播种，9 月 7 日始穗，从播种至始穗分别为 114 d 和 89 d。株高 90 cm 左右，株型紧凑，主茎叶片数 17～18 片，叶片较窄而挺直；耐肥抗倒，抗稻叶蝉，但不抗稻瘟病和白叶枯病；分蘖力较强；谷粒细长，籼尖无色，千粒重 25～26 g，米质透明，无腹白，直链淀粉含量低，柔软可口。开花习性好，花粉量多，恢复力强，配制的杂种穗大粒多，优势强。

3.1.1.2　IR26　从国际水稻研究所引进，1974 年分别由湖南、广西、广东等省（自治区）测出。1975 年湖南省农业科学院观察，3 月 30 日播种，7 月 24 日始穗；5 月 31 日播种，8 月 26 日始穗，播种至始穗分别为 113 d 和 88 d，属迟熟中稻类型。在广西南宁作早稻，2 月 21 日播种，6 月 14 日始穗；作晚稻 6 月 8 日播种，9 月 4 日始穗，播种至始穗分别为 113 d 和 88 d。株高 80～90 cm，株型好，主茎叶片数 17～18 片，叶片较窄，直立；谷粒较小，稃尖无色，千粒重 22～23 g，米质较好；分蘖力强，抗稻瘟病和白叶枯病；恢复力强，配合力好，与一般不育系配组杂种表现早熟、抗病，优势明显。

3.1.1.3　测 64-7　由湖南省安江农业学校从 IR9761-19-1 中经多代测交筛选而成。在长沙 3 月 25 日左右播种，7 月初始穗，播种至始穗为 95～100 d；6 月 30 日播种，9 月 1 日始穗，播种至始穗为 63 d。株高 90 cm 左右，株型紧凑，分蘖力中等，叶片短、宽直，主茎叶片数为 15～16 片，每穗 130 粒左右，颖尖无色，千粒重 22 g，米质中等；较抗稻瘟病、白叶枯病和稻飞虱。恢复力强、配合力好，与 V20A、珍汕 97A 配组，杂种表现早熟、高产、多抗。

3.1.1.4　明恢 63　由福建省三明市农业科学研究所用 IR30 作母本，圭 630 作父本杂交选育而成。在三明地区作晚稻种植，全生育期 137 d，播种至始穗 95 d；在湖南湘中地区 4 月初播种，播种至始穗为 108 d；5 月中旬播种，播种至始穗为 91 d。株高 95～100 cm，分蘖力强，长势旺，株型松紧适中，主茎叶片数 16 片，剑叶起立。每穗 130 粒左右，谷粒长形，黄色，稃尖无色，间有短芒，千粒重 30 g，米质好。较抗稻瘟病，不抗白叶枯病和稻飞虱。恢复力强，配合力好，与珍汕 97A、V20A 等不育系配组，杂种优势强，产量高，是我国现有恢复系中配组最多、种植面积最大的一个。

3.1.1.5　桂 99　由广西农业科学院用栽野交的中间材料龙野 5-3 为母本，IR661/IR2061 后代为父本进行杂交，经多代选择育成的。在湖南 3 月底或 4 月初播种，全生育期 130 d 左右，播种至始穗为 95 d。株高 90 cm 左右，株型松紧适中，分蘖力中等，叶片直立，主茎叶片数 15～17 片。每穗 110 粒左右，谷粒长形，稃尖无色，部分有顶芒，千粒重 24 g，米质好。开花习性好，花粉量大，对赤霉素反应敏感。苗期抗寒性较强，中抗白叶枯病，抗稻瘟病。恢复力强，配合力较好，与珍汕 97A、金 23A 配组，杂种优势明显，但在高肥条件下栽培，有倒伏现象。

3.1.1.6　密阳 46　由湖南杂交水稻研究中心从国际水稻研究所引进，经测交筛选而成。

在湖南省湘中地区 3 月底或 4 月初播种, 播种至始穗 105 d; 5 月下旬播种, 播种至始穗 82~85 d, 感温性较强, 对水肥反应敏感。株高 85~90 cm, 茎秆粗壮, 株型紧凑, 分蘖力中等, 叶片直立, 叶色较绿, 主茎叶片数 15~17 片。每穗粒数 105 粒, 谷粒椭圆形, 稃尖无色无芒, 千粒重 26.5 g, 米质中等。开花习性好, 花期集中, 花粉量大, 耐肥抗倒。耐寒力强, 抗稻瘟病, 中抗白叶枯病。恢复力强, 配合力好, 与 V20A、珍汕 97A 配组, 杂种耐肥抗倒, 后期耐寒, 熟色好, 产量高。

3.1.1.7 明恢 77 由福建省三明市农业科学研究所用明恢 63 与测 64-7 杂交选育而成。在湖南省湘中地区 3 月底或 4 月初播种, 全生育期 125 d, 播种至始穗 95 d; 6 月上旬播种, 全生育期 110 d, 播种至始穗 80 d。株高 90 cm, 茎秆粗壮, 株型松紧适中, 分蘖力强。剑叶直立, 叶片、叶鞘绿色, 主茎叶片数 15~16 片。每穗粒数 115 粒, 谷粒长形, 稃尖无色、无芒, 千粒重 26 g, 米质较好。苗期耐寒, 抗稻瘟病。恢复力强, 配合力较好, 与 V20A 等不育系配组, 杂种表现早熟、高产、中抗稻瘟病。

3.1.1.8 晚 3 由湖南杂交水稻研究中心利用明恢 63 作母本, 二六窄早作父本进行杂交, 再将 F_1 种子用 ^{60}Co-γ 射线处理选育而成。在长沙地区 3 月底播种, 播种至始穗 95~96 d; 6 月中旬播种, 播种至始穗 70~71 d, 对温度反应较敏感。株高 110 cm, 株型松紧适中, 分蘖力强, 叶片直立, 叶色淡绿, 叶鞘、叶耳无色, 春播主茎叶片数 15 片。每穗总粒数 150 粒, 长粒型, 稃尖无色、无芒, 谷黄色, 千粒重 23 g, 米质中等偏上。叶瘟 4 级, 穗瘟 7 级, 抗倒性较差。恢复力强, 配合力较好, 与珍汕 97A、V20A 配组, 杂种优势明显, 但株型偏高, 在高肥条件下栽培有倒伏现象。

3.1.1.9 R402 由湖南省安江农业学校以制 3-1-6 与 IR2035 杂交选育而成。在湖南 3 月底播种, 全生育期 115 d, 播种至始穗 80 d; 4 月中旬播种, 播种至始穗 67 d, 感温性较强。株高 78 cm, 株型集散适中, 茎秆偏细, 叶鞘、叶耳无色, 叶片青绿, 剑叶直立, 主茎叶片数 14 片。平均每穗 85 粒, 谷粒长形, 稃尖无色, 有顶芒, 千粒重 24 g, 米质较好。分蘖力中等, 抗稻瘟病, 不抗白叶枯病。恢复力强, 配合力好, 与 V20A、金 23A 等不育系配组, 杂种表现早熟、高产、较抗稻瘟病, 适合长江流域作早稻栽培。

3.1.1.10 绵恢 501 由四川省绵阳经济技术高等专科学校从明恢 63// 泰引 1 号 /IR26 组合中选育而成。在四川省绵阳 4 月上旬播种, 播种至始穗平均为 109.6 d; 在海南省陵水 11 月上旬播种, 播种至始穗平均为 113.5 d。株高 100 cm, 株型较紧凑, 分蘖力较强, 茎秆粗壮, 叶片中宽直立, 色绿, 叶鞘、稃尖无色, 主茎叶片数 16~17 片。穗大粒多, 主穗粒数 150 粒左右, 谷粒长形, 千粒重 27 g, 米质好。花期长, 花粉量充足。中抗稻瘟病, 恢

复力强，配合力好，与Ⅱ-32A、D297A、冈46A等不育系配组，表现产量高，早熟，再生
力强。

3.1.1.11　R207　由湖南杂交水稻研究中心用432作母本，轮回422作父本杂交选育而
成。在长沙4月上旬播种，7月15日左右始穗，播种至始穗100 d；5月底播种，8月25
日左右始穗，播种至始穗85 d；在海南三亚12月下旬播种，播种至始穗80 d。感光性稍强。
株高100 cm，株型稍紧凑，分蘖力中等，叶片直立，叶色深绿，叶鞘无色，主茎叶片数17
片。平均每穗125粒，谷粒长形，有短芒，稃尖无色，较难脱粒，千粒重23 g，米质优。开
花习性好，花期长，花粉量大。中抗稻瘟病，耐肥抗倒，后期耐寒。恢复力强，配合力好，与
金23A、V20A配组，杂种表现秧龄弹性大，后期耐寒，早熟高产。

3.1.2　粳型恢复系

3.1.2.1　C57　由辽宁省农业科学院稻作科学研究所从IR8/科情3号F$_1$//京引35组合
中选育而成。在沈阳种植，从播种至始穗为130 d。株高100~110 cm，株型紧凑，茎秆粗
壮，叶片直立，主茎叶片数为18片，穗大粒多，每穗150粒以上，千粒重24 g，米质一般。
开花习性好，花粉量大。分蘖力中等，中抗稻瘟病。恢复力强，配合力较好，与黎明A、秀岭
A等不育系配组，杂种表现穗大粒多，抗倒力强，耐旱性好。

3.1.2.2　77302-1　由浙江省嘉兴市农业科学研究所从外引材料C57/IR28//科情3号/
京引37未稳定的后代中经测交筛选而成。在嘉兴地区作双晚栽培，播种至始穗为69 d，属
感温性的早熟中粳类型。株高76~83 cm，矮秆包节，株型紧凑，叶片长而挺举，叶面卷成
瓦片形，色深，主茎叶片数13片左右。每穗粒数160~180粒，谷粒椭圆形，千粒重22 g，
米质中上。开花习性好，花期长，花粉量大。恢复力强，配合力较好，与六千幸A等不育系
配组，杂种优势明显，产量高。

3.1.2.3　C418　由辽宁省农业科学院稻作科学研究所用轮回422作母本，密阳23作
父本杂交选育而成。在沈阳种植，全生育期165~170 d，播种至始穗125 d；在江苏连云
港播种至始穗为95~100 d；在海南三亚播种至始穗为80~90 d。株高102 cm，茎秆粗
硬，抗倒，分蘖力中等，顶三叶内卷直立，主茎叶片数在沈阳为16~17片，随着纬度南移
而相应减少，每穗粒数180~260粒，千粒重28~30 g，米质优。开花习性好，单株花期
10~15 d，花粉量较大。高抗稻瘟病，抗白叶枯病。恢复力强，配合力好，与屉锦A、泗稻
8号A配组，杂种表现高产、稳产。

3.1.2.4　N138　由江苏省农业科学院粮食作物研究所选育。在江苏徐州种植，5月上旬播

种，8 月中旬抽穗，全生育期 140 d 左右，播种至始穗为 95 d 左右，属中熟中粳类型。株高 95 cm 左右，株型紧凑，茎秆粗壮，叶色深绿，叶片厚挺，主茎叶片数为 16~17 片，分蘖中等。每穗总粒数 180~190 粒，结实率 80%~85%，千粒重 24 g。开花习性好，花粉量充足。恢复力强，配合力好，与 9201A 等不育系配组，杂种表现穗大粒多，高产稳产和适应性好。

3.1.2.5　HP121　由安徽省农业科学院水稻研究所从中国 PLI/ 多收系 2// 晚恢 9 号组合中经多代选择育成的光身恢复系。在合肥全生育期 125 d，播种至始穗 85 d 左右。株高 89 cm，株型紧凑，叶片直立，内卷，叶色淡绿，主茎叶片数 15 片。分蘖中等，茎秆粗壮。每穗 180 粒，千粒重 22 g，粒形小偏长、光壳，米质优。抗白叶枯病和稻瘟病，恢复力强，配合力好，开花习性好，开颖畅，花粉量足。

3.2　两系恢复系

3.2.1　特青

系广东省农业科学院用叶青伦与特矮杂交育成，由湖南杂交水稻研究中心测交筛选出。长沙 4 月上旬播种，播种至始穗 97 d；5 月底或 6 月初播种，播种至始穗 78 d，播种至始穗有效积温 1 100 ℃~1 180 ℃。株高 90 cm，株型集散适中，茎秆粗细中等，分蘖力较强。叶鞘，叶耳无色，叶色浓绿，剑叶直立，主茎叶片数 16 片。平均每穗 120 粒，谷粒卵圆形，千粒重 25.5 g，米质一般。开花习性较好，花粉量大，抗病能力弱，中感白叶枯病（5 级），高感稻瘟（9 级）和稻曲病。

3.2.2　R288

由湖南农业大学用明恢 63 与测选 88 杂交选育而成。在长沙 4 月上中旬播种，播种至始穗 80 d；6 月上中旬播种，播种至始穗 75 d 左右，有效积温 1 020 ℃~1 101 ℃。株高 85 cm，茎秆粗壮，主茎叶片数 14~15 片，剑叶中长直立，叶鞘无色，叶下禾。每穗粒数 110 粒，谷粒长形，部分有顶芒，稃尖无色。分蘖力较强，中抗稻瘟病，不抗白叶枯病，后期耐寒。

3.2.3　D100

由湖南省安江农业学校从早籼 P48 中系选育成。在湖南怀化地区 5 月下旬播种，全生育期 95 d，播种至始穗 65 d，播种至始穗有效积温 852.2 ℃。株高 80 cm，株型集散适中，茎秆粗细中等，叶鞘、叶耳均无色，叶色深绿，主茎叶片数 13~14 片，剑叶较直立，叶下禾。每穗平均 103 粒，谷粒长形，谷壳黄色，稃尖无色、无芒，千粒重 29 g，米质一般。分蘖力中等，抗性较强，叶稻瘟 3 级，穗瘟 4 级，白叶枯病 3 级，抗旱耐寒。

3.2.4　D68

由湖南杂交水稻研究中心从湘早籼 18 中系选育而成。在长沙 5 月中下旬播种，播种至始穗 55 d；6 月底或 7 月初播种，播种至始穗 53 d。株高 80 cm，株型适中，叶色较绿，剑叶呈瓦状，直立，叶鞘无色，主茎叶片数 13 片。每穗粒数 85 粒，谷粒长形，浅黄色，稃尖无色，无芒，千粒重 25 g，米质好。分蘖力中等，抗性一般，稻瘟病 7 级，白叶枯病 5 级。

3.2.5　9311

由江苏省里下河地区农业科学研究所育成的常规中籼品种，经江苏省农业科学院测交筛选而成。在扬州 4 月底 5 月初播种，播种至始穗 102～107 d；在安徽省巢湖地区种植，播种至始穗 112 d。为感温型迟熟中籼品种。株高 115 cm，茎秆粗壮，耐肥抗倒，主茎叶片数 17～18 片，每穗平均 180 粒，千粒重 29 g，稃尖无色，米质优。开花习性好，花药大而饱满，花粉量充足，单穗花期 3～5 d，全田花期 12～14 d，花时较迟，晴天一般在 9：30 始花，10：30—11：30 盛花。分蘖力中等，抗稻瘟病和白叶枯病。

3.2.6　山青 11

由广东省茂名市两系办公室从广东常规水稻品种测交筛选而成。在湖南省怀化 5 月 10 日播种，8 月 6 日始穗，播种至始穗 88 d，株高 100 cm 左右，茎秆粗壮，株型适中，分蘖力较强，叶片淡绿，剑叶稍短，直立，叶鞘、叶耳无色，主茎叶片数 15.5 片，每穗总粒数 110 粒左右，千粒重 25 g 左右，米质中等。开花习性好，花粉量大，抗稻瘟病，中抗白叶枯病。

3.2.7　双九（原名 2277）

由安徽省农业科学院水稻研究所用六千辛与关东 136（日本粳稻品系）杂交选育的常规品种。全生育期 135 d，播种至始穗 105 d。株高 100～110 cm，叶色淡绿，主茎叶片数 16.5 片，每穗总粒数 133 粒，谷壳黄色，较薄，米粒透明，食味好。分蘖力强，抗性好。花时早，花粉量足，对赤霉素反应敏感。

References

参考文献

[1] 袁隆平，陈洪新，王三良，等. 杂交水稻育种栽培学 [M]. 长沙：湖南科学技术出版社，1988：86-107.

[2] 杨仁崔，卢浩然. 水稻恢复系 IR24 恢复基因的初步分析 [J]. 作物学报，1984，10（2）：81-86.

[3] 高明尉. 野败型杂交稻基因型的初步分析 [J]. 遗传学报，1981，8（1）：66-74.

[4] 周天理. 野败型杂交籼稻的育性基因分析 [J]. 作物学报，1983，9（4）：241-247.

[5] 黎坦庆. IR24 恢复基因遗传的系谱分析 [J]. 中国农业科学，1985（1）：24-31.

[6] 王三良. 水稻恢复系选育：低世代测交选育法 [J]. 湖南农业科学，1981（2）：1-4.

[7] 杨纪柯. 水稻群体育种法的数量遗传理论依据 [J]. 遗传，1980，2（4）：38-42.

[8] 中国农业科学院，湖南省农业科学院. 中国杂交水稻的发展 [M]. 北京：农业出版社，1991.

[9] 杨振玉. 北方杂交粳稻育种研究 [M]. 北京：中国农业科技出版社，1999：166-170.

[10] 谭学林，师常俊. 水稻不同胞质育性恢复基因分子定位及其相互关系 [J]. 杂交水稻，1999，14（3）：37-39.

[11] 郭光荣. 诱发突变与水稻杂种优势利用 [J]. 杂交水稻，1990（1）：41-44.

[12] YAO F Y, XU C G, YU S B, et al. Mapping and genetic analysis of two fertility restorer loci in the wild-abortive cyto-plasmic make sterility system of rice（*O. ryza sagtiva* L.）[J]. Euphytic, 1997, 98: 83-187.

[13] BHARAJ T S, VIMANI S S, KHUSH G S. Chromosomal location of fertility restoring gene for "wild abortive" cytoplas mic male sterility using primary trsomics in rice[J]. Euphytica., 1995, 83: 169-173.

[14] KHUSH G S, SINGH R J, SUR S C, et al. Primary trisomics of rice: origin, morphology, cytology, and use in linkage mapping[J]. Genetis, 1984, 107: 141-161.

[15] SHINJYO C, SATO S. Chromsomal location of fertility-restoring gene Rf-2[J]. RGN, 1994, 11: 93-95.

第五章

品种间杂交水稻组合选育

第一节　杂交水稻育种程序

1.1　"三系法"杂交水稻育种程序

"三系法"杂交水稻育种程序，主要可分为两个阶段，即"三系"亲本选育阶段和杂种优势鉴定阶段。每个阶段又可分为若干试验圃。

1.1.1　第一阶段——"三系"亲本选育

1.1.1.1　原始材料圃　主要任务：根据育种目标，收集、研究各种"三系"材料和其他具有不同农艺性状和生物学特性的品种资源，供杂交、测交和选育"三系"之用。

种植方式：一般的品种资源每个材料种植 10~20 株，其他选育的亲本材料种植的株数，可按世代高低和要求来确定群体大小，种植在大田或盆钵中，插单本。根据需要为了使杂交时花期相遇，可按计划分期播种或作温光处理。用于测交的不育系，酌情酌量作分期种植。

1.1.1.2　测交观察圃　主要任务：对杂种一代进行育性鉴定，综合性状观察；筛选恢复系、保持系材料。

种植方式：一般每一个材料（组合）插 20~30 株，每隔 10~20 个组合设一正常品种作对照。一般插单本。

回交或复测：杂种表现彻底不育，且该父本性状合乎育种目标的，可进行回交选育不育系。杂种育性恢复正常，且产量性状超亲的，并表现优势强，再用其父本与原不育系复测，选育恢复系。表现半恢半保的组合，一般予以淘汰。

1.1.1.3　复测鉴定圃　主要任务：再次证实父本的恢复力和初步观察杂种的优势程度。如杂种仍结实正常，父本就是该组合的恢复系；如杂种还具有优势，这个组合即可进入下一阶段试验。

种植方式：每一组合种植 100 株左右，插单本，一般情况下用父本或母本和标准品种作对照，一般不设重复。

1.1.1.4　回交圃　主要任务：选育优良的三系不育系及其保持系。

种植方式：回交杂种与父本的成对种植，一般要回交 4~6 代。当回交后代的不育性稳定、性状与父本基本一致、群体达 1 000 株以上时，即可作为不育系，其相应父本即是保持系。

1.1.2　第二阶段——杂种优势鉴定

1.1.2.1　配合力测定圃　主要任务：用多个不育系与多个恢复系进行配组比较，以选出配合力优良的不育系、恢复系和强优组合。

种植方式：每个组合种植 100~200 株，单本插植，并设重复，用标准品种或当家优良组合作对照。

1.1.2.2　组合比较试验　主要任务：对经配合力测定圃入选的组合进行比较试验，根据对供试组合的产量、品种、抗性等主要性状的观察分析，得出综合结论，推荐最优组合参加区域试验。

种植方式：设 3~4 次重复，小区面积 13.33~20 m²，用标准品种或当家优良组合作对照，试验年限 1~2 年。

1.1.2.3　区域试验　主要任务：将各单位经组合比较试验推荐的优良组合，统一进行区域试验，以确定新组合的丰产性和适应性。

种植方式：与组合比较试验基本相似，但要求的准确性更高，必须严格按统一的规则执行。在区域试验的同时，可进行生产试验和栽培及制种技术的研究，试验年限一般为 2 年。

1.2　"两系法"杂交水稻育种程序

两系法杂交水稻育种程序与三系法杂交水稻育种程序基本相同，不同之处是在不育系选育过程中一般没有回交圃，只需把光温敏核不育基因转育到目标材料中，并增加了一个对两系不育系的光温敏特性及不育起点温度鉴定与筛选，这一内容在其他章节中已阐述。

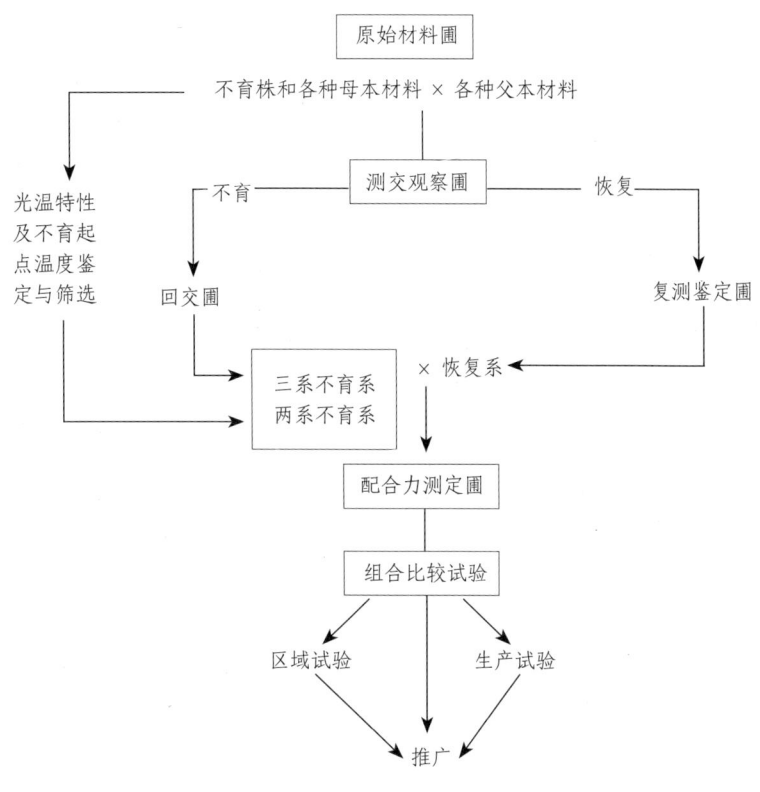

图 5-1　杂交稻育种程序简图

　　杂交水稻的一般育种程序可以用图 5-1 展示，但并非一成不变。如有的只进行恢复系选育及组合的选配，则没有回交圃；又如某个组合在复测鉴定圃中表现很突出，即可越级进入组合比较试验，甚至参加区域试验，使其尽快在生产上发挥作用。

第二节　优良组合的选配原则

2.1　选择遗传差异大的双亲配组

　　双亲的遗传差异是产生杂种优势的基础，也是选择双亲应遵循的原则之一。水稻在长期的演变进化过程中形成了不同的种和亚种，不同生态类型（如早、中、晚稻，水、陆稻）品种等多类型种质资源，它们彼此之间具有不同程度的遗传差异。杂交水稻育种实践表明，杂种优势的强弱与双亲的遗传差异的大小密切相关，在一定范围内双亲的遗传差异愈大，杂种优势愈强，反之遗传差异小或基因重叠，其优势弱或无。据湖南省农业科学院研究，同一生态类型品种配组（早稻 × 早稻、中稻 × 中稻、晚稻 × 晚稻），杂种产量优势超过最高亲本 10% 左右；

不同生态类型（早稻 × 中稻、早稻 × 晚稻、中稻 × 晚稻）或地理远距离的品种配组，强优势组合的产量可超过最高亲本的 20%~30%。另据朱英国等的研究，以亲缘相近的早稻品种间杂交，共配制 37 个组合，其平均优势几乎为 0。1977 年安徽省水稻杂种优势科研协作组，通过遗传相关矩阵应用主成分分析法，对 100 个籼稻品种和 60 个粳稻品种进行遗传距离测定，凡是优势强的组合，亲本间的遗传距离就大；保持系之间，恢复系之间，由于亲缘近，遗传距离（D^2）值小，优势弱或无优势，如 V20A 与 IR26 之间的 D^2 值为 29.1，而珍汕 97B 与 V41B 为 0.49，IR36 与 IR26 之间为 0.50。但是在育种实践中，双亲遗传差异过大，杂种虽然营养优势明显，稻谷产量优势却为负，如野生稻与栽培稻杂交，其分蘖优势可超过栽培稻亲本 1 倍，但是结实率低，它的经济性状也差。可见，双亲遗传差异与杂种优势关系存在一个差异适度的问题。因此，在选配品种间杂交稻组合时，以不同地理来源、不同生态类型或一方含有部分野生稻血缘及籼、粳混合血缘的双亲配组效果较好。使杂交稻的营养优势和产量优势能获得有机的统一。

我国水稻育种工作者通过长期的实践得出：长江流域的早、中籼品种与华南晚籼品种、东南亚品种是选配品种间杂交稻组合的优势生态组群。优势生态组群是指不同生态群间组配，相互能产生较强杂种优势者。当前在生产上大面积应用的籼型三系杂交稻基本上来源于这些优势生态组群间的配组。如汕优 63、威优 46 和威优 64 等组合，其不育系威 20A、珍汕 97A 来源于长江流域矮秆早籼品种，明恢 63、密阳 46 和测 64 等恢复系直接或间接来源于东南亚国家的籼稻品种。这些组合由于父母本双方亲缘关系较远，生态类型不同，而且地理上相距较远，所以表现出强大的杂种优势。

品种间杂交粳稻，1968 年日本新城长友利用印度春籼钦苏拉·包罗 II 作母本，我国台湾省粳稻台中 65 作父本杂交所培育的 BT 型三系，由于不育系（BT-C）和恢复系（BT-A、TB-X）来自遗传组成相同的组合，双亲间的遗传物质差异小，杂种优势不明显。杂交粳稻的选育由于粳稻的进化程度高，品种之间的遗传差异相对较小，而且一般没有或很少含恢复基因。我国水稻科技人员采用籼粳架桥技术将籼稻的恢复基因及其部分优良性状导入粳稻，扩大了遗传差异，丰富了粳稻种质资源，提高了粳稻杂种优势水平。

2.2　选择农艺性状互补的双亲配组

一般来讲，杂种优势的强弱，大多数取决于双亲性状间的相对差异和互补。除双亲的遗传差异外，在一定范围内双亲间的生理特性，相对性状的优缺点越能彼此互补的，其杂种优势就越强。

杂交水稻优良组合亲本表型性状的选择，一般要求彼此配合良好。优缺点互相弥补，双亲彼此间的缺点尽可能少一些，尤其不要有共同的缺点。同时，必须对相对性状的显隐性关系和一些主要性状的遗传力的大小有所了解和研究。一般熟期的早晚、分蘖的多少、穗型大小、千粒重的高低和米质优劣等性状都是可以互补的，如威优46，其母本威20A分蘖力弱，抗性已减弱，生育期短等。父本密阳46，则分蘖力强，抗稻瘟病，生育期长，而杂交组合威优46综合了双亲的优点，抗稻瘟病、中熟偏迟、分蘖力强等，表现出较好的互补性状。

2.3　选择农艺性状优良的双亲配组

杂种第一代（F_1）一些性状的表现与双亲平均值的相互关系：据潘熙淦等（1979）报道，在株高、穗长、每穗实粒数、每穗总粒数、结实率、千粒重、有效穗、生育期和单株粒重等性状中，其中每穗实粒数、每穗总粒数、千粒重、有效穗和生育期等5个性状相关系数都达到了1%的显著水平。王树峰（1982）的研究结果表明，在株高、有效穗、穗长、每穗粒数、每穗实粒数、结实率、千粒重、单株粒重和单穗粒重等9个性状中，除穗长和单株粒重以外，其他性状相关系数都达到了1%的显著水平。赵安常、芮重庆（1982）的研究结果表明，在抽穗期、株高、千粒重、穗长、主穗粒数、单株粒数、结实率、有效穗、谷重和草重等10个性状中，无论正交或反交组合，F_1与双亲平均值之间存在极显著相关。回归系数的显著性测定，除穗长、主穗粒数、有效穗为5%显著水平外，其余性状均达1%显著水平。上述研究结果表明，杂种第一代（F_1）各个性状的表现，至少有每穗粒数、每穗实粒数、千粒重、有效穗、生育期和株高等性状与双亲平均值存在极显著的相关关系。因此，在选配杂交稻组合时，选择穗粒性状优良的双亲，则可望配出产量高的组合。广东省农作物杂交优势利用研究协作组选用18个组合的比较试验，杂种产量与父本相关密切，六季试验有五季均呈显著与极显著的正相关。当前生产上大面积应用的强优势组合，不论是三系组合还是二系组合，不育系与恢复系不仅是遗传差异大，而且都是由优良品种育成的，如汕优63、威优46及培两优特青等。

2.4　根据不同生态条件对熟期的要求，选择相应的双亲配组

我国稻作区地域辽阔，形成了不同生态类型，不同的生态条件对杂交稻组合的生育期要求也不相同。如用于长江流域作双季早稻栽培的组合则要求全生育期110 d左右，作双季晚稻栽培则一般要求全生育期125 d左右。从目前大面积应用的杂交稻组合来看，早熟组合一般其双亲也表现为早熟，如威优402、香两优68等；迟熟或中熟的杂交稻组合，则双亲之一一般表现为迟熟或中熟，如汕优63、威优77等。根据杂交组合生育期与配组双亲生育期密切

相关的原理，在选配杂交稻组合时，应根据不同生态区对杂交稻组合熟期的要求，来选择相应的双亲配组，以减轻配组的盲目性。

2.5 双亲的配合力与其杂交组合的产量密切相关，应选择配合力高的双亲配组

双亲配合力的高低与杂种性状优劣密切相关。据周开达等（1982）的研究，籼型杂交水稻产量、结实率与双亲一般配合力高低的关系是：高×高>高×中或中×高>中×中>高×低或低×高>高×低或低×中>低×低。说明任何一个优良杂交组合至少有一个一般配合力较高的亲本。李行润等（1992）用粳稻不育系矮选 A 和粳型光敏核不育系 6086S、6172S、6334S、6339S 与皖恢 31 等 9 个恢复系作 5×9 不完全双列杂交，估算了主要农艺性状的配合力，结果表明：杂种性状主要受亲本一般配合力的作用，用亲本一般配合力效应可以预测杂种性状的表现。但杂种优势利用中除一般配合力外，还应注意特殊配合力的选择，据廖伏明等（1999）选择在生产上具有广泛代表性的 6 个不育系和 9 个恢复系，采用 NC Ⅱ 交配设计分析 12 个农艺性状的配合力，结果表明：亲本一般配合力与特殊配合力在各性状上均是相互独立的，一般配合力与亲本自身的表型值呈一定的正相关。因此，在选配优良组合时，不仅要注意亲本的一般配合力的选择，而且还必须进行广泛测交和组合的评鉴工作。

中国自 20 世纪 70 年代初实现籼型杂交水稻三系配套、90 年代两系法杂交水稻研究成功以来，其间培育出了一大批三系、两系杂交水稻亲本，但这些亲本中，并非一切遗传物质差异大、表型性状优良的亲本都在育种上有应用价值。事实上，只有配合力好的三系亲本、两系亲本在生产上大面积应用，如威 20A、珍汕 97A、金 23A、Ⅱ -32A、培矮 64S、7001S、黎明 A、六千辛 A 和 IR24、IR26、测 64、明恢 63、密阳 46、桂 99、特青、9311、C57 等不育系和恢复系。因此，杂交水稻组合选配的实践亦表明，选配配合力高的品系作杂交亲本，有较大的可能获得高产杂种。

第三节　杂交水稻抗性组合的选育

3.1 抗性亲本的选择

从国际水稻研究所引进的一些抗性好的籼稻品种如 IR30、IR32、古 154、IR28、古 223 和 IR36 等，在杂交水稻抗性组合选育中起了重要作用，用它们直接或间接地培育了一批对稻瘟病、白叶枯病和稻飞虱等主要病虫害具有单抗和多抗的杂交组合。由于东南亚国家的

中籼品种是选配杂交组合的一大优势生态组群，因此引进东南亚国家的一些抗性强的籼稻品种，是选育抗性杂交组合的重要抗源之一。如 20 世纪 80 年代引进的密阳 46，它对稻瘟病具有较强抗性的特点，通过测交鉴定它又对"野败"不育系恢复，用它作为恢复系配制的杂交组合威优 46、汕优 10 号不仅优势强，而且抗性好。而湖南杂交水稻研究中心以密阳 46 作为抗源改造的恢复系如 R111、R227、R333 等对稻瘟病表现为高抗或中抗。另外，抗性好的野生稻、古老品种和地方品种也可以作为选育抗性亲本的抗源。

两系法杂交水稻的研究成功，为抗性杂交组合的选育拓宽了范围。一般品种间杂交时绝大多数的品种对光温敏核不育系是恢复的。因此，一些抗性好的地方品种和优良的常规品种也可作为选育抗性组合的抗源之一，如培杂双七等组合，其父本孖七占就是高产、多抗常规稻品种。一些抗性好的常规品种也可作为两系不育系选育的抗源之一。

目前，生产上应用的抗性较好的不育系有协青早 A、福伊 A、冈 46A、秀岭 A、屉锦 A 和培矮 64S 等，恢复系有二六窄早、密阳 46、明恢 86、R111、R227、R527、CDR22、R402、恩恢 58、C418 等。

3.2　抗性育种方法

根据杂交水稻对病虫抗性的遗传表现，要选育出抗性强的杂交组合，主要是选育抗性强的恢复系和保持系。

3.2.1　测交筛选

用不育系与抗性强的亲本进行测交，选择保持力强的亲本继续进行多代回交，便可以转育成抗性强的不育系。当然，在选择亲本抗性的同时，也要结合其他性状的选择，培育出符合育种目标的不育系。

用不育系与抗性强的又具有恢复力的优良亲本进行测交，从中选择恢复力强、配合力好的父本品种，进行复测和抗性鉴定，便可育成抗性强的恢复系。有的低世代品系如 IR9761-19-1，经抗性鉴定表现抗稻瘟病和白叶枯病，用野败不育系测交后，发现它具有很好的恢复力和配合力，但一些性状尚未稳定，从中选择优良单株继续进行成对测交，其中以测 64-7 编号的单株表现最好，定名为测 64-7，以它配制成杂交组合威优 64。威优 64 对稻瘟病、白叶枯病、青黄矮病、稻飞虱和叶蝉等 5 种病虫害都具有较强的抗性。同样，威优 46 等组合的抗性亲本也是测交筛选出来的。

3.2.2 杂交选育

采用杂交方法引入抗性基因来选育恢复系和保持系是抗性组合选育的重要途径。有些抗性好，但配合力差，或者感光性强，生育期太长，不能直接在生产上应用的恢复系，如 IR30、IR54 等。也有一些恢复系丰产性好，配合力强，但抗性欠佳，如 IR24、圭 630 等，对于这类恢复系，需要进行改造，通过杂交将抗性、恢复性和其他优良性状结合为一体，选育出新的抗性恢复系。值得注意的是，在选育新的抗性恢复系（或保持系）时，杂交双亲之一或双亲必须是抗性品种，才能选育出新的抗性恢复系（或保持系）。如果把多个抗性基因聚合到恢复系（或保持系）中，则可提高抗性水平并表现出持久抗性。在方法上可根据不同情况，分别采用一次杂交选育法、复式杂交选育法和轮回杂交选育法。

一次杂交选育，如 R111 恢复系的选育，以抗性亲本密阳 46 作父本，以抗性衰退的优良恢复系明恢 63 为母本进行杂交，培育出对稻瘟病抗性强的恢复系 R111。用 R111 配组的威优 111，表现出高抗稻瘟病，显然其抗源来自密阳 46。多抗性的恢复系桂 33 也是通过 IR36×IR24 选育而成的。

复式杂交选育，如早熟恢复系二六窄早的选育，首先用多抗性的恢复系 IR26 作母本，以抗稻瘟病的窄叶青 8 号杂交，在其 F_2 中选育抗性强的单株再与大穗型的早恢 1 号杂交，通过多代测交选育，育成高抗稻瘟病的二六窄早恢复系。用二六窄早配组的双季杂交早稻组合威优 35，对稻瘟病多个生理小种具有较强的抗性。其抗性来自窄叶青 8 号和 IR26。

有些恢复系或保持系，虽具有良好的丰产性和较强的配合力，但抗性不佳，可以采用轮回杂交选育法，用它作轮回亲本，与抗性品种进行轮回杂交，以达到既引入抗性，又保存本恢复系或保持系原有的其他特性的目的。

如图 5-2 所示，在每个回交 F_1 进行抗性筛选，选出抗病虫植株再与轮回亲本（A）回交，

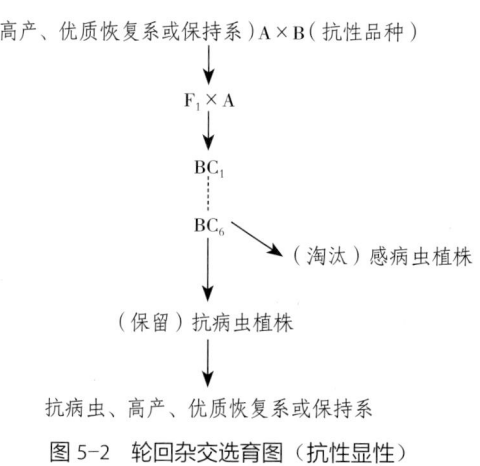

图 5-2　轮回杂交选育图（抗性显性）

继续回交 6 代，其后 99% 以上个体的基因都纯合了，其遗传背景与轮回亲本 A 相同，但抗性基因还可能是杂合的，需要进行一次自交，使之纯合，并对抗性进行最后一次筛选，可望育成遗传背景与 A 相同又具有抗性的恢复系或保持系。

　　但如果某些抗性是隐性基因所控制，则图 5-2 的方法需要修改，因 F_1 无法鉴定出抗病植株。其方法之一（图 5-3）是隔代回交，即在每一次杂交后，都再进行一次自交，让抗病个体在 F_2 中分离出来后回交，直至回交 6 代后再自交一代，便成了新的抗性恢复系或保持系，但这一方法费时；另一方法是用回交一代的所有植株与轮回亲本继续回交，每一植株同时保留自交穗，并对所有自交后代进行抗性鉴定，用其结果推断相应的回交二代植株的基因型，把抗病植株与轮回亲本再杂交。这样自交和回交同时进行，直至回交 6 代达稳定为止。这种方法虽其回交工作量大，但缩短了育种年限。

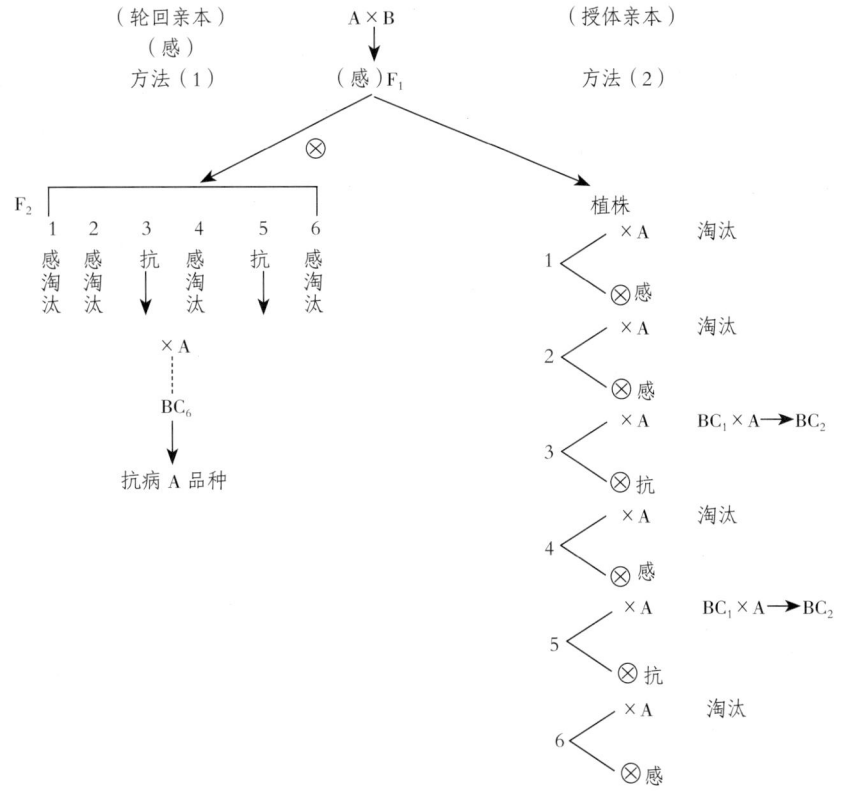

图 5-3　轮回杂交选育图（抗性隐性）

　　采用轮回杂交选育抗性恢复系或保持系，必须具备三个条件：①要有适合的轮回亲本；②要有可利用的授体亲本；③对目标性状的转育要有快速可靠的筛选技术。只有同时满足这三个条件，才能在 F_1 中找到抗病虫植株进行回交。采用轮回杂交选育法一般需要回交 4~6 代。

在轮回杂交选育抗性恢复系方面，浙江省丽水地区农业科学研究所采用国内抗源品种 / 轮回品种 // 国外抗源品种 / 轮回品种的方式，以达到聚合多个（种）抗性基因于主体轮回品种中之目的。他们在 IR50/IR26// 赤块矮 /IR26 的基础上，用 IR26 回交 1 次，自交 2 代后获得综合性状优良的丽恢 6216 恢复系，它对多个稻瘟病致病菌系均具有较高的抗性水平。

3.2.3 应用生物技术选育

目前中国科学家应用基因枪、农杆菌介导等方法将苏云金杆菌杀虫蛋白基因 $B.t$、雪莲凝集素基因 GMA、通格鲁病毒外壳蛋白基因 CP、抗白叶枯病基因 $Xa21$、抗菌肽 B 基因等杀虫基因和抗病基因导入了水稻体细胞组织并获得了转基因植株。湖南杂交水稻研究中心采用外源总体 DNA 导入技术即穗茎注射总体 DNA 技术，将小粒野生稻（$O.\ minuta$）的总体 DNA 导入恢复系明恢 63 中，获得了高抗稻瘟病的品系 R330。

花药培养技术能克服杂交后代的严重分离，加速后代稳定。因此，花药培养在杂交水稻亲本的改良上具有特殊地位。四川省农业科学院和四川农业大学应用花培技术分别选育出川恢 802、蜀恢 162 等抗性强的优良恢复系。

江苏省农业科学院遗传生理研究所开展了抗水稻白叶枯病体细胞无性变异的研究，建立了以白叶枯病活体病菌作为筛选压的离体筛选技术。并应用此技术培育出了抗白叶枯病和抗稻瘟病的恢复系 HX-3，以该恢复系配置的杂交稻特优抗 3 号表现出抗病力强。

随着生物技术的发展，如基因克隆技术、分子标记辅助选择技术等，为抗性杂交组合的选育开辟了新的途径。

第四节　优质米组合的选育原理与技术

4.1　稻米品质及其标准

稻米品质主要包括碾米品质、外观品质、蒸煮品质、营养品质和卫生品质。碾米品质包括出糙率、精米率和整精米率，其中以整精米率最为重要。整精米率是指完整而无破碎的精米和长度仍达完整精米平均长度的 4/5 及以上的精米占被测稻谷的重量百分率。外观品质包括粒形、垩白大小、胚乳透明度等，垩白大小为主要指标。就籼稻而言，我国南方和东南亚大多数地区都喜欢细长、无垩白稻米。蒸煮品质包括直链淀粉含量、糊化温度、胶稠度、米粒延伸性和食味等。其中直链淀粉含量与食味关系密切。就籼稻而言，中等直链淀粉含量（20% 左右）

的稻米在我国和东南亚大部分地区都很受欢迎。营养品质主要是指精米的蛋白质含量和赖氨酸含量。由于人们主要靠从动物食品中摄取蛋白质，故育种上并不追求高蛋白质含量，但讲究蛋白质的质量。如国际水稻研究所育成的一些优质米品种中，蛋白质含量只有 7% 左右，但某些品系的赖氨酸含量占蛋白质总量可以达到 4%。卫生品质是指稻米中有毒物质的残留量的多少及有无污染。

中国曾于 1986 年制订过《中国优质稻米品质分级暂行标准》，有的省份制订了省级标准。又于 2000 年 4 月 1 日中国实施新的食用稻米分级国家标准（表 5-1），此标准作为判断稻米品质优劣的根据。美国稻米品质的标准见表 5-2，可作为出口大米品质的标准。

表 5-1　中国优质稻谷质量指标

类别	等级	出糙率（≥）/%	整精米率（≥）/%	垩白粒率（≤）/%	垩白度（≤）/%	直链淀粉（干基）/%	食味品质（≥）/分	胶稠度（≥）/mm	粒型（长/宽）（≥）	不完善粒（≤）/%	异品种粒（≤）/%	黄粒米（≤）/%	杂质（≤）/%	水分（≤）/%	色泽气味
籼稻谷	1	79.0	56.0	10	1.0	17.0~22.0	9	70	2.8	2.0	1.0	0.5	1.0	13.5	正常
	2	77.0	54.0	20	3.0	16.0~23.0	8	60	2.8	3.0	2.0	0.5	1.0	13.5	正常
	3	75.0	52.0	30	5.0	15.0~24.0	7	50	2.8	5.0	3.0	0.5	1.0	13.5	正常
粳稻谷	1	81.0	66.0	10	1.0	15.0~18.0	9	80	—	2.0	1.0	0.5	1.0	14.5	正常
	2	79.0	64.0	20	3.0	15.0~19.0	8	70	—	3.0	2.0	0.5	1.0	14.5	正常
	3	77.0	62.0	30	5.0	15.0~20.0	7	60	—	5.0	3.0	0.5	1.0	14.5	正常
籼稻糯谷	—	77.0	54.0	—	—	≤2.0	7	100	—	5.0	3.0	0.5	1.0	13.5	正常
粳稻糯谷	—	80.0	60.0	—	—	≤2.0	7	100	—	5.0	3.0	0.5	1.0	14.5	正常

208

表 5-2　美国稻米品质标准

稻米品质	长粒型	中粒型	短粒型
出糙率 /%	68～71	71～72	73～74
整精米率 /%	56～61	65～68	63～68
直链淀粉含量 /%	23～26	15～20	18～20
碱消值	3～5	6～7	6～7
糊化温度	中	低	低

关于卫生品质，联合国粮农组织规定稻米中的有机磷残留量和有机氯残留量分别不得高于 0.75 mg/kg 和 0.2 mg/kg。中国曾制订过原粮中农药最大允许残留量标准，部分农药在原粮中残留量的标准见表 5-3。

表 5-3　中国制订的原粮部分农药最大允许残留量

单位：mg/kg

农 药	原 粮	稻 米	国家标准号
辛硫磷	0.05		GB14868-94
敌百虫	0.1		GB16329-1996
亚胺硫磷	0.5		GB16320-1996
甲胺磷		0.1	GB14873-94
乙酰甲胺磷	0.2		GB14872-94
二嗪磷	0.1		GB14928.1-94
杀螟硫磷	5		GB4788-94
甲拌磷	0.02		GB4788-94
倍硫磷	0.05		GB4788-94
敌敌畏	0.1		GB5127-1998
乐果	0.05		GB5127-1998
马拉硫磷	8		GB5127-1998
对硫磷	0.1		GB5127-1998
氯菊酯	1.0		GB14871-94
甲萘威	5		GB14971-94
百菌清	0.2		GB14869-94
多菌灵	0.5		GB14870-94
杀虫双		0.2	GB14928.12-94
三环唑	2		GB14928.9-94

4.2　杂交水稻品质改良的遗传基础

4.2.1　碾米品质的遗传表现

碾米品质主要表现在稻谷的出糙率、精米率和整精米率等方面。稻谷加工时，壳糠层和胚均应在胚乳破损最少的情况下被碾出。一般谷壳占谷粒重的 20%～22%（变幅可达 18%～26%），米糠和胚占 8%～10%。

碾米品质中最重要的是整精米率，由环境与基因互作控制，同时也与谷粒大小、形状、硬度和垩白有关。杂交组合的整精米率高低，除了受环境等因素影响外，与亲本选择也有密切的关系。过去杂交水稻最显著的缺点就是整精米率低，并认为是细胞质雄性不育系所致（Rutger and Bollich，1985）。国际水稻研究所分析了 75 个杂交组合的整精米率，发现杂种优势的变幅从 -67% 至＋49%。其中 34 个组合的整精米率低于双亲中较好的亲本；有 41 个组合超过较好亲本，最高的为 65.1%（双亲分别为 57.4% 和 51.4%）。以上研究结果表明，只要亲本选择适当，就可育出整精米率较高的杂交水稻。因此，要提高杂交水稻整精米率，则亲本的整精米率应较高。如若双亲中有一个碎米率高，则整精米率可能会低于双亲中较好的亲本。

4.2.2　外观品质的遗传表现

确切地讲，外观品质包括稻米的形状、大小和整齐度以及胚乳透明度、垩白和糙米颜色等。由于谷粒的内、外稃是由母本组织发育而成的，而米粒的大小和形态是由谷壳决定的，故 F_1 植株上产生的种子的粒形与大小不出现分离。因此，尽管双亲在粒形与大小方面有较大差异，其 F_1 代籽粒的粒形与大小是整齐一致的，也就是杂交水稻稻米的粒长、粒宽、粒厚、粒型、粒重是整齐一致的。就一般而言，F_1 代籽粒在长度与形状上介于双亲之间。已有对粒长的研究有受控于一个单基因（Ramish，1931）、两个基因（bollich，1957）、三个基因（Ramish et al.，1933）或多基因诸说（Mitra，1962；Nakatat，1973；Chang，1974；Samrith，1979）。同样，稻米的宽度、形状和粒重也有受多基因控制遗传的报道（Ramish，1933；Nakatat，1973；Chang，1974；Samrith，1979；Lin，1978）。广西农学院（1991）研究表明，米粒长、宽、厚不仅受到细胞核基因的控制，而且受到核质互作及细胞质基因的影响。另据石春海等的研究，糙米长和糙米长宽比等性状的表现主要受控于母体植株基因和细胞质基因的遗传效应，对这些品质性状的选择宜根据母体植株上糙米粒形的总体表现采取单株选择法。国际水稻研究所研究的 75 个杂交组合以及具有不同大小和粒形的亲本表明：25% 的组合粒形较长，37% 较短，38% 几乎与中亲值相等。但没有一个 F_1 代籽粒在长度与粒形上超过大值亲本的。因此，要培育中粒形组合，可用长粒形和短粒形的亲本，要培育长粒形的组合，则双亲都应是长粒形的。

胚乳是三倍体组织，一个核来自父本，另两个来自母本的极核。如果双亲的胚乳透明度有差异，则后代的谷粒会出现明显的分离（Kumar and Kush，1986）。稻米根据胚乳的透明度分为糯性和非糯性，糯性没有或仅有少量直链淀粉，外观不透明。非糯性稻谷的直链淀粉含量差异很大（2.1%~32%），在外观上有不透明、略微透明或半透明之分。双亲胚乳的外观性状如何，对 F_1 代籽粒的外观关系很大。国际水稻研究所曾用直链淀粉含量很低、胚乳半透明的亲本 IR37307-8 与低直链淀粉的亲本 IR24 杂交时，其 F_1 代籽粒的胚乳明显地表现出三种类型，即不透明、略微透明和半透明。比例为 1：1：2。IR37307-8 与一个直链淀粉含量中等的亲本 BPI121-407 配组，其 F_1 代籽粒胚乳亦出现类似的分离。IR370307-8 与直链淀粉含量高的亲本 IR8 配组，其 F_1 代籽粒的胚乳透明度分离为两种类型，即不透明与半透明，分离比例为 1：3。不透明的亲本与糯稻配组，F_1 代籽粒的胚乳透明度无明显分离；用胚乳半透明的亲本配组，其 F_1 代籽粒的胚乳都是半透明的，这是由于双亲胚乳外观性状很相似。因此，为了获得稻米外观品质一致的杂交稻，应该选择胚乳类型相同的亲本配组。另外，米粒的半透明性，可以和所要求的谷粒类型、直链淀粉含量（蜡质除外）、糊化温度等性状相结合。半透明性在所有的重要农艺性状中属于独立遗传。

影响胚乳外观的另一个因素是垩白。垩白根据其所在部位分为心白、腹白和背白，其遗传控制有单基因、双基因和多基因之说，但一般认为垩白的形成与环境条件密切相关。垩白的形成是由于该处的淀粉粒疏松排列。武小金（1991）研究指出：垩白可能是由 2 对互补基因控制的，小垩白为显性，而且垩白遗传存在基因剂量效应；环境对大垩白基因型的影响比对小垩白基因型的影响要大得多。另外，杨仁崔等（1986）的研究表明垩白存在有胚乳直感现象。祁祖白（1983）的研究结果表明，杂交当代米粒腹白与母本相似，F_1 植株上所结谷粒的腹白介于双亲之间，F_2 植株上所结谷粒的腹白有分离，且以无腹白或腹白少的占多数。认为腹白性状可能受复基因控制，并兼有无腹白对有腹白是部分显性的作用。国际水稻研究所用 18 个亲本配制的 75 个杂交组合中，有 44 个组合的垩白度较低，15 个组合的垩白度较高，另外有 16 个组合的垩白度与中亲值相等。因此，从以上研究结果得出，要选育垩白度低的杂交稻组合，双亲必须是垩白度低的。

4.2.3 蒸煮和食味品质的遗传表现

蒸煮及食味品质是稻米品质中最重要的一个方面。用于评定稻米蒸煮及食味品质的主要理化性状有直链淀粉含量、糊化温度、胶稠度和香味等，它们的遗传特点分述如下。

4.2.3.1　直链淀粉含量的遗传　直链淀粉含量的高低对米饭的黏性、光泽都有很大的影响，一些研究者（黄超武、李锐，1990；Kumar I.，Khush G.S.，1986，1988）认为高直链淀粉含量对低直链淀粉含量表现为不完全显性，由一对主基因和少数修饰基因所控制。也有一些研究者（李欣等，1990；申岳正等，1990；王守海，1992）认为高直链淀粉含量对低直链淀粉含量呈完全显性。但湖南农学院（1985）研究指出，直链淀粉含量是由 2 对主效基因或多基因控制的。Sano（1986）等用 RFLP 检测到 2 个 Wx 等位基因：Wx^a 主要存在于籼稻中，Wx^b 主要在粳稻中。何平等（1998）利用遗传图谱对直链淀粉含量进行 QTL 定位，发现直链淀粉含量除了定位于第 6 染色体的 Wx 基因上外，还受第 5 染色体上的一个 QTL 的影响。徐辰武等（1995）的研究认为直链淀粉含量为数量性状，受多基因控制，或其遗传可能既有主基因效应又有微效基因作用。徐辰武（1990）等还认为直链淀粉含量主要以加性效应为主，显性效应也很重要。在一些研究中（武小金，1989；易小平等，1992）发现直链淀粉含量存在显著的细胞质效应和核质互作效应。直链淀粉含量的遗传很可能与亲本的直链淀粉含量差异有关，亲本的直链淀粉含量差异越大，F_1 籽粒的直链淀粉含量差异也就越大。国际水稻研究所用 IR29 与 IR37307-8 配组，其 F_1 籽粒直链淀粉含量的变幅为 0～11%，而 IR29 与 IR9 配组，其变幅为 0～33%，同样用 IR37307-8 与 IR24 配组，F_1 籽粒的直链淀粉含量变幅为 1%～18%，用 IR37307-8 与 IR8 配组并进行正反交，其变幅为 2%～34%。但根据对大量 F_1 籽粒样本的分析，其直链淀粉平均含量均介于所有组合的双亲之间。

　　杂交水稻的稻米就是 F_2 种子，其直链淀粉的含量呈分离状态。杂交稻米饭的光泽、柔软性和黏性的差异与双亲的直链淀粉含量有关。据国际水稻研究所的研究表明，凡双亲之一是光泽度高的，F_2 稻米蒸煮后的光泽表现为由中到高，如有光泽与无光泽亲本的直链淀粉含量差异较小，则样品光泽度就高。另外，双亲直链淀粉含量差异大，F_2 谷粒就明显地区分为不同的直链淀粉含量类型。但不同直链淀粉含量的稻米放在一起蒸煮，其蒸煮和食味品质无法分出来。也就是米粒间直链淀粉含量的异质性对蒸煮和食味品质并无明显不利影响，通过选择合适的亲本能选育出米饭的光泽度、柔软性和黏性都理想的稻米。

　　4.2.3.2　糊化温度的遗传　糊化温度的遗传控制比较复杂，因此，对糊化温度的遗传有不同的看法。Tomar 等（1984）认为高糊化温度对低糊化温度为显性，并受具有累加效应的两个重复基因控制。武小金（1989）认为糊化温度的遗传可能与两对基因有关。何平等（1998）将控制糊化温度的主基因定位在第 6 染色体上，并认为该位点应该是经典图谱上的 alk 位点，另外还发现一个与 Wx 基因连锁的 QTL。陈葆葆等（1992）认为高糊化温度由两个位点的显性基因控制，而且这两个基因之间存在互补关系，杂交后代中出现糊化温度类型是由两个显性基因之一单独决定，并受到微效基因的影响。李欣等（1995）的研究表明糊化温度是由同一位点上的一组复等位基因控制，基因的显性效应表现为高＞中＞低，除主效基因的作用外，还存在微效基因的修饰作用。徐辰武等（1995）用胚乳性状的质量—数量遗传模型进行研究，认为主基因以加性作用为主，微效基因的遗传变异约为主基因的1/4。并进一步研究指出，糊化温度是一典型的受三倍体遗传控制的质量—数量性状，由一个主基因和若干微基因共同控制；控制高、中和低糊化温度的主基因为一组复等位基因，主基因的作用以加性效应为主，显性效应小；微基因的遗传变异因组合和世代而异，为主基因变异的1/16～1/2。梁世荣等（1988）认为非加性效应起主导作用。石春海等（1994）的研究表明，糊化温度主要受控于种子直接显性效应。凌兆凤等（1990）认为糊化温度同时受到加性和显性效应控制，以加性效应为主；显性的表达比较复杂，在有些组合中，高糊化温度为显性，在另一些组合中则相反，这表明显性的方向可能随位点而异。另外，糊化温度这一性状易受环境的影响，同一品种的糊化温度，在不同的条件下能相差10℃之多，这也许是诸多研究结果不同的原因之一。但糊化温度的遗传力都相当高，据国际热带农业研究中心观察，糊化温度高的 F_2 材料（ F_3 种子）基本上是纯合的状态，以后也很少分离。因此，在选育亲本过程中凡是高糊化温度的植株应尽早淘汰。一些 F_2 的低糊化温度和大部分中糊化温度的分离株，它们都将继续分离出高、中、低三种类型，这些类型要经过多代选择，才能达到纯合状态。同直链淀粉含量一样，杂交稻稻米的糊化温度亦呈分离状态。糊化温度对蒸煮品质也有影响。糊化温度高的米蒸煮时间比低的要长。据国际水稻研究所研究指出，由于杂交稻的谷粒在粒型和大小上是一致的，由低糊化温度和中等糊化温度组成的群体样品在蒸煮时，似乎是低糊化温度米粒首先逐渐煮熟，并放出热量促进中等糊化温度的米粒煮熟，因而整个样品看来很一致。也就是说，稻米的糊化温度（低糊化温度和中等糊化温度）相差不太大的群体，对其稻米的蒸煮品质影响不大。

4.2.3.3　**胶稠度的遗传**　关于胶稠度的遗传，Chang等（1979）认为硬胶稠度受一显性基因控制。武小金（1989）的研究表明，在硬与软胶稠度组合中，硬胶稠度为显性， F_2 代呈3∶1分离，而硬与中胶稠度组合则表现数量性状的遗传特征，显性作用占优势。汤圣祥等（1993、1996）的研究认为，籼稻胶稠度受主效基因和若干微效基因控制，硬对中或软、中对软表现显性。籼粳交稻米胶稠度也受主效基因控制，主效基因为复等位基因，硬对中和软、中对软胶稠度表现显性，胶稠度的遗传还存在基因剂量效应和某些质量—数量性状的特点。何平等（1998）将控制胶稠度的基因定位在第2和第7染色体上，这两个QTL分别可解释

20.2% 和 14.2% 的差异，说明胶稠度也存在一定的主效基因。此外，郭益全（1985）、易小平等（1992）和石春海等（1994）的研究表明，胶稠度还存在细胞质效应。从大多数研究结果来看，稻米的胶稠度受一对主效基因控制。因此，亲本进行早期世代选择有效。胶稠度决定米饭的柔软度，但胶稠度的分离并不影响杂交稻的蒸煮和食味品质。

4.2.3.4　香味的遗传　关于香味的遗传也有不同的看法。S. S. Ali 等（1993）对 Basmati 370 和 Basmati 198 的香味遗传进行研究，结果表明，其香味属单基因隐性遗传。Ahn 等（1992）用 RFLP 标记出一个水稻香味基因（香味基因来自供体 Ddlla）。该基因与一个单拷贝 DNA 克隆 RG28 在第 8 染色体上连锁，图距为 4.5 cM。徐秋生等（1999）对 MR365 的香味遗传进行研究，结果亦表明香味受 1 对隐性核基因控制，并且还可能有微效基因的作用。用香稻不育系与非香恢复系配组，其 F_1 植株无香味，F_1 所结籽粒部分具有香味。Sood 等对各含一个不同来源香味亲本的 9 个杂交组合，用 KOH 法测定，F_1（营养器官）无香味，F_2 一致地按无香味对有香味 3∶1 的比例分离，说明其香味是受隐性单基因控制。但也有一些研究结果认为水稻的香味是受两对隐性基因、3 对隐性基因或显性基因控制的。

4.2.4　营养品质的遗传表现

印度高希（Ghosh 等，1976）研究认为蛋白质含量属于不完全显性，由几个主基因和一些微效基因控制。关于蛋白质含量的遗传机制十分复杂，可能是多基因系统和环境影响相互作用的结果。蛋白质含量的总变异中只有 25%～50% 是由遗传因素决定的，低含量对高含量部分显性。成熟期的光照强度、气温、水温和栽培措施中的施肥量、施肥方法、施肥时间、水分管理、栽培密度及杂草、病虫害的防治等，都可以使品种蛋白质含量有较大的差异。这样给鉴定选出遗传本质上是高蛋白质含量的亲本和组合带来极大的困难。关于杂交水稻稻米中氨基酸的遗传，据易小平、陈芳远（1991）的研究，杂交稻稻米中氨基酸总量、必需氨基酸总量及各氨基酸含量均不同程度地受细胞质效应的影响。另外，在同一细胞质不同核背景下，组合间氨基酸的含量也有差异，说明还存在有核质互作效应。

4.3　优质米组合的选育

4.3.1　亲本改造

选配优质米组合，首先要获得优质的二系或三系亲本。在优质米组合选育中，不少单位采用各种途径和方法选育出了一批优质的二系、三系亲本和优质米组合。

4.3.1.1　利用野生稻与栽培稻远缘杂交进行选育　1981 年湖南杂交水稻研究中心黎坦庆，

利用四川省农业科学院提供的长药野生稻与栽培稻杂交后代的一个衍生系 6209-3，又与珍汕 97B 杂交，再用 V20B 复交，保持系经过 14 代的选育，不育系经过 8 代的择优回交，选育出了优质三系不育系 L301A。该不育系不但柱头发达外露，而且米质优良，千粒重 23 g，米粒透明，基本上无心腹白，米粒长 6.85 mm、宽 2.13 mm，长宽比是 3.21。用 L301A 与测 64-49，IR29 配制的杂交组合，其米质符合美国的品质标准。又如广西农业科学院水稻研究所利用野生稻资源育成了优质恢复系桂 99。

4.3.1.2 利用地方优质品种作为亲本之一，进行杂交选育 湖南省常德市农业科学研究所选育出的优质三系不育系金 23A。在其选育过程中利用了云南地方软米品种 M 和广西优质米品种黄金 3 号。金 23A、B 的选育过程是以菲改 B 为母本，云南地方软米品种 M 为父本杂交，再以菲改 B×M 的 F_5 优良单株为父本，广西优质品种黄金 3 号为母本复交，然后以复交 F_6 的 23 号单株为父本，与 V20A 杂交并连续择优回交而育成的。用金 23A 与恢复系先恢 207 配组育成了优质米杂交稻组合金优 207，该组合 1998 年被湖南省评为三等优质米。

4.3.1.3 利用国外优质米品种进行亲本改造 湖南杂交水稻研究中心用美国品种 Lemont 与 IR9761-19-1 杂交，从其后代中选的 6711 品系与安农 S-1 杂交，选出不育株再与香 2B 杂交，连续 9 代选育而育成了优质两系不育系香 125S。用香 125S 与 D68 配组育成了优质早稻组合香两优 68，该组合 1998 年被湖南省评为三等优质米。同样湖南杂交水稻研究中心所选育出的优质不育系湘香 2 号 A 和新香 A 就是利用国外香稻优质品种 MR365 作为亲本之一进行杂交选育出来的。用新香 A 配制的杂交组合新香优 80 被湖南省评为三等优质米。

4.3.1.4 利用籼粳杂交进行改造 湖南省岳阳市农业科学研究所采用籼粳远缘复式杂交（IR24× 粳 187）×IR28，经多代选育育成了偏籼的恢复系 P9-113，与 V20A 配组，1984 年该组合被评为湖南省优质米组合。湖南杂交水稻研究中心用恢复系 432 作母本，粳型广亲和系轮回 422 为父本杂交，选育出了优质恢复系先恢 207，与金 23A 配组育成了优质杂交稻组合金优 207。

4.3.1.5 应用生物技术进行亲本改造 从目前来看，总体 DNA 直接导入水稻研究是行之有效的技术，其主要方法有花粉管通道法、种苗浸泡法和穗茎注射法等。这些方法具有简便易行、变异易稳定、能克服远缘杂交不亲和的矛盾以及变异率高、变异谱广等优点。另外，基因克隆技术与分子标记辅助选择技术等为亲本的改造和优质组合的选育开辟新的途径与方法。如湖南杂交水稻研究中心与香港中文大学生物系合作，从水稻中克隆出了合成支链淀粉的基因和合成直链淀粉的基因。

4.3.2　优质米组合选配原则

杂交水稻稻米实际上是 F_1 植株上产生的 F_2 种子，F_1 植株的外部形态，如株高、茎、叶及籽粒形状等都是一致的，但 F_1 植株上所结谷粒，即 F_2 种子的理化性状，如黏性、糯性、香味、直链淀粉含量、糊化温度和胶稠度等则发生分离。因此，根据杂交水稻稻米的特点及米质性状的遗传规律，在选配优质米杂交稻组合时，应遵循以下原则。

4.3.2.1　选择粒型细长或中长的籼型不育系、恢复系配组　中国制定的优质米标准，要求籼稻的米粒长宽比为大于或等于 2.8。由于 F_1 植株上所结的 F_2 种子在长度与形状上介于双亲之间。因此，要选配粒型偏长的杂交水稻，其双亲应选择粒型细长或中长。目前生产上推广的 V20A、珍汕 97A 这两个不育系，籽粒大，千粒重分别为 30 g、26 g，垩白面积也大，所配组合大多是千粒重大，垩白面积也大，米粒长宽比较小。从另一个角度来讲，如选择籽粒细长、千粒重 24 g 左右、垩白面积小的双亲配组，则所配组合出现优质米组合的机会大一些。

4.3.2.2　选择直链淀粉含量中等或中等偏低的不育系、恢复系配组　根据直链淀粉含量的遗传规律，在配组时，若亲本之一是高直链淀粉含量的，则另一亲本应选择中等或中等偏低含量的。如优质米组合金优 207，其母本金 23A（B）的直链淀粉含量为 23.7%，父本先恢 207 的直链淀粉含量为 12.2%，所配组合金优 207 的直链淀粉含量则为 22%。或选择直链淀粉含量都较低的不育系和恢复系配组，如优质米组合香优 63，其父母本的直链淀粉含量都较低。

4.3.2.3　选择垩白粒率低，垩白无或垩白面积极小的不育系、恢复系配组　目前杂交水稻的垩白粒率高，垩白面积大。其原因是籼型杂交水稻，所用不育系如 V20A 和珍汕 97A 等其保持系属长江流域的早稻品种，垩白粒率高，且垩白面积大；粳型杂交水稻其恢复系是籼粳交转育而来的，一般表现垩白粒率高和垩白面积大。另外，根据垩白的遗传规律，要选配出垩白小或无垩白的杂交稻组合，必须选择垩白粒率低和垩白面积小或无垩白的双亲配组。一般而言，金 23A 所配组合的外观品质要比 V20A 所配组合的外观品质要好。

4.3.2.4　选择黏糯一致的不育系、恢复系配组　湖南省安江农业学校育成的威优 16，其不育系 V20A（B）是黏性，恢复系制 3-16 是糯性，杂种稻米（F_1 植株上所结的种子）的黏和糯之比呈 3∶1 分离，湖南杂交水稻研究中心育成的籼糯不育系珍鼎 28 与黏性恢复系配组，也有类似结果。这样的稻米外观性状不好，蒸煮困难，不受人们的欢迎，即使育成了强优组合，也难以在生产上应用。

4.3.2.5　选择整精米率高的双亲配组　整精米率是优质米组合的一个重要指标。根据整精米率的遗传特点，只有整精米率高的双亲，才能选配出整精米率高的杂交组合。

4.3.2.6　选择糊化温度与胶稠度相近的双亲配组　由于杂交水稻的稻米在糊化温度和胶稠度上是呈分离状态的，虽然糊化温度和胶稠度的差异在一定范围内不会明显地影响稻米群体的蒸煮和食味品质。但差异太大或分离比例不协调，必然影响稻米群体的蒸煮和食味品质，尤其是糊化温度。因此，根据糊化温度和胶稠度的遗传特点，选育优质米杂交组合时，应尽量选择糊化温度和胶稠度都为中等的双亲配组。

4.3.2.7　选择不育系或恢复系一方具有香味的亲本配组，能配成杂交香稻　香味在杂交稻育种上是可以利用的，只要不育系或恢复系一方具有香味，其杂交稻米（F_1植株上所结籽粒F_2种子）部分是有香味的。如湖南杂交水稻研究中心选育的香稻不育系新香 A，用新香 A 所配的组合新香优 63，其稻米部分具有香味。

第五节　品种间杂交水稻组合选育的发展与成就

5.1　杂交水稻组合选育的发展

中国自 1964 年开始研究杂交水稻，到 1973 年实现籼型杂交水稻"三系"配套；1975年实现粳型杂交水稻"三系"配套；又于 1987 年在全国范围内开展了两系法杂交水稻研究，并于 20 世纪 90 年代中期成功研究出两系法杂交水稻。我国杂交水稻组合选育的发展从其选育方法上经历了以三系法杂交水稻为主的阶段（1964—1990），三系法与两系法杂交水稻并举的阶段（1987 年到现在）。从其杂种优势水平的利用上经历了品种间杂种优势利用到亚种间杂种优势利用，今后将以两系法（或三系法）亚种间杂交稻选育为主，并向着一系法远缘杂种优势利用的方向发展。

回顾中国杂交水稻育种的历程，从 20 世纪 70 年代初到现在，中国育成了数以百计的杂交稻组合在生产上大面积应用，从其发展与变迁来看，杂交水稻组合经历了几个重要的发展阶段，70 年代至 80 年代初，以南优 2 号、威优 6 号为代表，这一代组合的特点是其恢复系主要是从国际水稻研究所引进，并进行大量测交筛选得来的，杂交水稻组合属中稻和迟熟晚稻组合；80 年代初至 90 年代初，以汕优 63、汕优桂 33 为代表，这一代组合的特点是其恢复系主要是通过杂交选育的方法选育出来的，在抗性与适应性方面得到了发展；从 80 年代中期起，以威优 35、威优 49 和威优 402 等为代表，这一代杂交水稻组合，主要是克服了"早而不优，优而不早"的矛盾，使杂交水稻在长江流域作早稻栽培成为现实；从 90 年代初起，以培两优特青、香两优 68、培两优 288 为代表的两系杂交水稻组合，这一代杂交水稻组合的育成标志着中国杂交水稻育种进入了一个新的发展阶段，在米质、抗性、产量上都得到了进一步发展。并在杂交水稻繁殖与制种技术方面进行了变更。

杂交粳稻的发展大致也经历了三系法杂交粳稻与两系法杂交粳稻两个阶段。以黎优 57 等为代表的三系法杂交粳稻拉开了中国杂交粳稻生产的序幕，继两系法杂交粳稻 70 优 9 号 1994 年在安徽省通过省级审定后，中国相继育成了一批两系法杂交粳稻组合，使两系法杂交粳稻在中国北方粳稻区和南方粳稻区得到大面积的推广应用。

近年来，全国杂交水稻年种植面积在 1 533.3 万 hm² 左右，约占水稻总面积的 50%，而产量则占水稻总产量的近 60%。

5.2　优良组合简介

中国杂交水稻研究与应用在过去的 35 年取得了举世瞩目的成就，一直保持世界领先水平。就其杂交水稻组合选育而言，经历了几次组合的更替与发展，全国各育种单位相继选育出了一大批的优良杂交水稻组合，并在生产上发挥了重要作用。在此，我们只对一些最近育成的或在生产上起了重要作用的代表性组合作简单的介绍，以体现杂交水稻组合选育的成就与发展。

5.2.1　杂交早稻组合

5.2.1.1　威优 35（V20A/ 二六窄早）　1981 年由湖南杂交水稻研究中心和湖南省贺家山原种场育成。其恢复系二六窄早系从（IR26/ 窄叶青 8 号）F_2// 早恢 1 号的后代中选育而成。该组合属迟熟早稻类型，在长沙作早稻栽培全生育期 120 d 左右，作晚稻栽培 102～105 d，适合于湖南、江西、浙江南部、广东、广西北部和福建北部、中部作早稻栽培，以及长江流域作早熟晚稻栽培。该组合 1985 年通过湖南省农作物品种审定委员会审定，是我国第一个早熟杂交水稻组合，从而使杂交水稻在长江流域作早稻栽培成为可能。

该组合株高 90～95 cm，其株型前散后紧，营养生长期叶窄长且披，生殖生长期叶片角度小，尤其剑叶长而挺直，抽穗后株型变得紧凑。根系发达，茎秆粗壮，较耐肥抗倒，后期落色好，后劲足不早衰。中抗稻瘟病，较抗稻褐飞虱和纹枯病，作早稻栽培后期较耐高温，作晚稻栽培后期较耐低温。

该组合具有杂交中、晚稻穗大粒多的优势，有效穗数一般达 270 万～300 万穗 /hm²，每穗总粒数在 130 粒左右，结实率 80% 以上，千粒重 27～28 g，米质中等。该组合 1982—1984 年 3 次参加南方稻区杂交早稻区域试验，产量均居第一位，3 年平均产量为 7.45 t/hm²，比对照湘矮早 9 号平均增产 12.2%。在大面积生产中，表现高产稳产，作早稻栽培一般产量为 $6.75 \sim 7.5 \, t/hm^2$，作晚稻栽培一般产量为 $6.0 \sim 6.75 \, t/hm^2$。从 1983 年起湖南省双季杂交水稻亩产吨粮田的开发主要以威优 35 等组合为当家组合。

5.2.1.2　威优 49（V20A/ 测 64-49）　1984 年由袁隆平等育成。其恢复系测 64-49 是从 IR9761-19-1 群体中选择早熟优良单株经多代测交育成。1985 年该组合在南方稻区杂交早稻区域试验中，平均产量为 $7.22 \, t/hm^2$，在湖南省杂交早稻多点联合鉴定中，平均产量为 $7.05 \, t/hm^2$，比对照广陆矮 4 号、湘矮早 9 号分别增产 19.44% 和 12.25%。

该组合株高 $75 \sim 85 \, cm$，株叶型适中，分蘖能力强，成穗率高，有效穗多，每穗粒数 $110 \sim 120$ 粒，结实率 80% 左右，千粒重 $28 \sim 29 \, g$，米质中等。轻感稻瘟病，后期略有早衰现象。在长沙作早稻栽培，3 月下旬播种，7 月 25 日前后成熟，全生育期 $112 \sim 115 \, d$。

5.2.1.3　威优 402（V20A/R402）　是湖南省安江农业学校选配的杂交早稻迟熟组合，1991 年 3 月通过湖南省农作物品种审定委员会审定。

该组合 1988 年在湖南省怀化地区区试，平均产量 $7.59 \, t/hm^2$，比对照湘早籼 1 号增产 17.7%。1989—1990 年参加湖南省区试，平均产量 $7.75 \, t/hm^2$，比对照威优 49 增产 2.8%。该组合全生育期 116 d，与威优 49 相同，属迟熟杂交早稻组合，适合于长江流域作双季早稻种植。株高 90 cm，株型适中，耐肥、抗倒力较强。剑叶中长，叶下禾，抽穗整齐，熟期落色好，不早衰。分蘖力较强，成穗率较高，穗型中等。一般每公顷插基本苗 150 万株，最高苗可达 570 万株 $/hm^2$，有效穗数 379.5 万穗 $/hm^2$，每穗总粒数 91.5 粒，实粒数 73.2 粒，结实率 80%，千粒重 30 g，米质中等。经湖南省植物保护研究所鉴定，叶瘟 $4 \sim 6$ 级、穗颈瘟 3 级，经湖南省水稻研究所鉴定，白叶枯病 $7 \sim 9$ 级。

5.2.1.4　香两优 68（香 125S/D68）　系湖南杂交水稻研究中心选育出的优质两系杂交早稻组合。1996 年该组合参加湖南省早稻多点品种比较试验每公顷产量为 6.54 t，比同熟期的湘早籼 13 增产 13.5%，1997 年参加湖南省杂交早稻区试，产量为 $7.54 \, t/hm^2$。该组合 1998 年 2 月通过湖南省农作物品种审定委员会审定。

该组合株高 90 cm 左右，株叶型适中，叶色浓绿，剑叶直立，叶鞘紫色，穗长 20 cm 左右，每穗总颖花数 105 粒左右，结实率 83% 以上，有效穗数 330 万穗 $/hm^2$ 左右，千粒重 26 g 左右。该组合作早稻栽培全生育期 110 d 左右，适应性广，适合于长江流域作双季早稻栽培，田间抗性好，抗性鉴定结果为叶瘟 4 级、穗瘟 7 级、白叶枯病 5 级，前期耐低温，后期耐高温，转色好，不早衰，灌浆速度快。经中国水稻研究所分析，香两优 68 的糙米率 79.9%，精米率 73.4%，整精米率 50.0%，精米长 6.6 mm，长宽比 3.0，垩白粒率 12%，垩白度 1.7%，透明度 3 级，碱消值 3.2 级，胶稠度 84 mm，直链淀粉含量

13.4%，蛋白质含量 9.3%，米粒有香味。1998 年被湖南省评为三等优质米组合。

5.2.2　杂交中、晚籼组合

5.2.2.1　南优 2 号（二九南 1 号 A/IR24）　由湖南省杂交水稻研究协作组袁隆平等育成。是水稻三系配套成功后首先在生产上使用的组合，具有明显的杂种优势，在杂交水稻开始推广应用中起了先锋作用。

该组合分布于长江以南各地，作一季早、中稻栽培，一般大面积种植产量在 7.5 t/hm² 以上，高的可达 9.75~11.25 t/hm²。从 1976—1986 年累计种植面积 333.3 万 hm² 左右，到 1985 年江苏仍种植面积有 3.33 万 hm² 以上，1986 年尚存 2 万 hm²。作中籼稻栽培，株高 100 cm，分蘖力强，茎粗，根系发达，穗大粒多，一般每穗约 150 粒，千粒重 25 g 左右。易感白叶枯病和纹枯病，抽穗时不耐高温，结实率较低，易落粒。

5.2.2.2　威优 6 号（V20A/IR26）　由湖南周坤炉等于 1975 年选配而成。1977—1979 年在全国杂交稻区试中产量为 6.8 t/hm²。全国各稻作区均有推广种植，主要分布在湘、鄂、闽等省。1982 年种植面积为 106 万 hm²，1985 年为 117.7 万 hm²。历年累计种植面积达 1 400 万 hm² 以上。该组合的最大特点是适应性强，耐肥抗倒，较抗白叶枯病和稻飞虱。感温性强，感光性中等，穗大粒多，千粒重大（29 g）。作中稻生育期 135~140 d，作双季晚稻 125 d。

5.2.2.3　威优 64（V20A/测 64-7）　1981 年由袁隆平等育成。其恢复系测 64-7 是从 IR9761-19-1 群体中经多代成对测交选育而成。该组合属早熟中籼类型，在湖南作早稻栽培全生育期 125 d 左右，山区作中稻栽培全生育期 130 d 左右，作晚稻栽培 108~110 d。适合于华南北部地区作早稻，长江流域部分山区、高海拔地区作一季中稻和双季稻区作中熟晚稻栽培。1985 年经湖南省农作物品种审定委员会审定通过为推广组合。

该组合 1982—1983 年参加南方稻区杂交晚稻区试，两年平均产量为 6.64 t/hm²，比对照汕优 2 号增产 3.55%，1984 年参加南方稻区杂交早稻区试，平均产量为 7.71 t/hm²，比统一对照湘矮早 9 号增产 13.9%，大面积栽培，作早稻栽培一般产量为 6.75~7.5 t/hm²，作晚稻栽培一般产量在 6.0 t/hm² 以上。

威优 64 株高 95~100 cm，株叶型适中，分蘖力强，抽穗整齐，每公顷有效穗 300 万~375 万穗，每穗总粒数 120 粒左右，结实率高，千粒重 28~29 g，米质中等，中抗稻瘟病、白叶枯病和黄矮病，抗稻飞虱和稻叶蝉，适应性广。由于威优 64 具有较好的丰产性、抗性和适应性，因此种植面积发展很快，1984 年为 20 万 hm²，1985 年为 73.3 万 hm²，

1986 年达 133.3 万 hm²，是当时我国杂交水稻种植面积较大的组合之一。

5.2.2.4 汕优 64（珍汕 97A/ 测 64-7）和协优 64（协青早 A/ 测 64-7）分别由浙江省武义县与杭州市种子公司和安徽省广德县农业科学研究所育成。这两个组合除生育期比威优 64 长 2~3 d，米质稍好以外，其他性状基本上与威优 64 相同。1985 年在浙江、安徽等省都有大面积种植。其中协优 64 于 1984 年经安徽省农作物品种审定委员会审定通过为推广组合。

5.2.2.5 威优 77（威 20A/ 明恢 77）是福建省三明市农业科学研究所选育而成，其恢复系明恢 77 是用明恢 63 与测 64-7 杂交选育而成。该组合 1990—1991 年参加全国南方稻区区试，平均产量分别为 7.92 t/hm² 和 7.13 t/hm²，比威优 64 分别增产 6.2% 和 7.0%。1991 年通过了福建省品种审定委员会审定，1993 年通过湖南省品种审定委员会审定，1994 年 3 月通过全国品种审定委员会审定。

威优 77 全生育期与威优 64 基本相同。一般株高 90~100 cm，有效穗 303.0 万穗 /hm²，成穗率 71.4%，穗长 22.6 cm 左右，每穗总粒数 110~120 粒，结实率 80% 左右，千粒重 28~29 g，米质中等。苗期抗寒性强，后期落色好，抗稻瘟性强。一般产量为 6.75~7.5 t/hm²，适合于华南地区作双季早稻种植，长江流域可因地制宜作早、中、晚稻种植。

5.2.2.6 新香优 80（新香 A/R80）该组合是湖南农业大学水稻研究所用湖南杂交水稻研究中心选育的新香 A 不育系配制的一个中熟香型杂交晚稻组合。1994 年参加长沙市晚稻区试，平均单产 7.2 t/hm²，比对照湘晚籼 1 号增产 11.1%，生育期短 7 d；1995 年继试，全生育期比威优 64 长 3 d，平均单产 7.1 t/hm²，增产 9.5%，1996 年 1 月通过长沙市农作物品种审定小组审定，1996 年参加湖南省晚稻区试，平均全生育期 115.7 d，平均产量 7.24 t/hm²，分别比对照 I 威优 64 和对照 II 威优 46 增产 11.20% 和 3.5%，1997 年通过湖南省农作物品种审定委员会审定。

该组合作晚稻栽培，全生育期 116 d 左右，株高 90 cm 左右，株型松紧适中，叶片直立，较耐肥抗倒，叶色浓绿，叶鞘稃尖紫色，分蘖力强，成穗率高，秧龄弹性较大，抗寒性较强，后期落色好。一般有效穗数 330 万~345 万穗 /hm²，每穗总粒数 110 粒，结实率 80% 以上，千粒重 27~28 g。1995 年湖南省第二届优质米评选被评为优质米杂交稻组合。其糙米率 82.48%，精米率 74.23%，整精米率 58.68%，粒长 6.4 mm，长宽比为 2.9，垩白粒率 33%，糊化温度 6 级，直链淀粉含量 21.15%，胶稠度 30 mm，蛋白质含量 8.72%，有香味。

5.2.2.7 培两优 288（培矮 64S/288）系湖南农业大学水稻研究所选育的两系杂交稻组

合。其父本 288 系从松南 8 号 / 明恢 63 杂交后代中选育而成。1994 年该组合参加湖南省晚稻区试，15 个试点平均产量 6.55 t/hm²，比对照 I 威优 64 增产 6.51%，比对照 II 威优46 增产 0.8%，1995 年继续参加湖南省区试，14 个点平均单产 6.91 t/hm²，比对照 I 威优 64 增产 4.3%，比对照 II 威优 46 减产 1.6%。全生育期 113 d，与威优 64 相同。1995年培两优 288 在湖南省郴州的汝城、桂阳、永兴等县作早稻种植，面积近 67 hm²，单产8.25 t/hm² 左右。1995 年在湘潭市作晚稻种植，面积约 33 hm²，平均单产 8.02 t/hm²。

　　该组合作连晚栽培，株高 95 cm 左右，全生育期 115 d，茎秆坚韧，较粗壮，有弹性，耐肥抗倒，株型松紧适中，剑叶长而挺直，叶色较浓，叶鞘稃尖紫色；叶下禾，后期落色好；分蘖力较强，成穗率高，一般有效穗 360 万穗 /hm²，每穗总粒数 110 粒，结实率 85% 左右，千粒重 24 g，籽粒饱满，部分有顶芒。秧龄弹性中等。湖南省区试 2 年鉴定结果，培两优 288 对叶稻瘟、穗颈稻瘟和白叶枯病的抗性等级均为 5 级。经农业部食品质量监督检验测试中心分析，培两优 288 糙米率 80.78%，精米率 72.69%，整精米率 64.58%；粒长6.3 mm，长宽比 3∶1，属细长粒型，垩白等级 0；糊化温度 7 级，直链淀粉含量 15.02%，胶稠度 42 mm，蛋白质含量 10.38%，色泽白。在湖南省第三届（1995）优质米品种评选中，被评为优质米杂交稻组合。

　　5.2.2.8　培两优特青（培矮 64S/ 特青）　是湖南杂交水稻研究中心育成的两系中稻组合，1994 年 1 月通过湖南省农作物品种审定委员会审定，是中国第一个通过省级审定的两系籼稻组合。

　　该组合 1991 年在南方稻区中稻区试中，糙米产量居第一位。1992 年在南方晚稻区试中平均产量（8 省 12 个点）6.67 t/hm²，比对照汕优桂 33 增产 8.86%，且生育期短3.4 d。1992 年在湖南省中稻区试中，7 个试点，平均产量 9.4 t/hm²，创历届中稻区试的最高产量，比对照汕优 63 增产 4.7%。1993 年湖南省中稻区试续试，6 个试点，平均产量7.74 t/hm²，比对照汕优 63 增产 5.8%，两年中稻区试平均产量比对照增产 5.2%。大面积示范栽培产量一般在 7.5 ~ 9.0 t/hm²。

　　该组合在湖南省作中稻栽培全生育期 130 d 左右，比汕优 63 短 4 ~ 6 d，作双季晚稻栽培，全生育期 120 ~ 126 d，与威优 46 相当。作双晚栽培每公顷有效穗数一般为 300万 ~ 330 万穗，每穗总粒数为 135 ~ 150 粒，结实率 80% 左右，千粒重 23 ~ 24 g。中抗稻瘟病和白叶枯病，米质较好。

　　5.2.2.9　金优 207（金 23A/ 先恢 207）　系湖南杂交水稻研究中心选育的优质中熟杂交晚籼组合。其父本先恢 207 是从恢复系 432/ 轮回 422 的后代中选育而成。1998 年通过湖南省农作物品种审定委员会审定。

该组合株高 95~100 cm，株型稍紧，分蘖能力稍弱，剑叶直立，有效穗数一般在 270 万~300 万穗 /hm²，每穗总粒数 130 粒左右，结实率 80% 以上，千粒重 26 g 左右，全生育期 114 d 左右。经鉴定，中抗稻瘟病。米质好，经中国水稻研究所分析，糙米率 79.98%，精米率 73.31%，整精米率 61.98%，长宽比 3.2，垩白粒率 67%，垩白大小 12.5%，垩白度 8.4%，碱消值 6.2 级，胶稠度 34 mm，直链淀粉含量 22.0%，蛋白质含量 10.6%，1998 年该组合被评为湖南省三等优质米组合。

该组合 1996—1997 年参加湖南省晚稻区试，产量分别为 6.75 t/hm² 和 7.38 t/hm²，比对照威优 64 增产 3.71% 和 8.2%。在大面积生产中，表现秧龄弹性大，适应性广，较耐肥抗倒，后期耐寒能力强，熟色好。现已在湖南、安徽、湖北、江西、广西等省（自治区）大面积种植。

5.2.2.10　汕优 63（珍汕 97A/ 明恢 63）　1981 年由福建省三明市农业科学研究所育成。其恢复系明恢 63 是从 IR30/ 圭 630 的杂种后代中经多代选育而成。该组合属于迟熟中籼类型，在长江流域作中稻栽培，全生育期 155 d 左右，作晚稻栽培 130 d 左右。适合于长江流域作一季中稻栽培。

该组合株高 100~110 cm，株型适中，叶片稍宽，剑叶挺直，叶色较淡，茎秆粗壮，分蘖力较强，有效穗数一般在 270 万穗 /hm² 左右，每穗总粒数 120~130 粒，结实率 80% 以上，千粒重 29 g 左右。米质较好，较抗稻瘟病，中抗白叶枯病和稻飞虱。1982—1983 年参加南方稻区杂交晚稻区试，平均产量 7.24 t/hm² 和 6.47 t/hm²，比对照汕优 2 号增产 22.5% 和 5.59%；1984 年参加南方稻区杂交中稻区试，平均产量 8.81 t/hm²，比对照威优 6 号增产 19.7%。1984 年经福建省农作物品种审定委员会审定通过为推广组合。

该组合具有良好的株叶型和丰产性、抗性。作中稻栽培一般产量为 7.5 t/hm²。在 20 世纪 80 年代，该组合是中国杂交水稻种植面积发展最快的、推广面积最大的组合之一。

5.2.2.11　冈优 22（冈 46A/CDR 22）　系四川省农业科学院作物研究所育成的中籼组合。1995 年 5 月通过四川省和贵州省农作物品种审定委员会审定。

冈优 22 全生育期 150 d 左右，株高 105 cm 左右，有效穗数 270 万穗 /hm² 左右，穗长 25 cm 左右，每穗总粒数 156 粒左右，属大穗型组合。1991—1994 年该组合在四川省内外 206 个点次控制性试验中，平均产量为 8.53 t/hm²，比对照汕优 63 增产 7.01%。在四川省区试中，平均产量为 8.30 t/hm²，比汕优 63 增产 4.5%。在贵州省区试中，平均产量 8.81 t/hm²，比汕优 63 增产 6.3%。1993—1996 年累计推广面积 296.16 万 hm²。

冈优 22 抗稻瘟病能力中等；米质经四川省农业科学院中心实验室分析：直链淀粉含量 22.98%，米饭食味较好，糙米率 82.1%，精米率 70.2%，整精米率 54.4%。

5.2.2.12　威优 46（V20A/ 密阳 46）　系湖南杂交水稻研究中心选育的杂交迟熟晚籼组合。1988 年通过湖南省农作物品种审定委员会审定。

该组合株高 86.2 cm，有效穗每公顷 300 万穗左右，每穗总粒数 106.1 粒左右，结实率 80% 左右，千粒重 29 g 左右。在湖南作双季晚稻栽培，6 月中旬播种，全生育期 121~123 d。1986—1987 年在湖南省区试中产量分别为 7.74 t/hm^2 和 7.1 t/hm^2，分别比对照威优 64、威优 6 号增产 6.0% 和 3.6%。1986—1987 年在全国籼型杂交晚稻区试中平均产量分别为 6.97 t/hm^2 和 6.47 t/hm^2，分别比对照汕优 2 号增产 10.98% 和 10.65%。该组合对温光反应较钝，在长江流域可作连作晚稻栽培，也可作中稻栽培。该组合中抗苗、叶稻瘟，高抗穗颈稻瘟，中抗白叶枯病。耐肥抗倒，后期落色好，耐寒性好。

由于该组合具有高产稳产、出米率高、食味好、抗稻瘟病能力强等突出优点，深受广大农民欢迎。其中 1992—1994 年 3 年全国累计推广面积 147.9 万 hm^2。

5.2.2.13　汕优 46 又名汕优 10 号（珍汕 97A/ 密阳 46）　系中国水稻研究所选育成的中籼型杂交稻组合。1988 年杭州市杂交晚稻区试和多点试种示范，表现优异，深受农户好评。经浙江省农作物品种审定委员会审定通过，正式命名为汕优 10 号。1988 年全国试种面积为 133.3 hm^2，其中杭州市试种示范 32.7 hm^2，对 3.5 hm^2 的稻区实地调查，平均产量为 6.8 t/hm^2，比汕优 6 号增产 22.5%。在全国范围内得到广泛推广。

该组合在杭州作双晚栽培，6 月 12—14 日播种，全生育期 128.1 d，比对照汕优 6 号早熟 3.9 d，比威优 46 长 3 d 左右。株高 87.1 cm，穗长 21.0 cm，株型紧凑，剑叶短，叶片挺笃，分蘖力中等，长相好，茎秆粗壮，抗倒，后期青秆黄熟不早衰。一般栽培有效穗数 270 万~330 万穗 /hm^2，每穗总粒数 109.7 粒，每穗实粒数 95.0 粒，结实率 86.6%，千粒重 27.2 g 左右。该组合后期耐寒性强，抗稻瘟病能力强，对褐飞虱也有一定抗性。接种白叶枯病表现中感。经中国水稻研究所谷化系测定，糙米率为 80.4%，比汕优 6 号高 0.9%，精米率 71.9%，与汕优 6 号相仿，直链淀粉含量为 18.7%，比汕优 6 号低 7.5%。其米饭软而不黏，食味优于汕优 6 号。

5.2.2.14　汕优 3550（珍汕 97A/3550）　系广东省农业科学院水稻研究所选育的华南晚籼型组合，其父本是从青四矮 /IR54 后代中选育而成。该组合 1987 年晚稻参加广东省区试弱感光迟熟组区域试验，平均产量 5.99 t/hm^2，比对照汕优 30 选增产 15.24%，1988 年继续参加省区试，平均产量 5.74 t/hm^2，比对照汕优 30 选增产 10.55%，1990 年通过广东省品种审定委员会审定。

该组合属弱感光型晚稻中迟熟组合，作晚稻栽培全生育期 130 d 左右，比汕优 30 选迟熟 5 d。株高 100～105 cm，茎态集直，叶色深绿，分蘖力中等，穗大，着粒密，丰产性好。有效穗数一般在 225 万～240 万穗 /hm²，每穗实粒数 100～120 粒，耐肥抗倒性强，后期耐寒性较好，较抗稻瘟病，不抗白叶枯病，但一般田间发病较轻，对细菌性条斑病耐病性较汕优 30 选好。该组合适合于广东东部、西南部种植。

5.2.3 杂交粳稻组合

5.2.3.1 黎优 57（黎明 A/C57） 是辽宁省农业科学院等单位于 1975 年育成。1976—1978 年开始试种和推广，1979 年推广面积达 3 万 hm²，1980 年以后每年种植面积达 7 万 hm²。1981 年获国家发明奖，是中国杂交粳稻育成最早、分布最广的组合。1985 年全国种植面积接近 13.3 万 hm²。适于辽宁等地作一季稻栽培和津、京、冀、鲁、豫等省（直辖市）作麦茬稻栽培，一般产量 7.5～9.0 t/hm²，比常规粳稻增产 10%～20%。作单季稻全生育期 160～170 d，株高约 100 cm；作麦茬稻，全生育期 130～150 d，株高约 90 cm。株型紧凑，叶色深绿，叶型内卷挺立，有效穗数 360 万～450 万穗 /hm²。根系发达，抗旱力强。穗期也较抗寒，结实率比较稳定，一般在 80% 以上。千粒重 25～27 g。抗病性一般，米质中等。

5.2.3.2 六优 1 号（六千辛 A/77302-1） 是江苏省农业科学院用浙江省嘉兴市农业科学研究所选育的恢复系配制成的早熟晚粳组合，于 1983 年育成。1984 年参加南方稻区区试，单季稻 6 点平均产量 7.74 t/hm²，比对照种 105 增产 18.15%，居第二位。1985 年扩种示范。一般产量 6.0～7.5 t/hm²，比常规粳稻增产 10%～20%，适于长江流域作双季晚稻和单季晚稻栽培。作双季晚稻全生育期 125 d 左右，作单季稻约 145 d。作单季稻株高约 110 cm，作双季晚稻为 90 cm 左右。株型紧凑，分蘖中等，属叶面禾。有效穗数 270 万穗 /hm²（单季稻）至 330 万穗 /hm²（双季晚稻）。每穗粒数 110 粒（双季晚稻）至 150 粒（单季稻）。结实率 70%～80%，千粒重 25 g 左右。抗性一般，米质中上。

5.2.3.3 泗优 422（泗稻 8 号 A/轮回 422） 系江苏省农业科学院粮食作物研究所用中粳不育系泗稻 8 号 A 与轮回 422 测配选育而成的。1993 年 4 月通过江苏省农作物品种审定委员会审定。

该组合 1991—1992 年参加江苏省杂交晚粳区试，2 年平均产量 9.17 t/hm²，比对照武育粳 2 号和秀水 04，分别增产 8.2% 和 9.6%。在南方稻区杂交粳稻（单季组）区试中，6 个点两年平均产量为 8.01 t/hm²，比对照秀水 04 增产 12.3%。1992 年在江苏省杂交晚粳生产试验中结果 3 个点平均产量为 7.88 t/hm²，比秀水 04 和武育粳 2 号分别增产 11.1% 和 17.9%。泗优 422 大面积栽培一般产量为 8.25 t/hm² 以上，高产田可达9.0 t/hm² 以上。

泗优 422 作单季栽培，株高 105~110 cm，株型前期松散，中后期紧凑、挺拔，叶片上举，叶色较淡，分蘖力较强，成穗率较高，有效穗数一般为 270 万~300 万穗 /hm²，叶下禾，有顶芒，穗长 24 cm 左右，每穗总粒数 180 粒左右，结实率 80% 以上，千粒重25~27 g，后期不早衰，熟相好。经江苏农学院米质分析：糙米率 85%，精米率 73.26%，整精米率 68.32%，垩白面积 8.0%，长宽比为 1.91，糊化温度低，胶稠度 120.0 mm，米质优，食口性好。经江苏省农业科学院植物保护研究所鉴定，抗稻瘟病 3 级，白叶枯病对菌株 KS-6-6、KS-1-21、浙 173 和 JS4-6 的病级分别为 5 级、5 级、5 级和 7 级。

5.2.3.4　屉优 418（屉锦 A/C418）　是北方杂交粳稻工程技术中心选育出的杂交粳稻组合。父本 C418 系从轮回 422/ 密阳 23 后代选育而成。该组合 1998 年 6 月通过辽宁省农作物品种审定委员会审定。在辽宁东南沿海病害多发稻区和中南部高产稻区以及豫、鲁、冀、津稻麦两熟区有广阔发展前景。

该组合株高 120 cm，秆高 97 cm，主茎叶片 16 片，叶色深绿。顶三叶较长、宽、厚、挺直、内卷，穗位比冠层叶位低 15~20 cm，呈叶下禾形。穗长 23~30 cm，每穗总粒数130~180 粒，结实率 90% 左右，千粒重 27~29 g，分蘖力中等，有效穗数一般为 312万~339 万穗 /hm²。在沈阳 4 月初播种，全生育期 170 d 左右，为晚熟种。在东港 4 月 20日播种，全生育期 165 d 左右，为中晚熟种。高抗稻瘟病，抗倒伏能力强，中抗至中感白叶枯病，对纹枯病中抗，无稻曲病。米质优，经农业部稻米品质测试中心化验分析结果：糙米率83.2%，精米率 76.4%，整精米率 72.6%，长宽比 1.8，垩白率 54%，垩白度 4.4%，透明度 2 级，碱消值 7.0 级，直链淀粉含量 17.8%，蛋白质含量 8.7%，胶稠度 88 mm。

该组合 1994—1995 年参加北方杂粳中熟组区试，平均产量为 7.59 t/hm²，比对照黎优 57 增产 20.7%。1995—1996 年参加辽宁省杂交稻区试，平均产量分别为 8.13 t/hm²和 8.92 t/hm²，分别比对照辽粳 326 增产 14.9% 和 8.6%。1996—1997 年辽宁省推广面积达 2 066.7 hm²，1998 年全国推广面积达 7 000 hm²。

5.2.3.5　70 优 9 号又名皖稻 24（7001S/ 皖恢 9 号）　是安徽省农业科学院水稻研究所育成的两系法品种间杂交晚粳组合。母本 7001S 系从农垦 58S 与 917（沪选 19/IR661//C57），经一次杂交多代选育而成的粳型光敏不育系。父本皖恢 9 号系用粳 7623-9/C57 杂交育成的粳型恢复系。该组合1994年4月通过安徽省农作物品种委员会审定，是我国第一批通过省级审定的两系杂交粳稻组合。

该组合属早熟晚粳型，全生育期128 d（双季）至146 d（单季）。株高90~102.8 cm，叶片数16~18片，株型紧凑，叶片挺秀。分蘖力中等。作单晚栽培有效穗数350万穗/hm² 左右，每穗总粒数164粒左右，结实率79%以上，千粒重26 g左右。作双晚栽培，有效穗数360万穗/hm² 左右，每穗总粒数100粒左右，结实率75%以上，千粒重25 g左右。该组合中抗白叶枯病和高抗稻瘟病。稻米食味好。

该组合1991—1992年参加安徽省区试，两年平均产量为6.05 t/hm²，比对照当优9号、鄂宣105分别增产3.0%和7.3%，1992年作双季晚稻示范的最高产量达9.06 t/hm²。

References

参考文献

---

[1] 袁隆平，陈洪新，王三良，等.杂交水稻育种栽培学 [M].长沙：湖南科学技术出版社，1988.

[2] 中国农业科学院.中国稻作学 [M].北京：农业出版社，1986.

[3] 西北农学院.作物育种学 [M].北京：农业出版社，1981.

[4] 杨振玉.北方杂交粳稻育种研究 [M].北京：中国农业科技出版社，1999.

[5] 湖南杂交水稻研究中心.杂交水稻国际学术讨论会论文集 [M].北京：学术期刊出版社，1986.

[6] 袁隆平.两系法杂交水稻研究论文集 [M].北京：农业出版社，1992.

[7] 舒庆尧，夏英武.长江中下游地区优质早稻育种与生产应用 [M].杭州：浙江大学出版社，1999.

[8] 刘后利.作物育种研究与进展（第一集）[M].北京：农业出版社，1993.

[9] 中国农学会，中国水稻研究所，国家杂交水稻工程技术研究中心.21世纪水稻遗传育种展望：水稻遗传育种国际学术讨论会文集 [M].北京：中国农业科技出版社，1999.

[10] 鲁明中，陈年春.农药生态学 [M].北京：中国环境科技出版社，1993.

[11] 汤圣祥.我国杂交水稻蒸煮与食用品质的研究 [J].中国农业科学，1987，20（5）：17-22.

[12] 杨仁崔，梁康迳、陈青华.稻米垩白直感遗传和杂交稻垩白米遗传分析 [J].福建农学院学报，1986，15（1）：51-54.

[13] 莫惠栋.我国稻米品质的改良 [J].中国农业科

学, 1993, 26（4）: 8-14.

[14] 易小平，陈芳远.籼型杂交水稻稻米蒸煮品质、碾米品质及营养品质的细胞质遗传效应 [J].中国水稻科学, 1992, 6（4）: 187-189.

[15] 汤圣祥, G. S. KHUSH.籼稻胶稠度的遗传 [J].作物学报, 1993, 19（2）: 119-124.

[16] 易小平，陈芳远.籼型杂交水稻品质性质的细胞质遗传效应研究：Ⅰ.稻米外观品质及氨基酸含量分析 [J].广西农学院学报, 1991, 10（1）: 25-32.

[17] 廖伏明，周坤炉，盛孝邦，等.籼型三系杂交水稻主要农艺性状配合力研究 [J].作物学报, 1999, 25（5）: 622-631.

[18] 廖伏明，周坤炉，阳和华，等.籼型三系杂交水稻米质现状研究 [J].杂交水稻, 1999, 14（6）: 35-38.

[19] 薛石玉，刘建慧.回交法在杂交稻抗瘟育种中的应用 [J].杂交水稻, 1999, 14（4）: 9-11.

[20] 王国平，罗宪.杂交稻对稻瘟病的抗性谱及亲本抗性的遗传研究 [J].杂交水稻, 1990（3）: 42-46.

[21] 朱启升.安徽省三系杂交籼稻育种现状与展望 [J].杂交水稻, 1999, 14（4）: 1-2.

[22] 颜应成.抗稻瘟病新组合威优 111 的选育 [J].杂交水稻, 1999, 14（4）: 5-6.

[23] 徐秋生，周坤炉，阳和华，等.MR365 的香味遗传及在杂交稻育种中的利用 [J].杂交水稻, 1999, 14（3）: 40-42.

[24] 王丰，彭惠普，廖亦龙，等.高产优质两系杂交稻培杂双七的选育与应用 [J].杂交水稻, 1999, 14（3）: 6-7.

[25] 齐绍武，盛孝邦.籼型两系杂交水稻主要农艺性状配合力及遗传力分析 [J].杂交水稻, 2000, 15（3）: 38-41.

[26] 何顺武.RFLP 标记一个水稻香味基因 [J].杂交水稻, 1994（6）: 31-33.

[27] 李丁民.杂交水稻组合选配的理论与实践 [J].杂交水稻, 1994（3-4）: 38-41.

[28] 周开达，李宏伟，成宇.优质是杂交稻发展的必由之路 [J].杂交水稻, 1994（3-4）: 42-45.

[29] 周开达.杂交水稻主要性状配合力、遗传力初步研究 [J].作物学报, 1982, 8（3）: 145-152.

[30] 杨振玉.粳型杂交水稻育种的进展 [J].杂交水稻, 1994（3-4）: 46-49.

[31] 廖伏明.2 个巴基斯坦品种的香味遗传 [J].杂交水稻, 1994（2）: 30.

[32] 彭惠普，李维明，伍应运，等.广谱恢复系 3550 及其系列杂交稻的选育和应用：Ⅰ.恢复系 3550 的选育及其特征特性 [J].杂交水稻, 1993（6）: 1-3.

[33] 彭惠普，李维明，伍应运，等.广谱恢复系 3550 及其系列杂交稻的选育和应用：Ⅱ.3550 系列杂交稻组合的试种及推广应用 [J].杂交水稻, 1994（1）: 9-11.

[34] 武小金，尹华奇.杂交水稻品质改良的遗传基础和途径 [J].杂交水稻, 1994（2）: 4-7.

[35] 覃惜阴，韦仕邦，黄英美，等.杂交水稻恢复系桂 99 的选育与应用 [J].杂交水稻, 1994（2）: 1-3.

[36] 周坤炉，徐秋生，阳和华.湖南省三系法杂交水稻育种"八五"回顾及其"九五"展望 [J].杂交水稻, 1997, 12（3）: 1-4.

第六章

水稻广亲和系和亚种间杂交组合的选育

第一节　水稻广亲和系的选育

籼粳亚种间杂种一代存在着强大的杂种优势，但是籼、粳稻遗传差异大，杂种一代存在着严重的生理障碍，表现结实率低和株高、生育期超亲及籽粒充实度差等问题，生产上很难直接利用。

为克服这些困难，国内外许多学者做了大量研究工作，发现了水稻的广亲和基因，这一发现为籼粳亚种间杂种优势利用提供了可能。

1.1 水稻广亲和性

1.1.1　广亲和品种的发现

日本学者寺尾（Terao H., 1963）在亚洲栽培稻研究中，通过杂交发现有些品种对一些不同类型的品种表现出亲和性。于是，将其研究的品种分为三群。其中 I 群品种与Ⅲ群品种杂交表现不亲和，而Ⅱ群品种分别与 I 、Ⅲ群品种杂交都表现较好的亲和性。因而将属于Ⅱ群的 5 个印度品种（Aus 和 Bule 生态型）称为中间型品种。同年又有报道，来自印度尼西亚的 Ketan Nangka 对一个典型籼稻品种 Tetep 和 3 个粳稻品种杂交均表现出亲和性。

Heu M.H.（1967）发现美国品种（CPSLO-17）与籼粳稻都有很好的亲和性。日本淹田正（1983）也报道，CPSLO、Cenlury Patna Dalun 与日本的粳稻杂交具有亲和性，它们的 F_1 不育率分别为 $11\% \sim 14\%$ 和 $3\% \sim 8\%$。CPSLO 来源于

Slo17×Centurg　Patna 的杂种后代。CPSLO 广亲和性的发现进一步证实了水稻广亲和性品种的存在。

日本学者池桥宏从 1979 年开始收集分别来源于印度尼西亚、孟加拉、菲律宾等地共 74 个水稻品种，以籼稻 IR36、IR50 和粳稻日本优、秋光为测验种与上述 74 个品种进行测交。以 F_1 花粉育性和结实率为指标，鉴定这些品种的亲和性。在花粉可育率达 90% 以上，颖花可育率达 75%～80%，该被测品种便被认定为广亲和性品种。结果有 Calotoc、CPSLO17、Ketan Nangka、Padi Bujang Pendek、Aus 373 和 Dular 等品种对籼、粳测验种均表现亲和，称为广亲和品种（Wide Copatibility Variety，简称 WCV）。

1.1.2　广亲和性的鉴定方法和分类

1.1.2.1　广亲和性的鉴定方法

（1）测验品种的鉴别力测定　为了使鉴定结果具有一致性、可靠性和可比性，我国确定下列 6 个品种为统一测验品种，其中籼稻品种是 IR36、南特号、南京 11，粳稻品种是巴利拉、秋光和有芒早沙粳。顾铭洪等于 1988—1989 年对这 6 个规定的测验品种的鉴别力进行了测试。将 6 个品种相互杂交，考察它们的杂种 F_1 花粉育性和小穗育性，其结果见表 6-1 和表 6-2。

表 6-1　测验品种之间杂种 F_1 的花粉育性（顾铭洪等，1988—1989）

单位：%

母本	父本				
	巴利拉	秋光	IR36	南京 11	南特号
有芒早沙粳	97.74	94.82	70.62	69.54	
	94.21	93.12	83.99	74.00	74.88
巴利拉		97.46	37.82	50.48	
		91.27	53.27	68.19	67.26
秋光			47.16	92.86	
			67.00	91.45	68.18
IR36				99.08	
				92.13	92.49
南京 11					90.62

注：表格中第一行数字为 1988 年资料，第二行数字为 1989 年资料。

表 6-2　测验品种之间杂种 F_1 的小穗育性（顾铭洪等，1988—1989）

单位：%

母本	父本				
	巴利拉	秋光	IR36	南京 11	南特号
有芒早沙粳	88.58	95.71	67.16	54.95	
	95.28	92.61	67.97	65.72	51.63
巴利拉		85.40	53.67	49.43	
		94.35	50.52	48.74	29.46
秋光			65.89	62.17	
			62.07	61.80	33.06
IR36				94.80	
				94.86	91.93
南京 11					87.16

注：表格中第一行数字为 1988 年资料，第二行数字为 1989 年资料。

从表 6-1 和表 6-2 可以看出，3 个粳型测验品种相互杂交和 3 个籼型测验品种相互杂交，它们的杂种 F_1 的花粉育性和小穗育性多在 90% 以上，说明它们分别各自具有粳稻和籼稻的典型性；但是比较各籼、粳测验品种之间的杂种 F_1 的花粉育性和小穗育性，就有程度上的差别。在粳型测验品种中，以巴利拉与籼型测验品种的杂种 F_1 育性最低，花粉育性两年平均为 55.40%，小穗育性两年平均为 46.36%，表明巴利拉对广亲和性的鉴别力最强；其次是秋光，花粉育性和小穗育性分别达到 73.33% 和 57.00%；有芒早沙粳鉴别力最弱，花粉育性和小穗育性两年平均分别达到 74.61% 和 61.48%。在籼稻测验品种中以南特号与粳型测验品种杂种 F_1 小穗育性最低，仅 38.05%，而花粉育性以 IR36 与粳型测验品种杂种 F_1 最低，为 59.98%；南京 11 由于与秋光的杂种 F_1 育性较高，因而平均花粉育性偏高，但小穗育性低于 IR36 与粳型测验品种的杂种 F_1 的育性水平。鉴于籼粳杂交常出现花粉育性与小穗育性不完全一致的情况，因此在广亲和性鉴定中以小穗育性为主要指标。依此，3 个籼型测验品种对广亲和性的鉴别力以南特号最强，南京 11 次之，IR36 稍弱。从 1989 年开始，正式确定巴利拉、秋光、南特号、IR36 等 4 个籼、粳品种为广亲和性测验品种。

（2）亲和性鉴定　将被测材料与统一测验品种分别进行成对测交。为使杂种 F_1 能在正常条件下抽穗开花，供测材料要选择最佳播、插期，并在 5.5～6.0 叶进行 11 h 的短光处理 12 d；成熟中，每个组合取 5×2 株在特别的灯箱中观察颖花子房伸长情况，凡子房伸长并有淀粉积累的为受精粒，并计算出平均颖花受精率（百分比）即为小穗育性，并划分各被测品种亲和性的等级。朱庆森等提出划分亲和性等级的标准如表 6-3 所示。

表 6-3　被测材料亲和性等级标准（朱庆森等，1997）

等级	4 个测交 F_1 小穗育性平均值 /%	4 个测交 F_1 小穗育性最低值 /%
优	>85	>80
良	≥ 80	≥ 75
中	≥ 75	≥ 65
差	<75	<65

关于广亲和品种亲和力的计算，顾铭洪、潘学彪等所采用的方法是：将被测材料（含对照）分别与 4 个统一测验品种（即巴利拉、秋光、南特号、IR36）杂交，其杂种 F_1 的育性水平平均值 X，作为该品种亲和力的代表值；将所有参试品种（含对照）的 X 值取平均值，得出参试品种杂交 F_1 育性的总体平均值 μX 及标准差 σX；然后将各参试品种的 X 分别与 μX 相比较，凡 X 值在 $\mu X \pm \sigma X$ 范围内的，称该品种的亲和力为中等；凡 X 值大于 $\mu X \pm \sigma X$ 时，称该品种的亲和力强；X 值小于 $\mu X \pm \sigma X$ 的称该品种亲和力弱。统计时，花粉育性和小穗育性分别统计，因而可得两个亲和力指标，仍应以小穗育性为主。

（3）亲和谱的鉴定　被测材料在同时与巴利拉、秋光、南特号、IR36 等 4 个测验品种测交 F_1 的育性表现中，可以看出被测材料偏籼偏粳和亲和谱宽窄的趋势。但为使结果更可靠，在鉴定亲和谱时，朱庆森等还另增加籼粳测验种各 8 个，8 个籼稻品种是：珍汕 97B、珍珠矮、包胎矮、密阳 46、Jaya、马尾占、测 σ4 和柳纳克斯（美国品种）；8 个粳稻品种是：青森 5 号、鄂宜 105、老来青、辽粳 5 号、Lemont、螃蟹谷、杜字 129 和巴西旱稻。根据表6-4 的标准和测交 F_1 的育性表现来判断被测亲本的亲和谱的宽窄。

表 6-4　广亲和材料亲和谱等级的划分（朱庆森等，1997）

等级	测交 F_1 小穗育性		籼型鉴别品种与粳型鉴别品种两者测交 F_1 小穗育性平均值的差异（百分点）
	平均值	变异系数 /%	
宽广	>80	<10	<4.0
中等	>75	<14	<6.0
较窄	>70	<16	<8.0

对广亲和材料进行鉴定，具体操作时还应注意以下事项：①鉴定指标可以有 2 个，即小穗

232

育性和花粉育性，但以小穗育性为主，花粉育性为辅。因为在籼粳交中，花粉育性有时与小穗育性并不一致；②测交 F_1 的种植群体要稍大，考察时取中间正常生长的植株进行考察，可以防止边际效应对小穗育性形成的偏差；③严格控制试验的环境条件，因为籼粳杂种一代育性的表达，除受亲本的广亲和基因控制外，还较易受水、肥、温、光等外界条件的影响，要通过分期播种及短光处理等措施，使众多的组合都在最佳气候条件下和相近的时期抽穗开花，才能提高鉴定的准确度和不同材料鉴定结果的可比性；④由于不同年份、不同田块进行鉴定，往往也带来一些差异，为回避这种差异的干扰，种植测交 F_1 时，也同时种植其父母本，并将父母本的小穗育性平均值与杂种 F_1 的小穗育性进行比较，凡 F_1 小穗育性达到或接近双亲育性平均值的，说明被测品种育性正常，其广亲和性好。

1.1.2.2　广亲和品种的分类　袁隆平等（1997）收集多个籼稻、粳稻和爪哇型品种进行研究，从广亲和力强弱及亲和谱的宽窄角度，将参试材料分为四类。第一类品种的亲和谱很广，对参试所有籼、粳稻都亲和，称之为广谱广亲和系；第二类品种的亲和谱较第一类窄些，只对部分籼稻或粳稻亲和，而对另一些籼、粳稻亲和性不太好，称之为部分广亲和系；第三类品种，对广亲和系表现亲和，而对其他籼、粳稻亲和性仍能维持在一定的水平上，称之为弱亲和系；第四类品种，只对广谱广亲和系表现亲和，对其他籼、粳品种表现不亲和，所配制的杂种一代结实率极低，称为非亲和系。

广亲和性有偏籼或偏粳之分。对籼、粳属性目前我国育种工作者一般采用程氏指数来加以区分；但是对于广亲和品种亲和性的籼粳倾向性如何区分，潘学彪（1988—1990）等试用了一种计算方法，可供参考。将收集的 24 个广亲和品种，与 6 个统一鉴别品种进行测交。以 X_1 表示某一广亲和品种与 3 个粳型鉴别品种杂交 F_1 的平均育性（小穗育性和花粉育性分开计算），以 X_2 表示该品种与 3 个籼型鉴别品种杂交 F_1 的育性平均值，则 X_1-X_2 数值的正负以及 X_1 和 X_2 的差异显著性，可作为衡量该广亲和品种亲和力的籼粳倾向性。若 X_1-X_2 为正值，或者至少小穗育性的统计值为正值，或花粉育性和小穗育性其中某一项正值达显著水平，则该广亲和品种的亲和力偏粳，即与粳稻测交 F_1 的育性的确高于与籼稻测交 F_1 的育性水平；同理，当 X_1-X_2 值为负值，尤其是小穗育性统计值为负值，或花粉育性、小穗育性其中某一项负值达显著水平，则可认为该广亲和品种的亲和力偏籼，即与籼稻测交 F_1 的育性水平的确高于与粳稻测交 F_1 的育性水平。有些广亲和品种，它们与鉴别品种的测交 F_1 在花粉育性和小穗育性两项指标上，X_1-X_2 的正负号相反，差异又不显著，表明其亲和性为籼粳中间型。被测 23 个品种中有 Pe311、02428、早 AB78、迟 AB78、轮回 422、Mcp231-2、Mcp231-4、Mcp231-6、CA537、CA544、Pecos、69232-2 和 Calotoc 等 13 个品种的广亲和性偏粳；培矮 64、029、Aus373 等 3 个广亲和品种的亲和性偏籼；介于上述二者之间的中间类型品种有鉴 12、Lemont、Bellemoul　Cps1017、Mep231-7、E164、Dular 等 7 个品种。

通过测交筛选，国内已有一批广亲和品种资源，这些品种以其原产地、地理分布和选育来源来分，基本上可划分为三大类群。

（1）原始型　即栽培稻起源地区（含原生和次生起源地），存在着一定数量的比较原始、籼粳分化不彻底的籼、粳稻类型和野生稻类型。如云南省的白镰刀谷、毛白谷、老造谷、红壳老鼠牙；台湾省的陆稻 Natapasume；不丹的粳稻 Tyanak、芒稻 Mangge；野生稻中如海南省的藤桥野生稻和江西省的东乡野生稻等都具有较好的籼粳亲和性。

（2）中间型　栽培稻在演化过程中产生一系列籼粳中间型品种，其中也包括具有广亲和基因的广亲和品种。如云南省的光壳稻品种毫格劳；美国的光壳稻品种 Cpslo、lemont、cp231，粳稻 pecos；意大利的光壳稻 Dourada　pracoce、阿诺塔马若；东南亚的爪哇稻 Paddy、Bulu、Gundil、Ketan　Nangka、Calotoc；印度次大陆的 Aus 群等。这些品种对籼、粳稻都有较好的亲和性，但程度上有差别，有的偏籼，有的偏粳。

（3）籼粳杂种型　人们在常规杂交育种、杂交转育籼、粳型恢复系的过程中培育出一批新品种。这部分品种大致有两种情况。一种是杂交过程中使用了一些具有广亲和基因的品种资源作亲本，选育出来的品种经测试具有籼、粳广亲和性，便成了广亲和品种。如 02428、培矮 64、培 C311 等。另一种是不知所采用的亲本是否具有广亲和基因，但由于是籼、粳交后代，或多或少综合了籼、粳的某些遗传基础，形成类似籼粳中间型的品种。如某些韩国品种、印度的 CR 系统，国内的粳稻秀水 117、T984 等。这类品种往往对一些不同属性的品种杂交亲和性好，而对另一些不同属性的品种亲和性差。是否能成为广亲和品种，还必须经过统一测验种测验，按程序进行鉴定才能确定。

1.1.3　广亲和性的遗传

1.1.3.1　S_5^n 基因的研究　在池桥宏等发现广亲和基因 S_5^n 之前，日本学术界对籼粳交杂种 F_1 雌雄配子败育曾有两种假说。一种是冈彦一（1953）提出的重复隐性配子致死基因假说，亦称双基因假说；另一种是北村提出的单基因孢子体—配子体互作理论，又称单基因假说。

池桥宏和方木均在此基础上进一步开展了研究，并支持了单基因假说。他们从 1979 年开始收集各种籼粳品种进行测交筛选的研究，1986 年、1987 年相继报道，在研究的近 80 个品种中，Calotoc、CPSLO-17、ketan　Nangka 等与籼稻及粳稻测验种杂交，其杂种 F_1 完全可育。他们的研究表明，不同水稻品种间杂交亲和性主要受同一座位的一组复等位基因所控制。该基因座位位于库什编号的第 3 连锁群，与色素原基因 C 和糯性基因 wx 紧密连锁。品种 Ketan Nangka 的 S_5^n、C、wx 的连锁与交换值如图 6-1。

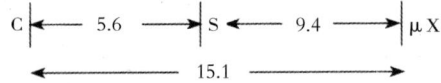

图 6-1　Ketan Nangka S_5^n 基因与 C、wx 基因连锁

在籼稻中带有与 S_5^n 等位的 S_5^i 基因，在粳稻中带有与 S_5^n 等位的 S_5^j 基因，$S_5^i \times S_5^j \rightarrow F_1$ 半不育，只有 S_5^n 分别与 S_5^i 或 S_5^j 杂交才是可育的。

池桥宏等认为，由于 S_5^n 基因与色素原基因 C 紧密连锁，因此广亲和品种与一般籼稻或粳稻品种杂交的后代中，具有紫色稃尖的植株很可能携带有 S_5^n 基因，利用这一点，可以将 S_5^n 基因通过杂交转育到其他优良的籼、粳稻品种中去，育成新的优良广亲和系。事实上，他们已经用广亲和品种 Ketan Nangka 与其他水稻品种杂交育成了具有 S_5^n 基因的一批新品系。如 NK$_4$（日本优 × Ketan Nangka）、A$_1$、A$_9$（秋光 × NK$_4$）、B$_5$、B$_{20}$（秋光 // 秋光 /NK$_4$）、C$_1$、C$_2$（IR50//IR36/Ketan Nangka）。这些品系与籼、粳测验种杂交，杂种 F$_1$ 的育性达 83.5%~90.7%（表 6-5）。

表 6-5　Ketan Nangka 杂种后代测交结果

品系	杂交组合来源	世代	抽穗日期（月 / 日）	株高 /cm	F$_1$ 育性	
					测试品种	结实率 /%
A$_1$	秋光 /NK$_4$	F$_5$	5/20	94	IR50	89.4
A$_9$	秋光 /NK$_4$	F$_5$	5/22	87	IR50	85.4
B$_5$	秋光 // 秋光 /NK$_4$	F$_4$	5/20	80	IR36	90.7
B$_{20}$	秋光 // 秋光 /NK$_4$	F$_4$	5/18	92	IR36	86.9
C$_1$	IR50//IR36/Ketan Nangka	F$_5$	5/29	92	秋光	83.5
C$_2$	IR50//IR36/Ketan Nangka	F$_5$	5/29	93	秋光	90.3
	Ketan Nangka		6/15	153	IR36 秋光	88.2 83.4
	Toyoni Shiki（CK）		6/21	88		96.1
	IR36（CK）		6/4	81		84.7
	IR50/ 秋光（CK）		（1986）			42.8

上述研究及事实证明，某些品种中确实存在着 S_5^n 广亲和基因，而且可以利用 S_5^n 的杂交转育培育新的广亲和系（或广亲和恢复系，广亲和不育系）。这是解决亚种间杂交 F_1 结实率低的问题，培育亚种间高产杂交稻的一条行之有效的途径。

但是籼粳杂种结实率的问题是复杂的，有时同样的 S_5^n 基因被转育到不同遗传背景下，它们表现出来的亲和力水平是不一致的。因此，袁隆平指出（1997）：假设除已发现的 Wc 基因以外，还可能存在另一类与亲和性相关的基因，即辅助亲和基因（Supolementary Compatibility gene，即 Sc）。这种基因可能是少数几个，也可能是多个，只有当亚种间杂种中既有 Wc 基因，又有足够多的辅助基因 Sc 时，结实率才会更高。池桥宏本人在进一步研究后也发现，S_5^n 基因对大多数看来具有 S_5^i 基因的籼稻品种是有效的，但还有其他几个位点也会导致半不育。例如 Aus 群品种和一些粳稻品种杂交，就由于在基因 A（Antochianin，花青素活化基因）附近的一个基因位点的等位互作而表现出半不育；另外，某些 Aus 群品种与爪哇型品种（包括广亲和品种）杂交，由于在基因 Rc（红皮）附件的一个基因位点的等位互作也表现出半不育。因此，并非用 S_5^n 基因转育成广亲和系后，测配的组合都会一律结实正常，而是组合之间往往存在较明显的差别。广亲和基因不是只限于 S_5^n 基因，而是还有别的基因位点存在。这一点除池桥宏本人已经意识到外，其他学者也作了类似试验。

法国人 Clement G.（1986）收集不同类型的籼稻品种和不同类型的粳稻品种相互配制一批杂交组合，结果各组合的结实率差别很大，最低的 8.1%，而最高的达 82.5%。其中粳稻 bulu 群品种，籼稻 Aus 群品种所配籼粳交组合结实率较高。即可以认为这两群粳、籼品种属广亲和品种。但是 bulu 和 Aus 相互杂交却意外地结实率低，仅 18%。可见 bulu 和 Aus 的广亲和基因位点是不同的。

顾铭洪等（1988）收集 8 个已知的广亲和品种（02428、轮回 422、Aus373、Dular、Calotoc、Ketan Nangka、CPSLO-17、68-83）相互杂交，考察各组合 F_1 的花粉育性和小穗育性，发现不同广亲和品种之间，控制育性表达的基因组分并不完全相同，这些组合杂种育性的表达不仅仅受 S_5^n 单一位点等位基因相互作用的控制，而是至少受控于两个非等位基因的相互作用。8 个广亲和品种按不完全双列式配制了 32 个组合，以花粉育性 90% 以上，小穗育性 75% 以上为正常育性标准，则其中 27 个组合花粉育性达到正常水平，有 4 个组合表现不同程度的育性分离，而这 4 个组合中有 3 个组合的亲本之一是 Aus373，1 个组合的亲本之一是 Dular。而 Aus373 和 Dular 相互杂交，其杂种 F_1 无论是花粉育性或小穗育性都达到 90% 以上。可见，Aus373、Dular 的广亲和基因与 Calotoc、Ketan Nangka、CPSLO-17、轮回 422 等品种的广亲和基因是不同的。

1.1.3.2 广亲和基因标记性状的研究 池桥宏等已经阐明过，广亲和基因 S_5^n 与色素原基因 C 紧密连锁，但必须要有花青素活化基因 A 存在，C 基因才能得以表达。国内一些学者对紫秆是否能作为广亲和基因和标记性状进行了一些研究，因为它能给广亲和系选育提供方便。

李和标等选择秆尖无色的粳型广亲和品种 02428、秆尖紫色的广亲和品种 CPSLO-17，与一批籼稻、粳稻品种杂交，观察其杂种 F_1 及三交后代秆尖色的遗传表现。结果发现，02428 与籼稻品种杂交，无论其籼稻品种秆尖是否有色，F_1 都是紫色秆尖。可见 02428 的确携有 S_5^n 基因并与 C 基因连锁，但由于没有 A 基因而导致秆尖无色，而那些与之杂交的籼稻亲本恰好能补充提供 A 基因，导致秆尖有色。02428 与粳稻品种杂交则出现三种情况：①粳稻品种秆尖是紫色的，其杂种 F_1 秆尖仍然是紫色，如 02428 与牛脚糯、燕子糯杂交 F_1 秆尖为紫色（表 6-6）。②粳稻品种秆尖为无色的，杂种 F_1 抽穗时秆尖为红色；③粳稻品种秆尖为无色，杂种 F_1 秆尖也无色。

表 6-6 02428 与籼、粳杂交 F_1 的秆尖表现（李和标等）

籼稻		F_1	粳稻	F_1
IR36	−	+	牛脚糯	+
南京 11	−	+	燕子糯	+
密阳 23	−	+	巴利拉	+
BG90-2	−	+	南粳 34	+
水源 290	−	+	马里稻	+
玻璃占	−	+	秋光	−
南特号	+	+	青院	−

注："+" 表现有色，"−" 表现无色。

在三交世代中，单株育性有明显的分离。无论是 02428 还是 CPSLO-17，它们的三交组合有色植株结实率都极显著高于秆尖无色植株的结实率（表 6-7）。说明在有广亲和品种参与配组的这类组合中，秆尖色与广亲和性密切相关，秆尖色可作为广亲和性的标记性状。

表 6-7 秆尖色与结实率的相关分析

组合	秆尖色	株数/株	平均结实率/%	T 测验
02428/IR36// 巴利拉	+	52	65.1	**
	−	62	39.1	

续表

组　合	稃尖色	株数/株	平均结实率/%	T测验
02428/南京11//南粳34	＋	64	72.8	**
	－	68	47.9	
CPSLO-17/巴利拉//南京11	＋	31	83.3	**
	－	20	52.2	**

注:"＋"表现有色,"－"表现无色。

卢诚等用广亲和品种8504、东乡野生稻、02428、CPSLO-17与测49、秋光等一批籼、粳稻品种杂交,也获得与李和标所作试验相似的结果(表6-8)。

表6-8　四个广亲和品种与籼、粳品种杂交 F_1 的小穗育性(卢诚等)

单位:%

籼、粳品种(♀)	广亲和品种(♂)			
	8504	东乡野生稻	02428	CPSLO-17(CK)
南京11	84.1	92.7	94.5	97.9
IR36	82.8	77.1	82.4	89.9
测49	78.7	90.3	87.5	91.9
巴利拉	79.5	88.1	93.8	94.7
秋光	87.2	81.8	96.3	83.9
平均值(X)	82.5	86.0	90.9	91.7

祁祖白、李宝健等用4个广亲和品种(Ketan Nangka、CPSLO-17、Calotoc、02428)分别与17个非广亲和的籼稻品种、6个粳稻品种配制42个杂交组合,研究了杂种一、二、三代,回交一、二代和三交一代,紫稃植株和白稃植株的分离情形及紫稃与育性的相关性。结果表明,广亲和品种与籼、粳稻品种杂交的 F_2、三交 F_1 及回交各世代,每组都分离出紫稃、白稃两群,而紫稃个体的平均结实率都显著高于白稃植株的平均结实率,可见育性水平的确与紫色稃尖紧密相关。如在杂种 F_2 中,多数紫稃植株结实率都在70%~90%;在三交 F_1 中,紫稃群的平均结实率变幅为42.33%~79.08%,而白稃群则为34.04%~60.98%,其差异达到显著水准。广亲和品种与籼、粳品种杂交 F_1 进行回交,其 BC_1 紫稃群的结实率也明显高于白稃植株的结实率,如广西/CPSLO-17//广四 BC_1、紫稃植株平均结实率为80.53%,而白稃植株的结实率为53.79%。同时还发现,即使是在同一紫稃群体内,个体间的结实率并不一致。池桥宏等报道, S_5^n 基因与色素原基因 C 紧密连锁,交换值为

$3.9\% \sim 5.6\%$。按此标准，紫秆群中有 $96.1\% \sim 94.4\%$ 的个体携有 S_5^n 基因，即达到 80% 结实率正常水平的紫秆个体应占紫秆总数的 94% 以上。但祁祖白等的观察结果并非如此，只占 $4.26\% \sim 59.62\%$，与理论值相差很远。说明籼粳杂种结实率除受 S_5^n 基因控制外，还有其他修饰基因在起作用。主效基因是 S_5^n，它与秆光紫色紧密相关，而其他微效基因与标志性状没有关系。

1.2　水稻广亲和系的选育

1.2.1　广亲和品种的测交筛选

亚洲栽培稻在长期的传播和进化过程中，除分化不同的籼、粳亚种外，在不同的地理、气候和土壤条件下，又分化出各种生态类型。不同生态型除了表现在形态和生理特征以外，杂交亲和性也有区别。早在 20 世纪 30 年代，寺尾注意到水稻不同生态型之间在亲和性的复杂分化。60 年代至 70 年代，盛永等研究了栽培稻中 6 种不同生态型间杂交，杂种（F_1）结实率的结果也证明了这一点（表 6-9）。

表 6-9　栽培稻不同生态型间杂种（F_1）的结实率（盛永，1972）

单位：%

品种	普通粳稻	夏稻	冬稻	久莱稻	婆罗稻
夏稻	27（39）				
冬稻	28（56）	64（81）			
久莱稻	16（81）	80（17）	83（29）		
婆罗稻	66（62）	41（26）	22（41）	25（28）	
秋稻	56（50）	90（17）	79（29）	87（18）	62（18）

注：表中括号外数字为 F_1 结实率，括号内数字为杂交组合数。

从表 6-9 中可以看出，不同生态型品种之间杂交，杂种（F_1）育性的表现反映了各生态型品种间在杂交亲和性上的差异。例如，属于籼亚种的秋稻（Aus）生态型的一些品种不仅与籼亚种中的夏稻、冬稻和久莱稻生态型品种间杂交有着良好的杂交亲和性，而且与粳亚种中的普通粳稻生态型杂交时，也有较好的亲和性；同样，属于粳亚种的婆罗稻（Bulu）生态型的一些品种与籼亚种中的秋稻生态型的一些品种杂交时，在很多情况下杂种（F_1）育性正常。说明籼亚种中的秋稻生态型和粳亚种中的婆罗稻生态型的一些品种具有广亲和性。

因此，在测交亲本的选择上，应以来自水稻起源中心的南亚次大陆的秋稻（Aus）、我国云南地区籼、粳分化不完全的古老品种，分布在东南亚等地区的婆罗稻（Bulu）品种和广亲

和品种的衍生系为主。测交筛选方法上，以上述地区来源的品种作亲本，分别与统一测验品种
杂交，然后，根据杂种（F_1）的育性表现，鉴别被测品种的籼粳亲和性，从中筛选出广亲和品
种。如 Katan Nangka、CPSLO-17 和培迪等，都是通过上述方法筛选出来的。

1.2.2　杂交选育

1.2.2.1　广亲和基因的转育　　原始的广亲和品种大多数株型偏高，农艺性状差，很难直接
利用。为了克服籼、粳亚种间杂交育性的障碍，实现籼粳杂种优势的利用，通过杂交的方式，
对现有的广亲和品种的广亲和基因进行转育，育成生产上实用的籼型或粳型广亲和系。遗传研
究证明：现有的广亲和品种的广亲和性大多数是由单基因 S_5^n 控制的。以这种只涉及一个座位
的广亲和基因与籼稻或粳稻杂交，根据单基因的遗传规律，无论是单交或复交，在其后代中都
会出现频率不等的纯合 $S_5^n S_5^n$ 基因型单株。通过测定，从中便可选到广亲和纯合基因型单株，
育成广亲和系。在选择方法上，据遗传研究，S_5^n 基因与色素原基因 C 连锁，因而可用花青素
着色性状作为标志性状，这为目标单株的选择提供了很大的方便。

　　但是，需要指出的是 S_5^n 基因虽然与色素原基因 C 连锁，但色素原基因 C 的表达还须以活
化基因 A 的存在为前提，其表现的部分又受扩展基因 P 的制约。因此，在目标单株的选择上，
除了根据标志性状选择单株外，同时还要注意非标志性状单株的选择。目前，我国采用杂交转
育的方法育成了一批优良广亲和系，如江苏省农业科学院育成的 02428，湖南杂交水稻研究
中心育成的培 C311、轮回 422 等。选育经过分别见图 6-2 和图 6-3。

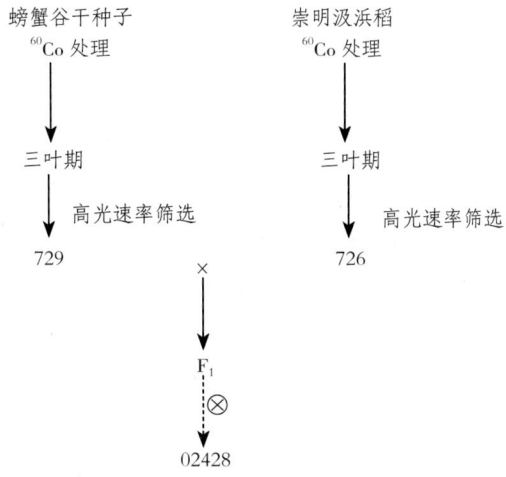

图 6-2　02428 选育经过

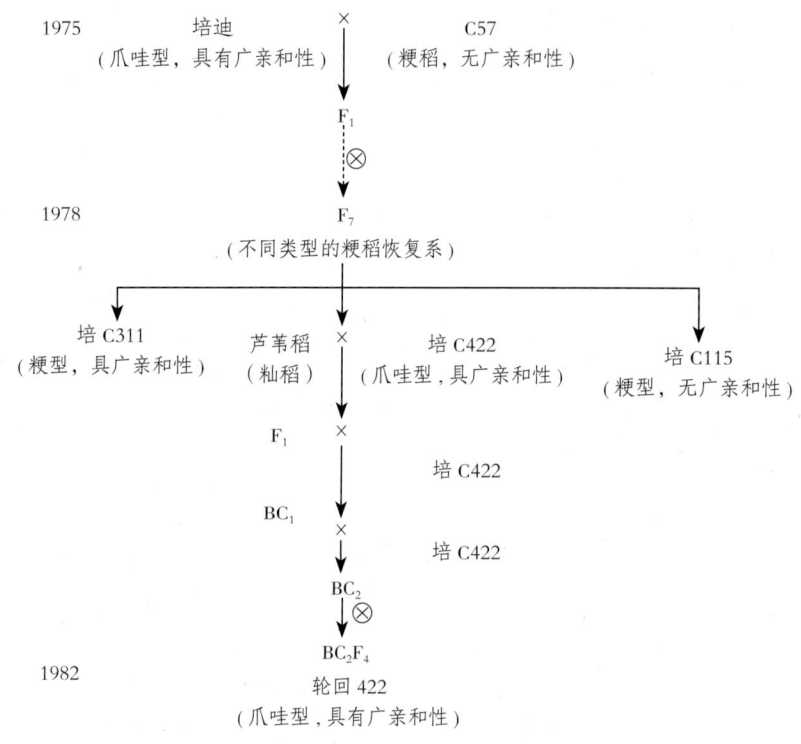

图 6-3 培 C311 和轮回 422 的选育经过

1.2.2.2 广谱广亲和系的选育 在育种实践中发现，具有同样广亲和基因（S_5^n）的品种，在亲和力和亲和谱上存在较大的差异，有的品种亲和力强，亲和谱较广，有的品种亲和力弱，亲和谱较窄。遗传研究证实，水稻品种的广亲和性除受 S_5^n 主效基因控制以外，同时还与一些有助于提高杂种育性的微效基因有关。不同的广亲和品种所含的微效基因的数目也不相同，因而在亲和力和亲和谱上的表现也有较大的差别。为了探讨这些微效基因的遗传行为和作用，湖南杂交水稻研究中心利用亲和力和亲和谱不完全相同的广亲和系 02428 与轮回 422 杂交，经过初选、复选和决选，育成了粳型的广谱广亲和系零轮，它与多个光温敏不育系和测验品种测交，表现亲和力强、亲和谱广，并明显地超过双亲（表 6-10）。

表 6-10 72 个不完全双列杂交组合 F_1 的小穗育性
（湖南杂交水稻研究中心，1993，长沙）

单位：%

母本		父本（粳型）								
		零培 13	02428	零贵 66	CPSLO-17	CB-1	零轮 11	88-13	秋光	巴利拉
籼	1356 S	94.0	89.3	87.5	92.3	91.2	92.3	48.7	44.8	46.7
	安农 S-1	91.2	85.3	88.9	89.3	80.1	90.6	49.1	50.2	48.2

续表

母本		父本（粳型）								
		零培13	02428	零贵66	CPSLO-17	CB-1	零轮11	88-13	秋光	巴利拉
籼	545S	82.5	80.5	87.2	90.7	92.7	90.6	45.3	51.5	39.8
	IR36	86.0	82.2	87.5	90.2	90.7	93.7	40.1	52.1	43.2
	南特号	51.2	38.7	58.9	87.5	87.2	85.6	3.7	22.2	18.7
	735S	49.2	12.1	52.3	90.6	80.2	85.7	1.2	35.3	3.0
中间型	培矮64S	87.2	89.2	90.1	91.7	90.8	95.4	89.2	85.2	84.6
粳	5088S	89.5	92.3	88.2	88.8	85.2	95.7	80.2	92.1	95.3

这一结果表明：不同广亲和品种间的微效基因不仅可以累加，而且在亲和力和亲和谱上还有明显的累加效应。因此，在广谱广亲和系的选育上，通过单交、复交等杂交方式，将两个或两个以上广亲和品种的微效基因聚合在一起，便可育成广谱广亲和系。在选择方法上：

（1）初选　在选育的早期世代，将当选的单株或株系分别与少数弱亲和系和非亲和性品种测交，从中选择杂种结实正常的被测株系或单株。

（2）复测　在选育中期世代，增加测配品种个数，进一步鉴定中选单株或株系的亲和性。

（3）决选　对复测鉴定中选的株系，加大选择压，即用更多的非亲和品种进行多次重复测交筛选，一方面鉴定亲和性，另一方面鉴定测交组合的杂种优势。

1.2.2.3　广亲和光温敏不育系的选育　广亲和光温敏不育系的选育除了从光温敏不育系与广亲和系杂交后在其后代中选育出光温敏不育系以外，还有两种方法：一种是以光温敏不育系为受体，将广亲和系的广亲和基因导入光温敏不育系中；另一种是以广亲和品种（系）为受体，将光温敏不育系的核不育基因导入广亲和品种（系）中，并以光温敏不育系和广亲和品种（系）为轮回亲本进行回交，育成主要性状与轮回亲和相似的广亲和光温敏不育系。例如湖南杂交水稻研究中心以农垦58S为供体，将其不育基因导入具有粳稻稃毛标志性状的广亲和系培矮64中，经过杂交隔代回交和多代选择，育成了广亲和培矮64S。在育种实践中，究竟采用哪种方法，视亲本的农艺性状和生产需求而定。下面就后两种的选育方法做一简单介绍。

（1）杂交亲本的选择　要求参与杂交的两个亲本遗传性稳定，而且光温敏不育系的不育性和广亲和品种（系）的广亲和性都是由一对基因控制的，广亲和品种（系）最好具有标志性状。

（2）杂交、回交　两个亲本杂交后，杂种 F_1 表现为可育，F_2 出现育性分离，从中选择具有标志性状的不育株。如果是将广亲和基因导入光温敏不育系中，就以光温敏不育系作轮回亲本进行回交，由于这时的光温敏不育系也是不育的，无法进行回交，只好将中选的不育株移于可育条件下，让其再生，待光温敏不育系的育性恢复正常后，再进行回交。如果是将光温敏不育系的不育基因导入广亲和品种（系）中，以广亲和品种（系）作轮回亲本与不育株进行回交。

（3）目标单株（系）的选择　以光温敏不育系作轮回亲本的杂交组合，回交第一代，即 BC_1 中的每个单株都是不育的，从中选择具有标志性状的优良单株在低温条件下产生种子，并进入 BC_2 种植，在 BC_2 中选择株高、生育期等性状与光温敏不育系相似的优良株系或单株进入 BC_3 种植。以广亲和品种作轮回亲本的杂交组合，回交第一代即 BC_1 表现为可育，BC_2 将出现育性分离，从中选择株高、生育期等性状与广亲和品种（系）相似的不育株进入 BC_3 种植。

（4）育性转换起点温度的筛选和广亲和性的鉴定　进入 BC_3 种植的各个单株的主要性状已趋稳定，从中选择生长整齐一致的，与光温敏不育系或广亲和品种（系）相似的株系或单株在较低温和短日照条件下进行再生繁殖。每个株系或单株生产的自交种子一分为二，一份种子进入下一季的人工控温条件下或自然条件下进行高压筛选，另一份种子进入下一季种植与统一测验种测交，鉴定亲和性。然后，根据高压筛选和广亲和性鉴定结果，从中选择育性转换起点温度低的和具有广亲和性的株系或单株，育成广亲和光温敏不育系。

如果光温敏不育系不育性和广亲和品种（系）的广亲和性是由两对或两对以上基因控制的，在杂交、回交的后代中纯合不育基因型单株和纯合广亲和基因型单株出现的频率都比较低，各个世代应适当地扩大种植群体，增加单株的选择数目，防止不育基因和广亲和基因的离散和丢失。

1.2.2.4　广亲和恢复系的选育　水稻亚种间杂种优势利用有两条主要途径，即两系法和三系法。两系法一般是利用光温敏不育系与广亲和系配组来完成；三系法是利用细胞质雄性不育系与广亲和恢复系配组来实现。因此，要实现三系亚种间杂种优势利用，就必须通过杂交，将三系恢复系的恢复基因和广亲和品种（系）的广亲和基因聚合在一起，育成广亲和恢复系。目前，在水稻广亲和恢复系的杂交选育中有多种多样的配组方式，章善庆等（1995）对粳广亲系／籼恢复系、粳广亲系／籼恢复系／／粳广亲系、粳广亲系／粳广亲系／／籼恢复系、籼不育系／籼恢复系／／粳广亲系四种不同杂交方式组合的广亲和恢复系选择效果进行了研究。结果表明：在这四种不同杂交方式组合中，除在粳广亲系／籼恢复系／／粳广亲系组合的杂种后代中没有选到广亲和恢复系以外，在其他三种杂交方式组合的杂种后代中都选到了广亲和恢复系。这主要与野败型恢复基因的遗传行为有关，在粳广亲系／籼恢复系／／粳广亲系组合的后代中纯合恢复基因型单株出现的频率很低，而且在杂交和选择过程中很容易造成恢复基因的丢失，给广亲和恢复系的选择带来了困难。在粳广亲系／籼恢复系和粳广亲系／粳广亲系／／籼恢复系组合的后代中，从 F_2 开始，每个世代都会出现一定数量的纯合恢复基因型单株，随着自交世代的增加，纯合恢复基因型单株出现的频率也逐代递增，从中较容易地筛选出广亲和恢复系。如中国水稻研究所从轮回 422/早籼恢复系选 10-9 组合中选育出 413 广亲和恢复系；从 WL1312（爪哇型）／轮回 422／／明恢 63 组合中选育出 T2070 广亲和恢复系。而在籼不育系／籼恢复系／／粳广亲系这种杂交方式组合中，由于这种杂交方式组合的细胞质是不育的，在其后代中各个单株育性的表现受不育细胞质的影响，只有含有恢复基因的单株表现为可育，只要每个世代都选择可育株，待群体中大多数单株的育性稳定后，便可筛选出广亲和恢复系。如江苏省里下河地区农业科学研究所从六南 A/明恢 63／／02428 组合中选育出 T136 广亲和恢复系。同样，采用这种杂交方式，可以通过多次回交转育将具有优良性状的广亲和系育成同型的广亲和恢复系；也可以将两个或两个以上广亲和品种（系）的微效基因累加在一起，育成广谱广亲和恢复系。

在选择方法上，不管采用哪种杂交方式，首先要进行纯合恢复基因型单株的测交筛选，测交的单株数要根据不同的杂交方式和测交世代而定。一般而言，杂种后代中纯合恢复基因型出现频率较高的组合，测交的单株数可适当少一些，出现频率较低的组合测交的单株要多一些；低世代测交，测交的单株数要多一些，高世代测交，可适当少一些。在此基础上，待各个纯合恢复基因型单株（系）的主要性状稳定后，一边进行复测和杂种优势鉴定；一边进行亲和性鉴定。然后，根据复测和亲和性鉴定结果，从中筛选出优良单株（系）育成广亲和恢复系。

1.2.3　粳型亲籼系的选育

卢永根、张桂权等运用分子标记技术在基因定位研究中，对水稻籼粳亚种间杂种不育和亲和性的遗传基础做了大量工作，于 1987 年提出"特异亲和基因"的概念。并鉴定出 6 个杂种不育基因或特异亲和基因位点，其中 4 个基因座位与籼粳亚种间杂种通常出现不育性有关，它们是 S_b、S_c、S_d、S_e，在这些座位上，籼稻的基因型大多数为 S^i/S^i，粳稻基因型为 S^j/S^j，而籼、粳杂种的基因型大多数为 S^i/S^j 的杂合体，故表现为半不育。如果能使粳稻在这个座位上也带有 S^i/S^i，则这种粳稻与籼稻杂交，其 F_1 在这个座位上的基因型为 S^i/S^i 的纯合体，因而表现对籼稻亲和。这样的粳稻品系就是粳型亲籼系。粳型亲籼系的选育就是使粳稻通常携带 S^j/S^j 基因型改变成携有 S^i/S^i 基因型的过程。这种基因型的改变可以通过回交把籼稻的 S^i/S^i 转移到粳稻中去，也可以把分散在不同粳稻中的不同座位的 S^i/S^i 基因型聚合到同一粳稻品系中育成粳型亲籼系。如果这种设想能够实现，将为籼粳亚种间杂种优势利用提供一条新途径。

第二节　水稻亚种间杂种优势及其组合的选配

2.1　水稻亚种间杂种优势

2.1.1　籼粳亚种的分类

水稻一般可分为籼稻和粳稻两个亚种，我国常采用程氏指数法来区分籼稻和粳稻。程氏指数是以稃毛、酚反应、第 1~2 穗轴节长、抽穗时颖壳色、叶毛及谷粒长宽比等 6 个性状为鉴定指标，每个指标又分 0、1、2、3、4 等 5 个级别，然后进行综合评分。综合得 0~8 分的为籼（H），9~13 分的为偏籼（H'），14~17 分的为偏粳（K'），18~24 分的为粳（K）（表 6-11）。

表6-11　籼粳各性状的级别及评分标准（程侃声等，1985）

等级项目	等级及评分				
	0	1	2	3	4
稃毛	短、齐、硬、直、匀	硬、稍齐、稍长	中或较长，不太齐，略软，或仅有瘤状突起	长、稍软、欠齐或不齐	长、乱、软
酚反应	黑	灰黑或褐黑	灰	边及棱微染	不染
第 1~2 穗轴节长	<2 cm	2.1~2.5 cm	2.6~3 cm	3.1~3.5 cm	>3.5 cm
抽穗时颖壳色	绿白	白绿	黄绿	浅绿	绿
叶毛	甚多	多	中	少	无
谷粒长宽比	>3.5	3.5~3.1	3.0~2.6	2.5~2.1	<2

爪哇型品种是有别于籼、粳稻的另一类品种。日本学者寺尾认为爪哇稻是水稻的另一个亚种，但也有学者把爪哇稻称为"热带粳稻"。本书所指的水稻亚种间杂种，除籼粳交杂种之外，还包括籼爪交杂种和粳爪交杂种。

2.1.2　亚种间杂种优势的表现

2.1.2.1　亚种间组合生物学产量优势

（1）亚种间杂交组合的显著特点是生长量大，生物学产量高　肖金华等（1986）用湘矮早 9 号等 7 个籼稻品种与秋光等 9 个粳稻品种配制了 63 个杂交组合，研究亚种间杂种一代的优势表现。结果以单株干物重和单株颖花数的优势最为突出。所有组合的单株干物重超过其大值亲本，其中 73.02% 的组合超过其双亲之和；93.65% 的组合单株颖花数大于其大值亲本，其中 20.63% 的组合超过其双亲之和。表明典型的籼粳交在生物学产量方面具有极强的杂种优势。

（2）叶面积指数的增加是亚种间组合生物产量强大优势的主要生物学基础　祁祖白研究了9个籼粳亚种间组合及其亲本的6项生理学性状，结果指出：籼粳杂种一代的叶面积和根系活力两性状的正向优势达显著水平。

邓仲簇（1990）等收集6个亚种间组合并以汕优63、桂朝2号、鄂宜105为对照，分别在苗期、分蘖期、孕穗期、灌浆期测定各组合的叶面积。结果发现亚种间组合孕穗期最大叶面积指数比常规籼稻桂朝2号高出53.8%；比常规粳稻鄂宜105也高出28.5%。

（3）亚种间杂交组合的光合器官捕获弱光的能力强　无论在强光下或弱光下，都有着较强的光合作用，为亚种间杂交组合的高产打下了坚实的生理基础。

邓仲簇等测定亚种间组合32001S/02428、W6154S/cy85-41、W6154S/02428、亚优2号的叶绿素a/b比值分别为2.690、2.692、2.540、3.025；而对照汕优63、桂朝2号、鄂宜105的a/b比值分别为2.848、2.947、2.938，均高于亚种间组合，即亚种间组合的叶绿素b的含量相对较高。已知叶绿素b主要定位于光系统Ⅱ的捕光色素蛋白—叶绿素a/b蛋白复合物中。叶绿素a/b比值低，表明捕获光能的色素蛋白发达，收集光的能力强，光补偿点低，利用弱光的能力强。

2.1.2.2　亚种间杂交组合经济性状的优势　在构成水稻产量的多个因素中，亚种间杂交组合的优势主要表现在平均每穗颖花数和单位面积颖花数方面。袁隆平等（1986）研究亚种间杂交组合的增产潜力，发现典型粳稻城特232与典型籼稻26窄早的杂种一代单株颖花数比同熟期三系品种间组合威优35多122%。每公顷颖花数可达66 000万个以上，由于颖花数多，尽管结实率仅54%，但产量仍与对照相当，如果能把亚种间杂交组合的结实率提高到80%，则应具有比对照增产30%的潜力（表6-12）。

表6-12　籼粳杂种一代的增产潜力（袁隆平等，1986）

品种	株高/cm	每穗颖花数/个	每株颖花数/个	结实率/%	实产/（t/hm²）
城特232（粳）/26窄早（籼）	120	269.4	1 779.4	54.0	8.33
威优35（CK）	89	102.6	800.3	92.9	8.71
优势/%	34.8	162.8	122.4	−41.9	−4.3

1989年袁隆平等又报道两系亚种间杂交组合二九青S/DT713与对照威优6号对比试验的结果，在所有产量性状中，优势最强的仍然是每穗颖花数和单位面积颖花数。平均每穗颖花

数优势率为 82.94%, 单位面积颖花数的优势率为 59.86%。

朱运昌（1989）考察 44 个两系亚种间杂交组合，每穗 180 粒以上的组合有 33 个，占观察组合数的 75.0%；200 粒以上的有 25 个，占 56.8%；还有 2 个组合每穗总粒数超过 300 粒。用 2 个籼型两用核不育系菲 11 S 和衡农 S 分别配制籼籼交组合 14 个、籼粳交组合 13 个。结果菲 11 S 配制的籼粳交组合平均每穗总粒数比籼籼交组合多 35.7%；用衡农 S 配制的籼粳交组合平均每穗总粒数比籼籼交组合多 83.8%。

朱庆森等（1996）以汕优 63 和中粳品种盐粳 2 号为对照，观察了 36 个亚种间杂交组合的优势表现。结果发现亚种间组合的总库容量每亩为 863.9 kg，比亲本总体平均值高 39.4%，比对照汕优 63 高 13.8%。

综上所述，穗大粒多是亚种间杂交稻强优势的突出特点，亚种间组合的高产主要源于每穗总粒数和单位面积的总颖花数。

2.1.3　亚种间杂种优势的遗传基础

籼粳亚种间杂种一代为什么会有如此强大的生物学产量优势和经济性状优势？许多研究结果证明，这是由于籼、粳两亚种之间具有较大的遗传差异。

杨振玉等（1989）对 28 个亲本及其所配籼粳亚种间杂种一代用程氏指数法进行分类，并对亚种间杂种一代的优势进行分析，结果如下：①双亲程氏指数之差大于 14 的典型籼粳交组合，F_1 的生物优势极强，全株干物重高达 $210 \sim 250$ g；双亲程氏指数之差在 $7 \sim 13$ 之间时，全株干物重为 $150 \sim 200$ g；双亲程氏指数之差小于 6 时，全株干物重为 $100 \sim 145$ g，生物优势表现较弱。②比较不同类型的杂种 F_1 的经济性状，F_1 结实率以粳粳交、粳籼交及籼粳交顺序依次递减；每穗总粒数以粳粳交、粳籼交及籼粳交顺序依次递增。每穗实粒数以粳粳交、粳籼交及籼粳交顺序依次递增，因而经济产量也以粳粳交、粳籼交、籼粳交顺序依次递增。

李成荃等（1990）用 8 个不育系（含两系和三系）和 9 个恢复系、广亲和系、广亲和恢复系作 8×9 不完全双列式杂交，配制成 44 个亚种间组合和 28 个品种间组合，测定 F_1 产量竞争优势。结果有 11 个亚种间组合单株产量超过对照汕优 63，其中 4 个组合的增产幅度在 30% 以上，且亚种间组合优势大于品种间杂交组合。

由此可见，籼、粳亚种的遗传差异是亚种间杂种优势强的遗传基础，差异越大，优势越强。

2.1.4　配合力对籼粳亚种间组合优势表现的影响

遗传差异大是籼粳亚种间杂种一代高产的基础。但是，大量研究表明，并不是所有籼粳亚种间杂交组合都有强大的优势，即使在有优势的组合之间，它们的优势水平也有差别；更不是所有性状优势都对构成籽粒产量有利。因此，籼粳品种的配合力，尤其是对产量性状有利的配合力在籼粳杂种优势利用中起着非常重要的作用，也给育种者提供了很大的选择空间。

2.1.4.1　亚种间组合产量性状配合力的表现　吴道安（1990）用5个籼稻品种和5个粳稻品种组配正、反交组合，研究籼粳交杂种一代单株理论产量、株高和生育期三个性状的配合力，结果如下：

（1）亲本一般配合力除正交项产量性状外，其余所有性状一般配合力均达显著或极显著水平，表明加性效应在构成籼粳杂种三个性状的优势中具有重要作用。三个性状的特殊配合力均达极显著水平，表明非加性效应在构成籼粳杂种优势中起着重要作用。分析一般配合力和特殊配合力之比发现，一般配合力和特殊配合力对理论产量起着同等重要的作用，即理论产量由加性效应和非加性效应共同决定。

（2）不同亲本同一性状的一般配合力大小不同，同一亲本不同性状的一般配合力也不同。籼稻品种和粳稻品种相同性状的一般配合力大不相同，正、反交中，籼稻品种理论产量性状的一般配合力差异大于粳稻5个亲本的差异。

（3）不同组合同一性状的特殊配合力有较大差异，同一亲本配制的不同组合的同一性状特殊配合力也存在明显差异。特殊配合力高的组合，亲本一般配合力并非就高。同样，亲本的一般配合力高，其杂交组合的特殊配合力并不一定高。

蔡新华等（1990）用5个籼稻品种和5个粳稻品种按不完全双列杂交配制25个籼粳交组合，另外配籼籼交和粳粳交组合各10个，测定主要性状的配合力，发现各性状的配合力测定要优先考虑产量的一般配合力。如粳稻亲本培C116在配制籼粳交时，产量配合力强，达12.3，但生育期的一般配合力为−5.44，株高的一般配合力为3.85，这种产量一般配合力高，而株高和生育期一般配合力差，甚至出现负值的品种，对选育生产上能应用的亚种间高产组合有利。

龚光明等（1991）的研究认为，一般配合力高的不育系所配组合的竞争优势也强，一般配合力较差的不育系所配组合的竞争优势也较弱，甚至出现负的优势。

2.1.4.2　籼粳亚种间组合米质性状配合力的表现　过去从常规育种的角度看，一般都认为，高产难优质，优质难高产。但亚种间杂交组合产量高，米质并不一定差。现有的实践证明，亚种间杂交组合完全可以将高产和优质集为一体，关键在于选育优质亲本和参加配组的双亲在米质性状方面的配合力。

杨克虎等（1990）用7个广亲和系和5个光温敏核不育系配制35个亚种间组合，成熟后，测定各组合的几个主要米质性状，并分析米质性状配合力与亲本的关系，见表6-13。

表 6-13　亚种间组合米质一般配合力与亲本值的相关性

项目	垩白粒率	米粒长	长／宽	直链淀粉含量	糊化温度
相关系数 r	0.642 9**	0.855 1**	0.652 3*	0.787 5**	0.467 0
决定系数	0.413 3	0.737 2	0.425 5	0.617 3	0.218 1

注：* 为 5% 水准显著，** 为 1% 水准显著。

从表 6-13 可以看出，除糊化温度外，其余几个米质性状如垩白粒率、长宽比、直链淀粉含量等，都与亲本值呈显著或极显著正相关。进一步分析不育系、广亲和系、杂种 F_1 各类配合力变异的平方和占组合间变异平方和的百分比，便可知道，双亲在其杂种一代米质性状方面影响的大小（表 6-14）。

表 6-14　配合力对米质性状的作用

项目	不育系 /%	广亲和系 /%	组合 /%
垩白粒率	70.43	16.28	13.29
精米长	72.09	23.63	4.31
长／宽	50.33	46.53	3.12
直链淀粉含量	68.98	24.87	6.15
糊化温度	51.90	35.95	12.14

注：配合力对米质性状的作用以各类配合力变异的平方和占组合间变异平方和的百分比表示。

从表 6-14 的估算结果可以看出，亚种间组合的米质性状多数与母本关系紧密，精米长、垩白粒率、直链淀粉含量和糊化温度基本上取决于母本，米粒长／宽与父母本都有着较密切的关系。因此，要获得既高产又优质的亚种间组合，选育或选用农艺性状优良的优质米不育系进行配组是至关重要的。当然，这里并非指在亚种间组合配制中，父本的米质性状不重要。而在实际配组中只有双亲米质优良才能选配出优质米组合。

2.1.5　细胞质效应对籼粳亚种间杂交组合的优势表现的影响

陈顺辉等（1992）选用 5460S（S_1）、安农 S（弱广亲和）（S_2）、衡农 S-1（S_3）三个籼质籼核的温敏不育系及籼稻品种 IR36（S_4），粳稻品种 Varylaval312（C_1）、广抗粳 2 号（C_2）、培 C311（C_3）、轮回 422（C_4）、02428（C_5）和 CA529（C_6）等配制正反交组合，通过比较性状的杂种值与中亲值离差在正交和反交组合间的差异，分析籼、粳细胞质对杂种一代单株产量、株高、抽穗期杂种优势的效应见表 6-15。

表6-15　S/C与C/S组合间单株产量、株高、抽穗期（杂种值与中亲值离差）的差异

组合	单株产量/g	株高/cm	抽穗期/d	组合	单株产量/g	株高/cm	抽穗期/d
S_1/C_1 vs C_1/S_1	-0.5	23.8**	-11.0**	S_3/C_2 vs C_2/S_3	-1.9*	-5.0**	-2.7**
S_1/C_2 vs C_2/S_1	-0.6	-3.7**	16.3**	S_3/C_3 vs C_3/S_3	-4.7**	-5.5**	-2.7**
S_1/C_3 vs C_3/S_1	-2.7**	1.6	-1.7**	S_3/C_4 vs C_4/S_3	-0.5	-2.0	-3.1**
S_1/C_4 vs C_4/S_1	-2.4**	1.4	-3.4**	S_3/C_5 vs C_5/S_3	-14.5**	-6.8**	-6.3**
S_1/C_5 vs C_5/S_1	-12.1**	2.7*	-2.1**	S_3/C_6 vs C_6/S_3	-13.7**	13.0**	-2.2**
S_1/C_6 vs C_6/S_1	-5.4	3.2*	-2.2**	S_4/C_1 vs C_1/S_4	-16.1**	3.5**	-3.5**
S_2/C_1 vs C_1/S_2	-2.9**	-7.0**	-0.5	S_4/C_2 vs C_2/S_4	6.6**	1.8	3.0**
S_2/C_2 vs C_2/S_2	-1.8*	-1.4	-1.0	S_4/C_3 vs C_3/S_4	-36.3**	-2.0	-7.0
S_2/C_3 vs C_3/S_2	-2.0*	-2.3	-1.1	S_4/C_4 vs C_4/S_4	-12.1**	-1.6	-2.0**
S_2/C_4 vs C_4/S_2	-2.0*	2.0	-3.7**	S_4/C_5 vs C_5/S_4	-4.8**	-14.5**	-4.0**
S_2/C_5 vs C_5/S_2	-2.5**	-2.8*	-4.5**	S_4/C_6 vs C_6/S_4	-22.8**	-1.6	3.0**
S_2/C_6 vs C_6/S_2	-1.9*	-7.5**	-3.5**	$LSD_{0.05}$	1.8	2.4	1.2
S_3/C_1 vs C_1/S_3	-11.0**	8.0**	19.4**	$LSD_{0.01}$	2.4	3.2	1.6

注：* 为5%水平显著，** 为1%水平显著。

从表6-15可以看出，24对正反交差值中，单株产量有21对达显著或极显著水平；株高有14对达显著或极显著水平；抽穗期也有21对达极显著水平。说明籼、粳细胞质不同的亚种间杂种在单株产量、抽穗期的杂种优势表现上有显著差异。籼粳交与相对应的粳籼交比较，3个性状绝大多数组合都出现负值，也就是说，粳籼交的杂种优势表现程度提高了，粳型胞质更有利于产量的提高，同时也带来了株高的增加和生育期的延长。

2.1.6　亚种间杂交组合存在的问题及其解决途径

亚种间杂交组合存在的普遍性的问题主要有4个，即结实率低、籽粒充实度差、株高超高和生育期超长。

2.1.6.1　结实率低　在没有导入广亲和基因的典型籼粳交组合中，一般结实率在30%以下。正如在水稻广亲和性一节中所阐明的，导入广亲和基因后，可以使亚种间杂交组合结实率提高到90%以上。但这是指授粉后子房开始膨大即算为结实，即所谓受精率。但从生产应用来判断，受精率并不等于结实率，大量观察数据表明，籽粒充实成熟的结实率明显低于受

精率。受精后，相当一部分籽粒是由于没有足够的光合产物充实而滞育，甚至坏死而变成空秕粒。

肖金华（1986）观察 63 个籼粳交组合和 6 个粳籼交组合，平均结实率为 34.32%，变幅为 8.33%~54.32%。

许克农（1990）用 11 个母本和 9 个具有一定广亲和性的父本配制 99 个组合，以汕优 63 为对照，研究了 12 个性状优势表现。结果表明，结实率总体平均，籼/粳为 54.995%±2.79，籼/偏粳为 65.79%±10.321，粳/偏粳为 72.29%±10.184，粳/粳为 75.591%±4.892，籼/籼为 80.912%±2.601。可见，即使导入了广亲和基因，亚种间组合结实率仍然普遍低于品种间组合的结实率。

朱运昌（1989）配组并考察了 44 个两系亚种间组合，发现穗子越大，结实率越低。平均每穗 200~250 粒的 18 个组合中，有 11 个组合（占 61.1%）结实率只有 40%~50%，而每穗 250 粒以上的 9 个组合，只有一个组合结实率达到 60%，其余 8 个组合结实率都在 50% 左右。1996 年又试种亚种间组合 29S/510，平均每穗 230 粒，主穗超过 400 粒，但最后实际结实率只有 68%，每公顷产量 7 575 kg。值得注意的是，这些组合导入广亲和基因后，抽穗开花时，散粉正常，但结实率仍然偏低。这与亚种间组合源、库、流不协调有着密切的关系。

亚种间杂交组合的突出特点是穗大粒多，即所谓"库"大。要获得高的结实率，应该有与之相适应的很大的叶面积和较高的光合效率。如前所述，邓仲篪等测定 6 个亚种间组合及 3 个对照（汕优 63、桂朝 2 号和鄂宜 105）叶面积指数，亚种间组合孕穗期叶面积指数比常规稻桂朝 2 号大 53.8%，表现出强大的营养优势。但是净光合速率并不高。据测定，亚种间组合光合速率与汕优 63 不相上下，但显著低于常规稻桂朝 2 号，降低幅度为 25.2%~42.8%（表 6-16）。亚种间组合每粒谷子所占有的叶面积与汕优 63 十分接近，但每朵颖花所占有叶面积则比汕优 63 低 14.8%，结实率的相对值也低 13.7%，两个百分率十分接近（表 6-17）。如果与常规稻桂朝 2 号相比，每朵颖花占有的叶面积虽然多 6.8%，但净光合速率却低约 1/3，每朵颖花占有叶面积的增大值，补偿不了光合速率的降低值，这造成众多的受精子房没有足够的光合产物来充实。因此，要使亚种间杂交组合真正"源"足，必须在增加叶面积指数的基础上，塑造有利于提高光合效率的最佳株叶形态，栽培上也要注意改善田间通风透光条件，才能做到大穗高结实。

表 6-16　亚种间组合净光合速率（邓仲篪）

单位：$CO_2mg/(dm^2 \cdot h)$

项目	32001S/02428	W6154S/Cy85-41	W6154S/02428	亚优2号	8912S/轮回422	亚优3号	油优63（CK_1）	桂朝2号（CK_2）	鄂宜105（CK_3）
7月23日大田	18.7	20.4	17.6	18.3	—	—	17.7	24.7	—
8月8日大田	19.5	19.9	15.5	19.6	16.5	17.5	19.7	23.9	16.1
8月13日盆栽	16.4	20.1	18.1	22.6	14.4	21.2	21.1	33.0	—
平均值	18.2	20.1	17.1	20.2	15.5	19.4	19.5	27.2	16.1
比汕优63±%	−6.6	＋3.1	−12.3	＋3.6	−20.5	−0.5	—	＋39.5	−21.0
比桂朝2号±%	−33	−25.6	−31.3	−25.2	−42.8	−28.1	−27.8	—	−40.4

表 6-17　各组合、品种的单叶面积、单茎叶面积与结实率（邓仲篪）

品种与组合	孕穗—灌浆期			成熟时茎干重/g	结实率/%	颖花叶面积/cm²	稻谷叶面积/cm²
	单叶面积/cm²	单茎叶面积/cm²	茎干重/g				
32001S/02428	59	242	6.7	3.58	64.5	1.53	2.37
M6154S/cy85-41	56	223	6.4	2.93	74.2	1.40	1.89
M615S/02428	62	251	6.7	3.92	63.7	1.48	2.32
亚优2号	45	196	5.5	2.56	68	1.08	1.59
8912S/轮回422	44	191	4.3	2.49	69	1.39	1.92
亚优3号	60	244	6.0	3.52	63	1.63	2.57
平均值	54.3	224.5	5.93	3.17	67.1	1.42	2.01
汕优63	50	222	5.5	2.68	76.3	1.63	2.09
桂朝2号	37	133	3.9	2.26	76.2	1.33	1.75

　　除协调"源""库"关系外，光合产物的运输对提高亚种间杂交组合的结实率也是十分重要的。水稻抽穗后叶片光合产物向穗部输送是籽粒充实的主要来源，同时茎鞘贮藏物质向穗部输送也是籽粒充实的来源之一。朱庆森等（1996）对36个亚种间组合的研究表明，茎鞘物质输出率总体平均值为−14.54%，即出穗后，茎鞘物质非但没有净输出，反而增重近15%，而对照汕优63茎鞘物质输出率为13.98%，亚种间组合与汕优63总体输出率相差28.52%。此外，在出穗后叶片的光合产物向穗部运转方面，于出穗后8 d、15 d、38 d对5个亚种间组合和2个对照品种全株喂入$^{14}CO_2$，测定茎、鞘和穗部脉冲数的分配（表6-

18）。结果发现，所有供试材料在结实盛期（即出穗后 15 d），96.8% 以上的光合产物最终运往穗部，而结实初期（出穗后 8 d）和结实末期（出穗后 38 d）分别有 28.7% 和 84.2% 滞留在茎鞘中。结实初期的滞留率亚种间组合高出对照盐粳 2 号 1.4 倍，高出汕优 63 更多。这一结果直接反映了 5 个亚种间组合对出穗后光合产物利用率不高的状况。这是部分亚种间组合籽粒充实不良的成因，也是限制水稻亚种间杂种优势利用的一个普遍性的问题。由此可见，选择"流畅"的组合也至关重要。

表 6-18　亚种间组合结实期喂入 $^{14}CO_2$ 至成熟期茎、鞘、穗中脉冲数（朱庆森等）

组合或品种	出穗后 8 d 喂入			出穗后 15 d 喂入			出穗后 38 d 喂入		
	茎	鞘	穗	茎	鞘	穗	茎	鞘	穗
JW-8/ 密阳 23	32.8	1.2	66.0	2.1	0.7	97.2	76.0	6.7	17.3
PC311/ 扬稻 4 号	28.3	1.0	70.7	2.6	1.0	96.4	74.2	6.6	19.2
PC311/ 早献党	30.6	1.2	68.2	2.0	1.1	96.9	72.7	8.6	18.7
02428/ 明恢 63	15.6	1.3	83.1	1.9	0.7	97.4	85.8	6.5	7.7
测 03/ 扬稻 4 号	30.3	1.2	68.5	1.6	0.6	97.8	76.0	7.9	16.1
平均	27.5	1.2	71.3	2.1	0.8	97.1	76.9	7.3	15.8
盐粳 2 号（CK₁）	10.7	1.1	88.2	2.3	0.9	96.8	88.9	7.6	3.5
汕优 63（CK₂）	3.9	0.6	95.5	1.2	0.7	98.1	—	—	—

2.1.6.2　**籽粒充实度差**　籼粳亚种间组合普遍存在籽粒充实度差等问题主要表现：一是一些亚种间组合颖花受精后，一部分颖花的子房能正常发育，形成壮谷，另一些颖花的子房中途停止生长发育，形成秕谷或半壮谷，其中尤以大穗型组合表现突出；二是有些亚种间组合能结实正常，高者甚至可达 85% 以上，但籽粒充实度差，同体积的稻谷重量比品种间组合轻得多。周广洽等研究了两系亚种间组合 29 青 S/DT713、W6154S/C311 和两系品种间杂交组合 W6154S/ 特青及其亲本特青籽粒的充实度，结果表明：品种间杂交组合及常规品种强势粒、弱势粒及全穗谷粒充实度相差不明显，而亚种间组合无论是强势粒还是弱势粒的充实度都明显低于品种间杂交稻及常规品种，而且亚种间组合强势粒与弱势粒的充实度相差十分明显（表 6-19）。

2.1.6.3　**株高超高**　亚种间杂交组合株高超亲是强大优势的一个方面，也是亚种间组合高产的营养体基础。但是，株高如果过高，则带来光合产物分配不尽如人意，收获指数低和容易倒伏等问题，因此，必须适当控制株高。

表 6-19　不同组合（品种）谷粒充实度和米粒饱满度（周广洽等）

组合（品种）	籽粒类型	谷粒千粒重 /g	谷粒标准充实率 /%	米粒标准充实度 /%
特青	强势粒	24.51	90.0	90.0
	弱势粒	22.35	79.6	86.8
	全穗	23.23	83.8	—
W6154S/ 特青	强势粒	27.92	82.4	81.7
	弱势粒	25.42	78.5	78.4
	全穗	25.84	81.3	—
29 青 / DT713	强势粒	29.32	77.2	76.5
	弱势粒	25.02	68.8	40.2
	全穗	26.89	70.1	—
W61545/ 培 C311	强势粒	30.47	75.4	74.7
	弱势粒	20.36	20.0	20.0
	全穗	25.12	49.3	—

注：气介容重＝样本重量 / 气介容积；谷粒标准充实度 ＝ 3.483× 气介容重 —0.977；米粒标准充实度 ＝ 4.667× 气介容重 —2.842。

亚种间组合株高超高是比较普遍的。戴魁根等（1990）用 14 个粳稻和 14 个籼稻品种，随机配组成 54 个籼粳交组合，研究其株高优势的表现。结果 54 个亚种间组合平均株高 112.5 cm，而中亲值和高亲值分别为 77.7 cm 和 86.3 cm，亚种间组合的株高与中亲值和高亲值均达到 0.1% 的极显著差异（表 6-20）。

表 6-20　籼粳亚种间杂种 F_1 秆高、伸长节间数、平均节间长及显著性测验

性状	秆高 /cm	伸长节间数 / 个	平均节间长度 /cm
F	112.5	6.15	18.4
MP	77.7	5.29	14.6
t 值	24.713	6.621	14.090
显著性	***	***	***
F	112.5	6.15	18.4
MP	86.3	5.73	15.4
t 值	18.436	3.115	9.489
显著性	***	**	***

注：**1% 的显著水准，$t_{0.01}$ ＝ 2.673，***0.1% 的显著水准，$t_{0.001}$ ＝ 3.487。

亚种间组合遗传差异越大，株高超亲越显著。蔡新华（1990）等研究了籼粳交、籼籼交、粳粳交各类组合的平均株高优势。其中 2 个籼粳交组合表现正向的超亲优势，优势幅度为 33.3%～58.0%；10 个籼籼交组合，有 7 个表现正向优势，3 个组合为负向优势，优势幅度为−3.72%～7.0%；10 个粳粳交组合有 9 个表现正向优势，1 个组合表现负向优势，优势幅度为−1.1%～5.0%。

亚种间组合株高与配组亲本的株高密切相关。李成荃等（1990）测定 44 个亚种间杂交组合的平均株高为 112.89 cm，配组双亲平均株高 86.49 cm，相对优势率为 30.5%；而 20 个品种间杂交组合平均株高 101.38 cm，配组双亲株高 85.8 cm，相对优势率为 18.16%。特别是用籼稻明恢 63、5463 与 BT 型粳型不育系六千辛 A、80-4A 配制的 4 个亚种间组合，由于配组双亲的株高均有 100 cm，导致杂种一代的株高都在 134 cm 以上。即亲本高，杂种则更高，显然不符合高产或超高产的要求。肖金华（1986）根据 63 个籼粳交和 6 个粳籼交组合的观察结果，提出用等位矮秆基因的矮秆亲本配组，可以获得株高相对较矮的亚种间组合。戴魁根等（1990）观察到亚种间杂交组合，株高超高源于节间数的增加和节间长度显著伸长，尤以茎基部第 2 节伸长最甚，其次是第 3 节。但组合之间伸长度有差别，这可能与亲本株高优势配合力有关。而且基部节间伸长与每穗粒数相关不密切，因此提出，无论从抗倒性还是丰产性来看，亚种间组合基部节间宜短不宜长。

上述研究表明，通过适当缩小配组双亲的遗传差异、采用具等位矮秆基因的矮秆亲本配组，筛选茎基部不易伸长的组合，亚种间组合株高超高问题是完全可以解决的。

2.1.6.4 生育期超长   生育期与产量存在着一定的正相关，一般产量高的组合或品种，生育期也相应较长。亚种间杂交组合产量高，生育期超长是很自然的。也可以说，生育期超长是亚种间组合高产的时间基础。但从生产应用来看，生育期过长，甚至不能在某种生态条件下安全齐穗和正常成熟，那么这种强大优势也无法利用。因此，不同的生态条件，对亚种间组合的生育期表现有着不同的要求。必须选育出与之相适应的不同类型生育期的组合，以充分利用当地的温光资源，达到最高产量的目的。

亚种间组合生育期超长现象是带有普遍性的。罗越华等（1991）用 W6154S 与一批粳稻品种配制 30 多个亚种间组合，结果 96.42% 的组合播种至抽穗日数超迟熟亲本，92.86% 的组合超对照汕优 63，只有 1 个组合短于迟熟亲本。李成荃（1990）观察 44 个亚种间组合的抽穗日期，平均穗期为 114.7 d，比中亲值 88.7 d 长 26 d，相对优势率为 29.3%；而 28 个品种间杂交组合的平均穗期 107.0 d，比中亲值 93.7 d 长 13.3 d，相对优势率为 14.2%。

亚种间组合的生育期与配组双亲的生育期关系密切。肖金华（1986）的研究结果表明，籼粳杂种 F_1 的抽穗日数、全生育期与双亲值、双亲中值呈极显著的正相关（表 6-21）。全生育期的回归方程 $y = 54.96 + 0.692\,4x$，表明当双亲生育期平均值每增加 1 d，杂种一代则相应增加 0.692\,4 d。这说明只有选择生育期相对较短的亲本配组亚种间组合，生育期才会相应较短。所观察的 63 个亚种间组合中，也有 6 个组合的生育期比中熟晚稻组合威优 64 还早，这 6 个亚种间组合的全生育期未超过 116 d，而在相同条件下种植的威优 64 有 125 d。这 6 个组合的配组双亲或亲本之一就属于早熟早粳、早熟早籼品种。

表 6-21　籼粳杂种 F_1 生育期与亲本的相关性（肖金华）

F_1 性状	亲本				
	籼稻	粳稻	MP	BP	SP
抽穗日数	0.487 2[**]	0.503 2[**]	0.695 6[**]	0.511 4[**]	0.681 4[**]
全生育期	0.472 7[**]	0.461 0[**]	0.660 0[**]	0.534 0[**]	0.558 3[**]

注：** 为 1% 水平显著，表内数据示籼粳杂种 F_1 生育期与亲本的相关系数。

亚种间组合的生育期变化也受配组亲本熟期倾向性的影响。有些不育系如湘早 22S、徐选 S，不仅与长江流域早稻品种配组，杂种 F_1 生育期表现早熟，而且与一些生育期迟熟的中稻，甚至带弱感光性的品种配组，其杂种 F_1 生育期仍然偏早。同样，在粳型或偏粳型广亲和系当中也有的生育期超长优势强，有的超长优势适中。如孙义伟等（1990）报道，轮回 422 配组的杂种 F_1 生育期超亲优势最强，达 1.24，而培 C311 的超亲优势适中，为 1.06。

亚种间组合生育期的变化与配组方式也有一定的关系。一般以长江流域迟熟早稻与中稻配组，生育期超长最甚；而中稻不育系与中稻父本配组，生育期一般接近双亲中值；而早熟早稻与中稻父本配组杂种 F_1 生育期偏早。孙义伟等（1990）用 5 个籼型光温敏核不育系与 10 个广亲和品种，按 5×10 不完全双列式杂交配制成 50 个杂交组合，研究两系亚种间杂交组合抽穗日数的杂种优势。结果发现迟熟早稻不育系 W6154S、W6184S、KS-9 配制的组合，抽穗日数都超迟熟亲本，平均超长优势分别达到 1.23 d、1.19 d、1.28 d；而中籼光温敏不育系 5460S、衡农 S-1 等与中稻广亲和系配制的亚种间组合抽穗日数接近中亲值。

综上所述，亚种间杂交组合的生育期超长是较为普遍的，但也与选用配组亲本的生育期长短、亲本对杂种生育期迟早的倾向性有密切关系，也受配组方式的影响，因此，只要配组得当，选育出生育期适应当地生态条件的亚种间杂交组合是完全可以做到的。

此外，提高亚种间杂交组合制种产量也是一个值得注意的问题。由于籼稻花时早、粳稻花时迟，在我国南方一般多采用籼稻不育系与粳稻广亲和系、粳型广亲恢复系的杂交配组方式。为使父母本开花高峰相遇，必须选育或采用开颖时间长和柱头大的不育系和花粉量大、花粉活力强的中间型或爪哇型广亲和系（含广亲恢）配组，才能提高制种产量，降低种子成本，适合大面积推广应用。

2.2 亚种间杂交组合的选育

2.2.1 亚种间组合选育目标

根据亚种间组合优势表现，具体选育目标是：比大面积推广的同熟期品种间组合增产 10% 以上；早稻组合株高 90~95 cm，中、晚稻组合株高 95~100 cm；每公顷总颖花数，早稻为 48 000 万~52 500 万个，中、晚稻为 55 500 万~60 000 万个；结实率 80% 以上，且较稳定，单穗重 4~5 g，米质达部颁二等优质米以上标准；抗 2 种以上主要病虫害；不易落粒但较容易脱粒；制种产量能达 2.25 t/hm^2 以上。

2.2.2 亚种间组合选配原则

籼粳亚种间杂交具有强大的杂种优势，近十年来广大科技工作者针对籼粳亚种间杂交，杂种结实率低，生育期、株高超亲等问题，在亲本选择、广亲和基因的筛选、转育和生理生化特性等方面进行了全面系统的研究，取得了一定的进展。但是，目前仍存在的广亲和基因不等位的复杂性、杂种结实不稳定性、籽粒充实度差、对环境的适应能力弱等障碍因素，限制了籼粳亚种间杂种优势的直接利用。袁隆平研究和分析了我国籼粳亚种间杂种优势利用研究现状，提出部分利用籼粳亚种间杂种优势的设想及其组合选配的八项原则：

（1）矮中求高　利用等位矮秆基因，亚种间杂交组合植株过高的问题已经解决，反过来又要求在不倒伏的前提下，适当增加株高，借以提高生物学产量，使之具有充足的源，为高产奠定基础。

（2）远中求近　以部分利用籼粳杂种优势为上策，克服因典型籼粳交遗传差异过大所产生的生理障碍和不利性状。

（3）显超兼顾　既利用杂交双亲优良性状显性互补，又特别重视保持双亲较大的遗传距离，避免亲缘重叠，以发挥超显性作用。

（4）穗求中大　以选育每穗颖花 180 粒左右，每公顷 300 万穗左右的中大穗型组合为主，不片面追求大穗和特大穗，以利协调"库""源"关系，使之有较高的结实率和较好的籽粒充实度。同时在增加穗粒数方面是以增加穗长的一次枝梗数为主，不追求过大的着粒密度，以有利于灌浆和籽粒充实。

（5）高粒叶比　粒叶比值是衡量一个品种光合效率的重要指标。通过测定，选择粒叶比值高的组合，把凭经验的形态选择与能定性和定量的生理机制选择结合起来，从而大大提高选择的准确性和效果。

（6）以饱攻饱　根据经验，杂种一代的籽粒饱满度和亲本这方面性状密切相关，因此，选用籽粒充实良好或特好的品种、品系作亲本，是解决亚种间杂交稻籽粒充实不良的途径之一。另一方面，选用千粒重不太大但容重大的亲本配组，也是一条途径。

（7）爪中求质　选用爪哇型的长粒种优质材料与籼稻杂交，米质优良且倾籼；选用爪哇型或爪粳中间型的短粒种优质材料与粳稻配组，米质优良且倾粳。

（8）生态适应　籼稻区以籼爪交为主，兼顾籼粳交；粳稻区以粳爪交为主，兼顾籼粳交。

2.2.3　亚种间组合选育方法

2.2.3.1　选择遗传差异适宜的双亲配组　育种实践证明：双亲遗传差异过大，基本上属于典型的籼粳交，杂种生物学优势极强，但结实率低，经济优势不明显；过小，则为典型的品种间杂交，杂种结实率高，但生物学产量及经济产量都低。因此，选择遗传差异适度的双亲配组是实现籼粳杂种优势部分利用的关键。杨振玉等采用程氏指数分类法对籼粳交亲本及其 F_1 进行分类研究，并对亚种间杂交 F_1 的优势进行了分析。他认为：双亲程氏指数差值 6~13 时，生物学产量与结实率均较高，其经济优势较强。

同时，从育种实践看，目前我国生产上大面积推广的培矮 64S/9311 和正在大面积试种的培矮 64S/E32、协优 413、协优 9308 等高产组合的双亲之一，都是利用爪哇稻或偏粳的具有广亲和基因的品种（系）与籼稻品种杂交育成的偏籼的广亲和不育系或广亲和恢复系。利用这种含有部分爪哇稻或粳稻品种血缘的广亲和不育系或广亲和恢复系与籼稻不育系或恢复系配组，不仅扩大了双亲的遗传差异，丰富了杂种的遗传基础，提高了杂种的优势水平，而且较好地协调了双亲的遗传关系，缓和了杂种生理上的矛盾，获得了较高的生物学产量和经济产量。

2.2.3.2　选择具有广亲和性的双亲配组　根据多年亚种间组合选育实践与经验，参加配组的双亲除了应具备良好的株叶形态、配合力和一定的遗传差异之外，还应具有一定的广亲和性，在大量的配组研究中发现，杂种结实率的高低与亲本的广亲和性有一定的相关性，凡双亲中有一亲本具有广亲和性或弱广亲和性，一般杂种的结实率较高，且较稳定；若双亲中都无广亲和性或弱广亲和性，多数杂交组合结实率较低，并出现"跳籽"现象。因此，在配组方式上，一般采用籼型不育系与中间型偏籼的广亲和系或中间型偏籼广亲和不育系与籼型恢复系配

258

组；粳型不育系与中间型偏粳广亲和系或中间型偏粳广亲和不育系与粳型恢复系配组。从中一般能筛选出株高适宜、株叶形态好、结实率高、米质优、抗病虫能力强、杂种优势明显的优良杂交稻组合。

例如，国家杂交水稻工程技术研究中心选育的培矮 64S、HYS-1 等籼型不育系都具有良好的株叶形态和配合力，前者生育期长，并具有广亲和性，含有部分爪哇稻和粳稻成分，与特青、288、山青 11、9311、E32 等一批优良籼型恢复系配组，育成了一批优良中、晚稻杂交组合，其中培矮 64S/9311、培矮 64S/E32 在大面积中稻种植中，一般产量为 10.5～12.0 t/hm²，小面积产量达 17 t/hm² 以上。后者生育期短，具有一定的广亲和性，含有部分粳稻成分，与中间型偏籼广亲和系 F4911、C105 等恢复系配组，育成的 HYS-1/F4911、HYS-1/C105 等组合，表现早熟、穗粒兼顾、结实率高、熟色好，优势明显，2001 年国家杂交水稻工程技术研究中心作双季早稻栽培，各试种 0.133 3 hm²，3 月 26 日播种，分别于 7 月 21 日和 23 日收割，产量分别为 8.25 t/hm² 和 9.22 t/hm²。

―――――― R e f e r e n c e s ――――――
参考文献

[1] 顾铭洪. 水稻广亲和基因的遗传及其利用：北方杂交粳稻育种研究 [M]. 北京：中国农业科技出版社，1999：153-160.

[2] 洪德林，马育华，汤玉庚. 水稻品种亲和特性的初步研究 [J]. 杂交水稻，1988(5)：22-25.

[3] 罗孝和，袁隆平. 水稻广亲和系选育 [J]. 杂交水稻，1986(2)：2-3.

[4] 熊振民，闵绍楷，朱旭东，等. 水稻品种 T984 和 Pecos 的广亲和性及其利用价值 [J]. 中国水稻科学，1990，4(1)：9-14.

[5] 章善庆，谢小波，方红明，等. 水稻广亲和恢复系的选育及利用 [J]. 杂交水稻，1995(4)：3-5.

[6] 朱英国. 粳稻广亲和基因材料与籼粳品种杂交杂种一代育性和优势分析 [J]. 武汉大学学报，1987(7)：128-134.

[7] 杨振玉，刘万友. 籼粳亚种 F₁ 的分类及其与杂种优势关系的研究：北方杂交粳稻育种研究 [M]. 北京：中国农业科技出版社，1999：146-152.

[8] 陈立云. 两系法杂交水稻的理论与技术 [M]. 上海：上海科学技术出版社，2001：136-183.

第七章

超高产组合的选育

第一节　水稻理论上的产量潜力

　　水稻一生中所积累的干物质有90%～95%来自光合产物，30多年来，国内外许多学者根据作物的光能利用率，对其产量潜力作了理论上的估算。所谓光能利用率是指植物光合作用积累的有机物所含能量占照射在该地面上的光能的比率。由于各地光能资源的差异和计算时所用的参数不同，估算结果有较大差异。按我国多数学者的估算，水稻的光能利用率最高可达5%左右。

　　苏联植物生理学家赫契波罗维兹以5%的光能利用率估算了作物在不同地理纬度的生物学产量（表7-1）。

表 7-1　光能利用率为 5% 时不同地理纬度的理论生物学产量

纬度	辐射总能量 /（亿 kJ/hm²）	理论生物学产量（绝对干重） /（t/hm²）
60°～70°	83.68～41.84	25～12
50°～60°	146.44～83.68	45～25
40°～50°	209.20～146.44	70～40
30°～40°	251.04～188.28	75～55
20°～30°	376.56～251.04	110～75
0°～20°	418.40～376.56	125～110

　　据湖南省气象局的统计，长沙地区在早稻生长季节的4—7月，太阳辐射到地面的能量平均约185.77亿 kJ/hm²，接近地球纬度40°的全年平均辐射总量。按此推算，每公顷可得到55 t绝对干重的生物学产量。按收获指数为0.5和稻谷含水量为14%计算，长

沙地区双季早稻理论上的每公顷产量可达 30 750 kg，若按光能利用率为 2.5% 计算，也可达 15 375 kg。在双季晚稻生长季的 7—10 月，太阳辐射能量平均为 207.53 亿 kJ/hm²，其相应的理论产量更高达 17 250 kg。据陈温福等的估算，沈阳地区水稻 155 d 生长季节内每公顷太阳辐射量为 315×10^8 kJ，若光能利用率为 1.7% 或 2.5%，则稻谷产量可分别达到 15 000 kg 和 22 500 kg。水稻生理学家吉田昌一估算，热带地区水稻最高的产量每公顷可达 15.9 t，温带地区为 18 t。1999 年，中国云南永胜县在 0.072 hm² 的土地上获得折合每公顷产稻谷 17.1 t 的高产纪录，而同年在马达加斯加，运用 SRI 法（水稻强化栽培体系）在 0.12 hm² 土地上更创造了每公顷高达 21 t 的惊人纪录。但是，直到现在，水稻大面积生产上的光能利用率都很低，仅 1% 左右，与理论产量的差距甚远，可见超高产育种具有很大的潜力。

第二节　超高产水稻的概念和指标

什么叫超高产水稻，迄今并没有一个统一的标准和严格的定义。因此，各家各派提出的产量指标不尽相同。

1980 年，日本制定的水稻超高产育种计划，要求在 15 年内育成比原有品种增产 50% 的超高产品种，即到 1995 年要在原每公顷产糙米 5 002.5 ~ 6 502.5 kg 的基础上上升到 7 500 ~ 9 750 kg（折合稻谷 9 390 ~ 12 187.5 kg）。

1989 年，国际水稻研究所提出培育"超级稻"后又改称"新株型"育种计划，目标是到 2005 年育成单产潜力比现有纯系品种高 20% ~ 25% 的超级稻，即生育期为 120 d 的新株型超级稻，其产量潜力可达 12 ~ 12.5 t/hm²。

1996 年，中国农业部立项的"中国超级稻"育种计划，产量指标见表 7-2。

表 7-2　超级稻品种（组合）产量指标*

单位：kg/hm²

类型阶段	常规品种				杂交稻			增产幅度
	早籼	早中晚兼用籼	南方单季粳	北方粳	早籼	单季籼、粳	晚籼	
现有高产水平	6 750	7 500	7 500	8 250	7 500	8 250	7 500	0
1996—2000 年指标	9 000	9 750	9 750	10 500	9 750	10 500	9 750	15% 以上
2001—2005 年指标	10 500	11 250	11 250	12 000	11 250	12 000	11 250	30% 以上

注：*连续两年在生态区内 2 个点，每点 6.67 hm² 面积上的表现。

　　超高产水稻的产量指标，当然应随时代、生态地区和种植季别不同而异，袁隆平建议，在育种计划中应以单位面积的日产量而不用绝对产量作指标比较合理。这种指标不仅通用而且便于作统一的产量潜力比较，因为水稻生育期的长短与产量的高低密切相关，对生育期相差悬殊的早熟品种和迟熟品种要求具有相同的或相差很小的绝对产量，显然是不合理的。

　　根据当前中国杂交水稻的产量情况，育种水平，特别是新近的突破性进展，袁隆平进一步建议，在"十五"期间超高产杂交水稻的育种指标是：每公顷每日的稻谷产量为 100 kg。鉴于长江流域双季早稻的温光条件不如中、晚稻，湖南省两系杂交稻研究协作组把双季早稻的指标定为 90 kg/（$hm^2 \cdot d$）。2001 年国家杂交水稻工程技术研究中心与香港中文大学提出一个合作研究计划，运用分子技术与常规育种相结合的途径，培育第三期超级杂交稻指标是到 2010 年，一季稻大面积每公顷产量 13 500 kg（第一期为 10 500 kg/hm^2，第二期为 12 000 kg/hm^2）。

第三节　超高产水稻的形态模式

　　优良的植株形态是超高产的基础，自从 Donald 提出理想株型的概念以来，国内外不少水稻育种家便围绕这一育种上的重要主题开展了研究，设想了各种超高产水稻的理想株型模式，如库西的少蘖、大穗模式，其主要特点是：①低分蘖力，无无效分蘖；②大穗，每穗 200～250 粒；③株高 90～100 cm，茎秆强健，叶鞘紧包；④叶片直立、厚，深绿；⑤增加收获指数。黄耀祥的"半矮秆丛生早长超高产株型模式"，穗重 4～5 g。杨守仁的直立大穗型模式，即穗型直立，穗重 3～4 g，300 穗/m^2。周开达的"重穗型"，穗重 5 g 左右等。

　　在中国超级稻育种计划中，针对不同生态区提出了如下的理想株型模式：

北方粳稻理想株型　　　　　　　　　　·分蘖力 10～15 穗/丛；

　　　　　　　　　　　　　　　　　·每穗粒数 150～200 粒；

　　　　　　　　　　　　　　　　　·株高 95～105 cm；

　　　　　　　　　　　　　　　　　·根系活力强；

　　　　　　　　　　　　　　　　　·抗病虫；

　　　　　　　　　　　　　　　　　·生育期 150～160 d；

　　　　　　　　　　　　　　　　　·收获指数 0.5～0.55；

　　　　　　　　　　　　　　　　　·设计潜力产量 11.25～13.5 t/hm^2。

长江流域中籼稻理想株型	·分蘖力 10~12 穗 / 丛；
	·每穗粒数 150~200 粒；
	·株高 110~120 cm；
	·根系活力强；
	·抗病虫；
	·生育期 135~150 d；
	·收获指数 0.55；
	·设计潜力产量 12~15 t/hm²。
华南早中晚兼用稻理想株型	·分蘖力 9~13 穗 / 丛；
	·每穗粒数 150~250 粒；
	·株高 105~115 cm；
	·根系活力强；
	·抗病虫；
	·生育期 115~140 d；
	·收获指数 0.6；
	·设计潜力产量 13.5~15 t/hm²。

上述模式都是根据一定的理论和实践经验而设计出来的，对水稻的超高产育种很有参考价值。但是，必须指出，设想能否成现实，尚有待实践验证并应在实践中不断加以修正，如国际水稻研究所对他们第一次提出的株型模式就进行了较大的修改，主要内容是适当增加分蘖能力，培育叶下禾和利用杂种优势。

近年来，江苏省农业科学院与国家杂交水稻工程技术研究中心合作，用培矮 64S 作母本，通过大量测交筛选，从中选到几个具有超高产潜力的苗头组合，其中培矮 64S/E32，1997 年在 3 个点试种 0.24 hm²，实收每公顷 13 258.5 kg；1998 年在江苏和湖南又有 4 个示范点，共 2.5 hm²，每公顷 12 000 kg 以上。特别是 1999 年云南永胜县涛源乡的 0.07 hm² 试验田创造了每公顷高达 17 085 kg 的纪录。因此可以说，该组合已在公顷级水平上达到每公顷日产稻谷 100 kg 的超高产指标。

参照培矮 64S/E32 这个已具备超高产潜力组合的植株形态，针对长江中下游生态区的中熟中稻（生育期 130 d 左右），袁隆平提出如下的超高产植株形态模式。

（1）株高 100 cm 左右，秆长 70 cm 左右，穗长 25~30 cm，基部第二节间粗短，茎壁厚，叶鞘紧包。

（2）上部三叶　修长：剑叶 50 cm 左右，高出穗尖 20 cm 以上，倒二叶比剑叶长 10% 以上，并高过穗尖，倒三叶尖达到穗中部。

挺直：剑叶、倒二叶和倒三叶的角度分别约为 5°、10° 和 20°，且直立状态经久不倾斜，直到成熟。

窄凹：叶片向内微卷，表现较窄，但展开的宽度为 2 cm 左右。

较厚：上部三叶的比叶重 5 mg 左右。

（3）株型　适度紧凑，分蘖力中等，灌浆后稻穗下垂，穗尖离地面 60 cm 左右，冠层只见挺立的稻叶而不见稻穗，即典型的"叶下禾"或"叶里藏金"稻。

（4）穗重和穗数　单穗粒重 5 g 左右，每公顷穗数 270 万～300 万穗。

（5）叶面积指数和叶粒比　以上部三叶为基础计算，叶面积指数 6 左右，叶面积与粒重之比为 100：2.3 左右，即生产 2.3 g 稻谷上部三叶的面积为 100 cm^2。

（6）收获指数　0.55。

这个形态模式有三个最突出的特点。

第一，高冠层。由叶片组成的冠层高达 120 cm 以上，上部三片功能叶表现为长、直、窄、凹、厚。修长直挺的叶片，不仅叶面积较大，而且可两面受光和互不遮蔽；窄而略凹的叶片，所占的空间面积小，但整叶的面积并不因窄而减少，同时凹形有利于叶片挺立不倒；较厚的叶片光合功能高且不易早衰。因此，对光能和 CO_2 摄取率较高。据邓启云等研究发现，培矮 64S/E32 由于具有优良株叶形态，其群体消光系数小，在抽穗期叶面积指数为 7.63 时，消光系数为 0.385 3，只有对照汕优 63 为 60.2%，因而可以容纳较大的有效叶面积，抽穗期理论最适叶面积指数可达 9.02。另据姚克敏等测定，齐穗期培矮 64S/E32 上三叶平均面积为 68.67 cm^2，比叶重 4.879 mg，对照汕优 63 分别为 61.78 cm^2 和 4.24 mg。他用叶面积 × 比叶重表示功能叶的综合光合特性，培矮 64S/E32 的乘积比对照汕优 63 大 19.8%，表明 64S/E32 功能叶具有明显的光合优势。Hua Jiang 等研究发现，幼穗分化时期在饱和光强下培矮 64S/E32 的净光合速率显著高于对照汕优 63（高 6.26%）。总之，具有这种叶片形态结构的水稻品种，才能有最大的有效叶面积指数和群体光能利用率，为超高产提供了充足的同化产物。

第二，大库容。在每公顷 270 万～300 万穗的情况下，每穗颖花数为 250 粒左右，每公顷颖花数可高达 6.75 亿个以上。更加突出的是，稻穗的大小比较整齐一致，无论主穗或分蘖穗还是边行或内行的稻穗，穗重的变异系数仅 25% 左右，其差异比一般品种小得多。这是超高产水稻主要特征之一，显然，这个特征与各叶片坚挺直立从而受光均匀一致密切相关。

第三，矮穗层。高度抗倒。抗倒伏能力强是超高产水稻必备的先决条件之一，培矮 64S/E32，不仅高度抗倒，甚至直到成熟期其茎秆和叶片仍直挺不倾。这是因为其株高虽有 1 m，且穗重 5 g 以上，但稻穗灌浆后下垂，穗尖离地面仅 60 cm 左右，由于重心下降，且茎秆坚韧，因而具有高度抗倒伏的能力。

稻谷产量＝收获指数 × 生物学产量。现今高产矮秆品种的收获指数已很高，一般都在 0.5 以上，很明显，再通过增加收获指数来提高产量的潜力已十分有限。因此，进一步挖掘稻谷产量的途径应主要依靠提高生物学产量。从形态上讲，适当增加植株的高度是提高生物学产量最简易有效的办法。但是，增加高度后会带来易倒伏的问题。为解决这个矛盾，不少育种家就着眼于茎秆的厚度、硬度和坚韧性，然而此举会导致收获指数下降，难以达到超高产。而由叶片组成的上述高冠层株高模式，则可把高生物学产量、高收获指数和高度抗倒伏三者之间的矛盾较好地统一起来。因此，袁隆平认为这是超高产水稻较为理想的株型。

当然，64S/E32 只能作为一个超高产的参考形态模式，它本身并不尽善尽美，如千粒重偏低等。

关于长江流域双季早稻的超高产形态模式，迄今还没有足够的实例以资借鉴，但原则上可参考上述中熟中稻模式，以突出多穗、中穗为中心进行设计。现提出生育期 110 d 左右的中熟组合的参考模式如下：

（1）株高 90 cm 左右，秆长 60～70 cm，穗长 20～25 cm。

（2）上部三叶形态：与中熟中稻相同，但可略短。

（3）株型：适度紧凑，分蘖力中强，下垂穗。

（4）穗数和穗重：每公顷穗数 330 万～360 万穗，单穗粒重 3 g 左右。

第四节　选育途径和方法

4.1　利用亚种间的杂种优势选育超高产组合

亚种间杂交稻除显性效应外，更有较多的超显性和上位性效应，这些效应通常表现在穗大和根系发达上，也就是说库大源足。因此，利用亚种间的杂种优势选育超高产组合是当前最现实的有效途径。但这里所指的亚种间并非纯籼与纯粳品系之间的配组，而是亲本之一或双亲为籼粳混合血缘的品系。在杂种优势的分子机理尚未清楚之前，只好按某些形态指标和较笼统的籼粳血缘成分比例进行选择和配组。根据陈光辉的研究，籼粳双亲遗传差异在程氏指数差值为

7～13 时比较适中，其 F_1 既具有较强的生物学产量又有较高的结实率和较好的籽粒充实度，可以获得较高的经济产量。程式华等的分析、估算也认为，只有适度扩大籼粳双亲的遗传差异，才能使杂交稻的产量上一个台阶（表 7-3）。

表 7-3　F_1 籼、粳遗传组分 * 对产量的影响估测

F_1 中粳遗传组分比例 /%	可期望增产幅度 /%	代表组合
0～5	100（CK）	汕优 6 号
6～10	105～110	汕优 10 号
11～15	110～120	协优 413、汕优 2070、协优 9308
16～20	120～130	选育中

注：* 籼粳遗传组分按杂交系谱估算。

4.1.1　测交筛选

以培矮 64S 或形态上与它类似的不育系为重点，进行更广泛的测交筛选，从中选出超高产组合。培矮 64S 是一个株叶形态优良、亲和谱较广、配合力良好的籼粳中间型光温敏不育系，用它不仅选配出一批通过省级审定、已在大面积生产上应用的高产优质两系法组合，如培矮 64S/ 特青、培矮 64S/288 等，而且还选出如两优培九、培矮 64S/E32 和培矮 64S/186 等几个超高产先锋组合。据此，只要对准前述的形态模式，不论用籼稻还是粳稻，特别是籼粳中间型品系与之测交，选出超高产组合都有较大的可能性。

4.1.2　以培矮 64S 为模式，构建株叶形态优良的不育系

重点放在上部三叶表现为长、直、窄、凹、厚上，一般从籼、粳、爪杂交后代的中间型材料中，较易选到。同时，要针对培矮 64S 的某些缺点和不足，如千粒重偏低等，加以改进和提高。例如，具有上述形态特点的早熟不育系徐选 S 就是从偏粳的恢复系株选 201 与籼型不育系安湘 S 的杂种后代系选出来的。该不育系在形态上不仅可与培矮 64S 相媲美，而且在许多优良性状上比培矮 64S 更好，主要表现在：①生育期短，能选配出早熟组合；②千粒重 26 g，比培矮 64S 高 10% 以上；③异交率高；④长粒型，有利于选配籼型优质米；⑤抗黑粉病和稻曲病。

4.1.3　选育多种类型的广亲和系

其中包括不同熟期的籼型、粳型和籼粳中间型的恢复系和不育系，特别是具有混合亲缘的

广谱亲和系，为选育各种熟期和适应不同生态地区的超高产组合打好基础。

4.1.4 构建和利用大库材料

通过常规育种手段，籼粳交，籼爪交，特别是粳爪交较易选到库源很大的材料，同时现有的常规品种也有不少大穗材料，但它们的共同缺点是库大源不足，因而难以达到超高产。

将大库品系与源足品系进行广泛配组筛选，发挥优良特征特性的互补作用，看来很可能是选育超高产组合的有效途径之一。例如，具有超高产潜力的徐选 S/C105 就是库大与源足亲本互补较好的组合之一。

4.2 利用野生稻有利基因选育超高产组合

研究表明，稻属中的大部分遗传变异仍然存在于野生资源中而未被开发利用。由于野生稻的农艺有利基因频率很低，而且常常被一些不利等位基因所掩盖。因此，通过常规手段利用野生稻来改良产量等数量性状的难度很大，因为大多数数量性状是受多对增效或减效等位基因控制的，不能对存在于野生种中的这些性状作基因定位。

近年来，随着分子标记和作图技术等分子生物学技术的发展，使发掘和利用野生稻高产基因并用于改良杂交水稻产量性状成为可能。1995 年国家杂交水稻工程技术研究中心与康奈尔大学合作，采用分子标记技术，结合田间试验，在原出产于马来西亚的普通野生稻（$O.\ rufipogon\ L.$）中发现了两个重要的数量性状位点（QTL），每个位点具有比日产潜力为 $75\ kg/hm^2$ 的高产杂交稻威优 64 增产 18% 左右的效应。但是，必须通过分子标记辅助选择技术，选育携带着这两个 QTL 的相应亲本的近等基因系，才能加以利用。兹以培育具有野生稻高产 QTL 的恢复系 611 为例，选育程序和方法如下：

已知该两个高产 QTL（$yld1.1$ 和 $yld2.1$）分别位于第一、第二染色体上，并已具有携带该两个 QTLs 的测 64 未稳定群体（BC_2F_1）。

①单株选择：从基因组带有野生稻染色体片段的测 64 群体中选择性状倾测 64 的优良单株。②分子标记分析：对中选材料按单株提取 DNA，采用 RM5 和 RG256 等与 $yld1.1$ 和 $yld2.1$ 紧密连锁的分子标记进行分子检测，选择携带 $yld1.1$ 和 $yld2.1$ 的单株继续与测 64 回交。③回交后代逐代自交稳定，到 BC_3F_6 开始进行测交鉴定。例如，编号为 Q611 的株系与金 23A 测交组合，小区产量比同熟期对照威优 77 增产 30% 以上，分子标记分析表明：Q611 第二染色体上携带一个野生稻高产基因（$yld2.1$）。④继续与多个不育系测交配组，进

行优势鉴定和配合力分析。

4.3　利用新株型水稻选育超高产组合

库西预言，国际水稻研究所培育的新株型水稻将比现有的高产纯系品种增产 20%，进一步，新株型水稻将用于选育籼粳亚种间杂交稻，其产量又可增加 20%～25%，二者相结合，可把热带水稻的产量潜力提高 50%。

1995 年和 2000 年，在国家杂交水稻工程技术研究中心试验田对国际水稻研究所选育的 21 个新株型品系作过观察，发现这些材料的优点是秆粗、穗大、分蘖少，但籽粒不充实，产量很低，它们同样存在着库大源不足的缺点。尽管如此，仍应对该所的新株型育种计划寄托一定的希望，因为目前这些品系还只是属于初选材料，缺点难免。一旦新株型水稻品种育成，将其应用于杂种优势育种上，水稻的产量潜力很可能会再向前跨一大步。

4.4　利用 C_4 基因培育超级杂交稻

水稻属于 C_3 植物，通过 RuBP 羧化酶（C_3 途径）固定 CO_2。由于 RuBP 羧化酶具有较高的加氧酶活性，因此 C_3 植物具有较高的光呼吸强度和较高的 CO_2 补偿点等特性。在现有大气高 O_2（21%）分压和低 CO_2（0.035%）的环境下，光呼吸作用可使光合效率降低 40%，在干旱或高温胁迫下甚至更高。C_4 植物如玉米、高粱等则通过 C_4 途径（PEP 羧化酶）固定 CO_2。PEP 羧化酶具有较高的 CO_2 亲和力，能将 CO_2 "泵" 入维管束鞘细胞的叶绿体中，从而抑制了 RuBP 加氧酶的活性和光呼吸，因此具有较高的光合效率和较低的 CO_2 补偿点。古森本已将玉米的 C_4 光合循环中的 *PEPC*（烯醇式磷酸丙酮酸羧化酶）、*PPDK*（丙酮酸磷酸双激酶）等光合酶基因转入水稻，已经获得高效表达的转基因粳稻品系，初步研究表明：转基因品系的光合效率可比非转基因的原始品种增加 17%～36%，产量可增加 30%～35%。目前，利用 C_4 转基因培育超级杂交水稻主要有两条途径。

4.4.1　基因工程

以具有超级杂交水稻模式株型和超高产潜力的超级杂交水稻亲本如培矮 64S 等为材料，通过基因枪或农杆菌介导等基因工程技术，将目标基因（PEPC、PPDK 等）转化到其愈伤组织，诱导培养转基因植株，并对其后代进行光合效率的测定，筛选具有 C_4 高光效基因的超级杂交水稻亲本，进而培育大面积每公顷产量具 13 500 kg 潜力的第三期超级杂交水稻。

4.4.2 杂交转育

以具有模式株型和超高产潜力的超级杂交水稻亲本为受体，与现有的 C_4 转基因品系（粳稻）杂交、回交，并对其后代个体进行光合效率的测定和严格选择，培育具 C_4 光合酶基因的超级杂交水稻亲本，再进一步选配第三期超级杂交水稻。

—————————— R e f e r e n c e s ——————————

参考文献

［1］佐藤尚雄.水稻超高产育种研究 [J].国外农学·水稻,1984（2）:1-16.

［2］金田忠吉.应用籼粳杂交培育超高产水稻品种 [J].JARQ,1986,19（4）:235-240.

［3］中国农业部.中国超级稻育种:背景、现状和展望 [R].新世纪农业曙光计划项目,1996.

［4］黄耀祥.水稻丛化育种 [J].广东农业科学,1983（1）:1-5.

［5］杨守仁,张步龙,王进民,等.水稻理想株型育种的理论和方法初论 [J].中国农业科学,1984（3）:6-13.

［6］周开达,马玉清,刘太清,等.杂交水稻亚种间重穗型组合的选育:杂交水稻超高产育种的理论与实践 [J].四川农业大学学报,1995,13（4）:403-407.

［7］陈光辉.两系籼粳亚种间杂交水稻充实度研究 [D].长沙:湖南农业大学,1999.

［8］程式华,廖西元,闵绍楷.中国超级稻研究:背景、目标和有关问题的思考 [J].中国水稻科学,1998（1）:3-5.

［9］姚克敏,邹江石,王志南,等.两系杂交稻组合两优培九和 65396 的光合形态特征研究 [J].杂交水稻,1999（5）:35-38.

［10］陈温福.水稻超高产育种生理基础 [M].沈阳:辽宁科学技术出版社,1995.

［11］邓启云.超级杂交水稻形态性状特征及其遗传规律的研究 [D].长沙:湖南农业大学,2000.

［12］袁隆平.杂交水稻超高产育种 [J].杂交水稻,1997（6）:1-6.

［13］DONALD C M. The breeding of crop ideotypes[J]. Euphytica, 1968, 17: 385-403.

［14］XIAO J, GRANDILLO S, HN S N, et al. Genes from wild rice improve yield[J]. NATURE, 1996, 384: 223-224.

［15］YOSHIDA S. Fundamentals of rice crop sciences[M]. International Rice Research Institute, 1981.

［16］XIAO J, GRANDILLO S, MCCOUCH S R, et al. Genes from wild rice improve yield[J]. Nature , 1996, 384（6060）: 223-224.

［17］KHUSH G S. Breaking the yield barrier of rice[J]. Geojoumal , 1995, 34: 329-332.

［18］WANG Z W, G SECOND, S D TANKSLEY. Polymorphism and phylogenetic relationships among specios in the genus Oryza as determined by analysis of nuclear RELPs[J]. Thoor Appl Genet, 1992, 83: 565-581.

［19］TANKSLEY S D. Mapping polygenes · Anru[J]. Rer Genet, 1993, 27: 205-233.

第八章

杂交水稻分子育种

随着具有理想株叶型结构的两系亚种间强优势组合的培育成功，通过基因工程等分子技术利用远缘资源有利基因创造更强大的杂种优势，将成为杂交水稻研究的重要方向。

用杂交回交方法，或常规杂交辅以胚胎挽救技术，或原生质体融合技术等，可以有效地将野生稻的一些有利性状基因转移到栽培稻中。但远缘杂种减数分裂终变期染色体配对困难，形成的二价体少，通过重组转移的外源基因常局限在少数染色体或染色体区段间；或者根本不含有远缘亲本的染色体。特别是远缘资源利用过程中，不能准确把握有利基因的流向，很难将优劣基因分开，对多基因控制的一些重要农艺性状难以进行有效的转移与选择。

而近 10 年来，水稻分子生物学理论与技术的研究发展迅速，取得了一些突破性进展。如水稻与其他禾本科作物间分子标记在染色体上同线性与同源性的发现，含 2 300 个 DNA 标记的高密度分子遗传图谱的建立，水稻基因组序列草图的完成，以及克隆基因的多种技术的发展与具有重要经济价值基因的克隆等，为水稻分子育种奠定了基础。基因枪及农杆菌介导等水稻高效转化系统的建立，使遗传转化不再是制约水稻遗传工程发展的瓶颈。RFLP 及以 PCR 为基础的多种分子标记技术的发明，使育种过程中分子标记辅助选择成为可能。

特别是最近几年来，为了进一步提高杂交水稻的产量、改善其品质、增强其对病虫害的抗性与对不良逆境的耐性及解决亲本繁殖与杂交种子生产中存在的问题等，利用现代分子生物学技术，通过遗传物质的定向转移、选择，改良杂交水稻亲本品系的分子育种已经有不少研究报道。根据其所涉及的分子育种技术，杂交水稻分子育种主要包括基因工程、外源总 DNA 导入及分子标记辅助选择三个方面。

第一节　基因工程

1.1　基因工程原理与特点

基因工程技术是在分子水平上定向重组遗传物质的分子技术。定向重组遗传物质的基本原理是：首先利用核酸内切酶（限制酶）处理目的基因或 cDNA 与质粒 DNA，二者通过具有互补碱基的黏性末端的连接形成重组质粒，重组质粒转化为大肠杆菌，并在大肠杆菌中繁殖，从而得到目的基因克隆；其次，根据育种需要，在克隆的目的基因前接上能使之在水稻细胞中高效表达的基因启动子，并与含有抗菌素抗性等基因的质粒构建成重组分子；然后，重组 DNA 分子转化农杆菌，含有重组分子的农杆菌感染受体组织，目的基因通过 T-DNA 转移到受体细胞基因组中；随后用抗菌素筛选出转化体，并根据目的基因的核苷酸序列制备探针或设计引物，用分子杂交或 PCR 方法对转化体进行进一步的分子验证。

采用基因工程技术由于能够针对亲本品系存在的不足，定向克隆、转移、选择任何来源的目的基因，操作过程只涉及目的基因与个别靶 DNA 序列，并有特定遗传标记可供辅助选择。因此，能够实现杂交水稻亲本品系的快速定向改良。但同时国内外科学家也就植物遗传工程提出了一些值得进一步探讨的问题，如转基因植物食品安全性及生态风险问题。

1.2　基因工程方法简介

植物基因工程操作过程包括多个环节，将基因克隆转移到受体植物是其基本环节。转移基因的方法有农杆菌介导法、基因枪法、电激法、PEG 介导法及超声波法等，在水稻中最常用的方法是前两种。基因枪法不受受体基因型的限制，但由于外源基因整合可能的多拷贝性使转基因植株的遗传稳定性较差，并出现较多的除了目标性状以外的遗传变异。所以，农杆菌介导法的使用可能将更为普遍。

1.2.1　农杆菌介导法

农杆菌介导法的基本原理是通过农杆菌感染受体细胞，外源基因借 Ti 质粒的 T-DNA 转移到受体基因组中。下面通过翟文学等用农杆菌介导法将白叶枯病抗性基因 *Xa21* 转入水稻的实例简单介绍这一方法。

水稻成熟种子去壳，70% 的乙醇消毒 2 min，0.1% 的 HgCl₂ 溶液消毒 30 min，无菌水漂洗 3 次，然后在含有 2.0 mg/L 2，4-D 的基本培养基上培养；培养物在暗处于 26 ℃培养 2 周，切下诱导产生的盾片愈伤组织，选择致密的愈伤组织颗粒（直径 3~5 mm）用于转化。

带有 pCXK1391 的农杆菌在含利福平 10 mg/L、卡那霉素 50 mg/L 和潮霉素 50 mg/L 的 YEP 培养基中培养 24 h 至 OD₅₉₅ 为 0.8。离心收集农杆菌细胞，用 AAM 培养基洗涤 1 次，再悬浮在 AAM 中至 OD₅₉₅ 为 0.5（细胞数约为 10⁹ 个 /mL）。

将待转化的愈伤组织颗粒放入 AAM 农杆菌悬液中浸泡 15 min，然后放在一叠干的灭菌纸上，去除过多的菌液。愈伤转移到共培养基上于 26 ℃培养 2~3 d，无菌水洗涤，然后在含噻孢霉素 500 mg/L 的无菌水中 120 r/min 振荡洗涤 2 h，在选择培养基上培养 3 周，再用新的选择培养基培养 2~3 周。生长旺盛的愈伤组织在预分化培养基上 26 ℃暗培养 2~3 周，然后转移到分化培养基 26 ℃光培养 2~3 周至分化出苗。然后通过 PCR 分析、Southern 杂交及对白叶枯病菌的抗性分析等鉴定转基因植株。

1.2.2　基因枪法

基因枪法的基本原理是利用火药爆炸、高压放电或高压气体作动力，通过载有外源基因的金粉或钨粉微粒轰击受体植物的悬浮细胞、愈伤组织及胚等，来实现外源基因的转移。其基本步骤包括：受体组织细胞用甘露醇、山梨醇进行高渗预处理；制备 DNA 微弹，使外源基因附着于金粉或钨粉微粒上；用 PDS-1000HE 等基因枪以适当的条件将 DNA 微弹轰击受体组织细胞；以及轰击后的材料的培养与转化体的筛选，等等。

1.3　水稻基因工程研究进展

水稻基因工程研究已经涉及产量、品质、病虫抗性、耐逆能力及除草剂抗性等性状的改良，并获得了一大批可遗传的转基因植株，外源基因得到表达（表 8-1）。1999 年农业部农业生物基因工程安全管理办公室公布了第一批可以进入中间试验的几个转基因水稻品系，包括由华中农业大学育成的转 P_SAG12-IPT 基因的抗衰老水稻或转 Bt 基因的抗虫水稻，由中国科学院遗传研究所育成的转 Bt 基因或 GNA 基因抗虫水稻及转 Xa21 基因抗白叶枯病水稻，由北京大学育成的转水稻矮缩病毒（RDVS6，RDVS7，RDVS8）基因水稻，由扬州大学育成的转反义 Waxy 基因的低直链淀粉水稻，以及可在湖北进行环境释放的由复旦大学遗传所育成的抗褐飞虱转基因水稻。

表 8-1　转有利性状基因水稻

受体水稻名称	目的基因	转基因水稻性状	参考文献
Kitaake、Nipponbare	*PEPC* 基因或 *PPDK* 基因或 NADP-Me cDNA	PEPC 活性增加 120 倍及低的光呼吸速率或 PPDK 活性增加 40 倍或 NADP-Me 活性增加 22 倍	S. Agarie 等，1998；S. B. ku Maurice 等，1999
武育粳 2 号、恢复系 HP121 等	*IPT* 基因	延缓叶片衰老等	曹孟良等，1999；付永彩等，1999
中国 91、秀水 11、IR58、Tarom Molaii 等	*Cry Ⅰ A(b)* 等	抗二化螟、三化螟	J. Wünn 等，1996；B. Ghareyazie 等，1997；朱常香 等，1999；王忠华 等，2000
IR64、Pusa Basmati 1	*Cry Ⅰ A(c)* 等	抗三化螟	P. Nayak 等，1997；S. S. Gosal 等，2000
M7、Basmati 370	*Cr Ⅱ A*	抗三化螟、卷叶虫	S. B. Maobool 等，1996
Pi 4	*Pin 2*	抗螟虫	X. Duan 等，1998
ASD16 等	*GNA* 基因	抗褐飞虱等刺吸式害虫	K.V. Rao 等，1998；Sudhakar D. 等，1998
ITA212 等	*OC-I △ D86* 基因	抗线虫	Vain P. 等，1998
京引 119	*Cecropin B* 基因	低抗白叶枯病菌	华志华等，1999
珍汕 97B、明恢 63、IR72、IR64 等	*Xa21*	高抗白叶枯病菌	Zhang S. 等，1998；翟文学等，2000；Tu J. 等，1998
Eyi 105，Ewan 5	*Xa21* 及 *GNA* 基因	抗白叶枯病菌等	Tang K. 等，1998
Tarom Molaii 等	大麦 *CHI* 基因	抗纹枯病菌	Gharayazie B. 等，2000
Nipponbare 等	*Cht-2*、*Cht-3*	抗稻瘟病菌	Nishizawa Y. 等，1999
Boro Ⅱ、IR72 等	*tlp* 基因	抗纹枯病菌	Datta K. 等，1999
—	RNA 聚合酶基因	抗稻瘟病菌、白叶枯病菌	Pinto Y. M. 等，1999
ZH8 等	植物抗毒素基因	对稻瘟病菌、白叶枯病菌抗性增强	田文忠等，1998
台北 309 等	*CP* 基因	抗水稻黄斑病病毒	Kouassi N. 等，1997；Yan Y. T. 等，1997
—	*S9* 等 *RRSV* 基因	抗水稻齿叶矮缩病毒	雷娟利等，1999
95-22 等	反义 *Waxy* 基因	直链淀粉含量降低	Tada Y. 等，1996；刘巧泉等，1999

续表

受体水稻名称	目的基因	转基因水稻性状	参考文献
—	*NtFAD3* 基因	脂肪酸组分比例改变	Wakita y 等，1998
台北 309	Phytoene 合成酶 cDNA	富含 β 胡萝卜素	Peter K. Burkhardt 等，1997
—	合成 β 胡萝卜素的 3 个必需基因	胚乳含 β 胡萝卜素，呈浅黄色	I. Potrykus 等，2000
—	富含 Lys 等 AA 的谷蛋白基因	表达富含 Lys 等 AA 的谷蛋白	王忠华等，1999
—	豌豆 *LegA* 基因	豆球蛋白增加	Sindhu A. S. 等，1997
—	大豆甘氨酸基因	蛋白质及甘氨酸增加	Momma K. 等，1999
—	GPAT cDNA	耐冷	Yokoi S. 等，1998
—	P5CS cDNA	耐盐、耐涝	Zhu B. 等，1998
—	*CodA* 基因	耐碱、耐寒	Sakamoto A. 等，1998
—	酵母线粒体 *Mn-SOD* 基因	耐盐碱	Tanaka Y. 等，1999
—	烟草 *CMO* 基因	耐旱	王忠华等，1999
特青	*mtlD* 及 *gutD*	耐盐性提高	王慧中等，2000
台北 309、京引 119 等	*Bar* 基因	抗除草剂草丁膦等	杨世湖等，1999；吴明国等，1999

1.4 杂交水稻基因工程

1.4.1 杂交水稻亲本品系农艺性状的改良

1.4.1.1 以进一步提高产量为目的的基因工程 进一步提高产量始终是杂交水稻育种的重要目标之一。袁隆平指出（1997），通过理想形态与亚种间强大杂种优势二者的紧密配合，最大限度地提高群体截光量，充分利用不同生态类型或亚种间光合特性等方面的生理差异，可望使杂交水稻产量潜力得到进一步提高。但刘国栋认为（2000）水稻育种直到今天似乎没有使叶片的光合能力提高。而藻类及 C_4 植物在一定光温条件下光合速率远大于水稻。因此，水稻高光效基因工程生理育种可能是进一步提高水稻产量潜力的一条切实可行的途径。有关探索主要集中在三个方面：①增大叶片气孔，调节气孔开闭；②改变 Rubisco 的动力学参数（如提高其对 CO_2 的 "Vmax"，降低其对 CO_2 的 "km"）；③ C_4 植物的 C_4 循环中特异酶基因的转移。其目的是增加 CO_2 的吸收、浓缩与同化，降低氧参与的光呼吸，以及提高氮素利用效率等。

Makino A 等用 Rubisco 小亚基的 cDNA 及反义 cDNA 转化水稻，水稻光合速率发生了变化。特别是 1999 年 Maurice S. B. Ku 等科学家把来自玉米的 *PEPC*、*PPDK* 及 *NADP-ME* 三种光合酶基因成功地导入水稻中，而且外源基因在转基因植株中得到高水平的表达。进一步的研究是这三种转基因水稻的相互杂交，定向培育同时具有上述三种光合酶的高光效水稻。

通过调节激素水平，延长叶片光合功能是水稻获得高产的另一可能途径。华中农业大学用能促进衰老叶片中细胞分裂素形成的嵌合基因 P_{SAG12}-*IPT* 转化水稻，获得转基因植株。转 P_{SAG12}-*IPT* 基因水稻植株具有不早衰、结实率提高、千粒重增大等特点，用杂交、回交方法将这一基因转移到优良杂交稻亲本品系中的研究正在进行中。付永彩等也将 P_{SAG12}-*IPT* 基因成功导入三系恢复系品系 HP121 中。

1.4.1.2　品质改良基因工程　淀粉含量与组分比例是决定水稻食味品质的关键要素。淀粉品质改良是水稻基因工程的主要目标之一，具体途径是调节淀粉合成酶（SS）、ADPG 焦磷酸化酶（AGPP）及淀粉分支酶（SBE）等的量与活性。水稻蜡质（*Waxy*，属于 SS 类）基因编码合成直链淀粉的淀粉合成酶（GBSS）。扬州大学将反义 *Waxy* 基因导入 95-22 及盐恢 559 等品种、品系中，已获得大大降低了直链淀粉含量的转基因水稻。

水稻中水溶性的谷蛋白含量占其蛋白质总量的 80%，这在禾谷类作物中是最高的，但水稻蛋白质含量却相对较低。因此，提高水稻蛋白质含量，调整蛋白质的氨基酸组成，提高赖氨酸等必需氨基酸含量等，是水稻品质改良基因工程的另一主要目标。目前一般认为蛋白质含量的提高可能导致水稻产量、食味品质的降低。借助分子育种方法，通过光合效率的提高及蛋白质氨基酸组成的改善，这种矛盾可能得到解决。但杂交水稻蛋白质基因工程研究迄今尚未获得突破性进展。

1.4.1.3　病虫抗性基因工程育种　目前水稻抗虫基因工程主要集中在两类基因的研究。这两类基因是苏云金杆菌杀虫结晶蛋白（*Bt*）基因，包括 *Cry I A（a）*、*Cry I A（b）*、*Cry I A（c）*、*Cry II A* 等，以及雪花莲凝集素（*GNA*）基因。前者主要抗鳞翅目与双翅目昆虫，后者主要抗刺吸式昆虫（如稻飞虱），二者具有互补性。原浙江农业大学等单位将 Bt 基因导入粳稻秀水 11 中，培育出"克螟稻"，并在国际上首次研究了 Bt 转基因水稻与籼、粳稻（包括杂交稻亲本密阳 46、明恢 77、龙特甫 B 及 II-32B）的杂交后代的抗虫性。结果发现 F_1、F_2 及 BC_1 中均出现了高抗二化螟的植株。M. F. Alam 等将 Bt 基因转入国际水稻研究所的骨干保持系 IR68899B，获得高抗螟虫的保持系株系。中国农业科学院生物技术中心与华中农业大学合作，利用自己研制的在单子叶植物中高效表达的 Bt 基因，成功地获得抗虫的明恢 63 及由它配制而成的汕优 63。转 Bt 汕优 63 保持了其原来的产量潜力。

Xa21 基因的克隆与转移是水稻抗病基因工程的一大突破。*Xa21* 基因来自长药野生稻（*O. longistaminata*），对白叶枯病菌表现广谱抗性。不同研究者已分别将 *Xa21* 基因转移到多个常规水稻中（见表 8-1）。中国科学院遗传研究所等单位已将 *Xa21* 基因转移到珍汕 97B、盐恢 559、明恢 63 及培矮 64S 等杂交稻亲本中，转基因 T_0、T_1 植株高抗白叶枯病。

1.4.2　除草剂抗性基因在水稻杂种优势利用中的研究

在某些组合的制种过程中，如果不育系孕穗时遇到异常高温（三系）或低温（二系），其育性可能发生波动，并产生自交种子，从而影响杂交种子纯度。肖国樱、严文贵及黄大年等先后提出了通过利用除草剂抗性基因培育抗除草剂的亲本品系来确保杂交种子纯度、提高制种效率的策略。如将 Bar 基因导入恢复系，真杂种秧苗具有除草剂抗性，不育系秧苗不抗除草剂。故在苗期施用除草剂即可杀除不育系植株。化杀二系组合制种时，水稻雄花化杀难以彻底的问题同样可以得到解决。

中国水稻研究所用 Bar 基因通过基因枪法轰击粳稻品种京引 119 未成熟胚得到抗除草剂 Basta 的转基因植株，经加代和选择育成抗除草剂的稳定系 TR4，其基本农艺性状与京引 119 相仿。薛石玉等用恢复系密阳 46、R402 作轮回亲本，采用回交方法将 TR4 中的 Bar 基因进行转育，育成了抗除草剂的恢复系 G402 与 G 密阳 46。据《中国稻米》报道，黄大年等已经配制出了一系列抗 Basta 的杂交稻组合，并在生产上试种成功。另外赵彬等已将 Bar 基因导入广亲和系 02428 中。

1.4.3　生殖过程特异基因的基因工程

有些基因可能并不表现出某种具体的农艺性状，但对水稻的生殖过程实行调控。如果没有这类基因的作用，水稻杂种优势的利用或固定是难以实现的。这类基因包括雄性不育恢复基因、光温敏核不育基因、广亲和基因以及无融合生殖基因等。通过基因工程技术对这些基因的操作，理论上可使杂交水稻得到进一步发展。但迄今有关研究尚处于对相关基因的定位与克隆阶段。

1.4.4　用基因工程方法构建水稻三系

Mariani C. 等将来自烟草的花药特异表达基因 TA29 启动子与 RNA 酶基因、Bar 基因连接，以质粒作载体构建重组分子，将重组分子转移到油菜。RNA 酶基因在转基因油菜植株花药绒毡层中特异表达，绒毡层细胞败育，致使花粉不能正常发育，表现雄性不育，获得不育系；随后将 RNA 酶抑制剂基因转入该不育系，致使其 RNA 酶被破坏，花粉能正常发育，不育系变成恢复系；未转化的普通植株可作为保持系，制种时不育系中的可育株（占 1/2）可用除草剂杀死，从而实现三系配套。张晓国等按同种原理利用水稻花药绒毡层特异表达基因 Osg6B 启动子驱动核酸酶及 Bar 基因成功地构建了水稻雄性不育系及其育性恢复表达载体。

第二节　外源总 DNA 导入

2.1　外源总 DNA 导入的概念、程序及特点

2.1.1　概念

周光宇等指出：旨在培育作物新品种的农业分子育种，包括两个层次的生物工程技术，即外源总 DNA 导入和基因工程技术。外源总 DNA 导入植物技术，是将带有目的性状基因的供体总 DNA 片段导入植物，筛选获得目的性状的后代，培育新品种的分子育种技术。

2.1.2　基本程序

通过 DNA 导入，利用远缘资源优良遗传特性，培育杂交水稻的基本程序如下：①针对待改良杂交稻亲本的缺陷，选用特种远缘资源，提取其总 DNA；②用花粉管通道法、浸泡法或穗茎注射法将外源总 DNA 导入受体植株；③从 D_1（或 D_2）群体中选择变异株；④根据育种目标，用常规方法定向选育出获得了供体特异性状，且基本上保留了受体各种优良性状的杂交水稻新的亲本品系；⑤组合选配、品比、区试与推广。

2.1.3　外源总 DNA 导入方法的特点

实践表明，外源总 DNA 导入技术在育种上有四项优点：①打破了物种间的生殖隔离，可在没有克隆目的性状基因的情况下实现远缘资源有利基因的直接转移；②避开了组织培养等操作过程，不需要进行大量的实验室工作；③由于只有少数供体 DNA 片段进入受体基因组，变异较容易稳定；④容易与常规育种接轨。而其不足之处是筛选到的子代可能带入目的基因以外的 DNA 片段。

2.2　导入外源总 DNA 的方法与原理

2.2.1　导入外源总 DNA 的方法

水稻中直接导入外源总 DNA 的方法主要有三种，即花粉管通道法、穗颈注射法及浸泡法。下面分别作简要介绍。

花粉管通道法：选取开花后 1~3 h 的颖花，剪掉部分颖壳及柱头，用微量进样器滴注 5~10 μL DNA 溶液（DNA 溶入 1×SSC 溶液中，浓度 300 μg/mL），套袋，收种。

穗颈注射法：选取发育至适当时期的稻穗，用微量进样器注射 50 μL DNA 溶液（浓度 300 μg/mL）入穗颈节下第一节间，开花前套袋，收种。

浸泡法：水稻种子去壳，室温浸种 8 h，常规灭菌，DNA 溶液（溶入 0.1×SSC 溶液，浓度 300 μg/mL，含 20% 的二甲基亚砜）浸泡 4~6 h，催芽。

2.2.2 导入外源 DNA 的原理

2.2.2.1 外源 DNA 在受体中的运输 龚蓁蓁等的研究证明花粉管通道法中外源 DNA 走花粉管通道达到胚囊。赵炳然等（1998）的初步研究表明，穗茎注射法中外源 DNA 在体内是经维管束的导管运输的。王联芳、刘春林等研究发现用外源 DNA 浸泡种子或幼苗，受体生长点细胞发生一系列结构变化，细胞间形成大于普通胞间连丝的胞间壁通道。外源 DNA 片段可能通过这种通道进入受体细胞。另外，植物细胞穿壁现象的存在；配子体型无融合生殖中孢原及大孢子母细胞无加厚胼胝质壁，可与珠心细胞交流遗传信息，从而走向融合生殖这一机制的提出（Carman 等，1991），等等，也说明外源 DNA 可能通过受体中相互依存的质外体与共质体系统，被运输到受体种细胞，并可进一步进入壁不完整或无加厚胼胝质壁的种细胞。

2.2.2.2 外源 DNA 进入受体基因组的原理——片段杂交假说 周光宇（1979）根据禾本科中超远缘（属以上亲本间）杂交材料的研究分析，提出了外源 DNA 转移的"片段杂交"假说：认为虽然这种远缘亲本的染色体间整体上不亲和，但由于 DNA 分子进化的保守性与相对缓慢，部分基因的结构之间有可能保持一定的同源性，因而可以发生 DNA 片段杂交，即外源 DNA 置换受体中的同源片段。片段杂交假说为外源 DNA 导入提供了理论依据。

从外源 DNA 导入的"片段杂交"假说的提出过程看，该假说包含了这样一层含义：超远缘亲本间杂交转移远缘亲本遗传信息的原理，与外源 DNA 直接导入受体植物的原理是一致的；孙敬三等根据有关研究结果的分析，也认为禾本科植物染色体消除型远缘杂交中异源基因导入的原理，与外源总 DNA 导入中转移外源 DNA 片段的原理可能是同样的。因此，可以认为利用染色体无同源性的远缘资源开展杂交育种，从操作上虽可在个体水平（如常规杂交结合胚胎挽救）、组织水平（如细胞穿壁技术）、细胞水平（如原生质体融合）或 DNA 水平（如外源总 DNA 导入）进行，但获得变异（或"杂种"）的原理均可能是 DNA 的"片段杂交"。刘国庆及 D.S.Brar 等对来自野生稻与栽培稻杂交后代的 RFLP 研究发现，易位系中渗入的外源 DNA 片段很小，证明远缘亲本间遗传物质的重组可能不是染色体或染色体区段间的重组，而可能是 DNA 片段间的交换。所以，外源总 DNA 直接导入技术在水稻超远缘资源的利用研究中不仅是可行的途径，而且是最直接而又简便的方法，因而是利用水稻远缘杂种优势的有效途径与发展趋势之一。

2.3　外源总 DNA 导入的分子验证

从外源总 DNA 导入变异系的性状变异情况（表 8-2）、变异的蛋白质与同工酶研究以及 RAPD 分析，发现总 DNA 导入水稻引起的变异在外观表型性状、生理生化产物及 DNA 分子标记三个层次的多态性均可归纳为三种基本类型：①供体特异；②供、受体均不具有（即"新增"）；③受体原有的消失。赵炳然等（2000）的初步研究发现，变异株系相对受体 RAPD 增（包括"特异"及"新增"）、减带的比例接近 1∶1；变异系及供体中特异带（或共迁移带）DNA 分别回收、克隆、测序，发现二者序列基本一致。刘振兰等根据抗病基因存在保守序列，用 PCR 等方法找到了供体菰〔*Zizania latifolia*（Griseb）Turcz.ex Stapf〕的专化序列，以其作探针从变异系中检测出同源序列，从而确证了菰 DNA 向水稻的导入。缪军等用 4 个重复 DNA 序列克隆 pHv7161、pHv7179、pHv7191 和 pHv7293 分别对供体大赖草（*Leymus racemouses*）、受体春麦 761 及转化株大穗小麦基因组进行分子杂交，比较杂交图谱，发现转化株中出现了受体没有而供体具有的带；用 pHv7179 探测出的供体和转化株共有的 Hind Ⅲ片段克隆 pLR980 作探针，进一步对供体、受体及转化株的基因组进行分子杂交，再次探测出供体与转化株共有而受体没有的带。而植物中大量直接导入基因克隆的分子验证工作，也证明外源 DNA 在受体植物的整合与表达。

2.4　应用研究

水稻育种中外源 DNA 导入的研究很多，所涉及的供体资源十分广泛；创造出了大量新的水稻品种资源（表 8-2）。这些品种资源可直接与两系不育系配组或作育种中间材料。如郭光荣等用 DNA 导入方法选育出的变异系 D_{26}、海 40 及海 47 与培矮 64S、安湘 S 等配组，对 15 个组合共 120 个性状数据进行了分析，结果表明绝大多数性状具有育种价值。

四川农业大学水稻研究所将玉米、高粱、大豆 DNA 导入保持系、恢复系，获得了大量变异，并从中选育出一批不育系和恢复系，用它们组配的三系、两系组合已进入中试。

表 8-2　外源总 DNA 导入水稻的变异研究

受体水稻名	供体	导入方法	变异性状举例	变异遗传特点	参考文献
早丰	大米草	花后子房注射法	株高 35 cm	D_2 稳定	段晓岚等，1985
856403	早生爱国 3 号	花粉管通道法	抗白叶枯病菌	D_2 稳定	陈善葆等，1993*
京引 1 号	紫稻	花粉管通道法	紫色变异	D_2 分离	段晓岚等，1985
金早 1 号	牛胰 DNA	种苗浸泡法	稃尖紫色	出现 D_2 稳定系	陈启锋等，1987
圭幅 3 号	紫色矮血糯	颖花注射法	紫色变异	D_2 分离	季慧强等，1988
金早 4、5 号	牛胰 DNA	种苗浸泡法	熟期	D_2 分离	朱秀英等，1989
西南 175	药用野生稻等	穗茎注射法	抗病性	变异出现即稳定	黄兴奇等，1993*
XR 等	玉米	种胚浸泡法	PEPC 高活性	D_3 分离	万文举等，1993
泸红早 1 号	珍珠粟	种苗浸泡法	粒型等	D_4 稳定	徐庆国等，1993*
湘早籼 8 号	慈利玉米	胚培法	株高等	D_3 分离	张福泉等，1991
马来红、紫稻	玉米、小麦等	减压渗透法	绿色变异	D_2 分离	刘怀年等，1995
中铁 31	药用野生稻等	花粉管通道法	适应性等	D_5 稳定	李道远等，1993*
白米品种	黑糯 P9	花粉管通道法	黑米	部分 D_4 稳定	赖来展等，1993*
北陆 128 等	菰	花粉管通道法	耐逆，紫色	D_2 分离	富威力等，1993*
鄂宜 105	高粱	花粉管通道法	高光效	能遗传	洪亚辉等，1999
91-L	玉米	浸胚法	高蛋白等	能遗传	洪亚辉等，2000
早籼 987 等	玉米	种胚浸注法	穗大粒多	D_2 分离	丁芳林等，1999
川恢 802 等	狼尾草	种胚辐射及浸泡	株高、育性等	D_2 分离	向跃武，1998
86-70 等	高粱等	种子辐射及穗茎注射	穗部性状等	D_3 分离	郭光荣等，1999
奇锦丰	稗草	花粉管通道法	熟期等	部分 D_3 稳定	李明生等，1994
85-183	玉米	花粉管通道法	大穗、气生根	D_2 分离	詹庆才等，1994
V20A/B	农垦 58S	花粉管通道法	光温敏不育性	能遗传	詹庆才等，1994
圭 630 等	稗草	穗茎注射法	耐铁毒等	部分 D_3 稳定	周建林等，1997
湘早籼 19	商陆	花粉管通道法	强 K^+ 吸收能力	能遗传	萧浪涛等，1998
洛伊等	小麦	浸胚法	抗寒性等	能遗传	蒋孝成，1999
R73	大豆	花粉管通道法	优质	D_4 趋稳	刘胜利等，1999
桂 99	大黍	穗茎注射法	雌性不育	$D_3 \sim D_4$ 稳定	赵炳然等，1998
明恢 63	小粒野生稻	穗茎注射法	对稻瘟病抗性	D_4 趋稳	赵炳然等，1997
V20B	小粒野生稻	穗茎注射法	品质、耐逆性等	部分 D_9 稳定	赵炳然等，2000

注：* 见周光宇等主编，农业分子育种研究进展，中国农业出版社，1993。

如恢复系明恢 63 导入玉米 DNA 后选育出大穗恢复系，用它配组出的三系组合，表现很强的杂种优势。刘胜利等将大豆总 DNA 导入恢复系 R73，选出了以 D9224 为代表的一批新恢复系株系。D9224 株叶型好，熟期比 R73 早 5~7 d，米质变优。国家杂交水稻工程技术研究中心将小粒野生稻（ *O. minuta* ）DNA 导入恢复系明恢 63 及 V20B 后，培育出高抗稻瘟病菌的新恢复系资源 "330" 及耐逆能力强的不育系与相应保持系品系；将两系高粱恢复系湘 10721 DNA 导入保持系香 5B，培育出 D_2 稳定系 "香粱 5"：D_1 获得变异，其中 1 株 D_2 种植 470 株，单株之间没有任何性状分离。"香粱 5" 具有下列特点：①株高、粒型及外观品质等很多性状仍与受体相似，稃尖仍有芒；②千粒重 28.6 g，而受体仅 19.4 g；③与 V20A 等不育系测交，F_1 结实正常，说明已变为恢复系，等等。

第三节　分子标记辅助选择

3.1　分子标记及其在杂种优势利用研究中的用途

3.1.1　分子标记的概念、种类及特点

分子标记是一种易于用分子生物学技术（如 PCR 技术）识别的基于 DNA 多态性的遗传标记。自 1980 年美国的 Botstein 等提出 DNA 限制性片段长度多态性（RFLP）可用作遗传标记以来，至少发展有 16 种分子标记，其中最常用的是限制性片段长度多态性（RFLP）、随机扩增多态性 DNA（RAPD）、扩增片段长度多态性（AFLP）、简单重复序列（SSR）、序列特异扩增区域（SCAR）及序列标记位点（STS）等。分子标记相对其他遗传标记（形态标记、细胞遗传标记及生化标记等），具有下列优点：①直接揭示 DNA 水平的变异，标记群体中各个体的遗传基础或基因型，而不是表现型，因而其分析不受时间与环境条件的限制，不仅可以分析质量性状，也可以分析数量性状；②DNA 变异十分丰富，分子标记的数量极多，可以覆盖整个基因组，理论上可以找到任何性状的分子标记；③许多分子标记是共显性标记，能够区分同一表型中杂合基因型个体与纯合基因型个体，也能鉴别出纯合隐性基因型个体；④大大提高选择效率，特别是对一些遗传力较低的性状。

3.1.2　分子标记在水稻杂种优势利用研究中的应用

分子标记在水稻杂种优势利用研究中有广泛用途，具体包括：①育种资源间的遗传距离的定量分析；②弄清各种亲本品系间的亲缘关系，建立谱系图；③确定品种资源所属的优势组群；④预测杂种优势及杂种表现；⑤遗传多样性分析及全基因组选择；⑥雄性不育及育性恢复等基

282

因的定位与克隆；⑦揭示杂种优势的遗传基础与机理；⑧建立亲本品系的指纹图谱，鉴定杂交种子的真伪与纯度；⑨外源基因的检测、追踪及分子标记辅助选择。

3.2 分子标记辅助选择的概念、途径与原理

3.2.1 基本概念与步骤

分子标记辅助选择指通过对与目的基因紧密连锁的分子标记的选择，获得含目的基因植株的育种过程，包括目标相对性状分离群体的建立、目的性状基因紧密连锁的分子标记的获得、在常规选择的基础上用分子标记对目的性状加以选择等基本环节。在具备了实验室条件及获得了与目的基因紧密连锁的分子标记的前提下，以 PCR 为基础的分子标记辅助选择的实验步骤如下：①提取待选单株的 DNA；② PCR 扩增；③ PCR 产物的限制性酶切（有的标记不需此步）；④ PCR 产物的凝胶电泳分析；⑤根据 PCR 标记的存在鉴别带有目的基因的植株。

3.2.2 分子标记辅助选择途径与原理

分子标记辅助选择有回交导入有利基因、近交选择及全基因组选择等途径。目前研究得较多的是前两条途径。常规回交育种法可以将某一有利性状转移到某一亲本品系中，但由于连锁累赘现象，有时即使回交很多代，还能发现相当大的与目的基因连锁的供体染色体片段。这并非是有关区域未发生重组，而是缺乏有效的方法鉴别选择重组个体。而通过与目的基因紧密连锁的分子标记的筛选，则可准确且快速地筛选该区域的重组体，消除连锁累赘。这是由于用分子标记辅助选择时一次回交所选个体中轮回亲本基因组所占比例与未作标记选择时大不一样。标记辅助选择回交育种中，恢复到轮回亲本的基因组只需 3 代，即只需 3 次回交就足以去掉除目的基因以外的绝大部分外源遗传背景。

常规近交、自交育种方法可以培育出兼具双亲优良性状的新品系，但要从 F_2 上千株个体中准确选出那些受显性效应或环境强烈影响的性状，或选出含互补遗传结构的超亲重组体，有时是困难的。如常规方法很难准确选择聚合控制同一病虫害的多个抗性基因的个体。而在早世代的分子标记辅助选择却可能非常有效。

3.3 分子标记辅助选择研究

3.3.1 重要性状的基因定位及分子标记

获得与目的性状紧密连锁的分子标记是分子标记辅助选择的前提。对目的性状进行基因定位及精密定位，是实行分子标记辅助选择的基础。

　　用分子标记已经定位的与杂交水稻育种有关的重要性状有稻瘟病抗性、白叶枯病抗性、褐飞虱抗性、稻瘿蚊抗性、产量性状、光温敏核不育性、恢复性、广亲和性、耐盐或耐冷性、根部吸收磷的效率及无融合生殖等。

　　高产 QTL 的发现：国家杂交水稻工程技术研究中心与美国康奈尔大学合作，从普通野生稻（O. rufipogon）中发现了 2 个高产数量性状基因位点或 QTL：用普通野生稻与 V20A 杂交，V20B 连续回交 2 代，从 BC_2 的 3 000 株中选 300 株与测 64 杂交配制 300 个组合。每个组合含 V64 及普通野生稻两部分遗传信息，其中野生稻的遗传信息仅占 1% 至 10%（平均约 5%）。进一步的研究发现，大多情况下，来自野生稻的等位基因对产量没有影响或者相对栽培种中的等位基因是不利的；但是来自野生稻的位于 1 号染色体上 RM5 标记位点处和 2 号染色体上 RG256 处的 2 个 QTL yld1.1 及 yld2.1 却能明显地使产量增加。含有 yld1.1 及 yld2.1 的组合比对照 V64 平均分别增产 18% 和 17%，而这些组合在千粒重、株高或生育期上与对照没有区别。可见野生稻从外表上看并不优越，但研究表明其中不仅含有病虫抗性、耐逆性等优良基因，而且含有高产 QTL。根据这一发现，袁隆平（1997）提出了在注重株叶形态基础上利用野生稻有利基因培育超高产杂交水稻的技术路线。虽然 QTL 的作用受遗传背景和环境条件的影响，但效应大的 QTL 一般能在不同环境条件下得到稳定检测，基因型与环境互作只影响 QTL 效应值，不影响其效应方向（庄杰云等，1998）。因此，随着将来更多高产 QTL 的发现，采用分子标记辅助选择技术，将多个高产 QTL 聚合到同一水稻品系或组合，利用其加性效应、显性效应及上位性效应等，可望使水稻产量潜力获得新突破。

3.3.2　分子标记辅助选择实例

　　由于定位基因与其最近的分子标记间的距离不够近，真正可用于目的性状基因选择的分子标记不多，以及用分子标记辅助选择进行大量选择的费用相对较高等原因，迄今水稻分子标记辅助选择的例子尚不多。仅有关于磷缺乏耐性 QTL、白叶枯病、稻瘟病及稻瘿蚊抗性基因的转移与聚合等方面的几例研究报道。

　　3.3.2.1　抗白叶枯病明恢 63 的选育　Khush G.S. 等用长药野生稻与 IR24 杂交、回交转育成抗白叶枯病的 IR24 的近等基因系 IRBB21（含 Xa21 基因）。华中农业大学用 IRBB21 与明恢 63 杂交、回交 2 次，每次用以 PCR 为基础的分子标记选出含 Xa21 基因的植株作回交亲本，从目的基因两边逐代消除连锁累赘，从 BC_2 中已经选出既含有 Xa21 基因又含有所有被检明恢 63 RFLP 标记的植株。

　　3.3.2.2　多个白叶枯病抗性基因在保持系中的聚合　国际水稻研究所用 IR58025B、

IR62829B、LianB 及 Bob 4 个保持系，与分别含有白叶枯病抗性基因 *Xa4*、*Xa7* 或 *Xa21* 基因的 IR24 的近等基因系 IRBB4/7 及 IRBB21 杂交，用保持系作回交亲本进行回交，根据对白叶枯病原菌系的反应型，从保持系 /IRBB4/7/IRBB21 的 BC$_1$ 中选出了同时含 3 个白叶枯病抗性基因的植株。由于 *Xa21* 与 *Xa7* 都抗菌系 PXO61，因此在根据对菌系反应型选择的同时，他们采用了与 *Xa7* 紧密连锁的 RFLP 标记 G1091 辅助选择的办法，选出含 3 个抗性基因的植株作下一次回交的亲本。

3.3.3　国际分子育种合作计划

为了进一步提高水稻产量，确保高产、稳产，国际水稻研究所和世界多个水稻主产国科学家一道，于 1998 年制定并启动了以分子标记辅助选择为中心环节的国际水稻分子育种计划。这一计划的基本做法是：①由各国育种家选择并提出当地推广的优良水稻品种及杂交水稻亲本品系，构成育种的核心基因库；从水稻第一基因库中广泛筛选具有遗传代表性的特异优良资源构成供体基因库；核心基因库中每一品种、品系与供体基因库中所有品种分别杂交配组，建立丰富多样的育种群体；②通过回交结合目标性状的表型与基因型的选择，产生大量近等基因重组系；③对近等基因重组系进行 QTL 分析，鉴别与其各种改良表型有关的重组染色体片段或 QTL；④通过分子标记辅助选择聚合多个有利的 QTL，培育新品种、品系，建立大量近等基因系作为将来育种的核心资源。

尽管迄今没有分子育种的杂交水稻组合在生产上大面积应用，但各种有关研究方兴未艾。采用分子育种方法，可根据人们的需要重组遗传物质，能有效地利用远缘资源的优良特性，具有解决杂交水稻育种前沿中存在的很多难题的潜力。因而，杂交水稻分子育种具有十分诱人的前景。应该特别注意的是，分子育种技术离不开常规育种，密切跟踪三系、两系杂交水稻育种的最新研究成果是杂交水稻分子育种走向成功的基础与关键。正如袁隆平所指出的那样，水稻分子育种技术的应用只有落实到优良的植株形态和强大的杂种优势上，才能获得良好的效果。

— References —

参考文献

［1］钟代彬，罗利军，应存山.野生稻有利基因转移研究进展［J］.中国水稻科学，2000，14（2）：103-106.

［2］袁隆平.杂交水稻超高产育种［J］.杂交水稻，1997，12（6）：1-6.

［3］翟文学，李晓兵，田文忠，等.由农杆菌介导将白叶枯病抗性基因 Xa21 转入我国的 5 个水稻品种［J］.中国科学（辑），2000，30（2）：200-206.

［4］曹孟良，周智，张启发.P_{SAG12}-IPT 转基因植物的延缓叶片衰老研究［C］// 中国农学会.21 世纪水稻遗传育种展望：水稻遗传育种国际学术讨论会文集.北京：中国农业科技出版社，1999：117-232.

［5］刘巧泉，王宗阳，陈秀花，等.反义 waxy 基因转化水稻降低胚乳直链淀粉含量的研究［C］// 中国农学会.21 世纪水稻遗传育种展望：水稻遗传育种国际学术讨论会文集.北京：中国农业科技出版社，1999：206-213.

［6］王关林，方宏筠.植物基因工程原理与技术［M］.北京：科学出版社，1998.

［7］付永彩，刘新仿，曹守云，等.水稻中抑制衰老的嵌合基因的基因枪转化和表达分析［J］.农业生物技术学报，1999，7（1）：17-22.

［8］王忠华，舒庆尧，崔海瑞，等.Bt 转基因水稻"克螟稻"杂交后代二化螟抗性研究初报［J］.作物学报，2000，26（3）：310-314.

［9］M. F. ALAM.用于改良杂交水稻品种的抗虫性转基因保持系（IR68899B）［J］.谢崇华，张玲，译.绵阳经济技术高等专科学校学报，1999，16（2）：81-83.

［10］王慧中，黄大年，鲁瑞芳，等.转 mtlD/gutD 双价基因水稻的耐盐性［J］.科学通报，2000，45（7）：724-728.

［11］黄大年，李敬阳，章善庆，等.用抗除草剂基因快速检测和提高杂交稻纯度的新技术［J］.科学通报，1998，43（1）：67-70.

［12］刘国栋.水稻的氮素利用效率、光合作用和产量潜力［J］.世界农业，2000，251（3）：26.

［13］徐军望，李旭刚，朱祯.基因工程改良淀粉品质［J］.生物技术通报，2000（1）：11-19.

［14］刘良式.植物分子遗传学［M］.北京：科学出版社，1998.

［15］肖国樱.作物对除草剂的抗性及其在杂种优势利用中应用策略的探讨［J］.杂交水稻，1997，12（5）：1-3.

［16］张晓国，刘玉乐，康良仪，等.水稻雄性不育及其育性恢复表达载体的构建［J］.作物学报，1998，24（5）：629-634.

［17］周光宇，陈善葆，黄骏麒，等.农业分子育种研究进展［M］.北京：中国农业科技出版社，1993.

［18］刘熔山，牛应泽，杨世民，等.减压渗透法将外源 DNA 导入水稻种胚研究［J］.四川农业大学学报，1995，13（4）：469-474.

［19］郭光荣，程乐根，郑森.[60]Co-r 辐射和外源总 DNA 导入相结合用于水稻育种的研究：Ⅲ遗传变异系在水稻杂种优势利用中的表现［J］.湖南农业科学，2000，1：7-8.

［20］赵炳然，黄见良，刘春林，等.茎注射外源 DNA 体内运输及雌性不育变异株的研究［J］.湖南农业大学学报，1998，24（6）：436-441.

［21］赵炳然.直接导入外源 DNA 利用植物远缘杂种优势若干基本问题的认识［J］.杂交水稻，1998，13

（6）：1-4.

［22］赵炳然，贾建航，王倩，等. 总 DNA 导入中变异系及供体特异 DNA 片段的核苷酸序列［J］. 杂交水稻，2001，16（2）：46-49.

［23］赵炳然，贾建航，阳和华，等. 水稻孕穗期茎注射野生稻 DNA 变异株系的 RAPD 分析［J］. 作物学报，2000，26（4）：424-430.

［24］刘春林，阮颖，董延瑜. DNA 浸泡水稻种子的分子和亚显微水平研究［J］. 中国水稻科学，1999，13（1）：54-56.

［25］刘振兰，董玉柱，刘宝. 菰物种专化 DNA 序列的克隆及其在检测菰 DNA 导入水稻中的应用［J］. 植物学报，2000，42（3）：324-326.

［26］缪军，赵民安，李维琪. 大赖草总 DNA 转化小麦的分子证据［J］. 遗传学报，2000，27（7）：621-627.

［27］周开达. 传统技术与生物技术相结合是发展水稻育种的必由之路［M］//白新盛. 生物技术在水稻育种中的应用研究. 北京：中国农业科技出版社，1999：3-7.

［28］孙敬三，陈纯贤，路铁刚. 禾本科植物染色体消除型远缘杂交的研究进展［J］. 植物学通报，1998，1：1-7.

［29］刘国庆，颜辉煌，罗耀武，等. 栽培稻与紧穗野生稻间整倍体后代的 RFLP 分析［J］. 中国水稻科学，1999，13（3）：129-133.

［30］庄杰云，郑康乐. 水稻产量性状遗传机理及分子标记辅助高产育种［J］. 生物技术通报，1998（1）：1-9.

［31］徐云碧，朱立煌. 分子数量遗传学［M］. 北京：中国农业出版社，1991.

［32］AGARIE S, TSUCHIDA H, Ku M S B, et al. High level expression of C_4 enzymes in transgenic rice plants［M］// Garab，G. Dordrecht. Photosynthesis: mechanisms and effects: Volume V. Netherlands: Kluwer Academic publishers，1998: 3423-3426.

［33］D S Brar，G S Khush. Alien introgression in rice［J］. Plant molecular biology，1997，35: 35-47.

［34］HUANG N，ANGELES E R，Domingo，et al. Pyramiding of bacterial blight resistance genes in rice: marker-as-sisted selection using RFLP and PCR［J］. Theor Appl Genet，1997，95（3）: 313-320.

［35］JUN CAO，WANGGEN ZHANG，DAVID McElroy，et al. Assessment of rice genetic tramsformation techniques［M］// G. S. Khush，G H Toenniessen. Rice biotechnology. phillippines: International and IRRI publishers，1995.

［36］MAURICE S B KU，SAKE AVARICE，MIRA NOMURA，et al. High-level expression of maize phosphoenolpyruvate carboxylase in transgenic rice plant［J］. Nature Biotechnology，1999，17: 76-80.

［37］MADAN MOHAN，SURESH NAIR，A Bhagwat，et al. Genome mapping，mulecular markers and marker-assisted selection in crop plants［J］. Molecular breeding，1997，3: 87-103.

［38］SHENG CHEN，XING HUA LIN，CAIGUO XU，et al. Marker-assisted selection to improve bacterial blight resistance of MingHui 63，an elite restorer of hybrid rice［C］. Eighteenth international congress of genetics（Abstracts），1998: 158.

［39］JINHUA XIAO，SILVANA GRANDILLO，SANGNAG AHN，et al. Genes from wild rice improve yield［J］. Nature，1996，384: 223-224.

［40］YUKOH HIEI，TOSHIHIKO KOMOAKI，TOMOAKI KUBO. Transformation of rice mediated by Agrobacterium tumefaciens［J］. Plant Molecular Biology，1997，35: 205-218.

第九章

亲本原种生产与繁殖

第一节　亲本的原种生产

　　杂交水稻亲本的原种生产是种子生产的第一个环节，关系到杂交水稻性状的稳定及杂种优势的表现。

　　"三系法"杂交水稻亲本原种生产包括细胞质雄性不育系（A）、保持系（B）和恢复系（R）的原种生产。"两系法"杂交水稻亲本原种生产包括光温敏两用核不育系（S）和恢复系（R）的原种生产。因此，杂交水稻亲本的原种生产涉及 2 个或 3 个亲本，亲本之间既相互独立，又相互联系，相互制约。进行原种生产时，既要确保各个亲本在世代间、群体内的性状稳定一致，保持其典型特征特性，又必须考虑各个亲本的相互关系的稳定。"三系法"中保持系对不育系雄性不育性的保持能力，恢复系对不育系不育性的恢复能力及杂种优势的稳定性。"两系法"中光温敏两用核不育系不育性变化的临界温度和光照值的稳定，恢复系对育性的恢复能力及杂种优势的稳定性，等等。原种生产的研究和实践表明，只要保持了各亲本的典型特征特性和世代间、群体内所有性状的稳定一致，就稳定了各亲本之间的相互关系以及杂种优势。

1.1　三系法亲本的原种生产

1.1.1　三系亲本及 F_1 混杂退化的表现

　　杂交水稻亲本的混杂退化，常表现为育性、株叶穗粒形状与生育期的分离，致使不育系的不育度和不育株率降低，出现染色花粉

288

与自交结实；可恢复性变差，配合力降低；开花习性变劣，柱头外露率下降。保持系、恢复系表现为保持力、恢复力变弱，配合力降低，花粉不足，散粉不畅，长势衰退，抗性减退。用籼粳交方式选育的恢复系使用多年后则出现偏籼偏粳型的性状分离。用混杂退化、分离的亲本生产杂交水稻种子，不但影响繁殖制种产量，更严重地影响杂交水稻杂种优势的发挥。

南京农业大学陆作楣等（1977—1981）对中国部分省、自治区的 2 000 份 F_1 鉴定，平均杂株率为 5.51%，幅度为 2.1%~7.8%，杂有不育系、保持系、恢复系、半不育株、冬不老（青稞）、变异株等类型，并发现杂株率每上升 1%，每亩减产 7 kg，约减产 0.8%。

20 世纪 70 年代末，江苏省湖西农场对盐城、沛县、建湖 3 个县的珍汕 97A 鉴定，杂株率达 8%。1982 年春，湖南省种子公司在海南岛对全省 99 个单位的 V20A 鉴定，平均含杂率 3.52%、幅度为 0.8%~10.2%。南京农业大学陆作楣等在 1978—1980 年对 12 个省的繁殖点生产的二九南 1 号 A、珍汕 97A 鉴定，结果各繁殖点生产的不育系杂株率为 0.84%~4.32%，一般纯度在 97% 左右。不育系中的杂株以保持系最多，占 69%~94.4%，其次是迟熟不育株，株高比不育系高且迟熟，部分不育或全不育，一般占不育系杂株的 10% 左右。第三是其他类型杂株，占 0.8%~23.1%。保持系中的含杂率一般在 1% 以下，杂株的主要类型是不育系占 72.7%，其他占 27.3%。

细胞质雄性不育系除了上述各种杂株外，其自身雄性不育性也发生变化，表现自交结实。1981 年南京农业大学陆作楣等对南方九省 39 县的珍汕 97A 在始穗期进行花粉抽样镜检，结果表明（表 9-1），在 1 170 株不育系中未检出正常染色花粉的典败、圆败株率为 95.21%，染败株率为 4.19%，染色基本正常株占 0.6%，因此说明不育系存在花粉育性变化，不可忽视。据安徽省巢县种子公司 1977—1979 年鉴定，未提纯的不育系染色花粉株率上升，V41A 有 30.5%，珍汕 97A 有 27.6%，V20A 有 14.3%，将这些有染色花粉株盆栽隔离自交鉴定，有 80%~85% 的单株自交结实，1982—1983 年湖南省绥宁县原种场对 V20A 的育性进行研究，发现有染色花粉的植株能自交结实，低的 3.6%，高的达 9.10%，自交结实率随着染色花粉含量的增加而提高。

表 9-1　南方九省 39 县珍汕 97A 花粉镜检结果

花粉组成	典败与圆败	染败	正常染色
检出株数 / 株	1 114	49	7
占总数 /%	95.21	4.19	0.6

云南农业大学、武汉大学、南京农业大学、江苏省农业科学院等单位的研究发现不育系有少量的自交结实，是由本身的核质结构所决定，同时还受气候条件与内在生理的影响，一般自交结实的下一代仍然是不育株，自交结实率只有千分之几，不足以对生产造成影响。少量的自交结实在单株间随机分布，不可能用选择的方法予以完全排除。水稻雄性不育系较为严重的自交结实现象，主要是由于恢复基因的迁入，即产生所谓的同质恢复株或半恢复株，实质上是生物学混杂的产物，必须结合防杂保纯解决。花粉组成具有相对稳定的分布型和变动范围，凡有利于发育的内外界条件，一般会使圆败率或染败率增加，但并不影响其生产上的利用价值，也不意味着育性变化。不育系的花粉组成和自交结实性状是不育系鉴定的主要内容。

1.1.2　亲本及 F_1 混杂退化的原因

杂交水稻亲本及 F_1 混杂退化的原因，主要是机械混杂和生物学混杂，其次是性状变异。

1.1.2.1　机械混杂　杂交水稻亲本杂株中以机械混杂为主，占总杂株的 70%～90%。三系不育系杂株中以保持系为主，保持系杂株中以不育系为主，恢复系杂株中以不育系、子一代等为主。在繁殖和制种中，两个亲本同栽一田，在操作过程中易造成机械混杂。

1.1.2.2　生物学混杂　子一代中的杂株以生物学混杂为主，引起生物学混杂主要有两个方面的原因，一是亲本本身机械混杂的杂株串粉造成；二是因隔离不严水稻异品种串粉造成。制种田中的保持系串粉，F_1 中出现不育系；异品种串粉，F_1 中出现"冬不老"、半不育株等。

1.1.2.3　性状变异　保持系、恢复系是自交的纯合体，性状相对稳定，但变异始终存在，只是变异概率很小。不育系和保持系的变异主要表现在两个方面：一是不育系育性"返祖"，出现染色花粉株，甚至自交结实；二是特征特性变化，熟期、株高、叶片数不一致，抽穗包颈减轻甚至不包颈。这些性状变异往往和不育系的育性变异存在一定的相关性。恢复系变异，一是恢复力、配合力下降，杂交后代结实率下降；二是特征特性变异，叶片数减少，熟期缩短，株叶粒型变化，抗病力下降。

1.1.3　三系亲本原种生产的程序与方法

三系中的细胞质雄性不育系必须依靠保持系繁殖后代，保持其雄性不育特性，因此不育系与保持系的原种生产必须同时进行。不育系与保持系在遗传基础上，仅在细胞质上存在差异，不育系的繁殖过程，就是保持系对不育系连续核代换的过程，因而保持系对不育系的长期稳定起着决定性的作用，保持系的稳定是不育系稳定的前提，不育系中的变异因素会不断受到保持系核置换的"矫正"。1980—1984 年湖南省慈利县原种场曾用异花传粉而造成生物学混杂的 V20A 单株与标准的 V20B 单株连续进行回交，发现其异粉株率逐年减少，回交四代后，异粉株全部消失。可见不育系的育性及其他性状的质量主要取决于保持系的质量。

自 1975 年三系杂交水稻开始大面积推广以来，我国不少生产单位与有关专家在研究杂交水稻混杂退化问题的同时，对三系原种生产的方法进行深入研究，形成了以"单株选择成对（或混系、优系）回交→株行鉴定选择→株系比较→原种"为主要环节的多种原种生产方法。大体上可分为"分步提纯法、配套提纯法、简易提纯法"三大类八种方法。这些原种生产方法，都有较好的提纯效果。从表 9-2 中可以看出，简易提纯的三系七圃法、改良提纯法和改良混合选择法的提纯效果比复杂的两交四圃法、配套提纯法效果更好。简易法可以降低提纯成本。因而从原种生产的质量和经济效益考虑，以简易法生产原种为宜。其理论依据如下：

表 9-2　三系不同提纯法提纯效果比较（1983—1984）

提纯方法	A 染粉株 /%	纯度 /%				F₁ 每公顷产量 /kg			
		A	B	R	F₁	汕优 6 号	汕优 2 号	汕优 3 号	威优 6 号
湖南两交四圃法	0.43	99.49	99.84	99.95	98.32	6 989.25			7 562.4
江西三系配套法	0.73	99.50	99.92	99.73	98.73	7 195.5	7 440.0		
江苏三系七圃法	0.42	99.90	99.90	99.63	99.10	7 092.75			
四川三系同步法	0.57	99.85	99.95	99.89	98.86		6 780.75		
浙江改良提纯法	0.51	99.85	99.90	99.83	99.94	7 155.0			
江苏改良混合选择	0.47	99.82	99.88	99.89	98.48			6 542.25	
高世代选择	0.19	99.86	99.93	99.68	78.40	6 158.25			

注：试验地址为湖南省贺家山原种场、石门县。

三系亲本的遗传基因基本纯合、相对稳定。保持系、恢复系都是自花授粉作物，自交使基因不断纯合，使遗传性相对稳定，突变概率甚微。同时，保持系的保持力和恢复系的恢复力主要由细胞核中的一对（粳）、两对（籼）主基因控制，相对稳定，不易受外界影响而改变。不育系的自交结实率只有万分之几，不育系与恢复系之间的配合力也基本稳定，不同株系的 F₁

间产量无明显差异。

造成三系及F_1混杂退化的主要原因是生物学混杂和机械混杂，不是由于三系自身的变异而使杂种优势减退，而且杂交水稻只利用第一代优势，本身不传递和积累变异。

在三系核质关系中，多数性状由保持系和恢复系的核基因控制，只要维持保持系、恢复系的典型性状，就可以防止三系退化，稳定不育系的育性和杂种优势。

不育系有少量染色花粉和自交结实，除受遗传因子支配外，还受环境因子影响，自交结实种子的后代绝大部分是不育的，不同的自交结实率亲本与其F_1产量也无显著相关。

由此说明，三系提纯不必采取配套法，也可不用分步法提纯，采取简易法即可达到预期效果。

简易提纯法的特点是不搞成对回交，也不搞分系测交和优势鉴定，而以三系的典型性和育性为主要标准进行提纯，程序大为简化。主要方法有以下几种：

南京农业大学的"三系七圃法"、江苏省湖西农场的改良混合选择法、浙江金华的改良提纯法、湖南省的"三系九圃法"。原种生产中应用较多的和比较有效的主要是"三系七圃法"和"三系九圃法"。

1.1.3.1　南京农业大学的"三系七圃法"（图9-1）　采用单株选择，分系比较，混系繁殖。不育系设株行、株系、原种三圃；保持系、恢复系分别设株行、株系圃。

1.1.3.2　湖南省的"三系九圃法"（图9-2）　此法属改良混合选择法。三系亲本分别设株行圃、株系圃和原种圃，共九圃。采取单株选择，株行比较，株系鉴定，混系繁殖，简称"三系九圃法"。

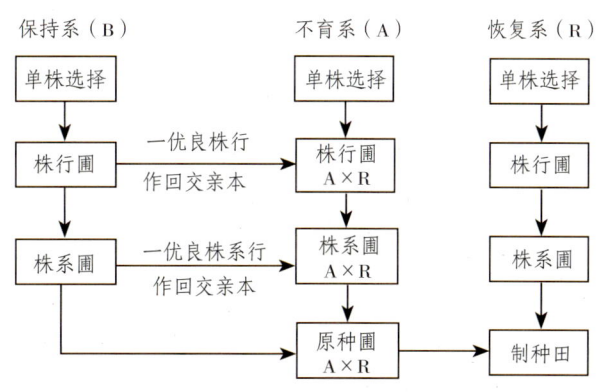

图9-1　三系七圃法程序

292

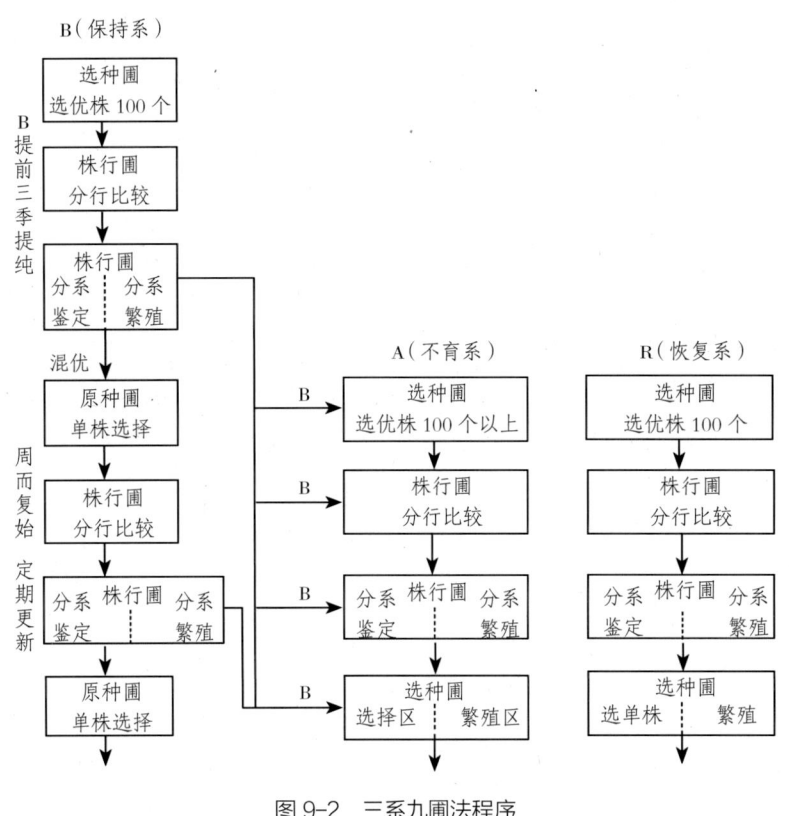

图 9-2　三系九圃法程序

具体做法是：

保持系提纯：提前三季开始，首先提纯保持系，而后按常规方法进入三圃提纯。即首先在原种圃选单株 100 个左右，第二季进行株行圃分行比较，当选 30% 左右，第三季进入株系圃分系比较，当选 50% 左右，混合进入原种圃。

不育系提纯：在原种圃选 100 个不育系单株，下季进入株行圃，分行比较，用上季保持系一优行作回交亲本，当选 30% 左右的株行，再进入株系圃，分系比较，用上季保持系一优系作回交亲本，当选 50% 左右的株系，下季进入原种圃，用上季保持系原种作回交亲本。

恢复系提纯：在原种圃选单株 100 个左右，然后按常规法进行分行、分系比较，最后混系繁殖。

三系九圃法的特点是：

保持系提前三年提纯，因为不育系的育性和典型性都是由保持系控制，只有首先提纯保持系，才能提纯不育系。

三系均设三圃，按照遗传分离规律，F_1 不分离，F_2 才分离，因而只有通过株行、株系两代的比较鉴定，才能使生物学混杂株暴露分离而被淘汰，从而准确地评选三系优良株系。

不搞成对成组回交，不搞测优测恢，不搞行间系间的隔离。提纯的核心是典型性和不育系育性的选择，选择群体较大。

原种生产周期是 3 年一循环。

不育系三圃的保持系提前收割，不作种子，以保证不育系种子的纯度。

1.1.3.3　浙江金华的改良提纯法（图 9-3）　此法只有四圃，由不育系、恢复系的株系圃、原种圃组成。

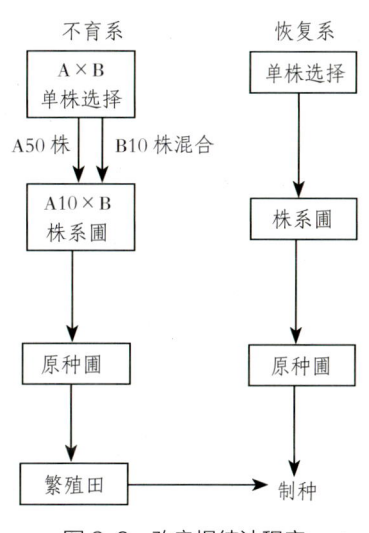

图 9-3　改良提纯法程序

改良提纯法比三系七圃法和三系九圃法更为简化，省去了保持系的株行圃、株系圃。保持系靠单株混合选择进行提纯，并作为不育系的回交亲本同圃繁殖，又省去了不育系和恢复系的株行圃，均由单株选择直接进入株系圃。

这是最简易的三系提纯方法。实行此法的关键在于单株选择和株系比较鉴定要十分准确、严格，特别是保持系的选择，仅仅一次，必须选准。

1.1.3.4　株系循环法　南京农业大学作物育种教研室在"三系七圃法"的基础上，借鉴了常规品种良种繁殖的研究成果，提出了"株系循环法"，此法将三系的株行圃和株系圃融为一体，在中选的株行中，各选 10 个单株作为一个种植单位，按水稻的繁殖系数 100 计算，这样种植的小区比株行大 10 倍，只是株系的 1/10，称之为"小株系"，由此繁殖的种子，再扩大繁殖为原种。其程序如下：

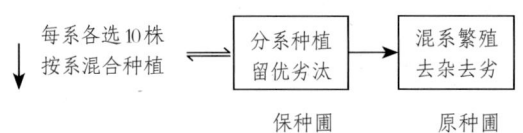

此法的特点是基础材料稳定，系谱连续可查，而且保种圃内的小区面积比株行大，所以鉴定和选择可靠，与"三系七圃法"相比，周期又缩短一年，种子质量更优良稳定。保种圃中的株系来源，仍然可以通过株行圃中的中选行中获得。如果有同质恢存在的可能，可以通过保持系和不育系间一次性成对测交来加以排除。其他技术要求和"三系七圃法"相同。

1.1.4 原种生产的主要技术环节

1.1.4.1 单株选择 这是原种生产的第一步，必须严格操作，选准留足。

（1）选择范围 选择范围广泛，不要只在株行株系中选，要在原种圃或一级种子繁殖田中广泛选株。

（2）选择标准 不育系的株、叶、穗粒、花药、花粉、花时、开颖角度、穗粒外露率、柱头外露率、熟期等应具有本品种的典型特征特性。保持系、恢复系的株、叶、穗、粒型、叶片、熟期应具有本品种的典型特征特性，并表现一致，花粉量大，镜检无败育花粉粒，抗性好。要重视典型性，特别要重视保、恢典型性的选择。

（3）选择方法 以田间选择为主，室内考种为辅。始穗期初选，后经室内考种决选单株，编号收藏。

（4）选择数量 群体宜稍大，以防微效基因丢失。如采用简易法，不育系选 100～150 株，保持系、恢复系各选 100 株。如采用配套法，不育系选 60～80 株，保持系、恢复系各选 20 株。

1.1.4.2 严格隔离 三系原种生产要经多代回交比较，三圃隔离都要十分严格，这是确保提纯质量的关键，隔离方法有：

（1）花期隔离。把三圃花期安排在没有水稻异品种开花的季节，始穗期相差 20 d 以上。

（2）自然障碍隔离。

（3）距离隔离。隔离区要保证达到不育系三圃 700 m 以上，保持系、恢复系三圃 20 m 以上。

（4）布幔隔离。效果差，不宜采用。

（5）隔离罩隔离。用于分系测交，隔离罩用木架白布做成架高 1.2 m，长 × 宽为 1 m×0.7 m，始穗前插好木架，每天开颖前隔上隔离布，闭颖后揭开。

1.1.4.3　育性鉴定　这是不育系提纯的重要手段，不育系的单株选择、株行圃、株系圃、原种圃都要进行育性鉴定，方法有三种。

（1）花粉镜检　花粉镜检是育性鉴定的主要方法。当不育系主穗抽出时，从主穗的上、中、下各取 3 朵颖花的花药进行花粉镜检，记载其典败、圆败、染败、正常染色花粉的数量。单株选择株株要检，株行圃每行检 20 株，株系圃每系检 30 株，原种圃每亩检 30 株以上，凡出现半染色花粉株和染色花粉株的株行、株系一律淘汰。

（2）盆栽隔离自交鉴定　在盆栽隔离条件下考察不育系的自交结实率。凡有自交结实的株行、株系一律淘汰。由于不育系是完全在自然条件下开花，其结果准确可靠，应与镜检同时进行。

（3）套袋自交鉴定　不育系在套袋条件下自交，可完全避免外来花粉对鉴定结果可能造成的干扰。但由于套袋内的温湿度条件与外面有差异。高温、高湿的外界环境可能对花粉活力和花药开裂有影响。

1.1.4.4　三圃的设置

（1）株行、株系两次比较　根据杂种二代分离规律，三系的生物学混杂在株行圃鉴定中处于第一代，不会显现，进入株系圃为第二代，则会表现出分离而被淘汰，两次鉴定有利于选准株系，保证质量。

（2）保持系、恢复系均设原种圃　不育系一般为三圃，保持系、恢复系设三圃与不育系同步出原种，并不延长原种生产周期，能加大繁殖系数。保持系、恢复系另田设单本原种圃，与亲本繁殖田、制种田分设，可提高种子饱满度、整齐度。保持系原种圃另设，还有利于不育系原种圃早割父本，彻底除杂。

（3）保持系另设株行圃、株系圃　保持系另设株行圃、株系圃，好处很多，可使不育系株行圃、株系圃只用一个回交亲本，免去隔离。由于不必等量选择不育系、保持系单株，而可加大不育系的株选群体。保持另设株行圃，可不割叶、不喷施赤霉素，保留原状，利于评选。可使不育系的株行、株系只与一个保持系或混系回交，使回交亲本一致，利于不育系的正确评选。因此，保持系和不育系的株行、株系圃以分开设置为宜。

（4）三系选种圃、株行圃、株系圃的栽培　设置三圃的稻田前作不宜种粮油作物，可种绿肥，以保证地力一致，便于比较鉴定。且要保证栽培管理精细一致，避免人为误差。

1.1.4.5　原种生产季节的安排　"三系"原种生产各圃的种植季节首先要尽可能地保持一致。不育系、保持系三圃均可春繁、夏繁或秋繁。春繁产量高，但易与早稻串粉。秋繁又常与早稻自生禾以及晚粳同期开花而串粉，而且产量也不稳定。夏繁可以自由选择最佳扬花期，既能避免异花串粉，又可保证安全授粉。所以，株行圃、株系圃应安排夏繁，把花期安排在 8

月中下旬，原种圃面积大，可安排春繁。

1.1.4.6　混系与单系　原种圃有单系繁殖与混系繁殖两种方法。实践证明，以混系繁殖为好。混系可以使三系亲本维持丰富的基因库，使优良性状互补，群体更为稳定，适应性更强，而且混系便于安排繁殖。

1.1.4.7　选择标准　"三系"亲本的单株选择，株行、株系的比较鉴定，必须以各个亲本本身原有的特征特性与典型性为标准，进行筛选鉴定。但由于各性状的遗传特性不同，在性状表现与变异方面也就不同，因而不同的性状应采取不同的方法选择。

（1）众数选择法　始穗期、主茎叶片数、单株穗数采用众数选择法。如 100 个株行，有 60 个在 8 月 20 日始穗，则始穗期的选择标准定为 8 月 19—21 日。主茎叶片数如多数为 12 片，则叶片数的选择标准定为 11~13 片（最好只选 12 片）。单株成穗数变幅大，选择幅度可增大。

（2）平均数选择法　株高、穗长、单株粒重、千粒重等性状采用平均数选择法，选留接近平均数的小区，标准为平均数相加减 1/5 全距。

（3）最优选择法　育性、结实率、抗性、单产均采用最优选择法。育性以典败率、典败株率最高的当选。结实率、抗性和单产从最优的由高到低顺序录取。

（4）综合评选　根据观察记载，考种和单产等资料，以典型性、育性、整齐性为主综合评选，不育系注意育性，不育度达到 99.9% 以上，恢复系、保持系注意典型性、抗性、保持力（100% 保持），恢复系的恢复度达 85% 以上。单株选择、典型性从严。

1.1.4.8　原种生产中的田间栽培管理要求　原种生产中的田间栽培管理，除了坚持一般的杂交稻繁殖制种技术外，还有一些特殊的要求。

（1）三圃田的选择　三系的三圃和优势鉴定圃均需选择地力十分均匀，旱涝保收、排灌方便、不僵苗的田块，还要有利于严格隔离。

（2）群体布局　不育系株行圃、株系圃的父母本行比为 1:（2~4），密度为 17 cm×（17~23) cm，单本栽插，小区定长不定宽，以栽完不育系秧苗为度，小区间留有走道（65 cm）分隔。始穗期每一小区前端留一小块不喷赤霉素、不割叶，以观察其正常抽穗状况。

保持系、恢复系的株行圃、株系圃单本栽培，顺序排列，逢五逢十设对照，采用双行或五行区，密度为 13 cm×17 cm，株系圃的分系鉴定，小区随机排列，3 次重复。以标准种作对照，小区面积一致，规格一致。

（3）严格保纯防杂　播、栽、收、晒、藏的各个环节都要严格防杂，株行、株系圃有杂必除，全行、全系淘汰。原种圃要在始穗期彻底除杂。

（4）观察记载项目

生育期：播种期、移栽期、见穗期、始穗期、齐穗期、成熟期。

典型性状：株型、叶型、穗型、粒型、颖尖是否有芒及长短、叶鞘、稃尖颜色。

植株整齐度：形态性状整齐度，生育期整齐。分好、中、差三级。

抽穗开花状况：保持系、恢复系花药大小（分大、中、小）、散粉状况（分好、中、差），不育系花时，柱头外露率（%）、包颈度（分重、中、轻）。

不育系育性：镜检花粉的组成状况，以群体中染色花粉株率、自交结实率为指标。

主茎叶片数：定株（10株以上），定期（3 d 一次）观察叶龄、分蘖动态。

抗病性：主要对稻瘟病、白叶枯病的抗性。

室内考种：单株有效穗数、株高、穗长、每穗总粒、每穗实粒、结实率、单株总粒重、单株实粒重、千粒重。

1.2　光温敏核不育系的原种生产

导致雄性不育的起点温度必须相对较低是选育实用的水稻光温敏核不育系最重要的技术指标。根据这一标准，中国近几年来已经成功地选育出一批达到实用要求的水稻光温敏核不育系，并在大面积生产中应用。

1.2.1　光温敏核不育系性状变异的表现

水稻光温敏核不育系的育性具有随温度变化而波动的特点。由于变异，同一不育系不同个体之间存在着差异。因此，在不育系的繁殖过程中，若按一般的常规良种繁育程序和方法选种、留种，不育系的不育起点温度不可避免地会逐代升高，最终将导致该不育系因起点温度过高而失去实用价值。这是因为在繁殖过程中，不育起点温度较高的个体，其可育的温度范围较广，在温度经常变化且有时变化幅度较大的自然条件下，结实率一般较高，因而在群体中的比例必然将逐代加大，使群体的育性转换起点温度出现遗传漂移现象。繁殖2~3代以后，达标的不育系就会降级为不合格的不育系（表9-3）。

表9-3　水稻光温敏核不育系不育起点温度的遗传漂移

项目	个体数	占群体的百分比	个体数	占群体的百分比	个体数	占群体的百分比	个体数	占群体的百分比
低温株	1	33.3%	100	16.7%	10 000	7.1%	1 000 000	2.8%

298

续表

项目	个体数	占群体的百分比	个体数	占群体的百分比	个体数	占群体的百分比	个体数	占群体的百分比
中温株	1	33.3%	200	33.3%	40 000	28.6%	8 000 000	22.2%
高温株	1	33.3%	300	50.5%	90 000	64.3%	27 000 000	75.0%
群体总数	3		600		140 000		36 000 000	
世代	当代		第一代		第二代		第三代	

注：假定低、中、高温敏株每株分别结 100 粒、200 粒、300 粒种子。

例如，培矮 64S 的不育起点温度在 1991 年鉴定时为 23.3 ℃，到 1993 年已经上升到 24 ℃以上，有的株系高达 25 ℃以上。湖南杂交水稻研究中心 1990 年从湖北、福建、广东和江西等省征集 W6154S 种子进行观察研究，结果表明，W6154S 在同一生态条件下不同来源的种子其育性转换起点温度很不一致，花粉败育类型和自交结实率株间也有明显的差异。又如衡农 S-1 在 1989 年通过技术鉴定时的育性转换起点温度约 24 ℃。1993 年大面积制种时，敏感期遇上 7 月初日平均气温低于 24 ℃的天气，7 月 20—24 日田间调查，发现散粉株占 15% 左右，个别单株的自交结实率高达 71.38%。光温敏核不育系的变异也表现在生育期、株高以及株叶形等农艺性状上。

1.2.2　光温敏核不育系性状变异的原因

曾汉来等认为，光温敏核不育系育性转换起点温度变化的实质是不育系遗传结构未达到纯合而导致遗传背景的改变。廖伏明等经过研究认为导致光温敏核不育系育性转换起点温度变异的内在原因可能是控制育性转换起点温度的遗传基础不纯，即控制育性转换起点温度的多基因有少数仍处于杂合状态。遗传基因纯化所需的时间与不育系不育基因的来源和遗传背景的复杂性有关。基因数目越多、遗传背景越复杂，纯化所需的时间就越长。

1.2.3　光温敏核不育系原种生产的技术与方法

为了防止光温敏核不育系在繁殖过程中产生高温敏个体的比例逐代增加的遗传漂移现象，袁隆平（1994）提出了水稻光温敏核不育系的提纯方法和原种生产程序：

单株选择—低温或长日低温处理—再生留种（核心种子）—原原种—原种—制种。

具体的操作技术如下：

1.2.3.1　建立选种圃　用原种或高纯度种子建立选种圃。选种圃单株插植，种植密度以

15 cm×15 cm 为宜。选种圃采用一般的栽培管理，保证植株能正常地生长发育以利于根据植株的形态特征选择典型单株。

1.2.3.2　人工气候室处理与筛选　在植株进入幼穗分化 4 期时，将中选植株带泥移栽到盆中。移栽时要尽可能地减少植伤，以使植株能在正常生长条件下处理。敏感期内进行为期 4~6 d 的长日低温处理（14 h 光照，日均温 24 ℃，温度变幅为 19 ℃~27 ℃）。抽穗时逐日镜检花粉育性。凡花粉不育度在 99.5% 以下的单株一律淘汰。

1.2.3.3　核心种子生产　人工气候室处理后当选的植株刈割再生。再生株在田间稀植条件下（30 cm×30 cm）生长，争取多发分蘖。为使再生分蘖能正常生长，应及时剪掉前茬的老茎和老叶。当再生株进入敏感期，移入人工气候室使再生株在短日低温条件下恢复育性（13 h，20 ℃~22 ℃），所结的种子就是核心种子。核心种子在严格的条件下繁殖出原原种，然后再繁殖出原种供制种用。

该程序保持光温敏核不育系育性转换起点温度不产生漂移的关键在于严格控制原种的使用代数，即坚持用原种制种。如果用原种超代繁殖，则可能产生遗传漂移。

这种提纯方法和原种生产程序不仅能保证光温敏核不育系的不育起点温度始终保持在同一个水平上，而且简便易行，生产核心种子的工作量较小。按一株不育系平均结 200 粒自交种子计算，一株再生稻可生产出供 6.7 hm² 制种田的原种。因此这一程序已作为水稻光温敏核不育系提纯和繁殖的标准体系被推广应用。

第二节　亲本繁殖

亲本种子繁殖产量的高低，制约着杂交水稻制种的规模大小；亲本种子质量的好坏，直接影响制种的质量、产量和杂种优势的表现。因此，亲本种子繁殖既要提高产量，又必须保证质量，其中种子纯度必须在 99.0% 以上。

由于"三系法"和"两系法"所利用不育系的雄性不育特性不同，因而不育系繁殖方法与技术各异。三系法的细胞质雄性不育系繁殖需要以保持系为父本，父母本按照一定的行比相间种植，同期抽穗开花，不育系接受保持系花粉，受精结实，生产下一代不育系种子，其繁殖属于异交过程。两系法光温敏核不育系的繁殖是根据不育系的育性表达所需要的温光条件，使育性敏感期处于可育温光条件而转向可育，自交结实种子，其繁殖是自交结实过程。

三系法的保持系和三系法、两系法的恢复系都是雄性正常可育，自交结实的品种（品系），其繁殖不需采用特殊手段，方法简单。

2.1　细胞质雄性不育系的繁殖

三系法不育系的繁殖原理和田间操作方式，虽然与杂交水稻制种基本相同，但仍有三点差异。其一，不育系和保持系的生育期差异较小，父母本播差期短，双亲花期相遇易解决。其二，不育系的分蘖能力和生长势较保持系强，父母本播差期"倒挂"，在繁殖过程中，要特别重视对父本的培养，使父本有充足的花粉量，以满足不育系异交结实的需要。其三，不育系的繁殖是为杂交水稻制种生产种源，种子质量要求高，在繁殖过程中防杂保纯更为重要。不育系与保持系在形态性状上十分相似，除杂保纯技术难度大。

2.1.1　隔离方法

不育系繁殖的花粉隔离，比制种要更严格。在隔离方法上，应尽量选择自然隔离条件。如采用距离隔离，要求 200 m 以上；时间隔离，繁殖田与其他水稻生产田的花期相差 20 d 以上；采用保持系隔离，在繁殖区周围 200 m 以内种植保持系；采用人工屏障隔离，其屏障高度要求 2.5 m 以上，但是，若其他水稻生产田在繁殖区的上风方向，则不能采用人工屏障隔离。

2.1.2　繁殖季节与播种期的安排

不育系的繁殖季节可以分为春繁、夏繁、秋繁与海南早春繁。在长江流域稻区，春繁的花期一般在 6 月下旬至 7 月上旬，夏繁的花期在 7 月下旬至 8 月中旬，秋繁的花期在 8 月下旬至 9 月上旬。海南早春繁的花期在 3 月中旬至 4 月上旬。不育系繁殖以春、夏繁为主，秋繁与海南早春繁为辅。至今，生产应用的不育系和保持系大多属早籼类型，感温性强，营养生长期短，以春繁为宜。

春繁安排在早稻生产季节，对早籼不育系而言，春繁的温光条件最适宜其生长发育，生育期、株叶、穗粒性状能充分获得表现，易构成繁殖的丰产苗穗结构。抽穗扬花期在 6 月下旬至 7 月上旬，温、湿度适宜开花授粉，有利于提高母本异交结实率和繁殖产量。其次，春繁的前作为冬作或冬闲地，无水稻异品种的再生苗和前作掉粒苗，有利于防杂保纯。

不育系繁殖的播种期必须服从抽穗扬花安全期。例如 V20A 在湖南春繁，播始历期 65 d 左右，4 月中旬播种，6 月下旬至 7 月初抽穗开花，确保了抽穗扬花期的安全。

保持系的播始历期较不育系短 3～4 d，且抽穗开花速度也较不育系快，开花历期短 2～3 d。要使保持系与不育系盛花期相遇，应让保持系的始穗期比不育系迟 2～3 d。为此，保持系与不育系的播差期必须倒挂。

不育系繁殖时，保持系可采用一次播种（即一期父本）或分两次播种（两期父本）。采用一期父本繁殖，父母本的播差期安排为 5~6 d，叶差为 1.2 叶。采用两期父本繁殖，第一期父本与不育系的播差期安排为 4 d，叶差为 0.7 叶；第二期父本与第一期父本播种相隔6~7 d。采用一期父本繁殖，易使父本生长整齐、旺盛，群体苗穗较多，颖花数多，花粉量足，繁殖产量较高。采用两期父本繁殖，第二期父本生长量不足，穗少穗小。使繁殖田间整体花粉量减少，而且花粉密度小于一期父本繁殖田，因而繁殖产量不如用一期父本繁殖。但是，用两期父本繁殖，父本的开花授粉历期延长，能与不育系全花期相遇。抽穗速度慢，开花历期长的不育系，可采用两期父本繁殖。

2.1.3　不育系繁殖的栽培技术

2.1.3.1　培育分蘖壮秧和保证基本苗数　培育分蘖壮秧是不育系繁殖高产苗穗结构的基础。父母本在繁殖田的营养生长期短，尤其是父本的营养生长期更短，要建立繁殖的高产群体结构，必须抓好育秧环节。不育系和保持系的用种量足，每亩繁殖田分别用种子 3.0 kg 和1.0 kg。秧田与繁殖田面积之比为 1:（4~5）。秧田平整，施足基肥，稀匀播种，泥浆覆盖，芽期湿润管理。3 叶期追施"断奶肥"，并间密补稀，4 叶期开始分蘖，平衡生长，5.0~5.5叶期移栽。父本可采用旱地育秧或塑料软盘育秧，小苗移栽。不育系繁殖田的父母本行比一般采用 1:6 或 2:（8~10）。

父母本同期移栽或先移栽父本，后移栽母本。为了防止母强父弱，保持系应适当稀植，株行距为 16.7 cm×20 cm，父母本行间距为 23.3 cm×26.7 cm，每亩移栽 0.36 万~0.4 万穴，每穴 3~4 株秧，基本苗 1.5 万株以上。不育系移栽密度为（10~13.3）cm×13.3 cm，每亩移栽 2.8 万~3.0 万穴，每穴 2 株秧，基本苗 10 万株以上。

2.1.3.2　定向培育父母本　不育系繁殖的肥水管理，原则上与制种基本一致。肥料以底肥为主。母本移栽后一般不再施肥，至幼穗分化第 5~6 期或晒田结束后，根据禾苗长相适当补施肥料。在水分管理上，前期浅水促分蘖，中期晒田，孕穗期与抽穗期保持水层，授粉结束后，田间保持湿润状态。

在不育系的繁殖过程中，始终要重视对父本的培养。在强调培育分蘖壮秧的基础上，移栽后必须偏施肥料。为了使肥料尽快有效地对父本发挥作用，可采用两种施肥方法，一是将肥料做成球肥，在父本移栽后 3~4 d 深施于父本行中；二是将父本起垄栽培，在起垄时，将肥料施入泥中。

通过对父母本的定向栽培，使母本每亩最高苗数达 30 万株左右，有效穗 20 万穗以上；

父本每亩最高苗数达 8 万~10 万株，有效穗 6 万穗以上。

2.1.4 花期预测与调节

父母本生育期差异不大，幼穗分化历期相近。为了让父母本的盛花期相遇，父本的始穗期应比母本迟 2~3 d。花期预测时掌握的标准是：幼穗分化前期，父本要比母本慢一期以上（2~4 d），即母本幼穗分化达第二期，父本为第一期，母本至第三期时，父本处于第二期，直至幼穗分化中后期，保持母快父慢的发育进度。预测时发现父母本幼穗分化发育进度与花期相遇标准不相符，应及时采用花期调节措施，其调节措施与制种基本相同。

2.1.5 喷施赤霉素

不同不育系对赤霉素反应有差异，赤霉素用量、喷施方法亦不相同。对保持系喷施技术，需要掌握保持系的始喷时期的抽穗指标，不能与不育系同时同法喷施。繁殖田的父母本生长发育进度存在差异，若对父母本同时喷施赤霉素，必然对一亲本的喷施时期不适时，如以母本的始喷期为准，可能对父本不适时而造成父本植株过高，易倒伏，如以父本的始喷期为准，母本的始喷期已过时，不能使母本有良好异交态势。因此，繁殖田的赤霉素喷施，应根据父母本各自的始喷期，分别喷施。喷施的剂量和次数依不育系对赤霉素的反应而定，参照制种赤霉素喷施技术。

2.1.6 防杂保纯，防止机械混杂

在繁殖过程中，分蘖期、抽穗期要及时除杂。杂株识别的方法和对杂株的处理，可参照制种技术。除杂的重点时期是喷施赤霉素前后的 1~2 d。通过田间的多次除杂，在始穗期进行田间鉴定，含杂率应在 0.05% 以下。授粉结束后 3~4 d，要求田间的杂株完全除尽，组织田间纯度验收。收割前 3~5 d，再次组织田间验收，发证收割。收前逐丘逐行清查，割完父本后再收母本种子。

2.2 光温敏核不育系的繁殖技术

2.2.1 光温敏核不育系繁殖的基本特点

光温敏核不育系的育性表达受其隐性核不育基因与环境条件的共同调控。一个遗传性稳定的不育系在不同的环境条件下其育性表现不同。光温敏核不育系的繁殖是通过选择适合可育的光温生态条件，诱导不育基因转向可育，达到自交结实、繁殖后代的目的。核不育系的繁殖省

去了细胞质不育系繁殖所需的保持系。因此，光温敏核不育系繁殖操作程序比较简单。

在光温敏核不育系的繁殖过程中，由于是自花授粉结实，抽穗开花期的天气变化对繁殖产量的影响相对较小。繁殖产量的稳定性明显优于细胞质不育系。在栽培措施恰当的前提下，若抽穗开花期不遇上不适于水稻开花结实的灾害性天气，核不育系繁殖的自交结实率可达到 60%~70%，每公顷繁殖田的产量可达到 4 500 kg 左右。繁殖田与制种田的面积比例可达到 1:（120~150）。繁殖的经济效益也明显优于细胞质不育系。

虽然光温敏核不育系是自花授粉繁殖，但即使在敏感期和开花期的气候条件适宜，其自交结实率仍不能达到正常水平。在隔离不严时，不育的颖花容易受到外来花粉的串粉而造成生物学混杂，且混杂的个体很难从下一代群体中彻底清除。因此，繁殖田要求严格隔离。

2.2.2　光敏核不育系的高产繁殖技术

2.2.2.1　**秋季繁殖**　光敏核不育系的育性表达在一定温度范围内主要受光照长度的调控，温度起协调作用。因此，光敏核不育系在秋季繁殖，利用光照长度缩短、气温下降的自然条件，恰当地安排育性转换敏感期，诱导不育系育性转向可育，较易获得繁殖高产。光敏核不育系秋繁时为避免秋季可能出现的高温而导致不育，在保证秋繁安全抽穗扬花的前提下，适当推迟播种期、缩短秧龄期，能减少遇上高温的概率，保障繁殖高产、稳产。

至今，光敏核不育系均为粳型。因此光敏核不育系的繁殖在参照一般晚粳的栽培技术外，还应注意以下两点：

（1）选择隔离区，防止生物学混杂　利用空间隔离（距离）的方法，要求隔离的距离大于 500 m。如果用花期（时间）隔离的方法，要求与异品种的花期相差 20 d 以上。

（2）确定播种移栽期　根据不育系的生育期，结合当地的光温气象资料确定适宜的播种期。要求既保证不育系的育性敏感期（抽穗前 20.7 d）在适于诱导育性转为可育的光温时段，同时又能保证不育系安全抽穗扬花。7001 S 和 5088 S 在合肥、武汉秋繁的适宜播种期为 6 月 25 日。秧龄 25 d，最多不超过 30 d。育性转换敏感期在 8 月 20 日至 9 月 8 日期间。抽穗扬花期在 9 月 10—15 日。自交结实率可达 60% 左右，繁殖产量可达 4 000~4 500 kg/hm²。

2.2.2.2　**再生繁殖**　用光敏核不育系在长日高温条件下制种，收割后接着利用秋季短日低温条件再生繁殖。采用制种后的再生繁殖，必须强调以下两点：

（1）为了确保再生繁殖的种子纯度，制种所用的不育系种子纯度要达到原种标准。制种田授粉后或收割后严格清除父本稻苑，防止父本有再生苗发生。

（2）在栽培技术上要着重为再生繁殖的群体打好基础。夏季制种有效穗多，再生群体的穗数也相应较多。在制种田收割前15 d左右要根据植株的营养状况适量追施一次氮肥，为再生苗的生长提供养分准备。制种田后期保持湿润状态，防止脱水过早或长期深水灌溉。做到养根保秆，秆活才能保障腋芽处于萌发状态。特别要注意控制稻飞虱和纹枯病的发生，避免死秆或倒伏。收获时留苗至倒三节以上。

2.2.2.3　海南冬繁　现在生产上应用的光敏核不育系都是粳稻类型，在海南冬季种植生育期显著缩短，穗数减少、穗型变小。但是海南冬季的短日低温气候条件却很适于诱导光敏核不育系的育性转为可育，自交结实率较高。因此，海南冬繁高产的关键在于通过采用短秧龄（15~20 d）、高肥（重施基肥、早施追肥，延长营养生长期）、加大插植密度（13.3 cm×16.6 cm），通过提高有效穗数和穗粒数达到增加单位面积总颖花数、提高产量的目的。

2.2.3　温敏核不育系的高产繁殖技术

2.2.3.1　春繁　温敏核不育系的育性转换主要受环境温度的调控。将不育性的敏感期安排在环境温度低于育性转换起点温度以下的时段，是提高自交结实率，获得温敏核不育系繁殖高产的关键。春繁是利用春季气温由低到高逐步回升的自然规律，选择适当的低温时段安排不育系的敏感期，使温敏核不育系的育性恢复。在后期气温升高条件下抽穗扬花，达到繁殖目的。春繁的优点是生产简便易行，一般种子质量较好。其难度在于春季气温波动较大，预期的低温时段有可能出现较高温天气，影响繁殖产量的稳产性。春繁主要有本地（高纬度）和海南（低纬度）两种选择。本地春繁由于前期的气温偏低而不能提早播种，因此繁殖的不育系必须是早稻类型的品种，以保证能在春季气温适宜阶段通过敏感期。由于低纬度地区水稻可以周年生长，因此海南春繁可以根据预期的敏感时段安排播种期，繁殖的不育系不受生育期的限制。

2.2.3.2　高海拔繁殖　高海拔地区气候凉爽，昼夜温差大。容易找到温敏核不育系繁殖的适宜条件。适于温敏核不育系繁殖的海拔高度在900~950 m。随着海拔高度的升高，不育系的生育期延长、穗形变小。不育系的繁殖产量随海拔高度的升高而逐步增加，在最适宜的海拔高度达到最大值。然后随着海拔高度的继续升高，不育系的繁殖产量又逐步下降（表9-4）。高海拔地区一般春季气温偏低，播种不能过早。秋季气温下降较快，抽穗不能太迟。受生长季节的限制，生育期偏长的不育系须采取温室育秧或地膜覆盖保护育秧等措施来增加前期积温，缩短全生育期，以保证不育系能在适宜的条件下正常生长发育和灌浆成熟。或采取山下稀播培育多蘖壮秧山上栽插的办法，能有效地提早播期，以利安全扬花、灌浆成熟。

表 9-4　安农 810S 在不同海拔高度繁殖性状表现（邓华凤，1999）

年份	海拔/m	株高/cm	播始历期/d	主茎叶数/片	单株有效穗/穗	穗长/cm	穗总粒数/粒	结实率/%	千粒重/g	花粉可育度/%	剑叶		谷粒		实际产量/(t/hm²)
											长/cm	宽/cm	长/cm	宽/cm	
1997	980	65.1	75	14	13.1	15.9	63.4	60.6	22.4	87.0	18.8	0.80	0.84	0.28	2.74
	120	61.0	60	12	10.0	19.0	108.0	0	24.0	0	23.0	1.30	0.86	0.29	0
	800	72.0	70	13.5	11.0	18.1	70.2	56.9	22.7	68.0	20.0	0.90	0.84	0.28	2.98
	830	72.0	72	14.0	11.0	17.8	70.5	68.0	22.7	69.0	21.0	0.90	0.84	0.28	3.53
	860	71.5	73	14.2	13.0	18.2	68.0	66.2	22.7	71.5	19.1	0.90	0.84	0.28	3.87
	890	69.8	75	15.0	13.0	18.0	66.7	72.0	22.6	79.0	19.0	0.88	0.84	0.28	4.50
1998	920	68.1	75	15.0	14.1	17.0	60.0	71.0	22.6	81.9	18.8	0.85	0.84	0.28	4.16
	950	66.3	77	15.6	14.9	16.1	60.2	63.5	22.1	84.8	18.5	0.85	0.84	0.27	4.05
	980	65.0	78	16.0	16.0	15.5	55.5	56.3	22.1	86.0	18.0	0.80	0.84	0.27	3.18
	102	63.0	80	16.3	16.2	14.0	51.0	48.1	20.0	88.0	17.0	0.78	0.84	0.27	2.25
	120	61.0	61	12.0	9.8	19.5	110.0	0	24.0	0	23.5	1.30	0.85	0.28	0

2.2.3.3　冷灌繁殖　依靠自然条件繁殖温敏核不育系最大的限制因素是多变的气候造成繁殖的条件不稳定，繁殖产量变幅较大。1991 年罗孝和发现冷水灌溉可以代替低气温的效果（表 9-5）。

表 9-5　培矮 64S 地下水（20.00 ℃～21.14 ℃）处理的单株可染花粉率（罗孝和，1991）

单位：%

观察日期（月/日）	地下水处理			自然条件（CK）		
	1	2	3	1	2	3
7/18	1	50	30	0	0	0
7/19	90	90	70	0.1	0	0
7/20	90	90	70	0	0	0
7/21	95	95	80	0	0	0
7/22	60	95	95	0	0.1	0
7/23	90	95	95	0	0	0
7/24	80	90	95	0	0	0
7/25	1	30	30	0	0.1	0

306

续表

观察日期	地下水处理			自然条件（CK）		
（月/日）	1	2	3	1	2	3
7/26	0	2	0	0	0	0.1
7/27	0	0	0	0	0.1	0

周承恕等（1993）、徐孟亮等（1996）研究证实了核不育系植株对温度敏感的部位是发育中的幼穗（表9-6），并提出了必须达到适宜的灌水深度才能保证穗部处于育性转换所需的温度条件。

低温敏不育系的冷水灌溉繁殖技术经过几年的研究和探索，已经形成了一整套完善的实用技术。

表9-6　培矮64S不同处理的育性表现（徐孟亮等，1996）

抽穗日期	处理Ⅰ		处理Ⅱ		抽穗日期	处理Ⅰ		处理Ⅱ	
（月/日）	A	B	A	B	（月/日）	A	B	A	B
9月29日	2.5	0.6	0.7	0	10月7日	—	—	0.4	0
9月30日	4.3	0.4	0.7	0	10月8日	—	—	0.1	0
10月1日	15.5	6.5	—	—	10月9日	39.4	26.6	0.6	0
10月2日	18.5	8.9	0.2	0	10月10日	39.7	25.1	0.2	0
10月3日	14	6.9	0.1	0	10月11日	32.2	18.1	0.6	0
10月4日	33.8	17.6	0.8	0	10月12日	13.8	5.1	0.4	0
10月5日	30.6	13.8	0.5	0	10月13日	17.7	6	0	0
10月6日	—	—	0.3	0	平均	21.8	11.3	0.4	0

注：处理Ⅰ幼穗感受低气温（21.6℃）；处理Ⅱ幼穗感受较高水温（25.0℃）；A花粉可染率（%）；B套袋结实率（%）。

（1）基地选择　冷灌繁殖基地选择的首要条件是必须有充足的低温水资源。利用底层冷水发电的水库最为适宜。水库的出口水温在16℃~18℃较好。以面积为7 hm² 的冷灌基地为例，稻田的入口水温18℃左右，出口水温24℃左右，在日平均气温30℃左右的条件下0.4 m³/s 的流量基本可以满足繁殖灌溉的需要。按此计算，24 h约需水34 560 m³。按冷灌起止15 d推算，共需灌水518 400 m³。由于水库的主要任务是保证大面积农田灌溉和发电，在选择水库库容条件时须综合考虑大面积灌溉与冷灌用水的需水总量。良好的隔离条件、无检疫性病虫害也是选择繁殖基地时必须考虑的因素。

（2）季节选择　冷水灌溉繁殖基本上摆脱了自然条件的限制，但选择适宜的季节仍是提高繁殖产量、降低用水成本的有效措施。春季是冷灌繁殖的最佳季节。由于春季气温不高，冷水灌溉可以用作辅助措施。当气温较低时停止灌水，温度偏高时辅以冷灌。春季冷灌既可以节约用水、降低成本，又能减少因长时间冷水灌溉对植株生长发育的不良影响（叶片死亡，根系活力下降，颖花、枝梗退化，纹枯病、稻飞虱危害）。安排繁殖季节和冷灌的时间要注意避开大面积生产用水的高峰期（如"双抢"季节）。

（3）冷灌的起止时期　核不育系的育性转换敏感期是从雌雄蕊形成期至花粉母细胞减数分裂期，即幼穗分化的第 4~6 期。冷灌从 4 期初开始至 6 期末结束。时间为 12~15 d。正确抽样是确定冷灌始期的基础。考虑到主穗与分蘖发育的差异，田间抽样要整蔸调查，并要求在同一行连续调查 5~10 蔸，每丘（1 丘 ≈ 6 666.7m²）田调查 5 个点。抽样田要根据生长发育的情况分类后确定。

（4）冷灌的深度　研究已经证明，核不育系育性转换对温度最敏感的部位是发育中的幼穗。气温高于核不育系的育性转换起点温度时，必须将低温水灌至幼穗高度才能提高核不育系的可育花粉率进而提高繁殖产量。因此，冷灌的深度是繁殖成败的重要指标。具体的灌溉深度要根据不同的不育系和不同的栽培情况确定，以淹没发育中的幼穗为宜。

（5）冷灌的方式　冷水均匀地流过全田，使各点的水温保持一致是提高群体平均结实率的关键措施。首先必须将灌、排水沟分开设置。稻田的进水田埂一侧要设多个进水口，促使水流均匀通过稻田。流过稻田后的水因温度升高，经排水沟排出。在整个冷灌基地从进水口到最后的出水口要设多个水温监测点。冷灌的水温通过调节流量来控制。最后出水口的水温监测是调节流量的依据。

（6）冷灌田的栽培管理　冷灌繁殖田栽培的主要目标是获得发育整齐多穗的群体。发育整齐的群体便于掌握和控制冷灌的起止时期。为提高群体的结实率，发育不整齐的群体必将拉长冷灌的时间，势必加重冷灌对稻株生长的不利影响。获得整齐群体的基础是培育分蘖壮秧，单本密植多蘖秧，插足基本苗。移栽后通过加强肥水管理控制无效分蘖的发生。生长前期要适当控制氮肥，防止植株生长过嫩。冷灌前追施一次磷、钾肥以提高植株的耐寒能力，减少冷害的影响。冷灌后及时追施一次氮肥，尽快恢复稻株的正常生长。抽穗期适时适量喷施赤霉素能解除包颈、疏松穗层，减轻病害。冷灌繁殖田在做好一般大田植物保护的前提下，重点防治好纹枯病和稻粒黑粉病。

2.3　保持系和恢复系的繁殖

保持系和恢复系自交结实正常，繁殖系数高，繁殖技术较简单。

2.3.1 保持系和恢复系繁殖的种源

尽管不育系繁殖田的保持系和杂交水稻制种田的恢复系均可以留种，但是，为了提高不育系繁殖种子的纯度，繁殖田的保持系在授粉后被割除，不让其种子成熟。繁殖田和制种田喷施赤霉素后，保持系与恢复系的植株形态发生了变化。因此，保持系与恢复系不能在繁殖制种田留种，应单独设立繁殖田。保持系和恢复系繁殖的种源来自原种。

2.3.2 繁殖季节和基地的安排与选择

繁殖季节首先应根据保持系、恢复系的生育期而定。早稻类型的保持系、恢复系应安排早稻生产季节繁殖，中、晚稻类型的保持系、恢复系应安排中、晚稻生产季节繁殖。各类型生育期的亲本分别在相应的生产季节繁殖，有利于充分表现其典型性和提高繁殖产量。其次，根据来年繁殖、制种对保持系、恢复系种子量的需要，安排异地、异季繁殖，即本地异季繁殖和异地异季繁殖。本地异季繁殖是指早稻类型亲本安排晚稻生产季节繁殖。无论何种生育期类型亲本均可安排异地异季繁殖，如湖南的杂交亲本安排在广西、广东、海南等地秋繁或冬繁。

2.3.3 繁殖田的栽培管理

2.3.3.1 育秧与移栽　每亩繁殖田用种量，保持系 $2.0\,kg$，恢复系 $1.5\,kg$。平整秧田，施足基肥。每亩秧田播种量 $10\sim15\,kg$。在稀匀播种的基础上，3叶期间密补稀，追施"断奶肥"，力求秧苗生长平衡，缩小单株之间秧苗素质的差异。适龄移栽，防止超龄移栽，导致大田生长发育不正常。大田移栽密度 $13.3\,cm\times20\,cm$，每穴单株或双株移栽，大田应分厢移栽，每 $15\sim20$ 行留一走道，以便田间操作。

2.3.3.2 大田管理　繁殖田应以基肥为主，追肥为辅。施肥、灌水、病虫防治等措施强调及时、适度，既保证培养高产苗穗结构，扩大种子繁殖系数，又必须防止肥水管理不当，病虫防治不力，造成贪青、倒伏，影响种子质量。

2.3.3.3 防杂保纯　防杂保纯始终是种子繁殖的重点。繁殖种子应选择前作未种水稻的田块，防止前作水稻异品种的掉粒苗及再生苗种子混杂。繁殖技术人员必须掌握本品种典型性，在繁殖过程中严格除杂去劣。抽穗期是品种特征特性表现最充分最明显的时期，应逐丘逐穴检查，将杂株除净。一穴中只要发现一穗杂，就应将全穴拔除，并及时搬出繁殖田。除杂后，组织检查验收后才能收割。收割、脱粒、干燥、加工、运输、贮藏等操作都必须严防机械混杂。保持系、恢复系繁殖田的含杂率应保证在万分之一以内，所繁殖的种子，其纯度达到国家标准。

References

参考文献

[1] 袁隆平，陈洪新，王三良，等. 杂交水稻育种栽培学 [M]. 长沙：湖南科学技术出版社，1996.

[2] 陆作楣. 杂交稻退化问题研究 [C] // 湖南杂交水稻研究中心. 杂交水稻国际学术讨论会论文集. 北京：学术期刊出版社，1986.

[3] 周天理，童学军. 杂交稻混杂原因的研究（Ⅰ）机械混杂问题 [J]. 杂交水稻，1986（2）：36-37.

[4] 周天理，童学军. 杂交稻混杂原因的研究（Ⅱ）生物学混杂问题 [J]. 杂交水稻，1986（3）：29.

[5] 周天理，童学军. 杂交稻混杂原因的研究（Ⅲ）不育系本身的育性变化 [J]. 杂交水稻，1987（3）：32-35.

[6] 陆作楣. 水稻雄性不育系自交结实问题的探讨 [J]. 种子，1988（2）：23-26.

[7] 陆作楣. 对水稻雄不育保持系的再认识 [J]. 种子，1993（2）：51-52.

[8] 张桂芳，杨孚初，张世辉，等. 恢复系密阳 46 变异现象初步研究 [J]. 杂交水稻，1999（3）：15-16.

[9] 童海军，陈昆荣，陈建明. 杂交水稻三系提纯复壮技术的改进与提高 [J]. 种子，1992（1）：71-72.

[10] 陆作楣，陶瑾，孙荣才，等. 论我国杂交水稻亲本繁育技术的演变 [J]. 杂交水稻，1993（2）：1-3.

[11] 陆作楣. 杂交水稻良种繁育体系的研究 [J]. 杂交水稻，1994（3~4）：52-54.

[12] 颜应成，郭名奇. 杂交水稻三系亲本原种使用年限研究 [J]. 杂交水稻，1989（6）：15-19.

[13] 汪良成. 论杂交水稻三系的防杂保纯与原种更新 [C] // 湖南杂交水稻研究中心. 杂交水稻国际学术讨论会论文集. 北京：学术期刊出版社，1986：273-279.

[14] 袁隆平. 水稻光温敏不育系的提纯和原种生产 [J]. 杂交水稻，1994（6）：1.

[15] 廖伏明，袁隆平. 水稻光温敏核不育系起点温度遗传纯化的策略探讨 [J]. 杂交水稻，1996（6）：1-4.

[16] 周承恕，刘建宾，吴坤永，等. 低温敏核不育系冷水灌溉繁殖技术研究 [J]. 杂交水稻，1993（2）：15-16.

[17] 徐孟亮，周广洽. 培矮 64S 育性表达的敏感部位研究 [J]. 杂交水稻，1996（2）：28-30.

[18] 罗孝和. 培矮 64S 地下水处理试验小结 [J]. 杂交水稻，2000（专辑）：35.

[19] 邓华凤. 水稻温敏不育系高海拔低产田繁殖技术研究 [J]. 杂交水稻，1999（5）：18-20.

[20] 刘爱民，袁振兴. 一项繁殖不育系的高产技术 [J]. 湖南农业科学，1990（4）：32-34.

[21] 徐根源. 杂交水稻三系繁殖 [C] // 湖南杂交水稻研究中心. 杂交水稻国际学术讨论会论文集. 北京：学术期刊出版社，1986（6）：266-267.

第十章

三系法杂交水稻制种

由于杂交水稻是利用双亲杂交第一代（F_1）的杂交优势，第二代（F_2）产生分离。因此，必须年年制种才能保障大田生产用种。杂交水稻的制种，是以雄性不育系作母本，雄性不育恢复系作父本，按照一定的行比相间种植，使双亲花期相遇，不育系接受恢复系的花粉而受精结实，生产杂交种子。所以，杂交水稻的制种又称为水稻的异交栽培。在整个生产过程中，技术性强，操作严格，一切技术措施都主要是为了提高母本的异交结实率。制种产量的高低和种子质量的好坏，直接关系到杂交水稻的生产与发展。

中国自 1973 年实现籼型野败三系配套以后，各地对杂交水稻的制种进行了广泛而深入的研究。在 20 多年的研究与实践中，创造和积累了极其丰富的理论与经验，从理论到实践形成了一套较为完整的制种技术体系，制种产量逐步提高。1973 年杂交水稻制种，产量仅 90 kg/hm^2。1982 年全国制种面积达 15.13 万 hm^2，平均产量达 892.5 kg/hm^2。1985 年全国制种面积 12 万 hm^2，平均单产超过 1 500 kg/hm^2。湖南是当时全国制种面积最大省份之一，1981 年全省单产突破 800 kg/hm^2，1983 年突破 1 750 kg/hm^2。1985 年全省制种面积 1.64 万 hm^2，平均单产 2 067.0 kg/hm^2，其中有 3 个地（市），32 个县单产超过 2 250 kg/hm^2，3 个县单产超过 3 000 kg/hm^2。20 世纪 80 年代后期，全国各地进一步进行制种技术的攻关，开展了超高产制种技术研究，对制种的生态条件、父本的播期数、父母本花期花时相遇标准、父母本高产群体苗穗结构及颖花比例、赤霉素喷施剂量和喷施方法，以及人工辅助授粉的时

间、工具和方法等进行深入系统研究，使制种产量又上了新的台阶，大面积制种单产突破了
3 000 kg/hm²。高产典型单产突破了 6 000 kg/hm²。1986 年，四川省中江县 217 hm²
制种田，在全国率先突破单产 3 750 kg/hm²。1987—1989 年，湖南省绥宁县连续 3 年
制种单产超过 3 000 kg/hm²，其中 7.87 hm² 制种田平均单产超过了 5 250 kg/hm²，
2 hm² 平均单产超过 6 000 kg/hm²（表 10-1）。90 年代以来，一方面，超高产制种技术在
全国各地推广，大面积制种单产稳定在 3 000 kg/hm² 左右。制种产量的提高，保障了杂交
水稻生产种子数量和质量，促进了杂交水稻快速稳定的发展。

表 10-1　湖南省历年杂交水稻制种面积与产量

年份	三 系						两 系		
	面积 /hm²	春制 /%	夏制 /%	秋制 /%	单产 /(t/hm²)	总产 /(t/hm²)	面积 /hm²	单产 /(t/hm²)	总产 /(t/hm²)
1975	253.3			100	0.261	65.9			
1976	49 200.0			100	0.324	15 949.2			
1977	55 060.0			100	0.381	20 980.4			
1978	61 400.0		11.2	88.8	0.498	30 580.0			
1979	37 966.7				0.597	22 694.6			
1980	42 340.0		15	85	0.706 5	29 877.7			
1981	32 100.0		22.1	77.9	0.805 5	25 845.9			
1982	34 773.3		36.9	63.1	0.981 0	34 103.1			
1983	25 773.3	6	49	45	1.753 5	44 845.2			
1984	16 960.0	13.1	46.2	40.7	1.836	31 144.5			
1985	16 413.3	12	47.3	40.7	2.067	33 948.7			
1986	19 986.7	17.9	42.6	39.5	2.302 5	46 032.6			
1987	29 440.0	25.5	36.2	38.3	2.424 0	71 367.4			
1988	28 626.7	34.6	26.3	39.1	1.479 0	42 316.8			
1989	33 566.7	40.5	27.9	31.6	1.938 0	65 062.2			
1990	36 153.3	53.4	23.3	23.3	2.719 5	98 319.6			
1991	21 373.3	53.8	26.4	19.8	2.650 5	56 668.9			
1992	20 006.7	52.4	27.2	20.4	2.482 5	49 703.1			
1993	19 473.3	52.1	33.4	14.5	2.368 5	46 135.9			
1994	19 680.0	55.6	30.2	14.2	2.232 0	43 926.3	270	1.339 5	361.8

续表

年份	三 系						两 系		
	面积 /hm²	春制/%	夏制/%	秋制/%	单产/(t/hm²)	总产/(t/hm²)	面积 /hm²	单产/(t/hm²)	总产/(t/hm²)
1995	24 906.7	57.8	26.6	15.6	2.503 5	62 368.4	400	2.500 5	1 000.0
1996	18 566.7	69.6	21.8	8.6	2.271 0	42 311.0	728.5	2.071 5	1 509.4
1997	15 160.0	59.4	28.3	12.3	2.533 5	38 422.5	913.9	2.221 5	2 030.4
1998	15 546.7	56.3	28.8	14.9	2.497 5	38 596.2	1 137.4	2.460	2 797.9
1999	16 953.3	51.8	39.1	9.1	2.748 0	46 892.3	1 733.3	2.440 5	4 229.8

第一节　亲本的异交特性

1.1　不育系的异交特性

不育系的异交特性包括抽穗特性、开花习性、柱头特性等。抽穗特性是指抽穗速度、吐颈程度，主要影响穗粒外露状态。当然，植株叶片的性状也影响穗粒外露程度。植株上部叶片较长，尤其是剑叶较长（25 cm 以上）、较厚、坚韧挺拔，抽穗时形成"叶下禾"，对穗粒外露十分不利。开花习性是指开花时间（群体始花时间、盛花时间、终花时间）、张颖时间（历期）、张颖角度等。主要影响父母本的花时相遇程度。柱头特性是指柱头外露率、柱头大小和柱头生活力，其中柱头外露率又分为单边外露率和双边外露率。在不育系抽穗开花期间，各种异交性的综合表现成为其异交态势，异交态势的好坏，直接影响不育系的异交结实率。

1.1.1　不育系异交态势与茎叶穗粒性状的关系

对不育系异交态势的考察，一般是通过对株高、倒二节、倒三节和穗颈节的节间长、叶鞘长及叶片长宽、穗长、颈粒距（穗颈节至穗基部第一颗颖花基部之间的距离）、剑叶伸展角度、包颈粒数等性状进行调查分析，由此可计算穗外露率、颖花外露率、抽穗包颈长度。其中包颈长度等于穗颈节叶鞘长减去穗颈节节间长。其值为负数时说明稻穗完全抽出，绝对值越大，稻穗伸出叶鞘越高；其值为正数时说明稻穗没有完全抽出，其值越大，表明包颈越严重。穗粒外露率计算公式如下：

$$穗粒外露率（\%）=\frac{穗长-颈粒距-\dfrac{包颈长度-颈粒距（为正值）}{2}}{穗长-颈粒距}\times100\%$$

（当包颈长度≤颈粒距时，穗粒外露率为 100%）

包颈粒率计算公式如下：

$$包颈粒率（\%）=\frac{包颈粒数}{穗长-颈粒距}\times100\%$$

穗叶顶距的计算公式如下：

$$R=L-N-I\cos\alpha$$

式中 R 为穗叶顶距，L 为穗长，N 为包颈长，I 为剑叶长，α 为剑叶伸展角度。

当 R 为正值时，说明穗层高于叶层，R 值越大，穗层比叶层更高，表现为"叶上禾"；当 R 为负值时，穗层低于叶层，稻穗淹没在叶层之下，表现为"叶下禾"；当 R 为零时，穗叶同层。

对不育系群体异交态势的描述，必须综合考虑株高、包颈长度、穗粒外露率及穗叶顶距等方面。不育系最佳异交态势应该是株高适宜（较父本矮），包颈长度为 0~2 cm，穗粒外露率 >95%，1/2 穗长≤穗叶顶距≤ 1/3 穗长。

1.1.2　不育系异交态势的多样性

1.1.2.1　植株结构　植株结构是指株高及其各节间长度的组成状况。株高主要由穗长、穗颈节间长、倒二、倒三、倒四节节间长所组成。由于穗颈节和倒二节（剑叶节）在外源赤霉素（九二〇）处理后基本同步伸长，甚至倒二节伸长迟于穗颈节。两节间处于植株的中上部，因此称为高位节，该两节以下的节称为低位节。植株结构的组成主要由高位节与低位节节间长的比例和株高所决定。高、低节位间长之比称为高低节位比值。根据比值的大小，可将植株结构分为三种类型：一是高位节伸长型。其特点是低位节间短，高位节间长，高低节位比值大，一般大于3，株高适中，基本无包颈，这种类型有利于异交。二是低位节间伸长型。其特点是低位节间及高位节间都长，高低节位比值小，株高较高，茎秆纤细，易倒伏，这种类型的异交性能一般较差。三是节间未伸长型。其特点是高位节间和低位节间都短，伸长幅度小，高低节位比值中等。形成这种植株结构的原因往往是赤霉素使用太迟或用量不足，对植株结构没有显著的改变，包颈仍很严重，异交性能最差。

根据对包颈粒率在 30% 左右的籼型不育系考察，要使这类不育系建立良好的受粉态势，则要求在喷施赤霉素后穗颈节伸长 40% 以上，剑叶节伸长应控制在 100% 左右，倒三节伸长

314

控制在60%左右，倒四节尽可能不伸长，株高增高控制在80%以下。

植株结构对不育系异交结实的作用主要有三个方面：一是株高直接影响花粉的传播效果。制种技术上要求父本比母本高，至少也应保持同等高，才有利于父本花粉向母本厢中的穗层传播；二是决定穗层穗粒结构的优劣；三是通过体内营养状况影响高产性能和异交性能，植株生长过高、节间过于伸长，抗倒伏力差，往往需消耗相当多的养分，导致营养匮乏，从而影响千粒重等高产性能，也影响柱头外露与生活力等。

1.1.2.2　穗层结构　穗层结构是指穗层的组成状况及其疏密程度。穗层主要由稻穗、剑叶叶片及倒二叶叶片组成。不育系由于包颈，剑叶叶鞘常成为其组成部分。穗层结构状态主要取决于稻穗与叶片所占的比例及相对位置。根据比例和叶片的位置大致可分为穗子型、穗叶型和叶子型三种穗层结构类型。

穗子型结构的穗颈节节间较长，没有包颈，穗层中基本没有叶鞘和倒二叶，剑叶伸展角度大，呈平展状态，穗层上部基本没有叶片，穗叶顶距在10 cm以上。穗形疏松，花粉传播障碍少，传播效率高。空间疏松，透气通风性好，穗层升温快，露水蒸发快，有利于提早不育系花时，稻粒黑粉病发病轻。培育稻穗整齐一致、抽穗历期短、冠层叶片短的苗穗群体是形成穗子型穗层结构的基础。

穗叶型结构的穗颈节伸出了剑叶叶鞘，基本上没有包颈或轻度包颈。稻穗与剑叶叶片及部分倒二叶叶片交错在一起，穗叶顶距在0左右。由于抽穗欠整齐，抽穗历期较长，导致稻穗分层（俗称"三层楼"），穗层较厚，穗层中穗子、叶片、茎秆交错。这种穗层对花粉的利用率较高。另外由于剑叶和倒二叶叶片较长，加上剑叶伸展角度小，亦形成穗叶同层现象，叶片对花粉传播不利，一般应轻度割叶，改善穗层状况。

叶子型结构的穗层较矮，包颈重，叶层高于穗层，穗叶顶距<−5 cm，稻穗被掩藏在叶片之中，穗形紧凑。这种结构对花粉的传播阻碍大，花粉利用率低。穗形紧密，通风透气、透光性差，易发生病虫害，特别易发稻粒黑粉病和引起穗上芽及穗萌动。形成叶子型穗层结构的原因主要是赤霉素喷施太迟或用量太少，或者不育系本身对赤霉素特别钝感，剑叶较长，硬挺不披等。

1.1.2.3　穗粒结构　穗粒结构是指不育系稻穗颖花的组成状况。稻穗的颖花有包颈颖花或包颈粒、闭颖粒（不开花粒）和正常开花粒。

包颈颖花数占总颖花数的百分率为包颈粒率，闭颖颖花数占总颖花数的百分率为闭颖率。

包颈粒率是反映赤霉素喷施效果的重要指标。籼型不育系在不喷施赤霉素时，包颈粒率为20%～30%，喷施赤霉素后，包颈粒率大大降低，可以达到没有包颈颖花粒，完全解除抽穗卡颈状态。

闭颖在不育系中表现比较普遍，一般在 2%～20%。闭颖的原因与开花天气及不育系本身的生理生化特性有关。开花期天气好，闭颖率低，而低温阴雨天气常导致闭颖率提高。

母本穗粒结构的好与不好，影响对父本花粉的接受。降低闭颖粒率和包颈粒率，相应提高了开颖率与穗粒外露率，是提高不育系异交结实率的途径。

不育系的植株结构、穗层结构、穗粒结构是相互联系、相互依赖的三个方面，只有三个方面都达到良好的结构状态，才能表现最佳的授粉姿态。

1.1.3　柱头外露与柱头生活力

1.1.3.1　柱头外露率　水稻雄性不育系开花时部分颖花柱头外露，闭颖后留在颖壳外面是一种适应异交的生物学特性。雄性正常可育的水稻品种，柱头外露率低。柱头外露的颖花数占总颖花数的百分率称为柱头外露颖花率，简称柱头外露率。柱头两个羽状分枝同时外露称为柱头双边外露，双边柱头外露颖花数占总颖花数的百分率称为双边柱头外露率。柱头仅一个羽状分枝外露则称为单边柱头外露，所占总颖花数的百分率称为单边柱头外露率。

不育系间的柱头外露率有较大差异，有些不育系的柱头外露率在 60%～70%，甚至 70% 以上，且双边柱头外露率 30%～40%，如优 IA、II 32A、枝 A 等。有些不育系的柱头外露率在 50% 左右，且双边柱头外露率只有 10%～20%，如 V20A、珍汕 97A 等。

抽穗开花期稻株的营养状况对柱头外露率有较大影响，于宗谦观察发现营养充足的田块，不育系柱头外露率高，缺肥少水营养不良的田块柱头外露率低。黄培劲等的研究认为，不育系存在柱头外露的营养敏感期，一般在抽穗前 15 d 至开花期。

1.1.3.2　外露柱头的生活力　不育系外露的柱头在开花闭颖以后仍具有一段时间的生活力，能接受花粉受精结实。采用开花后逐日充足授粉，并分别调查异交结实率的方法来研究柱头生活力。柱头的生活力以开花当天最强，结实率可达 60%～90%，以后逐日减弱，大约每经历 1 d，结实率下降 20% 左右，开花闭颖后 5～7 d，柱头生活力完全丧失（表 10-2）。外露柱头的生活力一般以柱头生活力系数表示，即外露柱头颖花开花后 2～4 d 的生活力与开花当天柱头生活力之比。

316

表 10-2　不育系柱头生活力（结实率）测定结果

单位：%

资料来源	系名	开花后天数 /d							备注
		0	1	2	3	4	5	6	
严文贵等（1987）	珍汕 97A	84.47	65.37	46.94	13.09	8.06	0	0	均为柱头外露颖花结实率
	D 汕 A	74.84	59.76	34.23	26.60	1.59	0	0	
	冈汕 A	84.49	58.41	35.31	19.27	9.20	8.11	0	
陈多璞等（1988）	协青早 A	75.0	52.0	62.50	12.5	0	0	—	开花后剪颖授粉
	珍汕 97A	80.0	80.6	80.0	47.6	—	16.0	—	
李庆荣伍先敏	珍汕 97A	48.98	41.53	37.07	13.65	0	—	—	所有颖花结实率
		55.32	51.64	37.34	28.57	18.28	5.46	0	
曾日勇等（1996）	K17A	85.2	67.1	53.5	32.7	22.3	18.7	6.8	柱头外露颖花结实率
	珍汕 97A	82.8	49.9	35.5	21.5	10.0	3.6	1.7	
	Ⅱ 32A	79.0	57.7	41.0	23.8	13.2	8.9	3.3	

不育系外露柱头生活力与柱头外露的程度有关。柱头外露越多，柱头越宽大，羽状分枝数越多，越不易干燥失水失活，反之则易失水降低生活力。双边外露颖花的柱头生活力比单外露柱头强。开花期天气条件对外露柱头的生活力影响较大。开花期有充足的营养供应是保持柱头生活力所必需。在不育系盛花期多次喷施各种微肥与赤霉素，可提高柱头生活力。高温干燥的天气条件易使外露的柱头很快失水而失去活力。因此，在高温天气里，应尽可能提高田间穗层的湿度，保持柱头生活力。

1.1.3.3　柱头外露颖花异交结实率的稳定性　柱头外露颖花的结实粒数占总柱头外露颖花的百分数称为外实率，柱头非外露颖花的实粒数占总非外露颖花的百分数称为非外实率。由于外露的柱头具有较长时间的授粉受精能力，因而柱头外露颖花的结实包括开花当天和开花当天以后的授粉结实，而柱头非外露颖花的结实仅靠开花当天父母本花时相遇而授粉结实。所以，柱头外露颖花与非外露颖花的结实率有很大差别。据研究，外实率可达 50%～90%，而非外实率只有 10%～30%（表 10-3）。柱头单边外露颖花的结实率（单外实率）比双边柱头外露颖花结实率（双外实率）低，单外实率一般在 50%～70%，而双外实率可达 80%～90%。外实率与非外实率因杂交组合和栽培环境条件表现有所差异，在制种的技术措施上，既要重视外实率，也应重视非外实率。

表 10-3　外实率、非外实率田间测定结果

年份	项目	D 汕 A			珍汕 97A			平均
		最低	最高	平均	最低	最高	平均	
1989 （24 块田）	柱头外露率 /%	24.9	61.0	40.34	20.26	50.8	34.32	38.83
	外实率 /%	46.7	82.3	62.02	49.3	88.6	69.94	64.0
	非外实率 /%	6.15	32.8	14.18	8.97	32.74	20.31	15.71
	外实比	56.5	90.7	73.41	46.6	83.6	64.1	71.05
	结实率 /%	12.8	58.7	33.77	26.5	50.9	37.3	34.64
1990 （21 块田）	柱头外露率 /%	35.9	65.6	51.46	29.7	55.7	38.39	45.86
	外实率 /%	70.3	89.9	81.21	63.7	92.9	82.62	81.8
	非外实率 /%	10.0	30.5	19.4	16.65	31.7	25.19	21.88
	外实比	68.5	90.4	80.9	58.6	78.2	66.7	74.8
	结实率 /%	33.5	64.01	50.28	38.5	58.8	46.81	48.79

父母本花期的安排与调节应使母本的花期比父本早，父本的花期比母本长，在母本结束开花后，父本仍有 2~3 d 的花粉供应，充分利用外露柱头的活力。

1.1.4　花时习性

1.1.4.1　不育系的花时及其表现　水稻开花期，每天开花的时间称为花时，一天内不同时间的开花率分布称为花时动态。花时动态以始花时间、盛花时间和末花时间表示。始花时间是群体中一天内开始开花的时间，末花时间是群体中一天内结束开花的时间。盛花时间是指一天内开花率最高时的时间。水稻雄性不育系花时分散，从早到晚均能开花，有些不育系甚至夜间还能开花。开花比较集中的时间在午后（13：00—15：30）。籼型恢复系一天内的开花时间短，集中在午前（10：00—12：00）开花。因此制种时不育系与恢复系存在花时不遇现象，不利于异交结实，制约着制种产量。因制种亲本不同以及开花期的气候条件差异，父母本花时存在三种类型：一是父早母迟型；二是父母本基本同步型；三是母早父迟型。不育系的花时早，开花比较集中，与恢复系开花能基本同步或略早，才有利于母本颖花开花时及时接受父本花粉而结实。

1.1.4.2　父母本花时相遇的主要指标　午前花率：一般是指 13：00 以前不育系开花的累计颖花数占全天总开花数的百分数。午前花率高说明不育系开花早，花时习性好。

父母本花时相遇率：对某个具体制种组合而言，父本当天末花前母本不育系的累计开花

率，它反映父母本花时相遇的概率。

父母本花时全遇率：母本一天内各时段开花率与相对应时段的父本开花率的乘积之和，它不仅反映了父母本花时相遇的数量，而且能反映相遇时间的长短，是一个综合指标。

1.1.4.3　花时的影响因素

（1）品种差异　不同不育系间花时有较大的差异，有些不育系的开花时间早，盛花时在午前，开花高峰明显，午前花率在 70% 以上，如优 IA、枝 A、金 23A 等；有些不育系的花时较迟，盛花时在午后，午前花率在 50% 以下，如 V20A、珍汕 97A 等。

（2）天气的影响　不同天气条件对不育系的花时影响较大，尤以温度和降雨影响最大。据袁振兴 1988 年对 V20A 在高温高湿、高温低湿、低温高湿、低温低湿四种不同天气条件下的花时分析表明，高温高湿条件有利于提早 V20A 的花时，提高午前花率。制种适宜的开花天气条件是田间最高气温不超过 35 ℃，最低气温不低于 21 ℃，日平均气温在 28 ℃，相对湿度在 80%~90%，无连续阴雨天气。气温过高或过低，都将推迟不育系的花时，增加闭颖率。降雨将使不育系开花显著减少并推迟。使恢复系推迟开花，但开花数减少不明显。因此，创造一个高温、高湿的田间小气候条件对提早不育系花时，提高父母本花时相遇率是十分有益的。在制种实践中，扬花授粉期间遇上阵雨或夜间降雨而白天晴好的天气，有利于获得制种高产。

（3）植物激素的作用　不育系在始穗期喷施赤霉素，在解除包颈提高穗粒外露的同时，还能明显地提早不育系的花时，可使盛花时和开花高峰时提早 1~2 h，且开花高峰时的开花率明显增加。另外，喷施洞科 1 号、花信灵、调花宝、调花灵等，对不育系的花时也有明显的提早作用，一般在喷施赤霉素的基础上还能提早不育系花时 0.5~1 h，提高父母本花时相遇率 10% 左右。

（4）栽培措施　在栽培上保证生育中期（孕穗期和开花期）最佳营养状态，适当补施全价肥及其他含多种养分的叶面肥也有利于不育系花时的提早。此外，适当割叶、赶露水、采用东西行向栽插等，也有利于制种父母本花时状态的改良。

1.2　恢复系的开花散粉特性与供粉能力

恢复系雄性正常可育，能够正常自交结实。但是，制种时作为向母本不育系提供花粉的父本，必须具有能在不育系开花时及时提供足够数量花粉的能力，在开花散粉习性上要具有利于不育系异交的特性。

1.2.1　花粉的生活力

水稻花粉的生活力主要是花粉的萌发力，花粉落到柱头上 2～3 min 后，花粉发芽长出花粉管，花粉管伸入花柱到达胚囊，将精子及内容物送入胚囊中。花粉的萌发力与花粉形成期的营养状况、开花散粉时的天气条件、花粉离体的时间都有关系。花粉粒形成期营养不良、土壤干旱、植株严重缺水、低温等对花粉萌发力有较大影响。开花时高温（40 ℃）干燥，花粉管伸长明显不良，温度低于 20 ℃，花粉萌发迟缓。离体的花粉生活力保持的时间较短，在自然条件下，成熟的花粉离开花药后，经 5～10 min 后，萌发力开始降低，15 min 后，大部分花粉的生活力丧失。但残留在花药内的花粉，生活力能保持较长时间，开花后 2.5 h，残留在花药内的花粉粒尚有 50% 的萌发率，而离体花粉 15 min 后下降到 50% 以下。

离体花粉在低温条件下，能保持较长时间的生活力。据试验，花粉在 5 ℃～7 ℃（冰箱）和 −196 ℃（液氮罐条件下），分别经 60 d 和 365 d，萌发率仅比新鲜花粉降低 30% 左右。因此，温度决定着离体花粉的生活力，温度越低，花粉的寿命越长。

1.2.2　开花散粉特性

水稻开花时，内外颖张开，花丝迅速伸长，将花药推出颖外，然后花药壁因失水裂开，花粉粒间的黏液很快干燥，花粉粒分开自然散出，即散粉。从内外颖张开花药伸出颖壳外，到花药开裂散出花粉的时间，不同的恢复系和不同的天气条件有很大差异。在正常天气条件下，恢复系主要表现颖外散粉，颖花张开吐出花药后 5～10 min，花药才裂开散出花粉。颖内散粉是颖花刚开始张开或未张开时，花药就在颖壳内开裂散出花粉。周宗岳等的观测发现，测 49、测 48-2 以颖内散粉为主，桂 99 则以颖外散粉为主。同一品种在不同天气条件下颖内、颖外散粉的比例不同，在高温干燥条件下，以颖内散粉为主，在田间湿度大、风小的天气下，以颖外散粉为主。喷施赤霉素后能增加颖外散粉的比例。颖外散粉有利于提高花粉的利用率。

花药开裂后，在自然状况（自身重力与外界风力作用）下，花粉不会全部散出花粉囊，总会留存一些花粉在花药内，这种现象称为花粉残留。花粉残留量的多少，因品种而异。研究表明，有些水稻品种的花粉残留率在 40% 以上，甚至可高达 70%，而有些品种的花粉残留量很少，仅 1% 多。另外，它也因环境条件而异，天气干燥风大和人工赶粉后花粉残留量很低。低温阴雨天气，既不利于花药的开裂，也不利于花粉的散出，花粉残留量大。花粉残留量大的恢复系，在自然开花传粉条件下，散粉历期长，扩散力较强，有利于提高田间花粉密度，同时可提高花粉的萌发力。因此，花粉残留量是恢复供粉能力的表现，制种时可以适当推迟授粉时间或延长授粉时间间隔，将花粉集中使用，提高花粉利用率。

水稻的花粉粒直径变幅为 $3.06 \sim 45.7 \ \mu m$，平均 $37 \ \mu m$，适宜风力传播。花粉从花药中散出后，是一个自然下落的过程。若无风力则很快下落，传播的距离有限。风力是影响其传播距离、延长下落时间和增加空间花粉密度的决定因素。风速 $2 \sim 3 \ m/s$，可起到自然传粉作用。在人工赶粉时，花粉在水平振动作用力和自身重力的作用下，呈水平抛物体下降，大大增加了花粉的传播距离，延长花粉下降的时间，改变空间的花粉密度，使花粉残留量降到最低。

1.2.3 花粉数量的估计

恢复系提供的花粉数量由单位面积上的颖花数和单个花药内的花粉量决定。单位面积颖花数由单位面积上的穴数、每穴穗数、每穗颖花数三个方面组成。花药内花粉数量的多少主要与花药的长度有关，二者具有极显著的直线回归关系。直线回归关系式为 $y = 1.277x - 1.172 (r = 0.936^{**})$，$y$ 为药内花粉粒数（单位：千粒），x 为花药长度（单位：mm）（铃木，1981）或 $y = 1.18x - 1.098 (r = 0.821^{**})$（石田，1989）。水稻单个花药内花粉量为 $1\,000 \sim 2\,000$ 粒，花药长度变幅为 $1.23 \sim 2.86 \ mm$。$2.0 \ mm$ 以下的花药花粉量少，药长 $2.0 \sim 2.4 \ mm$ 的花粉量中等，如密阳 46 花药长 $2.3 \sim 2.4 \ mm$，IR24 花药长 $2.1 \ mm$，单个花药花粉量 $1\,300 \sim 1\,800$ 粒。花药长 $2.4 \ mm$ 以上，属花粉量大的类型，如明恢 63 的花药长 $2.5 \sim 2.6 \ mm$，测 64 的花药长 $2.4 \sim 2.5 \ mm$，每个花药花粉粒 $1\,800$ 粒以上。花药的长度与花粉数量受抽穗前 $30 \ d$ 内气温的影响，孕穗期低温，对花粉数量有不利的影响。

田大成将父本的花粉分为潜在花粉、田间花粉、及时花粉和非及时花粉四种类型。潜在花粉是指单位面积上父本所有颖花花药中的花粉，即制种田间父本所拥有的全部花粉量。田间花粉是指花粉在人工授粉或自然条件下排放在田间的花粉，田间花粉量与潜在花粉量之比称为潜在花粉转化率。田间花粉量除受潜在花粉量和花药内花粉残留量影响外，还受开花的天气条件和授粉方式的影响，如开花时遇上降雨，田间花粉量很少甚至没有。因此，潜在花粉转化率在不同日期表现不稳定。及时花粉是指田间花粉中与母本花时相遇，能为母本当天开花颖花接受利用的花粉。及时花粉量等于田间花粉量与父母本花时相遇率之乘积。非及时花粉指田间花粉中能为母本外露柱头在开花当天以后所能接受利用的花粉，取决于母本的柱头外露率和柱头生活力。对非及时花粉量的估计，必须先测出母本外露柱头的生活力系数，非及时花粉量等于田间花粉量乘以外露柱头生活力系数后，再乘以柱头外露率。

1.2.4　母本不育系颖花受精结实所需的花粉数量

对一个颖花的雌蕊来说，开花散粉时常常有许多粒花粉落在柱头上，并能萌发产生花粉管，但最终只需一粒花粉的花粉管进入胚囊，释放精核及内容物与卵细胞受精。据观测，在正常的天气条件下，大田不育系一个柱头上有 $2\sim3$ 粒花粉就可以保证其子房发育结实，而一般不育系的颖花的单个柱头面积在 $1\,mm^2$ 以上，若大田父本花粉密度达到 3 粒 $/mm^2$，花粉供应基本满足。制种田父本每公顷有效穗 60 万 $\sim$ 120 万穗，单穗总粒数 80 $\sim$ 120 粒，每个花药花粉粒数按 1 500 粒计算，每公顷父本潜在花粉量变幅在 3 750 亿 $\sim$ 15 000 亿粒之间，若开花以 10 d 计算，每天平均每平方毫米潜在花粉量达 $4\sim15$ 粒。由此说明，容积制种的潜在花粉量充足，关键则在于提高花粉的利用率。

1.3　母本异交结实率的构成及其潜力

1.3.1　异交结实率的构成

母本异交结实由父母本花时相遇授粉结实和开花闭颖后柱头外露授粉结实两部分组成，两部分结实率的高低，反映了制种母本异交结实率构成的特征。

1.3.1.1　母本柱头外露结实率　母本柱头外露颖花实粒数占异交结实总数的百分比，称为外实比，反映柱头外露率和外实率在异交结实中的相对重要性。外实比受母本本身、栽培水平、柱头外露率的影响。母本柱头外露率越高，栽培水平越高，外实比越大。实际上，外实比相对稳定，一般在 70% $\sim$ 80%，最低也在 50%，高达 90%。由此说明，柱头外露结实是制种异交结实的主体。

1.3.1.2　母本开花当天结实率　母本开花当天结实粒数占总结实粒数的百分率，称为开花当天结实率，反映开花当天授粉结实与开花当天以后授粉结实的数量组成状况。开花当天结实率的大小，取决于父母本花时相遇率、穗层结构和柱头外露率。母本花时越早，穗层疏松，开花当天结实率高。开花当天结实率常表现不稳定，不同的田块、不同的母本变幅较大。V20A、珍汕 97A 等花时较迟，柱头外露率较低，开花当天结实率在 40% $\sim$ 60%。

1.3.2　母本异交结实的潜力

1.3.2.1　极限结实率　极限结实率是指在正常异交栽培条件下，保证所有颖花的柱头都能接受到花粉时的结实率。极限结实率排除了父母本异交性能的影响，仅是异交高产栽培下母本高产性能的反映，即极限结实率取决于植株生长发育的营养水平。

极限结实率的数量估计，常常采用与不育系的保持系作试验材料，把保持系置于制种条件下种植，同样喷施赤霉素保证有相似的株高，然后测定其结实率。其结实率可认为不育系可能达到的最高结实率，即极限结实率。

极限结实率很不稳定，依栽培营养条件、赤霉素的使用、天气条件而异，而且变幅也大。珍汕97A的极限结实率变幅为47.3%～79.3%，与一般水稻栽培具有相同的变化。

1.3.2.2　饱和结实率与非饱和结实率　饱和结实率是指田间花粉量达到饱和状态，不育系也达到了最佳受粉状态时的结实率。非饱和结实率即田间花粉量未达到饱和状态，不育系没有处在最佳受粉状态时的结实率。在父本花粉量达到饱和点时，母本饱和结实率的高低完全取决于母本的异交能力，主要是柱头外露率、开花习性及受粉姿态，由母本的品种特性及异交栽培水平所决定。非饱和结实率的高低主要由父本花粉量所决定。

饱和结实率的数量估计，一是测定田间花粉饱和点，二是强制授粉。不对母本花时进行处理，在田间选定几株母本进行人工授粉，保证花粉达到饱和点以上，这几株母本的结实率就是饱和结实率。低于饱和结实率以下的数值就是非饱和结实率。饱和结实率对同一不育系在不同的田块和季节制种，因其异交栽培条件的差异与天气的不同而有较大的差异，变幅较大，珍汕97A的饱和结实率为35%～55%，主要由不育系柱头外露率与花时相遇率的差异造成。

1.3.3　潜在结实率及其开发

潜在结实率是极限结实率与饱和结实率之差，是杂交制种提高产量的潜在幅度。珍汕97A的极限结实率在70%～80%，而饱和结实率最好的估计值为55%。因此，潜在结实率为15%～25%，相当于尚有1.125～1.875 t/hm² 的增产潜力。潜在结实率主要取决于颖花的授粉受精率。在花粉饱和状态下，因花时不遇和柱头不外露而导致部分颖花没有机会接受花粉而结实。因此，潜在结实率的开发途径主要是提早不育系的花时和提高不育系的柱头外露率和柱头生活力。一方面通过育种途径选育出花时早、柱头外露率高、生活力强的不育系用于制种；另一方面通过栽培技术措施提高不育系柱头外露率与生活力及提早花时，提高父母本花时相遇率。

第二节　制种生态条件的选择

杂交水稻制种生态条件的选择包括制种区域（基地）与制种季节的选择。生态条件（特别是田间温度与湿度）对母本的异交特性及父本散粉特性有很大的影响。适宜的温度、湿度、光照等生态条件对母本异交能力的发挥以及提高父本花粉的利用率必不可少，而不同地域与季节在生态气候条件上千差万别。因而，杂交水稻制种在生态条件上，存在生态优势条件的区域与季节。纵观杂交水稻制种多年来的实践，已充分证明了这一点。湖南杂交水稻制种，历经 20多年的发展，已形成了在制种区域上以山区（雪峰山山脉和罗霄山山脉周围的中低海拔稻作区）为主，丘陵区次之，平原湖区再次之的布局。在制种季节上以春、夏制为主，秋制为辅的格局，建立了湘西、湘南山区大规模杂交水稻种子生产基地。在中国长江流域稻区也已形成了四川盆地的夏制和湖南湘西南山区春、夏制的两大制种生态优势区域。

2.1　制种基地的选择

杂交水稻制种技术性强、投入高、风险性较大，在基地选择上应考虑其具有良好的稻作自然条件和保证种子纯度的隔离条件。

在自然条件方面应具备：土壤肥沃，耕作性能好，排灌方便，旱涝保收，光照充足；田地较集中连片；无检疫性水稻病虫害；另外，耕作制度、交通条件、经济条件也应作为制种基地选择的条件。早、中熟组合的春制宜选在双季稻区，迟熟组合的夏制宜选择在一季稻区。

2.2　制种季节与安全抽穗扬花期的确定

制种季节的安排在不同稻作区域不同。在长江流域双季稻区有三种类型，一是抽穗扬花期在 6 月中旬至 7 月中旬的春制；二是抽穗扬花期在 7 月下旬至 8 月中旬的夏制；三是抽穗扬花期在 8 月下旬至 9 月上旬的秋制。根据抽穗扬花期的具体日期又可分为早春制和迟春制，早夏制和迟夏制，早秋制和迟秋制。在长江流域以北及四川盆地的稻麦区和北方粳稻区，只宜进行一年一季的夏、秋制，抽穗扬花期安排在 8 月。华南双季稻区虽然适宜水稻播种的季节较长，但考虑到台风、降雨、低温等因素的影响，一般也只宜将抽穗扬花期安排在 3 月下旬至 5 月上旬的春季制种。

相同季节由于不同地域的气候条件有较大差异，因此在同一季节、不同地域的制种基地的抽穗扬花期的安排不同。抽穗扬花期的确定应该选择有利于异交结实的天气条件，使父本有更多的颖外散粉，花粉能顺利传播到母本柱头上，保证花粉与柱头具有较长时间的生活力，以及母本较高的午前花率等。因而制种应选择安全抽穗扬花期。经多年来的研究与实践表明，杂交水稻制种安全抽穗扬花期的天气条件是：①花期内无连续 3 d 以上的阴雨；②最高气温不超过35 ℃，最低气温不低于 21 ℃，日平均温度 26 ℃ ~ 30 ℃；③田间相对湿度 80% ~ 90%。各地可通过对当地历年各制种季节内气象资料的分析，确定最佳的安全抽穗扬花期。

第三节　父母本花期相遇

3.1　花期相遇的概念

水稻是开花期较短的作物，开花期一般为 10~15 d。杂交水稻制种要在如此短的花期内完成异交结实，就必使父母本花期相遇。花期相遇是指母本不育系与父本恢复系能同时抽穗开花，保证母本颖花在开花期有充足的父本花粉授粉。父母本花期相遇程度决定制种产量，确保父母本花期相遇是杂交水稻制种的核心技术。主要包括三个方面：第一是父母本播种期安排与播差期的确定，这是保证花期相遇的基础；第二是栽培管理技术，这是花期相遇的保障；第三是花期的预测与调节，这是辅助措施。

在制种的实际操作过程中，常常以父母本始穗期的早迟来确定花期相遇的程度。花期相遇的程度分为三种基本类型：一是理想花期相遇；二是花期基本相遇；三是花期不遇。

所谓理想花期相遇，是指双亲"头花不空，盛花相逢，尾花不丢"，其关键是盛花期完全相遇。但是不同类型组合理想花期相遇的父母本始穗期相对早迟的标准不同，应根据具体组合双亲的抽穗开花特性决定。据观察，在喷施赤霉素后，V20A、珍汕 97A、协青早 A、优 IA、金 23A 等早籼不育系抽穗开花历期较短，开花历期 8~10 d，抽穗后 3~4 d 进入盛花期，盛花期 3~5 d。恢复系测 48-1、R402、辐 26、R974 等生育期短的恢复系开花历期和盛花期与不育系相近。明恢 63、IR26、桂 99 等生育期长的恢复系开花历期 10~14 d，抽穗后 3~5 d 进入盛花期，盛花期 5~7 d，测 64、明恢 77、R80 等生育期中等的恢复系的抽穗开花历期与盛花期则介于以上两种恢复系之间。因此理想花期相遇的标准在这三种类型恢复系与早籼型不育系制种时有差异。与测 48-2、R402、辐 26、R974 等恢复系配制的早熟杂交组合制种的理想花期相遇为父本始穗期应比母本迟 2~3 d，父本始穗宁迟勿早。与明恢 63、IR26、桂 99 等长生育期恢复系配制的迟熟杂交组合制种的理想花期相遇是父本应比母本早 2~3 d 始穗。测 64、明恢 77、R80 等恢复系配制的中熟杂交组合制种的理想花期是双亲同期始穗。

花期基本相遇则是父本或母本的始穗期比理想花期早或迟 3~5 d，父母本的盛花期只有部分相遇，制种产量受到影响。花期不遇是父本或母本的始穗期比理想花期早或迟 5 d 以上，父母本的盛花期完全不能相遇，花期不遇的制种产量极低甚至失败。因此，理想花期相遇是制种高产的保障。

仅以始穗期的早迟判断父母本花期相遇的程度是不全面的，花期相遇应该包括整个开花期、盛花期的相遇程度。许世觉等提出了"花遇指数（Index of flowers meeting）"的概念，反映父母本花期相遇的优劣。

花遇指数（IFM）定义为：

$$IFM = \sum_{i=1}^{n} \frac{fiM + miF - |fiM - miF|}{2FM}$$

（$i = 1,\ 2,\ 3,\ \cdots,\ n$）

式中 n 为母本始花至终花的天数，fi、mi 分别为母本开花第 i 天母本和父本的开花数。F、M 分别为母本和父本的开花总数。花遇指数的值域 [0，1]，当父母本开花期完全不遇时取值为 0，当开花期完全吻合时取值为 1。花期不完全相遇时取值在 0 与 1 之间。当 IFM 达到 0.80~0.90 时，说明父母本花期已达到理想相遇程度。

此外，另一种比较简便的花期相遇程度的表示方法是计算出母本盛花期（累计开花率在 10%~90% 之间的日期）内父本的累计开花率，称为盛花期相遇率。盛花期相遇率在 80% 以上时，说明父母本花期达到了理想相遇程度。

父母本始穗期的相差天数、花遇指数、盛花期相遇率等是反映制种父母本花期相遇优劣的指标，在一般情况下，三种数据所反映的花遇程度没有较大的差异。但是，当父本的开花历期相当短或者特别长时，才会出现三者不相吻合的现象。

3.2　保证父母本花期相遇的措施

3.2.1　父本播种期的安排

3.2.1.1　父本播种期的确定　在各种类型的杂交组合中，绝大多数组合的恢复系与不育系的生育期存在着一定的差异，大部分组合的父本生育期比母本长，有的相差天数可达 40~60 d，制种时父本先播母本后播。也有少数组合的父本生育期比母本短，如Ⅱ 32A 配组的中熟组合和部分早籼组合，制种时则是母本先播，父本后播。还有些组合父本和母本生育期基本一致，制种时双亲同时播种。

父本生育期较母本长或者父、母本生育期相近的杂交组合制种，父本播种期的确定则由安全抽穗扬花期和父本本身的播始历期两方面决定，根据安全抽穗扬花期的始穗期和父本的播始历期倒推出父本的具体播种期。因此，父本的播种期应服从安全抽穗扬花期。不同地域的气候条件、稻田类型、耕作制度、肥力水平等因素对父本播始历期的影响较大，在制种时，应以当地各方面的资料综合分析，以确定适宜的父本播种期，保证能安全抽穗扬花。

母本生育期较父本长的组合制种，父本播种期由母本的播种期和父、母本的播差期决定。母本生育期长，制种时母本先播的组合，父母本播差期称为播差"倒挂"。

3.2.1.2　父本播种期数　20 世纪 70 年代中期，杂交水稻刚开始制种用一期父本；70 年代后期用二期父本制种；80年代初期用三期父本制种。80年代中期，随着赤霉素使用技术与母本群体定向培育技术的形成与完善，母本的抽穗开花历期大大地缩短，由12~15 d缩短至8 d左右，最长在10 d以内，从而又全面推行一期父本制种，从初期的一期父本制种单产0.67~1.13 t/hm² 提高到单产稳定达到3.75~4.5 t/hm²。

所谓一期父本制种就是父本只需一次播种的制种；二期父本是父本分2次播种，2次播种时间的间隔为6~8 d，或者叶差1.2叶左右，每期播种量为父本总用种量的一半，移栽时两期播种的秧苗各占50%，相间交错栽插成父本行；三期父本是父本分3次播种，相邻两次之间的时间间隔为5~7 d，或叶差1.0~1.2叶。一次移栽，3次的播种量和移栽量各占1/3，或者第一和第三次各占1/4，第二次占1/2。三期父本相间栽插。

一期、二期、三期父本制种，抽穗开花历期和花粉量表现较大的差异，一期父本制种比二期父本制种单位面积总颖花数增加10%，二期父本比三期父本约多5%。一期父本抽穗开花历期比二期父本短，二期父本比三期父本短。因此说明，用一期父本制种，其花粉量大，田间花粉密度大，抽穗开花历期较短，开花较集中，在单位时间内增加了母本授粉的概率。用三期父本制种，父本抽穗开花历期较长，可以保证与母本花期的相遇（表10-4）。

表10-4 不同父本群体穗粒构成及颖花差异（制种组合：威优64）

地点	父本群体	每亩有效穗/万穗	每亩穗平颖花/万粒	每亩颖花/万个	比三期父本增/%	花粉密度/（粒/mm²）	备注
贺家山（1987）	一期父本	7.45	90.2	671.99	21.7	14.28	
	二期父本	7.18	83.2	597.38	8.2	11.41	
	三期父本	6.67	82.8	552.28		10.26	
慈利（1989）	一期父本	7.04	95.5	672.76	7.8	10.99	
	二期父本	6.91	90.5	628.12	0.6	9.10	
	三期父本	7.10	87.5	324.12		8.24	
郴县（1989）	一期父本	6.82	101.2	689.84	19.6	15.68	
	二期父本	6.32	98.5	622.2	7.9	13.08	
	三期父本	6.06	95.2	576.91		11.00	
平均	一期父本	7.10	95.6	678.2	17.8	13.65	
	二期父本	6.80	90.7	615.9	5.4	11.2	
	三期父本	6.61	88.6	584.3		89.83	

3.2.2　父母本播差期与母本播种期的确定

3.2.2.1　父母本播差期的确定　由于父母本生育期的差异，制种时父、母本不能同时播种。两亲本播种时期的差异称为播差期。播差期根据两个亲本的生育期特性和理想花期相遇的标准确定，不同的组合由于亲本的差异，播差期不同。即使是同一组合在不同的季节、不同地域制种，播差期也有差异。要确定一个组合适宜的播差期，首先必须对该组合的亲本进行分期播种试验，了解亲本的生育期和生育特性的变化规律。在此基础上，可采用时差法（又叫生育期法）、叶（龄）差法、（积）温差法确定播差期。

（1）时差法　亦称播始历期差法，根据亲本历年分期播种或制种的生育期资料，推算出能达到理想花期相遇父母本播始历期相差的天数，即为父母本播种安排的时差法。亲本的播始历期在同地、同季、相同的培管条件下，年际间具有相对稳定性。研究表明，时差法适宜在同地、同季、相同组合不同年份的制种时应用（夏播秋制常用此法），不适用于气温变化大的季节与地域制种，如在春制中，年际间气温变化比较大，早播的父本常受气温的影响播始历期稳定性差，而母本播种迟，正处夏季，气温变化小，播始历期比较稳定，应用时差法常常出现花期不遇。

（2）叶差法　亦称叶龄差法，以双亲主茎总叶片数及其不同生育时期的出叶速度为依据推算播差期的方法，称为叶龄差法。值得指出的是，父母本主茎叶片数差值并非制种的叶差。叶差包含两个方面的叶龄差值，一是父母本的主茎叶片数差值，二是父母本共生阶段，两个亲本因出叶速度不同而引起各生育时期长出的叶片数差值的累加值。两者之和为父母本能同时达到剑叶全展时的叶龄差值。例如新香优 80 春制，母本主茎总叶片数 12 叶，父本 16 叶，播种叶龄差不是 4 叶，而是 6 叶，在父母本共生阶段，母本生长 12 叶，父本生长 10 叶。达到花期理想相遇的叶差值，还要根据父母本剑叶叶枕平至破口见穗经历时期的长短及始穗期标准进行调整。新香优 80 制种，母本较父本早始穗 2 d 为理想花期相遇，因而父母本播种叶差为 5.7 叶。

不育系与恢复系在较正常的气候条件与培管下，其主茎叶片数比较稳定。主茎叶片数的多少依生育期的长短而异。籼型三系法杂交水稻的不育系多为早籼类型，生育期短，如 V20A、珍汕 97A、金 23A、协青早 A、优 IA、新香 A 等，主茎叶片数 11～13 叶。测 48-2、R402、辐 26、R974 等早熟恢复系的主茎叶片数为 12～14 叶；测 64、明恢 77、晚 3、R80 等中熟恢复系的主茎叶片数为 15～16 叶；明恢 63、密阳 46、多系 1 号、桂 99、桂 34 等迟熟恢复系的主茎叶片数为 15～18 叶。在相同的播种季节，正常年份同一亲本的主茎叶片数大致相同，但在温度变化异常的年份可相差 1～2 叶。

水稻的出叶速度在品种间有差异，同一品种在各个生育期阶段出叶速度差异更大。一般在秧田期出叶速度快，3~4 d 长出 1 片叶（0.25~0.3 叶 /d），移栽后至幼穗分化期前的大田营养生长阶段出叶速度减慢，4~6 d 长出 1 片叶（0.15~0.25 叶 /d），幼穗分化后进入生殖生长期出叶速度最慢，最后 3 片叶需 5~9 d 才能长出 1 叶（0.10~0.20 叶 /d）。出叶速度还受到温度、肥水等外界因素的影响，其中以温度的影响最为显著。据研究，在日平均气温 14.2 ℃时，出 1 片叶需 6.5 d，在 22.1 ℃需 4.7 d，在 28.1 ℃时只需 3.1 d，随着温度的升高出叶速度加快。因此，叶差法考虑了不同环境条件下的出叶速度，比时差法准确可靠。

叶差法对同一组合在同一地域、同一季节基本相同的栽培条件下，不同年份制种较为准确。同一组合在不同地域、不同季节制种叶差值有差异，特别是感温性、感光性强的亲本更是如此。威优 46 制种，在湘中的隆回春制，叶差为 8.4 叶，但夏制为 6.6 叶，秋制为 6.2 叶；在湘北的临澧作秋制时叶差为 6.0 叶。因此，叶差法的应用要因时因地而异。

（3）温差法（积温差法） 将双亲从播种到始穗的有效积温的差值作为父母本播差期安排的方法叫温差法。生育期主要受温度影响，亲本在不同年份、不同季节种植，尽管其生育期有差异，但其播始历期的有效积温值相对稳定。

应用积温差法，首先必须计算出双亲的有效积温值。日平均温度减去生物学下限温度和生物学上限温度后所得值为有效积温。籼稻生物学下限温度为 12 ℃，粳稻为 10 ℃，生物学上限温度为 27 ℃。从播种次日至始穗日的逐日有效温度的累加值为播始历期的有效积温。计算公式是：$A = \Sigma [T-L-(T-H)]$。式中 A 为有效积温，T 为日平均气温，L 为生物学下限温度，H 为上限温度。如某日日平均气温在生物学下限温度以下，则此日的有效温度为 0；某日日平均气温为 20 ℃，籼型亲本的有效温度为 8 ℃，粳型为 10 ℃；又如某日日平均气温为 32 ℃，则此日籼型亲本的有效温度为 32-12-（32-27）＝ 15 ℃，依次类推，把某个亲本从播种次日至始穗日逐日的有效温度累加，即该亲本播始历期的有效积温。

积温差法只是单一反映日平均温度对生育期的影响，难以反映出营养水平、秧苗素质、栽插培管质量、昼夜温差等因素对生育期的影响，与实际的生育期变化有一定的差距，加上查找或记载气象资料上的麻烦。因此，此法不常使用。但在保持稳定一致的栽培技术或最适的营养状态及基本相似的气候条件下，积温差法较可靠，尤其对新组合、新基地，更换季节制种更合适。

以上 3 种确定制种父母本播差期的方法，在实际生产中，常常在时间表现上具有不一致性。有时叶差已到，而时差不足；有时时差到，而叶差又未到；温差够了，但时差、叶差未到等。因此，在实际应用上，应综合考虑，以一个方法为主，相互参考，相互校正。在不同季别、地域制种，由于温度条件变化的不同，对三种方法的侧重也不同。在长江流域双季稻区的春制，播种期早，前期与中期气温变化大，确定播差期时应以叶差与温差为主，时差作参考，原则是叶到不等时，时到稍等叶。在夏、秋季制种，处在较稳定的高温季节，生育期间气温变化小，在保证与往年同期播种的前提下，则可以时差为主，叶差作参考。

3.2.2.2　母本播种期的确定　父母本播差期倒挂（叶、时差为负值）的杂交组合制种，母本播种期的确定在前面已经阐述。在此只阐述父本生育期较母本长、播差期为正值的杂交组合制种的母本播种期的确定。这种类型组合制种母本播种期主要由父本的播种期和播差期决定，在父本播种期的基础上加上播差期的具体天数，即为母本的大致播种期，而母本具体播种期的确定还要根据叶、时差值的吻合程度、种子来源、父本秧苗素质、秧龄长短、母本播种时及以后的天气、母本用种量以及父本播种期数等情况予以适当调整。

叶差与时差吻合好，则按时播种。

如果叶差到时差未到，则以叶差为准。若时差到叶差未到，则稍等叶差，但不一定等到满叶差。

如果母本是隔年的陈种，则应推迟 2～3 d 播种，是当年南繁的新种则应提早 2～3 d 播种。

父本秧苗素质好，早生快发长势、长相好的苗架，则应提早 1～2 d 播母本。若父本秧苗素质差，长势、长相较差，分蘖慢，苗少时，可推迟 1～2 d 播种。如果父本移栽时秧龄超长（35 d 以上），母本播种应推迟 3～5 d。

预计母本播种时或播种后有低温、阴雨天气，则应提早 1～2 d 播种。

母本的用种量多，种子质量好，则可推迟 1～2 d 播种。若母本的用种量少或种子质量较差，只能插单本或稀植靠分蘖成穗时，则应提早 1～2 d 播种。

采用一期父本制种时，应比二期父本制种缩短叶差 0.5 叶，或时差 2～3 d。

第四节　父母本群体结构的建立

杂交水稻制种在父母本群体结构的组成关系上，既要保证母本群体占主导地位，又要保证父本有一定的数量。父母本群体结构关系的数量指标，首先是父母本各自的占地比例。母本占地比例反映了母本的主导地位与产量基础，结实率反映了母本对父本花粉的满足程度。两个指标一般相互冲突，母本占地比例越高，父本占地比例越低，花粉供应少，降低母本的异交结实率。只有两个指标达到较合适的状态时，才能获得更高母本产量，因而在栽培措施上，应围绕提高母本产量进行。

4.1 父母本行比的设计

父本恢复系与母本不育系在同一田块按照一定的比例相间种植，父本种植行数与母本种植行数之比，即为行比。母本种植行数越多，行比越大。行比的大小基本上决定了单位面积上母本与父本群体构成的数量关系，是决定制种产量的一个重要基础。单位面积母本所占的空间决定母本群体的大小，父本所占空间，决定父本可供花粉总量及空间分布。由于父母本栽插密度不同，因而行比不等于父母本占地比例。但随着行比加大，母本的占地比例相应增加，父本占地比例相应减少。

确定父母本的行比主要考虑三个方面的因素：一是父本的栽插方式；二是父本的花粉量；三是母本的异交能力。

在考虑父本的栽插方式上，单行父本栽插，行比范围为 1:（8~14）；父本小双行栽插，行比范围为 2:（10~16）；父本大双行栽插，行比范围为 2:（14~18）。父本花粉量大的组合制种，则宜选择大行比；反之，应选择小行比。其次，母本异交能力高的可适当扩大行比，反之则缩小行比。

父母本最佳行比的确定，需要进行行比试验，考察不同行比下的母本厢中各行的异交结实率（表 10-5），测定各行的实际制种产量，从而确定父母本最佳行比。

母本的饱和结实率反映父本花粉量供应是否满足。通过对靠近父本行的母本结实率能否达到或接近饱和结实率调查，确定父母本最佳行比。能达到饱和结实率的行数称为饱和区间，饱和区间越宽，行比可以越大，反之饱和区间越小，则行比越小。

表 10-5　母本结实率的行间变化（组合：汕优 63，D 优 63）

单位：%

| 地点 | 年份 | 行　号 | | | | | | | | 相关系数 |
		1	3	5	7	9	11	13	15	
简阳	1987	54.01	53.37	43.32	36.8	36.17	35.56	32.13	30.7	−0.960
	1988	37.8	33.8	26.6	20.0	12.6	12.3	13.0	11.1	−0.930
	1988	40.1	38.9	31.5	26.8	21.1	16.2	13.6	10.2	−0.993
开江	1989	54.43	53.77	51.11	48.2	47.2	44.2（10 行）			−0.975
	1989	54.12	53.84	48.21	46.03	45.32（8 行）				−0.967

续表

地点	年份	行　　号								相关系数
		1	3	5	7	9	11	13	15	
黎平	1988	39.2	39.1	39.4	34	33.7	29.8	32.2	32.0	−0.727
万县	1987	47.0	53.3	49.3	46.0	38.4	28.2	27.8	24.6	−0.930
大竹	1989	40.86	42.23	40.83	35.64	35.3	30.1 （10 行）			−0.885
石竹	1989	44.75	42.6	42.2	41.4	36.1				
简阳	1990	54.0	56.9	53.66	48.5	45.27	37.39			−0.908

4.2　制种行向的设计

制种行向的设计应考虑两方面因素：其一，有利于授粉期借助自然风力授粉；其二，有利于禾苗生长发育。在某一地区或某一制种基地的某一时期（指制种的抽穗开花期）自然风向较稳定，如湖南的 6—9 月，自然风主要是南风，少数时期为北风。制种的行向设计东西向，行向与风向垂直，有利于借助风力授粉。阳光照射为东西向，制种行向设计东西向，行向与阳光照射方向平行，有利于禾苗生长发育，减少病虫发生，使父母本建立丰产苗穗结构。因此，从风向和阳光照射方向结合考虑，二者统一，制种行向设计东西向。但是，在山区制种，由于地形影响，风向依山谷变化，形成山谷风，制种行向应根据山谷风向设计。在沿海地区，风向依海风而变化，应依海风方向设计行向。在阳光照射方向，自然风向与制种行向不统一时，应相互兼顾，其中以风向为主要因素设计制种行向。

4.3　父母本定向栽培措施

由于父母本生育期的差异，制种不能同时播种。因此，父母本的整个生长发育分为两个阶段。第一阶段是父母本的单独生长阶段，第二阶段是父母本共生阶段。

4.3.1　单独生长阶段的培管

针对父母本单独生长阶段的不一致，特别是父母本播差期长的组合制种，父本单独生长阶段的时间比母本长。因此，在栽培上应协调两者的生长发育。

4.3.1.1　父本育秧技术　采用水田育秧，秧苗 5.0~7.0 叶龄时移栽至制种田，单独生长至母本移栽。父母本播差期小（15 d 以内）的组合制种，父母本单独生长的时间相差不长，可以通过增大父本移栽叶龄与减少母本移栽叶龄来缩小父母本单独生长的时间差。播差期相差

20 d以上的组合制种，父本可以采用两段育秧的方法，缩短父本移栽后单独在制种田的生长时间。若父母本同期移栽入制种田，有利于对父母本同步协调管理。但父本移栽叶龄应控制在8.0叶左右为宜，不能超过9.0叶。父母本播差期30 d以上的组合制种，父本仍先移栽，单独栽培管理时间较长。母本采取直播或旱育小苗移栽措施，也能缩短父本单独在大田生长管理时间。

父本采用两段育秧，先旱育小苗，每公顷制种田用种量6.0~7.5 kg，约需苗床45 m²。苗床宜选在背风向阳的蔬菜地或板田，按1.5 m厢宽平整床基，压实厢面，铺上一层细土灰或细河沙，再铺上一层厚3.0 cm左右的泥浆或经消毒的细肥土。密播匀播。播后用过筛细灰土盖种。搭架盖膜保温。在天晴高温时，白天揭开两头通风，夜间盖膜。经常洒水保持苗床湿润。小苗2.5叶左右开始寄插。寄插密度为10 cm×10 cm或13.3 cm×13.3 cm，每穴寄插双苗。每公顷制种田需寄插父本45 000~60 000穴。寄插田寄插前应施足底肥，寄插后浅水湿润管水，适时追肥。

4.3.1.2 母本育秧技术　父母本播差期较小的组合制种，母本采用水育秧方式。播差期较大的组合制种，除水育秧外，还可以采用母本直播或旱育小苗移栽的方法。

（1）水育秧技术　培育母本多蘖壮秧是建立高产制种群体结构的基础。母本壮秧的标准一般是：秧苗三叶一心开始分蘖，五叶一心带分蘖2个，秧苗矮壮，根粗壮，叶色青秀，无黄叶。水育壮秧主要技术措施如下：

保证秧田面积。每亩秧田播种量12~15 kg，秧田与大田面积之比为1：（4~5）。

秧田施足底肥。每亩秧田施人畜粪肥1 500~2 000 kg，或腐熟枯饼40~50 kg，草木灰15~20 kg，尿素7.5~10 kg，氯化钾5~7 kg，过磷酸钙30~40 kg。肥料均应深施入泥，泥肥融合。

平整秧田，开沟分厢。如在制种田播母本，秧厢宽应与母本厢宽一致，以利于移栽父本。

均匀播种。播种时芽谷分厢过秤，播后泥浆塌谷或用细土盖种。遇低温天气播种，用薄膜覆盖保温，提高成秧率。

秧苗一叶一心时每亩秧田喷施多效唑60~80 g或播种时用多效唑拌种，或烯效唑浸种，促秧苗矮壮多蘖。

及时追肥。秧苗2.5叶时灌浅水施肥，每亩秧田用尿素2.5~3.0 kg，促进分蘖。

及时防病治虫。秧田期以防治稻蓟马、稻秆潜叶蝇、稻瘟病为主。

（2）母本直播技术　母本直播制种是将不育系芽谷直接播在制种田的母本厢内，省去母本移栽的环节。尤其适用于父母本播差期长（时差30 d以上，叶差7.0叶以上）的组合制种，母本直播的技术要点如下：

母本直播生育期缩短 2~3 d，因此父母本播差期比水育秧移栽制种相应延长 2~3 d。母本直播制种，制种田要求平整，以利于芽期管水，提高母本成秧率。出苗后保持田间湿润至 2.5 叶，并及时匀苗和追肥。及时使用秧田除草剂，防止水田杂草与秧苗同时生长。

4.3.2　父母本共同生长阶段的栽培管理

在共生阶段，父母本处在相同的温、光和水分条件下生长发育。然而，由于对父母本群体苗穗构成要求不同，在栽培管理技术上有一定的差异。

父母本按照各自的栽插方式、行比移栽后，父母本在单位面积上各自所占比例已定。移栽时父母本的基本苗数构成了父母本的基本群体。由于要求父本有较长的抽穗开花历期、充足的花粉量，母本抽穗开花期较短、穗粒数多。因而栽插时对父母本的要求不同，母本要求密植，栽插密度为 10 cm × 13.3 cm 或 13.3 cm × 13.3 cm，每穴三本或双本。母本成穗靠插不靠发，父本则插发并举。早熟组合制种，母本每亩插基本苗 10 万~12 万株，父本 2 万~3 万株；中、迟熟组合制种，母本每亩插基本苗 12 万~16 万株，父本 4 万~6 万株。

在保证父母本基本群体组成的前提下，要培育母本穗多、穗大粒多、短冠层叶片短、后期不早衰，父本穗多、穗大、抽穗历期较长、冠层叶短的高产苗穗群体，必须采取定向培育技术。

4.3.2.1　母本的定向培育　定向培育技术的形成主要建立在外源赤霉素使用技术的基础上。在有效地喷施赤霉素后，不仅可以解除不育系抽穗的卡颈，达到穗粒全外露，而且缩短了抽穗开花历期。不育系群体苗穗的整齐度又会影响赤霉素的使用效果，因而要求培育整齐的母本苗穗。对冠层叶片，特别是剑叶长度的控制是提高赤霉素使用效果，减少传粉障碍，提高花粉利用率的基础。对冠层叶片长度的控制主要是通过肥水管理措施，在水肥管理上坚持"前促、中控、后稳"的原则。肥料的施用要求重底、中控、后补，适氮高磷、钾。对生育期短、分蘖力一般的早籼型不育系，氮、磷肥作底肥，在移栽前一次性施入，钾肥作追施，在中期施用。对生育期较长的籼或粳型不育系，则应以 70%~80% 的氮肥和 100% 的磷、钾肥作底肥，留 20%~30% 的氮肥在栽后 7 d 左右追施。在幼穗分化后期看苗看田适量补施氮、钾肥。在水分的管理上，要求前期（移栽后至分蘖盛期）浅水湿润促分蘖，中期晒田控制无效分蘖和叶片长度，后期深水孕穗养花。在前期早生快发，苗数接近目标时，及时晒田。晒田可达到四个目的：一是缩短冠层叶片长度，剑叶长以 15~20 cm 适宜；二是促使根系深扎，以利于后期吸收养分防早衰；三是壮秆防倒，喷施赤霉素后，植株可达 100 cm 以上，容易倒伏；四是减少无效分蘖，促进生长平衡，抽穗整齐，田间的通风透光好，减少病虫害。晒田至幼穗分化Ⅲ~Ⅳ期结束，晒至田边开坼、田中泥硬不陷脚、白根跑面、叶片挺直为止。深泥田、冷浸田要重晒，迟发田、苗数不足的田应迟晒和轻晒，水源困难的田块轻晒，甚至不晒。

4.3.2.2　父本的定向培育　父本的需肥量比母本多。一方面由父本本身的分蘖成穗特性与生育特性所决定。父本的生育期一般比母本长，分蘖能力强，如果没有足够的肥料供应，将导致生长发育不正常，既形成不了大花粉量的苗穗群体，又影响生育进程而导致双亲花期不遇。另一方面是父本穗数群体形成特性所致。父本基本苗成穗一般只占20%～40%，大部分依靠大田分蘖成穗，这与母本的穗数群体形成有很大差别，因而在施肥量与方法上与母本不同。

在保证父本和母本相同的底肥与追肥的基础上，父本必须在移栽后3～5 d单独施肥。肥料用量依父本的生育期长短和分蘖成穗特性而定。为保证施肥效果，可采取两种施肥方法：一是撒施，将肥料撒施在父本行中，并进行中耕；二是做成球肥深施，将尿素、钾肥与细土一起拌匀，做成球肥施入2穴或4穴父本中间，也可用制种专用复合球肥深施，使用方便，效果更好。

第五节　花期预测与调节

5.1　花期预测

所谓花期预测是通过对父母本长势、长相、叶龄、出叶速度、幼穗分化进度等进行调查分析，推测父母本抽穗开花的时期。尽管通过确定父母本适宜的播差期和定向栽培技术来确保花期相遇，然而，由于在制种过程中的许多因素，如温度变化、土壤性质差异等，加上田间管理因人而异，两个亲本对这些因素的反应程度常常表现不一致，因而仍可能导致双亲花期不遇。尤其是新组合、新基地的制种，播差期的安排与定向栽培技术对花期相遇的保障系数小，更易造成双亲花期不遇。因此，花期预测在杂交水稻制种中是非常重要的环节。通过预测，发现花期相遇不好或不遇，能及早采取相应的措施调节父母本的生育进程，确保花期相遇或接近相遇。

水稻在抽穗前可分为营养生长期、营养生长与生殖生长转换期、幼穗分化发育期。营养生长期又可分为基本营养生长期与可变营养生长期，基本营养生长期又称最适营养生长期，该生长期对每个水稻品种均较稳定。此外，在实际生产中，由于光、温、营养状态与栽培条件很难达到甚至不可能达到最适状态，因此，实际的营养生长期比基本营养生长期要长，即存在可变营养生长期，受外界环境条件制约，具有可变性。生长发育转换期是水稻营养生长向生殖生长过渡的时期，时间较短。生殖生长前期是幼穗分化形成期，该时期亦较稳定。所以，父母本生育期变化主要是可变营养生长期的变化，花期调节最有效的时期是可变营养生长期。因此，花期预测应越早越好，但早期的预测准确性较差。花期预测可以从迟播亲本播种时就开始进行，而重点应放在幼穗分化的前期。

　　花期预测的方法较多，不同的生育阶段可采用相应的方法。常用的方法有幼穗剥检法、叶片预测法、播始期推算法、积温推算法。叶片预测法和积温推算法适合各个生育阶段，但方法比较复杂。幼穗剥检法适宜在幼穗分化期进行，比较简单直观。

5.1.1　幼穗剥检法

　　幼穗剥检法是在稻株进入幼穗分化期剥检主茎幼穗，对父母本幼穗分化进度对比分析，判断父母本能否同期始穗。这是最常用的花期预测方法，预测结果准确可靠。但是，预测时期较迟，只能在幼穗分化Ⅱ、Ⅲ期才能确定花期，一旦发现花期相遇不好，调节措施的效果有限。

　　以主茎苗为剥检对象，选取一穴中叶片最长苗作为主茎穗。无论栽插单本或多本，每穴只取一根主茎苗。同一块田内取样数量，则依田间苗穗生长发育整齐情况而定，一般剥检10~20个幼穗。父母本群体的幼穗分化阶段确定以50%~60%的苗株达到某个分化时期为准。幼穗分化发育时期则按丁颖的八期划分法。根据各个时期幼穗的外观形态特征将八期简单描述为：一期看不见，二期苞毛现，三期毛茸茸，四期谷粒现，五期颖壳分，六期谷半长（或叶枕平、叶全展），七期稻苞现，八期穗将伸。

　　幼穗剥检时间根据叶龄及生育进程推算，从幼穗开始分化时起剥检，每隔1~2 d剥检一次，至完全能确定父母本的幼穗分化期止，以后每隔5~7 d剥检一次，观察幼穗的发育进度。

　　不育系与恢复系因生育期不同，幼穗分化历期有差异（表10-6）。

表10-6　水稻不育系与恢复系幼穗分化历期

系名	天数	幼穗分化历期 /d								播始历期 /d	主茎叶片数 /片
		一期第一苞原基分化期	二期第一枝梗原基分化期	三期第二次枝梗和颖花原基分化期	四期雌雄蕊原基形成期	五期花粉母细胞形成期	六期花粉母细胞减数分裂期	七期花粉内容物充实期	八期花粉完熟期		
二九南 1 号 A	分化期天数	2	2	3	5	3	2		8	51~60 （长沙）	10~12
	距始穗天数	26~25	24~23	22~19	18~14	13~11	10~9	—			
金南特 43A V20A	分化期天数	2	2	4	5	3	2		8~9	55~70	11~13
	距始穗天数	27~26	25~24	23~20	19~15	14~12	11~9				

续表

系名	天数	幼穗分化历期 /d								播始历期 /d	主茎叶片数 / 片
		一期第一苞原基分化期	二期第一枝梗原基分化期	三期第二次枝梗和颖花原基分化期	四期雌雄蕊原基形成期	五期花粉母细胞形成期	六期花粉母细胞减数分裂期	七期花粉内容物充实期	八期花粉完熟期		
珍汕97A 二九矮1号A	分化期天数	2	3	4	5	3	2	9		60~75	12~14
	距始穗天数	28~27	26~24	24~20	19~15	14~12	11~10	—			
泰引1号	分化期天数	2	4	5	7	3	2	9	2	95~120	18~20
	距始穗天数	34~33	32~29	28~24	23~17	16~14	13~12	11~3	2~0		
IR26 IR661 IR24	分化期期天数	2	3	4	7	3	2	7	2	90~110	15~18
	距始穗天数	30~29	28~26	25~22	21~15	14~12	11~10	9~3	2~0		
明恢63	分化期天数	2	3	4	7	3	2	8	2	85~110	15~17
	距始穗天数	31~30	29~27	26~23	22~16	15~13	12~11	10~3	2~0		

汕优63夏制父本幼穗分化历期比母本长4~5 d，而理想花期相遇要求父本比母本早1~2 d。父母本幼穗分化各期的对应关系应该是：父本幼穗Ⅲ期时，母本Ⅰ期，父本比母本快2期；父本幼穗Ⅳ~Ⅵ期时，比母本快1期；父本幼穗Ⅶ期时，应比母本早半期或早2~3 d。

威优64、威优77等春制，父本的幼穗分化历期比母本长2~3 d，而理想花期相遇是父母本同期始穗或父本略迟。这类组合制种父母本幼穗分化的对应关系应该是：父本幼穗Ⅱ~Ⅲ期时，母本应达到Ⅰ~Ⅱ期，父本比母本早1期；父本幼穗Ⅳ~Ⅵ期时，比母本应早半期；父本幼穗Ⅶ后，父本应早于母本1 d或基本同步。

威优402、金优402、威优48-2、Ⅴ优辐26等早熟组合春制，Ⅱ优63、Ⅱ优46等夏制，父本与母本幼穗分化历期基本相同。因此幼穗分化各期的对应关系依父母本始穗期来确定，父本比母本迟始穗2~3 d的组合，父本的幼穗分化各期应比母本迟2~3 d；若要求父本比母本早始穗1~2 d迟熟组合，幼穗各期需较母本早1~2 d。依次类推。

如果上述三种类型组合制种父母本幼穗分化进度相差较大，说明花期相遇较差甚至不遇。

5.1.2　叶片预测法

叶片预测法是以亲本当时的出叶情况（叶龄、出叶速度、形态等）为依据，参照亲本的主茎叶片数、叶龄与幼穗分化发育的对应关系，历年同期播种的叶龄资料以及不同生育阶段叶片的形态特征等进行综合分析，预测父母本的幼穗分化期和始穗期。此法适合各生育阶段，特别是在幼穗分化以前的营养生长期进行早期花期预测。

叶片预测法的前提是调查父母本当时的叶龄，因而应定点定期进行叶龄观察记载。叶片预测法又有多种方法，其基本的依据是亲本主茎总叶片数的相对稳定性。主要方法有叶龄指数法、叶龄余数法、对应叶龄法等。

5.1.2.1　叶龄指数法　叶龄指数是亲本当时已出叶片数除以该亲本主茎总叶片数的百分率，即

$$叶龄指数（\%）=\frac{已出叶片数}{主茎总叶片数}\times100\%$$

根据叶龄指数的大小，可以推断出稻穗发育进度（表10-7）。

表10-7　稻穗发育与叶龄指数的关系

稻穗发育时期	叶龄指数	稻穗发育时期	叶龄指数
第一苞分化期	78	花粉母细胞形成期	95
第一次枝梗原基分化期	81～83	花粉母细胞减数分裂期	97～99
第二次枝梗原基分化期	85～86	花粉内容物充实期	100
小穗原基分化期	87～88	花粉完成期	100
雌雄蕊分化期	90～92		

各发育时期的叶龄指数，只适用于主茎叶片数15～17片的亲本，主茎总叶片数在此范围之外的亲本应加以校正。校正值是以主茎总叶片数16片为准，以16减去所用亲本主茎总叶片数之差除以10，乘以100减去该亲本当时的叶龄指数即为校正值。将校正值加上该亲本当时的叶龄指数，就是该亲本的实际叶龄指数。

$$叶龄指数校正值=\frac{16-主茎总叶片数}{10}\times\left(100-\frac{已出叶片数}{主茎总叶片数}\times100\right)$$

该方法受年份和栽培条件的影响较小，预测较准确。但在实际应用中，对父母本主茎叶片

数相差较多，叶龄指数与穗分化期的差别较大，比较两者的对应关系，较为繁杂，而且主茎总叶片数在年际间有变化，难以准确判断。因此，该法实际上使用少。一般只适宜在幼穗分化后预测，可与幼穗剥检法相互参照。

    5.1.2.2　叶龄余数法　叶龄余数是主茎总叶片数减去当时叶龄的差数。叶龄余数与幼穗分化进度的关系较稳定，受栽培、温度的影响较小。因此，预测花期更准确，是制种常使用的方法之一（表10-8）。

表 10-8　水稻叶龄与幼穗发育对照表（周承杰，1989）

主茎叶片数 / 片								幼穗发育期	分化期天数 /d	叶龄余数	距抽穗天数 /d*
11	12	13	14	15	16	17	18				
	8.5	9.5	10.5	11.5	12.5	13.5	14.5	第一苞		3.5	
—	—	—						分化期	2～3	—	24～32
8.2	9.0	10.1	11.2	12.0	13.0	14.0	15.0	（一期看不见）		3.1	
8.3	9.1	10.2	11.3	12.1	13.1	14.1	15.1	一次枝梗		3	
—	—	—						分化期	3～4	—	22～29
8.9	9.7	10.9	12.0	12.7	13.7	14.6	15.6	（二期苞毛现）		2.6	
9.0	9.9	11.0	12.2	12.8	13.8	14.7	15.8	二次枝梗		2.5	
—	—							分化期	5～6	—	19～25
9.6	10.4	11.5	12.7	13.4	14.4	15.3	16.3	（三期毛茸茸）		2.1	
9.7	10.5	11.6	12.8	13.6	14.6	15.5	16.5	雌雄蕊分期		1.5	
10.0	10.9	12.0	13.1	13.9	14.9	15.9	16.9	（四期谷粒现）	2～3	—	14～19
										0.9	
10.2	11.0	12.1	13.2	14.0	15.0	16.0	17.0	母细胞形成期		0.7	
10.5	11.4	12.5	13.6	14.3	15.3	16.3	17.3	（五期颖壳分）	2～3	—	12～16
										0.5	
10.6	11.5	12.6	13.6	14.4	15.4	16.4	17.4	减数分裂期			
—	—							（六期叶枕平）	3～4		7～9
11	12	13	14	15	16	17	18				
								花粉充实期	4～5		7～9
								花粉成熟期	2～3		3～4

    注：* 主茎总叶数少，生育期短的，幼穗分化历期短，反之则长。

使用叶龄余数法，首先应根据第二双零叶、伸长叶枕距判断新出叶是倒 4 叶，还是倒 3 叶，然后确定叶龄余数；再根据叶龄余数判断父母本的幼穗分化进度，分析两者的对应关系，估计始穗时期。

5.1.2.3　对应叶龄法　对应叶龄法是以历年同期播种制种花期相遇的父母本叶龄动态对应关系为依据，分析当年制种父母本叶龄进度，预测花期。此法无需考虑幼穗分化进度。因此，可以在整个生育期中进行预测，从而可以在早中期采取措施调节花期，有错早纠，容易调整，避免后期花期调节效果差，副作用大。当然，使用这一方法必须是同一组合在相同地域、同期播种、相同栽培管理条件的制种。不同季节和地域制种，父母本花期相遇的对应叶龄关系不同，异地、异季制种应根据亲本主茎总叶片数的变化，调整父母本叶龄的对应关系，且只能作为参考。

对应叶龄预测法又可分为两种：一是直接比较法，即把当年制种的父母本叶龄与同组合在同类田块对应叶龄的历史资料进行比较，若一方当时叶龄比往年同期叶龄偏大或偏小，而另一方与往年基本吻合，那么叶龄偏大时，就会早抽穗，偏小时就会迟抽穗，导致花期相遇不好；二是回归方程分析法，以 x 代表母本叶龄，y 代表父本叶龄，用往年花期相遇理想制种田块的父母本同时记载的成对叶龄资料，建立父母本叶龄的直线回归方程：$y = a + bx$，并求出父本叶龄值的标准差 Sy，计算出在 95% 概率保证下的置信区间 $[\dot{y} - ta \cdot Sy, \dot{y} + ta \cdot Sy]$。$\dot{y}$ 为母本当时叶龄 x 代入回归方程 $y = a + bx$ 后求出的父本理论叶龄值。比较实际叶龄值 y 与 $\dot{y}$ 值的大小，若 y 在 $\dot{y}$ 的置信区间内，说明父本叶龄吻合，父母本花期能相遇，无须调节。如果 $y > \dot{y} + ta \cdot Sy$，则说明父本出叶比往年快，父本可能提早抽穗。如果 $y < \dot{y} + ta \cdot Sy$，说明父本出叶比往年慢，将推迟抽穗，父母本花期相遇不好，需要采取措施调节。

如果没有历史的叶龄资料，但已知父本的主茎总叶片数 N_1，母本的主茎总叶片数 N_2，父母本播种的叶龄差为 N_a 时，仍可建立父母本叶龄的直线回归方程。方程 $y = a + bx$ 中的回归截距 a 是母本播种时（$x = 0$）父本的叶龄，即叶龄差 N_a。当父母本剑叶同时全展时，制种花期相遇良好。因此，当 $x = N_2$ 时，$y = N_1$ 代入方程即得 $N_1 = N_a + b \cdot N_2$。

$$换算可得 \ b = \frac{N_1 - N_a}{N_2}$$

将 b 代入方程：$y = a + bx$，即可得回归方程：

$$y = N_a + \frac{N_1 - N_a}{N_2} x$$

如果父母本主茎总叶片数稳定可知，父母本播种的叶龄差 N_a 准确，那么用上述方程进行父母本叶龄的对应分析预测花期较准确。

5.1.2.4　出叶速度法　出叶速度法是利用水稻进入幼穗分化后的出叶速度比营养生长期明显减慢的特性来预测花期。在天气正常的情况下，幼穗分化后的生殖生长前期每出一片叶的天数比营养生长期要多 2~3 d。生育期长的迟熟亲本进入幼穗分化后出叶速度为 7~9 d/ 叶，在营养生长期为 4~6 d/ 叶。早、中熟类型的亲本进入幼穗分化后 5~7 d/ 叶，在营养生长期为 3~5 d/ 叶（表 10-9）。因此稻株从营养生长转入生殖生长时，其出叶速度出现明显的转折点，其转折点就是幼穗分化的始期。

5.1.2.5　播始历期推算法　播始历期推算法是根据亲本播始历期的变化规律推算父母本的始穗期。此法是以一个亲本的播始历期年际间在同地、同季、相同的栽培管理条件下相对稳定为依据。在同一组合、同一基地、同一季节、相同栽培管理技术的基础上，迟播亲本播种前，根据当年的气候特点，依往年播始历期预测父本的播始历期，然后适当调整母本的实际播种期。根据父母本的播始历期和实际播种期以及幼穗分化历期，可以初步推测出父母本进入幼穗分化期的日期，并预测始穗期。

以上花期预测的各种方法，各有长处，也各有局限性。在实际运用时，要综合运用。从田间禾苗的长势长相、叶龄、出叶速度、稻株的外观特征、幼穗分化等各方面进行详细观察记载，与整个生育阶段中的气温变化、栽培管理条件、土壤性质等因素进行综合分析，使花期预测达到早而准之目的。一旦发现花期相遇有问题，要根据不同的生育时期的生育发育规律采取相应措施调控，使父母本花期相遇理想。

5.2　花期调节

花期调节是杂交水稻制种中特有的技术环节，是在花期预测的基础上，对花期不遇或者相遇程度差的制种田块，采取各种栽培管理措施或特殊的方法，加快或延缓父母本的生育进程，延长或缩短母本的开花历期，从而达到父母本花期相遇之目的。花期调节是花期相遇的补救措施。因此，不能把保证父母本花期相遇的希望寄托在花期调节上。父母本花期不遇表现为两种情况：一是父本比母本早始穗，即父早母迟；二是父本比母本迟始穗，父迟母早。至于父母本花期相差的程度如何，则由父母本理想花期相遇的始穗期标准决定。比父母本始穗期标准相差 3 d 以上时应进行花期调节。

花期调节的作用，一是促进生长发育，提早抽穗，或缩短开花历期；二是延缓生长发育，推迟抽穗或延长开花历期。对花期早的亲本采取延缓作用的调节措施，对花期迟的亲本采取促进作用的调节措施。

表10-9　杂交制种亲本出叶速度变化表

亲本名称	桂99						明恢63						珍汕97A					
年份,地点	1994,汉寿			1995,汉寿			1994,安江						1992,安江					
播种期(月/日)	4/3			4/14			4/30			6/10			4/10			6/30		
移栽期(月/日)	4/21寄插 5/26栽			4/30寄插 5/31栽			5/20			6/29			5/7			7/20		
始穗期(月/日)	7/14			7/21			7/30			8/29			7/1			9/2		
叶龄与出叶速度 ↓ 日期(月/日)／叶龄／叶速(叶/d)	日期	叶龄	叶速	日期	叶龄	叶速	日期	叶龄	叶速	日期	叶龄	叶速	日期	叶龄	叶速	日期	叶龄	叶速
	5/26	10.51	0.18	5/30	9.46	0.25	5/29	7.6	0.26	7/3	5.9	0.22	4/27	3.44		7/20	5.86	0.16
	5/30	10.90	0.10	6/3	10.20	0.19	6/3	8.9	0.26	7/8	7.4	0.3	5/2	5.12	0.336	7/24	6.66	0.16
	6/3	11.66	0.19	6/8	11.24	0.21	6/8	10.2	0.26	7/13	8.5	0.22	5/7	6.02	0.18	7/29	7.66	0.2
	6/7	12.23	0.14	6/13	12.14	0.18	6/13	11.0	0.16	7/18	9.8	0.26	5/13	6.46	0.07	8/3	9.04	0.276
	6/9	12.50	0.14	6/18	12.27	0.12	6/18	11.7	0.14	7/23	10.7	0.18	5/18	7.38	0.184	8/8	10.14	0.272
	6/13	13.00	0.13	6/21	13.18	0.15	6/23	12.3	0.12	7/28	11.4	0.14	5/23	8.24	0.172	8/13	10.94	0.16
	6/17	13.35	0.09	6/24	13.34	0.05	6/28	12.9	0.12	8/2	12.4	0.2	5/29	9.78	0.308	8/18	11.68	0.148
	6/21	13.95	0.15	6/28	13.88	0.16	7/3	13.4	0.1	8/7	13.0	0.12	6/2	10.7	0.184	8/24	12.4	0.12
	6/26	14.44	0.10	7/2	14.22	0.09	7/8	14.0	0.12	8/12	13.7	0.14	6/7	11.72	0.204	8/29	12.6	
	7/1	15.01	0.11	7/6	14.78	0.14	7/13	14.6	0.12	8/17	14.4	0.14	6/12	12.52	0.16			
	7/6	15.53	0.10	7/11	15.54	0.15	7/18	-15.0	0.08	8/2	14.9	0.1	6/17	13.0	0.096			
	7/11	15.8	0.05	7/16	16.30	0.15	7/23	15.8		8/28	15.0		6/23	13.6				

5.2.1 农艺措施调节法

采取各种栽培措施调控亲本的始穗期和开花期。

5.2.1.1 密度（基本苗）调节法 在不同的栽培密度下，抽穗期与花期表现有差异。密植和多本移栽增加单位面积的基本苗数，表现抽穗期提早，群体抽穗整齐，花期集中，花期缩短。稀植和栽单本，单位面积的基本苗数减少，抽穗期推迟，群体抽穗分散，花期延长。一般可调节 3～4 d。生育期长的亲本分蘖能力较强，调节效果较好，反之则效果较差。使用密度调节法时，要在保证母本高产苗穗结构和父本充足花粉量的前提下进行。母本过稀栽植常导致穗数不足，且抽穗分散，开花不集中。父本适当稀植高肥，可延迟延长花期。父本密植或多本插植导致花期短，父母本花期不能全遇。

5.2.1.2 秧龄调节法 秧龄的长短对始穗期影响较大，其作用大小与亲本的生育期和秧苗素质有关。IR26 秧龄 25 d 比 40 d 的始穗期可早 7 d 左右，30 d 秧龄比 40 d 的早 6 d 左右，秧龄超过 40 d，抽穗不整齐。珍汕 97A 秧龄 13 d 比 28 d 的始穗期早 4 d 左右，18 d 秧龄比 28 d 始穗仅早 1 d，超过 35 d 秧龄出现早穗，抽穗不整齐。对秧苗素质中等或较差的秧苗，调节作用大，对秧苗素质好的秧苗其调节效果小。

5.2.1.3 中耕法 中耕并结合施用一定量的氮素肥料可以明显延迟始穗期和延长开花历期。对苗数多、早发的田块效果小，特别是对禾苗长势旺的田块中耕施肥效果不好，所以使用此法须看苗而定。在没能达到预期苗数，田间禾苗未封行时采用此法效果好，对禾苗长势好的田块不宜采用。

5.2.1.4 肥料调节法 氮肥和磷、钾肥均能调节花期，在禾苗生长前期使用此法能使花期提前。在幼穗分化期施用则延迟抽穗。磷、钾肥对花期有促进作用，整个生育期均可使用，前期以根部追施为主，中后期则以叶面喷施为宜，可调节 1～2 d。在幼穗分化期以后用肥料调节，效果不明显，尤其对长势长相好的田块不宜采用此法，否则恶化群体苗穗结构，加剧病虫危害，降低母本异交能力。

5.2.1.5 水分调节法 根据父母本对水分的敏感性不同而采取的调节方法。籼型三系法生育期较长的恢复系，如 IR24、IR26、明恢 63 等对水分反应敏感，不育系对水分反应不敏感。在中期晒田，可控制父本生长速度，延迟抽穗。

5.2.2 激素调节法

用于花期调节的激素主要有赤霉素、多效唑以及一些复合型激素。激素调节必须把握好激素施用的时间和用量，才有好的调节效果，否则不但无益于花期相遇，反而造成对父母本高产群体的破坏和异交能力的降低。

5.2.2.1　赤霉素调节　赤霉素（"九二〇"）是杂交水稻制种不可缺少的植物激素，具有促进生长的作用，可用于父母本的花期调节。在见穗前低剂量施用赤霉素（母本每亩 1~2 g，父本每亩 0.5 g 左右），可提早抽穗 1~2 d。此外，若发现母本比父本早 3~5 d，在母本盛花期连续喷施 3~4 d，每天 1~2 g，可提高柱头外露率与柱头生活力，使柱头的受粉期限达到 4 d 以上。

5.2.2.2　多效唑调节　多效唑是一种高活性植物生长调节剂，能抑制植物体内赤霉素的合成。在水稻秧田施用，具有缩短节间、矮化株型、促进分蘖的作用，能培育多蘖壮秧。在水稻制种上使用能增加群体苗穗数，推迟抽穗，延长花期，是幼穗分化中期调节花期效果较好的措施。在幼穗分化Ⅲ期末喷施能明显推迟抽穗，推迟的天数与用量有关。在幼穗Ⅲ—Ⅴ期喷施，每亩用 100~200 g，可推迟 1~3 d 抽穗，且能矮化株型，缩短冠层叶片长度，创造良好的授粉姿态。但是，使用多效唑的制种田，在幼穗Ⅷ期每亩喷施 1~2 g 赤霉素来解除多效唑的抑制作用。在秧田期、分蘖期施用多效唑也具有推迟抽穗、延长生育期的作用，可延迟 1~2 d 抽穗。

5.2.2.3　其他复合型激素类调节　该类物质大多数是用植物激素、营养元素、微量元素及其能量物质组成，主要有"调花宝""花信灵""调花灵"等。在幼穗分化Ⅴ—Ⅶ期喷施，母本每亩用 3 g，兑水 45 kg，或父本每亩用 1 g，兑水 20 kg，叶面喷施，能提早 2~3 d 见穗，且抽穗整齐，促进水稻花器的发育，使开花集中，花时提早，提高父本花粉和母本柱头生活力。

5.2.3　拔苞拔穗法

花期预测发现父母本始穗期相差 5~10 d，可以在早亲本的幼穗分化Ⅶ期和见穗期，采取拔苞拔穗的方法，促使早抽穗亲本的迟发分蘖成穗，从而推迟花期。拔苞（穗）应及时，以便使稻株的营养供应尽早地转移到迟发分蘖穗上，从而保证更多的迟发分蘖成穗。被拔去的稻苞（穗）一般是比迟亲本的始穗期早 5 d 以上的稻苞（穗），主要是主茎穗与第一次分蘖穗。若采用拔苞拔穗措施，必须在幼穗分化前期重施肥料，培育出较多的迟发分蘖。

第六节　父母本异交态势的改良与人工辅助授粉

6.1　父母本异交态势的改良

父母本异交态势的改良主要通过喷施赤霉素来实现。因此，异交态势的改良技术也主要是

344

赤霉素的施用技术，其次还可以通过栽培技术和轻度割叶改良异交态势。

6.1.1 赤霉素改良异交态势

6.1.1.1　赤霉素改良异交态势的效果　赤霉素，普遍存在于高等植物中，合成赤霉素最活跃的部位是茎尖、嫩叶、根尖以及正在发育的种子胚与胚乳。在木质部和韧皮部均可运输，表现无极性运输现象，广泛存在于生殖器官和营养器官中。水稻的一生中，苗期含量很低，100 g 鲜重不到 0.1 μg，移栽后迅速增加，到分蘖盛期达到高峰，100 g 鲜重含量超过 0.35 μg，以后又逐渐下降，至抽穗前营养器官内降至最低点。穗内含量却迅速增加，开花期穗内含量最高，以后又急剧下降。赤霉素对水稻的生长、开花结实等多方面有作用，最显著的作用是通过促进细胞伸长和细胞分裂来促进稻株茎节与叶鞘的伸长。

水稻雄性不育系在抽穗期植株体内的赤霉素含量水平明显低于雄性正常品种，穗颈节不能正常伸长，约有 1/4 的稻穗不能抽出，而出现抽穗卡颈现象。穗颈节节间短是不育系抽穗卡颈的内在原因。在抽穗前喷施外源赤霉素，提高植株体内赤霉素的含量，可以促进穗颈节伸长，解除卡颈，达到穗粒正常外露，改良异交态势。所以，赤霉素的施用已成为杂父水稻制种高产的最关键的技术。

此外，在不育系始穗期前后喷施赤霉素还可以使柱头外露率提高和花时提早，柱头外露率提高 10%~20%，提早盛花时和开花高峰时间 0.5~1 h。提高父母本花时相遇率 15%~20%，使制种单产大幅度提高，增产幅度达 100%~200%，甚至更高。

喷施赤霉素解除抽穗卡颈的效果主要有两个指标，包颈长（或穗粒外露率）和株高。研究与实践表明，V20A 包颈长（-3）~1 cm，穗粒外露率约 95%，植株高度 100 cm 左右时，表明赤霉素喷施的效果最佳。在生产实践中，包颈长与株高有时难以兼顾，也可以从母本异交结实率与稻粒黑粉病粒率两个间接指标来反映。在考察赤霉素的施用效果时，应将包颈长、株高与母本异交结实率、稻粒黑粉病粒率综合分析，找到理想异交结实率与最低黑粉病粒率时的包颈长、株高的理想指标值。

制种使用的赤霉素有粉剂和乳剂两种产品。乳剂可以直接兑水稀释喷施，而粉剂不能直接溶于水，使用前须先溶于酒精，每 100 mL 酒精能溶解 5~6 g 赤霉素粉剂。

6.1.1.2　赤霉素的喷施技术　赤霉素喷施技术主要包括适宜的喷施时期，用量、次数、兑水量与喷施时间等方面。

（1）喷施时期　不同时期喷施相同剂量的赤霉素，各节间长度随喷施时间的变化呈抛物线变化，即喷施时期过早过迟均不能达到最大的伸长效果。对株高的效应是各节间效应的总和，也呈曲线变化。喷施赤霉素对植株效应，要求低位节间和剑叶节间尽可能伸长少，而对穗颈节间伸长较多，至少达到穗颈节间与剑叶叶鞘等长，才能完全解除抽穗卡颈。

研究表明，最佳喷施时期在见穗前 2 d 左右，终止喷施期在见穗后 4~6 d，上部两个节间基本上同步变化。低位节、剑叶节的伸长量随时期不同变幅较大，而穗颈节节间的变幅小。在见穗前 3~6 d，是赤霉素的危险喷施期，宜迟不宜早。喷施过早，低位节间伸长值大，上部叶片、叶鞘伸长过量，导致抽穗卡颈更加严重。

对低位节、剑叶节、穗颈节、剑叶叶鞘的喷施时期效应，一个单穗最佳的喷施期在见穗前 2 d 左右，起始喷施期在见穗前 6 d，终止喷施期在见穗后 3 d。对群体而言，单株间见穗期存在 4~6 d 的差异，一个单株稻穗间也存在 5~7 d 的差异，说明群体内所有的稻穗不可能同期达到穗颈节和剑叶叶鞘的最佳喷施期。因此，确定一个群体的最佳喷施期应以群体中大多数稻穗为准。赤霉素喷施的适宜时期在群体见穗前 1~2 d 至见穗 50%，最佳喷施时期是见穗 5%~10%。此外，在确定喷施时期还应考虑以下因素：

①父母本花期相遇程度。父母本花期相遇好，母本见穗 5%~10% 为最佳喷施期。花期相遇不好，早抽穗的一方要等迟抽穗的一方，达到起始喷施期（见穗前 2~3 d）以后才开始喷施。但早抽穗的一方也只能等到本身喷施终止期前 1~2 d。在母早父迟，相差 3~5 d 的情况下，也应先单独在母本最佳喷施期喷施母本，父本达到起始喷施期再喷施。

②群体稻穗整齐度。母本群体抽穗整齐的田块，可在最佳喷施期开始喷施。抽穗欠整齐的田块，要推迟到群体中大多数的稻穗达到最佳喷施期时才开始喷施。

③稻穗发育成熟的程度。稻穗破口见穗时，稻穗内各器官完全发育成熟。由于天气与栽培条件的影响，有时表现不一致，特别在低温或干旱条件下，稻穗内各器官已成熟，但不一定能破口见穗。应从颖壳的颜色上判断，破口见穗时颖壳已成绿色，表明完全发育成熟。破口见穗时，颖壳呈浅绿色或白色，表明稻穗尚未完全发育成熟。对颖壳呈绿色、发育成熟的田块，可以适当提早喷施，而颖壳呈浅绿色或白色，应适当推迟喷施。

（2）喷施剂量　同一喷施时期不同喷施剂量，植株的伸长量随剂量的增加而增加，但当剂量增加到一定程度后，植株的伸长量接近一个极限值，再增加剂量后植株伸长量增加很少，甚至不再增加。

在不同喷施时期和不同喷施剂量条件下，其结果表现出时期与剂量的交互作用。喷施时期越早，在一定剂量范围内剂量的效应越大，即不同的剂量下的伸长量随喷施越早变幅越大，植株各性状对剂量的变化越敏感。喷施时期越迟，植株各性状对剂量的变化越不敏感。剂量可以调节各节间的伸长量，从而改变植物的结构。

不同的不育系由于其花粉败育的特性不同以致抽穗卡颈程度不同，加上本身对赤霉素反应的敏感性存在差异。因此，在相同的剂量下，对不同不育系的植株效应不同。要达到相同的植株形态结构，不同的不育系所需的赤霉素的剂量不同。以染败为主的粳型质核互作型不育系，抽穗几乎没有卡颈现象，喷施赤霉素为改良穗层结构，所需赤霉素的剂量较小，一般每公顷用 90～120 g。以典败与无花粉型花粉败育的籼型质核互作型不育系，抽穗卡颈程度较重，穗粒外露率在 70% 左右，所需赤霉素的剂量大。对赤霉素反应敏感的不育系，如金 23A、新香A，每公顷赤霉素用量只需 150～180 g，V20A、协青早 A、珍汕 97A 等不育系对赤霉素反应不敏感，每亩需 15～20 g。最佳用量的确定，还应考虑多方面因素，提早喷施时剂量减少，推迟喷施时剂量增加，苗穗多的应增加用量，苗穗少的减少用量；遇低温天气应增加剂量。

（3）喷施次数　赤霉素的喷施一般分 2～3 次，在 2～3 d 内连续喷施，根据父母本群体抽穗动态确定，通过多次喷施使母本形成整齐一致的授粉姿态。抽穗整齐的田块喷施次数少，喷施 2 次即可，甚至可以一次性喷施。不整齐的田块喷施次数多，喷施 3～4 次。喷施时期提早的应增加次数，推迟喷施则减少次数，在接近终止期喷施时，应一次性喷施。

第一次喷施的时期是在最佳喷施期或者前 1～2 d，称为始喷期。此时田间母本的抽穗率称为始喷指标，始喷指标一般 5% 左右。第二、第三、第四次喷施在始喷后第二、第三、第四天，也可以在一天内上午、下午连续喷施。

每次喷施赤霉素的剂量不同，原则是"前轻、中重、后少"，同样根据不育系群体的抽穗动态决定。若分 2 次喷施，2 次的用量比为 2∶8 或 3∶7；分 3 次喷施，每次的用量比为 2∶6∶2 或 2∶5∶3；分 4 次喷施，每次的用量比为 1∶4∶3∶2 或 1∶3∶4∶2。

（4）兑水量　赤霉素喷施兑水量没有严格的要求，不论每次喷施剂量的多少，单位面积上喷施的兑水量基本相同。在保证单位面积内赤霉素能均匀喷施的前提下，兑水量则宜少不宜多。雾滴细时兑水量少，反之则兑水量多。背包压缩式喷雾器喷施，用小孔径喷片，兑水量为每公顷 180～300 kg。用手持式轻型电动喷雾器喷施，即采用低量高效喷施法，每公顷兑水量只需 22.5～30 kg，提高了赤霉素的使用效率，可减少赤霉素用量。

（5）喷施时间　在一天中赤霉素适宜在上午露水快干时和下午 4 时以后喷施。中午高温，阳光强烈时不宜喷施。遇阴雨天气，降雨时不能喷施，喷施后 2 h 内遇降雨，应补喷或在下次喷施时增加用量。

（6）对恢复系的喷施　对父母本异交姿态改良，要求父本比母本高 5～10 cm，形成适当的父母本株高差，有利花粉飞扬与均匀传播，提高花粉的利用率，使母本厢中的饱和结实区间增宽。由于喷施赤霉素是获得父母本适当株高差的唯一途径，然而对父母本同时喷施的剂量，往往不能使父本株高高于母本，因而有必要增加对父本的喷施剂量。当父本始穗期比母本早，母本在最佳喷施期喷施，父本已过了最佳喷施期甚至已接近终止喷施期，需在第一次或第二次对父母本同喷时重喷父本。若父本对赤霉素反应不敏感，还需要单独对父本增加一定的剂量。

6.1.2　割叶技术的应用

20 世纪 70 年代杂交水稻制种，在始穗期进行割叶剥苞是改良母本异交态势的唯一手段，不但用工多劳动强度大，而且制种产量低。随着赤霉素喷施技术与定向培育技术的推广应用，割叶剥苞技术已不普遍使用。V20A、珍汕 97A、协青早 A 等籼型不育系，通过定向培育技术可以有效地控制冠层叶片的长度。在始穗期前后喷施赤霉素可以解除抽穗卡颈，使剑叶与倒二叶的伸展角度增大，叶片呈平展状态，而形成"叶上禾"穗层结构。然而，有些不育系具有"长、直、窄、凹、厚"冠层叶片的性状，剑叶与倒二、倒三叶不但较长，而且挺直不平展。有些制种田的母本生长过旺，冠层叶片长，在始穗期喷施赤霉素后，剑叶伸展角度没有多大增加，叶片仍挺直，穗层结构的改良不理想，因而应采用割叶技术。

叶片是赤霉素喷施后植株吸收的主要器官，在始穗期前后喷施赤霉素必须通过叶片吸收，因此割叶后将会不同程度地影响赤霉素的使用效果。为了不影响赤霉素的效果，割叶时间是关键，割叶的时间应在喷施赤霉素后的第二天效果最好。

叶片是进行光合作用合成营养物质最重要的器官，水稻籽粒的形成所需的营养物质有80% 左右来自后三片功能叶。因此，割去叶片将降低粒重和结实率。但是，制种母本的异交结实率一般只有 40%～50%，是水稻正常可育自交结实率的 1/2～2/3，将剑叶和倒二叶割去一部分，不会对粒重与异交结实率造成大的影响。在确定割叶长度时，应尽可能少割，只要能使母本达到穗叶顶距在 5～10 cm 内的穗层结构，可保留剑叶长度在 15 cm 左右。

6.1.3　提高不育系柱头外露率及生活力的技术

同一不育系在不同的栽培管理条件下，柱头外露率有较大的差异，变幅达 30% 以上。V20A、珍汕 97A 在培管条件适宜时，柱头外露率可达 60% 以上，而培管条件差时，柱头外露率不足 30%。柱头的生活力在营养环境条件适宜时，开花后 5～6 d 还能受精结实。因此，通过栽培措施改善营养环境，可以提高不育系的柱头外露率，增强柱头生活力，充分发挥不育系柱头外露的异交能力。

对不同素质秧苗成穗后的柱头外露率调查结果表明，同是 22 d 秧龄的秧苗，带 2～3 个分蘖的秧苗成穗后的柱头外露率比少蘖秧高 28.5%，比无蘖秧高 30%，主茎穗和大分蘖穗的

348

柱头外露率比小分蘖穗高 1%~10%。因此，培育母本多蘖壮秧，可以使母本不育系的柱头外露率提高 10%~20%。

幼穗分化Ⅴ—Ⅵ期是柱头发育的关键时期，也是柱头外露的敏感期。若此时田间缺少肥水，明显降低柱头外露率。对幼穗分化中后期叶色转黄，缺肥的田块追肥和不追肥处理，追肥母本柱头外露率比不追肥高 15%~20%，结实率高 15% 以上。因此，在幼穗Ⅴ、Ⅵ期（即晒田复水后 5~7 d）应补施肥。对叶色明显转黄，缺氮的田块，应补施尿素，对叶色转黄不明显的田块也可根外施肥（磷酸二氢钾每公顷 2.25 kg 左右），或每公顷用 750 kg 草木灰在早晨露水未干前撒在母本叶片上。在母本盛花期，每公顷 30 g 赤霉素连续 3~4 d 喷施，或用其他含赤霉素的叶面肥，可促进柱头外露和延长柱头生活力。

6.2　人工辅助授粉

水稻是典型的自交作物，在长期的进化过程中，形成了适合自交的花器和开花习性。恢复系有典型的自交特征特性，而不育系丧失了自交功能，只能靠异花授粉结实。当然，自然风可以起到授粉作用，但自然风力、风向往往不能与父母本开花授粉的特点吻合，依靠自然风力授粉不能保障制种产量，因而杂交水稻制种必须进行人工辅助授粉。

6.2.1　人工辅助授粉的方法

目前主要使用三种人工辅助授粉方法：一是绳索拉粉法；二是单竿赶粉法；三是双竿推粉法。

绳索拉粉法是用一根长绳（绳索直径约 0.5 cm，表面光滑），由两人各持一端沿与行向垂直的方向拉绳奔跑，让绳索在父母本穗层上迅速滑过，振动穗层，使父本花粉向母本厢中飞散。该法的优点是速度快、效率高，能在父本散粉高峰时及时赶粉。但是，对父本的振动力较小，不能使父本的花粉充分散出。另一方面花粉单向传播，沿绳索滑动方向花粉量大，造成田间花粉分布不均匀，花粉的利用率较低。其次，绳索在母本穗层上拉过，对母本花器有伤害作用。

单竿赶粉法是一人手握一根长竿（3~4 m）的一端，置于父本穗层下部，向左右成扇形扫动，振动父本稻穗，使父本花粉飞向母本厢中。该法比绳索拉粉速度慢，但对父本的振动力较大，能使父本的花粉从花药中充分散出，传播的距离较远。但该法仍存在花粉单向传播、不均匀的缺点。适合单行和假双行，小双行父本栽插方式的制种田采用。

双竿推粉法是一人双手各握一短竿（1.5~2.0 m 长），在父本行中间行走，两竿分别放置在父本植株的中上部，用力向两边振动父本 2~3 次。使父本花粉从花药中充分散出，并向两边的母本厢中传播。此法的动作要点是"轻推、重摇、慢回手"。该法的优点是父本花粉更能充分散出，花药中花粉残留极少，且传播的距离较远，花粉散布均匀。但是赶粉速度慢，劳动强度大，难以保证在父本开花高峰时及时赶粉。此法只适宜在大双行父本栽插方式的制种田采用。

据研究，在相同的条件下，单竿赶粉的母本异交结实率比绳索拉粉高 5% 左右，而双竿推粉比绳索拉粉的母本异交结实率高 10% 左右。因此，对父本花粉的利用率，以双竿推粉法最高，单竿赶粉次之，绳索拉粉最低。在制种中，如果劳力充裕，应尽可能采用双竿推粉或单竿赶粉的授粉方法。

除上述三种人工赶粉方法外，湖北还研究出了一种风机授粉法，可使花粉的利用率进一步提高，异交结实率可比双竿推粉法高 15.5% 左右。其具体方法是以泰山 -18 型机动喷粉机（又称风机）作风源动力，在风机上装上长薄膜塑料喷管。喷管上有无数小圆孔，从圆孔中喷出微风。将薄膜塑料长管靠在父本穗部 15~20 cm 处，呈一定锐角向父本穗部吹出微风，风速约 1.1 m/s，将花粉在母本穗层中悬浮飘散，使花粉沾在母本柱头上而结实。

6.2.2　授粉的次数与时间

水稻不仅花期短，而且一天内开花时间也较短，一天内只有 1.5~2 h 的开花时间，且主要在上午、中午。但是，不同恢复系一天内的开花时间有差异，有些开花早，在 9:00—11:00 开花，有些较迟，在 11:00—13:00 开花。粳型恢复系开花较籼型恢复系迟。因此，赶粉时间各异。每天的人工授粉次数大体相同，一般为 3~4 次，原则是有粉赶到无粉止。根据父母本花时的差异确定赶粉的时间。在母本盛花期（始花后 4~5 d）前，每天第一次赶粉的时间要以母本花时为准，即看母不看父。因为这一段时期内母本开花的颖花不多，柱头外露的颖花少，母本受精结实主要靠父母本花时相遇的及时花粉。在母本进入盛花期后，每天第一次赶粉的时间则以父本花时为准，即看父不看母。因为母本进入盛花期后，已有较多的颖花开花，柱头外露的颖花较多，母本依靠外露柱头，接受父本非及时花粉结实逐渐增多。既充分利用父本的开花高峰花粉量提高田间花粉密度，又使母本外露柱头结实。赶完第一次后，父本第二次开花高峰时再赶粉，两次之间间隔 20 min 左右。父本闭颖时赶最后一次。在父本盛花期的数天内，每次赶粉均能形成可见的花粉尘雾，田间花粉密度高，使母本当时正开颖和柱头外露的颖花都有获得较多花粉的机会。所以赶粉次数不一定要多，而是赶准时机。

第七节　防杂保纯

影响杂交种子纯度的因素很多，三系法杂交水稻的制种，在亲本种子纯度合格的基础上，把握杂交制种纯度主要有以下两个环节。

7.1　花粉隔离

花粉隔离的方法有：自然条件隔离（如利用山、河、建筑物等）；父本隔离（在隔离区种植同组合父本）；距离隔离（顺风方向 200 m 以上，逆风方向 150 m 以上）；时间隔离（隔离区的水稻异品种花期较制种区早或迟 20 d 以上）。

7.2　田间除杂

7.2.1　杂株的类型及其特征特性

根据亲本中杂株来源的不同，一般可将杂株分为机械混杂株、生物学混杂株、自然变异株三种类型，其中以机械混杂株为主，生物学混杂株较少，自然变异株更少。

三系法的不育系中的机械混杂株主要是其保持系，其他异品种株很少。保持系植株的株、叶、穗粒形态特征与不育系相同，从植株的外部形态上难以区分。不育系与保持系植株有三个明显的差异，最显著的区别是花药。以典败和无花粉型不育系的花药乳白色，水渍状，花药瘦小，不能开裂散粉；以圆败和染败花粉不育系的花药为淡黄色或黄色，比较饱满，呈棒状，不开裂散粉。保持系的花药为黄色，饱满肥大，能正常开裂散粉。第二个区别是不育系抽穗卡颈，保持系抽穗正常，不卡颈，且一般比不育系早抽穗 2~3 d。第三个区别是开花习性的差异。不育系柱头外露率较高，保持系柱头外露颖花少。其他异品种的杂株一般是正常可育株，在株形、叶色、叶鞘色、生育期、穗粒型等各个方面与不育系有明显的区别，在花期、花时、花药性状、结实率、柱头外露方面与保持系相同。因此，更易于辨认。

不育系中的生物学混杂株是不育系繁殖时因隔离不严和杂株清除不及时串粉而形成。这些杂株在植株的外部形态特征与生育特性上与不育系有明显区别。在花药性状上，不同的杂株表现不一，有些是正常可育，也有些表现为半不育，甚至不育。因此，对这类杂株要从各种性状辨别，只要凭一两个比较明显的特征就可判定为杂株。

恢复系中机械混杂株主要是异品种株，在植株外部形态特征上，一般与恢复系品种有明显的区别。恢复系中的生物学混杂株极少。

自然变异株在不育系与恢复系群体中所占比例很低，因为水稻品种产生自然变异的概率本来就相当低。这些变异株在植株的高矮，叶片的长短大小，叶色和生育特性上变化多样，但与正常的不育系和恢复系植株存在明显的区别。在不育系中常常会有半不育的变异株出现。

7.2.2　田间除杂的时期与杂株的识别方法

杂交水稻制种的田间除杂工作应该贯穿整个制种的全过程，不论何时发现有与亲本存在明显性状区别的杂株均应及时除去，除杂越早越好。一般在五个时期进行除杂工作，即秧田期、大田始蘖期、始穗期、抽穗期和黄熟期，其中除杂最关键的时期是在始穗期。由于杂株的各种特征特性的表现具有时间性，因此不同的除杂时期识别杂株的方法也不同。

在秧田期和大田始蘖期除杂主要识别的性状有：叶鞘色、叶色、叶片的形状、苗的高矮，以叶鞘色为主要识别性状。

在始穗期和抽穗期除杂识别的性状有：抽穗的早迟与卡颈程度、稃尖颜色、开花习性、柱头特性、花药性状和叶片形状大小。以抽穗的早迟、卡颈与否、花药性状、稃尖颜色为主要识别性状。只要有一两个性状有明显的差别，就定为杂株，此期的除杂工作是杂交水稻制种防杂保纯的重点。此期如果未能把杂株除去，因杂株传粉的母本结实，可能造成杂交种子的生物学混杂。故必须在人工赶粉前把能辨别的杂株除净，保证田间含杂莩率在 0.1% 以下。

在黄熟期除杂识别的性状有：结实率、柱头外露率和稃尖颜色，以结实率为主结合柱头外露识别杂株。此期除杂只对母本群体进行，母本的异交结实率一般较低，而杂株一般是正常可育，自交结实率在 70% 以上，因此结实率较高且颖花的柱头外露率很低的植株均应作杂株除去。

352

参考文献

[1] 田大成. 水稻异交栽培学: 杂交水稻高产制种原理与技术 [M]. 成都: 四川科学技术出版社, 1991.

[2] 许世觉, 潘旺林, 许坤, 等. 杂交水稻超高产制种技术研究与应用 [J]. 杂交水稻, 1991 (专集): 2-6.

[3] 袁隆平, 陈洪新, 王三良, 等. 杂交水稻育种栽培学 [M]. 长沙: 湖南科学技术出版社, 1996, 172-211.

[4] 许世觉, 李必湖. 杂交水稻的制种技术 [C] // 湖南杂交水稻研究中心. 杂交水稻国际学术讨论会论文集. 北京: 学术期刊出版社, 1986: 250-253.

[5] 王忠, 顾蕴洁. 不育系柱头和恢复系花粉生活力的观察 [J]. 杂交水稻, 1990 (3): 39-41.

[6] 于宗谦. 不同肥水管理对柱头外露及异交结实的影响 [J]. 杂交水稻, 1991 (5): 18-19.

[7] 方观喜. 提高杂交稻制种母本柱头外露的栽培技术 [J]. 杂交水稻, 1993 (2): 17-18.

[8] 潘旺林. 提高杂交水稻制种产量的途径探讨 [J]. 杂交水稻, 1993 (4): 11-13.

[9] 杨保汉. 不育系柱头外露率及其结实率研究 [J]. 杂交水稻, 1997 (1): 13-15.

[10] 黄培劲. 杂交水稻超高产制种技术的关键 [J]. 杂交水稻, 1994 (2): 8-9.

[11] 王建华. 利用出叶间隔预测杂交水稻制种花期 [J]. 杂交水稻, 1994 (5): 16-18.

[12] 邓秋生. 保花肥对母本柱头外露及结实率的影响 [J]. 杂交水稻, 1995 (1): 13-14.

[13] 李国荣, 郑志先, 张代秋. 调花宝对提高杂交水稻制种产量的跟踪试验及应用效果 [J]. 杂交水稻, 1995 (1): 15-17.

[14] 刘爱民. 洞科 1 号在杂交水稻制种上的花时调节效果和施用技术 [J]. 湖南农业科学, 1989 (4): 6-7.

[15] 黄志华. 花信灵在杂交水稻制种上的应用研究 [J]. 杂交水稻, 1996 (4): 42-43.

[16] 袁振兴. 杂交水稻制种父母本花时温湿效应研究 [J]. 杂交水稻, 1988 (2): 19-21.

[17] 陶用力, 刘大锷, 文正华. 浅谈杂交水稻制种父母本的花期预测与调节 [J]. 杂交水稻, 1995 (4): 13-15.

[18] 黄德社, 张清学, 黄牡林, 等. 杂交水稻叶片叶龄判断方法示意图 [J]. 杂交水稻, 1996 (3): 11-13.

[19] 周宗岳. 提高父本花粉利用率研究 [J]. 杂交水稻, 1992 (1): 18-19.

[20] 周宗岳, 曹孟飞. 人工辅助授粉的理论与技术研究: Ⅰ 父本开花与散粉 [J]. 杂交水稻, 1996 (4): 15-17.

[21] 周宗岳, 曹孟飞. 人工辅助授粉的理论与技术研究: Ⅱ 振动对开花的影响 [J]. 杂交水稻, 1996 (5): 14-16.

[22] 周宗岳, 何增明, 曹孟飞. 人工辅助授粉的理论与技术研究: Ⅲ 不同时间赶粉花粉的空间分布 [J]. 杂交水稻, 1996 (6): 22-23.

[23] 王际凤, 张学兵, 罗勤智. 杂交水稻制种病虫害发生规律及防治技术体系的研究 [J]. 杂交水稻, 1996 (4): 43-44.

[24] 胡达明. 不同授粉方式的花粉密度分布与结实

效应研究 [J]. 杂交水稻, 1996（6）: 19-21.

［25］杨孚初. 杂交水稻制种建立母本最佳穗层结构的探讨 [J]. 杂交水稻, 1997（2）: 7-9.

［26］丁获蛟, 潘冬安, 邓庆华. 论生态条件与超高产制种的关系 [J]. 杂交水稻, 1998（2）: 10-12.

［27］钱诗忠. 杂交水稻制种产量与赤霉素用量的关系 [J]. 杂交水稻, 1987（4）.

［28］杨孚初. 赤霉素对杂交稻种子质量的影响 [J]. 杂交水稻, 1999（1）: 20-21.

［29］廖翠猛, 谭志军, 邓应德. 杂交水稻制种亲本倒 4、5 叶的识别 [J]. 杂交水稻, 1999（5）: 22-23.

［30］黄怀望, 皮三富, 黄竹生, 等. 水稻雄性不育系不开颖现象及其影响因素 [J]. 杂交水稻, 1999（2）: 18-19.

［31］易俊章, 周宗岳, 帅国元. 杂交稻父本花药产粉量的测定 [J]. 杂交水稻, 2000（2）: 19-20.

［32］湖南省农业厅. 湖南杂交水稻发展史 [M]. 长沙: 湖南科学技术出版社, 2001.

第十一章

两系法杂交水稻制种

　　自开展两系法杂交水稻研究以来，其制种技术的探索，同选育几乎是同步的。在三系法杂交水稻制种技术的基础上，针对两系法杂交水稻制种的特点，通过短短几年攻关，至今已基本研究出一套高产保纯制种技术，为两系法杂交水稻的推广应用奠定了基础。

　　两系法杂交水稻制种与三系法相比，既有共同点，又有特异性。两种途径的制种，其目标都要求产量高，种子纯度合格。制种的田间设计和操作过程大同小异，异交结实的自然条件，如授粉期的天气状况、温度、湿度等有着共同的要求。但是，三系法的不育系不育性的表达由细胞质核基因互作控制，不受环境条件的制约，无论何时何地制种均表现雄性不育，在制种基地选择和季节安排上有一定的自由性，提高制种产量是主攻目标。在制种亲本纯度合格的基础上，制种的一切技术措施都主要围绕着制种产量的提高。两系法不育系不育性的表达由细胞核基因和温光生态条件共同控制，只有在一定的温光生态条件下，雄性不育性方能表达完全，制种纯度方能得到保证。因此，两系法杂交水稻制种，种子纯度和产量都是主攻目标，而且保纯度是前提，只有在保证制种纯度的基础上求产量才有实际意义。

　　为了保证两系杂交水稻制种纯度，制种基地选择和季节的安排受到了限制，在栽培技术上也有相应的要求。

第一节　两系法杂交水稻制种的生态条件要求与两个安全期

1.1　光温敏核不育系不育性表达对生态条件的要求

目前生产上应用的两用核不育系，从生态条件控制因素上说，主要有光敏型和温敏型两大类。光敏型不育系，如 7001S、N5088S 等，在一定温度范围内，雄性不育性的生态控制因素主要是光照长度。当光照长度在 14 h 以上时表现不育，在 13.75 h 以下时表现可育，在 13.75～14 h 时育性产生波动。温敏型不育系，如矮 64S、安农 810S、安湘 S、香 125S、株 1S、陆 18S 等，雄性不育性的生态控制因素主要是温度，不育转可育的起点温度在 23.5 ℃～24.0 ℃之间，气温在 23.5 ℃以下转向可育，24 ℃以上为不育，23.5 ℃～24.0 ℃育性产生波动。

光敏型核不育系除了主要控制因素光照长度外，温度也有作用。1991 年在湖南长沙观察发现，7001S 8 月 25 日出现染色花粉，不育性开始向可育转化。8 月 29 日至 9 月 3 日日均温高于 30 ℃，9 月中旬不育性回头，连续几天无染色花粉。由此说明，光敏核不育系的育性表现，当温度高于一定范围时，在短光照条件下仍为不育。温敏核不育系的育性基本上只受温度控制，在育性转换起点温度之上时，光照长度的缩短几乎不起作用，如培矮 64S、测64S 等属于此类。在一定地区范围内，光照长度的变化易于掌握，而温度的变化较难掌握。因此，温敏型不育系在制种过程中，生态条件的选择更加严格。

1.2　育性敏感安全期

1.2.1　育性敏感期的概念

在光温敏两用核不育系生长发育的一定时期，其核不育因子在环境因子（主要是光照和温度）的控制下决定雄性的可育或不育转化方向，这一时期称为育性敏感期。育性敏感期的迟早和持续的时间因材料不同有一定差异。温敏型核不育系培矮 64S 的育性敏感期是幼穗分化第三期（第二次枝梗及颖花原基分化期）至第六期（花粉母细胞减数分裂期）。湖南农业大学在 1996 年制种实践中发现，培矮 64S 在抽穗前 20 d 遇上了连续 3 d 日均温 24 ℃，没有导致不育性的波动，杂交种子纯度 97% 以上。光敏核不育系的育性敏感期在幼穗分化第三期至第五期（花粉母细胞形成期）。

1.2.2　育性敏感安全期

在制种过程中，当光温敏不育系的生长发育进入育性转换敏感时段，此时期的外界光温条

356

件能够保证不育基因完全表达，不育性表现彻底。该时期称为育性敏感安全期。

　　就某个不育系在某一地区而言，其育性敏感安全期，依不育系的生育期和该地区气候条件而定。

　　据湖北省农业科学院（1991）研究，粳型光敏核不育系N5088S在武昌（北纬30°27′）4月18日至7月8日播种，8月11日至9月中旬为穗期，其中8月11日至8月底表现完全不育，自交结实率0.02%以内。由此推算，从7月底至8月10日左右是N5088S在武昌的育性敏感安全期（表11-1）。江西省浮梁县种子公司（北纬29°07′）对N5088S的研究表明，5月2日至7月1日播种，8月13日至9月中旬为穗期，其中8月19日至9月3日为稳定不育期，自交结实率为0，根据穗期推算，育性敏感安全期也在7月底至8月10日左右。湖南农业大学（1990，1991）对粳型光敏核不育系7001S在长沙（北纬28°12′）进行分期播种试验，从3月30日至7月20日播种，7月15日至9月底为穗期，其中7月15日至8月26日表现完全不育，8月27日起出现染色花粉，并有自交结实现象（表11-2）。由此表明，7001S在长沙地区完全不育期在7月15日至8月26日左右，育性敏感安全期在6月底至8月6日左右。按安徽省农业科学院（合肥）对7001S研究，4月初至5月中旬播种，穗期在8月10日左右至8月底，9月5日以前均表现完全不育。1989年7月26—31日尽管日平均气温只有23.6℃，29—31日连续3d日平均气温为22.8℃，其中30日平均气温为21.7℃，在8月中旬抽穗时，不育性有小的波动，但不育度仍在99.53%以上。由此推测，7001S在合肥的育性敏感安全期在7月下旬至8月5日左右。

表11-1　N5088S分期播种试验育性表现

（湖北省农业科学院，1991，武昌）

播种期（月／日）	始穗期（月／日）	花粉败育率/%	自交结实率/%
4/18	8/11	100	0
5/25	8/14	99.98	0
5/2	8/16	99.99	0
5/16	8/20	99.86	0.02
6/20	9/6	39.00	30.46
6/27	9/8	54.00	17.85
6/30	9/10	47.50	24.55
7/4	9/12	54.50	27.93
7/8	9/14	37.00	36.32

表 11-2　7001S 分期播种试验育性表现

（湖南农业大学，1990—1991，长沙）

播种期 （月／日）	始穗期（月／日）		齐穗期（月／日）		花粉败育率 /%		自交结实率 /%	
	1990 年	1991 年	1990 年	1991 年	1990 年	1991 年	1990 年	1991 年
3/30	7/15	7/21	7/24	7/28	100	100	0	0
4/10	7/28	7/22	8/5	7/30	100	100	0	0
4/20	8/2	7/25	8/20	8/3	100	100	0	0
4/30	8/8	7/30	8/15	8/10	100	99.91	0	0
5/10	8/15	8/6	8/22	8/14	100	99.94	0	0
5/20	8/22	8/11	8/29	8/18	100	100	0	0
5/30	8/26	8/18	9/3	8/27	55.00	99.53	6.85	0.17
6/10	8/27	8/23	9/4	9/1	39.00	98.44	7.38	0.41
6/20	8/28	8/26	9/5	9/4	30.00	98.44	13.00	2.39
6/30	9/4	9/1	9/12	9/8	35.00	81.55	25.24	5.76
7/10	9/9	9/6	9/16	9/13	19.00	63.22	41.99	46.21
7/20	9/20	9/20	9/29	9/22	15.00	57.08	53.67	50.56

温敏为主的核不育系在某一地区的育性敏感安全期的长短主要取决于本身的育性转换起点温度的高低，育性转换起点温度越低，育性敏感安全期越长。培矮 64S、香 125S、测 64S、株 1S 等，育性转换起点温度为 23.3 ℃~23.5 ℃，育性敏感安全期都较长。对某一地区的气候条件而言，日平均气温稳定在 24 ℃以上，日最低气温稳定在 20 ℃以上的时期越长，温敏型不育系在该地区的育性敏感安全期也就越长。培矮 64S 在湖南已大面积应用于制种，在全省各地表现稳定不育历期均在 70 d 以上，说明育性敏感安全期较长（表 11-3）。测 64S、株 1S 育性转换起点温度低，而且耐低温能力较强。据湖南农业大学试验，测 64S、株 1S 从 3 月 30 日至 7 月 20日播种，测 64S 7 月上旬至 9 月下旬为完全不育期，6 月下旬至 9 月中旬都是育性敏感安全期。株 1S 从 7 月中旬至 9 月下旬表现完全不育，6 月底至 9 月中旬都是育性敏感安全期。

表 11-3　培矮 64S 在湖南各地的育性敏感安全期

（湖南省两系杂交水稻制种协作组，1994—1995）

地点	纬度	海拔 /m	不育历期 /d	育性敏感安全期 （月／日—月／日）
郴州桥口	24°24'	112	60	7/10—9 月初
怀化安江	27°39'	270	45	7/20—8/20

358

续表

地点	纬度	海拔 /m	不育历期 /d	育性敏感安全期（月／日—月／日）
长沙市芙蓉区	28°12'	43.8	50	7/15—8 月底
常德贺家山	28°94'	30.5	45	7/15—8/25

1.3 抽穗扬花授粉安全期

杂交水稻的制种，从生物学角度讲，改变了水稻的授粉方式。在制种过程中除了用栽培技术措施改良父母本的异交态势外，更重要的是要有适宜于抽穗开花期的气候条件。有利于父母本抽穗、开花、授粉的时期，称为抽穗扬花授粉安全期。该安全期的气候条件，两系与三系法的制种，其要求是一致的，主要包括三个方面：其一，从母本见穗期至授粉结束，以晴天为主，父母本开花时段无连续 3 d 以上降雨洗花，或者说在抽穗授粉期无连续 3 d 以上整天降雨；其二，整个抽穗授粉期温、湿度适宜，无连续 3 d 以上日平均气温高于 30 ℃，低于24 ℃，维持 26 ℃~27 ℃；其三，田间穗层相对湿度 80%~90%，不出现连续 3 d 以上高于 95%，低于 75%，每天开花时段无干热风。

长江中下游各地的气候条件大体相似，但由于在纬度、海拔、地形地貌上存在差异，因此在气候变化上不尽一致。就湖南而言，在中、南、北部双季稻区，一般年份于 6 月下旬至7 月初结束雨季，7 月上旬至 9 月上旬，雨天较少，下雨以阵雨为主，连续 3 天以上整天下雨的情况很少。7 月下旬至 8 月上旬是气温最高的时期。立秋前以南风为主，7 月中旬至下旬常出现火南风天气。立秋后以北风为主，湖南西部山区海拔较高，一般为一季稻区，部分为单、双季稻混栽区，气候条件有一定特点，7 月中旬至 8 月下旬的温度与湿度均适宜于杂交水稻制种抽穗授粉。由此可见，湖南杂交水稻制种的安全抽穗授粉期，湘中、湘南双季稻区在 6 月底至9 月上旬，其中最适宜时期在 7 月 5—20 日和 8 月中下旬，湘北双季稻区在 7 月上中旬，湘西一季稻区在 7 月上旬至 8 月下旬。江西、浙江、福建、江苏等地的夏、秋季常受台风影响，出现连续降雨，导致亲本倒伏，异交结实率低。华南地区各地的气候变化趋势基本相同，就气温而言，5—10 月都适宜于杂交水稻制种，但夏、秋两季台风影响更大，对制种产量有一定影响。

第二节　制种基地的选择与季节的安排

在三系法杂交水稻制种中，由于母本不育性不受环境条件制约，不要考虑不育系的育性敏感安全期，只需考虑抽穗授粉的安全期。在制种基地选择和季节的安排上，双季稻区以春制为主，秋制为辅，花期分别在 6 月下旬至 7 月中旬和 8 月下旬至 9 月上旬。在海拔较高的山区（一季稻区）安排夏制，花期在 7 月下旬至 8 月上旬。

然而，两系法杂交水稻制种，母本不育性的表达需要特定的光温条件。制种基地的选择和季节的安排，既要考虑不育系育性敏感期的安全，又要考虑抽穗授粉期的安全，其中以育性敏感安全期为前提条件。

在制种基地的选择上，除了三系杂交水稻制种基地的基本条件外，还必须考虑两个安全期的可靠性。在湘西南海拔 450 m 以上的单季稻区，三系制种较适宜，两系制种时不育系的育性敏感期安全可靠性较差，即使在高温季节的 7 月下旬至 8 月上旬，若遇上一天以上的雨天，气温也易降至 24 ℃以下，而且昼夜温差大，日最低气温往往在 20 ℃以下，可导致温敏不育系的不育性波动。因此，两系制种若在单季稻区进行，宜选择海拔 350～450 m、地势开阔、光照充足的稻区。在双季稻区进行两系制种，基地的选择范围较宽。

制种基地选定以后，对制种田块也有要求，山荫田、冷浸田和冷水灌溉的田块，都不适宜两系杂交水稻制种。

在制种季节的安排上，考虑的因素是亲本生育期特性和育性敏感期安全气候条件的可靠程度。7001S、N5088S 等粳稻光敏型核不育系生育期较长，在长江流域即使春播，也要 7 月才能抽穗。7 月中旬至 8 月下旬为 7001S 和 N5088S 的不育期。由此可见，该类不育系在长江流域不可能春制和秋制，只能夏制。温敏型不育系，如培矮 64S、香 125S、安农 810S、株 1S、陆 18S 等，属籼型早、中稻类型。在长江流域春播，6 月中旬至 7 月上旬抽穗，育性敏感期在 5 月下旬至 6 月中旬。根据气象资料分析，长江流域在这段时期天气变化较大，出现日平均气温低于 24 ℃的概率较大，不育系育性敏感期不安全。因此，温敏型核不育系也不能安排春制，只能是夏制和早秋制。在华南一带，如海南、广东、广西南部，春季气温上升快，可根据历年的气候资料进行分析，温敏型不育系可以进行早稻制种。在海南进行早稻制种，将育性敏感期安排在 4 月，不育性表现彻底，制种可以成功。

不育系育性敏感期的安全，保证了制种成功。但是，杂交水稻制种既要高纯度，又要高产量。从纯度与产量的关系上分析，在亲本纯度一定时，制种产量越高，杂交种子纯度越高。要使制种高产，在父母本苗穗结构合理、花期相遇的前提下，抽穗扬花授粉期气候条件的可靠性是保障。考虑到育性敏感安全期和抽穗扬花授粉安全期的有机结合，在安排上就要合理利用气候条件和亲本的特性。一个不育系在某一地区表现的育性敏感安全的历期、完全不育历期，并不一定都是两系杂交水稻的制种适宜时期。相反，一个地区最适宜的抽穗扬花授粉期，也不一定能被两系杂交水稻制种所利用，只有在不育历期内选择能够使抽穗扬花授粉期安全系数大的某一段不育历期用于制种。例如，培矮64S在长沙地区的育性敏感安全期从7月中旬至8月下旬，可靠的不育期从8月初至9月中旬，然而在长沙地区制种的安全抽穗扬花授粉期从7月上旬至9月初，其中最适宜的时期是7月上旬至8月下旬。因此，培矮64S在长沙地区制种，以秋制为好，利用8月上旬至中旬的育性敏感安全期和8月下旬的抽穗扬花安全期。在湖南怀化、湘西山区制种，安全抽穗扬花授粉期从7月下旬至8月中旬，培矮64S在这些地区制种，由于安全育性敏感期在7月下旬至8月中旬，因而只能进行夏制，选择7月下旬为安全育性敏感期，8月中旬为抽穗扬花授粉期。

N5088S和7001S等粳型光敏核不育系在湖北、安徽、江西等部分地区用于制种。4月播种，8月抽穗，表现完全不育，以8月中旬为理想抽穗授粉期。据华中农业大学万经猛等的报道，两系粳杂制种，父母本的抽穗扬花期如遇上日平均气温30℃以上，对开花授粉、异交结实十分不利。就湖北绝大部分地区来说，历年的7月底至8月上旬气温最高，这段时期对开花授粉和异交结实是不利的。目前用于制种的晚粳光敏核不育系，在武汉地区（30°27′）8月上旬至9月初为完全不育期，稳定不育期1个月左右。这类不育系于4月中下旬至5月初播种，能在8月上旬末抽穗，既避免高温对抽穗开花的不利影响，又利用了不育系的稳定不育期。安徽庐江县种子公司刘平等报道，根据该县历年制种期的气象资料，7001S两系组合制种，最佳抽穗扬花期应在8月15—20日。湖北潜江县运粮湖农场农业科学研究所黄治兴认为，据江陵县气象站1961—1970年统计，8月中旬的日平均气温27℃～28.5℃，在江汉平原8月中旬至下旬的气候条件最适宜于两系粳杂制种抽穗扬花期的要求。

综上所述可以看出，两系杂交水稻制种两个安全期的合理安排是可行的。湖南省两系杂交水稻制种协作组通过多年的研究与实践，得出了湖南省主要两系杂交组合制种的两个安全期安排方案（表11-4）。

表11-4　湖南部分两系杂交组合制种时期安排

（湖南省两系杂交水稻制种协作组，2000）

制种季节	组合	父本播期（月/日）	母本播期（月/日）	移栽期（月/日）	母本育性敏感期（月/日）	授粉期（月/日）
夏制	培两优特青	5/10左右	5/20左右	6/15—20	7/18—30	8/5—15
夏制	培两优288	5/24左右	5/20左右	6/15—20	7/18—30	8/5—15
夏制	培两优余红	5/7左右	5/20左右	6/15—20	7/18—30	8/5—15

续表

制种季节	组合	父本播期 （月/日）	母本播期 （月/日）	移栽期 （月/日）	母本育性 敏感期 （月/日）	授粉期 （月/日）
夏制	培杂山青	5/18 左右	5/20 左右	6/15—20	7/18—30	8/5—15
夏制	培两优 E32	5/7 左右	5/20 左右	6/15—20	7/18—30	8/5—15
夏制	两优培九	4/24 左右	5/20 左右	6/15—20	7/18—30	8/5—15
夏制	八两优 100	5/24 左右	6/1 左右	6/15—20	7/18—30	8/5—15
夏制	八两优 96	6/14 左右	6/1 左右	6 月下旬	7 月下旬	8/5—15
夏制	香两优 68	6/10 左右	6/1 左右	6 月下旬	7 月下旬	8/5～15
秋制	培两优特青	6/1 左右	6/10 左右	7 月上旬	8/3—15	8 月下旬
秋制	培两优 288	6/13 左右	6/10 左右	7 月上旬	8/3—15	8 月下旬
秋制	培两优余红	5/31 左右	6/10 左右	7 月上旬	8/3—15	8 月下旬
秋制	培杂山青	6/9 左右	6/10 左右	7 月上旬	8/3—15	8 月下旬
秋制	八两优 100	6/23 左右	6/20 左右	7/10—15	8 月上中旬	8 月下旬
秋制	八两优 96	7/1 左右	6/20 左右	7/15 左右	8 月上中旬	8 月下旬
秋制	香两优 68	7/1—5	6/20—25	7 月中旬	8/5—15	8 月下旬

第三节　高产优质制种群体苗穗结构的建立

3.1　高产优质制种群体苗穗结构目标

　　杂交水稻制种是水稻的异交栽培，在父母本花期花时相遇和气候条件适宜的前提下，制种产量的高低取决于单位面积内母本的颖花量和父本的花粉量及花粉密度。在制种的栽培管理过程中，使父母本生长发育协调，群体苗穗结构合理，是制种高产优质的基础。

　　培矮 64S 系列组合的制种，产量 3 t/hm² 以上群体苗穗结构为：母本有效穗 375 万穗 /hm² 左右，每穗颖花数 100 个左右，总颖花数 37 500 万个 /hm²。父本要求穗大穗多，有效穗 120 万穗 /hm² 左右，每穗颖花数 100 个以上，总颖花数 1 200 万个 /hm² 以上。父母本颖花比 1∶3。在长势长相上，母本群体以穗数为主，个体间生长发育平衡、稳健，群体整齐度高。父本要求分蘖多，生长量足，每穴有效穗 30～35 个，穗大粒多，花粉量大。湖南农业大学 1996 年在湖南芷江的夏制和 1997 年在浏阳秋制培两优 288，高产典型田间调查测产表明，有了理想的群体苗穗结构，制种产量可以达到 4.5 t/hm²（表 11-5）。

表 11-5　培两优 288 制种高产典型的母本群体穗粒结构

年份	地点	季节	有效穗（万穗/hm²）	每穗颖花数/个	总颖花数（万个/hm²）	每穗实粒数/粒	结实率/%	千粒重/g	理论产量（t/hm²）
1996	芷江	夏制	408.15	146.80	59 916.42	50.90	34.70	22.00	4.57
1997	浏阳	秋制	339.90	131.43	44 673.06	53.38	40.62	22.00	3.99

湖南省安江农业学校对两系法杂交早稻八两优 100 高产优质制种进行了研究与实践。1995 年在湖南芷江县制种 32.3 hm²，总产量达 108 t 左右，平均单产 3.34 t/hm²。其中 8.4 hm² 高产片，产量达 4.05 t/hm²，其产量构成因素为：母本有效穗 397.5 万穗/hm²，每穗颖花数 90.1 个，异交结实率 47.2%，千粒重 24 g。父本有效穗数 127.5 万穗/hm²，每穗颖花数 112.4 个，父母本颖花比为 1∶2.5。

湖南杂交水稻研究中心 1997 年对两系法杂交早稻香两优 68 制种进行了攻关。前作为蔬菜、西瓜、早熟早稻，收获后安排秋制 4.67 hm²，产量获得了突破性提高。其中高产典型地块母本有效穗 381 万穗/hm²，每穗颖花数 78.80 个，每穗实粒 37.10 粒，结实率 47.08%，理论产量 3.6 t/hm² 以上。

湖北省农业科学院 1992 年在湖北黄陂、潜江等县、市制种 N5088S/R187 约 20 hm²，母本有效穗 349.5 万穗/hm²，每穗颖花数 85~90 个，结实率 40%~45%，制种产量一般为 2.25 t/hm²，高产丘块为 3.30 t/hm²。

安徽省庐江县种子公司 1991—1995 年对 7001S 所配组合制种实践认为，7001S 所配组合要获得 3.2 t/hm² 以上制种产量，母本有效穗应在 300 万穗/hm² 以上，每穗颖花数 110~120 个，结实率 50% 以上。1995 年在全县对 70 优 04 高产制种攻关，制种面积 3 hm²，平均产量 3.15 t/hm²，其中 0.3 hm² 高产田，结实率 57.0%，产量 5.1 t/hm²。安徽省农业科学院李成荃的研究指出，两系法杂交粳稻组合制种产量 3 t/hm² 以上，父母本穗粒结构目标为：母本有效穗 300 万~330 万穗/hm²，每穗颖花数 100 个，结实率 50% 以上，千粒重 23~24 g。父本有效穗 90 万~120 万穗/hm²，每穗颖花数 100 个，父母本的穗比、颖花比均在 1∶3 左右。

3.2　建立高产优质制种群体苗穗结构的措施

3.2.1　培矮 64S 系列中、晚稻组合制种群体苗穗结构的建立

母本靠插不靠发，父本靠插又靠发。培矮 64S 分蘖力强，但分蘖成穗率低，一般在 50%

以下，必须坚持靠插不靠发的原则，保证基本苗 270 万株 /hm^2 以上。据湖南省两系杂交水稻制种协作组研究指出，培矮 64S 系列组合制种，母本用种量 37.5 kg/hm^2，每公顷制种的秧田面积 0.3 hm^2，并强调稀匀播种，培养壮秧，每株秧苗带分蘖 3 个左右。6 叶龄移栽，每穴栽 3 株。父母本行比 2 :（16～18）。母本移栽密度 10 cm×16.6 cm 或 13.3 cm×16.6 cm，每公顷移栽 40 万穴左右，每穴成活基本苗 7 株左右。配组父本特青、288、余红 1 号、山青 11、E32、9311 等，靠插又靠发。每公顷用种量 7.5 kg 左右，培育多蘖壮秧。移栽成大双行，行距 33.3 cm，株距 16.6～18.0 cm，每穴栽双株，每穴成活基本苗 10 株左右，每公顷基本苗 37.5 万株以上。

　　要把握母本平衡稳健生长发育和父本快发、多发的原则。培矮 64S 在中等肥力水平条件下，穗型大小适中，叶片长度适宜，剑叶长度 28 cm 左右。肥力水平偏高时，分蘖期长，分蘖多，成穗率低，抽穗不整齐，穗型差异较大，主穗和大分蘖穗上部叶片过长，剑叶往往超过 30 cm，形成不良异交态势。同时，培矮 64S 后发高位蘖的不育性不彻底，出现自交结实现象，影响杂交种子纯度。因此，土壤肥力水平中等的制种田，在施足基肥的基础上，追肥宜早、量少，基肥与追肥的比例为 8 : 2。在保证基本苗成穗的前提下，每穴再增加 3 个分蘖成穗，可以达到高产的穗数。父本 288、山青 11、特青等生育期与母本差异不大，父母本播差期短，双亲每穗颖花数相当，父本抽穗快，花期较短。E32、9311 等父本，虽然穗型较大，但穗数较少，颖花量仍不多。为了保障父本有足够的花粉量，在栽培管理上必须强攻父本分蘖，对父本偏施肥料，尤其要求球肥深施。湖南农业大学 1996 年对培两优 288 制种试验表明，父本移栽后，用氮、磷、钾复合肥做成球肥深施于父本行间，有效穗增加 26.3%，且穗型增大，单位面积上颖花数提高 30% 以上，母本异交结实率提高 16.8%。湖南农平杂交水稻种子公司及湖南洪江市种子公司对两优培九和培矮 64S/E32 的制种实践表明，父本 9311 和 E32 都是大穗型，制种时要用两段育秧，加强寄秧田的管理，确保移栽时单株带蘖 3～4 个。移栽后 5 天左右，每公顷用尿素和磷肥各 75 kg，钾肥 60 kg 混合做成球肥深施于父本行间，使父本每穗颖花数达 200 个以上，不仅单位面积上颖花量增多，而且花期长达 12 d 左右，保障了母本整个花期有足够的父本花粉授粉。制种田的水分管理，采取深水或活水返青后，以露田或晒田为主的方式。试验结果表明，培矮 64S 移栽返青后开始晒田，幼穗分化第二期复水，与移栽后 10 d、15 d 晒田比较，虽然最高苗数分别减少 17.14% 和 26.88%，但成穗率分别提高 21.98% 和 31.65%。

3.2.2 安农 810S 和香 125S 系列早稻组合制种群体苗穗结构的建立

安农 810S 所配的八两优 100、八两优 96，香 125S 所配的香两优 68，表现为典型的早稻组合。这些组合除了夏制方式外，更适宜用秋制方式。但是，亲本生育期短，特别是父本生育期短，在父母本播差期安排上为"倒挂"方式。因此，在较短的时期内，要建立优质高产制种的群体苗穗结构，更应采取快速定向的培育栽培技术措施。

3.2.2.1 母本的定向培养 湖南省安江农业学校和怀化市农业科学研究所对安农 810S 系列早稻组合制种技术进行了研究，提出了高产优质制种群体苗穗结构建立的技术措施。

栽足母本基本苗，增大母本单位面积上的颖花量。母本用种量 37.5 kg/hm^2，秧田播种量 135 kg/hm^2，稀匀播种，培育壮秧。5.0 ~ 5.5 叶龄移栽，移栽规格为 13.3 cm×13.3 cm，每穴 2 ~ 3 株。坚持带药、带泥、带肥移栽，尽量减轻植伤，及早成活。使每公顷成活基本苗 270 万株以上，由于安农 810S 移栽后营养生长期较短，分蘖力较强，成穗率较高，叶片直立，茎秆较细，不抗倒伏。因此，要搞好肥水管理。据湖南省安江农业学校研究，在中等肥力水平的田块，整田时每公顷施人畜粪 3 000 kg，碳酸氢铵 750 kg，磷肥 600 kg 作基肥。移栽后 3 d 左右每公顷追施尿素 225 kg，钾肥 112.5 kg。在水分管理上，应采用浅水勤灌促分蘖，移栽后 10 ~ 15 d 开始晒田控苗，促进根系深扎，既能提高成穗率，又有利于防止后期倒伏。

湖南杂交水稻研究中心对香两优 68 高产优质制种群体苗穗结构的建立进行了研究。由于香 125S 植株矮小，株型紧凑，穗型较小，每公顷颖花量达 35 000 万粒以上，才能打好制种的高产基础。在栽培技术措施上，要加大用种量，每公顷用种 45 ~ 60 kg，在培育壮秧的基础上，控制秧龄 15 ~ 20 d（秋制 15 d 以内）。采用小苑密植移栽。父母本行比 2：12 为宜，母本株行距 10 cm×16.6 cm 或 13.3 cm×13.3 cm，每穴双株。

为了增加母本单位面积上的有效穗数，近年来研究了母本软盘育秧抛秧栽培技术。母本抛秧制种的特点表现为：其一，分蘖早而快，成穗率高，利用早发、多穗而增产；其二，低位蘖多，生长快且穗大，群体发育整齐，开花集中，有利于提高结实率和保障种子纯度。

3.2.2.2 父本的定向培育 杂交早稻组合制种的父本生育期较短，有效穗分蘖期也短，有效穗不多，穗型较小，导致花粉量不足。在制种技术措施上要偏重对父本的培育管理。加大父本用种量，每公顷用种 15 kg。稀匀播种，培育壮秧。4.5 ~ 5.0 叶龄移栽，株行距 16.6 cm×20 cm，父母本行之间距 23.3 cm×26.7 cm，保证父本的生长空间，防止母欺父，每穴 3 株或 4 株。近年来又研究了对父本采用软盘育秧，4.0 叶期移栽，并将父本行起垄，将父本秧移栽垄上，有利于成活快、分蘖早、分蘖多。父本移栽后，要及早追施肥料。湖南省安江农业学校对父本 D100 的研究表明，移栽后 3 d 进行球肥深施，5 d 左右在父本行间撒施尿素和氯化钾，幼穗分化初期再次追施适量氮肥和钾肥，使有效穗达到 127.5 万穗 /hm²，每穗颖花数 112.4 个，父母本颖花比达 1：2.5，为制种高产打下了基础。

3.2.3　粳型两系杂交组合高产优质制种群体苗穗结构的建立

据安徽省农业科学院李成荃研究，7001S 和 N5088S 所配粳型组合制种，母本用种量每公顷 15～22.5 kg，父本用种量每公顷 112.5 kg，秧田与制种田面积比为 1：4，母本秧田播种量控制在每公顷 112.5 kg 以内，父本控制在 112.5 kg/hm² 或 150 kg/hm² 以内。父母本行比 2：（10～12），父母本秧龄 30 d 左右移栽。父本株行距 13.3 cm×16.7 cm，母本 13.3 cm×13.3 cm。父母本间 26.8 cm，父母本每穴栽 2 粒种子秧苗。制种田肥料要做到数量适中，配比适当，施用适时，达到双亲均衡稳健生长的目的。具体地说，根据土壤肥力基础，施足基肥，并以有机肥料为主，移栽返青后及时追施以氮为主的分蘖肥，幼穗分化期施用保花肥。在水的管理上，实行浅灌勤灌，干干湿湿，母本苗数到达 405 万株 /hm² 时，即 6 月下旬开始晒田。晒田前顺行向垂直方向起沟，间距 4 m 左右（与赶粉竹竿同长），此沟起排水、赶粉操作行双重作用。抽穗扬花前应注意以水调温、调湿，促父母本花时同步，使父本散粉顺畅。制种田后期干湿交替，以"跑马水"为主，在保障结实壮籽所需水分的同时，控制大水形成地上节和缩茎节发蘖，以保证制种纯度。

据湖北省农业科学院胡刚等（1994）的研究，N5088S/R187 制种，父母本均培育分蘖壮秧，父本 5 月下旬移栽，母本于 6 月初移栽。父母本行比以 2：（12～14）为宜。父本株行距 13.3 cm×（20＋27）cm，母本株行距 13 cm×13 cm。母本每公顷插 225 万株基本苗，每公顷颖花量达到 34 500 万个以上。父本分蘖力较弱，每穴移栽 3 粒种子苗，每公顷 525 万株基本苗，使每公顷颖花达到 12 000 万个以上。

第四节　制种亲本异交态势的改良

4.1　赤霉素对异交态势的改良

赤霉素使用的剂量与方法因亲本而异。培矮 64S 的异交态势较差，主要表现在上部叶片，尤其是剑叶长，坚硬挺直，抽穗卡颈严重，颖花外露率低，穗子不易露出叶层，形成典型的"叶下禾"，对父本的花粉传授不利。湖南农业大学（1997）的研究表明，培矮 64S 苗架为中等长势长相时，赤霉素用量每公顷不少于 600 g（表 11-6）。在抽穗前（幼穗分化第八期）喷施赤霉素，使倒一节间的幼嫩细胞伸长，拉长倒一节间而解除抽穗卡颈。不育的群体整齐度较高时，赤霉素分 2 次（即连续 2 d）喷完，2 次的用量比例为 3：5。群体整齐度欠佳时，赤霉素应分 3 次（连续 3 d）喷完，其用量比例为 2：3：3。每次每公顷喷施水量为 405 kg 左右。

表 11-6　赤霉素对培矮 64S 异交态势的改良效果

（湖南农业大学，1997）

赤霉素用量 /（g/hm²）	0	300	375	450	525	600	675
株高 /cm	72.36	84.35	85.88	89.80	88.87	92.24	93.86
抽穗卡颈长度 /cm	10.83	4.70	4.46	3.39	3.83	0.72	0.89
卡颈穗率 /%	100.00	88.64	85.00	78.49	68.54	41.72	20.45
卡颈粒率 /%	25.11	6.88	5.25	4.55	3.92	2.24	0.82
倒一节间长 /cm	18.89	24.43	24.39	25.12	25.32	27.60	27.97
倒二节间长 /cm	16.86	26.01	25.81	27.25	27.47	27.50	27.95
倒三节间长 /cm	11.93	12.89	12.03	13.16	12.55	13.43	13.98
剑叶与穗夹角 /°	19.08	19.82	20.41	23.86	24.18	25.98	25.67
叶层与穗层距离 /cm	−24.41	−17.00	−17.26	−15.37	−13.37	−12.15	−13.06
结实率 /%	21.86	40.28	46.41	49.39	48.88	57.15	56.97

注：叶层在穗层上方时距离为负数，反之为正数。

培矮 64S 系列组合的父本，如 R288、特青、山青 11、余红 1 号等，对赤霉素的反应较母本敏感，应适当控制赤霉素的喷施量，防止父本植株过高，造成倒伏。

安农 810S、香 125S 对赤霉素反应敏感，赤霉素用量小。据湖南省安江农业学校试验，解除安农 810 抽穗卡颈的赤霉素用量为每公顷 75~90 g，每公顷用量超过 120 g 时，易造成倒伏。湖南杂交水稻研究中心对香 125S 进行了赤霉素试验，其用量为每公顷 120 g 时，可以达到较理想的效果。在试验观察中还发现，安农 810S 和香 125S 在见穗 5%~10% 时喷施赤霉素，虽然易解除抽穗卡颈现象，但是倒二、倒三节间的伸长值较大，造成植株偏高，加之茎秆较细嫩，造成倒伏的可能性增大。因此，就安农 810S 和香 125S 而言，赤霉素喷施的时期应较一般不育系迟，在见穗 30% 左右时开始喷施赤霉素，由于倒二、倒三节间已基本老化，对赤霉素反应已不敏感，伸长值变小，植株高度受到控制，有利于防止倒伏。

粳型光敏核不育系抽穗卡颈程度轻或不卡颈。但是，由于喷施赤霉素可提早不育系开花时间，增大张颖角度，提高柱头外露率及生活力和改善穗层结构，因而可提高异交结实率。所以，粳型杂交水稻制种时，赤霉素的喷施同样是一项重要的技术措施。

7001S抽穗时卡颈程度很轻，开花时柱头外露率较低，只有30%左右。该不育系对赤霉素较敏感，每公顷喷施90～120 g赤霉素后，不仅显著提高了穗层，穗层充分外露于叶层，调节了穗子枝梗空间结构，使穗层、颖花处于良好的接受花粉的态势，而且使柱头外露率提高到40%～50%，并增强了柱头生活力。

湖北省农业科学院胡刚等介绍，利用N5088S制种，当母本抽穗10%～15%时，每公顷用赤霉素15～22.5 g加"农乐"增效剂300 mL兑水喷施；母本抽穗50%时，每公顷用赤霉素45～52.5 g加增效剂600 mL兑水喷施；母本抽穗80%时，每公顷用赤霉素60 g加增效剂600 mL兑水喷施，使父母本异交态势大大改良，制种产量大幅度提高。

不论是籼型还是粳型不育系，在开花期都可以用赤霉素养花保花，使母本柱头保持较强的授粉受精能力。在开花盛期，每天下午，每公顷用赤霉素15 g，兑水450 kg喷雾，连续3～4 d，一般可提高母本异交结实率5%左右。利用赤霉素养花的技术，当授粉期高温、风大、空气湿度较小时，其效果更加明显，主要原因是增加穗层湿度，柱头在较高的湿度条件下维持较长的寿命，接受父本花粉的能力增强。

4.2　割叶对异交态势的改良

由于对父母本实行定向培养，赤霉素用量加大、喷施方法改进等制种技术的进步，使不育系异交态势得到改良，割叶在绝大多数制种基地已不采用。但是，当制种田肥力水平过高，禾苗生长过旺时，割叶仍是提高穗粒外露的重要措施。有些不育系，例如培矮64S，上部叶片长，剑叶长30 cm以上，而且坚韧挺拔，在高剂量喷施赤霉素的情况下仍表现为叶下禾，阻碍了父本花粉的传授，因此宜采用割叶措施。湖南省种子管理站等单位（1995，1996）对培矮64S进行了割叶试验，在喷赤霉素后的第二天割去剑叶的1/3～1/2，两年试验结果分别较不割叶提高异交结实率16.08%和43.25%以上（表11-7）。香125S、安农810S等，剑叶较短，喷施赤霉素后，叶穗夹角增大，穗层容易超出叶层，因而不需采用割叶措施。目前生产上应用的粳型光敏核不育系，如7001S、N5088S，在一般栽培水平下剑叶较短、挺直。但是，若肥力水平过高，则长势繁茂，剑叶长度超过25 cm，以轻度割叶较好。在父母本花期相遇较理想的情况下，母本抽穗5%时割去剑叶的1/3，同时割去父本剑叶的1/2，父母本的异交态势同时得到改良，能显著提高母本的异交结实率。

表 11-7　培矮 64S 割叶对异交结实率和产量的影响

年份	处理	每穗包颈粒 / 粒	包颈粒率 /%	每穗实粒 / 粒	结实率 /%	产量 /（kg/ hm²）	增产 /%	结实率 /%
1995	割叶	8.54	7.37	49.04	42.31	3 766.05	37.14	16.08
	不割叶	6.72	5.53	35.84	26.23	2 746.05	—	—
1996	A	8.03	7.62	34.29	32.52	2 160.00	29.25	32.30
	B	9.70	9.00	33.34	30.94	2 100.00	25.70	25.87
	C	6.80	6.39	37.59	35.31	2 368.95	41.75	43.25
	D	6.29	5.87	40.32	37.65	2 450.10	52.00	53.17
	CK	6.43	5.69	26.53	24.58	1 668.15	—	—

注：1995 年供试组合为培杂山青，1996 年为培两优特青。A. 喷赤霉素的前天割叶；B. 喷第一次赤霉素的当天早晨割叶；C. 喷完第三次赤霉素的当天下午割叶；D. 喷完第三次赤霉素的第二天割叶；CK. 不割叶。

第五节　稻粒黑粉病及稻曲病的防治

5.1　稻粒黑粉病及稻曲病的发生与危害性

稻粒黑粉病和稻曲病是杂交水稻制种普遍发生的病害，尤其对两系法杂交水稻制种危害较大。稻粒黑粉病菌是通过不育系的花器柱头侵入，在子房内繁殖产生黑粉。在穗部湿度较大时，孢子迅速繁殖，子房壁破裂，颖壳开裂，散出大量黑色粉末。稻曲病在开花至乳熟期发生，病菌侵入谷粒后，在颖壳内形成菌丝块，病粒内组织被破坏。随着菌丝块逐渐长大，谷粒的合缝处稍稍张开，露出橙黄色的肉质块状突起物，即病菌孢子座。孢子座逐渐膨大，将谷粒全部包裹，最后孢子座表面龟裂，并布满墨绿色粉末。在抽穗开花至成熟期，遇上降雨和高温，有利于稻粒黑粉病和稻曲病的发生与发展。籼型温敏核不育系培矮 64S 柱头外露率高，容易感染稻粒黑粉病和稻曲病，尤其稻粒黑粉病的发生较为普遍，严重时发病粒率高达 50% 以上，成为培矮 64S 系列组合制种产量和种子质量的主要障碍因素。粳型光敏不育系，如 7001S、N5088S 及其配组父本秀水 04、R187 等，一般表现易感稻曲病，影响制种产量和种子质量。

5.2　稻粒黑粉病及稻曲病的防治措施

两病害可以用相同的措施防治。在防治措施上，应以农业防治与药物防治相结合。在农业防治上，对亲本进行定向培养，控制肥水条件，使其（主要是母本）成为整齐度高的中等长势长相苗穗群体。据湖南省种子管理站（1996）研究，培两优 288 制种，如按水稻生产一般管理方式，母本移栽 7 d 后追肥一次，每公顷施尿素 75 kg，15 d 开始排水晒田，大田分蘖率高，成穗率低，黑粉病粒率最高，分别比母本移栽成活后开始晒田和移栽后 10 d 开始晒田的管理方法高 9.7% 和 10.9%（表 11-8）。用足、用好赤霉素，尽量使母本穗层整齐，不形成"多层楼"的穗层，也可以降低黑粉病的发生率。湖南农业大学（1997）对培矮64S 进行了赤霉素用量与稻粒黑粉病关系的研究。每公顷赤霉素用量从 0~675 g，黑粉病粒率从 28.52% 下降到 14.88%。黑粉病减轻的原因主要是植株增高，倒一节外露长度增长，穗粒外露率提高，穗层通风透光程度改良（表 11-9）。另外，赤霉素的喷施时期与黑粉病的发生也有关系。试验表明，在培矮 64S 见穗穴率为 0、3%、5%、8% 和 15% 开始，连续2 d 喷赤霉素，每公顷总用量为 420 g。在见穗穴率 3%、5% 和 8% 时开始喷赤霉素的穗粒外露率居高，都在 92% 以上，异交结实率以见穗穴率 3% 和 5% 居高，而黑粉病粒率随着开始喷赤霉素时的见穗指标加大而升高，由 4.42% 逐步上升到 27.41 %（表 11-10）。

表 11-8　不同肥水管理对黑粉病发生的影响

（湖南省种子管理站，1996）

处理	每穗总粒数 / 粒	黑粉病粒 / 粒	黑粉病粒率 /%	结实率 /%
A	105.68	10.14	9.60	38.27
B	105.60	8.77	8.35	27.20
C	104.80	20.20	19.30	24.90

注：A. 移栽返青后排水晒田；B. 移栽后 10 d 开始晒田；C. 移栽后 7 d 追施尿素 75 kg/hm²，移栽后 15 d 开始晒田。

表 11-9　赤霉素对培矮 64S 异交结实率与黑粉病感染率的影响

（湖南农业大学，1997）

赤霉素用量 /（g/hm²）	0	300	375	450	525	600	675
每穗颖花数 / 个	123.80	130.50	130.60	128.10	123.20	128.40	130.90
每穗实粒数 / 粒	27.06	52.57	60.61	63.27	60.22	73.38	74.57
结实率 /%	21.86	40.28	46.41	49.39	48.88	57.15	56.97
黑粉病粒率 /%	28.52	19.98	19.18	20.11	17.49	14.67	14.88

370

表 11-10 赤霉素不同施用时期对黑粉病发生的影响

（湖南省种子管理站，1996）

施用时期/%	株高/cm	穗长/cm	倒一节间长/cm	每穗颖花/粒	颖花外露率/%	黑粉病粒率/%	结实率/%
0	109.23	19.94	27.16	108.34	85.70	4.42	21.33
3	102.78	19.89	27.14	112.04	94.98	9.45	38.50
5	106.69	19.36	25.43	107.67	93.69	15.44	35.67
8	99.15	18.02	28.51	109.29	92.87	26.77	27.60
15	90.26	18.32	25.44	110.33	87.77	27.41	15.32

注：施用时期是指母本培矮 64S 见穗穴率（%）。

轻度割叶能减轻黑粉病的危害。湖南省种子管理站（1996）对培矮 64S 割叶与黑粉病的发行进行试验。结果表明，割叶较不割叶不仅使制种增产，而且减轻了稻粒黑粉病的危害，喷完赤霉素的次日割叶，黑粉病较不割叶减轻 9.47%（表 11-11）。

表 11-11 轻度割叶对稻粒黑粉病发生的影响

（湖南省种子管理站，1996）

处理	株高/cm	穗长/cm	剑叶长/cm	黑粉病粒/（粒/穗）	黑粉病粒率/%	结实率/%
A	101.03	17.70	17.37	7.14	6.77	32.52
B	103.10	18.87	17.25	7.75	7.19	30.94
C	99.96	17.77	17.19	8.00	7.51	35.31
D	103.40	18.31	17.72	6.35	5.93	37.65
不割叶	101.83	18.72	28.56	16.91	15.67	24.58

注：A. 第一次喷赤霉素的前天下午割叶；B. 第一次喷赤霉素的当天早上割叶；C. 喷完最后一次赤霉素的当天下午割叶；D. 喷完最后一次赤霉素的次日上午割叶。以不割叶为对照，剑叶长指割叶后的剑叶长度。

在药物防治上，一是亲本种子严格杀菌消毒，如有 20% 的强氯精可湿性粉剂 500 倍液浸种 5~8 h；二是分别在始穗期和齐穗期喷施药物，常用的药物有 20% 的粉锈宁乳油、15% 克黑净、多菌灵等。湖南农业大学 1997 年对防治黑粉病的药物进行了比较，施保克的防治效果优于多菌灵和新万生（表 11-12）。

表 11-12　几种药物对黑粉病的防治效果
（湖南农业大学，1997，供试组合为培两优 288）

处理	每穗颖花数 / 个	每穗实粒数 / 粒	每穗病粒数 / 粒	病粒率 /%	防治效果 /%
施保克	166.3	38.4	13.6	8.18	60.74
新万生	148.9	41.8	15.3	10.27	50.71
多菌灵	147.6	34.0	16.7	11.30	45.78
不用药	151.6	36.6	31.6	20.84	—

第六节　防杂保纯

两系杂交水稻制种的实践证明，利用光温敏核不育系制种，其主要风险是种子纯度问题。两系杂交水稻种子的纯度能否达标过关，关系到两系法杂种优势利用前途。如果两系法杂交种子纯度不能达标过关，两系法也就没有实际意义了。经过几年两系法制种的考虑，1993 年以来，制种保纯技术已基本配套，杂交种子纯度连续达标、过关（表 11-13），湖南省 1997 年约 1 300hm² 培矮 64S、安农 510S、香 125S 等系列组合制种，生产杂交种子约 350 万 kg，经海南纯度种植鉴定，80% 左右的种子纯度达一级标准，20% 左右在二级以上，没有等外级纯度的种子。

表 11-13　培矮 64S 系列组合制种纯度鉴定结果
（湖南省种子管理站，1998）

年份	培两优特青 /kg	培两优 288 /kg	培杂山青 /kg	培两优余红 /kg	合计 /kg	纯度 /%
1993	2 240				2 240	96.44
1994	34 860	19 845			54 705	97.55
1995	51 019.5	48 310.5	34 464.5	11 814.3	145 608.8	98.70
1996	105 840	11 760		11 760	129 360	98.48

6.1　影响两系杂交水稻种子纯度的因素

6.1.1　不育系育性转换起点温度的高低

从 1988 年至 90 年代初期，我国选育出一大批籼型温敏核不育系，如安农 S-1、W6154S、KS-9、KS-14、W6111S 等，导致不育的起点温度大都在 25 ℃以上，制种时育性敏感期易受低温（日均温低于 25 ℃或 26 ℃）影响，不育性产生波动，出现部分自交结实种子。20 世纪 90 年代初期以来，对温敏核不育系育性转换的起点温度有了深刻的认识。袁隆平 1992 年提出育性转换起点温度标准为 24℃，1995 年以后降至 23.5℃。因此，出现了培矮 64S、香 125S、安农 810S、安湘 S 等一批育性转换起点温度较低的温敏核不育系，起点温度为 23.5℃~24.0℃，制种风险大大减小，杂交种子纯度基本获得保证。

6.1.2　不育系育性转换起点温度的整齐性

在制种实践中发现，两用核不育系群体中常出现少数可育株，自交结实率可达到 50% 以上。1993 年衡两优 1 号制种，不育系群体中出现 15% 左右的可育株，1996 年培矮 64S 系列组合制种中，不育系群体中出现 3% 左右可育株。这种现象的出现是由于不育系群体中存在育性转换起点温度高的个体，起点温度往往高于 24℃，尽管在制种时，不育系育性敏感期未出现 24℃以下低温，这些单株仍表现可育或部分可育。

6.1.3　不育系后发高位分蘖穗和再生穗的自交结实现象

湖南省安江农业学校（1992）在培矮 64S 的分期播种试验中发现，5 月 10 日播种，8 月上旬抽穗开花，自交结实率仅 0.5%。齐穗后又不断长出分蘖，9 月上旬抽穗开花，花药开裂散粉，自交结实率达 22.6%。但是，6 月 30 日播种，9 月上旬抽穗开花，染色花粉率仅 0.81%，自交结实率只有 0.1%。该校又在 5 月 20 日播种，8 月上旬抽穗开花表现不育，割蔸再生，9 月上旬再生穗表现染色花粉率高达 12.9%，自交结实率 10% 左右。在调查、考种时发现，这些迟发高位分蘖穗、再生穗主要着生在头季稻秆上的倒二至倒四节上，其中以倒二节位的最多，占 60% 以上。

湖北省农业科学院王长义等（1993，1995）对 5 个两系粳杂组合种子纯度进行了鉴定与分析，尽管种子纯度都符合国家标准，但是仍出现大青棵、不育株和其他杂株，其中不育株产生的原因，属于 9 月中下旬制种田的不育系基部、上部节间的营养转移，长出分蘖小穗，其时正处于育性转换阶段，该部分小分蘖穗产生了不育性波动，出现自交结实种子所致。

6.1.4　制种基地局部冷水导致不育系不育性波动

两系杂交水稻制种多以山区和丘陵区为基地，这些基地往往有山沟冷浸水、洼田冷浸水、水库低层水、井水等，温度一般低于 24℃，易造成制种田局部的不育系不育性波动，而且不易发现，给两系杂交水稻种子纯度带来隐患。

6.2 把握两系杂交水稻种子纯度的措施

6.2.1 坚持用亲本原种或良种作制种亲本

两系杂交水稻的亲本，主要是不育系，其育性的表达受光、温生态条件控制，属多基因性状，随着繁殖代数的增加，群体内产生育性转换起点温度较高的个体，并在群体内的比例逐步扩大，导致不育系育性转换起点温度向上漂移。与此同时，株叶型、生育期、异交特性也相应产生分离现象。因此，要坚持用原种或良种制种。

6.2.2 选好制种基地，安排好制种季节

用籼型温敏核不育系制种，要从严把握育性敏感期的温度（气温、水温）安全。对制种基地的要求，除了土壤肥力、水利条件外，更重要的是气候条件，不仅要有安全的抽穗扬花期的气候条件来保证制种产量，尤为重要的是要有安全可靠的不育系育性敏感的气候条件来保证制种纯度。在湖南海拔 $350\sim450\,m$ 的一季稻区或单双季稻混栽区安排一季制种（夏制），将不育系育性敏感期安排在 7 月下旬至 8 月上旬。在湘中湘南双季稻区安排早秋制，不育系育性敏感期安排在 8 月上中旬。由于湖南省 6 月气温变化较大，雨水较多，日平均气温低于 $24\,℃$ 的可能性较大，不育系育性敏感期不能安全通过。因此，两系杂交水稻不能安排春制。

用粳型光敏不育系制种，光照长度随季节有规律地变化，不育系育性敏感安全期易掌握。根据 7001S 和 N5088S 的生育期，一般安排夏制和早秋制，8 月下旬结束授粉。

6.2.3 加强母本的定向栽培，提高制种产量水平，抑制迟发高位小分蘖穗产生

两系杂交水稻制种，培养整齐度高的多穗型母本群体，是保证制种纯度的重要技术措施。据湖南农业大学等单位对培矮 64S 系列组合的高产保纯制种的研究，发现母本多用种、育壮秧、插足基本苗，每亩成活基本苗 18.67 万株以上；制种以基肥为主，少施或不施追肥，及早晒田，培养中等长势、长相的禾苗，从严控制迟发高位分蘖的产生，使有效穗数达 25 万穗左右，穗型大小中等，每穗颖花数 $100\sim110$ 个。特别值得一提的是，在父母本花期预测与调节时，若母本花期偏早，不能对母本采用偏施氮肥、深中耕、拔苞、割苗再生等办法调节母本花期。

湖北省农业科学院王长义等认为，针对粳型两系杂交水稻制种，为了防止杂交种子含有不育系自交种子，要尽量提高制种产量水平，如果把制种产量提高到 $4\,500\,kg/hm^2$，母本植株基本上没有营养过剩现象，产生迟发高位小分蘖穗的可能性小；8 月下旬结束授粉后，田间保持干干湿湿，及时收获杂交种子。武汉地区一般在 9 月 25 日左右收获种子，这时母本植株上

即使有分蘗穗自交结实，因时间短，种子成熟度差，不能发芽。

6.2.4 制种田的纯度检测

包括花粉育性镜检、绝对隔离自交、估算杂交种纯度等。

（1）花粉育性镜检。从母本始花期起，在制种片选择有代表性的丘块（根据生育期、肥力水平、灌溉水源、地形地势等选择取样田）作为取样田，采用五点取样法，每点每天取母本开花的颖花 10 朵，取出全部花药捣烂，用碘液染色法镜检，记载花粉育性情况。

（2）绝对隔离自交。在花粉育性镜检取样田喷施赤霉素前，三点或五点取样，每点取一厢内的一横行所有植株，带泥移至安全隔离区，并同取样田一样喷施赤霉素。防止畜禽为害。齐穗后 20 d 考察自交结实率。

（3）调查母本结实率，估算杂交种纯度。在花粉育性镜检和隔离自交取样田，五点取样，每点一横行，调查母本结实率。根据母本隔离自交结实率和取样田母本结实率，可以估算所制种子的纯度。例如，隔离自交结实率为 2%，取样田母本结实率为 40%，所制种子纯度约为 95%。

6.2.5 制种田的除杂

两系制种田母本除杂难度较三系制种大，主要体现在杂株的识别上。母本群体内可能存在株叶形态方面的变异性，也可有育性方面的变异性；一株内的穗间，一穗内的不同部位颖花也可能因发育期间的气温变化而存在育性差异，这些差异可能只在抽穗开花期 1 d 或 2 d 内表现，容易被人忽视，必须不断识别与清除。

─── References ───

参考文献

[1] 胡刚，王长义. 两系粳杂 N5088S/187 制种技术 [J]. 湖北农业科学，1994（10）: 9–10.

[2] 汪振中，余玉东，陈齐达，等. N5088S/187 制种技术及 N5088S 育性分析 [J]. 江西农业技术，1997（2）: 13–14.

[3] 刘平，夏维陆，金峰，等. 粳型光敏不育系 7001S 的特征特性与高产制种技术 [J]. 安徽农业科学，1996（1）: 11–13.

[4] 肖层林. 水稻籼型不育系培矮 64S 异交特性研究 [J]. 湖南农学院学报，1993, 19（6）: 515–521.

[5] 万经猛，李泽炳，杨书化，等. 主要粳型不育系的育性及制种技术 [J]. 湖北农业科学，1991（6）: 6–10.

[6] 全庆丰，肖华伟，李彩文，等. 两系杂交早稻八两优 100 高产制种技术总结 [J]. 杂交水稻，1998（3）: 34 –35.

[7] 肖层林，肖志清. 高剂量喷施九二〇对培矮 64S 异交态势的改良 [J]. 种子，1999（3）: 30–32.

[8] 唐建初，汤传喜. 培矮 64S 系列组合制种稻粒黑粉病防控技术研究 [J]. 杂交水稻，1998（3）: 14–16.

[9] 王长义，戚华容，何予卿，等. 两系粳杂种子纯度鉴定与保纯措施. 湖北农业科学，1995（1）: 12–14.

[10] 陈立云. 两系法杂交水稻的原理与技术 [M]. 上海: 上海科学技术出版社，2001: 240–254.

第十二章

种子检验

种子检验是应用科学、标准的方法对杂交水稻种子质量进行分析、鉴定，判定其质量的优劣，评定其应用价值。

杂交水稻种子是以两系或三系为亲本，通过繁殖和制种异交方式生产，其特征特性与自交方式生产的常规水稻种子相比，存在着明显的差异。因此，杂交水稻种子检验的程序、方法、质量分级标准等，均有其独特性。

杂交水稻种子检验，对推广杂交水稻具有极为重要的实际意义。其一，掌握亲本种子质量，预防因质量不合格（主要指纯度）的亲本种子制种而导致杂交种子的报废；其二，防止不合格杂交种子用于生产，影响杂交水稻优势的发挥，造成水稻生产的减产；其三，及时掌握种子的净度和发芽率，有利于在种子的加工、运输、贮藏过程中，根据检验结果采取相应的措施，控制其播种品质的下降；其四，通过对种子生产与经营单位的种子抽检、评价、仲裁等形式，监督种子生产与经营行为，有利于种子生产专业化、加工机械化、质量标准化、制止种子的非法生产，防止假冒伪劣种子流向市场。

杂交水稻种子检验包括繁殖制种田间检验、种子室内检验和田间种植鉴定三个部分。繁殖制种田间检验包括花期检验和田间纯度验收。种子室内检验分为扦样、检测、填写检验报告等，其检测内容包括净度、水分、发芽率和纯度四项必检项目和种子粒重、病虫感染率、活力、包衣效果四项非必检项目。田间种植鉴定的主要目的是鉴定品种的真实性及种子纯度，是繁殖制种田间检验和种子室内检验方法的延伸，方法简便，检验周期长，但结果最准确。

第一节　田间检验

杂交水稻的繁殖制种，通过田间检验，以保证遗传性残余分离、机械混杂、变异、生物学混杂及其他不可预见因素等不影响收获种子的质量。

1.1　田间检验内容

田间检验项目以品种纯度（包括品种真实性）为主，同时检验异品种混杂程度、病虫感染率、隔离、杂草等。两系杂交水稻制种，必须镜检母本花粉育性、考察自交结实率。

1.2　田间检验的时期

田间检验应在品种典型性表现最明显的时期进行，一般在苗期、花期、成熟期，重点在花期进行检验。若繁殖、制种的亲本含杂率较高时，要增加田间检验次数。

1.3　田间检验程序与方法

1.3.1　了解情况

田间检验前，检验员必须掌握被检品种的特征、特性，并调查种子世代、来源、亲本种子纯度、繁殖制种农户数、面积、前作生产情况等。两系法制种，要了解母本育性敏感期光温条件。

1.3.2　检查隔离情况

杂交水稻繁殖制种的隔离方法较多，如自然条件隔离、时间隔离、空间隔离等，其中以自然条件隔离最好。如采用时间隔离、繁殖田与其他水稻生产田花期应错开 25 d 以上，制种田与其他水稻生产田花粉错开 20 d 以上。如用空间（距离）隔离，隔离要求因种子生产种类和品种特性而异，籼型三系的不育系原种繁殖空间隔离应在 700 m 以上，良种繁殖应在 200 m 以上，杂交制种应在 100 m 以上，恢复系、保持系繁殖应在 20 m 以上，在周围 500 m 以内不得种植粳、糯品种。

1.3.3　田间检验取样方式与结果计算

取样点要均匀设置，一般以一农户的一代表丘块为一个取样点。三系法不育系的繁殖和三系、两系杂交制种田的取样，可随机抽取一厢，恢复系、保持系和两系法不育系繁殖田，可按对角线、梅花式、棋盘式取样。任何取样点都必须离开田埂 2~3 m 远。两系制种，应取母本隔离自交。

在取样点上逐株鉴定，将本品种、异品种、异作物、杂草、感染病虫株数分别记载，然后计算百分率。

$$品种纯度（\%）＝本品种株数 / 供检总株数 \times 100\%$$

$$异品种（\%）＝异品种株数 / 供检总株数 \times 100\%$$

$$异作物（\%）＝异作物株数 /（供检水稻总株数＋异作物总株数）\times 100\%$$

$$杂草（\%）＝杂草株数 /（供检水稻总株数＋杂草株数）\times 100\%$$

$$病虫感染率（\%）＝感染病虫株数 / 供检水稻总株数 \times 100\%$$

杂交制种时，要检验母本散粉株率和父本散粉杂株率，两系法制种母本的自交结实率。

$$母本散粉杂株（\%）＝母本散粉株 / 供检母本总株数 \times 100\%$$

$$父（母）本散粉杂株（\%）＝父（母）本散粉杂株数 / 供检父（母）本总株数 \times 100\%$$

$$两用核不育系自交结实率（\%）＝自交结实粒数 / 供检总颖花数 \times 100\%$$

1.3.4　定级

田间鉴定含杂率定级标准如表 12-1，超标的种子不予收购。

表 12-1　田间含杂率分级标准

种类	级别	含杂率不高于 /%
不育系、保持系、恢复系	原种	0.01
	良种	0.08
杂交种	一级	0.10
	二级	0.20

注：两系法制种，如考察结果发现母本有自交结实现象，则应调查制种田的母本总结实率，再得出杂交种纯度估计值。

第二节　室内检验

2.1　净度分析

2.1.1　种子净度的有关概念

送检者所叙述的种（包括该种的全部植物学变种和栽培品种）符合规定要求的种子单位，

即为净种子。除净种子以外的任何植物种子单位（包括杂草种子和异作物种子）统称为其他植物种子。除净种子和其他植物种子以外的种子单位和其他所有物质，统称为杂质。

在送检样品中，若有与水稻种子在大小或重量上明显不同，且严重影响检验结果的混杂物（如土块、石头、大粒种子等），应先排出并称重，再将重型混杂物分离为其他植物种子和杂质。

谷壳没有明显损伤的种子单位，不管是空瘪或充实，均作为净种子或其他植物种子。若谷壳有一个裂口，则判断留下的种子单位部分是否超过原来大小一半。如不能迅速作出判断，则将种子单位列为净种子或其他植物种子。

凡能明确地鉴别出是属于所分析的稻种（已变成菌核、黑粉病孢子团或线虫瘿除外），即使是未成熟的、瘦小的、皱缩的、带病的或发过芽的种子单位，都应作为净种子。完整的种子单位和大于原来大小一半的破损种子单位，都称为净种子。

杂质标准：破碎或受损伤种子单位的碎片为原来大小的一半或不及一半；不作为净种子部分的稻种附属物；脱下的不育小花、空的颖片、内外稃、稃壳、线虫瘿、真菌体、泥土、砂粒及所有其他非原来大小一半的破损物质。

2.1.2　结果计算与表示

试样分离完成后，将各种成分重量之和与原始试样重量比较，核对分离过程中物质有无增失。若增失差距超过原始重量的 5%，必须重做，并填报重做结果。

试样分析时，所有成分（即净种子、其他植物种子和杂质三部分）的重量百分率应保留 1 位小数。百分率必须根据分析后各种成分的总和计算，而不是根据试样的原始重量计算。其他植物种子不再分类计算百分率。

各种成分的最后填报结果应保留 1 位小数。各种成分之和应为 100%，小于 0.05% 的微量成分在计算中删除。若总和为 99.9% 或 100.1%，则从最大值（通常是净种子部分）增减 0.1%。如果增减值大于 0.1%，应检查计算有无错误。

2.2　发芽试验

2.2.1　种子发芽的定义

在实验室条件下，种子出苗和生长到一定阶段，幼苗的主要构造表明能在田间的适宜条件下进一步生长成为正常植株，才称为种子发芽。

在良好的土壤及适宜的水分、温度和光照条件下具有继续生长发育成正常植株的幼苗称为正常幼苗，否则为非正常幼苗。

在规定的条件和时间内长成的正常幼苗占供检种子数的百分率，称为发芽率。

在规定的条件下，试验末期仍不能发芽的种子，包括硬实、新鲜不发芽种子、死种子（通常变软、变色、发霉，并没有幼苗生长的迹象）和其他类型（空粒、无胚、虫蛀种子），称为未发芽种子。

由生理休眠引起，在试验期间保持清洁和一定硬度，具有生长成为正常幼苗潜力的种子，称为新鲜不发芽种子。

2.2.2 发芽试验程序

2.2.2.1 种子试样与芽床准备 试样来源于净种子或按净度要求除去其他植物种子和杂质后的种子。

试样数量为400粒，100粒为一个重复（带病原菌种子可按50粒或25粒为一个重复）。

置发芽床前在水中浸24 h。休眠种子可在0.1 mol/L硝酸溶液中浸种16~24 h或40℃加温处理5~7 d，以打破休眠。

发芽床可用纸床或砂床。纸床，具有一定强度、质地好、吸水性好、无毒无菌，pH6.0~7.5。砂床，砂粒大小均匀，直径0.05~0.8 mm，持水力强，pH6.0~7.5，使用前必须进行洗涤和消毒处理。用纸床试验，让纸吸足水分，无明水。用砂床试验，加水至饱和水量的60%~80%，即用手抓一把砂，松开手时砂处于松而不散状态。砂床饱和含水量的计算方法：取一高30 cm、直径5 cm、底部带有铁丝网的圆柱体筒，筒底放一层滤纸，称重为$W1$；筒内加满砂，砂上置一层滤纸，称重为$W2$；将筒置于水中，水面刚好淹至铁丝网上，称重$W3$，砂床饱和水量＝$(W3-W2)/(W2-W1)×100$。

2.2.2.2 置床培养 种子在芽床要摆布均匀，种子间留的间隙为种子大小的1~1.5倍，每粒种子都能接触到水分。发芽床上放上标签，注明置床日期、编号、发芽条件。发芽条件为30℃恒温或20℃~30℃变温光照培养。发芽床要始终保持湿润，如有发霉种子，应取出冲洗，发霉种子超过5%，则应更换发芽床。

2.2.3 幼苗鉴定

2.2.3.1 幼苗鉴定时间 水稻种子发芽试验时间规定，初次计数在置床后第五天，末次计数在第十四天。试验前或试验期间用于打破休眠所需时间，不作为发芽试验时间。如在规定时间内只有少数种子开始发芽，则初次计数时间可延至第七天，如在规定试验时间（14 d）结束前已达到最高发芽率，试验时间可提前结束。

2.2.3.2　幼苗鉴定标准

（1）正确幼苗的标准　主要构造生长良好、完全、匀称和健康，即应具有发育良好的根系和芽鞘或叶片。

主要构造出现某种轻微缺陷，但在其他方面能均衡生长，表现与同一试验的完整幼苗相当的幼苗，也算正常幼苗。轻微缺陷的幼苗表现为：初生根局部损伤，或生长稍迟缓；叶片局部损伤，但其总面积的一半以上仍保持正常功能；芽鞘从顶端开裂，但开裂长度不超过芽鞘的1/3；由真菌或细菌感染幼苗，使主要构造发病或腐烂，但有证据表明病源不来自种子本身。

（2）不正常幼苗标准　初生根残缺、粗短、停滞、破裂，从顶端起开裂、缩缢、纤细、水肿状，初生感染引进霉烂。芽鞘、叶片畸形、损伤或缺失，严重扭曲，变成环状或螺旋状，基部开裂，裂缝长度超过1/3。整个幼苗畸形，黄化或白化，水肿状，初生感染引起腐烂。

2.2.4　试验结果计算与报告

在幼苗鉴定和计数过程中，正常幼苗应从发芽床拣出，对可疑的或损伤、畸形、不均匀的幼苗，通常到末次计数。严重腐烂的幼苗或发霉的种子应从发芽床清除，并随时计数。

试验结果以粒数的百分率表示。如4次重复的结果均在允许的差距内（表12-2），则计算平均百分率，并只取整数。如4次重复的结果超过允许的差距，则重新试验。如果仍超过允许差距，则应从仪器设备、操作方法上分析原因。

表 12-2　同一发芽试验 4 次重复间的最大允许差距
（2.5% 显著水平的两尾测定）

平均发芽率 /%		最大允许差距 /%
50% 以上	50% 以下	
99	2	5
98	3	6
97	4	7
96	5	8
95	6	9
93 ~ 94	7 ~ 8	10
91 ~ 92	9 ~ 10	11
89 ~ 90	11 ~ 12	12
87 ~ 88	13 ~ 14	13

续表

平均发芽率 /%		最大允许差距 /%
50% 以上	50% 以下	
84 ~ 86	15 ~ 17	14
81 ~ 83	18 ~ 20	15
78 ~ 80	21 ~ 23	16
73 ~ 77	24 ~ 28	17
67 ~ 72	29 ~ 34	18
56 ~ 66	34 ~ 45	19
51 ~ 55	46 ~ 50	20

填报发芽试验结果时，须填报正常幼苗、硬实、新鲜不发芽种子和死种子的百分率，如有一项结果为零，则将符号"—0—"填入表内。

2.3 种子真实性和品种纯度鉴定

种子真实性：供检品种与文件记录（如标签）是否相符。

品种纯度：品种的特征、特性典型一致的程度，用本品种的种子数占供检本作物样品种子数的百分率表示。

异型株：一个或多个性状（特征特性）与原品种育成者所描述的性状明显不同的植株。

2.3.1 鉴定方法

2.3.1.1 种子形态鉴定法 随机从送验样品中数取 400 粒种子，鉴定时须设重复组，每个重复不超过 100 粒种子。

根据水稻种子谷粒形态、长宽比、大小、稃壳和稃尖色、稃毛长短、稀密、柱头夹持率等进行鉴定。可借助放大镜等逐粒观察，必须备有标准样品或鉴定图片和有关资料。

2.3.1.2 籼型杂交水稻种子真实性鉴定法 随机从送验样品数取试样 2 份，每份 100 粒，用手持放大镜逐粒观察种子两边钩接缝处，将有柱头残迹被夹持的种子和无柱头残迹被夹持的种子分开，并复验一遍，计算柱头残迹夹持率。2 份试样柱头残迹夹持率不超过 5% 时，求其平均值，相差超过 5% 时再检验第三份试样，取接近的两份试样结果，计算其平均值。凡柱头残迹夹持率达 50% 以上的为不育系（或杂交种）种子，柱头残迹夹持率在 30% 以下的为保持系种子。柱头残迹夹持率在 30%～50% 之间时，则应以同组合已确定的不育系种子作对照，再次取样复验，试样柱头残迹夹持率与对照柱头残迹夹持率差异在 10% 以下的试样确定为不育系（或杂交种）种子，差异大于 10% 以上的为保持系种子。

2.3.1.3　幼苗鉴定法　随机从送验样品中数取 400 粒种子，鉴定时须设重复，每个重复为 100 粒种子。在培养室或温室中培养，可以用 100 粒种子，两次重复。

幼苗鉴定可以通过两个主要途径：一种途径是给植株加速发育的条件（类似于田间小区鉴定），当幼苗达到适宜评价的发育阶段时，对全部或部分幼苗进行鉴定；另一种途径是让植株生长在特殊的逆境条件下，测定不同品种对逆境的不同反应来鉴定种子纯度。

水稻植株的芽鞘、中胚轴有紫色与绿色两大类，受遗传基因控制。将种子播在砂中，在 25 ℃恒温下培养，24 h 光照。为了使花青素加深，紫色更加明显，可用 1% 的氯化钠或盐酸溶液湿润发芽床，也可在幼苗鉴定之前用紫外线照射 1~2 h。在幼苗发育到适宜阶段时，鉴定芽鞘的颜色。

2.4　水分测定

种子水分是指按规定程度把种子样品烘干所失去的重量，用失去重量占原始重量的百分率表示。

2.4.1　测定程序

由于自由水易受外界环境条件的影响，所以应尽量防止水分的丧失。送验样品必须装在防湿容器中，并尽可能排除其中的空气；接受样品后立即测定；测定过程中的取样、磨碎和称重须操作迅速，避免磨碎蒸发等。

2.4.2　高温烘干法

取样磨碎：

将送验样品用下列一种方法充分混合：用匙在样品罐内搅拌；将原样品罐的罐口对准另一个同样大小的空罐口，把种子在两个容器间往返倾倒。

从送验样品中取 15~25 g，用粉碎机磨碎。磨碎细度要求：至少有 50% 的磨碎成分通过 0.5 mm 筛孔的金属丝筛，而留在 1.0 mm 筛孔的金属丝筛子上的不超过 10%。

进行测定需取两个重复的独立试验样品。必须使送验样品在样品盒的分布为每平方厘米不超过 0.3 g。

取样勿直接用手触摸种子，而应用勺或铲子。

烘干称重：

384

先将样品盒预先烘干、冷却、称重，并记下盒号，取得 2 份磨碎种子试样，每份 4.5~5.0 g，将样品放入预先烘干和称重过的样品盒内，再称重（精确至 0.001 g）。使烘箱通电预热至 140 ℃~145 ℃，打开箱门，将样品摊平放入烘箱内的上层，样品盒距温度计的水银球约 2.5 cm 处，使箱温在 5~10 min 内达到 130 ℃~133 ℃时关闭烘箱门，开始计算时间，在 130 ℃~133 ℃下样品烘 1 h。用坩埚钳或戴上手套盖好盒盖（在箱内加盖），取出后放入干燥器内冷却至室温，30~45 min 后称重。

2.4.3　高水分预先烘干法

如果水稻种子水分超过 18%，必须采用预先烘干法。

称取两份样品各（25.00±0.02）g，置于直径大于 8 cm 的样品盒中，在（103±2）℃ 烘箱中预烘 30 min。取出放在室温冷却和称重。此后立即将这两个半干样品磨碎，并将磨碎物各取一份样品按高温烘干法测定。

2.4.4　结果计算与报告

根据烘干后失去的重量计算种子水分百分率，按式（1）计算到小数点后一位：

$$种子水分（\%）=（M_2-M_3）/（M_2-M_1）×100\% \tag{1}$$

式中 M_1 为样品盒和盖的重量（g）；M_2 为样品盒和盖及样品的烘前重量（g）；M_3 为样品盒和盖及样品的烘后重量（g）。

若用预先烘干法，可从第一次（预先烘干）和第二次按上述公式计算所得的水分结果换算样品的原始水分，按式（2）计算。

$$种子水分（\%）=S_1+S_2-S_1×S_2/100 \tag{2}$$

式中 S_1 为第一次整粒种子烘后失去的水分（%）；S_2 为第二次磨碎种子烘后失去的水分（%）。

容许差距。若一个样品的两次测定之间的差距不超过 0.2%，其结果可用两次测定值的算术平均数表示。否则，重新测定。

结果填报在检验结果报告单的规定空格内，精确度为 0.1%。

第三节　种植鉴定

根据现行国家标准，田间小区种植是鉴定品种真实性和测定品种纯度的最为可靠、准确的方法。上述几种方法属于室内检验方法，种植鉴定在大田进行。小区种植鉴定方法在世界上得到了广泛的应用，是目前公认的最有效方法。该法具有其他方法所无可比拟的优点：其一，适应范围广，技术简单易行，能适应所有种子；其二，准确可靠，评定品种特异性的标准是农艺特征特性的表现，在鉴定时种植标准样品进行对照，消除了环境因素所引起的表现型差异对鉴定结果的影响。

3.1　选择田块

选择田块的基本要求是：田块形状较规则，以便于小区布局；土壤肥力良好、均匀，使出苗快速、整齐；前作不是水稻，或能确认该田块已经过精心轮作或长期闲置，散落在田块的水稻种子已全部发芽或得到清除。

3.2　小区设计

3.2.1　小区设计应遵循以下要求

应将同一品种的所有样品和标准样品种在一起，以突出样品之间的任何细微差异。

3.2.2　种植株数

一般来说，若品种纯度标准为（N-1）×100%/N，则种植株数 4 N 即可获得满意结果。如纯度要求为 99%，即 N 为 100，种植 400 株即可达到要求。

当然，在实践应用时，为了尽量减少得出错误结论的风险，应种植较多的株数，如三系杂交水稻不育系原种的鉴定种植株数不少于 4 000 株，良种鉴定不少于 1 000 株，杂交种子鉴定不少于 500 株。

3.2.3　种植密度

不育系种子种植鉴定种植密度为 10 cm×10 cm，杂交子一代 10 cm×13.3 cm。每行种植 10 株，原种种 400 行，良种 100 行，子一代 50 行。小区间应留工作道 20 cm 宽，以方便各项农事操作。

3.3　栽培管理

3.3.1　播种

采用浸种催芽播种方式，根、芽不宜过长以利均匀播种，每样品播种面积为 0.5～1.0 m²。秧龄视生长时期的气温高低而定，一般 25 d 左右。

3.3.2 移栽

应单本栽插，不能插双本或多本。

3.3.3 管理方式

种植鉴定只要求观察其特征、特性，不要求高产，土壤肥力应中等，忌施过量化肥。特别是对于易倒伏品种，应尽量少施化肥，有必要把肥料水平减到最低程度。

生长期间，应注意病虫害防治和灭螺、灭鼠工作，确保有足够的鉴定株数。

3.4 鉴定

3.4.1 鉴定时期

种植鉴定时期以花期为主，成熟期为辅，因为在花期可准确判断花粉变异株。

3.4.2 含杂类型标准

三系不育系繁殖、制种田含杂类型主要是：母本中含保持系、不育系的变异株、杂交串粉株、常规稻等，父本中含保持系（繁殖）或恢复系（制种）的变异株及其他杂株。

两系不育系繁殖田含杂类型（不包括检验不育系的育性转换临界温度）主要是变异株、杂交串粉株、常规稻等。两系制种田含杂类型主要是：母本中含变异株、杂交串粉株、常规稻等，父本中含变异株及其他杂株。

3.5 结果计算与表示

品种纯度以本品种植株数占鉴定株数的百分率表示，修约至 1 位小数。

第四节 人工气候室鉴定

4.1 鉴定材料要求

要求鉴定的水稻两用核不育系种子样品每份 100 g，种子发芽率 85% 以上。已审定不育系的种子应来自通过审定的标准株系，同一种子批，纯度 99.9% 以上；育种新材料应由育种者提供该材料的播始历期、株高、主茎叶片数等主要农艺形状和育性情况的说明。

4.2　试验条件

4.2.1　人工气候室条件

人工气候室设置可控温度在 15 ℃~35 ℃之间，能保持设定温度恒定，波动幅度和室内温度均匀度小于 ±0.2 ℃；可控光照度 0~3 万 lx。人工气候室应经过计量测试。

4.3　试验方法

4.3.1　鉴定材料准备

根据各参试材料播始历期，在湖南按 8 月 15 日始穗要求，确定播种日期，按常规方法浸种催芽、育秧，五叶一心时移栽至大田，密度 13.3 cm × 13.3 cm。进入人工气候室前 15 d，取 60 株整齐一致的植株（每株产生分蘖穗 6~8 个）移栽入试验钵中，共插 20 钵，每钵插 3 株，钵径 25~30 cm，钵中泥深 15 cm，按常规方法栽培管理。

20 钵材料中，15 钵用于人工气候室处理，5 钵用作室外对照，其中 2 钵用于观察幼穗发育进度。

4.3.2　处理时期

4.3.2.1　主穗叶枕距为 −2 cm 时，将试验钵植株移入人工气候室进行处理。

4.3.2.2　进入人工气候室时，量取各穗叶枕距，并对叶枕距为 −5~0 cm 的穗子挂牌、编号记录。处理结束时，量取并记录各挂牌穗的叶枕距。

4.3.3　处理时间

每个不育系材料连续处理 4 d。

4.3.4　处理时期温、光设置

日照长度 14 h，相对湿度 75% 左右，日平均温度 23.0 ℃或 23.5 ℃（视供试材料要求而定），见表 12-3。

表 12-3　处理时期温、光设置表

时间	温度		光照	
	日均温 23.5 ℃	日均温 23.0 ℃	时间	光照度
5：00—11：00	25.0 ℃	24.0 ℃	6：00—8：00	0.5 万 lx

续表

时间	温度		光照	
	日均温 23.5 ℃	日均温 23.0 ℃	时间	光照度
11：00—17：00	26.0 ℃	25.5 ℃	8：00—18：00	2.0 万 lx
17：00—23：00	23.5 ℃	23.0 ℃	18：00—20：00	0.5 万 lx
23：00—5：00	19.5 ℃	19.5 ℃	20：00—6：00	0 万 lx

4.3.5　过渡时期温、光设置

处理结束后，如果自然日均温高于 30 ℃或低于 25 ℃，处理材料应在日温 28 ℃、夜温 24 ℃、光照度 2 万 lx 条件下过滤 2 d 后，再放置自然条件下。

4.4　育性观察

4.4.1　观察对象

人工气候室处理结束时叶枕距为 0 cm 左右的稻穗。

4.4.2　观察方法

始穗后每天上午取当天将开花的颖花进行镜检。每穗随机取 3 朵颖花制成一个观察片，用 0.2% 碘-碘化钾溶液对其花粉染色、压片，在光学显微镜下放大 100 倍镜检，每片观察 5 个视野，计算 5 个视野不同类型花粉的平均值作为每片的结果。

如果某一观察片的正常可染花粉率达 1% 以上，则视为育性出现波动，将育性波动株进行隔离栽培，检查自交结实率。

4.4.3　观察时间

连续观察 7 d。

4.5　判定标准

4.5.1　合格标准

所有处理材料观察片正常可染花粉率小于 1%，每天平均正常可染花粉率小于 0.1%，自交结实率为 0（每天镜检花粉不育度大于或等于 99.9%，自交结实率为 0）。

4.5.2　续试标准

所有处理材料观察片正常可染花粉率小于 2%，每天平均正常可染花粉率小于 0.5%，自交结实率为 0（每天镜检花粉不育度大于或等于 99.5%，但小于 99.9%，自交结实率为 0）。

4.5.3　淘汰标准

达不到上述标准（每天镜检花粉不育度小于 99.5%，出现自交结实）。

第五节　杂交水稻种子质量定级

以品种纯度为划分种子质量的依据。亲本种子纯度达不到原种指标的降为良种，达不到良种指标的降为不合格种子。杂交种子纯度达不到一级指标时降为二级，达不到二级指标的降为不合格种子。

净度、发芽率、水分等，其中任何一项指标达不到标准值即定为不合格种子（表 12-4）。

表 12-4　杂交水稻种子质量分级标准（GB4404.1—1996）

种类	级别	纯度 （不低于）/%	净度 （不低于）/%	发芽率 （不低于）/%	水分 （不高于）/%
不育系 保持系 恢复系	原种	99.9	98.0	85.0	13.0（籼） 14.5（粳）
	良种	99.0			
杂交种	一级	98.0	98.0	80.0	13.0
	二级	96.0			

注：①长城以北和高寒地区水稻种子水分允许高于 13%，但不能高于 16%，长城以南的种子（高寒地区以外），水分不能高于 13%；

②两用核不育系临界温度必须符合品种审定标准，如湖南的标准为：不超过 23.5 ℃。

───────── References ─────────

参考文献

［1］国家技术监督局.农作物种子检验规程[S].北京:中国标准出版社,1995.

［2］支巨振,全国农作物种子标准化技术委员会,全国农业技术推广服务中心.农作物种子检验规程实施指南[S].北京:中国标准出版社,2000.

［3］胡少奇,李稳香.杂交水稻种子纯度海南种植鉴定中若干问题探讨[J].种子,1998(1):57-58.

［4］李稳香.如何正常应用种子检验新规程中的容许误差规定[J].种子,1999(3):73-74.

［5］李稳香.杂交水稻种子真实性室内鉴定方法与步骤[J].种子世界,1995(7):31.

［6］李稳香,胡少奇.杂交水稻品种鉴定技术研究[J].种子,1995(6):18-19.

第十三章

种子加工与贮藏

第一节　杂交水稻种子加工

1.1　种子加工的意义

种子加工包括清选、精选、包衣、烘干、包装等过程，是提高种子质量的重要环节。杂交水稻种子的特征特性与常规水稻种子有较大的差异，对其进行加工处理更具有必要性和实际意义。

1.1.1　提高种子耐贮性

繁殖制种基地农民收获的种子，只经过粗加工，种子中夹有空粒、秕粒、病粒、茎叶、泥沙等，若不再次加工，以上夹杂物带病多，易吸湿，阻碍种子堆的空气流通。瘦秕种子和未完全成熟的种子呼吸强度大，容易受微生物和仓虫为害。未充分干燥的种子，生理代谢快，加速种子内营养物质的消耗，种子堆发热，而又不易散热。因此，种子质量下降快，种子不耐贮藏。种子收购入库前必须进行加工，提高种子净度和耐贮性。

1.1.2　提高种子播种品质

种子经加工处理后，选留下的种子饱满度好，籽粒大小均匀，发芽率、成秧率提高，秧苗生长健壮，抗逆性强，分蘖速度快，为高产打下基础。杂交水稻种子通过精选后，淘汰了比重较小的种子，留下比重较大的饱满种子；播种品质明显提高。肖层林（1990）对杂交水稻威优48、威优49、威优64、汕优64不同比重种子与发芽率、成秧率及秧苗素质的关系进行了研究。相对密度 <1.0、1.0～1.1、1.1～1.2 和 >1.2 等 4 个级别的种子，发芽势、发芽率、成秧率、"离乳期"和移栽期的秧苗素质均存在差异。相对密度 <1.0 的种子，发芽势、发芽率、成秧率都很低。相对密度 1.0～1.1 与 1.1～1.2、>1.2 的种子比较，发芽势、发芽率、成秧率及秧苗素质存在显著差异。1.1～1.2 与 >1.2 的种子比较，尚有一定差异。

1.1.3 加工后的种子，大田生产可节省用种量

由于播种品质的提高，大田用种量可减少。种子加工后，淘汰了 10%～15% 的瘦秕种子，成秧率提高 10% 以上，大田用种量相应减少 10% 以上。被清除的瘦秕种子，可用于饲料，避免在秧田因不能成秧造成的浪费。用种量的减少，秧苗素质的提高，降低了水稻生产成本，使杂交水稻生产增产、增收。

1.1.4 有利于播种机械化

通过精选加工后的种子，籽粒大小均匀，发芽整齐、粗壮，便于使用机械播种。尤其是采用塑料软盘育秧，机械播种，能保障出苗整齐，不缺孔。由此可见，种子精选加工也是实现水稻机械播种的基础之一。

1.2 杂交水稻种子的特征、特性

杂交水稻种子（包括 F_1 杂交种子和三系法不育系种子）由制种或繁殖异交产生，与常规水稻种子比较，除在种性上表现出杂种优势或不育特性外，就种子本身而言，还表现出与常规水稻种子有明显不同的特征特性。因此，在杂交水稻种子的生产、加工、贮藏、检验、播前处理及经营管理等环节中，必须有相应的技术措施和管理对策，以保障其品种品质和播种品质，发挥杂交水稻在生产上应用的价值。

1.2.1 种子裂颖表现及其原因

1.2.1.1 种子裂颖表现 杂交水稻种子颖壳闭合不好是一种普遍现象。湖南农学院（1987）曾对杂交种（F_1）、不育系、保持系和恢复系共 11 个材料的种子作了调查，结果表明，其中 2 个不育系及 4 个杂交种的种子裂颖率为 20.0%～32.4%，平均为 26.1%，而 2 个保持系和 3 个恢复系种子的裂颖率只有 0.5%～5.6%，平均为 2.2%（表 13-1）。

表 13-1　杂交水稻裂颖种子与正常种子发芽率、成秧率比较

（湖南农学院，1987）

单位：%

项目		材料										
		V20A	V20B	0028A	0028B	威优64	测64-7	威优35	26窄早	威优98	0028A/测选88	测选88
裂颖率		23.20	1.00	32.40	3.10	20.00	1.00	32.20	5.60	28.80	20.10	0.50
裂颖种	发芽率	59.00	—	53.30	—	60.00	—	51.00	—	57.34	23.20	—
	成秧率	51.69	—	77.78	—	89.43	—	74.51	—	78.52	73.41	—
正常种	发芽率	95.00	92.00	95.00	98.70	96.00	96.23	94.00	90.60	95.35	74.30	77.60
	成秧率	73.68	85.14	80.43	84.37	92.01	83.70	78.01	85.42	87.16	96.44	72.43

　　杂交水稻种子裂颖粒，视颖壳的开裂程度可分为裂纹粒和开裂粒。裂纹粒只是在谷粒的腰部勾合处产生裂纹，其颖壳表面仍较平滑。开裂粒则表现内外颖严重张开，种子呈畸形，一般内颖较小且弯曲，外颖较大。裂纹粒种子千粒重为正常种子的 80%～90%，开裂粒种子只有正常种子的 70% 左右。

　　1.2.1.2　种子裂颖原因　湖南农学院、江苏农学院的研究表明，不育系颖花内浆片和小穗轴中维管束发育不良、结构异常是种子裂颖的主要原因。水稻浆片是无色透明的，其中分布着若干条呈扇骨形辐射状排列的维管束。这些维管束细小且结构简单，没有典型的维管束鞘。每一维管束常由少数几列导管、数条筛管以及 10 个左右的薄壁细胞组成。这些薄壁细胞体积较小，细胞核较大，细胞质浓，细胞器丰富，含有很多的线粒体。江苏农学院的观察结果表明，野败型不育系与保持系浆片维管束数目与结构有明显的差异。在献改不育系的浆片中，维管束数目较少，约 11 条，维管束中导管退化，多数仅具有筛管和几个厚壁化的薄壁细胞。在保持系的浆片中维管束数目较多，约 21 条，且发育良好。另外，保持系浆片的维管束薄壁细胞染色较深，细胞质较浓，细胞器和胞间联系较为丰富。这些维管束中的薄壁细胞可能对浆片维管束与浆片薄壁细胞之间进行的物质交换起着重要作用。

　　在比较献改不育系与保持系的小穗轴中的维管束系统时，亦发现前者不如后者发达，尤其是通向浆片的维管束发育更差，不仅横断面积小，而且导管退化，细胞质稀薄。解剖观察发现，不育系颖花开花后不能关闭的原因，是浆片不失水，保持膨胀状态，以后则由于小穗轴及外稃基部连接处的细胞结构生长定型，小穗轴失去了再把外稃恢复到原位的弹性力，导致张颖历期延长，迟迟不能关闭或关闭不良。

　　不闭颖的颖花所结的种子呈畸形。在种子发育时，最初均向外稃侧弯曲，这是因为内外稃

的内侧表皮上有气孔，而子房着生在内稃一侧，内稃的气孔蒸腾使籽粒在靠内稃的一面湿度比靠外稃一面要高，有利于内稃侧果皮的发育。此外，外稃侧果皮受光多，湿度低，易于老化。由于内、外两侧发育不均衡，造成籽粒向外稃侧弯曲。

湖北省郧阳农业学校的研究表明，经脱粒和干燥的汕优63种子的裂颖粒率（裂颖实粒／总实粒）为16.3%，其裂纹粒和开裂粒约各占一半。但是，在未脱粒的母本穗上调查发现，种子裂颖粒率只有11.94%，较脱粒干燥后的种子低25.75%，说明脱粒和干燥时增加了裂颖种子。在调查中还发现，裂颖种子与在穗部所处位置无关，呈随机分布，可见裂颖与颖花间的花势及结实粒间的灌浆优势无关。

1.2.1.3　裂颖种子的贮藏特性与种用价值　裂颖种子在贮藏期间，不仅本身易吸潮和易遭病虫为害，而且影响正常种子的耐贮性。湖北省郧阳农业学校的研究表明，在种子成熟后2个月的短时期内，正常种子的发芽势极显著低于裂纹种子和开裂种子，而发芽率差异不显著。原因在于裂颖种子的颖壳是开放或半开放状态，种子内抑制发芽的物质很快散失，解除种子休眠的速度较正常种子快，而且在发芽试验时，裂颖种子吸水速度较正常种子快。但是，随着贮藏时间的延长，由于正常种子颖壳较严密的关闭，有保护作用，生活力不易衰退，而开裂种子由于失去了颖壳的保护作用，生活力急剧下降，种用价值迅速降低，裂纹种子则介于颖壳开裂和正常种子之间。发芽试验表现为：正常种子的发芽势和发芽率＞裂纹种子＞开裂种子，其差异均达极显著水平。湖南农学院（1987）的试验表明，威优6号裂颖种子经一般室内贮藏6个月后，发芽率比正常种子低40%，发芽4 d后的幼芽鲜重低13.3%，发芽指数低39.37%，活力指数低45.86%。V20A的裂颖种子比正常种子发芽率低27.6%，发芽4 d后的幼芽鲜重低15.5%，发芽指数低35.92%，活力指数低45.83%。

在浸种催芽过程中，裂颖种子特别是开裂种子，其物质易外渗，有利于微生物大量繁殖，导致根、芽腐烂或者畸形。如果不将裂颖种子清除（即正常种子与裂颖种子混在一起，称混合种子），由于裂颖种子的影响，其发芽势与发芽率较其"理论值"分别降低20%和10%左右，均极显著低于正常种子，并且易出现滑壳、酒精中毒等问题（表13-2）。

表13-2　汕优63正常种子与裂颖种子在不同贮藏期的发芽势、发芽率变化
（湖北省郧阳农业学校，1990）

种子类型	发芽势/%				发芽率/%			
	2个月	4个月	6个月	8个月	2个月	4个月	6个月	8个月
正常种子	36.0[b]	86.7[a]	89.3[a]	87.3[a]	78.0[a]	93.0[a]	93.3[a]	95.3[a]
裂纹种子	62.7[a]	77.7[b]	77.7[b]	68.0[b]	78.0[a]	78.0[b]	85.0[b]	81.3[b]

续表

种子类型	发芽势 /%				发芽率 /%			
	2个月	4个月	6个月	8个月	2个月	4个月	6个月	8个月
开裂种子	60.7[a]	56.3[c]	52.0[c]	41.3[c]	77.0[c]	66.0[c]	59.3[c]	50.3[c]
混合种子				62.7[b]（82.0）				81.3[b]（90.5）

注：①数字右上角的字母，是对发芽势或发芽率进行 q 测验的标记，在 0.05 和 0.01 时，字母变化完全一致，故只用小写字母标记。②括号内的数字，是按前 3 类种子在混合种子中所占的比例，将其发芽势或发芽率进行加权平均所得的混合种子发芽势或发芽率的"理论值"，用以表示 3 类种子在没有相互影响的理想条件下混合种子群体的发芽状况。

育秧试验的结果表明，在以上四类种子中，正常种子不仅成秧率高，而且秧苗素质好；裂纹和混合种子成秧率较低，秧苗素质较差；开裂种子成秧率最低，秧苗素质瘦弱。同样，由于裂颖种子的影响，混合种子的成秧率较其"理论值"和正常种子分别低 10% 和 14% 左右。由此看出，裂颖种子虽然也有部分成苗，但混合种子的成苗数量仅相当于分开的正常种子的部分。因此，杂交水稻制种、繁殖产量中的裂颖种子产量部分在混合种子中完全是无效的，但是，如果将正常裂颖种子（尤其是裂纹种子）分开贮藏与应用，裂颖种子都有一定应用价值（表 13-3）。

表 13-3　汕优 63 不同类型种子成秧率及秧苗素质
（湖北省郧阳农业学校，1990）

种子类型	成秧率 /%	株高 /cm	叶龄 / 叶	第一叶鞘长 /cm	第一叶片		白根数	茎基宽 /cm	地上鲜重 /（mg/株）
					长 /cm	宽 /cm			
正常种子	85.3	14.6	2.2	3.76	3.48	0.34	4.4	0.18	67.5
裂纹种子	72.7	14.3	2.2	3.92	3.20	0.32	4.0	0.17	61.0
开裂种子	41.7	13.3	2.2	3.39	3.06	0.31	3.4	0.17	54.0
混合种子	71.3（80.7）	14.8	2.2	3.79	3.39	0.34	3.6	0.17	62.5

注：括号内的数字是混合种子成秧率的"理论值"。

396

1.2.2 种子穗发芽与穗萌动表现及其原因

1.2.2.1 穗发芽与穗萌动表现　杂交水稻种子穗发芽（有些地方称之为"吊芽"），也是影响种子质量的一个突出问题。在杂交水稻种子生产中，当授粉期结束后 10 d 左右，大部分种子进入蜡熟期，在此期间，只要穗部温度和湿度适宜，小部分种子便开始萌动、发芽。在我国南方稻区，不论何种季节的制种、繁殖，都有可能产生穗上萌动、发芽现象。尤其是春制、春繁，种子成熟期常处于高温、高湿气候条件，穗萌动与发芽率一般高于夏、秋制种与繁殖。各地调查表明，在春制、春繁中，一般有 5%~10% 的种子在穗上发芽或萌动，有的年份、个别地方穗萌动与发芽率达 30%~50%。南京农业大学与奉化市种子公司（1989）对珍汕 97A、97B，明恢 63 及汕优 63 种子的穗发芽率进行调查，发现穗发芽率依次为 22.5%±6.70%、21.9%±7.20%、1.25%±1.01% 和 19.42%±8.50%。1990 年对成熟期遭受连续 3 昼夜暴雨袭击后的田间抽样，珍汕 97A、97B 和汕优 63 的穗发芽率均超过 25%，最高达 33%，而明恢 63 仅为 4.89%。浙江省瑞安市种子公司在 1987 年 9 月连续几天大雨后对汕优 6 号、威优 35、汕优 85 进行调查，发现种子穗萌动率分别为 18%、21%、27%。

杂交水稻种子的穗萌动与穗发芽有明显区别：可见到有根、有芽的种子，称为"穗发芽"；另一种是胚部已萌动，从外表看，可见到发芽口已开裂，但胚根或胚芽尚未突破种皮，这一类型称为"穗萌动"。

1.2.2.2 穗萌动与穗发芽的原因

（1）穗萌动、发芽与种子成熟度和休眠特性　俞炳景等的研究表明，珍汕 97A、97B，明恢 63 和汕优 63 在抽穗后 15 d 内，发芽势为零或很少有发芽，15 d 以后发芽势逐渐增高。至抽穗后 30 d，珍汕 97A、97B 和汕优 63 发芽势均达 30% 以上，明恢 63 发芽势低于 10%，在群体始穗期后 35 d，珍汕 97A、97B 和汕优 63 种子发芽率均达 80% 以上，而明恢 63 仅为（10.5±7.13）%。由此看出，随着种子成熟度的提高，潜在的发芽能力也逐渐提高，而且在成熟后期（抽穗后 25~30 d）潜在发芽能力的提高极为明显，说明穗发芽同稻穗成熟度有关。另外，从不同品种（系）穗发芽的差异分析，穗发芽率与品种的休眠特性有关，珍汕 97A、97B、V20A、V20B 及其 F_1 杂交种的休眠特性明显低于恢复系。

（2）穗萌动、发芽与赤霉素的关系　已有不少研究者认为，在制种、繁殖过程中，喷施赤霉素有促进种子的穗萌动与发芽。赤霉素的有效成分为赤霉酸（GA_3），它是种子萌动所必需的物质，种子在吸水膨胀后，其内部可产生这一物质。杂交水稻制种、繁殖过程中，为了解除不育系抽穗卡颈、花时过迟等问题，必须喷施赤霉素。这一措施使不育系种子休眠特性更加削弱。在种子成熟期一旦遇上较适宜的湿度与温度，便开始萌动、发芽。杂交水稻制种、繁殖又多在高湿（露水大、风小、穗部湿度大）的山区进行，容易达到种子萌动发芽条件，若连续几天遇上阴雨天气，植株倒伏，穗萌动发芽现象更为严重。

湖南农学院（1988）的试验表明，每公顷制种田喷施赤霉素180 g以上时，穗发芽率随喷施剂量增加而提高，表现显著正相关（$r = 0.864\,0^*$）。同时，喷施赤霉素后，若父本植株过高，如果母本生长不太整齐时，群体穗部形成"多层楼"，中下层穗上的种子成熟较早，处于荫蔽与湿度较大的环境，更有利于种子萌动与发芽。南京农业大学俞炳景、杨浚等（1990）的观察也证实了这个问题。抽穗后期抽出的有效穗因受赤霉素刺激，穗颈节明显长于前期抽出的有效穗，使田间植株高度明显分层。对汕优63制种田的调查表明，始穗后30 d时，上层穗的植株高（115±5）cm，穗部种子青、黄比值为0.7~1.0，穗发芽率为（13.64±2.78）%；下层穗的株高（100±5）cm，种子青、黄比值为0.1~0.5，穗发芽率高达（27.26±4.71）%。

浙江农业大学（1990）对杂交水稻汕优6号和汕优63的种子电泳分析发现，在杂交水稻制种田母本经喷施赤霉素后，与不喷赤霉素的对照相比，显著提高了种子水解酶和脱氢酶活性，促进了种子的萌发代谢，因而易发生田间早萌现象。

1.2.2.3　穗萌动发芽种子的贮藏特性及种用价值　穗萌动或发芽种子在干燥时易受伤害，贮藏期间生活力衰退很快，表现为发芽率低，活力弱。因此，一般应当作废种子处理。国标GB3543—83中也已规定发过芽的种子作为废种子处理。杂交水稻育成以来，种子穗发芽现象较严重，因此，对其贮藏特性及种用价值，各地已有不少研究。

浙江省瑞安市种子公司（1987—1988）的试验表明，汕优6号、威优35、汕优85的穗萌动种子在温度和湿度自然波动条件下的贮藏过程中，发芽能力和发芽指数均随种子含水量升高而下降。从当年11月到翌年1月，威优35、汕优85种子加速劣变，汕优6号种子到2月加速劣变，4—5月时，各组合穗萌动种子劣变速度达高峰。威优35和汕优85穗萌动种子在5—6月完全丧失了生活力，汕优6号种子到7月时也只剩微弱生命力。

在试验中明显看出，穗萌动种子的发芽口张开愈大，在贮藏初期（2个月以内），发芽速度愈快，但耐贮藏性愈差。反之，发芽口张开越小，在贮藏初期虽然发芽速度稍慢，但耐贮性较好一些。不过，到浸种催芽时期，这些萌动种子往往呈水肿状而夭折，或只长芽而不长根。往年生产的种子到第二年3月起，多数发芽口张开较大的萌动种子胚部出现霉菌丝体。4月起，萌动种子的浸种水易变混浊，酸臭味变浓，表明种子的细胞膜已遭破坏，可溶性贮藏物质流失严重。若将不能发芽的萌动种子浸种后置于发芽床，1 d后将有大量的黏液溢出，有的呈浓珠状，2 d 后发展成菌丝体。

江西省鹰潭市种子公司（1987）将贮藏几个月的珍汕 97A 根芽长度不同的穗发芽种子进行发芽试验（表 13-4）。只长根而未长芽的种子有较高的发芽率，达 46.94%；短芽种子的发芽率其次，其中短芽带根的种子发芽率为 42.5%，短芽无根的为 34.25%；有长芽种子的发芽率最低，其中只有长芽的种子的发芽率为 13%，而长芽带根种子，发芽率为 6.67%。

表 13-4　珍汕 97A 穗发芽种子发芽率表现

（江西省鹰潭市种子公司，1987）

穗发芽种子类型	种子粒数	重量 /g	占总穗发芽种子的重量比 /%	发芽率 /%
只有根（1.1～19 mm）型	96	2.30	8.34	46.94
只有短芽（0.5～1.1 mm）型	419	9.60	34.80	34.25
只有长芽（2.5～6.0 mm）型	132	3.05	11.05	13.00
短芽（0.5～2.5 mm）带根（1～18 mm）型	482	10.59	38.38	42.50
长芽（2.5～10 mm）带根（4～25 mm）型	90	2.05	7.43	6.67
合计与平均	1 221	27.59	100	（加权平均）34.20

试验结果发现，当芽鞘伸长很短时，由其包着的叶原基尚未伸长，甚至还未萌动。此时，如果将该芽谷干燥，受伤害而失去生活力的只是芽鞘，其他叶原基仍有一定生活力。芽鞘伸出越长，干燥时带来的伤害就越严重，这种芽谷的生活力也就越低。胚根伸出后，干燥时会枯死，但在重新发芽时可长出不定根。因此，干燥的穗发芽种谷是否有再发芽的能力，主要看第一次发芽的芽鞘的长短，而与胚根的发生和长度均关系不大。当然，穗发芽种子的再发芽能力，还受到其他环境条件的影响，特别是温、湿度。由于发过芽的种子中可溶性物质较多，酶活性也较强，在潮湿条件下容易恢复活性而加快呼吸和物质消耗，也更易受病菌侵染而霉烂，导致种子很快死亡。所以，如果贮藏期间穗发芽种子不干燥或环境潮湿，生活力将很快丧失。

综上所述，穗萌动或穗发芽种子，若采用干燥（含水量 12% 以内）贮藏，短期内能保持较高的再萌动发芽的能力，在种子紧缺的情况下可以作种用。但是，在贮藏和利用时，应清选加工处理，将芽种与正常种子分开贮藏和分开浸种催芽。播种前应进行消毒，防止病害感染、霉变。播种季节气温较高时，可不再浸种催芽而直接播种，播后塌谷，保持秧厢面湿润不积水，防止烂种，利于扎根出苗。

1.2.3　种子带病表现及其原因

1.2.3.1　*种子带病表现*　水稻种子带菌是一种普遍现象。湖南农学院（1992）对来自湖南6个地区12份杂交种，1份不育系，3份常规稻种子进行了带菌种类、数量、种子带菌部位及病菌系统侵染的观察，其结果是所有供试材料均带菌，其中带菌率最高的一份威优49种子为97%，最低是一份汕优64种子为57%。所有供试种子以带真菌毛锥孢菌（*Altermaria padwickii*）占绝对优势，其带菌率均在50%以上，最高达92%，从种子上还检测到的其他病菌有狼尾草齿黑粉菌（*Tilletia barclayana*）、胡麻斑菌（*Helminthosporiumoryzae*）、镰刀菌（*Fusarium* spp.）、弯孢霉菌（*Curvularia* sp.）以及交链孢菌（*Alternaria* spp.），分离率分别为3%~9%、4%~10%、1%~7%、2%~10%、2%~6%。检测得知，不同地区、不同品种，种子带菌率差异较大。廖晓兰等的检测表明，杂交稻与常规稻种子的带菌种类与带菌量基本一致，但周宗岳等的检测发现，杂交稻种子带菌为常规稻种子的1.5~3倍。

生产实践中发现，对杂交水稻种子最普遍、最严重的病害是稻粒黑粉病和恶苗病。稻粒黑粉病（Kernel smuf of rice，*Neouossia horrida*）是一种分布很广的水稻病害，一般认为对常规稻生产威胁不大，属次要病害。但是，自杂交水稻问世以来，尤其是20世纪80年代中期以来，主要在杂交水稻制种繁殖田发生，其发病率和发病程度日趋严重，上升为水稻的主要病害之一。一般制种田发病率为10%左右，严重的田块发病率达60%以上，极大地影响制种的产量和种子的质量。

黑粉病在杂交水稻制种繁殖的开花期开始侵入为害，至成熟期通常表现为三种类型：一类是谷粒不变色，在种子的内、外颖闭合处开裂，并冒出黑色粉末；二类是谷粒不变色，在种子颖壳上黏附黑色粉末，米粒变色；三类是谷粒暗绿色，用手捏之松软，整个颖壳内由黑色粉状物质所充实。

恶苗病（Bakanae disease of rice，*Gibberella fujikuroi*）是一种由镰刀菌寄生后引起的水稻病害。20世纪80年代以来，该病在杂交水稻上，尤其是在威优系统杂交组合上发生普遍，严重影响着杂交水稻（主要是杂交早稻）生产。杂交早稻威优16、威优48、威优49、威优56等组合，发病株率曾达20%~30%，有的地方高达50%~60%。研究已经证明，种子带菌也是恶苗病的一种主要的传播途径。陈嘉孚等人（1985）对61份稻种在实验室培养后进行了带菌率、带菌量的镜检，结果表明，稻种带菌率高，带菌量大，不同品种（组合），不同产地的种子表现有差异，不仅颖壳、种皮带菌，而且胚、胚乳内部也可以带菌（表 13-5）。将 11 份稻种测定带菌率后，通过分区育秧、移栽，分别在秧田、大田统计病菌率和病穴率，其结果表明种子带菌率与田间发病率有显著正相关（r = 0.66*）。周宗岳等人（1989—1990）分别从同一块制种田取样检验，发现威优 64 和威优 8312 杂交种子带菌率分别为 17.67% 和 11.67%，而恢复系测 64-7 和 8312 种子带菌率分别只有 6.0% 和 8.7%，杂交种的带菌率明显高于常规种。

表 13-5　水稻恶苗病种子带菌情况调查结果

（陕西省汉中地区农业科学研究所，1985）

品种或组合	产地	带菌率 /%		带菌量 /（万个 /kg）	
		测定份数	平均	测定份数	平均
威优系统	平川（汉中市、南郑县、城固、洋县、西乡）	26	66.21	11	32 050.94
汕优系统	平川（汉中市、南郑县、城固、洋县、西乡）	7	18.03	2	650.00
常规稻	平川（汉中市、南郑县、城固、洋县、西乡）	4	3.00		
黎优 57	山区（宁强、镇巴）	1	20.00	1	300.00
梅红 10 号等常规稻	山区（宁强、镇巴）	5	22.40	4	204.00
京引 21 等常规稻	榆林地区	6	18.00		
岗朝 1 号 A 等三系材料	安康地区	12	19.83		
威优激	武汉	1	4.00		

1.2.3.2　种子带菌的原因　水稻种子带菌的主要途径是在抽穗开花至种子成熟阶段，病菌通过花器侵入，寄生繁殖，产生大量孢子，黏附在种子颖壳内外及米粒内外。病菌侵染程度与品种（或组合）本身抗性及特征特性、生产环境、病原量有关。

水稻不育系本身花器败育，抽穗不畅，开花历期长，花时分散，张颖角度大，历时长，颖壳闭合不好，柱头外露率高，柱头生活力强等，有利于病菌侵入与繁殖。一般认为，稻粒黑粉病的发病程度与不育系本身性状有较大关系。威优系统种子黑粉病感染率比汕优系统高，不难看出，这与 V20A 的柱头外露率较高、开颖角度较大、花时分散、张颖历期较长有一定关系。研究发现，黑粉病菌是通过柱头侵入，然后在子房内繁殖，产生黑粉。因此，柱头外露率高、开颖角度大、张颖历期长等特性，虽然是不育系理想的异交特性，但是，也是黑粉病感染的有利条件。据周宗岳等人的研究，由于不育系开颖时间长，微生物孢子侵入的机会增加，而花丝伸长不足，使85%～90%的颖壳内有花药存留，死去的花药成为腐生兼寄生菌的繁殖场所，花药存留使种子病斑增加5倍以上。其次，不育系抽穗包颈和柱头外露特性也增加了种子病斑率。由此可见，越是异交性较好的不育系，在繁殖、制种时越应加强对黑粉病的防治。

杂交水稻繁殖、制种的气候条件也是病菌感染的适宜环境因素。杂交水稻的繁殖、制种是水稻的异交栽培方式。实践已经充分证明，为了使不育系开花良好，父、母本花时相遇率高，柱头外露率高，寿命长，父本开花散粉顺畅，花粉生活力强，一般应选择天气晴朗（或有时有阵雨）、闷热、无风、相对湿度较大的季节作为抽穗开花授粉时期。如在湖南的春繁或春制，则选择雨季刚过，空气适温、高湿，高温干热的"火南风"天气未到的6月下旬至7月上旬作为理想授粉期；夏制一般在适宜种植一季稻的山区进行，选择高温、多湿（雾大，光照较少）的时期作为授粉期；秋制（也有秋繁）则以高温"火南风"已过、寒潮未到的气候转换时期8月下旬至9月上旬作为安全授粉期。这些授粉时期的天气虽然对异交结实有利，是夺取繁殖和制种高产的理想授粉时期。但是，这些时期的气候条件也是水稻病害发生蔓延的高峰时期，因而使种子的病害感染率较高。范烈强、马晓东等人的调查发现，山区制种黑粉病发生率较平原地区高27.52%。抽穗扬花至籽粒充实期，如遇上3 d以上温度适宜的阴雨天气，或稻根发育不良的凹糊田、冷浸田、山阴田、房屋前后光照不足的制种田，黑粉病发生率可超过50%。

栽培措施对种子病害感染也有一定影响。范烈强、马晓东等的研究指出，制种田后期若氮肥施用过多，黑粉病发生率也随之增大。特别是以重施氮肥调节花期的田块，植株茎秆柔嫩，无效分蘖增多，上部叶片增大，长度超过30 cm，田间荫蔽，湿度增大，往往导致植株抗病能力减弱，田间病害加重，黑粉病发生率高达40%以上。

赤霉素可扩大不育系开花的张颖角度，提高柱头外露率，增加异交结实率。但是，随着赤霉素的用量与浓度的提高，便产生了对种子质量的负效应。郑全财通过观察发现，赤霉素喷施浓度的提高，使张颖历期延长，种子闭合不好，裂颖种子增多，因而黑粉病加重（表13-6）。

表 13-6　汕优 63 喷施赤霉素的浓度与种子裂颖率、黑粉病率表现
（江西省奉新县农业局，1986）

喷施期抽穗指标 /%	赤霉素用量 /（g/hm²）	喷施水量 /（kg/hm²）	施用尿素 /（kg/hm²）	赤霉素喷施效果	种子色泽	种子裂颖率 /%	种子黑粉病率 /%
5～6	150	450①	225	植株矮小抽穗卡颈	有褐点	6.25	15.0
10～15	150	3 000②	150	抽穗吐颈	无褐点	0.31	1.0
15～30	150	1 500③	187.5	抽穗吐颈	无褐点	0.96	2.7

注：①喷 1 次；②喷 4 次；③喷 2 次。

　　周宗岳的试验表明，在赤霉素不同的喷施剂量范围内，分别表现其正效应或负效应。每公顷赤霉素用量 270 g 以内，由于促进了穗颈节间的伸长，降低了穗部湿度，花丝伸长，减少了花药在颖壳内的存留，增强了颖花的闭合力，因而减轻了种子病害，而不喷施赤霉素时，种子黑粉病发生率高出 2～3 倍，种子病斑发生率多 3～10 个百分点（表 13-7）。但是，当每公顷赤霉素用量超过 270 g 时，由于植株过高易倒伏，开花时张颖历期延长，裂颖种子增多，因而种子病斑率开始回升。不育系群体的整齐度对种子带病率影响较大。当群体不整齐时，赤霉素必须分次喷施，且用量逐次加重，穗层形成"多层楼"，中下层的穗子以主穗和大分蘖为主，由于荫蔽，穗部湿度大，种子感病率高。

表 13-7　威优 64 喷施赤霉素后的抽穗及种子病害表现
（湖南省零陵农业学校，1987）

赤霉素用量 /（g/hm²）	包颈长 /cm	结实率 /%	病株率 /%	病种子率 /%
0	−11.0	2.33	66.4	64.16
90	−7.7	20.10	61.8	55.58
180	−6.9	22.80	60.9	53.32

1.2.3.3　带病种子的贮藏特性及种用价值　种子带菌的种类和为害程度对种子的贮藏特性和种用价值有较大影响。廖晓兰等人（1992）对带稻毛锥孢菌（水稻籽粒斑点病）发生率较高的杂交水稻和常规水稻种子的测定表明，杂交水稻汕优 64、汕优 63、威优华联 2 号种子带菌率分别为 68.0%、72.0% 和 84.0%，发芽率分别为 76.7%、85.7% 和 76.0%；常规水稻湘中籼 2 号、湘中籼 3 号和 86-106 种子带菌率分别为 79.0%、87.0% 和 82.0%，

发芽率为 95.6%、90.4% 和 90.2%。可见虽然种子带菌率均较高，但发芽率仍较高，具有一定的种用价值。不过，杂交水稻种子的发芽率明显低于常规水稻（表 13-8）。

表 13-8　水稻种子带稻毛锥孢菌率与种子发芽率

（湖南农学院，1992）

测定项目	汕优 64	汕优 63	威优华联 2 号	湘中籼 2 号	湘中籼 3 号	86-106
种子带菌率 /%	68.0	72.0	84.0	79.0	87.0	82.0
发芽率 /%	76.7	85.7	76.0	95.6	90.4	90.2

但是，吴永铭、李俊新（1984—1985）研究了带黑粉病菌杂交水稻的种子的种用价值。从田间发病率为 8%~18% 的 1 823 kg 汕优 63 种子中取 30 个样品测定，发芽率 80%~90% 的只有 4 个样品，占样品总数的 13.3%；发芽率 70%~79% 的有 5 个样品，占 16.6%；发芽率 60%~69% 的有 15 个样品，占 50%；发芽率 47%~59% 的有 6 个样品，占 20%。30 个样品中只有 1 个样品的发芽率达到国家二级种子标准（90.0%）。

总之，带菌种子的生活力下降的速度是相当快的。周宗岳的试验表明，收获 1 个月内的正常种子、带病菌种子的发芽率分别为 95.43% 和 61.92%，贮藏 11 个月后，发芽率分别为 91.25% 和 32.92%，分别下降 4.18% 和 29.00%。若以种子净度、发芽率和成秧率三者乘积表示种子的种用价值，正常种子与带菌种子分别为 69.57% 和 9.64%。

在贮藏过程中，正常种子与带病菌种子对温度的敏感性差异较大。同样采用密封贮藏方式，在当年 10 月至翌年 4 月的 6 个月低温期间，正常种子和带病菌发芽率分别只下降 0.03% 和 11.97%，而在 4—10 月的高温期间，分别下降了 13.13% 和 29.07%。

种子含水量更是带病菌种子在贮藏期间生活力下降的重要因素。将正常种子和带病菌种子采用通气袋装和密封袋装两种方法贮藏在普通仓库，14 个月后，正常种子的发芽率分别下降 10.84% 和 2.30%，带病菌种子分别下降 41.04% 和 6.92%。带病菌种子装进密封袋时，含水量在 11% 时，贮藏 11 个月后，发芽率下降很慢，当密封袋含水量为 13% 以上时，发芽率下降速度明显加快，当含水量为 14% 时，2~3 个月后种子完全丧失了生活力。

综上所述，杂交水稻带病菌种子耐贮性差，种用价值较低或完全无种用价值。在贮藏前，应将带病菌较重的种子（如黑粉病种子）清除。对于带有为害较轻的一般病害病菌的种子，在精选、消毒处理的基础上，最好将种子干燥至含水量在 11% 或 12% 以下，并采用密封包装贮藏。

1.2.4 种子成熟度差异表现及其原因

1.2.4.1 种子成熟度差异表现 湖南农学院（1988）对威优与汕优系统 3 个杂交组合，V20A 和珍汕 97A 2 个不育系及 4 个常规早稻品种的种子抽样调查表明，在用清水选种后的杂交组合及不育系种子中，未完全成熟的种子分别为 9.1% 和 8.3%，而在常规水稻种子中，未完全成熟的种子仅占 3.5%。

众所周知，成熟度好的种子，由于物质积累充足，表现比重大，耐贮性好。在播种品质上表现发芽势强，发芽率与成秧率高，活力旺盛，秧苗素质好。试验表明，成熟度较差的种子，其相对密度在 1.1 以下，相对密度 1.0~1.1、1.1~1.2 和大于 1.2 的种子比较，发芽势、发芽率、成秧率及秧苗素质存在显著差异，相对密度 1.1~1.2 与大于 1.2 的种子比较，尚有一定差异。无论考察何项目，均以相对密度大于 1.2 的种子为最好。

1.2.4.2 种子成熟度不一致的原因

（1）制种、繁殖的授粉期较长，种子发育成熟进度不一致 在制种、繁殖过程中，授粉期较常规水稻长，尤其是母本群体生长发育不整齐时，花期会更长。试验已经证明，不育系柱头寿命较长，外露柱头在开花后 1~5 d 内，若遇上花粉尚可能结实，在 1~3 d 内，结实率较高。这样，便可能进一步延长母本受精结实期。因此，从母本始花期至父本授粉终期所结实的种子，在成熟进度上差异较大。

（2）授粉期结束后，收割期提早，使一部分种子成熟不充分 已有研究表明，水稻开花授粉后 7 d，虽然胚的各部分——胚芽、胚芽鞘、胚根、胚根鞘、盾片、外胚叶等都已基本分化出来，但胚体的成熟和胚乳的积累充实仍需要较长时期。强势花开后，灌浆起步早，强度大，开花后 20 d 左右可进入最高粒重期，而弱势花开花后 28~40 天，甚至更长时间才达到最大值。

在杂交水稻制种、繁殖过程中，虽然异交结实率较常规水稻自交结实率低，籽粒物质来源广，积累较快，因而导致灌浆期缩短，但是，为了防止种子在穗上发芽，一般在授粉期结束后 12~15 d 内抢收种子。因此，授粉后期结实的种子物质积累不充分，造成种子成熟度的差异。

1.2.4.3 种子成熟度与耐贮性的关系 湖南省绥宁县农业局刘天河研究报道，在 29 南 1 号 A、29 南 1 号 B、珍汕 97A、珍汕 97B、V20A、V20B、南优 2 号，汕优 6 号，威优 6 号，IR24、IR26 种子田，分别取乳熟、蜡熟、黄熟、完熟、枯熟种子经贮藏一定时期后，作发芽试验，发现同品种（组合、系）的种子，在正常条件下，自乳熟期、蜡熟期、黄熟期至完熟期，种子的贮藏寿命均逐步延长。完熟期和枯熟期的种子，无论是收获时的发芽力，还是贮藏寿命，都无明显差异。为了确保种子有较长的贮藏寿命和较高的生活力，以完熟期收获种子较好（表 13-9）。

表 13-9　种子成熟度与发芽率关系
（湖南省绥宁县农业局，1978—1980）

单位：%

年份	供试材料	乳熟期	蜡熟期	黄熟期	完熟期	枯熟期
1978	29 南 1 号 A	14.25	43.96	82.74	96.74	96.83
1978	29 南 1 号 B	0	10.18	71.45	97.48	97.59
1978	IR24	0	12.16	72.36	96.24	97.42
1978	南优 2 号	15.17	45.62	83.14	96.59	96.89
1979	珍汕 97A	16.43	47.83	85.09	96.78	96.92
1979	珍汕 97B	0	11.82	73.52	97.69	97.74
1979	汕优 6 号	19.72	49.18	86.40	96.52	96.89
1980	V20A	17.74	47.93	85.39	96.24	96.78
1980	V20B	0	12.74	74.45	98.13	97.69
1980	IR26	0	13.29	74.62	97.45	97.54
1980	威优 6 号	20.51	49.45	87.26	96.78	96.97

从表中还可以看出，不育系与杂交种在乳熟期表现有较低的发芽率，而保持系、恢复系在乳熟期收获的种子均无发芽率。由此看出，不育系、杂交种种子成熟较保持系、恢复系快，但仍要在完熟期才表现最好发芽率，说明杂交水稻制种、繁殖时，母本群体植株上的种子成熟期较长。为了防止种子在穗上发芽，往往在黄熟期收获种子。因此，在不育系和杂交种的种子群体中，其成熟度必然存在一定差异。在杂交水稻制种、繁殖过程中，栽培技术上实行定向培养父、母本，在父、母本花期相遇的基础上，尽量缩短授粉期，既是提高制种、繁殖产量的措施，也是保证种子成熟整齐、提高种子质量的措施。

1.3　种子精选加工

种子加工机械有单机、机组和成套设备（种子加工厂）三类。单机指单一机械，机身一般较小，移动方便。主要功能为筛选或风选，可完成除稗、除杂、除劣作业。机组由 2 台机械组成，如风选和筛选或风选和重力选，功能较单机好，可起到初步精选作用。成套设备由三台以上机械组成，可完成清选、分级、计量、包装以及包衣等一系列作业。对于杂交水稻种子，在采用复式精选机或风筛选和重力选组成的机组时，加工后可以达到国家一、二级种子标准。

如果能配上进料、包衣、包装、计量等机械，效果更好。杂交水稻种子加工机械很多，国内有多家种子加工机械生产厂家，使用较普遍，具有代表性的是 5XF-1.3A 型种子复式精选机。

此机是由按宽度和厚度分离用的各种筛子，按长度分离用的圆窝眼筒和按重量及空气动力学特性用的风机等部分组成。

筛选：此机采用的筛片为冲孔筛，孔型及相互间位置都较精确，精选种子效果好。

窝眼筒选：此窝眼筒可分离不同长度的种子，窝眼直径为 5.6 mm。

风选：应用风扇，按种子的重量和迎风面积不同的原理来分离。此机采用垂直气流的作用，气流与筛子配合，当种子从喂入口落下时由气流输送到筛面。在筛面下滑时，受到气流的作用，较轻的种子和夹杂物，由于临界速度低于气流的速度，就随气流向上，运动重量较大的种子沿筛面下滑。气道的上端断面扩大而气流速度降低，被吸上的较轻杂物和轻种子落入沉积室内，灰尘等由出口处排出。

1.4 种子包衣

1.4.1 种衣剂与种子包衣的概念

种衣剂是农业、化工等科技人员运用高科技手段，根据农作物种子、种苗的不同生理特性，以杀虫剂、杀菌剂、植物生长调节剂、复合肥料、微量元素和缓释剂、成膜剂等为原料，经科学配方，精细加工研制的一种专用药剂。以人工或机械方法将种衣剂按一定药、种比例包裹在种子表面，而固化形成的一种网状药膜的过程叫种子包衣，所形成的种子称为包衣种子。

种衣剂成品形态可以是悬浮剂，也可以是干粉剂。悬浮型种衣剂是将成膜物质、悬浮剂、农药、营养物质等经湿磨混合均匀形成的悬浮液体，生产工艺简单，产品可直接用于包衣，包衣效果较好，在中国已被广泛应用。干粉种衣剂是将成膜物质、农药、营养物质等经气流碾磨混拌均匀形成的干粉，生产工艺复杂，大批量生产目前尚有一定难度。由于粉剂便于贮存、运输、包装，可以大量节省成本，随着加工技术的改进和完善，将会得到较大发展。干粉种衣剂产品可以直接用于拌种，也可以用于水溶解后像悬浮型种衣剂一样包衣。

1.4.2 种子包衣的安全性

1.4.2.1 种衣剂剂量的控制　药种比是衡量种子包衣用药量的一个重要指标。包衣时一定要根据种衣剂生产厂家提供的剂量标准确定药种比，不能随意加大或减少用药量。否则，会出现药害或无效果。因此，包衣操作时，应控制在厂家提供的标准剂量 ±5 范围内。例如，厂家提供的标准剂量为药种比 1∶50，实际包衣剂量应控制在 1∶（45~55）的范围内。中国现有悬浮型种衣剂一般按 1∶50 的药种比设计。但是，由于种衣剂的黏度不一，有时按 1∶50 的药种比配组，包衣会出现包衣不均匀现象，这时可以采取添加少量清水搅匀种衣剂，再按兑水比例缩小包衣药种比的方法包衣。

1.4.2.2　包衣种子的安全使用　种子包衣使用的种衣剂是一种有毒物质，在包衣、包装、贮藏、保管及使用过程中必须防止和消除可能发生的中毒事故。在使用种衣剂及包衣种子过程中应注意：一是注意种衣剂本身的口服毒性，对皮肤（包括眼睛）的接触毒性和呼吸吸入毒性，在包衣过程中应采取防护措施；二是注意种衣剂原药的中毒危险性，在使用过程中不用手直接接触。

播种时一定要戴塑胶手套。浸种型水稻包衣种子，除适当延长浸种时间外，在浸种过程中每浸种 24～36 h 后，要适当晾种透气吸氧，更换清水继续浸种，直到种子吸足水分或开始破胸，才停止浸种。然后根据当地播种时的气候条件，采取适宜方法催芽后播种。杂交早稻包衣种子如需带温催芽，其水的温度应控制在 40 ℃以下，以免种衣剂散失过多，达不到包衣效果。播种后应撒一层营养土或塌谷，覆盖种子，但不得用草木灰等碱性物质覆盖在秧厢上。同时，要求保持秧面湿润。另外，浸种时不要再用强氯精、石灰水或盐水等消毒液浸种，以免发生药效反应，秧苗期也无需喷施多效唑矮壮素。包衣种子附带的种衣剂有杀菌、杀虫作用，原则上秧苗期不施农药，但后期可视菌害程度和虫口密度酌情用药。

1.5　种子包装

根据《中华人民共和国种子法》规定，销售的杂交水稻种子必须是包装的种子。

1.5.1　包装材料的选用

可用于杂交水稻种子包装的材料种类很多，其性能差异较大。一般采用黄麻、棉、塑料及各种材料的组合物（叠层）。包装应选用外形美观、商品性好，实用，不易破损，便于加工、印制，最好是能够回收再生或自然降解的材料。包装材料的防湿性和成本相应具有差异。选用包装材料要综合考虑用途、数量、贮藏时间、贮藏质量以及运输、搬运、销售、种子使用者喜好等多种因素。仓库贮藏的大批量杂交种子，多使用麻袋包装；邮寄种子使用塑料小包装，外套棉布或塑料纤维包装；零售种子使用塑料小包装或塑料编织袋包装。

1.5.2　塑料小包装

采用塑料袋密封小包装贮藏南方杂交水稻种子具有可行性，简便、经济。种子使用者、种子经营者和管理者都非常愿意接受进行塑料小包装的杂交水稻种子，该项新技术已于 20 世

90 年代得到普及和推广。

1.5.2.1 塑料小包装杂交水稻种子的特点

（1）防止种子受潮，保持发芽率相对稳定　根据湖南省 5 家种子公司的试验，使用 6 丝（单面）聚乙烯膜包装袋，所包装种子含水量不同，对照为普通麻袋包装。在各个贮藏时段测定，塑料小包装种子含水量低于对照，发芽率高于对照（表 13-10）。

表 13-10　杂交水稻包装种子发芽率和水分变化

单位: %

贮藏时间	检测项目/%	杂交水稻（汕优 64、汕优桂 33）			
		处理（塑料袋包装）			对照（麻袋包装）
		Ⅰ	Ⅱ	Ⅲ	
贮藏前 1990 年 10 月	含水量	10.50	11.50	12.50	11.50
	发芽率	95.0	95.0	95.0	95.5
贮藏 7 个月 1991 年 5 月	发芽率	95.0	94.5	93.5	88.5
贮藏 12 个月 1991 年 10 月	发芽率	92.0	90.5	86.5	75.0
贮藏 19 个月 1992 年 5 月	含水量	11.80	12.65	13.00	13.45
	发芽率	89.5	84.5	75.5	63.0

（2）成秧率高，秧苗素质好　据湖南省益阳市农业科学研究所的试验，塑料包装的杂交水稻种子比麻袋包装的种子出苗早 1 天，出苗率高 35.4%，成秧率高 33.8%，每株发根多 0.65 根，分蘖多 1.15%，茎基增长 0.1 cm，表明塑料小包装种子的秧苗素质明显好于麻袋包装的。

（3）塑料包装积压种子，贮藏成本降低　积压种子均采用低温、低湿库贮藏。按 1991 年物价，用麻袋包装贮存于低温低湿库的种子其年成本为 0.27 元 /kg，而塑料包装为 0.11 元 /kg，低温库随贮存时间的增加，物耗增多。至今，低温库贮藏种子 1 年的成本已达 0.58 元 /kg，而塑料袋包装仍较低。

（4）塑料小包装种子提高科技含量　塑料袋上可以印上杂交水稻组合简介、浸种催芽方法、栽培技术、产地、生产日期、标牌等。袋内可配置浸种时需要的强氯精、多效唑等秧期所必需的药剂或微肥，农民购买杂交水稻种子后，就可以了解到一套科学种田方法。

（5）塑料小包装种子便于农民选购　农民购买大麻袋种子时，有时需购买几个组合，经常搞错。小包装 0.5～2.5 kg/ 袋，农民可根据需要购买，放入谷仓、柜子均可，既不容易搞乱，又不担心标牌，还可防止假劣种子进入市场。

1.5.2.2　塑料小包装杂交水稻种子的技术要求　对于密封包装杂交水稻的种子，在净度、含水量以及包装质量上必须从严要求。

（1）精选种子，确保种子净度　由于未成熟种子、已发芽种子或穗萌动种子及无生命杂质吸湿快，微生物易于繁殖，对袋内的好种子造成不良影响，加剧种子的衰老甚至死亡，净度越低，种子越不耐贮存。因此，在塑料袋包装前必须严格精选，净度达到国家标准。

（2）种子严格熏蒸消毒　塑料袋密封包装种子，虽然可以形成低氧、干燥条件，不利于虫害繁殖，但袋内本身有一定的空气，加之塑料袋本身也不是绝对不透气，袋内的空气足够使虫害继续生存。如果包装前不杀死虫卵，贮存期间种子被虫伤害，但通过熏蒸或拌药的种子，采用塑料袋包装，10 个月后袋内未发现虫害，发芽率正常。

（3）从严控制种子含水量　种子含水量高低及库内湿度高低是影响种子耐贮性的关键因素，种子必须在干燥条件下贮藏。采用塑料袋密封贮藏时，包装前含水量必须控制在 12.5%以内。对于贮藏 2 年的种子，含水量控制在 11.5% 以内。

（4）确保塑料袋的密封性能　塑料袋包装种子，袋内形成了低氧、低湿条件。因此，膜的透气性和封口质量非常重要。膜的厚度与透气性成反比。但膜越厚成本越高。要做到既节约成本又有好的效果，每袋装 0.5 ~ 2.5 kg 种子时，膜的厚度（单面）6 ~ 8 丝为宜，封口时挤出空气，严密封口，否则失去用塑料袋包装的意义。

（5）准确把握包装的最佳时间　塑料袋密封包装种子，必须赶在种子活力尚未开始衰退之前。中国南方春季气温回升快，雨水多，湿度大，种子活力下降快。因此，当年生产的种子必须在当年包装完。特别是对于贮藏 2 年的种子，更要及时在冬季出库后包装。种子活力一旦开始下降，随后就呈迅速下降趋势，种子已失去耐贮藏能力，也就失去了小塑料袋包装的价值。

第二节　种子贮藏

2.1　杂交水稻种子贮藏的意义

搞好杂交水稻种子贮藏，对保障种子的播种品质，充分发挥种子的杂种优势种性，具有十分重要的作用，是杂交水稻种子工作极为重要的环节。然而，由于杂交水稻种子具有某些与常规水稻种子不同的特征特性，耐贮性不如常规水稻种子强。因此，杂交水稻种子在生产上常出现播种品质较低的现象。多年来，有关杂交水稻种子贮藏的理论和技术已开展了较多的研究，已取得了较大的成就。

杂交水稻种子生产的产量在很大程度上受到气候条件的制约，其中授粉期的天气条件又是影响种子产量的关键。由于年际间该时期的气候因素变化较大，使年际间种子生产的产量不易稳定。因此，杂交水稻种子产生年际间余缺问题不足为奇。湖南省于 1982 年、1987 年、1990 年、1994 年、1998 年，杂交水稻制种分别获得了大丰收，导致 1983 年、1988 年、1991 年、1995 年和 1999 年种子供大于求，分别积压种子 3 821 t、4 000 t、25 000 t、3 500 t、2 100 t。但是，1988 年和 1993 年制种又受到了较严重的自然灾害，种子产量大幅度下降，导致 1989 年和 1994 年杂交水稻生产因严重缺种而减少了种植面积。

积压的杂交水稻种子，如何在继续贮藏 1 年后仍保持较高的生活力和种用价值，曾一度成为杂交水稻种子工作中的一大难题。在生产实践中，用一般方法贮藏积压种子，续贮 1 年后，种子不仅发芽率、成秧率很低，或完全丧失了生活力，而且由于发芽力、成秧率低的种子，活力严重衰退，导致了秧苗素质差，抗逆能力减弱，产量降低。

同时，由于杂交水稻种子生产的成本较昂贵，种子销售价格一般为常规水稻种子的 5 倍以上。种子用途专一，一旦积压，若贮藏不当，造成报废，只能转为饲用。由此可见，加强对杂交水稻种子的贮藏工作显得更为重要。

2.2 杂交水稻种子在贮藏期间生活力与活力下降的表现

杂交水稻生产的实践已经证明，杂交种子（F_1）和不育系种子的耐贮藏性明显不如常规水稻种子。湖南农学院（1987）调查了生产上应用的 3 个不育、3 个保持系、3 个杂交种和 3 个恢复系种子的发芽率和成秧率。同季收获的种子，虽然生活力与活力的起点都较高，收获 1 个月后测定，发芽率均在 95% 左右，但是同样在普通种子仓库贮藏 8 个月后再进行测定，发现杂交种和不育系种子的发芽率和成秧率分别为 81.13% 和 70.18%，较保持系和恢复系种子分别低 10.59% 和 9.95%（表 13-11）。

表 13-11　不育系、杂交稻种及相应的保持系、恢复系种子发芽率和成秧率比较

系（组合）名	发芽率 /%	成秧率 /%	系（组合）名	发芽率 /%	成秧率 /%
V20A	87.00	58.24	威优 35	83.20	71.08
V20B	92.00	85.14	26 窄早	90.60	85.42
珍汕 97A	65.30	79.41	威优 49	82.10	76.36
珍汕 97B	79.53	74.79	测 49	93.08	80.89
002-8A	81.00	62.92	威优 6 号	88.16	73.05
002－8B	98.70	73.84	IR26	96.40	80.68

注：* 本试验于 1987 年 3—4 月在长沙湖南农学院进行，采用温室催芽和薄膜育秧的栽种方式。

　　湖南省绥宁县农业局刘天河从 1978—1983 年对二九南 1 号 A、二九南 1 号 B，珍汕
97A、珍汕 97B，V20A、V20B，南优 2 号，汕优 6 号，威优 6 号及恢复系 IR24、IR26
的种子进行了耐贮性研究。结果表明，保持系和恢复系的种子明显较不育系和杂交种的耐
贮性强。在干燥条件下贮藏至第四年时，保持系和恢复系种子仍有一定生活力，而不育系、杂
交种的种子则完全无发芽能力。

　　中国科学院华南植物研究所王爱国等（1986）对杂交水稻种子的耐贮性的研究表明，杂
交水稻种子在普通贮藏条件下，活力下降的速度比常规水稻种子显著加快。在室温空气条件
下，贮藏 8 个半月的珍汕 97A 种子，发芽率下降 54.5%，汕优 2 号种子下降 27.7%，而恢
复系 IR24 种子只下降 3.2%。并在活力指数下降的动态上亦有类似规律（图 13-1）。

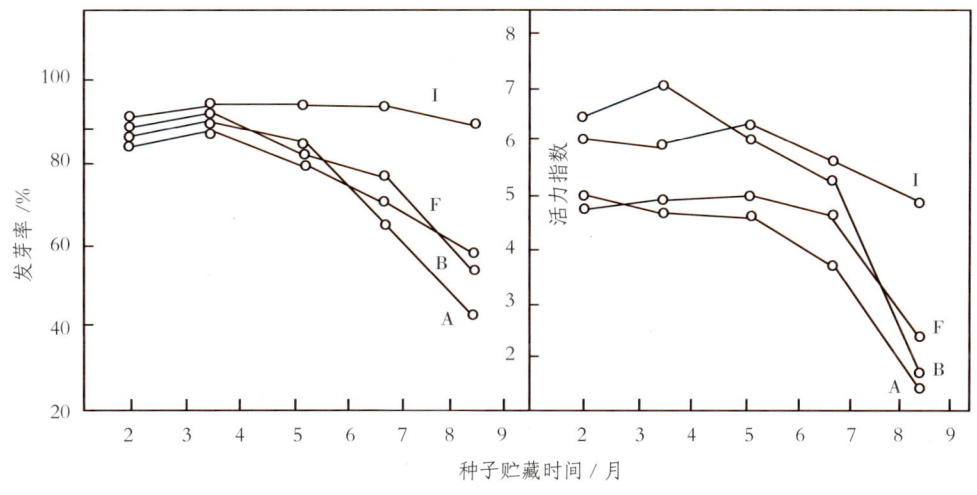

I. R24；F. 汕优二号；B. 珍汕 97B；A. 珍汕 97A。

图 13-1　常温空气贮藏过程水稻种子发芽率和活力指数的变化

　　湖南农学院陈信波等（1986）的研究也进一步证实了这一问题。贮藏在普通仓库的杂交
水稻种子，经过 1 年零 4 个月后，10 个材料的种子的发芽率和发芽指数都表现大幅度下降。
其中，威优 64 种子的发芽率为 44%，威优 35、V20A 种子分别只有 8% 和 4%。

　　江苏省泰县种子公司王凤珍（1988—1990）对汕优 63 种子在普通仓库常温下的不同贮
藏时期发芽率的变化进行研究。由于种子受后熟作用和休眠特性的影响，刚收获的种子发芽率
只有 85.4%。随着贮藏时间的延长，发芽率逐渐上升，贮藏到 5 个月时，无论是发芽势还是
发芽率，都达到最高水平，分别为 92.2% 和 94.8%。此后，发芽率开始缓慢下降。贮藏至
9 个月时（即到 1989 年 6 月底），发芽率便开始加速下降，发芽势与发芽率分别为 87.0%

和 90.5%。贮藏 18 个月后，二者分别只有 77.6% 和 81.8%。

　　杂交水稻种子在贮藏期间的生活力下降速度主要受高温、高湿影响。在高温、高湿季节里，若种子含水量增高，种子生活力下降速度加快。湖南省平江县种子公司报道，1982 年秋季收获的 V 优 6 号种子，由于放在普通仓库里贮藏，1983 年 6 月发芽率为 85%。当时已进入高温、高湿季节，种子含水量很快上升到 15% 以上。7 月 8 日测定，发芽率为 77%，到 8 月 24 日测定时，已下降到 32.2%。但是，放在干燥器内的种子，含水量一直处于 11% 以下，8 月 24 日的发芽率仍保持在 90% 以上。研究证明，在一年之内，种子生活力下降的时期主要在 7 月、8 月、9 月这三个月。据湖南农学院（1986）对 3 个杂交种、1 个不育系、1 个保持系、3 个恢复系和 2 个常规早稻种子，在普通室内贮藏期间的发芽率测定，其结果也同样证实了这一现象（表 13-12）。

表 13-12　不同品种水稻种子在敞开贮藏条件下种子生活力的变化
（1984 年 12 月至 1986 年 4 月）

时间	项目	品　　种									
		威优6号	威优64	威优35	V20A	V20B	IR26	测64-7	二六窄早	广陆矮4号	红410
1985年	发芽率/%	92.0	85.5	90.0	91.5	97.5	94.0	99.0	94.0	96.0	92.5
5月1日	发芽指数	53.08	36.32	55.95	60.76	68.88	42.61	66.95	64.50	61.28	59.97
1985年	发芽率/%	87.5	90.0	64.0	72.5	81.0	98.0	98.5	80.0	73.5	58.0
7月3日	发芽指数	45.94	42.14	33.13	72.5	43.73	52.05	65.67	47.35	34.87	29.50
1985年	发芽率/%	79.0	80.0	60.0	53.0	56.5	97.0	95.0	75.0	49.0	61.0
7月31日	发芽指数	39.0	34.8	21.09	25.79	28.12	51.0	51.1	41.6	21.34	28.12
1985年	发芽率/%	47.0	54.0	62.0	42.0	29.5	86.0	72.0	54.0	46.0	23.0
8月10日	发芽指数	20.5	25.42	16.75	18.2	12.09	42.82	19.04	23.43	20.16	14.4
1985年	发芽率/%	44.0	45.0	19.0	7.0	3.0	67.0	43.0	8.0	7.0	2.0
9月20日	发芽指数	24.28	20.76	8.15	1.87	1.17	28.13	17.0	3.42	3.0	0.7
1986年	发芽率/%	87.0	50.0	16.0	9.0	1.0	51.0	17.0	1.0	8.0	3.0
3月6日	发芽指数	14.15	18.5	4.94	2.47	0.67	19.15	4.87	0.67	2.23	1.09
1986年	发芽率/%	30.0	44	8.0	4.0	2.0	50.0	9.0	0	6.0	0
4月7日	发芽指数	16.7	16.8	2.75	1.20	0.88	18.0	3.23	0	1.92	0
	含水量/%	11.36	11.17	11.58	10.98	11.41	11.76	11.63	11.48	11.74	11.45

近年来，各地反映当年春制、春繁杂交水稻种子，收种时期为 7 月，到第二年春、夏季浸种育秧时，其发芽率、成秧率均显著降低。其原因就在于春制、春繁收种时正处于高温季节，在贮藏期间又度过了 8 月、9 月这两个月的高温期，从而导致了种子生活力的大幅度下降。

2.3　杂交水稻种子贮藏期间生理生化变化

2.3.1　细胞膜的变化

细胞代谢中各种成分的隔离和反应复合体的正确排列，都依赖细胞膜的完整性。种子内部细胞膜系统的损伤，必然影响代谢过程，致使种子生活力和活力不同程度的下降。已有研究报道，杂交水稻种子在贮藏期间的劣变过程，最终导致种子生活力与活力的丧失，其主要原因是细胞膜完整性的破坏，由膜组成的各种细胞器的功能下降。如果膜被破坏，膜结合的酶活性下降，膜的半透性改变。种子浸水时，由于膜的修复功能低，使种子内部水溶性内含物外渗，浸种液浓度增大。用浸种液的电导率的大小可表示细胞膜被破坏而导致种子生活力和活力下降的程度。电导率大时，说明浸种时细胞内含物外渗增多，种子生活力和活力则低，反之生活力和活力则高。据已有研究报道，在室温条件下贮藏的汕优 2 号种子，其浸种液的电导率显著大于恢复系 IR24 种子。贮藏到第十个月测定，汕优 2 号种子浸种液的电导率增加了 3 倍，而 IR24 只增加了 2 倍。研究还表明，采用不同贮藏条件贮藏 V 优 6 号种子，其浸种液外渗的电导率和绝对电导率都随种子活力下降而提高。外渗电导率的增加与种子内部大分子物质的分解，使可外渗的电导性物质增加。同时，种子外渗还原性糖和外渗氨基酸含量都表现出随活力降低而增多，外渗还原性糖量与活力呈显著负相关（表 13-13）。

表 13-13　不同贮藏条件下威优 6 号种子酶活性变化
（湖南农学院，1986）

编号	α-淀粉酶 ［麦芽糖 mg/ （20 胚·5min）］	过氧化物酶 ［AD470/ （min·胚）］	过氧化氢酶 ［H₂O₂ mg/ （40 胚·min）］	脱氢酶 ［TTC mg/ （胚·h）］
1	69.3	0.040	4.52	0.563
2	53.9	0.037	3.79	0.583
3	51.8	0.028	2.87	0.425
4	42.7	0.016	1.06	0.267
5	60.9	0.044	4.46	0.825
6	40.0	0.037	3.33	0.733

414

续表

编号	α-淀粉酶 ［麦芽糖 mg/ （20 胚·5min）］	过氧化物酶 ［AD470/ （min·胚）］	过氧化氢酶 ［H_2O_2 mg/ （40 胚·min）］	脱氢酶 ［TTC mg/ （胚·h）］
7	38.5	0.027	3.26	0.600
与活力 相关性	r = 0.613 t = 1.735<t 0.05	r = 0.940 t = 6.18<t 0.05	r = 0.975 t = 9.74<t 0.01	r = 0.816 t = 3.153<t 0.05

2.3.2　游离有机酸、脂肪酸和氨基酸含量的变化

据黄上志、傅家瑞对汕优 2 号、珍汕 97A 和 IR24 的种子进行人工老化的试验表明，在人工老化前，汕优 2 号、珍汕 97A 种子的游离有机酸和氨基酸含量均高于 IR24。老化开始后的 0~16 d，汕优 2 号和珍汕 97A 种子的游离有机酸和氨基酸含量迅速增加，而 IR24 种子变化不明显，直到 16 d 后才有较多的增加，并表现这两类酸的含量仍远低于汕优 2 号和珍汕 97A 种子。另外，人工老化前，这 3 个材料的种子中游离脂肪酸含量相差不大，人工老化 8 d 内，同样变化不大。老化 12~16 d 后，汕优 2 号和珍汕 97A 脂肪酸含量比 IR24 显著增加。其结论是，易劣变的种子在发芽力和活力明显下降的同时，游离有机酸、氨基酸和脂肪酸的含量均大大增加。

2.3.3　可溶性蛋白质和蛋白酸活性的变化

黄上志、傅家瑞的研究表明，杂交水稻汕优 2 号及其母本珍汕 97A 种子可溶性蛋白质含量比父本 IR24 高。在种子劣变过程中，IR24 种子的可溶性蛋白质含量变化不大，而汕优 2 号和珍汕 97A 则表现显著下降。与可溶性蛋白质含量变化密切相关的蛋白酶活性，未经老化的 IR24 种子高于汕优 2 号和珍汕 97A 种子。IR24 种子老化 0~12 d 中蛋白酶活性较为稳定，只是在老化 16 d 后显著增加，而汕优 2 号和珍汕 97A 种子的酶活性却随老化天数的增加而增加。在研究中还发现，这些变化与游离氨基酸含量变化有相应关系。

2.3.4　维生素 C 及酶活性变化

据湖南农学院（1986）的研究报道，贮藏 3 年的种子，维生素 C 的含量随种子活力降低而降低，其降低幅度十分显著。贮藏 2 年的种子，维生素 C 的含量同样也随种子活力降低而下降，但含量明显高于贮藏 3 年的种子。在针对酶的活性方面的研究发现，经过贮藏后的种子，萌动 24 h，种子胚中的 α-淀粉酶活性随种子活力下降而降低，但相关性不显著。胚中的过氧化物酶、过氧化氢酶、脱氢酶的活性与种子活力的相关性能达极显著水平，种子活力降

低，酶活性随之显著降低，并且变化幅度较大（表 13-13）。

2.4　杂交水稻种子贮藏质量的安全

2.4.1　杂交稻种贮藏的要点

2.4.1.1　种子入库水分　严格执行种子入库质量检验，种子水分要控制在 12% 以内。对不同水分等级的种子，实行分级贮藏，以便采取相应的措施处理。

2.4.1.2　种子入库后的管理　仓库要及时进行熏蒸。实行定期的检查，切实掌握种子温度、水分、虫害等变化情况，正确运用通风、密闭和防治虫害等措施。大部分杂交早稻种子入库时间为 8 月，气温高，害虫传播快。入库后要进行通风降温和药剂杀虫。杂交晚稻入库约在 11 月，这时气温较低，种子水分一般较高，适宜采取通风方式保管。

2.4.1.3　低温贮藏　一是利用自然低温。长江中下游地区冬季月平均气温在 10 ℃ 左右，房式仓贮藏的种子可充分利用自然低温。在气温较低时，进行种子堆的通风降温，把种子堆内温度降到 10 ℃ 左右。入春后雨水多，空气湿度大，则采用门窗密闭或薄膜密闭方式保管。二是建立低温、低湿库，利用电力设备达到低温、低湿目的。种子贮藏期在 1 年以上的，其防止陈化的有效措施是低温、低湿贮藏（常年种子内的温度不超过 15 ℃，相对湿度不超过65%）。由于建立和使用低温、低湿库成本高，种子需要贮藏 1 年以上时，租用大型山洞仓，利用其天然的低温、低湿条件贮藏杂交水稻种子，效果较好。

2.4.2　杂交水稻种子贮藏期间的检查

为了掌握种子在贮藏期间的变化，发现问题及时处理，保证种子贮藏期间的安全，必须及时进行普查与检查。

2.4.2.1　普查　在每年的夏、秋收购种子入库基本结束后和春季播种之前，对仓库种子的安全分别进行一次普查。要求做到有仓点必到，有种子必查，查必彻底，总结经验，发现问题，及时处理。

2.4.2.2　检查　检查是种子仓库经常性的工作，每次检查都要详细记录，作为研究、分析种子贮藏安全状况和统计上报的依据。检查的内容有下列几项：

（1）清洁卫生　这是种子安全贮藏的重要条件。要做到仓内面面光，仓外三不留（杂草、污水、垃圾），种子堆放整齐不凌乱。

（2）种子温度　采取定时、定点与不定期相结合的方法检查。要求安全的种子 5 ~ 7 d检查一次，安全状况不好的种子 1 ~ 3 d 检查一次。通过检查，掌握种子温度变化规律，分析是否发热，对发热的种子，及时采取有效措施，进行降温处理。

（3）种子水分　由于种子容易受空气湿度的影响，每月至少检验一次。容易受潮部位的种子，要重点检查。如发现种子水分含量偏高，要立即采取日晒、烘干、吸湿、通风去湿等措施，降低其湿度。

（4）虫害种子　包装贮藏时，要勤观察墙壁四周、门窗口、仓内四角等部位是否有仓储害虫，也可解包取样检查。害虫密度的单位以"头数 /kg"表示。一个仓的虫害密度，以最严重部位为代表。因为虫害可以蔓延到全仓。但在处理时，可视实际情况进行局部处理。

（5）鼠雀害　检查仓内有无鼠雀的足迹、粪便、鼠洞、雀窝及被咬碎的种子。

2.4.3　仓库的通风与密闭

根据仓内外空气的温度和湿度，在有利于降低种子温度、水分的前提下，打开门窗进行通风，或者关闭门窗，这是一种简便易行的有效措施。

2.4.3.1　仓库通风　从全年气温变化的规律来看，一年之中 7—8 月平均气温最高，1—2月的平均气温最低。在春、夏季气温上升时期，一般是仓外气温高于仓内气温，不宜通风；在秋、冬气温下降时期，仓外气温往往低于仓内气温，则可以通风。

在一天或一段时期内，大气温、湿度是变化的，究竟能否通风，要依具体情况而定：①阴雨天气，空气湿度大，除发热种子外，不宜通风；②在一般情况下，大气湿度低于75%、气温低于仓温，通风对降温、降湿有利；③气温低于仓温，但仓外湿度大于仓内湿度，这时是否通风，需通过计算决定。因为大气进入仓内后，其温、湿度受仓温影响而变化，即气温接近仓温时，其湿度相应地增大或减少，所以用变化后的湿度与种子平衡水分（种子对水汽的吸附和解吸以同等速率进行时的种子水分）比较，在变化后的仓内湿度小于种子平衡水分的湿度时，可以通风（表 13-14）。

表 13-14　不同温度下的杂交水稻种子平衡水分

单位：%

温度	湿度							
	20%	30%	40%	50%	60%	70%	80%	90%
30 ℃	7.13	8.51	10	10.88	11.93	13.12	14.66	17.13
25 ℃	7.4	8.8	10.2	11.15	12.2	13.4	14.9	17.3
20 ℃	7.54	9.1	10.35	11.35	12.5	13.7	15.23	17.83
15 ℃	7.8	9.3	10.5	11.55	12.65	13.85	15.6	18.0
10 ℃	7.9	9.5	10.7	11.8	12.85	14.1	15.95	18.4

续表

温度	湿度							
	20%	30%	40%	50%	60%	70%	80%	90%
5 ℃	8.0	9.6	10.9	12.05	13.1	14.3	16.3	18.8
0 ℃	8.2	9.8	11.1	12.29	13.26	14.5	16.59	19.22

变化后的湿度可以用下式求得:

$$变化后的湿度 = \frac{仓外温度下的饱和水汽量 \times 仓外相对湿度}{仓内温度下的饱和水汽量} \times 100\%$$

例: 某仓库包装杂交水稻种子, 仓内温度为 20 ℃, 水分为 13%（与空气相对湿度 65% 平衡）, 仓外气温 15 ℃, 相对湿度 85%, 问能否通风?

解: 从表 13-15 中查出 20 ℃ 与 15 ℃时的饱和水汽量, 然后按上式计算:

$$变化后的湿度 = \frac{12.712 \times 85\% \times 100\%}{17.117} = 63.1\%$$

表 13-15　空气饱和水汽量

温度 / ℃	饱和水汽量 / (g/m³)	温度 / ℃	饱和水汽量 / (g/m³)	温度 / ℃	饱和水汽量 / (g/m³)
0	4.835	6	7.219	12	10.574
1	5.176	7	7.703	13	11.249
2	5.538	8	8.215	14	11.961
3	5.922	9	8.857	15	12.712
4	6.330	10	9.329	16	13.504
5	6.761	11	9.934	17	14.338
18	15.217	28	26.931	38	45.746
19	16.143	29	28.447	39	48.133
20	17.117	30	30.036	40	50.625
21	18.142	31	31.720	41	53.80
22	19.220	32	33.446	42	56.70
23	20.353	33	35.272	43	59.30
24	21.544	34	37.183	44	62.30
25	22.795	35	39.183	45	65.40

续表

温度 /℃	饱和水汽量 /（g/m³）	温度 /℃	饱和水汽量 /（g/m³）	温度 /℃	饱和水汽量 /（g/m³）
26	24.108	36	41.274	50	83.20
27	35.486	37	43.461	100	597.40

当仓外空气进入仓内后，湿度变为 63.1%，低于稻谷种子水分 13% 的平衡湿度 65%。由于通风后能够降温，不会增加种子水分，故可以通风。

2.4.3.2　仓库密闭　仓库密闭是为了减少或隔离空气、温度、湿度和害虫对种子安全贮藏的影响。密闭方式有 4 种：

（1）全仓密闭　主要指关闭门窗。秋季入库的种子，经冬季通风降温，在入春后，一般只留一道工作门，其余门窗全部封闭，工作门内侧应设有框架薄膜门。

（2）套囤密闭　即在种子垛的外围套囤，其中填充大糠或木屑之类的保温性材料。

（3）塑料薄膜密闭　包装种子堆一般采用薄膜五面封。即用薄膜罩住种子堆，薄膜与沥青地面贴紧，或用长条形沙袋压紧。如果种子内感染了害虫，可按种子堆的体积，每平方米用磷化铝片 1~3 g 剂量计算用药量。药片先用布袋或纸袋分装成若干小包，每包药片 2~5 片，较均匀地放入薄膜罩内长期密闭保管。

（4）种面压盖　适用于散装种子。即在种子十分干燥、无虫、种温稳定的条件下，耙平种面，用糠灰或草木灰、细干沙等压盖种面，厚度约 3.3 cm，对隔热、防湿、防虫都有一定效果。

种子随水分和温度的升高，发芽率显著降低。温度低，又较干燥的种子可以密闭贮藏为主，适时通风换气。中国南方气温较高，仓储害虫易传播，种子若以通风贮藏为主时，要切实做好害虫的防治工作。

2.5　种子贮藏期害虫的防治

种子贮藏时期害虫的防治必须贯彻"预防为主，综合防治"的方针，着眼于整个仓库生态系统，合理利用各种预防措施，以达到控制害虫生长发育和传播蔓延，保障种子安全的目的。综合防治（IPC）中运用的具体措施包括清洁卫生、植物检疫、物理机械防治、生物防治和化学防治。

2.5.1　清洁卫生

搞好种子仓库的清洁卫生，是预防害虫发生的重要措施。仓库应做到"仓内面面光，仓外三不留"，即对仓库墙壁、天花板上的孔洞、缝隙进行嵌补，粉刷；仓库附近的杂草、垃圾，污水及时清除，使害虫无栖息场所。仓库内的一切物品、工具和设备都应保持清洁。对仓库内外应进行消毒处理工作。一是在种子脱粒、晾晒前对场院进行消毒处理，二是种子入库前对仓库及周围环境的消毒处理。用于消毒处理的常用药剂有敌百虫、敌敌畏、辛硫磷及防虫磷等。种子入库后还应注意隔离工作，经常注意检查，防止害虫的感染，可在种子仓库周围喷布防虫药等。

2.5.2　植物检疫

植物检疫是由国家颁布的法规，并建立专门机构进行该项工作，目的是禁止危险性病、虫、杂草人为的传播，以保障农业生产的安全。植物检疫分为对外检疫和对内检疫两种。

2.5.2.1　对外检疫　对外检疫是对进出口的植物、植物产品及运输工具等实施检疫，以防止国与国之间危险性病、虫、杂草的传播蔓延。中国于 1992 年公布的《中华人民共和国境外植物检疫危险性病、虫、杂草名录》中规定的仓库害虫有 6 种，即菜豆象、谷斑皮蠹、鹰嘴豆象、灰豆象、大谷蠹、巴西豆象。

2.5.2.2　对内检疫　对内检疫是防止国内已有的危险性病、虫、杂草从已发生的地区向外蔓延，并采取措施，将局部发生的检疫对象消灭在原发地。种子贮藏期害虫极易随种子调运进行传播。因此，加强对种子调运的检疫处理，对控制种子害虫的传播蔓延具有重要意义。

2.5.3　机械防治

机械防治主要是利用人工或动力操作的各种机械来清除种子中的害虫。方法主要有：风车除虫、筛子除虫、压盖种面或揭面、竹筒诱杀、离心撞击机治虫和抗虫种袋等措施。

压种面或揭面主要用于防治麦蛾及在种粮表面活动的害虫。压盖种面是指每年开春气温回升时，用无虫种子、草木灰、谷或黄沙等作为盖顶物。要求盖顶物干燥无虫，并做到盖顶要平、紧、密、实。对于盖顶的种子要求含水量低，种堆温度正常，且无虫，否则将影响发芽率。揭面是指将受麦蛾为害的种子揭除表层 30 cm，进行单独杀虫处理，揭面时应从外向里分两次揭除，揭面后应防止再度感染。

2.5.4　高温杀虫

日光暴晒：夏季利用日光暴晒可以使种子温度达到 50 ℃左右，几乎所有种子贮藏期害虫都能被杀死。暴晒时应先晒好场地，然后将种子平摊在晒场上，厚度一般为 3 ~ 5 cm，种面耙成波浪状，每 30 min 耙翻一次。暴晒时应在晒场周围喷布防虫药带，以防害虫外逃。对于种子暴晒后不可趁热入仓密闭，且暴晒时间不宜过长，以免影响种子生活力。

烘干：利用烘干机、烘干塔等设备处理感染害虫的高水分种子。烘干过程中应严格控制温度和处理时间，以免降低种子发芽率。

2.5.5　低温杀虫

仓外薄摊冷冻：北方利用冬季严寒可以直接冻死种子中的害虫。具体做法是选择寒冷而干燥的傍晚，将种子薄摊在仓外场院上，厚度以 7～10 cm 为宜，每 2～3 h 翻耙一次，当气温在 −15 ℃左右时，冷冻一夜即可，于清晨趁冷入仓密闭，使种子保持较长时间低温状态以促进害虫死亡。

仓内冷冻：在平均气温低于 −5 ℃的寒冷季节，可选择干燥晴朗的夜晚打开仓库门窗，使冷空气在仓内对流，并结合耙沟、翻捣等方法，使种子温度降低到外界的低温状态，一般持续数天以后，关闭门窗，进行密闭。冷冻虫时一定要考虑种子含水量。为了保持种子的发芽力，含水量高的种子不宜冷冻。

2.5.6　气调防治

气调防治是人为地改变种堆中的气体成分，并以此抑制种堆中的害虫及微生物的生长，保证种子安全的一种措施。气调防治要求严格密封和迅速脱氧，以保证和提高杀虫效果。常见的方法有真空充氮、充二氧化碳、自然脱氧、微生物脱氧、分子筛富氮脱氧等。气调防治在一般情况下不影响种子发芽率。

2.5.7　化学防治

化学防治是指利用化学农药直接杀灭害虫的方法。用于防治贮藏物害虫的化学农药主要有触杀剂和熏蒸剂两大类。

触杀剂在种子贮藏期害虫的防治中主要有两种用途，一是用于空仓、器具的消毒处理及用于防虫害；二是作为保护剂使用，拌入种子以保护种子在较长时期内免遭虫害。常用的触杀剂有敌百虫、敌敌畏、辛硫磷、防虫磷、甲嘧硫磷、杀螟松、杀虫畏、粮种安等。

熏蒸剂具有渗透性强、防效高、易于通风散湿等特点。当种子已经发生虫害，其他防治措施难以奏效时，便可使用熏蒸剂。常用的熏蒸剂有磷化铝、氯化苦、溴甲烷等。

References

参考文献

［1］中国农学会，中华人民共和国农业部农业司，中国种子集团公司.种子工程与农业发展［M］.北京：中国农业出版社，1997.

［2］董海洲.种子储藏与加工［M］.北京：中国农业科技出版社，1997.

［3］叶常丰，戴心维.种子学［M］.北京：中国农业出版社，1994.

［4］全国农业技术推广服务中心.种子法规选编［M］.北京：中国农业科技出版社，2001.

第十四章

杂交水稻栽培研究概况

第一节　国内外研究概述

　　纵观水稻栽培的现代史，就是水稻栽培技术体系不断建立与发展的历史。中国的水稻栽培技术水平是伴随各种栽培法的形成、发展而提高的，而水稻高产栽培上新的台阶则主要是杂交水稻的发明与推广应用：20世纪50年代形成以高产农户经验为基础的"经验栽培法"，促进了水稻产量上新台阶；60年代矮秆育种第一次绿色革命的成功，形成了以"多穗为目标"的栽培体系，达到了产量跨"纲要"的时代目标；80年代后，随着杂交水稻在南方稻区的迅速推广，水稻栽培技术得到进一步的发展和丰富，产生了"省种栽培""稀少平促""叶龄模式""规范化栽培""双杂吨粮栽培""轻型栽培法""控蘖增粒栽培法""抑制性栽培"等多种栽培模式，加速了双季稻亩产量过"吨粮"的步伐。近年来随着两系杂交水稻和超级杂交稻的研究成功与推广应用，水稻栽培将发生重大的转变：稻作制度更趋合理、量与质实现较好的统一、种田效益得到显著提高。

1.1　杂交水稻与中国水稻高产栽培的发展

　　中国的水稻高产栽培，由于受社会资源、自然资源和科学技术研究成果的影响，稻作制度几经改革，使水稻栽培技术不断提高。特别是杂交水稻的发明与推广应用，使中国的水稻栽培技术发生了质的变化。

　　中国水稻研究所曾将中国水稻生产的发展分为五个阶段，即总结应用传统技术经验阶段（1949—1963 年）、推广高产矮秆品种栽培技术阶段（1964—1978 年）、推广杂交水稻稀播育秧少本栽培配套技术阶段（1979—1986 年）、总结推广高产栽培模式阶段（1987—1989 年）及开展吨粮田工程建设的农艺技术阶段（1990—1998 年）。其中，后三个阶段实际上就是杂交水稻高产栽培技术形成和发展的阶段，从而大大提升了全国的水稻产量水平，其平均产量后三个阶段分别较第一阶段增长了 98.4%、126.6% 和 145.4%。

据此，我们根据杂交水稻的发展和农业结构调整现状，杂交水稻栽培技术的发展分为以下四个阶段。

第一阶段：杂交水稻配套技术形成及迅速推广阶段（1973—1979 年）。1973 年中国成功地实现了杂交水稻"三系"配套，1976 年杂交水稻开始在大面积上推广应用，当年的杂交水稻面积已达 13.87 万 hm^2，平均单产为 4.2 t/hm^2。由于杂交水稻与常规水稻有着明显的差异，过去常规水稻的栽培方式已不能适应这一新的水稻类型，从而导致了水稻栽培技术的根本变革：提出了大幅减少用种量和播种量，培育壮秧以充分发挥根系优势，增丛少本合理密植以适当利用分蘖优势，科学运筹肥水以积极促进穗粒优势，保证了杂交水稻大面积平衡高产。稀播少本栽培随之在全国各地普及应用，促进了杂交水稻的迅速发展。到 1979 年全国杂交水稻面积迅速推广到 500 万 hm^2，其平均单产水平也迅速提高到 5.26 t/hm^2。

第二阶段：综合配套的高产栽培模式的形成与推广阶段（1980—1989 年）。1982 年在成都召开的全国杂交水稻生产会议，充分肯定了江苏省研制的杂交水稻高产模式栽培图的经验。随后各地针对性地开展了各种栽培模式的研究与推广，至 20 世纪 80 年代中期，各地均研究形成了适应本地生态条件与社会条件的栽培技术模式，从而，促进了杂交水稻栽培技术指标化、规范化和模式化，以适应联产承包责任制条件下千家万户科学种田的需要，为全国杂交水稻种植面积增加到 1 300 万 hm^2、平均单产稳定在 6.6 t/hm^2 提供了技术保证。

第三阶段：吨粮田建设与高产配套技术研究发展阶段（1990—1997 年）。进入 20 世纪 90 年代以来，随着农村种植业结构的不断调整与优化、耕地面积的逐年减少，为了确保粮食总量稳步增加，中国从南至北开展了向土地极限挑战的攻关活动，即吨粮田的建设。南方稻区以杂交水稻为基础，吨粮田建设发展较快。1991 年湖南省醴陵市成为中国长江流域第一个成建制过吨粮的县级市；1994 年湖南省株洲市（地级市）、广西的百色地区 6.67 万 hm^2 稻田每亩过吨粮，确保了中国粮食总量的稳定增加。

第四阶段：杂交水稻超高产栽培技术研究、发展与调整适应阶段（1998— ）。20 世纪最后几年，杂交水稻的发展十分迅速，一方面，在育种选育上已培育出具有超高产潜力的超级杂交水稻苗头组合，其大面积产量一般每公顷可达 10~11 t；另一方面，杂交水稻的超高产栽培技术正在研究形成。可以预计，随着超级杂交水稻产量的不断提高，以稻作为基础的稻作制度将得到进一步的优化、农民的种田效益将进一步提高。

1.2　杂交水稻高产栽培技术的体系研究概况

20 世纪 80 年代以后，随着杂交水稻以稀播少本为重点的栽培法在全国普及应用，各地又在借鉴国外经验的基础上，推出了多种多样的高产栽培法。如江苏的"小群体、壮个体、高积累"栽培法，"叶龄模式"栽培法，"三增一高"（增加有效分蘖利用，增大叶面积，增多总颖花数，后期提高物质积累）栽培法，"平衡施肥"栽培法；浙江的"稀少平"栽培法，"三高一稳"（高成穗率、高实粒数、高经济系数、稳定穗数）栽培法；湖南的"双杂吨粮"栽培法，"前稳攻中"栽培法，"省种"栽培法，"轻型"栽培法，"双两大"栽培法；湖北的"省种省苗"栽培法；四川的"多蘖壮秧少本"栽培法，起垄栽培法；广东的"低群体"栽培法；黑龙江的"旱育稀植"栽培法，等等。

与当地传统栽培法比较，这些栽培技术体系具有共同的特点：一是在产量构成因子上，大都要求在足穗的基础上，努力增加每穗总粒数，降低空秕率，增加千粒重；二是在育秧和密植上，共同的目标是降低本田用种量和秧田播种量，以培育扁蒲或带蘖壮秧，同时适当减少栽插落田苗数，处理好个体健壮与群体茂盛的关系，减少弱苗、弱蘖、弱穗、弱花、弱粒，建立高质量、高光效、高运转的作物高产群体；三是在施肥技术上，调整施肥结构，重视有机肥和无机肥结合，氮、磷、钾肥料及微量矿质元素的配合。在经济发达地区在稳定现有施用水平的基础上适当减少化学氮素总用量，减少前期施肥比例，适当增加中后期施肥量和叶面喷肥。同时，运用灌溉措施，以水调肥，以水调气，以水调温，并采取苗控、肥控、水控、化控等技术来控制无效分蘖，降低最高苗峰，增加有效穗，以提高成穗率和灌浆充实度，达到高产多收增效的目的。

1.3　国外杂交水稻生产与栽培研究现状

20 世纪 90 年代，联合国粮农组织为确保世界的粮食安全，将杂交水稻技术作为其首推技术，袁隆平被聘为 FAO 发展杂交水稻的首席专家。随后，杂交水稻在亚洲得到迅速发展。

印度是继中国之后把杂交水稻推向生产的第二个国家。印度已成功地培育出了适合当地生态条件的杂交水稻组合，并于 1994 年试种杂交水稻 1 万 hm^2，增产极为显著，一般较当地的常规高产品种增产 30% 左右；到 2000 年印度的杂交水稻面积已超过 300 多万 hm^2，对缓解印度人口急剧增长对粮食的需求发挥了重要作用。

越南是直接利用中国杂交水稻最成功的国家之一。中国几乎所有的高产组合都被引种到越南，并取得了大面积的成功，其中以汕优63推广面积最大。据越南给联合国粮农组织的一份报告称，1993年越南直接从中国购种，种植了约4万 hm^2 的杂交水稻，在不增加投入的情况下，就增加了1亿 kg 的稻谷。2000年越南的杂交水稻面积已达到20万 hm^2，在北越地区杂交水稻面积占播种面积的40%~50%。

国际水稻研究所已培育出适合热带地区的杂交水稻组合，目前正处于推广阶段。

在菲律宾、缅甸、泰国、孟加拉国、老挝等亚洲国家，通过利用中国、印度和国际水稻研究所培育的不育系来选育适应本国的杂交水稻，有的已经开始在生产上推广应用。据2001年旱季在泰国甘攀碧省的杂交水稻品比试验比较，中国的杂交水稻表现出明显的产量优势，8个杂交水稻组合较当地最好的对照品种之一 Pislulok No2 增产28.8%~58.9%，而生育期平均要短8 d；与当地生育期最长的品种 Patoontani No1 比较，8个组合中有4个组合增产显著，其幅度为16.6%~26.5%，其余4个组合也略有增产，而当地对照的生育期一般长12~19 d。

杂交水稻在非洲的试种也取得了成功。在非洲南部的赞比亚国家级灌溉稻品种对比试验中，汕优桂99产量居首位（7.96 t/ hm^2），比对照品种增产22%。1992年的地区比较试验中7个杂交组合较对照增产11%~63%，其中威优77、威优46产量分别达到13.1 t/ hm^2、12.1 t/ hm^2，较当地最优的常规品种卡富西5号分别增产32.6%、22.9%。展示了杂交水稻造福人类的良好前景。

第二节　杂交水稻高产栽培理论与实践

杂交水稻一般穗大、粒多，株高相对较高，营养生长和生殖生长优势都强，营养生长和生殖生长的协调往往是提高结实率的关键。杂交水稻的高产栽培理论是在常规稻的基础理论上发展起来的，主要包括多蘖壮秧的培育、高产群体的建立、营养生长与生殖生长的协调以及水分的需求等方面。

2.1　培育多蘖壮秧的理论与实践

"秧好半边禾"，培育壮秧是实现高产的前提。壮秧增产的原因是秧苗光合能力强，干物质生产多，积累多，发根力强，抗逆性好。杂交水稻的发明与发展大大促进了水稻育秧技术的进步，其重要的标志是稀播育壮秧。杂交水稻的育秧方式主要有湿润育秧、旱育秧、稀播壮秧、塑料软盘抛秧。在南方多熟制地区，部分地区利用迟熟品种的高产特性，为了争取早熟高产，解决早播与迟栽的矛盾，培育带蘗老壮秧，创造了"双两大""旱育软盘抛寄"等两段育秧方式。化学调控在育秧技术上具有重要的地位与作用，如施用多效唑、烯效唑等为杂交水稻控长促蘗，矮壮多蘗，增强发根力和抗逆力，奠定高产的基础。

2.1.1 壮秧的形态与生理素质

秧苗的壮或弱，直接影响移栽后秧苗的返青、分蘗以及产量的高低。不同类型的秧苗，其壮秧的标准不尽相同，但在形态上的共同特征是茎基宽扁。健壮小苗是指三叶期内移栽，苗高 8～12 cm，叶宽而挺立，叶色鲜绿，叶耳间距较短，茎基宽 2 mm 以上，中胚轴很少伸长，冠根 5～6 条，色白短粗，并生有分枝根，移栽适龄为 1.5～2.2 叶，移栽时种子中应有少量胚乳残存。小苗的优点是抗低温力较强，低节位早生分蘗多，能有效防止烂秧，且省种子和专用秧田；缺点是移栽适龄短，苗体小，平整土地要求高，大田最高苗数偏多。健壮中苗是指 3～4.5 叶内移栽，苗高 10～15 cm，叶片宽厚挺立，叶色鲜绿，叶耳间距短，不定根 10 条以上，色白而粗，在稀播的条件下，有少量分蘗，但因分蘗的叶数和高度不足，移栽后难以成活。健壮大苗是指 4.5～6.5 叶移栽，一般苗高 15～25 cm，生长整齐，茎基坚实，短而粗壮，宽度在 4 cm 以上，叶片刚劲富有弹性，叶身宽厚，叶耳间距短而均匀，叶色绿中带黄，根系色白粗壮，多弯曲而有生机，无黑根现象。还有老壮秧是指 6.5 叶以上移栽的秧苗，都采用稀播或两段育秧方式育成。秧苗标准各地不甚相同，品种之间有较大差异。麦茬稻和杂交稻等迟熟品种秧苗高 20～30 cm，叶龄 6.5～8.0 叶之间，双季晚稻的杂交稻苗高 30～50 cm，叶龄可达 9～10 叶。培育老壮秧有利于充分利用秧田低位分蘗，但因播种量少，专用秧田面积大，只能与其他育秧方式搭配应用。

2.1.2 培育壮秧的基础理论与实践

第一，掌握好播种期，这是高产稳产的基础。决定早播极限期的主要依据，是使水稻播种后能够安全出苗，正常生长，幼苗生长时温度的最低要求，在恒温条件下，粳稻为 12 ℃，籼稻为 14 ℃，如果以日平均气温为指标，由于昼夜高低温平均的影响，实际数值可低一些。各地通常是以当地历年平均气温稳定通过 10 ℃或 12 ℃的初日，分别作为粳稻和籼稻露地育秧的最早播种期限，但采用旱育秧可在平均气温稳定通过 8 ℃时播种，可利用其抗寒的能力实行早播。决定迟播极限期的主要依据，是能使水稻安全齐穗和灌浆。出穗开花期间低温伤害温度指标是：粳稻日平均气温 ≤ 20 ℃，籼稻日平均气温 ≤ 22 ℃，籼型杂交水稻日平均气温 ≤ 23 ℃，并持续 3 d 以上。因此，一般都是以秋季日平均气温稳定通过 20 ℃、22 ℃、23 ℃的终日，分别作为粳稻、籼稻、籼型杂交稻的安全齐穗期。各地的迟播极限期，应以安全齐穗期为依据，再根据品种的生育期（主要是播种至齐穗的天数），向前推算即可。在多熟制条件下，由于茬口和品种的不同，一定要合理安排好水稻播种期，做到适龄对口，分批移栽，防止播种过早或过迟，而造成超秧龄早穗或秧龄过短的不抽穗或迟熟。同时，根据气候特点除了掌握好安全播种、安全齐穗期外，还要注意安全孕穗和安全灌浆，对于实现平衡增产，全年丰收是十分重要的。

第二，掌握好播种量，这是决定壮秧的个体立体空间和营养面积的前提。培育不同茬口所需要的潜蘖秧（分蘖尚未萌发）或带蘖秧或多蘖秧、老壮秧，主要取决于秧田播种量的数量和秧龄的长短。随着秧龄的延长，分蘖发生的理论值与观察值均有增加，一般而言，理论数 > 秧田观察数 > 本田成活数。因此，早插有利于杂交水稻的高产，这一点在南亚热带高温稻区尤为重要。实践结果还表明，秧龄在 40 d 以内，带蘖苗的单苗营养面积，不能少于 5 cm^2，才能有利于生长。近几年各地水稻高产的发展趋势是在足穗的基础上攻大穗。因此，适当减少用种量，降低播种量，杂交籼稻一般用种量为 11.25 ~ 37.5 kg/hm^2，其秧田播种量为 112.5 ~ 225 kg/hm^2。杂交水稻培育多蘖的技术已促进了常规稻育秧技术的发展，目前每公顷用种量常规稻也已降低到 67.5 ~ 112.5 kg。

第三，掌握好秧龄。水稻适宜秧龄因品种、播量、育秧季节的光温状况、营养条件、育秧方式及移栽方法的不同而有差异。就全国范围来说，变动幅度很大。在高纬度或高海拔的东北、西南高原稻区，因温度低，适栽秧龄的日数长，一般为 45 ~ 55 d，叶龄为 4 ~ 7 叶，叶龄指数 35 ~ 45；华北的黄淮海平原适龄秧龄一般在 35 ~ 40 d，叶龄 6 ~ 8 叶，叶龄指数 40 ~ 45，最高不超过 50；在江淮南部以及华中和华南的广大地区，稻田实行多熟种植，由于品种类型和茬口差别较大，必须严格掌握秧龄。早熟品种如秧龄过长，容易出现早穗，晚播晚插，秧龄过短，在早稻中容易延误后季，在晚稻中又容易出现翘穗。总的来说，杂交早稻和杂交中稻的适栽秧龄一般 30 ~ 35 d，叶龄 6 ~ 7 叶。杂交晚稻的适宜秧龄因品种和育秧方式等因素，相差极大。如早、中熟类组合秧田期宜在 20 ~ 25 d；迟熟组合 30 ~ 35 d，采用两段育秧方式的可以延长至 40 ~ 45 d，但秧龄弹性是决定最大秧龄期的关键，弹性好的秧龄期可以适当长点。研究结果还表明，两段育秧的高产秧龄期宜为 38 ~ 41 d。

第四，抓好秧田管理。在选好秧田、施足基肥的基础上，重视增施磷、钾肥，特别是磷肥，对促进根系生长和提高秧苗抗逆性具有重要作用。秧田基肥因地区和季节的不同而有差异。在低温、露地条件下育秧，因肥料分解和吸收缓慢，其用量相对较多。相反，高温季节育秧用量宜少。如培育短秧龄，为促进生长，用量较多；而培育长龄大秧，为控制生长，则用量宜少。对双季晚稻的基肥用量大都少施，肥田甚至不施。施用有机质肥料注意充分腐熟和均匀撒施。秧田追肥，通常注意在三叶期前施好断奶肥，并以早施为宜。培育带蘖壮秧时，要及时追施接力肥，以促进分蘖早生快发，并以保持组织的充实健壮为主。避免出现徒长披叶现象。秧苗移栽后的发根力和忍受植伤力，与体内的氮、糖含量及比率有直接关系。培育大苗或老健壮秧的追肥技术，应该是促使苗期叶色有一个适度转淡的过程，以增加碳水化合物的积累，对于移栽前 3~5 d 的起身肥，量宜少、时间相对接近移栽期，保持叶片转色而不柔嫩，使体内增氮但未大量耗糖时移栽最为适宜。

近几年大面积生产实践证明，使用多效唑、烯效唑等调节物质可以控制秧苗徒长，增加分蘖，还有利于拔秧和减少杂草。使用方法是秧苗一心时，喷药前一天放干田水，喷施 15% 的可湿性多效唑粉剂 200 g 加水 100 kg（即可湿性多效唑浓度为 300 mg/kg），注意喷雾均匀，如果喷后 3 h 内下雨，要重喷，次日灌水再上秧板。也可以采用浸种的方式，使用多效唑、烯效唑浸种时要求严格控制浸种时间，以防苗生长太矮小而影响正常移栽。此外，研究还表明，使用多效唑、烯效唑类物质还有利于促进返青活棵。

2.2 合理密植的实践与理论

2.2.1 高产田产量构成因素分析

中国稻区辽阔，栽插密度差异较大。据浙江省模式栽培实施组对 80 丘连作杂交晚稻高产田块的调查分析，平均产量 8.04 t/hm²，每公顷插 25.35 万丛，落田苗 150 万丛，最高苗 541.5 万丛，有效穗 344.25 万穗，成穗率 63.57%，每穗总粒数 99.0 粒，每穗实粒数 88.7 粒，结实率 89.6%，千粒重 26.4 g，理论单产 8.06 kg/hm²。但是，从田块间分析，构成产量三要素存在着很大差异；每公顷穗数 258.0 万~457.2 万穗，每穗实粒数 63.32~113.60 粒；千粒重 21.7~29.8 g。产量的获得是穗、粒、重三个因素协调生长，相互制约的结果。一个产量因素的大小变化，只要能从其他两个产量因素得到补偿，仍可获得高产。只有三个因素达到最大乘积，才能获得最高产量。我们以穗数为基础，将 80 丘杂交稻田分成三类，其苗、株、穗、粒重结构如表 14-1 所示。

表 14-1　杂交晚稻每公顷产量超过 7 500 kg 的苗、株、穗、粒重结构

穗数 /（万穗 / hm²）	田块数 / 丘	面积 /hm²	最高苗 /（万株 /hm²）	成穗率 /%	每穗总粒数 / 粒	每穗实粒数 / 粒	结实率 /%	千粒重 /g	产量 /（kg/ hm²）
283.5	13	1.407	475.5	59.8	107.7	96.5	89.6	28.0	7.89
334.5	42	4.353	513.0	64.2	99.1	88.6	89.4	26.4	8.04
393.0	25	2.313	588.0	66.9	92.1	81.2	88.2	26.2	8.11

从表 14-1 可以看出：穗数减少时则每穗粒数相应增加，千粒重相应提高。当穗数增多时，则每穗粒数和千粒重相应减低。表明不同水稻类型的群体发育和个体生长的制约关系都极为明显。这一现象也说明水稻高产可以走依靠大穗的路子，也可以走依据多穗或穗粒兼顾的路子。但是，从实际情况看，杂交稻高产 52.5% 是依靠穗粒兼顾，依靠大穗高产的只占 16.3%，可见高产途径虽有三条，但依靠大穗高产难度相对较大。

2.2.2　移栽方式和质量

在基本苗大致相近的情况下，移栽方式和质量的差别，会造成田间生态环境、丛间光照、湿度、通风及个体营养的不同，从而对产量构成要素产生一定影响。移栽方法基本有三种，一是等距正方形，有利于分蘖的发生和成长，但封行早，容易过早地恶化丛间光照条件；二是宽行窄距的长方形，或行距更宽、株距更窄的宽行条栽方式；三是宽窄行相间的并列方式。后两种方式有助于改善丛间通风透光条件，土质好、肥料足有助于夺高产。但宽窄行操作不方便，一般在稻萍、稻鱼共生时采用。插秧质量的标准是浅、直、匀、笃、快。即插得浅，行株距直，每丛本数匀，苗株挺笃，不漂、不浮少植伤，在此基础上提高插秧速度。

2.2.3　水稻高产群体结构与诊断

水稻移栽后从分蘖期到孕穗期，叶面积迅速增长，一般从孕穗期至抽穗期达到高峰值，相对稳定一些时间，到出穗后逐渐下降，高峰期出现的早晚随品种、土壤肥力的不同有些差异。

叶面积在光合生产中的作用有两重性。在一定范围内，增加叶面积，能提高光能利用率，增加光合生产量；另一方面由于叶面积是在一定光辐射条件下起作用，当叶面积超过一定界限后，下部叶片被遮荫，受光条件差，叶下层叶片处于补偿点以下，这时如再扩大叶面积，就成了光合生产的限制因素。因此，在高产栽培中必须掌握一个适宜叶面积。一般而言，在目前大面积生产条件下，生长量大多数还不足，叶面积指数都在临界值以下，对这些大田采取增加叶

面积的各项措施，即可显著增产。在施肥水平高的地区，大田群体叶面积指数往往在临界值以上。因此，各地都十分重视提高稻苗素质和群体质量，重视降低最高苗数以提高成穗率，达到足穗大穗增产。叶面积指数因品种、地区、年份、栽培的不同而有差异，一般高产田抽穗期最大叶面积指数为 5.5~7.5。

叶片的着生姿态关系到群体中光的分布状况。叶与茎的夹角越小，顶叶挺拔的群体透光性越好，光在群体中的分布也越均匀，光能利用率也相应提高。因此，袁隆平提出了"将水稻的杂种优势与优良株型相结合"的超级杂交稻育种路线，并成功地培育出了叶片具"长、直、窄、窝、厚"的优良特征，如超级杂交稻苗头组合培矮 64S/E32 就具有这一优良株叶形态。高产栽培时要注意叶层的配置，当孕穗期剑叶完全伸出时，就构成对后期物质生产关系重大的叶层。在栽培上应掌握发挥上中层的光合优势，提高中层的光合效率，保持下层有一定的光照强度，防止下层叶片早衰。一般高产田齐穗期株高 100~110 cm，剑叶不宜过长，以 25~30 cm 为宜。倒第三、第四叶中最长叶的长度以 35~40 cm 为宜。高产栽培中还涉及长势、长相的株型诊断，叶色黄、黑变化的营养诊断和地下部根系生长状况和活力的根系诊断。

2.3 科学施肥的实践与理论

2.3.1 水稻施肥的现状

20 世纪末的最后 20 年水稻施肥发生了重大变化：一是肥料结构上，氮素肥料，长期以来实行以农家肥为主、化学肥料为辅的格局，转向了以无机化学氮肥为主的现实格局。过去氮肥总量中 60% 以上来自有机肥，现在只有 25% 甚至更少。化学磷肥和钾肥已经普遍施用，所占总施用磷素和钾素的比重低于化学氮素水平，分别为 45% 和 22%，已显著高于过去。二是施用方法上，从以往基面肥为主（占总量的 75%~80%）、追肥为辅的办法，转向在足量施用基面肥的基础上，重视苗、穗、粒肥的施用（占总量的 30%~35%），特别注意提高化学肥料的利用效率。三是营养元素上，从长期偏用、偏多氮素化肥转向科学配方与合理施用，强调有机肥与化学的氮、磷、钾及必要的微量元素肥料的配合施用，并根据水稻生长发育不同时期的需要，配制成专用化肥，增产效果明显。四是在有机肥料的种类上也有新的变化，秸秆还田、整草还田的面积愈来愈大。此外，近几年在水稻生育后期的叶面施肥，喷施多营养元素、化调物质等日趋普遍。

2.3.2　水稻施肥的技术原则

水稻高产施肥还没有固定的模式，随着时间、地点、条件的变化而有不同。这既有光、温、水、土等自然因素，也有种、秧、密、管等栽培因素，还有肥料种类、质量、数量的自身因素和施用时间、方法等技术因素。所以科学施肥只能掌握促进与控制相结合的原则，灵活运用施肥手段，促使水稻生长发育朝着高产的方向发展。

杂交水稻的高产施肥技术是坚持以基肥为主，基肥与追肥结合；基肥中以有机肥为主，有机肥与无机肥结合，迟效肥与速效肥兼备。追肥以化肥为主，氮、磷、钾肥结合；后期根外以追肥为主，多种肥液喷施与防治病虫药液相结合。对于追肥一定要注意看天、看苗、看土，"瞻前顾后"灵活施用。综合一些先进地区的高产施肥经验，各季水稻是围绕"一足三高"进行科学施肥。"一足"是指保证单位面积上达到高产所需要的穗数。"三高"一是在保证落田苗数和施一定量基面肥的基础上，因种、因茬定量或适量施用分蘖肥，促进早发，尽快达到需要穗数的苗数，而后控制最高苗，以提高成穗率，增加库容。二是在适时播栽、安全扬花、灌浆的前提下，施好穗粒肥以促花保花，减少颖花退化和空秕粒，以提高结实率。三是养根保叶，协调土壤水、肥、气、热矛盾，运用根外追肥，促进浮根和冠根的活力，保证养分运输畅通，提高物质转化效率，形成库大、源足、流畅的高产群体。最终达到穗足、穗齐、粒多、粒饱，高产多收的目的。

近几年水稻高产的施肥方法，除了适应不同熟制、不同茬口、不同品种（组合）的"重基早追施肥法""重基保穗施肥法""稳基重穗补粒施肥法""结构型施肥法""一次性施肥法"等外，还全国推广应用了"测土配方施肥法"，具体内容包括以土定产、以产定氮、因缺补缺、高产栽培等四个环节。各地应用取得了好的效益。在部分地区应用的有"以水带氮施肥法"，在移栽返青后的苗期先排水轻搁，待田面落干有细裂，先施化学氮肥，再慢慢灌水，肥料随水渗透，达到化肥深施的效果，以减少损失提高氮素利用效率。在具体运用时要注意水源充足、排灌方便、田不漏水，以及生长期较长的品种，更有利于发挥增产作用。还有北方开始推广应用"营养元素平衡施肥法"。该方法是通过田间植株多种营养元素的实验分析，结合微机程序处理，提出营养元素的平衡指数和相应的施肥措施，实现减轻病害，高产多收。四川省对杂交中稻高产施用氮肥技术，提出攻大穗的关键，不在于通过中期追肥，促进颖花大量分化，而在于通过早期的底施和蘖肥，促进蘖早、蘖壮，在此基础上从减数分裂至齐穗期，适当补施氮肥，以达到保花、增粒、增重的目的。

2.4 合理灌溉的实践与理论

合理灌溉是水稻高产的重要手段，近几年来由于中国水利建设和灌溉研究的新发展，在明确水分状况对水稻生理及生态环境影响的基础上，已经形成的水层、湿润、晒田及干干湿湿相结合的灌溉技术，以水调肥、以水调气、以水调温等措施在生产上广泛应用，取得明显的效果。特别是随着吨粮田建设的开展，稻田排水技术发展也很快，已从研究治理地面水，发展到治理地下水；从研究明渠排水，发展到暗渠、暗管、"鼠洞"排水，在治理稻田渍涝危害中取得了良好成效。

2.4.1 水稻需水量

稻田水分消耗的途径主要有叶面蒸腾、棵间蒸发和稻田渗漏三方面。三者构成了稻田的需水量。南方双季稻田的总需水量每公顷大体为 14 625～18 300 mm。其中早稻 6 525～8 550 mm，晚稻 8 110～9 150 mm。叶面蒸腾是水稻不可缺少的生理过程，它是水稻吸水的源动力，能促进水分在稻体内循环，有助于根部矿质元素的吸收和输送到地上各器官，借助蒸腾维持稻体内部水分平衡，降低叶片温度，避免强光灼伤，保证其他生理活动的正常进行。这种生理耗水占总需水量的 42%～48%。稻田棵间蒸发量，受稻株荫蔽的影响很大，移栽初期植株幼小，蒸发大于蒸腾，在水稻分蘖盛期蒸发又小于蒸腾。这种生态耗水量占总量的 30%～38%。稻田渗漏量也是生态需水，是和土壤特性、水分条件、耕作措施密切相关的。一般高产田需要有一定渗漏量，以利于土壤中空气的交换与更新。当然渗漏量也不能过大，占总需水量的 15%～25%。

2.4.2 灌溉技术

根据水稻生理需水和生态需水的要求，在不同生育阶段进行合理灌水和排水。栽后返青期，注意深水护苗，如属天气晴朗宜灌 5～10 cm 深水层，并视秧苗大小，以不超过下端第二片绿叶的叶耳为度。如遇阴雨宜保持 1～5 cm 浅水层。在分蘖期，为了促进分蘖早生快发，增加有效分蘖，提高成穗率，土壤含水以呈高度饱和的湿润状态到淹灌 1～3 cm 的浅水层之间。在本阶段后期，要高度重视排水搁田或烤田（晒田），以促进根系深扎，茎秆健壮。适时早搁早烤有利于控制无效分蘖，增强基部通透性，减轻纹枯病危害。在幼穗形成期，是营养生长和生殖生长互为促进的时期，其光合作用强，代谢作用旺盛，群体蒸腾量大，是水稻一生中生理需水的敏感期。加之晒田复水后稻田渗漏量有所增大，此期稻田总需水量多，要占全生育期总需水量的 30%～40%。因此，在稻穗形成初期，结合控制无效分蘖，一般宜采用水层灌溉。为避免引起茎秆软弱和诱发病害，水层深度不宜超过 10 cm，维持时间 5~7 d 为宜。在出穗开花期，对缺水反应的敏感程度仅次于孕穗期。如果受旱，重则使出穗开花困难，轻则影响花粉和柱头的生活力，增加颖花不孕性，使空秕率增加。所以，在此期保持水层也很重要。在灌浆结实期，水稻结实率、籽粒饱满率和稻米品质与齐穗后稻田水分状况密切相关。如断水过早，不仅影响产量，而且使糙米饱满粒减少，未成熟粒、死米粒、腹白粒比例增大，造成品质变差。但是长期保持水层，促使土壤还原性增强，影响根系活力，导致叶片早衰，不利于灌浆充实，所以这个阶段的灌溉，以干干湿湿"浅灌收浆"的间歇用水，使稻田处于渍水与落干交替状态，增加根系活力，达到养根保叶，青秆黄熟，籽粒饱满的目的。

2.4.3　节水技术

面对中国水资源紧缺的现状，节约用水十分重要。在稻田水分中，大气降水是一个重要部分，但是由于其空间和时间分布的不均匀，且受稻田允许淹灌深度等限制，仅靠雨水灌溉已不能适应水稻高产的要求。必须通过人工灌排加以调节，实行科学用水，节约用水。要重视提高整地泡田质量，减少水分浪费，同时充分利用大气降水，积极提高雨水利用效率。

稻田水分过多时，通过排水技术加以解决。除了排除田面水外，稻田的内排水有利于降低地下水位，排除土壤中有毒物质，改善土壤通气状况，提高氧化还原电位，提高土温，协调好稻田土壤中水、肥、气、热、微（生物）等因素，增强土壤蓄肥、保肥、供肥能力，促进水稻增产。

近几年为了适应优质高产的需要，稻田排灌渠系有新的发展，有些经济较发达的稻区，开始大面积建设固定的地下水泥涵管，或地上"三面光"水泥渠道和田塍，把稻田的"水旱两用""一田多用"提高到一个新水平。对促进吨粮田工程建设，完善双层经营体制，发展社会化统一技术服务起积极作用。

第三节　杂交水稻高产栽培技术体系

杂交水稻的推广应用，对中国水稻栽培技术体系的建立与发展起到了决定性的作用，近20 年是中国水稻栽培技术形成体系的关键时期，其技术体系主要体现在六个方面：一是以培育多蘖壮秧为基础的高产高效配套技术体系。如旱育稀植技术、双两大栽培技术、控蘖增粒栽培技术、叶龄模式栽培技术等。二是以协调个体与群体、营养生长与生殖生长为基础的配套技术体系。如群体质量栽培技术、稀少平促栽培技术、两系杂交稻接力式栽培法、壮秆重穗栽培技术、三熟制高中壮满负荷栽培技术等。三是以省工、省力为内涵的轻型配套技术体系。如抛

434

秧栽培技术、再生稻栽培技术、水稻直播技术、少耕分厢撒播栽培法、水稻免耕栽培法等。四是以抗逆为基础的配套技术体系。如水稻抗旱减灾技术、水稻起垄栽培技术、北方的水稻节水栽培技术等。五是以提高品质为基础的配套技术体系。如食用优质稻三高一少栽培技术、水稻无公害栽培技术等。六是以控长促蘖、壮秆防倒、增粒增重为基础的化学调控配套技术体系。如谷粒饱、多效唑、粒粒饱等物化栽培产品。

综上所述，中国的杂交水稻栽培经过近 30 年的探索和发展，其技术已日趋完善和成熟。针对不同类型的栽培生态环境和不同的品种特性创造的各种栽培方法，在南方稻区生产实践中得到了广泛的应用。尽管各种技术有其特殊性，但其技术原理是基本相似的。因此，我们只重点介绍几种具有代表性的栽培技术体系。

3.1 "稀少平促"栽培法

水稻"稀少平促"栽培法是基于杂交水稻，采用稀播、少本插和平稳促进的肥水管理技术，在一定的群体基础上攻大穗，它以整个生育过程中群体平稳发展、个体健壮生育为出发点的一种新的高产栽培技术体系。它在育秧、密植、施肥和灌水四个栽培技术环节上对原来的技术进行了较大的改革。秧田期以秧田分蘖的正常生育和叶龄为指标，大幅度降低秧田播种量，调整秧田施肥技术，改原来的密播瘦秧为分蘖壮秧。栽插时，以在本田中壮秧优势能得到继续发挥和不出现丛内夹心苗为指标，在一定基本苗的基础上，大幅度地减少每丛插秧本数，改原来的多本栽插为少本插。本田期以群体平衡发展、个体健壮生育为指标，在磷、钾肥基本满足的前提下，适当减少前期的氮肥施用量，增大中后期的用肥比重，特别重视施好保花肥。在浅水促分蘖的基础上，中期提早搁田、多次轻搁，改原来前轰中控的肥水管理技术为平衡促进的管理技术。

3.2 水稻群体质量栽培法

水稻群体质量栽培法，就是追求小（群体）、壮（个体）、高（积累）。其主要内容有 3 点：一是高产群体的培育着眼点放在群体结实期的高光效、高积累；二是适度压缩群体的起点和前期的总生长量，为经济器官的分化形成期各器官的健壮发育让出合理的空间；三是充分发展个体，合理利用分蘖在群体发展中的自动调节作用。在前期小群体的基础上，通过壮个体去发展群体，满足高产群体所具备的各项质量指标。这种"小、壮、高"的途径有利于协调群体发展过程中的产量构成因素之间、叶面积与光合效率之间、源库之间的矛盾，形成结实期的高积累群体。根据江苏省的水稻高产实践，进一步提出了水稻抽穗期的群体干物质积累量、总颖花量、粒叶比、最大叶面积指数、适宜叶面积条件下的有效叶面积率和高效叶面积率以及单茎茎鞘重、穗下节间长度在总茎长的比重等重要的生理、形态量化指标。

3.3　杂交稻"双两大"栽培技术

"双两大"是杂交水稻采用"每蔸双株寄插，两段育秧，大蔸原蔸移栽"的一种实用新技术。该技术能使杂交稻在长秧龄条件下，充分合理地发挥分蘖优势和大穗优势，达到增产、省种、省地膜的目的，适应稻、稻、油三熟制地区的双季早稻和杂交晚稻。其技术要点如下：①旱育小苗。小苗旱育技术与以往推广的场地育秧技术基本一致；②培育寄秧。寄秧田与大田比例按 1∶6 准备，掌握苗龄在 2 叶左右进寄插，每穴双株，带泥浅栽；③原蔸移栽。寄秧移栽叶龄杂交早、中稻为 8 叶左右，杂交晚稻 6.5~8.5 叶，移栽密度一般每公顷 27 万穴，每穴 10 苗或 11 苗；④大田培管。水分管理要求分蘖期浅灌，够苗晒田，灌浆期保湿。大田苗期免施追肥，适时、适量施好穗肥，一般在幼穗分化四期追施尿素 45 kg/hm² 左右。后期看苗补施粒肥。

3.4　两系杂交稻接力式栽培法

接力式栽培法，是针对两系杂交稻"营养生长旺盛、中期生长优势强、穗大粒多及中后期容易早衰"等生理特点研究形成的。它充分发挥作物自身的调控能力和中期生长优势，通过栽培调控，以实现个体建成"逐步递增"、群体结构"循序渐进"的目标。在生长前中期，要求"保蘖增穗"（成穗率 65%~70%）、"生育大穗"（主穗 13 个以上一次枝梗）、"长够干重"（植株干重约 0.9 kg/m²，占成熟期的 70%）、"增多储备"（碳水化合物 43% 左右）；在生长中后期，要求"生长所需、足而不盈"，增强根系活力、防止虚脱失衡，实现青秆活熟、充实饱满。在本田整个生育期，栽培上力促"稳健连续"，确保"接力稳健"。在施肥总量上，采取中等用量，足而不盈，以培两优特青为例，每公顷施用氮、磷、钾总量分别为 170~195 kg、38~44 kg、105~120 kg；在施肥方法上，实行"多次匀施，多次接力"，即"四肥五次"：移栽前的"基础肥"、分蘖始期的"启动肥"、分蘖盛期和穗形成中期各施 1 次"接力肥"以及齐穗期的"复壮肥"，避免早施、重施，大促大控。追肥分别于插后 10 d、20 d、40 d 各施尿素 75 kg/hm²、齐穗时施尿素 45 kg/hm²；钾肥于插后 10 d、20 d 分别施 75 kg/hm²。在管水上，应前期多后期少：分蘖期至穗分化前期，浅水与湿润交替，防止过分脱水晒田，促进根系发育；穗分化后期至抽穗期，逐步增加水层；抽穗至蜡熟后期，维持水层；完熟期干田收割。

3.5 水稻控蘖增粒栽培技术

水稻控蘖增粒栽培技术，采用壮秧、控蘖、中促栽培模式，合理协调水稻个体与群体的矛盾，以达到高产的目的。其栽培技术要点如下：①培育壮秧。育秧的关键是稀播。4月初播种，湿润育秧，5月10日左右移栽，秧龄约40 d，叶龄7~8叶，单株分蘖2~3个；②施肥。基肥以有机肥为主，土杂肥30 t/hm² 或猪牛粪22.5 t/hm²，过磷酸钙450 kg/hm²，辅以少量人粪尿或鸡鸭粪肥，幼穗分化3~4期剑叶露尖时，追施尿素75 kg/hm² 左右；破口抽穗期如有缺肥现象，酌情补施少量化肥。分蘖期采取湿润灌溉，以湿为主；后期干干湿湿，收割前5~6 d排干田面水。

3.6 双季稻旺根壮秆重穗超高产栽培技术

旺根壮秆重穗栽培法，简称旺壮重栽培法，其高产栽培的原理是以适群体、高积累、大穗大粒和高结实率获得高产，具有技术规范化、操作简单化、易于为农民掌握的特点。其栽培技术要点是：①选用分蘖力中等偏弱的中秆、大穗、大粒型品种；②采用种子包衣剂和多功能壮秧营养剂培育壮秧；③采用宽窄行匀苆移栽，改进群体通风透光环境条件；④采用稳前攻中促后施肥或一次性全层施肥技术，以促进根系生长和稻穗发育；⑤采用干湿交替溉灌和提前搁田控制无效分蘖技术，以提高成穗率；⑥采用化学除草和苗期、分蘖期、抽穗期全程化学调控技术；⑦以农业综合防治技术为主，结合药剂防治抓两头（苗期、孕穗期和抽穗期）放中间（分蘖期）治理病虫害，提高生态效益和经济效益，最终实现旺根壮秆重穗的超高产目标。

3.7 优质食用稻"三高一少"栽培技术

研究了优质食用稻的生长发育规律、产量构成特点、吸肥特性、稻米发育和干物质积累与分配特点，以及环境条件对生长的影响等，形成了以高生物产量、高收获指数、高整精米率、少农药污染——"三高一少"为目标，以旱育高群体、高有机肥配比、大量元素与微量元素结合、健身栽培和农田小气候调节等为技术主体，壮秧剂、调优剂、壮籽剂、专用复合肥、复配农药等物化产品相结合的调优保优综合栽培技术体系。

在世纪之交，中国的超级杂交稻的研究初见端倪。现已问世的超级杂交水稻，其最高产量已达到17.09 t/hm²，达到日产量100 kg/hm² 的超高产目标。超级杂交稻具有杂种优势与株型优势兼顾的特点，目前对超级杂交稻超高产栽培的研究处在探索阶段。期望在塑造群体库大源足的基础上，通过建立高光效的群体结构，保持群体内部较高的透光率，以增加有效光合叶面积和群体光合能力、提高成穗率、结实率和粒重，充分发挥大群体条件下的个体增产优势。超级杂交稻的超高产栽培将是 21 世纪初水稻超高产栽培生理生态与超高产栽培技术研究的重点。

第十五章

杂交水稻的生态适应性

第一节 杂交水稻的气候生态适应性

1.1 杂交水稻的生长发育与气候

1.1.1 生育期与积温的时空变化

作物生育期的长短构成气候生产力时间要素是熟制安排必须考虑的。同一杂交组合在不同地区，不同季节栽培，由于光温因子的差异，全生育期的长短、总叶片数及对积温的要求都是不同的。罗学刚等（1999）指出：随着海拔的升高，杂交水稻生育期呈线性上升趋势，不同类型的杂交组合生育期变化幅度不一样。全国杂交水稻气象科研协作组以汕优 6 号和汕优 2 号为材料进行试验，发现在相对低温、长日的早季栽培，全生育期最长，积温最多；作中稻栽培，全生育期与积温均居中。各季生育期的不同，主要是播种至抽穗期日数的差异造成的。从抽穗到成熟，平均为 35.8 ~ 37.7 d，大致是稳定的。在地理分布上，华南沿海生育期最短，随纬度与高度的增加，生育期延长。在华南作晚季栽培，全生育期不到 120 d，长江流域为 120 ~ 130 d，而在北纬 32°以北或海拔 800 m 以上山区作一季中稻栽培，全生育期可长达 150 d 左右，海拔 1 300 m 的贵州省安顺地区全生育期长达 160 ~ 170 d。

对汕优 6 号作中季或晚季栽培的物候资料进行分析，发现物候期与海拔高度、纬度显著相关。对东经 108° ~ 118°，海拔 500 m 以下，从北纬 22.8° ~ 34.3°的 14 个站点资料统计，汕优 6 号播种至抽穗期日数 N 与纬度 Φ 的关系为：$N = 43.20 + 1.55\Phi$

（ $r = 0.809\,0$ ， $n = 14$ ）。对北纬 $25°\sim27°$ 范围内不同海拔高度的 8 个站点播种至抽穗期日数 N 与高度 H （以 $100\,m$ 为单位）的关系为： $N = 77.56 + 3.43H$ （ $r = 0.984\,1$ ， $n = 8$ ）。说明纬度每增加 $1°$ ，播种至抽穗期日数增加 $1.55\,d$ ，而高度增高 $100\,m$ ，抽穗天数增加 $3.43\,d$ ，这是由于稻作生育期 4—10 月属夏半年，南北温差小，而温度的垂直递减率却以夏季为最大，再加上不同纬度的日长影响所致，杂交稻所需积温随纬度与高度变化的相关性分别为 $\Sigma t = 1\,779.9 + 19.273\,4\Phi$ （ $r = 0.741\,2$ ， $n = 14$ ）和 $\Sigma t = 2\,251.4 + 14.30H$ （ $r = 0.676\,6$ ， $n = 8$ ）。说明纬度每增加 $1°$ ，汕优 6 号播种至抽穗期所需积温 Σt 增加 $19\,℃$ ，高度上升 $100\,m$ ，积温增加 $14\,℃$ 。这是因为在南北温差不大的情况下，纬度升高和光照长度延长，生育期内积温增加较多，而高度升高 $100\,m$ ，虽延长生育期 $3.43\,d$ ，但海拔增高和气温降低，总积温增加不显著。

1.1.2　安全生长季的热量条件

中国南方稻区生长季长短和热量条件对杂交稻的布局和熟制安排有重要影响，考虑水稻生育期的季节是由春季播种期和秋季安全齐穗期的迟早决定的，在危害杂交稻的正常抽穗结实的秋季低温出现之前，使杂交稻安全齐穗是高产栽培的重要条件。

根据南方 103 个站点秋季低温开始出现日期的分析，各地秋季低温，开始出现日期主要受纬度与地形的综合影响。在北纬 $32°$ 以北，四川盆地西缘及贵州高原，秋季低温出现在 9 月中旬前。北纬 $25°$ 以南的华南地区秋低温出现较迟，在 10 月上中旬以后。如果秋低温在 9 月上旬前出现，适宜作一季中稻栽培，在 9 月中旬后出现的地区，作双季稻连晚栽培，时间就较充裕。

水稻播种至安全齐穗期这一阶段称为水稻的安全生长季。由于水稻播种出苗要求环境温度在 $10\,℃$ 以上，因此以稳定通过 $10\,℃$ 的日期来作为各地的播种期。稳定通过 $10\,℃$ 的平均日期比大田适宜播种期偏早 $5\sim7\,d$ 。但如果采用温室、薄膜等保温设施旱育秧，此时也可开始播种育秧。

播种期也受纬度与地形的影响。闽南、广东中南部、桂南播种最早在 2 月中下旬，南岭一带及四川盆地在 3 月上中旬，长江中下游地区在 3 月下旬到 4 月上旬，北纬 $32°$ 以北地区则在 4 月上旬。

南方稻区各地的安全生长季由北亚热带 $160\,d$ 左右到华南南亚热带的 $250\,d$ 以上，在同纬度地区以四川盆地安全生长季较长，贵州高原不到 $160\,d$ 。

在北纬 $32°$ 时，汕优 6 号播种至抽穗需 $93\,d$ 。如秧龄为 $30\sim40\,d$ ，移栽至抽穗为 $50\sim60\,d$ ，当早稻为早熟品种全生育期 $100\sim110\,d$ ，则安全生长季在 $160\,d$ 以上地区杂交稻才有可能作连作晚稻栽培。全生育期为150 d左右，种植杂交中稻。按现有的组合，安全生长季须在200 d以上，才有可能大面积发展双季杂交稻。对杂交稻生产具有明显农业意义的积温指标值有2 400 ℃、3 800 ℃、4 300 ℃以及4 800 ℃等量值。汕优6号在北纬32°以北或800～1 000 m以上的高原山区作一季中稻栽培，播种至抽穗需积温2 400 ℃。因此，安全生长季内总积温2 400 ℃是种植杂交中稻的临界指标。其余总积温温度指标反映了双季稻地区早季不同熟性组合搭配杂交晚稻汕优6号所需的热量条件。3 800 ℃积温是杂交稻作一季稻或双季晚杂栽培的临界值，4 300 ℃积温为杂晚前茬早稻可种植中迟熟组合地区，4 800 ℃积温为种植双季杂交稻的热量条件。

1.2　杂交稻的产量及其产量构成与气候

1.2.1　栽培期对杂交水稻产量及其构成的影响

据湖南农业大学1980—1987年在湖南省8个试点进行的杂交稻气候生态适应性研究，发现播期对产量和结实率影响较大，其变异系数分别为12.0%～15.2%和11.5%～11.9%；对穗数和每穗总粒数的影响次之，其变异系数分别为3.8%～8.4%和5.6%～6.7%。威优6号表现出两个产量高峰播种时段：一个出现在4月上旬，另一个则出现在6月。威优35产量因播期而变化的幅度较小，但仍然可以看出两个明显的适宜播种时段，分别出现在4月上中旬和7月上旬。这样，威优35在长沙的适宜播种期正好与双季早、晚稻播期相吻合，而威优6号恰好与双季晚稻相吻合。

就双季稻而言，在同一地点种植，产量除受播种期的影响外，还受移栽期的影响，即被秧龄的长短所左右。杂交稻威优6号的产量受移栽期的影响较大，其变异系数为13.9%～43.8%。产量构成因子中，以穗数受移栽期的影响较大，变异系数为7.8%～30.0%。再从各试点的平均值比较来看，产量和产量构成均以7月30日和8月4日移栽的变异系数最大，产量和穗数的变异系数分别为30.1%～43.6%和33.0%～40.6%。

1.2.2　纬度和海拔对产量及其构成的影响

湘南桂东点不同海拔高度的试验结果表明，杂交稻威优6号等组合的适宜种植海拔高度上限为900 m，当杂交稻种植区域超过此海拔高度时，单位面积穗数和颖花数会明显减少，但粒重和结实率则变动不大。对穗部性状的考察结果表明，海拔高度对颖花数的影响主要表现在增加枝梗数，从而增加每穗颖花数。当超过杂交稻威优6号和汕63等组合的适宜种植海拔高度时，一、二次枝梗数及其颖花数和实粒数均明显减少。

罗学刚等（1999）指出，在适宜于各类型杂交稻生长发育的海拔范围内，随海拔升高，株高略有增加，最大叶面积系数增加，穗数、穗实粒数、产量等都呈抛物线变化，而千粒重变化不明显。另据严斧（1994）的研究，在山区，随着海拔升高，由于分蘖期延长，分蘖数和穗数明显增加；每穗总粒、实粒数和株高则有明显减少趋势；在一定范围内，千粒重随海拔上升而增加，但到达一定高度后，千粒重则随海拔升高而逐渐下降。随着海拔升高，总叶片也逐渐增多，平均每升高 100 m 约增加 0.6 叶。

1.3　杂交稻的米质与气候

1.3.1　气象生态因子对杂交稻稻米糊化温度的影响

稻米的蒸煮食用品质，是杂交稻品质评价的重要指标。评定稻米蒸煮食用品质主要采用直链淀粉含量、糊化温度和胶稠度三项理化指标。而糊化温度在很大程度上决定了稻米的物理蒸煮特性。

王长发（1995）针对杂交稻米品质性状必然产生分离的特点对杂交稻米糊化温度的气象生态效应进行了研究。以杂交组合汕优 63 为材料，于 1989 年和 1991 年分别在江西南昌、湖南长沙、云南瑞丽和陕西杨陵进行试验，结果表明在江西南昌试点，随着播期的推迟，汕优 63 稻米碱消值分布的高峰位置也随之向较高碱消值（低糊化温度）方向推移；但分布幅宽、峰值随播期的推迟没有表现明显的变化。这说明，随着结实期环境温度的降低，汕优 63 碱消值分离的平均水平有升高的趋势，但变异或分散程度变化趋势不明显。其中，汕优 63 稻米碱消值分布平均数随结实期日均温的升高而降低，二者间呈线性相关关系（$Y = 9.0279 - 0.2155t$，$r = -0.8049$）。碱消值分布方差在一定温度范围内随结实期日均温度的升高而升高，随后又随结实期日均温度的升高而降低，二者间呈二次曲线相关关系（$Y = -11.6785 + 1.1448t - 0.2403t^2$，$r = 0.5016$）。中等糊化温度（碱消值为 3.5~5.5）的结实期日均温度范围为 17.21 ℃~26.49 ℃。因结实期日均温 20 ℃是水稻能够正常灌浆结实的界限温度，故实际范围为 20.0 ℃~26.49 ℃。在此温度范围内，稻米碱消值分离的方差为 1.645~1.996。

可见，结实期环境条件，特别是较低的结实期日均温对获得较低糊化温度的杂交稻米有良好作用。在一定范围内（>20 ℃）降低结实期环境温度可降低杂交稻米糊化温度，但增大了杂交稻米各单粒米间糊化温度的差异，即存在着糊化温度平均水平和变异程度变化的矛盾。因此，通过调节结实期气象生态因子来改善杂交稻米糊化温度高、蒸煮特性不一的问题仍存在一定难度。要改善杂交稻米糊化温度性状，必须从组合选配入手，选配出米质性状对气候生态因子适应性较好的组合。

1.3.2　米质性状的适应性和稳定性

稻米品质性状既受遗传基因的控制，又受环境因素的影响，因而与产量性状一样，对于不同环境条件具有不同的适应性。向远鸿等（1991，1995）就基因型和海拔高度等环境因素，对稻米品质性状的影响规律以及常规稻米品质性状的稳定性等作过一些研究，唐启源等（1997）利用海拔试验和地点试验对杂交稻米品质性状的稳定性和适应性进行了研究。

1.3.2.1　杂交稻品质性状的平均表现

（1）不同细胞核和细胞质对海拔的反应　米质关联度大小（表15-1）表明，在不同海拔高度下，无论是明恢63或测64类组合，还是威优、汕优、D优或常优组合，均以500 m处的米质平均关联度最低，米质最差。以700~800 m处平均关联度最大，米质最好。就米质而言，不同胞核和胞质对海拔的反应是基本一致的。不同核、质组合对海拔高度的反应强度不同。如米质关联度的提高幅度，在不同细胞核组合间以明恢63类（18%）>测64类（12.9%）；在不同胞质间，以V20A（21.3%）>常优22A（18.6%）>D汕A（13.9%）>珍汕97A（12.5%）。

表15-1　杂交稻组合的米质性状

地点	米质关联度	垩白		碱扩散值/级	胶稠度/mm	直链淀粉/%	蛋白质/%	粒长/mm	长宽比
		粒率/（%）	级别						
岳阳	66.54	58.8	2.45	5.53	37.3	27.2	9.1	6.58	2.55
长沙	70.17	49.9	2.16	5.44	30.8	25.6	10.5	6.60	2.56
怀化	69.64	51.2	2.08	5.38	40.4	26.2	10.1	6.66	2.49
张家界	60.73	93.9	4.46	3.43	36.8	26.0	9.4	6.51	2.55
郴州	64.66	76.3	3.64	5.40	30.0	26.9	9.2	6.80	2.60

（2）不同品质性状对海拔的反应　不同品质性状对海拔高度的反应，存在趋势上和数量上的差异，总的来说，海拔适当升高，主要是降低了垩白粒率、垩白大小以及直链淀粉含量，提高了蛋白质含量和碱扩散值，从而提高了杂交稻的米质总体水平。以测64类型组合为例，各品质性状在500~1 000 m海拔范围内依海拔升高增减的顺序是，垩白级别（62.6%）>垩白粒率（59.1%）>蛋白质含量（18.6%）>碱扩散值（17.0%）>直链淀粉含量（8.4%）

> 胶稠度（−27.1%）。随海拔升高到一定高度，米粒透明度和整精米率明显提高；蛋白质含量和直链淀粉含量呈下降趋势；胶调度与糊化温度呈上升趋势，稻谷热值无明显变化。

（3）不同品质性状对地点的反应　4个供试杂交稻组合对地点的总体反应趋势是，以长沙和怀化的关联度最大，米质最好，而以单季稻试点张家界最差。产生这种适应性差异的主要原因是，供试组合以中晚稻为主，灌浆期间湘南和单季稻区温度偏高，而湘北温度又偏低，不利于品质性状的协调形成，湘中和湘西南试点的米质相对较好。地点间米质性状的变化幅度，垩白级别（53.4%）>垩白粒率（46.9%）>碱扩散值（38.0%）>胶稠度（25.7%）>蛋白质含量（13.3%）>直链淀粉含量（5.9%）>长宽比（4.2%）>米长（0.6%）。

1.3.2.2　杂交稻组合的 G×E 互作效应及品质稳定性

（1）基因型 × 海拔互作　以测 64 类组合为例，米质关联度的基因型效应值、海拔效应值和二者的互作效应值如表 15-2。不同组合的基因型效应存在十分明显的差异，其中以汕优 64 的基因型效应值最大（2.35），表明其对海拔高度的变化最敏感，相对于其他组合具有明显的增优效果。环境效应值说明，对于杂交稻的优质生产，800 m 海拔的生产明显优于其他各海拔，其次为 1 000 m。G×E 的互作效应值进一步表明，各组合特别适应的海拔高度分别是汕优 64 为 1 000 m，D 优 64 为 900~1 000 m，威优 64 和常优 64 均为 800 m。

表 15-2　杂交稻组合米质关联度的基因型、环境及其互作效应值和稳定性参数

基因型	500 m	600 m	700 m	800 m	900 m	1 000 m	Yv	r'i	Bi
威优 64	0.34	1.43	0.03	3.75	−2.27	−3.32	−2.78	63.60	1.047 2
汕优 64	0.24	−1.30	−2.95	−2.55	−0.59	7.11	2.35	68.73	1.317 4
D 优 64	0.45	−1.24	0.52	−4.29	1.45	3.08	0.09	66.47	0.854 5
常优 64	−1.03	1.08	2.38	3.07	1.38	−6.89	0.35	66.73	0.780 2
Yu	−4.30	2.29	−0.26	4.54	−1.55	3.88	Y = 66.38		

基因型	岳阳	长沙	怀化	张家界	郴州	Yv	r'i	bi
威优 49	−2.89	−4.46	−3.03	6.98	0.71	−8.98	58.37	−0.072 2
威优 64	1.67	2.25	−0.53	−3.25	−1.19	3.39	69.74	1.516 7
威优 6 号	−0.73	−0.13	2.81	−1.30	−0.66	0.5	67.00	1.283 6
汕优 63	0.15	1.46	−0.31	−2.42	1.15	4.93	71.28	1.272 1
Yu	0.19	3.82	3.29	−5.62	−1.69	Y = 66.35		

（2）基因型 × 地点互作　地点试验中各组合的基因型效应差异也十分明显，其中汕优63 相对于其他组合有明显的增优效果。地点效应值以长沙和怀化最大。说明从优质生产的角度，该两试点的生产条件明显优于其他各点。G×E 互作效应值表明，威优 49 特别适合于单季稻区张家界，威优 64 特别适合于湘北岳阳，威优 6 号特别适于湘西南怀化，而迟熟组合汕优 63 特别适于湘中长沙和湘南郴州。

（3）品质综合性状的稳定性　有关作物品种稳定性估测的方法很多（胡秉民、耿旭，1993），最常用的是回归法，特别是利用回归系数 bi 和离回归方差 Sdi^2 评价稳定性的 E-R 法已经得到普遍应用。纵瑞收认为，当品种之间 bi 值差异明显时，采用 F. W 方法能得出与 E-R 法相同的结果和结论。由环境指数的回归系数 bi 发现，杂交稻米质性状的稳定性随组合而异，不同海拔试验，威优 64 的 bi 与 1 相近，具有平均稳定性；汕优 64 的 bi 大于 1，低于平均稳定性，说明其在优异的环境下米质可以表现更优；而常优 64 和 D 优 64 的 bi 小于 1，高于平均稳定性，其在不同地点下的米质变异相对较小。不同地点试验，威优 6 号、威优 64、汕优 63 的 bi 均大于 1，低于平均稳定性；威优 49 的 bi 为负值，说明能适应不良环境。

第二节　杂交水稻的土壤生态适应性

2.1　土壤类型对杂交水稻的影响

2.1.1　土壤耕层厚薄对稻米品质的影响

有关土壤耕层厚薄对杂交水稻的产量及其稻米品质的影响，目前还没有很多的报道。戴平安等人（1998）的研究发现较浅薄耕层对早稻的精米率产生了负效应，比耕层深厚处理降低 2.5 个百分点，其差异达到 5% 的显著水平。同时，浅薄耕层还降低了晚稻米质，使其整精米率减低 9.3 个百分点，整精米缩短 0.1 mm，垩白粒率和垩白面积分别增加 3.3 个和 2.7 个百分点，其差异均达到 5% 的显著水平。说明耕层浅薄的稻田土壤不利于优质水稻的生产，尤其是不利于栽培晚稻，其原因可能是品种（组合）的适应性，或抽穗结实期温度与耕层的综合效应差异。

采用模拟不同厚度耕作层，在同等条件下种植优质杂交稻以研究耕层厚薄对杂交稻产量的影响，结果发现：在耕层浅薄的条件下，早、晚稻各种土壤均减产，仅为对照产量的 48.0% ~ 96.5%。这可能是由于耕层浅薄，有效养分的库容量减少以及水分不充足，易受干旱，影响水稻的正常生长发育及产量形成。

2.1.2　土壤类型对稻米品质及产量的影响

不同的土壤类型，因其物理化学性质不同，影响稻米的品质的形成。据严斧等（1994）的研究表明，在成片分布的古老灰绿页岩风化物灰绿土上发育的稻田土壤种植水稻，其米质和食味特别好。另据戴平安等（1994）的研究：红黄泥生产的杂交早稻多项米质欠佳、灰泥土的精米率和整精米粒长差，与黄泥间的差异达 5% 的显著水平；但其垩白粒少和面积小，直链淀粉含量高。黄泥的精米率高，米粒长，整精米率、直链淀粉和胶稠度均居中上水平；但其垩白粒较多、面积较大，外观品质差。紫潮泥的米胶最长，比最短的红黄泥长 11.1 mm，增长率达 16.3%，精米率和直链淀粉含量较高，并且垩白粒率低，垩白面积小；仅整精米率偏低。各种土壤对晚稻的米质效应与早稻不同。如红黄泥具有最高的整精米率、精米率和胶稠度，其整精米率与灰泥、黄泥间的差异达显著水平，并使直链淀粉适中；但对垩白的效应欠佳。灰、黄泥不仅整精米率低，而且胶稠度亦短；但垩白粒较少。紫潮泥的整精米率较高，与灰泥间的差异达到显著水平；其他米质居中下水平。同一土壤类型生产的优质早稻的整精米率、垩白粒率、垩白面积和直链淀粉含量等几项重要品质明显劣于晚稻，4 种土壤的直链淀粉含量早稻平均比晚稻低 7.55 个百分点。其原因可能是早稻结实期间盛夏高温，使直链淀粉含量降低。不同土壤类型由于其成土母质的差异，所含有效养分含量亦不同，稻谷产量亦有较大的差异。紫潮泥具有较高的肥力水平，早、晚稻各供试品种（组合）产量均居首位，黄泥、红黄泥和灰泥依次下降。

红壤性水稻田，尤其是新辟红壤性稻田存在着耕性差，有机质含量低，有效养分缺乏，水稻易发生黑根黄叶，生长发育受阻等一系列问题。张杨珠等（1995）对杂交稻和常规稻在新辟的红壤性稻田的适栽性进行了研究，得出以下结论：①不同品种的产量高低顺序是：威优35> 汕优 402> 湘早籼 3 号 > 湘早籼 2 号 > 湘早籼 1 号。杂交稻产量明显高于常规稻，适宜在性状不良、肥力水平低的新辟稻田上栽种；②杂交稻在气温较低的生长前期和肥力瘠薄的新辟稻田上仍能早生快发，且后期能自动控制无效分蘖，成穗率高；而常规品种由于抗逆性较差，生命力弱，生长前期生长分蘖较慢而迟迟不发，后期无效分蘖旺盛，不能自控群体，成穗率低。

2.2　土壤水分对杂交水稻的影响

2.2.1　灌溉方式对杂交稻产量形成及生理特性的影响

2.2.1.1　不同灌溉方式对杂交稻生育后期生理活性的影响　通过改善植株的营养状况而提

高结实率或防止早衰，改善"源库"营养供求关系或延长籽粒灌浆时间，在很大程度上受到内外水分条件的制约。同时，杂交水稻本身还具有耗水强度大，高峰期持续时间长，生育后期生理需求强度明显大于常规品种的特性，因而更易遭受水分胁迫的危害。马跃芳、陆定志（1990）采用长期灌水、间歇灌水和早断水等灌水方式对杂交稻衰老和生育后期一些生理活性的影响进行了研究，表明杂交水稻生育后期断水过早，会导致根系活力衰退，叶绿素降解，气孔关闭，传导率降低，继而光合速率减慢，ATP 生产量减少，加速了植株衰老。有关生理参数的比较可以看出，间歇灌溉是杂交稻出穗后水浆管理的一种较好方式。它有利于植株生育后期根系的生长，保证了营养物质（激素、氨基酸等）对地上部的供应，从而防止了叶片早衰，并保证了各种生理机能，特别是光合速率高和物质运转顺利。从干物质积累来看，间歇灌溉的促进效应越到后期越明显高于其他两种灌水方式。因为它使杂交稻的弱势粒具有较长的灌浆时间，一般可延续到出穗后的 36～54 d（顾自奋等，1981）。间歇灌溉通过水分的合理供应，延长了叶片的光合寿命和籽粒灌浆时间，使杂交稻可灌浆时间长的特点得到了充分发挥。而在长期灌水和早断水的情况下，植株衰老较早，减慢或停止籽粒灌浆。不同断水处理中又以强势粒的旺盛增重的开花期断水影响最为严重，开花后 15 d 断水次之，收割前一周断水仍在一定程度上影响了粒重的增加。

不同灌水方式对根系氨基酸合成的影响有明显差异。间歇灌溉增加了伤流液中天门冬氨酸等 15 种氨基酸含量，但略减少了苏、丝、胱、甘四种氨基酸的合成。据报道，丝氨酸等是由于掺入了某些蛋白酶活性中心而促进了衰老的。早断水则相反，苏氨酸、丝氨酸、甘氨酸、胱氨酸四种氨基酸含量有增加，而天门冬等氨基酸的合成则受到抑制。Thimann 认为精氨酸、赖氨酸能与丝氨酸等起拮抗作用而阻止衰老。可见，不同供水状况，可能通过促进根系中某些氨基酸合成和对另一些氨基酸合成的抑制而影响地上部蛋白质（酶）的合成，从而实现了对地上部衰老的调节。

2.2.1.2 灌溉方式对杂交水稻产量及稻米品质的影响 邓定武等（1990）采用不同灌溉方式处理使土壤含水量及亏水时间出现差异，亏水时间最长为"全期湿润"处理；土壤含水量低的为"后期落干"及"后期湿润"两个处理，研究了灌溉方式对湘优 102 产量与稻米品质的影响。

（1）不同灌溉方式对稻谷产量及经济性状的影响 由表 15-3 可以看出，缺水较重的"后期落干"和"后期湿润"均不利于高产。全期湿润处理从形式上看，虽然经常实行套灌，但因在无土表水层的情况下，表土不断沉降紧缩，土中含水量低，而且持续整个生育期间，亏水程度比其他处理严重。

表15-3　不同灌溉方式对产量及经济性状的影响

（邓定武，1990）

项目	全期有水	后期湿润	后期落干	全期湿润	LSD$_{0.05}$	
					0.05	0.01
穗数 /（穗 /m^2）	315.9	318.3	315.9	307.2	不显著	
总粒数 /（粒 / 穗）	94.83	94.73	94.35	87.28	4.202	
结实率 /%	74.67	74.86	74.13	75.93	不显著	5.763
千粒重 /g	30.28	30.31	29.91	30.25	不显著	
产量 /（t/hm^2）	7.21	7.31	7.17	6.79	22.3	

不同灌溉方式处理中，稻株经济性状变化最大的是每穗总粒数，亏水使每穗总粒数下降。"全期湿润"处理每穗总粒数最少，早晚季共8组试验平均87.3粒，与其他3个处理比均达显著差异水平。其他3个处理每穗总粒数均达94粒以上，且相互差异不显著，每公顷穗数及结实率、千粒重差异均未达显著水平。

（2）稻米的加工品质及外观品质差别　各处理的出糙率以"全湿润期"处理最低，与"后期湿润"的差异达极显著水平，比其他两个处理减少亦达显著水平。以"后期湿润"最高，但"后期湿润"与"全期有水"及"后期落干"3个处理无明显差异（表15-4）。精米率以"全期湿润"和"后期落干"2个处理减少明显。"全期湿润"比"后期湿润"精米率减少达极显著水平，比"全期有水"减少达显著水平。"后期落干"比"后期湿润"减少亦达显著水平，"后期湿润"及"全期有水"之间差异不明显。整精米率亦以"全期湿润"明显下降，"全期湿润"比"全期有水"及"后期湿润"减少均达显著水平。"全期有水"、"后期湿润"及"后期落干"之间差异不显著。可以看出，"全期湿润"及"后期落干"灌溉方式均不利于稻米加工品质。

表15-4　稻米加工品质及外观品质差别

（邓定武，1990）

项　　目	全期有水	后期湿润	后期落干	全期湿润	LSD$_{0.05}$	
					0.05	0.01
出糙率 /%	79.44	79.84	79.56	78.86	0.508	0.713
精米率 /%	75.57	75.68	74.99	74.75	0.615	0.863
整精米率 /%	67.58	67.43	65.71	64.62	2.339	3.283
精米千粒重 /g	22.83	22.67	22.72	22.66	不显著	
垩白面积 / 级	5.04	4.81	4.17	4.69	不显著	
垩白粒率 /%	88.80	87.88	81.13	86.26	不显著	

448

2.2.2　不同灌溉条件下稻田的生态生理效应

稻田不同水分生态环境，直接或间接地影响水稻的生长发育。吴志强（1991）等以杂交早稻威优 64 为材料，对畦作沟灌、平作水层淹灌、平作间歇灌和无水层旱作处理，研究了不同水分状况稻田的生态生理效应。表 15-5 表明耕作和稻田水分状况不同的水稻叶面积指数有差异。畦作沟灌水稻的任何生育期的叶面积指数都较平作淹灌和平作间歇灌高，其中孕穗期分别高出 1.2% 和 15.4%，抽穗期高出 0.8% 和 22.8%，乳熟期高出 2.6% 和 26.0%，这可能与畦作沟灌的水稻插植方式有关。畦作每小区设三畦，畦与畦之间留小沟，有一定边际效应，利于植株生长。孕穗期最大叶面积指数达 6.5，尚未全封行。平作株行距为 20 cm × 16 cm，稻株均匀生长，孕穗期叶面积较小，但已全封行。

表 15-5　不同水分状况稻田的水稻净光合生产率、植株干物重、物质转化率和有效光能利用率

（吴志强，1991）

处理	净光合生产率 /%				植株干物重 /（kg/hm²）	物质转化率 /%	光能利用率 /%
	穗分化期	抽穗期	乳熟期	黄熟期			
畦作沟灌	10.28	25.17	16.43	7.67	8 155.5	39.5	0.853
平作间歇	7.24	20.82	12.98	6.20	6 882.5	36.5	0.757
平作淹灌	7.37	21.64	13.38	6.40	7 008.75	35.7	0.811
旱作	4.78	15.13	10.70	4.42	4 069.8	24.6	0.684

无论任何生育时期，都以畦作沟灌的净光合生产率最高，平作淹灌次之，平作间歇灌更次之，旱作最低。说明畦作沟灌的水稻插植方式的根系发育有利于调节群体与个体之间的矛盾，达到群体、个体都发育良好，更有效地利用太阳辐射能的目的。至于平作淹灌高于平作间歇灌和旱作，乃因淹灌的稻根丛内空隙度大、根长，根的干重大，增进矿质养分的吸收，提高了光合效率。

抽穗期的植株干重、抽穗后的物质转化率和有效光能利用率均以畦作沟灌为最高，平作淹灌次之，平作间歇灌第三，旱作最低。畦作沟灌抽穗期植株干重较平作淹灌、间歇灌和旱作分别高 16.4%、21.0% 和 58.4%。这与上述畦作沟灌的叶面积指数和净光合生产率较高相一致。水层淹灌植株干重高于间歇灌和旱作。畦作沟灌抽穗后物质转化率高于其他处理，与其稻根根系活力较高、畦作昼夜温差大、有利于物质积累有关。旱作物质转化率低，说明其稻株抽穗后光合产物累积多。光能利用率以畦作沟灌最高，反映其群体与个体生长协调。

伤流强度反映水稻根系活力和主动吸收能力。畦作沟灌有明显的毛管水区和饱和水区。毛

管水区的根系数量多、活力强、主动吸收能力也强，故伤流强度高于其他处理。平作淹灌与平作间歇灌的伤流强度差异不明显。淹灌的稻根丛内空隙度大，根系吸收矿质元素及水分的能力高于旱作，故伤流强度大。

　　畦作沟灌的有效穗数、每穗总粒数、实粒数和千粒重都较各处理为高，故产量显著高于其他处理（表15-6）。这是畦作沟灌的水稻根系发达、活力强、群体与个体之间的关系协调，叶面积大，净光合生产率高，植株干重大，抽穗后物质转化率高的结果。旱作的水稻每穗实粒数、结实率和千粒重虽高于其他处理，但有效穗粒少，导致产量下降。

表15-6　不同水分状况稻田的水稻产量及产量构成因素

（吴志强，1991）

处　理	有效穗数/（穗/m^2）	每穗粒数	每穗实粒数	结实率/%	千粒重/g	产量/（t/hm^2）	显著性 5%	显著性 1%
畦作沟灌	366.0	110.51	87.78	76.63	26.5	7.63	a	A
平作间歇灌	345.9	111.59	86.56	77.57	26.0	6.70	b	A
平作淹灌	330.0	103.42	80.29	77.63	26.2	6.68	b	A
旱作	276.0	109.35	88.29	82.63	26.0	5.51	c	B

2.3　土壤温度对杂交稻的影响

　　土壤泥温、水温的高低，不仅影响杂交水稻的生长发育，同时影响产量及稻米品质。戴平安等（1998）指出，降低泥、水温度有利于优质早稻米质的改良，但产量降低，并对晚稻多项米质产生负效应。泥、水温度的降低，显著地缩短了米粒长度，并改变米粒的粒形，但提高了早稻的整精米率。晚稻降温处理中，该处理的整精米率比对照降低5.7个百分点，胶稠度缩短7.4 mm，缩短率达10.9%，对晚稻其他米质性状的影响较小。由此可见，降温处理对早、晚稻米质的影响趋势不一致。其差异原因可能是早稻降温，尤其是齐穗到成熟期间降低泥、水温度，有利于周围小气候的改善，延缓了高温造成水稻根系活力降低和叶片的衰老进程，有利于光合作用的正常进行和碳水化合物的顺利积累，因而使稻米的垩白粒率下降、整精米率增加；而晚稻抽穗成熟期间温度较适宜，若再降低泥、水温则导致环境恶化，不利于根系活力的维持和叶片光合作用的正常进行，以致米质变差。

　　在土壤水、泥温度低的环境中，优质早稻产量大幅度下降，仅占对照产量的78.5%～97.4%，说明低温冷浸是优质早稻高产的一个障碍因子。而对晚稻产量无较大影响。早稻在泥、水温度低的环境下，有效穗数减少2.2%。每穗实粒数下降12.2%～13.8%，从而导致明显减产；而晚稻降温，虽然千粒重略有下降（0.7%），但其实粒数增加 6.4%～8.2%，故对产量无明显影响。

吴岳轩、吴振球（1995）研究了土壤温度对杂交稻尤其是亚种间杂交稻根系生长发育和代谢活性的影响，发现土壤温度的变化以离土表 20 cm 内最明显，而作物大部分根系都位于这个土壤层次内，且植株吸收的大部分有效氮、磷、钾也是来自这个土壤层次。因此，耕层土壤温度变化与根系生长及代谢活性有密切的关系。

土壤温度对根系生长代谢的影响，不仅因生育期而异，且与不同土层的温度有关。在营养生长期，不定根发生区域的土层温度较高可以促进根系的发生，使根数增多，但较高的土壤温度却不利于根系干物质的累积，表现为冠／根比增加，说明在较高的土壤温度下，有利于根数增加，但不利于根系增粗。

分蘖期如果土壤温度升高，则产量下降。这是由于分蘖期较高的土壤温度增加了分蘖速度，缩短了分蘖时间从而降低了分蘖总数。乳熟期土壤温度与根系代谢活性的衰退存在显著正相关，而根系代谢活性的衰退速率与结实率及产量存在显著负相关。

杂交水稻在种质特性上具有对环境效应（指杂交组合对不同环境的反应）敏感的特点（闵绍楷，1986），而亚种间杂交稻又具有生态适应性窄的弱点（林植芳等，1984）。因此，是否可以认为，对于杂交稻尤其是亚种间杂交稻，较高的土壤温度对促使产量降低的作用与加速根系代谢活性的衰退更为密切。亚种间杂交稻在营养生长上具有明显的杂种优势，在经济性状上具有强大的穗粒优势。但这些优势都未能最终转化成产量优势，这与它在根系代谢活性及吸收能力上未能表现出优势有一定关系。因此，对于亚种间杂交稻的选育，在注重生长优势和穗粒优势的同时，更应注意生理优势的选育。在栽培上选择适当的播期或注重改善后期根系环境，减缓根系衰老，对发挥其产量优势是非常重要的。

第三节　杂交水稻种植的生态区划和布局

3.1　不同生态区域杂交水稻的生育期和产量性状的表现

根据 1993 年和 1994 年全国南方稻区组织的杂交水稻新组合生态适应性试验资料，归纳整理成表 15-7。试验分为早稻组、中稻组、中迟熟组及晚稻组四组，各试点地理位置分布，东经 98°33′（云南潞西）至东经 120°12′（浙江温州）、北纬 21°13′（广东湛江）至北纬 31°04′（陕西汉中），在南方稻区 14 个省（自治区、直辖市）39 个试点，基本上代表了南方稻区的不同生态区域类型。

表 15-7　杂交稻生育期与产量性状

组合		年份	全生育期 /d		产量 /（t/hm²）		有效穗 /（穗 / m²）	每穗粒数 /（粒 / 穗）	结实率 /%	千粒重 /g
			范围	平均	范围	平均				
早稻	博优湛 19	1993	97～126	115.1	2.74～7.05	5.71	340.3	107.5	74.3	23.0
		1994	103～119	108.9	4.60～8.22	6.16	369.0	105.0	70.1	22.0
	威优 48-2	1993	100～127	114.1	2.75～7.50	6.75	329.8	92.3	75.8	27.0
中稻 早熟	威优 49	1994	103～123	111.2	5.33～7.46	6.49	343.5	99.3	69.2	28.8
	威优 64	1993	112～140	126.3	4.38～10.10	6.65	301.3	110.4	76.4	28.3
		1994	105～135	120.6	6.07～9.08	7.82	325.5	114.7	77.2	28.0
	早显 63	1993	111～142	126.3	4.02～9.05	6.42	270.9	105.7	77.8	28.9
		1994	105～136	119.5	4.33～9.42	7.35	288.0	116.6	79.6	29.4
中稻 中熟	汕优 63	1993	132～161	145.9	5.93～10.20	8.05	281.9	128.3	79.7	28.8
		1994	121～154	139.0	6.50～10.57	8.74	280.5	140.1	79.6	28.7
	汕 A/ 多 系 1 号	1993	132～162	145.7	6.46～11.48	8.40	289.4	131.7	81.0	28.1
		1994	124～154	138.5	6.70～11.18	9.05	289.5	146.9	76.6	28.0
晚稻	汕优桂 33	1993	115～139	126.6	5.22～8.00	6.44	296.9	120.9	75.4	26.1
		1994	108～134	124.1	5.40～6.98	6.16	286.5	117.6	76.6	26.8
	Ⅱ优 90264	1993	111～139	123.6	5.56～7.98	6.74	316.3	116.5	78.1	25.3
		1994	103～130	119.9	3.23～7.24	5.80	297.0	113.7	76.2	25.8

　　各试点生态条件对各类杂交水稻代表组合的生育期和产量均有明显的影响，其中：全生育期早稻组平均为 108.9～115.1 d、中稻早熟组为 119.5～126.3 d、中迟熟组为 135.7～145.9 d，晚稻组为 119.9～126.6 d，4 组试验各试点全生育期变化范围极差分别为 16～29 d、28～31 d、29～33 d 和 24～28 d；平均产量分别为 5.71～6.75 t/hm²、6.42～7.82 t/hm²、8.05～9.05 t/hm² 和 5.80～6.74 t/hm²，产量变化范围极差分别为 2.13～4.75 t/hm²、3.01～5.72 t/hm²、4.07～5.02 t/hm²、1.58～4.01 t/hm²。这样，各地在选择种植的杂交稻组合时，要充分考虑杂交稻的生态适

452

应性，制定好杂交稻种植的区划和布局。

3.2 中国南方杂交水稻种植的气候生态区划

全国杂交水稻气象科研协作组（1982）根据分区指标（表 15-8），综合各地的安全生长季、积温及秋低温危害始现日期，南方稻区杂交稻熟制区划可划分为三类 6 个区。

表 15-8　杂交水稻熟制分区指标

熟制分区类型	安全生长季 /d	积温 /℃	秋低温危害始期
一季杂交稻区	110～160	2 400～3 800	9 月上旬
双季杂交稻搭配区	168～180	3 800～4 300	9 月中旬
双季杂交稻主栽区	180～200	4 300～4 800	9 月下旬
双季杂交稻区	7 200	4 800	10 月上中旬

Ⅰ1 区：南方稻区北缘一季杂交稻区。该区位于南京、汉口以北，郑州、徐州以南稻区，安全生长季 150～160 d，积温 3 500 ℃～3 800 ℃，秋低温出现在 8 月下旬至 9 月上旬，栽培杂交水稻一季有余，两季不足。作麦茬稻种植，在 4 月中下旬播种时，全生育期 135～145 d。播种至抽穗期 95～105 d。可在 8 月上中旬抽穗，9 月中下旬成熟，抽穗期不易受秋低温危害。

Ⅰ2 区：低纬高原贵州与川西山区一季杂交稻区。区内各地的热量条件有较大的差异。大部分地区安全生长季积温在 2 400 ℃以上，安全生长季在 110 d 以上，可以种植一季杂交中稻。春季回暖较早，3 月下旬 4 月上旬即可播种，秋低温在 8 月下旬至 9 月上旬，由于夏无高温，作物全生育期表现特长，一般为 160～170 d，播种至抽穗期长达 110～120 d，灌浆成熟期 50 d，此区杂交稻的个体发育表现良好。

Ⅱ1 区：双季稻杂晚主栽区。该区位于南昌、怀化以南，福州、郴州、桂林以北稻区，同时当地海拔在 400 m 以下，400～600 m 为过渡性地带。一季常规早稻加一季杂交晚稻，热量条件较好，春季早稻播种期在 3 月中下旬，秋季低温在 9 月下旬，安全生长季在 180 d 以上。积温超过 4 300 ℃，早季常规早稻以中迟熟品种为主，晚稻杂交稻季节尚较充裕。20 世纪 80 年代以来，杂交早稻组合生育期与当地中迟熟常规稻品种相近，生产上种植双季杂交稻的面积逐年扩大。

Ⅱ2 区：长江流域双季稻杂晚搭配区。在一季常规早稻加一季杂交晚稻种植区中，热量条件较差。早稻播期在 3 月下旬至 4 月上旬。秋低温在 9 月中旬，安全生长季 160～180 d，积温 3 800 ℃～4 300 ℃，为双季稻北界地区，早稻只能以中熟品种为主，晚季季节紧张，杂交晚稻只能适当搭配。20 世纪 90 年代以来，由于杂交早稻组合生育期与常规稻中迟熟品种相近，双季杂交水稻开始示范种植。

Ⅱ 3 区：四川盆地双季稻杂晚区。总热量虽与Ⅱ 1 区相近，但热量分配与长江中下游不同，以早季热量条件为好，秋季热量条件相对较少，而且秋雨较多，秋低温较早，杂交水稻作双季晚稻栽培主要在盆地中部偏南偏东地区。该区杂交稻的生育期都处在 27 ℃左右的高温条件下，7—8 月平均气温可达 30 ℃。高温加快了个体的生长发育，制约高产群体的发展，对高产栽培不利。

Ⅲ区：华南双季杂交稻区。热量条件最好，早稻一般在 2 月下旬至 3 月上旬播种，7 月中旬收获；典型晚稻品种 6 月下旬播种，10 月上中旬安全齐穗，11 月中旬收获，安全生长季在 200 d 以上，积温超过 4 800 ℃，可种植双季杂交稻。此区北界的广东韶关地区，杂交早稻 3 月上旬播种，早季生育期 140 d，7 月下旬至 8 月上旬移栽杂交晚稻，9 月下旬至 10 月上旬即可齐穗。华南珠江三角洲 2 月中下旬播种，早季生长期有 160～170 d，不仅可种植杂交早稻，且可配置一些生育期更长的特迟熟常规品种。但该区早稻有 5 月下旬至 6 月上旬的龙舟水及成熟期的台风危害，5—9 月平均气温高于 27 ℃，个体发育较快，生育期较短，干物质积累不足，一般产量较稳定，但不是高产区。

3.3　云南省杂交水稻种植气候区划

中国云南属特有的低纬高原气候，立体气候特征明显，种植杂交水稻的区划和布局则更为复杂。朱勇等（1999）根据杂交水稻生长发育、产量形成所要求的农业气象指标，将其换算为如下常用的农业气候区划指标：①杂交水稻安全种植上限，哀牢山以东海拔为 1 400 m 左右，哀牢山以西海拔为 1 450 m 左右；②年平均气温高于 17 ℃；③6 月、8 月平均气温高于 21 ℃，7 月平均气温高于 22 ℃；④≥ 10 ℃活动积温在 5 500 ℃以上。根据云南的不同气候特点，将云南杂交稻种植区域划分为下列 5 个气候区。

Ⅰ　热带、低热河谷双季杂交稻早、晚连作区。本区包括西双版纳的景洪、勐腊，元江河谷流域的元江、红河、河口，临沧的孟定，德宏的瑞丽，保山的潞江坝，怒江的六库，金沙江河谷的元谋、巧家。年平均气温高于 20 ℃，7 月平均气温高于 24 ℃，10 月平均气温高于 20 ℃，≥ 10 ℃的活动积温为 7 300 ℃以上。热量条件充足，杂交稻早、晚季连作安全，结实率高是其特点。但由于 6—8 月平均气温都在 24 ℃以上，生育期较短。故生产措施应考虑增加。

有效穗和穗粒数，主攻穗重。从一季产量看，本区是杂交稻的稳产区，而不是高产区。在现有生产水平下，只要稍加努力，早、晚两季产量 15 t/hm² 不难实现。

Ⅱ　滇东南一季杂交稻区。本区包括新平、广南、弥勒、建水、石屏、蒙自、开远、屏边、文山、马关、麻栗坡、西畴、富宁等县市及邱北、砚山的低海拔地区。此区域内年平均温度 17℃~20℃，7 月平均气温 22℃~24℃，6—8 月日照时数大于 400 h，是云南杂交水稻种植区域中光、温配合最好的地区。从气候生产力角度看，是杂交水稻的高产区。该区大面积产量在 9 t/hm² 以上，进一步提高栽培技术，达到 10.5 t/hm² 是完全可能的。该区由于春季升温慢，且有"倒春寒"天气侵袭，一定要采用薄膜育秧，保证安全齐穗。要充分利用雨季开始前充足的光热资源，方能发挥杂交稻的增产优势。生产上应是穗多、粒多同时并重，并注重提高结实率。

Ⅲ　滇南双季稻、常规稻，以及杂交稻早、晚连作区。本区包括金平、江城、思茅、普洱、墨江、景东、南涧、云县、永德、镇康、耿马、临沧、双江、沧源、澜沧、孟连、景谷、勐海等县市。年平均气温 17℃~20℃，6—8 月日照时数除南涧外，为 240~400 h，是杂交水稻种植区中日照最少的地区。本区西部地区气候条件优于东部，适宜种植杂交稻的区域最大。但日照少、降水多、病虫害较重，结实率低，产量水平介于Ⅰ、Ⅱ二区之间。该区在生产上应协调群体合理发展。特别应加强防病、抗病的保健栽培措施，努力提高结实率，从而创造高产，克服稳产不足的一面。

Ⅳ　滇西南常规稻、杂交稻连作区。本区包括施甸、盈江、梁河、潞西、陇川等县市，年平均气温 17℃~20℃，7 月平均气温 21℃~24℃，6—8 月日照时数 350~400 h。水稻气候生产力仅次于滇东南一季杂交水稻区。其特点是日照差相对较小，7 月日照时数较少。生产上主要应考虑增加穗数、粒数，同时注重提高结实率。

Ⅴ　北部一季杂交稻区。本区包括福贡、华坪、永仁及永善、绥江、盐津、威信等县的河谷地带，总的面积小，地域分散，年平均气温 17℃~21℃，7 月平均气温 23℃~27℃，6—8 月日照时数 400~600 h，是云南省杂交水稻种植区中光照最为充足的区域。该区的气候特点是春季升温迟，但升温速度快，秋季降温早，大陆性气温比较明显。如水利条件有保证，大力推广薄膜育秧，力争适时播种、早栽，充分利用光热资源，该区也将成为杂交水稻的高产区。

— R e f e r e n c e s —

参考文献

［1］全国杂交水稻气象科研协作组.杂交水稻气候生态适应性研究［J］.气象科学，1980（1）：10-22.

［2］湖南农学院水稻生态生理研究室.湖南杂交水稻气候生态适应性研究［J］.江西农业大学学报，1989，12（增刊）：80-86.

［3］王长发，高如嵩，程方民.籼型杂交稻稻米糊化温度的气象生态效应研究［J］.陕西农业科学，1995（4）：11-15.

［4］王守海.灌浆期气候条件对稻米糊化温度的影响［J］.安徽农业科学，1987（1）：16-18.

［5］唐启源，向远鸿，卢至远.杂交稻米质性状的适应性和稳定性分析［J］.杂交水稻，1997，12（2）：21-24.

［6］向远鸿，唐启源.海拔对稻米品质的灰色关联分析［J］.中国水稻科学，1991，5（2）：94-96.

［7］戴平安，周坤炉，黎用朝.土壤条件对优质食用稻品质及产量的影响［J］.中国水稻科学，1998，12（增刊）：51-57.

［8］严斧，张文绪，刘建中，等.武陵山区杂交稻的生态适应性和栽培技术体系［J］.湖南农业科学，1994（3）：12-16.

［9］张杨珠，邓吉红，李元源，等.杂交稻和常规稻在新壁红壤稻田的适栽性研究［J］.农业现代化研究，1995，16（增刊）：57-60.

［10］赵言文，丁艳峰，黄丕生.水稻苗床土壤水分与秧苗根系建成的关系［J］.江苏农业学报，1998，14（5）：141-144.

［11］杨建昌，朱庆森，王志琴.土壤水分对水稻产量与生理特征的影响［J］.作物学报，1995，21（1）：110-114.

［12］朱勇，段长春，王鹏云.云南杂交稻种植的气候优势及区划［J］.中国农业气象，1999，20（2）：21-24.

［13］罗学刚，曾明颖，邹琦，等.四川不同海拔稻田生态条件与杂交稻生长发育及其应用研究［J］.应用与环境生物学报，1999，5（2）：142-146.

第十六章

杂交水稻栽培生理

第一节　光合作用

1.1　杂交水稻的光合性能

作物的产量主要来自光合产物的积累。一般来说，作物的光合时间长、光合效率高、光合面积适当大、光合产物消耗少并分配利用合理，就能获得较高的产量。杂交水稻的光合性能与常规水稻比较，有叶绿素含量高、光合势强、光合效率高和同化产物运转快、分配合理等特点。

1.1.1　叶绿体与叶绿素含量

光合作用是在叶绿体内进行的。在电子显微镜下观察，高等植物的叶绿体呈椭圆形，其表面有双层的界面膜，内有微细的片层结构，这些片层结构是由许多层状薄膜组成，色素都集中在薄膜上。湖南师范大学生物系周广洽、周青山等（1978）用电子显微镜观察，证实南优6号的叶绿体与其他植物的一样，表面有由双层薄膜构成的叶绿体膜。膜以内的基础物质称为基质，在浅色的基质中埋藏着许多浓绿色的颗粒，称基粒。在扩大12万倍的视野下，可清楚地看到叶绿体内部有细微的片层结构，它们顺着叶绿体的纵轴彼此平行排列，组成叶绿体的片层系统。这个系统的不同部位，结构状况不一致，基粒片层比较致密，连接基粒之间的基质片层比较疏松。叶绿体的色素主要集中于基粒片层结构之中。

据分析，杂交水稻的叶绿体含有叶绿素a、叶绿素b、叶黄素和胡萝卜素等。叶绿素含量与光合效率有一定的关系。湖南农学院

（1977）曾测定杂交水稻叶片的叶绿素含量，比对照高 16.6%～42.9%。同时，由于叶绿素含量高，光合强度比对照高 13.5%～58.7%。由此说明，叶绿素含量的多少，在一定程度上反映了光合作用的强弱。叶绿素含量高、光合作用强，是杂种优势的一种表现。

1.1.2　光合面积与光合势

杂交水稻一般具有较大的光合面积。湖南农学院常德分院（1977）对杂交水稻组合和常规水稻品种的光合面积发展动态进行了比较，结果表明，杂交水稻各个时期的光合面积都大于常规水稻。在大田插 16.7 cm×26.7 cm，杂交水稻单本植，常规水稻多本植的条件下，南优 2 号幼穗分化期、孕穗期、乳熟期的每穴光合面积比恢复系分别大 50.9%、10.3% 和 6.3%（表 16-1）。

在单株盆栽条件下，杂交水稻在抽穗期和成熟期不仅较其父本有更大的叶面积，而且茎叶的含水量较低，单位叶面积的干物重也明显更高，说明叶面积大、叶片厚，可以较好地利用光能（表 16-2）。

表 16-1　杂交稻和常规稻叶面积动态

（湖南农学院常德分院，1977）

品种（组合）	幼穗分化	孕穗期	乳熟期	成熟期
二九南 6 号 A/ 古 223	4.80	5.55	3.75	2.89
南优 2 号	4.72	5.40	3.42	3.32
常优 3 号	3.81	5.24	4.31	3.31
6097A×IR24	3.61	5.41	4.34	3.81
南优 2 号	5.10	5.75	3.62	3.36
平均	4.41	5.47	3.89	3.34
IR24	3.43	5.20	3.40	3.59

注：绿叶面积系平均每穴面积（cm^2）。

表 16-2　杂交水稻及其父本的单株叶面积和剑叶干重比较

（武汉大学，1977）

品种或组合	叶面积 /cm^2		剑　叶			
			抽穗期		乳熟期	
	抽穗期	成熟期	含水量 /%	干物重 /（mg/cm^2）	含水量 /%	干物重 /（mg/cm^2）
南优 1 号	6 913.5	4 123.8	70.8	5.33	52.6	6.02
矮优 2 号	6 432.8	3 908.2	71.3	5.21	51.4	6.32
IR24	4 354.3	2 285.1	78.6	3.14	60.7	5.11

一般说来，光合势与光能利用和产量成正相关，光合势大，光能利用率高，产量亦高。江苏农学院（1978）和颜振德（1981）的试验表明，当前生产上应用的杂交水稻具有明显的前中期积累干物质的优势，而这与光合势的优势是密切相关的（表16-3）。南优3号的光合势在各生育期均高于恢复系（IR661），从移栽至减数分裂期，杂种的光合势一直较大，以后杂种的光合势减小，与恢复系相差不大。

表16-3　南优3号和IR661各生育期光合势

（江苏农学院，1978）

单位：万 m^2/d

品种或组合	移栽至分蘖盛期	分蘖盛期至苞分化	苞分化至减数分裂	减数分裂至齐穗	齐穗至成熟
南优3号	0.524	1.642	7.018	5.087	10.277
IR661	0.238	0.725	4.002	4.933	9.116
南优3号光合势占IR661的百分比/%	220	226	175	103	112

湖南农学院常德分院（表16-4）对杂交水稻和常规水稻孕穗至成熟期的光合势与产量的关系进行了考察。结果表明，由于杂交水稻具有较大的光合势，因而其产量高于常规水稻。

表16-4　杂交稻和常规稻光合势与产量的关系

（湖南农学院常德分院，1977）

品种	光合势/（万 m^2/d）	亩产量/kg
杂交水稻	12.33	460.2
IR24	11.14	416.4
珍珠矮	10.81	402.2

注：孕穗期至成熟期。

光合势对于干物质生产具有重要作用，但并非越大越好。从表16-5的结果可以看到，四块南优3号丰产田的光合势、叶面积系数、净同化率三者之间的关系。当总光合势为27万~33万 m^2/d，其平均净同化率相差不大，产量依光合势增加而增加；但当总光合势超过40万 m^2/d、最高叶面积指数超过9时，由于净同化率下降过多，产量反而下降。

表16-5　南优3号的光合势、净同化率与产量之间的关系

（颜振德，1981）

大田全生育期 /d	最高 LAI	总光合势 /（m²/d）	平均净同化率 /[g/（m²·d）]	亩产量 /kg
114	6.6	269 560	3.654	567.9
117	7.0	306 145	3.518	659.4
110	7.4	331 747	3.835	725.4
117	9.5	431 880	2.470	485.5

上述结果与玉米、杂交高粱、冬小麦等作物的试验结果相似，可见光合势的提高是优势杂种产量高的原因之一。

1.1.3　光合效率

在很多情况下，优势杂种的光合强度也较高。水稻在高温、强光条件下，杂种总光合强度比亲本高44%。许多测定结果均表明，杂交水稻的光合强度比常规水稻高，也比其亲本高。上海植物生理研究所（1977）用半叶干重法测定南优3号和恢复系IR661的光合强度，结果表明，从插秧到抽穗期，南优3号的光合强度都略高于IR661，抽穗后南优3号的光合强度则比IR661稍低。湖南农学院（1977）的测定结果也表明（表16-6），南优2号在分蘖盛期的光合强度就很高，一直维持到孕穗期。但从幼穗分化期开始，它的光合强度都比其父本（IR24）稍低。南优2号的光合效率高峰期出现早，而其亲本三系的光合效率高峰期出现较晚，恢复系要到幼穗分化期，不育系要到孕穗期，保持系要到乳熟期才出现较高的光合效率。

表16-6　南优2号及其亲本光合强度差异

（湖南农学院，1977）

单位：mg/（dm²·h）

生育期	南优2号	恢复系	保持系	不育系
分蘖盛期	16.8	9.34	7.73	5.32
幼穗分化期	10.2	12.9	9.24	5.72
孕穗期	9.9	10.88	9.04	13.34
乳熟期	5.6	5.92	10.48	8.04

注：光合强度以同化干物质计。

湖南农学院常德分院（1977）在中稻幼穗分化至成熟期测定的结果表明，杂交水稻的光合强度差异较大，但与常规品种比较，还是杂交水稻的光合强度高（表16-7）。

表16-7 杂交水稻和常规水稻光合能力比较

（湖南农学院常德分院，1977）

品 种	光合强度 /[mg/(dm^2·h)]			
	幼穗分化	孕穗期	乳熟期	成熟期
二九南1号A×古233	13.40	14.60	15.43	15.83
南优2号	10.40	14.10	13.75	12.93
常优3号	18.61	12.91	13.32	18.18
6097A×IR24	12.79	15.09	18.40	10.93
南优2号	22.20	21.00	14.45	14.22
平均	15.48	16.54	15.07	14.42
IR24	15.00	11.43	13.70	9.84
珍珠矮	9.10	10.9	14.75	5.96

注：光合强度以同化干物质计。

华南农学院在早稻插后3d用红外线二氧化碳分析仪测定，四个杂交组合的光合强度平均为11.60 mg/(dm^2·h)CO_2，三个常规水稻的光合强度平均为8.37mg/(dm^2·h)CO_2。广西农学院在早稻分蘖末期用检压法测定，杂交水稻的光合强度比常规水稻高（表16-8）。但也有少数单位报道，杂交水稻的光合强度比常规水稻低。这可能与不同品种、不同栽培条件有关。

表16-8 分蘖末期光合强度比较（早稻）

单位：μL/(dm^2·h)O_2

品种	光合强度
南优2号	578.9
珍珠矮11	421.4
矮优1号	944.8
常优2号	952.3
广选3号	704.2

从叶片厚度来看，杂交水稻叶片较厚（表16-9）。在叶面积指数相近时，叶片较厚的群体与叶片较薄而平伸的群体相比，前者的光能利用率在密植条件下显然高于后者。因为在强光下，光饱和点高，厚叶可以充分利用、吸收较多的光能，对光合作用有利。

表 16-9　叶片厚度与光合强度的关系

（湖南农学院常德分院，1984）

项　目	威优 35		威优 64		威优 98		湘矮早 9 号	
	分蘖期	孕穗期	分蘖期	孕穗期	分蘖期	孕穗期	分蘖期	孕穗期
叶片厚度 /（mg/cm^2）	3.659	3.493	3.244	3.467	3.585	3.693	3.096	3.444
光合强度 / [mg/（dm^2·h）]	10.29	9.40	10.37	8.53	10.36	8.00	9.03	8.06

注：光合强度以同化干物质计。

1.1.4　灌水方式对抽穗开花后叶片光合特性的影响

马跃芳、陆定志于 1989 年从叶绿素含量、气孔传导率、光合速率等方面研究了不同灌水方式（长期灌水、间歇灌溉、开花期断水、开花后 15 d 断水、收割前断水）对杂交水稻汕优 63 光合特性的影响，不同灌溉方式具有以下主要特点。

1.1.4.1　叶绿素　间歇灌溉有利于延缓叶绿素降解的作用。如开花后 8 d、15 d、23 d、30 d、38 d 和 45 d 间歇灌溉剑叶叶绿素含量依次比长期灌水高 10.47%、10.60%、10.87%、11.11%、12.69% 和 13.04%。早断水则相反，不论在开花期、开花后 15 d 或收割前断水 8 d 后，叶绿素含量均急剧下降。即使复水后也得不到恢复而继续下降。

1.1.4.2　气孔传导率　开花后气孔传导率呈现逐渐下降的过程。其中开花后 15 d 内下降的速度较慢，其后加快，开花后 30 d 又趋缓慢。不同灌水方式，以间歇灌溉的气孔传导率最高，长期灌水次之，早断水最低。据观察测定，不论在开花期、开花后 15 d 和收割前断水 8 d 后，气孔都迅速关闭，但复水后又能得到明显恢复，其恢复能力则随生育期推迟而减退。

1.1.4.3　光合速率　一般来说，开花后光合速率的变化曲线与气孔传导率的变化曲线相平行。即开花后 15 d 内下降速度缓慢，此后加快，开花后 30 d 又缓慢下降。不同灌水方式间，间歇灌溉的光合速率始终高于长期灌水和早断水。于开花后 8 d、15 d、23 d、30 d、38 d 和 45 d 测定，其光合速率分别比长期灌水高 10.54%、10.59%、11.11%、11.25%、12.57% 和 12.73%。不同时期进行断水处理，光合速率急剧下降。复水后虽也能有所恢复，但其恢复程度远较气孔传导率小。这可能是因为光合速率除受气孔开度的制约外，还与其他生理活动有关。

1.2 提高杂交水稻群体的光能利用率

1.2.1 对杂交水稻光能利用率的研究与分析

光合作用是作物产量形成最直接的生理基础，群体光能利用率的大小，直接影响产量的高低，杂交水稻更是如此。所以对水稻群体光能利用率的研究，已引起了科学工作者的极大重视。特别是如何提高杂交水稻的光能利用率的研究，既有理论意义又有实际意义。在这方面，广西农业科学院等单位进行了一系列的研究。如他们以 1977 年的早稻为例，对南优 2 号与常规水稻的光能利用率进行了比较（表 16-10）。南优 2 号全生育期的光能利用率比常规水稻品种稍低，从各生育期的光能利用率比较，各品种均以播种到移栽的光能利用率低。从移栽到幼穗分化，植株分蘖已达高峰，光能利用率有所提高，而南优 2 号因田间漏光较多，故光能利用率不高。从幼穗分化至齐穗，叶面积达最大值，植株干重增长最快，各品种的光能利用率均较大幅度地提高。一般品种达最高峰，杂交水稻还在继续增长，到齐穗成熟时才达最高峰，而常规品种则明显地下降了。可见杂交水稻后期的光能利用率高，这是它优势表现的生理基础之一。杂交水稻每公顷一般较常规水稻增产 750~1 500 kg，说明杂交水稻较常规水稻有更高的光能利用率。但目前常规稻和杂交稻的光能利用率均不理想，大多数低于 2%~3%。其原因如下：①无论是常规水稻还是杂交水稻漏光现象严重，特别是杂交水稻前期漏光更为严重；②稻叶表面有茸毛和硅酸层等反光，损失光能，一般水稻叶片的反光率为 4%~6%；③叶片淡薄的稻叶，透光损失较多，杂交水稻叶厚色深，则透光损失较少；④叶片对光波的选择吸收，降低了叶片的光能利用率；⑤常有光饱和现象，限制了光能的进一步利用；⑥环境条件中的一些如叶绿体的光能转化效率和羧化效率低，对光合产物的消耗较多，以及光合产物转移、分配和贮藏的能力较差，都会降低群体的光能利用率。

表 16-10 早稻光能利用率的比较
（广西农业科学院，1977）

品种	亩产量/kg	光能利用率 /%					全生育期每亩总辐射量/J
		播种至移栽	移栽至穗分化	穗分化至齐穗	齐穗至成熟	全生育期	
南优 2 号	592.6	0.19	1.8	3.1	4.6	1.2×10^9	2.50
广陆矮 4 号	504.9	0.18	2.1	3.0	2.7	9.8×10^8	2.60
广选 3 号	568.0	0.18	2.4	5.7	2.8	1.1×10^9	2.68

1.2.2　提高光能利用率的有效途径

（1）合理密植　即通过基本苗、每穴苗数、株行距和行向的调节，使之有最适合的光合面积，能充分地利用太阳能。

（2）选育具有理想株型的品种　目前认为理想的株型是：秆粗抗倒，分蘖力中等，分蘖挺直，叶着生角度小，叶片较厚，每茎保持绿叶较多，齐穗至成熟褪色正常，后期根系活力强。目前推广的杂交水稻组合，株型还不够紧凑，如果能改善株型，就能增加密植程度，增大光合面积，提高光能利用率，其产量就会进一步提高。

（3）调整播种期，使生育后期处于最强光照时期　水稻在前中期生长良好的基础上，产量的高低主要受抽穗前 15 d 到抽穗后 25 d 这 40 d 的太阳能的影响。所以，选择适宜的播插期，使生育后期处于最强光照时期，有利于提高光能利用率，从而获得高产。

（4）合理灌溉和施肥　合理灌溉能保证稻株的水分平衡，生长正常，叶面积大，增加光合面积；水分充足，能提高光合强度，同时能使茎叶输导组织发达，提高水分和同化物的运输效率，改善光合产物的分配利用。但杂交水稻在后期，适时断水对防止叶片早衰、延长叶片的光合时间显得更加重要。

合理施肥也能改善稻株的光合性能。氮是蛋白质、叶绿素的组成成分，施氮能促进叶片生长，增大光合面积；磷参与稻株能量代谢（光合磷酸化和氧化磷酸化）；钾与许多酶的活性有关。杂交水稻对氮、钾的需要量较大，但并不是施得越多越好。所以要获得杂交稻高产，必须合理配施氮、磷、钾肥，以满足稻株生长的需要。

（5）提高光合效率　光、温、水、肥和 CO_2 等都可以影响单位绿叶面积的光合效率。如提高 CO_2 浓度，使二磷酸核酮糖羧化反应占优势，减少其氧化反应的比例，光能利用率就能大大提高。

第二节　杂交水稻的呼吸作用和光呼吸

2.1　杂交水稻呼吸作用的特点

2.1.1　杂交水稻萌发籽粒的呼吸强度

水稻种子在萌发过程中，其呼吸强度和呼吸商都有很大的变化。据湖南农学院（1977）测定，南优 2 号杂种萌发后第五天的呼吸强度明显地低于其恢复系和保持系，稍低于其不育系亲本。而浸种后的萌发速度以南优 2 号最快，恢复系次之，保持系再次，最慢的是不育系。

这表明杂交水稻萌发籽粒对呼吸中间产物和能量的利用比亲本三系有更高的效率。

据湖南农学院常德分院测定，杂交水稻秧苗素质比其父本和对照品种为优，而杂交水稻播种前萌发籽粒的呼吸强度并不明显地高于父本和对照品种，说明杂交水稻种子萌发时高的呼吸效率，是其秧苗素质好的内因之一。

徐孟亮、陈良碧（1994）等以常规稻特青及三系品种间杂交稻汕优63为对照，对5个籼粳亚种间组合的研究表明（表16-11）：种子吸涨过程中，有2个亚种间组合（U2/89-1和W6184S/1078）在ATP含量与呼吸强度方面明显高于对照，而ATP的合成与利用以及吸涨24 h前呼吸强度的增加速率又明显快于对照，说明它们的能量代谢与呼吸代谢机能很强；其他3个亚种间组合7001S/轮回422，优IA/561及161-5A/561与对照相比，表现不突出。并从对幼苗生长势的测定结果发现，亚种间杂交稻种子吸涨过程中，能量代谢和呼吸代谢的强弱与营养生长的旺盛程度密切相关。代谢强，则营养生长优势强；代谢弱，则营养生长优势也弱，故ATP含量与呼吸强度可作为亚种间杂种营养生长优势的预测指标，育种上选择吸涨过程中种子ATP含量高，呼吸强度大的父母本配组，容易获得前期营养优势强的亚种间杂交组合。

表16-11　亚种间杂交稻种子吸涨过程ATP含量及呼吸强度变化速率

项目	ATP含量 / $[\pm 10^{-12}\text{mol}/(\text{h}\cdot\text{胚})]$		呼吸强度 / $[\pm 10^{-12}\text{mol O}_2/(\text{h}\cdot\text{胚})]$		
吸涨时期 /h	0~36	36~48	0~24	24~36	36~48
特青	＋11.8	－2.22	＋23.8	－13.8	＋28.8
汕优6	＋13.21	－0.85	＋33.5	－14.4	＋60.3
U2/89-1	＋16.61	－6.98	＋38.2	－27.7	＋40.9
W6184S/1078	＋15.36	－8.23	36.8	－7.7	＋10.5
7001S/轮回422	＋11.51	－13.67	＋30.7	－24.9	＋52.0
优IA/561	8.35	－10.23	＋21.3	－28.2	＋57.0
161-5A/561	＋10.75	－17.89	27.9	－44.8	＋37.6

2.1.2　各生育期功能叶的呼吸强度

据湖南农学院（1977）的测定发现，从种子萌发到乳熟期，南优2号的呼吸强度总的变化趋势是逐渐上升的，只在幼穗分化期略有起伏，而亲本三系则一直上升无起伏。各生育期南优2号的呼吸强度比亲本三系都要低，后期与恢复系相似（表16-12）。从表中可以看出，在乳熟期不育系的呼吸强度比南优2号高40%，比保持系高39.7%。呼吸强度的增大导致最适叶面积的减少，从而使有机物的消耗增加。杂交水稻南优2号在生长旺盛的前期呼吸强度较亲本低，到后期更低，并且从前期到后期上升的幅度不及亲本大。这就相应地减少了碳水化合物的不必要的消耗，比亲本有较大的绿叶面积进入成熟期，有利于物质的积累。

表16-12　南优2号及其亲本三系呼吸强度比较
（湖南农学院，1977）

单位：$CO_2mg/(h \cdot mg$ 鲜重）

生育期	南优2号	恢复系（IR24）	保持系（二九南1号B）	不育系（二九南1号A）
分蘖盛期	152.2	125.6	—	—
幼穗分化期	109.6	144.8	142.0	148.8
孕穗期	156.8	159.2	178.4	182.6
乳熟期	139.6	158.0	185.0	186.0

从杂交水稻早、中熟组合测定的结果看，在孕穗期和始穗期的呼吸强度均比对照低（表16-13）。说明它们消耗较少的有机物质能获得较多的能量，以满足稻株生长发育的需要，在能量代谢上的这一特点是值得注意的。

表16-13　威优64等早、中熟组合的呼吸强度
（陈清泉等，1984）

单位：mg 干物$/(dm^2 \cdot h)$

生育期	威优35	威优64	威优98	威优16	湘矮早9号	常粳2号
孕穗期	1.600	1.689	1.600	—	2.489	—
始穗期	2.426 6	2.856	2.555	2.696	—	3.281 6

2.1.3　穗子和剑叶的呼吸强度

广西农学院从灌浆至成熟测定了穗子和剑叶的呼吸强度。结果表明，穗子的呼吸强度低于剑叶。南优2号、IR24和对照品种比较，灌浆后穗的呼吸强度以对照品种最高，恢复系最低，南优2号处于两者之间。灌浆后剑叶的呼吸强度基本趋势是，南优2号的剑叶呼吸强度变幅较小，在灌浆期和蜡熟期比其恢复系和广选3号要低，但到了黄熟期比两者要高，其呼吸强度仍维持在较高水平。似乎杂交水稻黄熟时剑叶的生理机能仍然不衰退，这对灌浆是有利的。

2.2　杂交水稻光呼吸的研究

绿色植物细胞在光照下，一方面进行光合作用，吸收 CO_2，放出 O_2；另一方面进行呼吸作

用，吸收 O_2，放出 CO_2。由于这种呼吸作用只在有光照条件下才能进行，与光合作用有密切联系，故称这种呼吸作用为光呼吸。光呼吸与前面所讲的呼吸作用不同，光呼吸的产物为乙醇酸。

植物呼吸用去大量光合作用已初步同化的碳，不经碳循环途径而分解，从产量角度看是不经济的，浪费了二磷酸核酮糖（RUDP）和 CO_2，但它又有合成的作用，可以通过光呼吸合成氨基酸（如甘氨酸等），并形成 ATP。

2.2.1 杂交水稻的光呼吸

水稻是 C_3 植物，光呼吸比较大，所以干物质产量不很高。可是杂交水稻具有生长优势和产量优势，其原因之一就是在光呼吸方面具有一些特点。

2.2.1.1 乙醇酸氧化酶活性　据湖南农学院（1975）的研究，在孕穗期、齐穗期和乳熟期，南优 2 号剑叶的乙醇酸氧化酶活性分别为 $1\,012\mu$L O_2/（g 鲜重·h）、$2\,919\mu$L O_2/（g 鲜重·h）、577μL O_2/（g 鲜重·h）；均低于广余 73，常规稻广余 73 分别为 $1\,817\mu$L O_2/（g 鲜重·h）、$2\,943\mu$L O_2/（g 鲜重·h）和 $1\,140\mu$L O_2/（g 鲜重·h）。

湖南农学院常德分院（1977）对南优 6 号等稻株剑叶的乙醇酸氧化酶活性进行了测定，也得到了相似的结果（表 16-14）。上海植物生理研究所光合室（1977）的测定结果也是南优 3 号的乙醇酸氧化酶活性低于其父本 IR661。

表 16-14　杂交水稻及 IR26 乳熟期剑叶乙醇酸氧化酶活性
（湖南农学院常德分院，1977）

品　种	活性／[μL O_2/（g 鲜重·h）]
南优 6 号	794.25
威优 6 号	550.89
南优 3 号	878.37
四优 2 号	913.87
黎明 A× 培迪	799.81
IR26	970.00

2.2.1.2 光呼吸强度　华南农学院利用红外线 CO_2 分析仪测定了南优 2 号和广二矮抽穗后 3 d 剑叶的光呼吸强度。结果表明，南优 2 号剑叶的光呼吸强度（以生成 CO_2 量计）为 1.985 mg/（dm^2·h），广二矮为 3.608 mg/（dm^2·h），南优 2 号剑叶的光呼吸强度仅为广二矮的 55.0%。

2.2.1.3　杂交水稻的 CO_2 补偿点　上海市嘉定县华亭良种场、上海植物生理研究所光合室于抽穗扬花期测定了杂交水稻南优 3 号及其恢复系 IR661 和不育系二九南 1 号的 CO_2 补偿点。结果表明，南优 3 号的 CO_2 补偿点为 76 cm^3/m^3，比恢复系 IR661 低（80 cm^3/m^3），也比不育系二九南 1 号低（80 cm^3/m^3）。

2.2.1.4　"同室筛选法"比较　武汉大学遗传研究室等把杂交水稻、常规水稻和玉米、高粱均为三叶期的幼苗一起放入密闭的生长箱，日夜照光，箱外对照植株也日夜照光。处理 10 d 后，各取样 50 株作了观察和干物重测定，其结果如表 16-15、表 16-16。玉米和高粱在密闭生长箱中到第十天仍生长良好，只有少数叶片发黄，没有一株死亡。杂交水稻的秧苗在箱中表现叶色褪绿缓慢，干物质消耗比处于相同条件的一般水稻品种珍珠矮、IR24 和 IR361 少。密闭后第八天，杂交水稻尚有少数苗呈绿色，而一般水稻品种已全部或大部枯黄。到第十天杂交水稻尚有成活的绿苗，而一般水稻品种已全部死亡。由此可见，杂交水稻在 CO_2 不充足的条件下，有较强的适应能力。

表 16-15　杂交水稻和一般水稻在密闭生长箱内的生长情况

品种	对照				箱内生长情况			
	叶片数/叶	苗高/cm	分蘖数/个	苗干重/g	叶片数/叶	苗高/cm	分蘖数/个	苗干重/g
矮优 2 号	5.5	29.5	2	1.38	3.5	21.8	0	0.45
南优 2 号	5.8	33.5	2	1.44	3.5	20.0	0	0.43
珍珠矮	5.0	30.5	1	0.94	3.0	20.5	0	0.18
IR24	5.3	35.5	1	1.05	3.0	20.5	0	0.21
IR661	5.2	33.0	1	1.14	3.0	21.0	0	0.23

表 16-16　杂交水稻和一般水稻在密闭生长箱内幼苗的颜色变化

处理	品种	在密闭生长箱内的天数			
		第三天	第五天	第八天	第十天带绿叶苗数/株
密闭箱内	矮优 2 号	绿色	叶片开始发黄	少数苗呈绿色	8
	南优 2 号	绿色	叶片开始发黄	少数苗呈绿色	6
	珍珠矮	叶片开始发黄	50% 以上枯黄	全部枯黄	0
	IR24	叶片开始发黄	50% 左右枯黄	大部枯黄	0
	IR661	叶片开始发黄	50% 左右枯黄	大部枯黄	0
对照	全部青绿、生长正常				

468

上述研究表明，杂交水稻的乙醇酸氧化酶活性、光呼吸强度和 CO_2 补偿点均比一般品种低，而且在 CO_2 不足条件下生活力较强，这可能是杂交水稻具有优势的重要生理原因。

2.2.2 控制光呼吸的研究

C_3 植物由于光呼吸而使其净光合强度明显降低。因此，如果能设法控制或降低作物的光呼吸强度，就能大大提高光合效率，使产量增加。

2.2.2.1 光呼吸的化学控制　据湖南农学院常德分院的试验（1977）发现，在抽穗始期连续喷施两次 60 mg/L 的亚硫酸氢钠（ $NaHSO_3$ ），能降低空秕率。安徽师范大学生物系（1977—1979）利用光呼吸抑制剂亚硫酸氢钠，对"两系"杂交水稻的结实效应的研究结果表明，在不同肥力、不同杂交水稻和常规水稻上喷施亚硫酸氢钠，对降低空秕率的效应，喷施的适宜浓度和次数有所不同。在高肥条件下，对鉴 59× 紫 8-3 喷施 3 次浓度为 200 mg/L 的亚硫酸氢钠，空秕率比对照下降 24.2%；对 270-2× 紫 8-3 也喷施 3 次浓度为 200 mg/L 的亚硫酸氢钠，空秕率比对照下降 12.1%；对广陆矮 4 号作同样处理，空秕率仅降低 3.8%。亚硫酸氢钠还表现出催熟效应，喷者一般比对照提早 3~4 d 成熟。

2.2.2.2 筛选低光呼吸的品种　美国已经用"同室筛选"法从数万个烟草品种中选出一个高产的烟草品种（该工作还在继续进行）。中国也有科研单位以杂交水稻为材料正在进行该项试验，目的是寻找与 C_4 植物的光合特性相似的杂交水稻新组合。这种方法是否有可能性，也是值得探讨的问题。另据国际水稻研究所彭少兵（1999）报道，日本科学家已成功地将 C_4 植物光合系统中的部分酶蛋白导入水稻中，尽管这些酶尚不能完全表达，但随着科学技术的进步，这些酶的存在将有可能大大提高水稻的光合能力，从而提高水稻的单产水平。

第三节　矿质营养生理

3.1 水稻必需的矿质元素

3.1.1 水稻体的组成元素及分类

水稻植株是由 80% 左右的水分和约 20% 的干物质组成的。这些干物质一经高温烧灼，大部分变为挥发性物质逸散，其中包含着碳、氢、氧等有机物；剩下约 2% 的灰烬，则统称灰分元素。矿质元素就包含在这些灰分中。氮虽然在燃烧中逸散，但它和灰分元素一样，主要是从土壤中吸取的。因此，氮就并入到矿质元素之中。据报道，水稻灰分中现在能检测到的元素达 60 多种，但这些元素并非都是水稻必不可少的营养元素。

通过大量的培养试验证明，水稻正常生长发育中所必需的营养元素有：氮、硫、磷、钾、钙、镁、铁、硼、锰、铜、锌、钼、氯、碳、氢和氧等 16 种。碳、氢、氧来自大气和水中，其他元素都来自于土壤，它们多以离子状态通过根、叶进入水稻体。水稻对这些元素吸收量多的叫大量元素，吸收量极微的则叫微量元素。大量元素是水稻机体的重要组成成分，主要有：碳、氢、氧、氮、磷、钾、钙、镁、硫等 9 种，而以氮、磷、钾为最重要，称之为三要素；微量元素的需要量虽极微，但它们在水稻生命过程中起着重要的作用，属于这一类的元素有：铁、锰、铜、锌、硼、钼、氯等 7 种。硅在稻株中的含量较高，是否为水稻所必需的营养元素，目前尚无定论。有人认为硅是水稻的增益元素或特殊元素；也有人认为硅是水稻的必需元素。

3.1.2　矿质元素的生理作用

必需的矿质元素在植物体内的主要生理作用，概括起来表现在以下几个方面：

（1）是细胞结构物质的组成成分　氮是氨基酸、蛋白质、酶、辅酶、核酸、叶绿素和大多数生物膜、植物激素以及其他许多重要有机物的组成成分。硫、磷都是蛋白质的成分。磷在碳水化合物代谢中起着重要的作用。硫是胱氨酸、半胱氨酸和蛋氨酸的成分，维生素的硫胺素和生物素就是重要的含硫化合物。钾可以加强光合作用，促进碳水化合物的代谢。镁为叶绿素的组成成分。钙是构成果胶酸钙的成分，等等。

（2）是植物生命活动的调节剂　矿质元素能参与酶的活动，如铁、铜、锌为某些酶的辅基；铁为细胞色素的成分；镁、钾、钴、钼、硼等在某些酶系中起致活剂或抑制剂的作用。

（3）能起电化学作用　即离子浓度平衡、胶体的稳定和电荷的中和等。一价阳离子可促进胶粒的水合作用，二价阳离子则降低水合作用。K^+、Na^+ 等一价阳离子可增加膜的透性，而 Ca^{2+}、Mg^{2+} 等则降低膜的透性。不同的矿质元素可以影响细胞液的缓冲性。各矿质元素之间有相互促进和拮抗效应，如 NO_3^- 和 PO_4^{3-} 及 SO_4^{2-}、PO_4^{3-} 和 SO_4^{4-} 及 SiO_3^{3-}、CL^- 和 NO_3^- 及 PO_3^- 等某两种元素之间有相互促进吸收的现象；而 Mg^{2+} 和 Na^+、Ca^{2+} 和 K^+、Mn^{2+} 和 SO_4^{2-} 等某一种离子的吸收将影响另一种离子的吸收等。由于矿质元素的这些作用，可以避免有毒物质对原生质的毒害而造成细胞分解和死亡。

近年来，不少单位对稀土元素在农作物上的应用开展了研究，无论是小区试验还是大面积示范的结果都表明，稀土施用于水稻、小麦、大豆、玉米、花生、烟叶、甘蔗等作物可以促进其生长发育，增强对氮、磷、钾等养分的吸收，并能提高植物体内酶的活性、光合效率和生理代谢等。

3.2 水稻对矿质养分的吸收与运转

3.2.1 根系吸收矿质养分的特点

矿质元素只有溶解于水成为离子态，才能为植物所吸收。吸收过程是一个极复杂的生理过程：先是交换吸附，把离子吸附在根系表皮细胞表面，再通过扩散作用进入自由空间，同时也靠呼吸供给的能量进入内部空间，在细胞与细胞之间通过胞间联系运输，最后进入木质部的导管，分配到植物体的各部位。

3.2.2 影响根系吸收矿物质的因素

根系吸收养分除受本身发育程度和代谢强弱的内在因素影响外，同时也受许多外界环境条件的影响。

3.2.2.1　温度　在一定范围内，水稻吸收养分随温度的增加而增加，温度过高或过低都将导致降低对养分的吸收。水稻吸收养分的最适温度为 30 ℃，一般来说，超过或低于此温度，将影响水稻对养分的吸收，特别对钾和硅酸的吸收影响甚大。

3.2.2.2　光照　光照是根系吸收养分的能量来源。光照强度直接影响着水稻的光合作用，也影响根系的呼吸和对养分的吸收。据报道，当日照强度为自然光照的 26% 时，根系对氮、磷、钾的吸收将降低到原有吸收量的 30%～40%。

3.2.2.3　通气状况　土壤的通气状况直接影响根系对矿物质的吸收。当氧气供应良好时，根系吸收矿物质就增多。有研究表明，离体水稻根在氧分压（即氧浓度）为 3% 时，对钾的吸收量达到最高值；若氧分压提高到 100% 时，吸收量就不再增加。因此，地下水位高的稻田对水稻根系的吸水、吸肥都是不利的。

3.2.2.4　溶液浓度　当外界溶液浓度低时，增加溶液浓度可以提高根系对离子的吸收量；如外界溶液浓度过高，则反而降低根系对离子的吸收量。因为外界溶液浓度高时，离子载体达到饱和，若再增加溶液浓度就不可能提高对离子的吸收。这说明，施肥过量是肥料浪费的一个原因。

3.2.2.5　pH　土壤溶液反应的改变，可使溶液中养分发生溶解或沉淀，影响植物对矿质营养的吸收。如在碱性范围时，Fe^{3+}、PO_4^{3-}、Ca^{2+}、Mg^{2+}、Cu^{2+}、Zn^{2+} 等就逐渐成为不溶解状态，从而降低了植物对这些元素的利用量。在酸性环境中，PO_4^{3-}、K^+、Ca^{2+}、Mg^{2+} 等的溶解很快，造成养分大量随水流失。酸性太强（pH 达到 2.5～3.0）时，Al^{3+}、Fe^{3+} 和 Mn^{2+} 的溶解度增加，又给植物和土壤微生物带来危害。

3.2.3　矿质元素在植株体内的运转

植物根系吸收的矿物质，一部分保留在根内参与根系的代谢活动，大部分随蒸腾流上升，向地上部各部位和各器官内运转，或按浓度差扩散。木质部的导管是根部吸收矿质养分向地上部输送的通道。

氮主要是以氨基酸和酰胺等有机态、少量以硝酸形式向上运输。磷主要以正磷酸态运输，但也有的在根部转变为有机磷化合物向上运输。硫的运输形式主要是硫酸根离子态，但有少数是以蛋氨酸及谷胱甘肽之类的形态输送的。金属离子则以离子态运输。钾进入地上部后仍呈离子状态。氮、磷、镁形成不稳定的化合物，不断分解、释放，运输到其他需要的器官中参与循环。硫、钙、铁、锰、硼在细胞中呈难溶解的稳定化合物，特别是钙、铁、锰，它们是不参与循环的元素。参与循环的元素能从代谢较弱的部位运转到代谢较强的部位。不参与循环的元素被植物地上部吸收后，即被固定而不移动。

3.3　杂交水稻对氮、磷、钾元素的吸收利用

正常生长发育中的必需元素主要是氮、磷、钾。但在不同的生育阶段，杂交水稻对三要素的需要量是不一样的。杂交水稻和常规水稻一样，在种子萌发期间，因种子中贮存着一定量的养分，故不需要或很少吸收外界养分。随着幼苗的生长，吸收养分逐渐增强，接近开花、结实时，需要的养分最多，以后则逐渐减弱。有的植株器官衰老时甚至还有部分矿质养分向外输出。水稻吸收养分的过程是随其生长中心为转移的。由于生长中心的代谢较旺盛，因而养分就优先分配到生长中心。水稻的营养最大效率期是生殖生长期（幼穗形成期），此时是吸收养分较多的时期。据湖南省原子能农业应用研究所用同位素示踪研究的结果表明，杂交水稻根系发达，吸收能力强，而且持续的时间也长，养分的积累、转运也比较协调，所以能够充分吸收利用土壤和肥料的养分。

3.3.1　氮素营养的吸收特点

氮是水稻的生命元素，在稻株体内的含量按干重计占 1%～4%。水稻植株所吸收的氮，主要是无机的铵态氮（NO_4^+—N）和硝态氮（NO_3—N）。这些氮是由根系从土壤中吸收，经还原后形成氨，再由无机化合物转化为有机化合物。

3.3.1.1　三系杂交稻不同生育阶段吸氮特性差异　过去认为，水稻幼苗在三叶期以前是不需要外界供应养分的。湖南省原子能农业应用研究所用 ^{32}P 示踪发现，杂交水稻和常规水稻的种子播种后，根系一形成就能吸收养分。据连云港市百万亩杂交水稻高产栽培技术领导小组的

资料报道，南优 2 号各生育期对氮素的吸收率是：播种到移栽期吸收 1.6%；移栽至分蘖盛期吸收 34.96%；分蘖盛期到孕穗初期吸收 30.59%；孕穗初期到齐穗期吸收 8.23%；齐穗期至成熟期吸收 24.62%。以移栽至分蘖盛期的吸氮率最高；其次为分蘖盛期至孕穗期，这与常规水稻的吸氮规律基本一致。所不同的是杂交水稻在齐穗后至成熟期还吸收 24.62% 的氮素，对氮的吸收量比常规水稻稍多。

湖南省原子能农业应用研究所用 ^{15}N 示踪研究，发现威优 35 在不同氮素水平下，各生育期对氮素的吸收和其他杂交组合一样，吸氮高峰期是在生育前期，早季至第十一叶期吸收的氮占全生育期吸收总氮量（包括土壤氮和肥料氮）的 45.8%~51.1%，至齐穗期达 80% 以上；晚季至第十叶期吸收的氮占总氮量的 52.5%~66.1%，齐穗期达 78.7% 以上。威优 35 不论作早季或晚季种植，至齐穗后尚能吸收 20% 左右的氮（表 16-17）。

表 16-17　威优 35 作早、晚季连续栽培各时期的吸收氮率

（湖南省原子能农业应用研究所，1984）

单位：%

叶龄与生育期	对照（未施氮）		施纯氮（75 kg/ hm^2 ）		施纯氮（150 kg/ hm^2 ）		施纯氮（300 kg/ hm^2 ）	
	早季	晚季	早季	晚季	早季	晚季	早季	晚季
从幼苗至第九叶	23.3	35.7	19.7	41.5	25.1	41.8	19.1	39.9
第九至第十叶	7.1	11.7	9.6	14.8	6.4	11.1	15.5	18.1
第十至第十一叶	16.1	5.1	19.9	4.8	14.3	13.2	16.5	4.5
第十一至第十二叶	13.4	14.9	16.9	7.8	15.4	10.6	16.3	13.2
第十二至第十三叶	21.9	8.8	7.6	13.0	14.6	3.4	19.3	4.4
第十三至第十四叶	1.8	0[*]	1.5	0[*]	4.7	0[*]	7.7	0[*]
剑叶至齐穗期	8.8	0.9	4.7	7.1	4.1	2.5	3.6	9.7
齐穗至齐穗后 10 d	3.1	—	3.3	—	6.6	6.7	1.1	5.7
齐穗后 10~20 d	—	10.7	10.7	—	4.8	2.9	—	—
齐穗后 20 d 至成熟期	4.5	12.2	6.1	11.0	4.0	7.8	0.9	4.5

注：* 没有第十四叶。

上述研究还表明：①以碳酸氢铵一次施用作基肥时，威优 35 作早季栽培，对肥料中氮素的吸收随氮肥用量的增加而增加，在齐穗期吸收的肥料氮占全生育期吸收总肥料氮的 80.3%~97.8%，齐穗期后吸收的肥料氮只有 2.4%~19.7%；作晚季栽培时，齐穗前吸收的肥料氮占吸收肥料总氮的 83.8%~90.8%，齐穗后吸收的肥料氮为 9.2%~16.2%。早

季吸收肥料氮比晚季多 68.5%～89.3%。②早季威优 35 在第十三叶以前植株吸收的肥料
氮 70% 左右供给叶片，而茎鞘中只约占 30%，齐穗后大量的氮则向穗部运转，至成熟期穗
部的氮约占植株总肥料氮的 70%，晚季的情况与此基本相似。③威优 35 所吸收的总氮约
有 80% 来自土壤，肥料供给的氮只有 20% 左右。植株对氮的吸收情况，前期以吸收肥料氮
为主，后期则以吸收土壤氮为主，如果氮肥用量增加，那么对土壤氮的吸收就相应减少（表
16-18）。④杂交水稻对氮肥的利用率与氮肥品种、施用方法、施用量、栽培季节等都有密切
关系。碳酸氢铵作威优 35 早季的基肥，其利用率为 24.60%～27.65%，作晚季基肥的利用
率为 13.1%～14.7%。氮肥用量增加，虽然绝对吸收量有所增加，但肥料利用率相应降低。
尿素作基肥其利用率为 36.4%，而尿素与有机肥混施，利用率高达 42.9%。硫酸铵一次作
基肥施用，其利用率为 38.7%；1/2 作基肥＋1/2 作分蘖期追肥，利用率为 42.5%；1/3
作基肥＋1/3 作分蘖追肥＋1/3 作开花期追肥，利用率为 49.6%。碳酸氢铵作面肥，其利
用率为 14.2%；深施则利用率为 23.5%。⑤碳酸氢铵施入稻田后的利用率为 10%～30%，
总损失率为 50%～70%，尤其是晚季的损失率更大，残留、固定于土壤中的氮含量为
10%～20%。但这些氮大部分为土壤或生物所固定，对后季水稻无明显的后效作用。

表 16-18　威优 35 作早、晚季栽培对土壤氮和肥料氮的吸收状况

季别	氮吸收量（mg/微区）	处理			
		不施氮	施纯氮（75 kg/hm²）	施纯氮（150 kg/hm²）	施纯氮（300 kg/hm²）
早季	全生育期吸收总氮量	1 353.7	1 775.8	1 994.4	2 111.4
	其中：来自土壤	1 353.7（100%）	1 555.6（87.6%）	1 601.5（80.3%）	1 319.6（62.5%）
	来自肥料	0	220.2（12.4%）	392.9（19.7%）	791.8（37.5%）
	齐穗前吸氮量	1 250.7	1 417.10	1 687.3	2 069.8
	其中：来自土壤	1 250.7（100%）	1 235.7（87.2%）	1 322.8（78.4%）	1 386.8（67.0%）
	来自肥料	0	181.4（12.8%）（80.3%）	364.5（21.6%）（85.8%）*	683.0（33.0%）（97.8%）
	齐穗后吸氮量	103.0	358.8	307.1	41.6
	其中：来自土壤	103.0（100%）	314.3（87.6%）	246.6（80.3%）	26.0（62.5%）
	来自肥料	0	44.5（12.4%）（19.7%）	60.5（19.7%）（14.2%）	15.6（37.5%）（2.4%）*

续表

季别	氮吸收量（mg/微区）	处理			
		不施氮	施纯氮（75 kg/hm²）	施纯氮（150 kg/hm²）	施纯氮（300 kg/hm²）
晚稻	全生育期吸收总氮量	931.3	1 123.0	1 332.7	1 700.3
	其中：来自土壤	931.3（100%）	1 006.2（89.6%）	1 099.5（82.5%）	1 282.0（75.4%）
	来自肥料	0	116.8（10.4%）	233.2（17.5%）	418.3（24.6%）
	齐穗前吸氮量	719.0	999.4	1 100.7	1 527.3
	其中：来自土壤	719.0（100%）	905.5（90.6%）	890.5（80.9%）	1 110.2（72.6%）
	来自肥料	0	93.9（9.4%）（87.9%）*	210.2（19.1%）（83.8%）*	419.1（27.4%）（90.8%）*
	齐穗后吸氮量	212.3	123.6	232.0	173.1
	其中：来自土壤	212.3（100%）	110.7（89.6%）	191.4（82.5%）	130.4（75.4%）
	来自肥料	0	12.9（10.4%）（12.1%）*	40.6（17.5%）（16.2%）*	42.6（24.6%）（9.2%）

注：* 为水稻植株在不同生育期间对肥料氮和土壤氮的吸收率。

3.3.1.2 两系杂交稻不同生育阶段吸氮特性差异 张洪程、戴其根等（1999）研究了两系杂交稻两优培九乳苗、小苗、中苗和大苗四种栽培方式群体不同生育阶段吸氮特性的差异。他们认为，不同的栽培方式条件下，两优培九各生育阶段的含氮率变化趋势一致，但数量上有显著不同。在整个生育过程中不同栽培方式的植株含氮率始终呈逐渐下降的趋势，且表现出"两头平缓，中期速降"的变化趋势。在移栽—拔节及抽穗—成熟的这两个生育阶段，植株含氮率呈一种平稳而缓慢的下降趋势；而拔节—抽穗期，则下降的幅度较大。出现这种现象的原因主要可能是这段时间内含氮率低的结构物质显著增多，无效分蘖趋于死亡，导致氮稀释或流失。

由表16-19可以看出，两优培九一生的总吸氮量与生育期有一定的关系，不同栽培方式处理下全生育期越长的总吸氮量越多。大苗移栽的全生育期最长，总吸氮量则最多，而后逐渐依移栽苗龄减小，生育期缩短而吸氮量减少，乳苗移栽生育期最短而吸氮量最少。然而乳苗移栽本田期历程则为最长，由此可见随着移栽苗龄的趋大，尤其是大苗移栽，虽然缩短了其在本田期的生长期，却能更有效地吸收氮素，从而提高了氮肥的利用率。再从主要生育阶段累积氮量看，在移栽—拔节阶段，几种栽培方式的吸氮量差异不大，每亩仅相差 0.51 kg。但随生育进程的推进差异增大，拔节—抽穗期每亩最大可达 2.06 kg，抽穗—成熟期又减小到 1.12 kg，且以乳苗栽培方式抽穗之后的吸氮量为最小，仅占总累积量的 7.7%。

进一步分析表明，两优培九四种栽培方式的累积吸氮量前后分配比例的总趋势也略有差异。累积吸氮量最多的时期大田处理是在拔节—抽穗期，占一生总积累量的 43.0%，移栽—拔节期次之，而其他栽培方式均是在移栽—拔节期的吸氮量最多，其次为拔节—抽穗期。此外，苗龄越小，移栽—拔节期吸氮占一生总吸氮量的比例越大，如大苗移栽处理在此期的吸氮量占一生总吸氮量的 39.7%，乳苗则占 52.7%；在拔节—抽穗期吸氮量的变化则与之相反，即移栽苗龄越小，此期的吸氮量占一生总吸氮量比例反而越小。至于本试验条件下抽穗—成熟期吸氮量亦均较小，但也随苗龄越小，吸收量减少。由上述分析可初步认为，移栽苗龄越大越利于有效地增加生育中后期吸氮量和吸氮比例，这为高产群体提高中后期生长量提供了有利的营养条件。从表 16-19 还可以看出，虽然不同栽培方式秧田期吸氮量占一生吸氮量比重极小，但随苗龄增大，秧苗期吸氮量成倍增加，对此后本田期增加氮的吸收极为有利。

表 16-19　两优培九不同栽培方式生育进程与吸氮量

处理	播种—移栽			移栽—拔节			拔节—抽穗			抽穗—成熟			本田期			全生育期		
	历期/d	吸氮量/（kg/亩）	比例/%	历期/d	吸氮量/（kg/亩）	比例/%	历期/d	吸氮量/（kg/亩）	比例/%	历期/d	吸氮量/（kg/亩）	比例/%	历期/d	吸氮量/（kg/亩）	比例/%	历期/d	吸氮量/（kg/亩）	比例/%
大苗	46	0.39	3.1	32	5.03	39.7	32	4.45	43.0	43	1.78	14.1	107	12.26	96.8	153	12.66	100.0
中苗	26	0.20	1.8	38	4.91	43.6	31	4.61	40.9	45	1.54	13.7	114	11.08	98.3	140	11.27	100.0
小苗	16	0.03	0.2	42	4.69	46.7	33	4.28	42.6	45	1.05	10.4	120	10.03	99.8	136	10.05	100.0
乳苗	6	0.01	0.1	49	4.52	52.7	34	3.39	39.5	47	0.66	7.7	130	8.57	99.9	136	8.58	100.0

3.3.2　磷素营养的吸收特点

磷是细胞质和细胞核的组成成分。在碳水化合物代谢中起着重要的作用，对氮代谢也有重要影响。磷通常以正磷酸盐（PO_4^{3-}）、酸性磷酸盐（$H_2PO_4^-$）等形态被植物吸收。磷进入植物体后，大部分为有机态化合物，在水稻体内它是最易转移和能多次利用的元素。植株中磷的分布是不均匀的，一般在根、茎、生长点较多，嫩叶比老叶多，种子含磷较丰富。水稻全株含磷量为干重的 0.4%~1.0%。湖南省土壤肥料研究所研究了杂交晚稻威优 6 号各生育阶段对 P_2O_5 的吸收率，结果表明，从播种至移栽期其吸收率为 4.39%、移栽至分蘖初期 2.55%、分蘖初期至分蘖盛期 12.14%、分蘖盛期至孕穗期 23.69%、孕穗期至齐穗期 3.9%、齐穗期至成熟期 54.33%；而同期的常规晚稻分别为 3.86%、2.40%、8.72%、35.42%、7.1% 和 42.5%。由此可见，不论是杂交水稻还是常规水稻都以齐穗至成熟阶段吸收 P_2O_5 的占比最高，其次是分蘖盛期至孕穗期。湖南省原子能农业应用研究所用 ^{32}P 示踪，研究了杂交水稻威优 35 各生育期对肥料中磷的吸收情况，结果表明：早季威优 35 在分蘖盛期前吸磷较缓慢，以后逐渐增强，至齐穗期吸收的磷占全生育期总磷量的 70% 左右，齐穗以后还吸收一定量的磷；晚季从始蘖期开始吸磷能力增强，至齐穗期吸收的磷占全生育期总磷量的 75%~80%，齐穗 20 d 后吸磷减缓或停止。早季吸磷量比晚季多。用 ^{32}P 标记的磷肥作基肥，在早季威优 35 齐穗后 10 d 和成熟期取样测定磷在植株各部位的分配情况，如表 16-20 所示。

表 16-20　威优 35 植株磷素分配特性

（湖南省原子能农业应用研究所，1983）

单位：mg

生育期	茎秆	叶鞘	叶片	穗
齐穗后 10 d	5.59	9.45	12.7	16.7
成熟期	6.24	7.32	8.39	57.0

注：磷素以每盆含 P_2O_5 计。

将 ^{32}P 注入威优 35 植株的主茎和分蘖，测定磷在植株内的传递情况，发现早季分蘖期主茎中的磷约有 80% 输往分蘖，积累在中上位蘖的比下位蘖的多，穗中积累的比茎、叶中多，磷在第二次分蘖中约占总量的 35.5%；晚季主茎输入分蘖的磷达 53%，主要积累在高位分蘖上。而分蘖输往主茎的磷，早季为 8.5%，大部分积累在第二次分蘖上，其次为中位蘖，低位蘖较少，孕穗期间分蘖的磷很少输出。晚季的输出量比早季少 4.3%，主要积累在标记蘖所发生的分蘖上，就部位而论以标记蘖的相邻上部蘖为多，下部蘖和远离标记蘖的蘖较少。孕穗期间低位分蘖中的养分，输出量相当少，大量的磷积累在标记蘖的分蘖上，第二次分蘖和高位分蘖又多于低中位分蘖（表 16-21 和表 16-22）。

表 16-21　主茎中磷素养分向分蘖传递的情况

（湖南省原子能农业应用研究所，1983）

生育时期	栽种时期	部位	分蘖所在部位				
			低位蘖	中位蘖	高位蘖	第二次蘖	主茎
分蘖期	早季	穗	2.63	13.60	13.98	17.21	12.21
		茎、叶	1.21	4.06	7.91	18.30	7.99
	晚季	穗	3.70	3.90	19.70	4.60	28.30
		茎、叶	1.70	2.50	11.70	5.20	18.70
孕穗期	早季		0.42	3.94	6.72	88.92	
	晚季		0.30	2.40	4.60	91.70	1.00

表 16-22　分蘖中磷素养分向主茎传递的情况

（湖南省原子能农业应用研究所，1983）

生育时期	栽种时期	部位	分蘖所在部位						
			低位蘖	中位蘖	高位蘖	主茎	第一次分蘖	标记分蘖 I	标记分蘖 II*
分蘖期	早季	穗		9.22	6.60	6.27	23.38	21.58	
		茎、叶		3.20	2.83	2.27	15.14	8.82	
	晚季	穗	1.50	5.20	2.40	3.40	3.30	34.80	10.00
		茎、叶	1.20	2.40	1.60	0.90	2.40	19.90	11.00
孕穗期	早季		0.10	0.70	0.30	0.90	1.10	75.60	21.30

注：* 为标记分蘖 I 上的分蘖。

　　从无效分蘖中的养分传递来看，主茎养分对分蘖起着重要作用，在孕穗期间，主茎、分蘖中的养分具有一定的独立性。湖南省原子能农业应用研究所（1983）测定的结果表明：杂交早稻分蘖和主茎磷的积累率占 70.80%，无效分蘖只占 29.20%；而杂交晚稻分蘖和主茎磷的积累率可高达 65.3%～70.80%，无效分蘖只占到 19.6%～34.7%。表明无效分蘖的养分已大部分可向外输出，但死亡的比未死亡的要多，晚季的比早季的多。

　　磷在水稻中的分布积累，分蘖期主要集中在叶部，上部叶多于下部叶；齐穗至成熟期主要集中在穗部，叶部相应减少；成熟期大部分的磷集中在籽粒中。威优 35 成熟期穗中积累的磷约占植株总磷量的 72.2%。

　　早季威优 35 对基肥中磷的利用率为 15.0%（湘矮早 9 号为 13.97%）；晚季为 12.81%

（湘矮早 9 号为 11.11%）。早季威优 35 较湘矮早 9 号吸收肥料磷多 7.3%，晚季多 15.3%。对土壤中磷的吸收利用，早季威优 35 比湘矮早 9 号多 12.3%，晚季多 27.5%。

3.3.3　钾素营养的吸收特点

钾虽不直接参与水稻机体内重要有机物的组成，但它是水稻需要量较大的必需元素，在水稻生理活动中起着重要的作用。钾以离子状态存在，游离状或被胶体稳定地吸附着。水稻植株的含钾量占干重的 2%~5.5%，主要集中在稻株幼嫩和生长活跃的区域，如芽、幼叶、根尖等部位。在核酸和蛋白质形成的过程中，钾起着活化剂的作用。钾与水稻体中碳水化合物的合成和运输有密切关系。特别是钾对于合成淀粉、纤维素、木质素等多糖类物质更为重要。钾可适当抑制氮的吸收，从而降低非蛋白质氮含量，有利于水稻籽粒饱满，增强机械组织，使茎秆坚韧，提高抗倒能力。据连云港市百万亩杂交稻高产栽培技术领导小组的资料报道，杂交水稻吸收钾较常规水稻高，甚至其吸钾量超过吸氮量。杂交水稻吸收的钾主要分配在稻草中。南优 2 号稻草中钾含量为 3.1%（湘矮早 4 号为 2.0%）。杂交水稻对钾的吸收率是：播种至移栽期为 1.0%；移栽至分蘖盛期为 26.1%；分蘖盛期至孕穗初期为 44.5%；孕穗初期至齐穗期为 9.4%；齐穗期至成熟期为 19.2%。而常规水稻在抽穗扬花以后，就几乎不再吸收钾。湖南省原子能农业应用研究所利用放射性核素^{86}铷（^{86}Rb）标记钾肥（KCl）进行的示踪试验发现了以下几点特征。

（1）杂交水稻对钾的吸收量是随组合不同而异的。威优 49 在施钾量较高时，其吸钾量就增加，产量亦相应提高，但不呈直线关系；威优 35 在高钾和低钾条件下，吸收的钾量大致相近似，但高钾区的产量与低钾区相比没有明显差异。

（2）在稻田土壤中不管钾肥用量多少，而水稻（包括杂交水稻和常规水稻）吸收的总钾量中，约有 80% 来源于土壤，肥料供应的钾只占 20% 以下，水稻对钾素化肥的吸收利用率只有 30% 左右。因此，土壤肥力是水稻钾素的主要肥源。

（3）土壤中的速效钾和迟效钾之间存在着动态平衡，所以土壤的全钾量是土壤速效钾的储备库，能调节钾对作物的供应，特别是土壤经干燥后这种效应更为显著，稻田实行水旱轮作，能提高土壤中速效钾的供应量。因此，在一般情况下，钾肥肥效往往晚稻大于早稻。

（4）杂交水稻威优 35 作双季早稻种植时，其吸钾特点是：早季吸钾高峰期是孕穗期，吸收的钾量约占全生育期吸收总量的 81.1%；齐穗以后的吸钾量只占 3.0%。晚季吸钾高峰期是在分蘖期，吸收的钾占吸收总量的 54.6%；齐穗期吸钾率为 8.2%，齐穗以后就停止对钾的吸收。威优 35 所吸收的钾 75%~80% 来源于土壤，肥料供应的钾只占 20%~25%。钾肥的利用率早季为30%，晚季为31%。

早季吸收的钾量比晚季约多36.5%，其中吸收的肥料钾比晚季少1.7%；吸收的土壤钾则多49.3%。随着钾肥用量的增加，植株内含钾量是逐渐提高的，但对每毫克钾（K_2O）所构成稻谷毫克数的钾效率，则是逐渐降低，以晚季为最明显（表16-23）。

表16-23　不同施钾量对植株含量和钾效应的影响
（湖南省原子能农业应用研究所，1985）

项目	亩施钾量（K_2O）				
	0 kg	2.5 kg	5 kg	10 kg	20 kg
植株含钾量 /%	0.63	0.94	1.29	1.92	2.90
稻谷含钾效率 /%	85.8	66.7	51.7	35.7	25.4

威优35所吸收的钾素，在不同生育期向各部位的运转分配。早季分蘖期分配率，茎鞘为62%，叶为38%；孕穗期茎鞘为60%，叶为40%；齐穗期茎鞘为44%，叶为34%，穗为22%；成熟期茎鞘为46%，叶为12%，穗为42%。晚季分蘖期，茎鞘为62.2%，叶为37.8%；孕穗期茎鞘为54.8%，叶为45.2%；成熟期茎鞘为61.7%，叶为19.7%，穗为18.6%。茎、叶中的含钾量与施钾量呈正相关，而穗中含钾量与施钾量无关。威优35对钾的吸收量比湘矮早9号要多9.1%~12.3%，而钾效率也高于湘矮早9号。

第四节　杂交水稻根系活力特点

水稻根系在土壤中的分布、发展及其活力，因土壤条件、栽培措施和品种的不同而有差异。稻根有吸收水分、养分，向根际泌氧的功能，同时还有吸收固定二氧化碳以及合成氨基酸和细胞分裂素等功能。水稻的根系与其他植物的根系一样，能够通过丙酮酸固定土壤中的二氧化碳生成苹果酸、柠檬酸等上运至叶片，为光合作用提供二氧化碳。根系吸收的铵态氮与有氧呼吸的中间产物 α-酮戊二酸合成谷氨酸，再经转氨作用形成多种氨基酸运往地上部分，为蛋白质合成提供原料。在稻根内和根的伤流液中分离出了玉米素、玉米素核苷酸等四种细胞分裂素，稻根合成植物激素的功能已得到了证实。细胞分裂素类的植物激素对叶片内蛋白质的合成和核酸的合成有很大的促进作用。同时，细胞分裂素被输送至地上部分，这对维持后期叶片光合功能，防止早衰，提高灌浆结实率是有重大意义的。所以稻株的根系活力是前期生长旺盛和后期保证灌浆结实率的基础。

4.1 根群量

杂交水稻的根数、根体积和重量均比一般品种多。从生育期看，孕穗期根群量大于分蘖期和成熟期。杂交水稻中汕优 3 号、汕优 2 号、南优 2 号、汕优 4 号各生育期的根数、根体积和根重均分别比恢复系的高，也比对照珍珠矮 11 的高。说明杂交水稻的根系生长具有明显的优势（表 16-24）。

表 16-24 不同品种各生育期根数、根量的比较

（江西省萍乡市农业科学研究所，1977）

品种或组合	单株总根数 / 条			单株根体积 /mL			单株根重 /g		
	分蘖盛期	孕穗期	成熟期	分蘖盛期	孕穗期	成熟期	分蘖盛期	孕穗期	成熟期
汕优 3 号	741	876	997	50	75	75	1.4	2.2	3.7
IR661	641	716	840	40	55	45	1.3	2.0	2.5
汕优 2 号	916	1 040	1 051	70	87	85	2.0	2.5	2.7
南优 2 号	883	898	999	62.4	65.6	70	1.4	2.0	1.9
IR24	817	828	950	50.5	65	60	1.6	2.0	2.8
汕优 4 号	880	964	1 094	67	80	70	1.1	2.0	2.3
古 154	510	692	762	54	65	62.5	1.4	1.8	2.1
珍珠矮 11	617	—	682	30	—	75	1.3	—	1.8

4.2 发根能力

杂交水稻根系发达，发根力强。前面章节中我们曾列举了上海植物生理研究所的试验，南优 3 号在剪根后的发根数、根长、根重、发根力均优于其亲本，也优于常规对照品种。广西农学院对多数杂交组合的测定结果也肯定了这一点（表 16-25），其测定了 13 个杂交组合，其发根数、根长、发根力都大于常规稻包选 2 号。湖南农学院常德分院对一些生育期短的杂交组合进行测定，也证实杂交水稻发根力高于常规水稻，其中威优 35、威优 64、威优 98 的发根力分别为 49.37、48.90、54.38；而常规品种湘矮早 9 号只有 40.44。

表 16-25　不同杂交水稻品种或组合发根力的比较

（广西农学院）

品种或组合	根条数/条	根总长/（cm/株）	发根力	品种或组合	根条数/条	根总长/（cm/株）	发根力
常优 1 号	21.8	187.2	4 081.4	珍汕 97A×IR827	29.9	264.5	7 908.6
常优 2 号	26.0	198.5	5 160.2	珍汕 97A× 古乃 734	17.7	125.5	2 221.4
常优 7 号	20.6	102.0	3 337.6	南优 1 号	25.3	185.2	4 685.1
常付 A×IR827	14.8	113.5	1 679.8	南优 2 号	23.4	178.5	4 176.2
汕优 1 号	25.6	241.3	6 178.3	矮优 1 号	16.5	122.7	2 024.1
汕优 2 号	36.8	326.1	12 003.2	矮优 7 号	24.7	190.9	4 714.2
汕优 7 号	22.4	192.2	4 305.1	包选 2 号	12.4	74.7	926.3

4.3　根系的伤流强度

根的伤流强度 [mg/（株·h）]，可以说明根系生理活动的强弱和根系有效面积的大小，是反映根系活力和吸收能力的重要指标之一，湖南农学院常德分院（1977）曾对几个杂交水稻和常规水稻在不同生育期的伤流强度进行测定，结果表明，杂交水稻的伤流强度要比常规水稻大，也明显地较其父本大（表 16-26）。

表 16-26　杂交水稻和常规水稻的伤流强度比较

（湖南农学院常德分院，1977）

品种或组合		秧苗单株白根数/条	伤流强度 [mg/（株·h）]		
			幼穗分化期	乳熟期	成熟期
杂交水稻	二九南 1 号 A× 古 233	14.0	3.51	6.80	5.30
	南优 2 号	8.7	3.07	8.24	6.70
	常优 3 号	7.9	2.36	5.55	4.07
	6097A×IR24	13.5	2.66	5.50	5.32
	玻利粘 A×IR21	10.0	2.57	7.02	6.55
	平均	10.8	2.83	6.66	5.59
常规水稻	IR24	6.75	1.78	4.56	4.30
	珍珠矮 11	6.05	1.50	5.00	4.40

马跃芳和陆定志（1990）研究了不同灌水方式对杂交稻汕优 6 号抽穗开花后根系活力的

影响，结果表明：汕优 6 号开花后根系伤流强度逐步下降。长期灌水在抽穗开花后 38 d 已收集不到伤流液。不同时期进行断水处理，伤流强度急剧下降，复水后均有所回升。但早断水的伤流强度始终处于长期灌水和间歇灌溉的下方。间歇灌溉的伤流强度又明显高于长期灌水。抽穗开花后 8 d、15 d、23 d、30 d 分别比长期灌水高 11.54%、33.33%、50% 和 150%。开花后 38 d 间歇灌溉仍保持一定的伤流强度。可见，供水不足直接抑制了根系的生长和活力，而间歇灌溉有利于延缓根系的衰老。

4.4 根系活力

4.4.1 老化指数

有人已经证明，老化指数与根系活力之间有着显著的正相关，取倒三、倒四、倒五叶叶绿素含量的平均值与剑叶叶绿素含量的比例来表示根系活力大小，比例越高，根系活力越强。据湖南农学院化学教研组（1977）对南优 2 号及其亲本三系的老化指数的测定结果表明，叶片的老化指数与根的活力有高度的正相关，杂种比三系亲本的根系活力大（表 16-27）。湖南农学院常德分院（1983）对几个早、中熟杂交水稻威优 35、威优 64、威优 98 的老化指数进行了测定，其结果有相同的趋势，但组合之间有一定的差异。它们之间最大的为威优 35，说明它的根系活力较强，其次是威优 64，最次是威优 98。

表 16-27　南优 2 号及其亲本老化指数比较
（湖南农学院，1977）

生育期	南优 2 号	恢复系	保持系	不育系
孕穗期	123	112	98	108
乳熟期	79	59	71	72

4.4.2 α-萘胺氧化值

水稻根系中存在有能使 α-萘胺氧化的酶类，α-萘胺的氧化与呼吸作用有密切关系，α-萘胺法就是以测定 α-萘胺的氧化量来确定根系活力的大小。湖南农学院（1975）用 α-萘胺法直接测定了根系的氧化能力，发现南优 2 号根的总氧化能力要比常规水稻（广余 73）高，南优 2 号在乳熟期的氧化势要比常规品种广余 73 高 80%（表 16-28）。

表 16-28　南优 2 号和广余 73 的 α-萘胺氧化力

（湖南农学院，1975）

单位：μg/h

品种 或组合	孕穗期	齐穗期		乳熟期	
	氧化力	氧化力	氧化势	氧化力	氧化势
南优 2 号	91.67	120.66	3 256.8	78.13	2 109.4
广余 73	116.67	123.00	2 804.4	104.69	1 067.8

注：氧化力（μg/h）：每克鲜根 α-萘胺氧化力；氧化势：10 株有效穗总根量的氧化力。

4.5　根的通气压

水稻茎叶从空气中吸收氧气，可以沿着通气组织或细胞间隙输送到地下的根系。氧输送的难易，用通气压来表示。通气压低，输氧容易，通气压高则输氧较难。湖南农学院（1977）对南优 2 号及其亲本三系的通气压（水银压力计上水银柱的厘米数）进行了测定，结果表明，南优 2 号的通气压最低，为 1.2；而恢复系、保持系和不育系的通气压分别为 2.8、3.2 和 4.31。这表明南优 2 号的通气组织发达，有利于氧往根部输送，有利于根系的呼吸作用，为根系的吸收提供了较多的能源，促进了根系对养分的吸收。同时，氧气充足，增强了根系对土壤中还原物质的抵抗能力。

4.6　根系对 ^{32}P 的吸收

湖南省农业科学院农业物理研究室测定，按单株体内放射强度计算，杂交水稻对 ^{32}P 的吸收较常规水稻有优势。上海植物生理研究所等单位的试验结果表明，按单位重点的根系比较，南优 3 号、IR661 和二九南 1 号不育系分别为 298×10^3，247×10^3 和 245×10^3（每克鲜重 ^{32}P 脉冲数）。并观察了根系的磷酸渗入作用，将发根的植株移栽于含放射性 ^{32}P 的水培溶液中，2 d 后取出去净根外部吸收的 ^{32}P，再分析所含不同成分的 ^{32}P 含量。结果表明，按每株全根量来比较，杂交水稻的根系 ^{32}P 的吸收比普通水稻高得多，而酯化磷的转化效率也较接近于常规水稻（表 16-29）。

表 16-29　杂交水稻根系 ^{32}P 渗入比较

（上海植物生理研究所等，1977）

处理	^{32}P 脉冲数			酯化 ^{32}P/ 无机 ^{32}P
	总 ^{32}P	酯化 ^{32}P	无机 ^{32}P	
杂交水稻	4 596	1 204	3 392	0.35
湘矮早 9 号	1 273	314	859	0.36

4.7 根系合成氨基酸的能力

广西农学院（1997）的研究指出，在开花期用纸层析法测定伤流液中的氨基酸的含量，南优 2 号根系合成和向地上部分运转的氨基酸有 13 种，而珍珠矮 11 只有 7 种，单株根系合成和运转的氨基酸总量，南优 2 号要显著多于珍珠矮 11（表 16-30）。

表 16-30　杂交水稻和常规水稻根合成氨基酸能力比较

（广西农学院，1977）

品　种	酪氨酸	天门冬酰胺	天门冬氨酸	谷氨酸	缬氨酸	丙氨酸	苯丙氨酸	亮氨酸	赖氨酸	组氨酸	丝氨酸	甘氨酸	半胱氨酸
南优 2 号	++ ++	++ ++	++ +	++	++	++	++	++	+	++	+	+	++
珍珠矮 11		+	+	+		+					+	+	+

注：++++表示微量稍高。

马跃芳、陆定志于 20 世纪 80 年代也研究了汕优 6 号不同灌水方式对抽穗开花后伤流液中游离氨基酸的成分和含量差异。结果表明，开花后伤流液中游离氨基酸的总量明显下降。其中天门冬氨酸（Asp）等 15 种氨基酸的含量呈下降趋势，而苏氨酸（Thr）、丝氨酸（Ser）、胱氨酸（Cys）和甘氨酸（Cly）四种氨基酸则逐渐上升。不同灌水方式间，间歇灌溉的氨基酸总量下降速度较慢。以长期灌水为 100%，则间歇灌溉的氨基酸总量在开花后 30 d 增加 13.7%。其中天门冬氨酸、天门冬酰胺（Asn）、谷氨酸（Glu）、谷酰胺（Gln）、丙氨酸（Ala）、缬氨酸（Val）、蛋氨酸（Met）、异亮氨酸（Ile）、亮氨酸（Leu）、酪氨酸（Tyr）、苯丙氨酸（Phe）、组氨酸（His）、赖氨酸（Lys）和精氨酸（Arg）等 14 种氨基酸分别增加 12.5%，51.3%，16.2%，32.7%，21.6%，8.3%，4.5%，11.6%，14.7%，16.7%，11.1%，5.8%，32.7% 和 42.5%。而苏、丝、甘、胱四种氨基酸则分别减少了 12.8%，7.5%，16.7% 和 9.1%。早断水则相反，在开花期和开花后 15 d 断水 8 d 后，氨基酸的总量分别比长期灌水减少 4.46% 和 3.50%。这和前述伤流强度的大幅度下降相吻合。从各种氨基酸成分来看，断水后天门冬氨酸等 15 种氨基酸含量有不同程度的减少，而苏氨酸、丝氨酸、甘氨酸、胱氨酸四种氨基酸的含量却不同程度地上升。复水后才有所缓和。可见，不同水分供应状况明显影响根系中氨基酸的合成能力及其代谢途径。

4.8　幼根中 RNA 含量

杂交水稻地上部分生长健壮繁茂，必须要有强大的根群和旺盛的根系活力作基础。湖南农学院（1977）以南优 2 号及其相应的三系为材料，用细胞组织化学的方法观察了幼根尖端部位，发现杂种富含 RNA 的细胞多于恢复系、保持系和不育系。观察分蘖盛期、幼穗分化期及孕穗期的新根根尖，各个时期，杂种根中富含 RNA 的细胞数量仍多于亲本三系（表 16-31）。根中 RNA 含量多，说明杂交水稻根尖的代谢旺盛，有利于根系的吸肥和吸水，特别是对钾的吸收有很大的促进作用。

综上所述，杂交水稻与常规水稻比较，具有根系发达、吸收和合成能力强、功能旺盛等优势。

表 16-31　南优 2 号及其亲本新根根尖 RNA 含量比较

（湖南农学院，1977）

生育期	新根根尖 RNA 的含量			
	南优 2 号	IR24	保持系	不育系
种子萌发后第五天	＋＋＋＋	＋＋＋	＋＋	＋
分蘖盛期	＋＋＋	＋＋	＋＋	＋
幼穗分化期	＋＋	＋＋	＋	＋
孕穗期	＋	＋	—	—

注：＋＋＋＋表示微量稍高。

第五节　干物质积累、运转和分配

5.1　杂交水稻干物质积累能力特点

杂交水稻具有较强干物质积累的能力，特别是生育前期，比其父本、常规稻品种积累的能力大得多。据湖南师范大学生物系（1983）对几个杂交水稻和其父本及常规稻品种的比较测定，结果表明（表 16-32），威优 6 号具有绝对的优势，无论在生育前期、中期，还是生育后期，其干物质生产能力均优于其父本和其他常规品种。

杂交水稻单株增重在生育期前、中期明显的比父本和常规品种高，说明它的干物质生产优势大（表 16-33）。从单位面积上最后的干物质积累量来看，杂交水稻收获期总干物质重每公顷在 15 t 左右，而它的父本或一般的常规水稻品种，仅有 7.5～12.8 t。除品种特性外，由于生态条件和栽培水平不同，即使是同一杂交水稻组合，干物质的生产量也有差异。一般情况下，产量总是随着干物质的增加而提高。

表 16-32　水稻各生育期的干物质生产力

（湖南师范大学，1983）

单位: g/(株·d)

品种或组合	生育前期 （移栽—穗分化）	生育中期 （穗分化—抽穗）	生育后期 （抽穗—成熟）
威优 6 号	0.300	0.824	0.469
汕优 3 号	0.280	0.300	0.402
威优 64	0.275	0.792	0.400
威优 98	0.285	0.301	0.395
IR661	0.200	0.756	0.455
IR24	0.195	0.764	0.448
湘矮早 9 号	0.210	0.742	0.410

表 16-33　干物质重与产量的关系

单位: kg/hm²

类型	总干重	穗干重	产量
威优 6 号	14 868	7 655	7 541
父本	12 776	6 340	6 181
红 410	7 541	5 440	5 284

从杂交水稻的高产田看，各生育期的干物质，在幼穗分化期的干物重占总干物重的 28%～30%；始穗期占 70% 左右。可见，要夺取杂交水稻高产，不仅要注意抽穗后的干物质生产和转运，而且要重视生育的前、中期干物质的生产和积累。

5.2　杂交水稻干物质运转与分配特点

杂交水稻具有很强的营养生长优势，一般单株干重较大，穗重占总干重的比重也较高，因而能获得比常规水稻更高的产量（表 16-34）。

表 16-34　不同品种（或组合）干物质的分配率

（1981）

品种（组合）	叶重		鞘重		茎秆重		地上部总重		穗重		单株总重（g/株）
	g/株	分配率/%	g/株	分配率/%	g/株	分配率/%	g/株	分配率/%	g/株	分配率/%	
威优 6 号	0.56	16.42	0.56	16.42	0.42	12.31	1.54	45.16	1.87	54.84	3.41
红 410	0.36	13.69	0.42	19.17	0.34	15.52	1.06	48.41	1.13	51.59	2.19
余赤 231-8	0.39	20.00	0.37	15.89	0.26	13.33	0.96	49.26	0.99	50.76	1.95

　　进一步的研究表明，这种分配关系与杂交水稻的物质转运率高有关。从表 16-35 可以看出，几个杂交组合的物质转运率都在 2.5% 以上，而两个常规品种物质转运率仅 20% 左右。正由于杂交水稻具有这种物质的转运优势，因而形成大穗和获得较高的经济系数。据湖南省大面积杂交水稻田统计，单位面积上产量愈高，经济系数愈大。同一杂交组合，一般以作晚稻栽培的比作早稻栽培的经济系数高（表 16-35）。

表 16-35　不同品种（组合）的茎、鞘物质转运率及威优 6 号经济系数与产量的关系

品种（组合）	抽穗期茎鞘重/(g/株)	乳熟期茎鞘重/(g/株)	转运量/(g/株)	转运率/%	组合：威优 6 号		
					季别	经济系数	产量/(t/hm²)
威优 6 号	19.20	14.02	5.18	26.97	早稻	0.566	>7.5
威优 98	18.13	13.57	4.56	25.15		0.556	6.0～6.75
威优 35	18.24	13.57	5.23	28.67		0.500	5.25
威优 64	18.30	13.01	4.83	26.39	晚稻	0.586	>8.25
红 410	16.47	13.13	3.34	20.27		0.578	6.75
余赤 231-8	16.23	13.47	2.76	17.00		0.533	6.0

　　当转运率提高时，如达到 40% 左右，经济系数可提高到 0.57 左右，每公顷单产才能达到 9.750～10.5 t 的高产水平（颜振德，表 16-36）。在正常条件下，同一品种（组合）的产量是随经济系数的提高而增加的，当然，如果干物质生产总量不高，即使经济系数高，也不一定能高产。因此，从这一观点出发，目前两系杂交水稻的育种就是在通过提高生物产量的基础上实现了产量水平的再提高。此外，因组合和栽培条件的不同，经济系数也是有差异的。

488

表16-36 南优3号叶片、叶鞘的转运率与经济系数的关系

（颜振德，1981）

亩产量/kg	亩出穗期鞘叶干重/kg	亩成熟期鞘叶干重/kg	鞘叶物质运转率/%	经济系数
659.4	490	281	42.7	0.569
725.4	506	292	42.3	0.530
536.5	376	268	28.7	0.481
485.0	456	352	22.8	0.423
476.5	470	340	19.1	0.429

水稻在各个时期的光合产物不是均衡地分配到各个生长部分的，而是在不同的时期有不同的养料输入中心。如苗期的光合产物输入中心是幼叶和分蘖；幼穗分化开始以后的输入中心是幼穗和茎；抽穗开花以后的输入中心是穗上颖花。一般水稻籽粒内的淀粉有2/3～3/4是抽穗后从茎叶中的同化物转入穗部的。所以，人们强调抽穗后应保持后三叶的叶片功能，这对高产的形成是十分重要的。广西农学院（1977）的研究结果表明，杂交水稻（南优2号等）比常规水稻（珍珠矮11）的后三叶的干重高70%甚至1倍。如按每平方厘米叶面积的干重计算，杂交水稻比常规水稻高116.30%，说明杂交水稻叶片制造、供应有机物的能力比常规水稻强。

5.3 杂交水稻籽粒灌浆特点

抽穗后干物质向穗部运转，杂交水稻优势明显，干物质向穗部转运率较常规稻高，因而其籽粒灌浆速度也大于常规稻。广东省植物研究所（1978）曾对汕优2号和常规水稻秋二矮的灌浆速度进行了测定（表16-37）。

表16-37 杂交稻与常规稻籽粒灌浆速度比较

（广东省植物研究所，1978）

单位：mg/（100粒·d）

品种	开花后第五天	5～10 d	10～18 d	19～25 d
汕优2号	121	155	94	70
IR24	194	103	64	16
秋二矮	63	163	81	17

测定结果表明，开花后第五天，汕优2号的100粒日增重为121 mg，将近常规水稻的2倍。并且，汕优2号的灌浆期比较长，直到开花后19～25 d，常规水稻千粒日增重已降

到很低的水平（17 mg），而汕优 2 号还有 70 mg。在淀粉合成酶的活性变化上亦有同样的趋势，汕优 2 号的淀粉合成酶活性不但高于常规水稻，而且这种活性在开花后 19 d 还在增加，此时常规水稻已下降。他们认为，汕优 2 号的灌浆速度快，灌浆时间长，千粒重也比常规水稻高的生理原因，是与汕优 2 号的淀粉合成酶活性高和维持活性的时间长是分不开的（图 16-1）。关于杂交水稻籽粒灌浆，下节我们将作较详细的讨论与介绍。

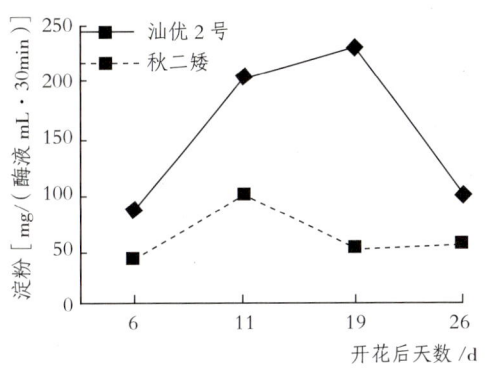

图 16-1　淀粉合成酶的活性变化（广东植物研究所，1978）

第六节　"源""库"关系

人们通常把生产光合产物的场所称为"源"（source），贮存光合产物的场所称为"库"（sink）。就水稻而言，"源"主要（并非全部）是指叶面积的大小，而"库"主要（也不是全部）是指颖花数目及其大小。杂交水稻的"源"和"库"与常规水稻比较，具有许多不同的特点。

6.1　杂交水稻"源""库"的生理特点

6.1.1　源的特点

6.1.1.1　营养生长优势显著　实践表明，几乎生产上应用的所有杂交水稻组合都具有明显的营养生长优势，这种优势首先表现在苗期阶段的生长速度上。如在 25 ℃以上的温度条件下，杂交水稻的日平均生长速度为 2.5 cm 左右，而在同样的条件下，IR 系统恢复系的日平均生长速度为 2.1 cm 左右，常规水稻品种如广陆矮 4 号、湘早籼 9 号的日平均生长速度为 1.8 cm 左右。其次表现在叶片的扩展速度上，以叶面积指数为例，分蘖期的叶面积指数，杂交水稻比常规水稻大 1~1.5 倍；最大叶面积指数，据单产 7.5 t/hm² 以上的田块测定，杂交水稻可达 8.0 以上，而常规水稻在 6.5~7.0 之间。据大田统计材料分析，发现杂交水稻叶面积指数在 4.0~8.0 的范围内，每增加 1.0，可提高光能利用率 0.22%~0.24%，每公顷可增加产量 525~750 kg。当然，指数愈低时，增加指数的增产效率愈高，这里是指平均值而言。

6.1.1.2　具有较强的净同化率　据湖南师范大学生物系测定，威优 6 号、南优 3 号、汕优 6 号等杂交水稻的最大净同化率均可达 12 g/（m² · d）；而 IR24、IR661 的净同化率为 8.5 g/（m² · d）；一般常规品种如洞庭晚籼、红 410 在同样条件下为 6.5~7.5 g/（m² · d）。穗分化时，由于杂交水稻的穗大、颖花多、呼吸旺盛，加上叶面积还在继续扩大，养分消耗多，因而中期的净同化率有所下降，一般在 5.7~6.0 g/（m² · d）范围内，此时常规水稻为 5.0~5.5 g/（m² · d）。抽穗后，杂交水稻功能叶衰老快，净同化率下降迅速，略低于常规水稻，前者为 6.12 g/（m² · d），后者为 6.30 g/（m² · d）。

6.1.1.3　生育的前、中期光合速率高　据湖南师范大学生物系对威优 6 号等 7 个杂交水稻光合速率的测定，杂交水稻生育的前、中期叶片的光合速率均比常规水稻（广陆矮 4 号、湘早籼 9 号、洞庭晚籼、余赤 231-8）高。生育前期的光合速率高 17.65%~36.36%，中期高 22.22%~25.00%，后期则低于常规水稻 12% 左右。杂交水稻比恢复系（IR661、IR26、IR24）的光合速率平均高 15%。

6.1.1.4　干物质生产力大　由于杂交水稻的光合速率高，因而表现出有较大的干物质生产能力。据测定，威优 6 号的干物质生产力，生产前期为 0.3~0.36 g/（株 · d），中期为 0.75~0.8 g/（株 · d），后期为 0.45 g/（株 · d）；而常规稻洞庭晚籼的干物质生产力，在生育前、中、后期分别为 0.2~0.22 g/（株 · d）、0.7 g/（株 · d）、0.4 g/（株 · d）。以每公顷产干物质计算，威优 6 号前期、中期、后期分别为 5 850 kg、10 875 kg、15 000 kg；而常规水稻分别只有 4 650 kg、9 000 kg、12 750 kg。

综上所述，杂交水稻源的生理优势很强，这是杂交水稻高产的生理基础。但是，如果这个优势在生产上得不到充分发挥，那么杂交水稻就会失去高产基础，也就不能获得高产。

6.1.2　库的特点

6.1.2.1　颖花数多库容量大　杂交水稻的库容量大，具有明显的库优势。一般比常规水稻的库大 30%~50%。据对湖南省洞庭湖区 7 个县 9 个点约 13.3 hm² 面积示范片的调查，6 个杂交水稻组合的每穗总颖花数平均为 138.7 粒，实粒数 102.46 粒。在同一条件下，几个常规水稻品种每穗的颖花数和实粒数显著地较杂交水稻少（表 16-38）。

表 16-38　杂交水稻与常规水稻的库容量比较

（1981）

组合或品种	总粒数 / 粒	实粒数 / 粒	实秕率 /%
V20A × 制 3-2-41	123.00	81.50	33.73
菲优 2 号	131.80	91.10	30.88
菲优 6 号	158.20	117.30	25.85
威优 6 号	138.20	104.40	24.46
四优 2 号	139.30	106.30	24.12
菲改 A×S	141.70	114.20	19.40
平　　均	138.70	102.46	26.37
常规稻（红 410）	65.30	52.89	19.00
常规稻（余晚 6 号）	83.00	65.74	22.00

　　马国辉（1987）通过对"不同年代水稻品种生产力及库源差异"的研究发现，不同年代水稻产量正是伴随着库容水平不断增加而提高。20 世纪 70 年代末期后，杂交水稻由于展示出很大的库容优势而较常规水稻显著增产。近年来两系杂交水稻，特别是超级杂交水稻的研究使得这种大穗优势得到了进一步的发展，并已成了水稻超高产栽培与育种最显著的特点之一。如新育成的两系杂交稻两优培九和培矮 64S/E32 等超级杂交水稻苗头组合大穗优势突出，每穗总粒数一般均在 180 粒左右，高的可以超过 270 粒，每公顷总颖花容量一般可达到 60 000 万粒以上，而且结实率仍在 85% 左右。

　　杂交水稻库容量大的主要原因是每穗有较多枝梗数，特别是二次枝梗数显著超过常规水稻，同时每个一次枝梗和二次枝梗上的颖花数均比常规水稻增加 1 朵以上（表 16-39），这样，就构成了杂交水稻大穗优势。由表 16-39 可见，杂交水稻的每穗一次枝梗平均比常规水稻多 3.34 个，二次枝梗多 14.9 个，颖花数多 60～70 朵。

表 16-39　杂交水稻与常规水稻每穗枝梗数和颖花数的差异

（湖南师范大学生物系，1981）

品种	每穗枝梗数 /（个 / 穗）				每个枝梗颖花数 / 个			
	一次枝梗		二次枝梗		一次枝梗		二次枝梗	
	变幅	平均	变幅	平均	变幅	平均	变幅	平均
威优 6 号	8.0～14.0	11.61	21～46.00	29.60	7～8	7.2	2～5	3.5
洞庭晚籼	6～9	8.23	12～117	15.70	5～6	5.8	2～5	2.9

492

6.1.2.2 结实率低　生产实践表明，杂交水稻一般结实率较低，大多在 70%～80% 之间，比常规水稻的结实率（85%～90%）低。杂交水稻结实率不太高，也说明它还有很大的增产潜力。只要设法降低空秕率，就能进一步提高杂交水稻的产量。据调查，杂交水稻的空秕率在 20% 以下者，占 15%；空秕率 20%～30% 者，占 60%；空秕率大于 30% 者约占 25%。

研究表明，杂交水稻空秕粒分布规律基本上与常规水稻相同。即穗的下部高于中上部，二次枝梗高于一次枝梗。如威优 6 号，穗上部的空秕率为 17.14%，中部为 21.21%，下部为 30.56%；第一次枝梗的空秕率为 10.87%，第二次枝梗为 31.58%。但由于杂交水稻穗上的二次枝梗数多，相对而言，每个穗上的弱势花较多，一旦源不足，就有较多的竞争力弱的颖花形成空秕粒。所以，源、库不协调时，空秕率高。可见，提高杂交水稻二次枝梗上弱势花的结实率是充分发挥杂交水稻增产优势的重要途径之一。

6.1.2.3 籽粒的灌浆期长　据研究，杂交水稻一般具有两个灌浆高峰，这一点我们将在下面作较详细的讨论与分析。常规水稻的籽粒灌浆期比较短，从受精算起一般为 25～30 d，一个穗子的灌浆过程基本完成；而在同样的条件下，杂交水稻一个穗子的灌浆过程则要 40～45 d 才能完成，有的长达 52 d。因此，在杂交水稻生育后期不能过早脱水，也不能有低温，否则，会影响正常灌浆，减轻粒重。

6.2 杂交水稻籽粒灌浆现象及其理论分析

6.2.1 杂交水稻籽粒两段灌浆现象

大量的研究表明，杂交水稻具有典型的两段灌浆现象，不少人认为这一现象为杂交水稻所特有（朱庆森，1984；王永锐，1985 等），因为常规水稻品种通常只有一个灌浆高峰（图 16-2）。

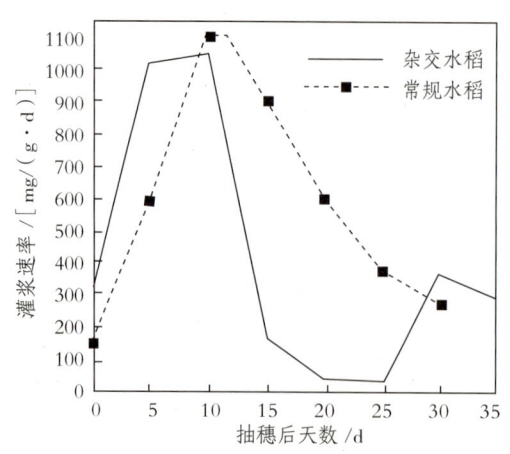

图 16-2　杂交水稻与常规稻灌浆特性差异

杂交水稻两段灌浆现象如汕优63在正常生长季节（中稻）栽培时就能看到，即从籽粒积累的动态过程来看，籽粒积累有两个高峰，一个出现在灌浆前期，一个出现在灌浆中后期，在籽粒积累曲线上出现一个平台，平台前有一个积累高峰，平台后出现另一积累高峰，这一现象即所谓两段灌浆现象（图16-3）。

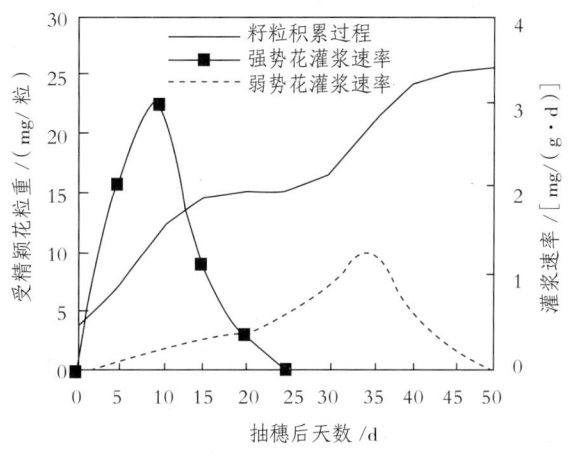

图16-3　汕优63的两段灌浆现象

从籽粒灌浆的全过程来看，杂交水稻的灌浆强度比常规水稻大，如双季晚稻的威优6号的灌浆强度（9月20日）为324 mg，常规水稻红410仅为200 mg；灌浆末期，威优6号为310 mg，红410为246 mg。在整个灌浆过程中，杂交水稻威优6号出现两个高峰，第一个高峰在开花后12~15 d内形成，高峰值可达1 000 mg以上；第二个高峰在开花后一个月左右出现，高峰的大小和持续时间与当时的气温密切相关。一般在抽穗开花较迟或秋寒来得早、秋季气温下降快的情况下，或在栽培措施不当引起叶片功能早衰，光合速率显著下降，有机养分供应不足的情况下，都有可能导致第二个高峰出现迟，持续天数少，高峰值低，有时甚至不出现第二个高峰。因此，20世纪80年代初期生产上时有杂交晚稻产量不高、不稳的现象出现。杂交早稻在高温下灌浆，叶片养分转运快，易于早衰。因此，不利于杂交水稻的灌浆，往往不能形成第二个灌浆高峰，从而造成杂交早稻的秕粒多、籽粒轻，产量潜力难以充分发挥。在同样条件下，常规品种，一般只有一个灌浆高峰，这个高峰出现的时间与杂交水稻的第一个高峰基本符合，而且高峰值也可达到杂交水稻的水平，但由于颖花数少，籽粒灌浆时间比较短，养分供应集中。因此，不出现第二个高峰。正由于这个原因，常规水稻每穗的籽粒少，有机养料的供求矛盾比较缓和，同时受后期气温较高的影响小，因而结实率较高。

6.2.2 两段灌浆理论的初步分析

马国辉（1996）进一步通过对常规稻南特号、矮脚南特、广陆矮 4 号、湘早籼 1 号、三系杂交稻威优 35 及汕优 63 的灌浆特性的比较研究发现（图 16-3）：同一个品种（组合）在不同季节种植时可以表现出完全不同的灌浆特性，即有的存在两段灌浆现象，而有的却只表现出一次灌浆的特征。正季栽培时（早稻）几乎所有的品种（组合）都没有两段灌浆现象，而反季栽培（晚季）时有些品种（组合）如矮脚南特和威优 35 就表现出两段灌浆特性。因此他认为：两段灌浆现象是作为水稻的共性存在，而不是杂交水稻的个性表现，只是由于水稻品种间灌浆能力的差异，水稻强、弱势颖花物质积累能力差异及灌浆期气候条件（如温度）的不同，使有的品种（组合）不能表现出两段灌浆的特性而已。

进一步研究的结果表明，水稻强势花具有明显的灌浆优势，如其生理活性强，颖花容量相对较大，灌浆启动快，积累速率高。而且灌浆期温度的高低、单穗颖花数的多少（特别是弱势花的多少）、每枚颖花的库容大小、水稻品种自身灌浆能力（速率）的高低及抽穗前茎鞘贮藏碳水化合物的多少均与两段灌浆是否表达密切相关。根据这些研究结果，马国辉提出了水稻"同步、异步两段灌浆"模型（图 16-4），即当强势花快速增重（积累）时，弱势花以较低的积累速率同步增重，表现出强、弱势花同步灌浆的特性，此时强势花对弱势花具有潜在的生理抑制功能；当强、弱势花同步灌浆时，由于强势花的生理优势而较早增重到其最大粒重，此时如果弱势花仍具有干物质积累活性，由于潜抑制已解除，弱势花跃升到主导地位，使其积累速率提高，从而籽粒可继续增重到最大粒重，而呈现出另一积累峰值。当单穗颖花多（特别是弱势花多）、灌浆时期较长（如中、晚稻）、灌浆期温度相对较低时，有利于形成弱势颖花的异步灌浆特性，只有在同步灌浆能力较强，而异步灌浆得以充分表达时，两段灌浆才表现明显。

杂交水稻由于穗大粒多，弱势颖花所占比重也大。因此，籽粒灌浆多呈现"同步、异步两段灌浆"特征，即所看到的两段灌浆现象。因此，在高产栽培时，应充分调节和安排好大穗型杂交组合的灌浆结实期，并尽量增加茎鞘的贮藏积累以提高颖花的积累调节能力；在育种上应尽可能地选育灌浆能力强，特别是强、弱势花同步灌浆能力强、穗型中等的组合。

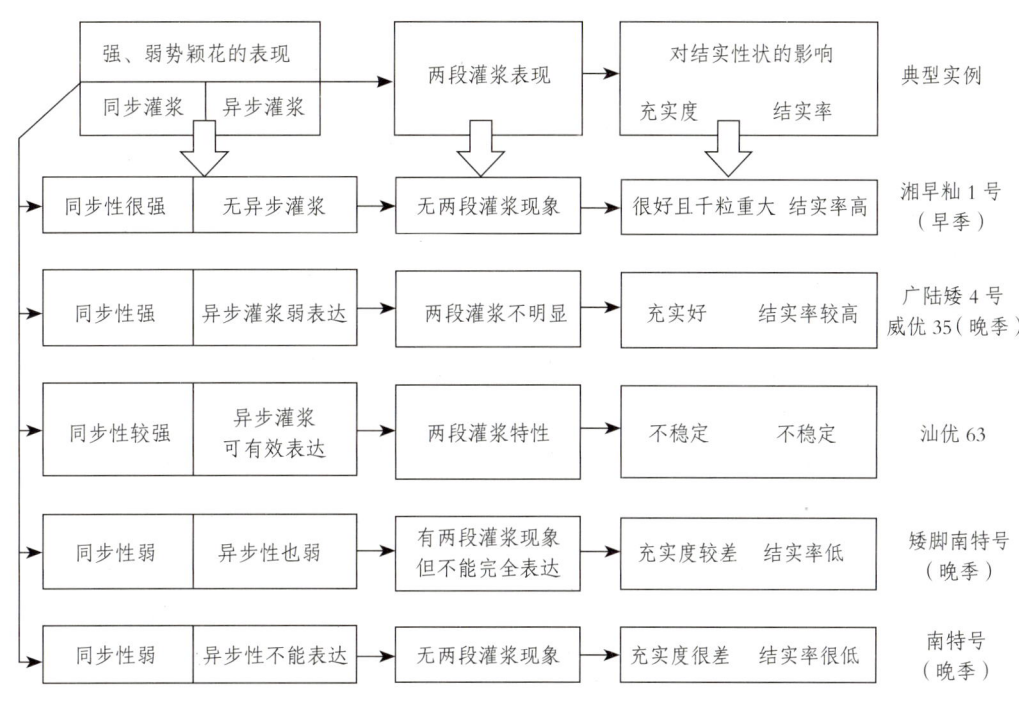

图 16-4　水稻"同步、异步"两段灌浆模型

6.3　杂交水稻的"源""库"关系

6.3.1　杂交水稻的"源""库"关系的一般特点

从水稻产量来说，"源"是基础，没有"源"就可能没有"库"；没有"库"，也就不可能有产量。只有当"源""库"强大而又协调时，才能获得最高的产量。

"源"是光合产物形成的场所，首先，必须有强大的"源"。"源"不足，必然影响到"库"的发展，特别是开花后，如果光合面积减少或光照不足，影响了"源"，那么，就会直接造成粒重的减轻，甚至形成秕粒。后期去叶（减少"源"）试验表明，当"库"大而"源"小时，空秕率显著上升（表 16-40）。

表 16-40　去除不同叶位的叶片对结实率的影响

处理	总粒数 / 粒	实粒数 / 粒	空秕粒 / 粒	空秕率 /%	比对照 ± /%
对照	111.0	86.0	25	22.52	
去剑叶	106.5	74.70	31.80	30.00	＋ 7.48
去第二叶	103.5	76.50	27	26.09	＋ 3.57

续表

处理	总粒数 / 粒	实粒数 / 粒	空秕粒 / 粒	空秕率 /%	比对照 ± /%
去第三叶	108.0	81.0	27	25.00	＋2.48
去后三片叶	113.0	64.0	49	43.36	＋20.84

注：供试组合为威优 6 号。

由表 16-40 可见，抽穗后去掉任何一片叶，由于同化产物减少，都会对结实率有影响，尤以去剑叶的影响最大，空秕率可增加 7.48%。如果后三叶全部去掉，空秕率增加 20.84%。"源的减少"，不仅降低结实率，而且对粒重也有直接的影响（表 16-41）。

表 16-41　去除不同叶位的叶片对粒重的影响
（湖南师范大学生物系，1983）

项目	结实情况				充实度
处理	结实率 /%	以对照为 100/%	粒重 / (mg/ 粒)	以对照为 100/（mg/ 粒）	/%
对照	88.62	100	27.30	100	86.17
去剑叶	57.94	65.38	19.00	69.59	60.04
去第二叶	58.87	66.43	21.20	77.65	66.92
去第三叶	80.71	91.07	25.30	92.67	79.86
去后三片叶	41.52	46.88	18.85	69.04	59.50

从库容量来看，每穗籽粒的平均重量只相当于最大粒重的 86.17%。不同叶位的叶片，以剑叶对粒重的贡献最大，去掉剑叶，粒重只有对照（不去叶）的 69.59%；去第二叶为对照的 77.65%；第三叶影响较小，去掉第三叶粒重可达对照的 92.67%。试验结果证明，开花后"源"的不足，直接影响"库"的内容物的充实，降低产量。可以说，杂交水稻的剑叶和剑叶的下一叶是穗同化产物的主要供应者，后三叶的同化产物的供应能力则随它们同化能力的衰退而下降。因此，后三叶的去叶时间愈迟，影响愈小。

据观察，威优 6 号开花一个月去掉后三叶，对空秕率的影响甚微，但对籽粒的充实度却仍有相当大的影响。杂交水稻整个籽粒灌浆的时间较长，在适宜的条件下，粒重的增加可以延续到开花后 40~45 d，说明在杂交水稻的生育后期设法延长或维持叶片的功能，对杂交水稻高产具有十分重要的意义。

"源"不足影响"库"的充实，反过来，"库"的容量受限制，也影响"源"的发挥，同时不能获得高产。目前生产上限制杂交水稻进一步增产的因素是"源"还是"库"尚未定论，湖南师范大学的研究结果（1982）认为，杂交水稻结实率和充实率低的原因是"源"的不足或供应不平衡引起的。在人为减少"库"（去掉部分颖花）的试验条件下，而原来的"源"不变，由于颖花数减少了，每个颖花分配得到的"源"相对地增加了，结实率也相应地提高了（表16-42）。

表16-42　威优6号减少颖花数对结实性的影响

处理	空秕率/%	单位重/mg	充实率/%
对照（未处理）	22.52	27.00	86.17
去上部枝梗的颖花	8.25	27.40	86.49
去中部枝梗的颖花	5.54	27.50	86.81
去下部枝梗的颖花	5.35	27.85	87.91
去第一次枝梗的颖花	4.50	29.56	93.31
去第二次枝梗的颖花	3.50	31.68	100

试验结果有力地说明，去掉穗上任何部位的颖花，只要库容量有所减少，每个颖花获得的养分充分，都可大大提高穗上所留颖花的结实率。如去掉第二次枝梗上的颖花，可以使结实率提高到96%以上，结果同时也表明，可能通过有机养料供应的改善而降低杂交水稻的空秕率。值得指出的是，减少颖花数还能提高粒重，尤其明显的是当第二次枝梗上的弱势花去掉后，可使粒重显著增大。这说明，对结实率不高的杂交水稻高产的主要限制因子仍是"源"的不足。因此，改善杂交水稻的株型、叶型，提高群体的光能利用率是今后进一步提高产量的一个重要方面。

水稻的"库""源"关系可归纳为三个类型：①库容量有限，结实率高，同化产物超过库的贮存能力而留在茎秆中；②同化产物供应有限，结实率低；③库容量大，同化产物供应协调，结实率高，粒重大，产量高。

杂交水稻从三系发展为两系，"源""库"水平得到不断提高，就其本身来说，"源""库"关系基本属于第③类型。但是，在生产实践中，往往由于生态因子不适宜或栽培技术不当，易造成生育后期同化生产物供应不足，容易演化为第②类型的"源""库"关系，这一点在20世纪80年代初期比较突出。反之，只要改善"源"的供应，就可以提高结实率，增加产量。目前，超级杂交稻苗头组合的上三叶"长、直、窄、窝、厚"，这种良好的株叶形态正是有效地提高了叶面积指数（LAI），实现了高水平的"源""库"协调。因此，目前一些超级杂交水稻苗头组合，如两优培九、培矮64S/E32，在每穗提高到250枚左右时，其结实粒却高达85%~90%。由此可见，杂交水稻的"源""库"关系具有较大的变动性和可控性。

498

6.3.2 亚种间杂交水稻维管束性状及其与籽粒充实度关系的初步研究

邓启云和马国辉的研究（1992）认为，亚种间杂交稻穗颈、枝梗及伸长节间维管束数目和大小均具有明显优势，但这种优势与一些亚种间组合强大的库容水平还不相适应，其单穗库容（颖花量）太大，致使其输导组织的颖花负荷量过重，部分籽粒难以充实。若能将亚种间杂交稻穗颈输导组织的颖花负荷降低到三系品种间杂交稻的水平，有利于提高籽粒充实度。因此，他们提出了提高籽粒充实度的可能途径：一是选育新组合时注意增加维管束数目和面积，培育既穗大粒多，又具有相适应的输导组织的组合；二是适当降低单穗库容（颖花数）。并且认为利用亚种间杂种优势，育种上走中穗过渡到大穗的道路是明智的（表16-43）。

表16-43　亚种间杂交组合维管束性状与籽粒充实度关系
（邓启云、马国辉，1992）

| 组合
（品种） | 枝梗
总粒数
/粒 | 饱满
粒率
/% | 结实率
/% | 大维管束 | | | 维管束
总面积
/mm^2 | 韧皮部
总面积
/mm^2 | 维管束
负荷/
（枚/
mm^2） | 韧皮部
负荷/
（枚/
mm^2） |
				数目/ 根	面积/ mm^2	韧皮部 面积/ mm^2				
培矮64S/ Varylaral312	14.5	39.4	46.7	3.0	41.3	10.5	186	45.4	78	319
	18.0	68.4	87.0	1.0	93.0	40.2	142	57.2	127	315
	2.5	0	0	1.0	33.0	12.2	44	14.4	57	174
	2.5	100.0	100.0	1.0	23.6	10.4	32	12.4	79	202
	1	0	0	1.0	15.73	7.0	24	8.9	43	113
	1	100.0	100.0	1.0	16.7	6.3	31	10.3	32	97
威优64 （CK$_1$）	11.5	30.3	55.7	2.5	48.8	12.5	182	47.4	63	243
	12.0	57.3	57.3	2.0	46.0	17.7	137	49.8	88	241
	3.0	0	50.0	2.0	24.3	6.8	64	16.1	47	186
	3.0	50.0	50.0	1.0	29.8	11.8	43	14.2	70	211
湘晚籼1号 （CK$_2$）	12.0	81.8	81.8	2.0	6.0	16.0	150	39.6	80	303
	14.5	76.2	79.5	1.0	62.0	22.0	105	30.8	138	471
	3.0	62.5	62.5	1.0	37.0	7.0	37	7.0	81	429
	3.0	100.0	100.0	1.0	23.4	8.0	30	8.0	101	375
	1	50.0	50.0	1.0	14.9	5.4	23	6.2	44	161
	1	100.0	100.0	1.0	19.9	7.7	31	9.7	32	103

注：表中数据从上行到下行分别为穗基部一次枝梗、顶部一次枝梗、基部二次枝梗、顶部二次枝梗、弱势花小枝梗和强势花小枝梗的值。

　　表中的结果进一步表明：①从大维管束数目来看，所有品种（组合）其基部一次枝梗的大维管束数目比顶部的要多，而亚种间组合表现更明显。但二次枝梗及强、弱势花小枝梗的大维管束数，不同组合（品种）或不同部位间没有差异，均为 1 个（CK$_1$ 例外）。结合考虑饱满粒率和结实率性状，他们认为一、二次枝梗及小枝梗大维管束数目的多少对籽粒充实度的影响并不十分重要。②从维管束、韧皮部总面积及其负荷来看，除基部枝梗的维管束总面积大于顶部之外，其余没有出现一定的规律，与饱满粒率和结实率的高低没有明显的相关。暗示至少枝梗维管束的大小还没有构成籽粒充实不良的主要限制因子。③从单个大维管束的韧皮部面积来看，三系品种间杂交稻及常规稻无论是一次枝梗，还是二次枝梗表现出顶部大于弱势花小枝梗的趋势，这与饱满粒率和结实率的大小变化规律是一致的。亚种间组合培矮 64S/Varylara1312 一次枝梗也有同样的规律，而且顶部远远大于基部，因而其饱满粒率和结实率分别比基部的高 29.0% 和 41.7%。前述研究认为一次枝梗大维管束数的多少与籽粒充实度不相关，但从每个大维管束的面积来看似乎可以发现：亚种间组合顶部一次枝梗大维管束尽管只有 1 个，但其面积大，相反，其基部的大维管束虽有 3 个，但每个的面积小，仅为顶部的 44.4%，更有甚者，其大维管束中韧皮部面积只有顶部的 26.1%，因而穗基部的饱满粒率和结实率远小于穗顶部。而这种差异在结实性状较好的威优 64 和湘晚籼 1 号上较小，其基部一次枝梗大维管束的韧皮部面积分别为顶部的 70.6% 和 72.7%，因而其结实率相差也不大。这说明了一方面可能亚种间组合，特别是其穗基部枝梗有机物的实际运输效率较低；另一方面单个大维管束韧皮部面积较小，可能有利于胼胝质积聚而不利于物质运输。

6.4　影响"源""库"协调的主要生态因子

6.4.1　低温对"源""库"的影响

　　低温对叶片的生长有明显的影响。苗期低温会延迟分蘖，甚至不分蘖，不仅叶面积减少，同时叶功能降低，干物质的形成与积累受到阻碍。生育前期的"源"不足，必然会引起穗分化的养分供应不充分，枝梗数和颖花数减少，导致"库"容量的减少。花粉母细胞减数分蘖期的低温影响最大，如在连续 4 d 15 ℃低温的处理下，威优 6 号、汕优 9 号的空秕率几乎为 100%。处理后的植株，在 25 ℃以下的自然条件下，不能正常抽穗，包颈率达 80% 以上，全部籽粒青色，"源""库"严重失调。抽穗后对低温最敏感阶段是开花期，正在开颖的花最易受冷害。研究证明，低温主要影响花粉粒的育性和活力。据湖南师范大学生物系观察，在 15 ℃的低温下，花粉粒外形皱缩，萌发慢，甚至不萌发，花粉管伸长受阻，因而受精率不高，致使开花前形成的大量有机养料不能充分向籽粒转运，造成"源""库"失调。

6.4.2 高温对"源""库"的影响

杂交水稻在抽穗开花期对高温比较敏感，35 ℃以上高温，经3~5 d就会引起叶片功能衰退，光合速率下降（表16-44）。

表16-44 自然高温（>37 ℃，5 d）对杂交水稻叶片功能的影响

（1981，南优6号）

叶片类型	叶绿素含量（mg/g 干重）			光合速率 [$CO_2mg/(dm^2 \cdot h)$]
	总量	叶绿素 a	叶绿素 b	
正常绿叶（整片绿色）	4.625 6	2.551 1	2.074 7	18.87±1.12
三级黄叶（2/3 叶片焦黄）	1.975 1	1.131 2	0.843 7	5.01±2.56
五级黄叶（3/4 叶片焦黄）	0.487 9	0.251 8	0.236 1	0~3

据湖南师范大学生物系周广洽、周青山等的研究，大于35 ℃的高温，能引起叶绿体超微结构的破坏，从而导致光还原活性和光合速率的下降，最后表现为"源"不足，空秕粒增加，粒重降低（表16-45、表16-46）。

表16-45 不同温度对叶绿体光还原活性的影响

温度	DCIP 光还原活性 /[$mol \cdot mg^{-1}$（叶绿素）$^{-1} \cdot h$]	活性比 /%
25 ℃	310.6	100
8 ℃	212.3	63.35
47 ℃	181.2	58.34

注：表中为威优6号高温处理3 d。

表16-46 高温对杂交稻光合速率和空秕率的影响

项目 杂交稻及处理		灌浆期光合速率		空秕率 /%	较 CK±%
		$CO_2mg/(dm^2 \cdot h)$	较 CK±%		
威优6号	高温	6.96	49.4	46.56	+24.31
	对照	16.62	100	22.25	
南优2号	高温	10.81	60.25	40.70	+12.03
	对照	16.28	100	28.67	

注：高温处理41 ℃，3 d；对照28 ℃。

电镜的观察结果表明，高温促使叶片老化，叶绿体的被膜和片层结构发生破裂，甚至解体。因此，老化的叶片失去光合功能，不但不能执行"源"的机能，相反转化为消耗"源"的器官，从而减少了"源"，也会造成"源""库"的不平衡。

除温度外，其他生态因子如光、水等和栽培技术都对"源""库"的形成产生影响。因此，必须针对各地生态条件的特点，扬长避短，使杂交水稻有较大的"源"和较强的"库"，同时使"源""库"协调。这样，才可能获得更高的产量。

6.5　"源""库"关系的调控

探讨杂交水稻的"源""库"特点及其相互关系，对了解在生产实践中，究竟是"源"还是"库"限制了杂交水稻的进一步高产，有重要的现实意义和理论价值。从研究结果和生产现状看，有些杂交水稻组合似乎是"源"的不足和供应不平衡限制了"库"的优势和发挥，但也存在有"库"不够的现象，如有效穗不足，需要人为对杂交水稻的"源""库"进行调节和控制。从"源"的生理特点看，生育前期的"源"基本上能保证大穗的形成，但生育后期由于叶片易于早衰，功能减弱，往往形成有机养料不能满足大穗灌浆的要求，从而结实率低，籽粒不充实，产量潜力得不到充分发挥。因此，调控的重点应放在中后期的管理上。

6.5.1　高产群体"源""库"的适宜比例

对每公顷产 75 000 kg 以上的杂交水稻田调查和试验资料表明，苗、蘖、穗的最适比例为 1 : 3 : 2，即大约每公顷 150 万株基本苗，450 万个总茎蘖数，300 万个有效穗。叶面积指数是衡量"源"的大小的重要指标之一。许多测定结果表明，最大叶面积指数在 7.5~8.0 范围内较好，小于 6.0 或大于 9.0 就会出现"源""库"不协调的状况。在生育期后期，特别重要的是后三叶的叶面积要适当，同时功能期要长。根据湖南、江西、广西、广东等许多地区试验资料统计，剑叶适宜长度为 40 cm；剑叶下的第一、第二叶长度为 45 cm 左右；后三叶总长度应控制在 125~130 cm。偏暖的地区略长，偏北的地区略短。如后三叶总长度过短，每穗总粒数就会减少；过长，结实率就会降低，并且容易发生病害。据福建农学院试验，每平方厘米剑叶制造的养料，大约可供 1.6 个颖花灌浆的需要；剑叶下第一叶，同样面积只能满足 1.1 个颖花所需的养料；剑叶下第二叶，同样面积只能供应 0.57 个颖花所需要的养料。从理论上估计，如果抽穗后，能保持有 100 cm² 功能旺盛的叶面积，那么，就可以满足 100 个颖花灌浆的养料；如果抽穗前贮藏的养料能满足 40~50 个颖花的养料，这样将可获得 140~150 粒的实粒。如每公顷总穗数仍为 300 万穗，每公顷产量将在 11 250 kg 以上。但在生产实践上，往往难以达到这样高的产量水平，原因是很多的，不过，它预示着杂交水稻高产的潜力仍很大。

从大面积的生产来看，常存在有"库"不足的现象，即有效穗数偏低，没有充分发挥单位面积上"库"的优势。据统计分析，当杂交水稻每穗粒数保持平均水平（140±5）个时，每公顷增加15万个有效穗，平均可增产（412.5±37.5）kg；当有效穗保持平均水平（300±22.5）万穗/hm²，每穗增加1粒，平均只增产（60±11.25）kg。根据两者对产量的效应，计算标准偏回归系数，说明增穗的增产效用大于每穗增粒的增产效用。可见，单位面积上"库"容量不大，也是限制杂交水稻高产的一个重要方面。

6.5.2 "源""库"调控的途径

从调控途径来说，主要有三个方面：

6.5.2.1 基因调控 选择株型理想、叶光合效率高、功能期长和结实性状良好的亲本进行杂交配组，从遗传上改善株型结构和生理特性，选育新的高产、优质组合。从增加生产力来说，在育种中应注意：改进与形态学、物理学和光合器活力有关的群体结构；改进水稻功能，使它以适量的光合产物用于营养器官的生长，并能最大限度地形成有经济价值的结实器官；同时改进光合器本身，使叶片在低浓度 CO_2 条件下有高光合效能，在高浓度 CO_2 条件下有更高的饱和点。这些都要通过遗传基因的改变，在遗传水平上增加杂交水稻的生产力。如亚种间，甚至种间远缘杂种优势利用，具有诱人的发展前途。

6.5.2.2 化学调控 人们早就试图通过化学物质（包括各种激素）来调节水稻体内养分的运输和分配状况，并做了不少的工作。目前虽然尚未取得理想的实际效果，但不少化学调节剂已进入生产实践。一些试验表明，适宜的激素用量和光呼吸抑制剂在调节物质"流"的方面有一定的效果。如 GA_3、6-苄氨基氨基嘌呤、亚硫酸氢钠的适宜浓度，可促进物质转运，提高水稻的结实率和粒重。

6.5.2.3 技术调控 通过采取合理的农业技术措施，提高栽培管理水平，是生产上最基本的调控方法。如培育壮秧，合理密植，可对"源""库"的形成同时起作用；又如合理的水、肥管理在水稻生育全过程中是经常地、大量地对"源""库"产生影响的因素。需要加强这方面的研究。

值得指出的是，所谓"源""库"的协调，是相对的，随着单位面积产量的提高，"源""库"关系就要在高一级的产量水平上平衡。因此，"源"和"库"总是在平衡—不平衡—平衡，由低级向高级发展，使水稻产量不断提高。

References

参考文献

［1］上海植物生理研究所. 杂交水稻生理生化指标测定结果 [J]. 湖南农业科技，1977（1）：40-51.

［2］上海植物生理研究所光合作用室. 杂种优势生理基础浅析 [J]. 上海农业科技，1977（8）：8-9.

［3］湖南农学院常德分院. 杂交水稻生理生化特点的研究 [J]. 湖南农业科技，1977（1）：51-60.

［4］湖南农学院化学教研组. 杂交水稻"南优2号"生理生化特点的初步分析 [J]. 植物学报，1977，19（3）：226-236.

［5］罗泽民，赵珠俪. 同工酶谱与杂交水稻杂种优势相关性研究 [J]. 湖南农业科技，1980（4）：4-7.

［6］李泽炳. 杂交水稻研究与实践 [M]. 上海：上海科学技术出版社，1982.

［7］袁隆平. 杂交水稻简明教程（中英对照）[M]. 长沙：湖南科学技术出版社，1985.

［8］湖南杂交水稻协作组. 杂交水稻 [M]. 长沙：湖南科学技术出版社，1995.

［9］莫家让. 杂交水稻生理基础 [M]. 北京：农业出版社，1982.

［10］松岛省三，藤井义典. 水稻的生长发育 [M]. 吴尧鹏，译. 上海：上海人民出版社，1975.

［11］周广洽. 水稻结实过程中温度对稻米氨基酸含量的影响 [J]. 湖南农业科学，1986（1）：12-15.

［12］凌启鸿，蔡建中，苏祖芳. 叶龄余数的稻穗分化进程鉴定中的应用价值 [J]. 中国农业科学，1980（4）：1-11.

［13］南京农学院，江苏农学院. 作物栽培学（南方本）[M]. 上海：上海科学技术出版社，1979.

［14］张先程. 杂交水稻分蘖特性的观察 [J]. 广西农业科学，1980（4）：15-19.

［15］曹显祖，朱床森，顾自奋. 关于杂交水稻结实率的研究 [J]. 江苏农业科学，1981（1）：1-7.

［16］周广洽. 论杂交水稻的源库关系及其调控 [J]. 农业现代化研究，1982（6）：13-20.

［17］周广洽，谭周滋，李训贞. 低温导致杂交水稻结实率障碍的研究 [J]. 湖南农业科学，1984（4）：8-12.

［18］王振中，周广洽，谢锦云，等. 高温对杂交水稻光合作用特性的影响 [J]. 湖南农业科学，1981（3）：1-4.

［19］刘承柳. 杂交水稻籽粒灌浆特性的研究 [J]. 湖北农业科学，1980（8）：1-7.

［20］颜振德. 杂交水稻高产群体的干物质生产与分配的研究 [J]. 作物学报，1981，7（1）：11.

［21］湖南农学院常德分院基础课组. 杂交水稻空秕粒的形成原因及其控制途径的探讨 [J]. 湖南农业科学，1978（1）：26-36.

［22］浙江农业大学. 实用水稻栽培学 [M]. 上海：上海科学技术出版社，1981.

［23］陈清泉，皇甫荣，胡碧媛. 杂交水稻早中熟高产新组合的生理生化特点 [J]. 湖南农业科学，1984（4）：12-15.

［24］朱兆明，吴同斌，郑圣先，等. 氮肥分次施用对肥料效果研究 [J]. 土壤肥料，1984（4）：29-32.

［25］马国辉. 早籼稻库的物质积累能力的比较研究 [J]. 作物研究，1988，2（3）：23-26+30.

［26］马国辉，邓启云. 两系法杂交早稻栽培技术

与籽粒物质积累理论的初步研究 [J]. 湖南农业科学, 1991（2）：15-17.

［27］邓启云，马国辉. 亚种间杂交稻维管性状及其与籽粒充实度关系的初步研究 [J]. 湖北农学院学报, 1992, 12（2）：7-11.

［28］马跃芳，陆定志. 灌水方式对杂交水稻衰老及生育后期一些生理活性的影响 [J]. 中国水稻科学, 1990, 4（2）：56-62.

第十七章

杂交水稻的生长发育

第一节　稻株的器官建成

1.1　发芽和幼苗生长

稻种发芽必须满足水分、温度、氧气三项基本条件，当满足这些条件时，种子便开始萌动。此时种胚盾片栅状吸收层及胚乳糊粉层中的各种酶开始活动，并溶解胚乳，养分通过盾片向胚部各分生组织输送，重点是输向胚芽和胚根。胚芽、胚轴及胚根便开始生长膨大，并胀破外颖露出白色，称为"破胸"（或"露白"）。破胸之后便进入幼芽及幼根的迅速生长期。在室内湿润催芽的条件下，往往是先长根后长芽，而在直播或淹水条件下，则是先长芽，后长根。幼芽长出时，胚芽中原有的三片叶（包括不完全叶）及胚芽生长点都在同时进行生长分化。但外表见到的是芽鞘（即鞘叶）的伸长。芽鞘具有两条叶脉（维管束），但不含叶绿素，不进行光合作用。芽鞘的长度视水分空气状况而不同，在淹水条件下最长可达 10 cm 左右，通气条件下为 1 cm 左右。按一般习惯，在未出不完全叶以前，当芽鞘伸长达半粒种谷长、种子根达一粒谷长时称为发芽完成期。在实践中，发芽阶段如果水分过多，温度偏低，种谷常常出现有芽无根的状况；反之如果高温少湿，则出现有根无芽的状况。这些畸形种芽往往是形成烂芽的原因之一。

芽鞘在形成过程中，顶部向种谷一侧弯曲，外侧出现裂孔，由裂孔中抽出不完全叶（第一片真叶）。不完全叶肉眼看不到叶片，只有叶鞘（在放大镜下仍可看到有很小的叶片），但有叶绿素，可进行光合作用。不完全叶的出现在生产上称之为出苗。如果浸种催芽的时间过长，在播种之前就出现了真叶的话，这对生产是不利的。因为这样使胚乳消耗较多，并且在出苗时种子根过长，对田间扎根扶针有影响，从而降低秧苗的成苗率，减弱生长势。不完全叶之后，再长出的叶便有叶片与叶鞘之分，称为完全叶。

幼苗长出不完全叶时，仍只有一条由胚根伸长的种子根。幼苗长出一、二片完全叶时，由芽鞘节的发根带前后长出 5 条根，5 条根的生长次序有一定规律，首先于种子根同侧的两边长出 2 条，再于种子根对侧长出 2 条，最后于种子根的正上方长出 1 条（图 17-1）。幼苗在长出第二、第三片完全叶时，在不完全叶节上出生的次生根一般也只有 5~6 条。

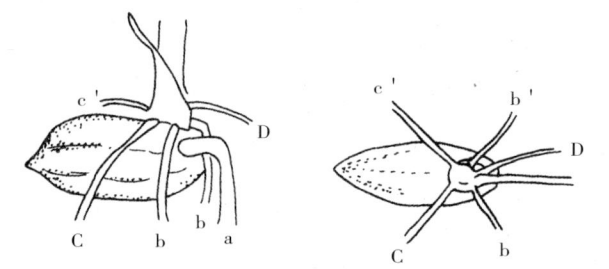

注：首先出生 b 及 b'，其次出生 C 及 c'，最后出生 D（a 为种子根）

图 17-1　芽鞘节的发根顺序

幼苗长出第三片完全叶时，胚乳已基本消耗完毕，此后要由幼苗自行吸收并制造养料，由"自养"转向"异养"，这时水稻便完成了幼苗期的生长。

杂交水稻种子的发芽和幼苗生长过程与常规稻种相比稍有差别，主要表现在种子生活力及其对某些条件的要求程度上。

1.1.1　种子生活力

种子的生活力对发芽出苗影响很大，杂交水稻由于具有杂种优势，故发芽出苗的生长势都比较强，加之现有的多数杂交稻种子粒重较大，胚乳较多，初期生长更为旺盛。

种子的成熟度不同，生活力也不同，最早在开花后一星期收割的种子便可发芽，但发芽率低，发芽势弱，以后随着种子成熟度的提高生活力逐步增强。种子在穗部的着生部位也与生活力有关，强势花在开花后灌浆快，饱满度高，因而生活力强；弱势花在开花后充实慢，故生活力弱。杂交水稻多为大穗型，各部位的谷粒灌浆速度不一致。因此，常有发芽出苗不太整齐的现象，在催芽过程中应分别对待，实行比重法选种，对一部分粒重小、成熟度差的种子分别进行催芽播种。

种子储藏时间的长短对种子的生活力影响很大，陈种子的发芽率、发芽势都比较低。稻种保存在常温常湿的普通粮仓中，一般保存一年的可在生产上利用，保存两年的虽能发芽，但发芽率及发芽势都很低，故不宜在生产上利用。储存的方法不同，种子生活力也有很大差别。据广东省农业科学院的研究（1977—1980），将水稻种子在低温（36 ℃~40 ℃）条件下进行烘干，使其含水量降至11%以下，然后用铁皮箱密封储藏，3年后粳稻种基本上不能发芽，4年后籼稻种也大部分不能发芽。但是，若用装有足量硅胶的干燥器储存，4年后，绝大多数种子的发芽率为81%~100%，其余也均可保持在50%以上的发芽率。此外，近年来湖南省发现农民用包装尿素的塑料纺织袋储存杂交水稻种子时，发芽率很低，表明杂交水稻对氨气等化学气体的抵抗力较差。

1.1.2　水分

种子的发芽与生长必须有充足的水分，在吸足一定的水分的条件下，种子内部才能进行一系列生物化学方面的演变。稻谷的饱和吸水量约为种子重量的40%，开始萌动的含水量约为种子重量的24%，含水量偏低时发芽较慢。种子对水分的吸涨时间与品种及浸种时的温度有关，粳稻吸水一般比籼稻要慢。早中稻因浸种季节水温偏低，所需浸泡时间较长。例如，华北地区在一季中稻浸种时水温一般在8 ℃左右，长江流域早稻浸种时水温一般是10 ℃~12 ℃。因此，早中稻的浸种吸涨时间一般需3~4 d；晚稻浸种时气温高，如华中、华南的双季晚稻在浸种时水温一般为30 ℃左右，因此浸种时间仅需2 d。

1.1.3　温度

水稻发芽的最低温度因品种而异，粳稻的发芽起点温度较低，籼稻的较高，一般为10 ℃~12 ℃。籼型杂交水稻的恢复系多为菲律宾等东南亚地区原产，发芽起点温度较高，配组的杂交稻一般要12 ℃~13 ℃，最适温度为32 ℃左右，最高不能超过40 ℃，达到42 ℃以上时则很快死亡。出苗和幼苗生长的温度，粳稻的生长起点温度较低，超过12 ℃能缓慢生长，但籼型杂交水稻则要求较高。不论籼稻或粳稻，一般要求16 ℃左右的温度才能正常生长。幼苗的耐寒能力除了与组合有关之外，与苗龄关系也很大。出苗后比出苗前抗寒力低，叶龄高的比叶龄低的抗寒力低。出苗后生长的最适温度26 ℃~32 ℃，高温40 ℃左右受害。幼苗期的耐高低温能力与当时田间的其他条件有关，如有水淹灌或有其他覆盖物时，可减轻气温急速变化，死苗情况可以减轻。在晚稻幼苗期间如有强烈的阳光照射时，水温可以大大超过气温，此时如果淹灌，则可导致幼苗（芽）受烫而死亡。

1.1.4 氧气

水稻谷芽或幼苗在缺氧的条件下可以用酒精发酵的形式进行无氧呼吸。因此，在无氧情况下谷芽也可生长。但不正常，仅仅是芽鞘及根鞘的细胞伸长（在淹水的情况下根鞘很少伸长），并无细胞的分裂与器官的分化；只有在有氧的条件下才有细胞的分裂、根叶的生长，才可能由分生组织分化出新的叶片及分蘖腋芽等器官。种芽及幼苗的生长分化速度与大气中氧气的数量有关，在含量为 21% 以下时，氧气浓度愈大的愈有利生长，但超过 21% 时反而抑制其生长。

杂交水稻芽期及幼苗期的生命活动特别旺盛，对氧气的需求较高，在氧气不足的情况下不但影响生长势，有时还有造成烂种的可能性。为了提高种子的发芽率和成苗率，农民摸索了一些特殊的浸种催芽方式，如流水浸种、自来水冲洗浸种、"三起三落"浸种（即半天浸、半天露、反复 3 d 左右）等，借以增加破胸发芽阶段的氧气供应。

1.2 叶的生长

1.2.1 叶的生长过程

水稻叶片自叶原基分化至叶片、叶鞘定型，直到完成其功能后死亡的整个过程是一个连续的过程，但根据不同时期的生长侧重点及功能状况，大体可分为五个阶段。

1.2.1.1 叶原基分化期　首先于茎生长点基部分化出小的突起，即叶原基开始分化，继而由于叶原基分生组织的不断分裂，上部向超过茎生长点的方向生长，横的向左右包围茎生长点的方向分化达到左右对合时，上部亦超过茎生长点的高度形成风雪帽状（又称菀帽状）包围茎生长点；此时开始分化出主脉，继而向左右两侧分化出大维管束，然后分化出大维管束间的小维管束；当幼叶长度接近 1 cm 左右时，叶缘下部出

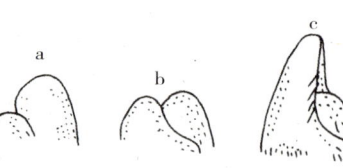

a. 生长锥侧出现叶原基突起
b. 叶原基突起纵向及横向膨大
c. 叶原基膨大成风雪帽状
d. 叶缘下部出现凹陷

图 17-2　叶原基的分化与膨大

现向内收缩的凹陷，此处分化叶耳叶舌，下部即为幼小的叶鞘，至此，叶原基的分化大体完成。叶原基的分化膨大主要是分生组织的分裂增殖（图 17-2）。

在这一段时期中，当幼叶原基呈风雪帽状时，叶片雏形大体形成。当叶片长度达 1 mm 以上时，分化处于决定大维管束、小维管束数目的时期。

杂交水稻的优势在叶的生长上的表现，是叶片的长度、宽度都大于常规水稻，维管束也明显多于常规水稻。

1.2.1.2　伸长生长期　当叶片长至 8 mm 左右时，叶鞘长度不足 1 mm，此时开始分化叶耳、叶舌，叶片伸长速度加快，进入伸长生长期。当叶片尖端露出前一叶的叶环时，叶片伸长期大体结束。此期内叶鞘伸长很少，长度不足 1 cm。伸长期的生长是由于分生组织（主要在叶片基部）的分裂增殖及上部细胞的伸长。前期以细胞分裂增殖为主，后期以细胞伸长为主。

在此时期的前一阶段的分化，决定小维管束的多少及叶片的宽度，而其后期便基本上只是决定叶的长度。

1.2.1.3　原生质充实期　自叶尖露出前一叶叶环开始，至叶鞘达到全长止，为原生质充实期。这段时期叶鞘迅速伸长，将叶片推出前一叶叶鞘，叶片本身也还有少量的伸长，并由卷筒状态逐步展平，叶绿体形成。此时期主要是叶细胞内含物充实，原生质浓度成倍增加。

在这一时期中，当叶片抽出一半时，叶长最后达到既定长度，当整个叶片露出前叶叶环后不久，叶鞘长度也趋于稳定。

1.2.1.4　功能期　原生质充实期后，叶片进入功能最旺盛的少壮时期。功能期的长短与叶片的顺序位置有关，愈上部的叶片功能期愈长。更受群体结构与环境条件的影响。

1.2.1.5　衰老期　叶片细胞功能衰竭，叶片最后枯死。

1.2.2　叶片间相应生长关系

在水稻种胚中，于成熟期便形成了两片幼叶（包括不完全叶）及一个叶原基，播种之后随着叶片的抽出，新叶不断地分化形成。因此，在叶心中，不同时期都包含有一个以上的幼叶。在离乳期的三叶期，幼叶的分化生长最慢，心叶内短时期只包含一个幼叶及一个叶原基。自六叶至穗分化期，心叶内包含有三个幼叶及一个叶原基。

心叶叶片从前一叶叶环中抽出时，同时也是同叶叶鞘伸长期及后一叶叶片伸长期，后三叶（五叶前）或后四叶（六叶以后至穗分化）叶原基也同时分化，四者的相互关系可表示为：N 叶抽出 ≈ N 叶鞘伸长 ≈ N＋1 叶叶片伸长 ≈ N＋3（五叶前）或 N＋4（六叶后至穗分化）叶原基分化。

由于不同发育阶段的叶片对外界条件的反应不一样，在知道了叶片之间的相应生长关系后，便可由心叶推知各叶的发育阶段，并可采用某些措施影响特定叶的生长。例如，在某一叶伸出期采取干扰措施，便可影响本叶叶鞘的长度及后一叶叶片的长度和宽度，对后二至四叶的影响则逐渐减小。如喷施赤霉素等可促进心叶叶鞘及后一叶的伸长，而晒田则起相反的作用。如果采用施肥的方法，由于肥料施于土壤后到植物吸收尚有一段时间。因此，于某叶出叶时施肥，对叶的促进作用要推迟一个叶龄，推迟到后一叶的叶鞘、后二叶的叶片及以后各叶。

510

1.2.3 出叶周期及出叶转换期

出叶周期是指从某片叶抽出至后一片叶抽出的间隔时间。出叶周期的长短与叶片所在部位有关。自出苗至第三片叶为幼苗期，此时由于有胚乳营养，出叶周期很短，在适宜温度条件下，不完全叶及第一完全叶的出叶周期只有 1 d 左右，二、三叶的出叶周期也只有 2~4 d。后期三片叶抽出时间在穗分化期间，周期最长，一般 7~8 d，中部叶片都出生在分蘖期间，周期为 4~5 d。

湖南杂交水稻研究中心栽培室研究（表 17-1），早稻以播种初期、返青期及最后三片叶的出叶周期较长，晚稻以返青期及最后三叶的出叶周期较长。

表 17-1 出叶周期

（湖南杂交水稻研究中心栽培研究室，1984）

单位：d

季别	品种	叶 序													
		1	2	3	4	5	6	7	8	9	10	11	12	13	14
早稻	威优35	7	7	6	5	8	7.95	4.15	5.45	3.95	4.9	5.1	6.7	7.95	5.2
	湘矮早9号	7	7	6	5	8	8.23	4.25	6.1	3.7	4.7	5.3	7.25	6.55	4.5
晚稻	威优35	4.0	3.0	3.0	3.0	2.0	2.0	4.6	4.45	3.35	4.9	6.55	5.08	4.65	
	湘矮早9号	4.0	3.0	3.0	3.0	2.0	2.0	4.25	4.65	3.65	4.58	6.15	4.8		

注：早稻3月10日播种，5月3日移栽，移栽叶龄6.3叶。晚稻7月10日播种，7月30日插秧，叶龄7.1叶。每个数据为4个施肥水平处理的平均值。

出叶周期与环境条件有关。温度、水分、营养条件以及禾苗本身的群体结构状况，都可影响出叶周期。例如，在最适温度32℃条件下周期最短，温度愈低周期愈长，温度过高也有延长周期的现象；在密植条件下，或叶面积系数过大的情况下，出叶周期也会延长。

进入穗分化期后，出叶周期明显延长，因此将这个变化开始的时期称为出叶转换期。转换期是稻株生育阶段转变的标志。

1.2.4 稻株主茎叶片数及叶片长度

稻株叶片的计数，中国一般是从第一片完全叶（即第二片真叶）算起，不完全叶不计算在内（有些国家是从不完全叶算起）。

稻株主茎总叶片数因组合而异。叶片的多少与生育期长短关系密切，生育期短的叶片少。因此，可按叶片数将不同组合（品种）划分为早、中、晚稻类型。中国各省的划分方法大同小异，如江苏农学院凌启鸿等将不同叶片数及伸长节数的品种（组合）划分为普通型及特殊型两种类型，其区别是普通型的茎秆伸长节间数随总叶片数的增加而增加，而特殊型的伸长节间数皆为 5 节左右，不随总叶数的变化而变化。特殊型主要是指用国际稻配制的南优、汕优、泗优、矮优、威优、干化等杂交水稻，亦称之为国际稻种类型。如表 17-2，将总叶片数为 9～13 叶的划为早稻，14～16 叶的划为中稻，17～20 叶的划为晚稻。

表 17-2　不同品种的主茎总叶数和伸长节数

（凌启鸿等）

类型	普通型											特殊型			
熟期	早稻					中稻			晚稻			中稻			
总叶数	9	10	11	12	13	14	15	16	17	18	19	20	15	16	17	18
节间数	3	4～3	4	4	4～3	5	5	5～6	6	6	6～7	7	5	5	5	5

据湖南农学院观察，在长沙作早稻栽培的条件下，威优 6 号为 17.2 叶，南优 2 号为 17.5 叶，南优 3 号为 16.6 叶，南优 6 号为 16.9 叶，早优 6 号为 16.3 叶，早优 2 号为 16.3 叶，汕优 6 号为 16.4 叶。生产中使用的一些品种如威优 48 为 13 叶，威优 402 为 13～14 叶，威优 64 为 14～15 叶，威优 46 为 16 叶，培两优特青 17 叶，汕优 63 为 18 叶。

水稻同一品种，在播种季节、地点等环境条件基本稳定的情况下，不同叶龄期的发育状况相对稳定。因此，不同时期可由叶龄指数测知稻株的发育程度。此外，还可用总叶数减去当时已出叶龄数来测知稻株的发育程度，即"叶龄余数法"。

水稻叶片的长度与叶序有关，第一片叶最短，一般不足 1 cm。杂交水稻第一片叶较普通水稻的长一些，但也只有 1～2 cm，往上各叶逐步增长，最长的叶片出现在倒数第三叶（生育期长的品种）或倒数第二叶（生育期短的品种），剑叶较短且宽。长江流域双季稻区，在采用长生育期杂交组合作双季晚稻栽培时，由于秧龄过长，往往在秧田期提早穗分化，这样的秧苗主茎在本田提早抽穗，总叶片数减少。特别是这种早穗植株的剑叶很长，为全株叶片的最长者，群众俗称为"野鸡毛"。出现这种现象的原因是茎生长点在分化过程中没有分化出最后一二片（或几片）叶，而提早进行穗轴分化，使得倒数第二叶或第三叶代替了剑叶。前已叙及，倒数第二叶或第三叶是全株最长的叶片，以它作为剑叶的替身，必然大大超过剑叶的本来长度。

水稻在基本上满足了发育特性所需条件之后，进入生殖生长的时间仍可在一定的范围内发生变化。这种变化主要受环境及栽培条件的影响，条件有利于营养体生长时，叶片的分化数增加，反之叶片的分化数减少。杂交水稻秧龄过长，加之栽培上秧田后期控制氮素供应（防止秧苗徒长），秧苗碳氮比大，氮代谢水平低，叶的分化结束提早并转入生殖器官的分化。这种提早进行穗分化的现象，不仅表现在前一叶分化完毕，后一叶分化未开始之前不再进行后一叶的分化而转向穗分化，而且可以在后一叶已经分化的初期中途转变为穗分化。因为茎顶端生长锥的叶原基或苞原基在分化之初是可以互相转化的。除此之外，早穗植株往往还出现不完全顶叶，在"甩野鸡毛"的少数植株中，剥开"野鸡毛"叶之叶鞘，有时可以看到无叶身或叶身很小的一片叶，这也表明茎顶端生育提早转向生殖生长和顶叶分化发育不充分。

至于相反的情况，本田生长期中由于条件有利于营养体生长，穗轴分化初期转变为剑叶分化的事实，过去在普通水稻上就有过报道。

1.2.5 叶片的寿命

叶片的寿命随叶序的上升而相应增长，幼苗期三片叶，一般只有 $10 \sim 20\,d$，中期叶片一般有 $30 \sim 50\,d$，最后一、二叶可达 $50 \sim 60\,d$。叶片的寿命与组合有关，也与环境条件有关。气温过低过高时，叶片的寿命缩短，氮素营养不足或遇干旱时叶片的寿命也会缩短。杂交水稻不少组合由于亲缘来自于东南亚一带海洋气候生态区域，对过低过高温度的耐力较差，如威优 6 号在长江流域作晚稻栽培时，后期易早衰，后三叶的寿命缩短，也有少数组合如威优 35 等，在高、低温条件下的耐力较强，叶片寿命也较长，因而灌浆好，结实率高。

据湖南杂交水稻研究中心观察（表 17-3），早稻与晚稻略有不同，早稻前期生长慢，晚稻前期生长快，因此早稻低位叶片比晚稻低位叶片的寿命长；晚稻后期温度低，生育缓慢。因此，晚稻后期叶片比早稻后期叶片寿命长。

表 17-3 叶片寿命
（湖南杂交水稻研究中心栽培研究室，1984）

季别	品种	叶序													
		1	2	3	4	5	6	7	8	9	10	11	12	13	14
早稻	威优35	25	21	17.6	22.2	28.0	28.6	34.8	32.8	32.4	34.4	44.8	45.8	41.2	39.6
	湘矮早9号	25	21	17.2	20.6	21.2	29.8	36.2	33.4	34.6	37.2	37.6	45.8	42.6	41.0
晚稻	威优35	14.0	13.0	10.2	13.0	19.2	22.6	31.2	33.4	41.2	53.0	59.8	60.0	55.6	
	湘矮早9号	14.0	13.0	11.6	11.2	19.6	23.4	29.6	34.4	38.6	49.6	58.4	55.2		

注：早稻 3 月 10 日播种，5 月 3 日插秧，插秧叶龄 6.3 叶；晚稻 7 月 10 日播种，7 月 30 日插秧，插秧叶龄 7.1 叶；盆栽，每公顷施尿素 150 kg。

1.3　分蘖

1.3.1　蘖原基的分化过程

分蘖原基分生组织是由茎生长点基部分生组织演化而来，当茎生长点分化出叶原基之后，叶原基进一步分化成风雪帽状时，在叶原基基部（叶边缘合抱的一方）下方分化出下位叶的分蘖芽突起（图 17-3），它不断膨大分化，首先形成分蘖鞘（前出叶），此后又相继分化出第一叶叶原基，分蘖原基的分化便告完成，此时正是相应的母叶抽出时期。

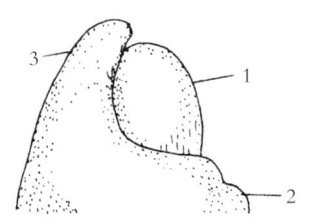

1. 茎生长点　2. 分蘖原基
分化　3. 幼叶原基

图 17-3　分蘖原基的分化

1.3.2　分蘖芽的着生节位与分化规律

稻株茎节除了穗颈节之外，每节都有一个分蘖芽。种子成熟时，胚中便有了三个分蘖原基。芽鞘节分蘖原基在胚发育的后期退化，不完全叶节的分蘖原基在种子萌发阶段也逐步退化，除了芽鞘节不完全叶节的分蘖原基之外。分蘖芽的分化与分蘖芽叶片的分化增加有其相应的规律。

分蘖芽的分化与母茎叶原基的分化保持一定的间隔，相应的不断向上分化，一般为母茎 n 叶抽出时，$n+4$ 叶节分蘖原基开始分化，$n+2$ 和 $n+1$ 叶节的分蘖原基分化膨大，n 叶节的分蘖原基已分化出第一叶原基，形成一个完整的分蘖芽。分蘖芽的分化与分蘖是否伸长无关，与外界环境条件也关系很小。除了芽鞘节及不完全叶节以外，各叶位的分蘖原基与母茎叶的相对分化关系皆如上所述。

分蘖芽形成之后，不论此分蘖伸长与否，分蘖芽不断分化出叶片，且与母茎叶原基的分化同步进行，母茎每增加一个叶原基时，分蘖芽也增加一个叶原基。分蘖芽如果不能伸长，叶原基便以卷心菜形式分化成多层，包裹在"休眠腋芽"之中。

1.3.3　出蘖

分蘖芽在适宜的条件下开始伸长，首先伸长的是分蘖鞘（前出叶）。分蘖鞘有两条纵的棱状突起，没有叶片，以两棱之间抱住母茎，以两棱之外的翼状部分包围分蘖。分蘖鞘被包裹在母茎叶鞘内，出蘖时外观不易见到，且无叶绿素，不能进行光合作用。出蘖时见到的多为第一片叶，第一片叶背靠母叶，故与母叶方向一致。以第一片叶的出现期称为出蘖，第一片叶之后的各叶出生速度在正常情况下与主茎出叶速度一致。

出蘖的节位从可能性上说，最低节位是第一叶节（芽鞘节与不完全叶节腋芽早已退化，很难萌发为蘖），最上节位直到剑叶节。但伸长茎节的腋芽很难萌动（尤以剑叶），只是在发生倒伏、穗部折断或后期营养过剩时才会萌发。因此，一般最高分蘖节位是茎节数减去伸长节数。如总茎节数为 16，伸长节为 5 时，最高分蘖节位为 16-5 = 11 节。有些组合（品种）伸长节上的腋芽同样易于萌动，故可利用生产再生稻。分蘖的顺序是随着主茎叶片的增加，分蘖节位由下而上。分蘖本身又可产生分蘖。主茎产生的分蘖称为一次分蘖，一次分蘖产生的分蘖称为二次分蘖，二次分蘖产生的分蘖称为三次分蘖。杂交水稻不但一次分蘖较多，而且二、三次分蘖也较多。各节位分蘖芽虽然存在内在的出蘖可能性，但是否伸长成为蘖尚需看当时的条件而定。当条件不适合时，分蘖芽仍处于"休眠状态"，只进行叶的分化，但不伸长出蘖。

为了表明各个分蘖在茎节上的着生节位，通常用数字表示。一次分蘖发生于主茎叶节上，直接用发生的节位表示。例如，发生在 6 叶节上，称为 6 蘖位，发生在 7 叶节上，称为 7 蘖位，余类推。二次分蘖节位以两个数字表示，其中以半字线"-"相连。如从一次分蘖的 6 位蘖上第一个叶位产生的二次分蘖可以记作 6-1，前一数字表示一次分蘖在主茎上的位置，后一个数字表示二次分蘖在一次分蘖上的位置。同理，三次分蘖则用三个数字表示，例如 6-1-1，第一个数字表示一次分蘖在主茎上出生的叶位，第二个数字表示二次分蘖在一次分蘖上的出生叶位，第三个数字表示三次分蘖在二次分蘖上的出生叶位。

表示主茎或分蘖上的叶片数时，可用蘖位代号作为分母，以叶序作分子来表示。例如 8/0，主茎用 0 表示，分子 8 表示主茎第 8 叶；4/6-1-1，表示分蘖位为 6-1-1，分子 4 表示本分蘖的第 4 叶。

1.3.4 叶蘖同伸现象

分蘖的伸出及分蘖叶片的增加过程与母茎叶片的伸出在时间上存在密切的对应关系，一般是母茎出新叶时，新叶以下第三叶位分蘖的第一片叶伸出。主茎与一次分蘖的关系是这样，一次分蘖与二次分蘖的关系或二次分蘖与三次分蘖的关系也是这样。这种分蘖出叶与母茎出叶的对应关系称为叶蘖同伸关系，图解为如下形式：

$$\boxed{\begin{array}{c} n\,\text{叶} \\ \text{抽出} \end{array}} \approx \boxed{\begin{array}{c} n\text{-}3\,\text{叶位分蘖} \\ \text{第一叶抽出} \end{array}}$$

分蘖鞘节也能产生分蘖，但发生的分蘖一般较少。分蘖鞘分蘖用 P 表示。分蘖鞘分蘖比分蘖第一叶分蘖低一个节位。因此，当分蘖抽出第三片叶时，本分蘖的分蘖鞘分蘖同时长出第一片叶。

　　叶蘖同伸现象只是说明在一般情况下，分蘖芽在伸长时与母茎出叶的相应关系，但并不表明在母茎新叶伸出时相对应的分蘖必然会伸出，蘖的伸出与否取决于当时的内外因素。内部因素如植株的糖氮含量及碳氮比值，尤其是氮的含量与分蘖的发生关系密切，外部因素如温、光、水等，例如秧田期及本田期叶面积系数过大，分蘖便停止发生。杂交水稻虽然秧田播种量小，本田插植本苗较少，但因叶片长大，叶面积增长较快，分蘖停止发生的时间也较早，在秧田中后期及本田后期一般不再发生分蘖。又由于插秧植伤的影响，插秧后一段时间的分蘖不能萌动，一般是插后本田长出三片新叶时，在插秧时秧田的最后一片满叶腋芽同时萌动成蘖。杂交水稻由于秧田稀播壮秧，加之本田基本苗少（每穴 1~2 粒谷苗），故本田第一个分蘖多从插秧时倒数第二叶叶腋中萌动产生。例如插秧时为 6 片满叶，本田期第八叶伸出时，第五叶腋芽同时伸出。另一种情况，如果是带土（盘育）移栽（包括抛栽），本田分蘖提早，不必长出第三叶才出蘖，例如 4 叶秧在出生 5 叶时，第二叶腋芽同时伸出。

　　同伸规律也不是一成不变的。例如无效分蘖在死亡之前，其出叶速度逐步减慢，分蘖叶片的出生便落后于母茎的出叶速度。另一种情况是已经过了同伸期而未萌动的休眠腋芽，当田间条件改善之后，这些休眠腋芽又重新萌动成蘖，这时分蘖叶片的出生已落后于母茎相应的同伸叶。例如，当母茎抽出 9 叶时，由于植株氮素不足，第六蘖位没有同伸；母茎抽出 10 叶时，氮素条件已经改善，7 蘖位腋芽按同伸规律萌发出蘖，6 蘖位腋芽此时也同时萌动抽出。6、7 蘖抽出时间相同，只是 6 蘖失去了低位蘖的优势，其经济素质与 7 蘖相近。杂交水稻的这种现象较多，例如在秧田期未能萌动的一些休眠腋芽，在本田稀植的条件下又萌发成蘖。

1.3.5　不同蘖位穗的经济价值

　　一般情况下，同一母茎上，蘖位愈低者穗子愈大，经济价值愈高。因此，在栽培上应力争中下部分蘖。从表 17-4 可以看到，杂交水稻南优 2 号两种秧在本田的一次蘖，其每穗总粒数及实粒数随蘖位的升高而减少。此外还可看到，带胎老秧当蘖位上升时，每穗粒数减少的幅度更大。从下往上数，第一个蘖的每穗总粒数为 188.6 粒。第四个蘖的只有 94.2 粒，实粒数从第一蘖到第四蘖则由 128.1 粒下降到 65.5 粒（结实率的变幅不大）。

表 17-4　南优 2 号不同蘖位的穗部性状

（湖南省湘潭地区农业科学研究所，1976）

项目	总粒／穗				实粒／穗				结实率/%			
按母茎上出蘖顺序计数的蘖位	1	2	3	4	1	2	3	4	1	2	3	4
未带胎秧（秧龄 40 d）	188.1	181.4	146.1	133.4	136.7	130.1	103.6	90.1	72.5	71.9	70.9	67.9
带胎秧（秧龄 44 d）	188.6	167.7	130.7	94.2	128.1	116.2	89.0	65.5	67.9	69.3	68.1	69.5

注：①每种秧观察 15 株，田间密度 16.7 cm×23.3 cm，每穴 2 苗；②顺序第一个蘖的实际蘖位为 7、8 蘖位，顺序 2 为 8、9 蘖位，顺序 3 为 9、10 蘖位，顺序 4 为 10、11 蘖位；③秧田带胎期（穗分化期）的秧龄为 42 d。

　　杂交水稻除了本田蘖穗之外，还有大量的秧田分蘖带入本田，而且本田中所产生的二、三次蘖多数是来自秧田蘖的分蘖。由此可知，分蘖穗由三部分组成：秧田蘖、秧田蘖在本田的分蘖、本田蘖。从穗部经济性状来看（表 17-5），除主穗之外，每穗粒数以秧田蘖最多，秧田蘖在本田的分蘖粒数最少。结实率及千粒重则以本田蘖最高。从总体来看，三种蘖中以秧田蘖经济价值最高（每穗稻谷产量 2.649g），秧田蘖在本田的分蘖经济价值最低（每穗稻谷产量 1.816g）。虽然秧田蘖本身经济价值较高，但由于秧田蘖进入本田后产生经济价值不高的高位蘖，如果将秧田蘖及秧田蘖在本田分蘖进行加权平均，其经济价值与本田蘖相比很难分出上下。因此，不必强调用秧田分蘖来代替本田分蘖（从培育壮秧及补足用种量方面来说，杂交水稻培育分蘖秧仍是非常重要的）。重要的是分蘖位在主茎上位置的高低，故应注意防止栽插老秧，并力争本田早期分蘖。

表 17-5　各种穗的经济性状

（湖南省湘潭地区农业科学研究所，1976）

穗别	总粒（粒／穗）	结实率/%	千粒重/g	产量（g/穗）
主穗	173.4	74.1	26.61	3.419
秧田蘖	140.0	71.3	26.73	2.649
秧田蘖的本田分蘖	100.5	72.2	25.05	1.916
本田蘖	114.4	72.9	27.04	2.232

注：组合南优 2 号，共定株观察考察 180 株带蘖秧，计 949 穗。

1.3.6　分蘖消长动态

　　杂交水稻在稀播情况下，秧田期间的分蘖先由少到多，后由于群体荫蔽的影响，又由多到少，直至最后停止，故分蘖数的增长近似抛物线形。本田期间由于每穴插植苗数少（一般每穴 1~2 本），单位面积群体分蘖首先增加较慢，以后加快，后又因群体荫蔽的影响，增加又变慢，最后停止，至此分蘖群体的增加过程便告结束。此后，消亡的分蘖多于出生的分蘖。分蘖初期，当分蘖达到基本苗数的 10% 时，称为分蘖始期；达 50% 时称分蘖期；单位时间分蘖增加最快的时期称分蘖盛期；分蘖数达最高数量时称最高分蘖期。分蘖达最高分蘖期后（即分蘖动态曲线的高点）至分蘖开始消亡减少的时期，有一段较长的分蘖苗数相对维持动态平衡的时期，这被称为群体分蘖动态的"平顶现象"。

杂交水稻本田期的分蘖动态可分为三部分（表 17-6）；第一部分是秧田分蘖，插到本田后不久一部分无效死亡，故秧田蘖在本田期的消长动态呈不断下降的斜线形；第二部分为主茎本田分蘖，分蘖由慢到快，再到慢，最后因部分消亡而下降；第三部分为秧田蘖在本田的分蘖，前期开始增加的时期迟而慢，消亡下降也比较早。这种现象不因本苗秧田带蘖数或每穴插植苗数的不同而改变。

表 17-6　本田期各种蘖的消长动态
（湖南省湘潭地区农业科学研究所，1976）

插秧方式	分蘖类别	分蘖苗数变化							成熟
		插后10 d	插后15 d	插后20 d	插后25 d	插后30 d	插后35 d	插后40 d	
每本带 1 蘖，每穴插 2 本主苗	秧田蘖	86.7	83.3	73.3	70.0	70.0	70.0	66.7	66.7
	秧田蘖的本田分蘖	0	36.7	113.3	166.7	180	176.3	133.3	133.3
	主茎本田分蘖	66.7	183.3	403.3	583.3	616.7	596.7	476.7	476.7
	合计	153.4	303.3	589.9	820.0	866.7	843.4	676.7	676.7
每本带 2 蘖，每穴插 1 本主苗	秧田蘖	153.3	153.3	146.7	140	140	140	140	140
	秧田蘖的本田分蘖	6.67	166.7	220	346.7	426.7	366.7	333.3	333.3
	主茎本田分蘖	73.3	226.7	626.7	886.7	953.7	953.3	827	827
	合计	233.27	546.7	993.4	1 373.4	1 520.0	1 460.0	1 300.3	1 300.3
每本带 3 蘖，每穴插 1 本主苗	秧田蘖	273.3	266.7	253.3	253.3	253.3	253.3	253.3	253.3
	秧田蘖的本田分蘖	46.7	206.7	473.7	680.0	800.0	780.0	480.0	480.0
	主茎本田分蘖	86.7	246.7	553.3	706.7	680.0	640.0	460.0	460.0
	合计	406.7	720.1	1 279.9	1 640.0	1 733.3	1 673.3	1 193.3	1 193.3

注：①表内数字是以主茎为 100 的分蘖率；②连作晚稻南优 2 号；③每种插秧方式定点观察 15 穴。

1.3.7　有效分蘖和无效分蘖

分蘖伸出之后因为营养、水分、光照等条件的不足，有一部分中途死亡，称为无效分蘖。

无效分蘖在死亡之前往往出叶速度逐渐变慢，称为"座止"现象。在分蘖增加过程中，当分蘖数达到与最后成穗分蘖数相等的时期，为有效分蘖终止期。实际上有效分蘖终止期前的分蘖并非完全有效，有效分蘖终止期后产生的分蘖也并非完全无效。日本松岛省三氏认为，真正的有效分蘖终止在最高分蘖期。笔者研究实践表明，实际上有效分蘖的终止时间取决于群体荫蔽程度、营养条件及收获时期等因素。

但从生育转变上来看，仍有一个以有效分蘖为主的时期。因为分蘖本身要长出第四叶时才从第一节长出根系，此时才能进行自养生长。因此，分蘖必须有三片叶以上才有较高的成穗可能性。稻株在拔节期以后，生育中心转向了以生殖生长为主的时期，此时如果分蘖尚不足三四叶，则成为无效分蘖的可能性增大。分蘖每长一叶约需 5 d 时间，三叶合计要 15 d，因此以拔节前 15 d 以上的分蘖有效的可能性大，而且出蘖愈早愈好。

杂交水稻秧田带蘖较多，虽然从时间上看，秧田蘖出蘖时间大大早于本田拔节时间，但因插秧植伤的影响，在插秧时三叶以下的小分蘖有效率低，四叶以上的大分蘖有效率高。表 17-7 表明，秧田一片叶的小分蘖有效率仅为 24.7%，二三片叶的分蘖也只有 50% 左右，四叶以上的大分蘖多在 80% 以上。秧田蘖的有效率只与分蘖的叶片数有关，与每本主茎的带蘖个数无关，如表 17-8，主苗不同带蘖数的分蘖成穗率无规律性差别。

表 17-7　具有不同叶片数的秧田分蘖成穗率

（湖南省湘潭地区农业科学研究所，1976）

带有不同叶数的分蘖	1 叶蘖	2 叶蘖	3 叶蘖	4 叶蘖	5 叶蘖	6 叶蘖	7 叶蘖
统计分蘖苗数 / 根	41	48	38	69	77	34	4
成穗率 /%	24.7	56.3	52.6	85.5	96.1	91.2	75

注：双季晚稻，组合为南优 2 号，本田插植 16.7 cm×23.3 cm，每穴 2 本主苗。

表 17-8　主茎带有不同分蘖数的秧田分蘖成穗率

主苗带有不同分蘖数	带 1 个分蘖	带 2 个分蘖	带 3 个分蘖	带 4 个分蘖	带 5 个分蘖
统计分蘖苗数 / 根	24	96	67	98	30
分蘖成穗率 /%	75	67.7	82.1	69.4	66.7

注：双季晚稻，组合为南优 2 号，本田插植 16.7 cm×23.3 cm，每穴 2 本主苗。

1.4　茎的生长

茎的生长是由顶端初生分生组织与居间分生组织两部分进行的，茎可以划分为不同节间单位（图17-4）。每一节间单位由一个节及其下联的一个节间、上部的一片叶、下部的一个分蘖芽及上下两条出根带组成。一个节间单位开始是由顶端原生分生组织进行分化而来，顶端分生组织是由生命力极为活跃的一些细胞组成，在茎顶端呈圆锥状，称为生长锥。生长锥细胞不断分裂和分化出各种初生分生组织，再进一步形成茎节的各种组织，间的伸长是由居间分生组织进行的。居间分生组织位于间的下部，当节间伸长达一定长度之后，居间分生组织的细胞全部分化成熟，分裂停止，节间也不再伸长。

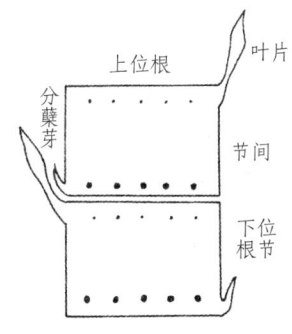

图17-4　稻茎基本单位示意图

1.4.1 茎的发育与形成的四个时期

1.4.1.1　组织分化期　首先由稻株顶端生长锥原生分生组织分化出茎的各种初生分生组织，再由初生分生组织分化成茎节及茎节间的各种组织，如输导组织、机械组织、薄壁组织等，一个节间单位的分化时间需15 d左右。组织分化期是决定茎秆粗壮的基础，因此对分蘖的质量、穗部的大小都有影响。

1.4.1.2　节间伸长长粗期　在前一阶段组织分化完成的基础上，节间基部居间分生组织进行旺盛的分裂伸长，同时皮层的分生组织和小维管束附属分生组织也进行分裂，使茎的粗度增加，如图17-5。节间基部的分裂带进行旺盛的细胞分裂，在分化带进行节间各种组织的分化，在伸长带便只有细胞的纵向伸长，从分裂带至伸长带一共只有几厘米长，伸长带以上为成熟组织，不再伸长。在整个稻茎上，愈是上部的节间，其居间分生组织愈活跃，细胞分裂和伸长能力愈强。因此，上部节间一般较长。

每一个节间基本单位的伸长长粗期一般为7 d左右，这段时期是决定茎秆长度与粗度的关键时期。虽然下部节间并不伸长，但粗度在此时期决定，下部茎节的粗壮程度对上部节间的粗壮程度有直接的关系。茎的粗细又决定穗部的大小，现已知穗子一次枝梗的数目相当于第一个伸长节间大维管束数的1/4～1/3，相等于穗颈节间大维管束

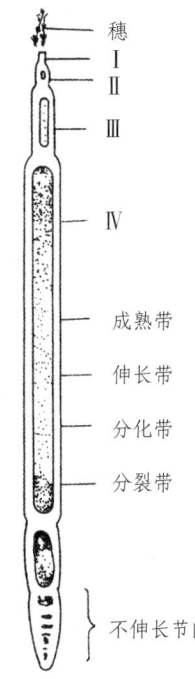

图17-5　稻茎居间分生组织示意图

注：图中示倒数第四节的居间
分生组织部位。

数（或少一两个）。

1.4.1.3　物质充实期　伸长期之后，节与节间的内容物不断充实，皮层机械组织细胞及维管束木质细胞的纤维质木质数不断增加，表皮细胞壁上沉积硅酸，薄壁组织中充实淀粉。在此时期中，茎的硬度增加，单位体积重量达到最大值。这段时期生长的好坏，决定茎秆的健壮抗倒能力，而储藏物质的多少则影响以后穗部的充实程度。茎秆物质充实期的物质来源于本节间单位的下部叶片及以下各节叶片的光合制造物。因此，保持叶片的壮旺生长对茎内容物的充实非常重要。

1.4.1.4　物质输出期　稻株抽穗之后，茎秆中储藏的淀粉经水解成可溶性糖类向谷粒中转移，开花后 $10\sim20$ d 为转移的高峰期，抽穗后 3 周左右茎秆的重量下降到最低水平，仅为抽穗前重量的 $1/3\sim1/2$。在养分转移期间，影响正常转移的主要因素是水肥两项。水分欠缺直接影响稻株的正常生理活动，使养分的转移受阻，氮素营养应保持中等水平，氮素含量过高时，淀粉的转移速度减慢。过低时叶片早衰，从而降低叶片的光合能力。

1.4.2　节间的伸长

先从下部伸长节间开始，顺序向上。但在同一时期中，有 3 个节间在同时伸长，一般是头一个节间的伸长末期，正是第二个节间伸长盛期的尾声期，也是第三个节间的开始伸长期。穗颈节间（最上一个节间）在抽穗前 10 多天开始缓慢伸长，到抽穗前 $1\sim2$ d 达到最快。

1.4.3　节间伸长和其他器官伸长的对应关系

节间的伸长与其他器官的生长有密切的对应关系，从节位差别上来讲，叶、叶鞘、节间、分蘖、根的旺盛生长部位都有比较固定的差数，如节间的伸长比叶片低 $2\sim3$ 个节位，比叶鞘伸长低 1 个节位。发根及长蘖比出叶低 3 个节位。这种关系可用图示如下：

$$n\text{ 叶伸长期} \approx (n-1)\text{ 叶叶鞘伸长期} \approx (n-2)\text{ 及 }(n-3)\text{ 节间伸长期} \approx (n-3)\text{ 节发根期} \approx (n-3)\text{ 节分蘖同伸期}$$

节间伸长与穗分化的关系主要取决于品种（组合）的伸长节数，一般可分为三种情况：第一种是伸长节只有 4 个，则穗分化在第一个节间伸长之前进行，尤其是一些特早熟的矮秆品种，穗分化期早得更多；第二种是伸长节有 5 个，穗分化与第一节拔节期相当，如前面所述，当前杂交水稻的多数籼型组合属于这一类；第三种是伸长节有 6 个，则先拔节后穗分化。

1.5　根的生长

1.5.1　不定根的分化和生长

不定根是由茎节紧贴边缘维管束环外侧的细胞分裂形成的，分化时期是在茎生长点最新一片叶原基开始分化时，往下数第五叶节的根同时开始分化。不定根原基形成带有两圈，一圈叫节上部不定根原基形成带；另一圈叫节下部不定根原基形成带。不定根原基分化后，进一步生长时斜向下部伸长，故节上部不定根原基向下伸长穿过节从节间基本单位的上位萌出，而节下发根带的根原基伸向节间下位萌

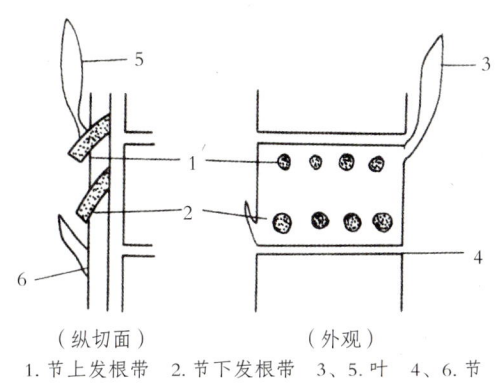

（纵切面）　　　　（外观）
1. 节上发根带　2. 节下发根带　3、5. 叶　4、6. 节

图 17-6　发根带示意图

出，见图 17-6。两个发根带的名称有两种称谓法：一种是以节为单位（图 17-7），节横隔上部发根带长出的根称为节上根，横隔下部的发根带长出的根称为节下根；另一种是以节间基本单位来划分（图 17-7），在节间上部发根带长出的根称为上位根，节间下部发根带长出的根称为下位根。由于一个节间单位包括上部的节及下部的节间，从维管束的连通关系来看，以第二种划分方法较为合适。节间上位根粗而长，且比较多。分支根的分化是在根的中柱鞘细胞中进行的，由两个原生导管之间与原生筛管相对应的内鞘细胞进行不均等的分裂而来，分化的部位是母根离根端 4～14 mm 的部位开始的。但分支根伸长要在母根的成熟带才能看到。

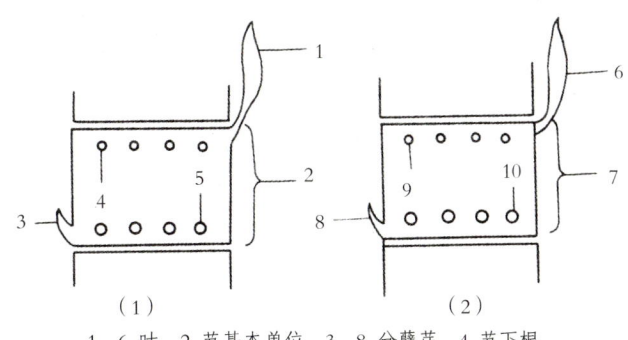

（1）　　　　　　　　（2）
1、6. 叶　2. 节基本单位　3、8. 分蘖芽　4. 节下根
5. 节上根　7. 节间基本单位　9. 上位根　10. 下位根

图 17-7　发根带的名称

稻株自芽鞘节以上各节部都发生不定根，但拔节以后各伸长节上不再发生，只在折断、倒伏等特殊情况下才能发生。从不定根上长出的分支叫第一次分支根，第一次分支根上再产生的

522

分支称第二次分支根，不定根可产生 4~5 次分支根。在拔节以后，靠近伸长节的一些高节位的分支根发生得特别多，伸展方向多沿地表方向生长，分布在土表层内，形成"浮根"。

整个根系在土壤中的分布状况随生育时期的不同而有所变化。营养生长期根系分布较浅，成倒卵状分布，到抽穗期前后根下扎的增多，成竖卵状分布。根系多数分布在耕作层 20 cm 深度以内，少数可以深达 50~60 cm。一般随着节位的升高，各节的根由短变长，到拔节前最后几节的根又逐步变短。

沈守江等用 ^{86}Rb 注射法测定乳熟期水稻根系的分布状况（表 17-9）：根系的水平分布主要集中在距植株 10 cm 范围内，占 60%；距植株愈远则愈少；30 cm 处只占 10% 左右；水平分布有随着土层深度增加，而逐渐向外层均衡延伸的趋势，在 0~10 cm 深土层内，约有 80% 的根集中在植株水平距离 10 cm 范围内，20 cm 处占 12% 左右，30 cm 处只占 8% 左右；在 10~20 cm 深土层内，水平距植株 10 cm 和 20 cm 处占 50% 和 40%；在 30~40 cm 深土层内，10 cm 水平距离处只占 40%，20 cm 水平距离处占 30%，30 cm 水平距离处则占 25% 左右。

表 17-9　^{86}Rb 注射法测定水稻根系的分布情况
（浙江农业科学院原子能研究所，沈守江等）

品种	垂直分布/cm	水平分布 10 cm 处				水平分布 20 cm 处				水平分布 30 cm 处				水平分布合计	
		cpm	占水平分布/%	占垂直分布/%	占全层分布/%	cpm	占水平分布/%	占垂直分布/%	占全层分布/%	cpm	占水平分布/%	占垂直分布/%	占全层分布/%	cpm	占垂直分布/%
汕优6号	0~10	616	78.47	51.72	32.29	99	12.61	20.28	5.19	70	8.92	31.25	3.67	785	41.11
	10~20	295	47.73	24.77	15.46	273	44.17	55.38	14.31	50	8.09	22.32	2.62	618	32.39
	20~30	192	61.94	16.12	10.06	65	20.96	13.18	3.41	53	17.10	23.66	2.78	310	16.25
	30~40	88	45.13	7.39	4.61	56	28.72	11.36	2.93	51	26.15	22.77	2.67	195	10.22
	合计	1 191	—	100	62.42	493	—	100	25.84	224	—	100	11.74	1 908	100
农虎3-2	0~10	508	79.37	50.45	31.77	81	12.66	19.38	5.06	51	7.97	29.31	3.19	640	40.03
	10~20	325	54.81	32.27	20.33	238	32.29	55.74	14.57	35	5.90	20.11	2.19	593	37.08
	20~30	118	53.39	11.72	7.38	51	23.08	12.20	3.19	52	23.53	29.88	3.25	221	13.82
	30~40	56	38.62	5.56	3.50	53	36.55	12.68	3.31	36	24.83	20.69	2.25	145	9.07
	合计	1 007	—	100	62.98	418	—	100	26.14	174	—	100	10.88	1 599	100

注：cpm 为每分钟计数（数 /min）。

　　根系的垂直分布以 0~10 cm 土层内占 40%，10~20 cm 土层内占 30%~40%，20 cm 深以下土层内占 20%~30%。垂直分布也有随根群向水平方向延伸而逐渐趋向均衡的趋势。在距植株水平方向 10 cm 处根的垂直分布，0~10 cm 深处占 50%，10~20 cm 深处占 25%~30%，20~30 cm 深处占 10%~15%，30~40 cm 深处仅占 5%~10%。水平距植株 20 cm 处土层中垂直分布的差距减小，水平距植株 30 cm 处自 0~40 cm 深度中，每 10 cm 的根量皆为 20%~30%。

　　杂交水稻汕优 6 号与常规品种农虎 3-2 比较，汕优 6 号根量大，而且根系分布深。20~30 cm 和 30~40 cm 深土层内，汕优 6 号的根量分别占总根量的 16.25% 和 10.22%，而农虎 3-2 的根量只有 13.82% 和 9.07%；特别是在根系密集的水平距植株 10 cm 以内，汕优 6 号在 20~30 cm 深处及 30~40 cm 深处的根系分别为 10.06% 和 4.16%，而农虎 3-2 只有 7.38% 和 3.5%。

　　根系对养分吸收的吸收层则随生育期的推移而加深（表 17-10），特别是在抽穗期以后，深层根系吸收比例增高更加显著。深 30 cm 以下的吸收量在抽穗期仅占总吸收量的 5% 左右，而在完熟前所占比例近 20%。杂交水稻汕优 6 号比常规水稻农虎 3-2 的根量大。因此，各层根系对 ^{32}P 的吸收量大得多。此外，杂交水稻的根生长快，吸收层分布深，在深层土壤中的吸收量比常规水稻要大得多。

表 17-10　水稻根系吸收层的变化

（浙江省农业科学院原子能研究所，沈守江、万弋江）

品种	^{32}P 预埋深度 /cm	移栽后不同天数根系吸收层在全土层中分配 /%											
		8 d	13 d	18 d	23 d	28 d	33 d	39 d	44 d	53 d	62 d	72 d	82 d
汕优6号	5	73.62	84.74	76.45	69.87	62.98	63.44	60.89	57.89	50.00	47.90	33.61	31.99
	10	21.95	10.17	13.95	14.73	17.00	15.34	16.42	18.67	16.96	16.91	20.06	21.12
	15	4.42	4.41	7.14	8.25	10.54	10.76	10.72	12.66	14.62	13.58	15.81	15.84
	20	0	0.68	2.46	5.83	6.95	6.79	7.56	7.31	8.71	10.74	14.53	13.04
	33	0	0	0	1.31	2.55	3.66	4.41	3.47	9.71	10.86	15.99	18.01
农虎3-2	5	60.91	83.80	77.23	69.73	62.48	62.07	61.55	63.43	50.69	49.57	32.80	32.27
	10	34.09	12.26	13.97	14.96	17.68	16.89	16.79	16.87	19.28	17.24	20.45	22.89
	15	4.99	3.31	6.58	8.12	9.71	10.49	9.44	9.19	13.77	13.39	15.23	12.75
	20	0	0.62	2.22	6.51	7.59	7.54	8.48	7.10	7.16	9.83	14.79	12.95
	33	0	0	0	0.67	2.54	3.00	3.74	3.40	9.09	9.97	16.73	19.14

1.5.2 根的生长顺序

上面已经说到，根原基分化期，与其上第五叶原基的分化为同一时期，此时也正是同节的叶片伸长期。但能看到根的长出期却迟得多，其与出叶的同伸关系是 n-3。当 n 叶抽出时，正是 n-3 节根的长出时期。分支根发生时期与出叶也成同步的对应关系，分支根的次位每高一位，发生期便迟一个节位，可用下图表示：

n 叶 出叶期	≈	n-3 叶节 出不定根	≈	n-4 叶节 出第一次支根	≈	n-5 叶节出 第二次支根	≈	n-6 叶节 出第三次支根

1.5.3 幼根伸长的速度

根原基分化完成以后，突破节间的皮层向外伸出，便是肉眼可见的萌出期。此时幼根的根尖生长点及分裂带（根尖 1 mm 以内）细胞进行旺盛的分裂，伸长带（距根尖 1 mm 以外、20 mm 以内）细胞膨大伸长，促使根迅速延伸。延伸速度自茎中萌出长至 2 cm，这一段约需一个叶龄期，即 5 d 左右；自 2 cm 长至全长的一半，这一段需一个叶龄期，到此时为止，本节新根都是在土壤上层内生长；自全长的一半长到全长，又需一个叶龄期，这一段主要是长入土壤深处；自长度稳定至老化阶段也需一个叶龄期。但根的生长速度及寿命受环境及栽培条件的影响，仍有很大差别。

1.5.4 影响稻根生长的条件

稻根的出生数量及强弱程度受稻株本身的素质及环境条件的影响。从发根数量上说，每节稻根的出生数与根原基分化数并不一致，原基分化后是否都能伸长成根要看条件而定。水稻各节的节周缘维管束环被来自叶鞘大维管束所切割，每一个切割处都发生一个根原基。因此，每节的根原基与本节的叶鞘大维管束同数。稻株节位愈高时，叶鞘的大维管束数愈多，根原基也随节位的上升而增加。但发根数量大大少于根原基数，在不伸长的各茎节长出的根为原基数的 2/3。伸长茎节的根如果发生的话，根原基的伸长比例较大，与叶鞘大维管束数差距缩小。

1.5.4.1 *稻株本身的素质状况* 稻株营养物质的含量，主要是氮素含量与碳水化合物的含量，对发根影响较大。氮是稻株的主要组成成分，碳水化合物是生长的能量来源。因此，稻株含氮及碳水化合物都较多时，根系生长好。例如，秧苗糖、氮含量多，插秧后发根快。江苏农学院凌启鸿等提出培育"叶蘖同伸壮秧"，即以秧田期"个体分蘖开始停止发生与群体总茎数开始停滞增长"时的叶龄值作为移栽的临界指标，认为这种秧苗生理状况最佳，养分含量充足，发根发叶能力强。

1.5.4.2　环境条件的影响　温度对根系的生长有很大的影响，根系发育的适宜温度为30 ℃～32 ℃，超过35 ℃或低于15 ℃都生长不良；土壤中氮素增多有利于根原基的萌发，但根的长度变短（故肥田的禾苗不耐干旱）；土壤干旱时促使根系伸长；田间泡水时间过长可促使土壤中还原物质增多，对根系产生毒害，影响根的正常生育。

1.6　穗的发育

1.6.1　幼穗分化和发育过程

稻株在光周期结束、完成发育阶段的转变之后，剑叶分化完成，茎生长锥分化出第一苞原基，便是穗分化的开始。幼穗分化发育至穗的形态及内部生殖细胞的全部建成是一个连续的过程。为了识别的方便，通常人为地划分为几个时期，划分的方法很多，如日本松岛省三的二十一期划分法，丁颖的八期划分法，凌启鸿等人的五期划分法等，中国多数采用八期划分法。

1.6.1.1　第一苞分化期　在剑叶原基分化后不久，在茎生长锥上长出第一苞的横纹，是第一苞分化期。第一苞的基部将来形成穗节。苞与叶为相同器官，第一苞横纹的外形与剑叶原基近似。苞叶在发育过程中退化，也有少数品种在穗节及第一次枝梗基部保留苞叶。前人研究认为，一苞分化与叶原基分化有两点区别（图17-8）：第一点是叶原基分化出现突起的时期，是在前一叶已发育到接近包被生长点的时期，而一苞分化突起时，剑叶还没有遮住生长点；第二点是叶原基分化初的突起与生长锥的夹角小，第一苞突起与生长锥的夹角比较大。但据徐雪宾等研究，认为形态上的这两点区别都是不准确的。在扫描电镜的视野中，一苞原基与剑叶原基没有形态上的区别，因而可以认为，只存在内部生理上的不同。为此，笔者建议，如果要从形态上观察分化进程，是否可以将苞增殖期作为穗分化一期。在一苞分化之后，沿着生长锥向上以2/5的开度成螺旋状分化出新的苞，顺序称为二苞，三苞……，此时称为苞增殖期。杂交水稻多为大穗品种，苞比较多，一般有十多个。

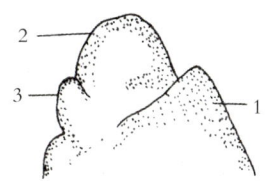

1. 剑叶原基　2. 生长锥
3. 一苞原基

图17-8　一苞原基分化

1.6.1.2　一次枝梗分化期　苞增殖后不久，在一苞的相当于叶腋的部位又形成突起，是为一次枝梗原基。此后顺序在各苞中分化出一次枝梗。随着茎生长点分化生长的停止，苞数的增加及一次枝梗数的增加也先后停止，并于苞叶上长出少量白色苞毛，此时为一次枝梗分化结束期。

1.6.1.3 二次枝梗原基及颖花原基分化期 一次枝梗原基分化后便开始旺盛的生长，而且位于穗轴上部分化比较迟的一次枝梗生长速度逐步加快。不久，各一次枝梗原基的基部出现两列小的苞原基突起，苞腋中分化出二次枝梗原基突起，此时便是二次枝梗分化期开始。在第二次枝梗分化的同时，苞毛也开始出现。二次枝梗原基的生长速度与分化次序相反，在同一个一次枝梗上，上位的比下位的快；从全穗来看，以穗顶部一次枝梗上的二次枝梗发育比穗轴基部的快，成为离顶式发育。

二次枝梗的多少与全穗总颖花数的多少关系最密切。杂交水稻的主要优势之一是大穗优势，二次枝梗数多，故在杂交水稻的生长中，保证二次枝梗分化期的良好生育条件甚为重要。

第二次枝梗分化后，在穗轴顶部的第一个一次枝梗顶端开始出现退化颖花原基的突起，接着在第二次枝梗上也出现颖花原基的两列再突起（图17-9）。颖花原基在出现第一、第二退化颖原基、不孕花原基之后，又分化出内外颖原基。颖花原基的分化就全穗来说是穗轴顶上枝梗的分化早，下部迟；就一个枝梗来说是顶端倒数第一粒分化最早，其次是基部第一粒，再顺序向上。因此，每个枝梗的倒数第二粒分化最迟。当一次枝梗上颖花分化完毕、尚未分化雌雄蕊、穗下部的颖花开始分化不久时，为二次枝梗及颖花分化期结束。

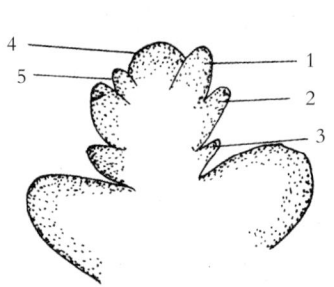

1. 外颖原基　2. 护颖原基
3. 副护颖原基　4. 生长锥
5. 内颖原基

图17-9　颖花原基分化

1.6.1.4 雌雄蕊形成期 当全穗约有一半的颖花已经分化，穗顶枝梗的最上一朵颖花首先分化出2个鳞片原基，然后分化出6个雄蕊突起（图17-10），此时为雌雄蕊形成期。各颖花雌雄蕊分化的次序与颖花分化次序相同。当穗下部颖花也分化出雌雄蕊，中上部颖花内外颖伸长并全部包被雌雄蕊，花药形成但未形成花粉母细胞时，为雌雄蕊形成期的结束。

1.6.1.5 花粉母细胞形成期 当颖花内外颖包被雌雄蕊之后，花药增大，花丝也稍有增长，继而花药分化成四室。当颖花长到固有长度的1/4时，花药内花粉母细胞形成（图17-11），同时雌蕊的柱头也明显分化，其时穗长度有1.5～5.0cm，此时为花粉母细胞形成期。

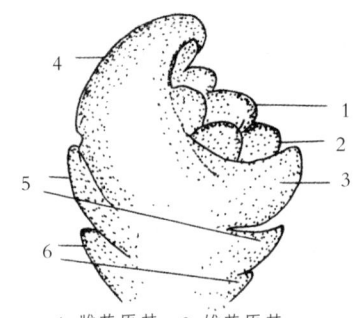

1. 雌蕊原基　2. 雄蕊原基
3. 内颖原基　4. 外颖原基
5. 护颖原基　6. 副护颖原基

图17-10　雌雄蕊原基分化

1.6.1.6　花粉母细胞减数分裂期　当花粉母细胞形成之后，颖花长至全长的一半左右时，花粉母细胞进行减数分裂（图 17-12），形成四分子体，不久后分散为四个单核花粉。花粉母细胞进行减数分裂的时间需 24~48 h，这个时期是发育过程中的重要时期，对外界条件要求较严格，条件不利则造成枝梗颖花退化，颖壳容积变小。

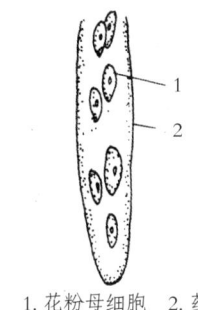

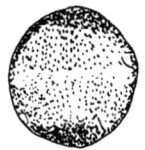

图 17-12　花粉母细胞减数分裂期

1. 花粉母细胞　2. 药室

图 17-11　花粉母细胞形成

1.6.1.7　花粉内容物充实期　减数分裂产生的四分子体分散为单核花粉之后，体积不断增大，花粉外壳形成。出现发芽孔，花粉内容物不断充实，花粉细胞核进行分裂，形成一个生殖核和一个营养核，叫二核花粉粒。此时外颖纵向伸长基本停止，颖花长度达到全长的 85% 左右，颖壳叶绿素开始增加，雌雄蕊体积及颖花横向宽度迅速增大，柱头出现羽状突起，此时为花粉内容物充实期（图 17-13）。

1.6.1.8　花粉完成期　抽穗前 1~2 d，花粉内容物充满，花粉内的生殖核再进行分裂，形成两个生殖核和一个营养核，称为三核花粉粒，至此花粉的发育全部完成。此时内外颖叶绿素大量增加，花丝迅速伸长，花粉内淀粉含量增多（图 17-14）。与此同时，胚囊母细胞也进行分化，最后形成八核胚囊。

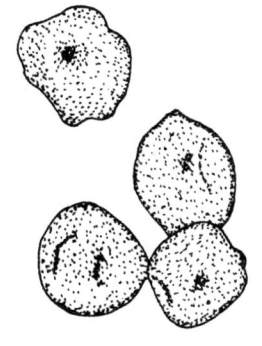

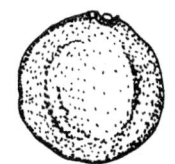

图 17-13　花粉内容物充实期

图 17-14　成熟花粉

1.6.2 幼穗分化发育的时间

水稻幼穗发育的时间因品种（组合）生育期的长短、气温及营养等条件的不同而有所变化，全过程所经历的时间为 25~35 d 不等。一般情况是穗分化的前一段生殖器官形成期（自一苞分化至雌雄蕊形成）的时间变幅较大，后一段生殖细胞形成期的时间变幅较小。穗分化各期所经历的时间是不同的。苞分化期一般为 2~3 d，第一次枝梗分化期为 4~5 d，第二次枝梗原基分化及颖花分化共 6~7 d，雌雄蕊形成期为 4~5 d，以上时期是以全穗为单位计算的。后段生殖细胞分化期以单个颖花为单位计算，花粉母细胞形成期为 2~3 d，花粉母细胞减数分裂期为 2 d 左右，花粉内容物充实期为 7~8 d，花粉完成期为 3~4 d。

目前推广的籼型杂交水稻多为生育期长的组合，穗分化所经历的时间为 28~34 d 不等。从杂交早稻（表 17-11）及杂交晚稻（表 17-12）几个组合的穗分化时间资料中可以看到，不同组合的穗分化全过程所需时间有所差别，不同分化时期经历时间长短也不一致。

表 17-11　杂交早稻几个组合穗分化各期到始穗天数

单位：d

时　期	组　合　名　称			
	威优 6 号	威优激 4	威优 40	威优 64
穗分化 1 期至始穗	34.5	31	29	30
穗分化 2 期至始穗	29.5	28	26.5	26
穗分化 3 期至始穗	23	23	23.5	22
穗分化 4 期至始穗	18	18	19	19
穗分化 5 期至始穗	14	13.5	13.5	13
穗分化 6 期至始穗	10	9.5	9	9
穗分化 7 期至始穗	7	6	5	5
穗分化 8 期至始穗	4	2	1	1

注：此表出自湖南省郴州地区农业科学研究所，1983—1984 年苗情汇总。

表 17-12　杂交晚稻几个组合穗分化各期至始穗天数

单位：d

时　期	组　合　名　称			
	威优 6 号	威优青	潭优 4 号	汕优 6 号
穗分化 1 期至始穗	29.1	27.5	32	29
穗分化 2 期至始穗	25.4	24.0	29	25.5
穗分化 3 期至始穗	21.6	21.5	25	22.3

续表

时　　　期	组　合　名　称			
	威优6号	威优青	潭优4号	汕优6号
穗分化4期至始穗	17.8	17.5	21	19.3
穗分化5期至始穗	13.8	14.5	15	16.3
穗分化6期至始穗	10.8	9.5	11	12.3
穗分化7期至始穗	7.1	5.5	5	8.8
穗分化8期至始穗	2.7	2.5	2	3.3

注：此表系湖南省农业厅粮油生产局，全省苗情点观察的平均值，1981。

1.6.3　穗分化发育时期的鉴定

穗分化发育时期的鉴定一般应借助显微镜进行解剖检查，但通常还可利用器官之间的相关对应关系进行推算，例如叶龄指数、叶龄余数、拔节时间、幼穗长度推算法等。

1.6.3.1　叶龄指数法　用当时叶龄数占该品种总叶龄数的百分比（叶龄指数）来推算当时的穗发育时期。叶龄指数的计算方法是：

$$叶龄指数 = \frac{已出叶数}{主茎总叶片数} \times 100$$

稻穗发育与叶龄指数的关系如表17-13。

表17-13　稻穗发育与叶龄指数的关系

叶龄指数	稻穗发育阶段
78	第一苞分化期
81～83	第一次枝梗原基分化期
85～86	第二次枝梗原基分化期
87～88	小穗原基分化期
90～92	雌雄蕊分化期
95	花粉母细胞形成期
97～99	花粉母细胞减数分裂期
100	花粉内容物充实期
100	花粉完成期

注：叶龄从不完全叶起算，表中数据是以16叶的品种为依据的。

表 17-13 的穗发育时期是以总叶数为 16 片的品种推算出来的。如果某品种的叶龄差别太大，则需将某品种的叶龄指数订正为 16 叶的叶龄指数。订正方法是以 16 叶减去某品种总叶数的差数的十分之一，乘以 100 减去某品种当时的叶龄指数，即为订正值；订正值加上某品种当时的叶龄指数，即为某品种订正后的当时叶龄指数。订正公式为：

$$（100-某品种当时叶龄指数）\times \frac{16-某品种总叶数}{10}+某品种当时叶龄指数$$

$$=订正后某品种的当时叶龄指数$$

1.6.3.2 按幼穗长度推算　幼穗分化前期，当幼穗短于 0.5 mm，但已出现少量苞毛时，为一次枝梗分化末期，幼穗长 0.5~1.5 mm，全穗为苞毛覆盖时为第二次枝梗及颖花分化期；幼穗长 5 mm 左右时约为雌雄蕊形成期；幼穗长 1.5~5.0 cm 时为花粉母细胞形成期；幼穗达稻穗全长的一半时为花粉母细胞减数分裂期；幼穗长达稻穗全长时为花粉充实期。

1.6.3.3 按抽穗前天数推算　这一方法也可粗略得知穗发育的时期，其相应关系见表 17-14。

表 17-14　穗发育和抽穗前天数关系

穗发育时期	抽穗前天数 /d
苞原基开始分化	30
一次枝梗原基开始分化	28
二次枝梗原基开始分化	26
颖花原基开始分化	24
雌雄蕊原基开始分化	20
花粉母细胞开始分化	18
减数分裂期	12
花粉内容物充实期	6
胚囊 8 核期	4
花器内部形态完成	2~1

1.6.3.4 叶龄余数法　用叶龄余数法推算穗分化发育时期，可靠性强，无须订正。据凌启鸿等的研究，叶龄余数与穗分化时期的关系比较稳定，观察方法也比较简便，只要知道尚未长出的叶片数便可推知。

凌启鸿等实测得苞原基分化期叶龄余数：南优 2 号为 3.25，汕优 3 号为 3.30~3.34，赣化 2 号为 3.29；恢复系 IR26 为 3.28，IR661 为 3.37。

1.6.4　胚囊发育与水稻生育期的划分

当颖花原基分化后期，内外颖包被整个颖花之后，颖花内器官基本形成，花药花丝形成之时，子房也逐渐分化，子房中部圆顶部位为胚珠原基，随后在胚珠原基顶端表皮细胞内侧中，一个细胞发育较大，胞质较浓，称为胚囊母细胞，由它发育成胚囊（雌性配子）。

前面已经说到，中国划分穗发育过程多采用 8 期划分法，其中后面 4 期是根据花粉小孢子的发育过程来划分的。刘向东等认为为了进一步提高农业科技水平，必须探讨雌性器官发育与高产形成的关系。他们通过对水稻 IR36 等材料的研究，将胚囊发育过程划分为 8 期（表17-15 及图 17-15），1 期为孢原细胞形成期，2 期为大孢子母细胞（即胚囊母细胞）形成期，3 期为大孢子母细胞减数分裂期，分裂后形成四分子体。4 期为功能大孢子形成期，四分子体中三个已退化，只留下一个大孢子。5 期为单核胚囊形成期，6 期为胚囊有丝分裂期，核进行三次有丝分裂形成八核胚囊。7 期为八核胚囊发育期，8 期为胚囊成熟期。从表中还可看到各期的相应大致小穗长度表现。

表 17-15　水稻胚囊发育过程的分期

发育阶段	主要形态特征	相应的小穗大约长度 /mm
1. 孢原细胞形成期	细胞大，接近等径，细胞质浓，核大明显区别于其他珠心细胞，位置在珠心表皮下。	1
2. 大孢子母细胞形成期	由孢原细胞伸长长大，改变了等径形象。	2
3. 大孢子母细胞减数分裂期	包括减数分裂 I 和 II 及依次形成二分体和四分体。	3～4（减数分裂 I 至二分体形成） 5～6（减数分裂 II 至四分体形成）
4. 功能大孢子形成期	四个大孢子中，靠近珠孔端三个相继退化，最后留下合点端的 1 个大孢子。	7～8
5. 单核胚囊形成期	功能大孢子伸长长大，液泡增大至为明显，尤其在核的上、下方。	
6. 胚囊有丝分裂期	细胞进行了 3 次有丝分裂及依次形成二核胚囊、四核胚囊及八核胚囊。	
7. 八核胚囊发育期	从原极核出现（膨大）开始，至 2 个极核并列于卵器上方。	
8. 胚囊成熟期	从淀粉粒在卵细胞以外消失开始，至胚囊增至最大。	

注：资料摘自刘向东等《水稻胚囊形成过程与分期》[出自《中国水稻科学》1997, 11（3）]。

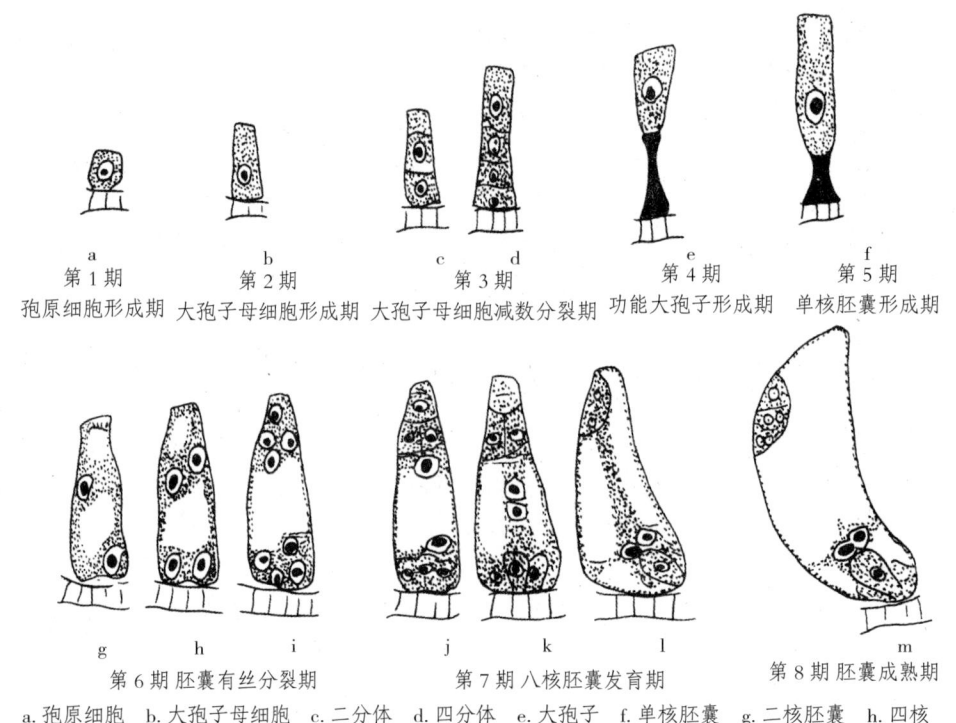

a	b	c	d	e	f
第1期	第2期	第3期	第4期	第5期
孢原细胞形成期	大孢子母细胞形成期	大孢子母细胞减数分裂期	功能大孢子形成期	单核胚囊形成期

第6期 胚囊有丝分裂期　第7期 八核胚囊发育期　第8期 胚囊成熟期

a. 孢原细胞　b. 大孢子母细胞　c. 二分体　d. 四分体　e. 大孢子　f. 单核胚囊　g. 二核胚囊　h. 四核胚囊　i. 八核胚囊（刚形成）　j~l. 八核胚囊发育期的胚囊　m. 胚囊成熟期的胚囊（刘向东等）

图 17-15　水稻胚囊发育各时期的形态特征

1.6.5　杂交水稻的秧田早穗现象

前文的主茎叶片数及叶的长度一段中，谈到了双季晚稻秧田早穗的叶数叶长变化。除此以外，穗的本身也受到很大影响，主茎的变化最大。形态上有三种类型：

第一种是"主茎死胎"。多出现在秧田播种密、秧龄长的情况下，秧苗在秧田"带胎"拔节，插入本田后由于茎秆老化，又无新叶，故茎小苗矮。此时分蘖迅速生长、分蘖秆粗叶壮，具有旺盛的生长优势，使主茎得不到必需的营养。从外形上看，矮小的主茎长期生长停滞，剥开纤小的叶鞘便可看到死穗的痕迹。

第二种是"侏儒穗"，茎细株矮体型小，老秧插入本田后穗子能够存活抽出，但穗小粒轻，穗上只有很少几粒稻谷，粒形特别小，且因抽穗过早，没有经济价值。

第三种是普通型早穗，依提早抽穗的天数不同，抽穗愈早的秆形愈矮（总叶片愈少）。虽因秧田播种稀，茎秆粗壮，穗子大小与正常穗相近，但空壳多，这类穗中抽穗较迟的一部分尚能与蘖穗一起收割。

上述第二、第三类主穗抽出的时间都早于蘖穗，相差最长的可达半月乃至 20 d 以上，因此这类主穗无实际意义。

"带胎秧"在本田的分蘖穗一般能正常生长，但平均每穗总颖花数仍然较少（穗子较小）。据试验表明，在生产中，只要本田前期施肥管理适当，带胎秧只减产10%～20%，如果管理不善（例如追肥过迟），减产的幅度便会增大。从穗粒组成来看，带胎秧减产的主要原因并非田间单位面积穗数减少，而是因为在主茎报废之后，分蘖穗反而有所增加，填补了田间总穗数的"空额"。实际上减产的原因主要是每穗颖花数的减少。

1.7　开花受精与结实

1.7.1　抽穗与开花

抽穗前 1～2 d，穗颈节间及剑叶节间迅速伸长，将穗子向上推，到穗子被推出剑叶鞘 1 cm 时叫作抽穗。杂交水稻一株的抽穗时期往往以下部一、二两个分蘖穗最先抽出，其次是主茎穗抽出，其他蘖穗最后抽出。全田齐穗时间需 5～7 d。当全田穗数抽出 10% 时称为抽穗始期，抽出 50% 时称为抽穗期；抽出 80% 时为齐穗期。

抽穗当天或第二天便开始开花，开花前，颖壳内鳞片迅速吸水膨大，将内外颖推开。开花时间持续 1～2 h，然后鳞片失水颖壳闭合。开花的花时因品种组合而有所不同，不育系每天的花时迟、拖得长，恢复系及杂交水稻的花时较集中。籼稻每天开花时间早，粳稻每天开花时间迟。同一穗上，上部枝梗的颖花先开，下部枝梗的颖花后开，一次枝梗上的颖花先开，二次枝梗上的颖花后开，同一枝梗上，顶端一粒颖花先开，第二是枝梗最下部的颖花开花，然后顺序向上，故倒数第二粒颖花最迟开。

1.7.2　授粉与受精

开花时，颖壳张开之后，花丝迅速伸长，花药开裂，花粉散向同粒颖花的柱头，便是散粉。水稻为自花授粉植物，异交率为 0.5% 左右。花粉落入柱头之后，经 2～3 min 便发芽伸出花粉管，花粉三个核进入花粉管先端部。经 0.5～1 h，花粉管从花柱内伸入子房并进入珠孔，通过助细胞后，释放出两个精核和一个营养核，其中一个精核与卵细胞结合成为受精卵，另一个精核与胚囊中极核结合成为胚乳原核，至此双受精过程完成，前后历时需 5～6 h。

1.7.3　米粒的发育

1.7.3.1　胚的发育　受精卵在受精后 8～10 h 开始分裂形成二胞原胚，随后细胞不断分裂，在开花后 2～3 d 形成多细胞的块状物，称梨形胚。第四天胚的腹面出现缺刻，是主茎的原始生长点开始分化，第四、第五天分化出鞘叶原基与胚根鞘原基，第五、第六天第一叶（不完全叶）原基开始分化。第七天胚的雏形完成，随后分化出第二叶（第一完全叶）原基，第十天分化全部完成，并具有了发芽能力。

1.7.3.2 **胚乳的发育** 受精后的胚乳原核马上进行分裂形成双核，此后继续分裂，沿着胚囊内壁自下向上形成单层的核层，到此时为止，胚乳核都以原生质中的游离核形式存在。大约在受精后 3.5 d，各个核同时分裂，使胚囊内壁以内形成两层核，并很快形成细胞膜。此后便以细胞形式存在，并由最外层淀粉细胞不断分裂，直至充满胚囊，到开花后 9~10 d，胚乳细胞便停止分裂，此后是淀粉的充实。

1.7.3.3 **米粒的发育** 自胚及胚乳开始发育时起，整个米粒也不断增大，首先以纵向生长为主，在开花后 6~7 d，子房前端达到颖壳顶部，其次是长宽，然后长厚。一般在开花后 10 d 以上，长宽厚均达到固有大小。一穗中颖花的生长势强弱不一样。一般早开花的及一次枝梗上的颖花为强势花，迟开花的及二次枝梗上的颖花多为弱势花。强弱花形成的米粒发育速度不一样，强势花米粒的发育快，有的只需 7 d 左右外形可充满谷壳；弱势花米粒的发育慢。杂交水稻的弱势花米粒有需 40 d 以上才能长满到固有体积的。弱势花粒重都比较低。

米粒在发育过程中，子房壁发育成果皮，胚珠的珠被珠心发育成种皮。种皮与果皮紧密相连，不可分割。

米粒的成熟过程可分为四个时期：

（1）乳熟期 开花后 3~7 d（晚稻为 5~9 d）。主要特征是米粒中充满白色淀粉浆乳，随着时间的推移，浆乳由稀变稠，外部颖壳为绿色。

（2）蜡熟期 胚乳由乳状变硬，但手压仍可变形，颖壳绿色消褪，逐步转为黄色。

（3）完熟期 谷壳全部变为黄色，米质坚硬，色泽及形态达到本品种固有的标准。完熟期是收获的适宜时期。

（4）枯熟期 颖壳及枝梗大部分死亡，且易掉粒断穗，色泽灰暗，米粒易碎。

开花至成熟的时间一般为 20~40 d，早稻短晚稻长，籼稻短粳稻长。

第二节 感光性、感温性及基本营养生长性

2.1 稻的发育特性

水稻自子房受精形成受精卵便是一个新世代的开始，但习惯上都是将种子萌发到新种子成熟算作水稻一生生长发育的全过程。生长与发育是两个不同的概念，生长是指植株体积、重量

增加的过程，指数量的增加；发育是指为了繁殖下一代所发生的质的变化。但生长与发育又是相辅相成、不可分割的过程。发育是在前一段达到一定的生长量的基础上进行的；发育的同时也在进行量的增长；每一阶段的发育之后又有一定量的生长过程。

水稻一生的生长发育过程可分为三个阶段：种子萌发至幼穗开始分化前为单纯的营养生长期；幼穗开始分化至抽穗前为营养生长与生殖生长并进期；抽穗至成熟是单纯的生殖生长期。一般习惯划分是以幼穗分化为界，幼穗开始分化前称为营养生长期，幼穗开始分化后称为生殖生长期。

水稻一生全生育过程所需时间，因类型、品种及环境条件的不同而变化很大。但在正常情况下，生殖生长所需的时间变化不大，营养生长期则有较大的变化，生育过程中由营养生长期向生殖生长期转变的迟早，直接影响着全生育期的长短。

水稻由营养生长向生殖生长的转变特性取决于系统发育中的遗传特性，并明显地受环境条件所左右。原产低纬热带地区的水稻，具有要求高温、短日照的遗传特性，生长在高温、短日照的条件下，由营养生长向生殖生长的转变提早，反之则延迟，甚至不能进入穗分化阶段。这种因日长和温度的不同而影响水稻由营养生长向生殖生长转变的特性，分别称为感光性和感温性。发育转变是在生长的基础上进行的。因此，在生殖生长之前，必须有一段最低限度的时间进行营养生长，才能实现发育的转变，这种特性称为"基本营养生长性"，这个最短时间的营养生长期便称之为"基本营养生长期"。由于水稻基本营养生长期必须在高温、短日照条件下才能表现出来，故又称之为"高温短日生育期"。

水稻这种由营养生长向生殖生长转变的过程受控于感光性、感温性及基本营养生长性的不同特性，称之为水稻的发育特性。

2.2　稻的感光性

水稻在短日照条件下才能顺利实现发育的转变，这意味着短日照条件可缩短生长发育过程，长日照条件则延长生育过程。由于水稻种植历史悠久，分布地域广阔，形成了不同的生态类型，对短日照的敏感程度也各有不同。因此，从对短日照的要求方面来看，可以分成不同的类别。

2.2.1　感光程度

杂交水稻在中国自 1975 年以来发展迅速，南起海南岛，北至黑龙江都有分布，各种组合的感光性有不同的差别。在 1977—1979 年的 3 年中，湖南农学院刘鑫涛等对杂交水稻及其亲本进行了研究，从全国收集了杂交组合 76 个（籼型 71 个，粳型 4 个，籼粳型 1 个），不育系及保持系各 23 个（包括野败型 13 个，冈型 3 个，滇型 3 个，红野型 1 个，柳野型 1 个，南新型 1 个，BT 型 1 个），恢复系 26 个（包括东南亚系统、长江流域矮秆早籼及人工制恢系统），在长沙自然条件下，于晚稻期间播种。一部分在自然光照下记载抽穗期，另一部分则于 4~5 叶期起至抽穗止，每天给予光照 10 h 处理（8：00—18：00），然后计算出穗促进率（出穗促进率 = $\dfrac{\text{晚季自然出穗日数} - \text{晚季短日照处理出穗日数}}{\text{晚季自然出穗日数}} \times 100\%$），并按出穗促进率的大小，将感光性分为六级（表 17-16）。

表 17-16　杂交水稻感光性分级标准

感光程度	级　　别	短日出穗促进率 /%
弱	I	负值~5.0
	II	5.1~15.0
中	III	15.1~25.0
	IV	25.1~35.0
强	V	35.1~45.0
	VI	>45.0

表 17-17　杂交水稻及其亲本的感光性等级分布
（湖南农学院，1977—1979）

感光性等级	杂交水稻		不育系		恢复系	
	数目	占总数 /%	数目	占总数 /%	数目	占总数 /%
I	7	9.3	10	50.0	3	12.0
II	10	13.3	8	40.0	12	48.0
III	28	37.3			5	20.0
IV	21	28.0	1	5.0	1	4.0
V	3	4.0			1	4.0
VI	6	8.0	1	5.0	3	12.0

从表 17-17 可看出，当前的杂交组合感光性差异较大，自 I 级至 VI 级都有，但多集中在 III、IV 级，表明以中稻类型较多。不育系以感光性偏弱的为多（多数为 I、II 级），恢复系也以感光性偏弱的为多（多集中在 II、III 级）。

杂交水稻组合中感光性 I 级的有珍汕 97A × 早恢 1 号、丰锦 A ×（57 - 10）、V20A ×

意印 2 号。II 级的如 V20A×早恢 1 号、南早 A×IR28、珍汕 97A×科珍 145。III 级的如二九南 1 号 A×IR28、朝优 2 号、4 优 6 号等。IV 级的有南优 2 号、南优 3 号、南优 6 号、V20A×IR661、汕优 2 号、汕优 4 号、汕优 6 号。V 级的有华粳 14A×C57、钢枝粘 A×IR24。VI 级的有钢枝粘 A×雪谷早、V20A×水田谷等。

不育系中感光性达到 IV 级的有滇型不育系华粳 14A，VI 级的有野败型不育系钢枝粘 A，属 I 级的有 V20A、V41A、珍汕 97A、二九南 1 号 A 等，其中表现负感的有 20A 及 V41A，II 级的有黎明 A、石羽 A 等。长江流域早稻品种转育的不育系多属 III 级。

恢复系中属 I 级的有早恢 1 号、意印 2 号、科珍 145。属 II 级的有 IR24、IR26、IR661、IR665、窄叶青 8 号、圭 630、马来亚等。属 III 级的有 IR28、莲 24、古 145。属 IV 级的有太引 1 号。属 V 级的有培迪、古 233。属 VI 级的有水田谷、红田谷等。

强感光的杂交亲本在制种时受季节限制，不能进行春、夏制种，感光强的杂交种子在推广应用时也受纬度限制较严，只能在相似的纬度界限内推广，受此两个原因的影响，育种家们往往喜好培育感光性偏弱的组合，因而当前推出到生产中的组合几乎没有强感光的组合，例如表 17-18 中所列湖南省水稻区试续试新品种光温特性研究中，都只有弱感光或中等感光的材料（组合），表明当前育成的三系或两系杂交组合主要属早中稻类型。如三系威优 48、威优 46、汕优 63、K 优 77、金优 198、I 优 198 等，两系的培两优 288、810S/明恢 63、133S/288 等。

表 17-18　杂交水稻感光性举例

试验年份	感光性		组合名称（括号中为短日出穗促进率 /%）
	类型	占参试组合 /%	
1995	弱	25	威优 48（4.6）、金优 402（8.9）、培两优 288（5.4）
	中	75	威优 46（22.1）、金优 63（22.2）、汕优 63（21.3）
1996	弱	25	威优 56（1.6）、威优 48（1.5）
	中	75	133S/明恢 63（19.2）、I 优 58（18.3）、汕优 63（20.9）、133S/288（11.0）、威优 64（20.0）、威优 46（21.6）
1998	弱	60	金优 23A/8 079（3.03）、威优 402（1.67）、金优 974（−5.17）、K 优 17（6.17）、培矮 64S/湘早籼 1 号（4.76）、威优 111（7.70）、810S/明恢 63（−7.04）、威优 64（9.99）、I 优 318（9.46）
	中	40	汕优 63（19.27）、协优 9 308（15.47）、威优 44（17.50）、金优 198（18.75）、威优 46（15.19）、I 优 198（10.25）

注：①三年参试组合中，没有感光性强的组合。②材料来自湖南省区试续试组合三性鉴定，湖南农业大学提供。

2.2.2　杂交水稻对日长感应的时期

水稻由于品种不同，开始对日长感应的时间有早有迟，杂交水稻不同组合同样表现出不一致性。湖南农学院刘鑫涛等对南优 2 号、3 号、6 号，威优 2 号、6 号，汕优 6 号，早优 6 号及恢复系 IR24、IR661、IR26 进行了研究（1977），认为国际稻三个品种及杂交稻汕优 6 号是在 7~8 叶期开始接受光周期诱导，早优 6 号略早一点，其他杂交组合则在 5~6 叶期开始接受光周期诱导。根据同一试验证明，当短日照处理使稻株进入穗分化之后仍持续给予短日照条件时，还能提早出穗。其出穗促进率的大小决定穗分化的程度，穗分化程度高，持续短日照处理的出穗促进率相应变小。如果短日照处理未达到穗分化期便解除（停止）时，前段短日照处理无效，也不能和间断之后再行短日照处理的时间累加起来完成光周期诱导作用。

对日长感应的结束期大体在抽穗前 10 d 左右。水稻通过光周期诱导的天数一般为几天至十几天。在水稻生育期中的可感应时期内，短日照出现期早则所需天数较多，出现期迟则所需天数较少。

2.2.3　完成光周期诱导对光照长度、强度及温度的要求

水稻光周期现象的实质，是对一昼夜中的暗期有明显的要求。因此，"短日性"实为"长夜性"，习惯上多以光期时间长短作为感光性的标准。水稻所要求的"短日照"，并不是严格地指一天中见光时间短于黑暗时间，而是指某一品种（组合）通过光周期诱导每天需要短于多少小时的光照。中国的感光性品种（组合）所需要的每天的见光时间一般是 12~14 h。例如，海南岛的一些品种要求短于 12 h，长江流域的晚稻一般要求短于 13.5 h。对感光性品种起光周期诱导的照度约为 100 lx。

光周期诱导期间的温度是主要的条件，尤其是暗期，如果温度过低，给予的短日照条件就要延长时间，或者根本不能通过感光期。因为感光性水稻通过感光期是组织中的 PF 型光敏色素转变为 PR 型（PF 型光敏色素降低时，植株中抑制幼穗形成的激素降低，促进幼穗形成的激素增多，从而促进穗的分化）而实现的。这种转变是在红外线的作用下进行的，但在黑暗条件下也能缓慢进行。根据湖南农学院的研究，现有杂交水稻组合在光周期诱导期间所需要的日平均气温要在 20.5 ℃以上，而作为恢复系的国际稻系统则要在 23.1 ℃以上。

2.2.4　杂交水稻感光性与亲本的关系

杂交水稻多数组合的感光性比亲本有所增强，只有少数表现为中间偏弱。根据湖南农学院刁操铨、朱应盛等的研究（1977—1979），70 个杂交水稻组合的感光性与其亲本比较，可

分为三种类型：一类为超亲型，双亲的感光性均较弱，所配组合的感光性较双亲增强，属此种类型的最多，有 53 个，是生产中种植最多的杂交水稻组合，例如南优 2 号、汕优 2 号等；二类为倾晚型，双亲或一个亲本具有强感光性，其杂交组合也为强感光性，表现强感光性对弱感光性为显性，例如 V20A×水莲谷、钢枝粘 A×IR24 等；三类为中间型，其感光性介于双亲感光性之间，如 V20A×意印 2 号、黎明 A×培迪等（表 17-19）。

表 17-19　杂交水稻不同类型感光性与亲本的关系

（湖南农学院，1977—1979）

感光性类型	代表性组合举例（表中数字为感光性短日出穗促进率 /%）			各类组合占参加鉴定组合的百分率 /%
	杂交稻（组合）	不育系	恢复系	
超亲型	南优 2 号 30.6	二九南 1 号 A 4.0	IR24 8.2	75.71
	汕优 4 号 26.8	珍汕 97A 2.7	古 154 20.4	
倾晚型	V20A×水莲谷 59.6	V20A −8.6	水莲谷 51.8	11.43
	钢枝粘 A×IR24 56.9	钢枝粘 A 56.5	IR24 8.2	
中间型	V20A×意印 2 号 −3.8	V20A −8.6	意印 2 号 3.4	12.86
	黎明 A×培迪 26.3	黎明 A（粳） 11.9	培　迪 43.5	

2.3　稻的感温性

水稻为喜温作物，适当的高温不但能促进生长，而且能促进发育的转变，但品种（组合）不同，其感温性有强弱之分。为了研究感温性的强弱，湖南农学院按在短日照条件下晚季（高温）比早季（低温）提早抽穗的幅度

$$（温度对出穗的促进率 = \frac{早季短日照下播种至出穗天数 − 晚季短日照下播种至出穗天数}{早季短日照下播种至出穗天数} × 100\%），$$

将杂交水稻（组合）的感温性划分为六级（表 17-20），凡出穗促进率大、级别高的，表示感温性强，反之则弱。

表 17-20　感温性级别划分标准

感温性程度	级　别	温度促进出穗率 /%
弱	I	<5.0
	II	5.1～15.0
中	III	15.1～25.0
	IV	25.1～35.1
强	V	35.1～45.0
	VI	>45.1

据湖南农学院 1977—1979 年的试验，参试杂交组合 55 个，不育系 16 个、恢复系 17 个，感温性均集中在 III、IV、V 级，以 III、IV 级最多（表 17-21）。杂交水稻中感温性属 III 级的有珍汕 97A × 早恢 1 号、20A × IR28、钢枝粘 A × IR24。VI 级的有南优 2 号、南优 3 号、南优 6 号、威优 6 号等。

表 17-21　杂交水稻及亲本的感温性等级分布

感光性等级	杂交水稻		不育系		恢复系	
	数　目	占参试数的比重 /%	数　目	占参试数的比重 /%	数　目	占参试数的比重 /%
I						
II						
III	15	25.9	5	31.3	4	23.5
IV	33	56.8	10	62.5	10	58.8
V	10	17.3	1	6.2	3	17.6
VI						

不育系中感温性属 III 级的有 V20A、V41A、南早 A 等，属 IV 级的有珍汕 97A、二九南 1 号 A、石羽 A、黎明 A 等，V 级的有钢枝粘 A。恢复系中属 III 级的有 75P12、意印 2 号。IV 级的有 IR24、IR26、IR661、IR28、早恢 1 号、莲 24 等，V 级的有水田谷、红田谷。

从进入生产或区域试验中的组合来看（表 17-22），一般都是中等感温性的组合，如三系杂交稻的威优 48、威优 56、威优 46、威优 402、汕优 63，两系的培两优 288 等。

表 17-22　杂交水稻感温性举例

试验年份	感温类型	占参试组合的比重 /%	组合名称（括号内数字为高温出穗促进率 /%）
1995	中	100	威优 48（21.7）、金优 402（26.8）、威优 46（16.0）、培两优 288（25.0）、金优 63（20.2）、汕优 63（20.0）
1996	中	100	威优 56（20.8）、威优 402（28.57）、金优 974（27.38）、K 优 17（22.2）、威优 64（23.0）、威优 46（16.3）、133S× 明恢 63（19.3）、Ⅰ 优 58（21.2）、汕优 63（33.1）
1998	中	100	金优 23A×88079（25.58）、威优 402（28.57）、金优 974（27.38）、K 优 17（24.49）、协优 9308（28.28）、培矮 64S× 湘早籼 1 号（20.0）、威优 111（20.0）、810S×63020（29.17）、810S× 明恢 63（22.45）、威优 64（22.73）、汕优 63（32.32）、威优 44（26.67）、金优 198（29.35）、威优 46（25.56）、Ⅰ 优 198（25.53）、Ⅰ 优 318（28.72）

注：①三年参试组合中，没有感温性弱及强的组合。②材料来自湖南省区试续试三性鉴定，湖南农业大学提供。

杂交水稻感温性与亲本感温性之间的关系，有超亲型的，如南优 2 号、3 号、6 号等，其感温性比不育系及恢复系略有增强；有中间型的，如 V20A× 水莲谷、V41A× 莲 24、南早 A×IR28 等，其感温性等于或接近不育系及恢复系的平均值；还有负超亲型的，如二九南 1 号 A×IR28、71-72A×IR28、珍汕 97A× 早恢 1 号、71-72A× 早恢 1 号、钢枝粘 A×IR24、钢枝粘 A× 雪谷早等，其感温性比不育系及恢复系都要低。参试组合中超亲的居多，占 52.3%，中间型的占 34.1%，负超亲的较少，仅 13.6%。

2.4　杂交水稻的短日高温生育期

湖南农学院将杂交水稻的短日高温生育期按天数划分为六级（表 17-23），并将 1977—1979 年的参试材料归纳成表 17-24，结果表明杂交组合的短日高温生育期多为 Ⅱ 至Ⅳ级，以中等为主。Ⅱ 级的有汕优 4 号、V20A×IR80、黎明 × 培迪。Ⅲ级的有南优 2 号、黎明 × 培迪。Ⅲ级的有南优 2 号、南优 3 号、南优 6 号、汕优 2 号、汕优 6 号、汕优 4 号、威优 6 号、V20A×IR28 等。Ⅳ级的有威优 2 号、威优 5 号、威优 6 号等。

542

表 17-23　杂交水稻及其三系亲本的短日照高温生育期长短级别划分

（湖南农学院，1979）

程　度	级　别	晚季 10 h 短日下的出穗天数 /d
短	I	<44
	II	45～49
中	III	50～54
	IV	55～59
长	V	60～69
	VI	>70

不育系中属于II级的有华粳 14A、黎明 A、石羽 A；属于III级的有二九南 1 号 A、71-72A、玻璃粘矮 A、冈（朝阳 1 号）A；属于IV级的有金南特 43A、南早 A、珍汕 97A、钢枝粘 A、C（金南特 43）A、二九矮 4 号 A；属于V级的有 V20A、冈（二九矮 7 号）A；属于VI级的有 V41A。

恢复系中属于II级的有红田谷、雪谷早；属于III级的有水莲谷、古 154；属于VI级的有意印 2 号、IR28、6 185、莲 24、古 223、培迪、C57、粳 67-341；属于V级的有 IR24、IR661、IR26、IR665、早恢 1 号、75P-12、圭 630、窄叶青 8 号、马来亚、科珍 145；属于VI级的有泰引 1 号。

表 17-24　杂交水稻及亲本的短日照高温生育期等级分布

短日高温生育期等级	杂交水稻		不育系		恢复系	
	数　目	占参试数的比重 /%	数　目	占参试数的比重 /%	数　目	占参试数的比重 /%
I	4	5.3			1	4.0
II	15	20.2	4	21.1	2	8.0
III	34	45.3	11	57.9	3	12.0
IV	22	29.4	3	15.7	8	32.0
V			1	5.3	2	8.0
VI					9	36.0

由于短日照高温生育期的遗传为短日照对长日照表现显性，故杂交水稻的短日照高温生育期偏向于短的亲本，上述试验的 57 个杂交组合中，绝大多数组合（占总数的 94.7%）的短日照高温生育期小于两个亲本的平均值，且多数表现为超亲。

　　从进入生产或中间试验的组合来看（表 17-25），多数都是短日照高温生育期偏长，如三系杂交稻的威优 28、威优 56、威 402、汕优 63 等。两系杂交稻有培两优 288、培两优余红等。

表 17-25　杂交水稻短日高温生育期举例

试验年份	短日高温生育期类型	组合名称（括号内数字为短日照高温生育天数 /d）
1995	长	威优 48（65）、金优 402（60）、威优 46（68）、培两优 288（69）、金优 63（67）、汕优 63（68）
1996	长	威优 56（61）、威优 48（65）、133S×288（64）、培两优余红（63）、威优 64（60）、威优 46（67）、133S×明恢 63（67）、Ⅰ优 58（67）、汕优 63（68）
1998	长	金优 23A/88079（64）、威优 402（60）、金优 974（74）、汕优 63（67）、协优 9308（71）、培矮 64S×湘早籼 1 号（80）、810S/明恢 63（76）、威优 64（68）、威成 44（66）、金优 46（67）、Ⅰ优 198（70）、Ⅰ优 318（67）

　　注：①三年参试组合中，短日照高温生育期没有短及中两种类型。②材料来自湖南省区试续试三性鉴定，湖南农业大学提供。

第三节　杂交水稻的生长发育时期

3.1　不同组合的全生育期天数

　　水稻的生育期分为营养生长期与生殖生长期，营养生长期又分为基本营养生长期（短日高温生育期）与可变营养生长期，可变营养生长期受光周期长短与气温高低的影响而变化。不同地区由于纬度海拔的差别，光照气温都不一样，因而同一组合种植在不同地区的生育期有变化，感温或感光性强的组合，异地种植时全生育期变化大（其中可变营养生长期变化大），反之则小，但无不变化的组合。下列表 17-26 至表 17-34 所列为各种类型及熟期的杂交组合在不同地区全生育期变化的实例，包括籼型三系杂交早、中、晚稻，粳型三系杂交稻，两系杂交早、中、晚稻，都表现不同程度的变化。因而在引种工作中，必须注意考察感温光类型及其可变营养生长期的长短，一般情况下，感光性或感温性强的组合向北引种时，全生育期明显延长，可能造成不能正常成熟，向南引种时生育期缩短或早穗减产。从稳产的角度来说，具有一定的感光性的组合，虽然生产上适用的纬度幅度较窄，但能在适宜地区内适时转向生殖生长，达到安全齐穗的目的。

544

表 17-26　籼型三系杂交早稻在不同地区的生育期

单位：d

试验地点	351A/制选	金优168	安湘S/株173	安湘S/210	E131S/R402	1356S/早25	香125S/D68	威优48-2（CK）
安庆市种子公司	120	112	114	119	122	117	113	116
中国水稻研究所	115	119	113	118	120	114	116	115
福建省南平市农业科学研究所	115	118	116	118	118	116	115	116
江西省杂交水稻工程中心	112	113	113	116	109	112	111	115
浙江省温州市农业科学研究所	115	114	113	118	117	114	114	113
福建省农业科学院稻麦研究所	119	116	116	121	119	116	116	116
广东湛江杂优中心	99	101	101	103	101	102	100	101
江西省赣州地区农业科学研究所	111	110	112	114	112	113	109	114
广西桂林地区农业科学研究所	109	111	109	113	111	111	111	111
四川省水稻高粱研究所	112	115	110	115	116	115	115	114
湖南杂交水稻研究中心	115	113	110	115	115	110	111	113
平　均	112.91	113.82	111.54	115.45	114.54	112.73	111.91	113.09

注：资料来自全国籼型杂交水稻 1997 年区域试验报告。

表 17-27　籼型三系杂交中稻（早、中熟类）的生育期

单位：d

试验地点	威优363	优IA/R318	金优207	油优89	福优77	辐优802	马协958	威优467	汕优82	卡优6206	优IA/R122	威优64（CK）
四川水稻高粱研究所	131	133	130	129	128	134	141	134	129	135	131	123
湖北恩施自治州红庙农业科学研究所	116	116	115	114	113	114	120	116	114	118	116	112
贵州省黔东南州农业科学研究所	131	133	130	131	128	133	141	133	131	137	131	125

续表

试验地点	威优363	优IA/R318	金优207	油优89	福优77	辐优802	马协958	威优467	油优82	卡优6206	优IA/R122	威优64（CK）
四川省绵阳市农业科学研究所	132	137	131	132	130	137	143	136	130	135	136	124
湖南省桂东县农业科学研究所	142	147	138	140	137	145	149	146	140	155	147	132
陕西省水稻研究所	139	145	138	139	138	142	146	143	138	143	143	132
湖北省荆州市农业科学研究所	124	124	118	123	124	125	130	125	123	127	126	116
云南省红河州农业科学研究所	153	159	149	147	143	155	164	158	149	158	159	139
湖南杂交水稻研究中心	120	118	114	119	115	121	124	121	118	118	121	114
平　均	132	134.46	120.22	130.44	128.44	134.0	139.78	134.67	130.22	136.22	134.44	124.4

注：资料来自全国籼型杂交水稻 1997 年区域试验报告。

表 17-28　籼型三系杂交中稻（迟熟类）的生育期

单位：d

试验地点	油优388	协优9518	油优94-4	岗优88	岗优275	特优多系1号	II优128	特优669	优IA/4761	K优绿36	油优63（CK）
四川省水稻高粱研究所	143	140	140	141	142	137	143	137	141	140	140
湖北恩施红庙农业科学研究所	136	132	135	140	135	134	140	134	136	133	135
重庆市种子公司	145	142	141	146	143	141	144	141	144	143	143
贵州黔东南州农业科学研究所	139	138	136	136	138	136	140	136	141	140	138
河南信阳农业科学研究所	144	130	137	144	137	130	144	130	138	130	136
四川绵阳市农业科学研究所	152	148	149	150	148	130	153	145	149	145	149

546

续表

试验地点	汕优388	协优9518	汕优94-4	岗优88	岗优275	特优多系1号	II优128	特优669	优IA/4761	K优绿36	汕优63（CK）
湖南桂东县农业科学研究所	155	158	150	154	155	154	159	155	158	148	155
湖北荆州市农业科学研究所	131	129	129	133	132	127	131	125	127	126	128
陕西省水稻研究所	155	151	153	154	152	151	155	150	154	143	145
四川省内江杂交中心	147	143	145	147	147	142	151	141	147	150	152
四川省万县市种子公司	147	145		147	146	143	147	144	148	143	145
安徽省农业科学院水稻研究所	137	133	135	141	142	133	139	131	134	134	138
云南红河州农业科学研究所	157	138	166	161	156	159	161	156	161	150	155
江西九江市农业科学研究所	128	124	127	131	129	122	129	126	125	125	128
江苏镇江农业科学研究所	144	140	140	148	146	126	146	134	146	140	140
安徽广德县农业科学研究所	139	132	134	143	146	131	146	130	134	137	138
湖南杂交水稻研究中心	126	126	123	129	129	122	125	126	126	125	127
云南德宏州农业科学研究所	144	139	139	145	141	135	146	134	140	138	142
平均	142.73	139.33	139.94	143.94	142.45	137.66	144.28	137.21	141.61	138.33	140.77

注：数据来自全国籼型杂交水稻1997年区域试验报告。

表17-29　三系杂交单季粳稻在各地的生育期

单位：d

试验地点	76优1950	76优1272	寒优1027	76优312	双优中1	六优2730	六优31	盐优KC57	六优选菲	78优1027	六优762
上海	147	160	156	156	162	146	148	142	144	148	
常熟	158	167	162	160	167	153	158	141	148	159	
南京	156		163	163	165	163	163	144	149	152	163

续表

试验地点	76优 1950	76优 1272	寒优 1027	76优 312	双优 中1	六优 2730	六优 31	盐优 KC57	六优 选菲	78优 1027	六优 762
无　为	134	143	141	139	140	138	135	142	137	139	
合　肥	141	149	149	146	143	134	145	128	134	144	149
武　汉	142	154	157	152	150	150	142	138	143	148	157

注：资料来自南方稻区1988年区域试验，江苏省农业科学院粮食作物研究所提供。

表17-30　杂交晚籼在各地的生育期

单位：d

参试单位	汕优 36辐	西优 6号	协青早 A×432	威优 64	汕优 T28	协优 46选	协优 78039	汕优 6531	Ⅱ优 46	汕优 2号
四川省农业科学院 水稻高粱研究所	123	123	121	119	132		128		134	132
安徽省安庆地区种 子公司	124	130	122	116	132	136	137	138	138	139
湖北省农业科学院 粮食作物研究所	123	129	118	114						
中国水稻研究所	111	108	114	107	117	119	122	125	123	124
江西省抚州地区农 业科学研究所	116	128	118	112	125	125	136	132	127	130
江西省赣州地区农 业科学研究所	115	121	114	112	120	121	123	119	124	123
湖南杂交水稻研究 中心	111	115	109	108	116	116	119	114	120	117
浙江温州市农业科 学研究所	111	116	112	108	123	123	123	124	126	126
福建建阳地区农业 科学研究所	117	119	118	108	131	131	133	131	133	135
四川永州县种子公 司	106	120	111	110	117	120		118	122	121
安徽广德县农业科 学研究所	124	132	120	120	139	138	135	136	141	132
湖南衡阳市农业科 学研究所	115	118	114	114	127	125	129	127	130	130
广东湛江杂交水稻 研究中心	101	107	102	98	110	112	118	111	115	117

续表

参试单位	汕优36辐	西优6号	协青早A×432	威优64	汕优T28	协优46选	协优78039	汕优6531	II优46	汕优2号
江西省农业科学院水稻研究所	116	118	116	115	124	125	127	123	125	127
广西农业科学院水稻研究所	104	110	99	99	113	114	113	113	116	116
福建农业科学院稻麦研究所	121	131	119	119	133	133	136	133	136	136
湖北黄冈地区农业科学研究所					124	126	128	129	127	
广东韶关市农业科学研究所					114	112	112	116	118	118
平　均	114.88	120.31	114.19	111.19	123.35	123.5	126.19	124.31	126.76	126.44

注：数据来自南方稻区 1988 年区域试验。由江西省农业科学院水稻研究所邓仁根提供。

表 17-31　三系杂交晚稻"63"系列各组合的生育期

单位：d

试验地点	红优63	威优63	花籼优63	泸红优63	香2优63	II优63	军优63	菲优63	D优63	协优63	D297优63	献改优63	特优63	汕优63
四川省农业科学院水稻高粱研究所	132	130		130	129	136	129	129	131	129	132	133		132
广东韶关市农业科学研究所	120	120	122	119	115	125	120	118	123	123	122	128	125	122
湖南杂交水稻研究中心	121	123	124	124	125	126	123	122	123	122	121	125	122	123
福建建阳地区农业科学研究所	131	135		134	131	137	134	131	134	134	134	137	134	133
江西省农业科学院水稻研究所	127	131	131	132	127	133	131	131	131	132	135	132	130	132
平　均	126.2	127.8	125.67	127.8	125.4	131.4	127.4	126.2	128.4	128	128.8	131	127.75	128.4

注：数据来自南方稻区 1988 年区域试验。由江西省农业科学院水稻研究所邓仁根提供。

表 17-32　两系杂交稻早稻组合的全生育期

单位：d

试验地点	6442S/早25	810S/270	810S/716	810S/怀96-1	香125S/458	香125S/44711	香两优68（CK）	安湘S/优丰稻
湖北蕲春	111	109	111	107	118			108
广西桂林	117			114	118	113		112
江西赣州	107			103	105			105
湖南怀化	109			107	110	112		108
湖南临澧	105			112	116		109	109
浙江杭州	122			118	122		117	118
武汉武昌	116	116	117	112			112	114
湖北京山	119	115	117	112				116
浙江温州							111	
平　均	115	113	115	111	113	113	112	111

注：资料来自"863 计划"中试开发 1999 年报告，湖北省杂交水稻工程中心。

表 17-33　两系杂交稻一季稻组合的全生育期

单位：d

试验地点	5002	65396	907S/紫恢100	金两优36	两优618	两优932	培S/CZll	培S/559	蜀优5号	两优6311	汕优63（CK）
武汉	140	132	35	140	135	135	128		122	135	135
云南宾川₁	172	172	176	197	175	175	166	173			179
云南永胜	170	157	166					157			166
贵州贵阳	179	167	165	181	169	174	169		156		169
四川温江	162	155	156	168	160	158	162		154		157
湖北当阳	140	134	138		139	140	138		130		136
湖北襄阳	150	139	140		148	146	142		138		143
湖北京山	139	124	134		166	139	126		127		131
江苏扬州	154	194	147				148	141	139	152	147
云南宾州₂	172	172	176				166			161	179
平　均	158	151	153	172	151	152	149	157	138	149	154

注：资料来自"863 计划"中试开发 1999 年报告，湖北省杂交水稻工程中心。

表 17-34　两系杂交稻双季晚稻组合的全生育期

单位：d

试验地点	培两优211	培矮64S/559	两优5189	培矮64S/139	培矮64S/275	培矮64S/971	培杂23	培杂275	培杂58	穗杂388
湖北蕲春	124	127	124	126	124	126	126		126	130
湖北武汉	123	124	117	124	113	119	131		123	123
湖北灵川	104	110		110					107	112
江西赣州	119	136		127	131		128		126	135
湖南临澧	121			131			122	122	122	131
湖南怀化	120	124		125			123	117	124	136
湖北京山	123	120	116	128		115	115	115	110	120
平　均	119	124	119	124	123	120	124	118	120	127

注：资料来自"863 计划"中试开发 1999 年报告，湖北省杂交水稻工程中心。

同一地区的不同季节，温光条件也差别很大，因而同一组合在不同季节种植时，生育期不一样，例如，表 17-35 是在湖南生态条件下的试验，资料表明，杂交水稻自春季至晚夏分批播种，各批的生育期（不能在 9 月 20 日左右安全齐穗的不计算在内），有两长两短变化，早春播的全生育期最长，随播种期的延迟，生育期逐渐变短，到 6 月上旬播种的达到最短，如威优 98 及威优 35 是 6 月 6 日播种，威优 64 是 6 月 1 日播种生育天数最少。播种期继续推迟时，由于主要生育时段气温较低，全生育期又相应增加，播到 7 月 20 日左右，达到第二个生育天数最长的播种期，播种再往后推，应是受短日照的影响，生育期又趋缩短。

表 17-35　杂交水稻不同组合在同一地点不同播种季节的生育期变化
（湖南湘潭市农业科学研究所，1983）

播插时间		威优 98			威优 35			威优 64		
播期（月/日）	插期（月/日）	齐穗期（月/日）	播种至齐穗天数/d	播种至成熟天数/d	齐穗期（月/日）	播种至齐穗天数/d	播种至成熟天数/d	齐穗期（月/日）	播种至齐穗天数/d	播种至成熟天数/d
4/7	5/2	7/1	85	112	7/3	87	113	7/5	89	116
4/12	5/7	7/2	81	107	7/5	84	110	7/7	86	112
4/17	5/12	7/5	79	105	7/7	81	107	7/9	83	109
4/22	5/17	7/7	76	102	7/11	80	106	7/12	81	107
4/27	5/22	7/13	77	103	7/13	77	103	7/15	79	105

续表

播插时间		威优98			威优35			威优64		
播期（月/日）	插期（月/日）	齐穗期（月/日）	播种至齐穗天数/d	播种至成熟天数/d	齐穗期（月/日）	播种至齐穗天数/d	播种至成熟天数/d	齐穗期（月/日）	播种至齐穗天数/d	播种至成熟天数/d
5/2	5/27	7/15	74	100	7/17	76	102	7/19	78	104
5/7	6/1	7/20	74	100	7/19	73	99	7/21	75	101
5/12	6/6	7/24	73	99	7/21	70	96	7/28	77	103
5/17	6/11	7/27	71	97	7/27	71	97	8/1	76	102
5/22	6/16	7/31	70	96	7/29	68	94	8/4	74	100
5/27	6/21	8/5	70	96	8/1	66	92	8/8	73	99
6/1	6/26	8/7	67	93	8/7	67	91	8/11	71	99
6/6	7/1	8/10	65	91	8/9	64	90	8/16	71	99
6/11	7/6	8/17	67	95	8/17	67	95	8/23	73	101
6/16	7/11	8/24	69	97	8/23	68	96	8/29	74	102
6/21	7/16	8/29	69	97	8/30	70	98	9/3	74	102
6/26	7/21	9/3	69	97	9/2	68	96	9/8	74	102
7/1	7/26	9/7	68	96	9/7	68	96	9/9	70	98
7/6	7/31	9/12	68	96	9/12	68	96	9/15	71	101
7/11	8/5	9/17	68	98	9/17	68	98	9/18	69	99
7/16	8/10	9/19	65	95	9/19	65	95	9/22	68	98
7/21	8/15	9/21	62	92	9/20	61	91	9/24	65	95
7/26	8/20	9/26	62	92	9/26	62	92	10/2	68	98

　　在同一纬度条件下，不同海拔高度的气温不同，对生育期的影响也是非常明显的。例如，在湖南省溆浦县龙潭区大华乡的试验，自海拔500m起，每隔100m高程设一个点，至海拔1000m为止，六个组合（威优6号、威优16、威优98、威优35、威优64及汕优2号，见表17-36）的全生育期变化均表现为与海拔高程呈正相关，海拔愈高其生育期愈长。由此可知，适应山区不同高度地区的杂交组合选择，也是必须严格进行的。

552

表 17-36　杂交水稻不同组合在不同海拔高度种植的全生育期

(湖南省溆浦县龙潭区农技站，1983)

单位：d

海拔 /m	威优 6 号	威优 16	威优 98	威优 35	威优 64	汕优 2 号
500	136	106	108	111	114	139
600	139	108	111	115	117	142
700	144	112	115	119	121	147
800	148	115	118	122	124	150
900		118	121	125	129	156
1 000		122	126	130	133	162

3.2　营养生长期与生殖生长期的重叠及变化

前面已经说过，水稻一生可划分为单纯营养生长期、营养生长与生殖生长并进期、单纯生殖生长期。这里所说的重叠不是单指并进期，而是指单纯营养生长期的一部分推后到并进期，其主要标志是分蘖旺盛期的部分或全部在穗分化时期进行。

发生重叠的原因，一种是全生育期短的品种，由于其基本营养生长期短，故生育转变期早。因此，在穗分化过程中同时进行旺盛的蘖叶生长。对于作早稻栽培的组合来说，还有另一种因素，就是在早春插秧之后，气温长期偏低，分蘖芽不能及时萌动，待到气温升高季节已推迟之后再产生分蘖时，却已进入了穗分化期。例如，长江流域稻区的早稻在初夏低温年份常有此种情况出现，正常分蘖期应在 5 月上中旬，而在初夏低温年则推迟到 5 月下旬，此时一般已进入了穗分化期。

另一种是秧龄过长，人为地压缩了本田营养生长期，即算是生育期长的品种也产生重叠现象。例如，在长江流域的汕优 2 号、3 号、6 号，汕优 46、威优 6 号、威优 46、培两优特青等，作双季晚稻栽培时，全生育期都比较长，而水稻生长的气温适期较短。因此，常采用早播、长秧龄的做法来解决安全齐穗的问题。这样，本田分蘖盛期基本上都与主茎穗的发育同时进行，使一、二阶段基本重叠在一起。

由于存在上述这种重叠现象，故在栽培管理上应采取相应的措施。一些省区在水稻生产中普遍实行生育中期控苗，分蘖后期限水限肥，这对发育重叠型的水稻非常不利，因为控得过早则苗数不足，控得迟则影响穗部正常分化。这种做法对杂交水稻的损害也较大，它不但影响杂交水稻大穗优势的发挥，而且加重了杂交水稻单位面积内穗数往往不足的现象。

生育阶段重叠现象不但与组合生育期长短有关，而且受生态及栽培条件的影响。例如，生育期短的组合种植在春季低温条件下，分蘖盛期推迟，发生生育阶段重叠现象；如果本田前期气温高，则重叠现象减轻。双季晚稻如果秧龄过长，生育阶段重叠现象加重；秧龄缩短则重叠现象减轻。如果秧田的播种密度大，秧龄长，穗分化提早在秧田阶段进行，分蘖期出现在穗分化后期，这属于最严重的重叠类型。

3.3　碳氮代谢的主要时段划分

水稻一生中植株的含氮率以分蘖期为最高，并以此期为最高点呈单峰形曲线状变化；而以淀粉为主的碳水化合物含量则以分蘖期为最低，成熟期为最高，呈不对称的"V"字形变化（图17－16）。

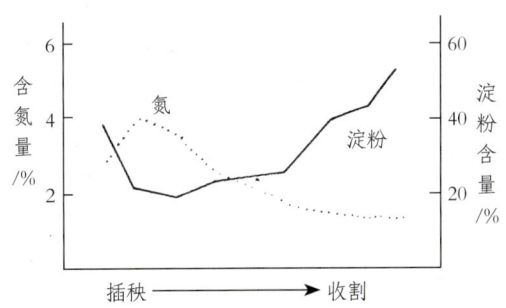

图17-16　杂交早稻一生中植株氮及淀粉含量

各时期的碳氮比以分蘖期为最低，成熟期为最高。表 17-37 是对杂交早稻威优 35、威优 16、威优 98、威优 64 的研究材料。从中可以看出，插秧后一段时期碳氮比值稍高，表明秧苗及插后返青期的碳氮比高于分蘖期，5 月中旬分蘖旺期碳氮比最低，此后直到成熟期则不断上升。四个组合分蘖期碳氮比的最低值分别为 7.88、7.33、6.77、6.06，平均为 7.06；收割期碳氮比的最高值分别为 54.08、44.38、43.47、50.90，平均为 48.21。

表 17-37　杂交早稻四个组合地上部植株碳氮比变化

（湖南省湘潭市农业科学研究所，1984）

测定日期（月 / 日）	威优 35	威优 16	威优 98	威优 64	平均
5/9	17.92	19.76	16.27	13.15	16.88
5/19	8.09	7.33	6.77	6.06	7.06
5/29	7.88	8.32	6.97	6.28	7.36
6/8	15.94	16.19	12.85	11.37	14.09
6/18	18.39	14.66	13.62	11.37	14.60
6/28	26.70	29.51	21.85	18.52	24.15

554

测定日期（月／日）	威优 35	威优 16	威优 98	威优 64	平均
7/8	27.45	33.70	35.99	22.73	29.97
7/18	28.78	32.85	30.72	28.20	30.14
收割期（7/28）	54.08	44.38	43.47	50.90	48.21

注：3 月 28 日播种，4 月 27 日插秧，最高分蘖期在 6 月 5 日左右，四个组合的穗分化期分别为 5 月 27 日，24 日，25 日，31 日；齐穗期分别为 6 月 29 日，24 日，25 日，7 月 1 日；成熟期分别为 7 月 26 日，22 日，23 日，28 日。

根据水稻一生中碳氮比的变化情况，也可将其大体划分为三个不同的时期：插后至分蘖末期以前为氮代谢为主的时期，此时期的植株建成物质主要形成氨基酸、蛋白质一类含氮物质；抽穗至成熟期为碳代谢为主的时期，以合成可溶性糖、淀粉等糖类物质为主；中间一段时期即分蘖末期至齐穗期碳氮比为中等水平，故特称为碳氮代谢并重期（或碳氮代谢转变期）。从表 17-37 中可以看出，杂交水稻大体是在 5 月底以前（插后至分蘖末）为氮代谢阶段，6 月初至 7 月初（分蘖末至齐穗）为碳氮代谢并重阶段，7 月初齐穗至收割为以碳代谢为主的阶段。

综上所述，从插秧至分蘖末期这一阶段中，稻株含氮率为全生育期中较高状况，淀粉含量及碳氮比则处于较低状况，这段时期的主要任务是叶蘖等器官的迅速生长与建成。齐穗期以后至成熟，这一阶段杂交稻株含氮率最低，淀粉含量及碳氮比最高，这段时期的生育目的是形成稻谷产量，表明碳代谢占绝对优势。分蘖末期至齐穗期这一阶段，稻株含氮率、淀粉含量及碳氮比皆处于中等水平，而磷钾的含量（与旺盛的生理活动关系密切）及叶绿素含量一般都处于较高水平。这段时期既是生理活动的旺盛时期，又是活动极为复杂的时期；既有苗叶的生长，又有分蘖的消亡；既有穗的发育，又有碳水化合物的贮存；既可能形成高产的基础，又可能埋下减产的隐患。此时如果过多提高氮代谢的水平，则将造成生长过旺导致"青疯"；如果过早促使转向高碳代谢，则植株及群体有"生长不足"之虞。对杂交水稻而言，这段时期更属关键。杂交水稻赖以高产的关键是大穗大粒，进一步增产的潜力是增加穗数、提高结实率，这些都与碳氮代谢并重期有关。大穗大粒的建成主要是在这段时期，穗数的多少也与这段时期的保蘖成穗关系重大，结实率则与这段时期形成的植株群体大小以及淀粉的储备量关系密切。总之，正确掌握碳氮并重期的代谢水平，重视中期的合理栽培管理，是杂交水稻高产的关键。

第四节　产量形成过程

4.1　生物学产量增长过程

生物学产量高是杂交水稻优势的一个主要表现方面，而且单位时间的增长率（作物生长率，crop grough rate）显著大于常规稻，从而为有效产量的提高打下了基础。

4.1.1　干物质总量的增长过程

从生产过程来说，单位耕地面积上干物质的增长总体上比常规水稻快，但本身的增长过程仍然是前期较慢，中期增速快，而且中期增速优势明显，从而使整个生育期间干物质增长与时间相关的轨迹成显著的 S 形曲线，如图 17-17 所示。其中特别值得提出的是，杂交稻虽然单株干重增速快，由于本田插植的基本苗不及常规稻多，干物质基数小，在分蘖初期及其以前，以田间单位面积计重的干物质常常相对小于常规稻，而中期增加更快，生育后期更高，因此，应更充分发挥杂交稻的中期优势。

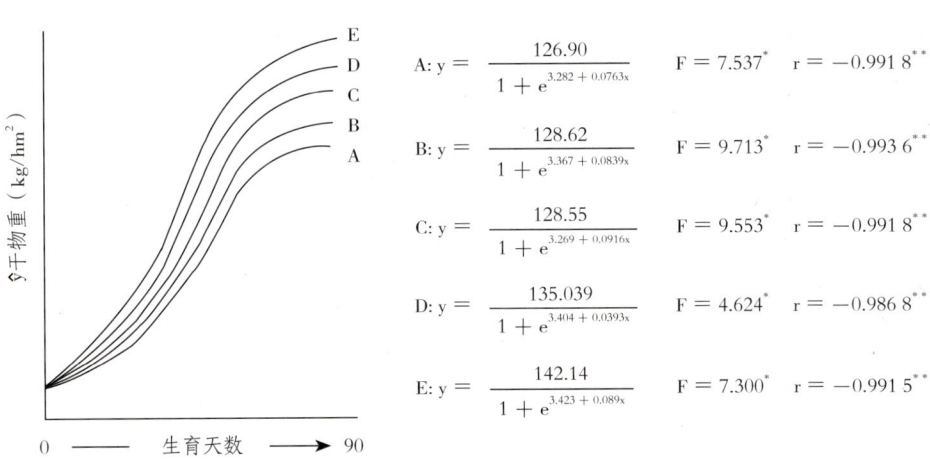

$$A: y = \frac{126.90}{1 + e^{3.282 + 0.0763x}} \qquad F = 7.537^{*} \qquad r = -0.991\,8^{**}$$

$$B: y = \frac{128.62}{1 + e^{3.367 + 0.0839x}} \qquad F = 9.713^{*} \qquad r = -0.993\,6^{**}$$

$$C: y = \frac{128.55}{1 + e^{3.269 + 0.0916x}} \qquad F = 9.553^{*} \qquad r = -0.991\,8^{**}$$

$$D: y = \frac{135.039}{1 + e^{3.404 + 0.0393x}} \qquad F = 4.624^{*} \qquad r = -0.986\,8^{**}$$

$$E: y = \frac{142.14}{1 + e^{3.423 + 0.089x}} \qquad F = 7.300^{*} \qquad r = -0.991\,5^{**}$$

图 17-17　干物质增长过程（1992 年）

说明：①5 种施肥处理的干物质增长状况（尿素）：A—69 kg/hm²，B—103.5 kg/hm²，C—138 kg/hm²，D—172.5 kg/hm²，E—207 kg/hm²；②试验组合为培两优特青；③稻谷产量：A—6 498 kg/hm²，B—6 751.5 kg/hm²，C—6 862.5 kg/hm²，D—6 915 kg/hm²，E—6 781.5 kg/hm²。

4.1.2　个别器官干物质重量的消长过程

单位土地面积上，稻株群体总干物质增加的轨迹呈 S 形，但分解到各器官，其变化情形便不一样，其中根、叶、鞘、茎的干物重变化（自插秧至黄熟）相关轨迹呈抛物线形，而穗重（自出穗至黄熟）则呈斜线上升（图 17-18），表明营养器官都有旺盛的代谢及物质转移过程，而穗主要是物质的接纳者。

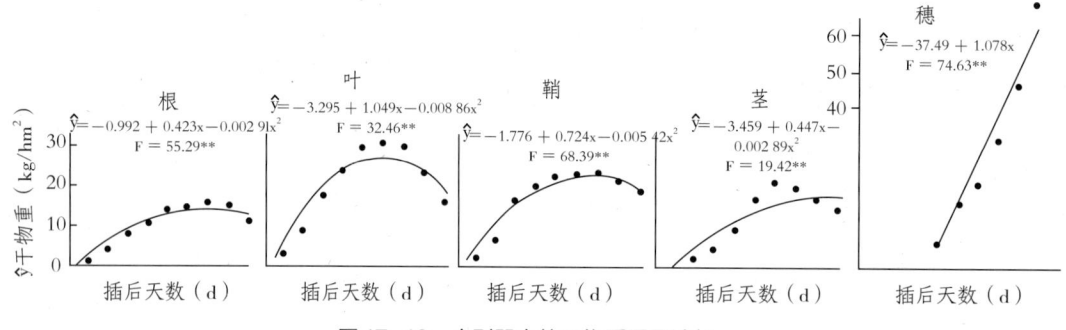

图 17-18　个别器官的干物质重量消长

注：① 1992 年、1993 年、1995 年三年试验综合；②组合为培两优特青及 go734A× 双朝 7 号；③图中 a 为 100 m²。

营养器官干物质的消长过程中，有一个重量最大时期（表 17-38），过此时期之后，重量随之下降，表明物质进入出超阶段。此一时期出现的迟早，各器官不一样，大体顺序是叶最先出现总重下降，其次是鞘，最后才是根与茎。

表 17-38　生育期中各器官最大干物质重量出现时间

天数及重量	根	叶	鞘	茎	穗
最大干物重出现期（插秧后天数）/d	72.7	59.2	66.8	86.0	黄熟期
最大干物重 /（kg/a）	14.38	27.76	22.42	17.91	59.47

注：资料来自图 17-18 同一试验。1a（公亩）= 100 m²。

4.1.3　关于各生育阶段的生长中心

生长是量变过程，发育是质变过程，不论作物发育与否，生长（物质增加）是贯穿始终的。各个生育时期水稻都有其内在的生长中心。为了采用一个量化的指标来指示中心的部位，笔者提出以"器官干物质日变化率占整株日变化率的百分率"（简称"局部变化率"）作为比较基数，增值最大的便可确认为是当时的生长中心。局部变化率的计算方式是：

$$局部变化率 = \frac{某器官干重日变率}{整株干重日变率} \times 100\% = \frac{\dfrac{某器官当日干重-前日干重}{前日干重} \times 100\%}{\dfrac{整株当日干重-前日干重}{前日干重} \times 100\%} \times 100\%$$

下面表 17-39 的例子可以看到，插后 10 d 内获得干物质最多的是叶片，占稻株增加干物质总量的 37.34%，当然是此时的生长中心，插后 10～20 d 的中心是根与叶（分别为全株干物质增加量的 33.24% 及 32.53%），插后 20～30 d 是叶与鞘（分别占 38.46% 及

31.53%），30～50 d 为穗、茎、叶，50～60 d 为穗茎。60 d 以后穗部为唯一的物质流向中心，即生长中心。

表 17-39　局部变化率
（器官干物质日变化率占整株日变化率的百分率）

插后天数 /d	占稻株总变化率的百分率 /%					合计变化率（不计正负的各器官合计值）[kg/(d·a)]
	根	叶	鞘	茎	穗	
0～10	17.04	40.86	29.58	12.52		0.487
10～20	33.24	32.53	25.12	9.12		1.700
20～30	14.09	38.46	31.53	6.97	8.95	2.839
30～40	9.67	22.55	13.98	22.55	31.26	2.719
40～50	9.86	21.24	8.17	25.03	35.70	2.717
50～60	5.02	15.54	5.85	22.00	51.59	1.692
60～70	9.68	14.72	3.26	−4.75	67.58	1.746
70～80	−4.08	−21.57	−3.95	−7.78	62.61	3.06
80～90	−12.00	−23.79	−8.03	−6.86	49.32	3.749

注：① 1992 年、1993 年、1994 年三年试验综合数据；②组合为培两优特青及 go734S× 双朝 7 号。

4.2　对氮磷钾的吸收

4.2.1　单位耕地面积上稻株群体中 N、P、K 的重量变化

在水稻全生育期中，群体中 N、K 的变化呈抛物线形，当积累量到最高点后，至成熟后期有所下降，P 素则呈整体斜线上升，直至黄熟，由图 17-19 可看出如此趋势。

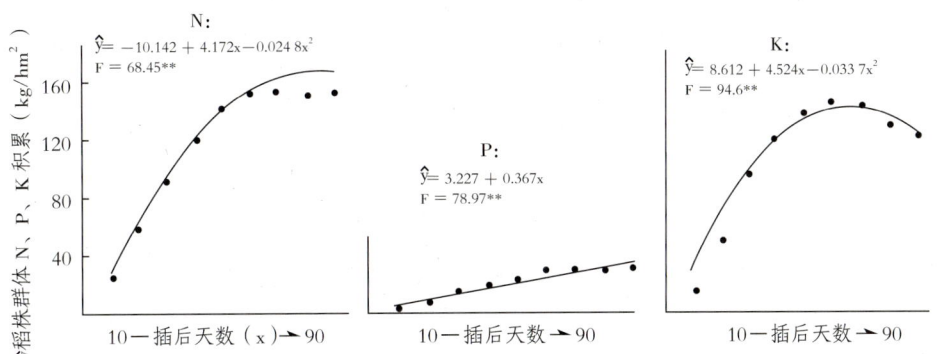

N:
$\hat{y} = -10.142 + 4.172x - 0.024\,8x^2$
F = 68.45**

P:
$\hat{y} = 3.227 + 0.367x$
F = 78.97**

K:
$\hat{y} = 8.612 + 4.524x - 0.033\,7x^2$
F = 94.6**

图 17-19　单位耕地面积上，稻群体内氮、磷、钾积累量（kg/hm²）

注：①资料来自 1992—1995 年试验综合，所用组合为培两优特青及 go734S× 双朝 7 号；②用阶导数推算，氮素最高量出现期为插后 84.1 d，重量为 165.3 kg/hm²，钾素分别为 67.1 d 及 143.0 kg/hm²。

4.2.2 单位面积耕地上，水稻分器官的氮、磷、钾积累及互比

在全生育期中，单位面积上根、叶、鞘群体中氮、磷、钾总量的消长呈抛物线变化，穗中总量则呈斜线不断上升。图17-20至图17-22为1993年试验结果，参试组合为培两优特青。

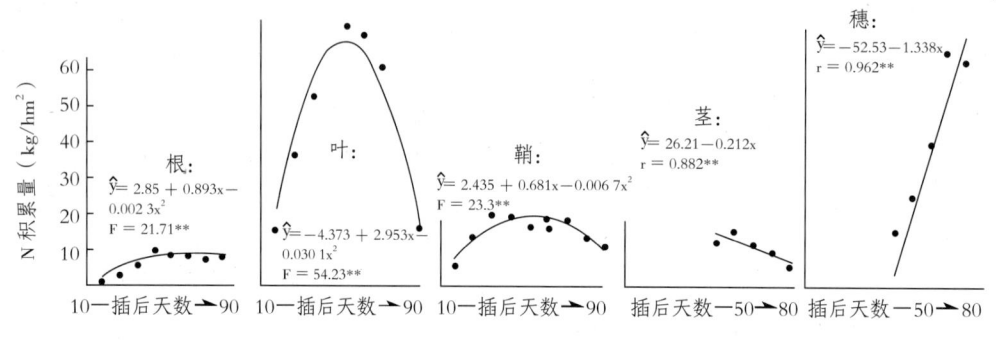

图17-20　各器官在不同生育时期对氮的积累

根、叶、鞘对氮的积累量呈抛物线变化（图17-20），最高点在中部。按图中方程式推算，根、叶、鞘的积累量最高点分别在插后63.7 d、49.1 d、51.1 d。茎的氮积累量与时间成负相关趋势。穗的氮积累量则不断上升，与时间成极显著正相关。根、叶、鞘、茎、穗对氮的最高积累值顺序为9.36 kg/hm²、68.07 kg/hm²、19.91 kg/hm²、15.16 kg/hm²、67.89 kg/hm²，叶与穗中的氮积累量最大。根、叶、鞘、茎后期积累值降低，成熟期最低值分别为8.75 kg/hm²、11.68 kg/hm²、9.74 kg/hm²、5.34 kg/hm²。茎与根最终存有量最低。

磷的积累量变化与氮近似（图17-21）。根、叶、鞘中积累量呈抛物线形，最高点分别在插秧后66.6 d、50.6 d、50.0 d。茎的积累量与时间成负相关，穗则成明显正相关，随时间推移磷积累量不断增加。根、叶、鞘、茎、穗对磷的最高积累量分别为3.62 kg/hm²、6.997 kg/hm²、6.33 kg/hm²、5.98 kg/hm²、15.77 kg/hm²，表明穗中积累的磷最多。根、叶、鞘、茎后期积累量下降，成熟期最低值分别为3.48 kg/hm²、2.36 kg/hm²、2.08 kg/hm²、1.25 kg/hm²，茎中磷的维持量最低。

钾的积累量变化如图17-22所示，根、叶、鞘中钾的积累与时间也成抛物线相关，积累的最高点分别为插后50.7 d、48.3 d、48.2 d。钾积累最高值，根、叶、鞘、茎、穗分别为8.772 kg/hm²、50.6 kg/hm²、54.14 kg/hm²、49.17 kg/hm²、24.1 kg/hm²。根、叶、鞘在生育后期钾积累量下降，成熟期最低值分别为5.86 kg/hm²、9.42 kg/hm²、

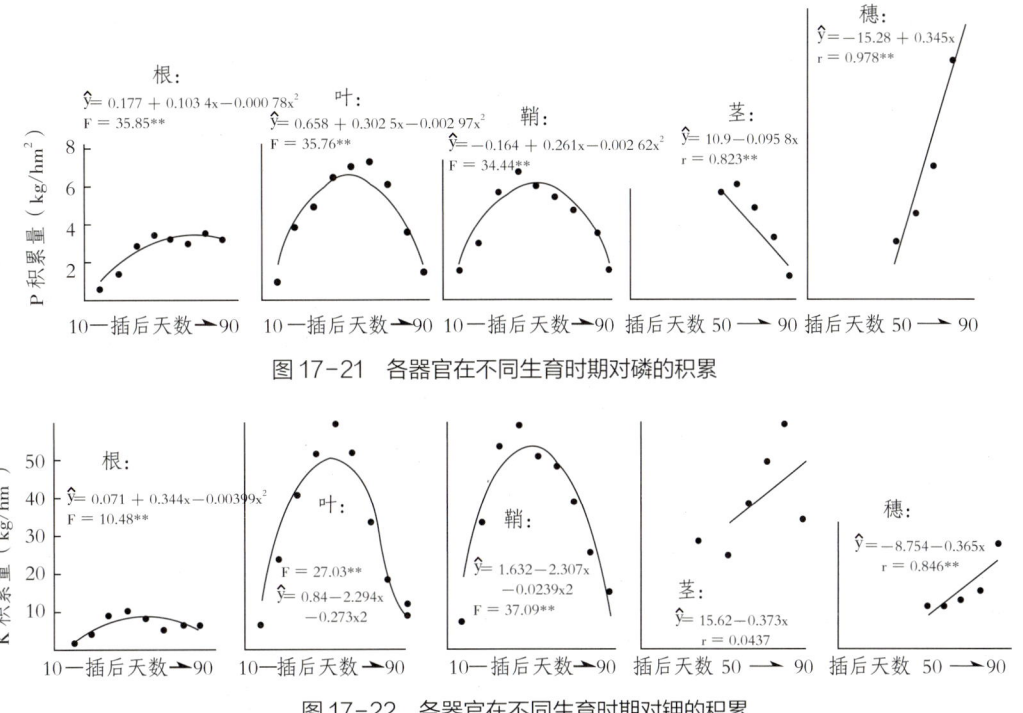

图 17-21　各器官在不同生育时期对磷的积累

图 17-22　各器官在不同生育时期对钾的积累

$12.19\,kg/hm^2$。根的钾保持量最小。

4.3　碳素积累过程

（1）单位耕地面积上，稻株对总碳素的积累量也呈 S 线上升，中期增值快。图 17-23 为 4 年试验综合数据。其中 1993 年所用组合为 go734S × 双朝 7 号，其他三年为培两优特青，碳素积累最高量（黄熟期），四年分别为每公顷 $5\,640.6\,kg$、$6\,327.2\,kg$、$6\,881.3\,kg$、$6\,671.5\,kg$。由图中可以看出各年的变化规律基本一致。

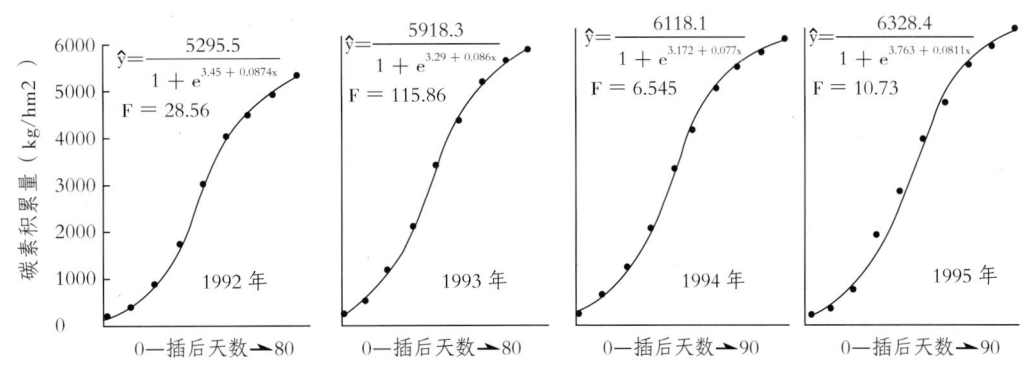

图 17-23　单位面积耕地上稻株群体碳素积累量变化

（2）碳氮比的变化，与生育时间成简单正相关，随生育时间的推移，碳氮比基本上是匀速上升，如图 17-24 所示。

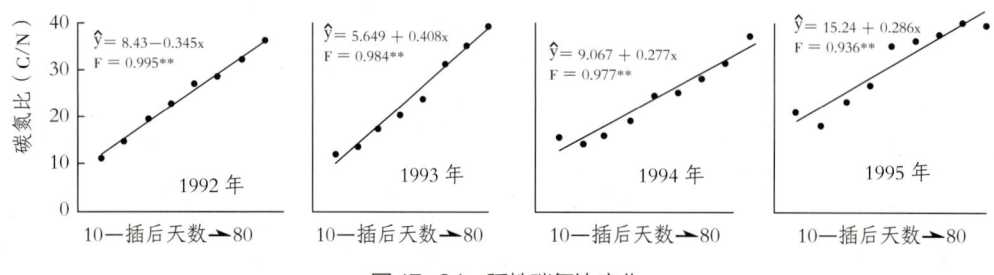

图 17-24　稻株碳氮比变化

4.4　净同化作用率的变化

净同化作用率（net assimilation rate）是指单位叶面积在单位时间内制造的光合产物，在除掉呼吸消耗之后的净增量，计算公式如下：

$$\frac{后一次测定干物质重 - 前一次测定干物重}{（前一次测叶面积 + 后一次测叶面积）\div 2} \div 两次间隔天数 = 净同化率 [g/(m \cdot d)]$$

禾苗返青之后，进入壮旺生长期，生命力强，加之个体空间大，因而净同化作用率最高，逐步进入中期群体不断增大，进入后期之后加之叶片等器官老化，因而净光合生产率不断下降，如图 17-25 所示。

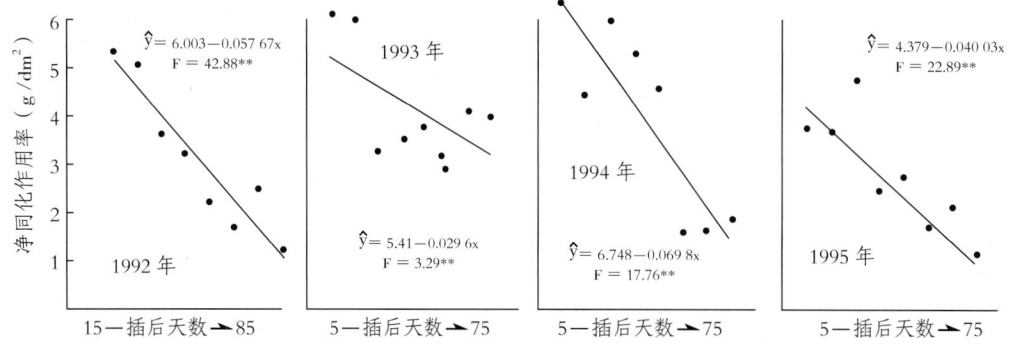

图 17-25　净同化率随生育期的变化

生育前期虽然净光合生产率高，但因叶面积系数小，单位土地上生产的干物质并不多，后期的光合生产虽然重要，但受器官不断衰老的制约。因而为了高产，必须充分发挥水稻生育中期优势，并防止后期早衰的发生。

4.5　穗、粒的形成

杂交水稻在产量穗粒组成上的特点是重穗型（大穗较多，也有些组合粒重较大），但由于受用种量的限制，穗数往往较少，此外，往往比小穗型常规稻的结实粒偏低。

水稻产量各构成因素的形成过程也是水稻生长发育过程中器官建成的过程，各构成因素的形成在水稻发育过程中都有一定的时间性。

4.5.1　穗数的形成

在基本苗数已定的前提下，穗数的多少取决于分蘖的总量及分蘖的有效率。影响穗数的时期一般起自分蘖始期，止于最高分蘖期后 7 ~ 10 d，其中决定穗数多少的主要时期是分蘖盛期。除了这段时期之外，前期的生育也有一定的影响，如秧苗素质、返青期的生长情况等。

杂交水稻受用种量的限制，基本苗少，加之秆粗叶大，生育后期荫蔽程度高，影响分蘖的成穗率。因此，在生产上设法增加穗数，便成为高产的关键之一。要增加穗数就要设法增加基本苗数，并创造良好的田间条件，增加分蘖率及分蘖的有效率。

4.5.2　颖花数的决定

每穗颖花数量取决于颖花的分化量及退化量。颖花分化数的决定时期是枝梗分化及颖花分化期，其中重要的是二次枝梗分化期，颖花退化的主要时期是减数分裂期。因此，保证这两段时间中的良好生育条件，对增加颖花数非常重要。例如在枝梗及颖花分化期中，要有适当的氮素及充足的水分，才能有良好的分化过程。此时如果过分干水晒田或降低土壤及植株中的氮素含量，则必然减少枝梗及颖花的分化。减数分裂期如果氮素供应不足，或受干旱影响，或光照不足，都将导致颖花的退化数量增多。杂交籼稻的颖花退化量一般都在 30% 左右，在栽培上，降低颖花退化率是发挥大穗优势的一个重要措施。

4.5.3　结实率

4.5.3.1　空瘪粒形成的机理　杂交水稻空瘪粒形成的原因，主要是源库失调，植株制造及储备的碳水化合物不能保证库容（颖壳总容量）所需；其次是开花受精受到干扰，不能授粉或受精；第三个原因是在某些栽培条件下，产生过多的后期分蘖，又不能正常灌浆成熟，例如前期分蘖很少，在生育后期条件改善时产生大量的迟分蘖，到收割期尚不能正常成熟。

4.5.3.2　影响结实率的时期　颖花不能受精主要是在开花受精过程中的影响，抽穗前花粉小孢子收缩期的发育障碍也是其因素之一。至于源库失调、形成植株群体结构不善的时期，起自插秧、直到孕穗期都有关系，其中影响最大的时期是抽穗前一个月到孕穗期。抽穗开花到成熟期，光合产物的合成及运转与结实率关系也非常密切，这一段时期中影响最大的是在开花至花后 20 d 以内。

由此可知，结实率的变化时期最长，起自插秧而止于成熟。其中三个时期影响最大，即抽穗前一个月至孕穗初期、开花受粉期、灌浆盛期。

4.5.3.3　杂交水稻形成空瘪粒的主要原因及防治依据　从解剖学上来看，杂交水稻的空瘪粒主要是半实粒（包括受精后子房基本上未膨大的空壳），这类属于源库失调类型。也有生殖机能受阻的未受精型。

第一类半实粒，主要由于群体结构不适当，如多肥密植而引起。表 17-40 是杂交早稻威优 35 的试验资料。在不同氮肥水平下将穗上部多数枝梗在灌浆期剪除，成熟期考察总空瘪率及完全空壳（基本上是未受精粒）率；另以不剪除的作对照，同样考察穗下部三个枝梗。结果是对照区的空瘪率比剪除枝梗区的大量增加（肥料愈多增加的空瘪率愈多），表明增加的这些空瘪粒都是已经受精但因光合产物供应不良而形成的。剪除部分枝梗的与对照处理的完全空壳率差别不大，且数量少（各处理多在 5% 左右），与施肥量的多少关系不大。

表 17-40　不同氮肥条件下的空瘪率类型

（湖南省湘潭地区农业科学研究所）

尿素用量 (kg/hm^2)	总空瘪率 /%		完全空壳率 /%	
	剪除部分枝梗	未剪（CK）	剪除部分枝梗	未剪（CK）
0	9.70	4.88	3.25	3.56
150	3.77	13.28	2.99	4.34
300	5.65	14.37	4.43	6.35
450	5.62	18.22	4.29	8.42
600	8.11	20.50	6.37	9.81
750	7.35	24.04	5.15	6.31

注：品种为威优 35，1983 年早稻。

稻株群体的荫蔽程度愈低，结实率愈高，但单位面积总颖花数减少，到一定程度时产量将下降。因此，应保持一定的群体水平。据江苏农学院凌启鸿等的研究，杂交水稻南优 3 号最适宜的颖花数每亩为 3 500 万~4 000 万粒。

高温条件下也可形成上述这种半实粒，它实际上是受精后发育停顿的颖花。其原因或是高温下呼吸强度增加，光合产物消耗过多；或是高温下叶片合成能力减弱。据湖南师范大学周广洽、王振中等的研究，在高温下，威优 6 号、汕优 6 号的光合速率下降，叶绿体光还原活性降低，叶绿体内的基粒片层发生混乱，故影响光合产物的制造。

第二类，未受精型。例如温度过高时，有一部分颖花受精受阻（如花粉管变态），形成不受精的空壳。温度在 35 ℃以上时，开花受精过程便受到明显的影响，如曾汉来的研究发现，四优 2 号的临界高温为 34 ℃，汕优 2 号为 36 ℃。在低温条件下形成的空瘪粒主要是未受精粒，受影响的第一个时期是花粉小孢子发育期（开花前 7～10 d）；第二个时期是影响开花受精的正常进行（但也有少数因温度低灌浆不良的半实粒）。周广洽等的研究认为，使结实率下降到 50%以下的低温，在人工气候箱中是 17 ℃，2 d 时间。在自然气温下是 19 ℃，3～5 d。浙江农业大学徐耀恒等认为，开花温度与受精温度有所差别。杂交水稻在日平均温度 20 ℃以上时，颖花可大量开放，低于 20 ℃时开花数目减少，不低于 17 ℃时，对开花无严重影响。但受精要求的温度明显高于开花温度，在晴朗天气中要求日平均温度达 22 ℃，日最高温度达 25 ℃以上，方可正常受精。而在日照不足的天气，则要求气温在 23 ℃以上，才能正常受精。

水稻的结实率对生育条件反应敏感，变化剧烈，各种生态及栽培条件稍有不适，就可产生影响。因此，必须在各个方面加以注意。杂交水稻提高结实率的主要途径，一是根据不同地域条件研究保持其最适宜的稻株营养体群体结构与穗粒群体结构；二是掌握最适宜的季节，防止高低温的影响。

4.5.4　千粒重

杂交水稻一般粒型较大，粒重对产量的影响比常规水稻大，尤其是一些早熟组合，大穗的优势较弱，往往靠大粒的优势获得高产。因此，在栽培上对促进粒重应引起重视。

影响粒重变化有两个时期：一是花粉母细胞减数分裂期，此时决定颖壳的大小（谷壳的容量）；二是开花后的灌浆期，直至谷粒完熟。这一段时期碳水化合物的供应好坏直接影响米粒的大小。减数分裂期如果养分、水分及气候条件不良，则影响谷壳的发育。灌浆期以一粒颖花为单位的灌浆时间与最终粒重成反比关系，从开花到充实饱满所经历的时间愈短则粒重愈大，灌浆慢的弱势花粒重小。杂交水稻穗形大，二次枝梗多，弱势花也多，因此粒重不整齐。除了颖花着生部位外，影响灌浆速度的因素主要有群体结构状况、根系及叶片的衰亡速度及当时的水分气候状况。其中重要的是群体结构和气候条件。当气温过高或过低时，植株光合产物的合成减少，灌浆速度变慢，粒重下降。群体结构状况过于荫蔽时，开花前的碳水化合物储备量不足，单位面积颖花数过多，皆不利于千粒重的提高。

564

———————— R e f e r e n c e s ————————

参考文献

［1］徐雪宾，韩惠珍.稻穗分化第一期的形态特征观察[J].中国水稻科学，1997，11（1）：16-20.

［2］刘向东，徐雪宾，卢永根，等.水稻胚囊形成过程与分期[J].中国水稻科学，1997，11（3）：141-150.

［3］刘鑫涛，朱应盛，余铁桥，等.杂交水稻光温反应特性及其与亲本的关系[C]//湖南杂交水稻研究中心.杂交水稻国际学术讨论会文集.北京：学术期刊出版社，1986：105-110.

［4］曾汉来.温度导致的水稻雄性不育现象研究概述[J].水稻文摘，1993，12（5）：1-5.

第十八章

双季杂交稻高产栽培

第一节　双季稻高产栽培技术的发展

1.1　半个世纪双季稻高产栽培技术的回顾

　　半个世纪来，中国南方粮食（稻谷）生产技术的发展与双季稻品种的改良和栽培技术的进步密切相关。由于品种的改良，特别是矮秆品种和籼型杂交水稻的育成和应用，促进了高产栽培技术的不断完善和发展。概括起来，双季稻栽培技术大体上经历了 3 个发展阶段：①从 20 世纪 50 年代末到 70 年代初，矮脚南特等矮秆品种替代高秆品种的大面积推广应用，栽培上采取了增加插植密度和增施肥料（氮肥）等措施。通过增加穗数，以扩大库容量和光合叶面积而获得高产的第一代"穗数型"高产栽培技术，如两促一控栽培法、扶苗促根栽培法。②从 70 年代中到 80 年末，籼型杂交稻的大面积推广应用，大幅度地增加了穗粒数和千粒重，尤其是杂交晚稻的千粒重，由原来常规晚籼品种的 22～23 g 提高到 28～30 g。栽培上采取了稀播壮秧、少本匀植、结构型施肥等措施，通过兼顾穗数和穗粒数，以扩大库源的第二代"穗粒兼顾型"高产栽培技术，如少耕分厢撒播栽培法、稀少平栽培法、叶龄模式栽培法、起垄栽培法、"双两大"栽培法、控蘖增粒栽培法、高产高效化控栽培法。③进入 90 年代以来，大批中秆（100～110 cm）大穗（120～150 粒）、分蘖力中等的双季稻杂交组合的大面积推广应用，栽培上采取了耐寒早育秧（早稻）或旱育抛秧、宽窄行浅栽（或分厢抛栽）、稳前攻中促后施肥、节水灌溉、施用多效唑、烯效唑、谷粒饱等化调剂，通过改善群体质量，提高成穗率，以促进大穗发育，增加结实率和千粒重的第三代"穗重型"高产栽培技术，如旺根壮秆重穗栽培法、"三高一稳"栽培法、群体质量调控栽培法、"三壮三高"栽培法、两系亚种间杂交稻接力式栽培法。

由此可见，双季稻高产栽培技术经过 40 多年的探索和发展，已日趋完善和成熟。针对中国南方不同类型的栽培生态环境和不同的品种特性创造的各种栽培方法，在双季稻高产栽培生产实践中得到了广泛的应用。但是，各种栽培技术都有其特定的生态适应范围，即必须适应当地的生态环境和生产条件，在不同年份应用要有比较好的重演性。针对水稻生产中普遍存在的问题，抓住其中的关键技术予以研究，就有可能获得高产或者更高产。就同一地区的早稻和晚稻的高产栽培而言，生产中的关键技术亦各有其侧重。如早春低温阴雨烂秧和 5 月低温不发是早稻高产栽培的主要障碍因子。生产上采取了耐寒旱育秧、旱育抛秧、重施基蘖肥、结合宽窄行浅栽、节水灌溉等措施，形成了以促进群体早发，提高成穗率为核心的双季早稻高产栽培技术。晚稻生产前期植株生长量大，养分吸收快，抽穗后容易出现早衰，尤其是 9 月上中旬寒露风的危害更是杂交晚稻生产的障碍因素，生产上根据早稻的成熟期、晚稻的安全齐穗期和秧龄弹性，安排品种搭配，调整播插期，以及施用粒肥和"谷粒饱"等叶面肥，形成了以改善植株后期营养，增强抽穗后叶片的光合能力，提高结实率和千粒重为核心的双季晚稻高产栽培技术。

1.2　21 世纪初双季杂交稻高产栽培技术的展望

现已问世的超级杂交水稻，产量达到 12~13 t/hm²，日产量可望达到 100 kg/hm² 左右。超级杂交稻产量构成特点是：有效穗 250 万穗 /hm²，颖花数 5 万~6 万个 /m²，千粒重 23~26 g，结实率 85% 左右。每穗为 220~250 粒，单穗重约 5 g。若以源库协调的粒叶比为 0.55~0.60，则最适叶面积指数在 9~10 之间。要保持群体内部较高的透光率，叶片角度要小，特别是上三片功能叶片角度要小，株高在 100~110 cm，以增加有效光合叶面积和群体光合能力。因此，栽培上要协调好群体与个体的关系、源库流的关系、穗数与穗重的关系。在塑造群体库大源足的基础上，以提高成穗率、结实率和粒重为突破口，充分发挥大群体条件下的个体增产优势，这是 21 世纪初双季杂交稻高产栽培生理生态与栽培技术研究的重点。

随着商品经济的发展，农民和农业进入市场，工价大幅度提高。因此，广大农民迫切需要省工、省力的栽培技术，同时需要能简化生产环节，又能提供专业化技术服务的物化栽培产品。这样，就双季稻高产栽培技术方面主要研究：①匀壮健育秧、机插秧技术，主要攻克精量播种技术、种子包衣技术及其用于精量播种的播种器，集"营养、促长、抗病"于一体的壮秧剂技术；②促进群体早发与提高成穗率技术，主要攻克分蘖调节化控技术及中期肥水控制技术；③促进大穗发育与抗倒伏技术，主要研究养根、保叶、壮秆技术，解决生长延缓剂与稻穗发育的矛盾；④提高结实率和千粒重的穗重增加技术，主要攻克改善植株后期营养，防止根系、叶片、枝梗早衰，以增强后期光合效率和有效光合叶面积技术；⑤一次性施肥与叶面施肥技术，主要攻克持效控释复合肥制造技术和液态营养叶面肥制造技术；⑥杂草防除与病虫害治理技术，主要攻克湿润无水层条件下的杂草防除技术、植株病害免疫技术、利用天敌防治害虫技术；⑦省工、省力的免耕或少耕栽培技术，以及土壤培肥的技术。

在栽培生理生态方面主要研究：①根系生长生理，着重研究根系生长动态、吸收表面积、根系分布及根系活力；②群体光合作用，主要研究不同生长阶段的群体光合作用，叶片的光氧化、光呼吸、净同化率、透光率和光合产物积累与分配等；③源库流特性，主要研究源的大小与活性（光合叶面积、光合时间、光合强度、ADPG 焦磷酸化酶及蔗糖合成酶的活性）、库的大小与活性及与流有关的特征特性（枝梗、维管束数目和面积、ATP 含量、物质运输强度等），以及粒叶比、谷草比、碳水化合物运转率等；④碳氮代谢特征特性，主要研究不同生长期茎鞘、叶片的淀粉、可溶性糖和蛋白质含量及相关的淀粉酶、蛋白酶活性；⑤生长发育和开花结实的激素生理，主要研究分蘖期、孕穗期、开花期、结实期的植物生长素、赤霉素、细胞分裂素及脱落酸等激素含量；⑥氮、磷、钾营养的吸收与利用及其与土壤速效养分的关系，着重于提高肥料利用率，还有硅肥对杂交稻超高产栽培的作用机理的研究；⑦生态适应性，主要研究不同栽培时期、栽培地点、栽培年份的气候、土壤的生态适应性；⑧产量形成的虚拟模拟试验，由上述研究获得多种生理生态参数，编写成 C 语言模拟程序，结合数码图像处理技术，在计算机上进行仿真模拟试验。同时，应用面向用户对象的方法，开发可视化水稻生长模型与栽培决策专家系统。

展望 21 世纪，随着超级杂交水稻的大面积推广应用，具有技术规范化、操作简单化、易于为农民掌握的高产、优质、低成本的现代高科技栽培技术体系将逐步形成。总之，杂交稻栽培措施的制定是根据其组合的栽培特性和当地的土壤、气候，以及社会、经济条件，采取相应的栽培技术措施。只要杂交稻育种的工作在继续，高产栽培的研究工作也就方兴未艾。

第二节　双季杂交早稻高产栽培技术

2.1　杂交早稻高产栽培的原理

杂交早稻高产栽培的技术关键是促进群体早发，同时结合早控，以改善群体质量，提高成穗率，促进大穗发育，达到增产的目的。针对杂交早稻高产栽培的特点，生产上一般采用穗粒兼顾型高产栽培模式。在扩库增源的途径上更强调增加穗数的作用，但一般情况下，穗数增加则穗粒数减少。如何实现既增加有效穗，又增加实粒数，关键是提高成穗率和结实率。因此，高产栽培的原理是前期促进群体早发、中期使分蘖成穗数增加、后期仍维持较强的光合作用，以增强灌浆结实能力，获得高产。在穗数相同的群体中，分蘖穗比例较大的，其穗形较整齐，穗粒数多，籽粒产量较高。这样，营养生长期分蘖早生快发，叶面积扩展迅速，受光叶面积大，而获得比较多的有效穗数。株高较矮的品种叶面积大，多蘖多穗，单位面积颖花量大，但因为其植株矮小，随着叶面积的增加，群体叶片相互荫蔽，冠层叶片的光能利用率不高，群体中下层透光率小，中下层叶片发挥不出充分接受太阳光能的作用，群体光合强度和群体净光合生产力不高，使品种的高产潜力发挥受到限制。这样要求多穗型品种具有根系发达、叶片直、叶角小、分蘖力强、分蘖多、适合密植、生物产量高、谷草比大等高产理想株型性状。

穗粒兼顾型栽培模式的主攻方向是争取较多的穗数和穗实粒数，争取穗数的关键技术是增加插植密度、重施基蘖肥促进群体早发，同时提前 1~2 个叶龄期采取控制无效分蘖的措施，以提高分蘖成穗率。密植可以用改进移栽规格或抛栽的方法，而成穗率主要是通过改善群体质量、晒田或灌深水控制无效分蘖、叶面喷施化调剂等方法实现。与移栽增加密度的方法比较，抛栽具有省工、高效的特点，尤其是适合于温光条件差、双季稻生产季节矛盾突出，稻田土壤肥力不高，以及由于气候、土壤等因素的影响造成早稻僵苗不发的稻田推广应用。

2.2 杂交早稻高产栽培的生物学基础

2.2.1 秧苗素质

影响杂交早稻秧苗素质的因素很多，如光照、温度、育秧方式、秧田施肥、播种量及秧龄等，其中最主要的是播种量和育秧期间的光温条件。杂交稻用种量少，容易做到稀播，有利于培育壮秧。但是，中国南方双季稻区早春育秧期间，常常出现持续阴雨寡照天气，对杂交早稻育秧极为不利，甚至造成烂秧。近年引进黑龙江省农业科学院的多功能壮秧营养剂，并采用旱育秧技术，对防止烂秧有明显效果。

从表 18-1 可以看出，采用旱育秧、通气秧、塑盘秧 3 种育秧方式，结合施用多功能壮秧营养剂，结果能明显促进秧苗生长，减轻立枯病的危害，提高成秧率。处理比对照地上部 100 株干重分别增加 0.8 g、1.3 g 和 0.7 g；单株白根数分别增加 4.1 条、4.2 条和 1.3 条；立枯病发病株率，处理在 3% 以下，而对照为 12.6%~26.8%；处理成秧率为82.4%~84.0%，比对照高 12.5~17.6 个百分点。

表 18-1　杂交早稻（威优 402）不同育秧方式施用多功能壮秧剂的秧苗素质比较

（邹应斌等，1999）

育秧方式	株高/cm	叶龄	100 株鞘叶		100 株根		单株白根数	单株分蘖数	成秧率/%	叶绿素含量/(mg/gFW)	立枯病株率/%
			FW/g	DW/g	FW/g	DW/g					
旱育秧 T	21.9	3.9	24.3	4.4	11.9	1.9	16.2	1.0	82.4	3.43	2.9
CK	18.1	3.9	17.6	3.6	8.7	1.6	12.1	0.7	69.9	3.93	18.0
通气秧 T	19.7	4.0	21.1	4.1	6.3	1.7	16.3	0.9	82.5	3.37	0.0
CK	18.9	3.9	17.2	2.8	4.9	1.3	12.1	0.6	64.9	3.26	26.8
塑盘秧 T	13.4	3.7	18.1	2.1	8.8	1.6	13.3	0.0	84.0	3.14	0.0
CK	11.8	3.7	10.9	1.4	7.1	1.4	12.0	0.0	69.6	2.87	12.6

注：T 为采用多功能壮秧营养剂育秧；CK 为秧传统施肥方法育秧；FW 为鲜重；DW 为干重；表中数据为 1997—1998 年平均值。

2.2.2　根系生长

杂交早稻具有发达的根群系统，根系的生长发育与分布及其生理活性制约着地上部的生长发育，最终影响籽粒产量。李合松（1999）采用预埋尼龙筛网的方法，研究了杂交早稻根系的生长过程，结果表明，自移栽后根系生长量随着地上部干重的增加而同步增加，但在齐穗后根系生长量增加平缓（表 18-2）。在高产栽培条件下，威优 402 全生育期根系生长总量达到 1 844 kg/hm²，其中根系在中期（幼穗分化至齐穗期）生长量最大，达到 1 278 kg/hm²，比常规稻湘早籼 19 增加 375 kg/hm²；其次为生长前期（分蘖期），为 566 kg/hm²，与湘早籼 19 差异不大；后期（灌浆结实期）新根生长和老根衰亡同时进行，根量增加很少，甚至呈负增长。威优 402 根系氧化力以分蘖期最高，随着生长时期的推移，根系氧化力逐渐下降。根系总吸收表面积和活跃表面积的大小是衡量根群大小，以及吸收活力强弱的一项重要指标。杂交早稻根系总吸收表面积自移栽后迅速增加，至孕穗期接近或达到最大值，威优 402 为 3.130×10⁶ m²/hm²。根系总吸收表面积在孕穗期以后增长缓慢或略有下降，根系吸收活跃表面积与总吸收表面积表现出相近的变化趋势。

表 18-2　不同生育时期根系吸收表面积（ST）、吸收活跃表面积（SA）、
生长量（DW）、α-萘胺氧化力（NA）的比较

（李合松等，1999）

生育时期	威优 402				湘早籼 19 号			
	ST/ $\times (10^6 m^2/ hm^2)$	SA/ $\times (10^6 m^2/ hm^2)$	WT /（kg/ hm^2）	NA /[mg/ (h·g FW]	ST/ $\times (10^6 m^2/ hm^2)$	SA/ $\times (10^6 m^2/ hm^2)$	WT /（kg/ hm^2）	NA /[mg/ (h·g FW]
分蘖期	1.256	0.560	565.7	46.87	1.261	0.562	550.2	41.31
孕穗期	3.130	1.539	1 278.6	38.32	3.054	1.467	903.6	32.94
齐穗期	3.122	1.542	1 844.3	42.67	3.127	1.549	1 453.8	41.80
乳熟期	3.103	1.486	1 839.0	34.72	3.125	1.435	1 408.0	36.52
成熟期	3.033	0.782	1 802.4	27.56	2.963	0.768	1 412.2	26.60

2.2.3　分蘖及其成穗

杂交早稻与其亲本及常规稻品种相比，具有较强的分蘖力和较多的分蘖数，有效分蘖率较高，有效穗较多。杂交早稻的分蘖优势是产量提高的一个重要原因。如何合理利用分蘖，使水稻沿着前期早发群体、中期高穗率群体、后期高光效群体演进，获得高额产量具有重要意义。增加分蘖穗数在穗数构成中的比重，以基本苗少、分蘖穗比例大、其穗型较大，籽粒产量高。在籽粒产量构成中随着分蘖穗比例的增加，每穗粒数明显增多，常规稻主穗与分蘖穗之比可由 1∶1 增加到 1∶3，杂交稻主穗之比可达 1∶8~1∶9。据许德海等（1992）的研究，威优 48-2 的单株分蘖数和成穗率分别为 4.14% 和 73.8%，比常规稻广陆矮 4 号增加 62.4% 和 10.1%，秧田和本田前期的分蘖成穗率达到 95% 和 93.1%，比广陆矮 4 号分别高 15% 和 4%。

对杂交早稻分蘖力的影响因素很多：①组合，不同杂交组合其田间实际分蘖数的多少一般不同，且矮秆组合比同类的高秆组合的分蘖数要多；②秧苗素质，秧苗素质的好坏对杂交早稻植株分蘖的影响很大，旱育秧苗根系发达，单株茎干重较大，移栽本田后始蘖期早、发根力强、早期分蘖的比例大，实际分蘖数相对较多；③移栽密度和基本苗数，对于相对分蘖力强、田间实际分蘖数较多的品种，移栽基本苗数可相对减少，移栽密度也相对减少。反之，则基本苗数或移栽密度可适当增加。分蘖能否成穗与分蘖发生的时期有关，秧田发生的分蘖当推迟插栽时间、延长秧龄后，成穗率下降，而本田分蘖的成穗率则随分蘖发生期的推迟而逐次下降，还与分蘖发生在主茎上的叶位及蘖位有关，分蘖发生在主茎上的叶位以低位分蘖成穗率较高，不同分蘖位数的成穗率依次是：一次分蘖＞二次分蘖＞三次分蘖。

2.2.4　干物质生产

水稻产量的形成过程，实质上是光合产物的生产与分配过程。中国南方双季稻区，影响杂交早稻产量形成的原因之一是生长前期干物质生产量不足，即早发性不好。在高产要求的适宜穗数基础上，力争前期早发，中期提高群体成穗率。成穗率高的群体，无效分蘖少，有利于中期形成大穗。抽穗后功能叶片光合强度大，光合效率高、光合产物积累多，且转运到籽粒中的光合产物多，籽粒充实度好。据邹应斌等人于 1996—1998 年连续 3 年在湖南省醴陵市白兔潭镇进行定位观测试验，威优 402 地上部总干物质积累为 13 482.0~14 334.0 kg/hm^2，最大叶面积指数为 7.07~7.61，属于高产群体。有效穗数为 312.9 万~353.3 万穗/hm^2 时，成穗率为 71.3%~76.8%。孕穗期、齐穗期干物质积累分别占成熟期总干重的 51.0%~53.2% 和 69.8%~74.6%，百分比值年际间差异不大。但最高分蘖期的干物质积累年际间差异大。如 1997 年为 2 479.5 kg/hm^2，占 17.5%，分别比 1996 年、1998 年高 4.2~6.1 个百分点。前期（分蘖期）干物质积累多是杂交早稻早发的标志，最终与高产关系密切。这就是为什么水稻，特别是杂交早稻要早发的原因所在。黄育民等（1995）应用生长分析法，以作物生长率（CGR）作为群体光合作用的衡量指标，发现杂交早稻本田期平均 CGR 为 18.17 g/（m^2·d）。其中，以苞分化至齐穗期为最高，达 23.6~28.5 g/（m^2·d）；乳熟期次之，为 13.5~16.4 g/（m^2·d）；分蘖期最低，为 8.4 g/（m^2·d）左右。与杂交晚稻相比，前期（分蘖期）CGR 较低，中后期较高。

2.2.5　不同生育时期植株氮、磷、钾含量与吸收量

对湖南省醴陵市白兔潭镇定位试验的杂交早稻不同生育时期干物质样品进行测定，结果表明：植株氮、磷、钾含量均以分蘖期最高，茎鞘分别为 23.7~26.2 g/kg、3.6~5.2 g/kg、32.2~43.4 g/kg，叶片分别为 45.5~47.2 g/kg、3.0~4.5 g/kg、20.0~27.0 g/kg，其余依次为孕穗期和齐穗期（表 18-3）。氮素在叶片中含量高于茎鞘中，磷素和钾素则是茎鞘中含量高于叶片中，成熟期约 60% 氮素和约 80% 磷素转移到籽粒，而钾素则 90% 以上留在茎叶。假设根系吸收的养分还原于土壤，由各时期地上部干物质重与养分含量进一步计算得到植株对养分的吸收量。结果表明成熟期地上部植株氮、磷、钾的积累量分别为 149.0~161.3 kg/hm^2、27.75~30.45 kg/hm^2 和 158.1~169.7 kg/hm^2。威优 402 的单产为 8 382~8 494 kg/hm^2，则平均每生产 1 000 kg 稻谷需氮素 17.9~19.0 kg、磷素 3.26~3.58 kg（P$_2$O$_5$7.91~8.14 kg）、钾素 18.6~21.3 kg（K$_2$O22.4~25.78 kg）。

表 18-3　杂交早稻（威优 402）地上部植株氮、磷、钾含量与吸收量

（邹应斌等，1999）

养分	年份	最高分蘖期			孕穗期			齐穗期			成熟期		
		茎鞘 /(g/ kg)	叶片 /(g/ kg)	吸收量 /(kg/ hm²)	茎鞘 /(g/ kg)	叶片 /(g/ kg)	吸收量 /(kg/ hm²)	茎鞘 /(g/ kg)	叶片 /(g/ kg)	吸收量 /(kg/ hm²)	茎叶 /(g/ kg)	叶穗 /(g/ kg)	吸收量 /(kg/ hm²)
氮	1996	26.24	47.24	71.7	11.24	22.97	148.8	7.67	22.13	149.9	8.07	12.10	151.8
	1997	25.17	45.54	90.8	12.34	32.05	152.1	9.73	26.41	162.8	8.73	11.80	149.0
	1998	23.65	45.78	65.7	11.98	30.62	134.3	11.66	26.17	141.6	9.69	12.34	161.3
磷	1996	5.17	4.47	10.8	3.38	3.96	26.4	3.31	2.79	30.6	1.00	2.82	27.8
	1997	4.59	3.28	9.6	3.12	3.04	23.3	2.69	3.41	31.1	1.00	2.88	29.0
	1998	3.58	3.03	6.4	3.11	2.86	23.3	2.66	2.81	26.6	1.33	2.68	30.5
钾	1996	43.43	27.05	62.9	24.79	22.76	148.0	20.78	21.63	172.4	23.57	2.35	169.8
	1997	32.32	19.96	62.7	16.21	20.28	135.6	17.51	14.37	173.6	22.58	1.85	161.4
	1998	33.53	25.01	56.0	21.90	20.78	164.6	18.25	14.77	173.9	22.82	2.76	158.1

　　植株对氮、磷、钾养分的吸收总量年际间差异不大，但不同生育时期对养分的吸收量年际间差异较大。湖南省醴陵市 1997 年由于 5 月份气温偏高，最高分蘖期氮的吸收量为 90.8 kg/hm²，占成熟期总吸收量的 61.9%，比 1996 年同期高 13.7 个百分点。定位试验田的土壤氮磷钾速效养分均以最高分蘖期最高，以后氮素和磷素一直保持较高水平，分别为 218.1 mg/kg 和 14.1 mg/kg 以上，而钾素则下降较快，孕穗期至成熟期为 64.9~99.8 mg/kg。1996 年同样以最高分蘖期较高，但从孕穗期至成熟期一直保持较高的水平，成熟期磷素和钾素含量较低，分别为 12.3 mg/kg 和 64.9 mg/kg。因此，杂交早稻对氮素、磷素和钾素的吸收量和吸收速度，与同期的气候条件有关，即温度高则吸收快，吸收量大，反之则吸收慢、吸收量少。

　　稻穗自齐穗期起急剧地积累氮素、磷素、钾素。据黄育民（1997）的研究，至黄熟期积累了全株 60%~68% 的氮素，66%~80% 的磷素，17%~18% 的钾素。稻穗齐穗至黄熟期净积累的养分中，来自叶片、叶鞘、茎秆转运和根系从土壤吸收的份额，氮素分别为 43%~54%、9%~13%、10%~13% 和 24%~33%，以来自叶片转运的份额最大；磷素分别占 22%~23%、27%~30%、43%~46% 和 4%~5%，以来自茎秆转运的份额最大，其次来自叶鞘的转运；稻穗齐穗至黄熟期净积累的钾素，来自叶片、叶鞘转运和根系从土壤吸收分别占 29%~50%、27%~40% 和 10%~44%。由此可见，齐穗以后器官之间氮素、磷

素、钾素的运转再分配过程十分剧烈。籽粒发育所需的氮、磷、钾养分，大部分来源于营养器官贮藏物质的转运，只有小部分来自根系从土壤的吸收，并且依靠土壤的自然供应即可满足需求。

2.3　杂交早稻高产栽培的技术要点

2.3.1　组合选择

杂交早稻育秧和分蘖期间由于气温较低，植株生长慢、生长量小，生产上适宜于选用分蘖能力中等偏强，耐肥抗倒，株型较紧凑，叶片直立、开张角度小，株高中等偏矮（85~95 cm）的多穗型组合。目前可供选用的组合主要有威优 402、威优 56、金优 402、香两优 68、金优 974、八两优 100、八两优 96 等。

2.3.2　组合搭配

根据早稻组合的成熟期、晚稻组合的安全齐穗期和秧龄弹性确定早、晚稻组合的搭配方式。在湖南双季杂交稻栽培的适宜海拔高度为 300 m 以下，上限为 400 m。由于多数杂交早稻属中迟熟组合，湘北稻—稻—油三熟制地区采用"双两大"育秧栽培，早、晚稻可选用中配迟组合或迟配中组合搭配，湘中双季稻地区可采用迟配迟组合或中配迟的组合搭配，湘东、湘南双季稻地区可采用迟配迟的组合搭配。值得指出的是，在热量条件相对较差的湘北地区，种植杂交早稻自播种至成熟所需积温为 2 500 ℃左右，最迟可在 7 月 23—25 日收割，种植杂交晚稻移栽至齐穗约需积温 1 400 ℃，两者相加为 3 900 ℃左右，热量条件可以满足种植双季杂交稻的要求。若晚稻生产选择中熟组合（如培两优 288、新香优 80、丝优 63 等），可以充分利用温光资源，达到两季高产的目的。

2.3.3　培育壮秧

育秧可采用湿润育秧、旱育秧和塑盘育秧。适宜秧龄前者为 5.5~6.5 叶，后者为 3.9~4.1 叶。中国南方双季早稻的播种期、移栽期等重要的农事活动，是依据春季气候，尤其是气温回升来安排的。旱育秧播种期以日平均气温稳定通过 8 ℃初日，湿润育秧播种期以日平均气温稳定通过 11 ℃初日来确定的。如湖南、江西两省早稻旱育秧可在 3 月下旬播种，湿润育秧可在 3 月底至 4 月初播种，分别于 4 月中下旬移栽（抛栽）。播种量湿润育秧为 30~36 g/m²，旱育秧约为 100 g/m²。旱育秧和塑盘育秧施用黑龙江农业科学院或湖南农业大学生产的多功能壮秧营养剂，播种前将壮秧营养剂与过筛细土充分混拌均匀，塑盘育秧装盘，旱育秧则加少量细土，均匀撒施于秧床。由于多功能壮秧营养剂含有氮、磷、钾等营养元素和敌克松等杀菌剂，使用后不需另施肥料、杀菌、调酸和消毒等，具有省工、高效、一剂多能等特点。杂交早稻种子浸种时间以 24～36 h 为宜，浸种时间不宜太长。种子破胸后播种加盖过筛细土，出苗后当秧床表面干燥时要适时浇水。

在秧苗生长期间，旱育秧的根系生长发育要优于湿润育秧，地下部根系干重占全株总干重的百分比旱育秧为 35.7%，湿润育秧为 23.1%，这为旱育秧移栽（抛栽）后，出叶速度加快、生长量得到迅速补偿提供了较好的根系吸收系统。

2.3.4 分厢抛秧或宽窄行浅栽

杂交早稻抛秧日期（包括小苗带土移栽）主要以日平均气温稳定通过 15 ℃初日，湿润育秧移栽日期以日平均气温通过 17 ℃初日来确定。如湖南、江西两省一般分别为 4 月下旬和 4 月底至 5 月初较适宜。为了便于本田施用除草剂、肥料、农药，以及除稗等农事操作，塑盘秧应采用分厢抛栽，旱育秧宜宽窄行浅栽（33.3 cm×16.7 cm×16.7 cm 或 33.3 cm×16.7 cm×13.3 cm）。深脚泥田、冷浸田或地下水位高的田还要开沟分厢抛栽或起垄插秧。抛秧分两次进行，第一次用手工或抛秧机抛秧 70%，第二次用手工补抛 30%，做到均匀抛秧。插秧后 5～7 d，或者抛秧秧苗直立生长后，可追施分蘖肥和施用除草剂。杂交早稻除抛栽或移栽外也可采用直播栽培，于 4 月上中旬播种、泥浆塌谷、保持田间湿润直至扎根立苗，1～2 叶期后灌浅水，用禾大壮等除草剂防除杂草。

2.3.5 平衡施肥

中国南方双季杂交早稻的施肥量和肥料种类各地不尽相同。但从高产栽培的角度要求，每公顷肥料用量纯 N160～165 kg、P_2O_5 70～75 kg、K_2O 145～150 kg。施肥可采用两种施肥法：一是采用一次性全层施肥法，即将全部肥料制成专用复合肥（如湖南的强农牌混合肥、江西的明星牌 BB 肥），或者配合施用部分菜饼、人畜粪肥等农家肥，在耙田或打滚前作基肥一次性施入耕层土壤；二是采用结构型施肥法，即氮肥 60%～70% 作基肥、10%～20% 作蘖肥、10% 作穗肥、10% 作粒肥，磷肥全部作基肥，钾肥作蘖肥和穗肥两次追施。在前期群体早发的基础上，中后期施用化调剂和叶面肥。穗分化始期用植物动力 PP2003 或 0.5% 的 KH_2PO_4 加云大 120 配制的分蘖化调剂，以促进分蘖成穗和大穗发育；抽穗期用"谷粒饱"等叶面肥，均匀喷施，以增强后期群体光合作用，促进籽粒灌浆结实。

2.3.6　节水灌溉

移栽后采用浅水灌溉，以利分蘖生长，至有效分蘖终止期落水晒田（或搁田）或灌约
15 d 深水 15～20 cm 以控制无效分蘖。据蒋彭炎（1991）的研究，水稻分蘖芽在萌发过程
中，存在一个对环境条件较敏感的时期，即 3 片幼叶和 1 个叶原基分化的时期（即 3 幼 1 基
期）。在 3 幼 1 基期采取控蘖措施，则效果最好。同时，在控蘖过程中，仍有一个蘖位的分蘖
芽继续生长，生产上应在幼苗期前 1 个叶龄期采取控制无效分蘖的措施。但是，中国南方双
季早稻分蘖期间雨量大、雨日多，气温低，田间蒸发量小，晒田难以实现控蘖。此后采用间歇
灌溉，即陈水不干，新水不上。

2.3.7　病虫草害综合治理

由于我国南方连年的双季稻种植制度，通过轮作或调整播插期的方法来减轻病虫的危害是
不现实的。生产上应选用抗病品种和采用健身栽培，科学使用高效低毒的化学农药。一般在移
栽返青后结合追分蘖肥时施用除草剂，5 月中旬防治二化螟、纹枯病，6 月初防治纹枯病、稻
飞虱，6 月底防治稻飞虱、稻纵卷叶螟、纹枯病等。对于稻瘟病、细菌性条斑病病区还要及时
用药防治其病害的侵染。

第三节　杂交晚稻高产栽培技术

3.1　杂交晚稻高产栽培原理

杂交晚稻生长期间气温由高到低、日照由强变弱，有利于前期群体早发，但后期容易出现
早衰和受到冷害的影响。高产栽培技术的关键是改善植株后期营养，增强抽穗后的光合能力和
灌浆结实能力，提高结实率和千粒重，达到高产的目的。为了促进水稻单产新的突破，必须增
加单位面积颖花数。一种途径是增加单位面积穗数，但有一定的限度，因为在单位面积颖花
量增加的同时，伴随着叶面积指数大幅度上升，粒／叶比下降，穗粒数减少，群体与个体矛
盾激化，群体通风透光条件差，有效和高效叶面积占总叶面积的比例低，且田间荫蔽的小生境
极易诱发病虫害，导致结实率低，产量难以有较大的突破。另一种途径是在适宜穗数的基础上
促进大穗，塑造个体健壮的适宜群体，则群体与个体协调。在增加单位面积颖花量的同时，群
体叶面积指数相对增加较少，粒／叶比高，净同化率增加，茎鞘物质输出率高，收获指数上
升，提高产量的潜力较大。因此，通过选用大穗型品种有可能实现水稻单产新的突破。如国际

水稻所将大穗作为理想株型的特征之一，国内许多育种学家将大穗作为新品种选育的一个重要指标。大穗型水稻品种每穗粒数多，库容量大，为发挥高库容的增产优势，必须保证充分的物质供应，提高库的充实率和充实度（即提高结实率和粒重）。要达到这一目的，在栽培上必须通过培育旺健的根系来实现秆壮穗大，后期维持较强的根系活力和旺盛的叶片光合能力来促进穗重。

　　杂交晚稻高产栽培法的原理是以适量群体、壮个体、高积累、大穗大粒和高结实率获得高产。田间管理的原则是在培育壮秧的基础上，本田采用稳前攻中促后的肥水运筹。稳前是指返青分蘖期生长稳健，在施足基肥的基础上适量少施分蘖肥，当群体茎蘖数达到计划穗数的 80%～85% 时，轻晒田或灌深水控制无效分蘖，前期形成适群体壮个体。为了做到前期稳健生长，宜选用分蘖力中等的中秆（95～110 cm）、大穗（每穗 130 粒以上）、大粒（千粒重 30 g 以上）的组合，此类组合群体茎蘖数易于控制，个体生长发育好，群体与个体生长协调，为中期攻壮秆大穗打下了良好的基础。攻中是指拔节长穗期攻壮秆大穗，栽培上施好穗肥，浅水勤灌提高成穗率，最高叶面积指数控制在 7.5～8.0，孕穗期和齐穗期干物重分别达到成熟期干物重的 50% 和 70% 左右，以便为灌浆结实期打下坚实的物质基础。促后是指灌浆结实期间主攻穗重，即维持旺盛的根系活力和叶片光合能力，促进茎鞘贮藏物质和叶片光合产物向穗粒中转运。杂交晚稻高产栽培的技术关键是改善植株后期营养，即施好粒肥和叶面肥，间歇灌溉，养根保叶，防止倒伏和早衰，做到源足、库大、流畅。

3.2　杂交晚稻高产栽培的生物学基础

3.2.1　秧苗素质与分蘖

　　秧田分蘖是杂交晚稻高产栽培的一大特点。杂交晚稻秧苗生长期间气温高、光照较足，在稀播条件下，容易培育带多个分蘖的壮秧。一般单株带蘖 2～3 个。刘承柳、蔡明历（1995）对两系杂交稻的生育特征进行研究时发现，带蘖壮秧与无蘖秧相比，在产量形成上具有两大优势：一是秧苗移栽后分蘖势强，够苗期提早，容易保证足够的穗数；二是个体发育良好，平均每穗颖花数和实粒数增多。由于带蘖壮秧能较好地统一穗多与穗大的矛盾，单位面积内形成的总颖花量和总实粒数较多，故最终产量显著比无蘖秧要高。可见，培育带蘖壮秧，是获取杂交稻高产的重要基础和关键措施。

　　晚稻旱秧与早、中稻旱秧一样，分蘖发生早、分蘖节位低、分蘖速度快、抗逆力强。由于从育秧到移栽后分蘖期间温度高、光照足，晚稻旱秧一般插后 10 d 左右就能封行，比早、中稻旱秧的分蘖更早更快。据戴魁根（1998）的研究，晚稻旱秧比水秧单株分蘖多约 30%。

增加的分蘖约 60% 是二次分蘖，约 30% 是已在叶鞘内伸长即将出蘖的那个节位的一次分蘖（一般为第六节位，水秧因移栽植伤和高温影响，该节位发生的大部分分蘖停止伸出），约 10% 的分蘖芽在秧田休眠，但由于生长环境的改善，在大田发生二次分蘖（即第四、第五节位的二次分蘖）。后两类分蘖，发生时间相对较早，一般都能成穗。因此，旱秧分蘖优势能否转化为有效穗数优势，关键取决于二次分蘖成穗率的高低。二次分蘖主要产生于本田低节位蘖（占 50% 以上）和秧田蘖（占 30% 左右）。旱秧第七节位的二次分蘖是无效分蘖，第六节位的二次分蘖成穗率也只有 10%~20%，但秧田蘖的二次分蘖成穗率平均达 58.8%（33.3%~100%）。因此，秧田蘖多，二次分蘖成穗率提高。20 cm×20 cm 移栽，单株带 2 个秧田蘖的二次分蘖成穗率平均为 34.4%，比带 1 个秧田蘖的成穗率高 11.3 个百分点，比秧田不分蘖的成穗率高 24.4 个百分点。秧田不分蘖的旱秧，产生于本田低节位蘖的二次分蘖成穗率仅 10%。可见，利用晚稻旱秧的早发快发优势而高产，首先须着力提高秧苗素质，确保秧田分蘖。

3.2.2　根系生长

杂交水稻根系发达，根系活力、根系吸收能力和插后发根力均强于常规晚稻。据李合松等（1999）的研究，杂交晚稻威优 198 前期（分蘖期）根系生长量为 515 kg/hm^2，中期（长穗期）达到 1 050 kg/hm^2，全生育根系生长总量为 1 710 kg/hm^2。与杂交早稻相比，抽穗后仍有较强的根系生长能力，达到 145 kg/hm^2。在不同生育时期向每苑稻株引入 7.4MBq 的 ^{32}P 标记溶液，3 d 后取样测定各部位的 ^{32}P 的活度，结果各生育期吸收 ^{32}P 的总量明显不同，单苑根系 ^{32}P 积累的总量以分蘖盛期最高，孕穗期次之，乳熟期最低。在同样的栽培条件下，不同的品种之间存在差异，表现为穗型大的组合（威优 198）比穗型较小的组合（威优 46）根系吸收 ^{32}P 总量多，各个测定时期均表现出一致的趋势，但生长前期的差异大于生长后期。

杂交水稻的根系生理特性与地上部的关系十分密切，对其杂种优势潜力的发挥产生直接的影响。何之常、朱英国（1996）以对植物生长发育起调控作用，对生长发育有明显影响的 IAA- 氧化酶和过氧化物酶为对象，研究了两系杂交稻根系的生理生化特点及其与杂种优势的关系。结果发现：①两系杂交稻 8906s/ 特青 2 号、8902s/ 明恢 63 的根长超过汕优 63 和农垦 58。根数和根干重也高于汕优 63 和农垦 58（表 18-4）；②籼粳两系杂交稻根系 IAA- 氧化酶、阳离子过氧化物酶及酶蛋白含量均低于汕优 63 和农垦 58。

表 18-4　水稻根系生长量、过氧化物酶、IAA 氧化酶活性及酶蛋白含量

(何之常，1996)

杂交组合	根长 /cm	根数 /(条 /株)	根鲜重 /(mg/株)	根干重 /(mg/株)	阳离子过氧化物酶		IAA 氧化酶	
					酶活性 (OD470)/(g FW/min)	酶蛋白含量 /(mg/gFW)	酶活性 (OD470)/(g FW/min)	酶蛋白含量 /(mg/gFW)
汕优 63	7.90	7.2	24.30	2.47	52.0	13.49	20.352	13.89
8906s/ 特青 2 号	9.47	7.9	35.10	3.29	26.8**	11.37	12.032*	12.17
8902s/ 明恢 63	9.40	7.4	28.24	2.82	27.2**	11.23	18.816*	11.17
8902s/N$_{55}$	10.12	7.1	32.70	2.98	16.8**	9.24	17.408*	10.90
农垦 58	8.50	6.6	25.80	2.60	24.1	11.90	20.053	13.23

注：根系生长量为 30 株平均值。

3.2.3　生育期与群体结构特征

双季杂交晚稻熟期不同的组合在同一地点种植生育期不同，而同一组合在不同的地点种植生育期也不尽一致。湖南、江西两省一般于 6 月中下旬播种、7 月中下旬插秧，插秧后约 15 d 进入有效分蘖终止期，8 月中旬开始幼穗分化，9 月上中旬抽穗，10 月中下旬成熟。群体茎蘖数和群体叶面积指数是衡量群体质量的一个重要指标。威优 198 群体叶面积指数动态是：分蘖期 1~2、苞化期 3~4、孕穗期 7.0~7.5、齐穗期 6.5~7.0、乳熟初期 5.5~6.0、乳熟末期 4.0~4.5、黄熟期维持 2.5 以上。杂交晚稻威优 198 的分蘖能力中等偏弱，前期由于植株生长量大，叶面积扩展仍很迅速，最高群体茎蘖数为 320.9 万~347.4 万个 /hm^2，此期叶面积指数达到 4.14~5.63，中期分蘖成穗率较高，属于由较少苗数、较大个体组成的群体，孕穗期叶面积指数为 7.8~8.0。威优 198 和威优 46 生育期差异不大，但威优 46 分蘖能力较强，前期叶面积指数扩展较慢。最高茎蘖数达到 401.7 万~424.5 万个 /hm^2，LAI 为 7.34~7.67，有效穗数为 280.1 万~290.9 万个 /hm^2，成熟穗率达到 70.3%~77.7%。提高杂交水稻的成穗率是进一步提高单产的突破口，成穗率高则群体与个体协调、田间通风透光好、顶层下 30 cm 透光率达到 66.8%。又如 1997 年在湖南省醴陵市白兔潭同期播插的两系杂交稻 810S/ 明恢 63 齐穗期早 9~10 d，成熟期早 10~12 d，有效穗为 401.6 万穗 /hm^2，最大叶面积指数为 7.18，属多穗型中熟杂交稻组合，具有与威优 198 不同的群体结构特征。

3.2.4　干物质积累与分配

高产栽培条件下，双季杂交晚稻前中后期干物质积累的比例顺调。与杂交早稻比较，杂交晚稻前期干物质积累快，具有高产栽培光合干物质生产的特征。据我们在醴陵市白兔潭镇定位试验，最高分蘖期地上部干物质积累量为 2 916.0 ~ 4 120.5 kg/hm²、孕穗期为 8 182.5 ~ 9 097.5 kg/hm²、齐穗期为 11 691.0 ~ 12 079.5 kg/hm²、成熟期为 15 435.3 ~ 15 757.5 kg/hm²。最高分蘖期、孕穗期、齐穗期干重分别为成熟期干重的 18.9% ~ 26.6%、53.0% ~ 58.7% 和 75.4% ~ 77.3%。在最高分蘖期积累在茎鞘和叶片中的干物质大致相等，到孕穗期和齐穗期主要积累在茎鞘中，分别为 59.8% ~ 66.6% 和 59.3% ~ 62.8%。抽穗前贮存在茎鞘中的光合产物有 27.8% ~ 30.6% 转运到籽粒中。干物质积累动态不同年间略有差异，其中以 1997 年中期和 1998 年前期光合产物积累较多。产量的形成既取决于干物质的生产，也取决于干物质的分配。从干物质的分配规律来看，杂交水稻干物质的转运率较高，能较多地运转到稻穗中。据吕川根（1991）的研究，在齐穗至成熟期，亚优 2 号的茎鞘、叶物质运转系数为 21.3%，单株总运转物质为 6.88 g，其中以叶的贡献最大，为 4.48 g。汕优 63 运转系数为 19.9%，总运转物质为每株 5.57 g。比亚优 2 号运转系数低 1.4 个百分点，每株总运转物质少 1.31 g。李之林等（1991）也认为，两系杂交稻 N98S/ 特青抽穗期的干物质生产能力比常规稻特青强，灌浆速度也快。

3.2.5　植株养分吸收动态与吸收量

杂交晚稻植株氮素和磷素含量均以分蘖期最高，茎鞘和叶片中含氮量分别为 18.8 g/kg 和 39.1 g/kg、含磷量分别为 3.71 g/kg 和 3.0 g/kg，分蘖期后至成熟期逐渐降低。钾素含量以分蘖期最高、齐穗期最低，茎鞘和叶片中前者分别为 37.7 g/kg 和 23.3 g/kg，后者分别为 17.2 g/kg 和 15.9 g/kg。氮素在叶片中的含量比茎鞘中高 15 ~ 21 g/kg，磷素和钾素在抽穗前茎鞘中含量高于叶片中含量，抽穗后茎鞘和叶片中含量大致相等，到成熟期氮素和磷素主要转移到籽粒中，而钾素主要分布在茎鞘中（表 18-5）。

表18-5 杂交晚稻（威优198）不同时期地上部植株养分含量与吸收量

（邹应斌等，1999）

| 养分 | 年份 | 最高分蘖期 | | | 孕穗期 | | | 齐穗期 | | | 成熟期 | | |
		茎鞘/(g/kg)	叶片/(g/kg)	吸收量/(kg/hm²)	茎鞘/(g/kg)	叶片/(g/kg)	吸收量/(kg/hm²)	茎鞘/(g/kg)	叶片/(g/kg)	吸收量/(kg/hm²)	茎叶/(g/kg)	穗/(g/kg)	吸收量/(kg/hm²)
氮	1996	19.60	42.39	92.6	13.31	27.47	153.4	9.54	22.87	158.6	7.92	11.38	154.8
	1997	15.94	36.33	89.0	9.01	26.26	134.3	7.93	23.11	137.7	7.70	11.51	157.5
磷	1998	20.79	38.58	122.5	9.12	25.60	137.7	8.98	19.98	144.9	8.62	12.27	167.4
	1996	3.92	2.89	9.8	3.43	2.88	26.3	2.40	2.34	27.8	1.03	2.43	26.7
	1997	4.18	3.19	12.6	3.12	2.81	27.5	2.34	2.23	27.9	1.53	1.94	28.4
	1998	2.97	2.79	11.9	2.79	2.33	22.4	2.07	2.19	25.8	1.76	2.02	30.00
钾	1996	41.48	24.42	94.5	29.17	21.81	179.1	17.71	17.93	207.4	24.73	2.01	196.9
	1997	35.13	21.52	96.9	19.74	17.33	172.2	16.32	16.01	195.6	21.84	2.10	193.4
	1998	36.36	24.02	124.1	23.51	20.44	191.4	17.44	13.87	203.1	24.96	3.22	205.4

杂交水稻单位产量所消耗的养分并不比常规稻高，但由于产量较高，单位面积吸收的氮磷钾养分仍然较多。据肖恕贤等（1982）的测定发现，产量7 500 kg/hm²，平均生产1 000 kg稻谷吸收氮素21 kg、磷素5.0 kg、钾素25.0 kg；黄育民等（1997）测定单产9 670 kg/hm²，平均每生产1 000 kg稻谷吸收氮素19.7 kg、磷素3.4 kg、钾素18.0 kg。1996—1998年在醴陵试验，单产为8 481～8 964 kg/hm²，地上部植株对氮素、磷素、钾素的平均吸收量分别为159.9 kg/hm²、28.4 kg/hm²、198.6 kg/hm²，即平均生产1 000 kg稻谷需要吸收氮素18.04 kg、磷素3.19 kg（P_2O_5为7.24 kg）、钾素22.34 kg（K_2O为26.92 kg）。杂交晚稻移栽后气温由高到低变化。前期（分蘖期）气温偏高（27 ℃～31 ℃）、干物质生长量大、养分吸收快。其中，氮素吸收量占成熟期的63.34%、磷素为40.20%、钾素为52.95%。到齐穗期氮素、磷素、钾素的吸收量接近成熟期的养分吸收量，说明杂交晚稻后期吸肥能力弱，生产上要注意施用长效复合肥或后期施用粒肥和叶面肥，以改善植株后期营养。

3.3 杂交晚稻高产栽培的技术要点

3.3.1 组合选择

根据早稻组合的成熟期、晚稻组合的安全齐穗期和秧龄弹性，安排合理的组合搭配方式和适宜的播插期，生产上可采用迟配迟、中配迟或迟配中几种组合搭配方式。如湖南中熟组合可选用培两优 288、新香优 80、威优 644、丝优 63、810S/ 明恢 63 等；迟熟组合可选用分蘖能力中等的中秆大穗大粒组合，平均每穗 130 粒，如汕优 198、汕优 63、V46，以及近年育成的两系亚种间杂交组合，其穗粒数多（220 粒 / 穗以上）、千粒重小（23 ～ 26 g），如培矮 64S/E32，培矮 64S/9311、培两优 500 等，由于其单穗重大（约 5 g），亦可作为杂交晚稻高产栽培的选用组合。

3.3.2　培育壮秧

培育壮秧首先要确定播种期，杂交晚稻主要考虑安全齐穗和秧龄弹性，一般以日平均气温稳定通过 22 ℃达到 80% 保证率的终日，为安全齐穗期。然后根据安全齐穗期倒推，播种至齐穗的日数或积温，即可确定其适宜播种期。其次是由于壮秧有利于插后早生快发，栽培上要抓住稀播这一关键环节。采用种子包衣技术，提高种子发芽率和发芽势，同时有效防治稻蓟马等秧苗期的病虫害。对于生育期较短的早、中熟杂交晚稻，如晚两优 288，新香优 80 等采用旱育抛秧、配合施用多功能壮秧营养剂。对于生育期较长的两系杂交晚稻，如培两优特青、培两优 E32 等，可采用湿润育秧，每公顷播种量为 170 ～ 180 kg，一叶一心期喷施 300 mg/L多效唑或 150 mg/L 烯效唑，移密补稀等培育壮秧。杂交晚稻浸种可采用一浸多洗，即一次性浸种时间不要太长，以免影响种子发芽。

3.3.3　宽窄行移栽或抛栽

对于中秆大穗型杂交组合移栽规格以宽行 33.3 cm，窄行 16.7 cm 较适宜，株距13.3 ～ 16.7 cm，每公顷约 24 万穴，杂交晚稻每穴插 2 粒种谷苗，每公顷基本苗 60 万株左右。可先抛栽 70%，然后用 30% 的秧补抛，做到均匀分厢抛栽。近年来，生产上采用免耕移栽或抛栽，即在早稻收割后用克芜踪 3 750 mL/hm^2，兑水 750 kg 均匀喷施，以清除早稻茬蔸及再生苗，24 h 后即可灌水泡田、插秧或抛秧。

3.3.4　平衡施肥

双季杂交晚稻与杂交早稻的施肥量基本一致，即每公顷肥料用量纯 N190 ～ 195 kg，$P_2O_5$70 ～ 75 kg，K_2O150 ～ 160 kg。可采用两种施肥法：一是稳前攻中促后的结构型施肥法，即氮肥的 50% 作基肥、20% 作分蘖、20% 作穗肥、10% 作粒肥，磷肥全部作基肥，钾肥 50% 作分蘖肥、50% 作穗肥；二是一次性全层施肥法，即用配制好的一次性专用复混肥（如湖南的强农牌复合肥、江西的明星牌 BB 施）和部分菜饼、人畜粪肥等有机肥及速效肥于耙田或打滚前一次施入耕层土壤。齐穗期喷施谷粒饱等叶面肥。

3.3.5　节水灌溉

移栽至返青期保持较深水层，分蘖期浅水灌溉，至有效分蘖期落水晒田（或搁田）控制无效分蘖。据研究发现，当稻田土壤铵态氮浓度在 80 mg/kg 以上时，水稻能正常分蘖；在 30~80 mg/kg 时，仍有部分分蘖发生；在 30 mg/kg 以下时，基本上不发生分蘖。中国南方双季晚稻分蘖期间光照足、雨量少、气温高，容易做到落水晒田，控制无效分蘖的发生。同时，在水源条件较好的地方，也可以灌深水控蘖，即当田间群体茎蘖数达到计划穗数的 85%~90% 时，灌深水 15~20 cm 控制无效分蘖。此后间歇灌溉，即陈水不干、新水不上。孕穗至抽穗期保持水层，灌浆结实期间歇灌溉，成熟前 5~7 d 断水。

3.3.6　化学除草和病虫害防治

移栽返青后，用灭草威、稻田净、克草威等除草剂防除杂草。病虫害以农业防治为基础，选用抗病虫品种，积极保持利用天敌，有节制地合理施用农药，药剂防治抓两头（秧田期、孕穗抽穗期）、放中间（分蘖期），重点防治稻纵卷叶螟、稻飞虱、二化螟、纹枯病和稻瘟病，兼治稻螟蛉、稻蓟马、稻叶蝉和细菌性条斑病。

———————— R e f e r e n c e s ————————

参考文献

［1］邓定武，谭正之，龙兴汉.灌溉对杂交稻产量及其稻米品质的影响[J].作物研究，1990，4（2）：7-9.

［2］吴跃轩，吴振球.土壤温度对亚种间杂交稻根系生长发育和代谢活性的影响[J].湖南农学院学报，1995，21（3）：218-224.

［3］吴志强，林文雄，梁义元.不同水分状况稻田的生态生理效应[J].生态学杂志，1991，10（5）：12-15.

［4］邹应斌.双季稻超高产栽培技术体系研究与应用[M].长沙：湖南科学技术出版社，1999.

第十九章

杂交中籼稻及一季杂交晚籼稻高产栽培

第一节　杂交中籼稻高产栽培

中国中籼稻种植面积 1 466.7 万 hm^2，约占稻谷播种面积的 45%，杂交中籼稻又在中籼稻生产中占有很重要的地位，自 1976 年大面积推广杂交中籼稻以来，种植面积逐年扩大，单产不断提高，增产效果越来越显著。1998 年杂交中籼稻种植面积为 800 万 hm^2，占中籼稻种植面积的 54.5%。

1.1　杂交中籼稻主要种植区域

根据不同水稻品种组合对于热量条件的要求，一般情况下，≥ 10 ℃ 的活动积温为 2 000 ℃~5 000 ℃ 的地方适宜于种植一季籼稻。杂交籼稻作一季稻栽培，分布地域主要有：一是长江流域 ≥ 10 ℃ 的活动积温为 5 000 ℃，地势低洼，地温偏低，不利于早稻早生快发，产量不高的平原地区，加之这些地区人均水田面积较大，劳力不足，一般都是一年两熟，即一季水稻，一季冬种作物，主要是麦茬稻。如湖北省长江中游沿岸和汉江中下游沿岸的江汉平原，一季杂交中籼稻种植的面积较大。主要组合有汕优 63、Ⅱ 优 58、威优 46、汕优 647、D 优 63、协优 63、威优 63 等；二是长江流域的四川、重庆、贵州、湖南、江西、安徽、浙江、福建、云南等地的丘陵山区及海拔较高的地区。这类地区由于温光条件不足，一般只能种植一季中籼稻，本区地形复杂，海拔高度差异悬殊，山地立体气候特点明显，而且有南北坡向之别，根据湖南省多年的生产实践证明：在湘西北 300 m 以上，湘西南 400 m 以上，湘东南 500 m 以上的稻田基本上只能种一季杂交中籼稻，但是本区杂交籼稻的主要限制因素是寒害、多雨和稻瘟病。常发生低温冷害影响水稻正常生长，尤以连绵秋雨伴随低温，造成穗而不实，加上部分地方水利设施差，旱涝保收面积小。因此这些地区种植杂交水稻适宜播种期应在 4 月中旬，海拔每升高 100 m，播种期应提早 2～3 d，并采用保温育秧方法，防止烂秧。早春育秧期间缺水的高寒山区，可以采取旱育秧的方法。该区推广的主要组合有汕优 63、冈优 22、Ⅱ优 838、汕优多系 1 号、Ⅱ优 63、威优 6 号等；三是杂交籼稻种植的北沿地区，如陕西汉中、河南信阳，以及皖北、苏北等的籼粳混栽区，主要杂交籼稻组合有汕优 63、协优 63、特优 559、协优 559、D 优 68、金优 63 等。

1.2　杂交中籼稻高产栽培技术

1.2.1　选用高产组合，搞好合理布局

因地制宜选用抗病高产生育期适宜的组合是夺取高产的前提。在四川和重庆，推广面积较大的主要组合是冈优 22、汕优 22、冈优 12、汕优多系 1 号等。其中冈优 22 占水稻种植面积的 50% 左右，年推广面积达 133.3 万 hm^2；适合湖南省丘陵山区中籼稻栽培的杂交组合主要有汕优 63、威优 647、威优 46、汕优多系 1 号、威优 77，其中汕优 63 在长江流域一季籼稻区发展很快，是当前中国杂交籼稻使用年限最长、种植面积最大的组合。一季杂交中籼稻多在山区种植，而山区自然条件复杂，光、热、水资源垂直分布差异明显，而且有南北坡向之别。据四川省绵阳经济技术高等专科学校的研究，同海拔南北坡稻田受光率差异较大，南坡比北坡太阳辐射率总量增加 27.9%～69.8%，杂交中籼稻成熟期相对提早 7～15 d，存在显著的南北坡效应。这些差别直接影响杂交中籼稻的经济性状和病虫的发生、危害程度。因此，应根据不同海拔高度选择抗性好、生育期适宜、适应性强的组合。根据湖南省杂交中籼稻协作组试验，海拔 700 m 以下光热资源充足，水源条件好的，要大力推广生育期长的汕优 63、冈优 22、威优 46、汕优多系 1 号等迟熟组合，以提高资源利用率；海拔 700 m 以上的地区，前期气温回升慢，后期降温快，水稻安全生育期较短，只宜推广威优 64、汕优 64、威优 77 等生育期较短的中熟组合；海拔较低而水源不足的二干田只能种生育期较短的威优 35、威优 64 等早中熟组合，以利稳产保收。

1.2.2　杂交中籼稻的几种育秧方法

培育壮秧是水稻高产稳产的重要措施之一。"秧好半年禾"是中国农民经过长期生产实践

后总结出来的一条重要经验。壮秧素质好，生活力强，插后回青快，分蘖早，为早够苗、争足穗、夺取高产打下基础。

1.2.2.1　确定适宜的播种期　杂交中籼稻的适宜播种期，一是取决于前作物收获的迟早，不同的育秧方法播种期也有所不同。采用湿润育秧的，秧龄应控制在 $30\sim35$ d；采用旱育秧和软盘旱育秧的，播种期应比湿润育秧适当提早。二是保证在最佳天气下抽穗扬花。抽穗扬花期最适宜温度为 26 ℃~28 ℃，日平均温度高于 30 ℃，极端最高温度高于 35 ℃，或连续 3 d 以上低于 23 ℃ 的阴雨低温天气，都会影响开花授粉，降低结实率。在长江中游的湖南、江西、湖北等省的平原丘陵区，7 月底至 8 月上旬常出现日平均气温 30 ℃，最高气温 35 ℃ 以上的高温天气，不利于杂交中籼稻的抽穗扬花。因此，这些地区最佳的抽穗扬花期为 8 月下旬；在海拔 500 m 以上的山区，8 月中旬常伴有规律性的低温阴雨天气，有的年份在立秋边还有连绵的"倒秋雨"危害，而在 7 月下旬至 8 月初，既无连续几天日平均 30 ℃ 的高温，又无连续几天低于 22 ℃ 的低温阴雨天气，是杂交中籼稻的最佳抽穗扬花期。因此，山区杂交中籼稻的播、插期应立足于在 7 月下旬、8 月初和能否抽穗扬花来安排。各组合的播期必须抓住一个"早"字。

1.2.2.2　选择适宜的育秧方法　杂交中籼稻育秧方法的选择，应根据当地气候条件和前作而定，在高纬度、高海拔地区气温较低，水稻安全生育期短，要适当提早播种，而早春无论用哪种方法，都必须采用地膜保温培育多蘖壮秧，缩短本田生育期，使抽穗扬花期避开高温伏旱或低温阴雨的影响。

（1）湿润育秧　培育 $4.5\sim6.5$ 叶移栽的大苗秧，健壮的大苗秧，假茎扁粗，叶色青绿，叶片宽厚，富有弹性，叶枕距均匀，生长整齐无脚秧，分蘖株率达 80% 以上，其中带 $2\sim4$ 个蘖的株率达 60% 以上，秧苗适龄，叶龄不超过主茎总叶数的 60% 为宜，根系发达，单株叶面积大，叶绿素含量高。插后回青快，分蘖早。

湿润育秧前期湿润，后期水管，最大的优点是能够调节土壤中水分与空气状况，促进出苗，有利于防止烂秧死苗。这种育秧方法适于部分早熟作物田的杂交中籼稻。

山区中稻区的气温一般比双季稻区低，播种期较双季稻迟，适宜的播种期在 4 月中旬，具体播期应根据组合全生育期、不同海拔高度和前作收割期确定，汕优 63 类迟熟组合在海拔 $500\sim700$ m 地区适宜于 4 月 13 日左右播种，800 m 左右地区"谷雨"边播，1 000 m 左右地区提倡在低海拔地方借田育秧。威优 64、威优 35、汕优 64 等早中熟组合推迟 $4\sim5$ d 播种。秧龄控制在 $30\sim35$ d，海拔每上升 100 m，播期应提早 $2\sim3$ d。

播种量的确定，早插 30 d 秧龄每公顷播 300 kg，35 d 秧龄播 325 kg；迟插 40 d 秧龄的，播量应在 150 kg 以内。

（2）旱育秧　培育叶龄 4~6 叶的大苗秧，秧苗叶片直立旋转有弹性，株高 15~19 cm，叶枕间距 3~5 cm，每株白根 8~12 条，茎基宽 0.3~0.4 cm，单株平均带蘖 1~2 个，百株地上部干重 4~6 g，出苗率 90% 以上，成秧率 85% 以上。

杂交中籼稻生育期长，采用旱育秧方式，可在日均温稳定通过 8 ℃时播种。因此，能克服湿润育秧抗寒能力弱，不能早播，秧苗素质差，成秧率低的弊病。旱育秧具有秧苗生长矮壮，根系发达，抗寒性强，移栽后返青快，分蘖早，分蘖节位低，成穗率高，穗大粒多，结实率高，增产潜力大和提早成熟的优点。适宜于冬闲田和绿肥田杂交中籼稻，以及高海拔地区因山高水冷气温回升慢，需借田育秧的地区。

旱育秧的播种期可比当地湿润育秧提早 10~15 d，具体播种适期，海拔 600 m 地区为 4 月初，800 m 地区为 4 月 5—10 日，冬闲田可提早到 3 月 26 日左右，绿肥田 3 月底 4 月初播种。每平方米秧床播 100 g 标准芽谷，每公顷大田用种 22.5~26.25 kg，每公顷大田需备苗床 240~270 m^2。

在气温条件不宜种双季稻，但种一季稻有余的地区，稻田采用油—稻、麦—稻、豆—稻等复种制，这些稻田所种杂交中籼稻受前作油菜、麦类、豆类等春收作物收获期的限制不能早播，采用常规育秧方法，往往秧龄超过 40 d，致使秧苗老化拔节，播种较迟，缩短了营养生长期，播种较早不利于高产。实践证明，采用两段育秧培育分蘖壮秧能较好地解决以上矛盾，且增产效果显著。

（3）两段育秧　把培育秧苗的整个过程分成两个阶段，第一阶段 12~15 d，先旱育小苗秧；第二阶段把育好的小苗秧移栽或抛栽到寄秧田，一般寄插双株，继续培育 25~35 d，再移栽到大田。这种方法能在迟插长秧龄的情况下，培育多蘖矮壮秧。两段育秧适宜于迟熟作物田秧龄超过 40 d 的杂交中籼稻。

旱育小苗的壮秧标准是：秧苗成秧率达 80%~85%，出苗整齐，1.8 叶至 2 叶时，苗高 7~8 cm，脚苗 10% 以下，叶大茎粗，第二叶宽、绿挺，茎基粗 1.5mm 左右，每株 6 条白根，无病虫稗草。

杂交中稻每平方米播净种 400g，每公顷大田用种量 15 kg。

二段秧壮秧标准是，培育多蘖矮壮秧，秧苗生长均匀整齐，分蘖株率 100%，单株带蘖 4~5 个，单株白根 20~25 条，单苗 5 片绿叶，挺而不披，无病虫，每公顷秧田容苗量 1 200 万~1 350 万株。

适宜的寄插苗龄以 1.7~2.2 叶为适，秧龄 12~15 d。

根据秧龄和秧本比确定寄插密度。迟熟组合 6.7 cm × 13.3 cm，每公顷 112.5 万蔸，每蔸双株；中熟组合 6.7 cm × 10 cm，每公顷 150 万蔸，每蔸双株。排水后纵横划格寄插，要求带泥浅寄，寄插 6.7 cm × 13.3 cm 的不留走道，寄插 6.7 cm × 10 cm 的每 3 m 留一走道，使秧田利用率达到 95% ~ 100%。寄秧田扯秧留苗田的管理同杂交早稻两段育秧。

杂交中籼稻组合主茎总叶数 14 ~ 16 片。湿润育秧，秧苗以 6 ~ 7 叶移栽为好，适宜秧龄为 30 ~ 35 d；旱育秧秧苗以 3.1 ~ 4 叶移栽，秧龄 25 ~ 30 d 为宜；两段育秧，中熟组合不超过 8 叶移栽，迟熟组合移栽叶龄不超过 9.3 叶，秧龄 38 ~ 45 d。

（4）软盘旱育秧抛栽　应培育叶龄 2.5 ~ 3.5 叶的小苗秧，小苗秧的标准是苗高 13 ~ 15 cm，茎基宽 0.2 cm 左右。叶片挺健，叶鞘较短，第一叶鞘长 2 ~ 3 cm，叶枕距均匀，无虫伤病斑，无黄叶枯叶；根系发达，短而粗壮，无黑根烂根，不串根，发根 12 ~ 16 条；成秧率 80% 以上，生长整齐一致。

软盘旱育秧不仅有旱育秧早播早插、早熟、抗寒性强的优点，而且具有省工、省肥、省膜、高产的优点。抛栽秧能有效保证每公顷蔸数和基本苗数，较好地解决有效穗不足的问题；带泥抛栽不伤根，抗逆性强，不僵苗，入土浅，分蘖节位低，分蘖多，早生快发，成穗多。

杂交中籼稻软盘旱育秧，盘孔内应放"壮秧剂"拌和的营养土（或菜园土、晒干的塘泥），切忌使用化肥、陈砖土、煤灰、草木灰等配制的营养土，以免伤苗。

软盘旱育秧的播种期应根据组合的插秧期，按叶龄和秧龄来推算，一般来说，日均气温稳定通过 8 ℃ 即可播种，比湿润育秧提早 8 d 左右播种。抛栽以叶龄为主，在 2.5 ~ 3.5 叶范围内，抛栽叶龄宜小不宜大。

软盘旱育秧苗期管理的重点是坚持旱育，防止因立枯病、腐霉菌导致死苗，秧苗空孔率控制在 5% 以下，控制秧苗高度，防徒长，培育适龄健壮秧苗。苗期的温度、湿度、施肥、防治病虫等管理，大体上与旱育秧方法相似，需要注意的是保湿和追肥。因为软盘的盘孔小，装土量少，根系下扎得少。因此，水分管理上要保湿，应注意及时补水，每次浇水量要少，水滴要细，以免将孔内的土壤冲动，影响出苗和生长。

四川和重庆等省（直辖市）种植杂交中籼稻有两个较为突出的问题，一是川、渝长江河谷海拔 400 m 以下地带，有 80 多万 hm² 稻田，占川、渝两省（直辖市）稻田总面积的 25% 以上，光热条件好，但常有高温伏旱天气出现，高温影响杂交中籼稻的抽穗开花；二是由于夏旱造成约占稻田 20% 近 66.7 万 hm² 稻田迟插。近年来推广的地膜覆盖和旱育秧，将播种期由 3 月 20 日提早到 3 月 10 日，使熟期提早了 4 ~ 6 d，对杂交中籼稻齐穗期避过高温伏旱危害起了重要作用；同时两省（直辖市）农业技术干部经过试验证明，利用旱育秧的秧龄弹性大，将旱育秧迟插，临界期比湿润育秧推迟 10 d，产量达 6 568.5 kg/hm²，比同龄期湿润育秧增产 33.2%，较好地解决了迟插与高产的矛盾。

1.2.3 合理密植

构成稻谷产量的诸因素中，有效穗是决定因素。根据田间考察和试验：中籼稻有效穗不足是产量不高的主要原因，有效穗的多少主要是受每蔸基本苗和密度控制，基本苗是高产的基础。杂交中籼稻的有效分蘖期只有 15~20 d，必须在育壮秧的基础上插足基本苗，在一定范围内，基本苗增加，有效穗也增加，每公顷增加 30 万株基本苗可增 22.5 万个左右的有效穗，每增加 15 万个有效穗就可增加产量 375 kg。适当增蔸增苗是增穗的基础。

湿润育秧插冬闲田、绿肥田插植规格为 10 cm×25 cm、13 cm×23 cm、16 cm×20 cm，每公顷插 30 万蔸以上，基本苗 90 万~120 万株；迟插作物田栽插规格为 13 cm×20 cm、10 cm×23 cm，每公顷插 37.5 万蔸，基本苗 120 万~150 万株；旱育秧插植规格为 12 cm×24 cm、12 cm×27 cm，每蔸栽插苗数可根据大田的肥力水平，用肥量和秧苗素质综合考虑，两段育秧迟熟组合栽插规格为 20 cm×23.1 cm、17 cm×26.4 cm，每公顷插 22.5 万蔸左右，基本苗 150 万~180 万株；中熟组合栽插规格 17 cm×23.1 cm、20 cm×20 cm，每公顷插 27 万蔸左右，基本苗 180 万株左右。

软盘旱育秧抛栽密度以每公顷 27 万~30 万蔸为宜。在此基础上，组合分蘖力强的，抛期早，供肥能力强的，可适当减少抛植蔸数，防止群体过大而影响产量诸因素的协调构成，最终导致减产。反之，分蘖力弱，抛期偏迟，供肥能力差的，则要适当增加密度，以保证高产所需的有效穗数，防止因有效穗不足减产。四川省绵阳经济技术高等专科学校罗学刚等的研究表明，在山丘区种杂交中籼稻，由于海拔增高，生态条件有利于水稻营养生长，表现出分蘖增多，叶片增大，穗子增长，一、二次枝梗增多，是高产的有利因素之一，但是，海拔较高，中后期气温下降快，使水稻生殖生长受到抑制，成穗率及结实率降低，千粒重减少。为了克服这些不利因素，要提高栽插密度，合理密植，特别是在海拔 1 000 m 稻田，应靠插不靠发，即主要依靠主茎成穗。

1.2.4 高产施肥技术

杂交中籼稻目前以汕优 63、Ⅱ优 63、岗优 22 等生育期长的组合为主，而且多在山区，生态环境和生育期的气候与早晚稻有明显差异，而杂交籼稻根系发达，吸肥力较强，合理施肥可以早发、稳长、后健。采用合理施肥技术，是提高杂交中籼稻产量的重要措施。

1.2.4.1　杂交中籼稻施肥原则

（1）基肥中要增加速效氮肥比例　杂交中籼稻生长期处在由低温到高温的时期，有机肥利用率前期偏低，满足不了前期早发的氮需求。在基肥中应配施占基肥总氮量的40%～45%的氮素化肥，促进低位分蘖发生，提高低位分蘖成穗比例，达到大穗足穗的目的。据湖南省桂东县试验，在每公顷施纯氮225 kg，氮、磷、钾之比为1∶0.61∶0.97，基肥氮占总氮的60%的条件下，基肥中化肥氮占43%的，产量为10 819.5 kg/hm²；化肥氮占17.3%的，产量只有10 146 kg/hm²，前者比后者增产673.5 kg。

（2）必须增施钾肥　据湖南省衡阳市农业科学研究所的研究，杂交中籼稻对土壤中钾的消耗量很大。杂交中籼稻全生育期对钾的吸收量都比常规水稻多。如威优6号全生育期每公顷植株吸钾297.15 kg，比洞庭晚籼多22.86%，吸钾量为施钾量的1.98倍，在每公顷施磷120 kg以下和钾150 kg，稻谷产量随磷、钾的施用量增多而稳定上升。所以增施钾、磷对夺取杂交水稻高产和保持土壤中养分平衡有重要作用。中国农业大学谢光辉、石宝林多年来在湘西山区蹲点扶贫，经过试验和调查认为，在湘西山区，稻田肥力状况是"缺磷少钾氮一般"，成为杂交中籼稻低产的主要原因之一。他们对高海拔（700 m以上）、中海拔（400～700 m）、低海拔（400 m以下）地区的300户农民进行了调查，并在花垣县低海拔310 m处进行了氮肥量、磷肥量、钾肥量、播期、基本苗五因子的旋转回归试验，经分析认为，在花垣县低海拔区，磷肥和钾肥对产量的影响程度比氮肥施用量大。谢光辉的试验结果表明，钾在水稻一生中的分期效应值为分蘖期到幼穗分化期。因此，钾肥宜早施。由于钾在稻体内的移动性只有40%，钾素营养也容易在后期不足，这样钾肥通常分作耙面肥和分蘖肥两次施用，每次各半。

（3）适当增加后期施肥量　杂交中籼稻有特有的需肥规律，不能采用"一哄而起"的施肥法，按常规稻的"一哄而起"的施肥法，容易使前期田间群体过大而成穗率低，造成结实率低、穗小粒重降低，而且群体荫蔽，高温、高湿容易导致病虫害流行。谢光辉1990年在花垣县的典型稻田和他们的试验田进行了田间调查，不施穗肥的稻田每穗粒数为110～125粒，施穗肥的为130～150粒，施用穗肥比不施用的单产显著提高。因此施肥要合理运筹，适当增加后期施肥量。

各地试验研究结果都证明增施钾肥对杂交水稻有较好的增产效应。特别是在土壤缺钾的稻田，以及在以施化肥为主的稻田，更要注意增施钾肥。

1.2.4.2　协调施肥比例　施肥比例包括总施肥量中氮、磷、钾的比例和中后期施肥的比例。谢光辉在湘西山区的试验得出了对于杂交中籼稻，每公顷生产

7 500~8 250 kg 产量目标的优化方案，其中纯氮量为 82.65~91.95 kg/hm^2，磷量为 144.75~151.95 kg/hm^2，钾量为 169.5~178.5 kg/hm^2，由此认为，湘西地区每公顷产 7 500 kg 稻谷需纯氮 135~150 kg，磷 75~90 kg，钾 150~180 kg。

前期（底肥和分蘖肥）和后期肥（穗肥和粒肥）的施用比例受土质、肥力及气候品种类型、施肥量等因素的影响，在每公顷施氮 150 kg 的高肥水平下，60% 的氮作底肥和蘖肥，40% 作穗粒肥，在每公顷施氮 90~120 kg 的中肥水平下，50% 氮宜作底肥和分蘖肥，30% 作促花肥，于枝梗分化期追施；对每公顷施氮 75 kg 以下的低肥水平，宜分别于分蘖盛期和穗分化期两次追施。

据四川省农业厅试验，杂交中稻以总氮量 70% 作底肥，在减数分裂期施总氮量 30% 作保花肥时产量最高，比对照底肥 70% + 分蘖肥 30% 的"一哄而起"施肥法的结实率提高 6.7 个百分点，每公顷产量提高 4.2 个百分点。

华中农业大学杂交中籼稻高产高效研究组提出了"稀控重"模式，要求控制底肥用量（60%），不施分蘖肥，以减少无效分蘖，提高成穗率；重施穗肥（40%），以促进枝梗及颖花分化，提高每穗实粒数和后期功能叶片的光合能力，保证穗大、粒多、粒饱满。大面积推广示范结果表明，此法比常规施肥法（60% 底肥 + 40% 分蘖肥）增产 10% 以上（鄂西与湘西毗邻，生态条件相似，农民的传统施肥法基本相同）。这种施肥模式适合于中低山区杂交中籼稻区，以 60%~70% 的施肥量作底肥和分蘖肥，30%~40% 作穗粒肥。低海拔、高肥力、高投入及品种生育期长的稻田穗粒肥的比例宜大，反之宜小。

穗肥指在穗分化期追施的氮肥，可在幼穗分化始期（1~2 期）、颖花分化期（3~4 期）或减数分裂期（5~6 期）追施。幼穗分化始期的追肥可增加枝梗数，形成大穗，并兼有保蘖作用；颖花肥通过增加颖花分化和减少颖花退化而增加粒数，减数分裂期肥可减少颖花退化而增加粒数，并兼有增加粒重的作用。粒肥于齐穗期施入，由于杂交稻具有两个灌浆高峰的特点，粒肥可促进弱势花的灌浆，提高结实率，增加粒重。

1990 年和 1991 年谢光辉等在花垣县低海拔区（310 m）和高海拔地区进行氮肥追肥期试验，两年的结果趋势相同，高海拔地区由于气温低，品种生育期短，幼穗始期肥增产效果明显，而低海拔地区气温高，品种生育期长，颖花肥增产效果明显。

磷有促进氮的吸收作用，特别是在分蘖期，有磷的土壤，分蘖速度加快。磷肥在土壤的移动性小，在稻体是最易转移和多次利用的元素。因此，一般磷有全部作基肥施用的习惯。水稻抽穗后以磷酸二氢钾水溶液叶面喷施作壮籽肥，有助于延长叶片功能期，提高结实率和千粒重。

1.2.5　起垄栽培是山区杂交中籼稻高产途径

垄厢栽培主要适合于高山地区及山阴、冷浸烂泥田。种植杂交中籼稻的丘陵山区的冲垄谷地以及平湖区的低洼田，地势低平，冷浸深泥田面积较大，有效养分含量低，影响中籼稻前期早发，容易出现僵苗翻秋，禾苗迟发贪青晚熟，成穗率低，穗型不一致，空壳率高，与一般田相比，每公顷产量低 750～2 250 kg，甚至低 3 750～4 500 kg。这类田产量长期上不去的障碍因素是水，地下水位高，串灌严重，要切实解决好水冷泥温低的矛盾，推广垄厢栽培，协调了水、肥、气、热的矛盾，促进禾苗的早生快发和稳健生长，克服了深泥田因渍害造成的前期僵苗迟发，有利于增加有效穗。

据考察，采用垄厢栽培，一般有效穗每公顷多 30 万～45 万穗，每穗实粒数多 10～15 粒，每公顷增产 750～900 kg，是改造低产田的有效措施。采用垄厢栽培可使根系分布由原来的 15 cm 左右增加到 25 cm 左右，且由于改善通透条件，根的数量和质量均有提高；据观察，垄栽比平栽白根多 15.8%，黑根减少 23.5%。同时可改善和增加田间光热效应。田间水热状况，不仅影响根系生长，也影响养分的转化。由于起垄，改平面受光为立体受光，泥表面接受热量多，增温快。据观察，分蘖期垄厢栽泥表以及 5 cm、10 cm 深的泥温，比平栽分别高 1.0 ℃、0.9 ℃ 和 0.7 ℃，尤其以下午 2 时左右增温效果更为显著，土壤表面和 5 cm 深的泥温分别高 1.4 ℃ 和 1 ℃。而在夜间和清晨，水温和泥温反而降低 0.1 ℃～0.3 ℃ 和 0.2 ℃～0.5 ℃，昼夜温差增大，更有利于光合作用和干物质积累。据观察，垄栽比平栽分蘖始期和盛期提早 2～3 d，有效分蘖期多 1 d，分蘖日增量大 1.8 万个 /hm²（表 19-1）。

表 19-1　威优 64 垄栽对分蘖的影响

（湘西自治州农业局）

插栽方式	分　蘖			基本苗 /（万株 / hm²）	最高苗 /（万株 / hm²）	单株分蘖 / 个	分蘖平均日增 /（万个 / hm²）
	始期 （月 / 日）	盛期 （月 / 日）	有效分蘖 / 个				
垄栽	6/9	6/18	9	140.1	510	2.6	19.5
平栽	6/11	6/21	8	144.75	451.2	2.2	17.7
垄比平（±）	早 2 d	早 3 d	1	−4.65	58.8	0.4	1.8

垄栽稻田栽插的总蔸数、总苗数一般要少于平栽稻田，垄面大都是插 4～6 行，全田有 25%～75% 的稻株处于垄沟边，光热条件好，孕穗期绿叶率增加 2.4%，叶面积系数高 1.53，每公顷的有效穗增加 55.65 万穗，每穗总粒数增加 21.6 粒，实粒数增加 17.3 粒，空壳率下

降 2.7 个百分点，千粒增重加 0.5 g，产量提高 3 042 kg/hm²。充分显示了边行的优势。

垄栽提高了土壤养分的利用率。由于开沟起垄，改善了潜育性稻田的通气和水热状况，减轻了有害物质对根系的危害，促进了微生物活动，有利于有机物分解，增强了水稻吸收养分的能力。据垄栽与平栽水稻吸收养分动态变化测定结果，各个时期垄栽水稻植株对氮、磷、钾的吸收均高于平栽，生育后期更为明显。如分蘖期，垄栽水稻比平栽吸收氮、磷、钾养分增加百分比：氮 30%，磷 39.4%，钾 28%；齐穗期氮、磷、钾吸收分别增加 96.5%、61.7% 和 74.5%，从而造就了增产的物质基础。又据花垣县农业局的垄栽试验测定（表 19-2）：水稻分蘖盛期，垄栽比平栽土壤碱解氮含量高 27 mg/kg，速效磷高 6.4 mg/kg，速效钾高 22 mg/kg；移栽至分蘖盛期，养分活化增强，碱解氮多 29 mg/kg，速效磷多 14 mg/kg，速效钾多 14 mg/kg。

表 19-2　垄栽与平栽速效养分含量　　　　　　　　单位：mg/kg

插栽方式	碱解氮		速效磷		速效钾	
	移栽前	分蘖盛期	移栽前	分蘖盛期	移栽前	分蘖盛期
垄栽	77	163	5.3	14.7	88	116
平栽	79	136	5.9	8.3	80	94
垄比平（±）	−2.0	27	−0.6	6.4	8	22

垄栽田间湿度降低，改善了田间小气候，减轻病虫草害。据湘西自治州农业局统计，1990—1996 年整个武陵山区推广厢垄栽培 7 hm²，比平栽增产 1~2 倍。

厢垄栽培起垄是基础，除作物田和晒坯田要求一犁两耙、冬泡田免耕或只犁田埂周围，严禁多犁多耙。翻耕田待泥浆沉实后，放干水按东西向拉绳开沟，沟深 20~23 cm，沟宽 26.7 cm，厢面宽按栽插规格而定，中熟组合插 13.33 cm×23.33 cm，厢面宽 1.13 m，每厢插 6 行，迟熟组合插 16.67 cm×26.7 cm 或 16.67 cm×33.33 cm 的，厢面宽 1.33 m，每厢插 6 行或 5 行。开沟后要施足底肥，插秧前 3~5 d 做好垄，做垄时要保持一定水层，垄要做到上糊下松，沟深面平，同时在稻田中间开"井"字沟，在后坎开深沟。垄栽的肥水管理原则是，前期蹲苗，中期促穗，后期养根保叶壮籽，插秧后拔节前，实行湿润管理，保持沟内有水，厢面通气，并分次适量施肥，拔节前排水轻晒田，孕穗至抽穗期保持厢面浅水，同时看苗补肥；结实期保持湿润。

1.2.6　科学管水，防治病虫害

杂交中籼稻多种植在山丘区或湖区冷浸深泥脚田，水冷泥温低是禾苗不能早发的主要障碍。这类田在分蘖期采用湿润和薄水灌溉或采取露田为主，能提高根系层的泥温，促进秧苗新根和分蘖早发多发。据四川省国营东印农场的灌溉试验，分蘖期设灌水深度为 $0 \sim 1.5 \, cm$、$1.5 \, cm$、$3 \, cm$、$5 \, cm$、$7 \, cm$、$10 \, cm$ 6 个处理，结果以灌水 $0 \sim 1.5 \, cm$ 及 $1.5 \, cm$ 深的效果最好，每公顷产量比深灌水 $10 \, cm$ 的增产 $70\% \sim 75\%$，比灌水 $7 \, cm$ 深的增产 $54\% \sim 55\%$，比灌水 $5 \, cm$ 深的增产 $41\% \sim 43\%$。他们还观察到分蘖期湿润灌溉能提高根系层的泥温，促进禾苗新根和分蘖早生快发。栽后一个月，湿润和薄水灌区每蔸新生分蘖达 $19.00 \sim 24.48$ 个，分别比 $7 \, cm$ 和 $10 \, cm$ 水层的多 18.8 个和 23.66 个。而深灌水 $7 \, cm$ 以上的处理，插秧后 $20 \, d$ 左右出现不同程度的坐蔸现象。

杂交中籼稻对水肥条件反应极为敏感，在任何情况下都不可重晒，以免禾苗叶色明显转黄后，难以恢复生长势而导致减产。因此，在孕穗初期再露一次，就可起到改善土壤通气条件，促根深扎，增强根系活力的作用。孕穗期对干旱抵御力极弱，一定要保持水层，防止脱水，做到有水孕穗和抽穗。在灌浆期间禾苗需水较多，以浅灌为主；灌浆以后，宜采用间歇灌溉。在成熟前 $5 \sim 6 \, d$ 断水收割。后期断水过早，叶片容易早衰，造成结实率和粒重下降。据江苏省武进县农业科学研究所 1977 年调查，10 月初收割的杂交中籼稻，9 月 30 日断水的，结实率为 70.9%，千粒重 $26.2 \, g$，每公顷产量 $7 \, 110 \, kg$；9 月 15 日断水的，则结实率降低 5.9%，千粒重降低 $1.6 \, g$，产量减少 10%。

杂交中籼稻的病虫防治，应坚持以防为主，搞好综合防治。主要病害为稻瘟病和纹枯病，特别是稻瘟病危害重，又以穗瘟为害最重，其次为叶瘟。防治难度大。因此，在防治上要以选用抗病组合并以多个抗病组合合理布局，以农业综合防治为主，加强田间培管技术，控制丘块感染发病，必要时辅以药剂防治。

二化螟在杂交中籼稻田的发生量也大，虫量多，为害严重，如防治不力，也容易造成严重损失。

第二节　一季杂交晚籼稻高产栽培

2.1　一季杂交晚籼稻的发展趋势

一季晚稻在中国南方一些地方有多年种植历史，一般在人少田多，山阴冷浸地区，一季杂

交晚稻往往与双季稻混栽，播插期比双季早籼稻、一季中籼稻迟，比双季晚籼稻早。播种期比双季杂交晚籼稻提早 10～15 d。一般是种一季杂交晚籼稻再种一季冬种作物，如大小麦、油菜等。近年来，一季杂交晚籼稻种植面积呈上升趋势，主要是由于早籼稻米质较差，单产水平不高，种粮效益持续偏低，流通不畅，库存积压量大，财政负担过重。南方各省都在进行稻田耕作制度改革，在保证粮食生产能力的基础上，优化稻田种植结构，调减早籼稻面积，实施水旱轮作，全面提高农产品质量。各级政府都加大了以一季晚籼稻为核心的多种作物合理配置的新型稻田耕作制度的开发力度，走订单农业的路子，将早籼稻改种旱粮和高效经济作物配一季晚稻，1999 年湖南省一季晚籼稻面积为 9.5 万 hm^2，较前几年有了扩大，预计 2000 年可突破 14 万 hm^2。

2.2 一季杂交晚籼稻与一季冬种作物的一年两熟种植模式

为了满足人民生活水平不断提高和市场的需要，近年来，南方各省在双季稻区推广了一部分一季杂交晚籼稻与后季油菜、麦类、马铃薯、绿肥、蚕豌豆等作物搭配的耕作制度，面积最大的仍为冬种油菜和冬种麦类作物。具体模式如下：

2.2.1 杂交晚籼稻—冬种油菜

这种模式面积最大。主要分布在长江流域两岸的湖区或丘陵区，冬种油菜于 5 月中旬成熟，一季杂交晚籼稻主要组合为汕优 63、金优 198、汕优 198、丝优 63 等组合，于 5 月中旬播种，6 月中下旬移栽。

2.2.2 杂交晚籼稻—冬种大小麦

这种种植模式主要分布在江苏、湖北、安徽等省，冬种大小麦于 5 月份成熟，一季杂交晚籼稻选用迟熟组合，于 5 月中旬播种，6 月中下旬移栽。

2.2.3 马铃薯—杂交晚籼稻

这种模式适于城郊，马铃薯属粮、菜、饲兼用作物，适应性广，早稻田改种马铃薯，上市时间灵活，5 月初即可上市，5 月底可全部收获完。一季杂交晚籼稻也可选用迟熟组合，5 月中下旬播种，6 月中下旬移栽。

2.2.4 绿肥—杂交晚籼稻

这是一种用地与养地有机结合的种植模式，可以培肥地力，节省水稻生产成本，也是实现高产稳产的有效措施。绿肥于 4 月中旬压青作为一季杂交晚籼稻的用肥，或绿肥留种，于 5 月下旬收草籽种，一季杂交晚籼稻，可于 5 月中旬播种，6 月中下旬移栽。

2.2.5　蚕豌豆—杂交晚籼稻

蚕豌豆是加工粉丝等食品的原料，又可作蔬菜食用，鲜豆荚可在 5 月下旬至 6 月上旬陆续上市完，一季杂交晚籼稻可在 6 月中下旬移栽。

除上述几种模式外，还有少量席草—杂交晚籼稻，春荞—杂交晚籼稻，早熟的稻田春玉米—杂交晚籼稻，冬、春闲田—杂交晚籼稻等模式。

2.3　一季杂交晚籼稻适宜的气候条件

中国一季杂交晚籼稻主要是分布在长江流域部分平原区和山丘区。主要种植模式多为上述几种。

一季杂交晚籼稻生育期处在由低温到高温，再由高温到低温，日照由短到长，再由长到短，整个生长期间日照较多，雨量充沛。秧田期可安排在适温的 5—6 月，既没有低温冷害，也没有高温的热害，出苗匀、齐、壮，成秧率高，有利于培育分蘖壮秧，插秧后气温也适宜，禾苗早发易构成高产群体，能顺利通过幼穗分化和发育成穗，产量形成期的气温逐渐由高到低，昼夜温差大，有利于灌浆结实，形成大穗。长江中下游的江苏、浙江、江西、湖南、安徽等省部分地区均具备此种利于一季杂交晚籼稻生长发育的生态条件。在江苏、安徽等省早就有种植麦茬稻的习惯，而且麦茬稻播种期在 5 月中下旬。因此，较早茬中籼稻或豆（瓜）晚籼稻结实率高，产量也要高（表 19-3）。

表 19-3　江苏省镇江地区杂交水稻不同茬口、生育期与结实率的关系

茬口类型	块数	播种期幅度	齐穗期幅度	全生育期/d	播种到齐穗/d	齐穗至成熟/d	不实率/%	千粒重/g	一般产量水平/(kg/hm²)
早茬中稻	10	3/22～4/25	8/6～15	146.1	138	32.3	41.7	25.85	13 500
麦茬一季晚稻	25	5/13～6/8	8/23～9/12	145.2	100	45.2	24.3	26.9	17 250
豆（瓜）晚稻	5	6/12～16	9/16～30	141	98.8	42.2	43.7	27.05	10 500～12 000

表 19-3 说明在江苏麦茬一季晚籼稻生育期间温光资源较好，有利于夺取一季晚籼稻高产，麦茬一季晚籼稻较早茬中稻每公顷产量高 3 750 kg，比豆（瓜）晚籼稻每公顷产量高 6 750~5 250 kg。

2.4　一季杂交晚籼稻高产栽培技术

2.4.1　选用适宜的杂交籼稻组合

杂交水稻作一季晚稻栽培，即前作为一季晚籼稻，后作为一季冬种作物，主要为麦茬稻、油菜稻。因此，要根据不同地区的不同生态条件，选用相适应的杂交籼稻组合。一般来说，一季杂交晚籼稻生育期较双季晚籼稻生育期长，应选用生育期长、丰产性好、增产潜力大的杂交籼稻迟熟组合。湖南省湘中、湘南的低海拔地区可采用汕优 63 等迟熟组合，湘西、湘北、湘中南的高海拔地区宜选用威优 64 类中熟组合。既要使一季杂交晚籼稻能充分满足营养生长需要，又要使抽穗扬花期避过高低温的危害，在最佳的天气条件下抽穗扬花。合理利用优越的生长季节，提高一季杂交晚籼稻的产量。

2.4.2　适宜的播种期

长江流域一季杂交晚籼稻的成熟期比双季晚籼稻早 1 个月左右，因此，对后季作物的播种或移栽的季节影响也较小，一季杂交晚籼稻要求做到在最佳光温条件下抽穗扬花和优质灌浆，杂交籼稻最佳抽穗扬花期天气为日平均温度 25 ℃~28 ℃，日最高温度不超过 34 ℃，而且晴天多，无大风大雨。当日平均温度高于 35 ℃，有可能出现大量空秕率，高温破坏了受精过程，盛花期前后的高温影响最大。湖南省长江流域洞庭湖区和江西省鄱阳湖区，7 月下旬至 8 月中旬常出现大于 35 ℃的连续高温干热风天气，9 月 10 日后常出现日均温度小于 23 ℃的低温天气；安徽省太湖地区 8 月上中旬常出现日均温度大于 30 ℃，9 月中下旬常出现日均温度小于 23 ℃的低温天气。具体到某个地区，高温时段前后有变动，如长沙地区连续 11 d 日平均气温大于 30 ℃，有 80% 的年份在 7 月 16 日至 8 月 16 日。因此，这段时期为长沙地区的高温危害时期；湖南的娄底地区以日均气温持续 5 d 大于或等于 30 ℃作为危害杂交水稻的高温指标，7 月 22 日至 8 月 12 日为娄底地区高温危害时期。湖南农业大学根据杂交水稻对安全齐穗的要求，进行杂交水稻播种期试验，分析了 7 个杂交水稻的安全播种期，见表 19-4。

表 19-4　长沙地区 7 个杂交水稻组合作一季晚稻栽培的安全播种期

组合名称	作一季晚稻栽培	
	适宜播种期	齐穗期
南优 6 号	5 月 15—20 日	
威优 6 号	5 月 15—20 日	
汕优 6 号	5 月 20 日以后	
早优 6 号	5 月 20 日以后	均在高温危害后（8 月 16 日后）齐穗
南优 2 号	5 月 20 日以后	
南优 6 号	5 月 20 日以后	
威优 2 号	5 月 20 日以后	

分析杂交籼稻对温光反应及生育期长短，与常规水稻比较，杂交籼稻都属于早稻和中稻类型，尚没有晚稻类型组合。因此，杂交晚籼稻组合同早籼稻一样感温性强，具有要求高温短日照的遗传特性，在高温短日照条件下，营养生长向生殖生长转变提早，如果过早播种，在 6 月夏至前，虽气温逐渐升高，但仍处于长日照，导致营养生长期延长，向生殖转变延迟，因而早播并不能提早成熟。上述资料还说明，要使一季杂交晚籼稻在高温为害后齐穗，还应确定组合的最优灌浆结实期，也即灌浆结实期要避过高温，以安排在日均温为 21 ℃ ~ 24 ℃灌浆最适宜，如湖南省近年将杂交稻不同熟期的组合选择在 5 月中下旬至 6 月初播种，6 月中下旬移栽，秧龄不超过 30 d，能保证在 8 月下旬至 9 月初齐穗，不仅获得较高产量，而且处在最优温度期间灌浆结实期，易于形成优质稻米（表 19-5）。

表 19-5　湖南省前作为油菜的一季杂交晚稻生育期情况

（1998 年）

单位	制作	一季杂交晚稻							
		组合	播期（月/日）	插期（月/日）	秧龄/d	始穗期（月/日）	齐穗期（月/日）	成熟期（月/日）	全生育期 /d
邵阳	油菜	汕优 63	5/23	6/21	29	8/25	9/2	10/2	132
沅江	油菜	金优 198	5/20	6/20	30	8/20	8/25	9/27	130
沅江	油菜	汕优 198	6/1	7/5	35	8/28	9/2	10/12	134

2.4.3　培育适龄壮秧

迟熟组合作一季晚稻栽培，营养生长期延长，比双季晚籼稻主茎总叶数多 1 ~ 2 叶，主茎总叶数为 16 ~ 18 叶，有效分蘖期的叶数为 11 ~ 13 叶，只有主茎 8 ~ 10 叶节之前出生的一次分蘖和与此同伸的低位二次分蘖才有可能成穗。杂交水稻组合都属感温性强组合，作一季晚稻栽培的秧苗适龄期，迟熟组合秧龄不超过 35 d，中熟组合不超过 30 d，秧龄过长，超过一定积温，插后就会出现"野鸡毛"、早穗等现象，从而导致减产。

一季杂交晚籼稻浸种催芽时气温较高，可以采用少浸多露的方法，浸种与催芽交替进行。为了达到控长促分蘖的目的，当种谷破胸后，每 500 g 种子用 0.5 g 烯效唑加适量水拌破胸谷，再行播种。应根据不同组合的分蘖能力，确定适宜的用种量，作一季晚稻栽培的迟熟组合，每公顷用种量以 18~19 kg 为宜，中熟组合用种量以 20~23 kg 为宜。坚持稀播匀播是培育壮秧的关键，迟熟类组合每公顷播种 150~187.5 kg，中熟类组合每公顷播种 187.5~225 kg。为了使播种均匀，应采用分厢过秤来回多次匀播，播后踏谷，用草籽壳、麦子壳等作为覆盖物，以不见泥为度。再盖一层粗秸秆，如麦秆、油菜秆。双层覆盖有利于保湿防暴雨，防鸟害。秧苗 1 叶 1 心期每公顷施尿素 45 kg 或复合肥 75 kg，在移栽前还应施一次送嫁肥。为了充分发挥秧苗的分蘖优势，当秧苗叶龄达 1.5~2 叶期，选择阴天或晴天傍晚，将生长较密的秧苗扯一部分栽插到秧苗生长稀的地方或移至水沟中，通过移密补稀可大大提高秧苗的分蘖能力，促进秧苗生长平衡，有利于培育分蘖壮秧。与此同时还要逐厢拔除稗草、徒长苗、病苗等。

2.4.4　合理密植，采用宽行窄株栽插

一季杂交晚籼稻生育期长，生长势旺，分蘖力强，穗大粒多，茎叶繁茂，扎根深，吸肥多，其产量构成是以分蘖穗为主。应在大穗的基础上争多穗，根据一季杂交晚籼稻的穗粒形成的特点，采用宽行窄株栽插，对于培育大穗，保证稳长具有重要意义。不合理的栽插密度中期群体过大，个体发育不良，导致分蘖成穗率低，穗型小，产量低。采用东西行向，宽行距，窄株距的栽插方式，增强行间通风透光条件，改善株间环境。更好地利用边际效应，有利于早发分蘖的生长，改善中后期群体的光照条件，争大穗夺高产。一季杂交晚籼稻宽窄行栽插的方式可采取宽行 33.3 cm×16.7 cm，窄行 16.7 cm×16.7 cm，每公顷 24 万蔸，每蔸 2~3 株苗，每公顷 48 万~72 万株基本苗，在此范围内，生育期长的组合适当稀植，生育期短的组合适当密植。

2.4.5　科学施肥

一季杂交晚籼稻生育期长，植株繁茂，具有很大的源的生理优势，这是杂交水稻高产的生理基础，要充分利用一季杂交晚籼稻的穗粒优势，夺取高产，必须在生产上发挥源大的生理优势，满足大库型组合的肥水条件。

2.4.5.1　合理施肥　从各地多年种植杂交水稻的高产典型经验分析认为，一季杂交晚籼稻要施较多的肥料，才能促进大量分蘖，培育大穗。一般来说，生产 500 kg 的稻谷，需纯氮 10 kg，磷 4.5 kg，钾 17.5 kg，氮：磷：钾 = 1：0.45：1.75。在此范围内，含磷、钾丰富的土壤，可少施磷肥、钾肥，缺磷、钾的土壤多施磷肥、钾肥。增施有机肥料，可以满足一季杂交晚籼稻全生育期对养分的需求，有利于培育大穗，夺取高产。要千方百计地多施有机肥。以有机肥为主，化肥为辅，基肥应占总施肥量的 60% 以上。有机肥肥效全面，且有缓释效果，有机肥包括人畜粪、草木灰等肥料，它不仅含有大量的氮、磷、钾营养，供给水稻生长发育，而且在腐烂分解的过程中产生多种有机酸，促进土壤中难溶性无机盐的转化，提高土壤中磷、钾等养分的有效性，增加了土壤有机质，改善土壤的团粒结构，对协调土壤水、肥、气、热的矛盾有着重要作用，还有利于改善稻米品质。杂交水稻对土壤钾的消耗量大，增施钾肥对杂交水稻有较好的增产效应，特别是缺钾的稻田，化学钾肥应在分蘖期施用为主，穗肥为辅。

2.4.5.2　大力推行一次性全层施肥　自 1996 年以来，土肥专家研制成功了配方肥，采取一次性施入，它使用简便，具有省工、省肥、增产的特点，大大减轻了农民劳动强度，减少了化肥用量，提高了化肥的利用率和施肥效率。近几年来各省都在推广应用，取得了较好的经济和社会效益。建立在水稻栽培学、水稻营养学、土壤肥料学、肥料制造学等多学科领域的最新研究成果基础上的一次性施肥方法，是根据杂交稻生育特性和营养特性，按照平衡施肥理论和现代肥料制造技术，将杂交水稻一生中所需的主要养分经科学配方，制成专用复混肥，并配以酌量的速效肥，于插秧前一次作基肥全层施入，使土肥相融，从而达到对肥料养分的保持能力，避免 NH_4^+—N 肥的氨挥发和硝化—反硝化损失以及各种养分的淋溶损失，提高肥料养分利用率；在水稻生育早期形成较强的土壤供肥强度，促使水稻适当地早生快发，提高分蘖成穗率，引导水稻根系下扎，保证水稻生育中期有较好的营养条件，促进幼穗分化，防止颖花退化，使后期生长势大，吸肥力强，不早衰，保证籽粒充分灌浆。湖南省 1996 年试验成功后，1997 年在醴陵市白兔潭镇百亩高产样方内应用，表现为前期生长平衡稳健，后期生长势强，秆壮、叶青、谷重，经省科委组织的专家测产验收，平均每公顷产量为 8 723.3 kg，其中高产丘增产 9 294.8 kg，比对照增产 4%~6%。1999 年湖南省推广一次性施肥 3.3 万 hm^2，深受农户欢迎。

2.4.6　水浆管理

一季杂交晚籼稻插秧时宜灌浅水，插后遇晴天灌深水返青，禾苗返青后，宜浅水勤灌增加土壤有效养分，促进根系生长和分蘖早生快发，也可以在禾苗返青以后，进行短期排水露田，特别是施用有机肥过多的田，进行短期露田可以加速土壤肥料分解，减少有毒物质含量，促进根系生长良好，达到以气养根，以根促苗的效果。分蘖盛期至孕穗期，主攻长穗壮秆促大穗，争足穗，要求每公顷最高苗数达 420 万~525 万株，在始穗前 7 d 左右封行，孕穗期叶面积系数达到 7~8，为了协调好群体和个体的矛盾，提倡排水露田的方法，禾苗生长正常的不宜重晒，只要露田一两次即可，氮肥过多禾苗疯长的，可进行一两次轻晒田，缺肥田，宜采用间歇灌溉，宜灌一次水，让其自然落干，再灌一次水，稻穗发育期，以浅水灌溉为主，在孕穗期前后一定要保持水层，防止脱水。抽穗后根系日趋衰老，灌浆期以浅灌为主，灌浆以后，采用间歇灌溉，增加通气机会，做到水气交替，以气养根，以根保叶，收割前 7 天断水，保证禾苗活熟到老。

2.4.7 防治病虫

一季晚籼稻往往与双季籼稻混栽，群体繁茂，生育期不一致，易形成桥梁田。为害一季杂交晚籼稻的病虫害有纹枯病、稻瘟病、白叶枯病、稻曲病和二化螟、稻纵卷叶螟、稻飞虱等，要加强调查，针对当地一季杂交晚籼稻主要病虫害发生特点，因地制宜，搞好综合防治。

───────── References ─────────

参考文献

［1］袁隆平，陈洪新，王三良，等.杂交水稻育种栽培学 [M].长沙：湖南科学技术出版社，1988.

［2］林世成，闵绍楷.中国水稻品种及其系谱 [M].上海：上海科学技术出版社，1991.

［3］谢光辉，苏宝林，郭云钦，等.湘西杂交中稻高产施肥技术研究 [J].湖南农业科学，1995（3）：13-15.

［4］严斧，张文绪，刘建中，等.武陵山区杂交水稻的生态适应性和栽培技术体系 [J].湖南农业科学，1994（3）：12-15.

［5］罗学刚，曾明颖，邹琦，等.四川不同海拔稻田生态条件与杂交水稻生长发育及其应用研究 [J].应用与环境生物学报，1999（2）：142-146.

［6］唐秋澄，冉家庆.水稻高产栽培实用新技术 [M].长沙：湖南科学技术出版社，1999.

［7］上海师大生物系，上海市农业学校.水稻栽培生理 [M].上海：上海科学技术出版社，1978.

［8］朱勇，段长春，王鹏云，等.云南杂交水稻种植的气候优势及区划 [J].中国农业气象，1995，20（2）：21-24.

［9］陈满珍.杂交稻新组合汕优 63 一季亩产 1 720 斤 [J].湖南农业科学，1986（1）：3-4.

第二十章

杂交籼稻再生高产栽培

再生稻是头季稻收获后，利用稻桩上存活的休眠芽长起来的再生蘖，加以适当的温、光、水和养分等条件，利用良好的培育管理技术，以达到出穗成熟的一季水稻。中国再生稻开发利用已有1 700多年的历史，公元3世纪西晋时的《广志》中云："稻获讫其基根复生，九月熟。"东晋的张谌著《养生要术》中载有："稻已割而复抽，日稻荪。"再生稻在中国长江流域有相当长的栽培历史，主要在湖南、湖北、江西、安徽、四川等省，据《湖南农业志》记载，在1938—1944年，全省累计推广再生稻12.1万hm^2，每公顷产量468 kg。1953—1955年，洞庭湖区蓄留再生稻面积占水稻面积的30%~40%，每公顷产量2 250~3 000 kg，在湖区蓄留再生稻也是救灾的一项补偿措施。过去由于历史条件的限制，再生稻停留在传统落后的生产水平，同时受品种和气候诸因素的限制，单产水平很低。

在20世纪，原四川大学农学院院长杨开渠教授对再生稻生长发育、经济性状、收割高度等进行了系统研究，为中国再生稻的研究和发展奠定了基础。到20世纪70年代初，当中国杂交水稻培育成功后，杂交稻再生利用，是推动中国再生稻发展的新起点。广东省率先研究杂交稻蓄留再生稻，四川、广西、湖南、湖北等省（自治区）也相继开展了研究。70年代末随着杂交水稻的推广应用，不同熟期组合的配套，以及栽培技术水平的进步，生产条件不断改善，再生稻的研究利用已进入了一个新的稳步发展阶段。1987年四川省（含重庆市）立题开发，到1989年全省再生稻面积从1985年的

0.2 万 hm² 发展到 45.04 万 hm²，每公顷产量 1 582.5 kg，总产量 7.1 亿 kg。1988 年湖南省成立了"杂交中稻再生稻理论及栽培技术协作组"，边试验研究，边示范推广，1994年全省蓄留面积 4.1 万 hm²，实收面积 3.5 万 hm²，再收率 86%。每公顷产量 2 985 kg。与此同时，湖北、福建、云南、安徽、浙江、江西、贵州、广西等省（自治区）也加快了杂交水稻再生稻的研究与发展。全国杂交水稻再生稻的生产面积，由 1986 年的 6.67 万 hm²，每公顷产量仅 1 050～1 200 kg，扩大到 1993 年的 48.9 万 hm²，每公顷产量 1 939.95 kg。1997 年全国再生稻收获面积 75 万 hm²，比 1990 年增加 28.2 万 hm²，每公顷产量上升到 2 079 kg，增长 39%。1998 年全国再生稻收获面积 71.3 万 hm²，其中四川省最多为 24.4 万 hm²，重庆 11.9 万 hm²，云南 9.2 万 hm²，福建 6.2 万 hm²。与此同时，涌现不少高产典型，湖南省隆回县颜公乡白地村 733.3 m²，头季稻每公顷产量 9 385.5 kg，再生稻每公顷产量 5 700 kg，两季每公顷产量 15 112.5 kg；桃江县洪桥乡黄合村 713.3 m²，头季稻每公顷产量 10 312.5 kg，再生稻每公顷产量 4 839.75 kg，两季每公顷产量 15 152.4 kg；1998 年福建省龙溪县板面乡大坪村，全村连片种植 68.3 hm²，头季稻每公顷产量 9 840.75 kg，再生稻每公顷产量 6 292.5 kg，全年合计每公顷产量 16 433.25 kg；武冈县邓元泰镇华塘村农户夏得让种植 1 834.25 m²，前作小麦每公顷产原粮 3 112.5 kg，中稻每公顷产量 9 840 kg，再生稻每公顷产量 4 560 kg，全年每公顷产量 17 512.5 kg。温光资源充裕的云南红河县宝华乡安庆村农户毛文荣种植 1 166.7 m² 再生稻，收干谷 863.6 kg，折合每公顷产量 7 620 kg；全国还创办了一批高产示范样板，大面积每公顷产量 3 000 kg 以上，出现了小面积每公顷产量 6 000～7 500 kg 的高产田，湖南、福建、云南创造了大面积中稻加再生稻两季亩产吨粮田。随着再生能力强的杂交水稻新组合的育成和稻田耕作制度改革的推进，再生稻的推广面积将会上一个新的台阶。

第一节　再生稻的种植区划

黄友钦、刘仕琳等根据中国稻作区域的自然条件，再生稻对温、光、水的需求和主成分分析结果，提出再生稻适宜种植区域和不适宜种植区的临界气象指标（表 20-1）。再根据聚类分析结果，将中国再生稻适宜和基本适宜种植地带划分为 5 个气候生态带、13 个区（以下各区再生稻面积是依据全国农业技术推广总站提供的 1999 年全国统计资料数据）。

表 20-1　再生稻适宜和不适宜种植区的临界气候指标

区域	9月平均温度 /℃	≥10℃积温 /℃	8月降水量 /mm	年降水量 /mm	9月日照时数 /h
最适宜区	≥21	≥4 900	≥250	≥1 400	≥250
适宜区	20~21	4 750~4 900	150~250	1 100~1 400	150~250
次适宜区	20	4 600~4 750	100~150	700~1 100	100~150
不适宜区	<20	<4 600	<100	<700	<100

注：≥10℃积温系对早熟品种（组合）而言有80%保证率的活动积温，若系中、迟熟品种，各区积温须相应增加约200℃、400℃。

　　5个再生稻作带是：①华南再生稻作带：包括广东、广西、海南三省（自治区），该区的气候特点是，热量丰富，雨量充沛，水稻安全生育期长，广东安全生育期在187~278 d之间，广西安全生育期180~220 d，≥10℃积温为6 000~9 300（℃），适宜种植双季稻，也适宜种植一季杂交稻加再生，海南甚至可以一年三熟。由于种水稻的比较效益低，因此经济发达的广东和海南基本没有种植再生稻，仅广西种植416 000 hm²，占全国再生稻种植面积的5.83%。②华东南再生稻作带：包括福建、江西、浙江三省，该区的气候仅次于华南再生稻作带，安全生育期275 d左右，≥10℃积温5 100~7 500（℃），特别是福建省再生稻区光热资源比较丰富，十分有利于水稻生长。是全国最早进行再生稻栽培技术研究和生产示范的省之一，也是全国再生稻高产地区之一，种植面积最大，占该区总种植面积的73.3%。华东南再生稻作带的再生稻面积占全国再生稻面积的12.27%。③华中再生稻作带：包括湖南、湖北两省，本区为全国的粮仓，湖南以双季稻为主，湖北中稻和双季稻面积各占一半，两省水稻面积占全国水稻播种面积的20%，两省再生稻面积占全国再生稻面积的16%，该稻作带≥10℃积温5 020~5 840（℃），是再生稻的主产区。湖南省主要分布在湘东南500 m海拔以下、湘西南400 m海拔以下、湘西北300 m海拔以下的中低山区以及洞庭湖区低洼渍水区，湖北主要分布在鄂东低山丘陵、鄂中丘陵平原、鄂西山地。其中鄂中的荆州地区是全省再生稻发展最早、面积最大、单产最高的地区。④华东再生稻作带：包括安徽、江苏两省，其中安徽适宜再生稻生长的地区可分为4个亚区，皖南山区、沿江区、江淮区、沿淮区。但目前安徽再生稻仅有1 333 000 hm²，占全国再生稻种植面积的1.86%，主要分布在皖南的宣城地区。⑤西南再生稻作带：包括四川、重庆、云南、贵州四个省（直辖市）。其中四川、云南、贵州三省是全国杂交稻再生面积最大的省区，该稻作带≥10℃积温4 500~6 500（℃），再生稻总面积为4 566 700hm²，占全国再生稻总面积的64.04%。四川省水稻基本上是种植的杂交中籼稻，中籼稻面积占该区水稻面积的 99.42%，再生稻主要分布在种两季水稻热量不足，种一季水稻热量有余的川东南部低海拔河谷地区。云南再生稻区有 68 个县，分布在三个生态亚区，即滇西南高温多雨多日照最适亚区，滇南低纬度温暖适宜亚区，滇中、滇北、滇东北高温少雨温凉寡照次适宜亚区。

第二节　发展杂交水稻再生稻的意义

目前杂交中籼稻—再生稻的稻田耕作制度，在四川、重庆、云南、福建、湖北等省（直辖市）已基本形成，是高效节能增产的栽培技术。也是发展稻谷生产，增加粮食产量的一条新途径。发展杂交中籼稻—再生稻是种植制度的改革，是栽培技术的进步，完全符合高产、优质、高效农业发展的方向。

（1）可以提高稻田复种指数，培肥地力　湖南省常年种植中稻 52 万 hm²，其中杂交中籼稻占 90% 以上，1999 年增加到 5.67 万 hm²。主要分布在海拔 400～500 m 处中低山区和洞庭湖区低洼渍水的一季稻田，这些地区的中籼稻，一般在 4 月中下旬播种，8 月中下旬前后齐穗。在播种前和齐穗后的两个时段，合计有 1 个多月有利于水稻生长的温光资源未被利用，属于"种一季有余，种两季不足"，若蓄留一季生育期适当的再生稻，变一季为两季，温光资源能得到充分利用。再生稻的稻草还田后，增加了土壤有机质，能培肥地力，使水稻持续高产，是一种较好的耕作制度。这对于提高水稻单产，增加粮食总产，解决山区农民温饱问题具有重要意义。

（2）生产潜力大　再生稻没有单纯的营养生长阶段，头季收割后再生芽萌动时同时进行穗分化。因此，生育期短，一般只有 60 d 左右，且日产量高。据湖南省邵阳市试验，中籼稻全生育期 123 d，每公顷日产 63.45 kg；再生稻日产 67.05 kg；早籼稻 115 d，日产 51.6 kg。再生稻比早籼稻日产高 15.45 kg，比中籼稻日产高 3.6 kg。

（3）种一季收两季，省工、省种、省肥、省秧田、省农药、省水，经济效益高　再生稻是利用收割头季稻后稻桩上的潜伏芽萌发长成的一季稻子，不需要育秧、整田、移栽等环节，与种植双季稻比较可节省 60% 的生产成本，因而经济效益高。同时解决了双抢中劳力、畜力、机耕紧张等问题，减少了劳动强度，缓和了早、晚两季的季节紧张的矛盾，是调整种植业结构的好门路。

（4）生态效益好　再生稻的全生育期短，用药量少，减轻农药对环境的污染，有利于农业可持续发展。

（5）社会效益好　再生稻的收割期比双季晚籼稻提早 10~15 d，有利于油菜、大麦、小麦、马铃薯、蔬菜等冬种作物充分利用冬季的温光资源，提高产量。中籼稻蓄留再生稻的种植方式还适宜于冷浸田、深泥脚田，可以大幅度提高这类稻田的产量。因此，对改造低产田具有特别重要的意义。

（6）再生稻米质好　再生稻生育期从高温到低温，与晚籼稻基本类似，灌浆结实期昼夜温差大，谷壳薄，出米率高，米质好，食味好。中国水稻所赵式英等的研究表明，再生稻的整米率、整精米率、垩白率、垩白大小和透明度都远比头季稻优。

第三节　再生稻的生长发育特点

杂交籼稻再生稻的生长发育与头季稻具有明显不同：一是再生稻生长开始于头季稻茎节上再生芽的分化，而不是由种子萌发开始的。二是再生稻生育过程中包括再生稻停止生长的一个时期，即再生芽休眠期。三是一般再生稻幼穗分化开始较早，头季稻收割前，再生芽已进入幼穗分化阶段，以后再生芽出生后，伴随再生叶片、根系、茎秆等的生长而继续进行幼穗的分化。四是再生稻的株叶型与头季稻明显不同，再生稻植株比头季稻矮小，总叶片数少，叶型短、窄、厚、挺直，总叶面积大于头季稻，单株叶面积为头季稻的 1/4~1/3。脚叶疏通、冠层发育良好，再生稻的特殊株叶形态改善了田间的通透性，使群体结构发生了变化，分蘖成穗率显著提高，再生稻田总茎数成穗率比头季稻高 15~20 个百分点。

3.1　再生稻的根系

再生稻的根系由两部分组成：一是老根，即头季稻稻桩母茎上存活的根；二是新根，即随着再生稻苗的生长，在头季稻桩基部的再生节位及再生蘖基部长出。老根吸收的养分有近一半贮藏于老蔸中，新根吸收的养分大部分转移到再生芽，其中又主要有 70% 转移到低位芽。在收割后 21 d 内，再生稻是靠母根摄取养分，而再生稻株产生的根，仅占再生稻根系总干重的11%~17%。因此，在再生稻的整个生长发育过程中，保持头季稻根系活力和促进再生稻新根的生长具同等重要性。生产上既要使头季稻生长出庞大的根系，保持其后期的活力，又要促进再生稻新根系的生长，才能满足再生稻对养分和水分吸收的需要。一般头季稻成熟时再生根开始出现，头季稻收割后，稻桩中贮藏的养分一方面转移到茎节上供腋芽生长，另一方面，促进母茎不定根原基萌动生根。到再生稻孕穗期根系就基本形成。稻桩上部节位因离地面太远，即使发生少数再生根，也易失水枯死。据研究，随母茎节位上升，发根数相应减少（表 20-

2）。汕优63稻桩母茎的发根力（单株平均发根数 × 根长）以倒5节居高，其次为倒4节，倒2节没有发根能力。因此，在生产上成功地蓄留再生稻，既要保持头季稻老根系后期的活力，还应争取倒5节、倒4节上长出更多的新根。

表20-2　杂交籼稻汕优63再生稻母茎各节位发根状况

（1989 年）

地点	组合	项目	节 位				合 计
			倒2	倒3	倒4	倒5	
福建省将乐县农技站	汕优63	发根数 /（条 / 株）	0	11.21	13.97	14.98	40.16
		根长 /cm	0	3.31	5.37	5.38	14.06
		发根力	0	37.11	75.02	80.59	187.55

　　要使再生稻高产，既要重视头季稻根系对再生稻的作用，又要注意再生稻本身根系的作用，头季稻根系活力高峰处于头季稻灌浆至成熟期，再生稻根活力高峰处于再生稻灌浆期。要增强再生稻根系活力，首先要使头季稻后期根系活力保持在一定水平。在栽培上，要合理安排头季稻的栽插密度，防止过早封行和后期叶片早衰，在头季稻收割前10 d及时施促芽肥和收割后1~3 d追施保蘖肥。同时头季稻要抓住时机进行落水晒田，以改善根系生长环境，促进头季稻根系和再生稻根系的生长，延缓根系的衰老。

3.2　再生稻的茎秆

　　再生稻的茎秆是由头季稻收割后留下来的稻桩（母茎）加上由潜伏芽生长而成的茎秆（再生茎）组成。再生稻茎的形态、结构与头季稻完全一样，也由节和节间组成。再生稻茎节数一般为3~6节，因组合和留桩高度而异，也受环境条件和栽培技术措施的影响。一般头季节数多，再生节数也多。留高桩的再生稻节数少于留低桩的。再生稻茎秆的生长一般在再生稻孕穗到抽穗期间，抽穗以后基本停止。再生稻的株高是指再生稻着生节位至穗顶的高度，一般随着再生节位的下降而增高，低节位的比高节位的再生株要高。据福建省农业厅试验，汕优63留桩5~20 cm，其株高在55~70 cm；留桩20~40 cm，其株高在70~80 cm。一般桩高每提高5 cm，株高提高3~5 cm（表20-3）。

表 20-3　汕优 63 再生稻株高与留桩高度的关系

（1989 年）

单位：cm

地　点	留桩高度							
	5 cm	10 cm	15 cm	20 cm	25 cm	30 cm	35 cm	40 cm
福建省光泽县	55.3	59.7	63.3	68.7	70.7	71.7	74.7	76.3
福建省松溪县	65.0	65.0	71.5	71.5	75.0	79.0	79.5	81.5
平　均	60.15	62.35	67.40	70.10	72.85	75.35	77.10	78.90

注：表内数据为再生稻株高。

再生稻生育期则随株高提高而缩短。生产上习惯以地面至再生穗顶的距离作为再生稻株高，即由母茎和再生茎两部分组成。因此，它随留桩高度的增加而提高。但一般为头季稻株高的 1/2～2/3，故再生穗也较头季穗头小。再生稻株高受头季稻株高的影响，头季稻愈高，再生稻就愈高，株高越高产量越高。株高也受环境和栽培条件的影响。灌水和施肥都能明显提高再生稻的株高。因此，生产上应合理施肥和灌水，促进再生稻生长，提高再生稻株高，以增加再生稻产量。

3.3　再生稻的腋芽

杂交水稻头季稻的茎节数 14～15 个，也有多到 16 个的，除剑叶着生节上的腋芽往往退化外，其余每节都有腋芽。早熟组合的节较少，迟熟组合的节数较多。基部茎节密集，通称分蘖节，地表有 4～6 个伸长节。因栽培条件不同也有差异。腋芽有两种类型：①分蘖芽。在适宜条件下，分布在地下基部茎秆非伸长节上的腋芽，萌发长成稻苗，称为分蘖苗。低节位的前期分蘖苗多数可以成为有效分蘖，发育成穗，后发分蘖苗多数成为无效分蘖。②潜伏芽。在头季稻拔节和稻穗开始分化以后，随着营养中心的转移，分蘖也就很少发生。当收割头季稻并给予适宜肥水条件下，休眠芽萌动，发出幼苗，而后生长发育成再生稻。再生稻生产，就是开发利用头季稻茎秆上的休眠芽或潜伏芽，使之再生萌发长成一季新的稻子。所以在再生稻生产上常把这些可以开发利用的潜伏芽叫作再生芽。再生稻可利用的再生芽数与水稻品种地上伸长节间的茎节数一致，一般为 4～6 个节。如汕优 63 为 5 个伸长节，除倒一节没有潜伏芽外，有 4 个可以利用的潜伏芽位。茎秆上的腋芽存活率是自上而下递减的，即高位芽存活率高，低位芽存活率低，主要应利用高位芽蓄留再生稻。

芽位是指再生芽所处的节位离地面的高度，常用厘米（cm）来表示，以地表为零，地表上的芽为正值，地表下的为负值。不同组合在同一栽培条件下，芽位各不相同。同一组合在不同地区种植，由于气候、土壤及栽培条件的差异，其芽位也有所不同。湖南省君山农场肖高道调查得出了杂交水稻不同组合的芽位差，如表20-4所示。

表20-4　不同组合芽位差异

单位：cm

地　点	组合	株高	倒2芽	倒3芽	倒4芽	倒5芽
湖南君山农场	汕优63	115	37.0	25.0	12.0	3.0
	汕优桂33	105	29.6	21.5	10.5	3.0
	汕优64	100	24.0	21.5	12.0	4.5

　　芽位是蓄留再生稻，确定头季稻收割留桩高度的重要依据之一。生产上要安全保留某个节位的芽来留桩，则应以该节位的最高节位为准，根据头季稻株高估测倒2芽的芽位，再加上5~6 cm的保护段，确定留桩高度来收获，才能全部保留和保护该节位的再生芽。

　　再生芽的成活率是指头季稻成熟收获时，头季稻桩上成活再生芽占总再生芽的百分数，是决定再生稻利用芽的节位和留桩高度的一个重要依据。杂交籼稻品种成熟时再生芽的活芽率随着再生芽所处节位的上升而增加，再生芽着生节位愈低，死芽率愈高。据福建省农业厅粮油处的调查，汕优63留5 cm低桩的活芽率低，仅为存留芽的四分之一，再生率也低，一个母茎只长一个苗，因而有效穗仅为高桩的38.6%；留25 cm以上，活芽率提高到30%以上，每个母茎可长出1.7个再生苗，每公顷有效穗达300万个以上。据湖南省隆回县对威优64收割前的考察，倒2节芽存活率为98.7%，倒3节芽存活率为95.3%，倒4节芽存活率为75.2%，倒5节芽存活率只有37.1%。这也是蓄留再生稻必须高留桩提高腋芽利用率的主要依据，留桩的高度必须留住倒2节，生产上的利用应以倒2、倒3节芽为主，力争倒4、倒5节芽分蘖成穗。

　　杂交水稻再生稻潜伏芽幼穗分化与栽培水稻一样，分为8个时期。幼穗分化始期，在头季稻齐穗后15 d左右，其分化顺序是由上而下的，到完熟期地上部各节位的休眠芽都已分化，故再生稻的生长发育是营养生长和生殖生长并进的。也可将再生稻的生育期划分为两个阶段，一是从头季收割到二季抽穗扬花为幼穗分化生育期，一般需30 d左右；二是从二季抽穗至成熟为抽穗结实期，亦需30 d左右。明确这两个生育阶段，以便在生产中严格把握住再生稻的安全抽穗扬花期。再生芽幼穗分化发育也受栽培条件的影响，头季稻栽培条件好，后期不脱肥早衰，田间通风性好，秆壮、芽壮，幼穗分化发育有所提早。田边的再生穗，常常比田中间的抽穗提早5 d左右，早的达1周以上。因此，注意提高头季稻的栽培技术，有促进再生芽幼穗分化发育早、抽穗早的作用。

3.4　再生稻的叶片

3.4.1　再生稻单株叶片数

再生稻总叶片少，单株叶片数仅为头季稻主茎总叶数的 1/5～1/3，一个母茎可长出 1～4 个再生穗，平均为 1.5～2 个，每个再生穗约有 3 片叶。只有具备生长 3 片叶，才能使再生苗发育成有效穗。一般头季稻收后 2～3 d，再生稻即开始长出再生苗，收后 10 d 左右，再生苗可长出 3～4 片叶，平均每 3 d 左右长出一片叶子，但是再生稻的出叶速度受组合和栽培条件的影响，不同节位的再生芽长出的叶片数不等，上位芽长出的叶片数少，下位芽长出的叶片数多，随着再生节位的下降，叶片数递增。据福建省尤溪县 1988 年的观察，汕优 63 组合倒 2 节再生芽为 2.93 叶，倒 3 节再生芽为 2.94 叶，倒 4 节再生芽为 2.99 叶，倒 5 节再生芽为 3.15 叶。

3.4.2　再生稻叶的形态

与头季稻比较，再生稻植株比头季稻矮小，总叶片少，叶型短、窄、挺，单株叶面积小，杂交水稻头季稻的叶片的长度与叶序有关，一般来说，叶序增加，叶长增加，但最长叶，生育期长的组合为倒 3 叶，生育期短的组合为倒数第二叶，剑叶较短且宽；而再生稻一般为 3～4 片叶，第一片叶较短，第二片叶最长，接近头季稻顶二叶长度，然后逐渐变短。

第四节　杂交稻再生产量构成特点

再生稻产量是由单位面积有效穗数、每穗实粒数、结实率和千粒重四个因素构成。再生稻生育期短，穗型和粒重的提高均受到限制，增产潜力较小，而增穗的潜力大。每公顷有效穗数对再生稻的产量起主导作用，其次是每穗粒数。要提高再生稻的产量，关键是要采取有效措施，增加每公顷有效穗数，在多穗的基础上争大穗，提高结实率和千粒重。

4.1　增加杂交再生稻有效穗的途径

4.1.1　头季稻有效穗是再生稻有效穗的基础

再生稻的有效穗是由头季稻的潜伏芽萌发生长的。在一定范围内，头季稻的有效穗数多，再生稻萌发的芽穗也越多。据湖南省千山红农场调查不同基本苗与再生稻的穗数、产量关系，如表 20-5 所示。头季稻的每公顷有效穗不但影响头季产量，对再生稻有效穗数和产量也有明显影响。要增加再生稻有效穗数，首先要争取头季稻有较多的有效穗。据观察，适当多插基本苗是头季稻有较多的有效穗的基础，不同基本苗对头季稻、再生稻有效穗和产量影响的关系说明，汕优63头季稻每公顷有效穗达到255万个左右，每公顷产量能达7 500 kg。再生稻有效穗数每公顷达到450万穗以上，每公顷产量才能达4 500 kg。这样，头季稻每公顷基本苗（包括秧田分蘖）必须达到90万株以上，以90万~120万株为好，基本苗增加到150万株，头季稻和再生稻增产效果都不明显，但产量还是比较稳定。表20-5也说明，再生稻每公顷产量产由3 795 kg提高到5 325 kg，有效穗增加了96万穗。

表20-5　不同基本苗与头季稻、再生稻有效穗及产量的关系

基本苗 /（万株/hm²）	头季稻		再生稻	
	有效穗数（万穗/hm²）	产 量（kg/hm²）	有效穗数（万穗/hm²）	产 量（kg/hm²）
60	231	7 395	438	3 795
90	252	8 430	498	4 590
120	279	8 820	516	5 220
150	301.5	8 910	534	5 325

注：汕优63留桩高度为50 cm。

4.1.2　优势芽穗占产量的比重大

目前蓄留再生稻的汕优63、威优46等为生育期比较长的杂交稻组合，这类组合的上中位芽穗在产量构成中所占的比重大。

4.1.3　适当高留桩能充分发挥优势芽的增产作用

据1992年千山红农场的观察，汕优63头季稻平均株高109 cm，倒2芽平均芽位为22.16 cm，倒3芽的芽位平均为8.73 cm。倒2节的平均保留率，留桩30 cm的为90.8%，留桩35 cm的为98.5%，留桩40 cm以上的保留率即可达100%，但留桩40 cm以下的（如30~35 cm），有相当一部分倒2节芽由于缺乏保护段而干枯死亡，即使留桩40 cm，也有部分倒2节芽因保护段不足或干枯死亡，或潜伏芽不能正常发育成穗，一般留桩高度达到45 cm以上，倒2节芽成活率才能达90%以上。倒2节芽存活率低，不仅影响再生稻有效穗，同时对每穗总粒数也有很大影响。虽然高留桩增产，但是留桩太高，还要考虑再生稻生育期长短与留桩高度的关系非常密切。通过试验发现，留桩高度在20~40 cm范围内，再生稻的齐穗期有随留桩高度的增加而提前的趋势，综合各地试验结果，留桩每提

高 10 cm，齐穗期约提前 3 d 左右。因此，一般留桩不能过高，以 35~40 cm 为宜。要夺取再生稻高产，在栽培措施上，汕优 63 等迟熟组合必须有利于充分发挥倒 2 芽穗和倒 3 芽穗的增产作用，促进倒 2 节芽和倒 3 节芽适时分化成穗，施用促芽肥就是一项重要的促进措施。据湖南省桃源县粮油站和千山红农场的试验，汕优 63 齐穗后 10 d 每公顷追尿素 75 kg 作促芽肥的，潜伏芽在头季稻收割后 1~2 d 即伸出母茎，每公顷有效穗 489 万穗，每公顷产量为 5 370 kg，倒 2、倒 3 芽穗占产量的 93.6%；而未施促芽肥的，潜伏芽在头季稻收割后 3~6 d 才相继伸出母茎，虽收割后当天每公顷同样追施 75 kg 尿素，但每公顷有效穗仅 456 万穗，每公顷产 4 530 kg，倒 2、倒 3 节穗只占产量的 81.4%。表明追施促芽肥确是一项增穗增产的措施。

留桩高度不同，再生稻产量也不同。汕优 63 应留 40 cm 以上倒 2 节芽，保留率才达 95% 以上，据湖北省荆州地区农业局邓凤仪的观察，在留桩 10~50 cm 范围内，再生稻产量与桩高成正相关（表 20-6）。

表 20-6　不同留桩高度对再生稻经济性状的影响

留桩高度 /cm	每公顷苑数 / 万个	每公顷穗数 / 万穗	每穗总数 / 粒	每穗实粒 / 粒	空秕率 /%	千粒重 /g	理论产量 /（kg/hm²）	实际产量 /（kg/hm²）
10	32.1	164.0	47.9	37.2	22.0	24.8	1 525.5	1 050.0
20	32.1	237.9	42.1	31.6	25.0	23.5	1 791.0	1 972.5
30	32.1	337.5	37.0	27.4	26.0	23.3	2 202.0	2 647.5
40	32.1	369.6	40.1	31.2	22.0	23.1	2 752.5	3 427.5
50	32.1	466.1	45.0	33.1	26.5	22.5	3 673.5	3 576.0

表 20-6 说明高留桩能保住全部可再生的节位，有利于多发再生芽和争取高位节；有效穗数多，产量亦提高。

第五节　再生稻的高产栽培技术

再生稻是头季稻茎上休眠芽发育成穗的，决定了再生稻对头季稻的依赖性。因此，头季稻的栽培水平直接影响再生稻性能及产量。为此要采取相应的栽培技术，突出抓好确定适宜的组合，早播早插，合理密植，适留高桩，加强管理，夺取头季高产。

5.1 选用良种，搞好合理布局

因地制宜选用适宜组合是夺取高产的前提。不是所有的杂交稻组合都能利用作再生稻栽培，作再生稻栽培的杂交籼稻应具备以下一些条件：第一，具有高产、优质、抗性较好的丰产性状；第二，分蘖能力较强；第三，再生能力强，再生稻产量高；第四，茎秆坚韧不易倒伏，抗逆能力强和生育期适宜。在具体选定早、中、迟熟组合时，要根据再生稻种植的地域来确定。中稻—再生稻种植地域有三种类型，一是南方各省的山区中稻。如云南省再生稻分布较集中，主要分布在海拔 1 000~1 400 m，种单季稻热量有余，种双季稻热量不足的一季早、中籼稻区为重点发展地区，红河、思茅、文山、临沧、德宏等五个州蓄留再生稻面积占全省再生稻面积的90%；四川省再生稻主要分布在种两季水稻热量不足，种一季水稻热量有余的川东南部低海拔河谷地区。因山区稻田立体分布，气温因海拔垂直高度影响，有随海拔升高、气温递减、生育期延长的特点。因此，海拔高度不同，所选组合也有所不同。二是湖区地下水位较高的低湖田，原先习惯种两季，其中早季因气温低易僵苗，雨季渍涝严重。因此，只能种一季，如选用中熟组合，采取保温措施，把播期提早一些，就可蓄留一季再生稻。三是大型国营农场，虽温光资源充裕，可种两季水稻，因田多劳力少双抢过于紧张，改种一季杂交籼稻加再生稻能减轻劳动强度，错开农事季节。据湖南省1988—1989年在绥宁、隆回等山区县进行组合筛选（表20-7），迟熟组合汕优63两季单产最高，每公顷产量为 13 783.5 kg，中、迟熟组每公顷产量超过 12 000 kg 的依次为威优46（13 416 kg）、威优64（13 317 kg）、汕优桂33（12 883.5 kg）、协优432（12 600 kg）、协优64（12 534 kg）、汕优64（12 501 kg）、威优6号（12 117 kg）；早熟组合超过 10 500 kg 的依次为威优287（11 733 kg）、威优49（11 367 kg）、威优35（11 209.5 kg）、威优402（11 016 kg）。绥宁县不同海拔高度杂交籼稻蓄再生稻试验表明，海拔每升高 100 m，同组合头季稻全生育期延长 2~4 d，从头季收割至二季稻齐穗拉长 1~2 d（表20-8）。

表 20-7　杂交水稻不同组合再生稻产量

（湖南省再生稻协作组）

组合		公顷产量 /kg			再生稻经济性状						
		头季	再生季	合计	株高 /cm	穗长 /cm	有效穗 /穗	每穗总粒数 /粒	每穗实粒数 /粒	结实率 /%	千粒重 /g
早熟组合	威优辐 26	7 783.5	2 067	19 850.5	49.7	13.8	20.625	36.4	29.3	80.5	24.6
	威优 438	7 650	2 400	10 050	48.2	13.3	21.0	45.0	37.2	82.7	21.0
	威优 402	8 616	2 400	11 016	50.3	14.2	21.0	46.1	38.5	83.5	21.3
	威优 49	8 200.5	3 166.5	11 367	54.2	13.8	21.75	50.9	41.5	81.7	23.4
	威优 35	8 275.5	2 934	11 209.5	54.8	13.6	21.625	51.4	34.6	67.3	23.5
	威优 287	8 367	3 366	11 733	54.7	13.7	25.5	50.4	38.6	76.6	24.6
中熟组合	威优 64	8 733	4 584	13 317	57.8	15.8	31.5	49.8	39.4	79.1	26.7
	协优 64	8 050.5	4 483.5	12 534	57.0	15.4	26.25	56.0	49.4	88.2	24.8
	D 优 64	8 182.5	3 117	11 299.5	62.8	14.8	25.75	52.6	35.9	68.3	23.4
	协优 432	8 650.5	3 949.5	12 600	59.2	15.5	29.0	47.2	36.4	77.1	25.0
	威优 140	8 469	2 634	11 103	57.9	16.2	20.575	50.7	32.6	64.3	26.5
	汕优 64	8 467.5	4 033.5	12 501	57.0	13.4	36.5	39.2	29.1	74.2	24.0
迟熟组合	威优 46	8 883	4 533	13 416	70.4	18.1	29.75	64.0	36.1	56.4	27.7
	威优 6 号	8 217	3 900	12 117	70.4	15.9	27.0	52.6	34.9	66.3	27.6
	汕优桂 34	8 650.5	3 300	11 950.5	57.9	16.0	32.0	57.9	32.9	56.8	23.2
	汕优桂 99	8 349	3 633	11 982	71.6	16.0	36.25	58.9	33.4	56.7	23.0
	汕优桂 33	8 617.5	4 266	12 883.5	72.9	17.6	30.75	63.7	43.5	59.0	23.7
	汕优 63	8 599.5	5 184	13 783.5	75.5	17.6	33.5	67.2	45.1	67.1	25.4

表 20-8　绥宁县不同海拔杂交再生稻产量情况表

（湖南省再生稻协作组，1989）　　　　　　　　　　　　　　　　单位：kg/hm²

组合	海拔 400 m				海拔 500 m				海拔 600 m			
	头季	二季	合产	再生率 /%	头季	二季	合产	再生率 /%	头季	二季	合产	再生率 /%
威优 46	8 886	3 649	12 535	120.7	8 410	1 569	9 979	126.7	7 360	0	7 360	230.7
威优 64	8 559	3 610	12 169	112.6	8 272	3 310	1 582	120.7	8 055	2 610	0 665	127.6
威优 402	7 650	3 160	10 810	98.7	7 354	2 955	0 309	96.4	6 907	2 814	9 721	100.4

注：再生率为每公顷再生苗 / 每公顷主茎秆数，包括无效苗。

　　不同海拔杂交籼稻再生稻的产量情况说明，迟熟组合威优 46 在海拔 400 m 以下种植，比早中熟组合表现稳产高产；海拔升高到 500 m 处，迟熟组合反低于早中熟组合，到海拔 600 m 处，迟熟组合的二季基本失收。中熟组合威优 64 在海拔 500～600 m 处，表现出比早、迟熟组合稳产高产。早熟组合威优 402，在海拔 500 m 以下，产量表现一般，但在海拔 600 m 处，产量却表现出比迟熟组合高产。

　　综上所述，适宜于湖南省开发利用再生稻的杂交籼稻组合是：①海拔 400 m 以下处，以汕优 63、威优 46 为主，搭配适量的威优 64 为佳；②海拔 400～600 m 处，以选用威优 64 等中熟组合表现最好；③海拔 600 m 以上的地方，应以早熟组合威优 402、威优 438、威优 49、威优 35 当家。

　　近年湖南农业大学水稻研究所和国家杂交水稻工程中心合作选育的迟熟组合培两优 500，稻米外观品质好，米饭食味好。头季优势较强，产量高，田间抗性较好；再生能力强，再生稻高产、稳产、稻米品质优，是一个很有发展前景的两系法杂交水稻新组合。据湖南省 2000 年、2001 年的调查发现，培两优 500 头季稻每公顷产量达 6 750～7 500 kg，二季稻每公顷产量 5 250～5 550 kg，预计 2002 年 2 月可以通过湖南省品种审定委员会审定。

　　福建省最适宜地区以汕优 63 等迟熟类型组合当家。海拔 450 m 以下的适宜地域以特优 63、汕优桂 32、汕优桂 33、汕优明 86 等组合为主，海拔 450～600 m 的地方选用汕优 64、威优 64 类中熟组合种植才能保证安全齐穗获得高产。四川、重庆、云南以及湖北均以汕优 63 为当家组合，其中云南的汕优 63 占全省再生稻面积的 80% 以上。该组合在各省作中稻—再生稻栽培，表现丰产性好，适应性广，结实期比较耐低温，再生力较强。从目前再生稻面积较大的地区看，多数以迟熟杂交中籼稻为主，如汕优 63、D 优 63、威优 63、香优 63、八汕优 63、冈优 22 等类型的籼型杂交组合，适当搭配中熟杂交籼稻；而在以双季稻为主要耕作制度的地区，则以中熟杂交稻如汕优 64、威优 64 等组合为主，适当搭配少数迟熟杂交籼稻组合。

　　据调查，湖南省洞庭湖区低洼田或劳力少田多的双季稻区为了获得高产，仍以迟熟汕优 63 为主栽组合，搭配少量威优 64、汕优 64 或威优 644。湖南省 1994 年审定的丝优 63、1996 年审定的金优 63、培两优 288 都以其米质优良，丰产性好，再生能力强而受到湖区农户的欢迎，具有广阔的推广应用前景。

5.2　种好头季稻

5.2.1　适时早播早栽，保证早熟早收

头季杂交籼稻的播种期的确定，一要考虑头季稻抽穗扬花期应避过高温天气的危害，连续 3 d 日均温度高于 35 ℃就有可能出现大量空秕粒；二要考虑杂交籼稻再生稻的抽穗扬花期避过秋季低温危害，再生稻抽穗扬花期对温度要求与杂交晚籼稻相同，即抽穗开花的适宜日均温度 23 ℃~29 ℃，在秋季低温期，要求日均温度连续 3 d 不低于 23 ℃，日最高气温不低于 25 ℃，才能安全齐穗；三要考虑头季稻收割的适宜留桩高度，留桩太低，生育期推迟，不利于安全齐穗。

头季稻播种到再生稻成熟的全生育期一般为 195~205 d，其中再生稻的生育期一般相对稳定为 60 d 左右，地处低纬度高原地带的云南省，再生稻生育期为 70 d 左右。据观察，汕优 63 在云南头季生育期较长，为 132 d，再生稻生育期只有 64 d。汕优 64、威优 64 头季生育期较短，再生稻生育期较长，为 73 d。头季稻生育期因组合熟期不同而有变化，为 135~145 d，早熟组合生育期短些，中、迟熟组合生育期长些。在适宜留桩高度下，头季收割至再生稻齐穗需 25~35 d，应以杂交稻再生稻在当地安全齐穗期倒推 25~35 d 作为头季稻成熟期的临界期。再以此适宜成熟期和作为再生稻栽培的不同组合头季栽培的全生育期推算头季稻适宜播、插期。当日均气温稳定通过 12 ℃时（保证率 80%），是杂交籼稻湿润育秧最早播种期，如果采用地膜育秧还可提早 2~3 d，采用旱育秧或软盘旱育秧，播种适宜温度可下降到日均温稳定通过 8 ℃，播种日期可提早 8~10 d，长沙历年日均温稳定通过 8 ℃的 80% 保证率为 3 月 23 日。

根据以上原则，在湖南省中低山区及湖区杂交中籼稻再生稻的安全齐穗期应安排在 9 月 10—15 日。头季稻应于 3 月底至 4 月初播种，秧龄 35 d 左右，于 5 月上旬移栽完。在四川省东南部再生稻区域，若选用汕优 63 培植再生稻，要求再生稻在 9 月 15 日左右齐穗，头季稻在 8 月 10—15 日前收割。因此，必须在 3 月 15 日前采用保温育秧方法播种，才能保证两季均高产。位于北纬 23°19′~24°06′的云南省石屏县海拔 1 400 m 左右种再生稻，气候条件适宜，特别是早春气温偏高，汕优 63 头季全生育期长达 100 d 左右，再生稻安全齐穗开花为 9 月 10—16 日，头季稻收割在 8 月 10 日前，其头季稻播种期可安排在 2 月 10 日采取保温育秧。福建省尤溪县在海拔 450 m 以下地区，迟熟组合汕优 63 安全播种期可安排在 3 月上旬至 4 月上旬（其中海拔高的地方早播，海拔低的地方迟播），头季稻于 8 月中下旬收割。上述情况说明不同地域由于温度高低的差别，早季播种期完全不同。

5.2.2 采用宽行窄株栽培，创造适宜的群体结构

各地的试验与实践表明，迟熟杂交中籼稻汕优63等组合作再生稻栽培，栽培密度以每公顷24万～27万蔸为宜，争取每公顷有效穗240万～270万穗；中熟组合如威优64、威优77等组合作再生稻栽培，栽插密度以每公顷30万～37.5万蔸为宜，争取每公顷有效穗300万穗以上。为了协调个体与群体的矛盾，改善通风透光条件，减轻病害的发生，有利于提高再生芽成活率，采用宽行窄株，宽窄行起垄栽培，宽行窄株即33.3 cm×13.3 cm，宽窄行为（43.3＋23.3）cm×13.3 cm。这种栽培方式便于田间管理，通风透光良好，能减轻水稻纹枯病的发生，根系活力强，防止后期早衰和倒伏，延迟功能叶的光合功能期，保证植株生长健壮。在丘陵山区的冲垄谷地、塘库渠坡脚及平湖区的低洼地带，排水不良属深脚冷浸水田，采用起垄栽培，又叫半旱式栽培，稻田犁耙整平后，按一定的规格起垄，达到一沟一垄，沟垄相间，变土壤终年泡水或季节性淹水为亦水亦旱的环境，水稻栽培于垄上，以沟垄水持续湿润或淹没垄面的灌溉方式，为水稻经济性状好，产量高创造了适宜群体结构。它的好处：一是改善了根系活动的土壤通气状况；二是改善了田间水热状况，提高了光能利用率；三是能充分利用边行优势；四是提高了土壤养分的利用率；五是改善了田间小气候，减轻病虫草害。

5.2.3 合理施肥，防止早衰

头季稻肥料充足，不仅产量高，而且再生稻发苗多，有效穗多，成穗率高，产量也高。在施肥技术上，根据头季稻稻田土壤肥力状况，采取有机肥和无机肥配合施用，氮、磷配合使用，有利于头季稻的高产，特别是在头季稻增加有机肥施用量，对保持后季根系活力，防止早衰，提高再生稻萌发率具有重要作用。据试验，杂交水稻头季每公顷产量要达到8 250 kg以上产量，才有利于培植高产再生稻。头季应每公顷施纯氮120～150 kg，氮：磷：钾＝1：0.5：0.5（促芽肥除外，其中有机肥占30%～60%，底肥占30%～60%，穗肥占5%～10%），磷肥主要对促进秧苗生长和大田分蘖有作用，应全部作基肥，钾肥对于壮秆抗倒，增强抗病能力，提高结实率和培育再生壮芽有明显作用，可作基肥，也可部分作基肥部分作穗粒肥用。据湖南省怀化市农业科学研究所1990年开展的杂交籼稻再生肥料用量及施肥时期的研究，影响头季稻产量的主要因子是肥料用量，以每公顷施纯氮150 kg、磷75 kg、钾120 kg的产量最高。影响再生稻产量的主要因子是氮素化肥用量，综合性状指标的最优生产条件是，头季稻每公顷施纯氮131.25 kg（尿素285 kg）；磷67.5 kg（过磷酸钙390 kg）；钾105 kg（氯化钾195 kg）；再生稻每公顷施纯氮75 kg（尿素165 kg），促芽肥和保蘖肥

分别在头季始穗后 25 d 和收割后 3 d 内各施 1/2。

5.2.4　适期收割和恰留桩高

头季稻未成熟时稻株叶片光合产物主要运送到穗部籽粒中，当头季稻接近成熟期，稻株叶片的光合产物运输的方向已从头季稻的穗部转向稻株的茎鞘物质积累，尤其是可溶性糖的含量增加更快，为休眠芽萌发伸长奠定了营养物质基础。当籽粒成熟度达 95% 到完熟时，头季稻籽粒对养分需求减少，多余的营养物质供给再生稻的幼穗，由此说明头季稻收割太早，籽粒未能得到足够的养分充实，灌浆不足，千粒重会减轻，影响产量；头季稻过于成熟时收割，影响再生稻齐穗期往后推，不能安全齐穗，产量也会随之下降。因此，生产上确定收获适期，应根据不同组合类型，在立足高产的前提下，使再生稻发苗多成穗率高。并要保证再生稻安全齐穗。如在湖南省中熟类型可在 8 月上旬收割，迟熟类型如汕优 63 等，籽粒成熟度慢，再生力不很强，应尽量推迟收割，以增加再生芽的萌发量。为立足两季高产，必须考虑再生稻能安全齐穗，如安全齐穗期定在 9 月 15 日，最迟收割期只能定为 8 月 15 日。

头季稻的收割留桩高度对再生芽的合理利用起着决定性的作用，确定适宜的留桩高度，是培育再生稻高产、稳产的一项重要措施。湖北省荆州地区农牧局邓凤仪 1987 年对威优 64 不同节位再生稻经济性状的研究表明，杂交籼稻再生属于"秆荪优势型（表 20-9）"。即地上各节再生优于地下各节再生。地上节再生以倒 2 节再生为主，占产量的 61.3%，它的穗数多、实粒多，其次是倒 3 节，占产量的 37%。这两个节的产量占总产量的 98.3%。同时，倒 2、倒 3 节上的腋芽在头季稻齐穗后 12~15 d 开始幼穗分化，分化顺序由上而下，若割去倒 2 节，则穗发育的时间也有所推迟。全生育期也将推迟，再生稻生长可利用的时间只有 60 d 左右，威优 64 在湖南省桃江县留桩太低（15 cm），齐穗期推迟到 9 月 19 日，超过当地安全齐穗期（9 月 10 日）9 d，留桩 20 cm、30 cm、35 cm，齐穗期分别为 9 月 10 日、9 月 7 日、9 月 5 日。湖南岳阳市农业科学研究所 1995 年对丝优 63 与汕优 63 倒 2 节的高度进行了调查，结果是丝优 63 倒 2 节平均高度 18 cm，分布在 11.0~27.5 cm 之间，全部在 30 cm 以下；汕优 63 倒 2 节平均高度 22.8 cm，分布在 14.0~30.3 cm 之间，其中 30 cm 高度以下的占 96.5%。倒 2 节休眠芽收割时平均长度丝优 63 为 3.81 cm，汕优 63 为 2.27 cm，考虑到既完全留住倒 2 节又使其休眠芽不受损伤，丝优 63 桩高 35 cm，汕优 63 桩高 40 cm 即可。留桩高度试验结果表明，随着留桩高度的降低，再生稻收割至成熟所需天数均逐渐延长，每穗总粒略有增加，千粒重略有下降，有效穗、结实率在桩高 30 cm 以下显著降低，当桩高 20 cm 时，汕优 63 结实率仅 41.8%，有效穗 154.4 万穗；当桩高在 30 cm 以上时，油优 63 有效穗达 300 万穗以上，丝优 63 有效穗达 419.1 万穗。在 20～40 cm 的留桩范围内，高留桩的产量高些（表 20-10）。由此可以进一步证明，油优 63 类迟熟组合留桩高 40 cm，威优 64、丝优 63 等中熟组合留桩 35 cm 较为适宜。

表 20-9　威优 64 不同节位再生稻的经济性状

节　位	株高 /cm	穗长 /cm	每蔸穗数 /穗	占总穗数 /%	每穗		结实率 /%	占产量 /%
					总粒数 / 粒	实粒数 / 粒		
倒 2 节	75	17.5	7.4	52.8	75.0	60.6	80	61.3
倒 3 节	73	18	4.9	35	74.3	55.0	74	37.0
倒 4 节	72	13.6	1.7	12.2	44.2	7.2	16.2	1.7

表 20-10　油优 63、丝优 63 不同留桩高度的经济性状
（湖南省岳阳市农业科学研究所）

组合	项　目	留桩高度 /cm				
		40	35	30	25	20
油优 63	生育期 /d	61	61	62	64	70
	每穗总粒 / 粒	65.2	63.8	65.7	66.4	67.1
	每穗实粒 / 粒	54.3	52.1	52.4	34.7	28.0
	结实率 /%	83.3	81.7	78.9	52.2	41.8
	千粒重 /g	24.6	24.4	24.9	23.7	23.0
	有效穗 /（万穗 /hm^2）	335.7	336.7	308	230.6	154.4
	理论产量 /（kg/hm^2）	4 476	4 282.5	4 018.5	1 896	994.5
丝优 63	生育期 /d	59	59	60	61	63
	每穗总粒 / 粒	61.1	61.7	62.8	63.7	56.8
	每穗实粒 / 粒	51.7	53.8	50.5	46.7	34.2
	结实率 /%	84.6	87.2	80.4	73.3	60.2
	千粒重 /g	24.1	23.7	23.5	23.6	22.6
	有效穗 /（万穗 /hm^2）	413.4	433.2	419.1	371.3	275
	理论产量 /（kg/hm^2）	5 149.5	5 523.0	4 974.0	4 084.5	2 125.5

5.2.5　科学管水，严防病虫害

杂交水稻蓄留再生的头季稻管水原则基本同杂交早、中籼稻，但为了使再生季生长好、产量高，要注意增气养根、壮秆、护芽，强调晒田一定要到位，在头季有效分蘖终止期，即移栽后 20 d（抛栽后 15 d）开始落水晒田，晒至脚踩不陷泥，有足印，不沾泥为度。一般山排田和无水源的田不进行二次晒田，采取干干湿湿灌溉。凡冷浸深泥脚田还要进行第二次晒田，在头季稻齐穗后 15~20 d，结合灌水施芽肥后，让其自然落干，直到收割，通过晒田增加土壤氧气，达到以水调气，以气养根，活根壮芽的目的。

病虫危害不仅造成头季减产，而且影响再生芽的萌发和再生率的提高。影响头季稻产量的主要病虫害有纹枯病、稻飞虱、叶蝉和螟虫，要选用对口农药适时防治。在整体防治措施上，要坚持抓好病虫综合防治，采用高效低毒农药的新品种和新技术，以预防为主，要选用抗病强的高产组合，其次是播前进行药剂消毒处理，减少农药用量，提高防治效果，提高统防统治的科技含量。

5.3　再生稻的高产栽培技术

5.3.1　及时追施促芽肥和保蘖肥

再生稻一般在头季稻齐穗后 15 d 左右倒 2 芽开始幼穗分化，它与头季稻灌浆成熟同步进行，到完熟期，地上部各节的潜伏芽都已分化，适时施用促芽肥，有利于新根生长；能使功能叶保持青绿，提高光合作用能力，并把多余的光合产物直接提供给潜伏芽生长发育，使再生芽成活率高，素质好。因此，及时追施促芽肥是促早发、争多苗、高成穗、夺高产的重要技术环节。再生稻从头季稻收割至成熟只有 60 d，没有明显的营养生长和生殖生长阶段。一般头季稻收割后 3~4 d 是出叶、分蘖的旺盛时期，需要较多的养分。因此，追肥要及时。中国南方中籼稻区气候、土壤条件不一，培植再生稻的品种也不相同，因而施用促芽肥的时期也不相同。重庆市合川县（1987）油优 63 头季稻齐穗后 15~17 d（收割前 10 d）施肥产量高；湖南省油优 63 在头季稻收割前 7~10 d，每公顷施尿素 75~150 kg 作促芽肥产量高；湖北省（1985）威优 64 以头季稻齐穗后约 20 d（收割前 10 d）施用，再生稻产量较齐穗后 15 d 和 25 d 施的分别增产 48.3% 和 82.4%。综上所述，促芽肥最佳施用时期，在肥力中等田块，留高桩的条件下，以头季稻齐穗后 15~20 d 每公顷施用 120~150 kg 尿素为宜；肥力高、头季稻生长好的田块酌情少施；肥力低、长势差的田块可早施或多施。头季稻收割后 7~8 d 正是孕穗的关键时期，需要较多的养分，要立即补施保蘖肥（又称发苗肥），以

提高再生芽的萌发率，增加有效穗数、粒数和粒重。凡促芽肥施得不足，田瘦的田块，收割后1~3 d，每公顷追施尿素60~75 kg保蘖，有很好的增产效果。在再生稻抽穗20%~30%时，用赤霉素、磷酸二氢钾、谷粒饱等植物生长调节剂叶面喷施，有减少包颈、防止卡颈、促进齐穗、增加有效穗的效应，也有延长叶片功能期和壮籽的功能。

5.3.2　加强田间管理，确保一次全苗

争取头季稻收后的稻桩每蔸每株都能萌发再生芽，达到全田生长平衡一致，是再生稻高产栽培技术的基础。影响全苗的因素很多，应采取综合田间管理措施。首先头季稻收后要及时移出稻草，以免遮压稻桩，影响出苗，并及时扶正收割时被压倒的稻桩，防止在水温高的条件下稻桩腐烂，节上的腋芽闷死，要彻底清除田间杂草，避免与再生稻争光、争肥、争水。加强再生稻的水浆管理，主要是使水稻根系有良好的通气环境。在头季稻灌浆期起至发苗期，应保证土壤湿润为好，结合追促芽肥和保蘖肥，灌浅水，让其自然落干，有利于增强根系活力，促进发苗和全苗。

再生稻植株较矮，叶片数少，叶片短而直立，田间通风透光好，病虫危害一般较轻。在病虫防治策略上，要认真抓好头季稻的病虫害的防治，减轻病源，降低成虫基数，控制头季稻的稻瘟病、纹枯病、螟虫和飞虱，注意对再生稻危害较大的主要病虫害如飞虱、叶蝉、螟虫等的防治，还要防止鼠雀危害。此外，在头季稻收割后，如遇连续晴热高温天气，应采取早、晚各用清水泼浇稻桩一次，防止稻桩上部失水过快，以后保持以湿为主，干湿交替的管水方法，抽穗扬花阶段若遇寒露风天气，可灌深水保温护苗。

5.3.3　适时收获

杂交水稻再生稻，基本上是利用上中位芽再生为主，采用高留桩的方法，一般上位芽早，分化时间长，下位芽迟，分化时间短，前期分化较慢，后期分化较快，这种分化特性，造成了再生稻上下位芽生育期长短不一，抽穗成熟期参差不齐，青黄谷粒相间，所以要想获得高产，争取部分下位芽产量，并且提高整米率，收割期不宜太早，应在全田成熟度达90%以上时收割。

— R e f e r e n c e s —

参考文献

［1］任昌福，刘保国.再生稻培植技术［M］.北京：农业出版社，1993.

［2］施能浦，周若寄，吴孝如.再生稻栽培原理与技术［M］.福州：福建科学技术出版社，1990.

［3］邓凤仪.杂交稻再生利用高产规律研究［J］.杂交水稻，1991（3）：8-11.

［4］后栋材，梅竹松，王炯龙，等.云南再生稻［M］.昆明：云南科学技术出版社，1997.

［5］施能浦，焦世纯，黄友钦，等.中国再生稻［M］.北京：中国农业出版社，1999.

［6］邵新民，蒋建为，蒋逊平，等.丝优63中稻—再生稻栽培研究［J］.湖南农业科学，1996（6）：11-13.

第二十一章

杂交水稻超高产栽培途径及理想株型培植

第一节 超高产设想及其可行性

20世纪80年代以来,一些人士提出了水稻超高产设想,首先是从育种的角度考虑的。但对"超高产"的具体含义与指标,各种提法不尽一致。如日本提出的指标是单位面积产量超过对照品种秋光50%。菲律宾国际稻作研究所提出的指标是育成的品种生育期120 d、稻谷产量潜力达到 12 t/hm²。中国农业部制定的育种研究项目,要求较大面积上种植时,实现每公顷产稻谷9~10.5 t。

袁隆平根据中国现有的水稻生产与科技水平,对超高产提出了较为详尽的确切规划,具体要求是每公顷稻谷日产量达到100 kg。这一项指标的制定,首先是具有科学上的严密性,以单位时间与单位面积两项限制因子作为基数,因而排除了因生育期不同而出现的差异。同时也具有现实性。中国水稻生产与科技水平已达较高水平。如大面积亩产吨粮(每公顷产稻谷 15 000 kg)的出现,使公顷日产已达65~70 kg,小面积上也已出现了超高产的记录,如江苏省农业科学院两系杂交稻培矮 64S×E32、培矮 64S×9 311 小面积(667 m²以上)已达到了超高产的目标,云南永胜小面积试种也有几个杂交组合达到或接近超高产目标。此外,小区试验中达到超高产指标的较多,如海南三亚,1999年晚稻两优 932 小区试验,折合公顷日产98.9 kg,云南宾川县大理州种子公司小区试验蜀优 4 号,折合公顷日产 89.65 kg。

超高产潜力存在于合理利用太阳光能方面。作物生物学产量中有 90%~95% 来源于光合作用的产物。作物通过吸收土壤中的水分及空气中二氧化碳在叶绿体中利用太阳辐射能制造碳水化合物，将太阳能转变为化学能。1 g 植物干物质中的热能约为 1.78×10^4 J，太阳能被作物利用的多少，便决定作物产量的高低。地球大气外表层的太阳辐射能为 8.37 J/（$cm^2 \cdot min$）。到达地表后，温带的中午可达 5.60 J/（$cm^2 \cdot min$），换算成年总辐射量，全世界各地不一样，最高为 8.36×10^5 J/cm^2。中国长江流域约为 5.01×10^5 J，例如长沙气象台计算，全年地表太阳辐射总量为 4.50×10^5 J/cm^2（表 21-1）。如果以 4—10 月水稻生长季节计算，总辐射量为 3.33×10^5 J/cm^2，如果光能利用率仅为 2% 时，生物学产量为每公顷 17 525 kg，经济系数按 50% 计算，可产稻谷 18 762.5 kg（实际生产中目前还未达到）。各国植物生理学家根据地球上各种植物的测算，光能利用应能达到 20% 左右。由于估算的方法及分析对光能利用率的不标准，算出的产量潜力也不一样，例如我国已故气象学家竺可桢计算（1964 年）每公顷一季稻谷产量为 21 172.5 kg，薛德榕计算（1978 年）稻谷产量为 39 750 kg/hm^2，日本学者村田吉男计算（1965 年）稻谷产量为 24 000 kg/hm^2，都有个共同点是，表明光能利用潜力还很大。光能利用的计算公式有很多种，这里介绍黄秉维先生提出的一种简便方法，将太阳达到地面的总辐射值（单位：J/cm^2）乘以系数 0.124 即得（单位：g/hm^2）。

表 21-1　长沙地区地表水平面太阳辐射强度　　　　　单位：J/（$cm^2 \cdot d$）

月份	1	2	3	4	5	6	7	8	9	10	11	12
总辐射	776.6	741.1	934.2	1 163.7	1 134.0	1 787.8	2 091.7	1 965.4	1 556.6	1 216.0	689.3	683.0
散辐射	418.4	425.1	535.9	658.8	670.1	869.0	751.1	744.0	632.4	500.0	355.3	346.1
直辐射	358.2	316.0	398.3	505.0	464.0	918.8	1 340.5	1 221.4	924.2	716.0	334.0	336.9

系数 0.124 的由来如下：

（1）太阳总辐射（J/cm^2）；

（2）太阳总辐射中波长 0.4~0.7 μm 的可见光占 47% =（1）×0.47（J/cm^2）；

（3）投射于田间的可见光有 5% 落在土面上，（2）中减去这部分 =（2）×0.95（J/cm^2）；

（4）投射于植物体上的可见光有 10% 落在非光合器官上，（3）中减去这部分 =（3）×0.9（J/cm^2）；

（5）投射于植物光合器官的可见光有 6.5% 被反射掉，除去这部分 =（4）×0.935（J/cm^2）；

（6）太阳总辐射中可见光平均每 4.484 J 的量子数为 8.64 微爱因斯坦，（5）项换算为量子数＝（5）×8.64（微爱因斯坦 /cm²）；

（7）光合的量子需要数为 10，即合成 1 mol 的碳水化合物需要 10 爱因斯坦的光量子，也就是合成 1μm 的碳水化合物需要 10 微爱因斯坦，因此植物光合器官所吸收的可见光所能产生的碳水化合物＝（6）×0.1（μm/cm²）；

（8）光合作用形成的碳水化合物有 25% 在呼吸中被氧化成为二氧化碳，减去此部分＝（7）×0.75（μm/cm²）；

（9）1μm 碳水化合物＝30÷1 000 000g，按此将（8）换算为每公顷千克＝（8）×0.4（kg/hm²）；

（10）植物质中含有无机养分约 8%，将此加进（9）内＝（9）÷0.92（kg/hm²）；

（11）植物质（包括根、茎、叶、籽粒、果实在内）以含水分 15% 计＝（10）÷0.85＝（1）×0.124（kg/hm²）。

除了从光能上对增产潜力进行评估之外，也有人从其他方面进行过测算，如中国科学院叶渚沛先生曾从土地肥力的角度分析，认为每季稻谷产量可达 18 705 kg/hm²。植物生理学家汤佩松先生从生理上计算，以华北地区为代表，算出稻谷产量可以达到 18 750 kg/hm²。

第二节　实现超高产的途径

如前所述，超高产的实现有赖于光合潜力的发挥，在于作物对生理辐射光带（380~710 nm 波长可见光，约占太阳总辐射的 47%）的充分吸收利用。对于提高水稻生育过程中的光能利用，大体是以下四个方面。

2.1　选用光合效率强大的组合

提高水稻光能利用率最为理想的方法是选育及选用光合效率强大的品种（组合），光合强度或称光合速率（Photosynthetic rate），常用单位叶面积单位时间对二氧化碳的同化量（或氧气的释放量）来表示。具有光合强度大的遗传特性时，必然能固定较多的光能，从而获得高产，前人在这方面从事了不少研究，但难度较大，进展较慢，今后通过遗传工程的方法，有可能加快研究进度。

例如，2000 年 3 月菲律宾水稻新技术国际会议上，由美国华盛顿州立大学和日本农业研究所联合宣布，他们已育成一种转基因水稻，此种基因含有丙酮酸盐类化合物，可使水稻光合效率提高，比一般品种多吸收 1/3 的二氧化碳，因而使水稻增产，并有助于降低大气温室效应。

另一个可能的途径是改造水稻对 CO_2 的同化过程。植物对 CO_2 的固定过程，20 世纪 50 年代经卡尔文等的研究，发现 C_3 过程，即卡尔文循环，在这条途径中，植物吸收 CO_2 首先形成的产物是 3- 磷酸甘油酸（PGA）。20 世纪 60 年代，植物生理学界又发现了光合循环的另一条途径。某些植物在吸收 CO_2 后，固定的初级产物不是 PGA，而是草酰乙酸（随即转化为苹果酸或天门冬氨酸），称为 C_4 二羧酸途径。如玉米、高粱等植物，在行光合作用时，以 C_4 途径为主（同时也兼有 C_3 过程）。具有 C_4 途径的植物没有明显的光呼吸，耐高温强光；具有接近于零的 CO_2 补偿点。C_4 植物 CO_2 补偿点浓度为 $0 \sim 5 \mu L/L$，C_3 植物为 $50 \sim 55 \mu L/L$（有的研究报告为 $50 \sim 100 \mu L/L$），C_4 植物的光饱和点高，在自然光照条件下一般不会达到饱和点。因而光合强度高，据有关测定表明，属于 C_4 的玉米，光合强度可达到 85 mg/（$dm^2 \cdot h$）。比小麦、水稻等 C_3 植物高出 40% 左右。

如果能将水稻的光合成过程改造成 C_4 过程，产量将会有突破性提高，自 20 世纪 70 年代以来，不少育种家以远缘杂交选育方法，或用低 CO_2 筛选等方法，企图选出 C_4 类型的水稻品种，可惜目前尚无明显成果，有人从其他植物上也进行过大量研究工作，将 C_3 与 C_4 植物进行杂交，并育出了后代，如 Bjorkman 等曾于 1971 年用双子叶植物同属中具有 C_3 及 C_4 的两个种进行杂交，并成功育成了具有繁殖能力的杂种（*Atripes spp.*），但是所有子一代和子二代的杂种个体中，光合作用效率都比两个亲本低。

如果将水稻改造成 C_4 植物，三个方面都必须进行结构性改变，一是遗传基因，二是生理特性，三是解剖结构，例如玉米、高粱、甘蔗一类 C_4 植物的特点是，维管束鞘细胞中含有大量的叶绿体，体积比叶肉细胞中的叶绿体大；维管束鞘外的叶肉细胞排列紧密，而 C_3 的水稻维管束鞘中没有叶绿体，鞘外叶肉细胞排列松散。由此可知，对于水稻 CO_2 同化途径的改造，虽然前景可期，但难度依然很大。

2.2　维持均衡型高光合面积

在水稻当季生育过程中，维持各个阶段都有较多的叶面积系数，充分利用水稻生育期间单位土地面积上的光能。具体要求是生育前期叶面积迅速增加，达到容许的最大叶面积系数之后能维持较长的时间，后期叶面积系数下降缓慢。在育种与栽培上都应以此为目标。育种方面如黄耀祥先生提出的"丛生型"品种便是这方面的探索。杂交水稻苗期生长优势大，茎叶增长快，因而对光能利用率高。在栽培上，采用相应的措施，维持各个生育时期动态均衡型高光合面积，也是提高光能利用率的一个重要方面。

2.3 培育生态适应性强的品种

温、光、水、气等生态条件及栽培措施直接影响水稻的光合效率。例如在一定的范围内，光照增强则同化量增大，水稻的同化强度不再增加（不同品种存在差异），这一平衡点称为光饱和点。相反，如果在株间荫蔽的情况下，群体下部光照低，光合固定的 CO_2 少于呼吸的异化量。在弱光达到同化与异化相当时的光照强度时，称为光照补偿点的光强。生产中应选用光照饱和点高、补偿点低的品种（组合）。

在水稻适宜生育的温度范围内（一般是 $18\,℃ \sim 34\,℃$），温度变化对光合速率影响不大，但在温度过高过低的情况下，对光合作用是不利的，如李平等对杂交水稻汕优 63、汕优 64、威优 64、青优早几个组合的研究（1990）发现，在低温胁迫下，光合速率明显下降，光饱和点也会降低。几个组合的耐冷顺序为：粳稻型秀优 57> 籼型青优早 > 汕优 63、汕优 64 与威优 64。

CO_2 浓度及水分状况也直接影响光能的利用，有关试验表明，在设施栽培条件下，增加设施内 CO_2 浓度，能大大提高稻谷产量。空气中 CO_2 含量约 $300\,\mu L/L$，C_3 植物的 CO_2 补偿点浓度为 $50 \sim 100\,\mu L/L$。水是固定 CO_2 的原料，若亏缺会直接影响光合作用，而且在水亏条件下，叶片上气孔关闭，影响 CO_2 进入叶绿体中。氮、磷、钾等无机元素与光合作用关系非常密切，氮素直接影响叶绿体的功能，磷素促进光合产物的转化，钾素参与碳水化合物的合成和运转。因而改善栽培与营养条件，对提高光能利用仍有很大的潜力。

2.4 受光态势的改善

调整水稻的株叶形态，历来证明是高产的重要途径，中国 20 世纪 60 年代水稻矮秆化改革便是一个成功的例证，此后几十年来，植物生理学及农学界不少人士对株叶形态的改善仍寄予了很多的关注，如上海植物生理研究所王天铎先生认为（1977），为了更好地利用光能，"应培育和选用具有直立叶片株型的品种，这在阳光较强的地方和季节，具有特别重要的意义"。黄耀祥先生提出"丛生快长"株型品种育种方向，日本松岛省三也提出了理想株型设想的六个要点，包括单位面积的足够谷粒数、矮秆多穗短穗、上部三叶短厚而直、抽穗后叶色不褪、每秆青叶片多，以及季节上将抽穗前 15 d 起至抽后 25 d 这 40 d 中的排在最佳气候中。沈阳农业大学杨守仁先生提出，在矮秆及耐肥抗倒、生长量大、谷草比大、叶片直立性等基础上，今后要想获得更高产，应适当降低单位面积的穗数水平，大幅度提高每穗粒重，同时分蘖力不能太差。

　　袁隆平在博采各家之长的基础上，完整地提出了实现超高产的规划，明确了实现超高产的途径应是利用杂种优势加上理想株型（1996）。认为有效增源是实现超高产育种的关键，防止在品种上片面追求大库、重库轻源。以此为出发点，对株叶形态的要求是：叶下禾株高100 cm左右，秆高70 cm左右，上部叶片应具有"长、直、窄、凹、厚"的特点，上三叶长50~60 cm，自剑叶往下三叶与茎垂直角分别为5°、10°、20°左右，叶宽2 cm左右，上三叶每100 cm^{2}干重1 g以上。株型紧凑，分蘖中等。田间群体构成要求1 m^{2}有27穗左右，穗重5 g左右，上三叶叶面积系数6.5左右，叶粒比为100 cm^{2}比2.3 g左右，收获指数0.55以上。冠层高、叶片直立，能有效扩大光合面积，增加光合产物，茎秆矮穗下垂，防止茎秆耗费过多有机物质，达到提高收获指数的目的，并能降低重心，耐肥抗倒。

　　株叶形态的改进，历来的实践表明对提高产量能发挥重要作用，但过去侧重于耐肥抗倒方面，今后如果重点在增加光能利用、扩大有机物合成数量方面多作工作，相信会取得更大突破。

第三节　株型的栽培调控

　　水稻株型主要受遗传控制，但在栽培措施上，仍然可以起到不同的调控作用。

3.1　育秧与株型

　　因育秧的方法不一样，田间株型有不同变化（图21-1）。黄务涛将杂交水稻栽培株型分为3种基本类型，即放射型、蜂腰型及高脚型，都与育秧有关，三种类型各具特点。

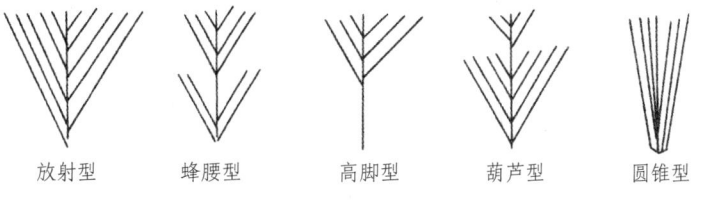

放射型　　　蜂腰型　　　高脚型　　　葫芦型　　　圆锥型

图21-1　杂交水稻的株型

3.1.1　放射型

　　直播或小苗移栽的情况下，插秧后单株分蘖按叶蘖同伸关系成扇形增加，加之初期田间通透性大，分蘖很少受到抑制，因而分蘖量大，生长繁茂，且株形松散。株型中以二次分蘖比例最多，一次蘖较少，三次分蘖更少一些，成穗率及单穗重则按一、二、三次蘖顺序下降。这种株型穗数多，但总成穗率低，平均穗重较小。

3.1.2　蜂腰型

大苗移栽秧，秧田稀播，秧苗带蘖。这种秧苗插入本田后，由于秧苗体积大，加之带有分蘖，故田间通透性前期不如小苗，又由于扦插过程造成植伤，本田生出的头两片新叶所对应的蘖位（n-3）腋芽不萌动，因而一般出现两个左右的蘖位空位，要等秧苗在本田出生第三片新叶时，才有相应同伸蘖位发生分蘖。从一个单株来看，便形成上下有蘖、中间空缺的蜂腰型。这种株型的优点是在稀播的条件下，充分发挥了秧田蘖的优势。秧田蘖出生节位低、穗部质量好，在用种量少的情况下，达到以蘖代本苗的作用，缺点是损失了主苗的中位分蘖。本田产生的分蘖多为高位蘖及秧田蘖上的二次分蘖，虽然也能获得较高产量，但这些分蘖的穗头较小，出穗整齐度差。

3.1.3　高脚型

大苗移栽，但秧田播种过密、秧苗质量差，或秧田水肥条件不良，插入本田后始蘖偏迟，所产生的分蘖多属中高位分蘖，因而形成高脚现象，头重脚轻，产量低而不稳。

除上述 3 种株型外，生产实践中还有一些不同变型，如葫芦型、圆锥型等。

3.1.4　葫芦型

骆正鑫提出的杂交水稻"双两大"栽培法，以两段育秧为中心，充分利用低、中位蘖为依据，从而获得高产。此种栽培形成的株型是下中部大（下中部分蘖多），上部分蘖少，且不出现"蜂腰"现象。因为第一段秧龄只有一叶一心时便实行寄插，寄秧田给予最好的水肥条件，主要利用寄秧阶段促使分蘖，除第一叶节腋芽不萌动之外，整个中低蘖位（2~5 蘖位）均产生分蘖，寄插期间分蘖已基本完成，本田分蘖不是主体，大苑原苑移入本田定植所受植伤较小，因而虽有分蘖，也不会出现大的"蜂腰"，如表 21-2 所示，分蘖"缺位"仅是第六蘖位，而第六蘖位以下都已于寄插田中产生，分蘖形成中下部大、上部（第六蘖位以上）小。这种葫芦型株型的蘖穗量属中等（因为上部高位蘖不多）且单穗质量好而整齐。

表 21-2　"双两大"栽培水稻各蘖位有穗率

（湖南农学院常德分院，1985）　　　　　　　　　　　　　　　　　　　单位：%

秧田或本田	蘖位	威优 6 号	威优 64
秧田（寄插田）分蘖	I	0	0
	II	100	50
	III	100	100
	IV	100	100
	V	50	75
本田分蘖	VI	0	50
	VII	50	100
	VIII	100	100
	IX	75	75
	X	50	0

"双两大"育秧栽培方法不但改变了株型，同时还可增大冠层叶面积，如表 21-3 所示，剑叶及倒 2、倒 3 叶的叶面积均比普通大苗秧增加，冠层总面积加大。

表 21-3　两种育秧栽培法冠层叶比较

（湖南农学院常德分院，1985）

参试组合	栽培方法	剑叶			倒 2 叶			倒 3 叶			冠层叶面积 /cm²
		长 /cm	宽 /cm	面积 /cm²	长 /cm	宽 /cm	面积 /cm²	长 /cm	宽 /cm	面积 /cm²	
威优 6 号	"双两大"	30.28	1.44	32.7	44.16	1.24	41.07	45.24	1.22	41.39	115.2
	普通大苗	28.64	1.45	31.15	40.30	1.22	36.87	42.86	1.17	37.60	105.6
威优 64	"双两大"	26.13	1.58	30.96	40.13	1.34	40.33	38.60	1.19	34.45	105.7
	普通大苗	25.21	1.51	28.55	37.28	1.30	36.35	38.11	1.20	36.59	101.5

3.1.5　圆锥型

这种株型的稻株分蘖节位低、分蘖早，本田分蘖终止也较早，理想形态是主茎周围率领一批穗大粒壮的大分蘖，基本上没有高位分蘖，也很少高次分蘖，全株形态整齐划一，穗重差别小，自始穗至齐穗经历期短，结实率充实度好，产量高。达至此种株型，比较常用的方法是小苗软盘育秧、本田带土密植（插植或抛植），同时结合施用速效面肥。小苗活力旺盛，虽然没有秧田分蘖，但因带土移植不受植伤，插后无"返青"期，萌动力强，同伸蘖位没有空当现象。加之本田土壤中速效养分多，插后不久分蘖便成突发性增加。随后因分蘖多，加之密度较大，叶面积系数迅速增加，分蘖停止也较早，稻株后期的群体结构以低位大分蘖为主，因而形成圆锥状株型。此种株型往往能获得更高的产量。

不同育秧方式受种植制度的限制，如二熟或三熟地区，受前作晚收的季节影响，水稻生育期长的品种只能育大苗秧，生产中除部分采用"双两大"育秧栽培之外，一般只能采用大苗栽培，本田株型多为放射型，为此必须采用补充措施对株型进行适当调整，黄务涛曾提出"株型栽剪法"，主要是利用秧田播种密度与秧龄作手段。根据他在江苏省长期对育秧的研究表明，秧田叶面积系数达到 4 左右时，秧田分蘖便会停止，而不同的播种密度下，愈稀播则达至叶面积为 4 的时间愈迟，分蘖停止也愈迟，例如南优 2 号每平方米秧田 900 株苗时，秧田于 7 叶期开始封行、分蘖发生到 4 蘖位为止，将密度调节到每平方米 225 株苗时，秧田封行期推迟到 10 叶，分蘖发生到 7 蘖位，单株分蘖可达到 5~7 个（表 21-4），这样便使优势蘖主要在秧田发生，插后"蜂腰"上抬，大分蘖穗增多，整齐度提高，这种修理方法在江苏多年应用，效果良好，并将这种以合理控制栽培株型为出发点的栽培法称之为"大苗栽培法"。

表 21-4　杂交水稻南优 3 号秧苗密度和分蘖发出的关系

（黄务涛，1978—1979）

秧苗密度（株/m^2）	900	450	297	225
单株分蘖数	2.3	3.5	5.6	7.8
分蘖停止时叶龄	6.7	7.5	8.6	9.5
当时叶面积指数	4.4	4.1	4.2	4.2

3.2　本田插植密度对株型的影响

在本田密植情况下，密度愈大则叶片总面积愈大，主要表现为叶片长度增长，但叶宽变化不大。如表 21-5 所示，插植密度在每平方米 15 穴至 30 穴范围内（每穴两粒谷苗），叶长与密度成正相关，而且越是上部的叶片相差愈明显，如每平方米插植 15 穴时，剑叶长为 29.58 cm，每平方米插植 22.5 穴时为 31.12 cm，插植 30 穴时为 35.13 cm。

表 21-5　不同插植密度的稻株叶片长宽变化

（湖南省两系杂交稻协作组，1990）

密度	叶片长 /cm						叶片宽 /cm					
	剑叶	倒2叶	倒3叶	倒4叶	倒5叶	倒6叶	剑叶	倒2叶	倒3叶	倒4叶	倒5叶	倒6叶
30 穴 /m²	35.13	50.05	52.23	44.87	38.84	38.13	1.70	1.38	1.32	1.31	1.12	0.99
22.5 穴 /m²	31.12	49.51	48.87	43.72	38.73	35.84	1.63	1.37	1.28	1.32	1.10	0.97
15 穴 /m²	29.58	49.31	48.43	44.80	37.36	36.06	1.70	1.39	1.28	1.27	1.03	1.01

注：①为杂交稻安农 S-1/312、衡农 S-1/DT713 及 W6154S/CY85-41 三个组合的测试平均值；②每穴双株。

　　插植密度不但影响叶片的大小，而且对穗的形态及性状有明显的影响，密度不同时，穗型主要是二次枝梗的变化较大，如表 21-6 所示，插植密度每平方米 15 穴时，每穗二次枝梗有38.26 个，30 穴时二次枝梗只有 34.27 个（一次枝梗变化不大）。二次枝梗的结实率及千粒重比一次枝梗明显偏低，而且密度越稀的越低。由此可知，可以通过适当密植的方法，减少二次枝梗数量（如上述，密植时一次枝梗数量变化小）来提高穗部质量。

表 21-6　不同插植密度的穗形变化

（湖南省两系杂交稻协作组，1990）

插植密度	一次枝梗					二次枝梗				
	数量 /（个 / 穗）	每枝总粒数 / 粒	每枝实粒数 / 粒	结实率 /%	千粒重 /g	数量 /（个 / 穗）	每枝总粒数 / 粒	每枝实粒数 / 粒	结实率 /%	千粒重 /g
30 穴 /m²	13.51	14.15	9.55	67.49	29.57	34.27	3.28	1.89	57.62	27.41
22.5 穴 / m²	13.71	13.80	8.90	64.49	29.40	34.09	3.23	1.74	53.87	27.59
15 穴 /m²	13.54	15.54	9.19	59.14	28.56	38.26	3.34	1.70	50.90	26.76

注：①为杂交稻安农 S-1/312、衡农 S-1/DT713 及 W6154S/CY85-41 三个组合的测试平均值；②每穴双株。

3.3　氮肥与株叶形态

　　施用氮肥时，稻株不仅生物产量增加，而且形态发生变化，如株高增加、叶面积增大、总叶数增多等。从不同时期施肥来看，施肥后均使叶片增大，叶片增大的叶位与施肥时期有关，从叶片长度来看，某叶出叶时，其叶片长度已基本定型，因而不受当时施用氮肥的影响，受影响的是施肥后下一叶及以后叶。表 21-7 中的试验数据表明，出 6 叶施用尿素时，从 7 叶起直至 11 叶（剑叶）叶长都比未施肥的对照处理增长。同样在以后各叶施肥时，都影响施肥后的各叶增大（只有剑叶出叶时施肥处理叶片不受影响），在表 21-7 上可画出一条斜形曲线，曲线以上各叶片都是受施肥的影响，叶面有所增长。同样，叶片宽度及单叶面积的增大规律，与叶片长度的增长状况近似。据松岛省三的研究（《水稻高产栽培》），施肥后只有两片叶增大（叶片尚未露头的一片及再后一片），未曾提到对未伸出的第三叶及以后各叶的影响，原因应是所用肥料种类不同，他用的是硫酸铵，肥效不如尿素持续时间长，如本例所述，根据笔者研究，施用尿素之后，对以后尚待出生的叶片均有影响。

表 21-7　不同叶龄施肥对各叶大小的影响

（湖南省两系杂交稻研究协作组，1998）

项目	施肥叶龄	叶序				
		7	8	9	10	11
叶长 /cm	出 6 叶	<u>30.0</u>	36.9	42.0	46.25	25.5
	出 7 叶	28.3	<u>32.3</u>	36.0	43.25	27.19
	出 8 叶	28.8	33.65	<u>35.0</u>	41.65	29.75
	出 9 叶	29.1	30.4	33.8	<u>40.45</u>	28.8
	出 10 叶	29.15	31.25	32.5	38.30	<u>25.56</u>
	出 11 叶	28.95	30.25	31.65	36.6	24.5
叶宽 /cm	出 6 叶	<u>1.07</u>	1.12	1.23	1.39	1.72
	出 7 叶	1.01	<u>1.06</u>	1.16	1.29	1.67
	出 8 叶	1.08	1.08	<u>1.22</u>	1.31	1.64
	出 9 叶	1.05	1.11	1.12	<u>1.32</u>	1.65
	出 10 叶	1.07	1.09	1.13	1.26	<u>1.42</u>
	出 11 叶	1.04	1.08	1.13	1.26	1.36
叶面积 /cm^2	出 6 叶	<u>26.75</u>	33.44	43.05	53.57	36.55
	出 7 叶	23.82	<u>28.53</u>	35.09	46.49	37.84
	出 8 叶	25.92	27.59	<u>35.09</u>	45.47	40.66
	出 9 叶	24.59	28.12	31.55	<u>44.50</u>	39.60
	出 10 叶	25.99	28.39	30.60	40.22	<u>30.25</u>
	出 11 叶	25.09	27.23	29.80	38.43	27.77

注：①组合香两优 68，总叶片数 11 片。②施肥尿素 15g/m^2，每小区 4 m^2。③横线所标处各叶片因施肥而增长增大。

施氮肥对茎秆伸长节间的影响如表21-8所示，除11叶（剑叶）施肥不影响节增重之外，一般都使穗颈节至倒数4节节间增重，其中影响最大的是倒数第三叶出叶时施肥。本表所列的例子是第九叶出叶时施氮肥影响最大。此例所列品种为11片叶，伸长节间的位次为11节、10节、9节、8节间，9叶时施肥，与9叶同伸的是6、7节间 $[n-(2\sim3)]$，由于尿素施用之后的肥效在稻株上要滞后一个叶龄，因而施后对茎秆的作用高峰期恰恰是最后几个伸长节伸长时期。

表21-8　不同叶龄施肥，伸长节间的干物重　　　　　　　单位：mg/cm 茎长

施肥期	伸长节间				
	倒1节间	倒2节间	倒3节间	倒4节间	倒5节间
出6叶	4.56	8.65	13.37	20.94	19.61
出7叶	4.78	9.09	14.20	15.38	39.06
出8叶	4.86	8.84	13.60	18.26	28.78
出9叶	<u>5.55</u>	<u>9.49</u>	<u>14.86</u>	<u>21.92</u>	24.84
出10叶	4.71	7.80	13.28	19.56	32.26
出11叶	4.26	11.24	12.45	17.85	25.64

注：同表21-7，表中横线所标处，表明9叶施肥对单位茎长增重影响最大。

3.4　植物生长调节剂对株型的调节

对于使用植物生长调节剂调整株型，近来已引起了种植业界的高度重视。在水稻上使用较多的是烯效唑（S-07，S-3307，Uniconazol）与多效唑（Multi-Effects Traizole，MET）及赤霉酸（GA$_3$）。今后必将有更多的调节剂或复配剂用于水稻生产方面。

3.4.1　烯效唑或多效唑对水稻器官的调控作用

烯效唑或多效唑同属三唑类化合物，为植物生长抑制素（Retardant），主要机理是抑制内源赤霉素（Gebberellin）的生物合成，从而减慢植物的向高生长。药理研究认定 MET 为低毒性化合物，对高等动物毒性小，慢性试验无癌变毒性，对土壤蚯蚓及微生物亦无有害影响（烯效唑药力比多效唑高10倍左右，多效唑比烯效唑在土中降解得更慢，因而易造成下茬作物的"二次矮化"，但施用石灰等可以消化）。

对水稻主要用于矮化株型、缩短叶片长度、促进分蘖及根系生长。施用后，从施用时叶龄的下一片叶开始以及以后各叶变短（表21-9）。此例中10叶时喷施者，自11叶至剑叶均缩

短，变幅自 11.75% 至 29.3%。12 叶喷施则自 13 叶起至以后各叶变短。在叶片变短的同时，叶片宽度反而增宽（表 21-10），变幅比叶长的变幅小，如 12 叶喷施者，叶宽增大只有 2.38% 至 15.03%。叶鞘的长度同时变短（表 21-11）。

　　施用多效唑后，水稻茎秆各伸长节都相应缩短（表 21-12）。

表 21-9　施用 MET 叶片长度的变幅

处　理		叶　序					
		15 叶（剑叶）	14 叶	13 叶	12 叶	11 叶	10 叶
13 叶喷施之各叶长 /cm		26.7	33.1	39.6	38.6	34.5	35.4
12 叶喷施之各叶长 /cm		26.0	33.3	41.0	48.6		
未喷（CK）		34.2	46.8	51.5	47.9	39.1	33.7
比 CK（±%）	10 叶喷	−21.89	−29.30	−22.98	−19.45	−11.75	+ 5.4
	12 叶喷	−24.08	−28.70	−20.34	+ 1.36		

注：① MET 用量 3 kg/hm²；② 水稻品种 W6111-1S/ 特青，1991 年试验。

表 21-10　施用 MET 时，叶片宽度的变幅

处　理		叶　序					
		15 叶	14 叶	13 叶	12 叶	11 叶	10 叶
10 叶喷施之各叶宽 /cm		1.80	1.65	1.41	1.35	1.24	1.20
12 叶喷施之各叶宽 /cm		1.88	1.76	1.47	1.23		
未喷（CK）		1.74	1.53	1.38	1.26	1.23	1.19
比 CK（±%）	10 叶喷	+ 3.45	+ 7.80	+ 2.17	+ 7.14	+ 0.008	+ 0.008
	12 叶喷	+ 8.05	+ 15.03	+ 6.5	+ 2.38		

注：资料来源同表 21-9。

表 21-11　施用 MET 时叶鞘长度的变幅

处　理	叶鞘序数			
	15 叶鞘（剑叶）	14 叶鞘	13 叶鞘	12 叶鞘
10 叶喷施之叶鞘长 /cm	28.2	20.6	17.7	14.5
12 叶喷施之叶鞘长 /cm	27.3	19.8	17.5	16.5
未喷（CK）	32.0	22.9	20.7	20.6

续表

处　理		叶鞘序数			
		15 叶鞘（剑叶）	14 叶鞘	13 叶鞘	12 叶鞘
比 CK（%）	10 叶喷	−0.08	−0.08	−0.15	−0.29
	12 叶喷	−3.35	−2.67	−3.39	−4.15

注：资料来源同表 21−9。

表 21-12　施用 MET 时茎秆各节间长的变幅

处　理		节间顺序				
		倒 1 节间	倒 2 节间	倒 3 节间	倒 4 节间	倒 5 节间
喷 MET 的叶长 /cm	出 10 叶喷	27.0	16.4	12.8	5.1	1.1
	出 12 叶喷	26.2	15.7	11.6	4.9	1.2
	未喷（CK）	29.9	17.9	14.1	5.9	2.1
比 CK 节间 /%	10 叶喷比 CK	−9.7	−8.2	−9.1	−14.7	−46.6
	12 叶喷比 CK	−12.2	−12.7	−17.6	−17.9	−43.7

注：与表 21−9 为同一试验。

3.4.2　MET 施用时期与发生变化的植株部位

从表 21-13 及表 21-14 中可以看到，MET 对叶长、叶宽的影响，一般是从施用时叶龄的下一片叶开始，如在 7 叶时喷施，从 8 叶起往后各叶长宽均发生变化。13 叶时喷施，则从 14 叶起发生变化。施后时间愈久（叶位相差愈大），叶的长宽变幅愈小。

表 21-13　喷 MET 使叶长发生变化的龄期

单位：cm

喷施期	叶　序								
	7	8	9	10	11	12	13	14	15（剑叶）
出 7 叶	25.67	27.97	27.39	43.10	45.26	52.13	51.47	49.56	27.0
出 9 叶			37.65	34.98	37.99	42.60	47.57	41.09	21.63
出 11 叶					42.70	45.50	42.27	41.50	23.22
出 13 叶							54.61	43.0	23.0
出 15 叶									23.4
CK	26.04	28.03	33.88	46.22	48.21	51.54	52.23	48.84	25.95

注：MET 用量 3 kg/hm²，组合为 W6154S/CY85−41、安农 S/312、衡农 S/DT713 的平均值，横线所标处表示发生变化的叶龄，1990。

表 21-14　喷 MET 使叶宽发生变化的龄期

单位：cm

喷施期	叶 序								
	7	8	9	10	11	12	13	14	15（剑叶）
出 7 叶	0.8	0.99	1.11	1.20	1.20	1.33	1.55	1.64	1.99
出 9 叶			1.11	1.17	1.21	1.39	1.67	1.54	1.95
出 11 叶					1.14	1.29	1.41	1.70	1.94
出 13 叶							1.39	1.66	2.03
出 15 叶									1.80
CK	0.80	0.86	1.00	1.13	1.14	1.25	1.33	1.58	1.87

注：同表 21-13。

对茎节间长的影响有所不同，在水稻低龄期喷施多效唑对伸长节间没有影响，例如本例中（表 21-15）7 叶期（倒第九片叶）喷施者，伸长节各节间均未缩短，9 叶期喷施的只影响倒 3、倒 4 节，11 叶期喷施影响倒 2、倒 3、倒 4 节，只有 13 叶及 15 叶（剑叶）期喷施的才影响到全部 4 个伸长节。

对产量构成的影响，试验表明总的趋势是施用 MET 使分蘖及有效穗有所增加，分蘖成穗率提高，结实率、粒重、充实度增加，但每穗粒数略有减少。原因也很清楚，施用 MET 时使顶端生长受到抑制，穗部获得的营养暂时减少，较多的养分流向分蘖及根部。到后期（谷粒灌浆期），由于根系活力提高及叶片青绿、活力旺盛的反作用，使谷粒的充实条件改善，谷粒发育好于不施用 MET 者。

表 21-15　喷 MET 使节长发生变化的节位

单位：cm

喷施期	节 位			
	倒 1 节	倒 2 节	倒 3 节	倒 4 节
出 7 叶	30.19	17.38	12.52	6.32
出 9 叶	29.49	16.80	12.06	4.83
出 11 叶	29.20	15.92	11.36	4.90
出 13 叶	28.34	15.90	11.84	5.38
出 15 叶（剑叶）	28.01	16.87	12.54	4.90
CK	29.84	17.46	12.71	6.16

注：同表 21-13，横线所标处表示发生变化的节位。

3.4.3　赤霉酸的应用

在杂交水稻上广泛用于制种方面，用以促进穗颈节间及柱头的伸长，施用时间如上文所述，以群体见穗 5% ~ 10% 为适期，即在多数穗的最后一节急剧伸长期喷施作用最大。

如果以增长叶片为目的，据研究发现，一般是在需要增长叶片的前一叶（$n + 1$）出叶时喷施，因为正在伸出的叶片长度已基本定型，继续伸长的作用很小。

如果以提高下部节间长度为目的，喷施的时间应提前到倒 3 叶以上出出叶时施用，如表 21-16 所示，在出 8 叶到 10 叶（倒 5 ~ 倒 3 叶）时喷施赤霉酸，倒 4 ~ 倒 6 节间均有伸长，而对倒 1 ~ 倒 3 节间没有明显增加表现。

表 21-16　施用赤霉酸对节间长的促进

喷施期	节　位					
	倒 1 节间	倒 2 节间	倒 3 节间	倒 4 节间	倒 5 节间	倒 6 节间
出 8 叶	27.84	21.18	11.00	5.68	5.40	1.46
出 10 叶	25.97	19.21	8.35	16.59	9.85	1.68
CK	27.74	19.40	15.48	4.48	1.36	1.00

注：①赤霉酸结晶含量单位 850 mg/g，用量 45 g/hm²；②试验组合为香两优 68，总叶片 12 片；③横线表示节间长增加。

R e f e r e n c e s

参考文献

---

［1］NASYROU Y S. 光合作用的遗传控制与作物生产率的改进 [J]. 植物生理年报，1978，29：215-237.

［2］李平，刘鸿先，王以柔，等. 低温对杂交水稻及其亲本三系始穗期旗叶光合作用的影响 [J]. 植物学报，1990，32（6）：456-464.

［3］杨守仁. 水稻理想株型育种的基础研究及其与国内外同类研究的比较 [J]. 中国水稻科学，1993（3）：187-192.

［4］王喜，俞美玉，陶龙兴. 烯效唑对稻苗的生物学效应 [J]. 中国水稻科学，1993（4）：199-204.

图书在版编目（CIP）数据

袁隆平全集. 第二卷 / 柏连阳主编. — 长沙 ： 湖南科学技术出版社，2023.12
ISBN 978-7-5710-2617-2

Ⅰ. ①袁… Ⅱ. ①柏… Ⅲ. ①水稻－杂交育种－文集 Ⅳ. ①S511.035.1-53

中国国家版本馆 CIP 数据核字 (2023) 第 242395 号

YUAN LONGPING QUANJI DI－ER JUAN
袁隆平全集　第二卷

主　　编：柏连阳
执行主编：袁定阳　辛业芸
出 版 人：潘晓山
总 策 划：胡艳红
责任编辑：欧阳建文　张蓓羽　任　妮　胡艳红
特约编辑：朱朝伟　范　林　赵立山
责任校对：王　贝　赵远梅
责任印制：陈有娥
出版发行：湖南科学技术出版社
社　　址：长沙市芙蓉中路一段 416 号泊富国际金融中心
网　　址：http://www.hnstp.com
湖南科学技术出版社天猫旗舰店网址：
　　　　　http://hnkjcbs.tmall.com
邮购联系：本社直销科 0731-84375808
印　　刷：湖南省众鑫印务有限公司
　　　　　（印装质量问题请直接与本厂联系）
厂　　址：长沙县㮾梨街道梨江大道 20 号
邮　　编：410100
版　　次：2023 年 12 月第 1 版
印　　次：2023 年 12 月第 1 次印刷
开　　本：889 mm×1194 mm　1/16
印　　张：42
字　　数：808 千字
书　　号：ISBN 978-7-5710-2617-2
定　　价：480.00 元